3D프린터운용
기능사 실기

시대에듀

합격에 윙크[Win-Q]하다

Win-Q

[3D프린터운용기능사] 실기

3D프린터운용기능사는 3D모델링 소프트웨어를 활용한 제품 디자인 능력, 슬라이싱 소프트웨어를 활용한 출력 프로그램 작성 능력 및 3D프린터 활용능력을 평가한다. 3D프린터운용기능사는 2017년 국가기술자격시험 종목으로 지정되어 최근에 실시되는 4차 산업혁명 관련 자격 종목이다.

기존의 Subtractive Manufacturing(절삭가공)의 한계를 벗어난 Additive Manufacturing(적층가공/3차원 인쇄)을 대표하는 3D프린터 산업에서, 창의적인 아이디어를 실현하기 위해 시장조사, 제품스캐닝, 디자인 및 3D모델링, 적층 시뮬레이션, 3D프린터 설정, 제품 출력, 후가공 등의 기능 업무를 수행할 숙련 기능인력 양성을 위한 자격으로 제정되었다.

글로벌 3D프린터 산업은 해마다 지속적인 성장률을 보이고 있으며, 특히 제품 및 서비스 시장은 그 변화의 폭이 크다고 할 수 있다. 최근 4차 산업혁명 관련 SW 대기업 및 제조업체의 3D프린터 시장 진출로 항공우주, 자동차, 의공, 패션 등 다양한 분야에서 시장이 변화하고 있는 추세이므로 3D프린터 운용 직무에 관한 지식과 숙련기능이 필요하다.

실기시험은 다음과 같이 [시험1]과제인 3D모델링 작업과 [시험2]과제인 3D프린팅 작업으로 진행된다.

[시험1]과제 : 3D모델링 작업(1시간)
- 주어진 도면의 부품①, 부품②를 1 : 1척도로 3D모델링한 후 저장한다.
- 부품①, 부품②의 상호 움직임이 발생하는 부위(A, B)의 공차를 적용해 3D모델링한다(단, 해당 부위의 기준 치수와 차이를 ±1mm 이하로 한다).
- 부품①, 부품②를 주어진 도면과 같이 조립된 상태로 어셈블리하여 본인의 소프트웨어 확장자와 STP(STEP) 확장자 2가지로 저장한다.
- 어셈블리 형상을 조립된 상태로 출력할 수 있도록 슬라이싱 작업하여 STL파일과 G-Code파일로 저장한다.
- 최종 제출 파일이 4개이다.

머리말

[시험2]과제 : 3D프린팅 작업(2시간)

- 2시간 동안 3D프린터 세팅을 하고 USB에 저장된 G-Code파일을 이용하여 3D프린팅 작업을 하고 출력이 완료되면 서포트 제거 등 후처리를 실시한다.

[시험1]과제 3D모델링은 1시간 안에 제출 파일 4개를 만들어야 한다. 제출 파일을 요구사항대로 제출하지 않은 경우 채점 대상에서 제외되니 특히 유의해야 한다. 즉 모델링을 완벽하게 하고도 제출 파일이 요구사항과 맞지 않으면 채점되지 않는다. 본 교재 실기 공개문제를 실제 시험처럼 시간을 측정하고 본인 비번호를 정해 요구사항대로 저장하는 습관을 갖도록 하자. [시험1]과제에서 상호 움직임이 발생하는 부위(A, B)의 치수는 움직임 부위 A, B의 기준 치수와 차이가 ±1mm 이하로 공차가 적용되어야 점수를 받을 수 있다. 본 교재 공차 적용방법을 통해 모델링을 하면 움직임 부위 만점을 받을 수 있다. [시험1]과제에서 도면을 유심히 잘 봐야 한다. 모델링 형상을 도면과 상이하게 하거나, 도면 치수와 다르게 모델링 하면 감점이 된다. 또한 도면의 ㉠, ㉡, ㉢의 치수는 채점 대상이니 정확한 치수로 모델링해야 한다.

[시험2]과제 3D프린팅 작업은 2시간 안에 프린터를 세팅하고 출력하여 후처리해야 한다. 3D프린터 세팅은 별도로 출력 테스트를 할 수 없다. 기본적인 노즐, 베드 등의 이물질 제거 및 PLA 필라멘트 장착 여부 등을 확인하면 된다. 무엇보다 시험장 및 지역마다 3D프린터 기종이 다르니 기종을 미리 확인하여 유튜브를 보고 가는 것을 추천한다. USB에 저장된 G-Code를 3D프린터를 통해 직접 출력한다. 출력 중 프린터에 이상이 있으면 즉시 감독위원에게 알려 조치를 받는다. 출력용 파일은 1회 이상 출력이 가능하나, 제한시간 내에 작품을 제출해야 한다. 시험시간 내에 작품을 제출하지 못한 경우 미완성으로 채점 대상에서 제외되니 시간을 엄수해야 한다. 또한 후처리 시 보호장갑 착용 여부도 채점 대상이니 반드시 착용하여 후처리하고 출력물을 제출 후 정리정돈도 채점 대상이니 보호장갑을 착용하고 베드 및 노즐을 정리하자.

본 교재는 가장 많이 사용되고 전국 시험장에 대부분 설치되어 있는 3D모델링 프로그램 인벤터(Inventor)를 사용하였다. 한국산업인력공단 공개문제 전부를 초보자도 3D모델링할 수 있도록 교재를 만들었다. 공개문제를 통해 모델링 실력을 키우고 실전처럼 연습하면 합격할 수 있다.

본 교재는 전국 시험장에 대부분 설치된 슬라이싱 소프트웨어(3D WOX, MakerBot, Cubicreator4, Ultimaker Cura)와 3D프린터 장비(MakerBot Replicator +, DP-200, 큐비콘 Single Plus) 사용방법을 수록하였다. 본인의 시험장에 맞는 슬라이싱 소프트웨어로 G-Code 파일을 만들고 3D프린터 장비 부분을 참고하여 실전처럼 연습하면 반드시 합격할 것이다.

마지막으로 본 교재의 "실기시험 합격 포인트"를 참고하면 시험에 큰 도움이 될 것이다.

편저자 박병욱

시험안내

개 요

기존의 Subtractive Manufacturing의 한계를 벗어난 Additive Manufacturing을 대표하는 3D프린터 산업에서 창의적인 아이디어를 실현하기 위해 시장 조사, 제품 스캐닝, 디자인 및 3D 모델링, 적층 시뮬레이션, 3D프린터 설정, 제품 출력, 후가공 등의 기능 업무를 수행할 숙련 기능인력 양성을 위한 자격으로 제정되었다.

진로 및 전망

글로벌 3D프린터 산업은 해마다 지속적인 성장률을 보이고 있으며, 특히 제품 및 서비스 시장은 그 변화폭이 크다고 할 수 있다. 최근 4차 산업혁명 관련 SW 대기업 및 제조업체의 3D프린터 시장 진출로 항공우주, 자동차, 의공, 패션 등 다양한 분야에서 시장이 변화하고 있는 추세이므로 3D프린터 운용 직무에 관한 지식과 숙련 기능을 갖춘 전문 인력에 대한 수요가 증가할 전망이다.

시험일정

구 분	필기원서접수(인터넷)	필기시험	필기합격(예정자)발표	실기원서접수	실기시험	최종 합격자 발표일
제1회	1.6~1.9	1.21~1.25	2.6	2.10~2.13	3.15~4.2	4.11
제2회	3.17~3.21	4.5~4.10	4.16	4.21~4.24	5.31~6.15	6.27
제3회	6.9~6.12	6.28~7.3	7.16	7.28~7.31	8.30~9.17	9.26
제4회	8.25~8.28	9.20~9.25	10.15	10.20~10.23	11.22~12.10	12.19

※ 상기 시험일정은 시행처의 사정에 따라 변경될 수 있으니, 큐넷 홈페이지(www.q-net.or.kr)에서 확인하시기 바랍니다.

시험요강

❶ 시행처 : 한국산업인력공단

❷ 시험과목

㉠ 필기 : 1. 데이터 생성 2. 3D프린터 설정 3. 제품출력 및 안전관리

㉡ 실기 : 3D프린팅 운용 실무

❸ 검정방법

㉠ 필기 : 객관식 4지 택일형 60문항(1시간)

㉡ 실기 : 작업형(4시간 정도)

❹ 합격기준

㉠ 필기 : 100점을 만점으로 하여 60점 이상

㉡ 실기 : 100점을 만점으로 하여 60점 이상

출제기준(필기)

필기과목명	주요항목	세부항목
데이터 생성, 3D프린터 설정, 제품출력 및 안전관리	제품 스캐닝	• 스캐닝 방식 • 스캔 데이터
	3D 모델링	• 도면 분석 및 2D 스케치 • 객체 형성 • 객체 조립 • 출력용 설계 수정
	3D프린터 SW 설정	• 문제점 파악 및 수정 • 출력 보조물 • 슬라이싱 • G코드
	3D프린터 HW 설정	• 소재 준비 • 장비출력 설정
	제품출력	• 출력 확인 및 오류 대처 • 출력물 회수 • 출력물 후가공
	3D프린팅 안전관리	• 안전수칙 확인 • 예방 점검 실시

시험안내

출제기준(실기)

실기과목명	주요항목	세부항목
3D프린팅 운용 실무	엔지니어링 모델링	• 2D 스케치하기 • 3D 엔지니어링 객체 형성하기 • 객체 조립하기 • 출력용 설계 수정하기
	넙스 모델링	• 3D 형상 모델링하기 • 3D 형상 데이터 편집하기 • 출력용 데이터 수정하기
	폴리곤 모델링	• 3D 형상 모델링하기 • 3D 형상 데이터 편집하기 • 출력용 데이터 수정하기
	출력용 데이터 확정	• 문제점 파악하기 • 데이터 수정하기 • 수정 데이터 재생성하기
	3D프린터 SW 설정	• 출력 보조물 설정하기 • 슬라이싱하기 • G코드 생성하기
	3D프린터 HW 설정	• 소재 준비하기 • 데이터 준비하기 • 장비 출력 설정하기
	제품 출력	• 출력 과정 확인하기 • 출력 오류 대처하기 • 출력물 회수하기
	3D프린팅 안전관리	• 안전수칙 확인하기

실기 개인 PC 지참 종목 수험자 안내사항

CAD프로그램 등 개인 PC 지참 종목의 실기시험 응시와 관련, 공정한 국가기술자격시험 및 부정행위 예방을 위해 다음과 같이 개인 PC 사용 강화조치를 시행하오니 수험자께서는 동 내용을 숙지하여 시험에 응시하여 주시기 바랍니다.

1 개인 PC 지참 신청 및 수험자 PC 검사 동의서 동의 필수

- 개인 PC 사용은 신청 수험자(원서접수 시 PC 검사 동의서 및 수험자 준수사항 준수에 동의 필수)에 한해 가능하며, 반드시 PC 포맷 후 시험과 관련된 프로그램만을 설치하여 지정된 입실시간까지 입실하여야 합니다. 개인 PC 사용 수험자는 시험위원의 요구에 따라 정해진 시간에 개인 PC 검사를 받아야 하며, 수험자의 PC 검사 결과 다음 내용 미 준수 시 즉시 퇴실조치됩니다(개인 PC 지참 가능 여부는 종목마다 상이하므로 수험자 지참 준비물 사전 확인 필수).

2 개인 PC 지참 수험자 준수사항

❶ PC 포맷 후 시험 관련 프로그램만 설치하여 PC 검사 시 PC 제출
- PC 포맷 인정 기준 : 응시일을 기준으로 응시 7일 전~응시일 PC 검사 시작 전까지 포맷 완료
  - 예 응시일이 '25. 3. 16인 수험자의 경우, '25. 3. 9~3. 16 PC 검사 전까지 포맷 조치한 PC만 사용 인정
  - ※ PC 포맷 인정 기준일 : PC 포맷 조치 후 "윈도우 설치일자"

❷ 시험 관련 프로그램 외 기타 프로그램 설치 제한(한글, MS오피스 프로그램 모두 삭제)
- 시험에 필요한 프로그램 및 편집 기능이 없는 PDF Viewer만 설치가능하며, LISP, Excel 등 MS Office프로그램, 기타 편집가능 프로그램 제한
- 종목별 설치 허용 프로그램이 상이하므로 수험표의 지참공구목록 혹은 큐넷 종목별 지참공구목록의 유의사항 반드시 확인
- PC사전 검사 시 모든 LISP/Block, 미리 작성된 Part Program(도면, 단축 키 셋업 등)이 발견될 경우 즉각 퇴실 및 당해시험 무효 조치
- 시험 중 미리 작성된 Part Program 또는 LISP/Block을 사용할 경우 부정행위자로 처리
- 제도작업에 필요한 KS 관련 데이터는 시험장에서 파일 형태로 제공되므로 기타 데이터와 관련된 노트 또는 서적을 열람하면 부정행위자로 처리

❸ 지정된 입실시간까지 반드시 입실 : 입실시간 수험표 참조

❹ 시험장 출력용 PC에 사용을 원하는 CAD 소프트웨어가 없을 경우 PDF 파일 형태로 저장 후 출력하여야 하며, 폰트 깨짐 등의 문제가 발생할 수 있기 때문에 CAD 사용환경 등을 충분히 숙지

시험안내

3 개인 PC 사용 관련 기타 안내사항

❶ 개인 PC 지참 신청 여부 변경

- 접수완료 후 마이페이지-원서접수 내역에서 확인 및 변경 가능하며, 변경은 해당 회별 원서접수 시작일로부터 10일간 가능

  예 원서접수 시작일이 '25. 2. 10(월)인 경우,
  개인 PC 지참 신청 변경 가능 기간은 '25. 2. 10(월) 10:00~2. 19(수) 23:59

❷ 개인 PC 지참 신청자의 시험 당일 시험장 PC 사용 가능 여부

- 시험 당일 지정된 입실시간까지 시험장에 도착하여 개인 PC 검사 시작 전에 개인 PC 사용 의사를 철회하는 경우에 한하여 시험장 PC 사용 가능
- 적용 예외사항
  (3D프린터운용기능사) 슬라이서 소프트웨어에 한해 PC 검사 시작 이후에도 시험장 PC 병행 사용 허용

❸ 시험장 PC에 소프트웨어 지참 · 설치 가능여부는 종목 · 시험장마다 상이하므로, 반드시 지부(사)에 문의(단, 호환성 및 설치, 출력 등 소프트웨어 지참으로 인해 발생한 모든 문제는 수험자의 책임입니다)

❹ 수험자 개인이 사용하는 마우스, 키보드는 지참하여 사용하실 수 있으나 설치 및 호환성 관련 문제가 있을 경우 전적으로 수험자 귀책임. 또한 메모리 저장기능이 있는 키보드나 마우스 지참 불가

※ 단, 개별 종목에서 별도 지시가 있는 경우 해당 종목 지참준비물 유의사항 준용

※ 시험위원은 부정행위가 의심되는 경우 시험 중 수험자 PC를 재검사할 수 있으며, 부정행위 적발 시 해당 수험자는 3년간 국가기술자격시험의 응시가 제한됩니다.

※ 원서접수 이후 수험자 지참 공구 목록 및 수험표의 안내문 반드시 재확인

4 별첨 : 개인 PC 지참 종목 현황

연번	종목명	사용 프로그램 유형	시험시간
1	3D프린터운용기능사	3D모델링, 슬라이싱 S/W	3시간

※ 해당 안내사항은 큐넷에 공개된 2025년도 국가기술자격 실기 개인 PC 지참 수험자 안내 공지를 바탕으로 작성되었으니 참고하시기 바랍니다.

※ 전국 실기시험장의 시설 · 장비 현황은 시험장마다 다르며 시험장 사정에 따라 변경될 수 있으니, 시험 전 응시하시는 지역의 한국인력공단 지부(사)로 문의하시기 바랍니다.

실기과제 내용

1 [시험1]과제 : 3D모델링 작업

- 작업순서

3D 모델링 → 어셈블리 → 슬라이싱

- 시험시간 : 1시간
- 주어진 도면의 부품①, 부품②를 1:1척도로 상호 움직임이 발생하는 부위(A, B)의 치수를 적용해 3D모델링한 후 저장한다(단, 해당 부위의 기준 치수와 차이를 ±1mm 이하로 한다).
- 부품①, 부품②를 1:1척도로 어셈블리하여 사용 소프트웨어와 STP 확장자로 저장하여 제출한다.
- 어셈블리된 파일을 1:1척도 및 조립된 상태로 STL 확장자로 저장하고 슬라이싱 소프트웨어를 사용하여 출력용 프로그램을 작성하여 제출한다.

2 [시험2]과제 : 3D프린팅 작업

- 작업순서

3D프린터 세팅 → 3D프린팅 → 후처리

- 시험시간 : 2시간
- 3D프린터 세팅 후 USB에 저장된 3D모델링 어셈블리 형상을 1:1척도 및 조립된 상태로 출력한다.
- 출력을 완료한 후 서포트 및 거스러미를 제거하여 제출한다.
- 제출 후 3D프린터 노즐 및 베드를 청소 및 정리한다.

수험자 지참 준비물 목록

번 호	재료명	규 격	단 위	수 량	비 고
1	PC(노트북)	시험에서 요구하는 소프트웨어 기능을 갖춘 것	대	1	필요 시 지참
2	니 퍼	범 용	SET	1	서포트 제거용
3	롱노우즈플라이어	범 용	EA	1	서포트 제거용
4	방진마스크	산업안전용	EA	1	
5	보호장갑	서포터 제거용	개	1	
6	칼 혹은 가위	소 형	EA	1	서포트 제거용(아트나이프 가능)
7	테이프/시트	베드 안착용	개	1	탈부착이 용이한 것
8	헤 라	플라스틱 등	개	1	출력물 회수용

※ 개인 PC 사용 시 PC포맷 및 정품 소프트웨어 설치 여부 등을 감독위원의 확인 후 사용이 가능합니다.

※ 위 목록은 큐넷에 공개된 2025년 제1회 3D프린터운용기능사 실기시험 수험자 지참 준비물 목록을 참고하여 작성되었습니다.

구성 및 특징

핵심요약

Autodesk Inventor 프로그램에서 3D프린터운용기능사 실기에 꼭 필요한 핵심 기능을 요약해 놓았습니다.

PART 02 3D프린터운용기능사 실기 실전대비

CHAPTER 01 Inventor의 시작

01 Inventor의 시작

1. Inventor 시작

1) Autodesk Inventor 설치

Autodesk Inventor 프로그램을 설치할 때 컴퓨터 사양을 고려하여 프로그램이 요구하는 사항과 "mm계열, ISO 규격"으로 설정하면서 설치한다.

2) Windows에서의 시작

Windows 창에서 Autodesk Inventor의 바로가기 아이콘  을 두 번 클릭한다.

3) 사용자 환경

구성된 메뉴, 창들은 사용자가 임의로 변경하여 환경을 설정한다.

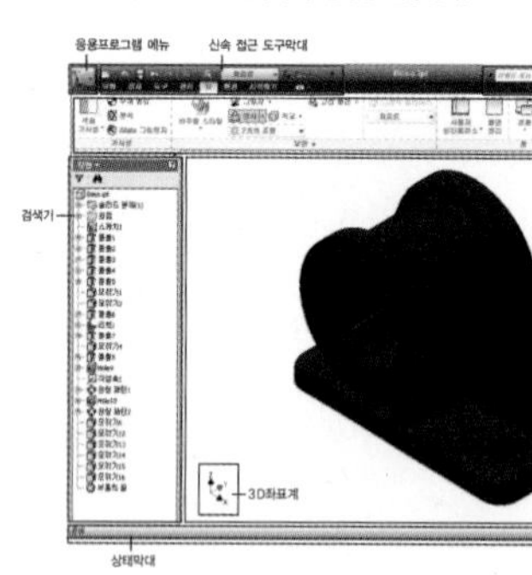

44 ■ PART 02 3D프린터운용기능사 실기 실전대비

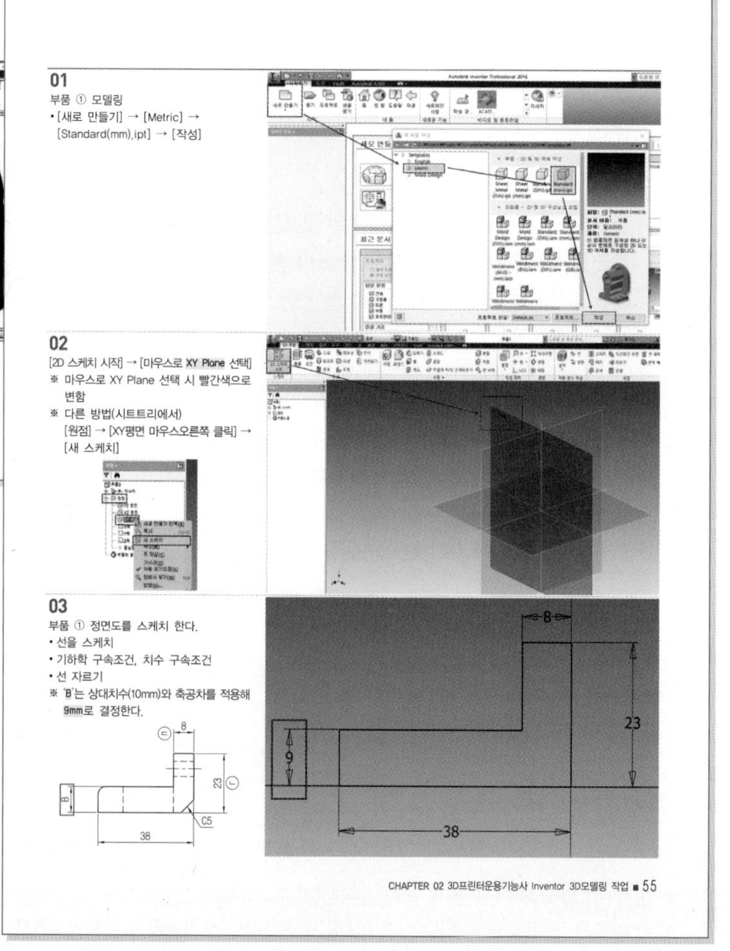

01

부품 ① 모델링

• [새로 만들기] → [Metric] → [Standard(mm).ipt] → [작성]

02

[2D 스케치 시작] → [마우스로 XY Plane 선택]

※ 마우스로 XY Plane 선택 시 빨간색으로 변함

※ 다른 방법(시트트리에서) [원점] → [XY평면 마우스오른쪽 클릭] → [새 스케치]

03

부품 ① 정면도를 스케치 한다.

• 선을 스케치

• 기하학 구속조건, 치수 구속조건

• 선 자르기

※ 'B'는 상대치수(10mm)와 축공차를 적용해 9mm로 결정한다.

CHAPTER 02 3D프린터운용기능사 Inventor 3D모델링 작업 ■ 55

3D모델링 작업

실제 출제된 실기 공개문제 도면을 통해 출제 유형 및 경향을 분석할 수 있습니다. 주어진 도면을 모델링하여 조립하고 저장하는 과정까지 꼭 필요한 단계만 거쳐 빠른 시간 내에 출력물을 완성할 수 있도록 도와줍니다.

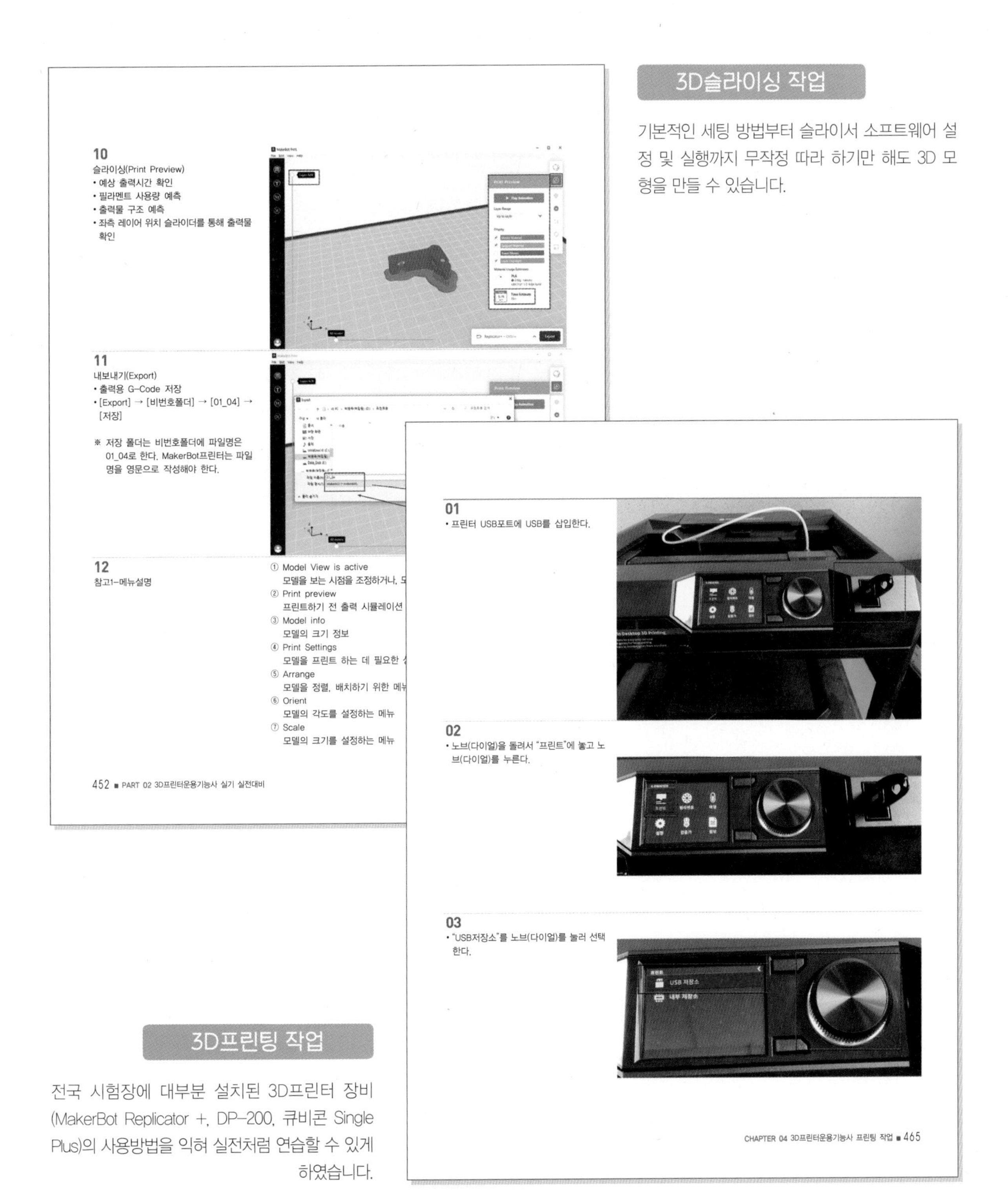

10
슬라이싱(Print Preview)
• 예상 출력시간 확인
• 필라멘트 사용량 예측
• 출력물 구조 예측
• 좌측 레이어 위치 슬라이더를 통해 출력물 확인
11
내보내기(Export)
• 출력용 G-Code 저장
• [Export] → [비번호폴더] → [01_04] → [저장]
※ 저장 폴더는 비번호폴더에 파일명은 01_04로 한다. MakerBot프린터는 파일명을 영문으로 작성해야 한다.
12
참고1-메뉴설명
① Model View is active
② Print preview
③ Model info
모델의 크기 정보
④ Print Settings
⑤ Arrange
⑥ Orient
모델의 각도를 설정하는 메뉴
⑦ Scale
모델의 크기를 설정하는 메뉴
452 PART 02 3D프린터운용기능사 실기 실전대비
01
• 프린터 USB포트에 USB를 삽입한다.
02
• 노브(다이얼)을 돌려서 "프린트"에 놓고 노브(다이얼)를 누른다.
03
• "USB저장소"를 노브(다이얼)를 눌러 선택한다.
USB 저장소
내부 저장소
CHAPTER 04 3D프린터운용기능사 프린팅 작업 465

3D슬라이싱 작업

기본적인 세팅 방법부터 슬라이서 소프트웨어 설정 및 실행까지 무작정 따라 하기만 해도 3D 모형을 만들 수 있습니다.

3D프린팅 작업

전국 시험장에 대부분 설치된 3D프린터 장비(MakerBot Replicator +, DP-200, 큐비콘 Single Plus)의 사용방법을 익혀 실전처럼 연습할 수 있게 하였습니다.

이 책의 목차

PART 01 | 3D프린터운용기능사 실기 개요

PART 02 | 3D프린터운용기능사 실기 실전대비

CHAPTER 01 3D프린터운용기능사 작업내용 및 합격 포인트

CHAPTER 02 3D프린터운용기능사 공개문제

PART 1

3D프린터운용기능사 실기 개요

CHAPTER 01

3D프린터운용기능사 작업내용 및 합격 포인트

01 실기과제 내용

1. [시험1]과제 : 3D모델링작업

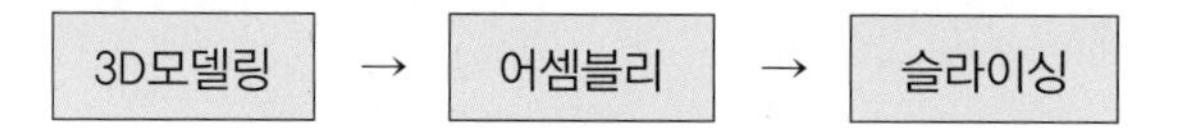

1) 시험시간 : 1시간
2) 주어진 도면의 부품①, 부품②를 1 : 1척도로 상호 움직임이 발생하는 부위(A, B)의 공차를 적용해 3D모델링한 후 저장한다(단, 해당부위의 기준치수와 차이를 ±1mm 이하로 한다).
3) 부품①, 부품②를 1 : 1의 척도로 어셈블리하여 사용 소프트웨어와 STP확장자로 저장하여 제출한다.
4) 어셈블리된 파일을 1 : 1의 척도 및 조립된 상태로 STL 확장자로 저장하고 슬라이싱 소프트웨어를 사용하여 출력용 프로그램을 작성하여 제출한다.

2. [시험2]과제 : 3D프린팅작업

1) 시험시간 : 2시간
2) 3D프린터 세팅 후 USB에 저장된 3D모델링 어셈블리 형상을 1 : 1척도 및 조립된 상태로 출력한다.
3) 출력을 완료한 후 서포트 및 거스러미를 제거하여 제출한다.
4) 제출 후 3D프린터 노즐 및 베드를 청소 및 정리한다.

02 수험자 주의사항

1. 본인이 사용하는 3D모델링 소프트웨어가 온라인 인증이 필요한 경우는 반드시 사전에 인증을 완료해야 한다. 시험장에서는 인터넷 등 네트워크가 차단되어 인증이 불가능하다. 인증불가 등의 문제로 인한 불이익은 수험자에게 책임이 있다. 만약 인증이 불가하면 개인 PC 검사 시작 전에 개인 PC 사용 의사를 철회하고 시험장 PC를 사용할 수 있다. 또한 3D모델링은 개인 PC로 하고 슬라이서 소프트웨어에 한해 시험장 PC를 사용 가능하다. 즉 반드시 시험장 PC에 설치된 3D모델링 및 슬라이서 소프트웨어와 3D프린트 기종을 미리 확인해야 한다.

2. 개인 PC를 지참하는 수험자는 반드시 "**개인 PC 지참 수험자 준수사항**"을 숙지하여 포맷해야 한다.
   (PC 포맷 인정 기준 : 응시일을 기준으로 응시 7일 전~응시일 PC 검사 시작 전까지 포맷 완료)
   예 응시일이 '25. 3. 16인 수험자의 경우, '25. 3. 9~3. 16 기간 동안 PC 검사 전까지 포맷 조치한 PC만 사용 인정
   ※ PC 포맷 인정 기준일 : PC 포맷 조치 후 "윈도우 설치일자"

03 실기시험 공구 설명

1. 롱노즈플라이어 또는 니퍼

출력된 결과물의 서포트를 제거할 때 사용한다.

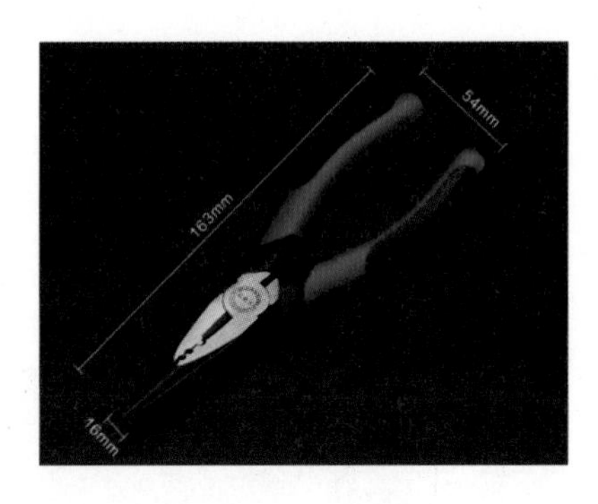

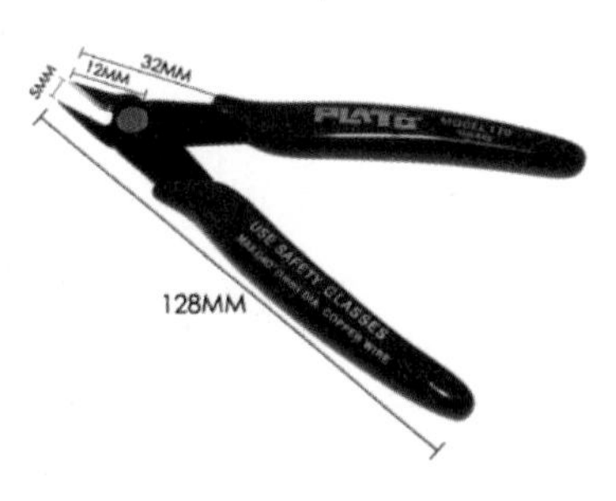

2. 헤라 테이프/시트

베드 위에 붙여 결과물을 베드에서 제거할 때 유용하게 사용한다.

저자의견 시험장 장비에 따라 필요할 수도 있다(반드시 시험장 및 인력공단 지부에 전화해 확인한다).

3. 보호장갑

출력 후 3D프린터 베드가 고온이므로 보호장갑이 필요하며 후처리 시 공구로부터 손을 보호한다.

저자의견 "안전관리"도 채점에 포함되니 반드시 보호장갑을 착용하고 베드에서 출력물 제거 및 후처리한다.

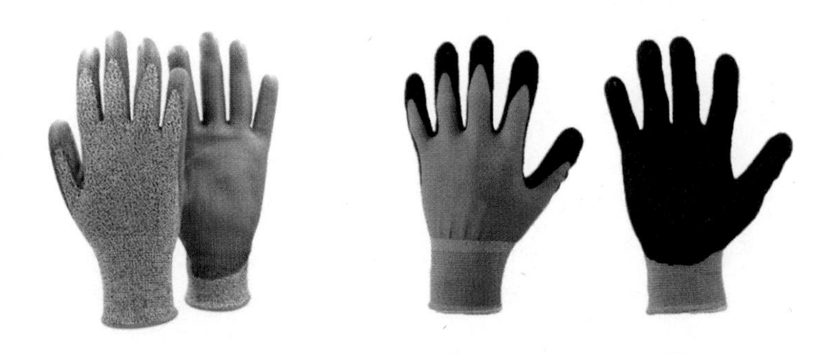

4. 헤 라

3D프린팅 결과물을 베드에서 분리할 때 사용한다.

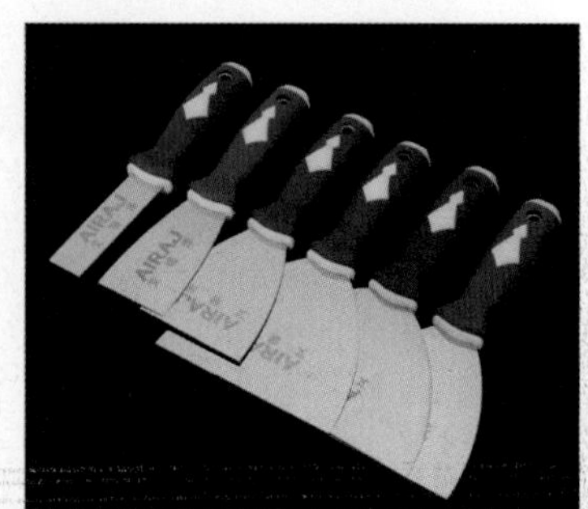

04 실기시험 작업 과정

3D모델링 → 어셈블리 → 슬라이싱 → 3D프린터 세팅 → 3D프린팅 → 후처리

과 정	순	설 명	비 고
3D모델링	1	• 감독위원이 지정한 위치에 본인 비번호로 폴더를 생성한다.	• 보통 바탕화면에 본인 비번호 폴더를 생성한다.
	2	• 부품(①)을 3D모델링하고 본인 비번호 폴더에 저장한다.	• 상호움직임이 발생하는 부위(A, B) 공차 적용
	3	• 부품(②)을 3D모델링하고 본인 비번호 폴더에 저장한다.	• 상호움직임이 발생하는 부위(A, B) 공차 적용
어셈블리	4	• 부품 ①과 ②를 조립된 상태로 어셈블리하고 본인이 사용하는 모델링 소프트웨어의 기본 확장자와 STP(STEP)확장자 **2가지**를 본인 비번호 폴더에 저장한다.	• 파일명(02.***, 02.STP)
	5	• 어셈블리된 조립품을 움직이는 부분의 출력을 고려하여 슬라이서 소프트웨어 작업용 STL확장자로 본인 비번호 폴더에 저장한다.	• 파일명(02.STL)
슬라이싱	6	• STL 파일(02.STL)을 본인이 사용하는 슬라이서 소프트웨어를 사용하여 출력시간이 **1시간 20분** 이내가 되도록 출력 옵션을 결정하고 본인 비번호 폴더에 저장한다.	• 파일명(02.***) ※ G코드 생성
	7	감독관 지시에 따라 지급된 (USB/SD-CARD)에 본인의 비번호 폴더를 복사한다.	• **USB 저장 에러를 대비해 잘라내기가 아닌 복사하기를 한다.**
3D프린터 세팅	8	[시험2] 3D프린팅작업 요구사항 및 수험자 유의사항 교육을 감독관에게 받는다.	• **의문사항은 무엇이든 물어본다(되도록 시험이 시작되기 전 감독관에게 문의한다).**
	9	본인이 사용할 3D프린터 필라멘트 장착 여부 등 장비 이상 여부를 점검하고 정상 작동하도록 세팅한다.	• **3D프린터에 이상이 있으면 반드시 장비 교환 및 조치를 받는다.**
3D프린팅	10	(USB/SD-CARD)에 저장된 출력용 파일을 3D프린터를 이용하여 출력한다.	• **출력이 이상하면 제한시간 내에 다시 출력이 가능하다.**
후처리	11	출력이 완료되면 서포트 및 거스러미 제거 등 후처리하여 감독위원에게 제출한다.	• **시간이 충분하니 후처리를 깔끔하게 한다(후처리 중 출력물이 파손되는 경우가 있으니 신중히 실시하고 정해진 시간 내에 제출하면 되니 천천히 하자).**
	12	제출 후 3D프린터 노즐 및 베드에 잔여물을 제거 하는 등 청소 및 정리정돈을 실시한다.	• **청소 및 정리정돈도 채점에 포함된다.**

05 실기시험 합격 포인트

1 해당 시험장을 방문할 수 있으면 방문하여 3D프린터 기종, 모델링 및 슬라이서 소프트웨어 등을 확인한다.

보통 시험장은 대학교 및 특성화 고등학교 등이다. 미리 관계자와 전화 통화 후 방문하여 3D프린터 기종, 컴퓨터에 설치되어 있는 모델링 소프트웨어 및 슬라이서 소프트웨어를 확인한다. 관계자들도 바쁜 업무가 있다. 빈손으로 방문하는 것보다는 음료수라도 구입하여 드리고 세팅 관련(오토레벨, 출력방법 등) 내용을 문의하고 되도록 직접 간단한 것이라도 프린팅 해본다.

2 시험장 방문이 어렵다면 해당 지역 한국산업인력공단에 전화하여 3D프린터 기종, 설치된 소프트웨어를 확인하여 유튜브로 반드시 확인하고 시험장에 간다.

보통 유튜브에는 해당 프린터 기종에 대한 설명이 아주 많다. 기본적인 세팅 방법 및 슬라이서 소프트웨어 설정 방법 등을 확인하고 시험을 본다.

※ 모델링 S/W, 3D프린터 종류 등 검정장 시설목록과 관련된 내용은 실기시험 원서접수 시 확인 가능하다.

3 개인 PC 지참자는 감독위원에게 사전검사를 받아야 응시가 가능하다.

개인 PC는 반드시 사전 포맷 후 본인이 사용할 모델링 소프트웨어와 슬라이서 소프트웨어만을 설치하여야 한다. 시험 관련 프로그램 외 기타 프로그램은 설치 제한(한글, MS오피스 프로그램 모두 삭제)된다. 감독위원마다 다르나 포맷을 하지 않을 경우 퇴실조치 및 시험장에 설치된 컴퓨터로 응시해야 한다. 온라인 인증이 필요한 소프트웨어 사용 시 반드시 사전에 인증을 완료해야 한다. 인증불가 등의 문제로 인한 불이익은 수험자에게 책임이 있다. 되도록 시험장에 있는 컴퓨터로 시험을 보는 것을 추천하나 본인이 사용하는 모델링 소프트웨어가 없다면 개인 PC 지참 응시 관련 내용을 숙지하여 불이익을 받지 않도록 한다.

4 본 수험서에 제시된 실기 예상문제는 반드시 모델링 후 슬라이싱 한다.

1시간 동안 부품①, ② 모델링 및 어셈블리, 슬라이서 소프트웨어를 통해 파일 4개를 저장해야 한다. 본 수험서에 제시된 실기도면을 1시간 내에 모델링 및 슬라이싱 한다면 반드시 합격할 것이다. 연습을 실전처럼 비번호를 부여받아 모델링 시 비번호를 각인하고 4개의 파일명도 비번호에 맞게 저장하는 연습을 한다**(실제 시험 시 비번호를 각인하지 않았거나 파일명을 요구사항에 맞지 않게 제출하여 채점대상에서 제외된 수험자가 있다).**

5 수험자 본인 시험장 3D프린터 기종의 슬라이서 소프트웨어를 미리 확인하여 슬라이싱을 연습한다.

해당 지역 한국산업인력공단 지부에 전화 문의하면 3D프린터 기종 및 슬라이서 소프트웨어를 알 수 있다. 연습 초기부터 해당 슬라이서 소프트웨어를 통해 출력용 파일 확장자(G-code) 저장 방법, 출력 예상시간(1시간 20분) 조정 등 슬라이싱을 연습한다(**실제 시험 시 필라멘트를 PLA로 설정하지 않고 ABS로 설정하여 출력이 중간에 멈추어 채점대상에서 제외된 수험자가 있다**).

※ 실기시험 원서접수 시 해당 시험장 시설목록을 확인할 수 있다.

6 실기시험 원서 접수를 최대한 빨리 한다.

신설 종목으로 필기시험에 합격한 사람은 많으나 상대적으로 실기 시험장이 부족하여 실기시험 수험자가 많다. 원서 접수 시작시간에 접수하지 않으면 본인이 희망하는 지역에 접수를 하지 못해 타 지역에서 시험을 응시해야 한다. 또한 타 지역도 접수가 마감되면 시험을 응시하지 못하는 경우도 있다. 실기시험 원서 접수 시작시간을 반드시 확인하여 접수하도록 하자(휴대폰 알람을 이용하자).

7 후처리 공구를 준비하여 충분한 시간을 가지고 출력물 외관에 신경 쓰자.

3D프린팅 작업 시험시간은 2시간이다. 프린터 세팅시간은 그리 많이 소비되지 않고 출력 시간도 1시간 20분 이내이지만 대부분 1시간 안에 출력이 끝난다. 즉 후처리 시간이 충분하니 공구를 이용하여 서포트 제거 등 깔끔하게 후처리하자. **출력물 외관 상태 및 서포트 제거 상태도 채점 대상이 된다.**

8 후처리 시 보호장갑을 착용하고 출력물 제출 후 본인이 사용한 3D프린터를 정리한다.

출력이 완료되어 고온의 노즐과 베드로부터 위험 방지를 위해 보호장갑을 착용해야 한다. **즉 보호장갑 착용 여부도 채점 대상에 들어가니** 안전에 유의해서 후처리를 해야 하며 출력물을 감독위원에게 최종 제출 후 본인이 사용한 3D프린터 노즐과 베드도 보호장갑을 착용하고 정리해야 한다. **정리정돈 상태도 채점 대상에 포함됨을 유의해야 한다.**

9 3D모델링 시 도면의 ㉠, ㉡, ㉢의 치수에 유의하고, 상호 움직임 부위 A, B에 상대 치수와 차이가 ±1mm 이하로 공차가 적용되도록 하자.

도면상에 있는 ㉠, ㉡, ㉢의 치수는 채점 대상이며 **출력물의 해당 부분 치수가 공차 범위 이내로 도면과 일치해야 한다.** 3D모델링 시 더욱 신경 써야 하며 슬라이싱 작업 시에도 ㉠, ㉡, ㉢의 치수를 감안하여 베드에 위치해야 한다. 또 출력물 제출 시 유격과 움직임이 적절하여 동작에 문제가 없어야 한다. 즉 유격이 ±1mm 이상으로 너무 헐겁거나, 너무 작아서 움직이지 않으면 채점 대상에서 제외되거나 오작 처리되므로, 3D모델링 시 **축 부분은 -1mm**, **구멍 부분은 +1mm** 공차를 적용하도록 하자.

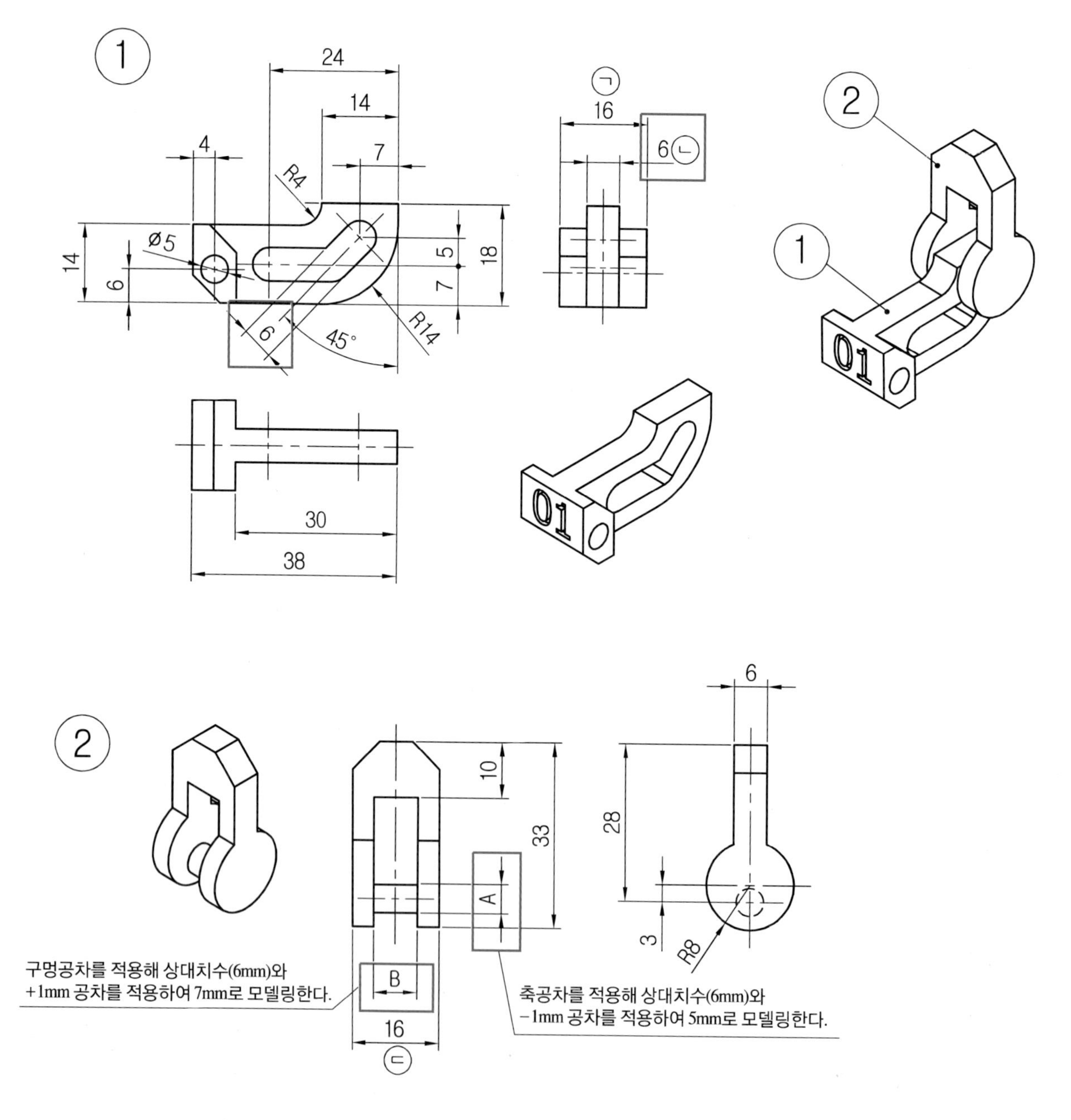

CHAPTER 02 3D프린터운용기능사 공개문제

01 공개문제

국가기술자격 실기시험문제[공개]

자격종목	3D프린터운용기능사	[시험1] 과제명	3D모델링작업

※ 시험시간 : [시험1] 1시간

1. 요구사항

※ 지급된 재료 및 시설을 사용하여 아래 작업을 완성하시오.

※ 작업순서는 [가. 3D모델링] → [나. 어셈블리] → [다. 슬라이싱] 순서로 작업하시오.

가. 3D모델링

1) 주어진 도면의 부품①, 부품②를 1 : 1척도로 3D모델링하시오.

2) 상호 움직임이 발생하는 부위의 치수 A, B는 수험자가 결정하시오.
(단, 해당부위의 기준치수와 차이를 ±1mm 이하로 하시오.)

3) 도면과 같이 지정된 위치에 부여받은 비번호를 모델링에 음각으로 각인하시오.
(단, 글자체, 글자 크기, 글자 깊이 등은 별도의 정보가 없으므로 **도면과 유사한 모양 및 크기**로 작업하시오.
[예] 비번호 2번을 부여받은 경우 2 또는 02와 같이 각인하시오.)

나. 어셈블리

1) 각 부품을 도면과 같이 1:1척도 및 조립된 상태로 어셈블리하시오.
(단, 도면과 같이 지정된 위치에 부여받은 비번호가 각인되어 있어야 합니다.)

2) 어셈블리 파일은 하나의 조립된 형태로 다음과 같이 저장하시오.
가) '수험자가 사용하는 소프트웨어의 기본 확장자' 및 'STP(STEP) 확장자' 2가지로 저장하시오.
(단, STP 확장자 저장 시 버전이 여러 가지일 경우 상위 버전으로 저장하시오.)
나) 슬라이싱 작업을 위하여 STL 확장자로 저장하시오.
(단, 어셈블리 형상의 움직이는 부분은 **출력을 고려하여 움직임 범위 내에서 임의로 이동**시킬 수 있습니다.)
다) 파일명은 부여받은 비번호로 저장하시오.

다. 슬라이싱

1) 어셈블리 형상을 1:1척도 및 조립된 상태로 출력할 수 있도록 슬라이싱 하시오.

2) 작업 전 반드시 **수험자가 직접 출력할 3D프린터 기종을 확인**한 후 **슬라이서 소프트웨어의 설정값을 수험자가 결정**하여 작업하시오.
(단, 3D프린터의 사양을 고려하여 슬라이서 소프트웨어에서 3D프린팅 출력시간이 **1시간 20분 이내**가 되도록 설정값을 결정하시오.)

3) 슬라이싱 작업 파일은 다음과 같이 저장하시오.
가) 시험장의 3D프린터로 출력이 가능한 확장자로 저장하시오.
나) 파일명은 부여받은 비번호로 저장하시오.

라. 최종 제출파일 목록

구 분	작업명	파일명 (비번호 02인 경우)	비 고
1	어셈블리	02.***	확장자 : 수험자 사용 소프트웨어 규격
2		02.STP	채점용(※ **비번호 각인 확인**)
3		02.STL	슬라이서 소프트웨어 작업용
4	슬라이싱	02.***	3D프린터 출력용 확장자 : 수험자 사용 소프트웨어 규격

1) 슬라이서 소프트웨어상 출력예상시간을 시험감독위원에게 확인받고, 최종 제출파일을 지급된 저장매체(USB 또는 SD-card)에 저장하여 제출하시오.

2) **모델링 채점 시 STP확장자 파일을 기준으로 평가**하오니, 이를 유의하여 변환하시오.
(단, 시험감독위원이 정확한 평가를 위해 최종 제출파일 목록 외의 수험자가 작업한 다른 파일을 요구할 수 있습니다.)

2. 수험자 유의사항

※ 다음의 유의사항을 고려하여 요구사항을 완성하시오.

1) 시험 시작 전 장비 이상 유무를 확인합니다.

2) 시험 시작 전 시험감독위원이 지정한 위치에 본인 비번호로 폴더를 생성 후 작업내용을 저장하고, 파일 제출 및 시험 종료 후 저장한 작업내용을 삭제합니다.

3) 인터넷 등 네트워크가 차단된 환경에서 작업합니다.

4) 정전 또는 기계고장을 대비하여 수시로 저장하시기 바랍니다.
(단, 이러한 문제 발생 시 "작업정지시간 + 5분"의 추가시간을 부여합니다.)

5) 시험 중에는 반드시 시험감독위원의 지시에 따라야 합니다.

6) 다음 사항은 실격에 해당하여 채점 대상에서 제외됩니다.
   가) 수험자 본인이 수험 도중 시험에 대한 기권 의사를 표현하는 경우
   나) 실기시험 과정 중 1개 과정이라도 불참한 경우
   다) 시설·장비의 조작 또는 재료의 취급이 미숙하여 위해를 일으킬 것으로 시험감독위원 전원이 합의하여 판단한 경우
   라) 시험 중 봉인을 훼손하거나 저장매체를 주고받는 행위를 할 경우
   마) 시험 중 휴대폰을 소지/사용하거나 인터넷 및 네트워크 환경을 이용할 경우
   바) 3D프린터운용기능사 실기시험 3D모델링작업, 3D프린팅작업 중 하나라도 0점인 과제가 있는 경우
   사) 시험감독위원의 정당한 지시에 불응한 경우
   아) 시험시간 내에 작품을 제출하지 못한 경우
   자) 요구사항의 최종 제출파일 목록(어셈블리, 슬라이싱)을 1가지라도 제출하지 않은 경우
   차) 슬라이싱 소프트웨어 설정상 출력 예상시간이 1시간 20분을 초과하는 경우
   카) 어셈블리 STP파일에 비번호 각인을 누락하거나 다른 비번호를 각인한 경우
   타) 어셈블리 STP파일에 비번호 각인을 지정된 위치에 하지 않거나 음각으로 각인하지 않은 경우
   파) 채점용 어셈블리 형상을 1 : 1 척도로 제출하지 않은 경우
   하) 채점용 어셈블리 형상을 조립된 상태로 제출하지 않은 경우
   거) 모델링 형상 치수가 1개소라도 ±2mm를 초과하도록 작업한 경우

국가기술자격 실기시험문제[공개]

자격종목	3D프린터운용기능사	[시험2] 과제명	3D프린팅작업

※ 시험시간 : [시험2] 2시간

1. 요구사항

※ 지급된 재료 및 시설을 사용하여 아래 작업을 완성하시오.

※ 작업순서는 가. 3D프린터 세팅 → 나. 3D프린팅 → 다. 후처리 순서로 작업시간의 구분 없이 작업하시오.

가. 3D프린터 세팅

1) 노즐, 베드 등에 이물질을 제거하여 출력 시 방해요소가 없도록 세팅하시오.
2) PLA 필라멘트 장착 여부 등 소재의 이상 여부를 점검하고 정상 작동하도록 세팅하시오.
3) 베드 레벨링 기능 등을 활용하여 베드 위치를 세팅하시오.

※ 별도의 샘플 프로그램을 작성하여 출력 테스트를 할 수 없습니다.

나. 3D프린팅

1) 출력용 파일을 3D프린터로 수험자가 직접 입력하시오.
   (단, 무선 네트워크를 이용한 데이터 전송 기능은 사용할 수 없습니다.)
2) 3D프린터의 장비 설정값을 수험자가 결정하시오.
3) 설정작업이 완료되면 3D모델링 형상을 도면치수와 같이 1 : 1척도 및 조립된 상태로 출력하시오.

다. 후처리

1) 출력을 완료한 후 서포트 및 거스러미를 제거하여 제출하시오.
2) 출력 후 노즐 및 베드 등 사용한 3D프린터를 시험 전 상태와 같이 정리하고 시험감독위원에게 확인 받으시오.

2. 수험자 유의사항

※ 다음의 유의사항을 고려하여 요구사항을 완성하시오.

1) 시험 시작 전 장비 이상 유무를 확인합니다.

2) 출력용 파일은 1회 이상 출력이 가능하나, 시험시간 내에 작품을 제출해야 합니다.

3) 정전 또는 기계고장을 대비하여 수시로 체크하시기 바랍니다.
   (단, 이러한 문제 발생 시 "작업정지시간 + 5분"의 추가시간을 부여합니다.)
   (단, 작업 중간부터 재시작이 불가능하다고 시험감독위원이 판단할 경우 3D프린팅작업을 처음부터 다시 시작합니다.)

4) 시험 중 장비에 손상을 가할 수 있으므로 공구 및 재료는 사용 전 관리위원에게 확인을 받으시기 바랍니다.

5) 시험 중에는 반드시 시험감독위원의 지시에 따라야 합니다.

6) 시험 중 날이 있는 공구, 고온의 노즐 등으로부터 위험 방지를 위해 보호장갑을 착용하여야 하며, 미착용 시 채점상의 불이익을 받을 수 있습니다.

7) 3D프린터 출력 중에는 유해가스 차단을 위해 방진마스크를 반드시 착용하여야 하며, 미착용 시 채점상의 불이익을 받을 수 있습니다.

8) 3D프린터 작업은 창문개방, 환풍기 가동 등을 통해 충분한 환기상태를 유지하며 수행하시기 바랍니다.

9) 다음 사항은 실격에 해당하여 채점 대상에서 제외됩니다.
   가) 수험자 본인이 수험 도중 시험에 대한 기권 의사를 표현하는 경우
   나) 실기시험 과정 중 1개 과정이라도 불참한 경우
   다) 시설·장비의 조작 또는 재료의 취급이 미숙하여 위해를 일으킬 것으로 시험감독위원 전원이 합의하여 판단한 경우
   라) 시험 중 봉인을 훼손하거나 저장매체를 주고받는 행위를 할 경우
   마) 시험 중 휴대폰을 소지/사용하거나 인터넷 및 네트워크 환경을 이용할 경우
   바) 수험자가 직접 3D프린터 세팅을 하지 못하는 경우
   사) 수험자의 확인 미숙으로 3D프린터 설정조건 및 프로그램으로 3D프린팅이 되지 않는 경우
   아) 서포트를 제거하지 않고 제출한 경우
   자) 3D프린터운용기능사 실기시험 3D모델링작업, 3D프린팅작업 중 하나라도 0점인 과제가 있는 경우
   차) 시험감독위원의 정당한 지시에 불응한 경우
   카) 시험시간 내에 작품을 제출하지 못한 경우
   타) 도면에 제시된 동작범위를 100% 만족하지 못하거나, 제시된 동작범위를 초과하여 움직이는 경우
   파) 일부 형상이 누락되었거나, 없는 형상이 포함되어 도면과 상이한 작품
   하) 형상이 불완전하여 시험감독위원이 합의하여 채점 대상에서 제외된 작품
   거) 서포트 제거 등 후처리 과정에서 파손된 작품
   너) 3D모델링 어셈블리 형상을 1 : 1 척도 및 조립된 상태로 출력하지 않은 작품
   더) 출력물에 비번호 각인을 누락하거나 다른 비번호를 각인한 작품

02 공개도면

※ 도서의 도면에 표시된 치수는 실제 시험장 치수와 다를 수 있음을 알려드립니다.

도 면

①

자격종목	3D프린터운용기능사	[시험1] 과제명	3D모델링작업	척 도	NS

주서

1. 도시되고 지시없는 라운드는 R3

도 면

자격종목	3D프린터운용기능사	[시험1] 과제명	3D모델링작업	척 도	NS

주서

1. 도시되고 지시없는 모따기는 C5, 라운드는 R3

도 면

③

자격종목	3D프린터운용기능사	[시험1] 과제명	3D모델링작업	척 도	NS

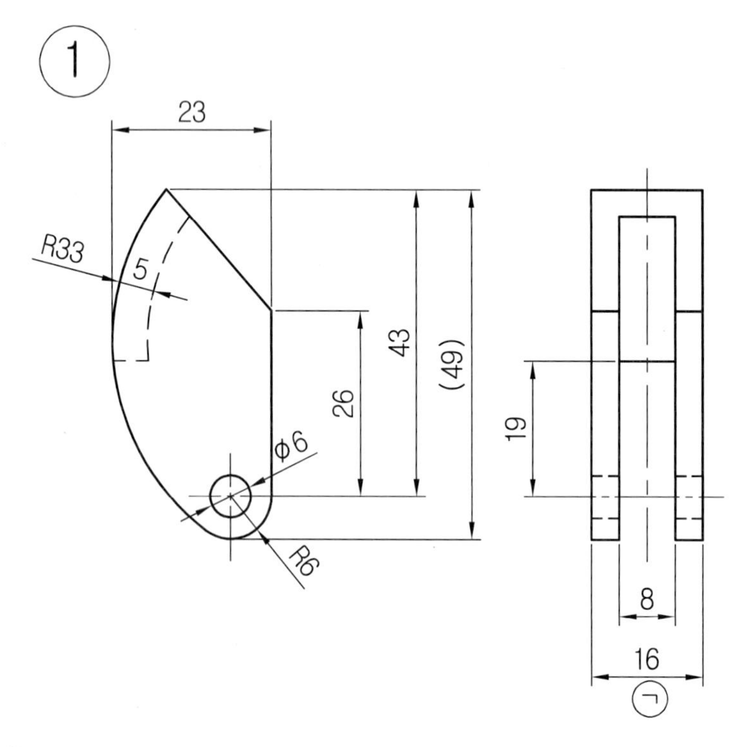

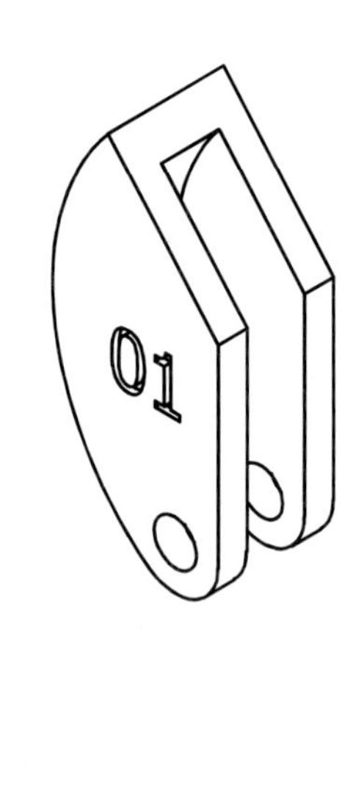

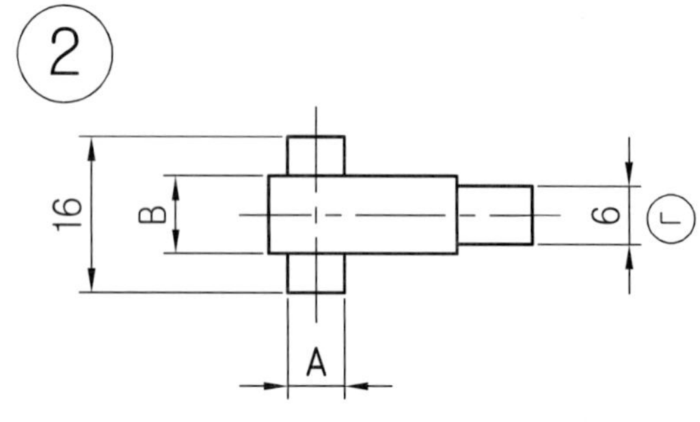

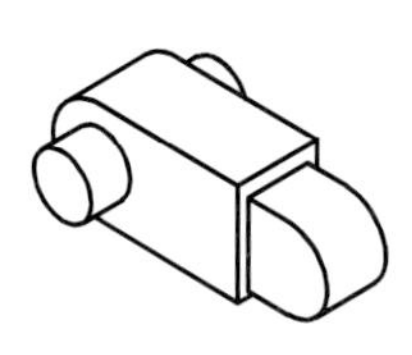

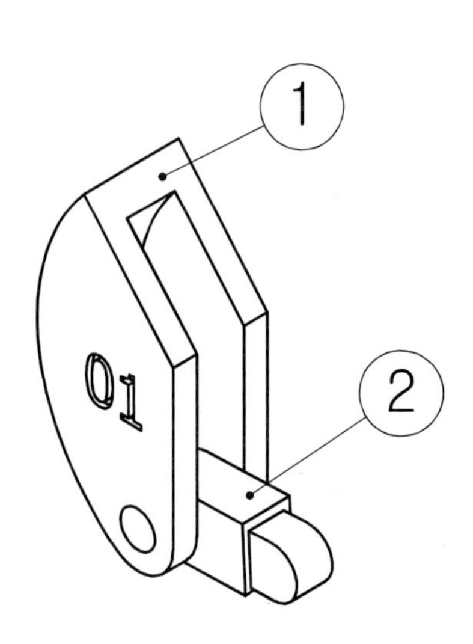

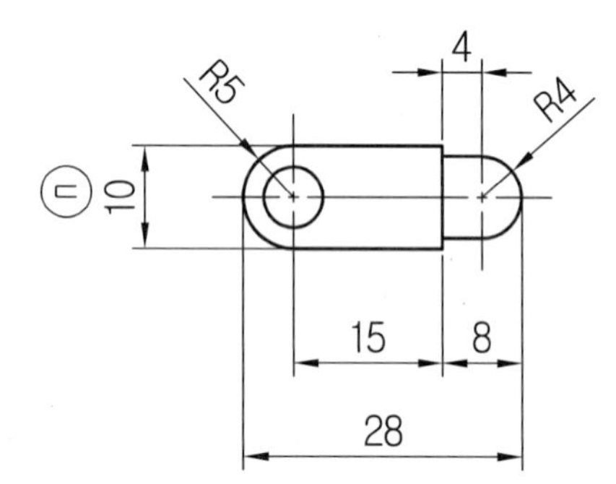

도 면

자격종목	3D프린터운용기능사	[시험1] 과제명	3D모델링작업	척 도	NS

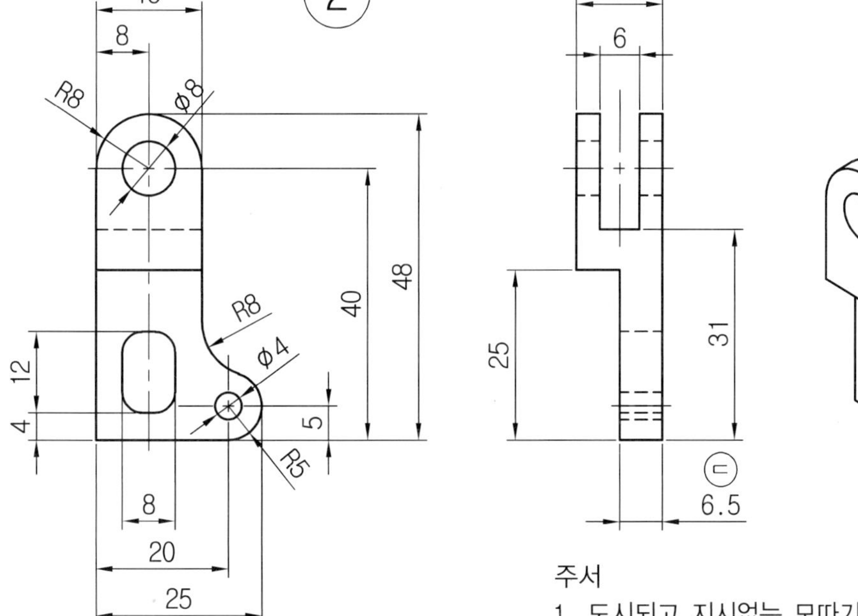

주서

1. 도시되고 지시없는 모따기는 C2, 라운드는 R3

도 면

자격종목	3D프린터운용기능사	[시험1] 과제명	3D모델링작업	척 도	NS

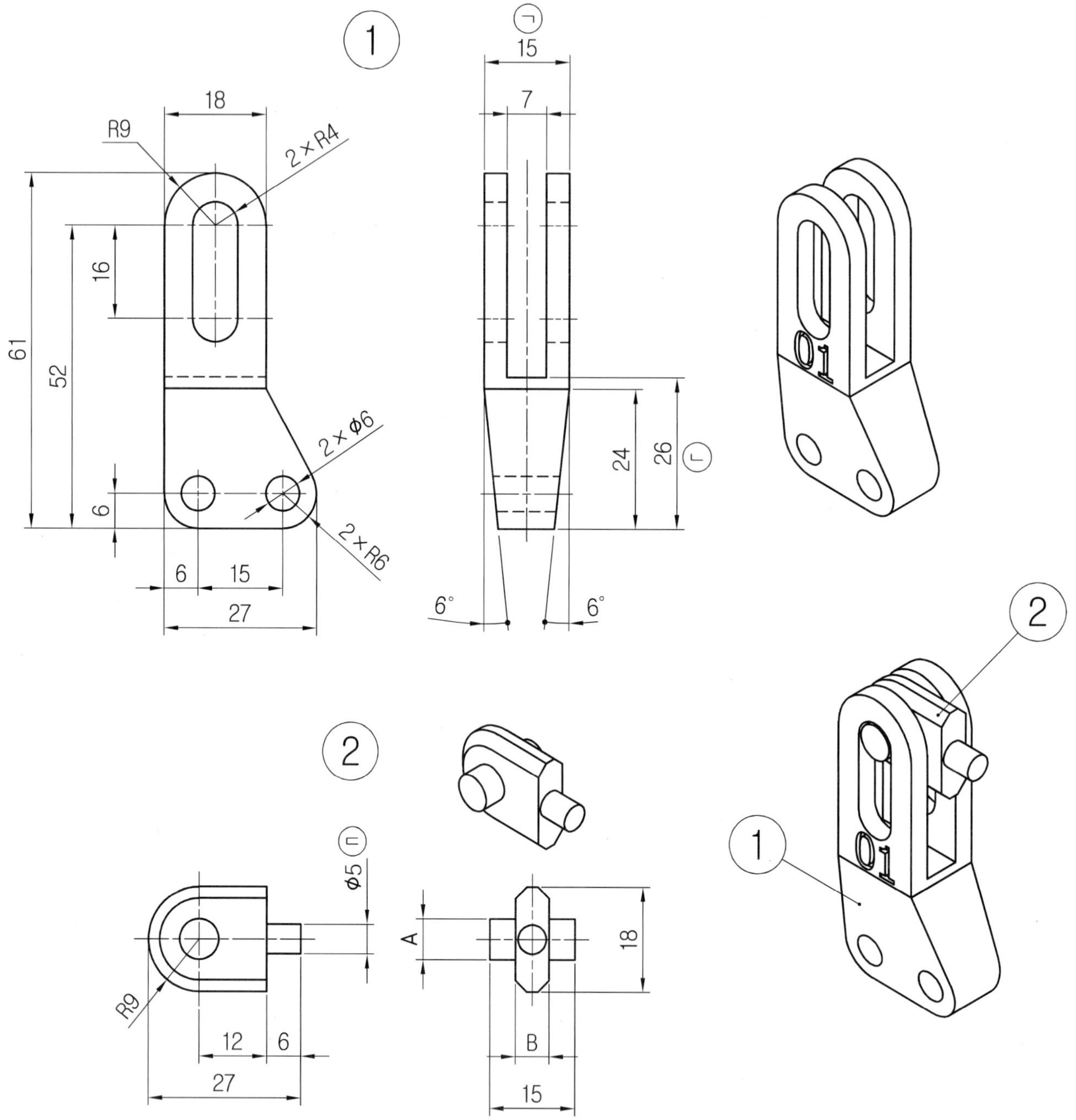

주서

1. 도시되고 지시없는 모따기는 C2

도 면

자격종목	3D프린터운용기능사	[시험1] 과제명	3D모델링작업	척 도	NS

①

2×R3
2×R10
40
27
7
20
ㄷ
10
7
5
18
ㄴ
01
②
①

②

12
R6
37
30
5
10
ϕ5
4
8
20
5
B
A
ϕ14
ㄱ
10

주서

1. 도시되고 지시없는 라운드는 R2

도 면

자격종목	3D프린터운용기능사	[시험1] 과제명	3D모델링작업	척 도	NS

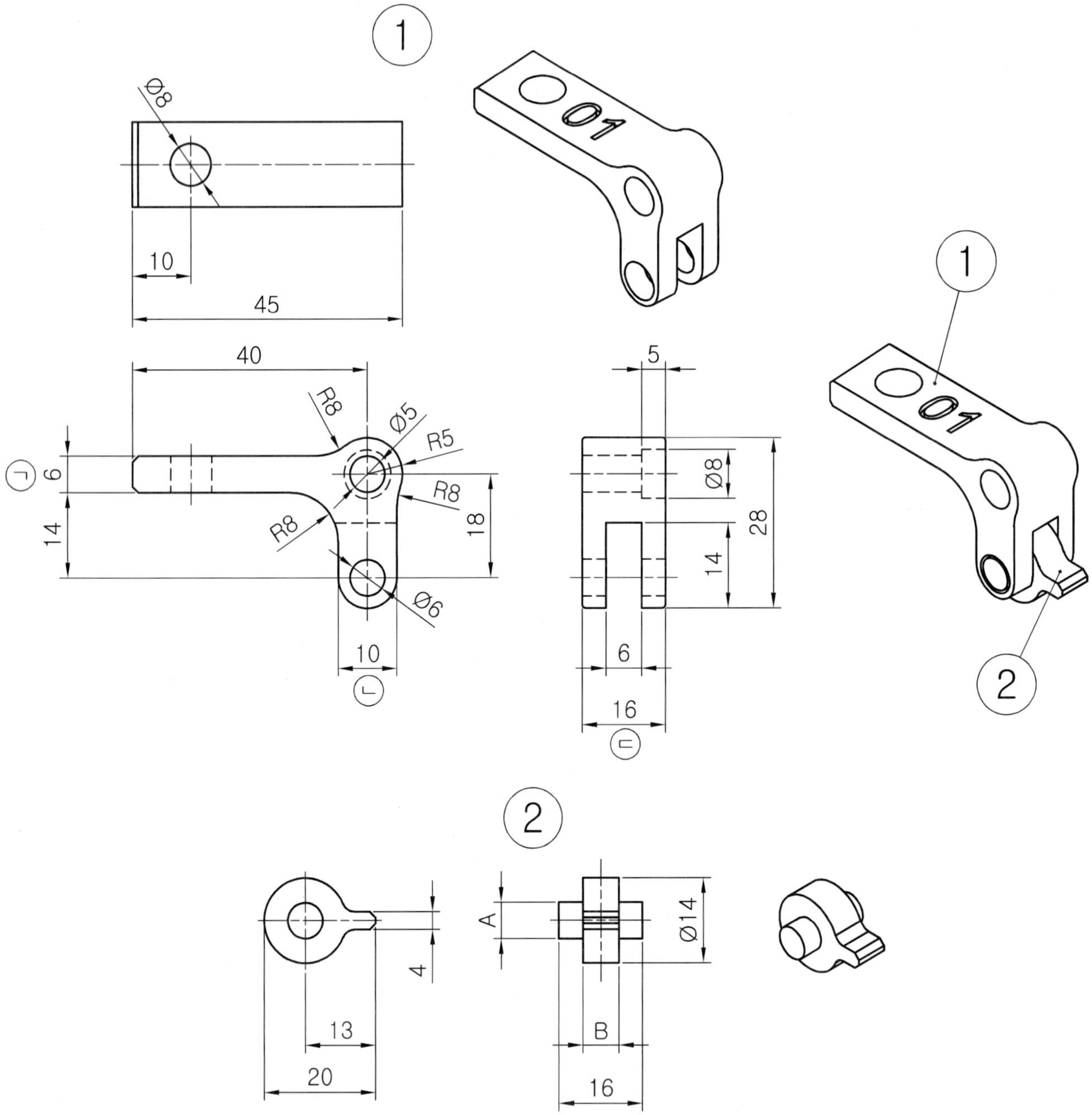

주서

1. 도시되고 지시없는 모따기는 C1, 라운드는 R2

도 면

자격종목	3D프린터운용기능사	[시험1] 과제명	3D모델링작업	척 도	NS

주서

1. 도시되고 지시없는 모따기는 C2, 라운드는 R3

도 면

자격종목	3D프린터운용기능사	[시험1] 과제명	3D모델링작업	척 도	NS

주서

1. 도시되고 지시없는 라운드는 R2
2. 해당도면은 좌우대칭임

도 면

자격종목	3D프린터운용기능사	[시험1] 과제명	3D모델링작업	척 도	NS

주서

1. 도시되고 지시없는 모따기는 C3

도 면

자격종목	3D프린터운용기능사	[시험1] 과제명	3D모델링작업	척 도	NS

주서

1. 도시되고 지시없는 모따기는 C2, 라운드는 R1

도 면

자격종목	3D프린터운용기능사	[시험1] 과제명	3D모델링작업	척 도	NS

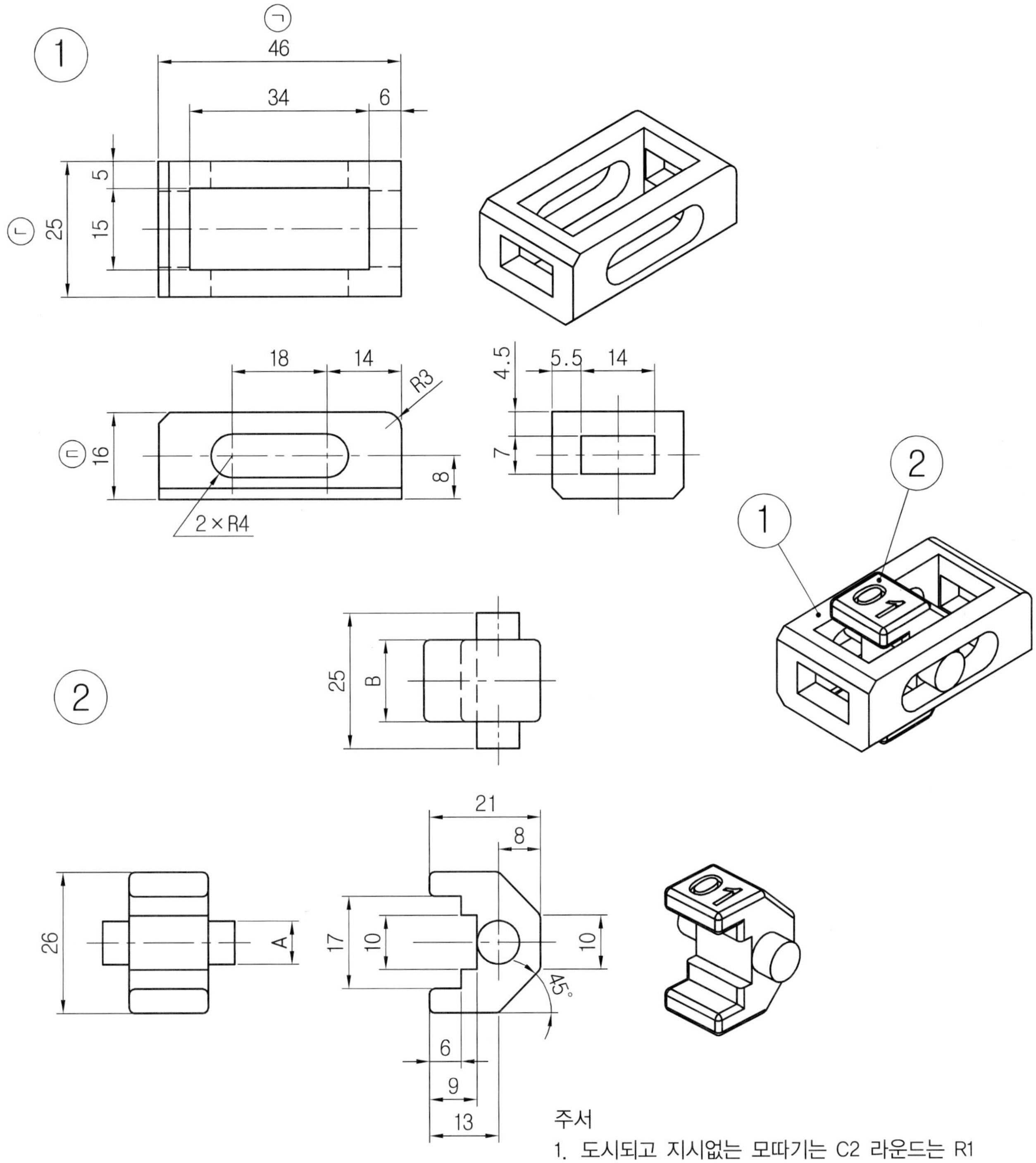

주서

1. 도시되고 지시없는 모따기는 C2 라운드는 R1

도 면

⑬

자격종목	3D프린터운용기능사	[시험1] 과제명	3D모델링작업	척 도	NS

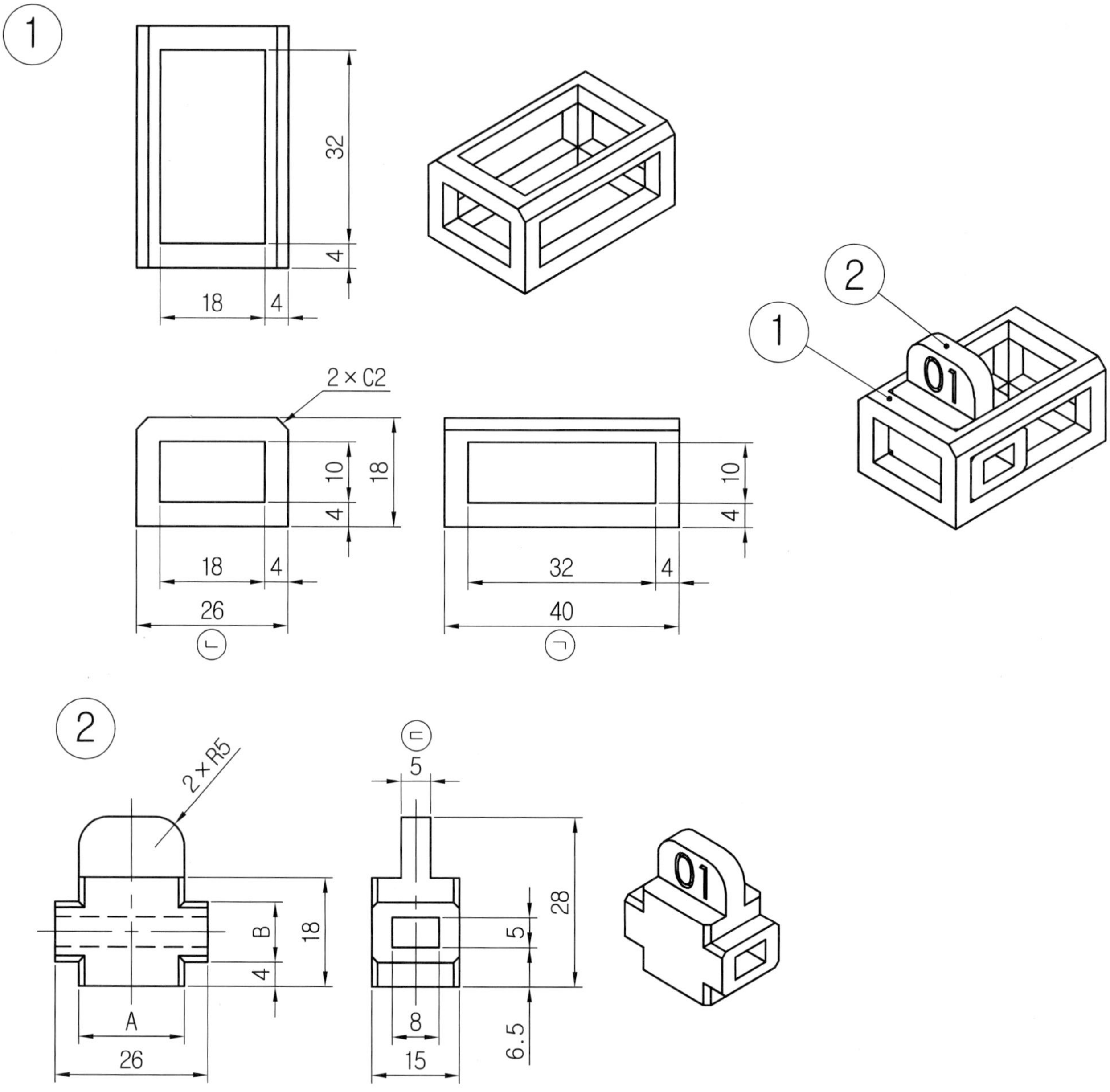

①

2 × C2

㉡

㉠

②

2 × R5

㉢

주서

1. 도시되고 지시없는 모따기는 C1

도 면

자격종목	3D프린터운용기능사	[시험1] 과제명	3D모델링작업	척 도	NS

주서

1. 도시되고 지시없는 모따기는 C3

도 면

자격종목	3D프린터운용기능사	[시험1] 과제명	3D모델링작업	척 도	NS

주서

1. 도시되고 지시없는 라운드는 R1

도 면

자격종목	3D프린터운용기능사	[시험1] 과제명	3D모델링 작업	척 도	NS

주서

1. 도시되고 지시없는 모따기는 C2

도 면

자격종목	3D프린터운용기능사	[시험1] 과제명	3D모델링 작업	척 도	NS

주서

1. 도시되고 지시없는 라운드는 R1

도 면

자격종목	3D프린터운용기능사	[시험1] 과제명	3D모델링 작업	척 도	NS

도 면

자격종목	3D프린터운용기능사	[시험1] 과제명	3D모델링 작업	척 도	NS

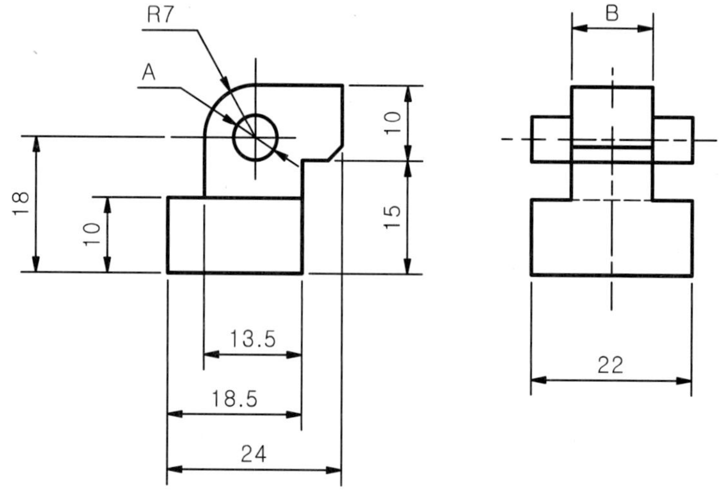

주서

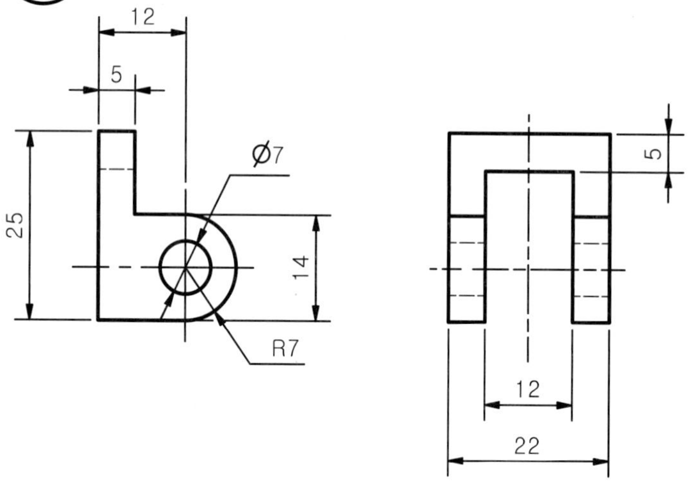

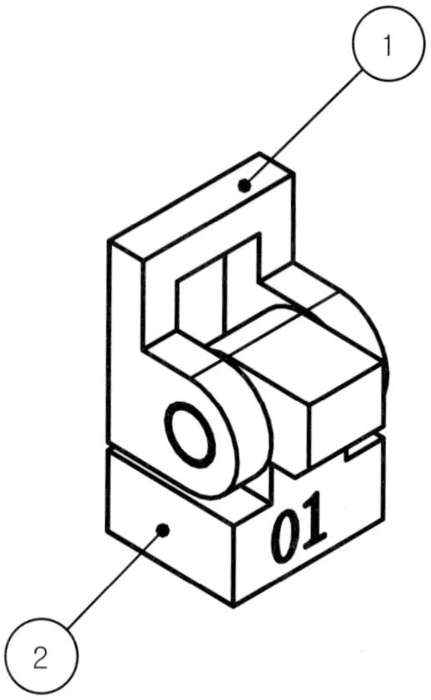

1. 도시되고 지시없는 모따기는 C2

도 면

자격종목	3D프린터운용기능사	[시험1] 과제명	3D모델링 작업	척 도	NS

①

②

주서

1. 도시되고 지시없는 모따기는 C2

도 면

자격종목	3D프린터운용기능사	[시험1] 과제명	3D모델링 작업	척 도	NS

①

R10 Ø7 R19 R14.5 R11 R3.5 80° 45° 35 20

16 4.5 4.5 8

01

2

1

②

R3.5 22 R6.5 11 A Ø6

16 B

주서

1. 도시되고 지시없는 라운드는 R3

도 면

자격종목	3D프린터운용기능사	[시험1] 과제명	3D모델링 작업	척 도	NS

①

②

주서

1. 도시되고 지시없는 라운드는 R1

도 면

자격종목	3D프린터운용기능사	[시험1] 과제명	3D모델링 작업	척 도	NS

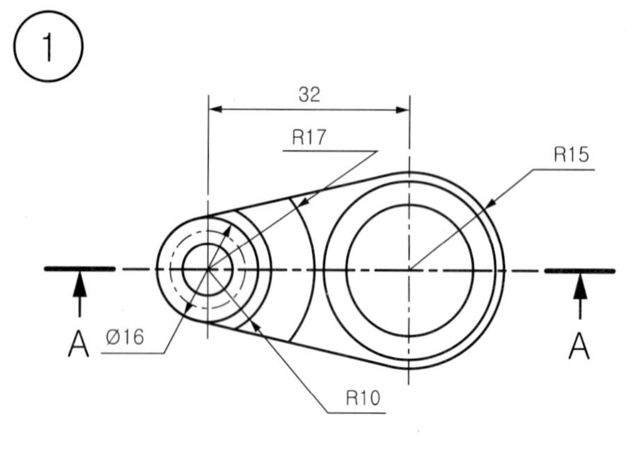

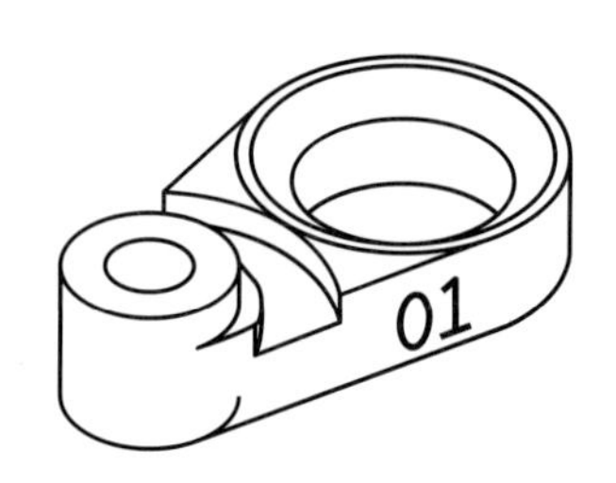

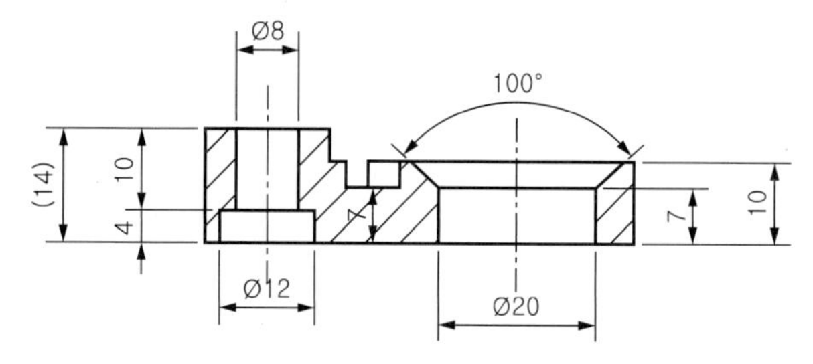

단면 A-A

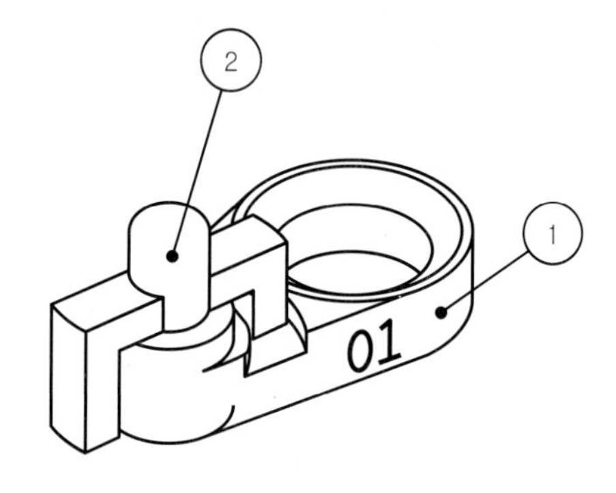

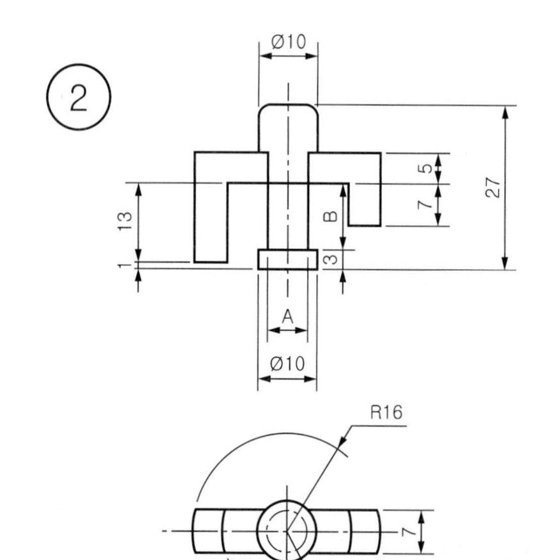

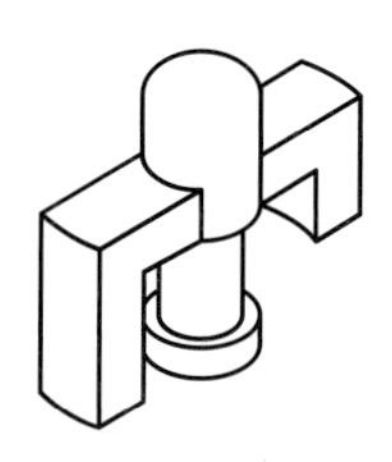

주서

1. 도시되고 지시없는 라운드는 R2

도 면

자격종목	3D프린터운용기능사	[시험1] 과제명	3D모델링 작업	척 도	NS

①

②

주서

1. 도시되고 지시없는 모따기는 C1

도 면

자격종목	3D프린터운용기능사	[시험1] 과제명	3D모델링 작업	척 도	NS

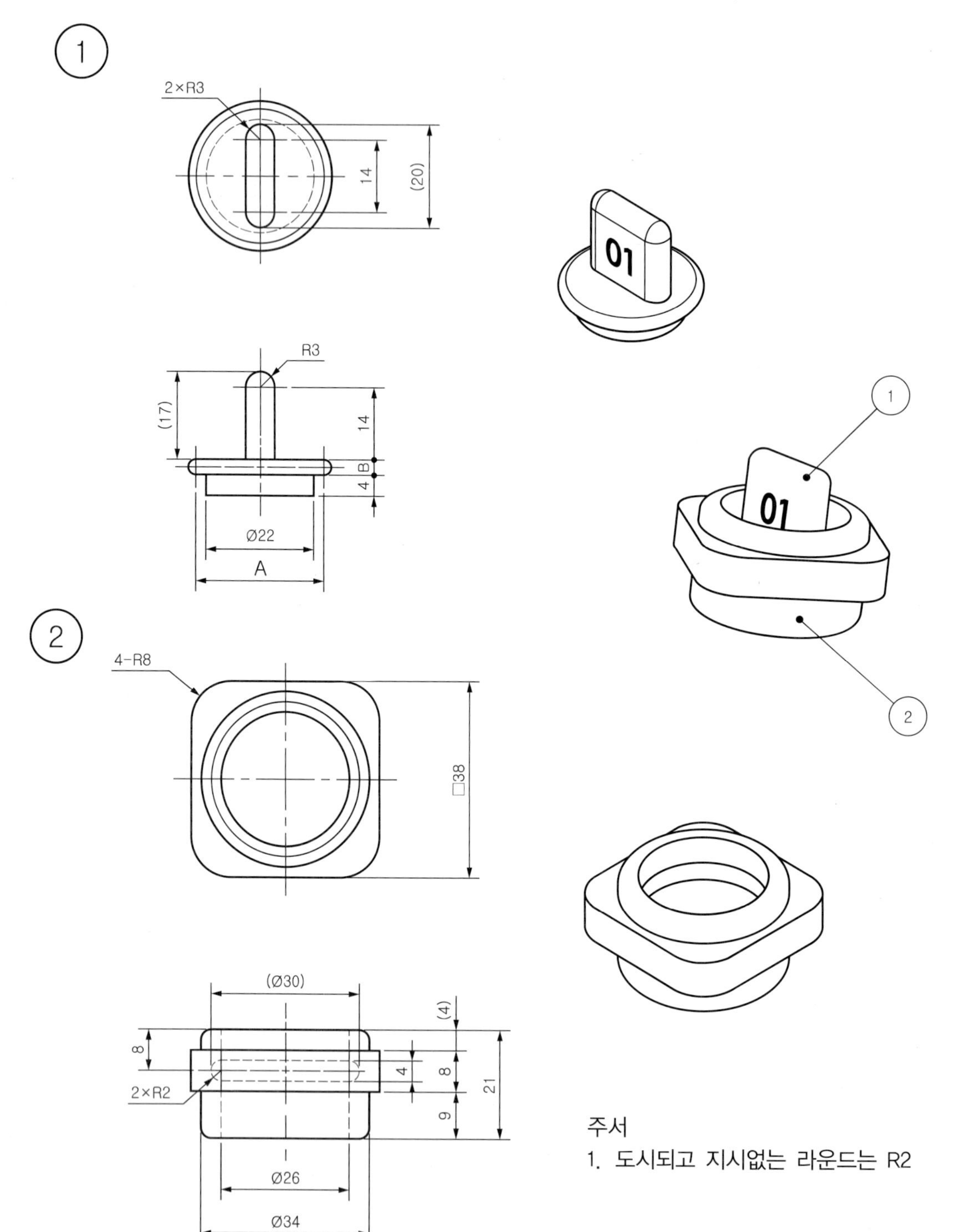

주서

1. 도시되고 지시없는 라운드는 R2

도 면

자격종목	3D프린터운용기능사	[시험1] 과제명	3D모델링 작업	척 도	NS

①

R24
Ø6
2-R7
17
8
2
Ø4
R10
10
20
(20)

②

B
3
A
R25
SR19
29
13
(Ø38)

도 면

자격종목	3D프린터운용기능사	[시험1] 과제명	3D모델링 작업	척 도	NS

①

01

20
2-R7
B
Ø29
A
26

1
2

②

4-Ø4
4-R4
2-R5
Ø16
R16
19
□26
□34
2-Ø6
2-R5
38

Ø24
2
5
5
5
(17)

교육은 우리 자신의 무지를 점차 발견해 가는 과정이다.

– 윌 듀란트 –

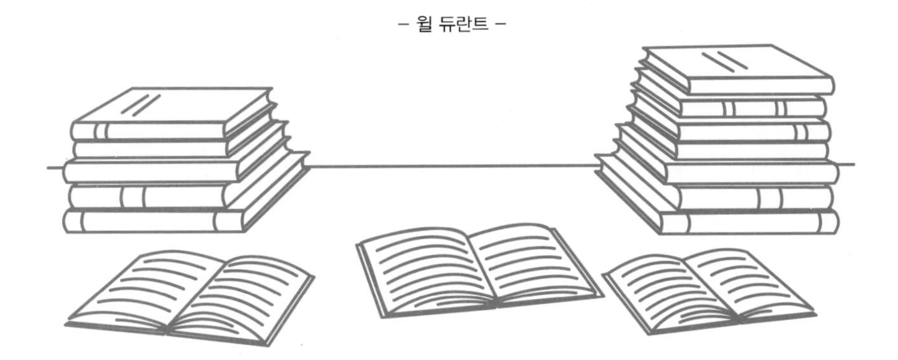

Win-Q

3D프린터운용기능사

3D프린터운용기능사 실기 실전대비

Inventor의 시작

01 Inventor의 시작

1. Inventor 시작

1) Autodesk Inventor 설치

Autodesk Inventor 프로그램을 설치할 때 컴퓨터 사양을 고려하여 프로그램이 요구하는 사항과 "mm계열, ISO 규격"으로 설정하면서 설치한다.

2) Windows에서의 시작

Windows 창에서 Autodesk Inventor의 바로가기 아이콘 

을 두 번 클릭한다.

3) 사용자 환경

구성된 메뉴, 창들은 사용자가 임의로 변경하여 환경을 설정한다.

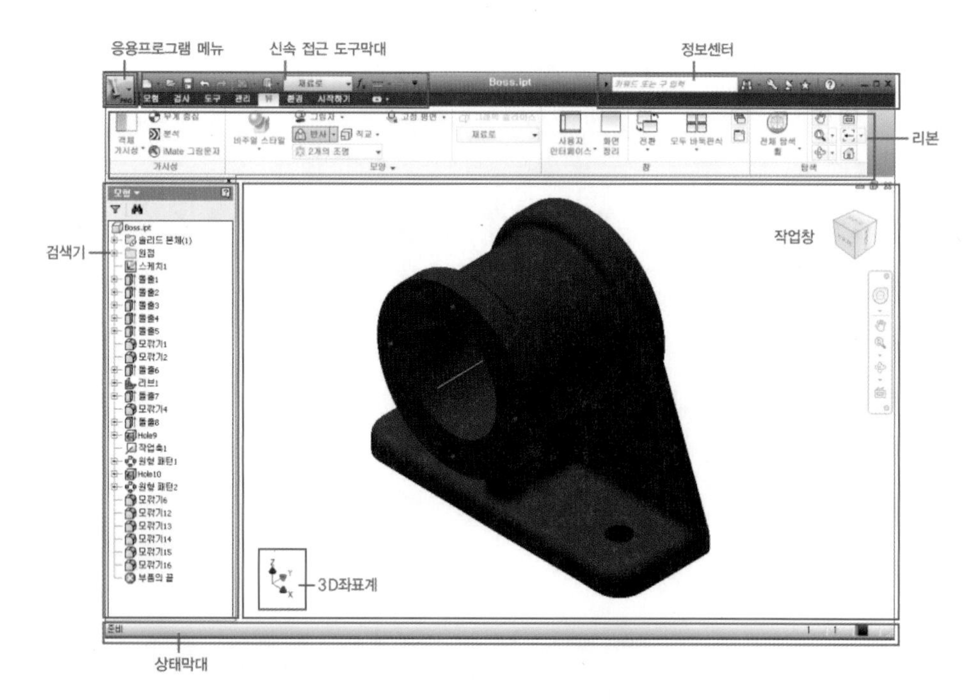

4) 응용프로그램 메뉴

명령을 검색하고, 실행하여 파일 작성, 열기 및 내보내기 작업을 수행한다.

(응용프로그램 메뉴)

응용프로그램 메뉴	의 미
새로만들기	새 파일을 작성
열 기	기존 파일을 열기
저 장	파일을 저장
다른 이름으로 파일 저장	파일의 사본 저장, 템플릿 폴더에 있는 템플릿으로 파일 저장
내보내기	파일을 DWF, PDF 또는 다른 CAD/이미지 형식으로 내보내기
관 리	파일관리 및 현재 열려 있는 모든 파일을 변환 또는 갱신
iPtoperties	iPtoperties로 연결
Vault	Vault로 연결
인 쇄	파일을 인쇄
닫 기	응용프로그램 닫기

5) 리 본

가) 명령을 기능별로 분류하여 묶은 탭들을 나열하며 활성화된 창(작업 상태)에 따라 변경된다.

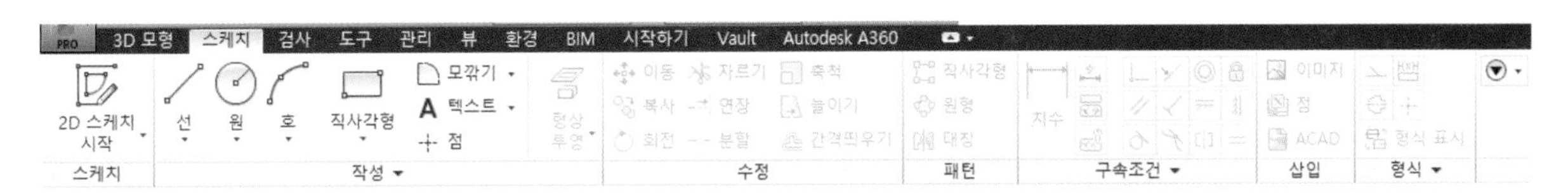

나) 리본 표시 : 수평 리본은 응용프로그램 창 맨 위에 수직 리본은 응용프로그램 창의 왼쪽이나 오른쪽에 위치한다.

다) 리본 최소화 버튼 : 버튼을 선택하거나 막대에서 마우스를 두 번 선택하면 패널 제목으로 최소화 → 탭으로 최소화 → 전체 리본 표시로 순환한다.

라) 키 팁(단축키)(Alt 키 또는 F10 키 + 영문자) : Alt 키 또는 F10 키를 선택하면 응용프로그램 메뉴, 신속 접근 도구막대 및 리본에 바로가기 키(영문)가 표시되며 표시된 영문키를 선택하면 명령이 실행된다.

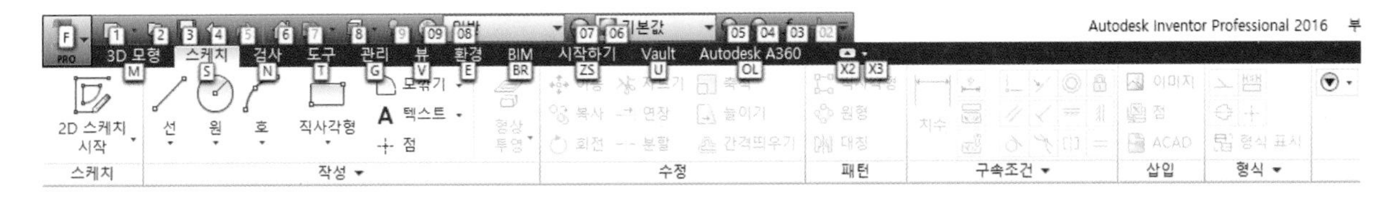

6) 검색기 막대

부품, 조립품 프레젠테이션 및 도면의 계층적 구조와 활성 파일의 정보를 표시한다.

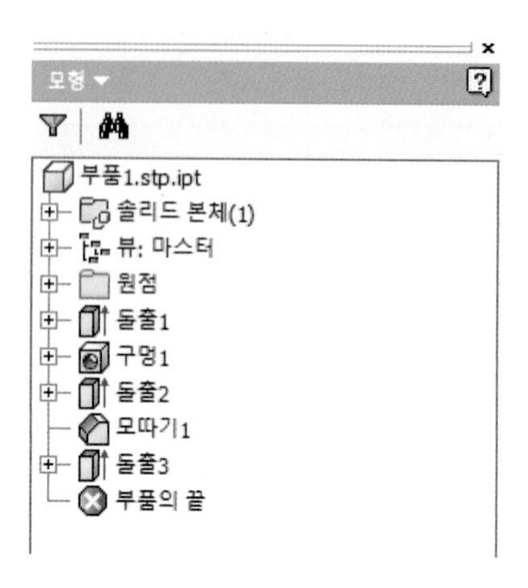

7) 작업창

가) 파일을 열면 작업창에 파일 내용을 표시하며 명령도구를 실행하면 작업을 수행한다.

나) **문서 탭 표시** : 두 개 이상의 파일이 열려 있으면 작업창 아래에 파일 이름의 탭이 생성되며 탭 위에 커서를 놓으면 툴 팁이 표시되고, 선택하면 파일 내용을 표시한다.

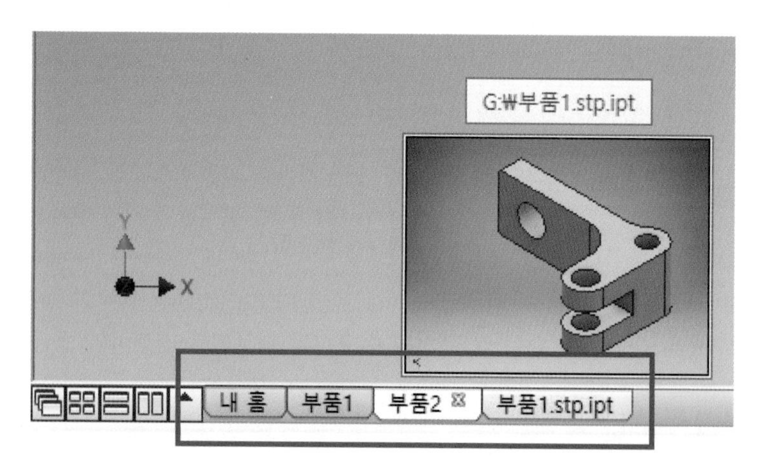

다) **3D 좌표계** : 작업창의 기본 좌표계로 X축은 적색, Y축은 녹색, Z축은 청색으로 표시한다.

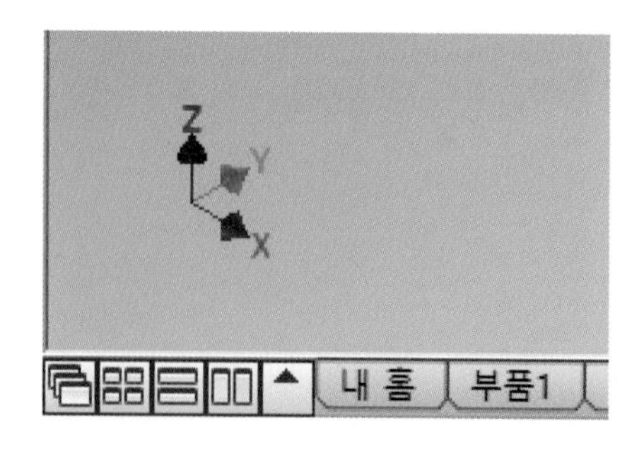

2. 기본 명령어

1) 새로 만들기

가) 새 파일 대화상자에 표시된 템플릿 파일을 선택하여 새로운 파일을 만든다.

- 신속 접근 도구막대 → 새로 만들기 (단축키 : Ctrl + N)
- 시작하기 탭 → 시작 패널 → 새로 만들기
- 단축키 : Ctrl + N

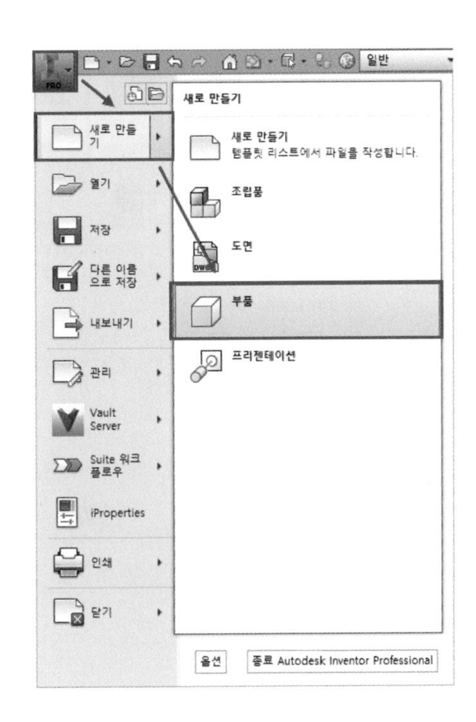

나) 새 파일 대화상자

대화상자	의 미
• English 탭	Inch계열의 표준파일(ANSI, Inch계열)을 새로 생성한다.
• Matric 탭	mm계열의 표준파일(JIS, DIN, BSI, mm계열)을 새로 생성한다.
• Mold Design 탭	금형설계의 표준파일을 새로 생성한다.
• 프로젝트	프로젝트 대화상자를 연다.
• Standard.ipt	부품파일을 작성한다.
• Standard.iam	조립품을 작성한다.

※ 3D프린터 운영기능사 실기에서는 **부품 모델링 시 "Standard.ipt"**을 사용하고 **부품 어셈블리 시 "Standard.iam"**을 사용한다.

새 파일 작성
3D 모델링
C:₩Users₩Public₩Documents₩Autodesk₩Inventor 2016₩Templates₩
Templates
English
Metric
Mold Design
부품 - 2D 및 3D 객체 작성
Sheet Metal (DIN).ipt
Sheet Metal (mm).ipt
Standard (DIN).ipt
Standard (mm).ipt
어셈블리
조립품 - 2D 및 3D 구성요소 조립
Mold Design (DIN).iam
Mold Design (mm).iam
Standard (DIN).iam
Standard (mm).iam
Weldment (ANSI - mm).iam
Weldment (BSI).iam
Weldment (DIN).iam
Weldment (GB).iam
Weldment (ISO).iam
Weldment (JIS).iam
도면 - 주석이 추가된 문서 작성
파일: Standard (mm).iam
표시 이름: 조립품
단위: 밀리미터
이 템플릿은 정확하게 정렬된 부품과 기타 조립품으로 구성된 집합을 작성합니다.
프로젝트 파일: Default.ipj
프로젝트...
작성
취소

2) 열 기

기존에 작성하고, 저장한 파일을 연다.

- 신속 접근 도구막대 →  (단축키 : Ctrl + O)

- 시작하기 탭 → 시작 패널 → 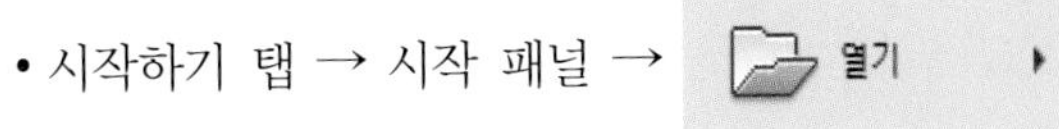

- 단축키 : Ctrl + O

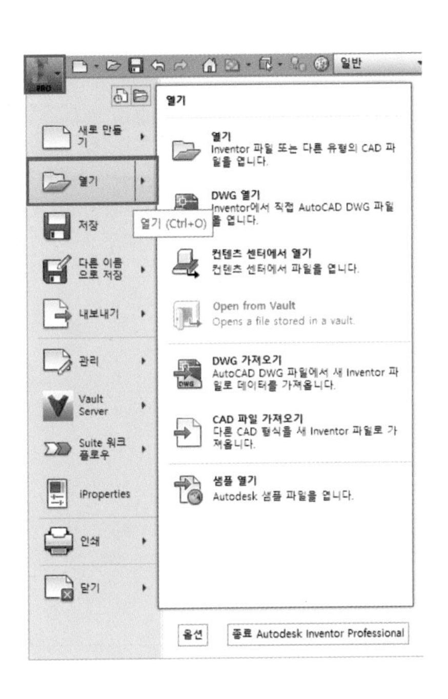

3) 저 장

파일이름과 파일형식을 지정하여 저장한다.

- 신속 접근 도구막대 → 저장 (단축키 : Ctrl + S)
- 시작하기 탭 → 시작 패널 → 저장
- 단축키 : Ctrl + S

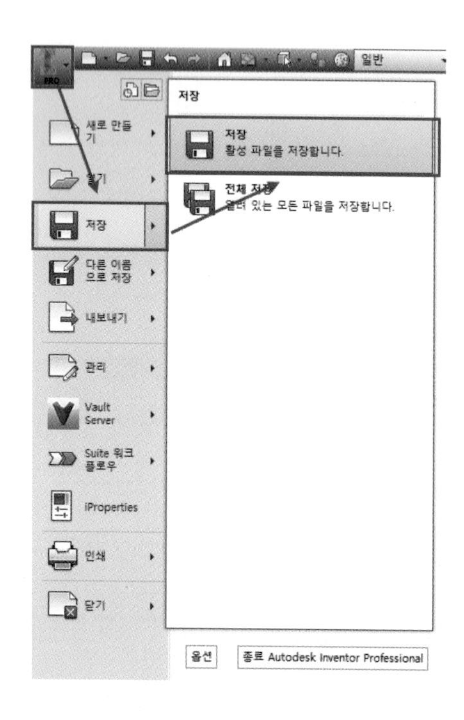

4) 내보내기

파일을 다른 CAD형식의 파일로 내보낸다.

※ 3D프린터운용기능사 실기에서는 "STP(STEP)파일", "STL파일"로 내보내기 해야 한다.

• 신속 접근 도구막대 →

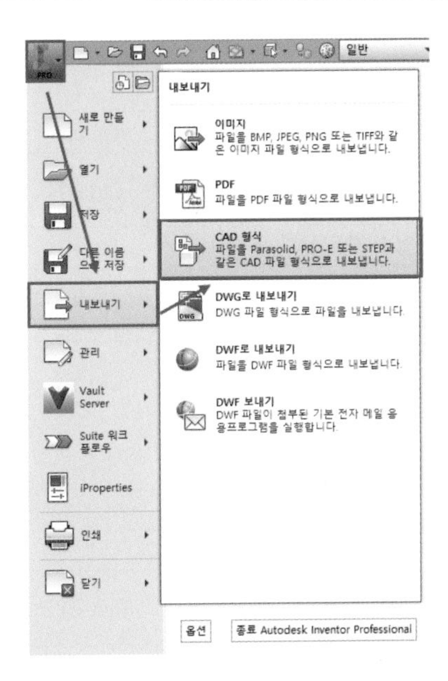

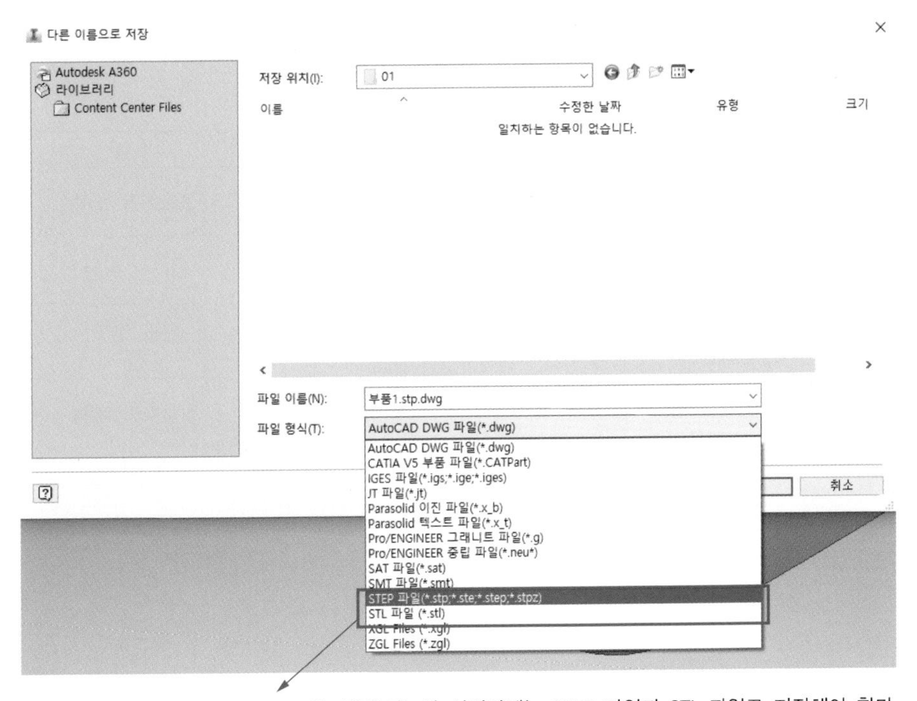

3D프린터운용기능사 실기과제는 STEP 파일과 STL 파일로 저장해야 한다.

3. 단축키

1) 전 역

키	이 름	기 능	키	이 름	기 능
F1	도움말	도움말을 표시	F2	초점이동	작업창 초점이동
F3	줌	작업창 줌 확대/축소	F4	회 전	객체 회전
F5	이전 뷰	이전 뷰로 이동	F6	등각투영 뷰	모형의 등각투영 뷰 표시
Esc	종 료	명령 종료	Delete	삭 제	객체 삭제
Ctrl + C	복 사	항목 복사	Ctrl + N	파일 작성	새 파일 대화상자 열기
Ctrl + O	새 파일 열기	열기 대화상자 열기	Ctrl + P	인 쇄	인쇄 대화상자 열기
Ctrl + S	문서 저장	문서 저장	Ctrl + V	붙이기	클립보드의 항목을 붙여넣기
Ctrl + Y	명령 복구	마지막 명령 취소	Ctrl + Z	명령 취소	마지막으로 실행한 명령을 취소
Shift + 오른쪽 마우스		목차 메뉴에 선택 도구 나열	Shift + 회전		자동으로 모형 회전
]	작업 평면	작업 평면 작성	/	작업축	작업축 작성
.	작업점	작업점 작성	;	고정 작업점	고정 작업점 작성
Alt + F11	Visuual Basic Editor	Visuual Basic 프로그램을 작성 및 편집	Shift + F3	줌 창	줌창 실행
Shift + F5	다 음		Shift + Tab	승 격	
Alt + F8	매크로	매크로 작성 및 편집			

2) 스케치

키	이 름	기 능	키	이 름	기 능
F7	그래픽 슬라이스	스케치 평면으로 모형을 자르기	F8	구속조건 표시	구속조건을 모두 표시
F9	구속조건 숨기기	전체 구속조건 숨기기	Tab	입력창 이동	입력창 이동
C	중심점 원	원 작성	D	일반 치수	치수 작성
CP	원형 패턴	원형 패턴 작성	L	선	선 작성
ODS	세로좌표 치수 세트	세로좌표 치수 세트 도구	RP	직사각형 패턴	직사각형 패턴 작성
S	2D 스케치	2D 스케치 도구	T	텍스트	문자 작성
Space Bar	자르기	자르기			

3) 부 품

키	이 름	기 능	키	이 름	기 능
CH	모따기	모따기 작성	D	면 기울기	면 기울기 작성
E	돌 출	돌출 작성	F	모깎기	모깎기 작성
H	구 멍	구멍 작성	LO	로프트	로프트 작성
MI	대 칭	대칭 작성	R	회 전	회전 도구
RP	직사각형 패턴	직사각형 패턴 작성	S	2D 스케치	2D 스케치 도구
S3	3D 스케치	3D 스케치 도구	SW	스 윕	스윕 작성

4) 조립품

키	이 름	기 능	키	이 름	기 능
Alt + 마우스 끌기		조립품에서 메이트 구속조건 적용	C	구속조건	구속조건 도구
CH	모따기	모따기 작성	F	모깎기	모깎기 작성
H	구 멍	구멍 작성	M	구성요소 이동	구성요소 이동 도구
MI	대 칭	대칭 작성	N	구성요소 작성	구성요소 작성 도구
P	구성요소 배치	구성요소 배치 도구	Q	iMate 작성	iMate 작성 도구
R	회 전	회전 도구	RO	구성요소 회전	구성요소 회전 도구
S	2D 스케치	2D 스케치 도구	SW	스 윕	스윕 작성

※ 일부 단축키는 사용자 환경에 따라 달라질 수 있다.

3D프린터운용기능사 Inventor 3D모델링 작업

※ 도서의 도면에 표시된 치수는 실제 시험장 치수와 다를 수 있음을 알려드립니다.

01 3D모델링 실기 공개문제 도면 - 01

자격종목	3D프린터운용기능사	[시험1] 과제명	3D모델링 작업	척 도	NS

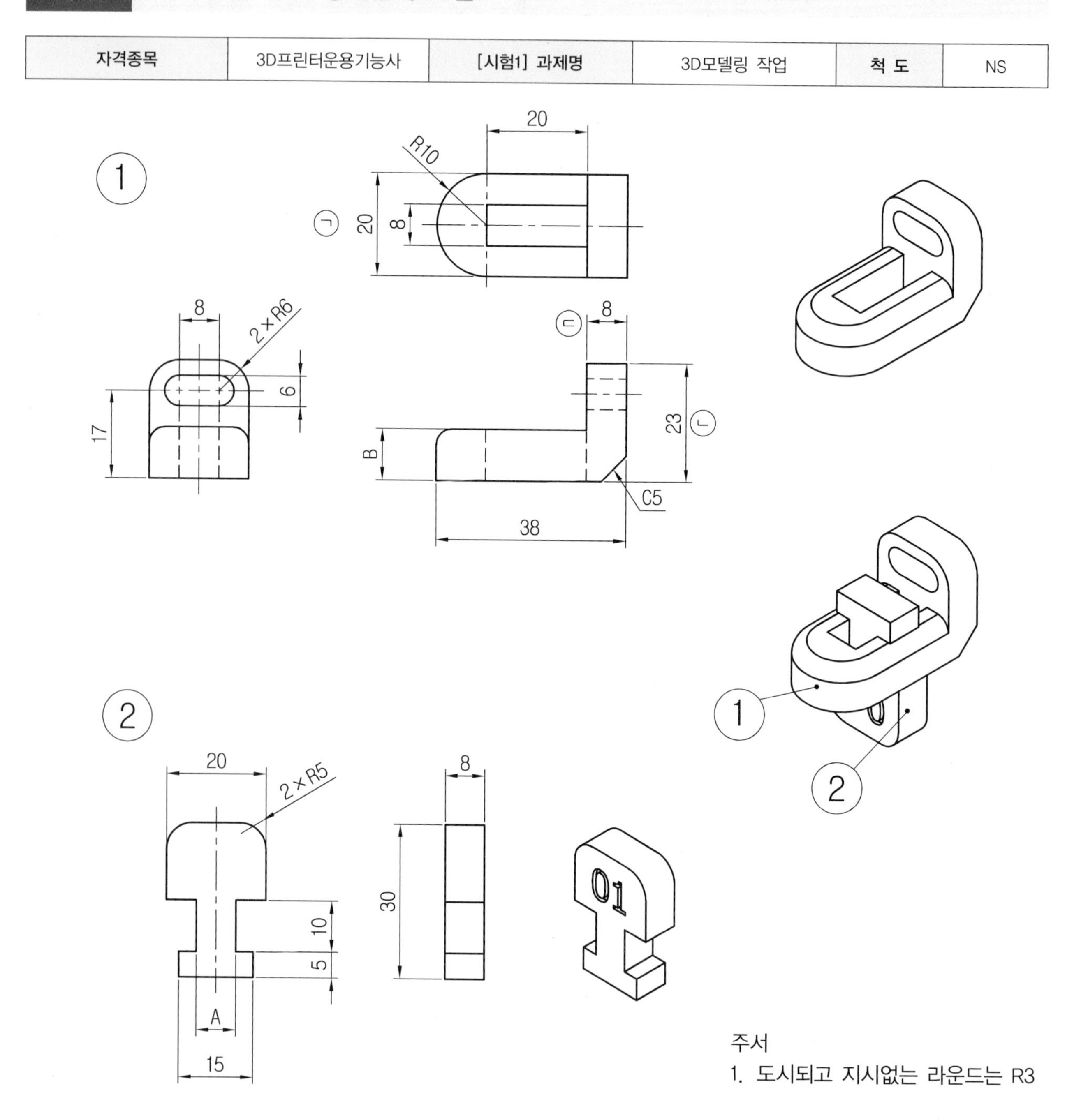

주서
1. 도시되고 지시없는 라운드는 R3

01

부품 ① 모델링

- [새로 만들기] → [Metric] → [Standard(mm).ipt] → [작성]

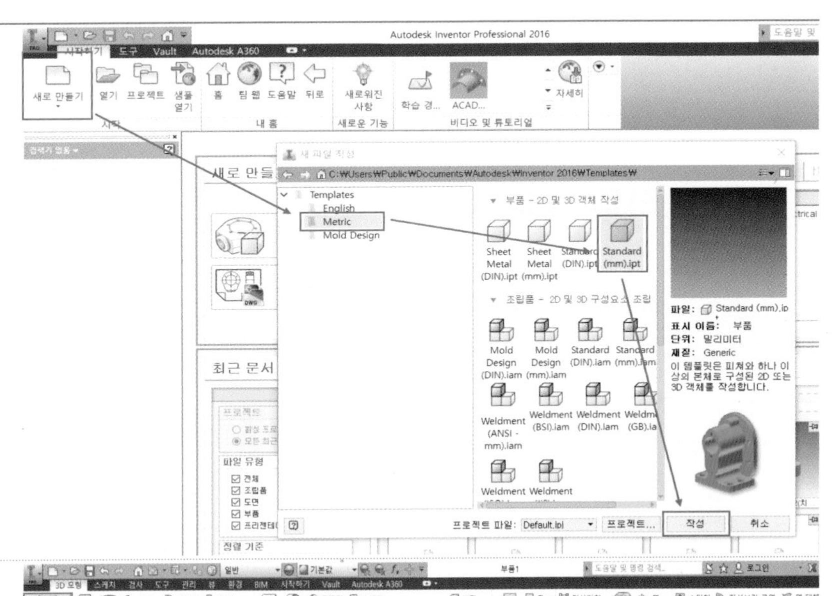

02

[2D 스케치 시작] → [마우스로 **XY Plane** 선택]

※ 마우스로 XY Plane 선택 시 빨간색으로 변함

※ 다른 방법(시트트리에서) [원점] → [XY평면 마우스오른쪽 클릭] → [새 스케치]

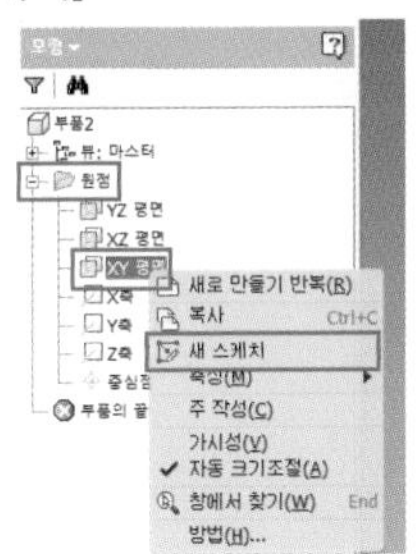

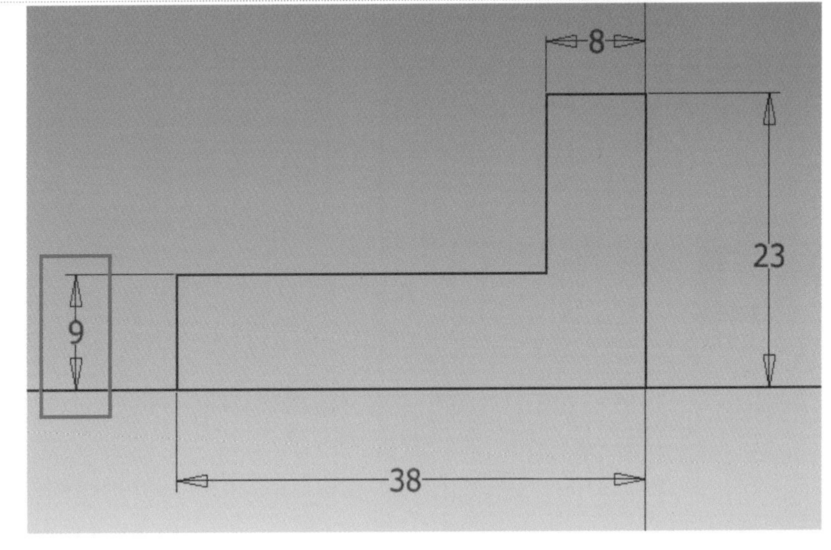

03

부품 ① 정면도를 스케치 한다.

- 선을 스케치
- 기하학 구속조건, 치수 구속조건
- 선 자르기

※ **'B'**는 상대치수(10mm)와 축공차를 적용해 **9mm**로 결정한다.

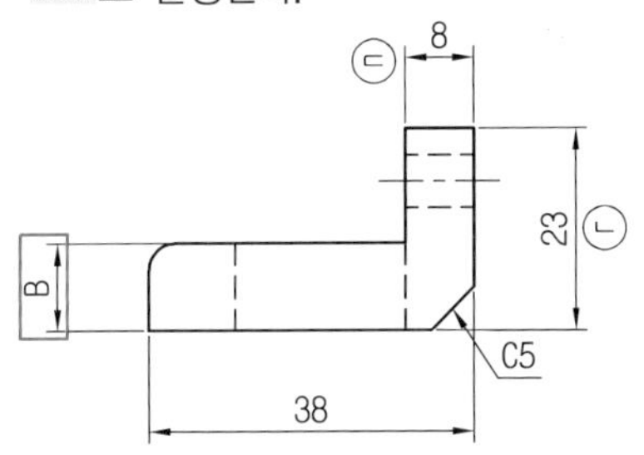

04

스케치마무리

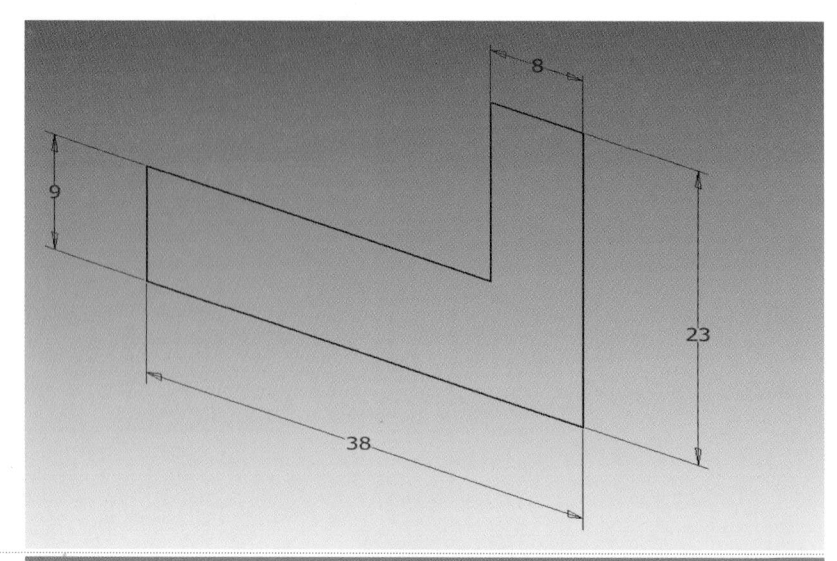

05

부품 ① 3D 모형 만들기

- [돌출] → [스케치 클릭] → [거리20] → [대칭] → [확인]

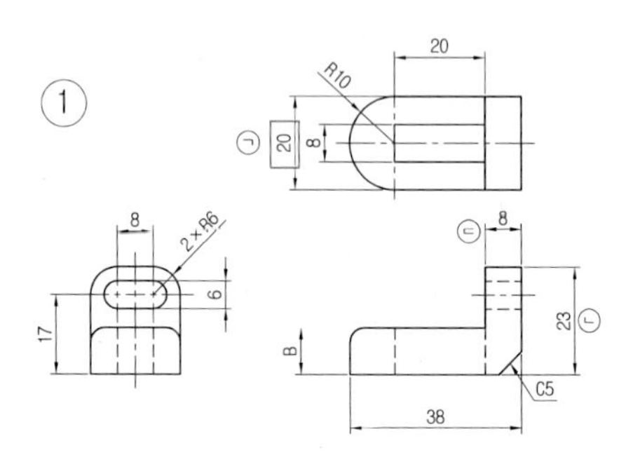

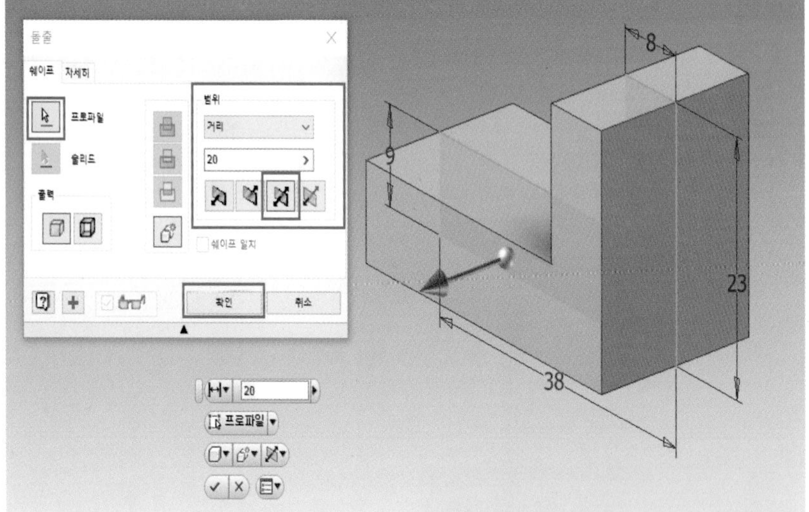

06

부품 ① 3D 모형 만들기

- [2D 스케치 시작] → [평면 선택] → [직사각형] → [치수구속조건] → [스케치마무리]

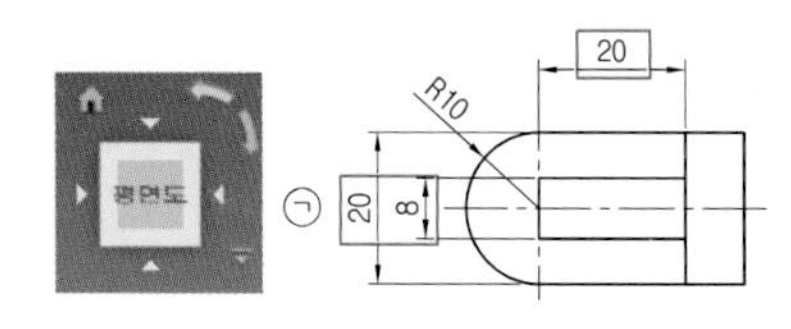

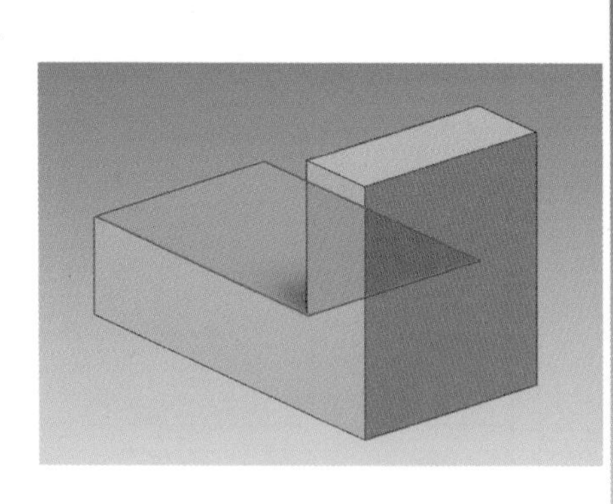

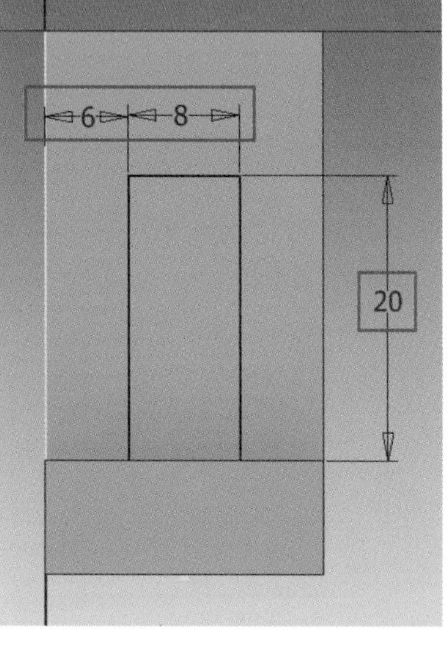

07

부품 ① 3D 모형 만들기

• [돌출] → [차집합] → [전체] → [방향2] → [확인]

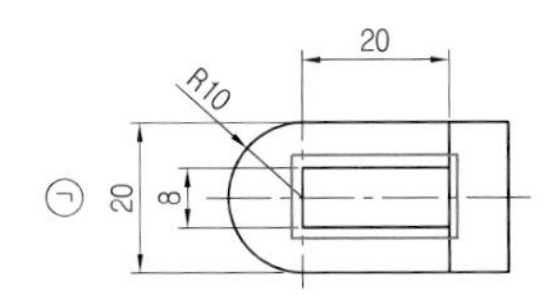

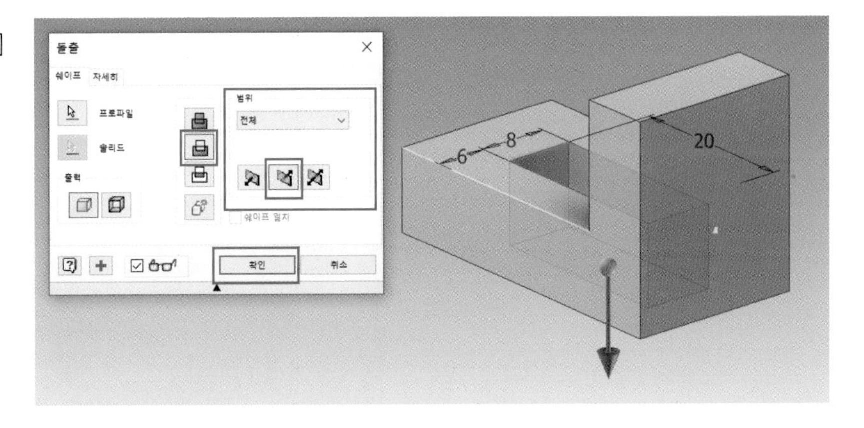

08

부품 ① 3D 모형 만들기

• [모깎기] → [라운드선택/2개소] → [반지름10] → [확인]

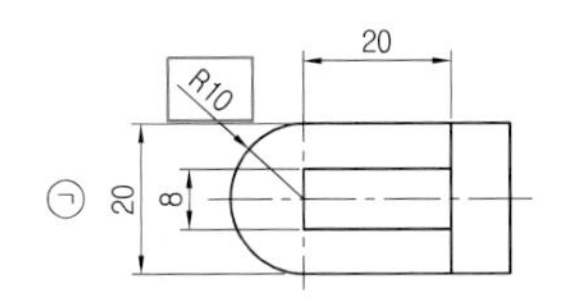

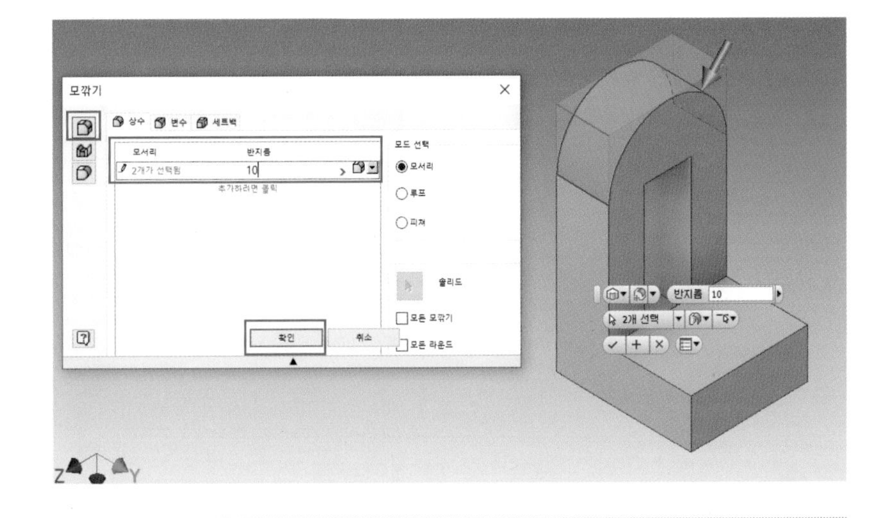

09

부품 ① 3D 모형 만들기

• [모깎기] → [라운드선택/2개소] → [반지름6] → [확인]

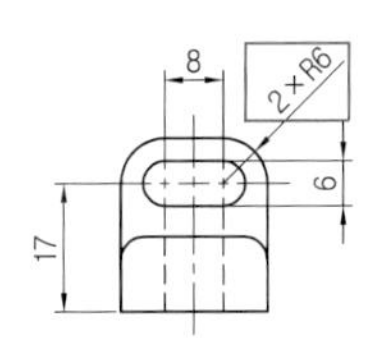

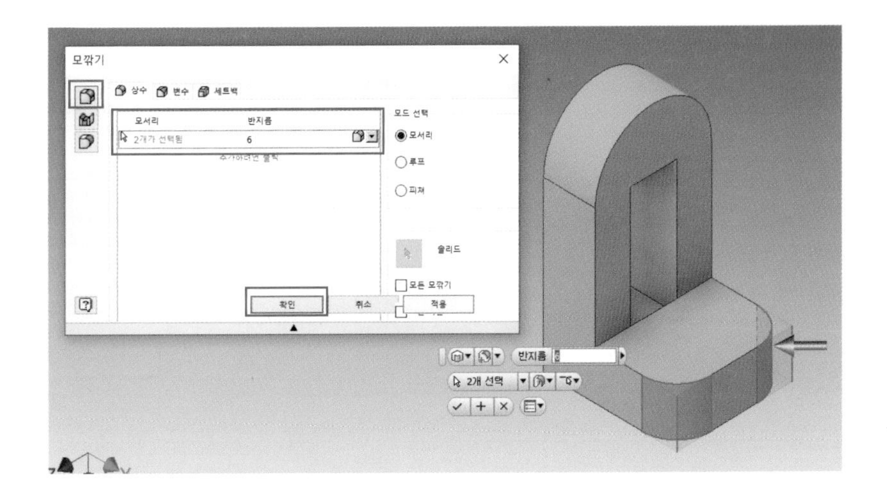

10

부품 ① 3D 모형 만들기

• [2D 스케치 시작] → [평면 선택] → [슬롯중심대중심] → [치수구속조건] → [스케치마무리]

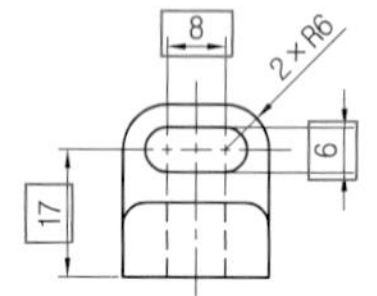

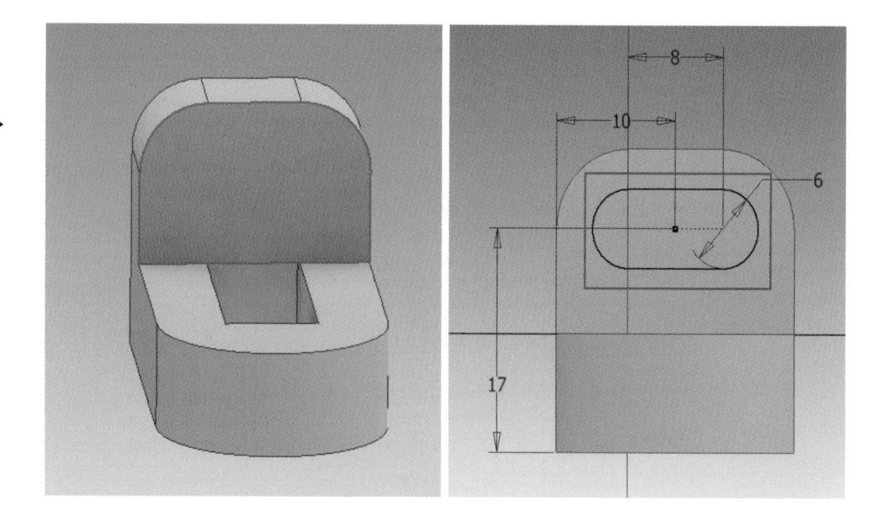

11

부품 ① 3D 모형 만들기

• [돌출] → [스케치 클릭] → [차집합] → [전체] → [방향2] → [확인]

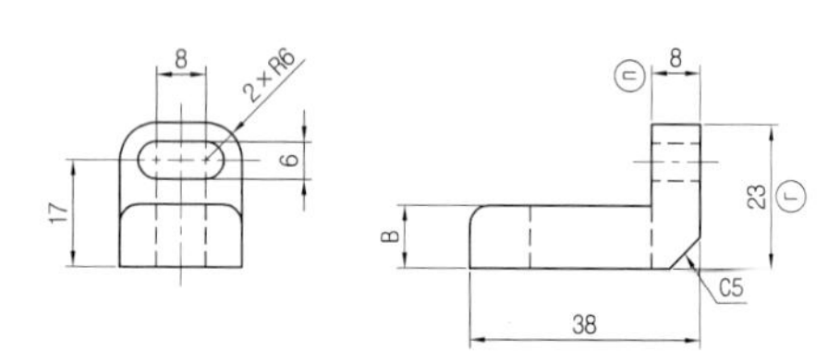

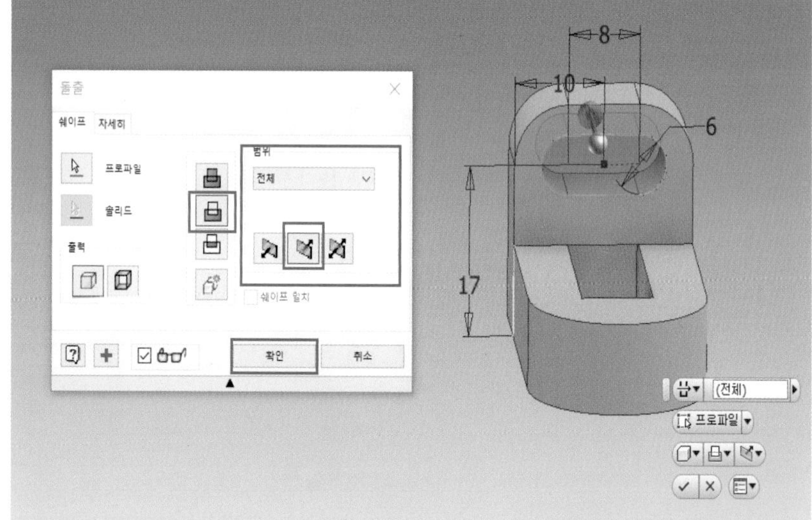

12

부품 ① 3D 모형 만들기

• [모깎기] → [라운드선택/3개소] → [반지름3] → [확인]

※ 주서

도시되고 지시없는 라운드는 R3

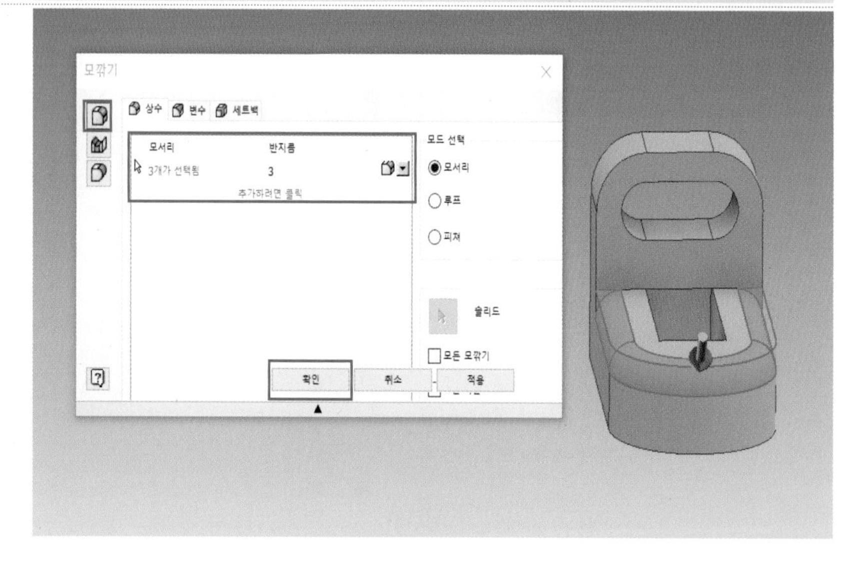

13

부품 ① 3D 모형 만들기

• [모따기] → [모따기선택/1개소] → [거리5] → [확인]

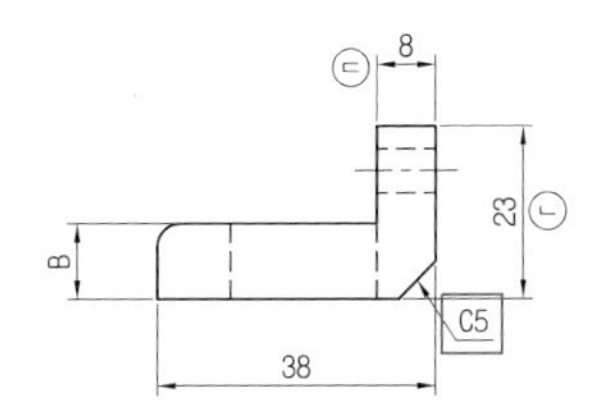

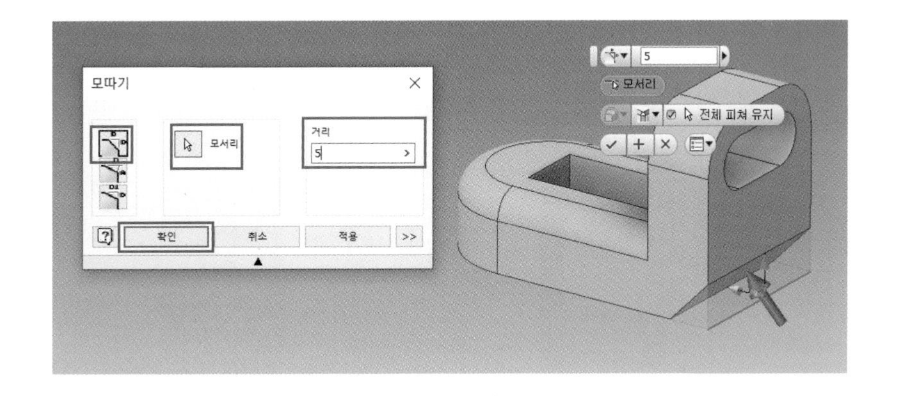

14

부품 ① 저장하기

• [파일] → [다른 이름으로 저장] → [비번호 폴더] → [파일이름] → [01_01] → [저장]

※ 본 교재의 부품 ①번 3D모델링 파일이름은 "01_01"로 작성되었다. 부품 ①, ②번 3D모델링 파일이름은 수험자가 임의로 정할 수 있다.
예 부품1번, 01번 등

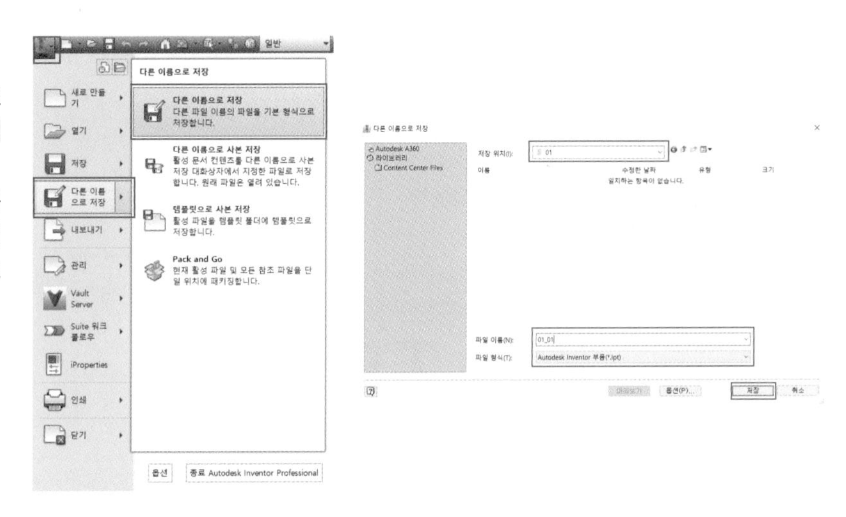

15

부품 ② 모델링

• [새로 만들기] → [Metric] → [Standard(mm).ipt] → [작성]

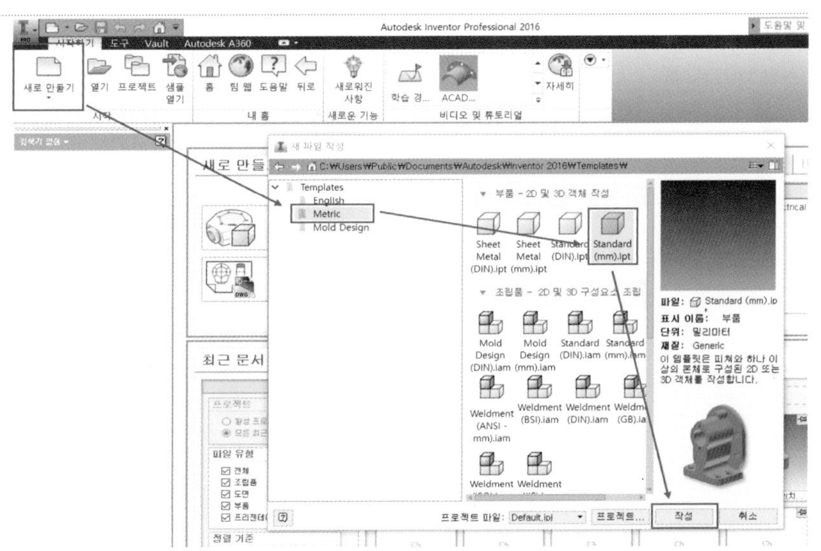

16

[2D 스케치 시작] → [마우스로 **XY Plane** 선택]

※ 마우스로 XY Plane 선택 시 빨간색으로 변함

※ 다른 방법(시트트리에서) [원점] → [XY평면 마우스오른쪽 클릭] → [새 스케치]

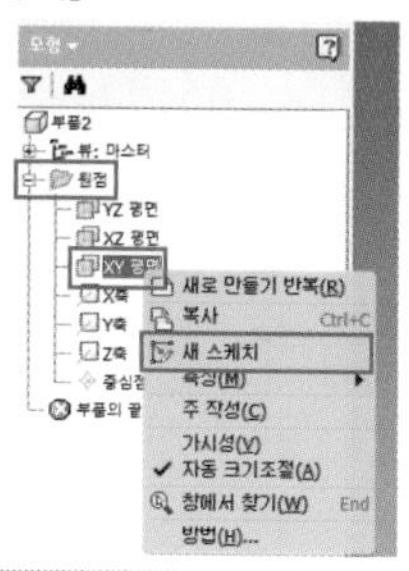

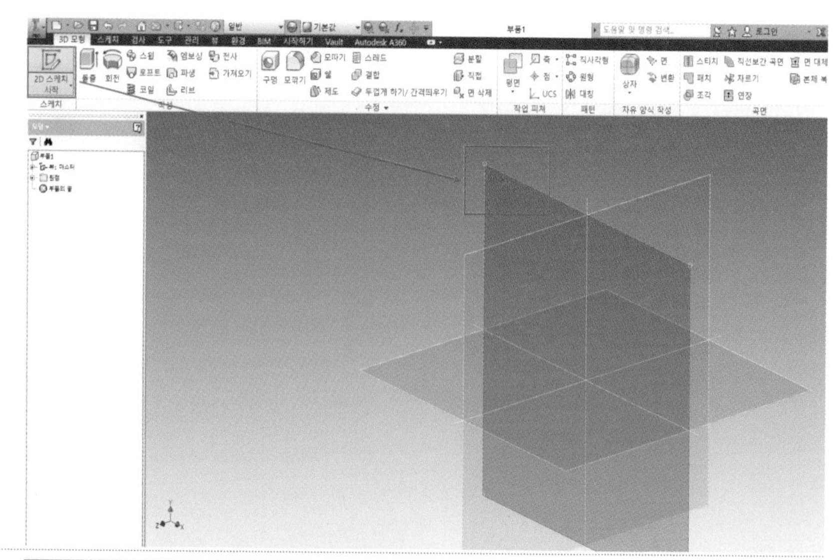

17

부품 ② 정면도를 스케치 한다.

- 선을 스케치
- 기하학 구속조건, 치수 구속조건
- 선 자르기, 모깎기(R5)

※ 'A'는 상대치수(8mm)와 축공차를 적용해 **7mm**로 결정한다.

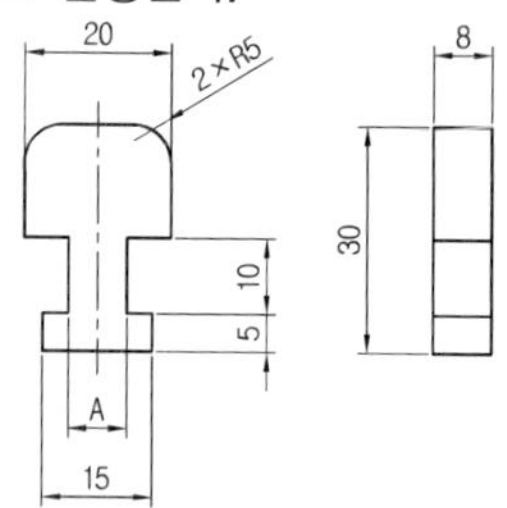

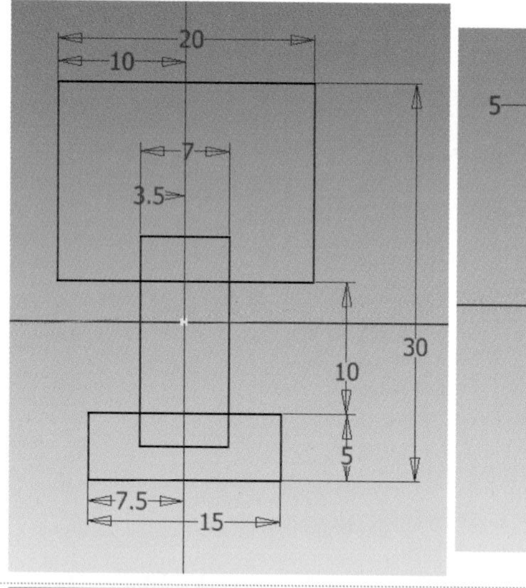

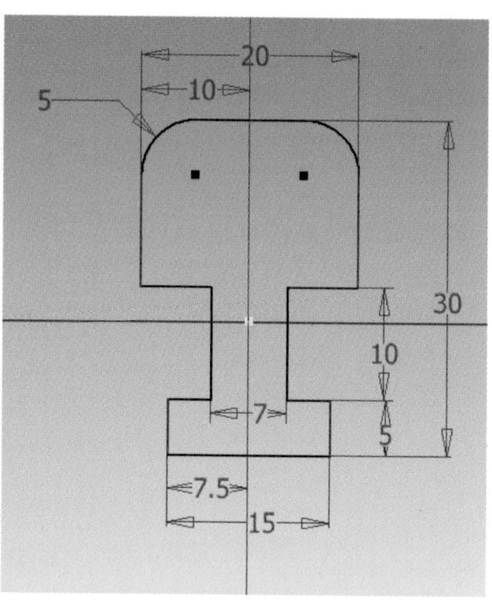

18

스케치마무리

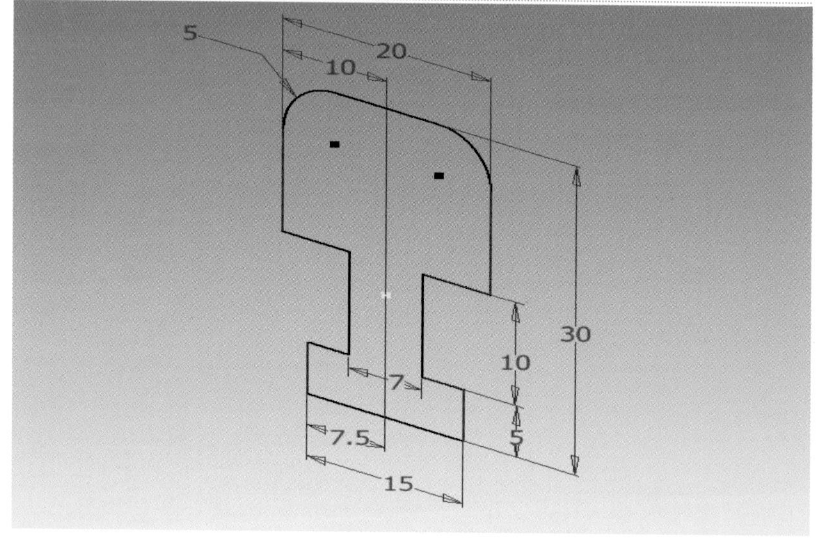

19

부품 ② 3D 모형 만들기

• [돌출] → [스케치 클릭] → [거리8] → [대칭] → [확인]

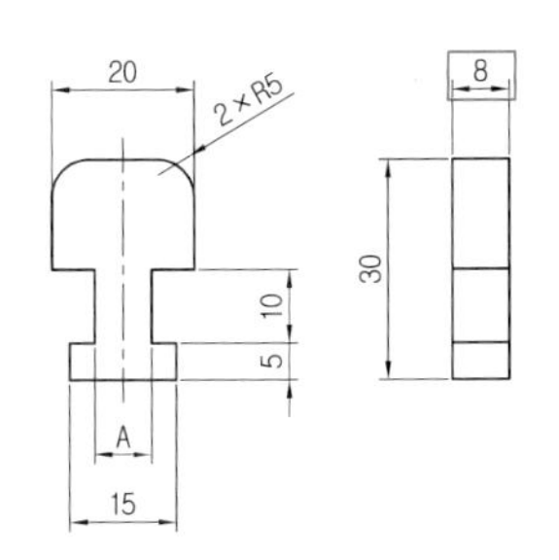

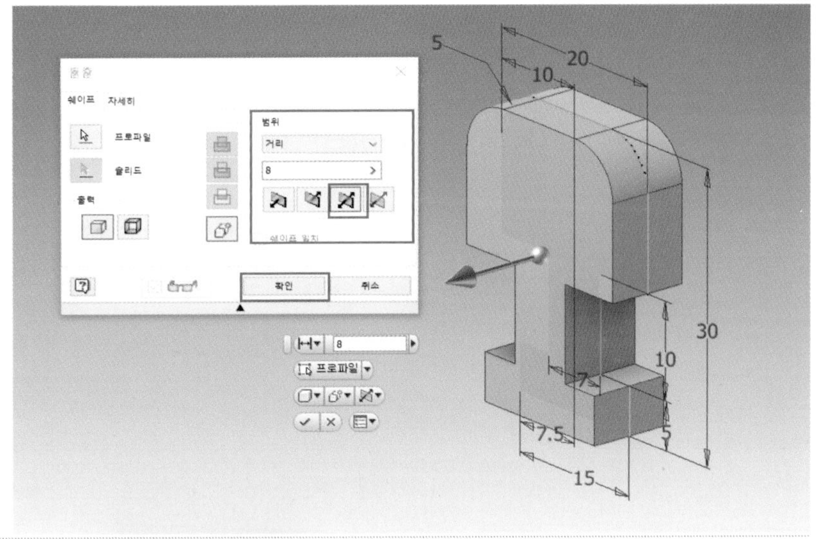

20

부품 ② 각인

• [2D 스케치 시작] → [각인평면 선택] → [텍스트] → [바탕체] → [6mm] → [확인] → [스케치마무리]

• [돌출] → [각인번호 선택] → [차집합] → [거리] → [3mm] → [방향2] → [확인]

※ 각인 방향이 도면과 상이할 시 [회전] → [각인 선택] → [중심점 : 각인번호중심 클릭] → [각도 입력] → [적용]

※ 글자체, 글자 크기, 글자 깊이 등은 별도의 정보가 없으므로 도면과 유사한 모양 및 크기로 작업하시오.

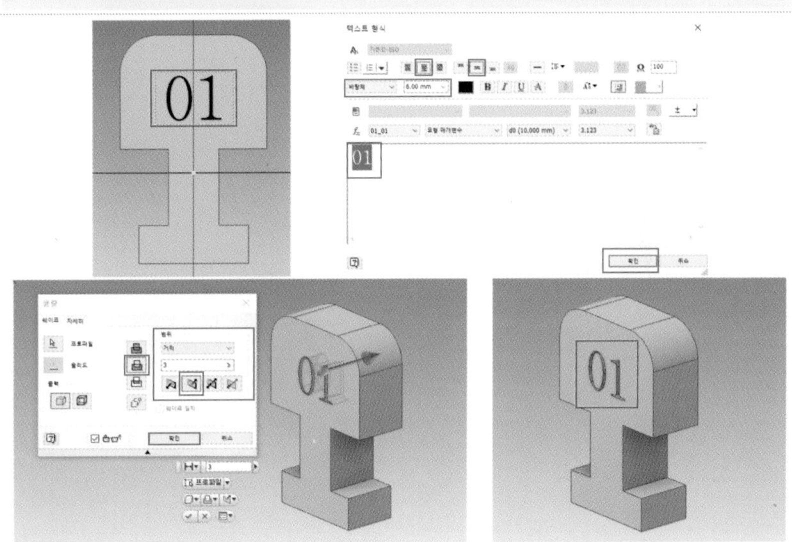

21

부품 ② 저장하기

• [파일] → [다른 이름으로 저장] → [비번호 폴더] → [파일이름] → [01_02] → [저장]

※ 본 교재의 부품 ②번 3D모델링 파일이름은 "01_02"로 작성되었다. 부품 ①, ②번 3D모델링 파일이름은 수험자가 임의로 정할 수 있다.

예 부품2번, 02번 등

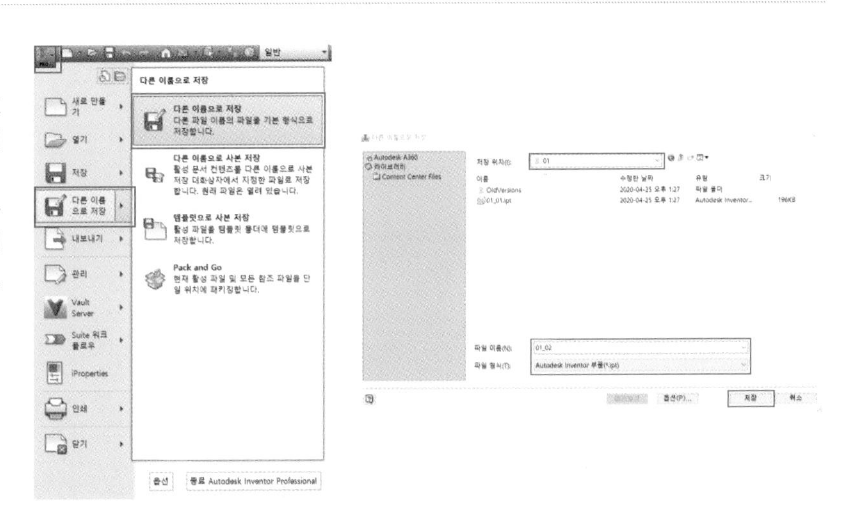

22

부품 ② 3D 모형 만들기

• [새로 만들기] → [Metric] → [Standard(mm).iam] → [작성]

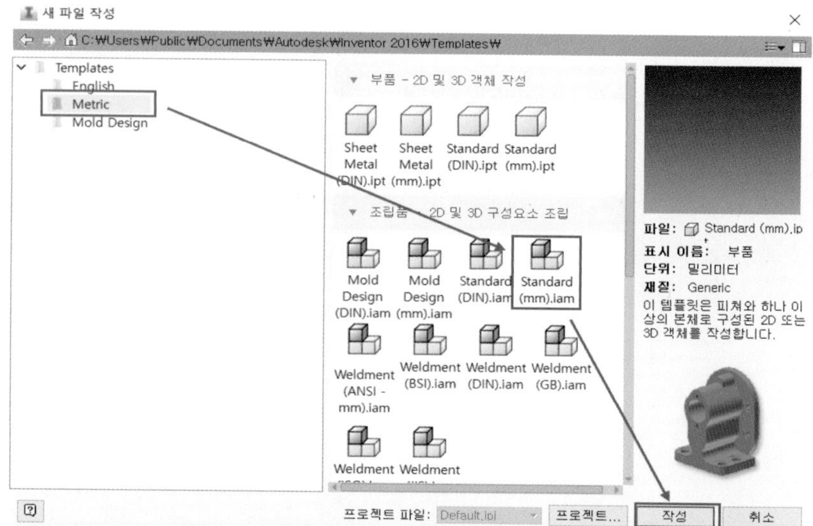

23

배치

"배치" 아이콘을 통해 부품 ①, ②를 배치한다.

• [배치] → [01_01, 01_02 선택] → [열기] → [화면 클릭] → [ESC]

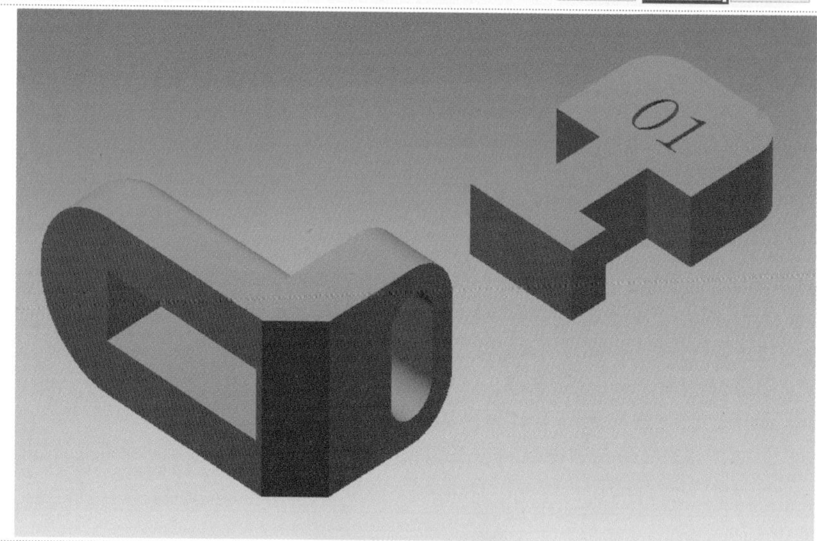

24

시트트리에서 부품①번을 우클릭하여 고정한다.

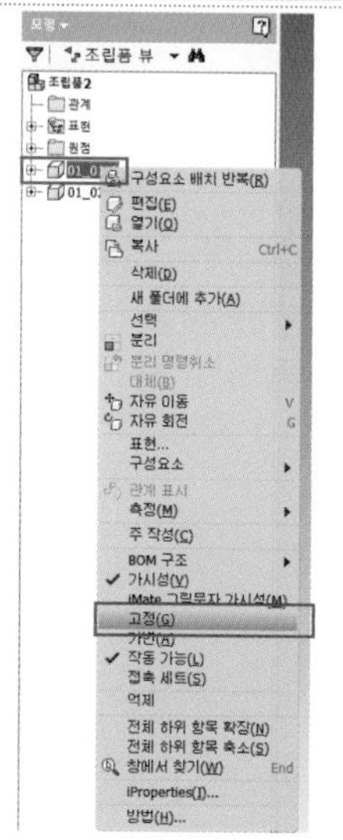

25

조립구속조건

• 부품②를 클릭하여 움직이고 우클릭하여 자유회전을 통하여 도면의 조립도와 비슷하게 한다.

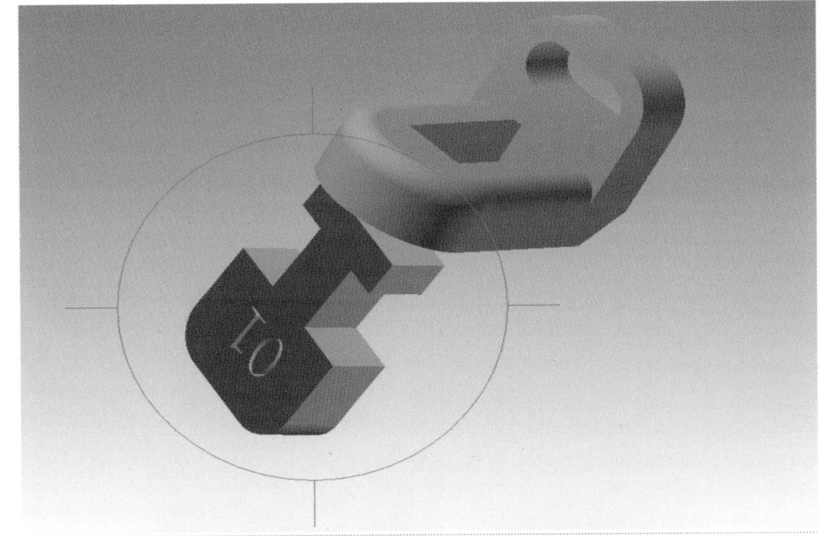

26

조립구속조건

• [구속조건] → [메이트] → [부품①선택요소] → [자유회전] → [부품②선택요소] → [메이트선택] → [간격띄우기0.5mm] → [적용]

※ [간격띄우기0.5mm] : 공차 ±1mm로 양쪽에 0.5mm 띄운다.

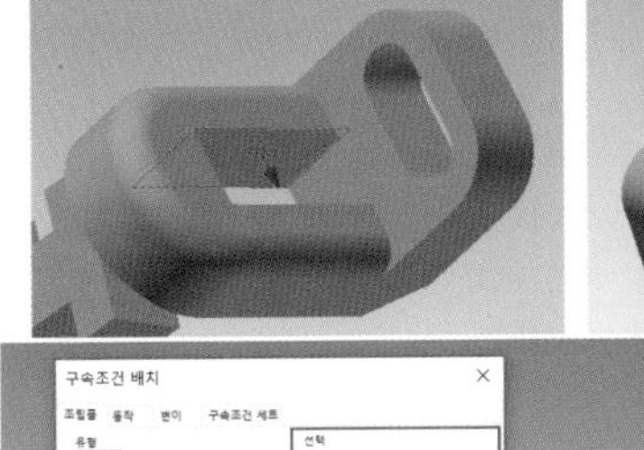

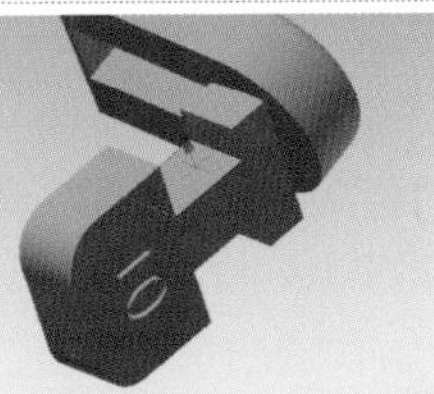

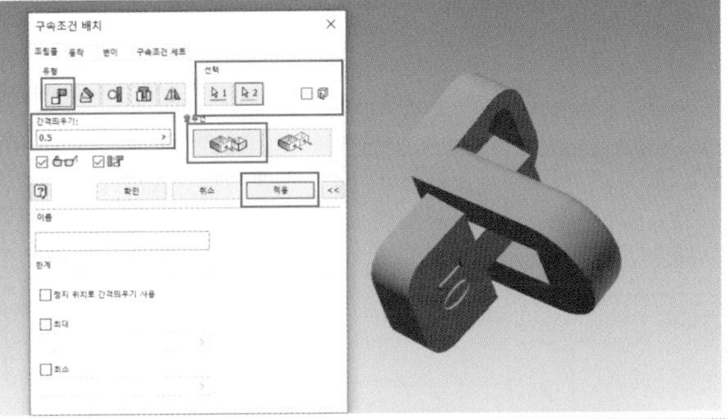

27

조립구속조건

• [부품①선택요소] → [자유회전] → [부품② 선택요소] → [메이트선택] → [간격띄우기 0.5mm] → [적용] 또는 [확인]

※ [간격띄우기0.5mm] : 공차 ±1mm로 양쪽에 0.5mm 띄운다.

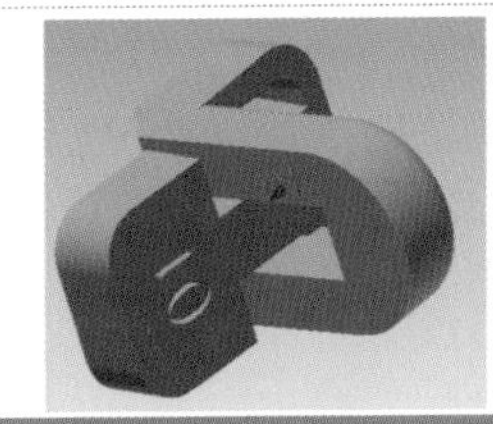

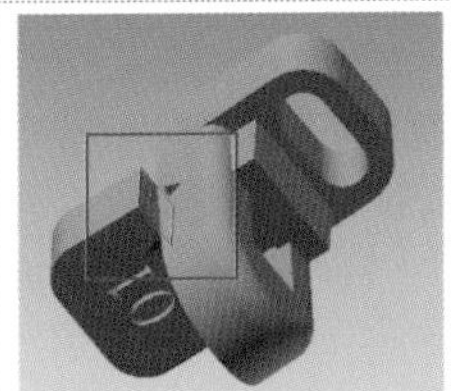

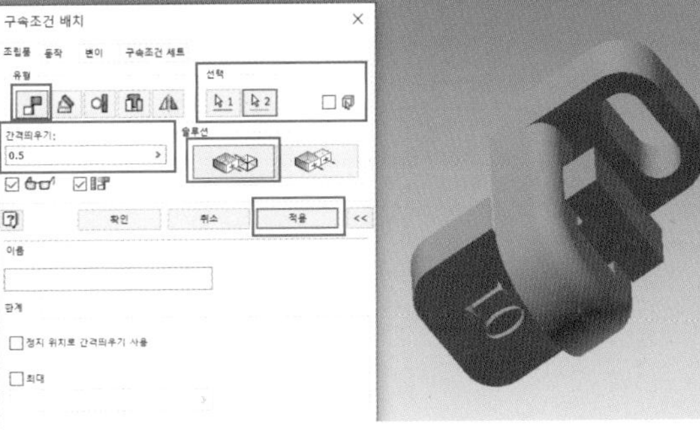

28

출력방향을 고려하여 구속조건 추가

※ 조립된 상태로 출력하니 되도록 서포트가 적게 나오고 도면의 ㉠, ㉡, ㉢ 치수가 정밀하게 나오는 출력방향을 결정해야 한다.

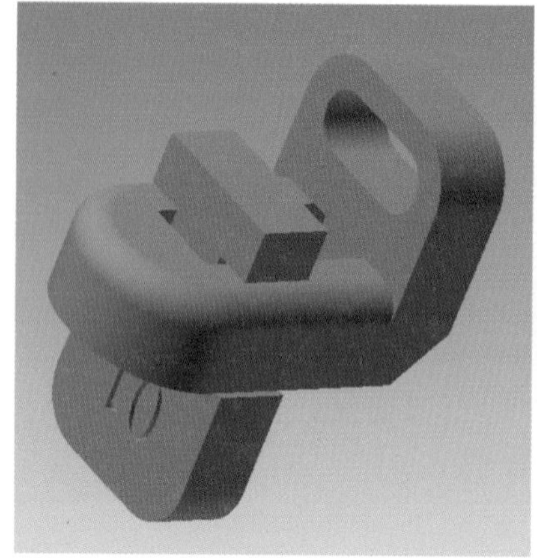

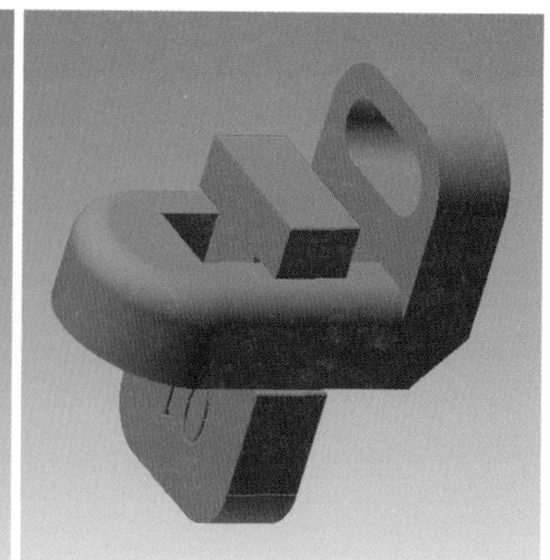

29

어셈블리 저장하기(2가지 확장자)

- [파일] → [다른 이름으로 저장] → [비번호 폴더] → [파일이름] → [01] → [저장]

- [파일] → [내보내기] → [CAD형식] → [비번호폴더] → [01] → [파일형식 : STEP 선택] → [저장]

구 분	작업명	파일명	비 고
1	어셈블리	01.***	
2		01.STP	채점용

※ 비번호 01인 경우

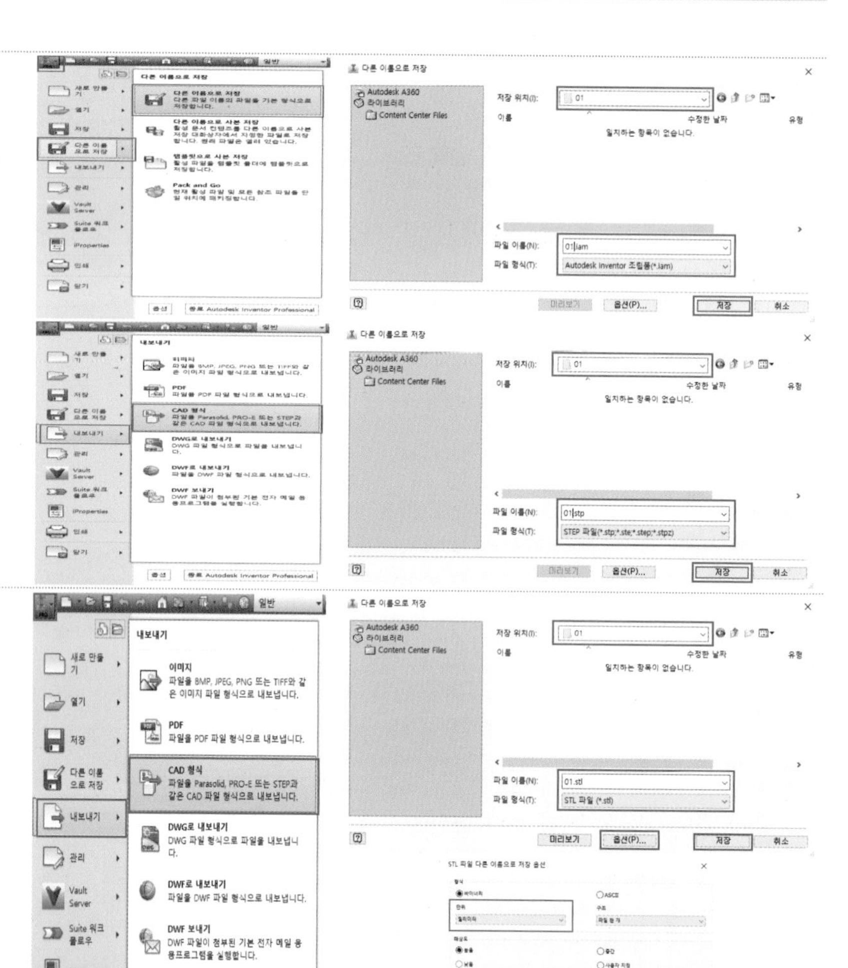

30

어셈블리 저장하기(STL확장자)

- [파일] → [내보내기] → [CAD형식] → [비번호폴더] → [01] → [파일형식 : STL 선택] → [옵션] → [단위 : mm] → [저장]

※ 옵션에서 단위 mm 선택

구 분	작업명	파일명	비 고
3	어셈블리	01.STL	

31

슬라이싱(3DWOX)

슬라이싱 프로그램을 실행한다.

- [파일] → [모델 불러오기] → [비번호폴더] → [01.stl] → [열기]

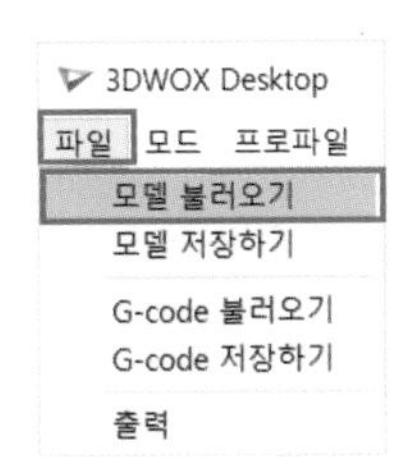

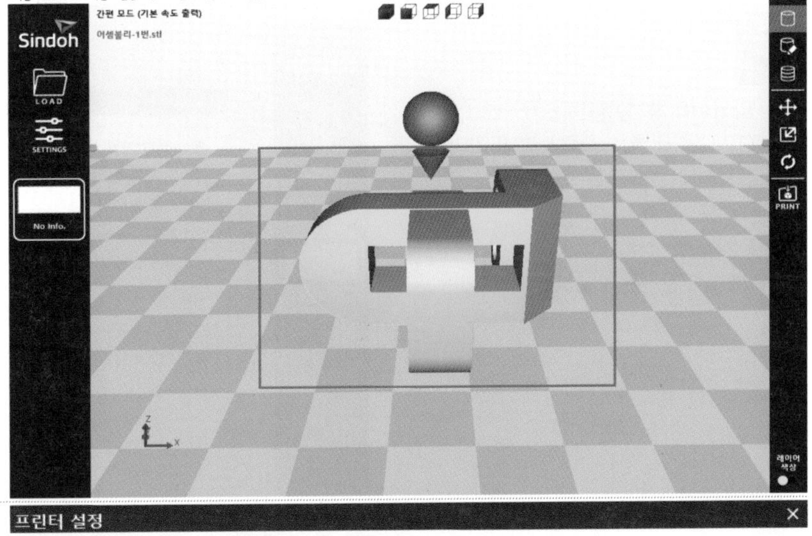

32

프린터 설정

- [설정] → [프린터 설정] → [프린터 모델] → [확인]

※ 시험장 프린터 모델을 선택한다.

예 DP200

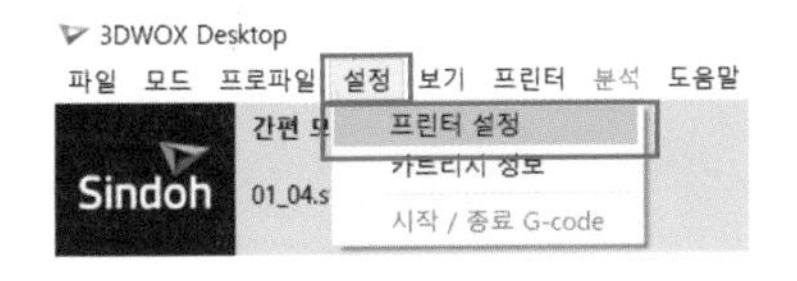

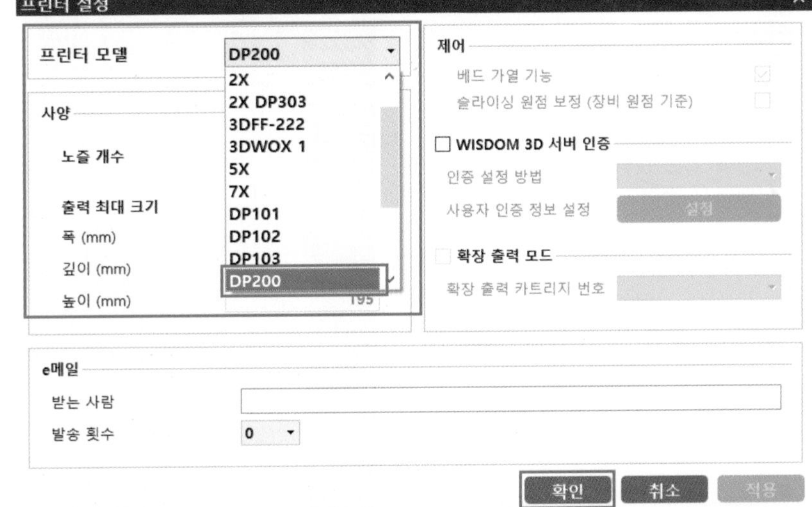

33

출력방향을 결정한다.

- [분석] → [최적출력방향] → [분석] → [추천 1~6 선택]

※ 신도리코 3DWOX는 최적출력방향을 분석해 준다. 참고하여 서포트가 적게 나오고 도면의 ㉠, ㉡, ㉢ 치수가 정밀하게 나오는 출력방향을 결정한다.

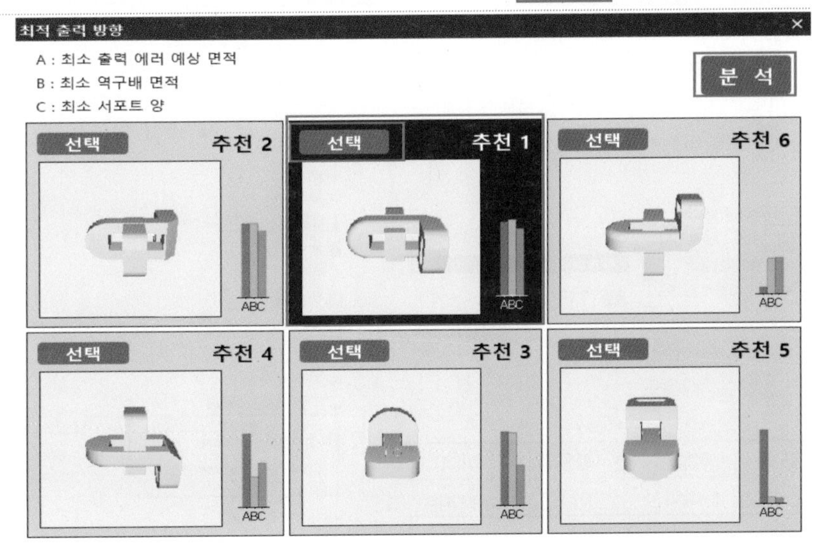

34

기본 파라미터를 설정한다.

- [SETTINGS] 버튼을 클릭하여 파라미터 값을 조정한다.
- 기본 속도 출력
- 재질 : PLA
- 서포트 : 모든 곳, 지그재그 구조

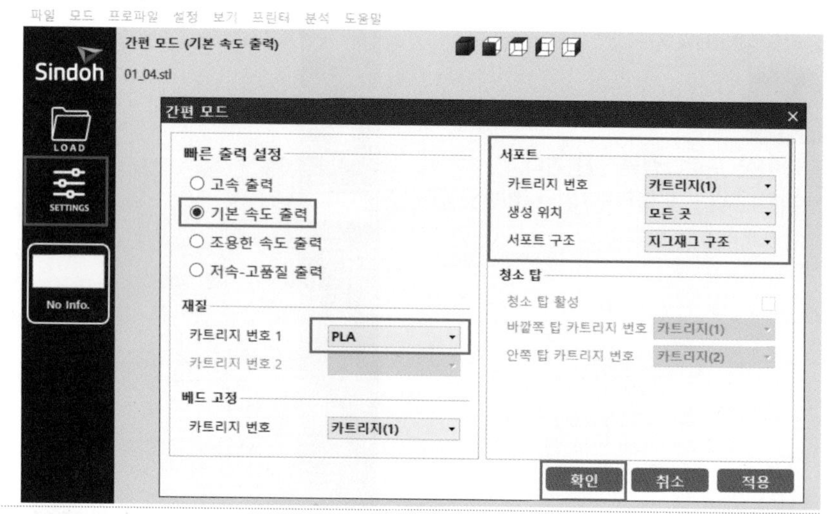

35

슬라이싱

- 베드상에 있는 출력물이 파라미터의 값이 반영되면서 슬라이싱을 수행한다.

※ 출력예상시간을 확인한다.

※ 출력예상시간이 1시간 20분이 넘어가면 고급모드로 변경하여 [SETTINGS]에서 레이어 높이, 채우기 밀도, 서포트 밀도 등 설정값을 변경한다.

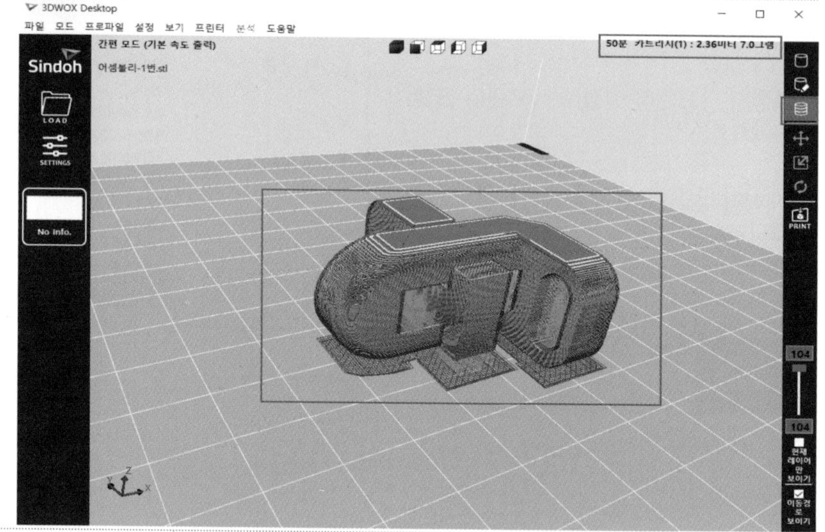

36

G-code 저장하기

- [파일] → [G-code 저장하기] → [예] → [비번호폴더] → [01.gcode] → [저장]

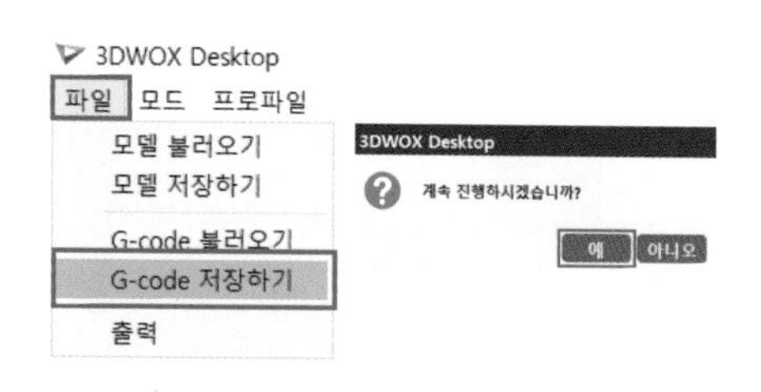

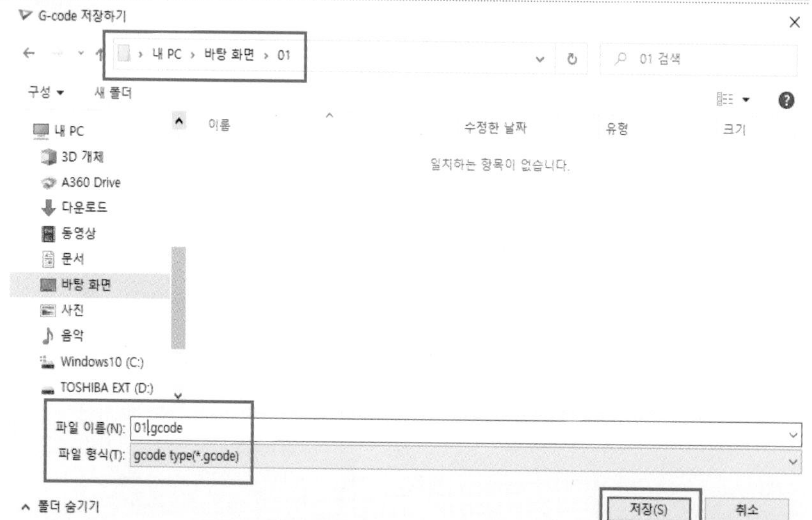

구 분	작업명	파일명	비 고
4	슬라이싱	01.***	gcode

37
지급된 저장매체(USB 또는 SD-card)에 저장한다.

- 감독위원에게 저장매체(USB 또는 SD-card) 제출

38
3D프린터 세팅

- 노즐, 베드 등에 이물질을 제거하여 출력 시 방해요소가 없도록 세팅한다.
- PLA 필라멘트 장착 여부 등 소재의 이상 여부를 점검하고 정상 작동하도록 세팅한다.
- 베드 레벨링 기능 등을 활용하여 베드 위치를 세팅한다.

39
3D프린팅

- 저장매체(USB 또는 SD-card)에 있는 파일(01_04.gcode)을 3D프린터 전면부에 있는 USB 포트에 연결하여 화면에서 직접 G-code를 불러와 출력한다.

40
최종 출력물

41
후처리

- 출력이 완료되면 보호장갑을 착용하고 서포트 및 거스러미를 제거한 후 감독위원에게 제출한다.

42
노즐 및 베드 정리

- 출력물을 제출 후 본인이 사용한 3D프린터 노즐 및 베드 등의 잔여물을 제거하고 정리정돈 한다(**※ 정리상태도 채점 대상임에 주의하자**).

02 3D모델링 실기 공개문제 도면 - 02

자격종목	3D프린터운용기능사	[시험1] 과제명	3D모델링 작업	척 도	NS

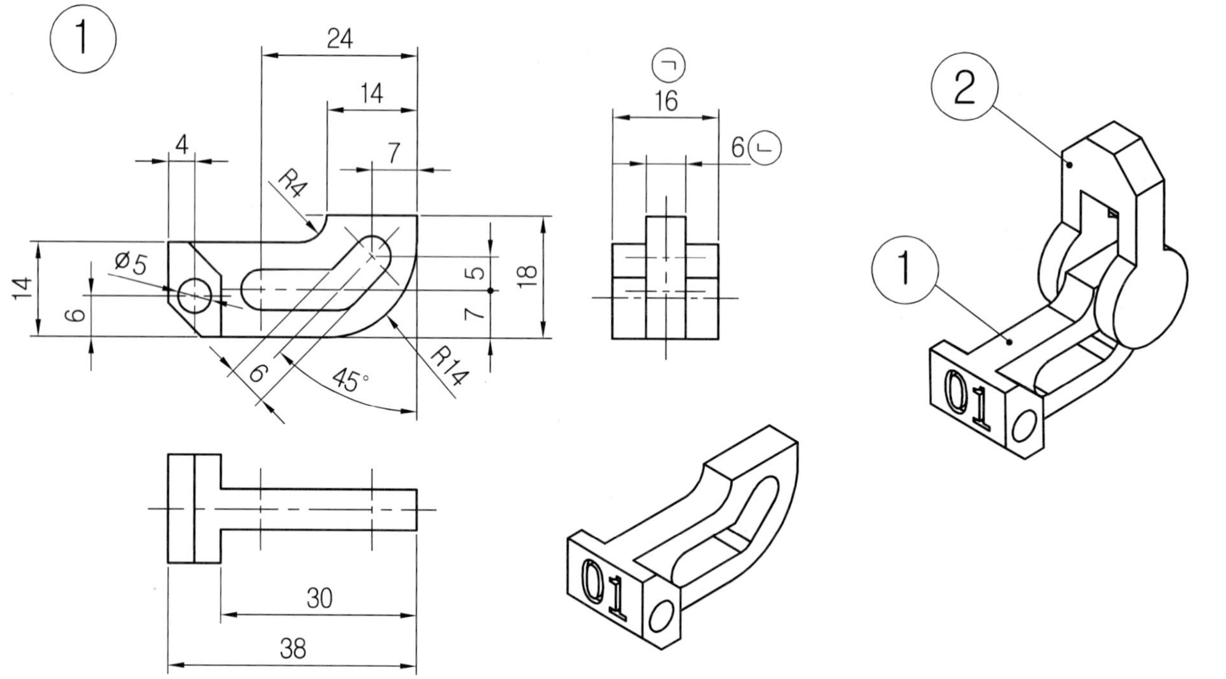

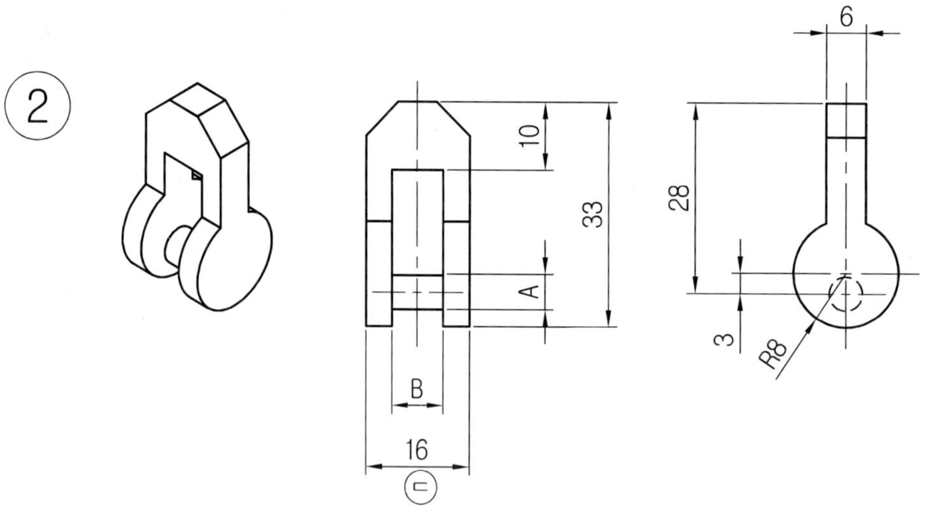

주서

1. 도시되고 지시없는 모따기는 C5, 라운드는 R3

01

부품 ① 모델링

- [새로 만들기] → [Metric] → [Standard(mm).ipt] → [작성]

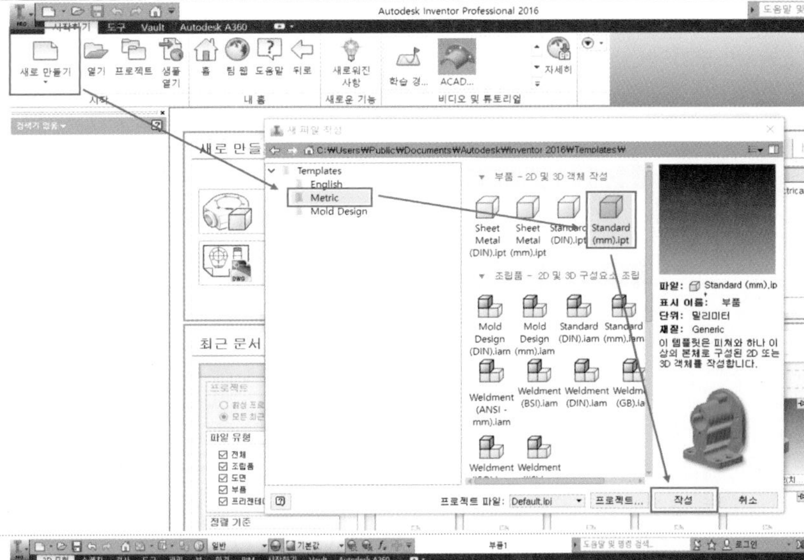

02

[2D 스케치 시작] → [마우스로 **XY Plane** 선택]

※ 마우스로 XY Plane 선택 시 빨간색으로 변함

※ 다른 방법(시트트리에서)
[원점] → [XY평면 마우스오른쪽 클릭] → [새 스케치]

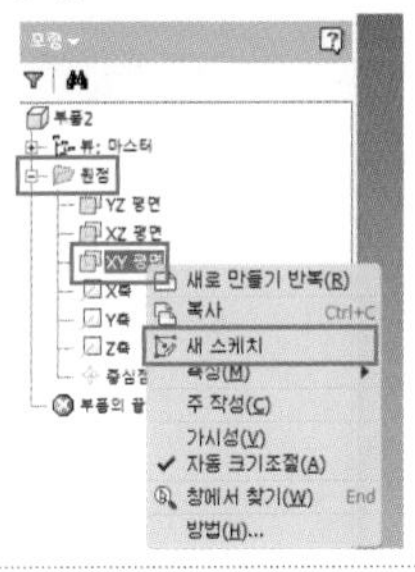

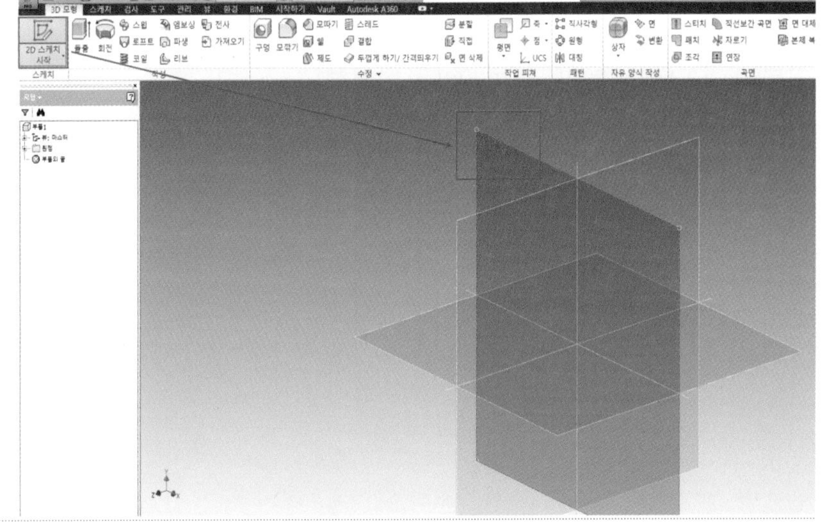

03

부품 ① 정면도를 스케치 한다.

- 선을 스케치
- 기하학 구속조건, 치수 구속조건
- 슬롯 중심대 중심, 자르기
  (※ 선 자르기 시 치수 먼저 삭제)

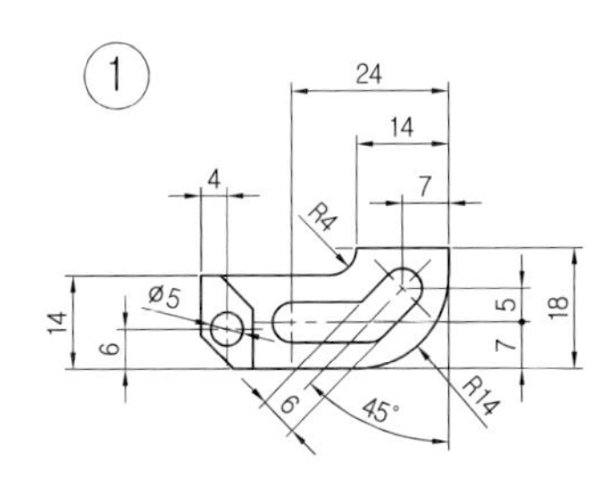

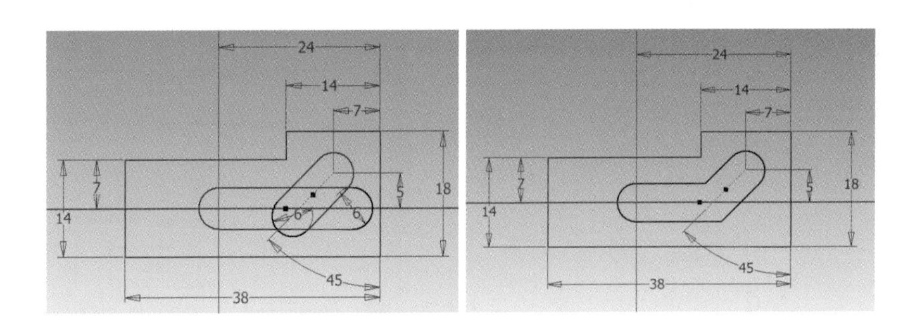

04

스케치마무리

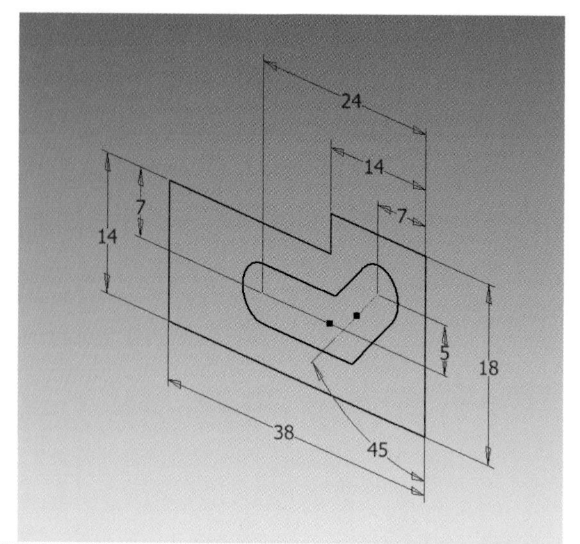

05

부품 ① 3D 모형 만들기

- [돌출] → [스케치 클릭] → [거리16] → [대칭] → [확인]

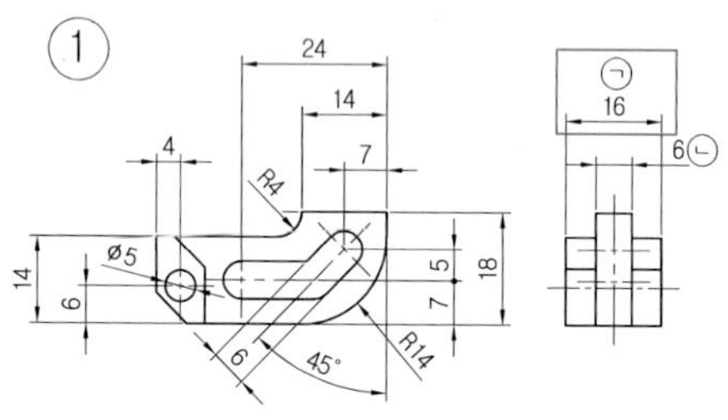

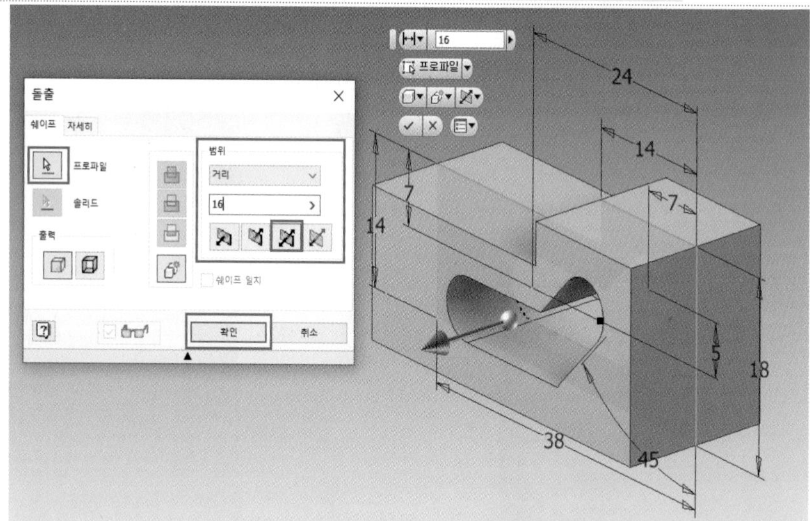

06

부품 ① 3D 모형 만들기

- [모깎기] → [라운드선택/1개소] → [반지름4] → [확인]

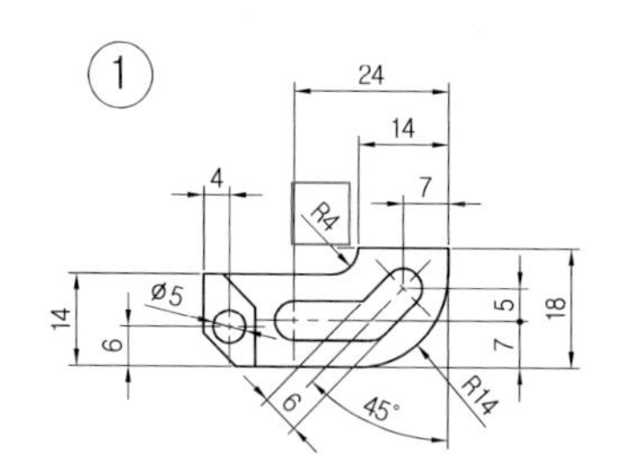

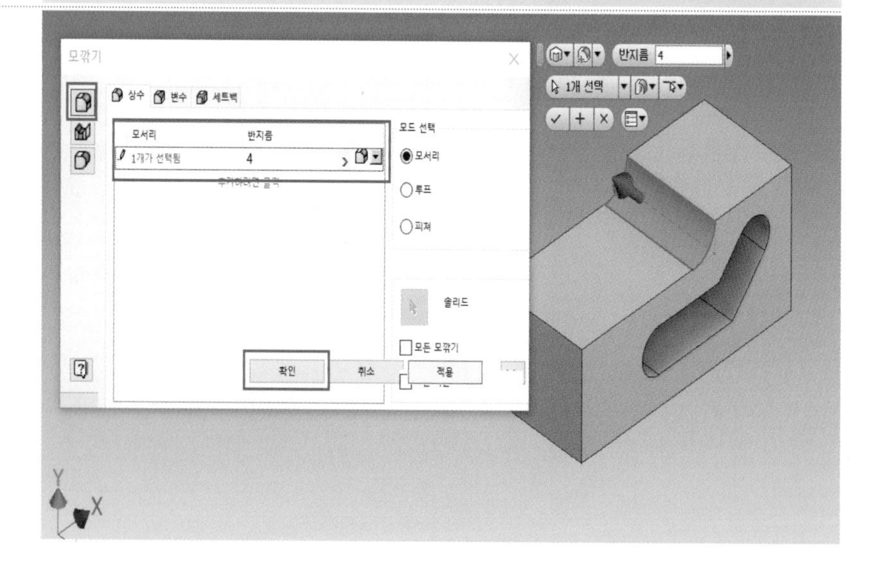

07

부품 ① 3D 모형 만들기

• [모깎기] → [라운드선택/1개소] → [반지름3] → [확인]

※ 주서
도시되고 지시없는 라운드는 R3

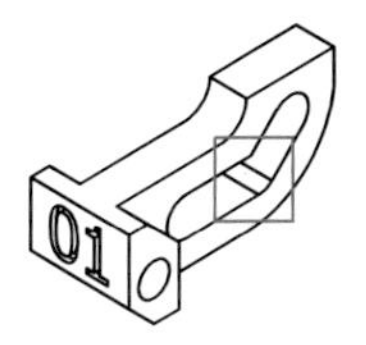

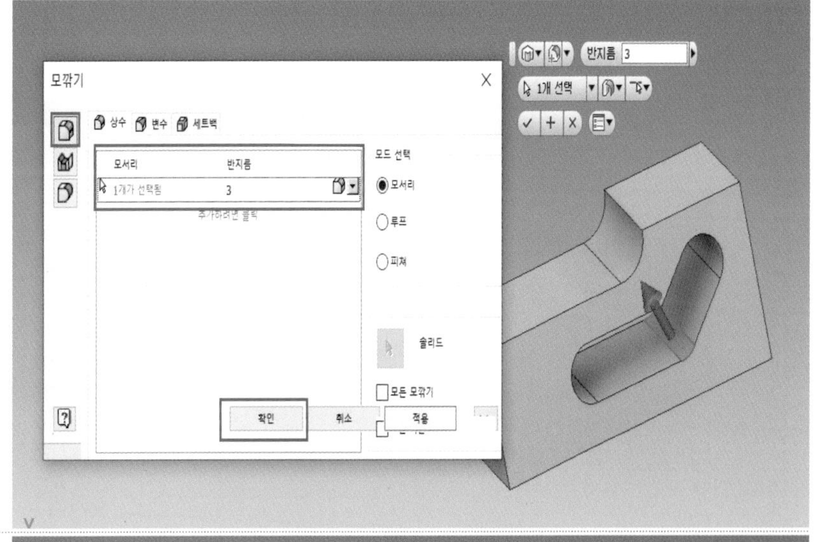

08

부품 ① 3D 모형 만들기

• [모깎기] → [라운드선택/1개소] → [반지름14] → [확인]

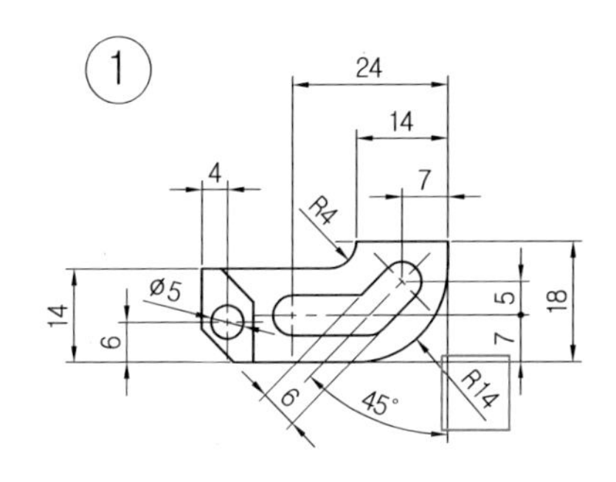

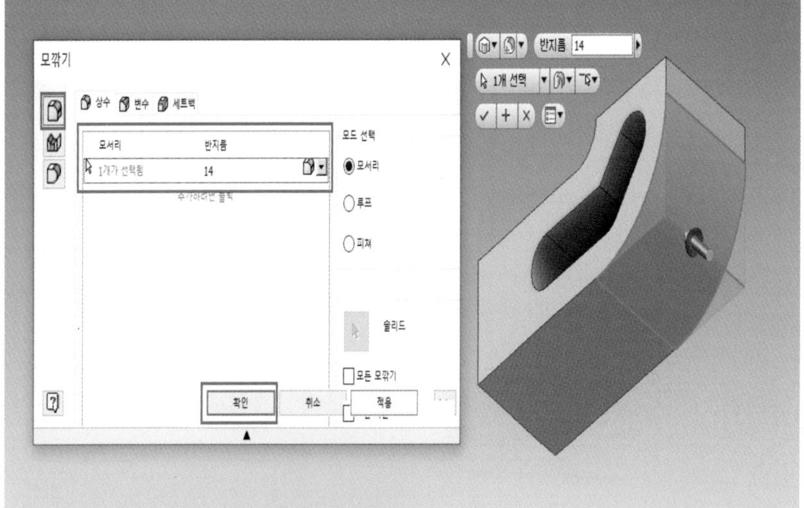

09

부품 ① 3D 모형 만들기

• [2D 스케치 시작] → [평면 선택] → [직사각형2개] → [치수구속조건] → [스케치마무리]

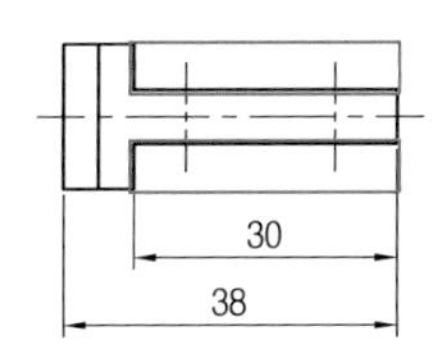

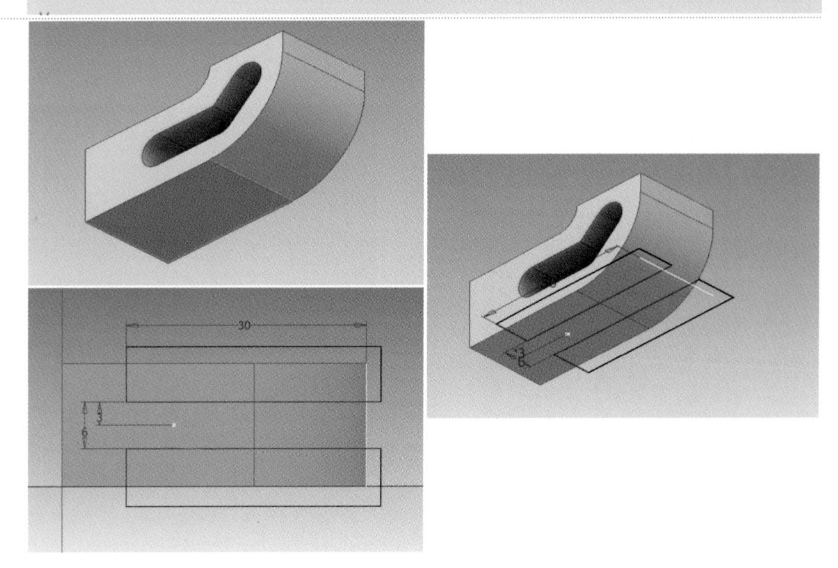

10

부품 ① 3D 모형 만들기

• [돌출] → [스케치클릭/2개소] → [차집합] → [전체] → [방향2] → [확인]

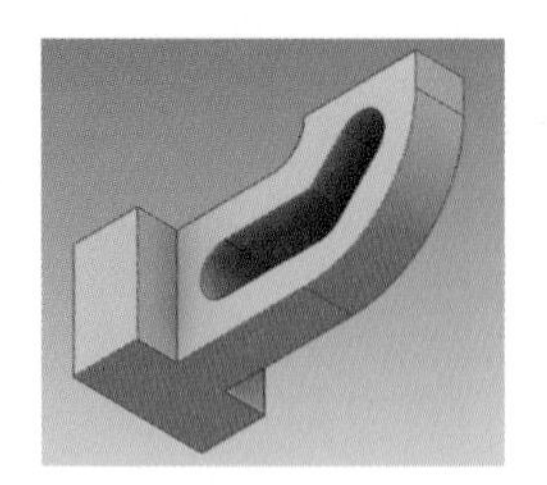

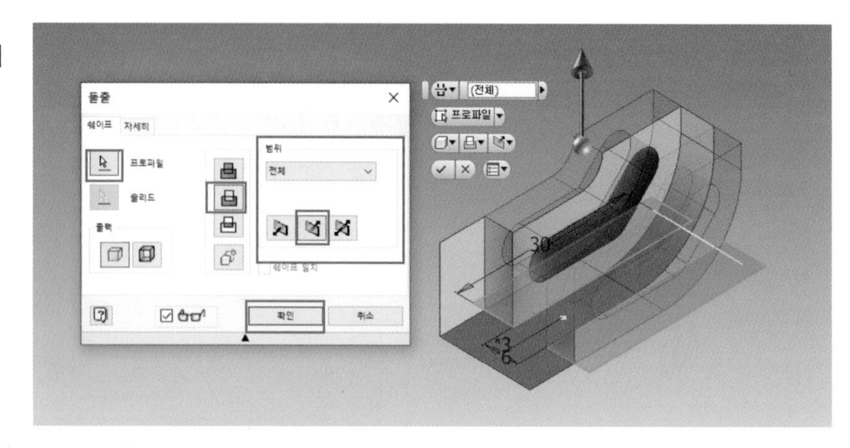

11

부품 ① 3D 모형 만들기

• [모따기] → [3개소] → [거리5] → [확인]

※ 주서
 도시되고 지시없는 모따기는 C5

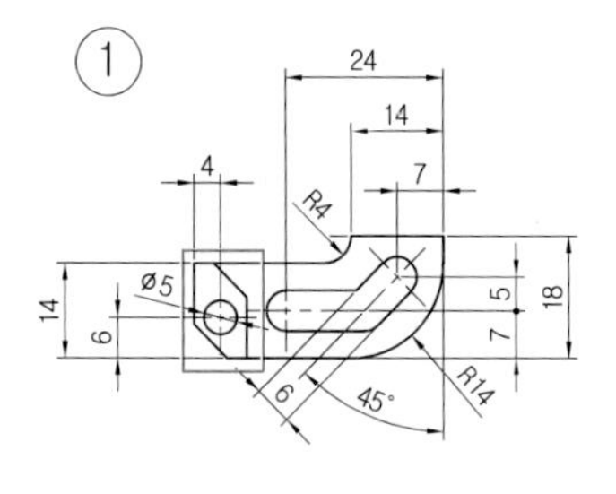

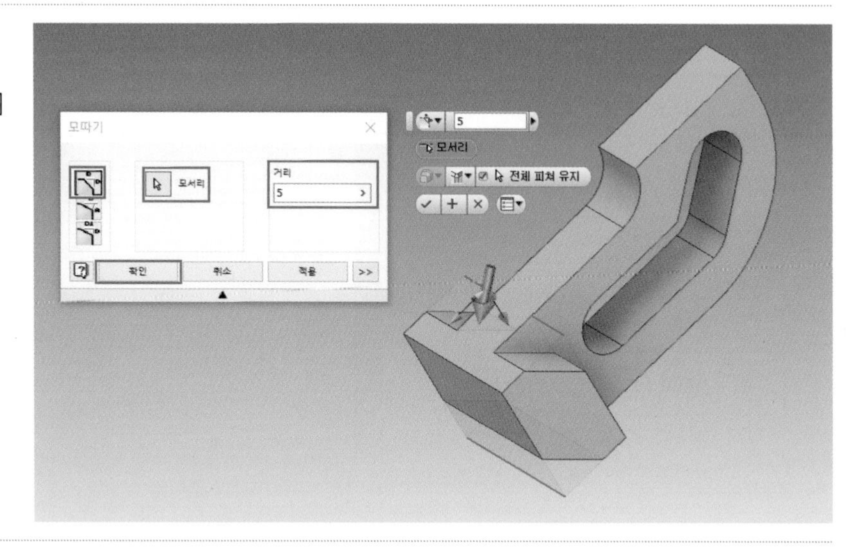

12

부품 ① 3D 모형 만들기

• [2D 스케치 시작] → [평면 선택] → [원] → [∅5] → [치수구속조건] → [스케치마무리]

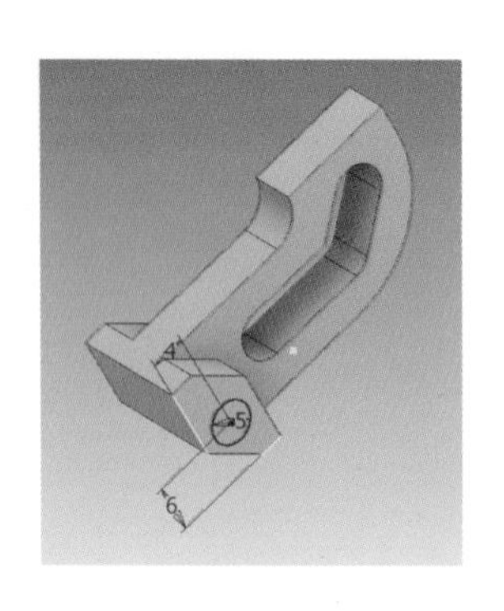

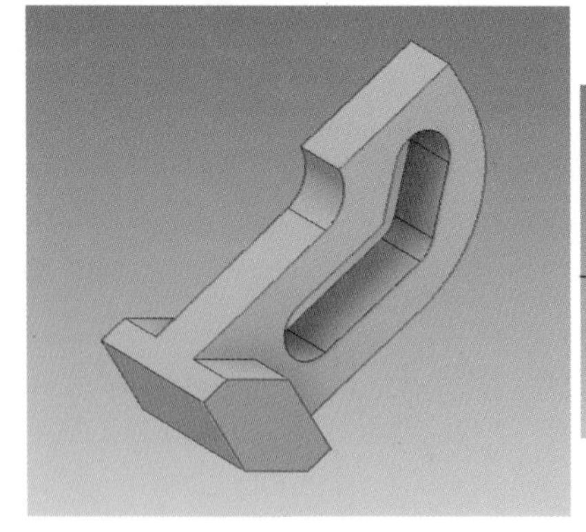

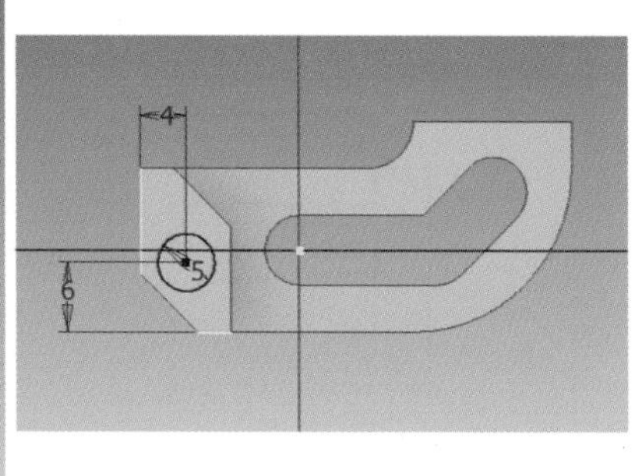

13

부품 ① 3D 모형 만들기

• [돌출] → [차집합] → [전체] → [방향2] → [확인]

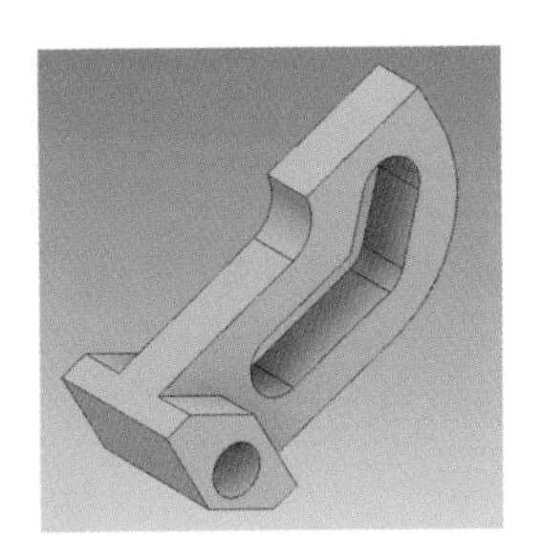

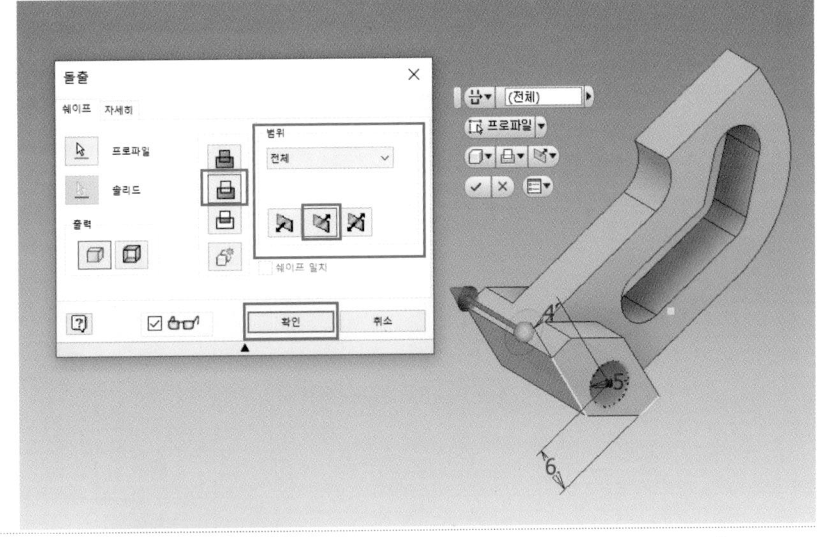

14

부품 ① 각인

• [2D 스케치 시작] → [각인평면 선택] → [텍스트] → [바탕체] → [6mm] → [확인] → [스케치마무리]

• [돌출] → [각인번호 선택] → [차집합] → [거리] → [3mm] → [방향2] → [확인]

※ 각인 방향이 도면과 상이할 시 [회전] → [각인 선택] → [중심점 : 각인번호중심 클릭] → [각도 입력] → [적용]

※ 글자체, 글자 크기, 글자 깊이 등은 별도의 정보가 없으므로 도면과 유사한 모양 및 크기로 작업하시오.

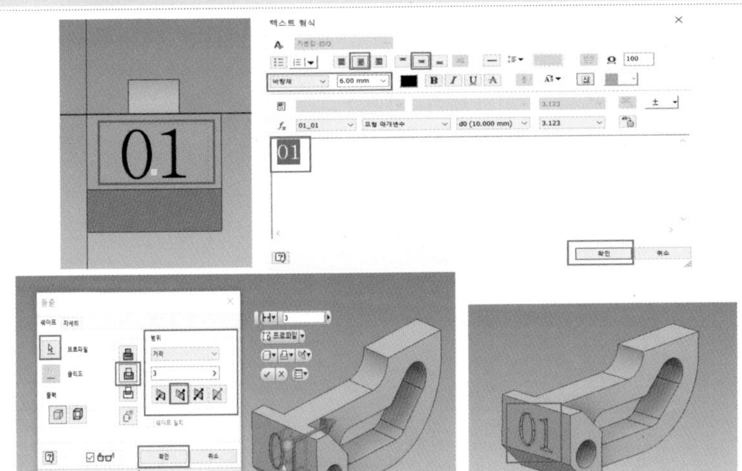

15

부품 ① 저장하기

• [파일] → [다른 이름으로 저장] → [비번호 폴더] → [파일이름] → [01_01] → [저장]

※ 본 교재의 부품 ①번 3D모델링 파일이름은 "01_01"로 작성되었다. 부품 ①, ②번 3D모델링 파일이름은 수험자가 임의로 정할 수 있다.
예 부품1번, 01번 등

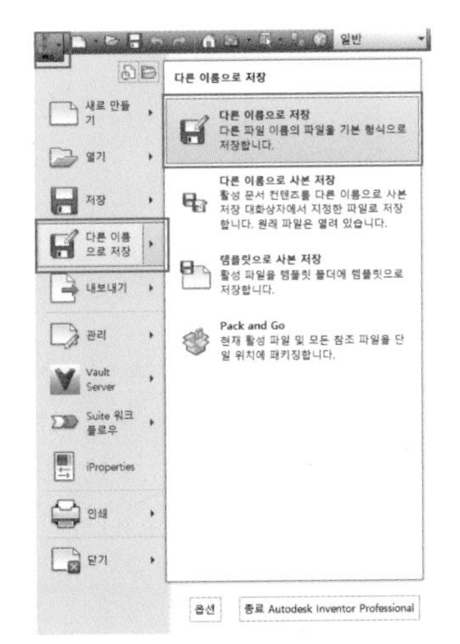

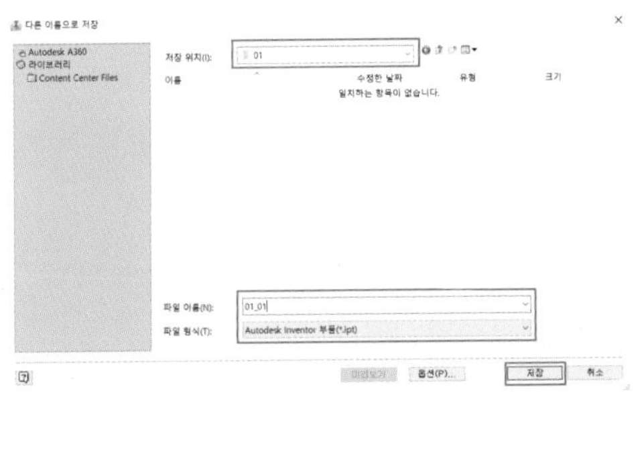

16

부품 ② 모델링

- [새로 만들기] → [Metric] → [Standard(mm).ipt] → [작성]

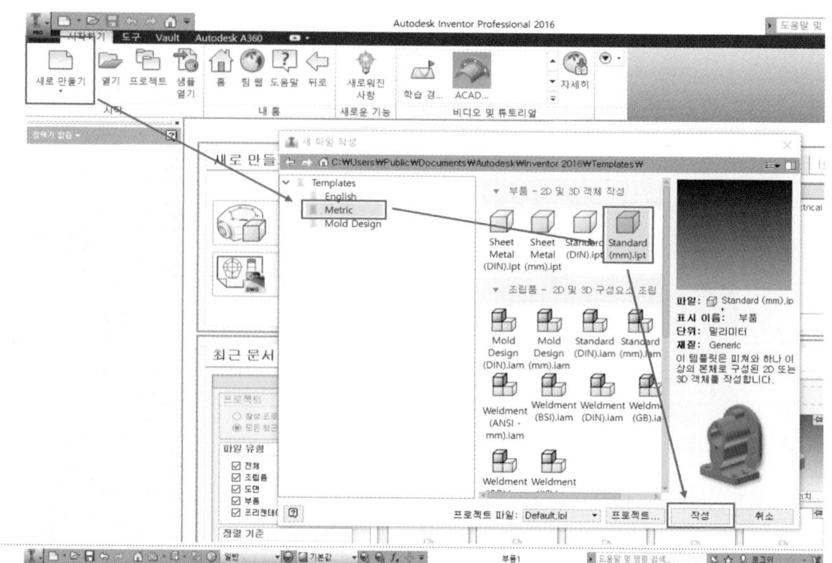

17

[2D 스케치 시작] → [마우스로 **XY Plane** 선택]

※ 마우스로 XY Plane 선택 시 빨간색으로 변함

※ 다른 방법(시트트리에서)
[원점] → [XY평면 마우스오른쪽 클릭] → [새 스케치]

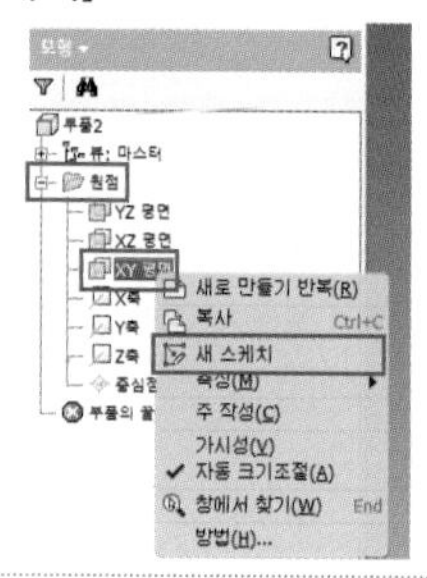

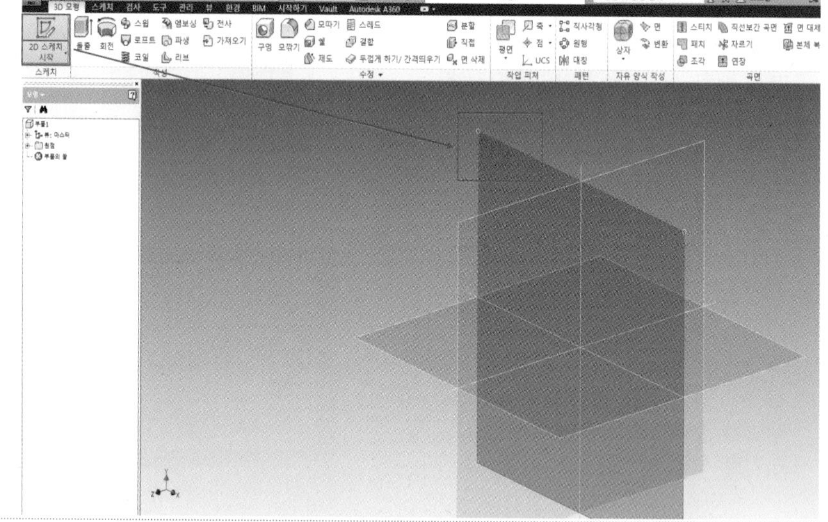

18

부품 ② 우측면도를 스케치 한다.

- ∅16 원을 그린다.
- 직사각형을 그린다.
- 치수 구속조건
- 선 자르기

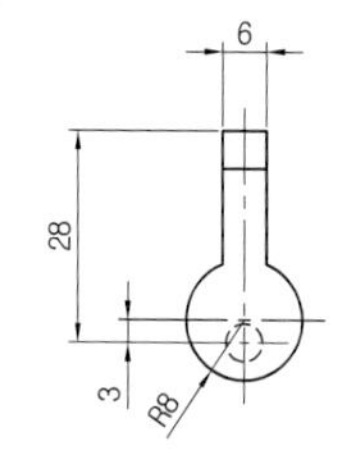

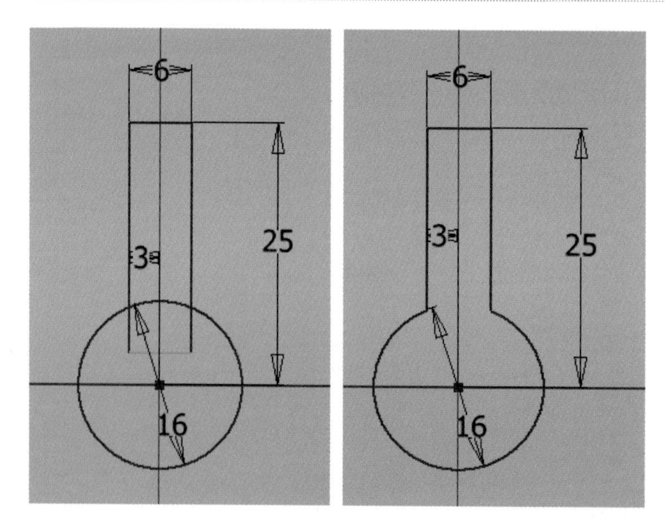

19

스케치마무리

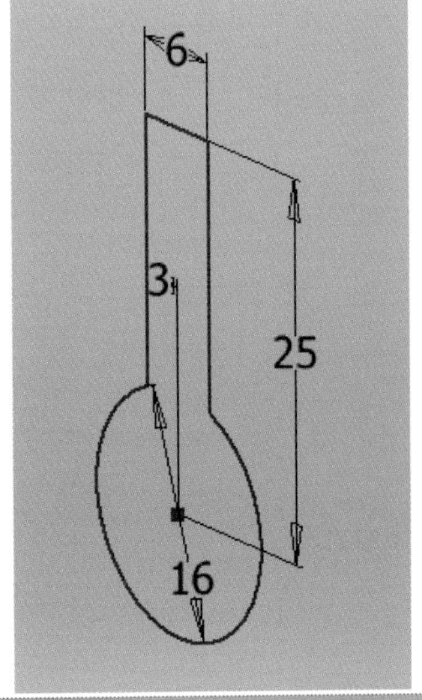

20

부품 ② 3D 모형 만들기

- [돌출] → [스케치 클릭] → [거리16] → [대칭] → [확인]

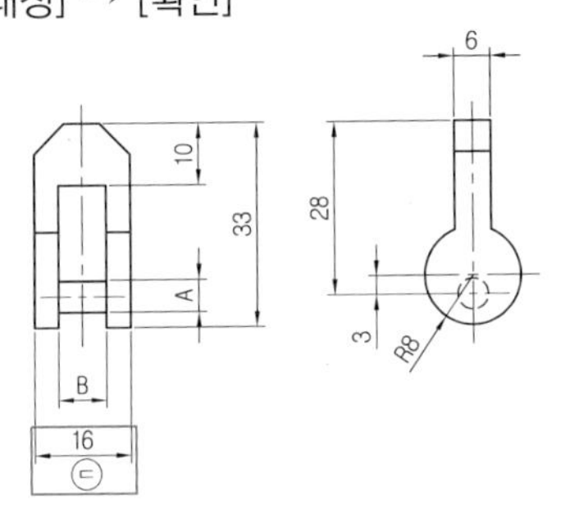

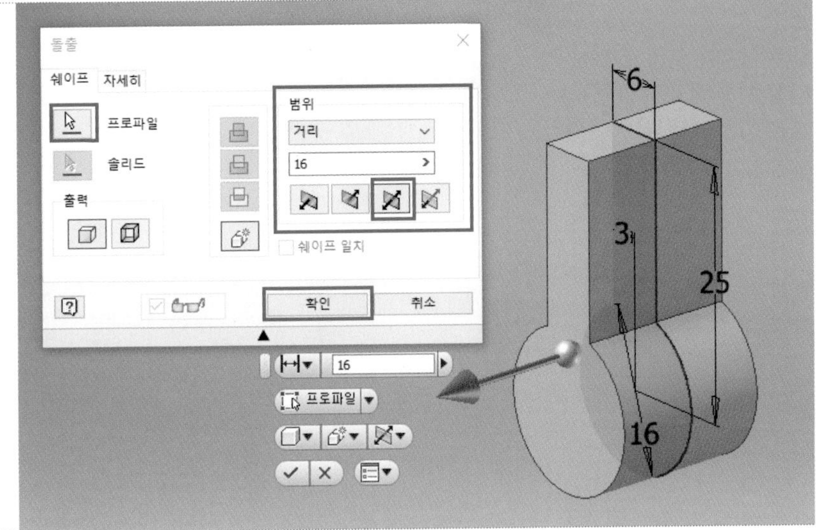

21

부품 ② 3D 모형 만들기

- [2D 스케치 시작] → [YZ평면 선택] → [F7] [직사각형] → [치수구속조건] → [스케치마무리]

※ 'B'는 상대치수(6mm)와 구멍공차를 적용해 7mm로 결정한다.

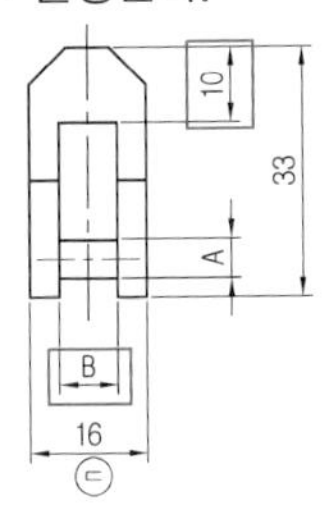

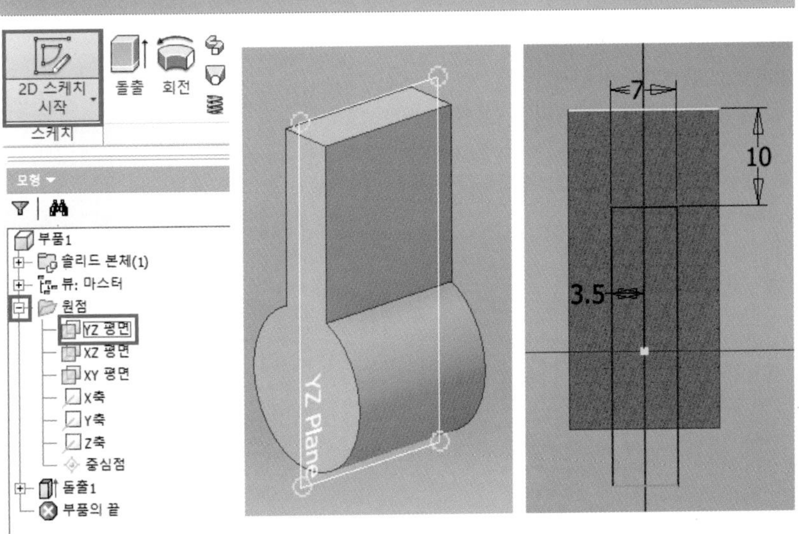

22

스케치마무리

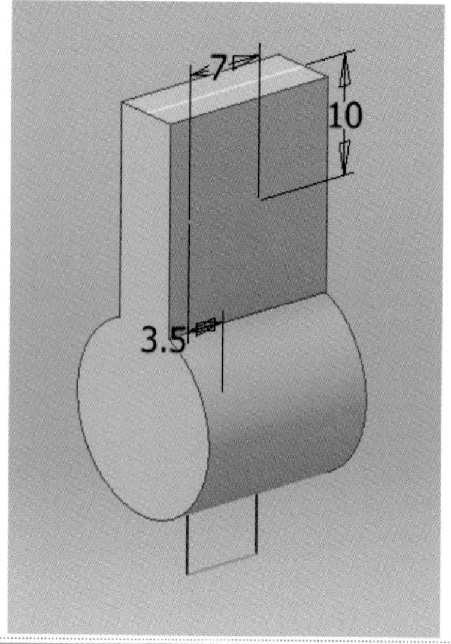

23

부품 ② 3D 모형 만들기

- [돌출] → [스케치 클릭] → [차집합] → [전체] → [대칭] → [확인]

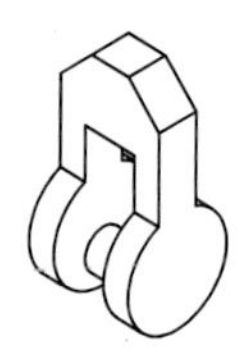

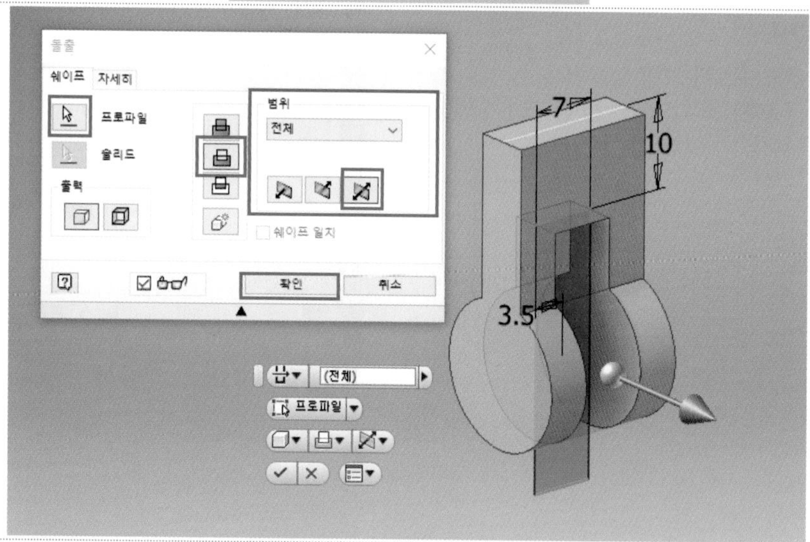

24

부품 ② 3D 모형 만들기

- [2D 스케치 시작] → [XY평면 선택] → [F7] [원] → [치수구속조건] → [스케치마무리]

※ 'A'는 상대치수(6mm)와 축공차를 적용해 5mm로 결정한다.

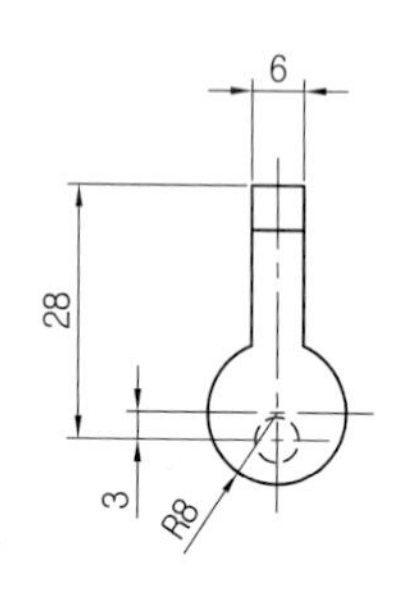

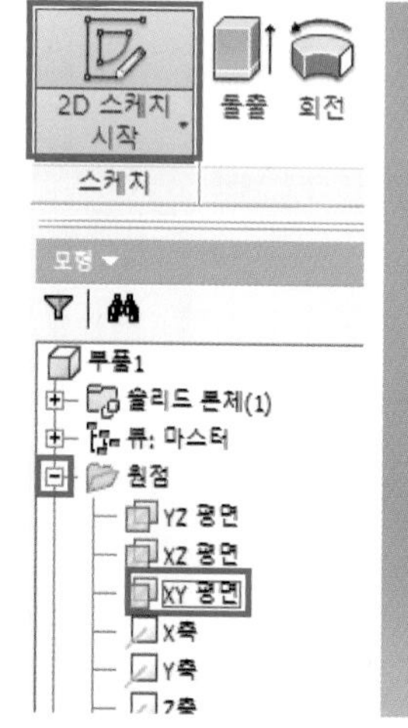

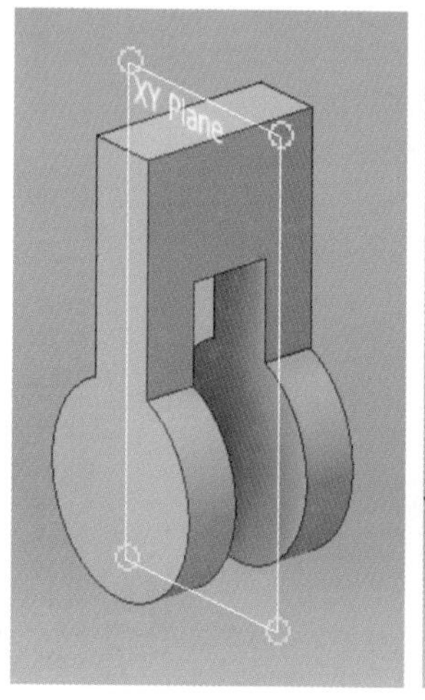

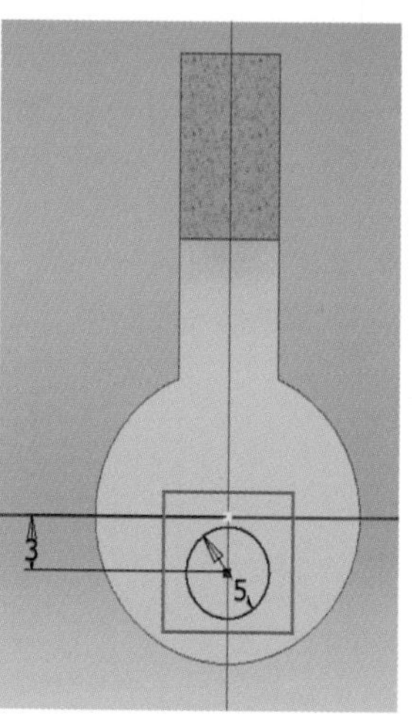

25

스케치마무리

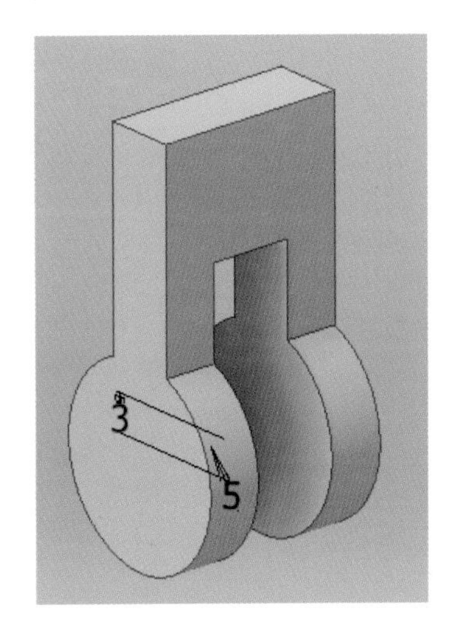

26

부품 ② 3D 모형 만들기

• [돌출] → [스케치 클릭] → [접합] → [거리8] → [대칭] → [확인]

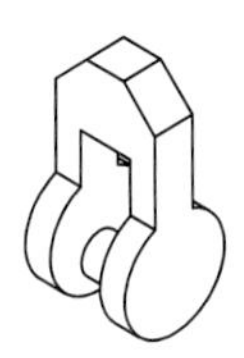

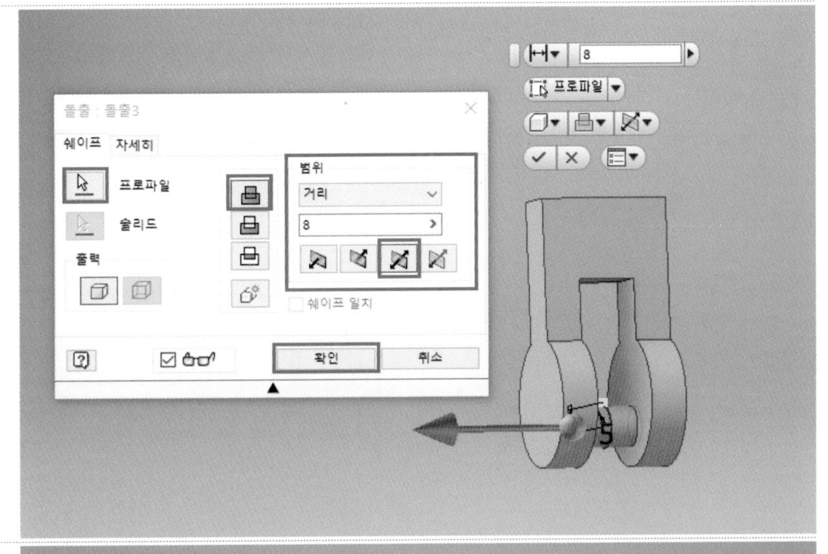

27

부품 ② 3D 모형 만들기

• [모따기] → [모따기선택/2개소] → [거리5] → [확인]

※ 주서
도시되고 지시없는 모따기는 C5

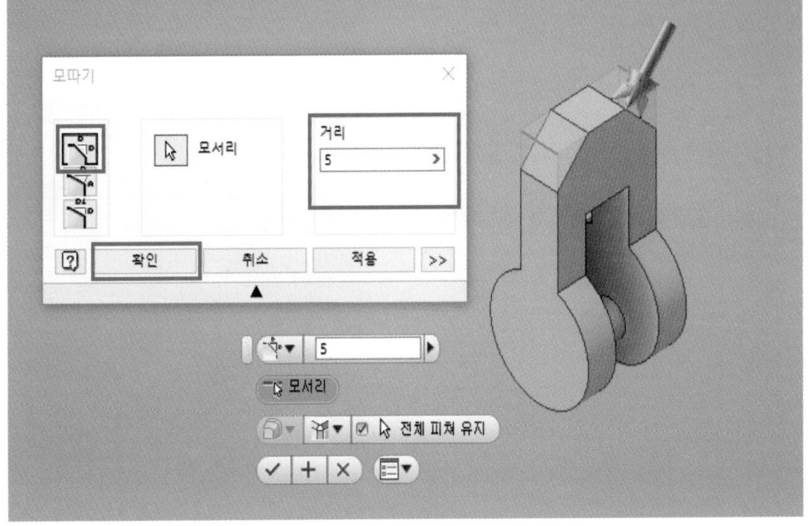

28

부품 ② 저장하기

• [파일] → [다른 이름으로 저장] → [비번호 폴더] → [파일이름] → [01_02] → [저장]

※ 본 교재의 부품 ②번 3D모델링 파일이름은 "01_02"로 작성되었다. 부품 ①, ②번 3D모델링 파일이름은 수험자가 임의로 정할 수 있다.
예 부품2번, 02번 등

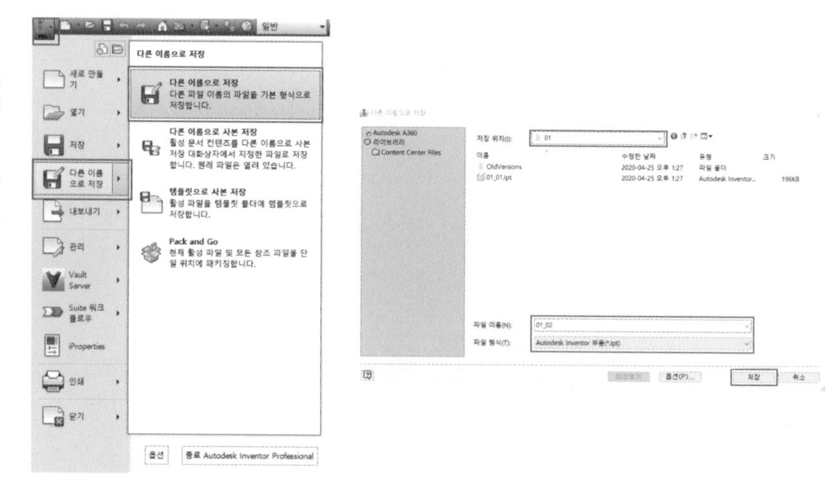

29

어셈블리

• [새로 만들기] → [Metric] → [Standard(mm).iam] → [작성]

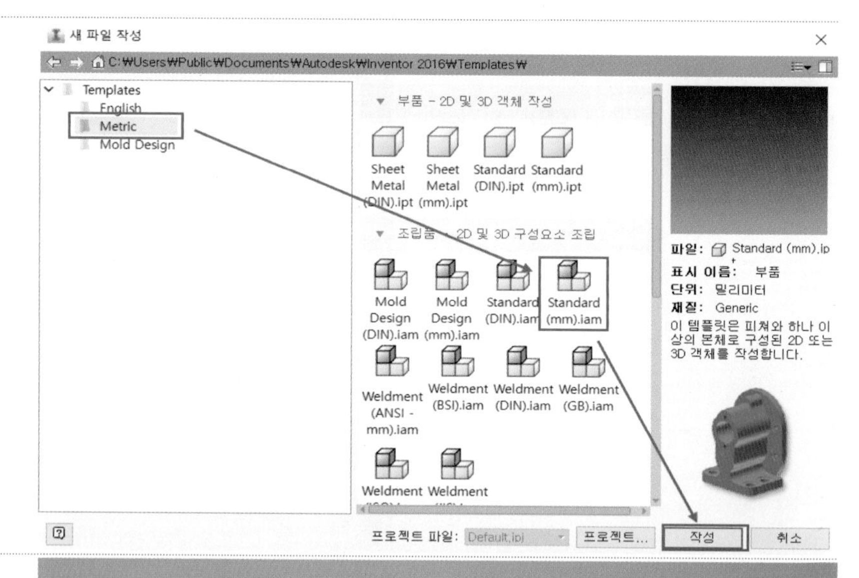

30

배치

"배치" 아이콘을 통해 부품 ①, ②를 배치한다.

• [배치] → [01_01, 01_02 선택] → [열기] → [화면 클릭] → [ESC]

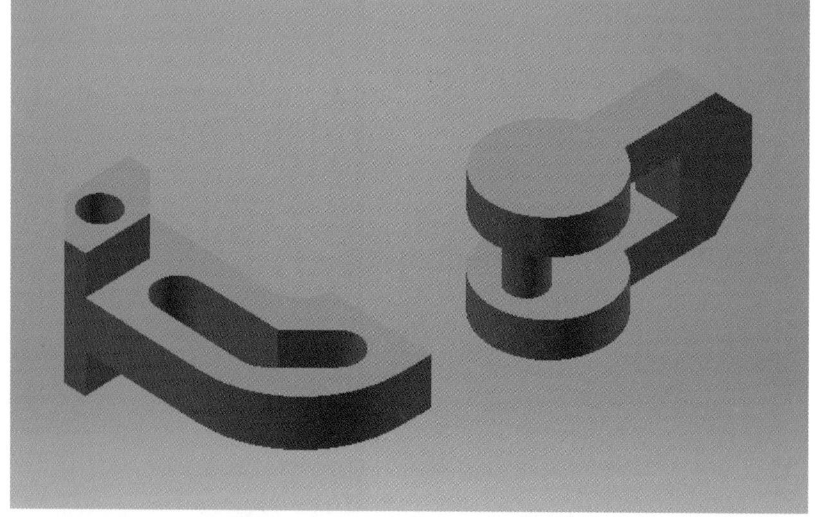

31

시트트리에서 부품①번을 우클릭하여 고정한다.

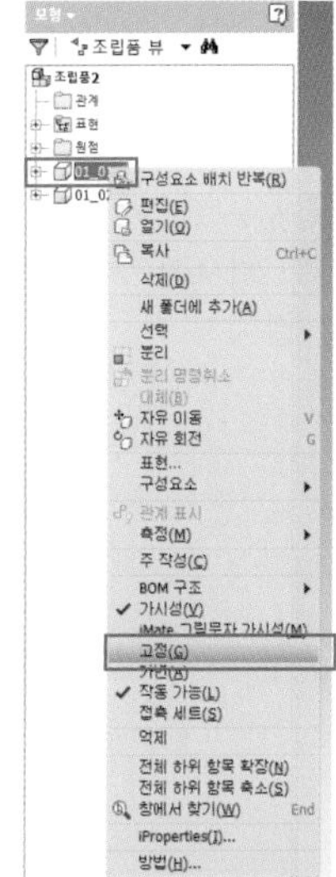

32

조립구속조건

- 부품②를 클릭하여 움직이고 우클릭하여 자유회전을 통하여 도면의 조립도와 비슷하게 한다.

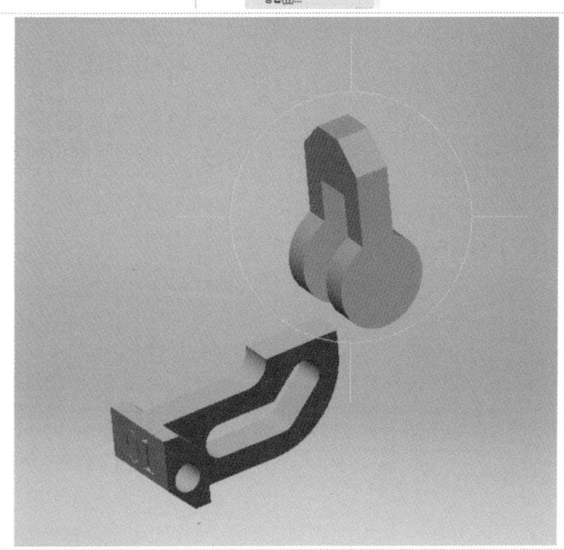

33

조립구속조건

- [구속조건] → [삽입] → [부품①선택요소] → [자유회전] → [부품②선택요소] → [솔루션 : 반대] → [간격 : 0.5] → [확인]

※ [간격띄우기0.5mm] : 공차 ±1mm로 양쪽에 0.5mm 띄운다.

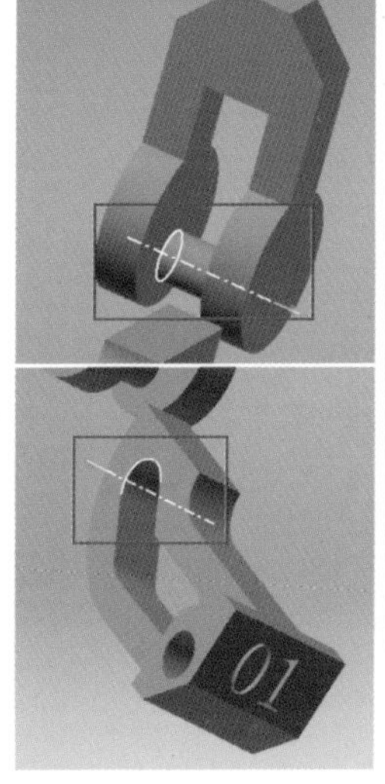

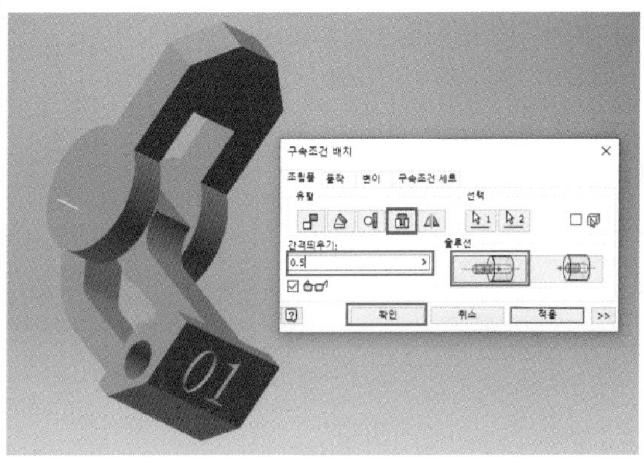

34

출력방향을 고려하여 구속조건 추가

※ 조립된 상태로 출력하니 되도록 서포트가 적게 나오고 도면의 ㉠, ㉡, ㉢ 치수가 정밀하게 나오는 출력방향을 결정해야 한다.

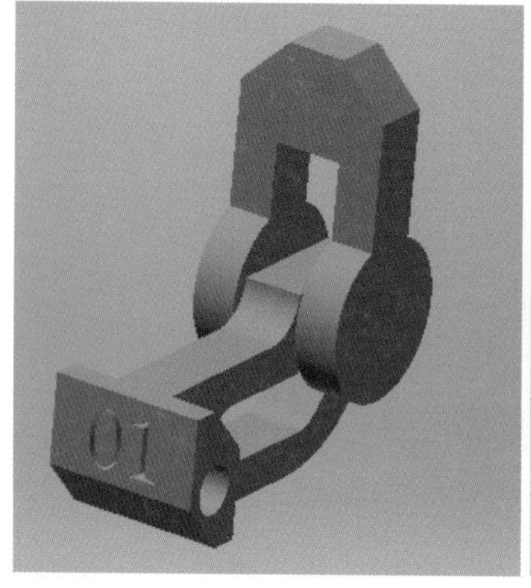

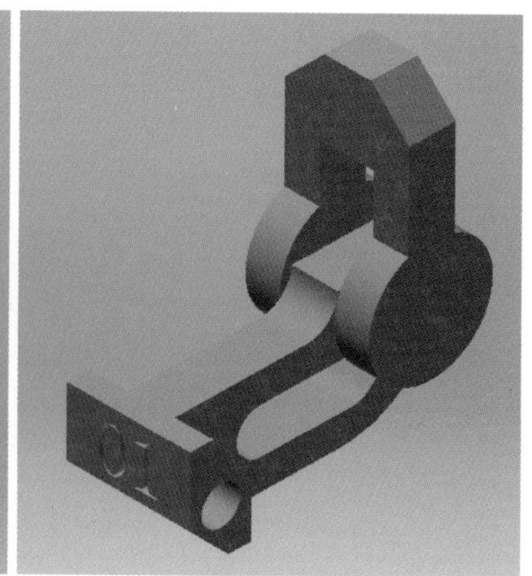

35

어셈블리 저장하기(2가지 확장자)

- [파일] → [다른 이름으로 저장] → [비번호 폴더] → [파일이름] → [01] → [저장]

- [파일] → [내보내기] → [CAD형식] → [비번호폴더] → [01] → [파일형식 : STEP 선택] → [저장]

구 분	작업명	파일명	비 고
1	어셈블리	01.***	
2		01.STP	채점용

※ 비번호 01인 경우

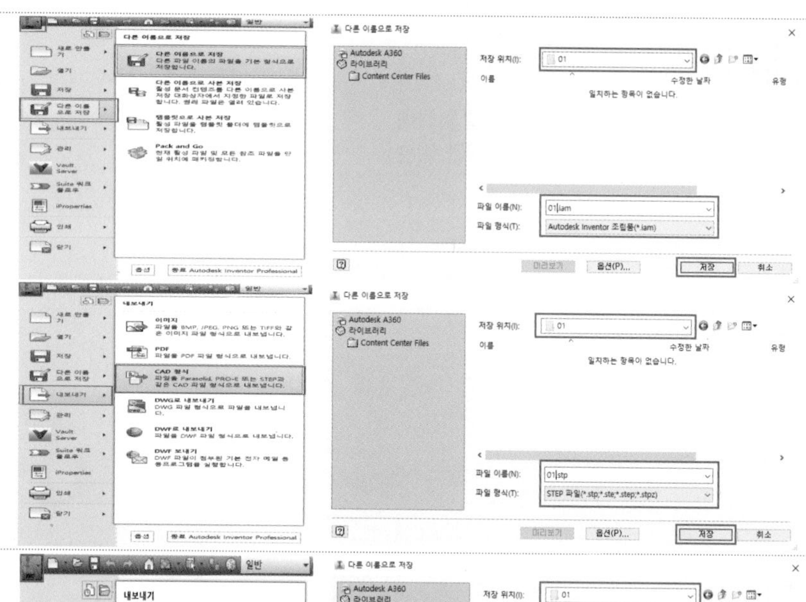

36

어셈블리 저장하기(STL확장자)

- [파일] → [내보내기] → [CAD형식] → [비번호폴더] → [01] → [파일형식 : STL 선택] → [옵션] → [단위 : mm] → [저장]

※ 옵션에서 단위 mm 선택

구 분	작업명	파일명	비 고
3	어셈블리	01.STL	

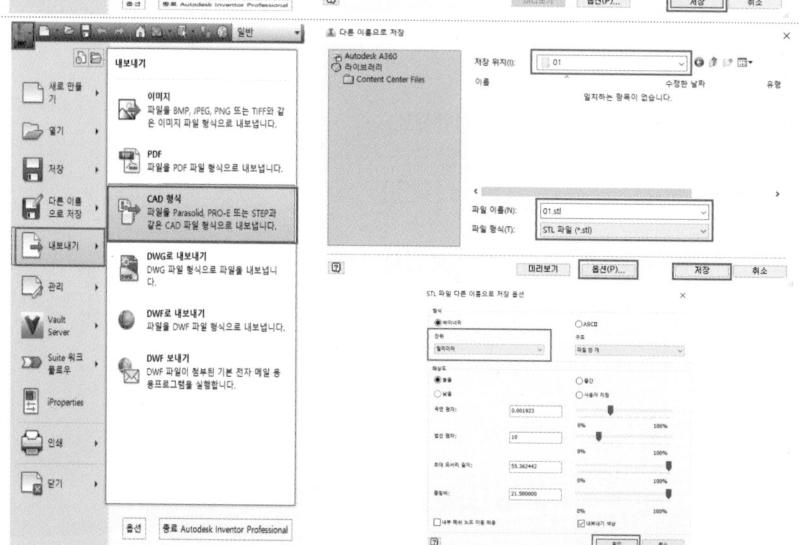

37

슬라이싱(3DWOX)

슬라이싱 프로그램을 실행한다.

• [파일] → [모델 불러오기] → [비번호폴더] → [01.stl] → [열기]

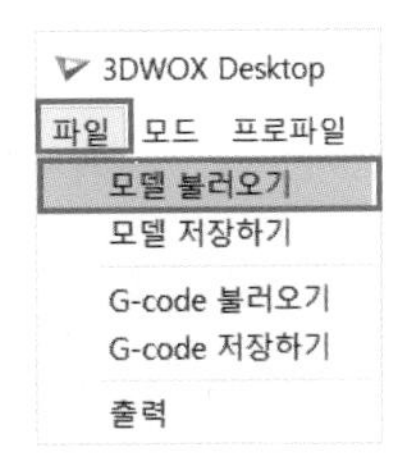

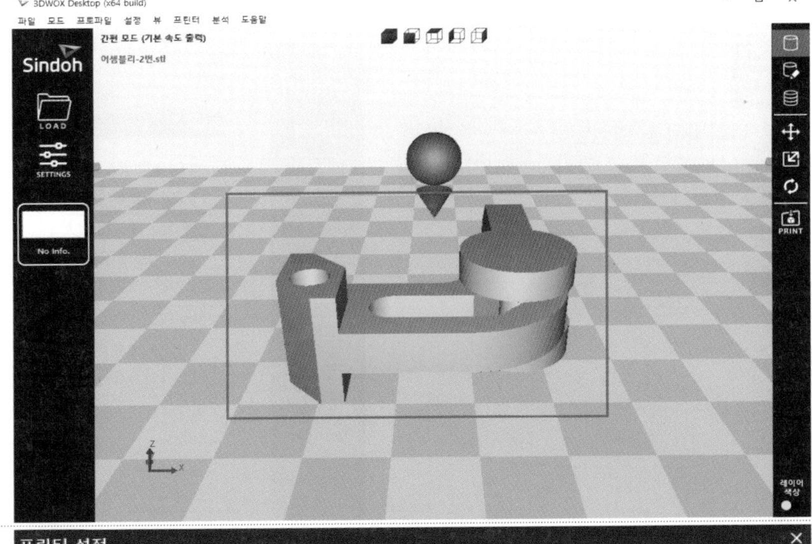

38

프린터 설정

• [설정] → [프린터 설정] → [프린터 모델] → [확인]

※ 시험장 프린터 모델을 선택한다.
예 DP200

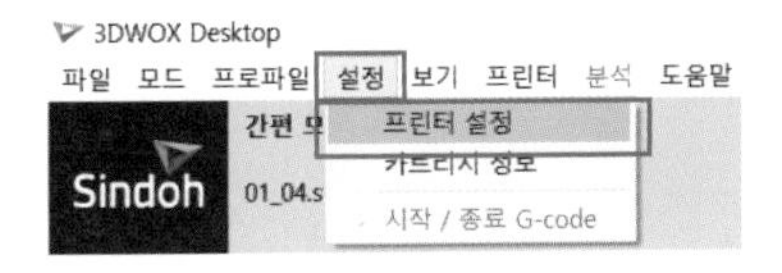

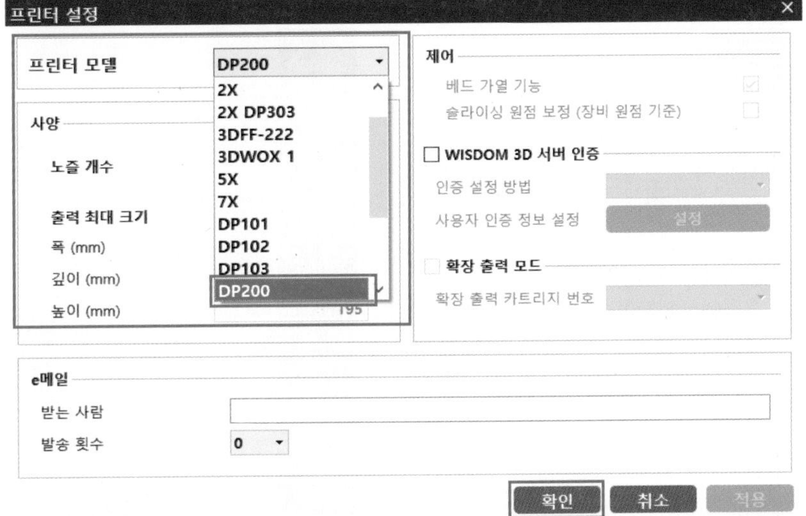

39

출력방향을 결정한다.

• [분석] → [최적출력방향] → [분석] → [추천 1~6 선택]

※ 신도리코 3DWOX는 최적출력방향을 분석해 준다. 참고하여 서포트가 적게 나오고 도면의 ㉠, ㉡, ㉢ 치수가 정밀하게 나오는 출력방향을 결정한다.

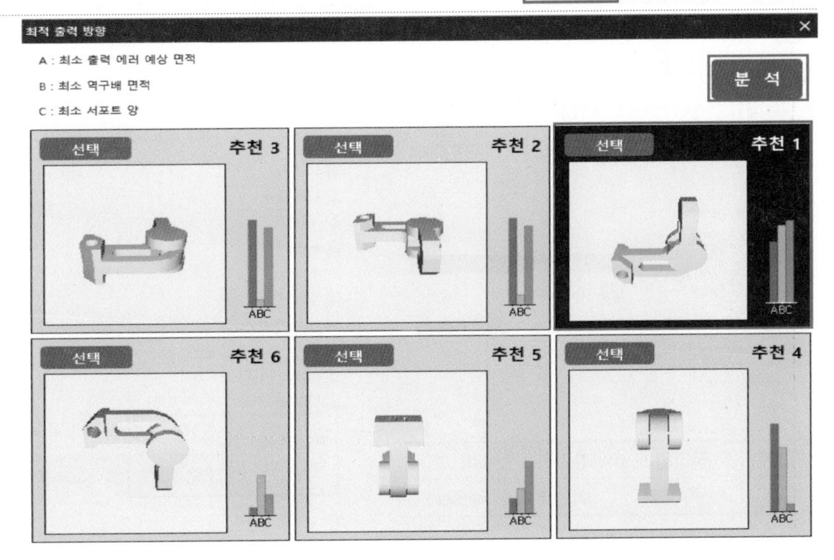

40

기본 파라미터를 설정한다.

- [SETTINGS] 버튼을 클릭하여 파라미터 값을 조정한다.
- 기본 속도 출력
- 재질 : PLA
- 서포트 : 모든 곳, 지그재그 구조

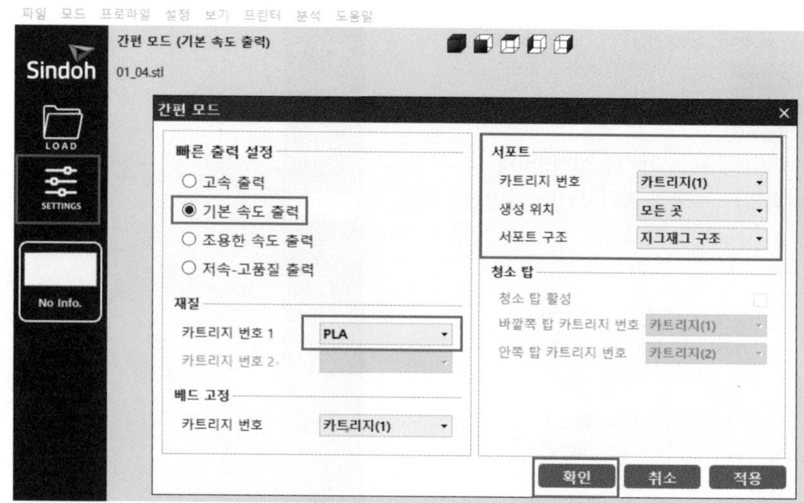

41

슬라이싱

- 베드상에 있는 출력물이 파라미터의 값이 반영되면서 슬라이싱을 수행한다.

※ 출력예상시간을 확인한다.

※ 출력예상시간이 1시간 20분이 넘어가면 고급모드로 변경하여 [SETTINGS]에서 레이어 높이, 채우기 밀도, 서포트 밀도 등 설정값을 변경한다.

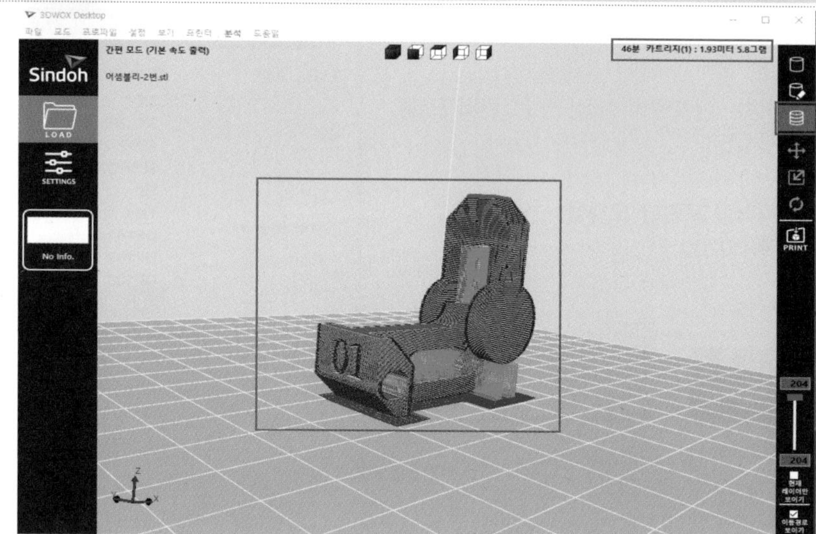

42

G-code 저장하기

- [파일] → [G-code 저장하기] → [예] → [비번호폴더] → [01.gcode] → [저장]

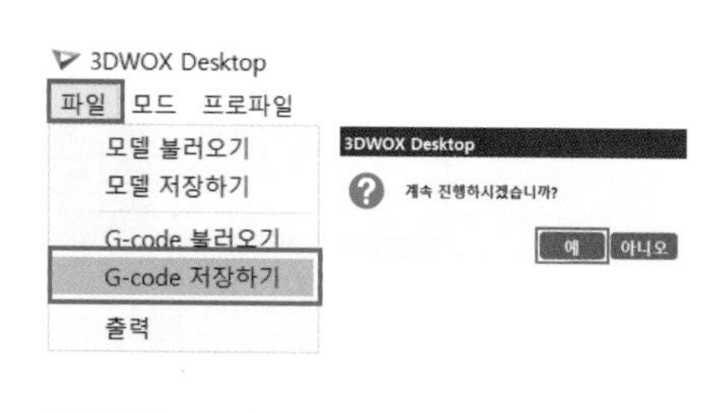

구 분	작업명	파일명	비 고
4	슬라이싱	01.***	gcode

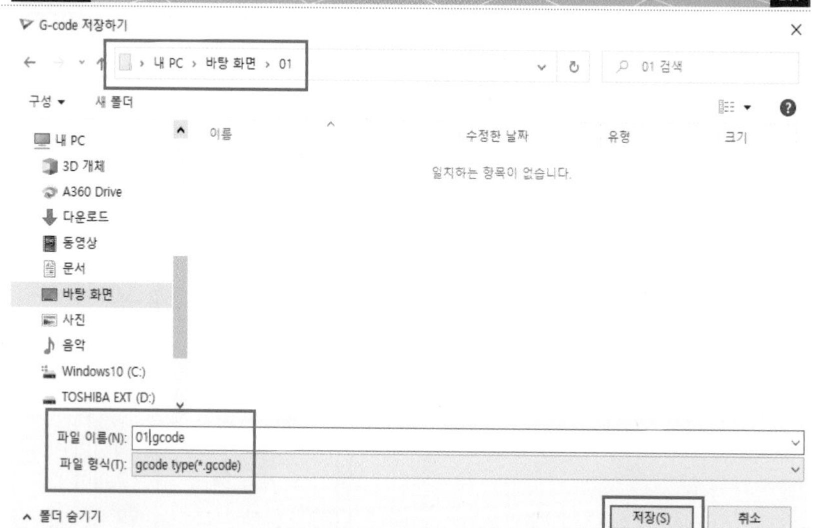

43
지급된 저장매체(USB 또는 SD-card)에 저장한다.

- 감독위원에게 저장매체(USB 또는 SD-card) 제출

44
3D프린터 세팅

- 노즐, 베드 등에 이물질을 제거하여 출력 시 방해요소가 없도록 세팅한다.
- PLA 필라멘트 장착 여부 등 소재의 이상 여부를 점검하고 정상 작동하도록 세팅한다.
- 베드 레벨링 기능 등을 활용하여 베드 위치를 세팅한다.

45
3D프린팅

- 저장매체(USB 또는 SD-card)에 있는 파일(01_04.gcode)을 3D프린터 전면부 있는 USB 포트에 연결하여 화면에서 직접 G-code를 불러와 출력한다.

46
최종 출력물

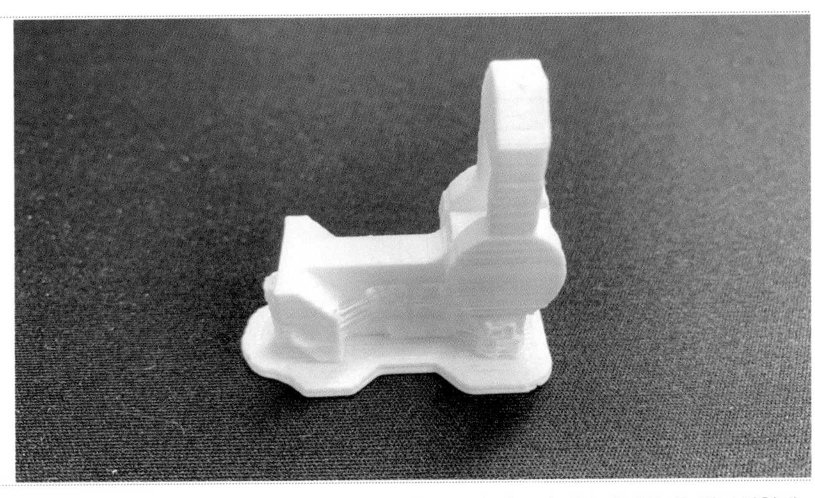

47
후처리

- 출력이 완료되면 보호장갑을 착용하고 서포트 및 거스러미를 제거한 후 감독위원에게 제출한다.

48
노즐 및 베드 정리

- 출력물을 제출 후 본인이 사용한 3D프린터 노즐 및 베드 등의 잔여물을 제거하고 정리정돈 한다(**※ 정리상태도 채점 대상임에 주의하자**).

03 3D모델링 실기 공개문제 도면 - 03

자격종목	3D프린터운용기능사	[시험1] 과제명	3D모델링 작업	척 도	NS

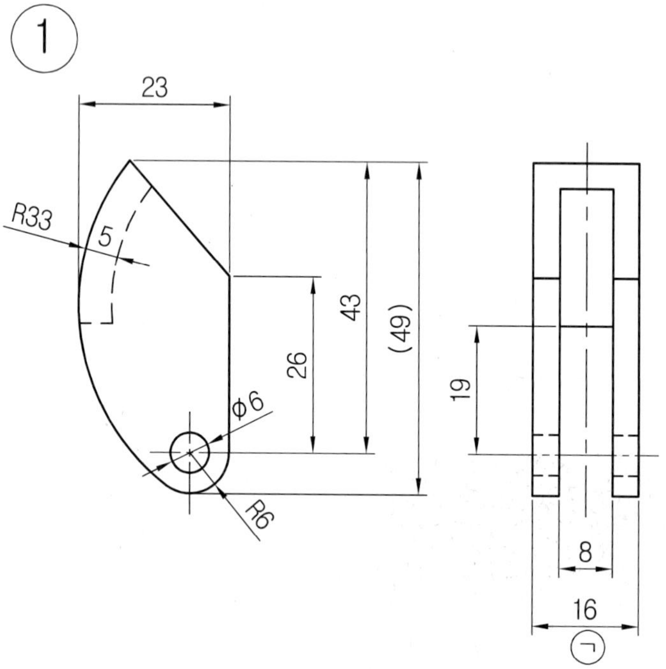

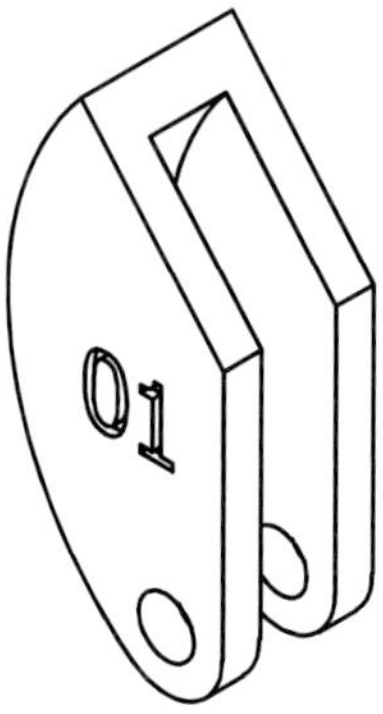

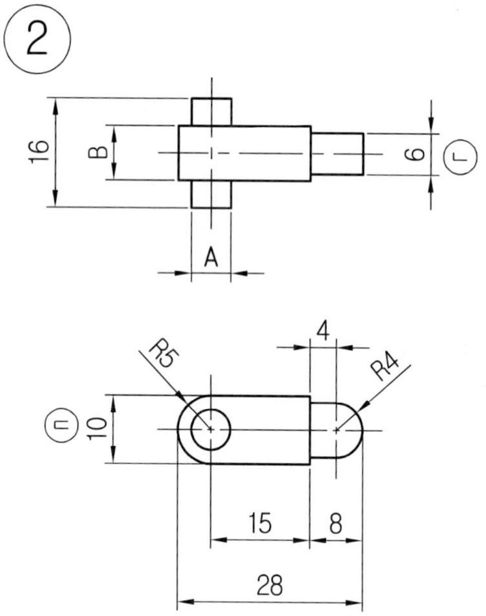

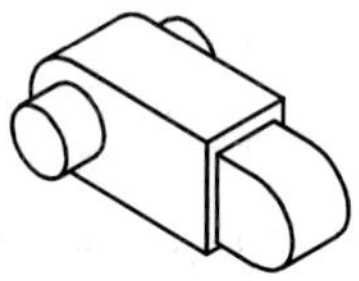

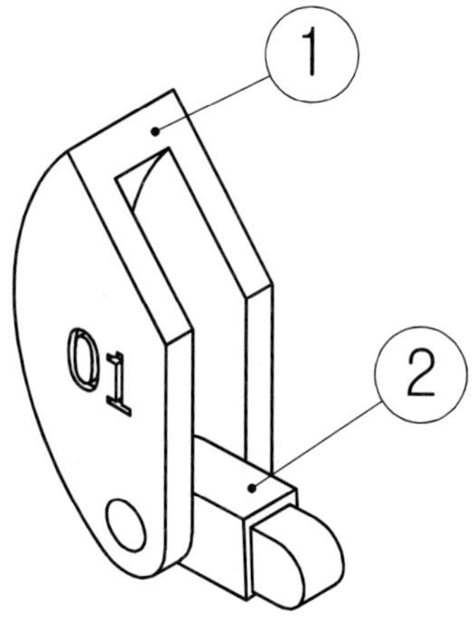

01

부품 ① 모델링

• [새로 만들기] → [Metric] → [Standard(mm).ipt] → [작성]

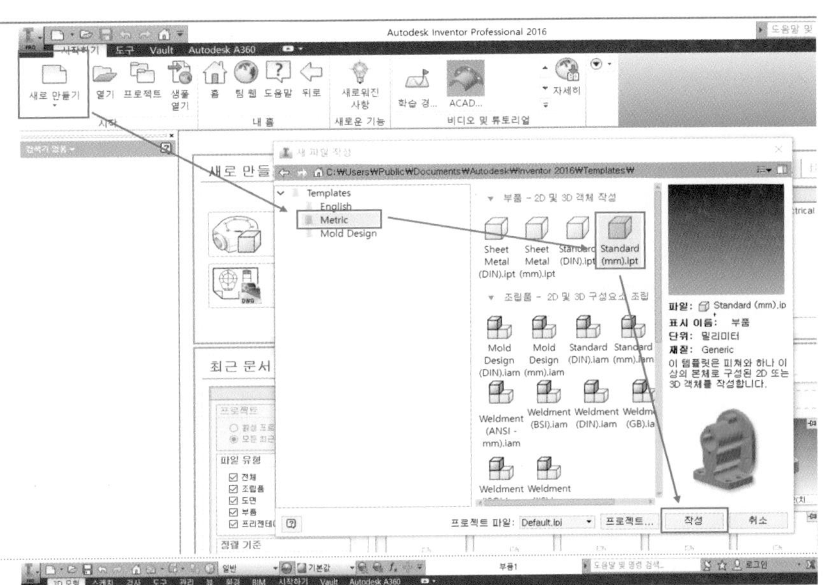

02

[2D 스케치 시작] → [마우스로 XY Plane 선택]

※ 마우스로 XY Plane 선택 시 빨간색으로 변함

※ 다른 방법(시트트리에서)
[원점] → [XY평면 마우스오른쪽 클릭] → [새 스케치]

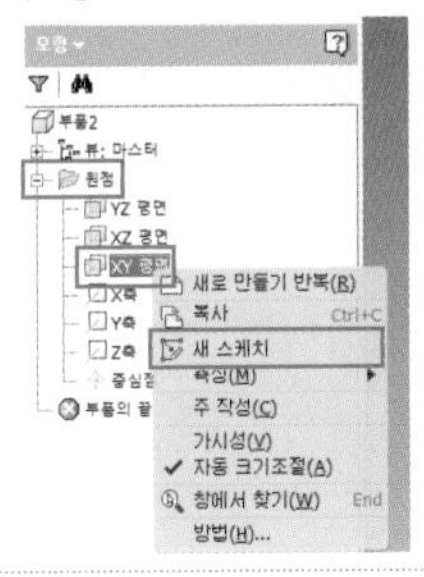

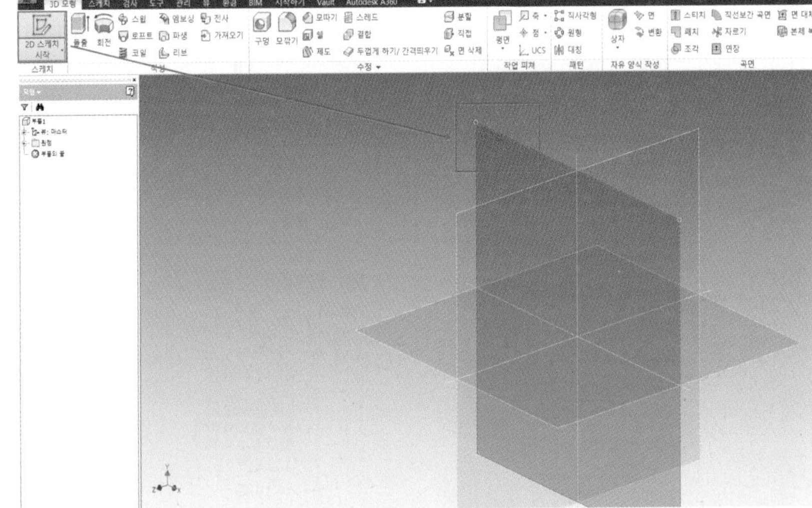

03

부품 ① 정면도를 스케치 한다.

• 선을 스케치

• 기하학 구속조건, 치수 구속조건

• 자르기(※ 선 자르기 시 치수 먼저 삭제)

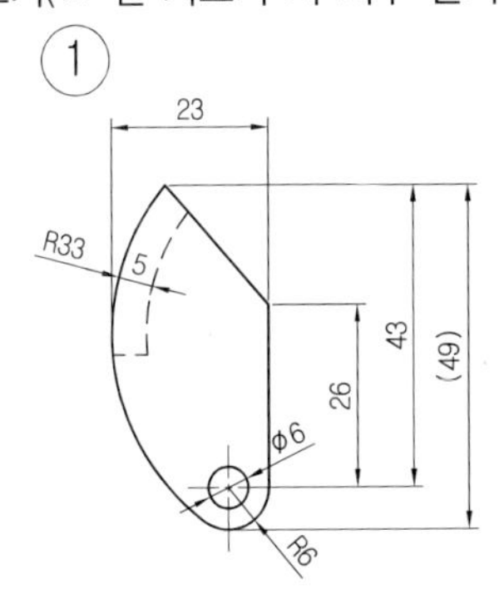

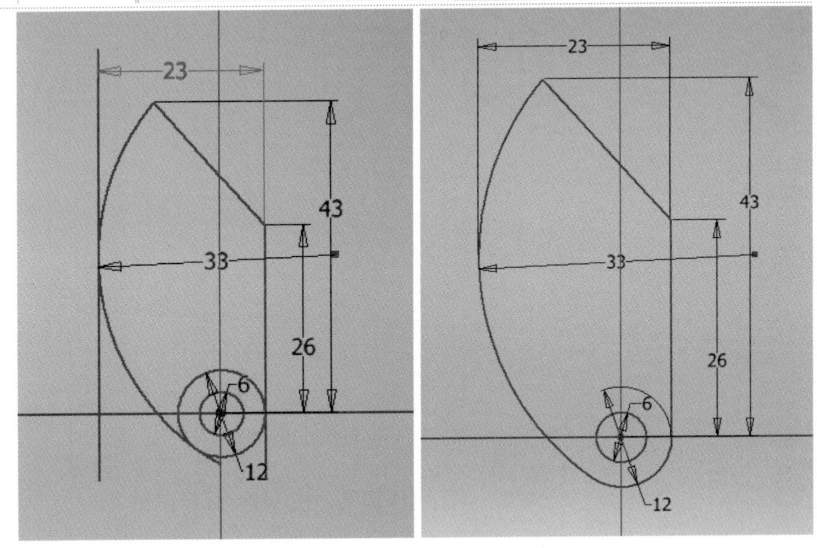

04

스케치마무리

부품 ① 3D 모형 만들기

- [돌출] → [스케치 클릭] → [거리16] → [대칭] → [확인]

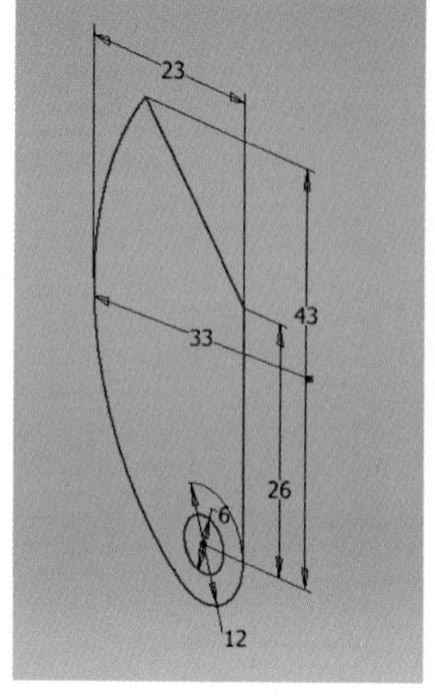

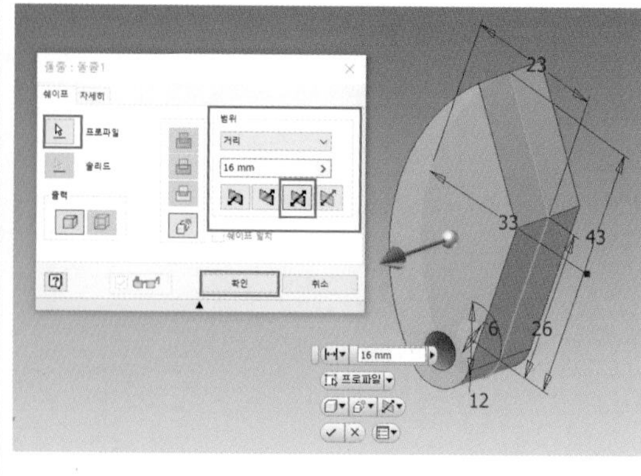

05

부품 ① 3D 모형 만들기

- [2D 스케치 시작] → [XY평면 선택] → [F7] [원] → [형상투영] → [간격띄우기] → [치수구속조건] → [스케치마무리]

※ 'A'는 상대치수(6mm)와 축공차를 적용해 5mm로 결정한다.

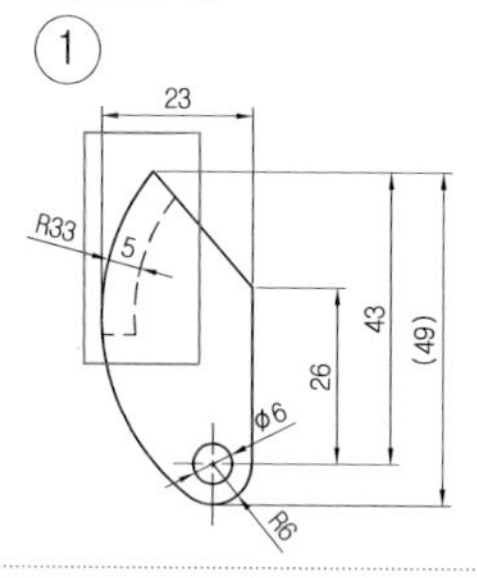

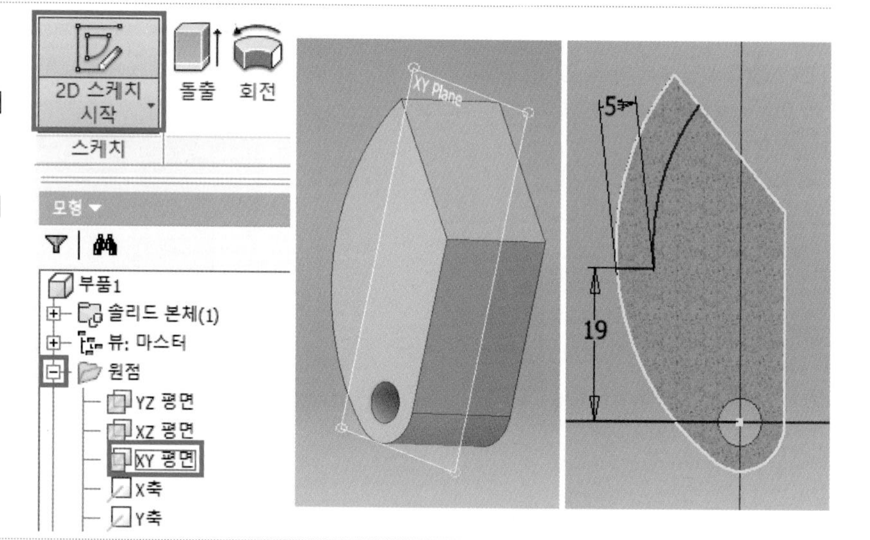

06

스케치마무리

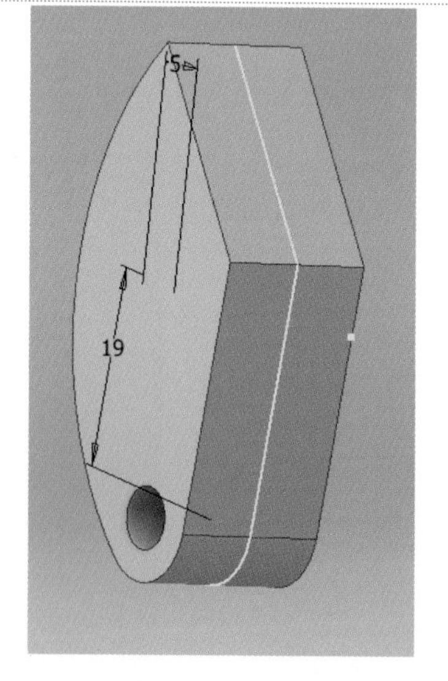

07

부품 ① 3D 모형 만들기

• [돌출] → [스케치 클릭] → [차집합] → [거리8] → [대칭] → [확인]

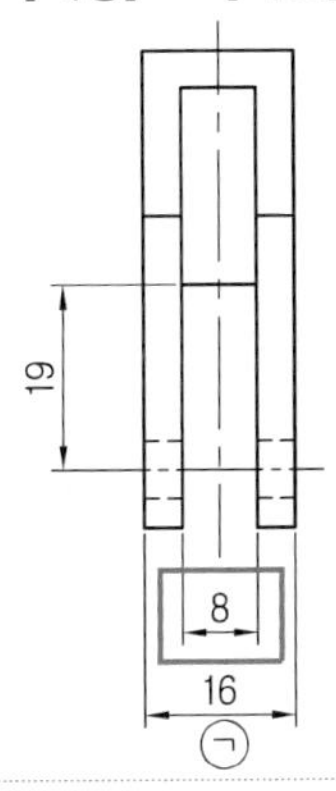

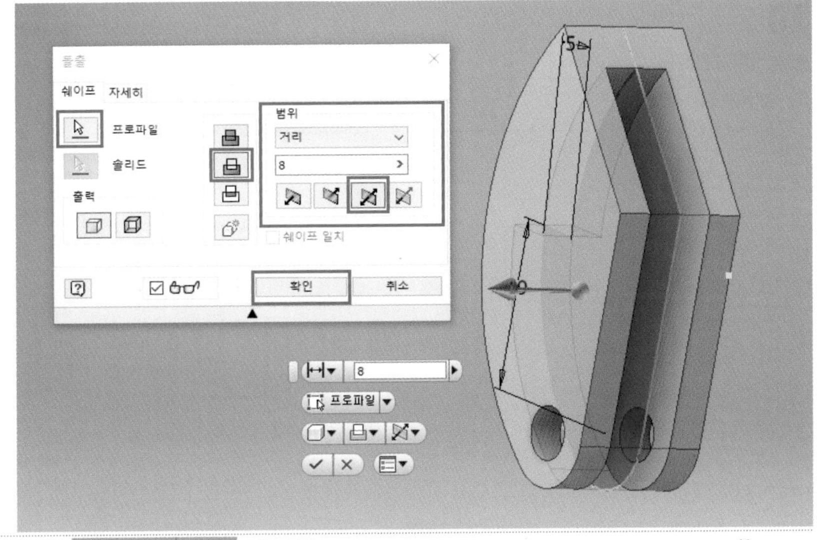

08

부품 ① 각인

• [2D 스케치 시작] → [각인평면 선택] → [텍스트] → [바탕체] → [6mm] → [확인] → [스케치마무리]

• [돌출] → [각인번호 선택] → [차집합] → [거리] → [3mm] → [방향2] → [확인]

※ 각인 방향이 도면과 상이할 시 [회전] → [각인 선택] → [중심점 : 각인번호중심 클릭] → [각도 입력] → [적용]

※ 글자체, 글자 크기, 글자 깊이 등은 별도의 정보가 없으므로 도면과 유사한 모양 및 크기로 작업하시오.

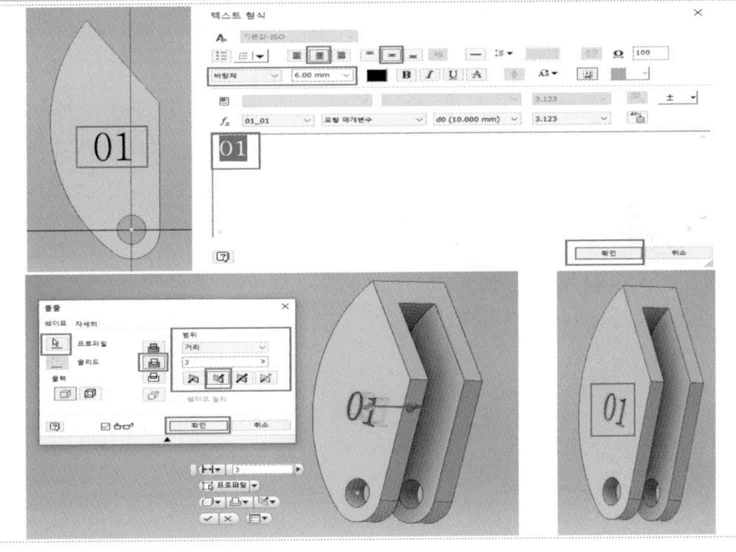

09

부품 ① 저장하기

• [파일] → [다른 이름으로 저장] → [비번호 폴더] → [파일이름] → [01_01] → [저장]

※ 본 교재의 부품 ①번 3D모델링 파일이름은 "01_01"로 작성되었다. 부품 ①, ②번 3D모델링 파일이름은 수험자가 임의로 정할 수 있다.
예 부품1번, 01번 등

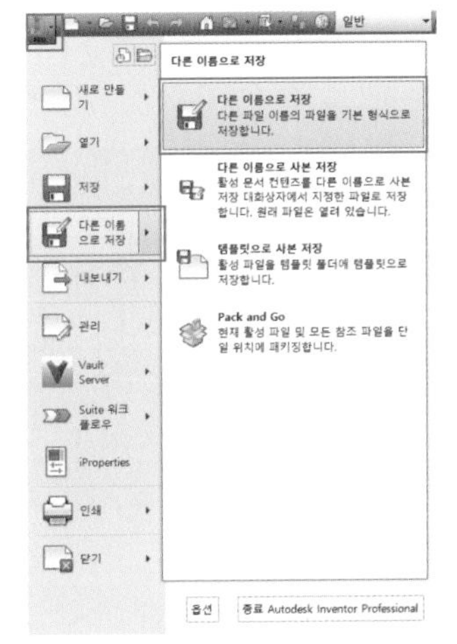

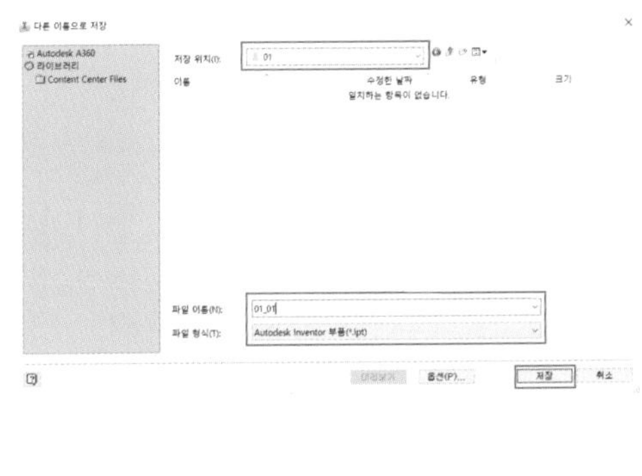

10

부품 ② 모델링

• [새로 만들기] → [Metric] → [Standard(mm).ipt] → [작성]

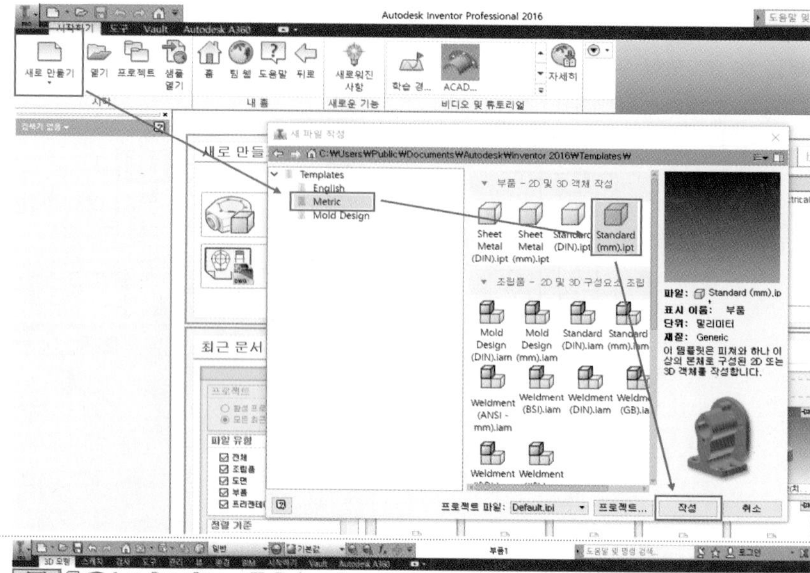

11

[2D 스케치 시작] → [마우스로 XY Plane 선택]

※ 마우스로 XY Plane 선택 시 빨간색으로 변함

※ 다른 방법(시트트리에서) [원점] → [XY평면 마우스오른쪽 클릭] → [새 스케치]

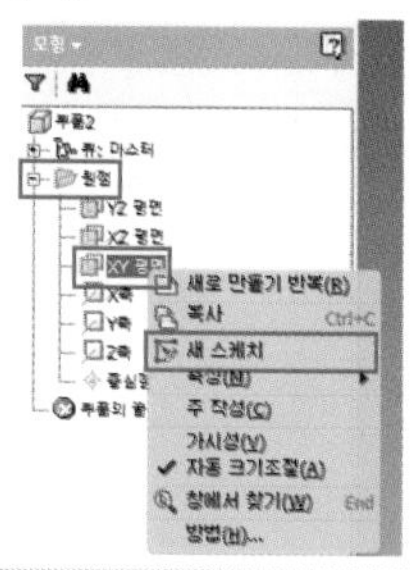

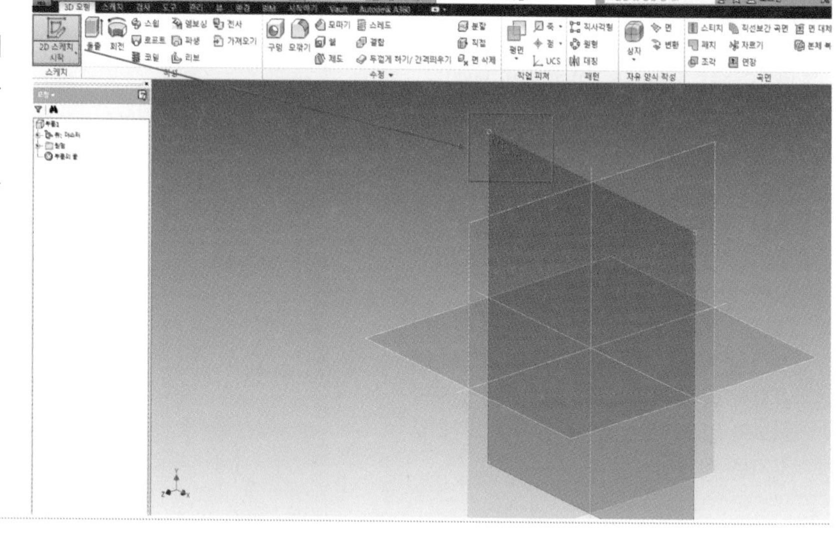

12

부품 ② 정면도 일부를 스케치 한다.

• ∅10 원을 그린다.
• 직사각형을 그린다.
• 기하학 구속조건(접선)
• 치수 구속조건
• 선 자르기

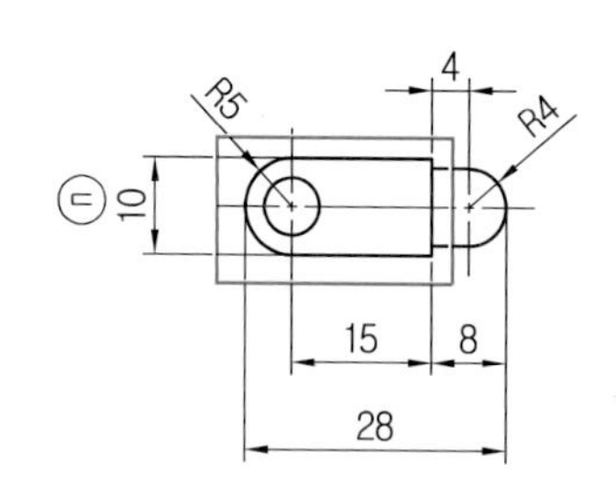

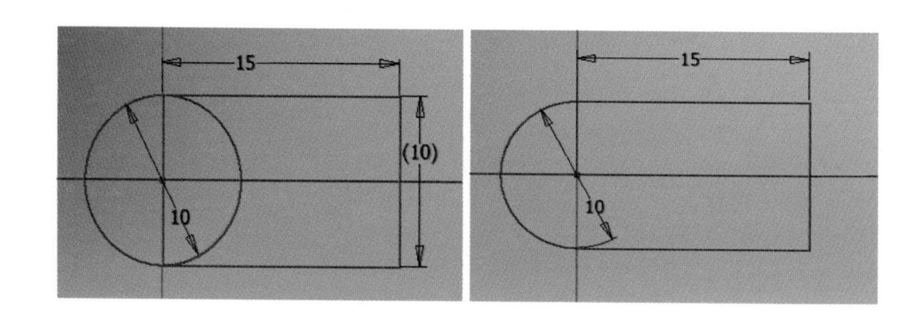

13

스케치마무리

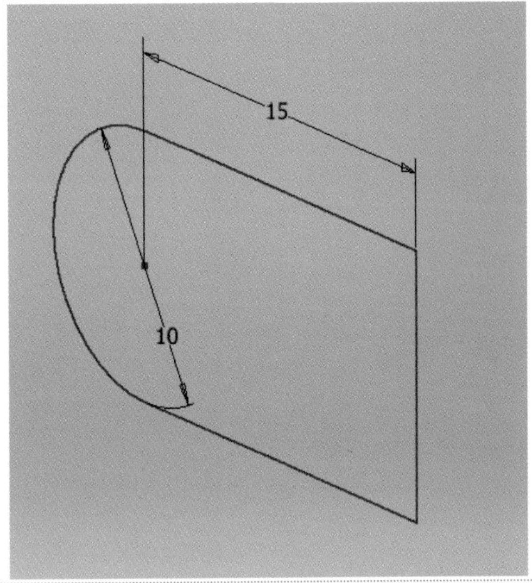

14

부품 ② 3D 모형 만들기

- [돌출] → [스케치 클릭] → [거리7] → [대칭] → [확인]

※ 'B'는 상대치수(8mm)와 축공차를 적용해 7mm로 결정한다.

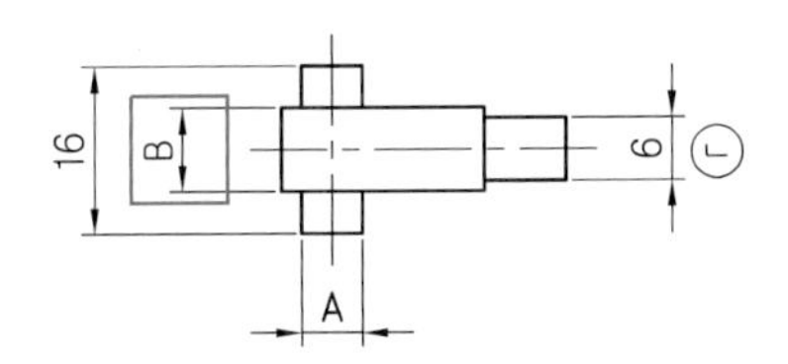

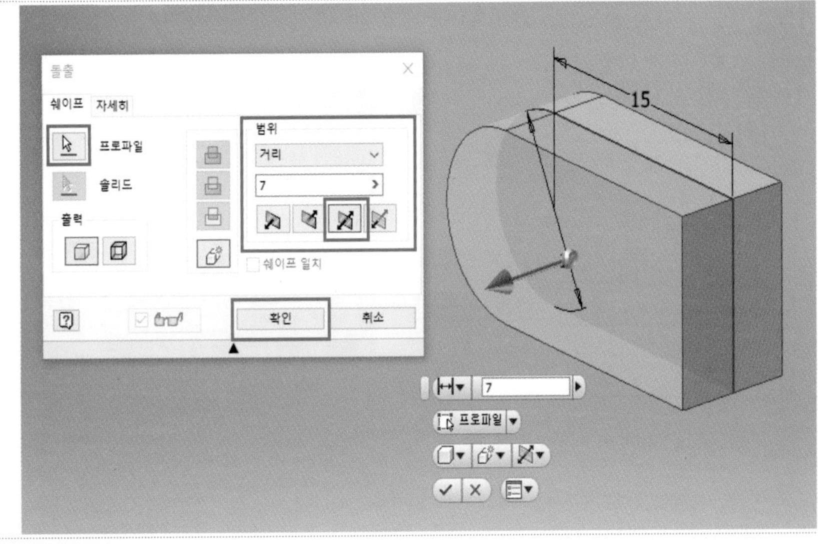

15

부품 ② 3D 모형 만들기

- [2D 스케치 시작] → [XY평면 선택] → [F7] [직사각형] → [치수구속조건] → [모깎기] → [스케치마무리]

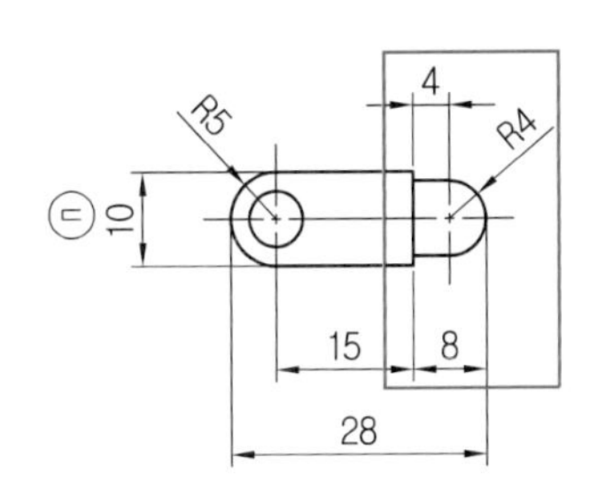

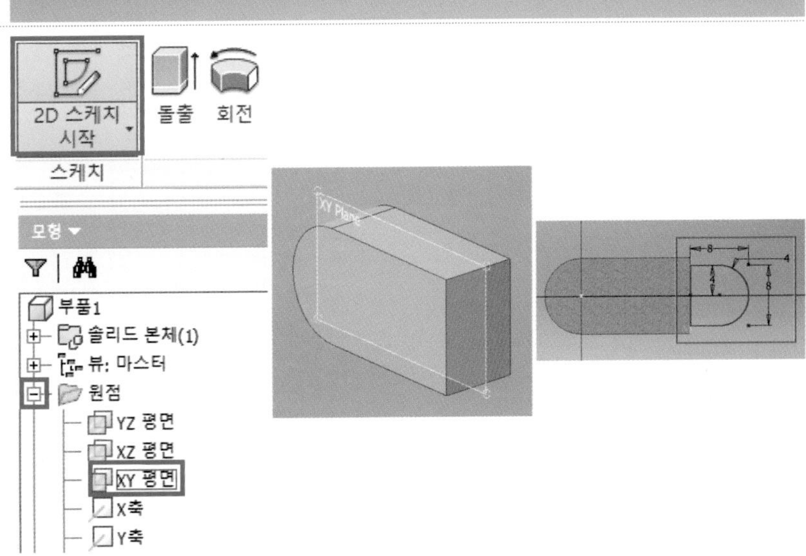

16

스케치마무리

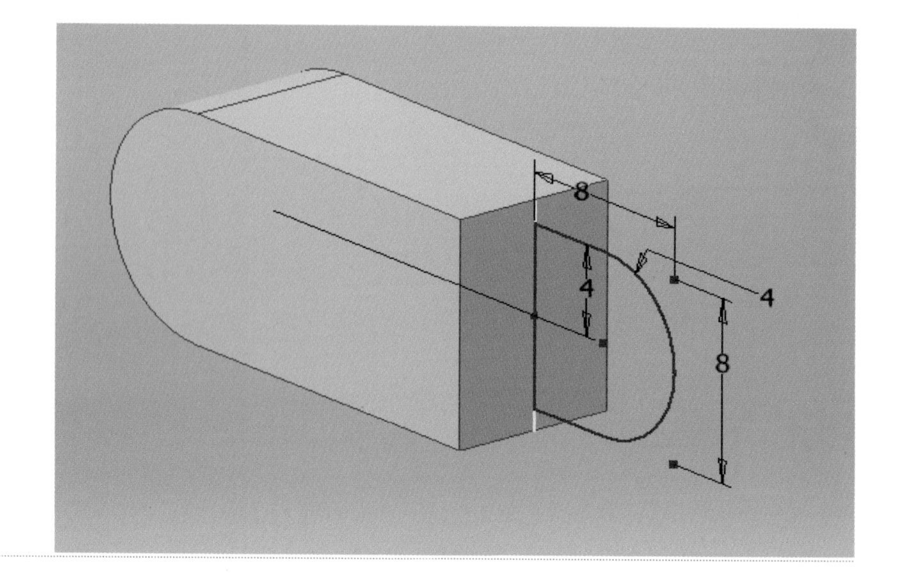

17

부품 ② 3D 모형 만들기

- [돌출] → [스케치 클릭] → [거리6] → [대칭] → [확인]

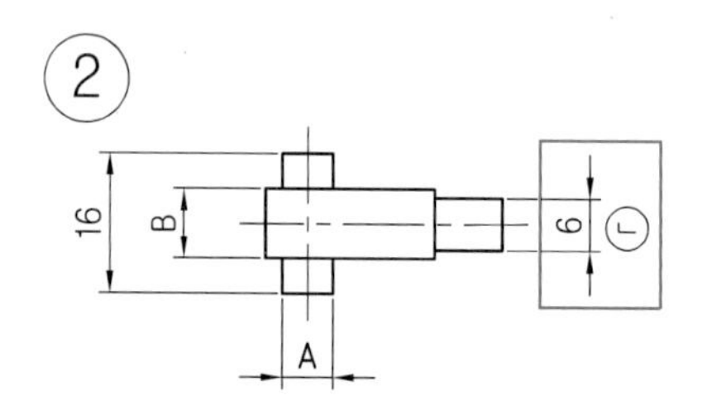

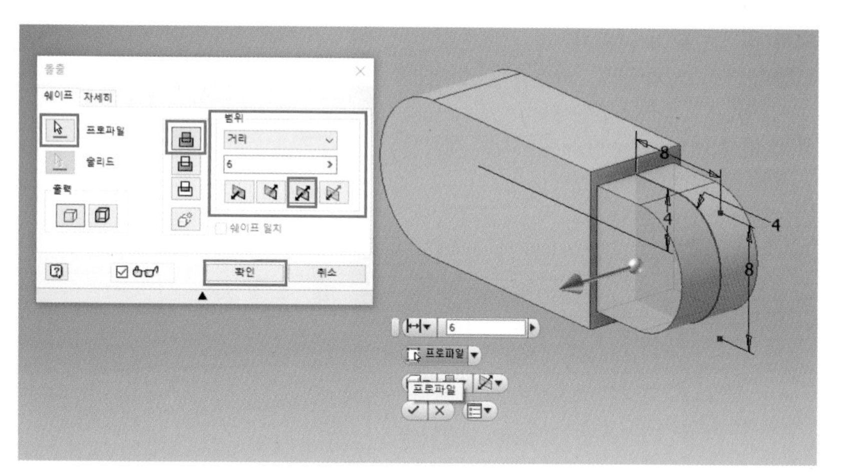

18

부품 ② 3D 모형 만들기

- [2D 스케치 시작] → [XY평면 선택] → [F7] [원] → [치수구속조건] → [스케치마무리]

※ 'A'는 상대치수(∅6mm)와 축공차를 적용해 ∅5mm로 결정한다.

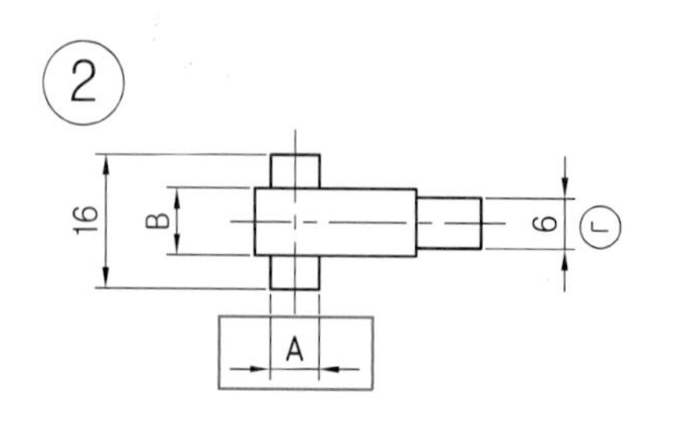

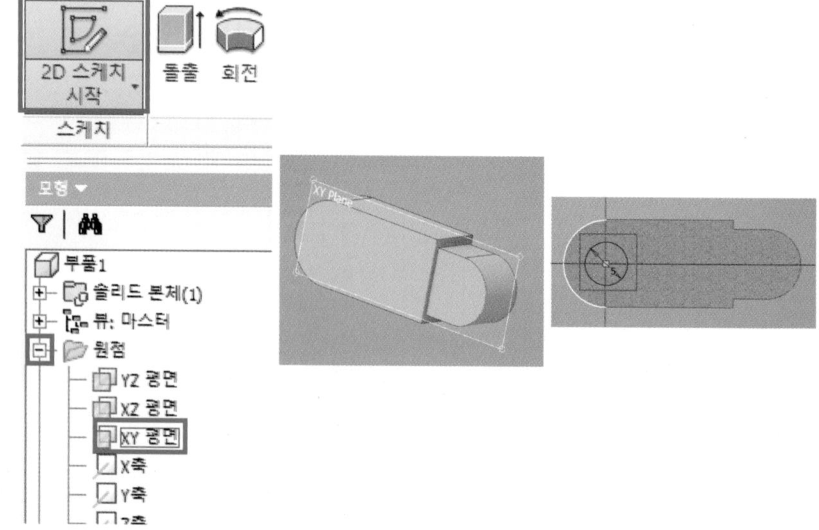

19

스케치마무리

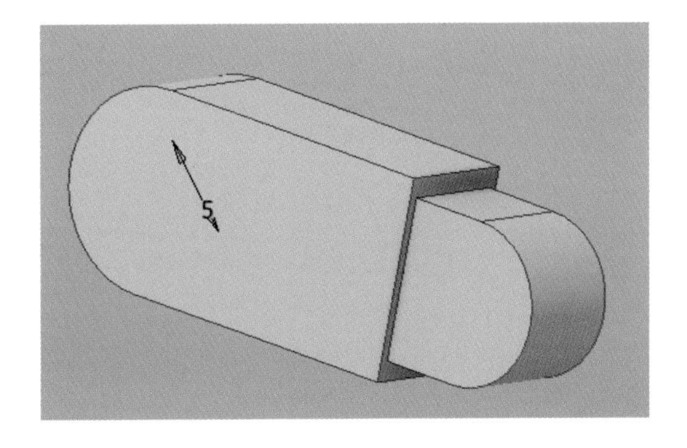

20

부품 ② 3D 모형 만들기

- [돌출] → [스케치 클릭] → [접합] → [거리16] → [대칭] → [확인]

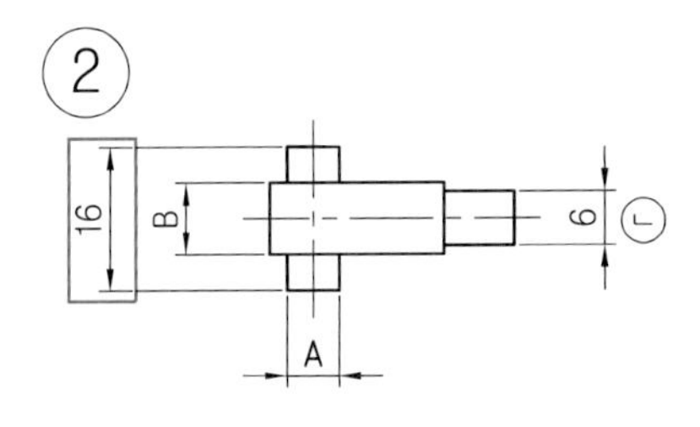

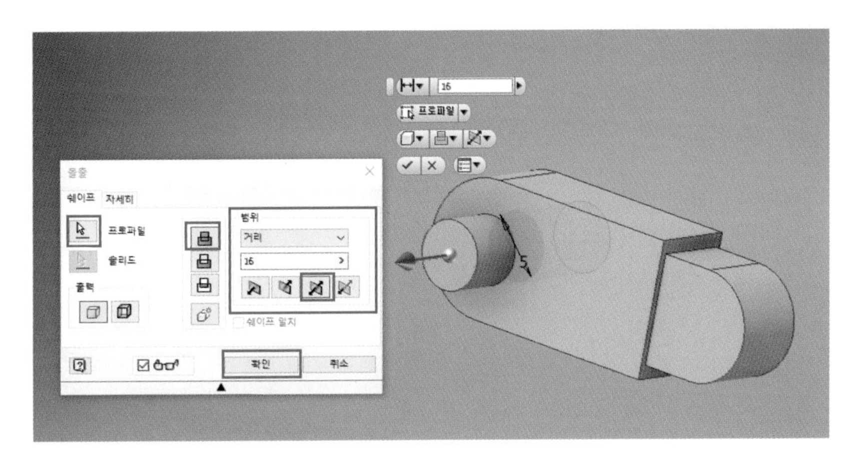

21

부품 ② 저장하기

- [파일] → [다른 이름으로 저장] → [비번호 폴더] → [파일이름] → [01_02] → [저장]

※ 본 교재의 부품 ②번 3D모델링 파일이름은 "01_02"로 작성되었다. 부품 ①, ②번 3D모델링 파일이름은 수험자가 임의로 정할 수 있다.
예 부품2번, 02번 등

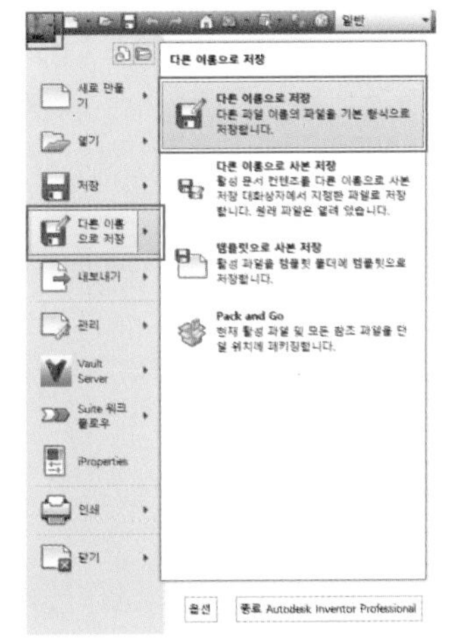

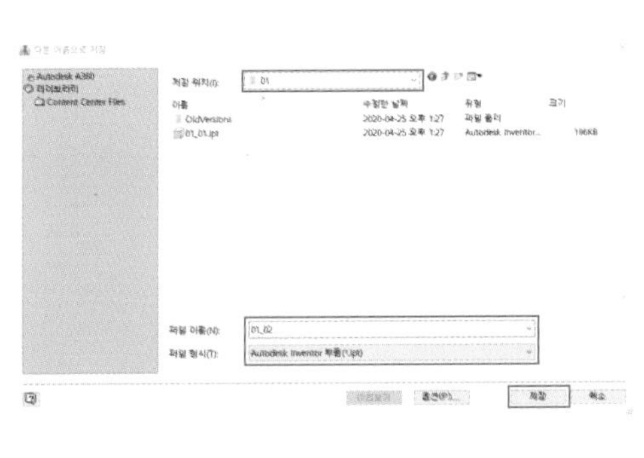

22

어셈블리

• [새로 만들기] → [Metric] → [Standard(mm).iam] → [작성]

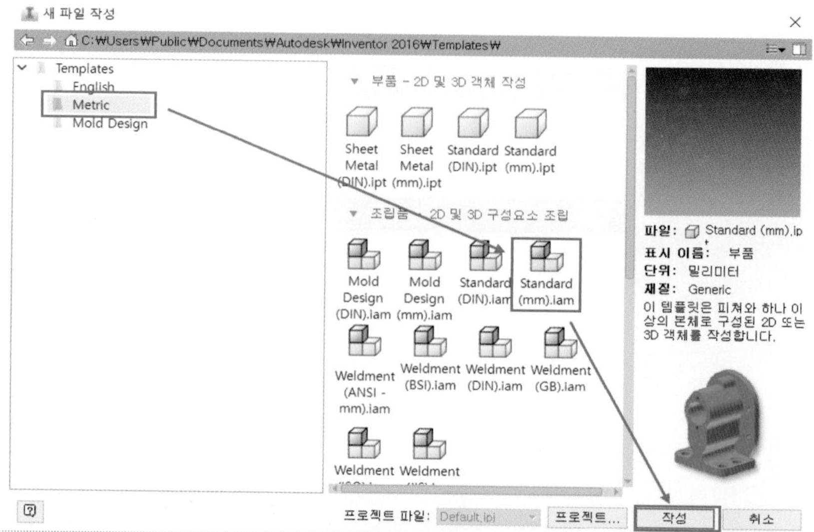

23

"배치" 아이콘을 통해 부품 ①, ②를 배치한다.

• [배치] → [01_01, 01_02 선택] → [열기] → [화면 클릭] → [ESC]

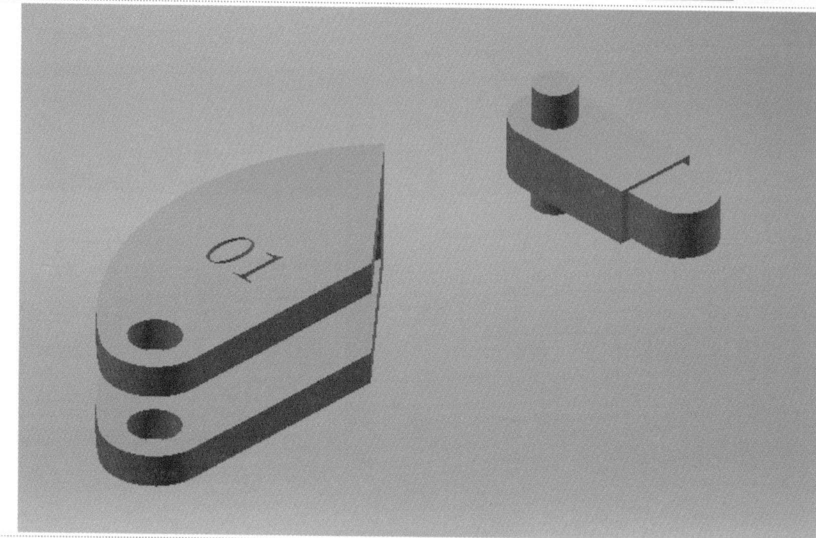

24

시트트리에서 부품①번을 우클릭하여 고정한다.

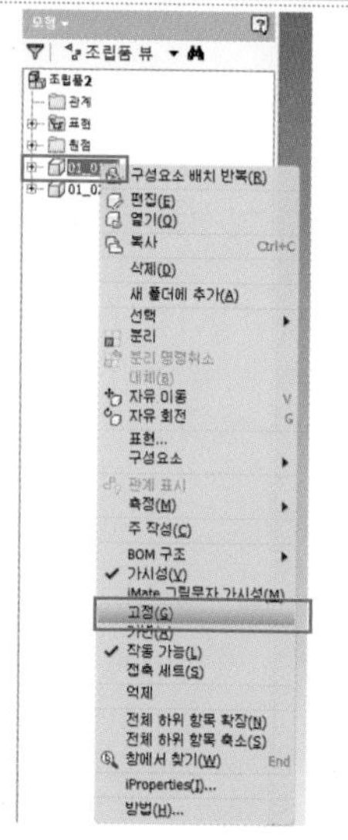

25

조립구속조건

• 부품②를 클릭하여 움직이고 우클릭하여 자유회전을 통하여 도면의 조립도와 비슷하게 한다.

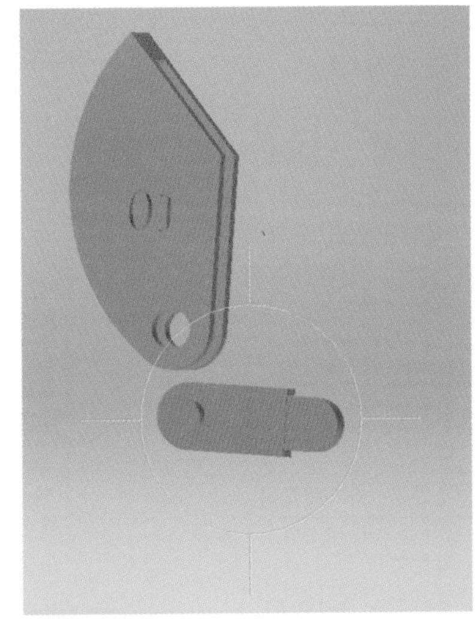

26

조립구속조건

• [구속조건] → [삽입] → [부품①선택요소] → [자유회전] → [부품②선택요소] → [솔루션 : 정렬] → [확인]

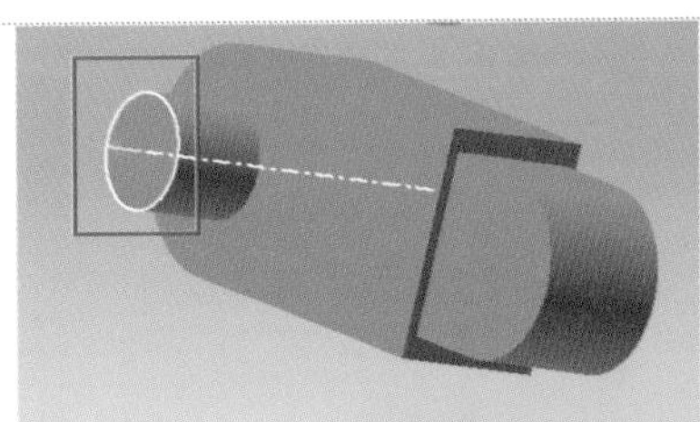

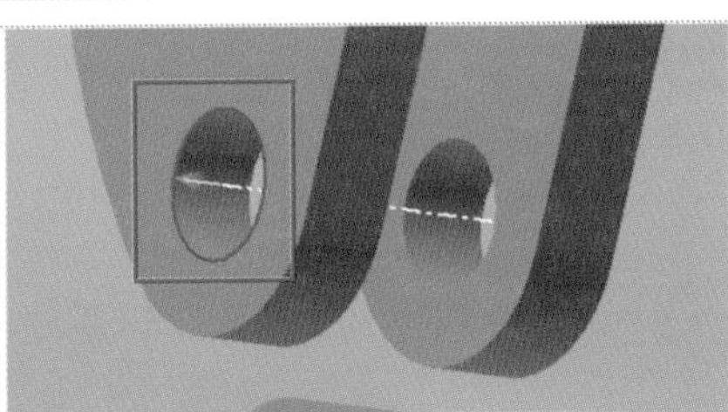

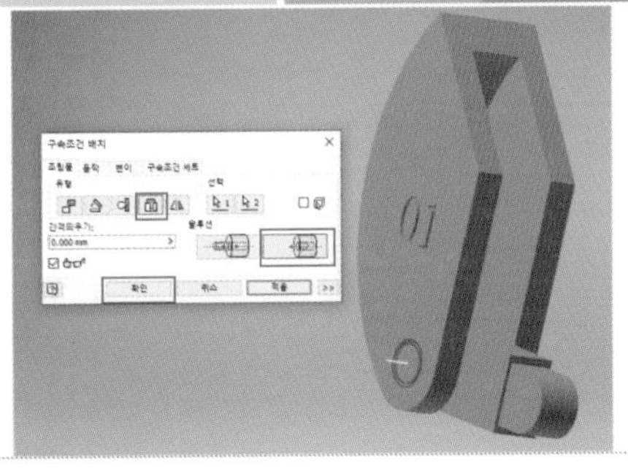

27

출력방향을 고려하여 구속조건 추가

※ 조립된 상태로 출력하니 되도록 서포트가 적게 나오고 도면의 ㉠, ㉡, ㉢ 치수가 정밀하게 나오는 출력방향을 결정해야 한다.

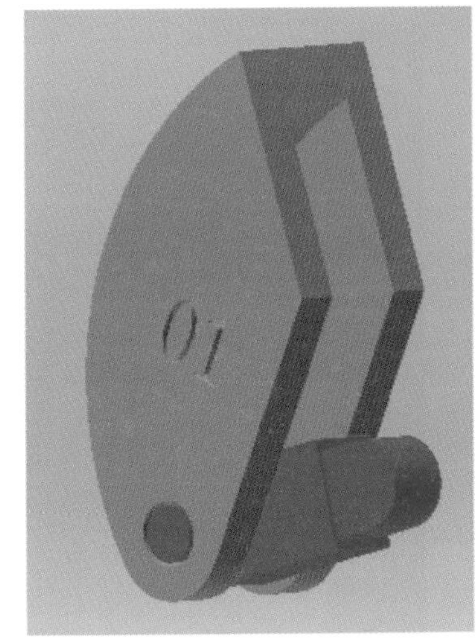

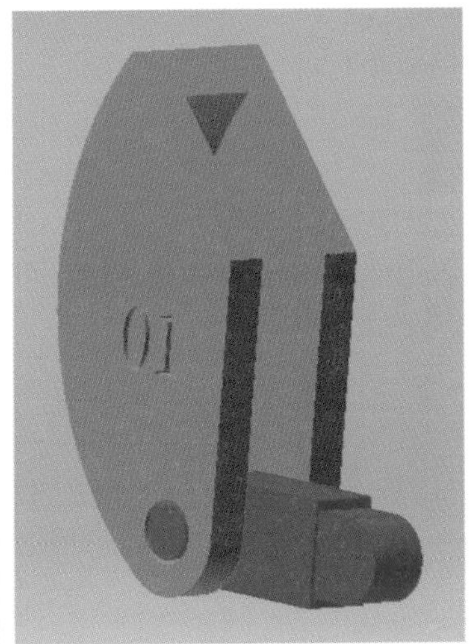

28

어셈블리 저장하기(2가지 확장자)

• [파일] → [다른 이름으로 저장] → [비번호 폴더] → [파일이름] → [01] → [저장]

• [파일] → [내보내기] → [CAD형식] → [비번 호폴더] → [01] → [파일형식 : STEP 선택] → [저장]

구 분	작업명	파일명	비 고
1	어셈블리	01.***	
2		01.STP	채점용

※ 비번호 01인 경우

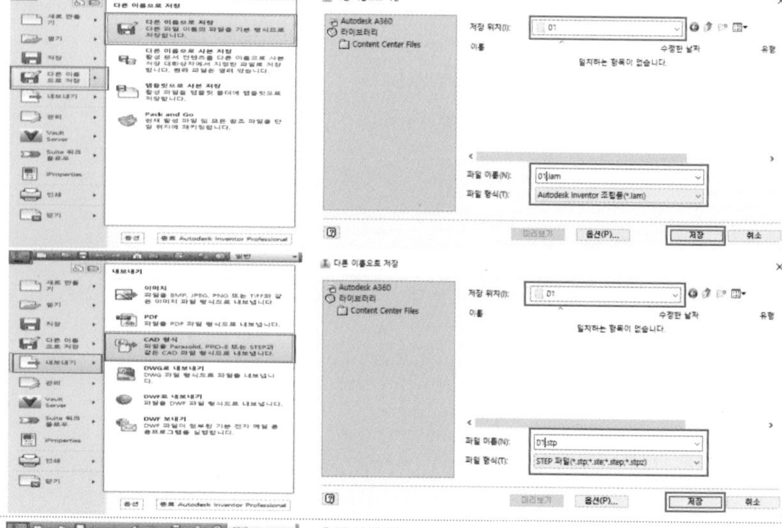

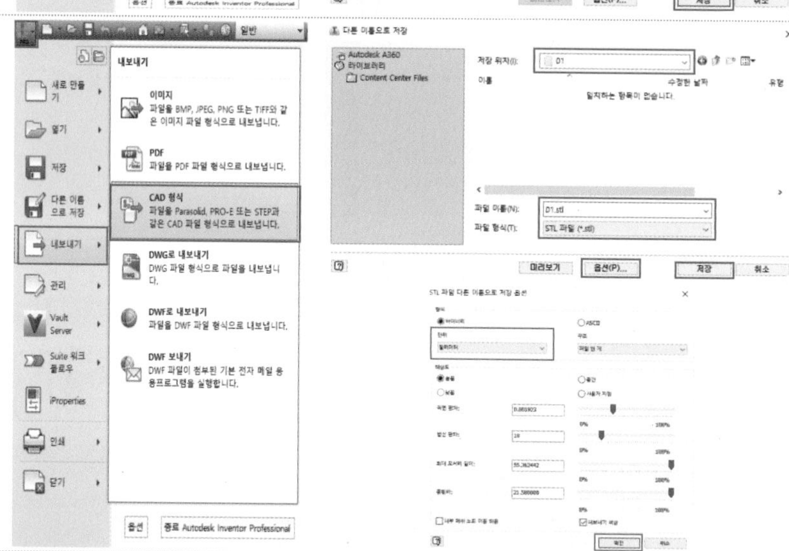

29

어셈블리 저장하기(STL확장자)

• [파일] → [내보내기] → [CAD형식] → [비번 호폴더] → [01] → [파일형식 : STL 선택] → [옵션] → [단위 : mm] → [저장]

※ 옵션에서 단위 mm 선택

구 분	작업명	파일명	비 고
3	어셈블리	01.STL	

30

슬라이싱(3DWOX)

슬라이싱 프로그램을 실행한다.

• [파일] → [모델 불러오기] → [비번호폴더] → [01.stl] → [열기]

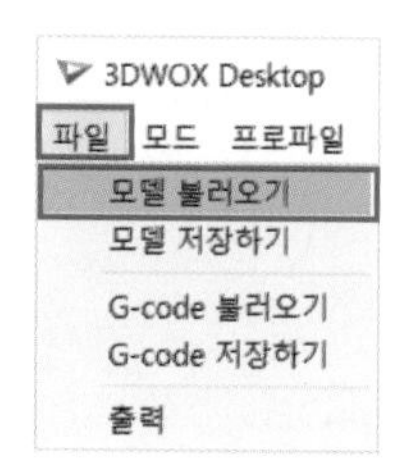

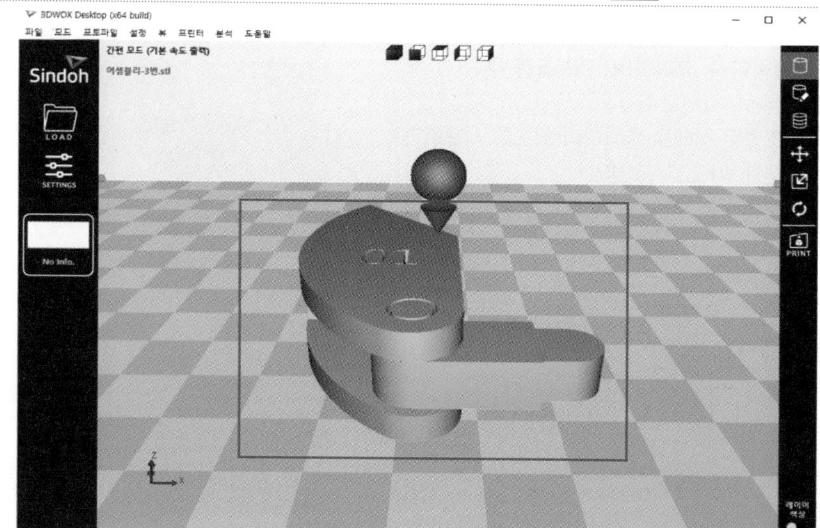

31

프린터 설정

• [설정] → [프린터 설정] → [프린터 모델] → [확인]

※ 시험장 프린터 모델을 선택한다.
예 DP200

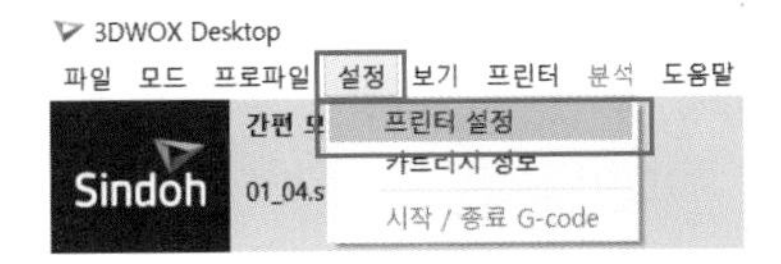

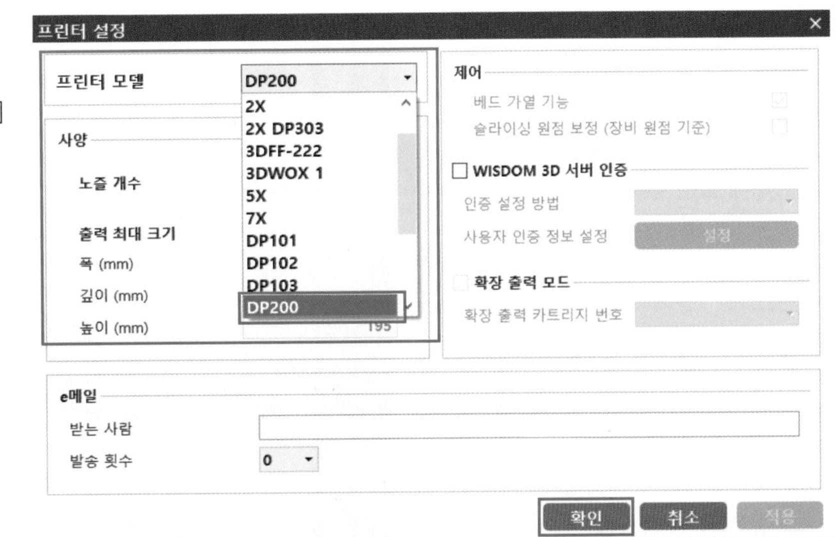

32

출력방향을 결정한다.

• [분석] → [최적출력방향] → [분석] → [추천 1~6 선택]

※ 신도리코 3DWOX는 최적출력방향을 분석해 준다. 참고하여 서포트가 적게 나오고 도면의 ㉠, ㉡, ㉢ 치수가 정밀하게 나오는 출력방향을 결정한다.

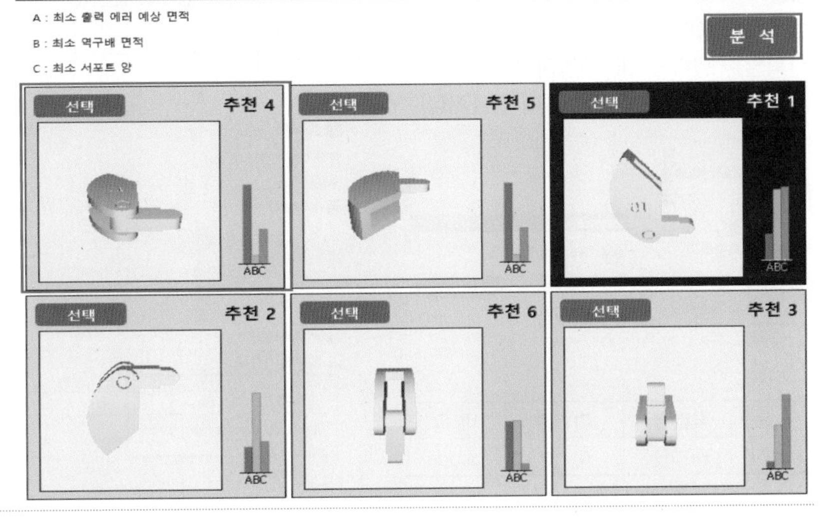

33

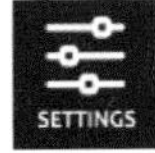

기본 파라미터를 설정한다.

• [SETTINGS] 버튼을 클릭하여 파라미터 값을 조정한다.
• 기본 속도 출력
• 재질 : PLA
• 서포트 : 모든 곳, 지그재그 구조

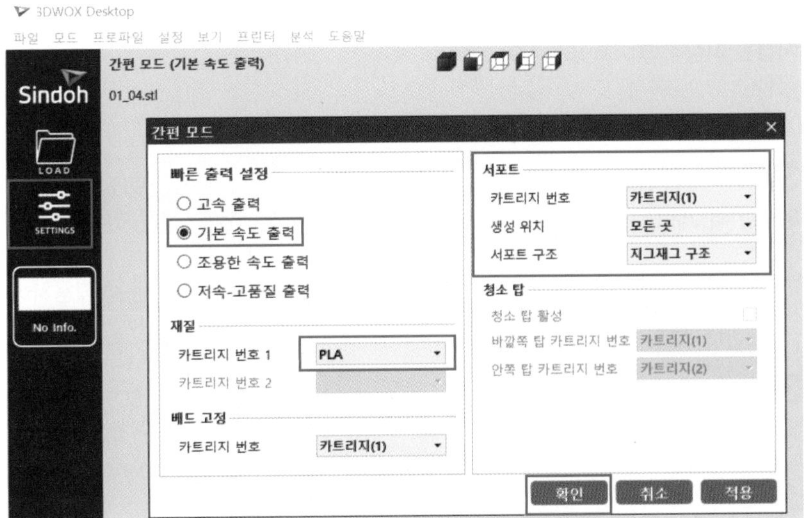

34

슬라이싱

• 베드상에 있는 출력물이 파라미터의 값이 반영되면서 슬라이싱을 수행한다.

※ 출력예상시간을 확인한다.

※ 출력예상시간이 1시간 20분이 넘어가면 고급모드로 변경하여 [SETTINGS]에서 레이어 높이, 채우기 밀도, 서포트 밀도 등 설정값을 변경한다.

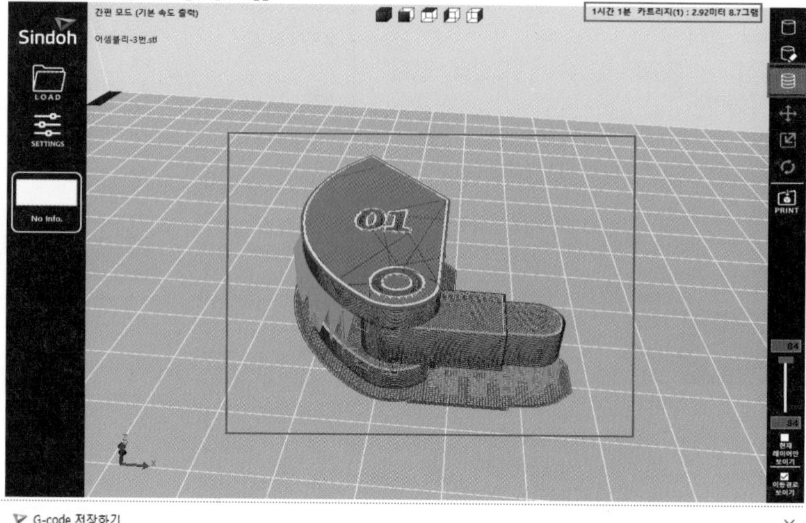

35

G-code 저장하기

• [파일] → [G-code 저장하기] → [예] → [비번호폴더] → [01.gcode] → [저장]

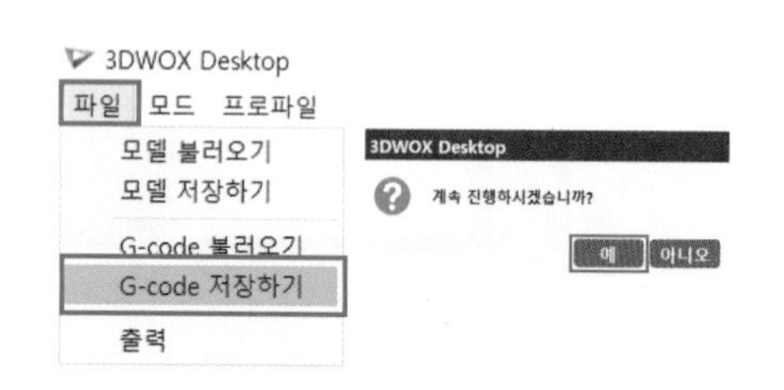

구 분	작업명	파일명	비 고
4	슬라이싱	01.***	gcode

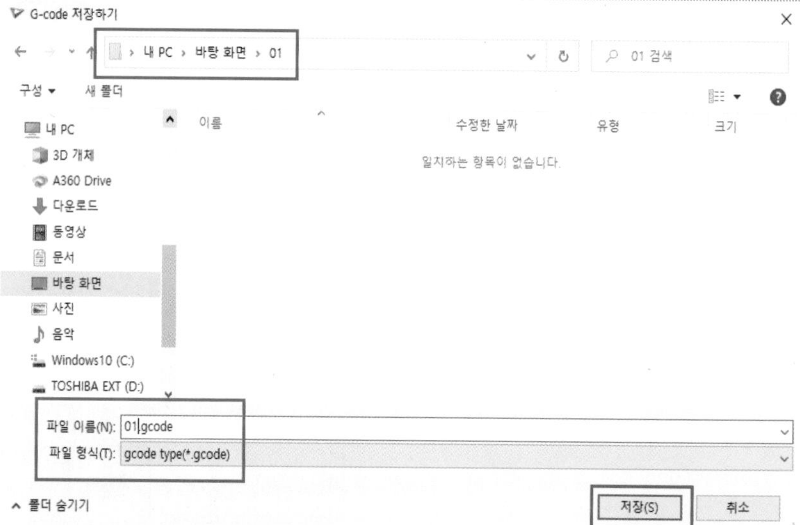

36

지급된 저장매체(USB 또는 SD-card)에 저장한다.

• 감독위원에게 저장매체(USB 또는 SD-card) 제출

37

3D프린터 세팅

• 노즐, 베드 등에 이물질을 제거하여 출력 시 방해요소가 없도록 세팅한다.
• PLA 필라멘트 장착 여부 등 소재의 이상 여부를 점검하고 정상 작동하도록 세팅한다.
• 베드 레벨링 기능 등을 활용하여 베드 위치를 세팅한다.

38

3D프린팅

• 저장매체(USB 또는 SD-card)에 있는 파일(01_04.gcode)을 3D프린터 전면부에 있는 USB 포트에 연결하여 화면에서 직접 G-code를 불러와 출력한다.

39
최종 출력물

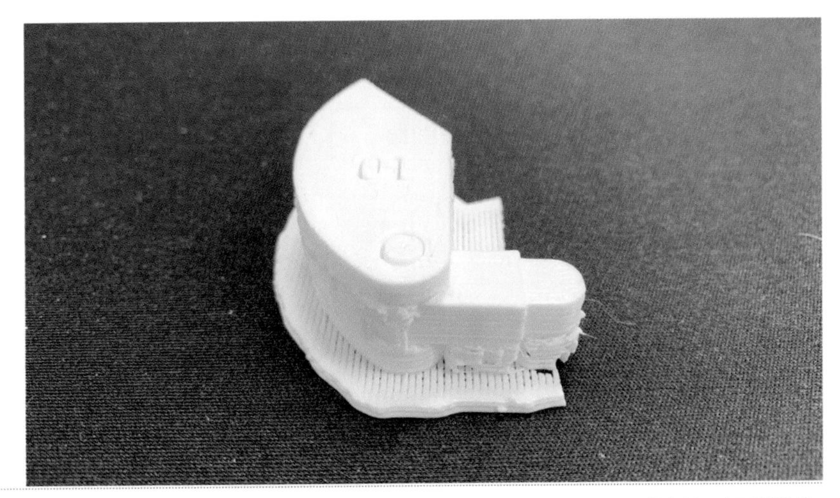

40
후처리

- 출력이 완료되면 보호장갑을 착용하고 서포트 및 거스러미를 제거한 후 감독위원에게 제출한다.

41
노즐 및 베드 정리

- 출력물을 제출 후 본인이 사용한 3D프린터 노즐 및 베드 등의 잔여물을 제거하고 정리정돈 한다(**※ 정리상태도 채점 대상임에 주의하자**).

04 3D모델링 실기 공개문제 도면 - 04

자격종목	3D프린터운용기능사	[시험1] 과제명	3D모델링 작업	척 도	NS

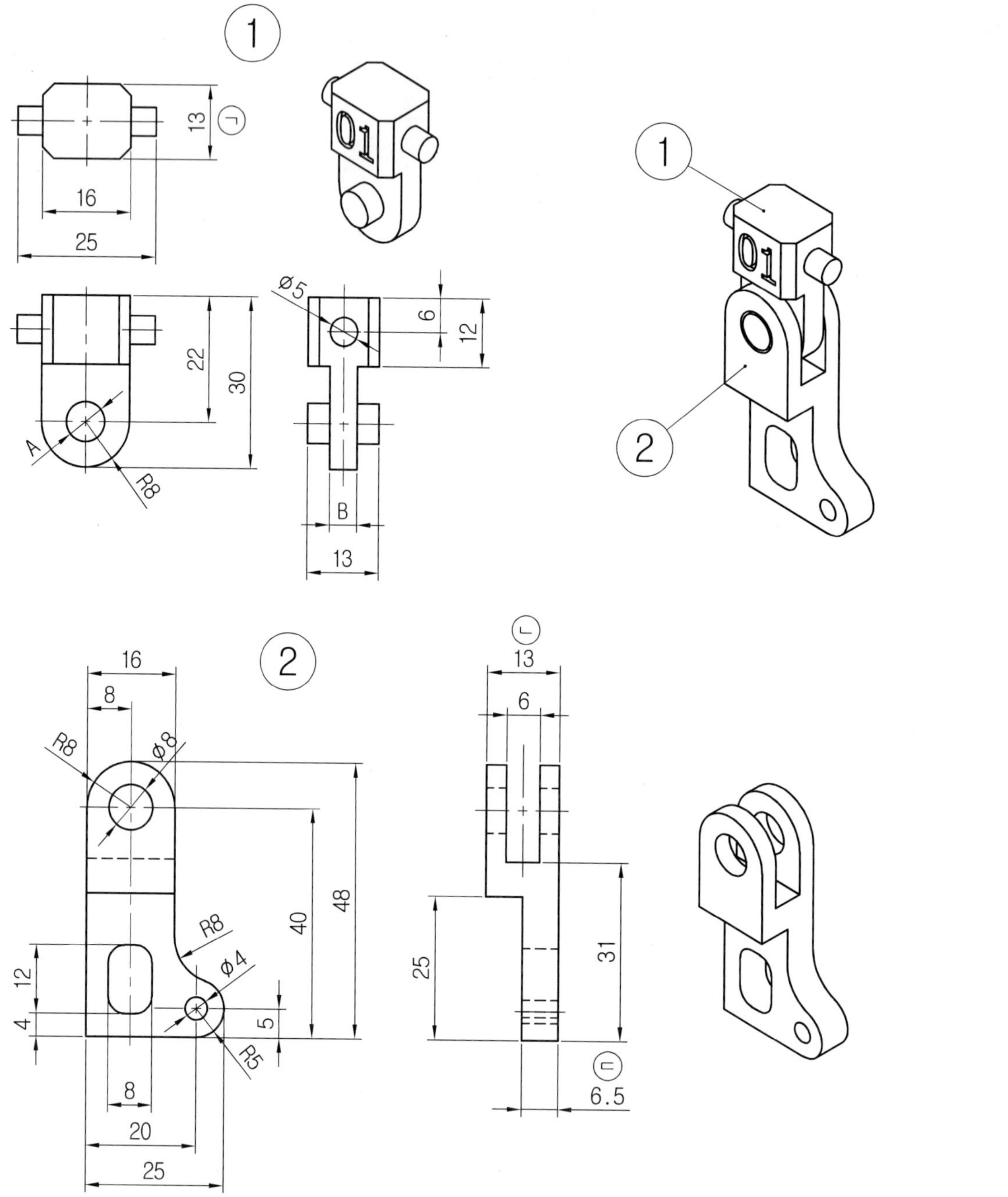

주서

1. 도시되고 지시없는 모따기는 C2, 라운드는 R3

01

부품 ① 모델링

- [새로 만들기] → [Metric] → [Standard(mm).ipt] → [작성]

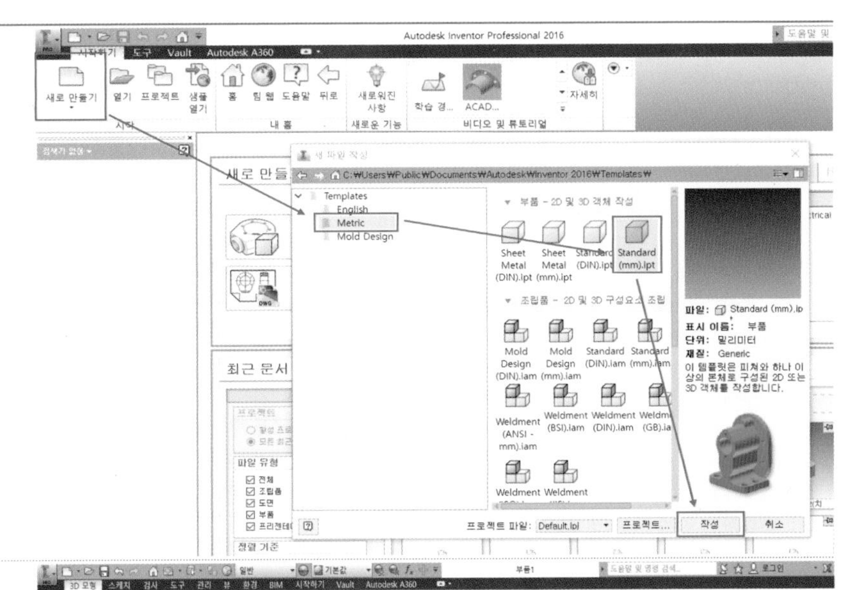

02

[2D 스케치 시작] → [마우스로 **XY Plane** 선택]

※ 마우스로 XY Plane 선택 시 빨간색으로 변함

※ 다른 방법(시트트리에서) [원점] → [XY평면 마우스오른쪽 클릭] → [새 스케치]

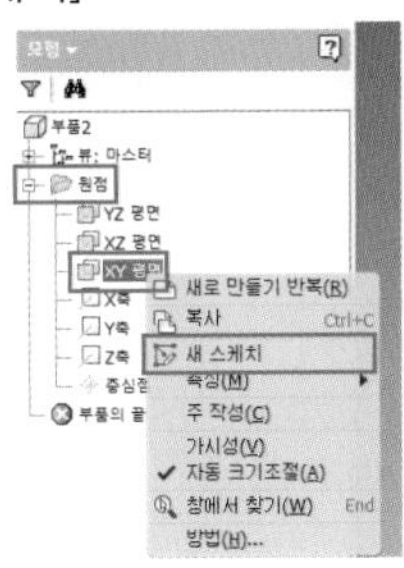

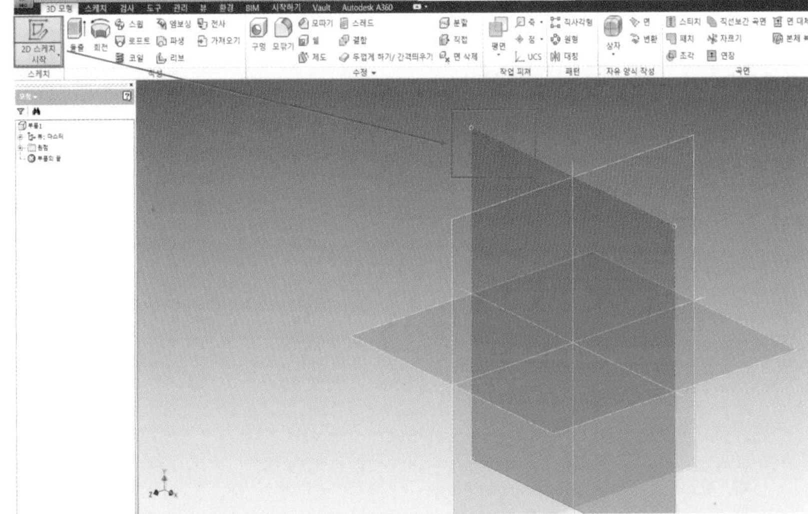

03

부품 ① 우측면도를 스케치 한다.

- 선을 스케치, 직사각형
- 기하학 구속조건, 치수 구속조건
- 자르기(※ 선 자르기 시 치수 먼저 삭제)

※ '**B**'는 상대치수(6mm)와 축공차를 적용해 **5mm**로 결정한다.

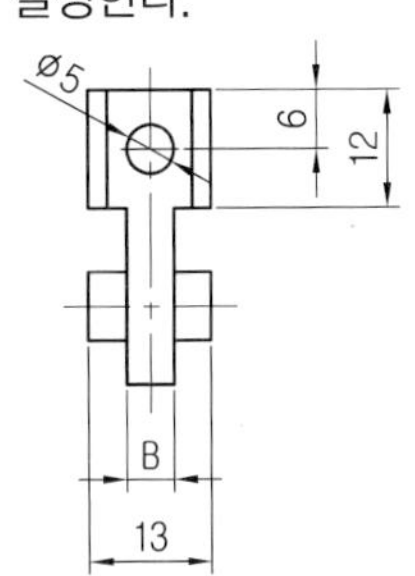

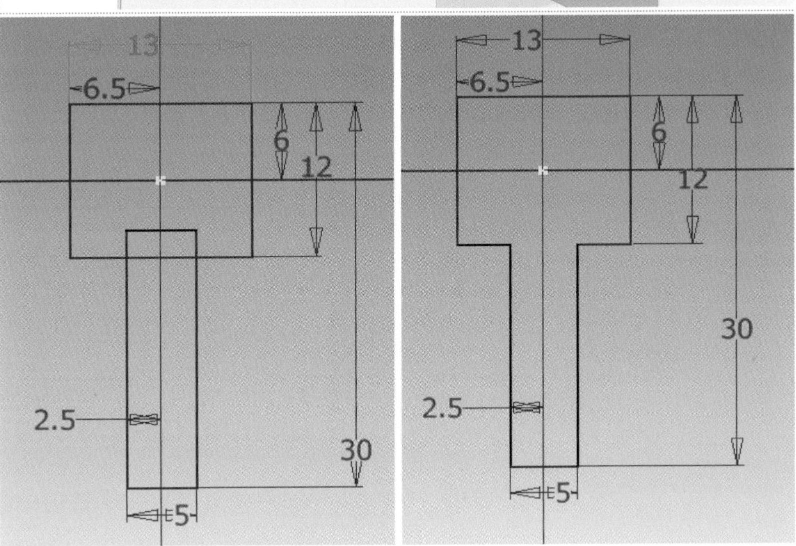

04

스케치마무리

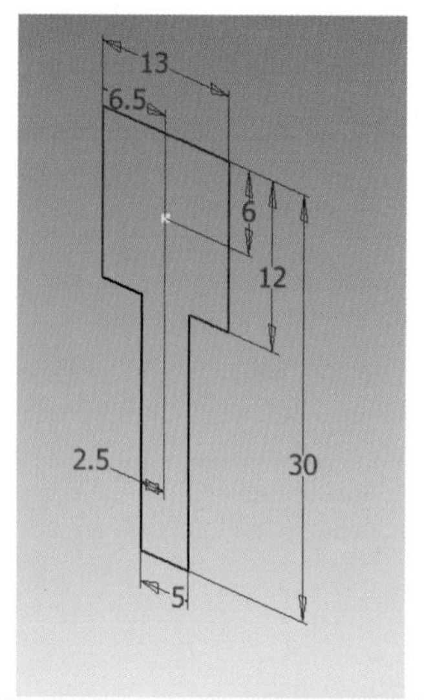

05

부품 ① 3D 모형 만들기

• [돌출] → [스케치 클릭] → [거리16] → [대칭] → [확인]

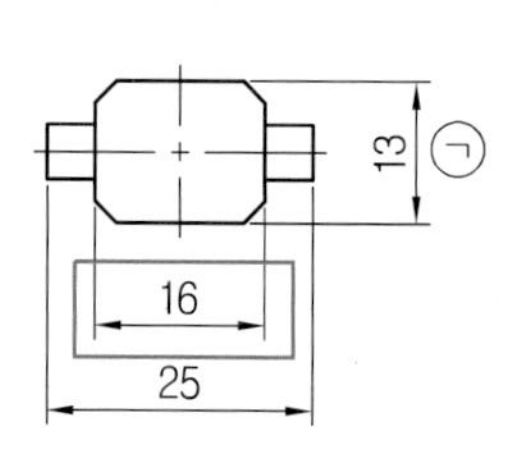

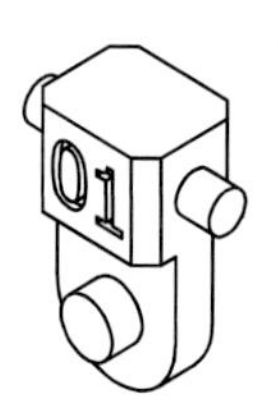

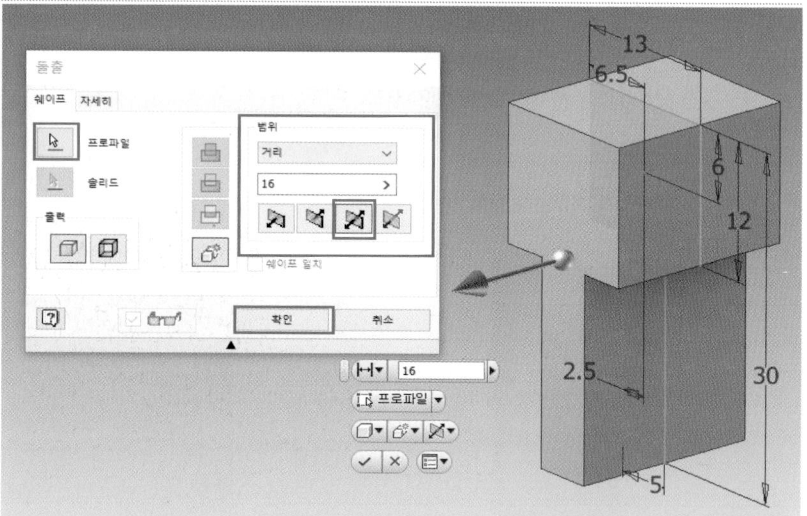

06

부품 ① 3D 모형 만들기

• [모깎기] → [라운드선택/2개소] → [반지름8] → [확인]

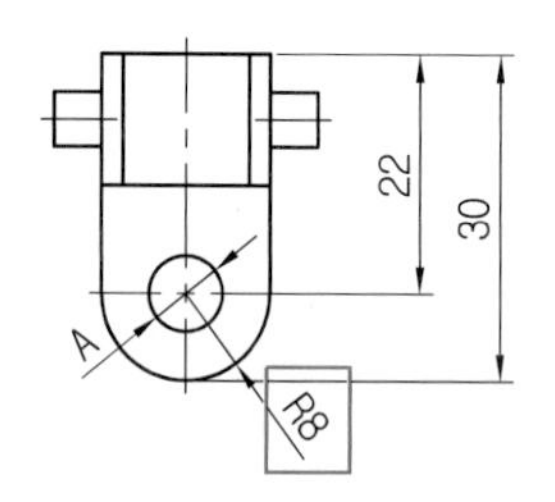

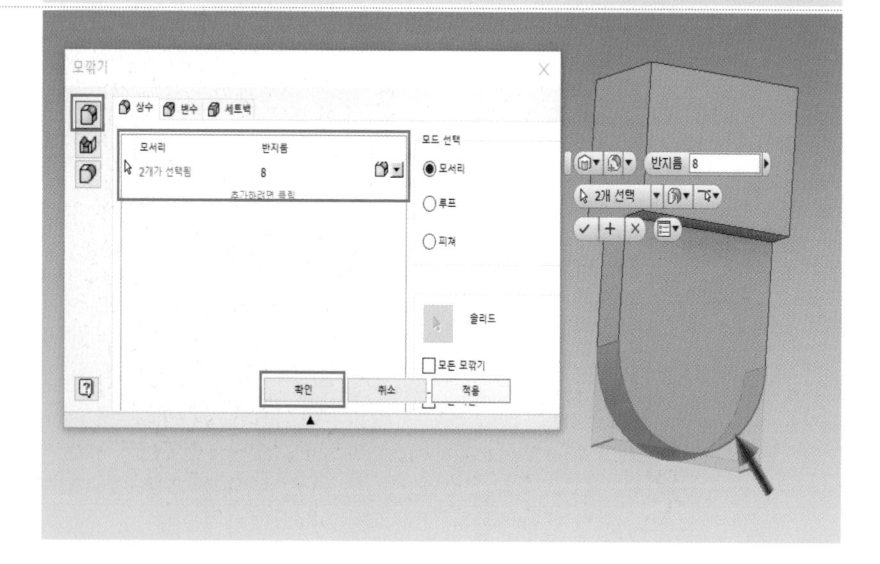

07

부품 ① 3D 모형 만들기

• [2D 스케치 시작] → [YZ평면 선택] → [F7] [원] → [∅7] → [치수구속조건] → [스케치마무리]

※ 'A'는 상대치수(∅8mm)와 축공차를 적용해 **∅7mm**로 결정한다.

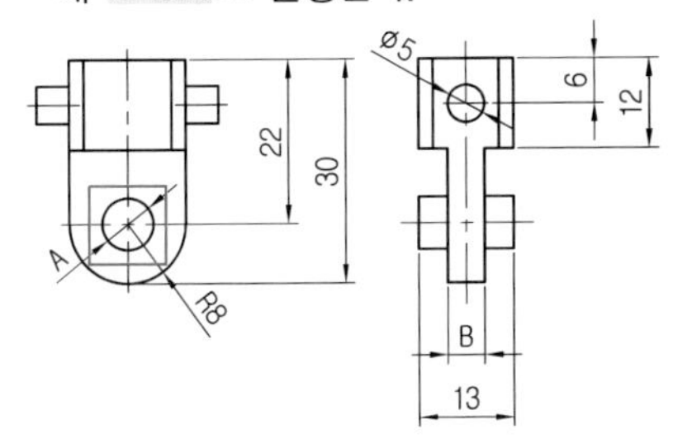

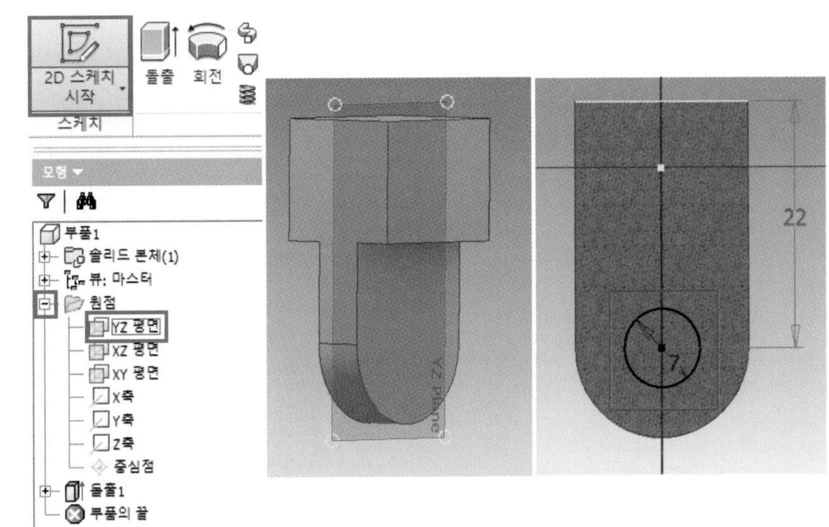

08

스케치마무리

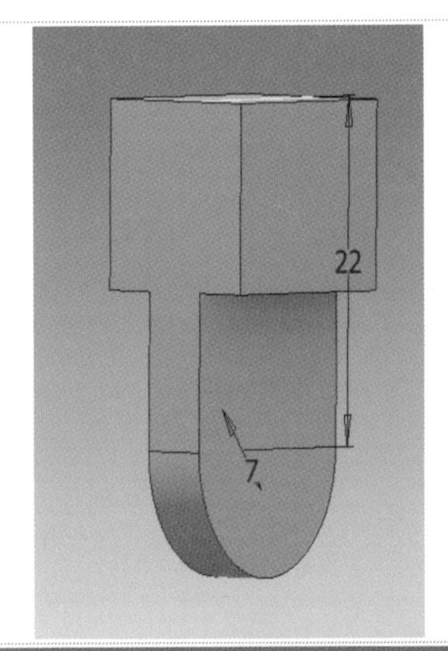

09

부품 ① 3D 모형 만들기

• [돌출] → [스케치 클릭] → [접합] → [거리13] → [대칭] → [확인]

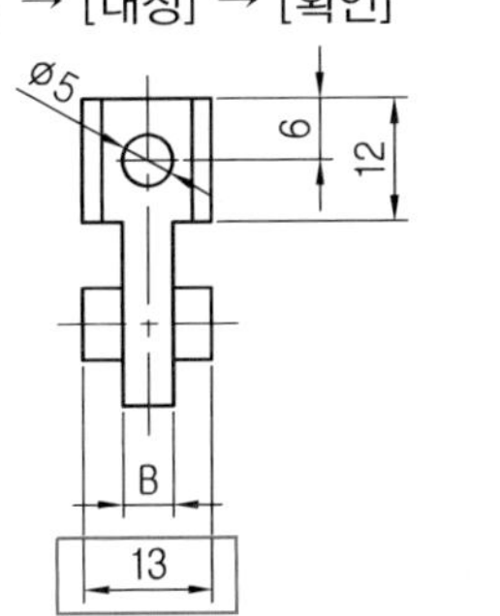

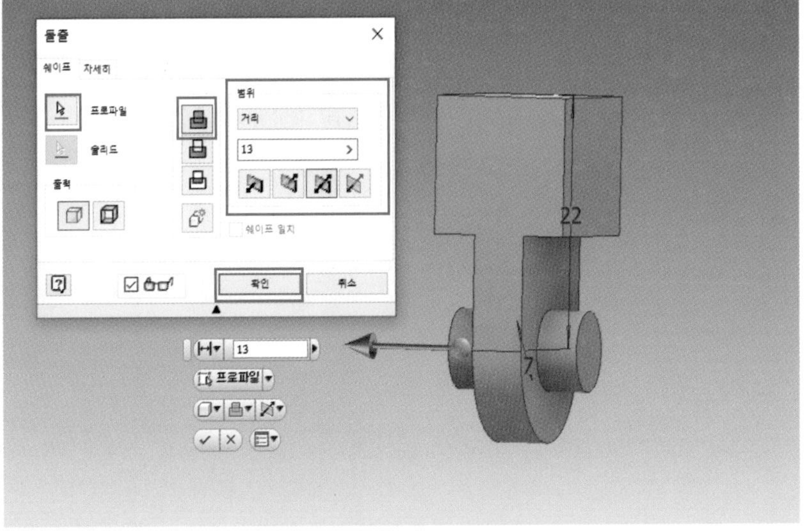

10

부품 ① 3D 모형 만들기

• [2D 스케치 시작] → [XY평면 선택] → [F7] [원] → [∅5] → [치수구속조건] → [스케치마무리]

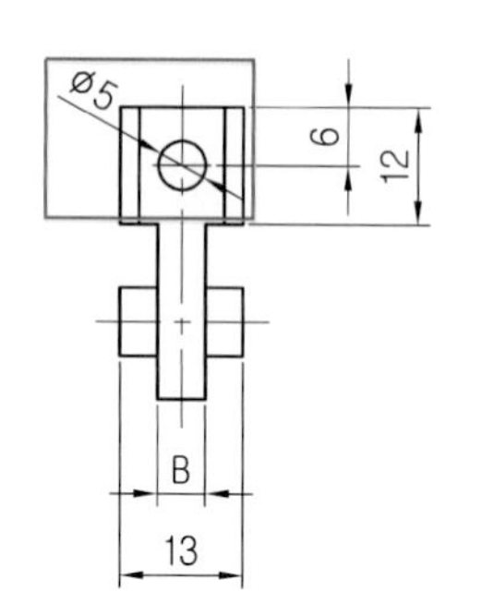

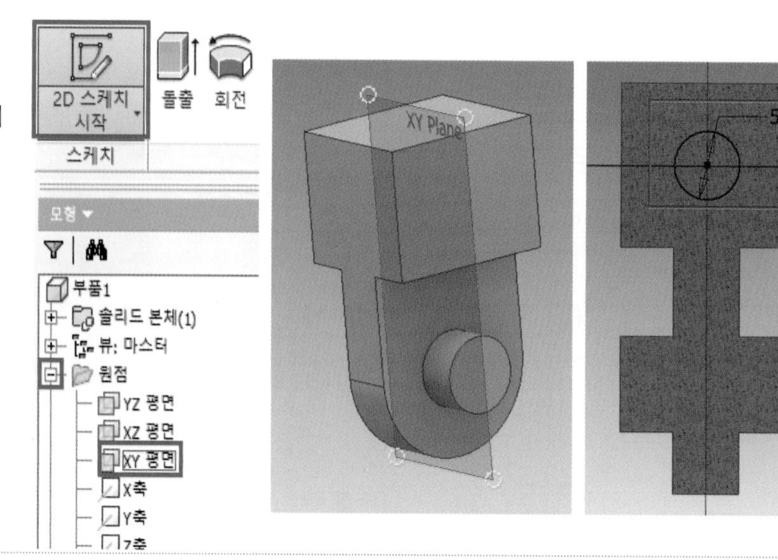

11

스케치마무리

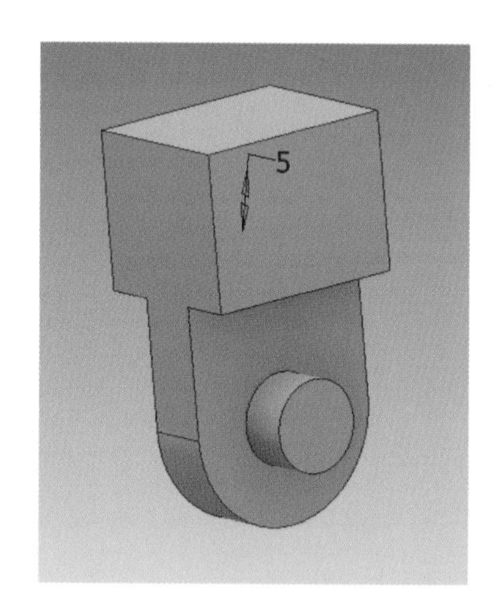

12

부품 ① 3D 모형 만들기

• [돌출] → [스케치 클릭] → [접합] → [거리25] → [대칭] → [확인]

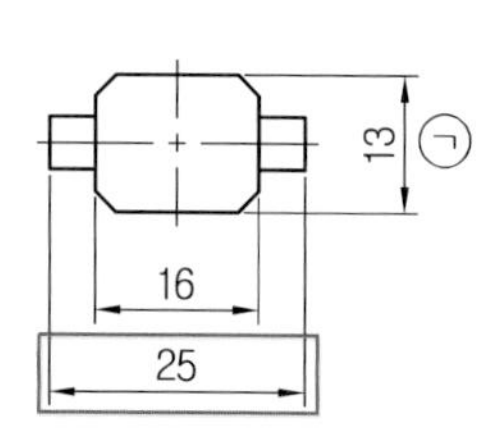

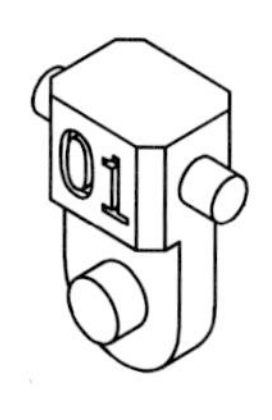

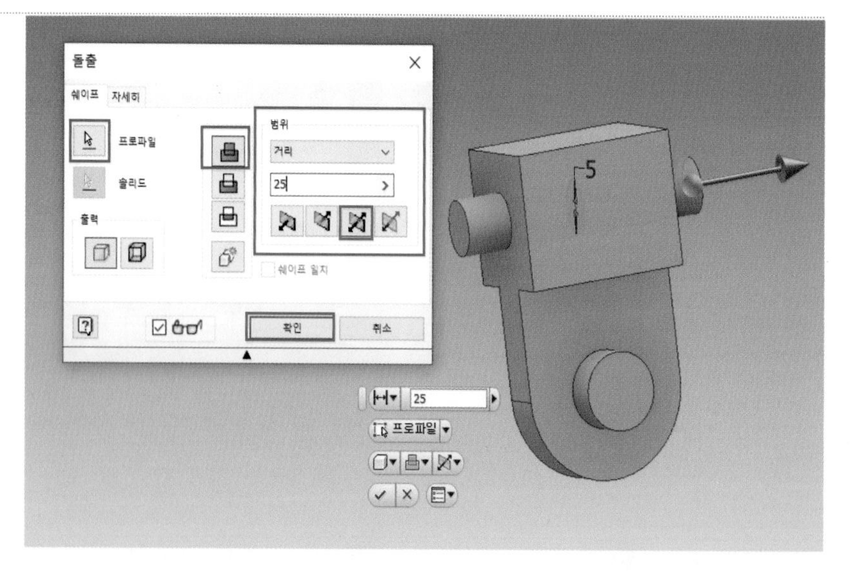

13

부품 ① 3D 모형 만들기

• [모따기] → [4개소] → [거리2] → [확인]

※ 주서
도시되고 지시없는 모따기는 C2

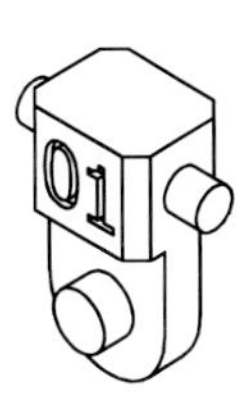

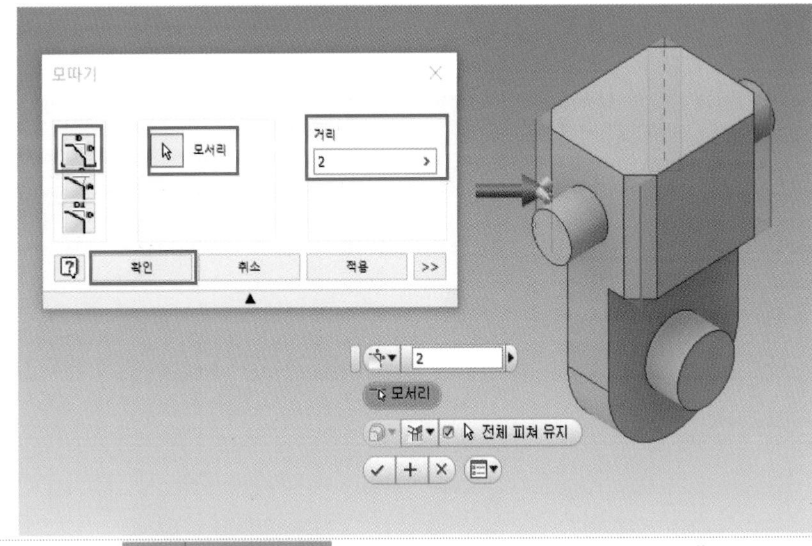

14

부품 ① 각인

• [2D 스케치 시작] → [각인평면 선택] → [텍스트] → [바탕체] → [6mm] → [확인] → [스케치마무리]

• [돌출] → [각인번호 선택] → [차집합] → [거리] → [3mm] → [방향2] → [확인]

※ 각인 방향이 도면과 상이할 시 [회전] → [각인 선택] → [중심점 : 각인번호중심 클릭] → [각도 입력] → [적용]

※ 글자체, 글자 크기, 글자 깊이 등은 별도의 정보가 없으므로 도면과 유사한 모양 및 크기로 작업하시오.

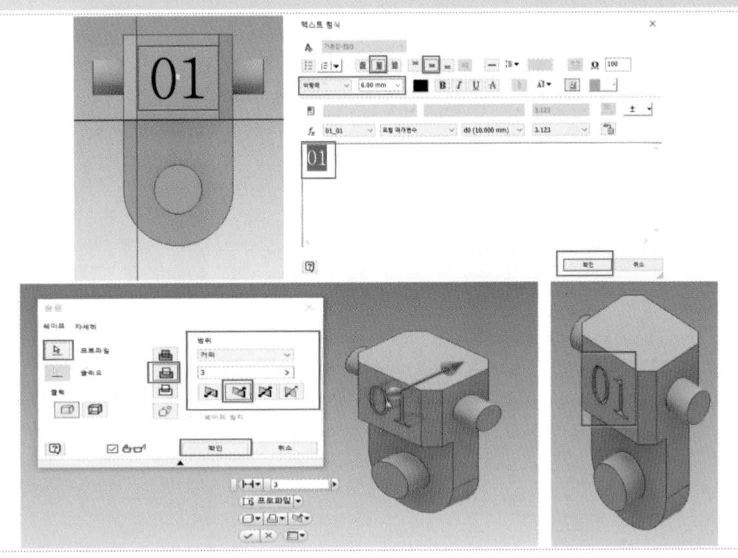

15

부품 ① 저장하기

• [파일] → [다른 이름으로 저장] → [비번호 폴더] → [파일이름] → [01_01] → [저장]

※ 본 교재의 부품 ①번 3D모델링 파일이름은 "01_01"로 작성되었다. 부품 ①, ②번 3D모델링 파일이름은 수험자가 임의로 정할 수 있다.
예 부품1번, 01번 등

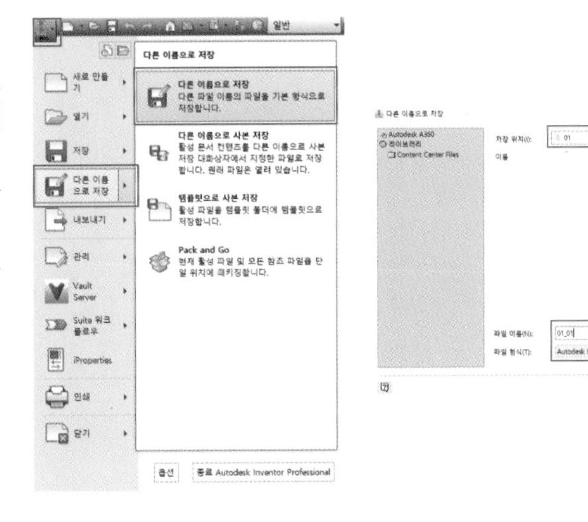

16

부품 ② 모델링

• [새로 만들기] → [Metric] → [Standard(mm).ipt] → [작성]

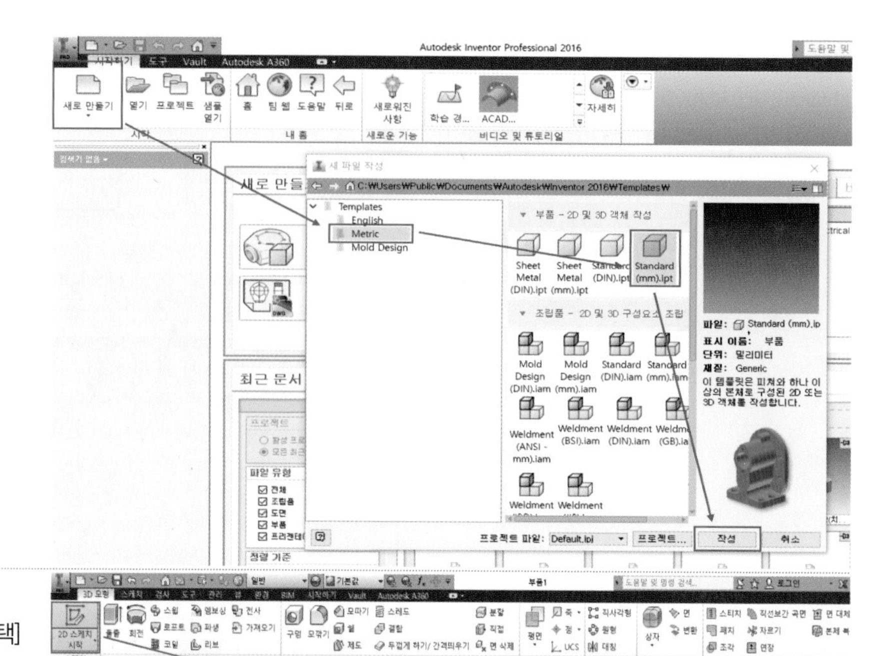

17

[2D 스케치 시작] → [마우스로 XY Plane 선택]

※ 마우스로 XY Plane 선택 시 빨간색으로 변함

※ 다른 방법(시트트리에서)
[원점] → [XY평면 마우스오른쪽 클릭] → [새 스케치]

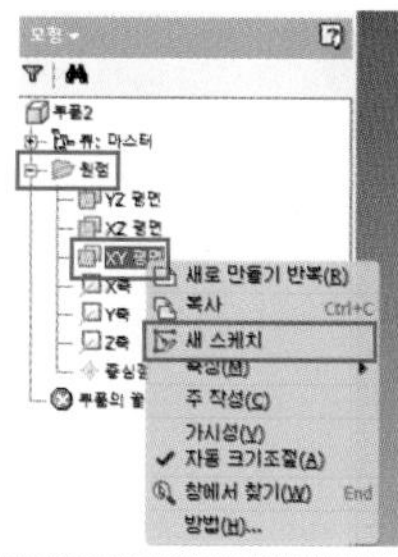

18

부품 ② 정면도를 스케치 한다.

• 원, 선

• 기하학 구속조건(접선 등), 치수 구속조건

• 선 자르기, 모깎기

※ 주서
도시되고 지시없는 라운드는 R3

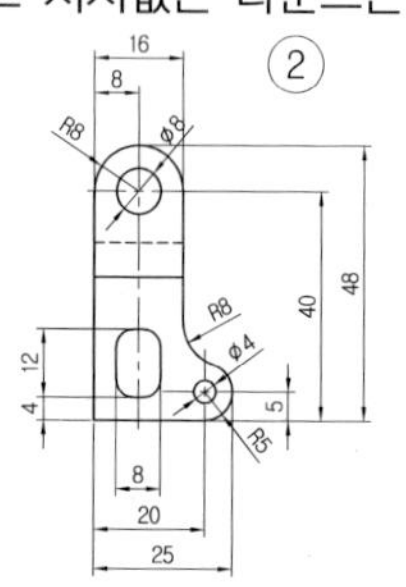

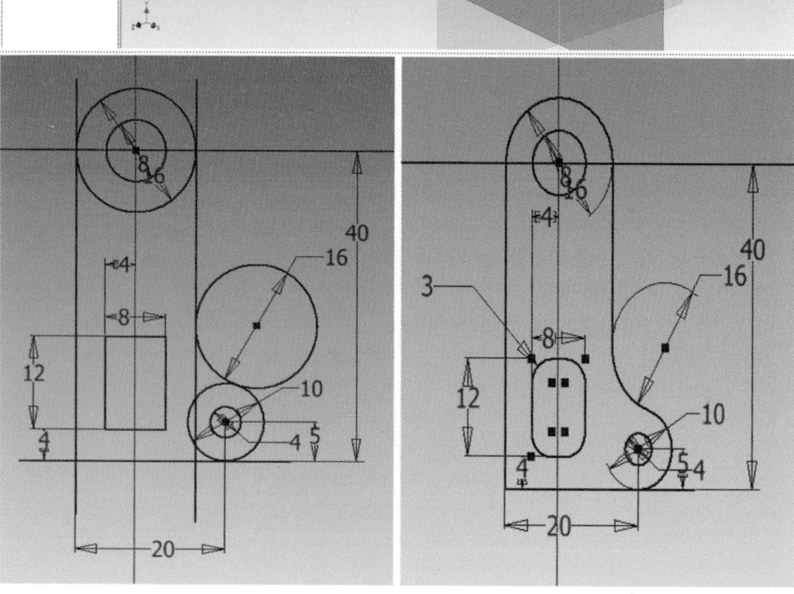

19

스케치마무리

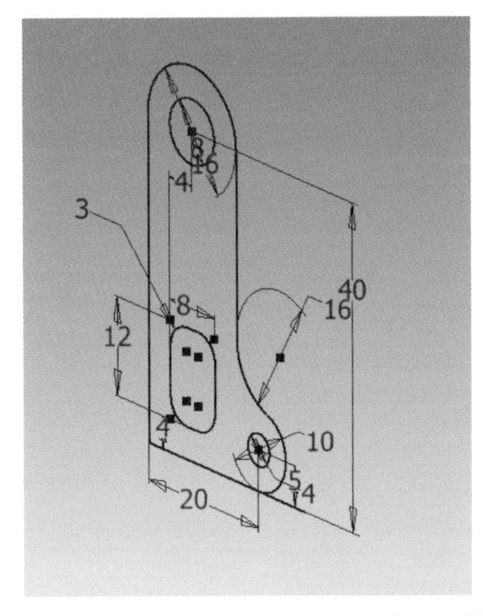

20

부품 ② 3D 모형 만들기

• [돌출] → [스케치 클릭] → [거리13] → [대칭] → [확인]

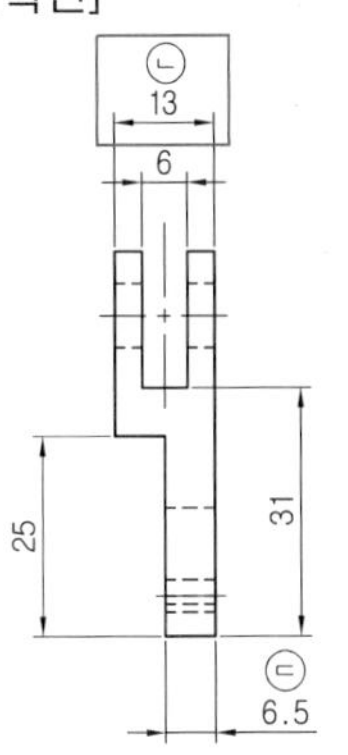

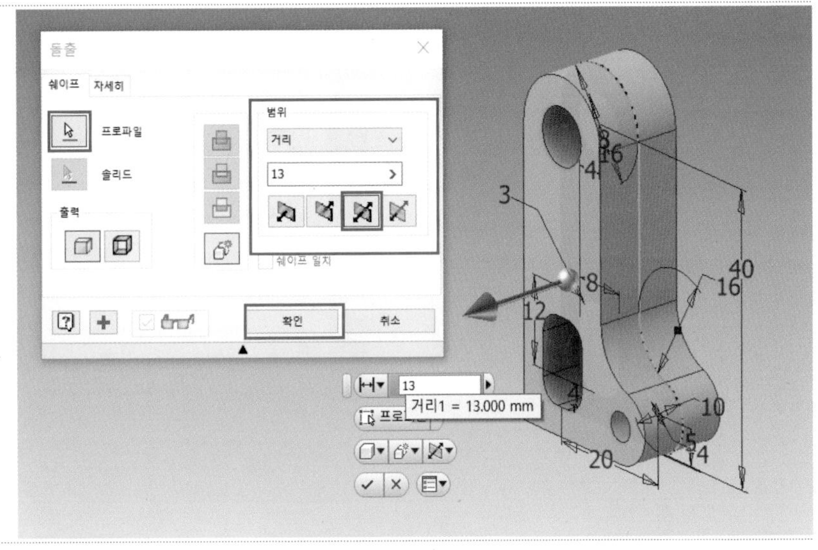

21

부품 ② 3D 모형 만들기

• [2D 스케치 시작] → [YZ평면 선택] → [F7] [직사각형] → [치수구속조건] → [스케치마무리]

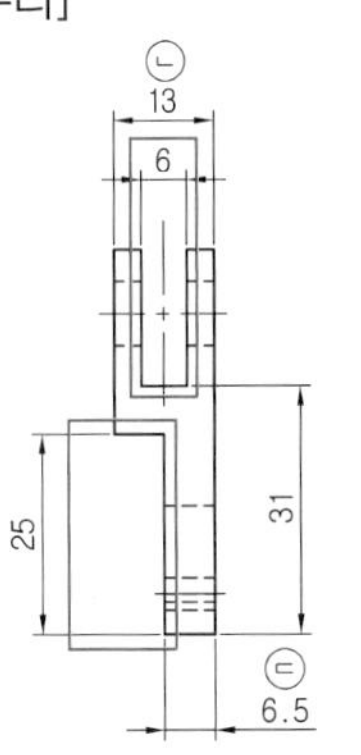

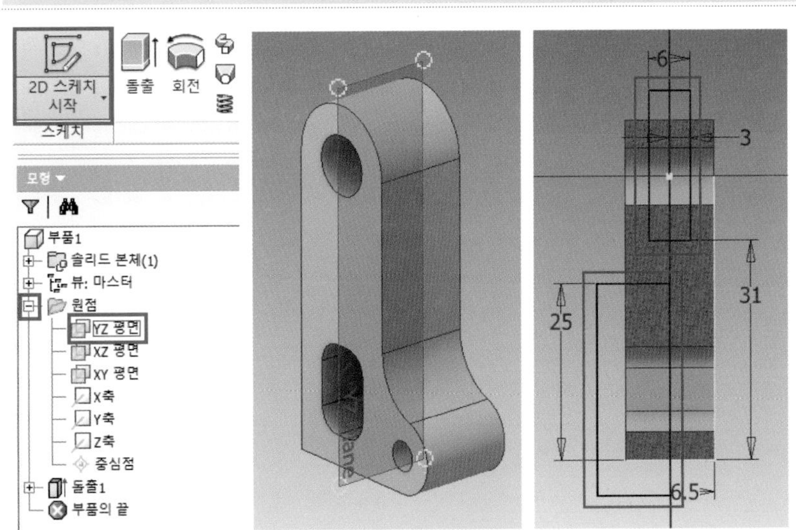

22

스케치마무리

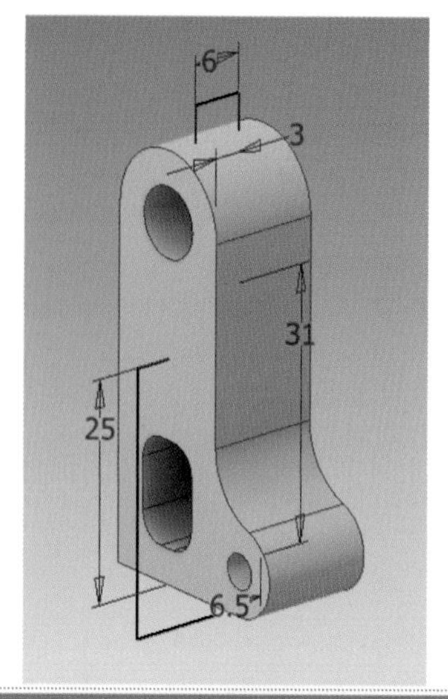

23

부품 ② 3D 모형 만들기

• [돌출] → [스케치클릭/2개소] → [차집합] → [전체] → [대칭] → [확인]

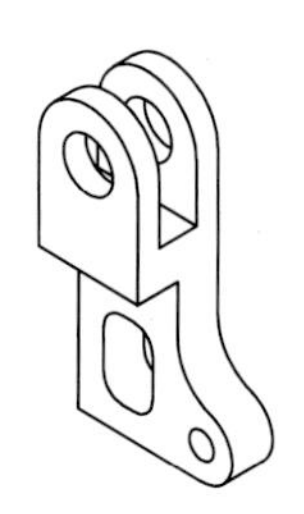

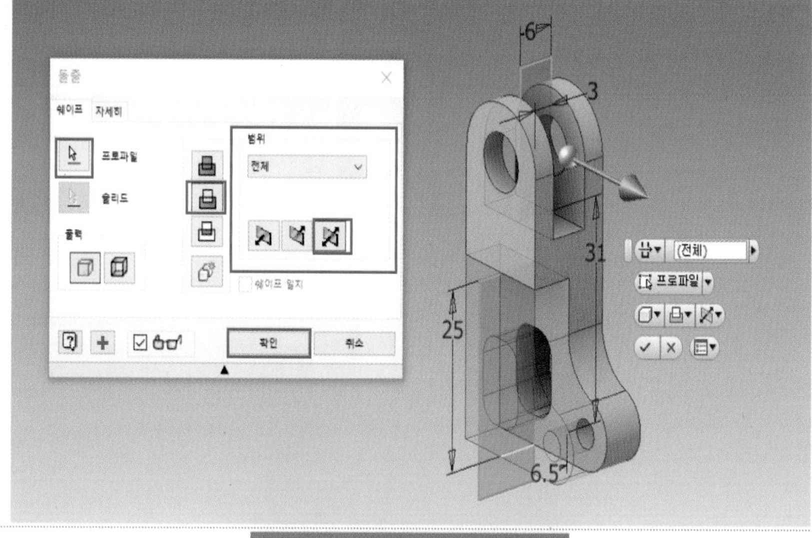

24

스케치마무리

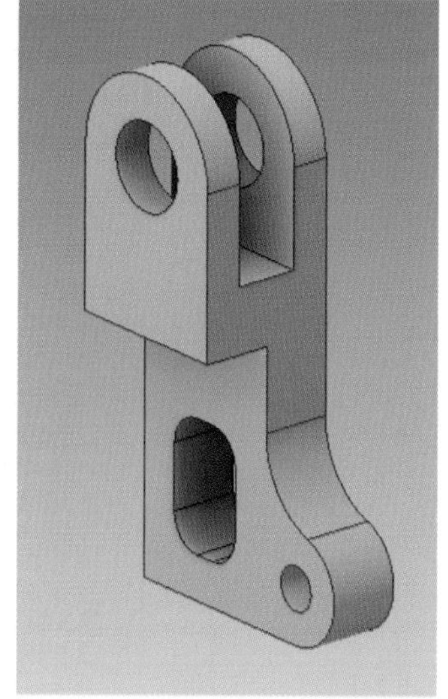

25

부품 ② 저장하기

- [파일] → [다른 이름으로 저장] → [비번호 폴더] → [파일이름] → [01_02] → [저장]

※ 본 교재의 부품 ②번 3D모델링 파일이름은 "01_02"로 작성되었다. 부품 ①, ②번 3D모델링 파일이름은 수험자가 임의로 정할 수 있다.
예 부품2번, 02번 등

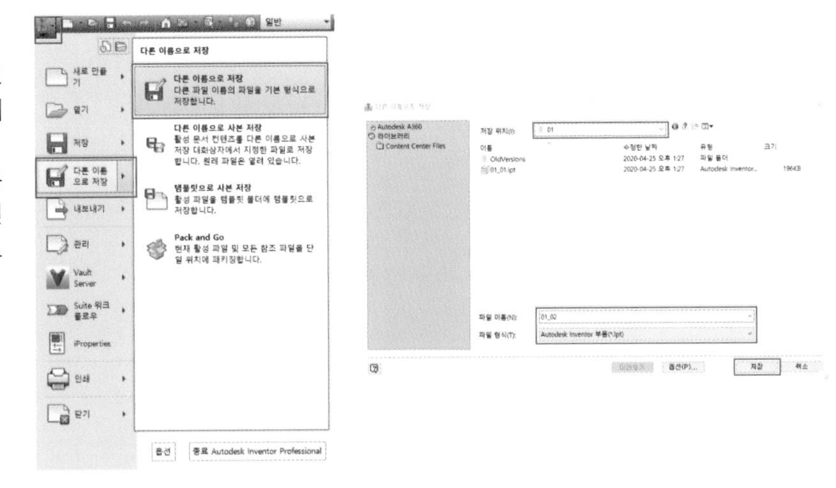

26

어셈블리

- [새로 만들기] → [Metric] → [Standard(mm).iam] → [작성]

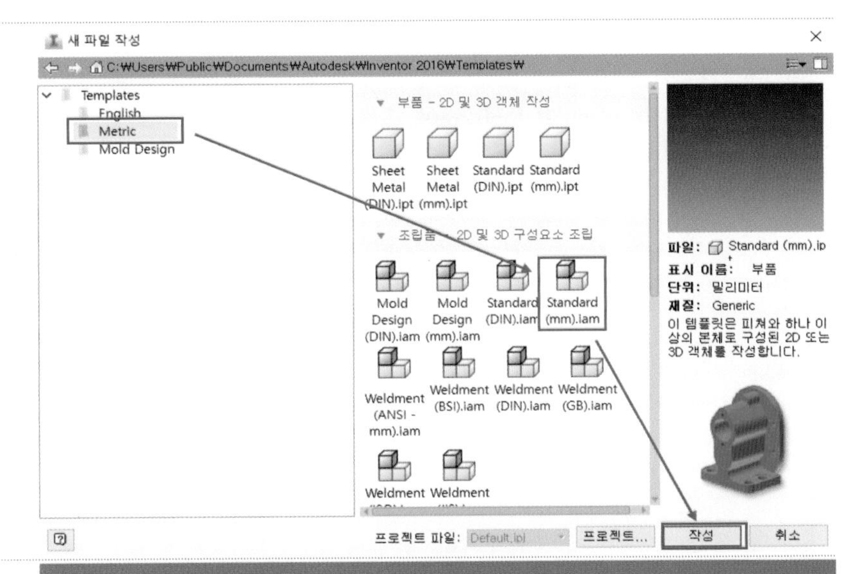

27

배치

"배치" 아이콘을 통해 부품 ①, ②를 배치한다.

- [배치] → [01_01, 01_02 선택] → [열기] → [화면 클릭] → [ESC]

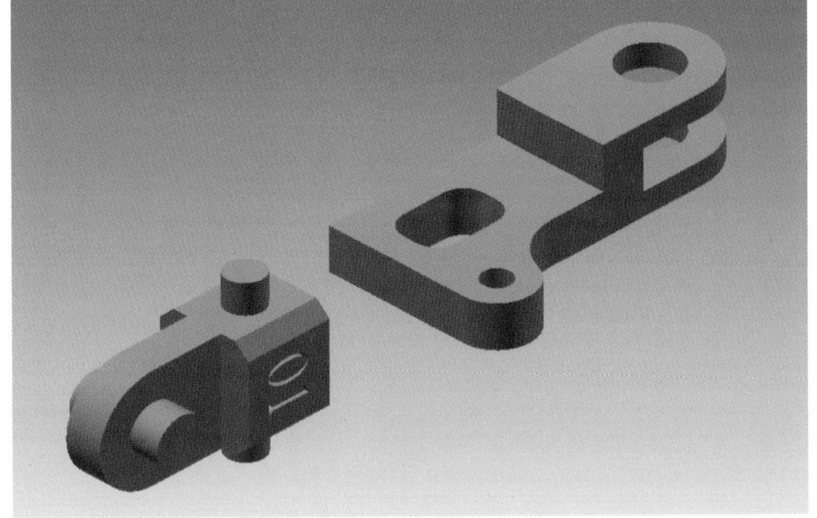

28

시트트리에서 부품①번을 우클릭하여 고정 한다.

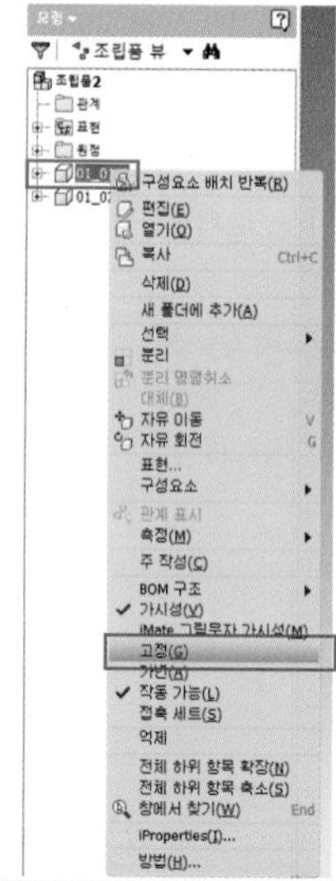

29

조립구속조건

- 부품②를 클릭하여 움직이고 우클릭하여 자유회전을 통하여 도면의 조립도와 비슷하게 한다.

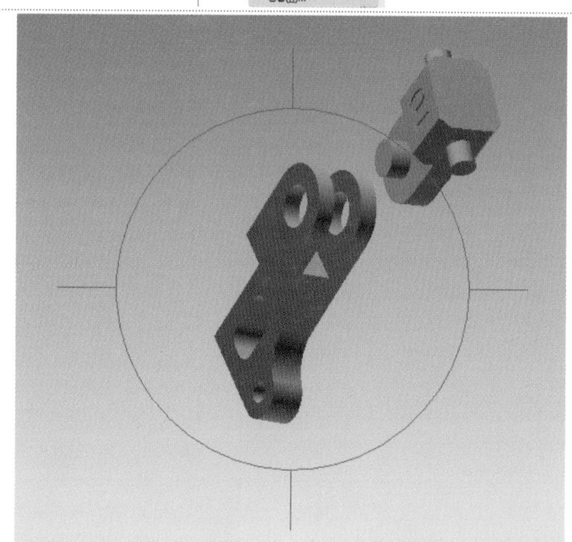

30

조립구속조건

- [구속조건] → [삽입] → [부품①선택요소] → [자유회전] → [부품②선택요소] → [솔루션 : 정렬] → [확인]

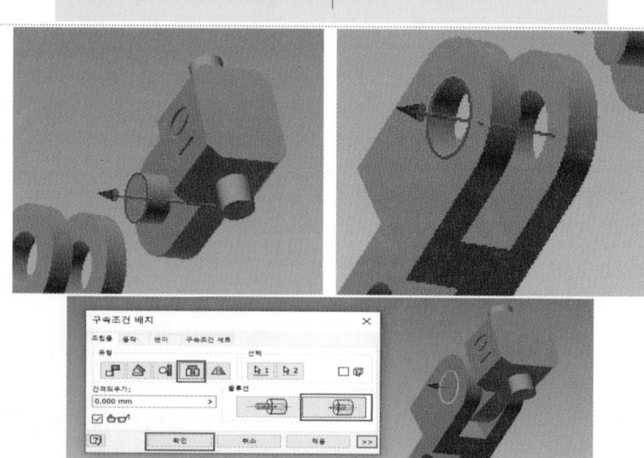

31

출력방향을 고려하여 구속조건 추가

※ 조립된 상태로 출력하니 되도록 서포트가 적게 나오고 도면의 ㉠, ㉡, ㉢ 치수가 정밀하게 나오는 출력방향을 결정해야 한다.

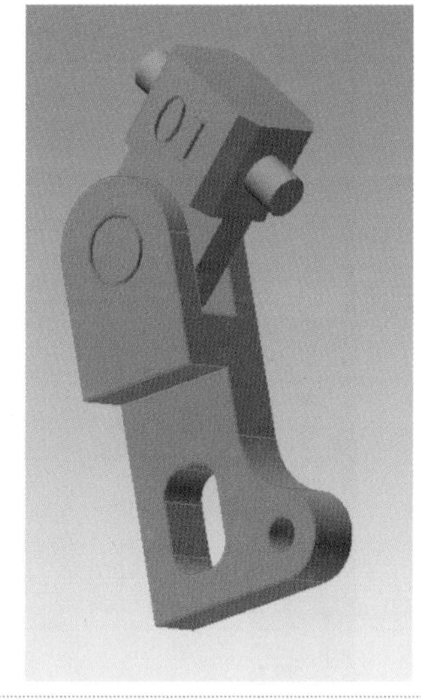

32

어셈블리 저장하기(2가지 확장자)

• [파일] → [다른 이름으로 저장] → [비번호 폴더] → [파일이름] → [01] → [저장]

• [파일] → [내보내기] → [CAD형식] → [비번호폴더] → [01] → [파일형식 : STEP 선택] → [저장]

구 분	작업명	파일명	비 고
1	어셈블리	01.***	
2		01.STP	채점용

※ 비번호 01인 경우

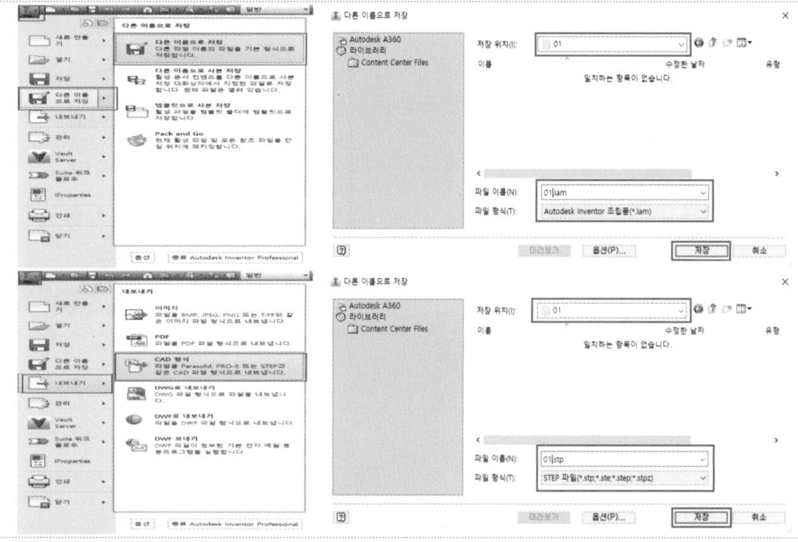

33

어셈블리 저장하기(STL확장자)

• [파일] → [내보내기] → [CAD형식] → [비번호폴더] → [01] → [파일형식 : STL 선택] → [옵션] → [단위 : mm] → [저장]

※ 옵션에서 단위 mm 선택

구 분	작업명	파일명	비 고
3	어셈블리	01.STL	

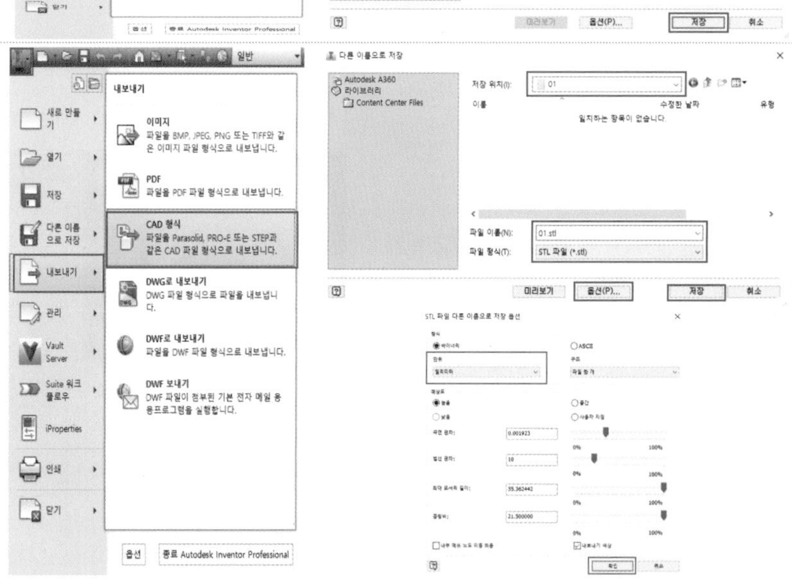

34

슬라이싱(3DWOX)

슬라이싱 프로그램을 실행한다.

• [파일] → [모델 불러오기] → [비번호폴더] → [01.stl] → [열기]

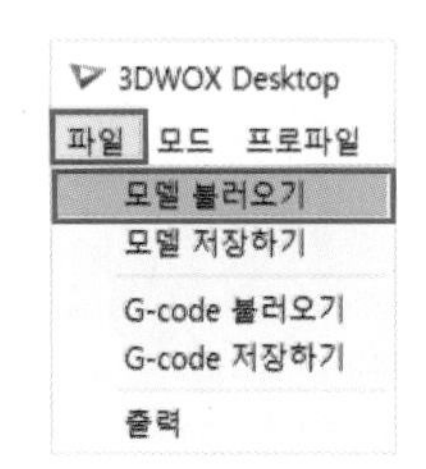

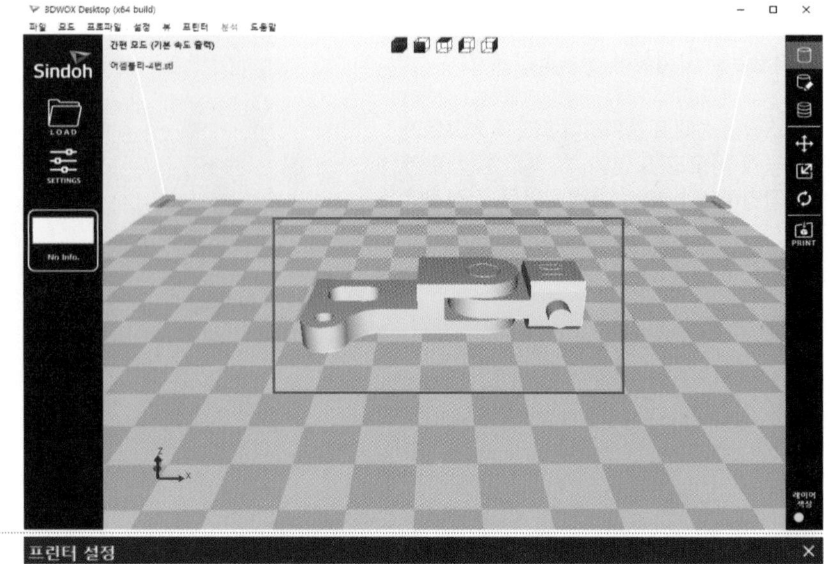

35

프린터 설정

• [설정] → [프린터 설정] → [프린터 모델] → [확인]

※ 시험장 프린터 모델을 선택한다.
예 DP200

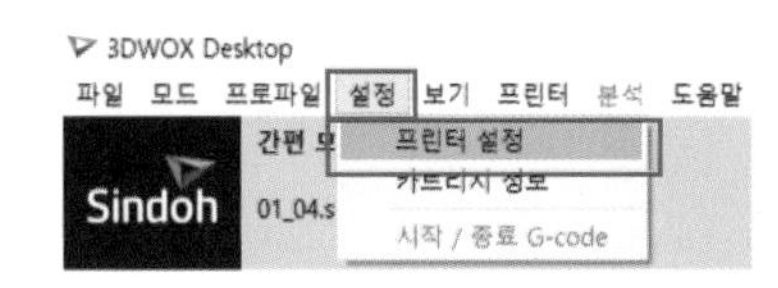

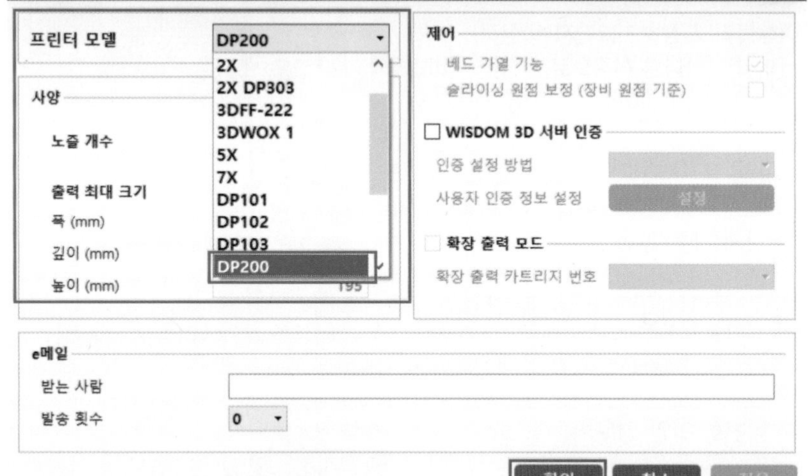

36

출력방향을 결정한다.

• [분석] → [최적출력방향] → [분석] → [추천 1~6 선택]

※ 신도리코 3DWOX는 최적출력방향을 분석해 준다. 참고하여 서포트가 적게 나오고 도면의 ㉠, ㉡, ㉢ 치수가 정밀하게 나오는 출력방향을 결정한다.

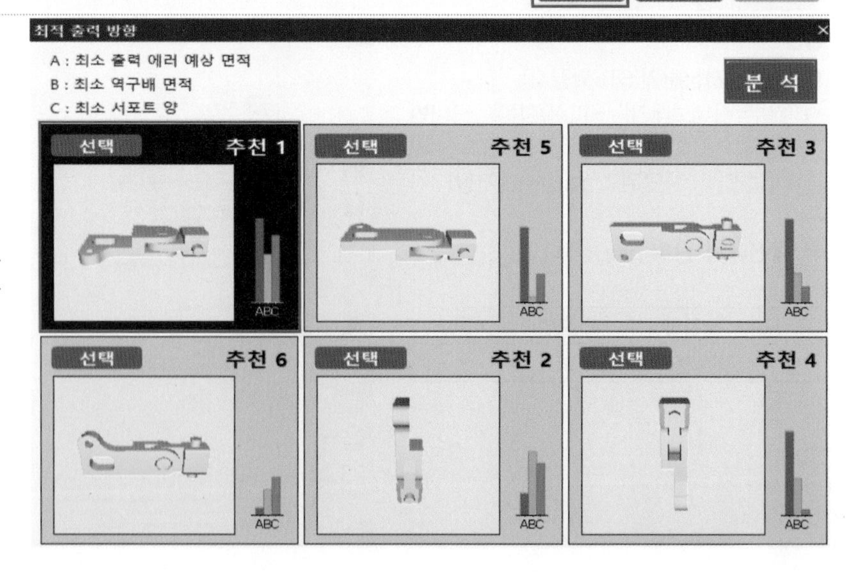

37

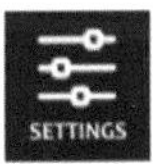

기본 파라미터를 설정한다.
- [SETTINGS] 버튼을 클릭하여 파라미터 값을 조정한다.
- 기본 속도 출력
- 재질 : PLA
- 서포트 : 모든 곳, 지그재그 구조

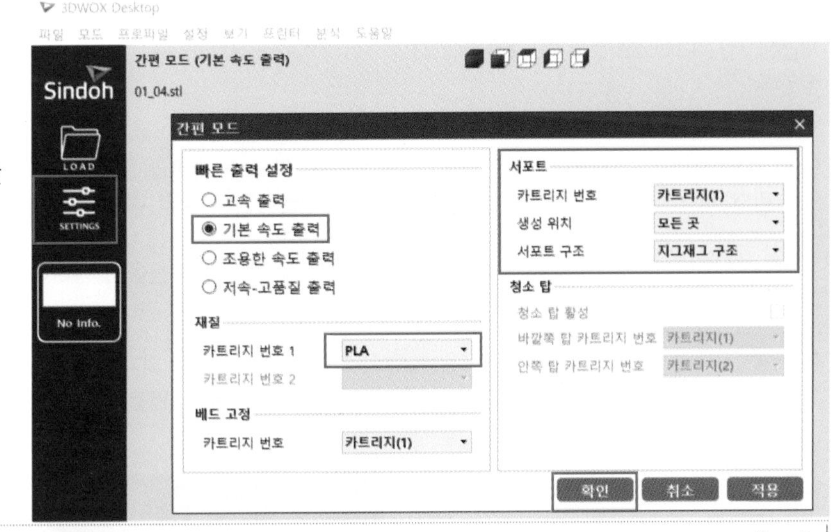

38

슬라이싱
- 베드상에 있는 출력물이 파라미터의 값이 반영되면서 슬라이싱을 수행한다.

※ 출력예상시간을 확인한다.
※ 출력예상시간이 1시간 20분이 넘어가면 고급모드로 변경하여 [SETTINGS]에서 레이어 높이, 채우기 밀도, 서포트 밀도 등 설정값을 변경한다.

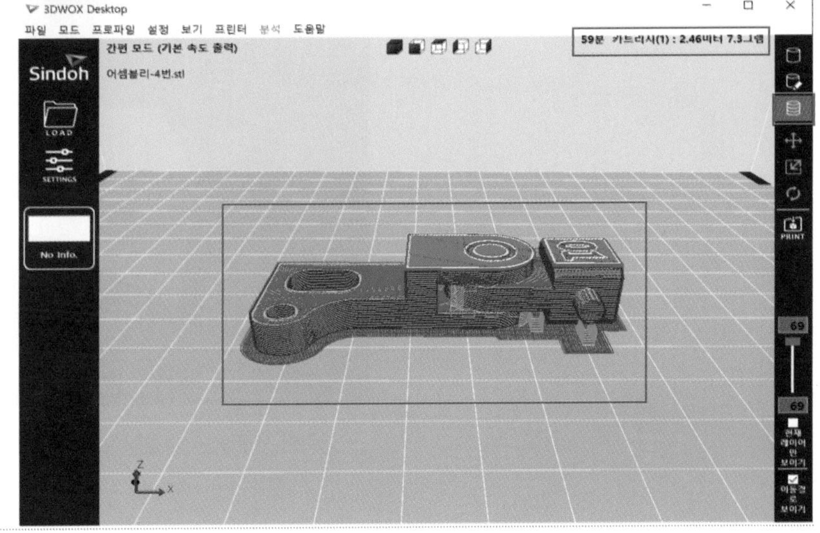

39

G-code 저장하기
- [파일] → [G-code 저장하기] → [예] → [비번호폴더] → [01.gcode] → [저장]

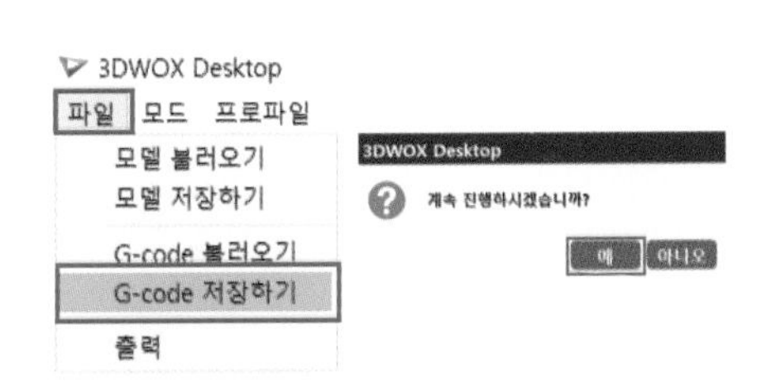

구 분	작업명	파일명	비 고
4	슬라이싱	01.***	gcode

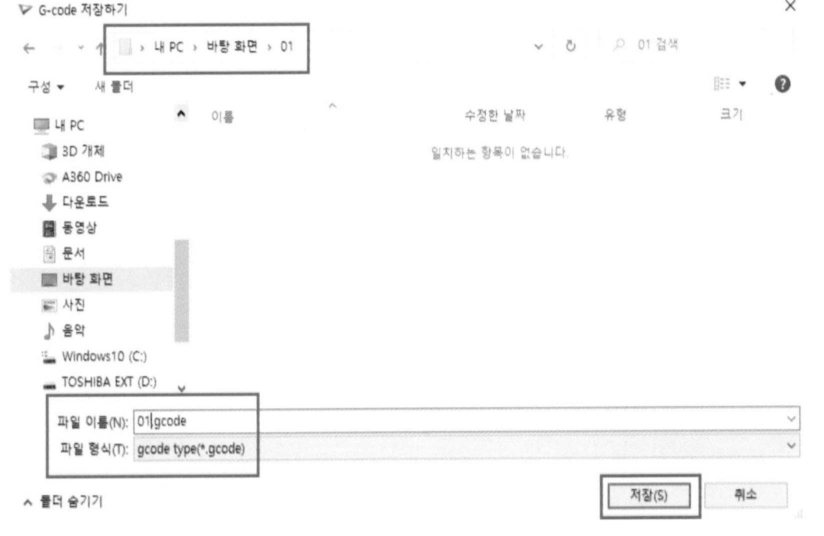

40
지급된 저장매체(USB 또는 SD-card)에 저장한다.

• 감독위원에게 저장매체(USB 또는 SD-card) 제출

41
3D프린터 세팅

• 노즐, 베드 등에 이물질을 제거하여 출력 시 방해요소가 없도록 세팅한다.
• PLA 필라멘트 장착 여부 등 소재의 이상 여부를 점검하고 정상 작동하도록 세팅한다.
• 베드 레벨링 기능 등을 활용하여 베드 위치를 세팅한다.

42
3D프린팅

• 저장매체(USB 또는 SD-card)에 있는 파일(01_04.gcode)을 3D프린터 전면부에 있는 USB 포트에 연결하여 화면에서 직접 G-code를 불러와 출력한다.

43
최종 출력물

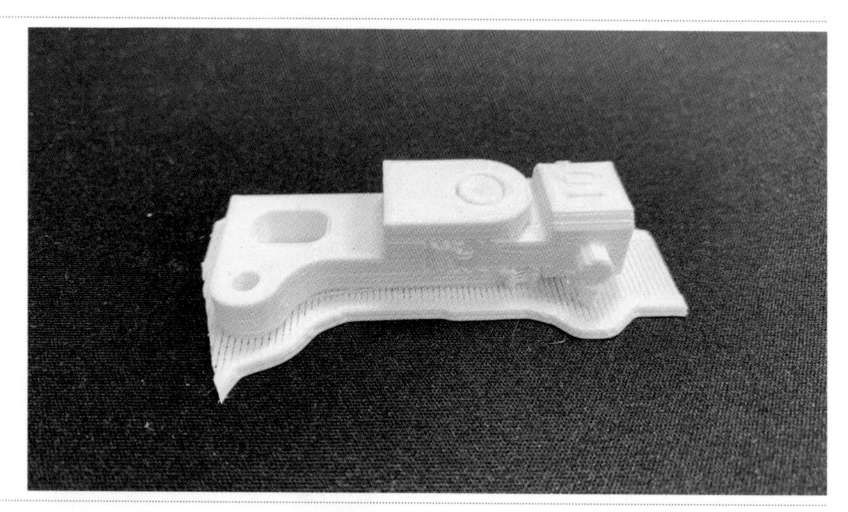

44
후처리

• 출력이 완료되면 보호장갑을 착용하고 서포트 및 거스러미를 제거한 후 감독위원에게 제출한다.

45
노즐 및 베드 정리

• 출력물을 제출 후 본인이 사용한 3D프린터 노즐 및 베드 등의 잔여물을 제거하고 정리정돈 한다(**※ 정리상태도 채점 대상임에 주의하자**).

05 3D모델링 실기 공개문제 도면 - 05

자격종목	3D프린터운용기능사	[시험1] 과제명	3D모델링 작업	척 도	NS

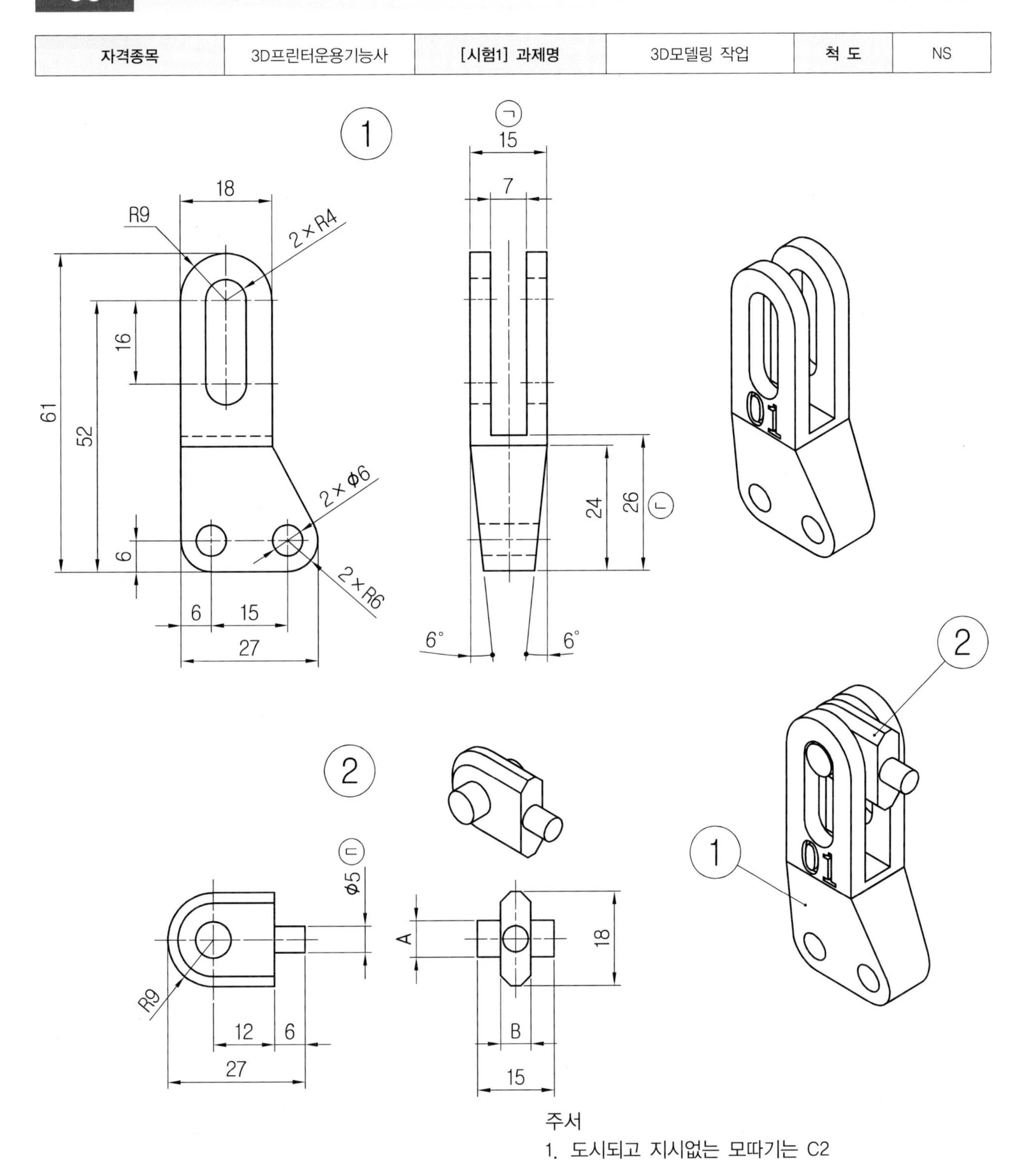

주서

1. 도시되고 지시없는 모따기는 C2

01

부품 ① 모델링

- [새로 만들기] → [Metric] → [Standard(mm).ipt] → [작성]

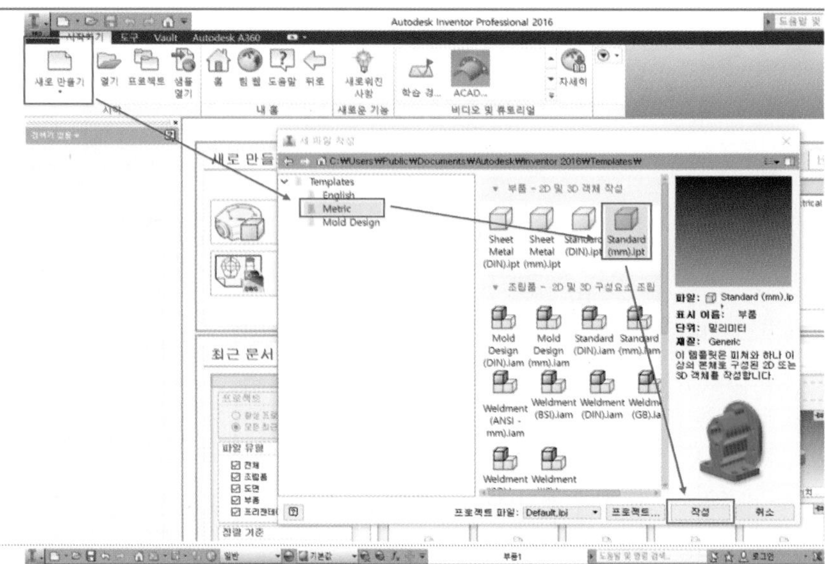

02

[2D 스케치 시작] → [마우스로 **XY Plane** 선택]

※ 마우스로 XY Plane 선택 시 빨간색으로 변함

※ 다른 방법(시트트리에서) [원점] → [XY평면 마우스오른쪽 클릭] → [새 스케치]

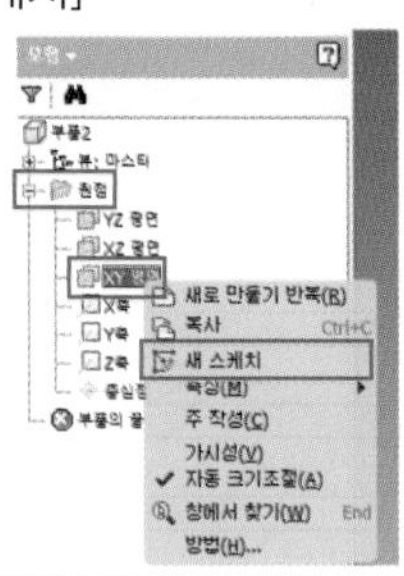

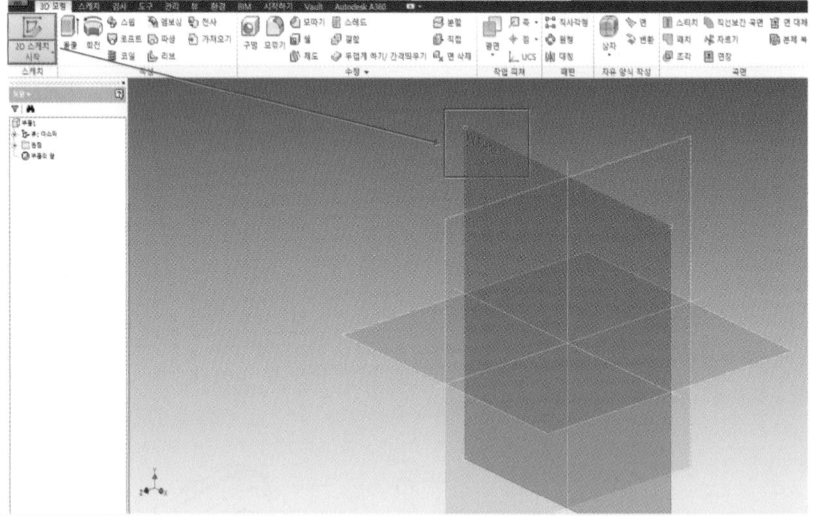

03

부품 ① 정면도를 스케치 한다.

- 원, 선, 슬롯 중심대중심
- 기하학 구속조건(접선), 치수 구속조건
- 자르기(※ 선 자르기 시 치수 먼저 삭제)

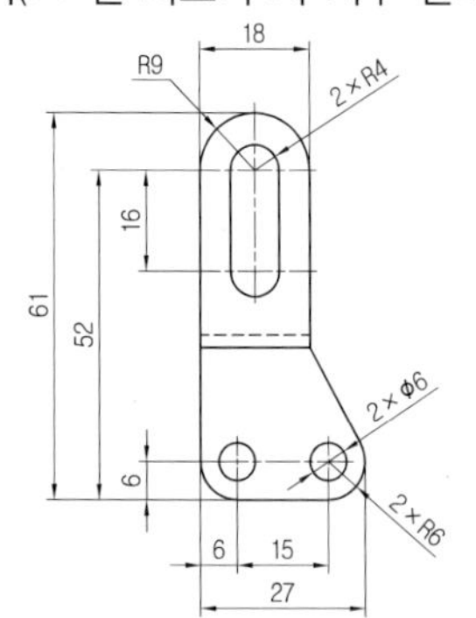

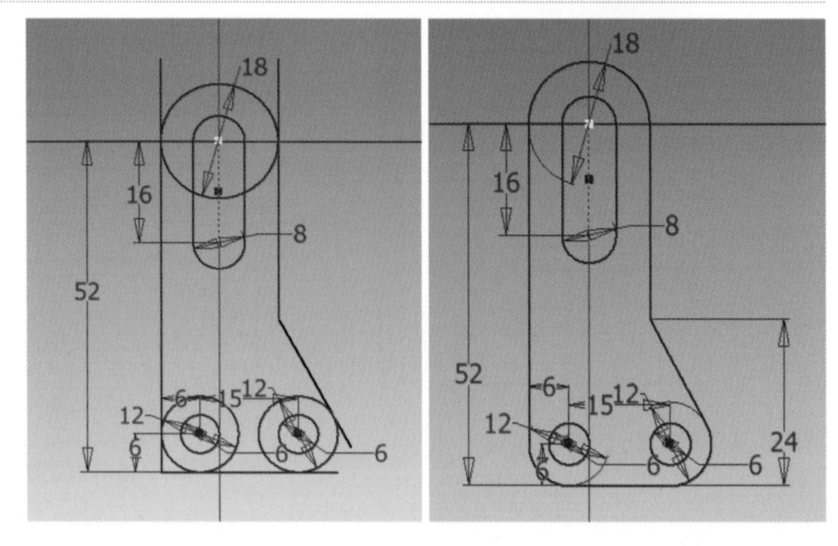

04

스케치마무리

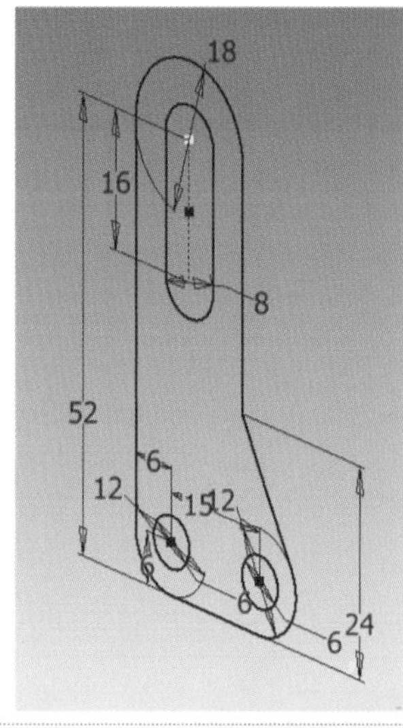

05

부품 ① 3D 모형 만들기

- [돌출] → [스케치 클릭] → [거리15] → [대칭] → [확인]

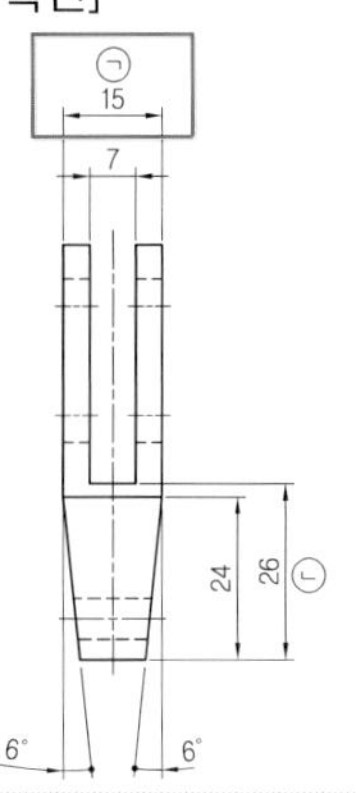

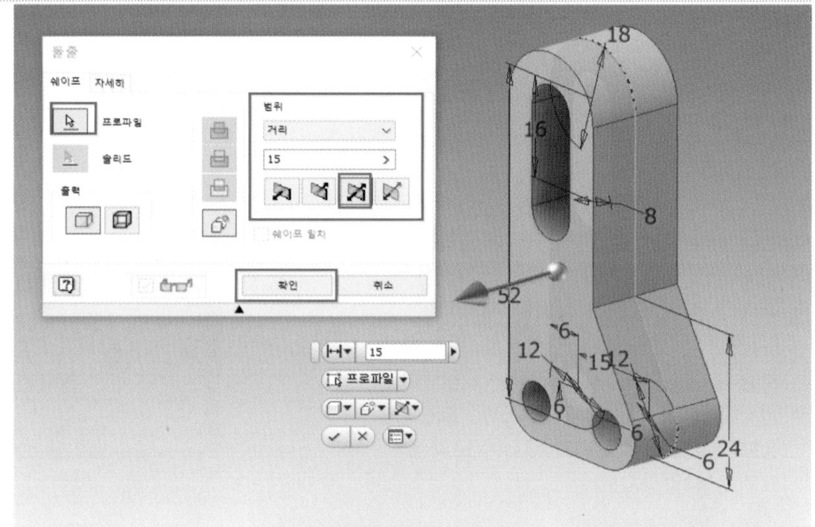

06

부품 ① 3D 모형 만들기

- [2D 스케치 시작] → [YZ평면 선택] → [F7] [직사각형] → [선] → [대칭] → [치수구속조건] → [스케치마무리]

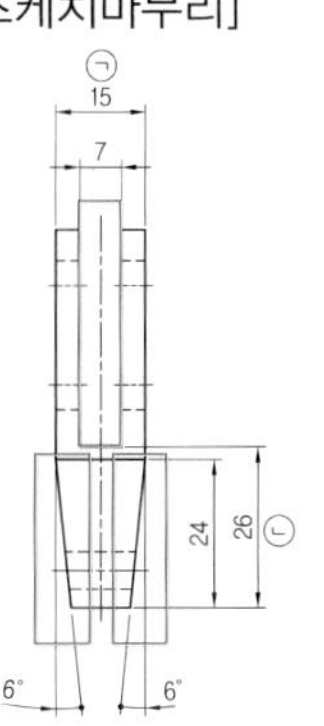

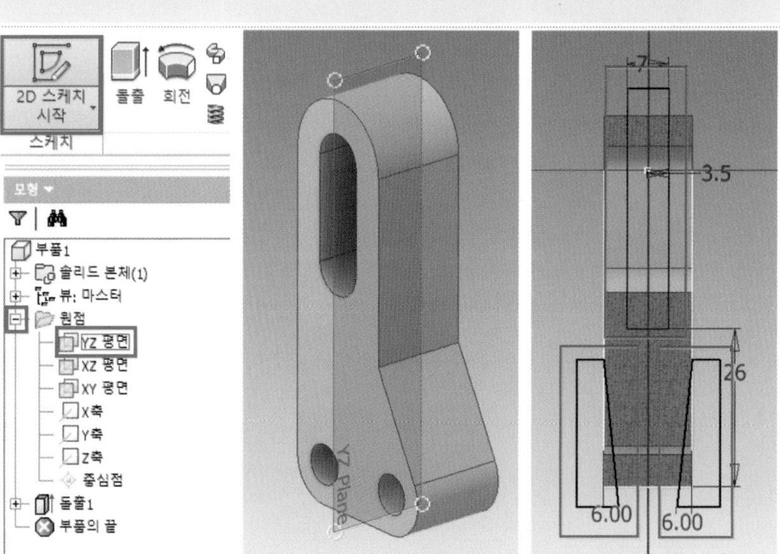

07

부품 ① 3D 모형 만들기

• [돌출] → [스케치클릭/3개소] → [차집합] → [전체] → [대칭] → [확인]

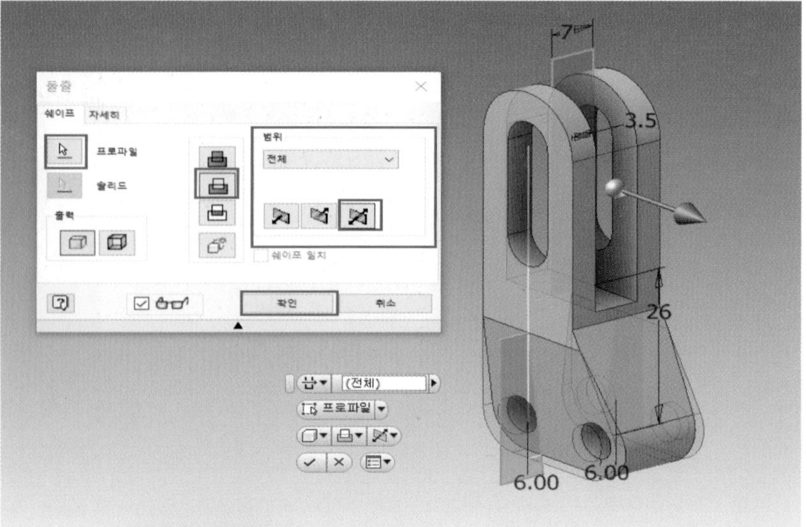

08

부품 ① 각인

• [2D 스케치 시작] → [각인평면 선택] → [텍스트] → [바탕체] → [6mm] → [확인] → [스케치마무리]

• [돌출] → [각인번호 선택] → [차집합] → [거리] → [3mm] → [방향2] → [확인]

※ 각인 방향이 도면과 상이할 시 [회전] → [각인 선택] → [중심점 : 각인번호중심 클릭] → [각도 입력] → [적용]

※ 글자체, 글자 크기, 글자 깊이 등은 별도의 정보가 없으므로 도면과 유사한 모양 및 크기로 작업하시오.

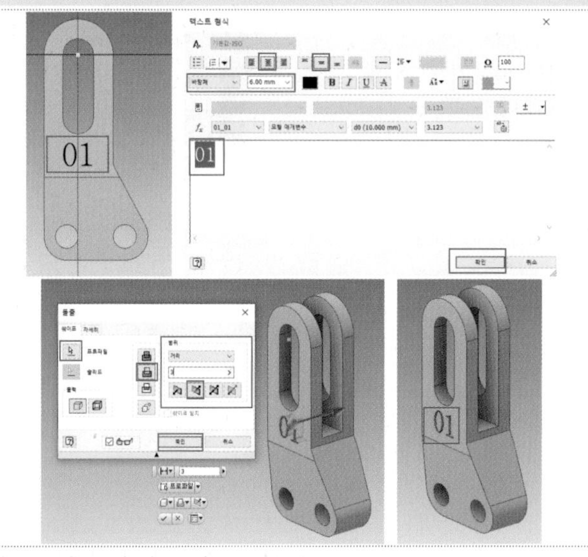

09

부품 ① 저장하기

• [파일] → [다른 이름으로 저장] → [비번호 폴더] → [파일이름] → [01_01] → [저장]

※ 본 교재의 부품 ①번 3D모델링 파일이름은 "01_01"로 작성되었다. 부품 ①, ②번 3D모델링 파일이름은 수험자가 임의로 정할 수 있다.
예 부품1번, 01번 등

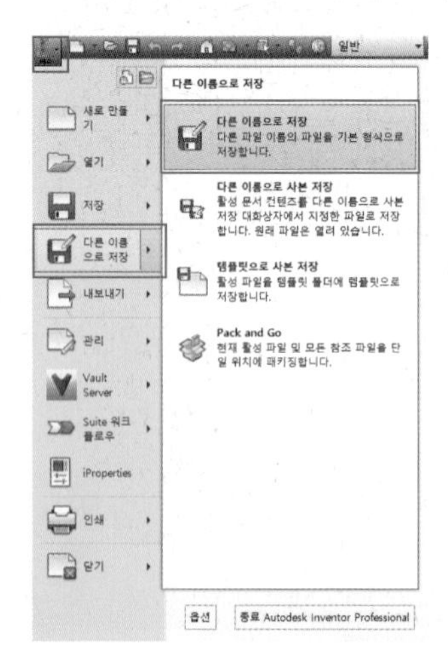

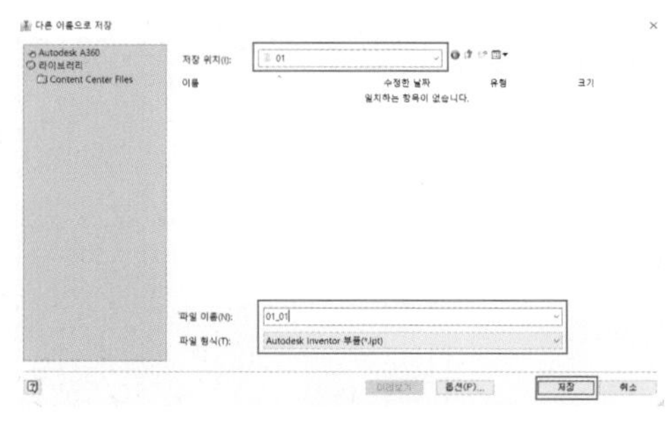

10

부품 ② 모델링

• [새로 만들기] → [Metric] → [Standard(mm).ipt] → [작성]

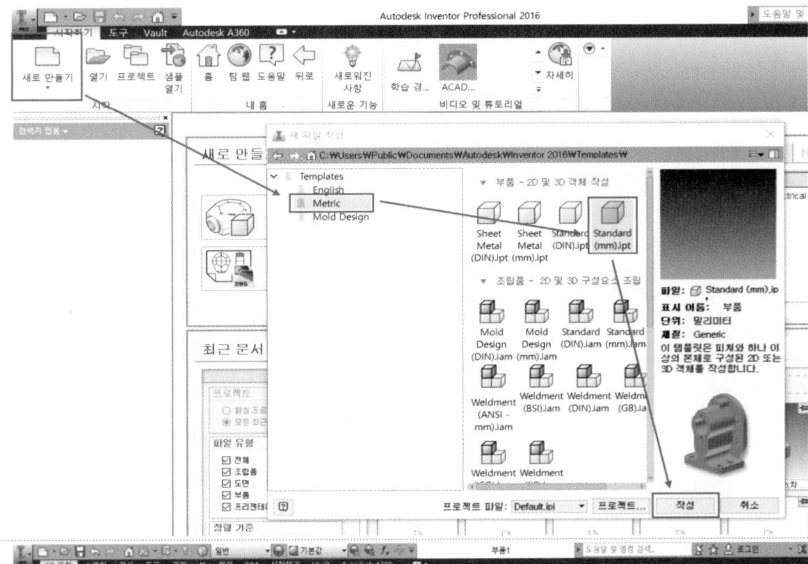

11

[2D 스케치 시작] → [마우스로 XY Plane 선택]

※ 마우스로 XY Plane 선택 시 빨간색으로 변함

※ 다른 방법(시트트리에서) [원점] → [XY평면 마우스오른쪽 클릭] → [새 스케치]

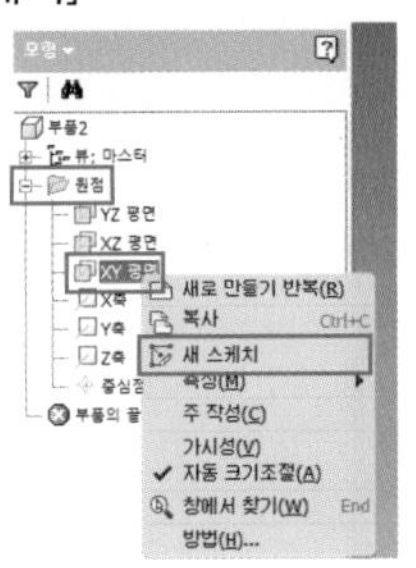

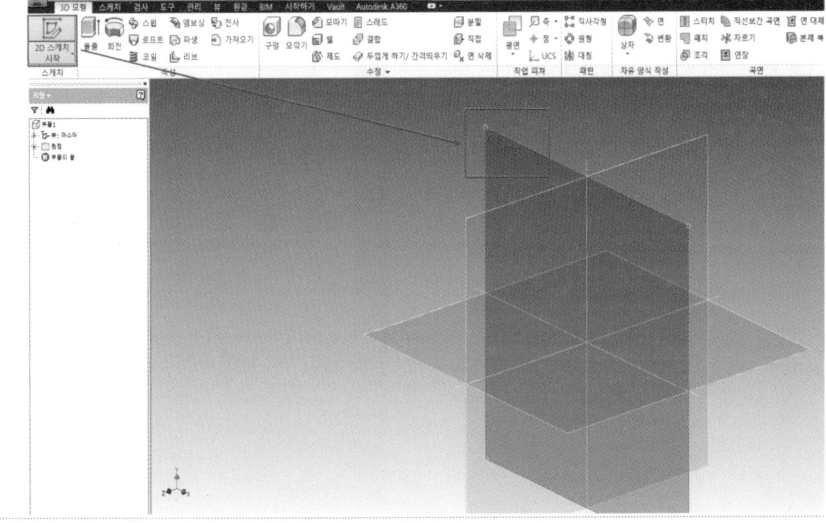

12

부품 ② 정면도 일부를 스케치 한다.

• ∅18 원을 그린다.
• 직사각형을 그린다.
• 기하학 구속조건
• 치수 구속조건
• 선 자르기

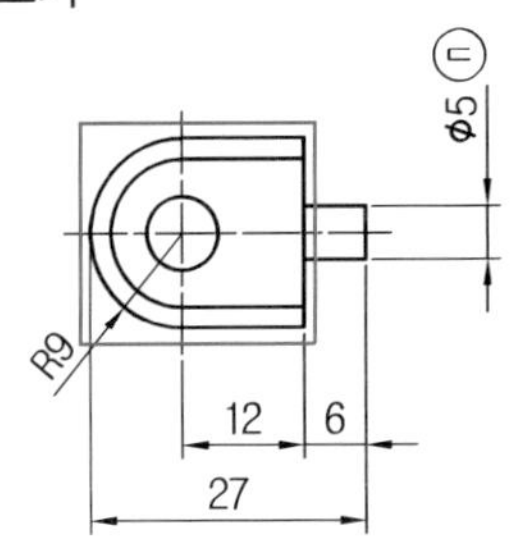

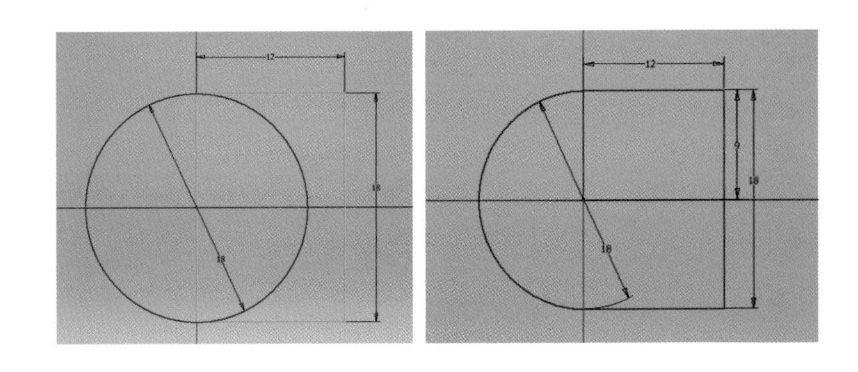

13

스케치마무리

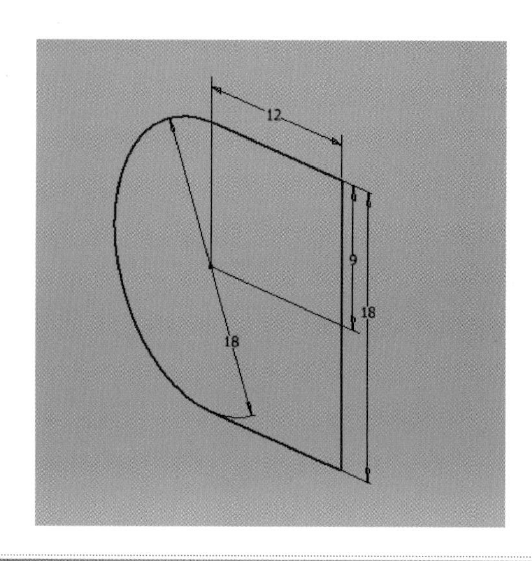

14

부품 ② 3D 모형 만들기

• [돌출] → [스케치 클릭] → [거리6] → [대칭] → [확인]

※ 'B'는 상대치수(7mm)와 축공차를 적용해 6mm로 결정한다.

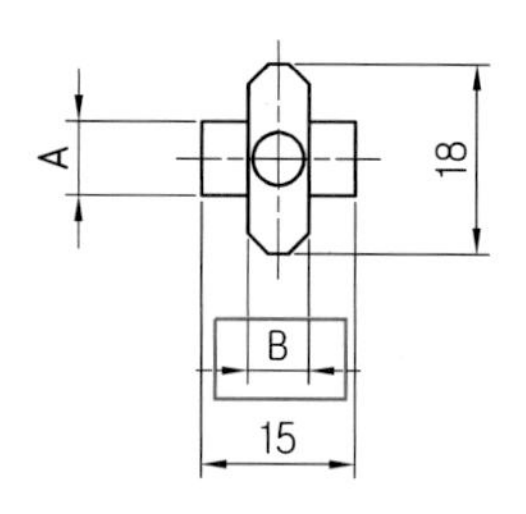

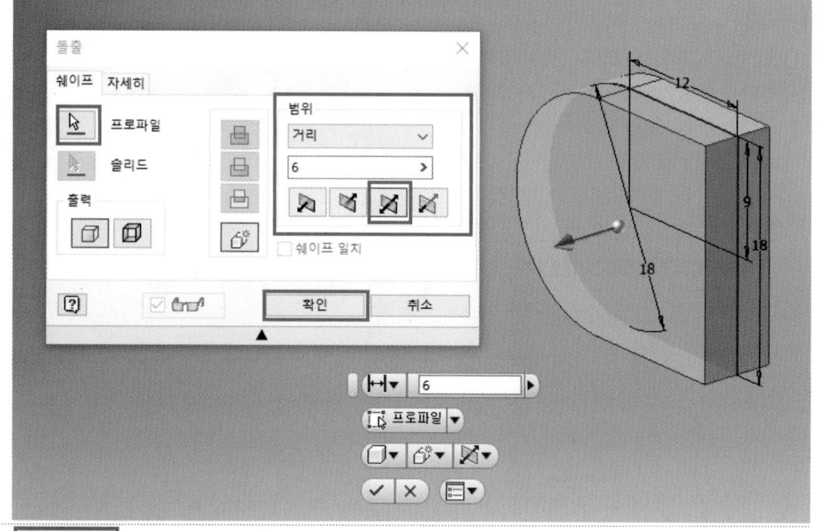

15

부품 ② 3D 모형 만들기

• [2D 스케치 시작] → [XY평면 선택] → [F7] [원] → [∅7] → [치수구속조건] → [스케치마무리]

※ 'A'는 상대치수(8mm)와 축공차를 적용해 7mm로 결정한다.

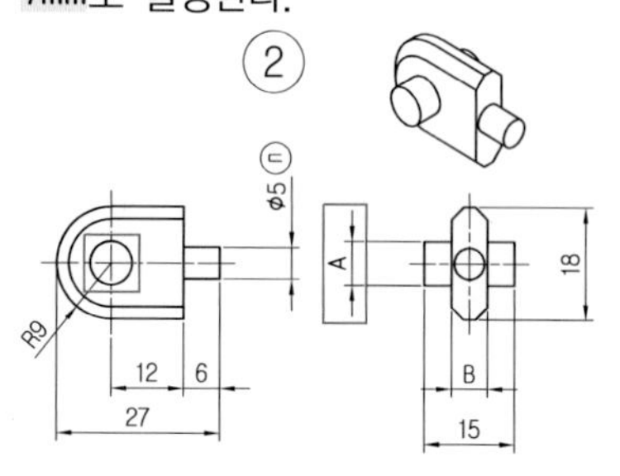

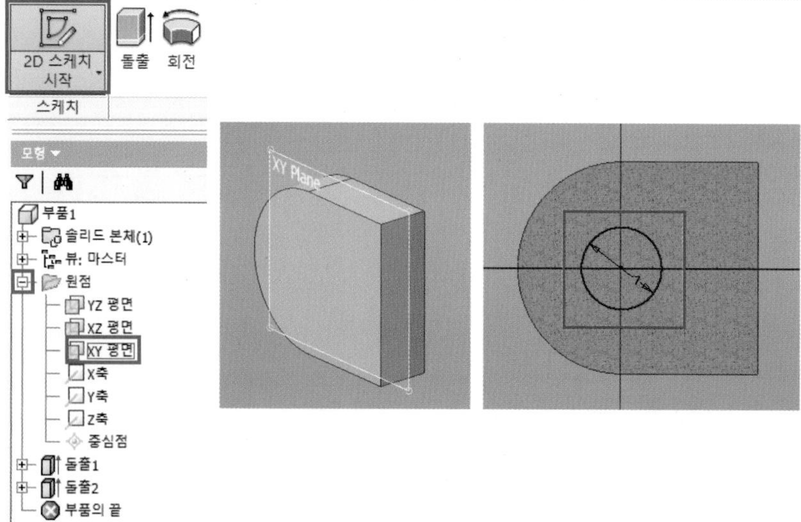

16

스케치마무리

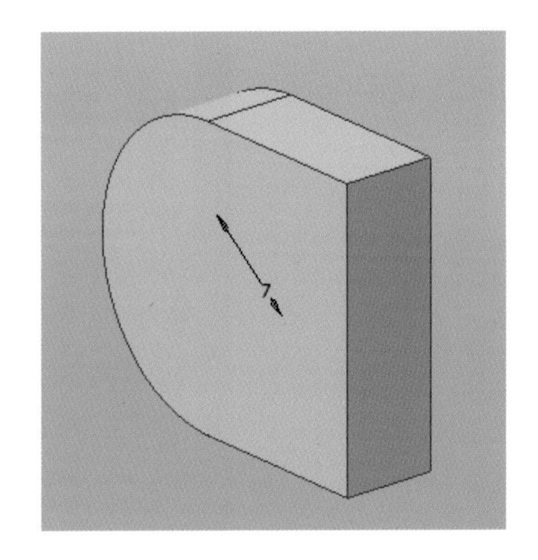

17

부품 ② 3D 모형 만들기

- [돌출] → [스케치 클릭] → [접합] → [거리15] → [대칭] → [확인]

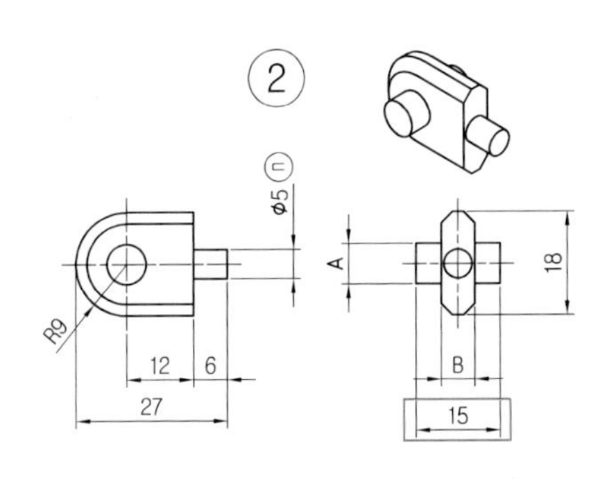

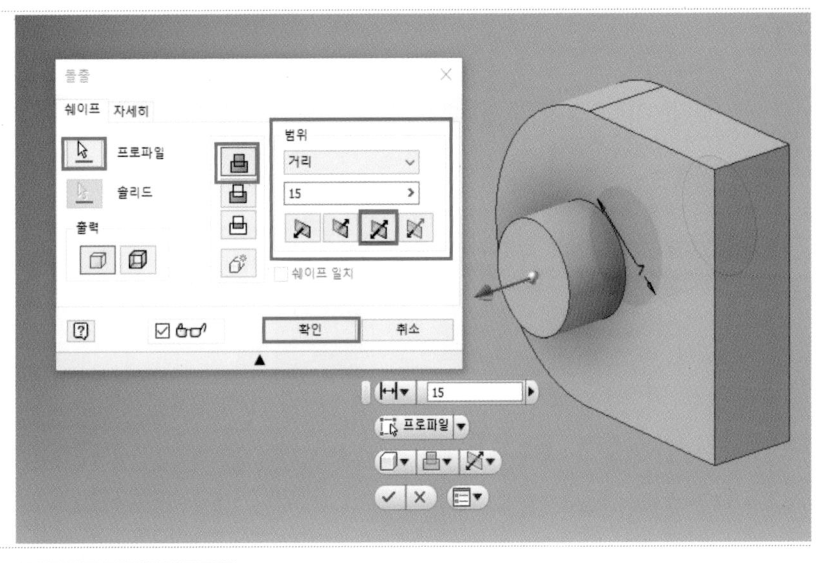

18

부품 ② 3D 모형 만들기

- [2D 스케치 시작] → [스케치평면 선택] → [원] → [∅5] → [스케치마무리] → [돌출] → [접합] → [거리6] → [방향1] → [확인]

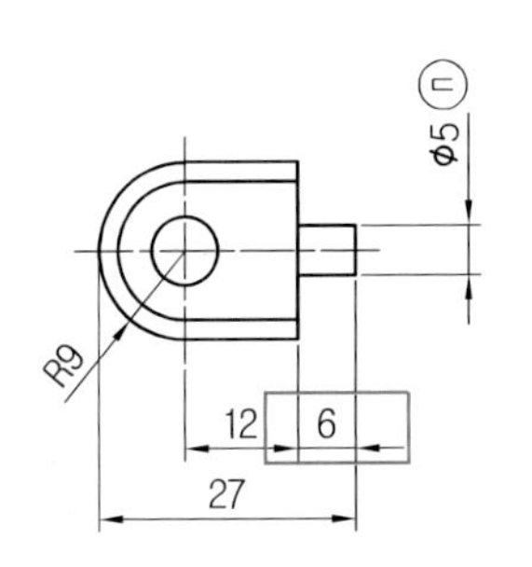

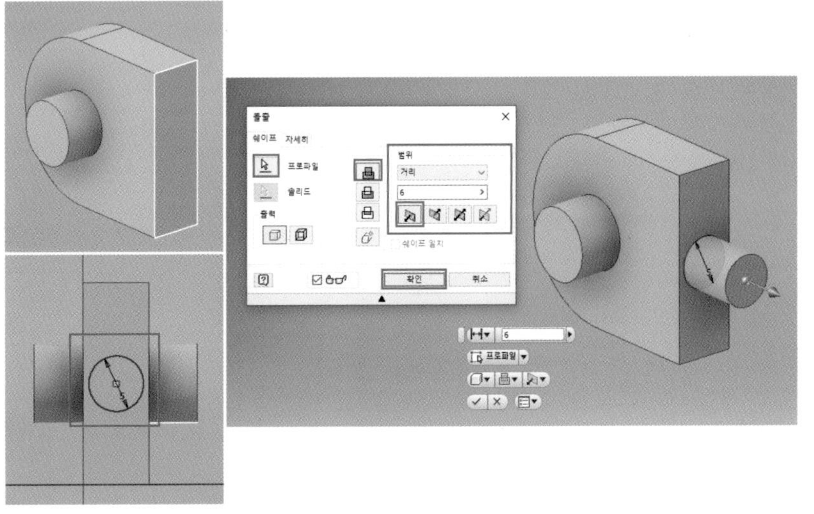

19

부품 ② 3D 모형 만들기

• [모따기] → [모따기선택/2개소] → [거리2] → [확인]

※ 주서
　도시되고 지시없는 모따기는 C2

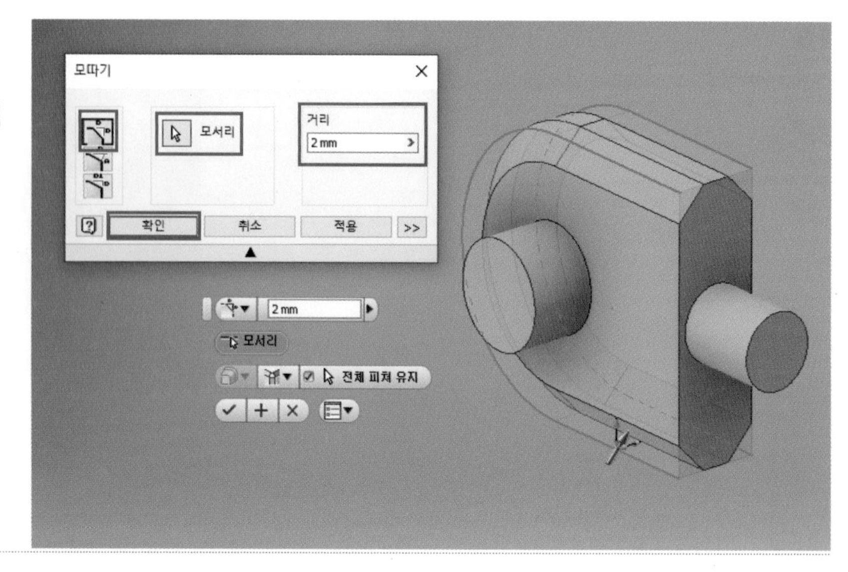

20

부품 ② 저장하기

• [파일] → [다른 이름으로 저장] → [비번호 폴더] → [파일이름] → [01_02] → [저장]

※ 본 교재의 부품 ②번 3D모델링 파일이름은 "01_02"로 작성되었다. 부품 ①, ②번 3D모델링 파일이름은 수험자가 임의로 정할 수 있다.
　예 부품2번, 02번 등

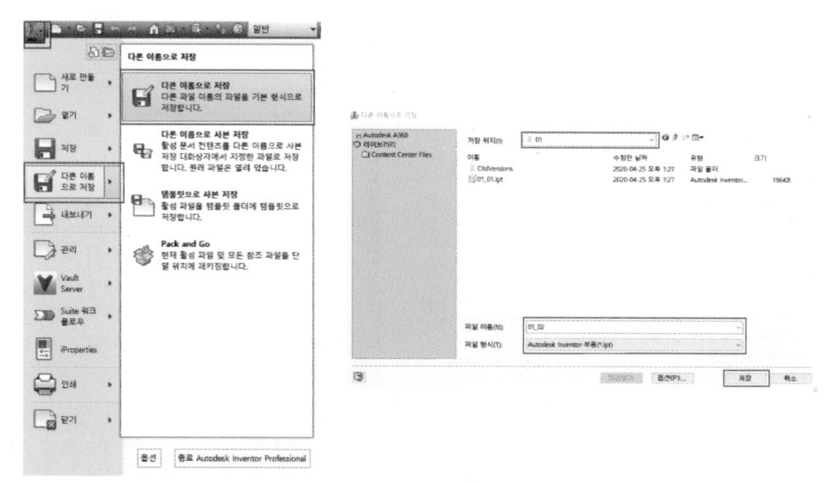

21

어셈블리

• [새로 만들기] → [Metric] → [Standard(mm).iam] → [작성]

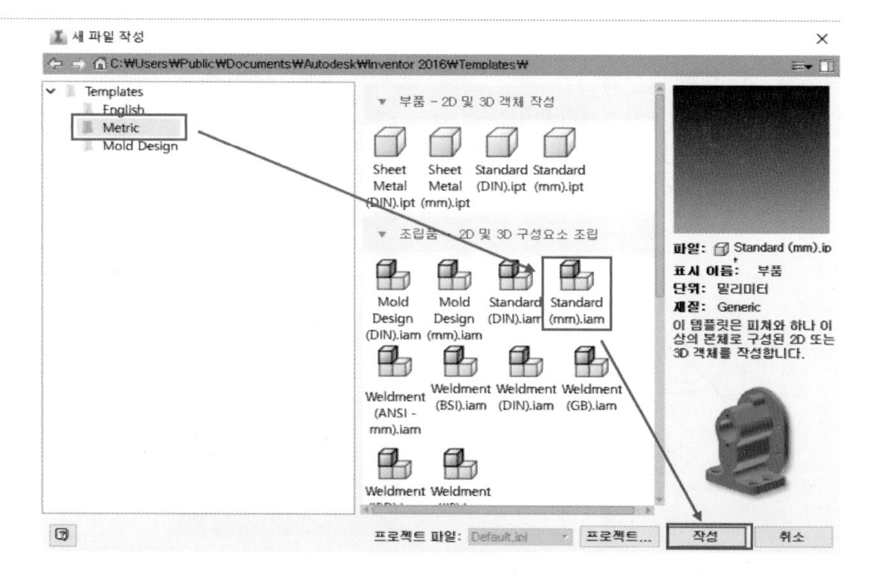

22

배치

"배치" 아이콘을 통해 부품 ①, ②를 배치한다.

- [배치] → [01_01, 01_02 선택] → [열기] → [화면 클릭] → [ESC]

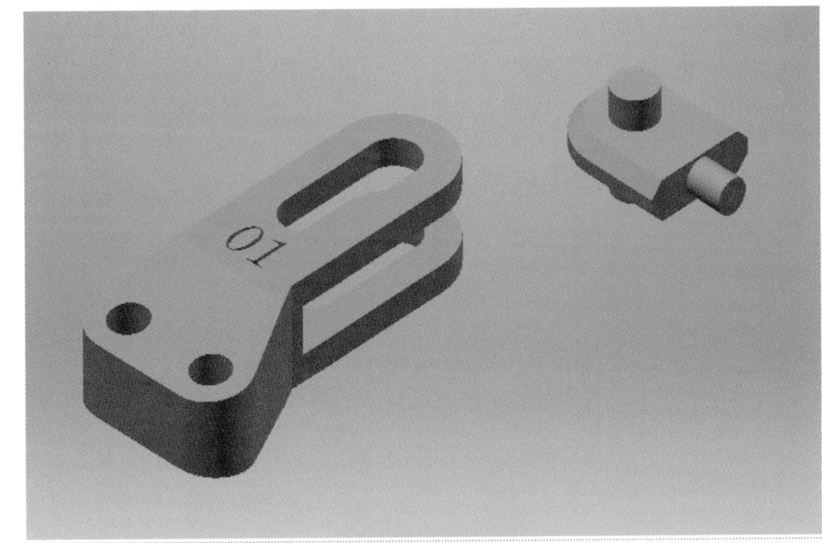

23

시트트리에서 부품①번을 우클릭하여 고정한다.

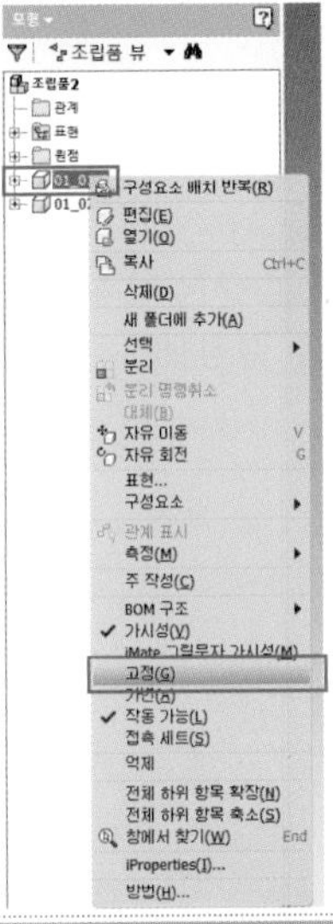

24

조립구속조건

- 부품②를 클릭하여 움직이고 우클릭하여 자유회전을 통하여 도면의 조립도와 비슷하게 한다.

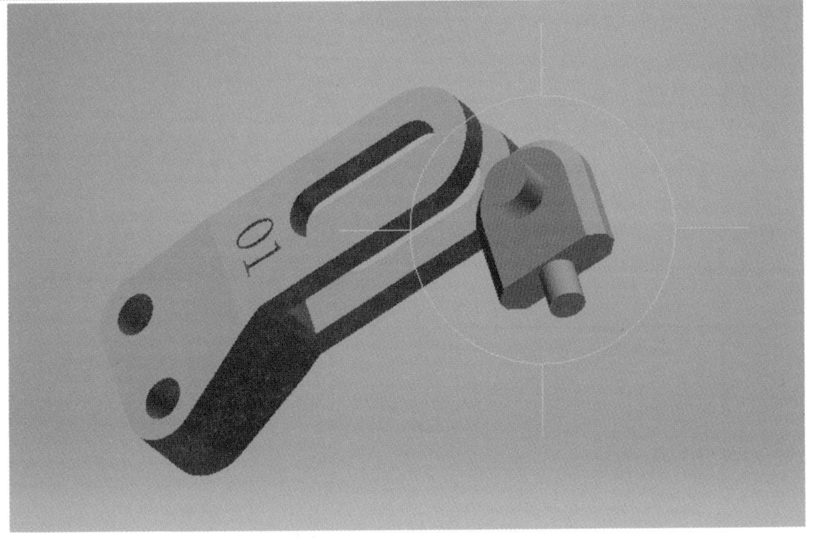

25

조립구속조건

• [구속조건] → [삽입] → [솔루션 : 정렬] → [부품①선택요소] → [자유회전] → [부품②선택요소] → [확인]

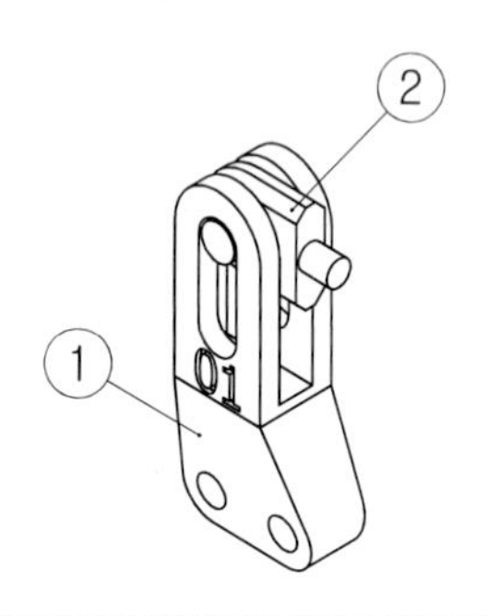

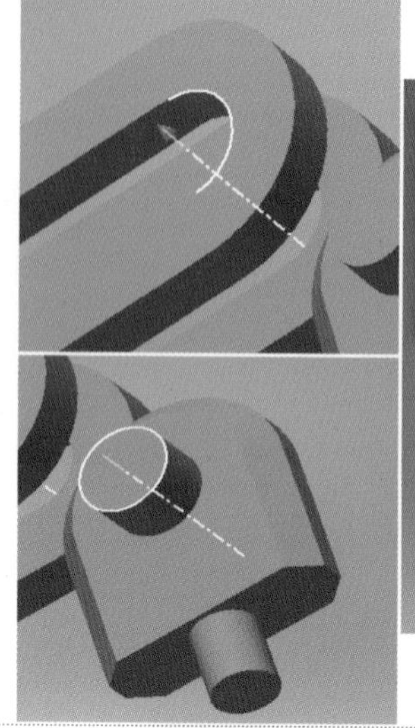

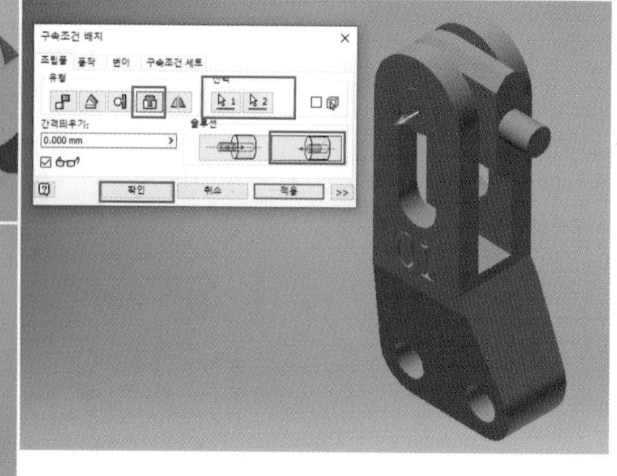

26

출력방향을 고려하여 구속조건 추가

※ 조립된 상태로 출력하니 되도록 서포트가 적게 나오고 도면의 ㉠, ㉡, ㉢ 치수가 정밀하게 나오는 출력방향을 결정해야 한다.

27

어셈블리 저장하기(2가지 확장자)

• [파일] → [다른 이름으로 저장] → [비번호 폴더] → [파일이름] → [01] → [저장]

• [파일] → [내보내기] → [CAD형식] → [비번호폴더] → [01] → [파일형식 : STEP 선택] → [저장]

구 분	작업명	파일명	비 고
1	어셈블리	01.***	
2		01.STP	채점용

※ 비번호 01인 경우

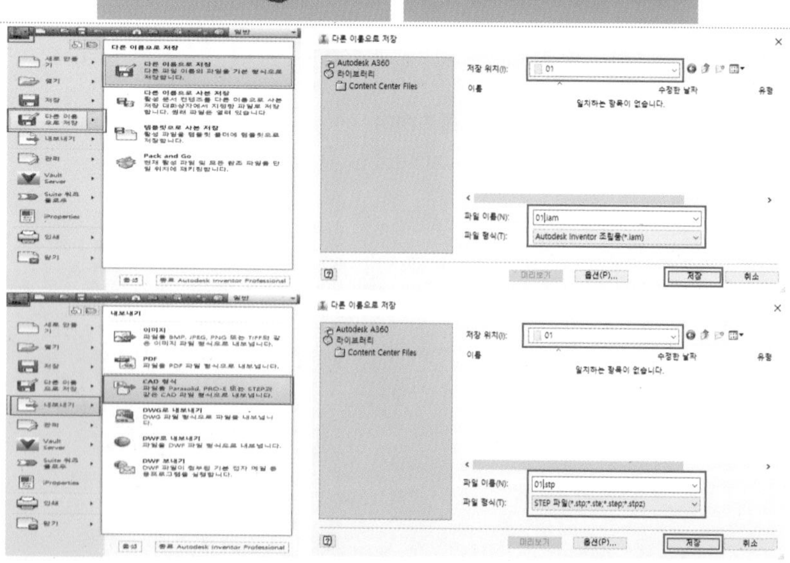

28

어셈블리 저장하기(STL확장자)

• [파일] → [내보내기] → [CAD형식] → [비번호폴더] → [01] → [파일형식 : STL 선택] → [옵션] → [단위 : mm] → [저장]

※ 옵션에서 단위 mm 선택

구 분	작업명	파일명	비 고
3	어셈블리	01.STL	

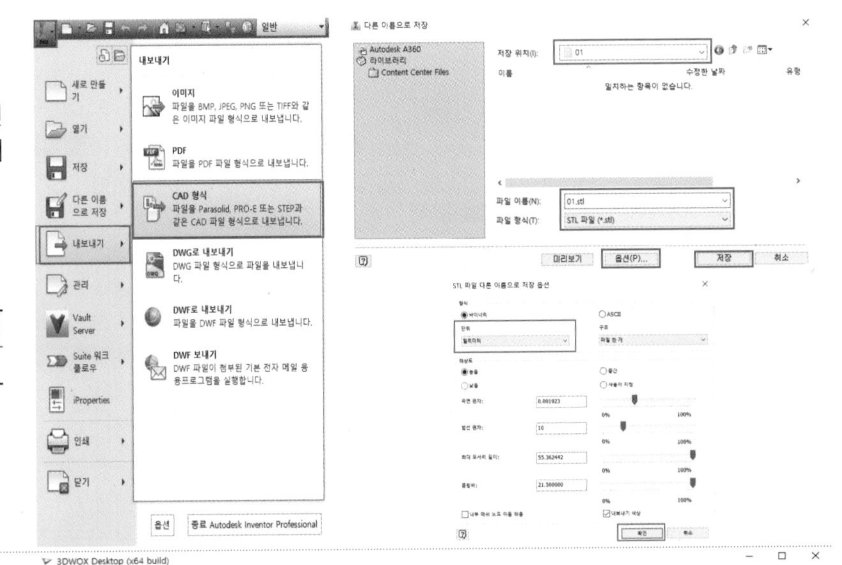

29

슬라이싱(3DWOX)

슬라이싱 프로그램을 실행한다.

• [파일] → [모델 불러오기] → [비번호폴더] → [01.stl] → [열기]

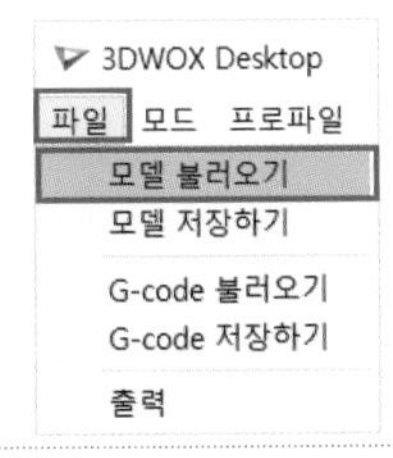

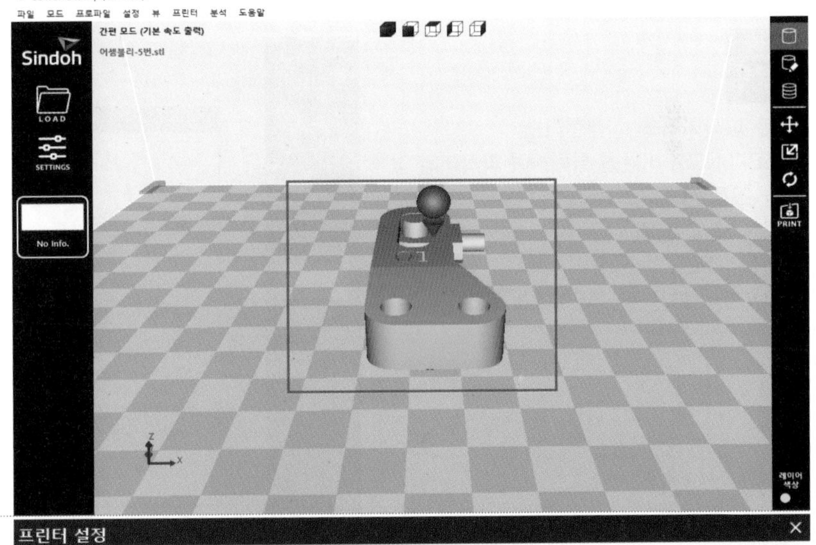

30

프린터 설정

• [설정] → [프린터 설정] → [프린터 모델] → [확인]

※ 시험장 프린터 모델을 선택한다.
예 DP200

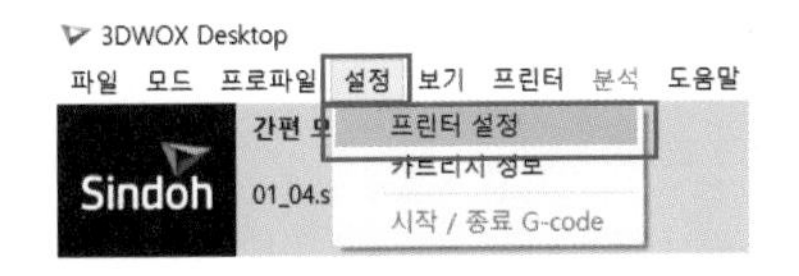

프린터 설정

프린터 모델 DP200
2X
2X DP303
3DFF-222
3DWOX 1
5X
7X
DP101
DP102
DP103
DP200

사양
노즐 개수
출력 최대 크기
폭 (mm)
깊이 (mm)
높이 (mm) 195

제어
베드 가열 기능
슬라이싱 원점 보정 (장비 원점 기준)
WISDOM 3D 서버 인증
인증 설정 방법
사용자 인증 정보 설정 설정
확장 출력 모드
확장 출력 카트리지 번호

e메일
받는 사람
발송 횟수 0

확인 취소 적용

31

출력방향을 결정한다.

- [분석] → [최적출력방향] → [분석] → [추천 1~6 선택]

※ 신도리코 3DWOX는 최적출력방향을 분석해 준다. 참고하여 서포트가 적게 나오고 도면의 ㉠, ㉡, ㉢ 치수가 정밀하게 나오는 출력방향을 결정한다.

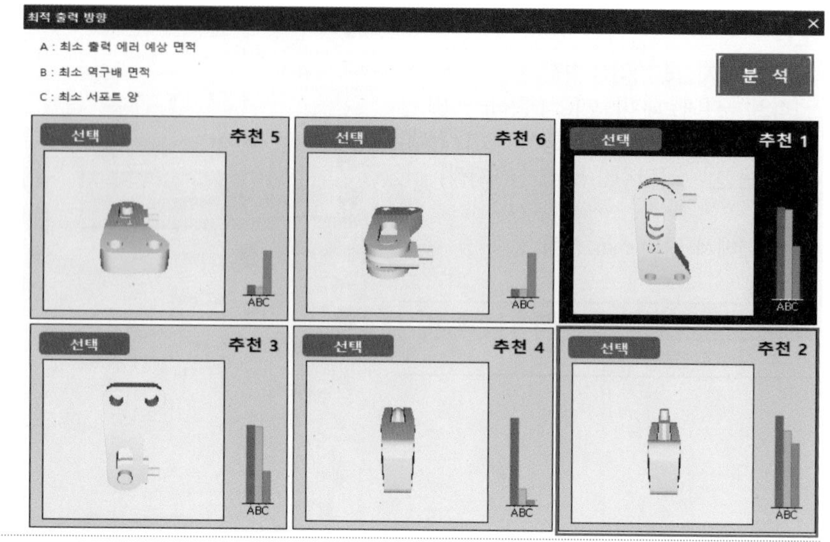

32

기본 파라미터를 설정한다.

- [SETTINGS] 버튼을 클릭하여 파라미터 값을 조정한다.
- 기본 속도 출력
- 재질 : PLA
- 서포트 : 모든 곳, 지그재그 구조

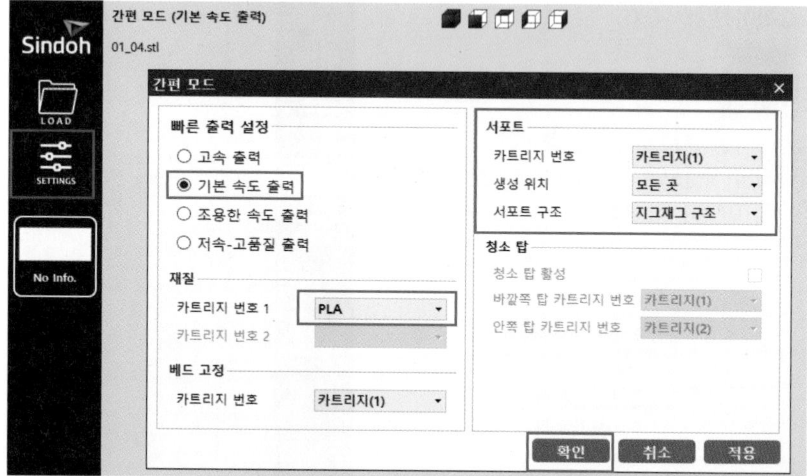

33

슬라이싱

- 베드상에 있는 출력물이 파라미터의 값이 반영되면서 슬라이싱을 수행한다.

※ 출력예상시간을 확인한다.

※ 출력예상시간이 1시간 20분이 넘어가면 고급모드로 변경하여 [SETTINGS]에서 레이어 높이, 채우기 밀도, 서포트 밀도 등 설정값을 변경한다.

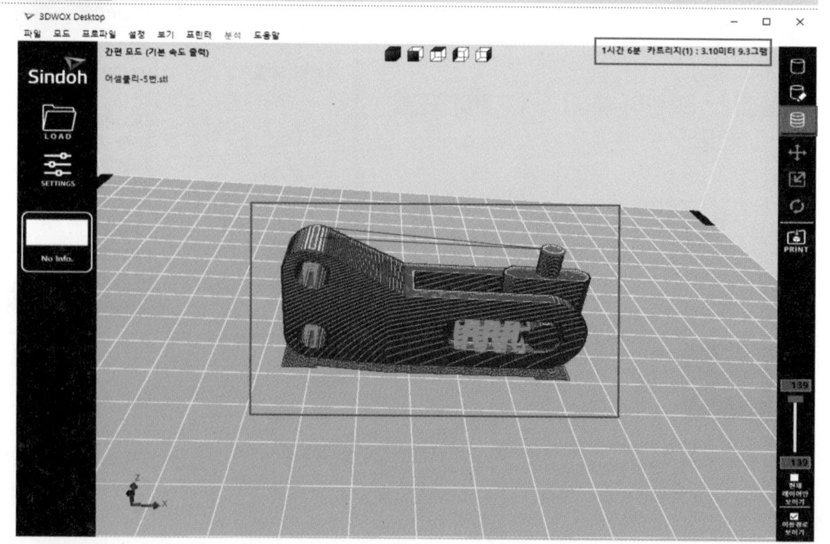

34

G-code 저장하기

- [파일] → [G-code 저장하기] → [예] → [비번호폴더] → [01.gcode] → [저장]

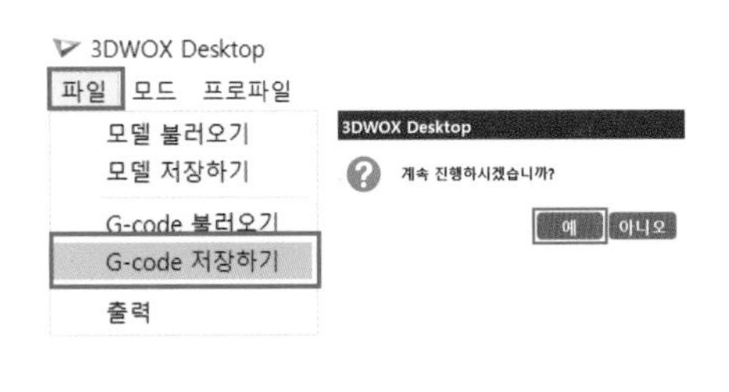

구 분	작업명	파일명	비 고
4	슬라이싱	01.***	gcode

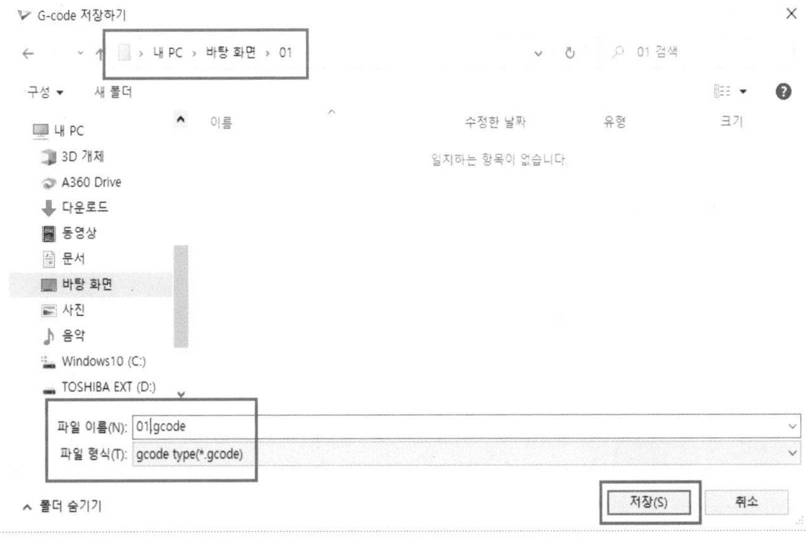

35

지급된 저장매체(USB 또는 SD-card)에 저장한다.

- 감독위원에게 저장매체(USB 또는 SD-card) 제출

36

3D프린터 세팅

- 노즐, 베드 등에 이물질을 제거하여 출력 시 방해요소가 없도록 세팅한다.
- PLA 필라멘트 장착 여부 등 소재의 이상 여부를 점검하고 정상 작동하도록 세팅한다.
- 베드 레벨링 기능 등을 활용하여 베드 위치를 세팅한다.

37

3D프린팅

- 저장매체(USB 또는 SD-card)에 있는 파일(01_04.gcode)을 3D프린터 전면부에 있는 USB 포트에 연결하여 화면에서 직접 G-code를 불러와 출력한다.

38

최종 출력물

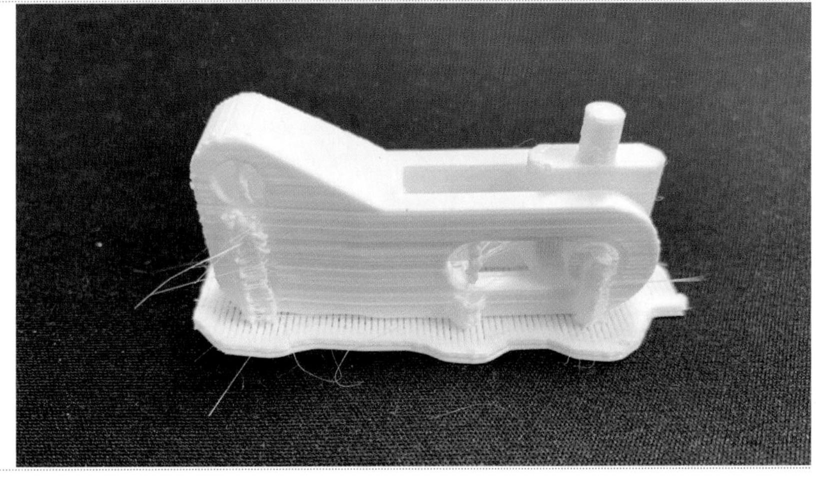

39

후처리

- 출력이 완료되면 보호장갑을 착용하고 서포트 및 거스러미를 제거한 후 감독위원에게 제출한다.

06 3D모델링 실기 공개문제 도면 - 06

자격종목	3D프린터운용기능사	[시험1] 과제명	3D모델링 작업	척 도	NS

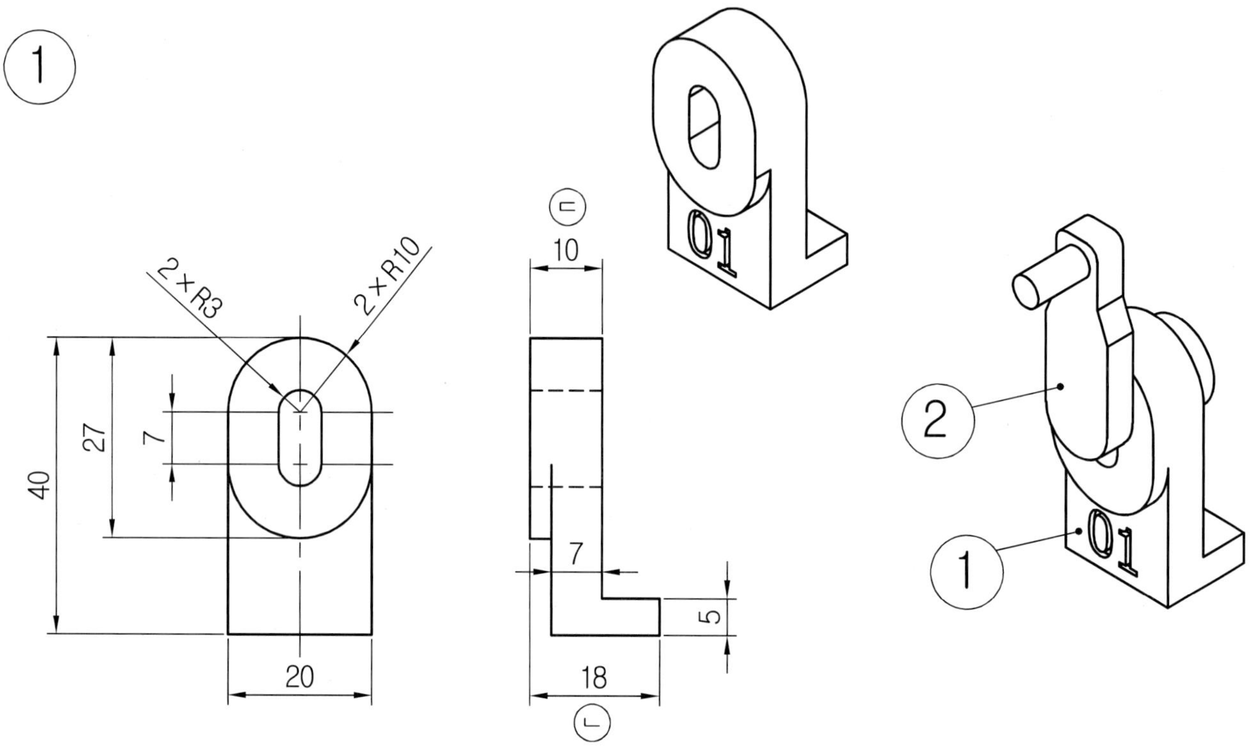

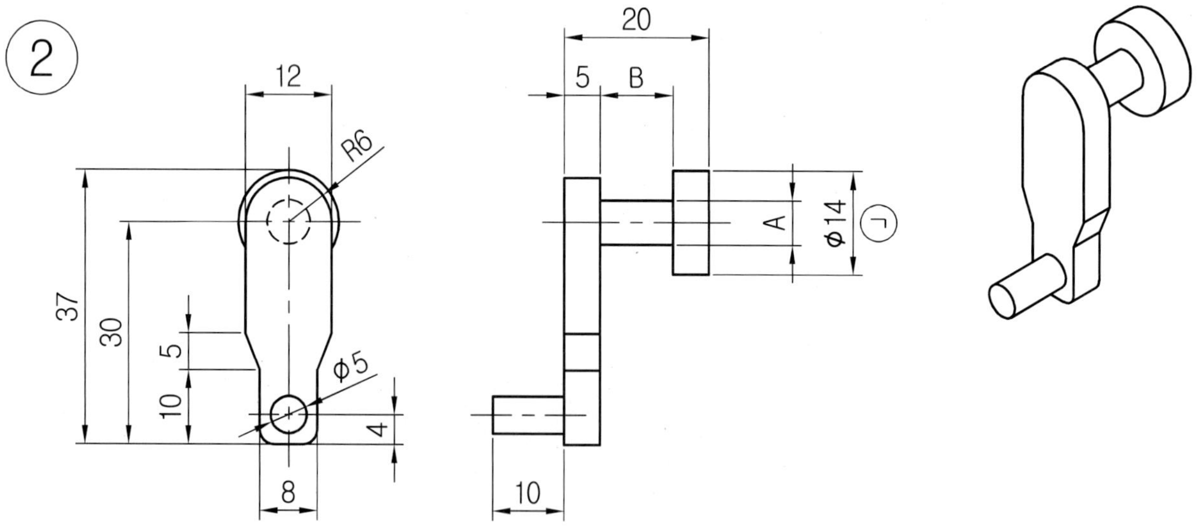

주서

1. 도시되고 지시없는 라운드는 R2

01

부품 ① 모델링

• [새로 만들기] → [Metric] → [Standard(mm).ipt] → [작성]

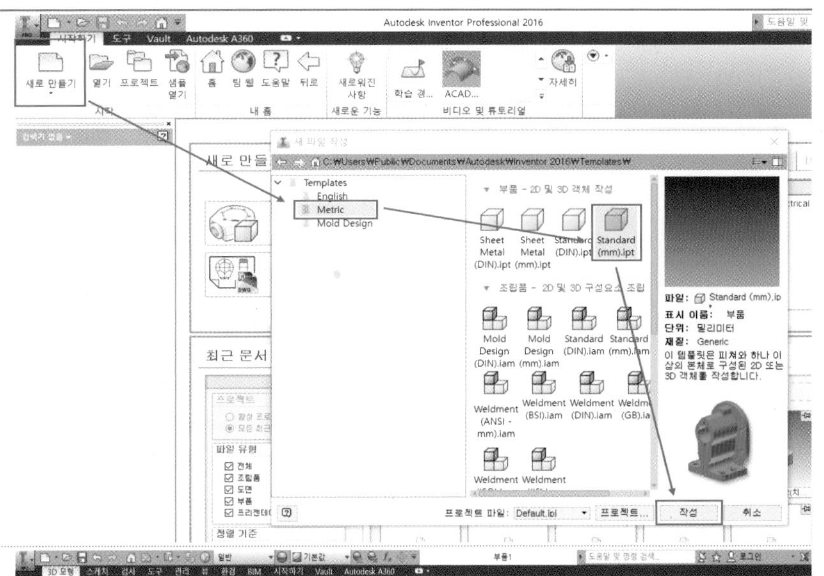

02

[2D 스케치 시작] → [마우스로 XY Plane 선택]

※ 마우스로 XY Plane 선택 시 빨간색으로 변함

※ 다른 방법(시트트리에서) [원점] → [XY평면 마우스오른쪽 클릭] → [새 스케치]

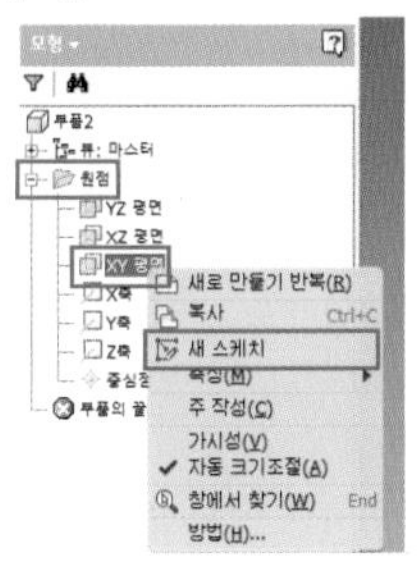

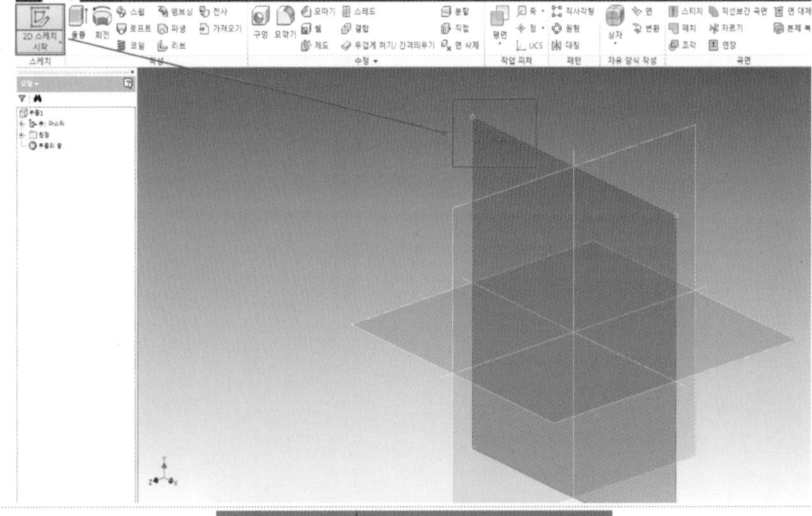

03

부품 ① 우측면도를 스케치 한다.

• 선

• 치수 구속조건

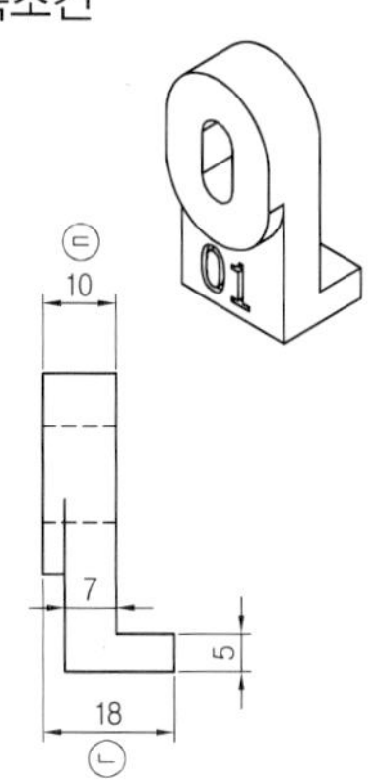

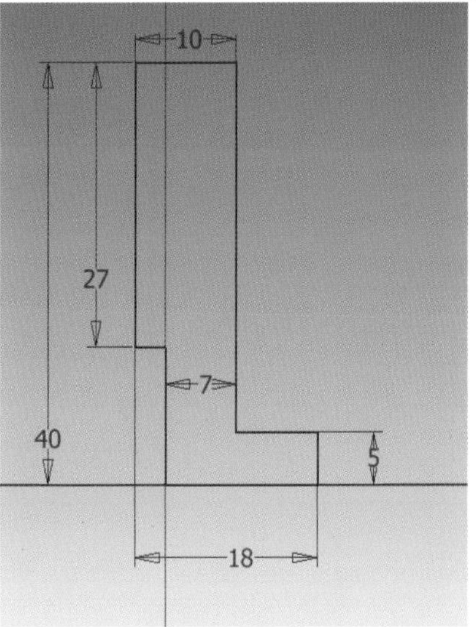

04

스케치마무리

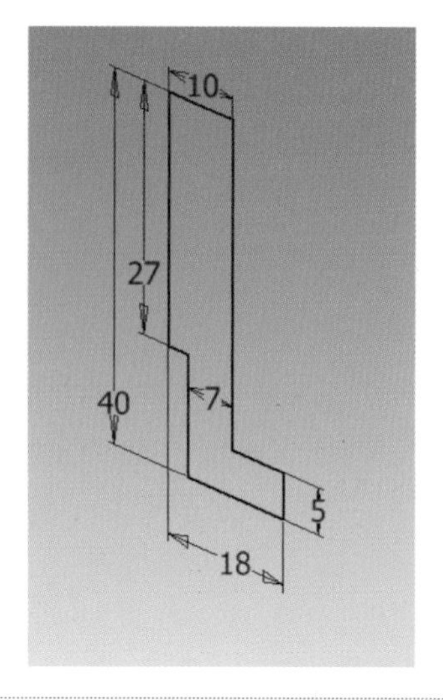

05

부품 ① 3D 모형 만들기

• [돌출] → [스케치 클릭] → [거리20] → [대칭] → [확인]

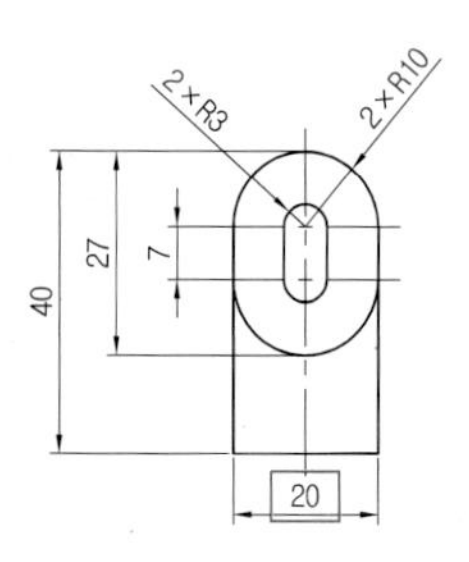

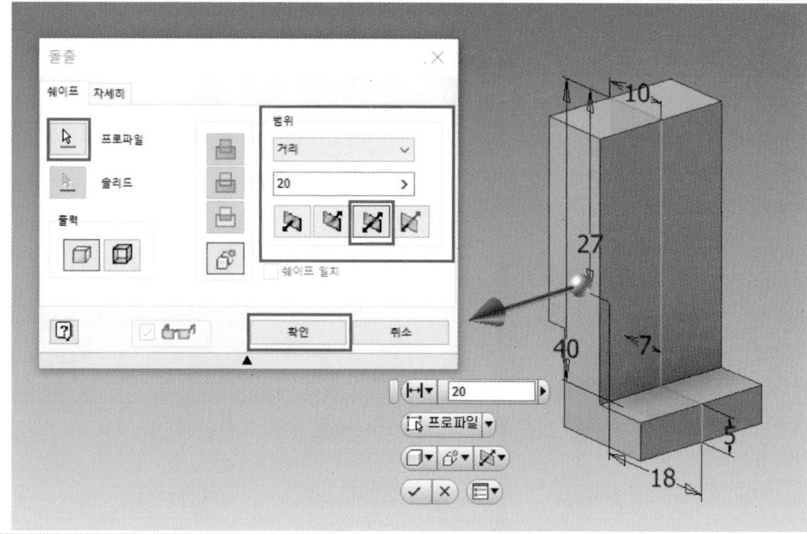

06

부품 ① 3D 모형 만들기

• [모깎기] → [모깎기선택/4개소] → [거리10] → [확인]

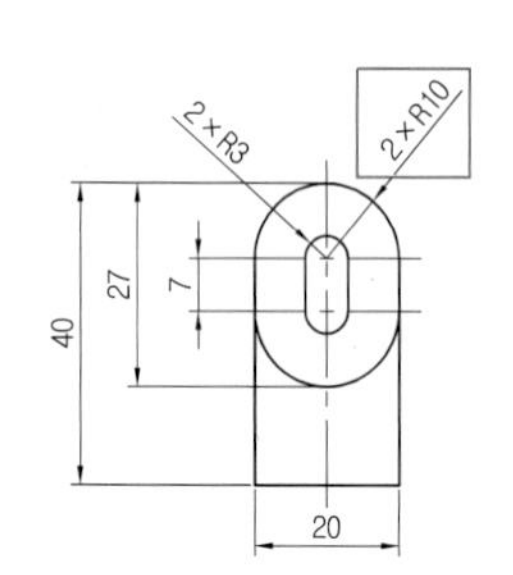

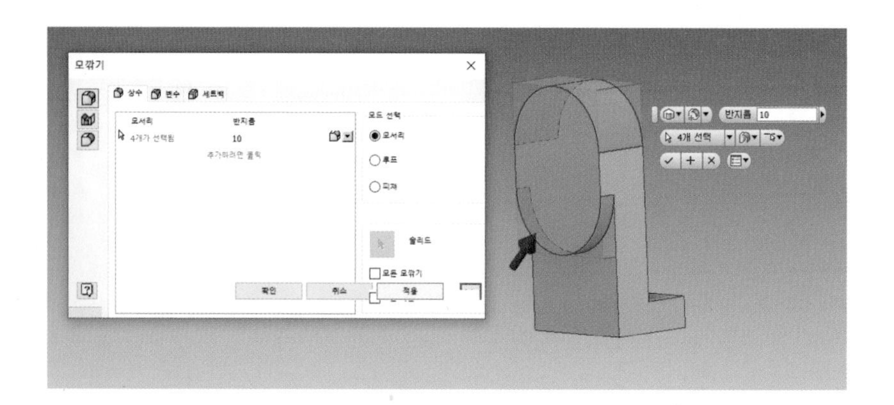

07

부품 ① 3D 모형 만들기

• [2D 스케치 시작] → [스케치평면 선택] → [슬롯중심대중심] → [치수구속조건] → [기하학구속조건 : 동심] → [스케치마무리]

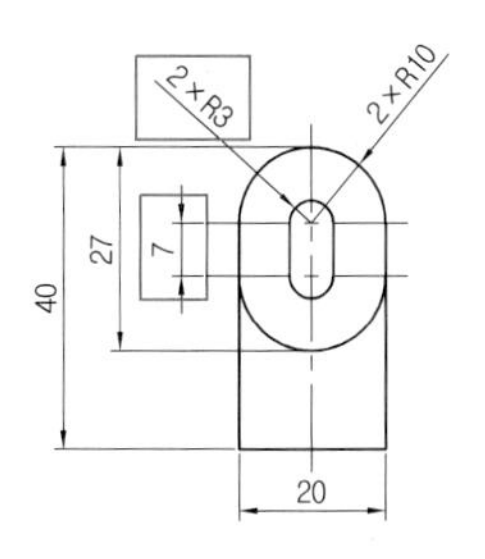

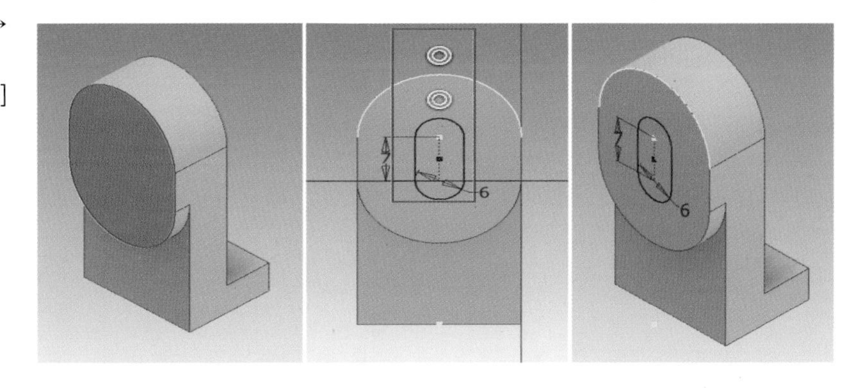

08

부품 ① 3D 모형 만들기

• [돌출] → [스케치 클릭] → [차집합] → [전체] → [방향2] → [확인]

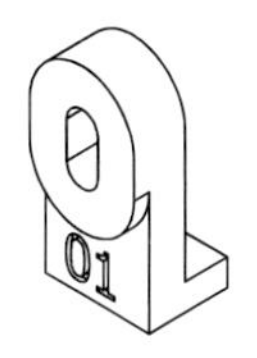

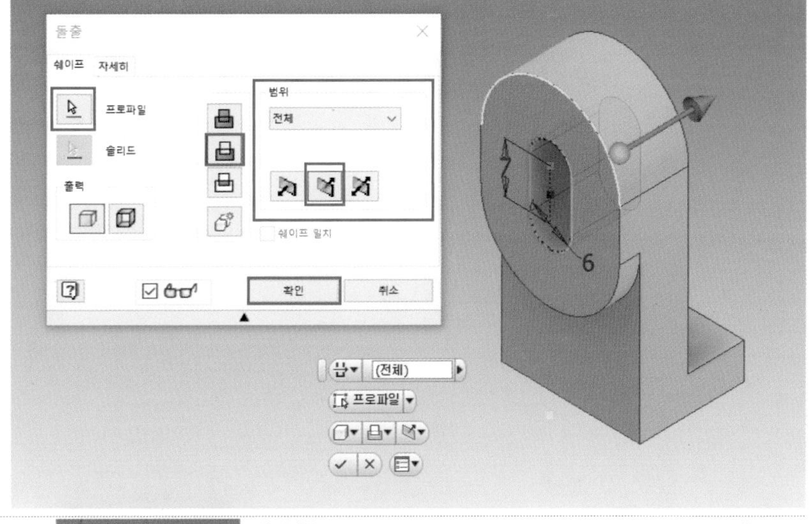

09

부품 ① 각인

• [2D 스케치 시작] → [각인평면 선택] → [텍스트] → [바탕체] → [6mm] → [확인] → [스케치마무리]

• [돌출] → [각인번호 선택] → [차집합] → [거리] → [3mm] → [방향2] → [확인]

※ 각인 방향이 도면과 상이할 시 [회전] → [각인 선택] → [중심점 : 각인번호중심 클릭] → [각도 입력] → [적용]

※ 글자체, 글자 크기, 글자 깊이 등은 별도의 정보가 없으므로 도면과 유사한 모양 및 크기로 작업하시오.

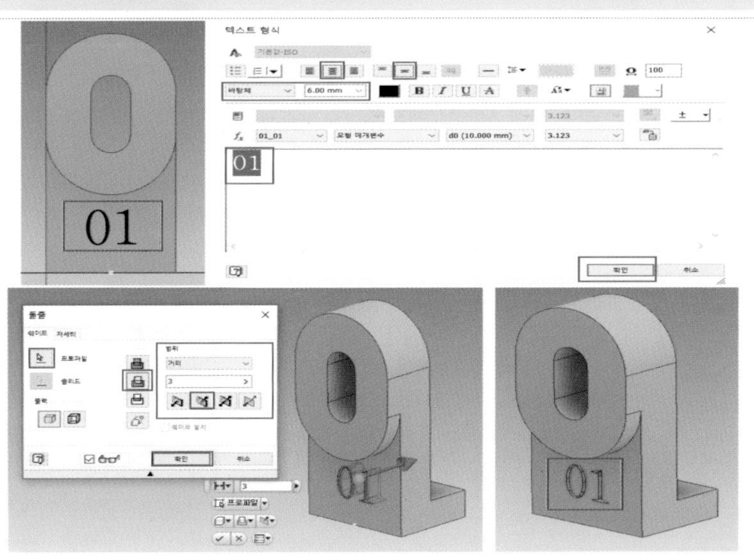

10

부품 ① 저장하기

- [파일] → [다른 이름으로 저장] → [비번호 폴더] → [파일이름] → [01_01] → [저장]

※ 본 교재의 부품 ①번 3D모델링 파일이름은 "01_01"로 작성되었다. 부품 ①, ②번 3D모델링 파일이름은 수험자가 임의로 정할 수 있다.
예 부품1번, 01번 등

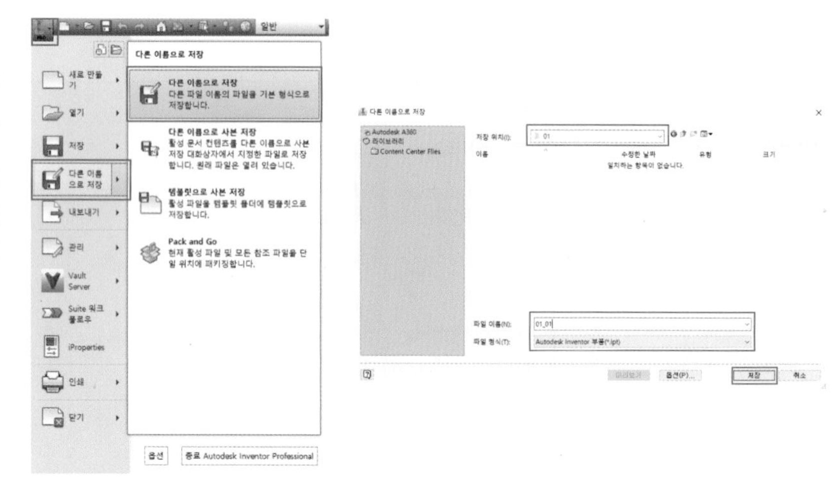

11

부품 ② 모델링

- [새로 만들기] → [Metric] → [Standard(mm).ipt] → [작성]

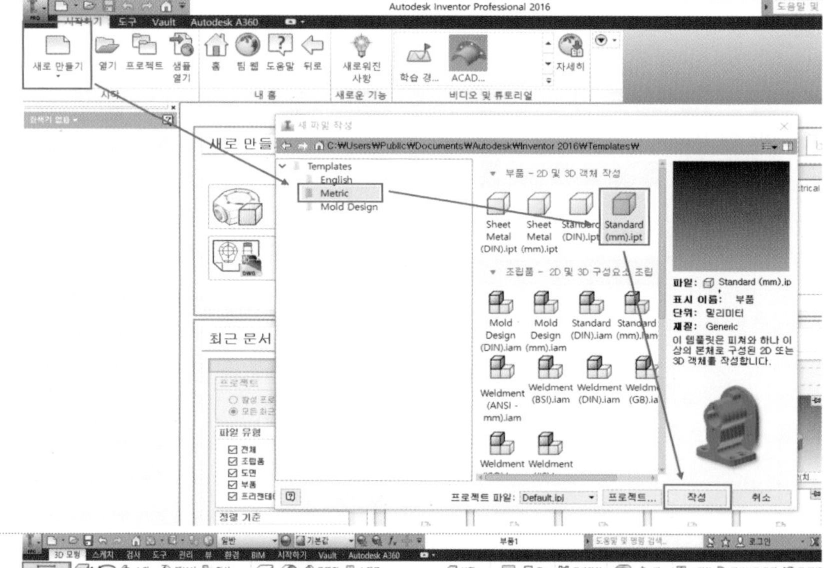

12

[2D 스케치 시작] → [마우스로 XY Plane 선택]

※ 마우스로 XY Plane 선택 시 빨간색으로 변함

※ 다른 방법(시트트리에서)
[원점] → [XY평면 마우스오른쪽 클릭] → [새 스케치]

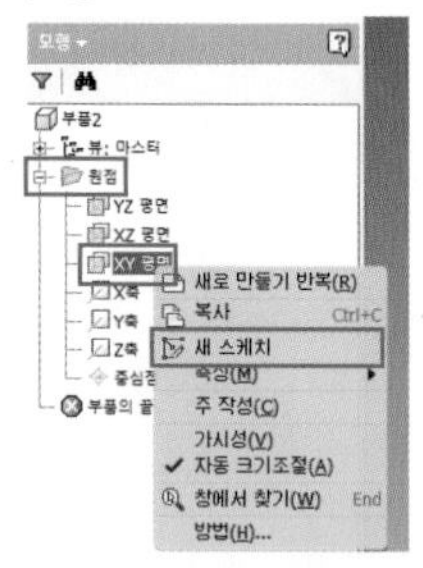

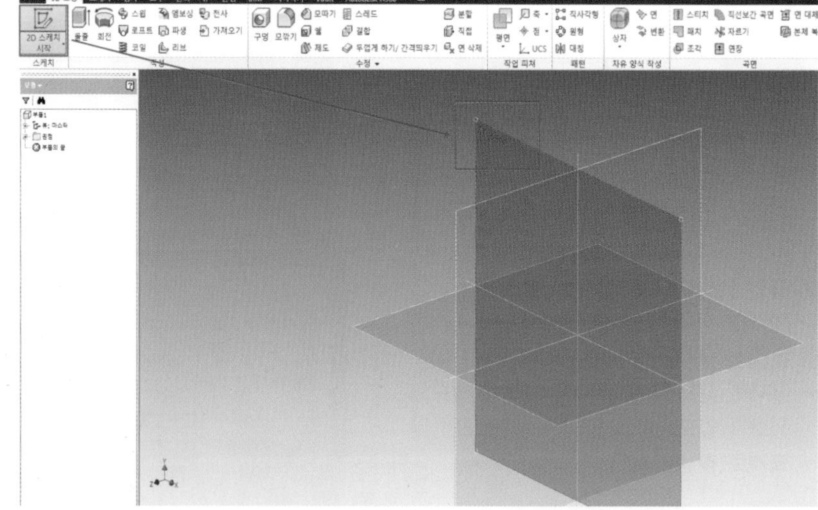

13

부품 ② 정면도 일부를 스케치 한다.

- ∅12 원을 그린다.
- 선을 그린다.
- 기하학 구속조건
- 치수 구속조건
- 자르기(※ 선 자르기 시 치수 먼저 삭제)

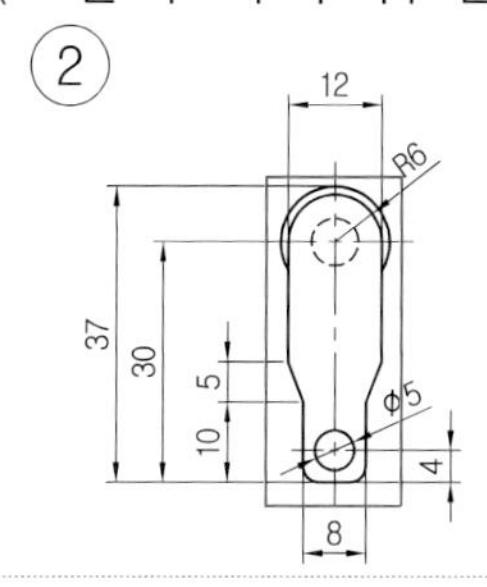

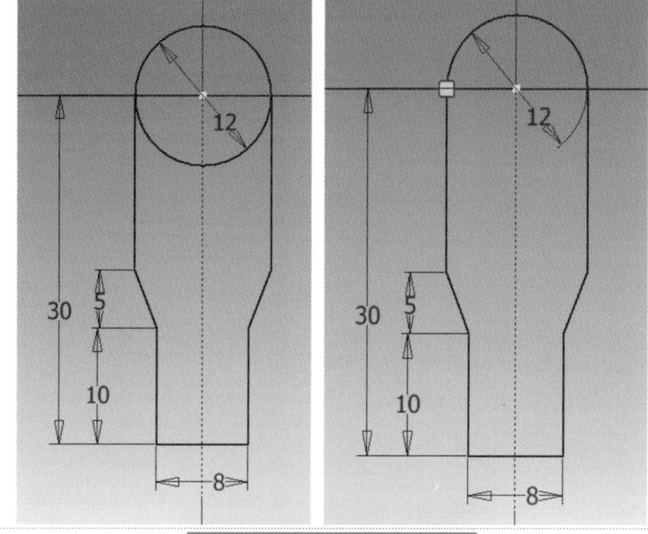

14

스케치마무리

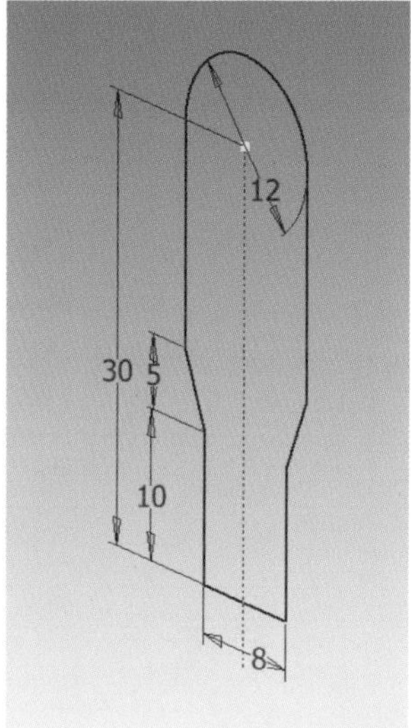

15

부품 ② 3D 모형 만들기

- [돌출] → [스케치 클릭] → [거리5] → [대칭] → [확인]

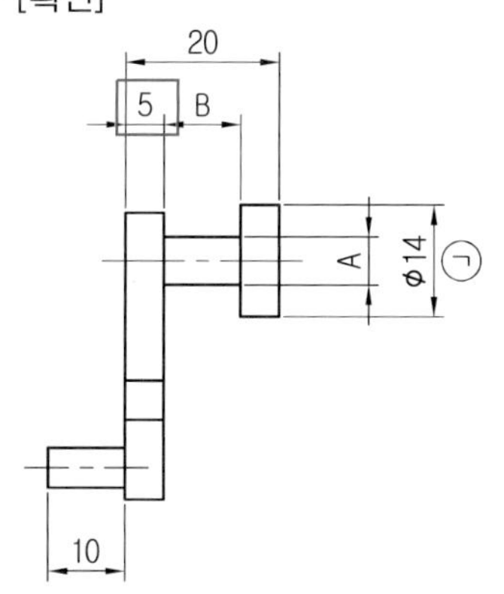

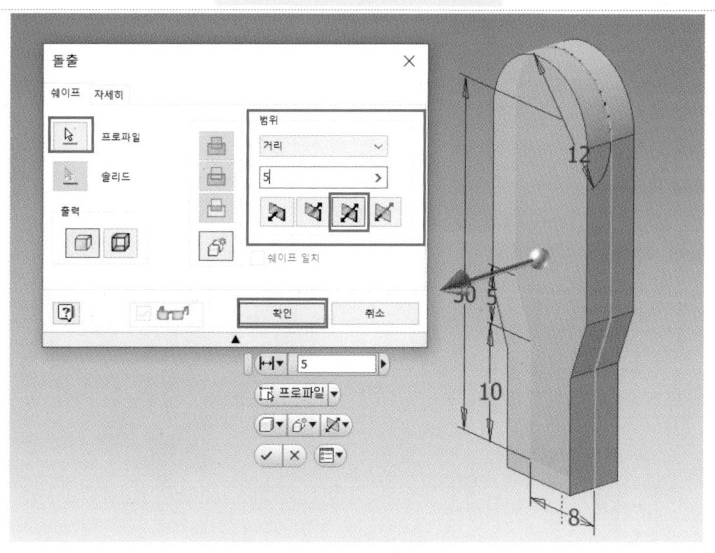

16

부품 ② 3D 모형 만들기

- [2D 스케치 시작] → [스케치평면 선택] → [원∅5] → [기하학구속조건 : 수직] → [치수구속조건] → [스케치마무리]

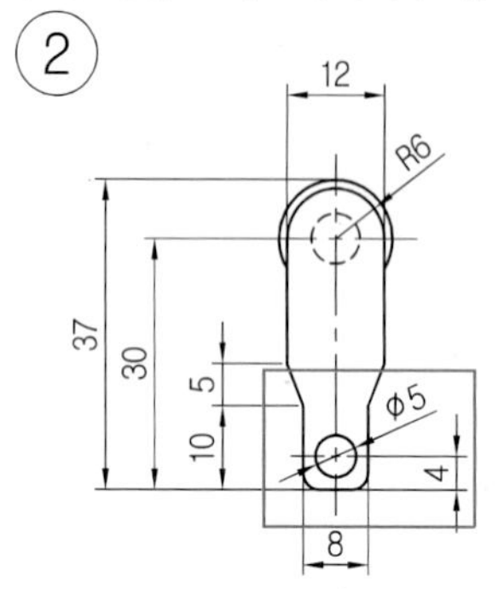

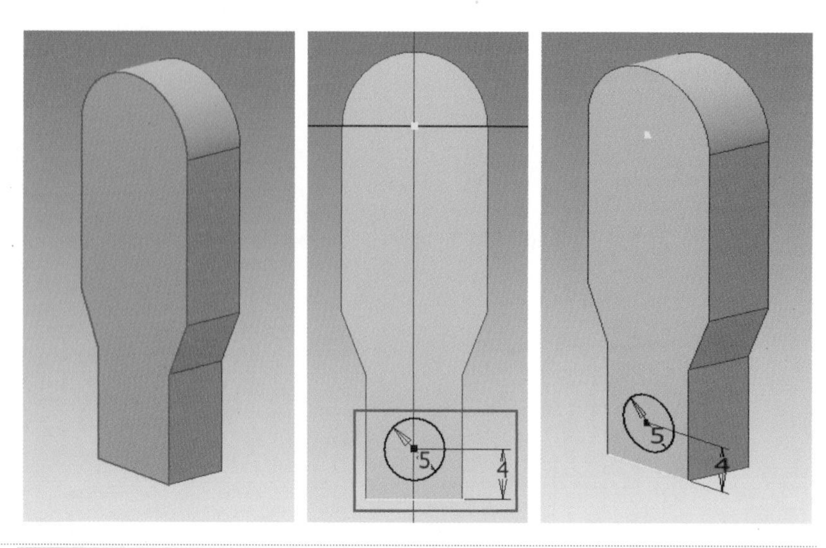

17

부품 ② 3D 모형 만들기

- [돌출] → [스케치 클릭] → [접합] → [거리10] → [방향1] → [확인]

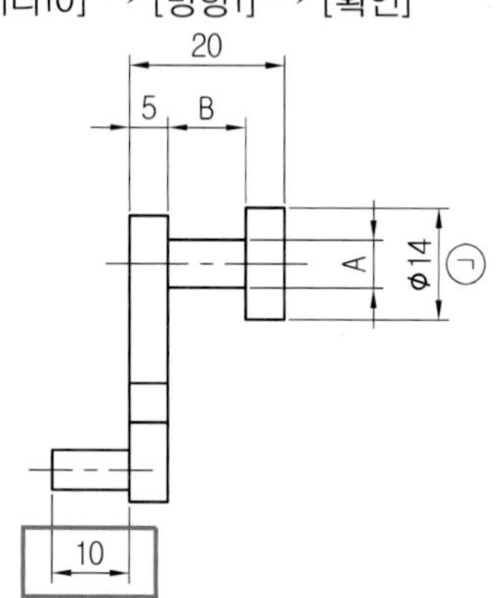

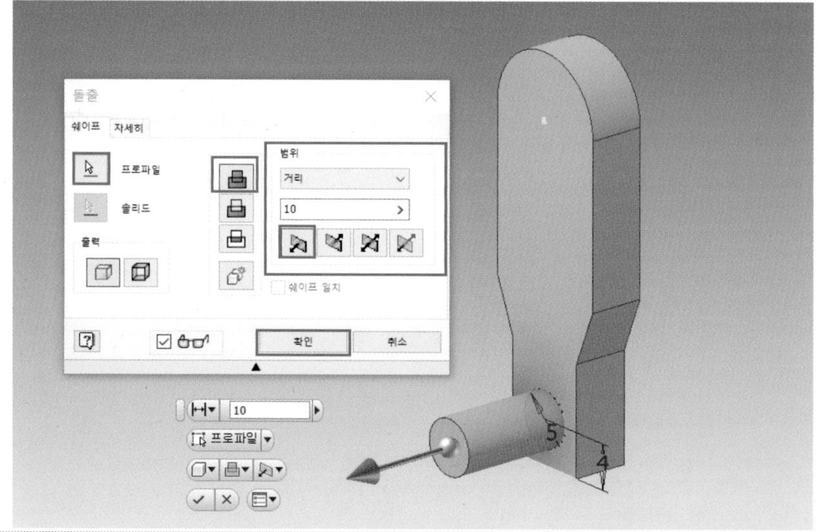

18

부품 ② 3D 모형 만들기

- [2D 스케치 시작] → [스케치평면 선택] → [원∅5] → [치수구속조건] → [스케치마무리]

※ 'A'는 상대치수(6mm/2×R3)와 축공차를 적용해 **5mm**로 결정한다.

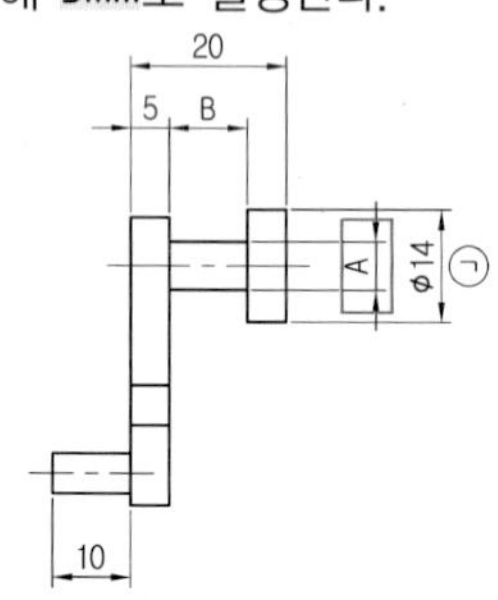

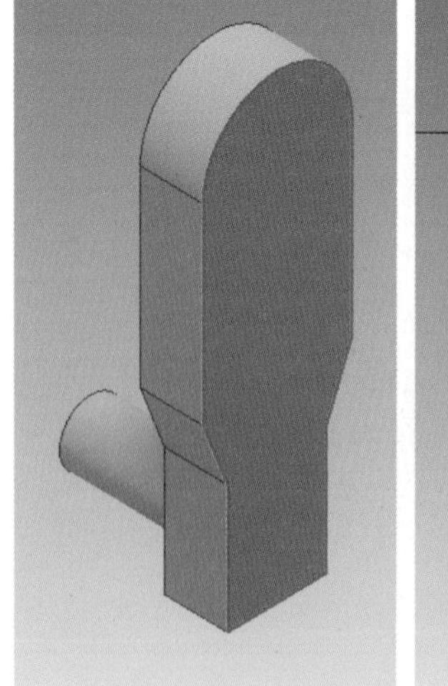

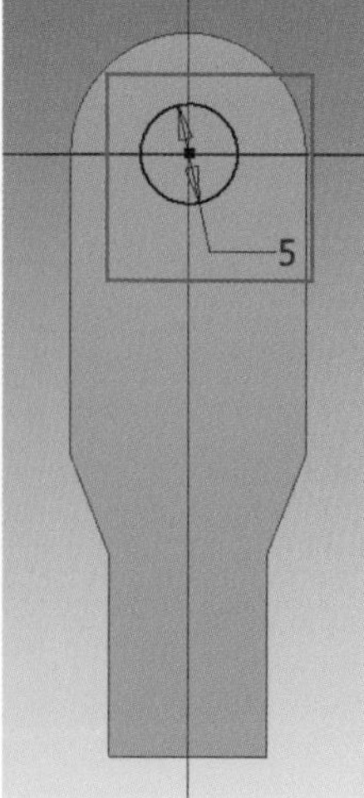

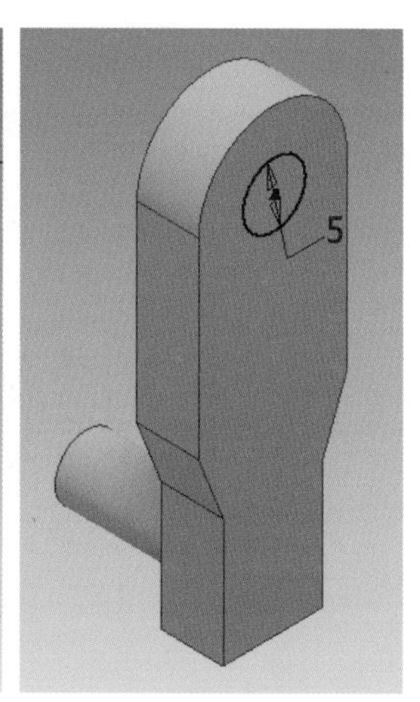

19

부품 ② 3D 모형 만들기

• [돌출] → [스케치 클릭] → [접합] → [거리11] → [방향1] → [확인]

※ 'B'는 상대치수(10mm)와 구멍공차를 적용해 11mm로 결정한다.

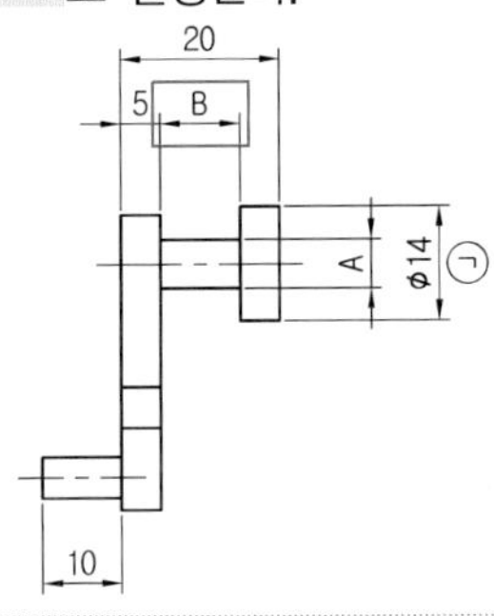

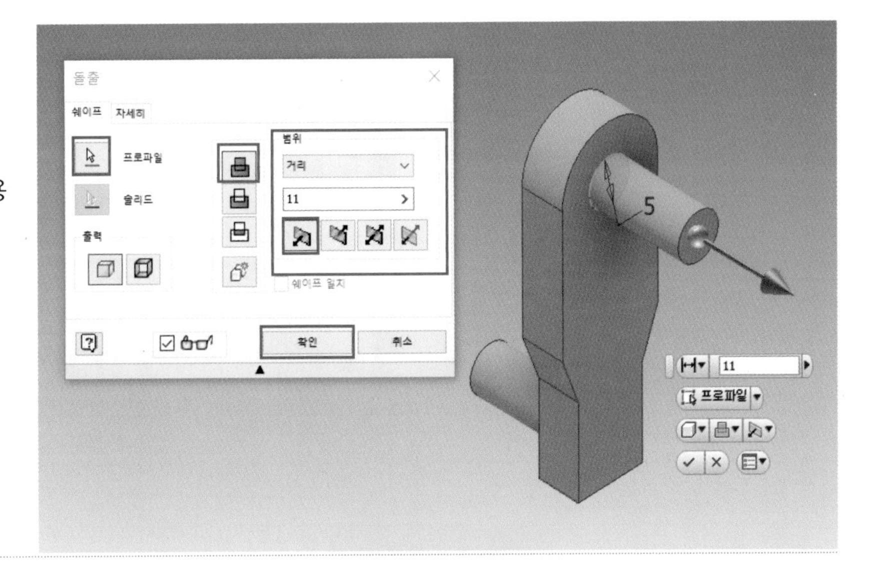

20

부품 ② 3D 모형 만들기

• [2D 스케치 시작] → [스케치평면 선택] → [원∅14] → [치수구속조건] → [스케치마무리]

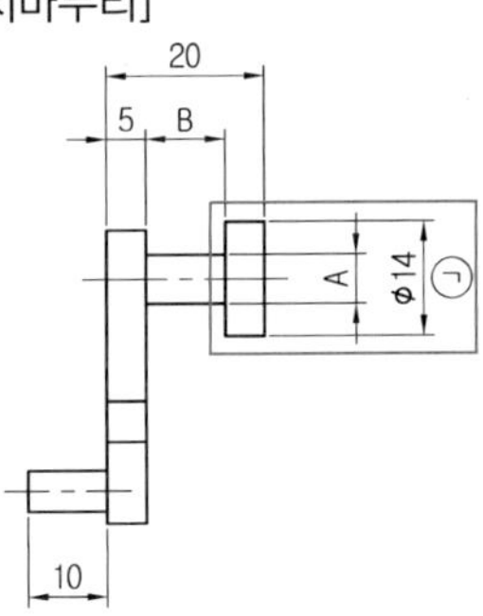

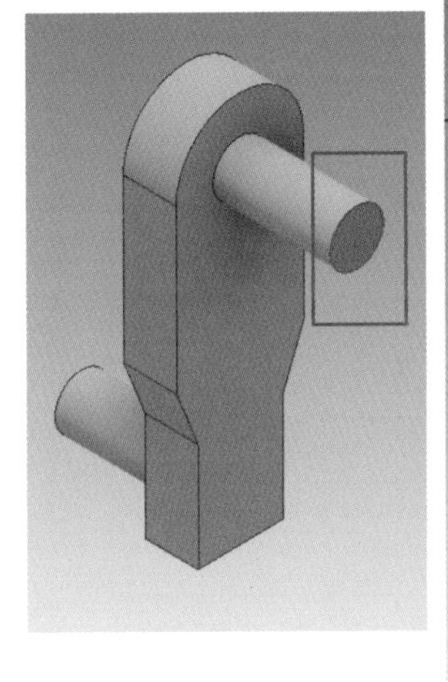

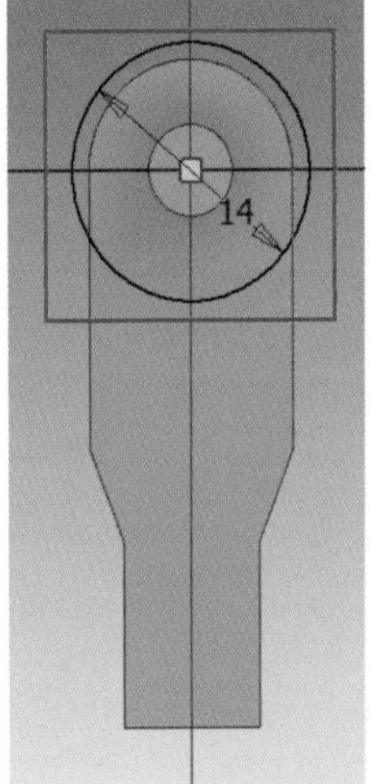

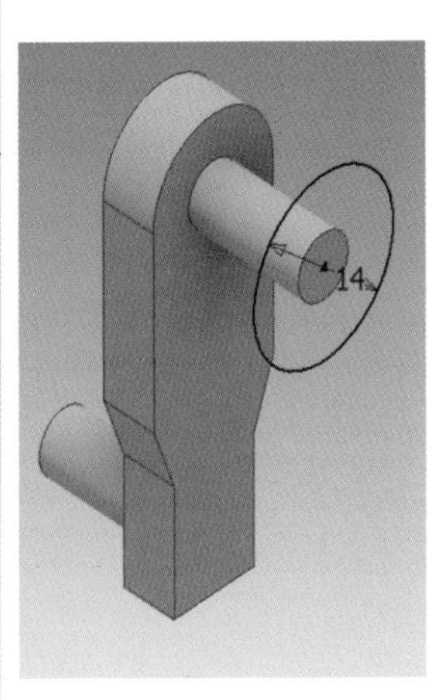

21

부품 ② 3D 모형 만들기

• [돌출] → [스케치 클릭] → [접합] → [거리4] → [방향1] → [확인]

※ 거리4 = 20 − (5 + B)　B = 11

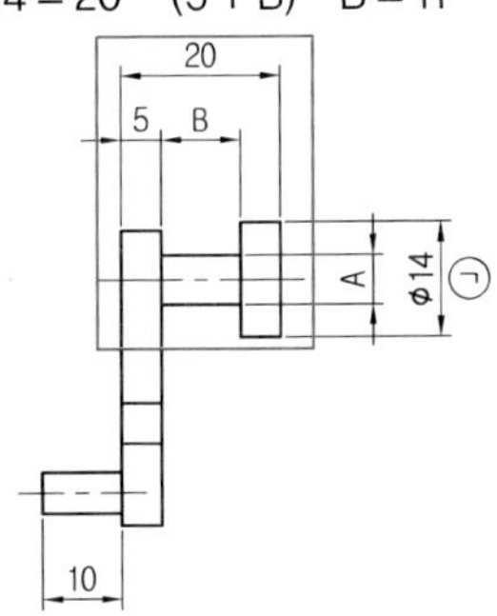

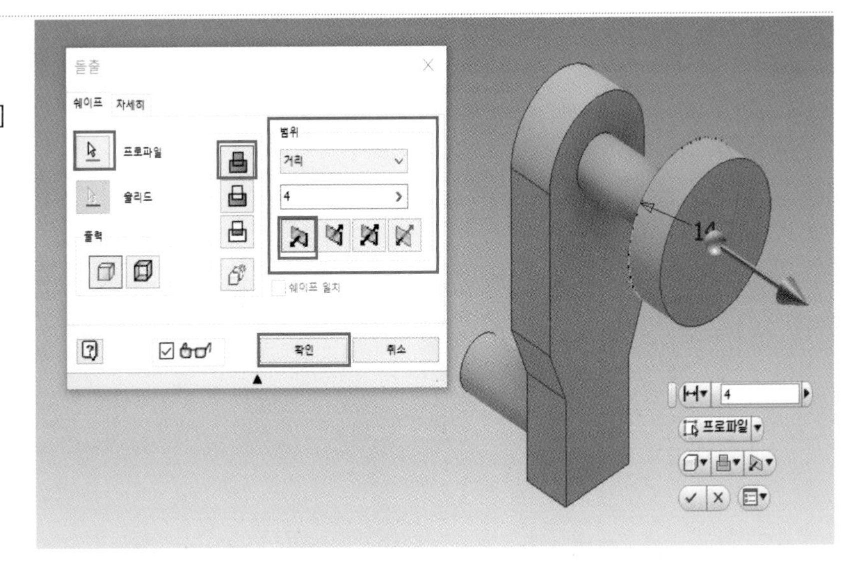

22

부품 ② 3D 모형 만들기

• [모깎기] → [모깎기선택/2개소] → [거리2] → [확인]

※ 주서
도시되고 지시없는 라운드는 R2

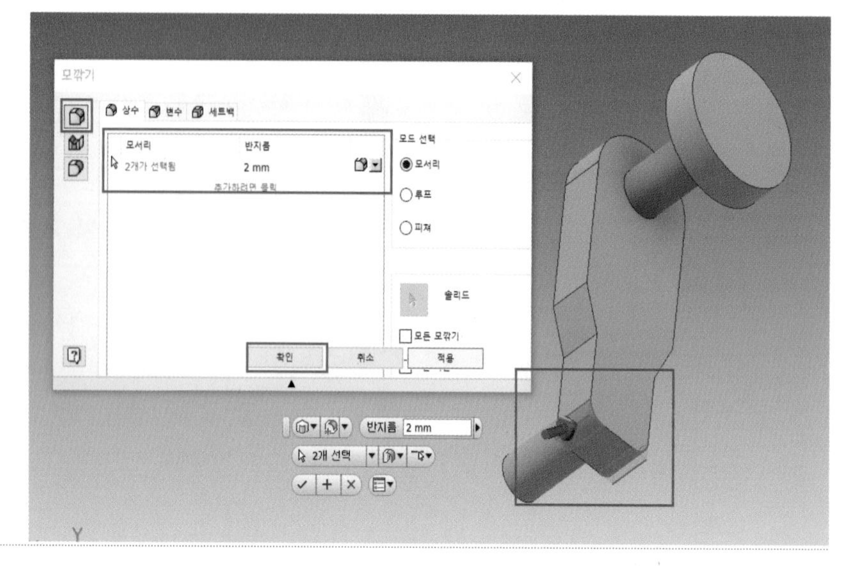

23

부품 ② 저장하기

• [파일] → [다른 이름으로 저장] → [비번호 폴더] → [파일이름] → [01_02] → [저장]

※ 본 교재의 부품 ②번 3D모델링 파일이름은 "01_02"로 작성되었다. 부품 ①, ②번 3D모델링 파일이름은 수험자가 임의로 정할 수 있다.
예 부품2번, 02번 등

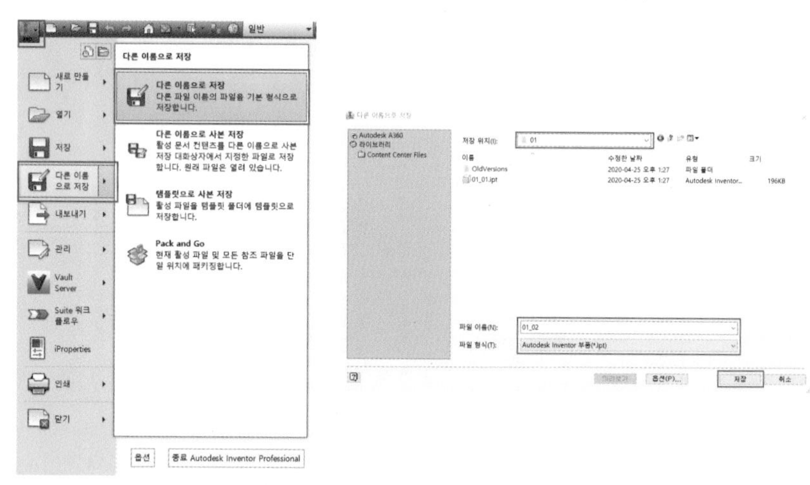

24

어셈블리

• [새로 만들기] → [Metric] → [Standard(mm).iam] → [작성]

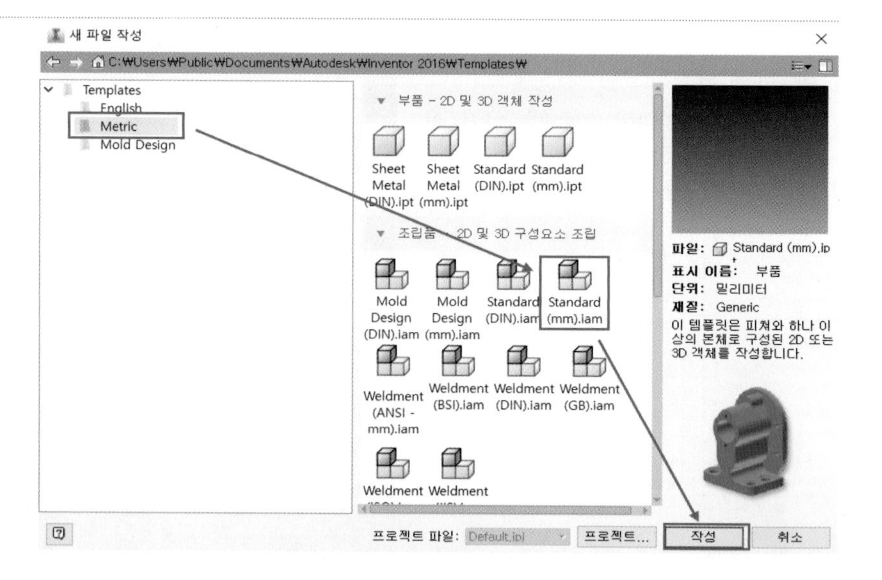

25

"배치" 아이콘을 통해 부품 ①, ②를 배치한다.

- [배치] → [01_01, 01_02 선택] → [열기] → [화면 클릭] → [ESC]

26

시트트리에서 부품①번을 우클릭하여 고정한다.

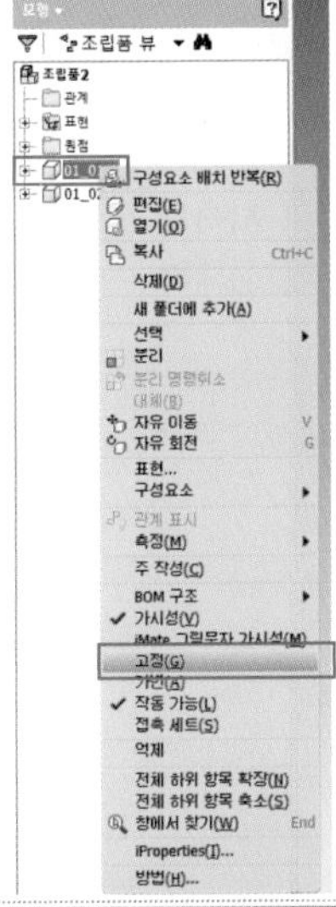

27

조립구속조건

- 부품②를 클릭하여 움직이고 우클릭하여 자유회전을 통하여 도면의 조립도와 비슷하게 한다.

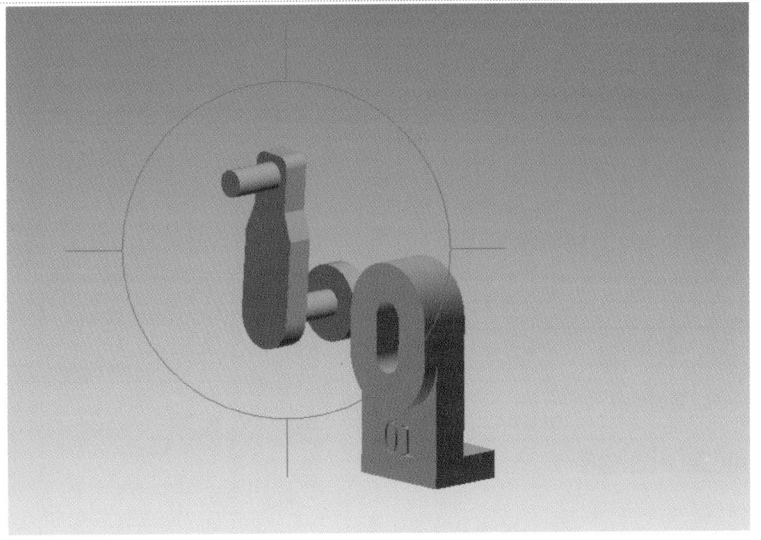

28

조립구속조건

- [구속조건] → [삽입] → [솔루션 : 반대] → [부품①선택요소] → [자유회전] → [부품②선택요소] → [간격띄우기 : 0.5] → [확인]

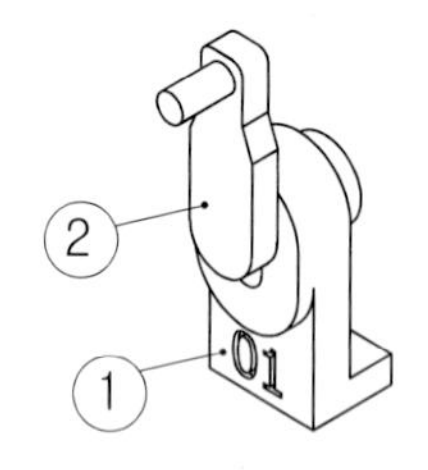

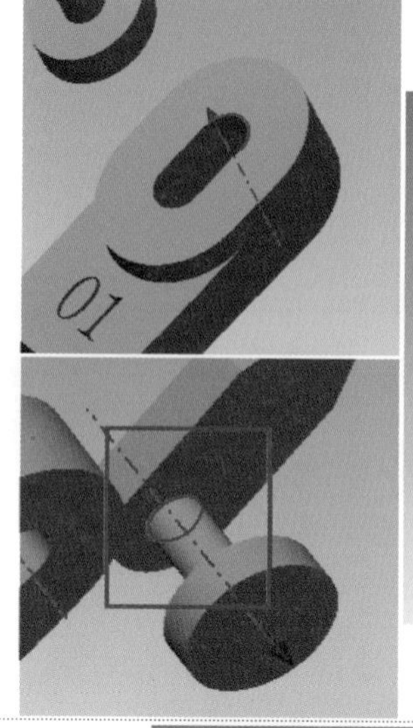

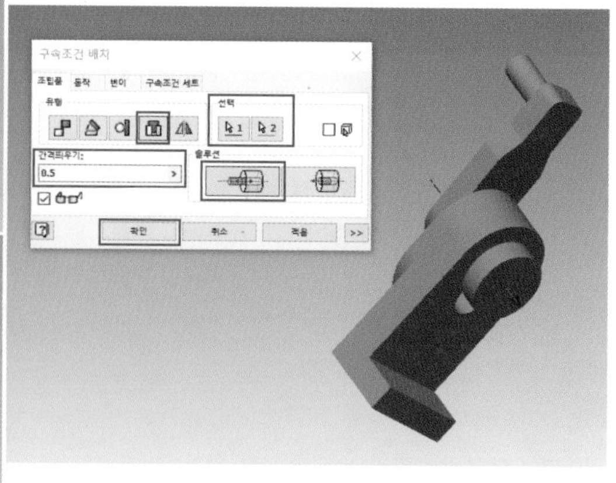

29

출력방향을 고려하여 구속조건 추가

※ 조립된 상태로 출력하니 되도록 서포트가 적게 나오고 도면의 ㉠, ㉡, ㉢ 치수가 정밀하게 나오는 출력방향을 결정해야 한다.

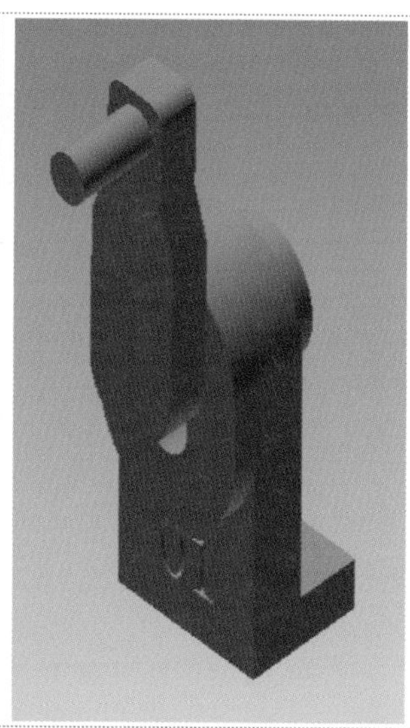

30

어셈블리 저장하기(2가지 확장자)

- [파일] → [다른 이름으로 저장] → [비번호 폴더] → [파일이름] → [01] → [저장]

- [파일] → [내보내기] → [CAD형식] → [비번호폴더] → [01] → [파일형식 : STEP 선택] → [저장]

구 분	작업명	파일명	비 고
1	어셈블리	01.***	
2		01.STP	채점용

※ 비번호 01인 경우

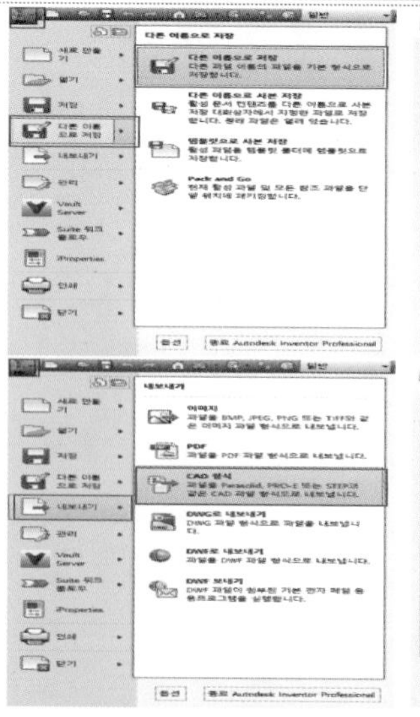

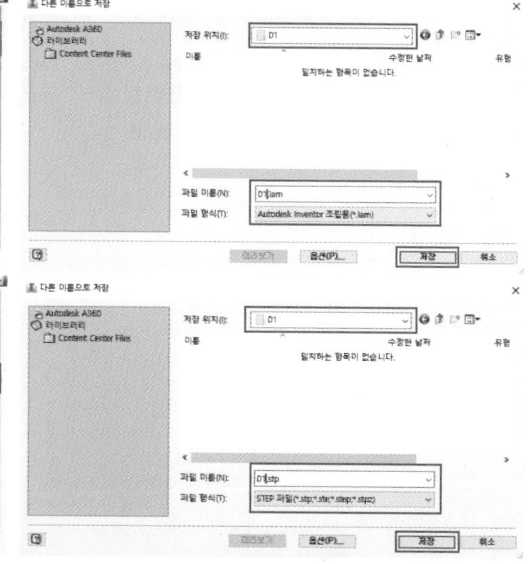

31

어셈블리 저장하기(STL확장자)

• [파일] → [내보내기] → [CAD형식] → [비번호폴더] → [01] → [파일형식 : STL 선택] → [옵션] → [단위 : mm] → [저장]

※ 옵션에서 단위 mm 선택

구 분	작업명	파일명	비 고
3	어셈블리	01.STL	

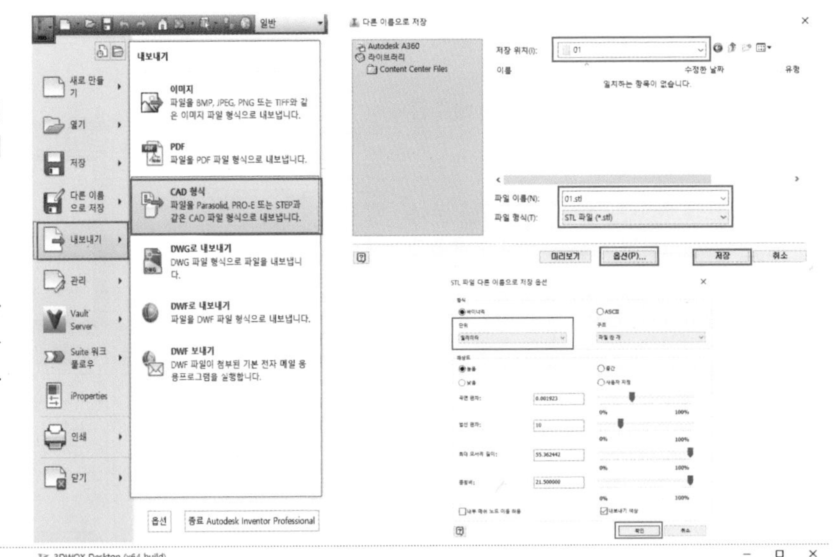

32

슬라이싱(3DWOX)

슬라이싱 프로그램을 실행한다.

• [파일] → [모델 불러오기] → [비번호폴더] → [01.stl] → [열기]

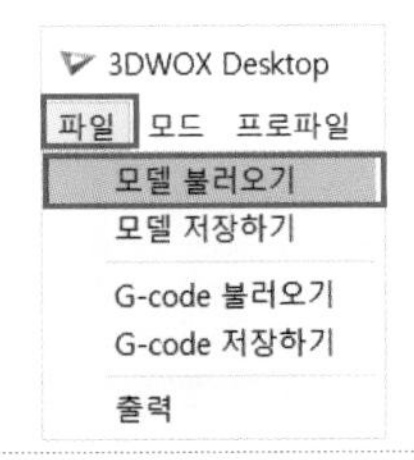

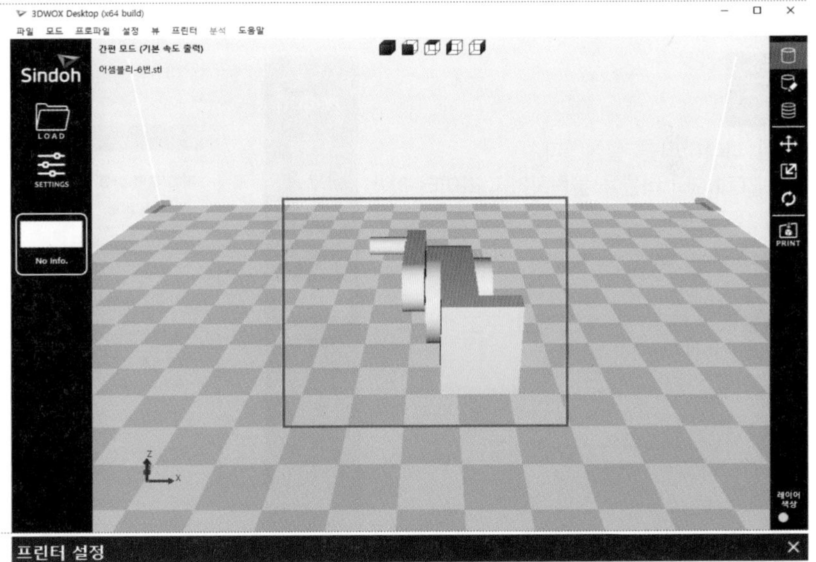

33

프린터 설정

• [설정] → [프린터 설정] → [프린터 모델] → [확인]

※ 시험장 프린터 모델을 선택한다.

예 DP200

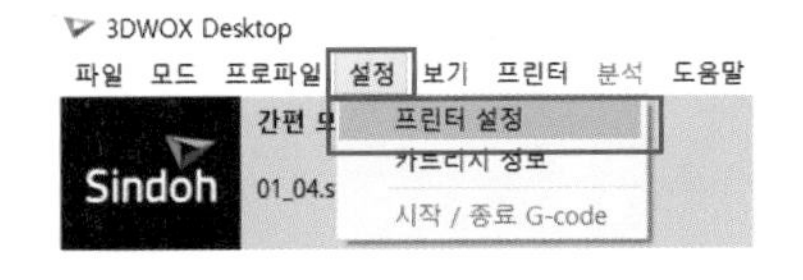

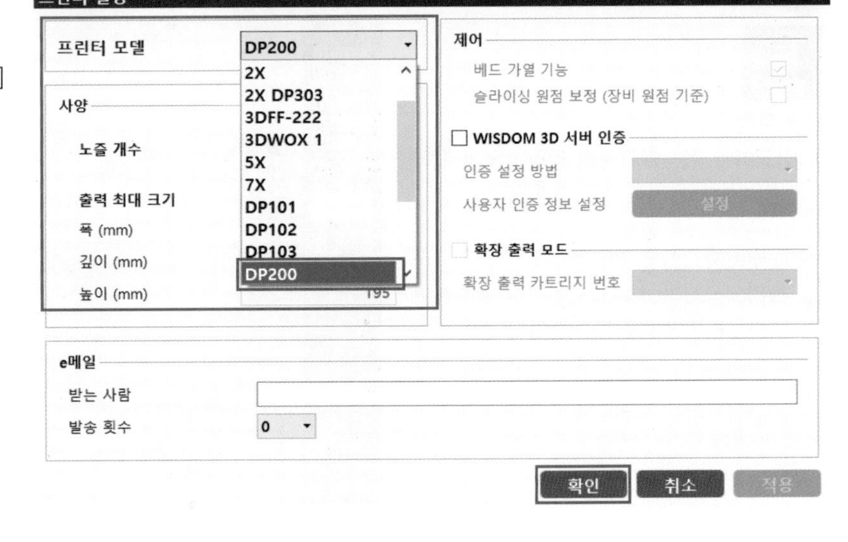

34

출력방향을 결정한다.

- [분석] → [최적출력방향] → [분석] → [추천 1~6 선택]

※ 신도리코 3DWOX는 최적출력방향을 분석해 준다. 참고하여 서포트가 적게 나오고 도면의 ㉠, ㉡, ㉢ 치수가 정밀하게 나오는 출력방향을 결정한다.

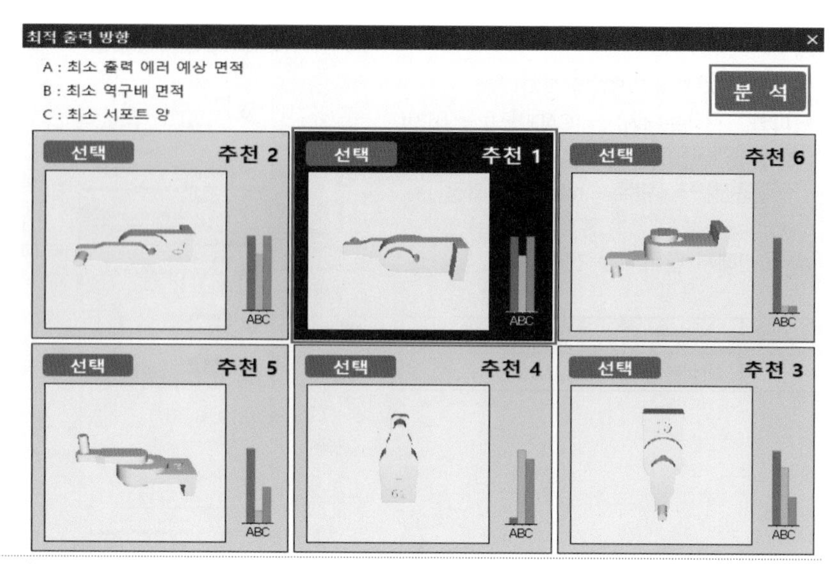

35

기본 파라미터를 설정한다.

- [SETTINGS] 버튼을 클릭하여 파라미터 값을 조정한다.
- 기본 속도 출력
- 재질 : PLA
- 서포트 : 모든 곳, 지그재그 구조

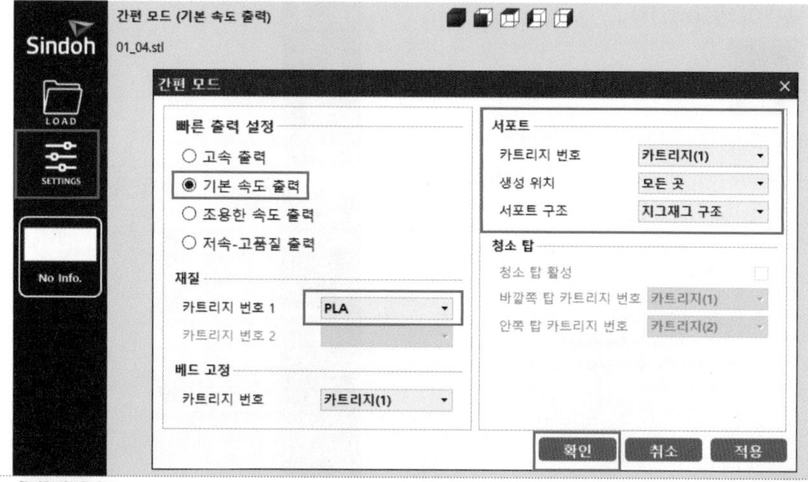

36

슬라이싱

- 베드상에 있는 출력물이 파라미터의 값이 반영되면서 슬라이싱을 수행한다.

※ 출력예상시간을 확인한다.

※ 출력예상시간이 1시간 20분이 넘어가면 고급모드로 변경하여 [SETTINGS]에서 레이어 높이, 채우기 밀도, 서포트 밀도 등 설정값을 변경한다.

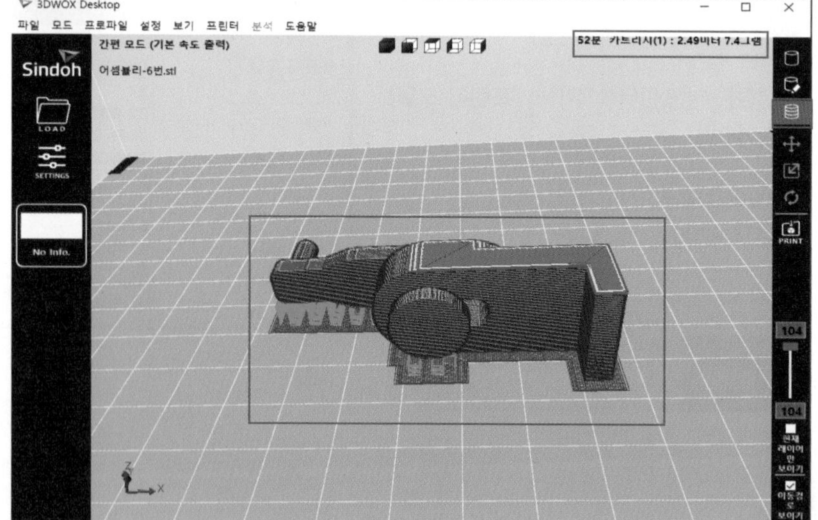

37

G-code 저장하기

- [파일] → [G-code 저장하기] → [예] → [비번호폴더] → [01.gcode] → [저장]

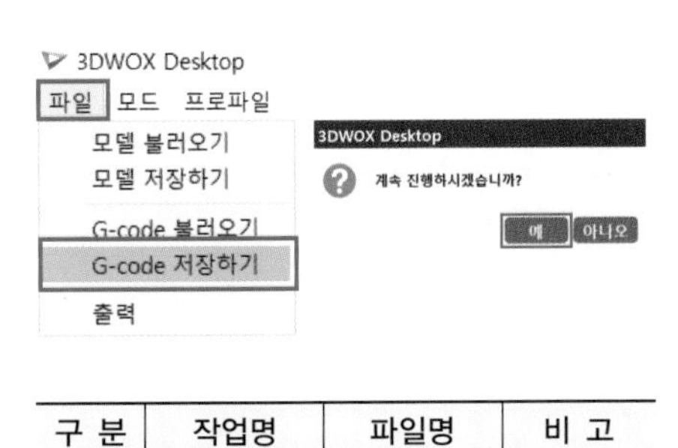

구 분	작업명	파일명	비 고
4	슬라이싱	01.***	gcode

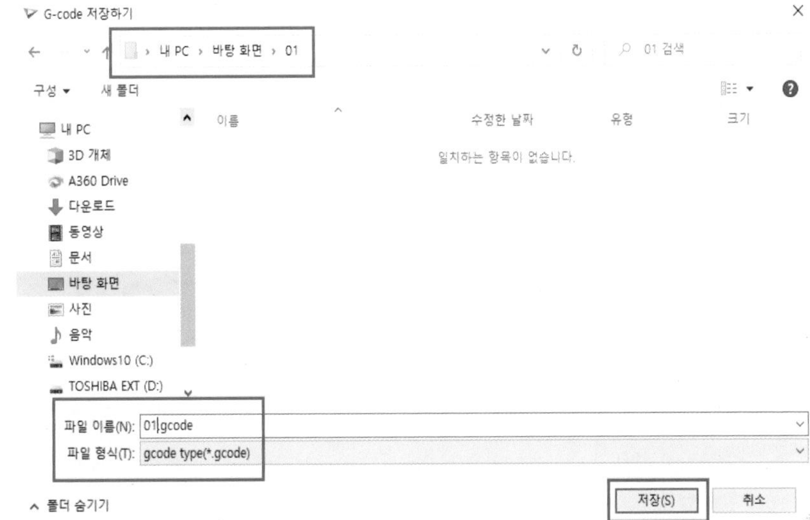

38

지급된 저장매체(USB 또는 SD-card)에 저장한다.

- 감독위원에게 저장매체(USB 또는 SD-card) 제출

39

3D프린터 세팅

- 노즐, 베드 등에 이물질을 제거하여 출력 시 방해요소가 없도록 세팅한다.
- PLA 필라멘트 장착 여부 등 소재의 이상 여부를 점검하고 정상 작동하도록 세팅한다.
- 베드 레벨링 기능 등을 활용하여 베드 위치를 세팅한다.

40

3D프린팅

- 저장매체(USB 또는 SD-card)에 있는 파일(01_04.gcode)을 3D프린터 전면부에 있는 USB 포트에 연결하여 화면에서 직접 G-code를 불러와 출력한다.

41

최종 출력물

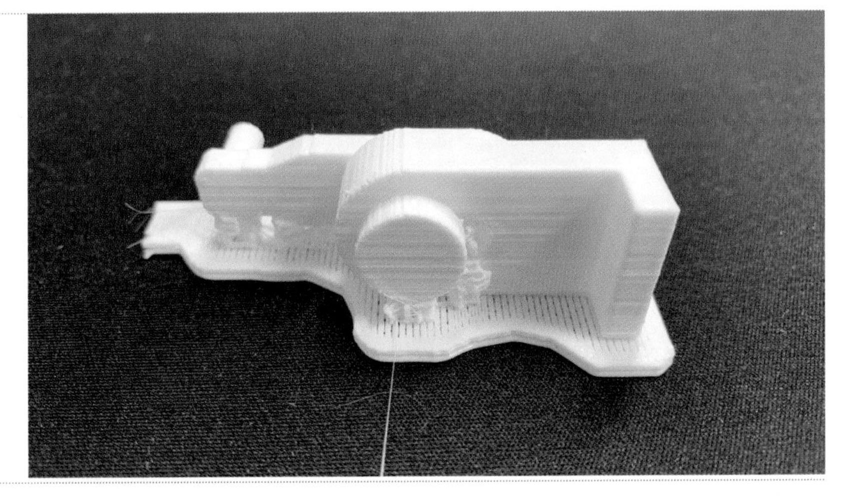

42

후처리

- 출력이 완료되면 보호장갑을 착용하고 서포트 및 거스러미를 제거한 후 감독위원에게 제출한다.

43

노즐 및 베드 정리

- 출력물을 제출 후 본인이 사용한 3D프린터 노즐 및 베드 등의 잔여물을 제거하고 정리정돈 한다(**※ 정리상태도 채점 대상임에 주의하자**).

07 3D모델링 실기 공개문제 도면 - 07

자격종목	3D프린터운용기능사	[시험1] 과제명	3D모델링	척 도	NS

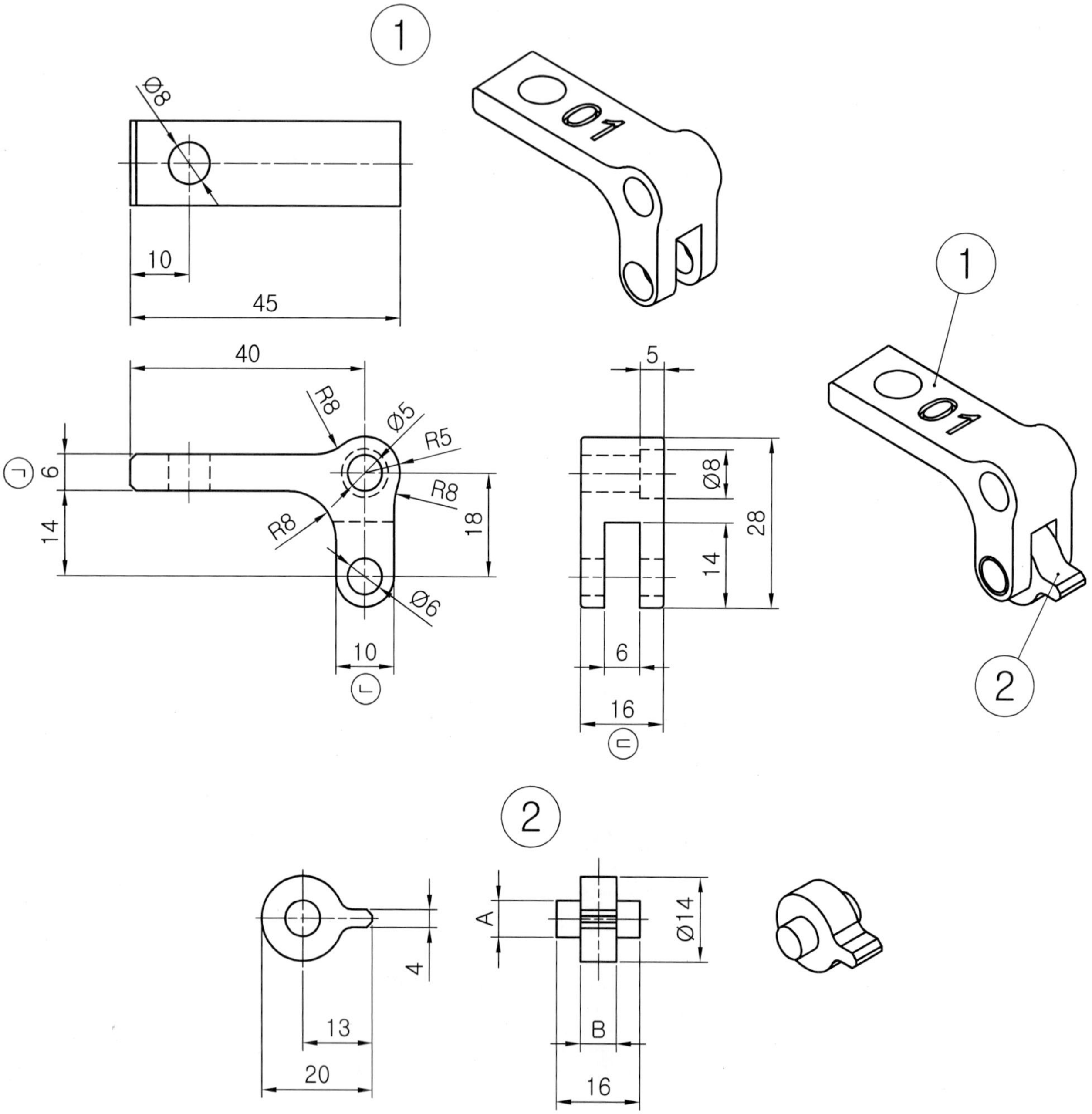

주서

1. 도시되고 지시없는 모따기는 C1, 라운드는 R2

01

부품 ① 모델링

- [새로 만들기] → [Metric] → [Standard(mm).ipt] → [작성]

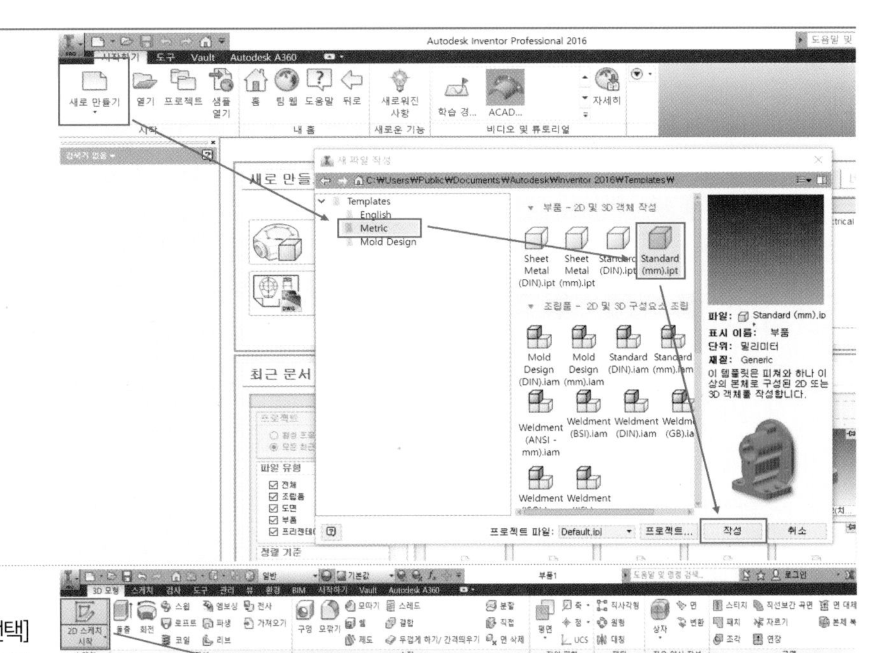

02

[2D 스케치 시작] → [마우스로 XY Plane 선택]

※ 마우스로 XY Plane 선택 시 빨간색으로 변함

※ 다른 방법(시트트리에서) [원점] → [XY평면 마우스오른쪽 클릭] → [새 스케치]

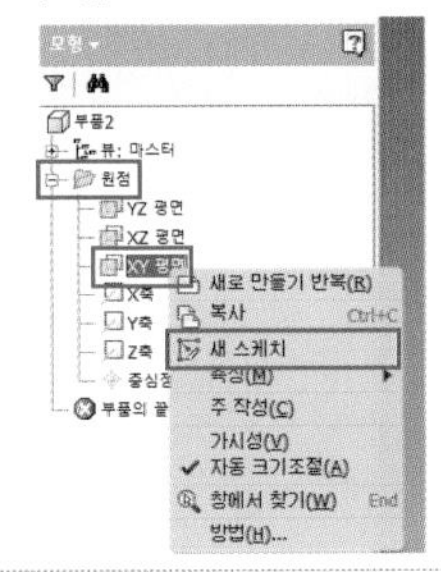

03

부품 ① 정면도를 스케치 한다.

- ∅10 원 2개를 그린다.
- 선을 스케치
- 기하학 구속조건(접선)
- 치수 구속조건
- 선 자르기

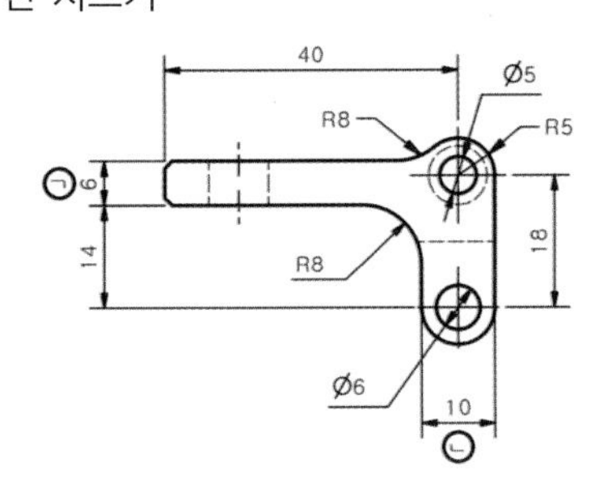

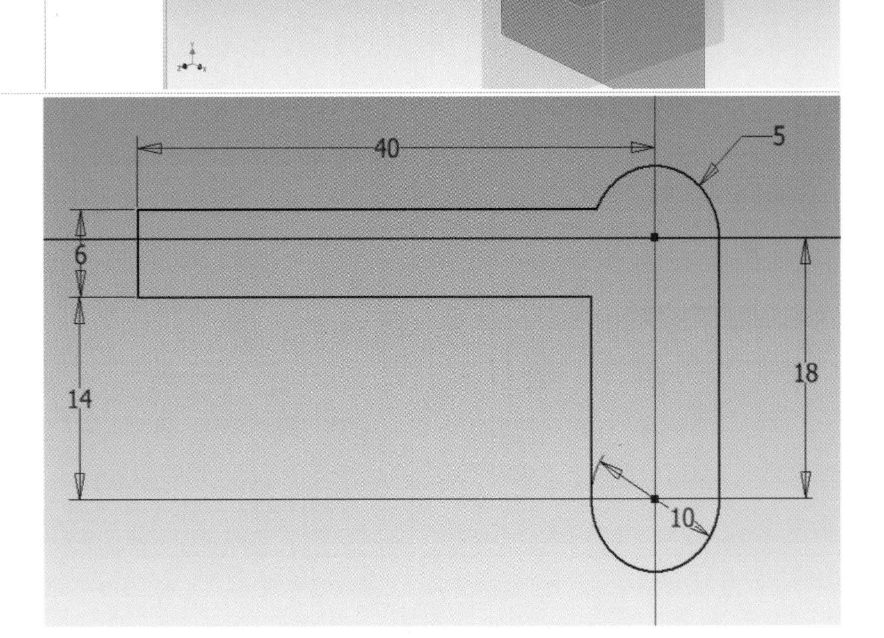

04

부품 ① 정면도를 스케치 완성

- 모깎기 R8 2개소
- ∅6 원을 그린다.

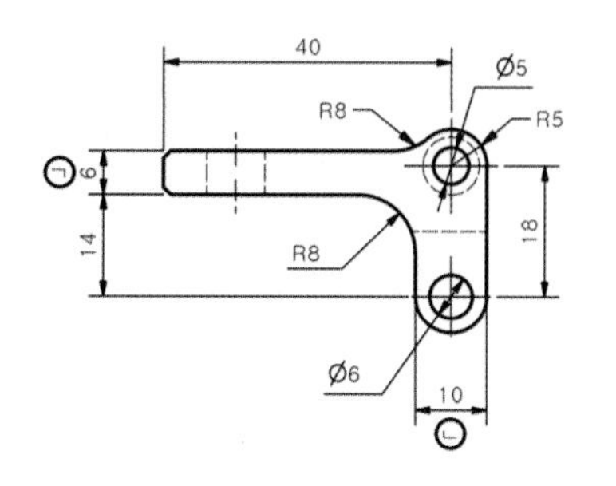

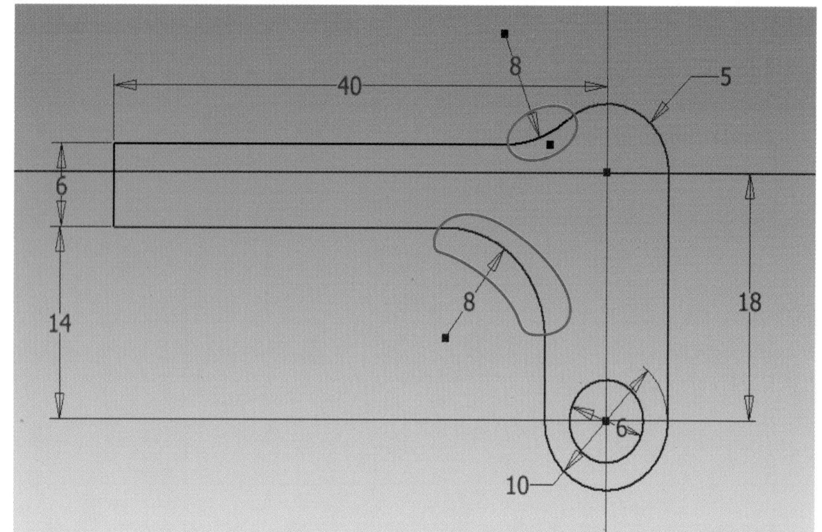

05

스케치마무리

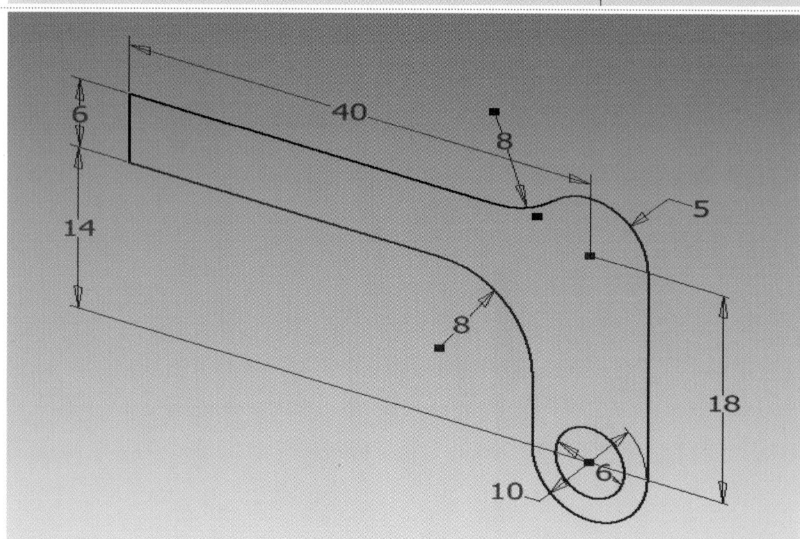

06

부품 ① 3D 모형 만들기

- [돌출] → [스케치 클릭] → [거리16] → [대칭] → [확인]

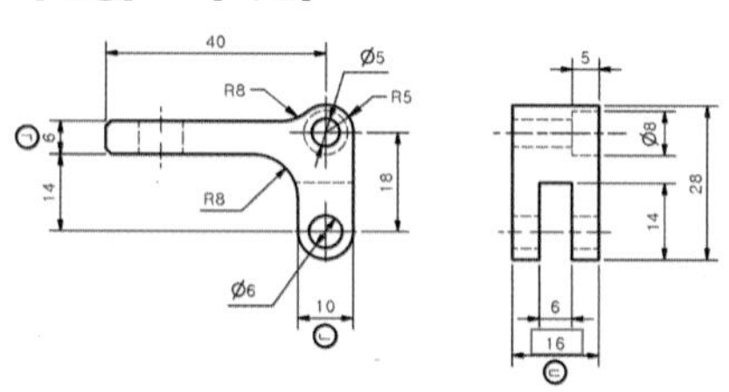

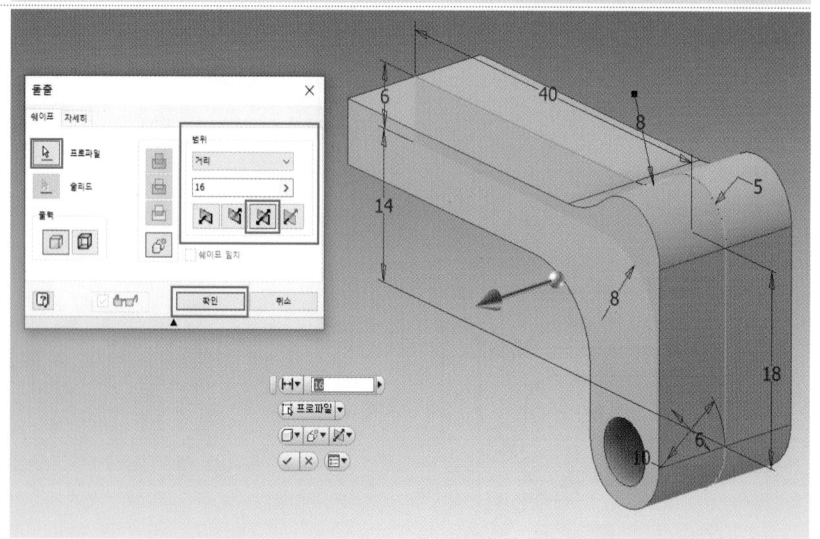

07

부품 ① 3D 모형 만들기

- [2D 스케치 시작] → [배면도평면 선택] → [점] → [위쪽 원 중심 클릭] → [스케치마무리]

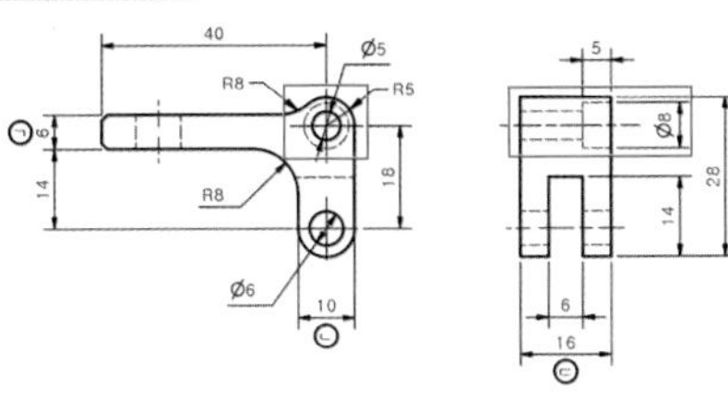

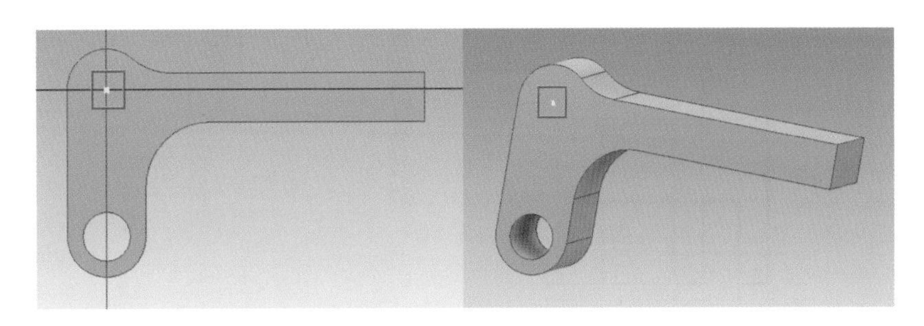

08

부품 ① 3D 모형 만들기

- [구멍] → [중심 클릭] → [카운터보어] → [카운터보어지름 ∅8] → [깊이5] → [지름 ∅5] → [전체 관통] → [확인]

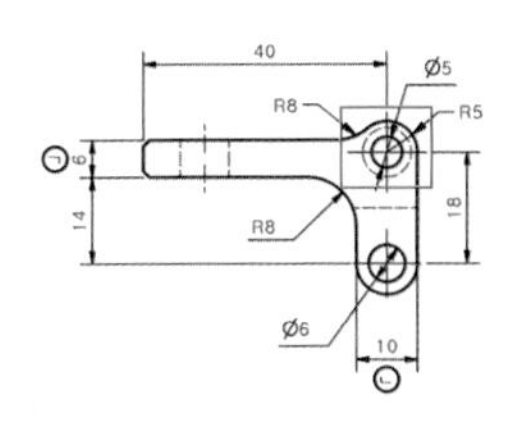

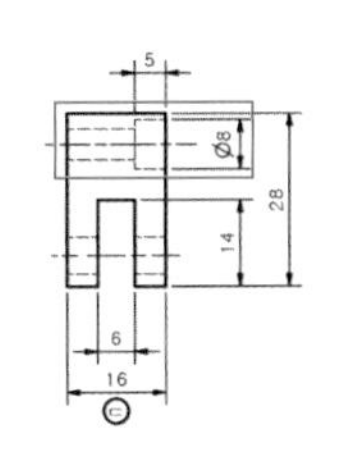

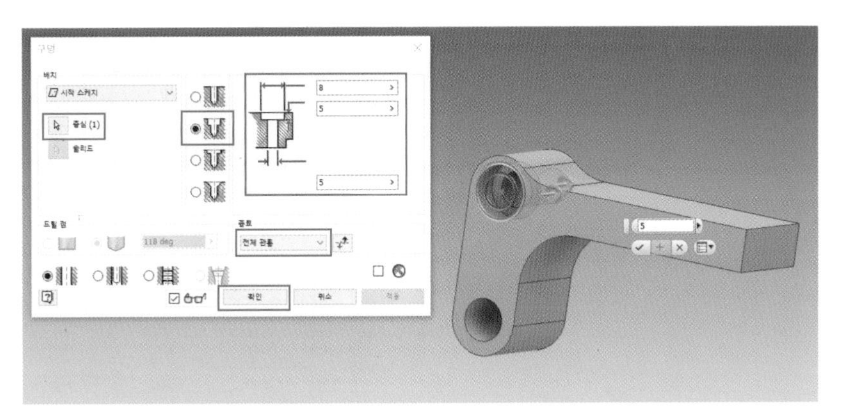

09

부품 ① 3D 모형 만들기

- [2D 스케치 시작] → [우측면도평면 선택] → [직사각형] → [형상투영(아래선)] → [치수구속조건] → [스케치마무리]

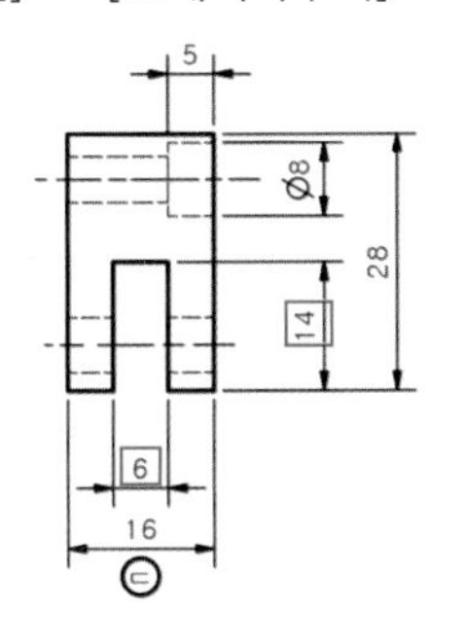

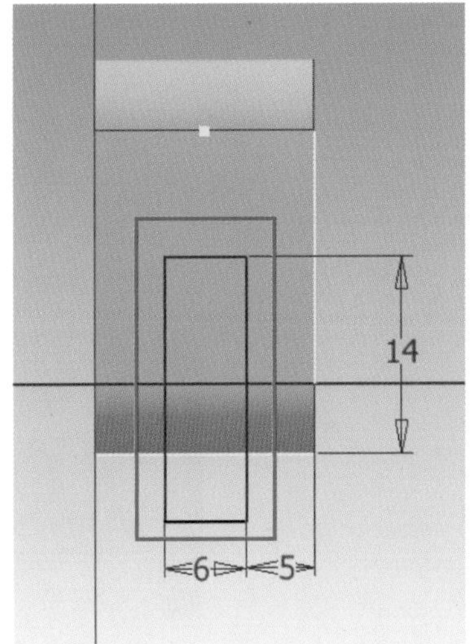

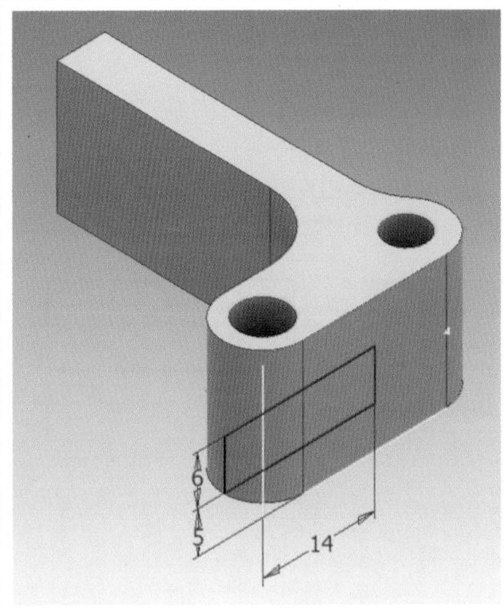

10

부품 ① 3D 모형 만들기

• [돌출] → [차집합] → [전체] → [방향2] → [확인]

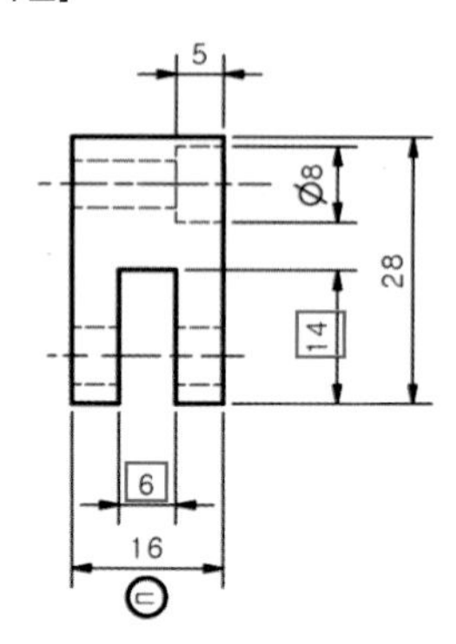

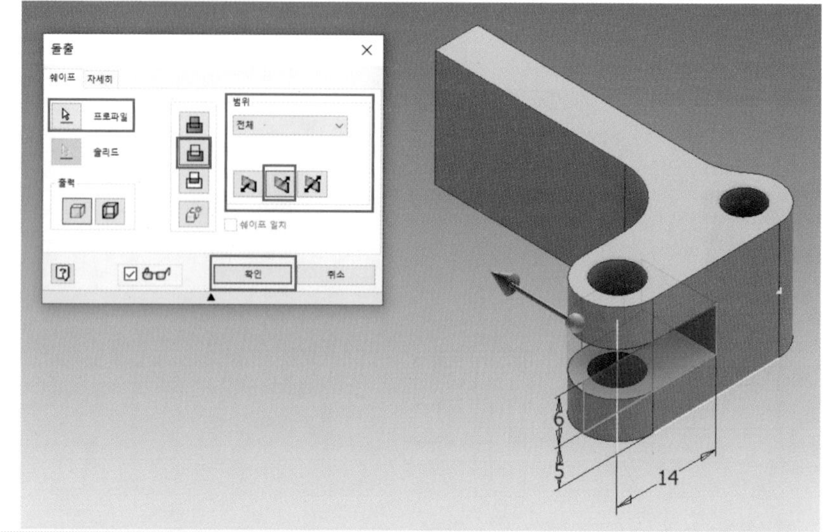

11

부품 ① 3D 모형 만들기

• [모따기] → [거리1] → [확인]

※ 주서

도시되고 지시없는 모따기는 C1

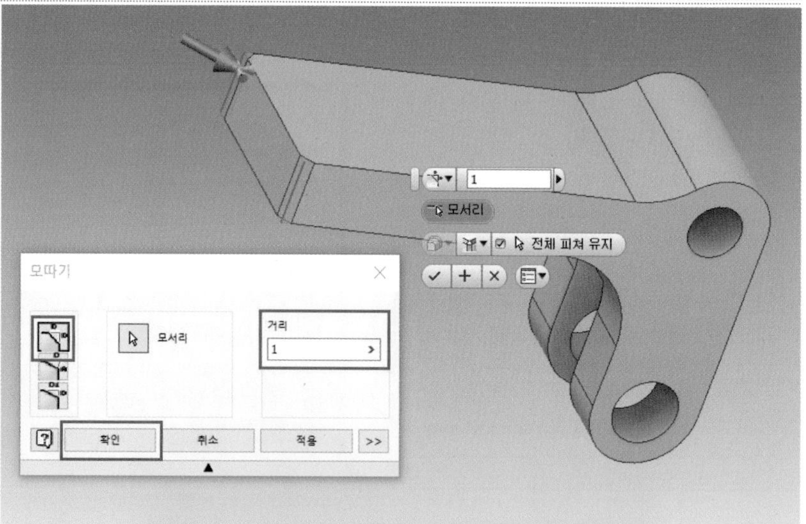

12

부품 ① 3D 모형 만들기

• [2D 스케치 시작] → [평면도평면 선택] → [원] → [∅8] → [치수 10, 8] → [스케치마무리]

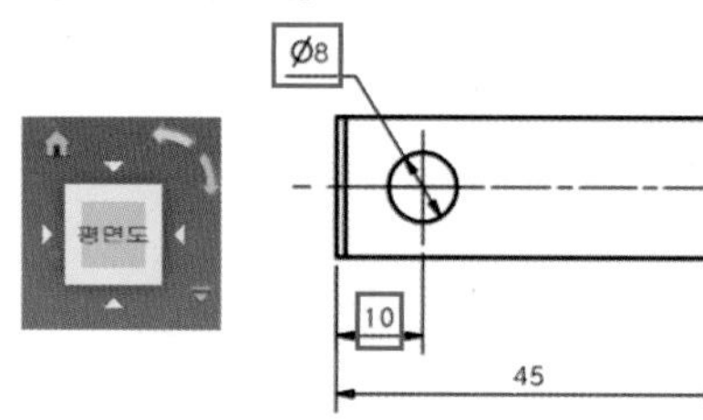

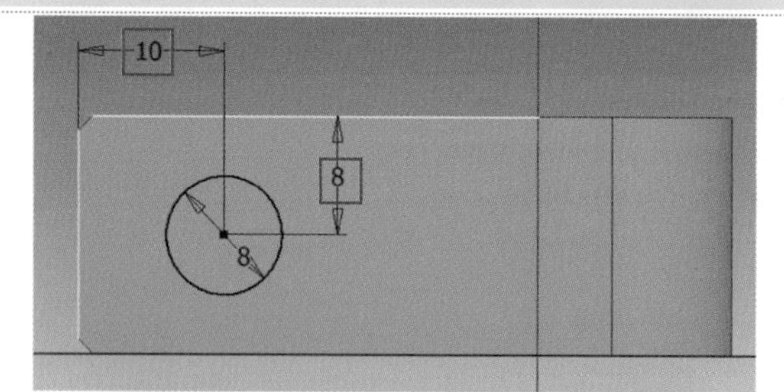

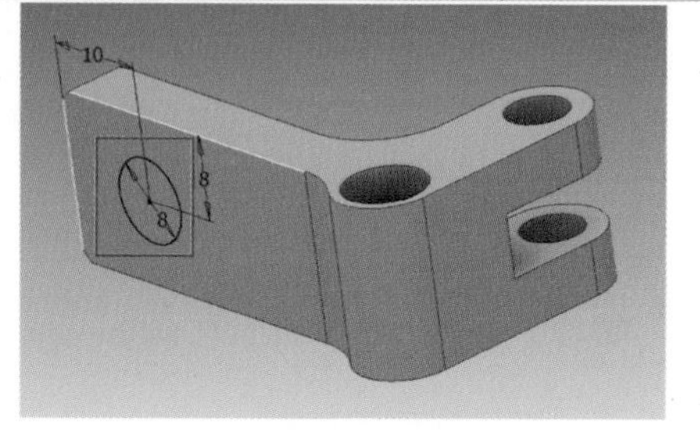

13

부품 ① 3D 모형 만들기

- [돌출] → [스케치 클릭] → [차집합] → [전체] → [방향2] → [확인]

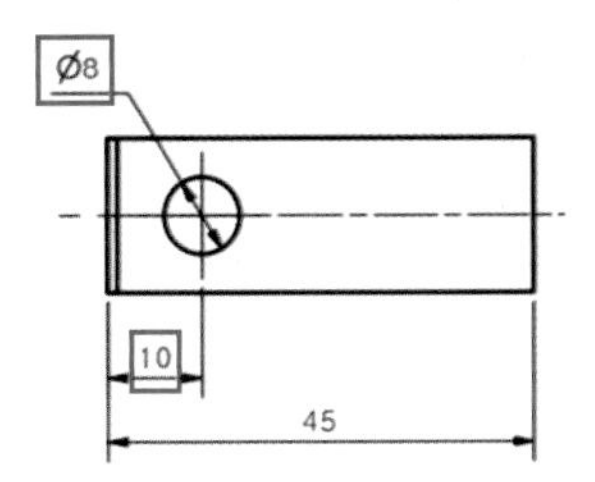

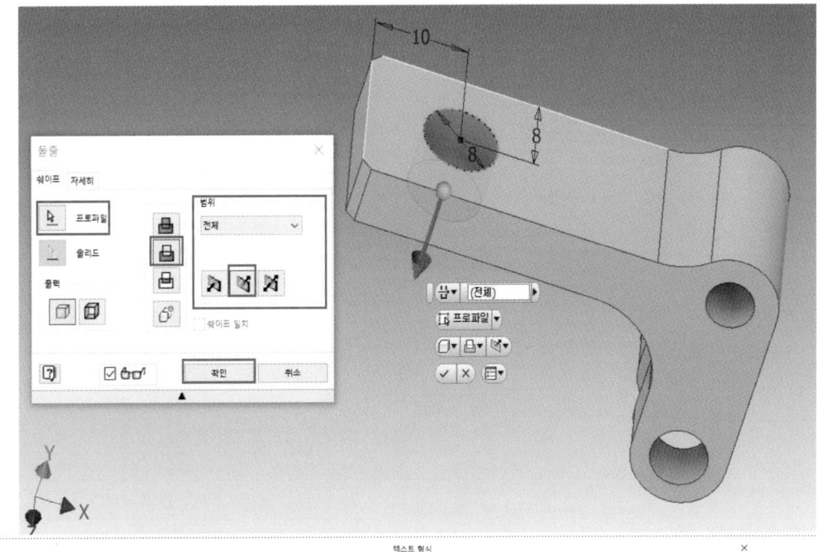

14

부품 ① 각인

- [2D 스케치 시작] → [각인평면 선택] → [텍스트] → [바탕체] → [6mm] → [확인] → [스케치마무리]

- [돌출] → [각인번호 선택] → [차집합] → [거리] → [3mm] → [방향2] → [확인]

※ 각인 방향이 도면과 상이할 시 [회전] → [각인 선택] → [중심점 : 각인번호중심 클릭] → [각도 입력] → [적용]

※ 글자체, 글자 크기, 글자 깊이 등은 별도의 정보가 없으므로 도면과 유사한 모양 및 크기로 작업하시오.

15

부품 ① 저장하기

- [파일] → [다른 이름으로 저장] → [비번호 폴더] → [파일이름] → [01_01] → [저장]

※ 본 교재의 부품 ①번 3D모델링 파일이름은 "01_01"로 작성되었다. 부품 ①, ②번 3D모델링 파일이름은 수험자가 임의로 정할 수 있다.
예 부품1번, 01번 등

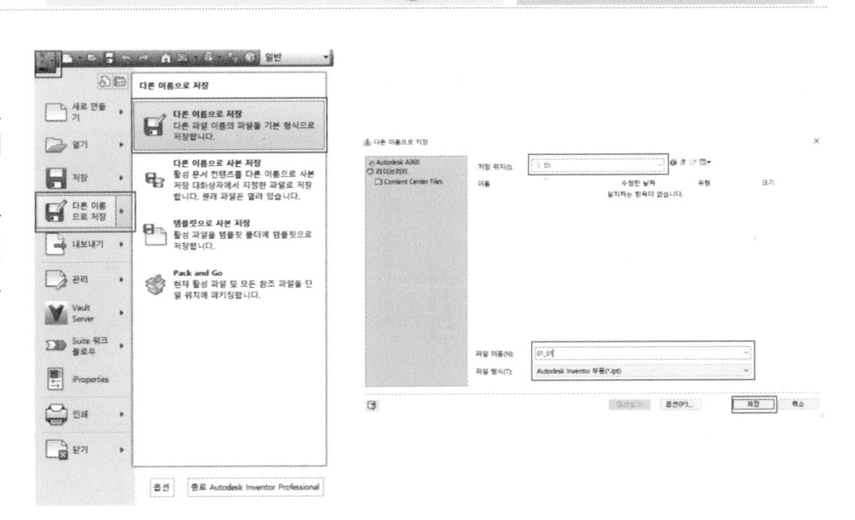

16

부품 ② 모델링

• [새로 만들기] → [Metric] → [Standard(mm).ipt] → [작성]

17

[2D 스케치 시작] → [마우스로 **XY Plane** 선택]

※ 마우스로 XY Plane 선택 시 빨간색으로 변함

※ 다른 방법(시트트리에서) [원점] → [XY평면 마우스오른쪽 클릭] → [새 스케치]

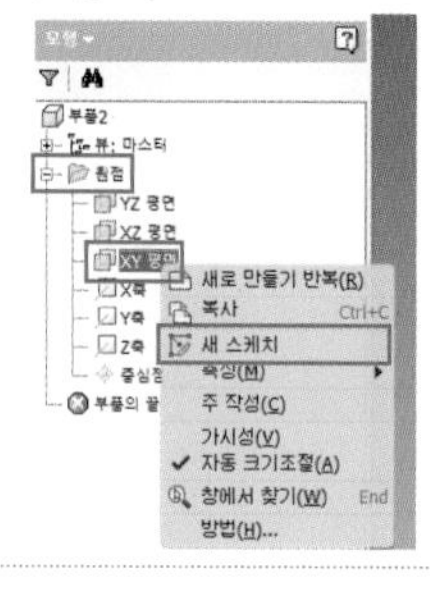

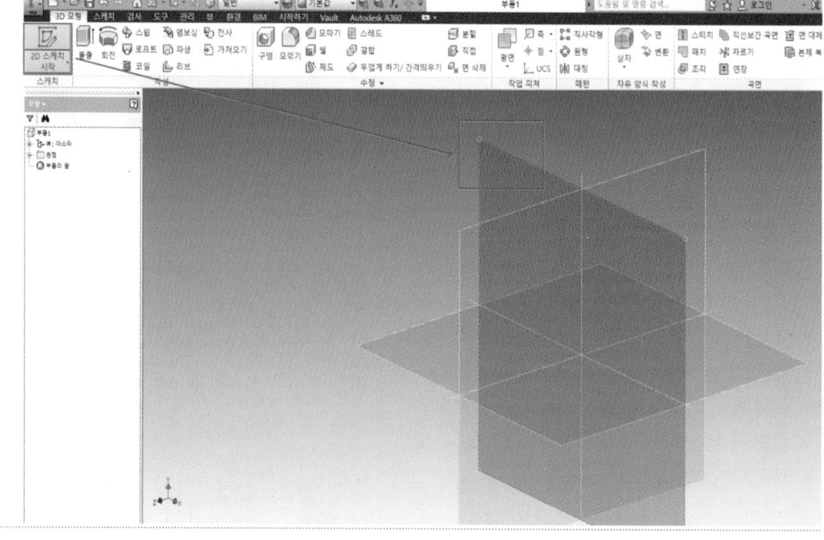

18

부품 ② 정면도를 스케치 한다.

• ∅14 원을 그린다.
• 직사각형을 그린다.
• 치수 구속조건
• 선 자르기

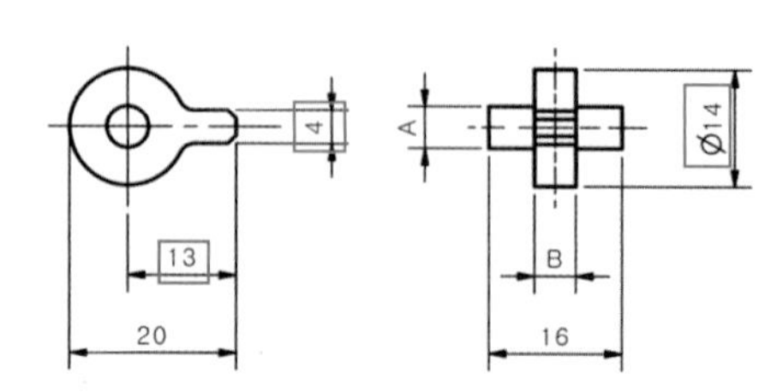

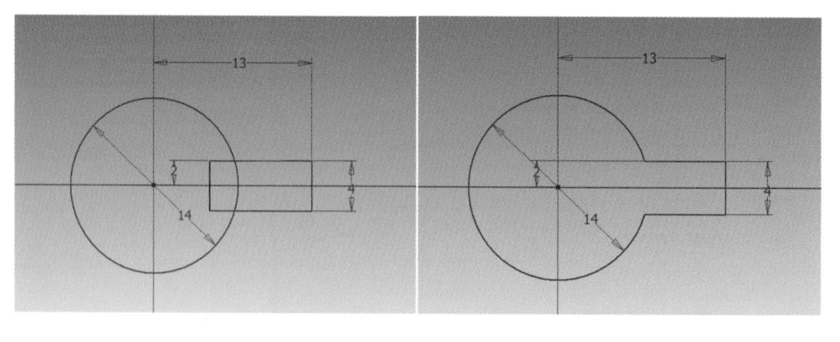

19

스케치마무리

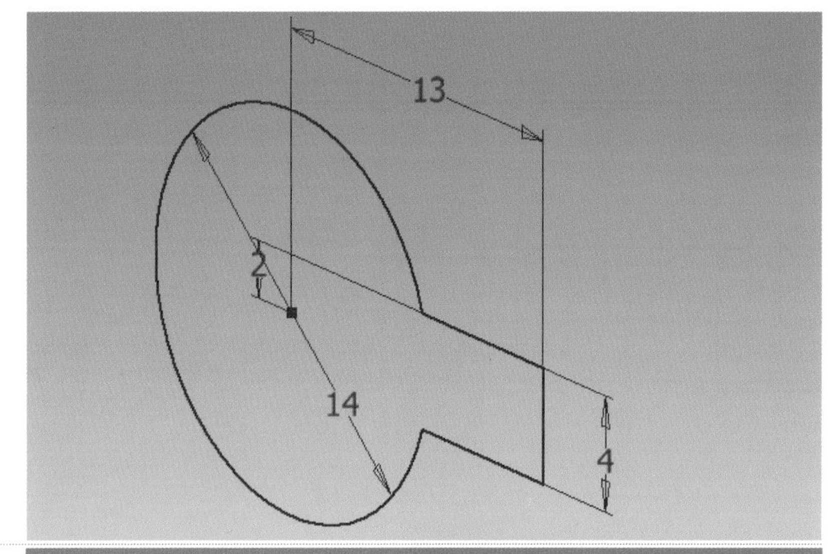

20

부품 ② 3D 모형 만들기

- [돌출] → [스케치 클릭] → [거리5] → [대칭] → [확인]

※ 'B'는 상대치수(6mm)와 축공차를 적용해 5mm로 결정한다.

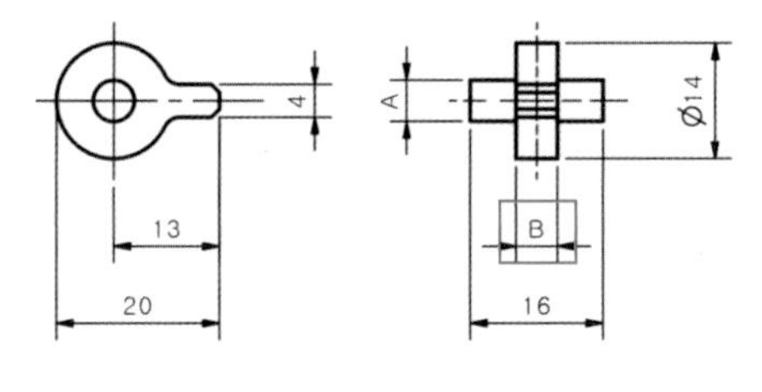

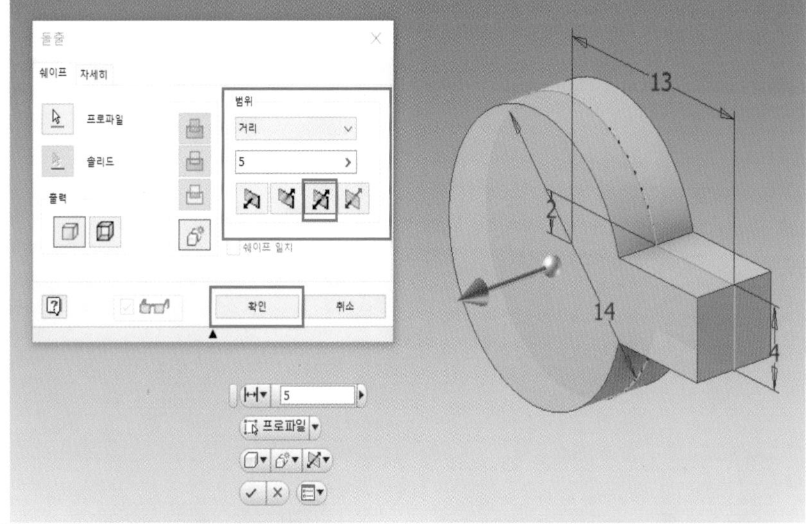

21

부품 ② 3D 모형 만들기

- [2D 스케치 시작] → [시트트리원점+] → [XY평면] → [F7] → [원] → [5mm] → [스케치마무리]

※ 'A'는 상대치수(∅6)와 축공차를 적용해 5mm로 결정한다.

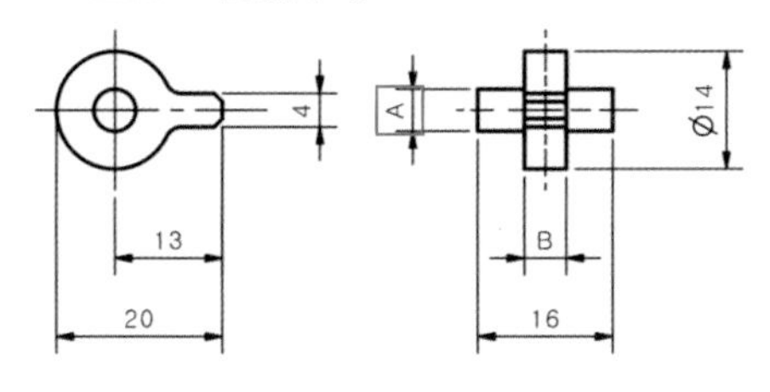

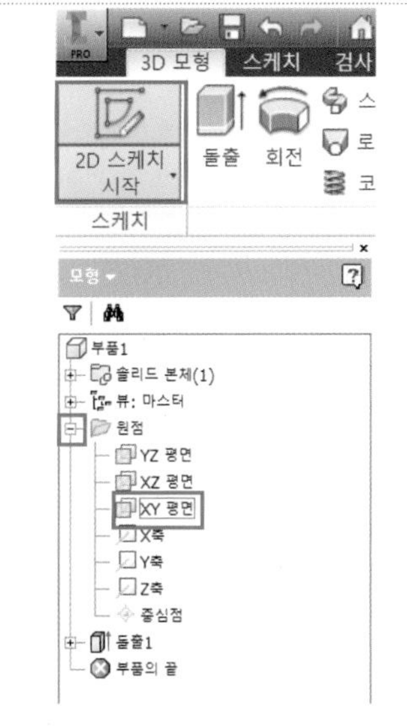

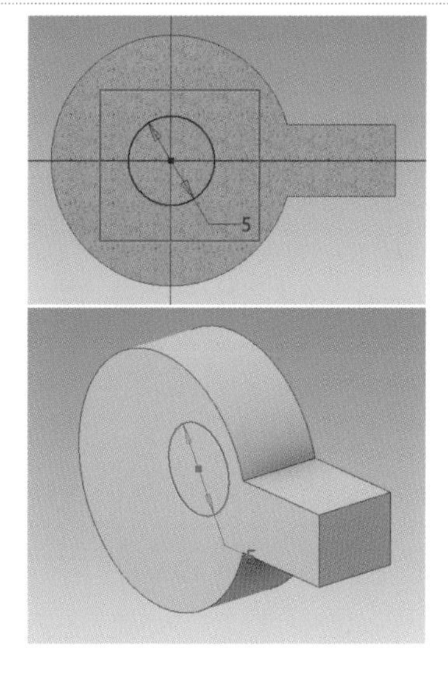

22

부품 ② 3D 모형 만들기

• [돌출] → [접합] → [거리16] → [대칭] → [확인]

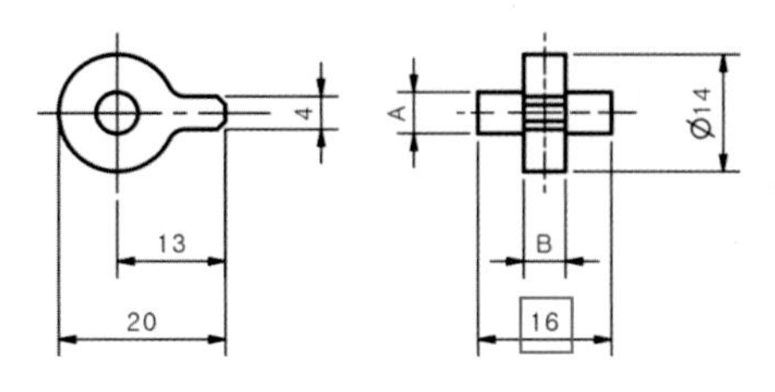

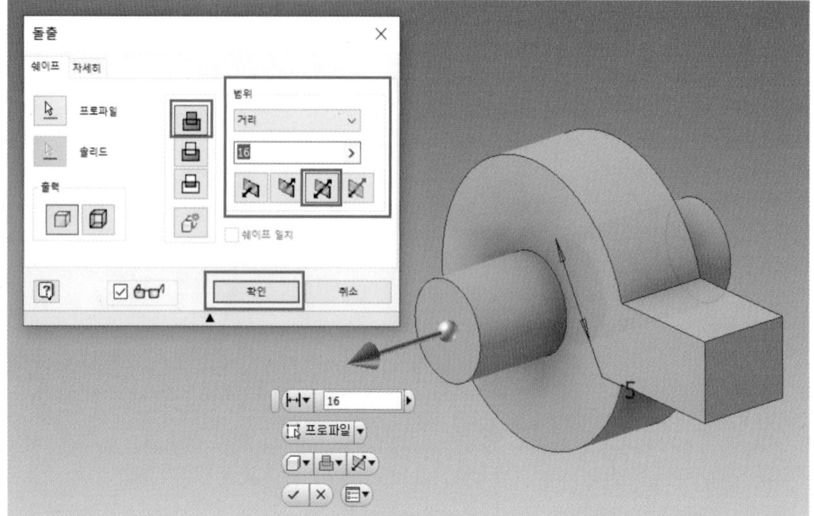

23

부품 ② 3D 모형 만들기

• [모따기] → [거리1] → [확인]

※ 주서
도시되고 지시없는 모따기는 C1

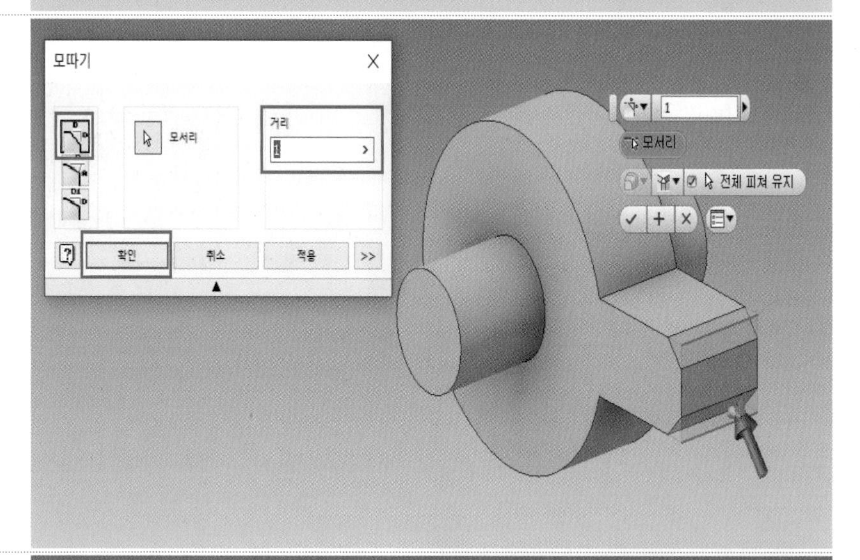

24

부품 ② 3D 모형 만들기

• [모깎기] → [라운드선택/2개소] → [반지름2] → [확인]

※ 주서
도시되고 지시없는 라운드는 R2

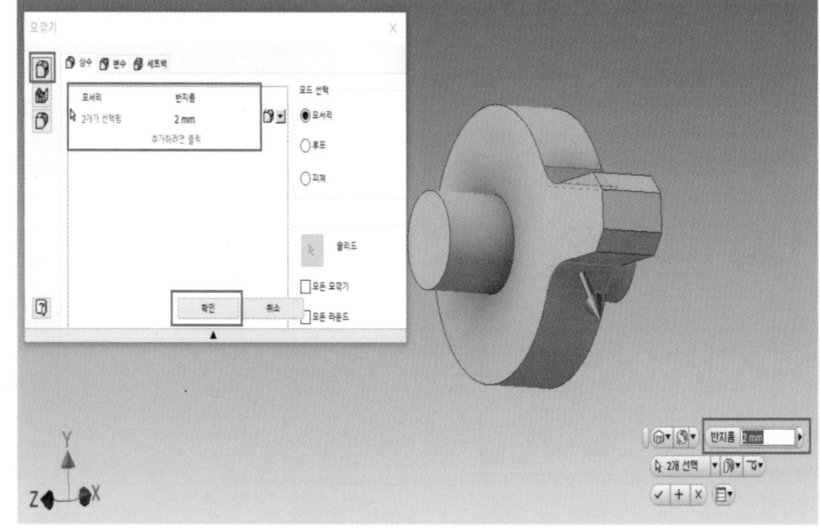

25

부품 ② 저장하기

• [파일] → [다른 이름으로 저장] → [비번호 폴더] → [파일이름] → [01_02] → [저장]

※ 본 교재의 부품 ②번 3D모델링 파일이름은 "01_02"로 작성되었다. 부품 ①, ②번 3D모델링 파일이름은 수험자가 임의로 정할 수 있다.
예 부품2번, 02번 등

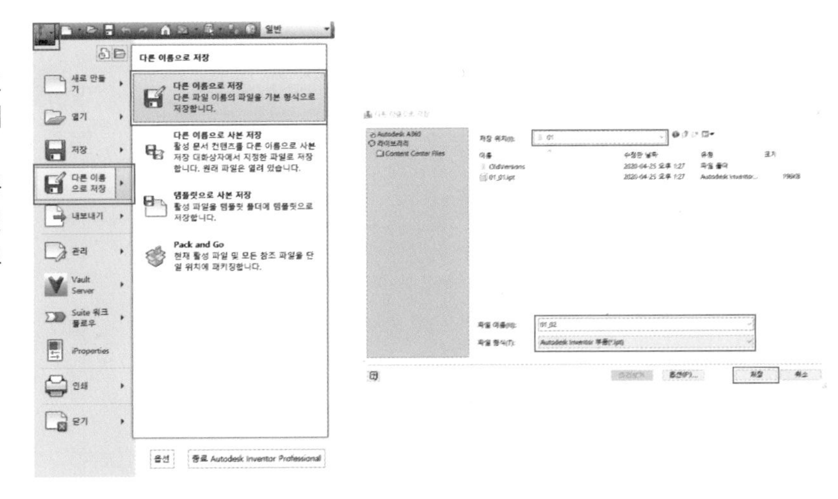

26

어셈블리

• [새로 만들기] → [Metric] → [Standard(mm).iam] → [작성]

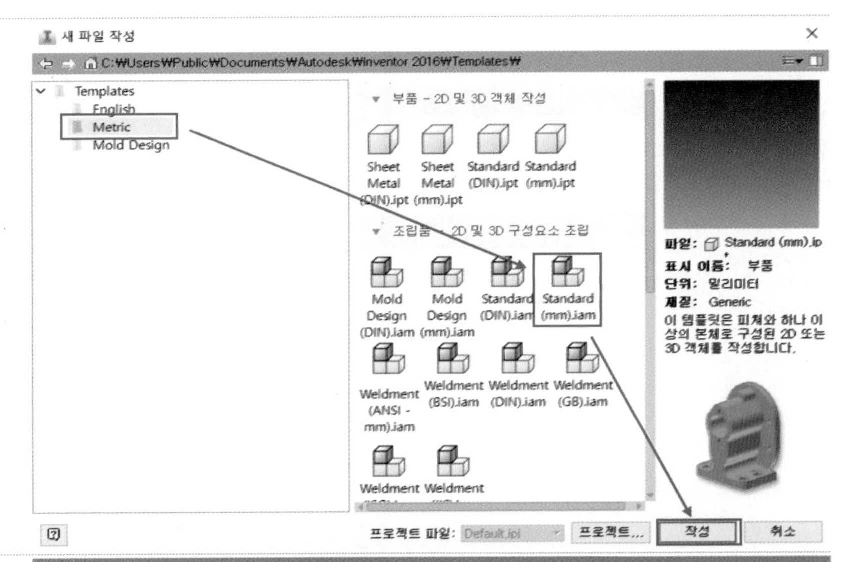

27

"배치" 아이콘을 통해 부품 ①, ②를 배치한다.

• [배치] → [01_01, 01_02 선택] → [열기] → [화면 클릭] → [ESC]

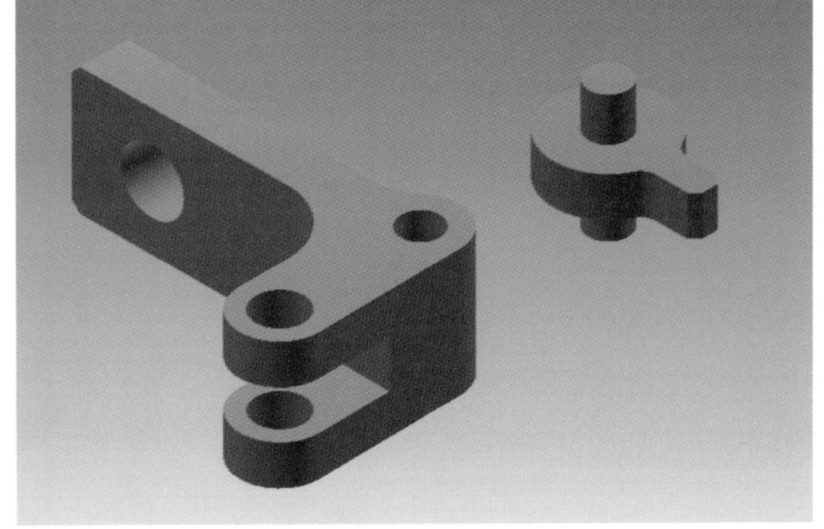

28

시트트리에서 부품①번을 우클릭하여 고정 한다.

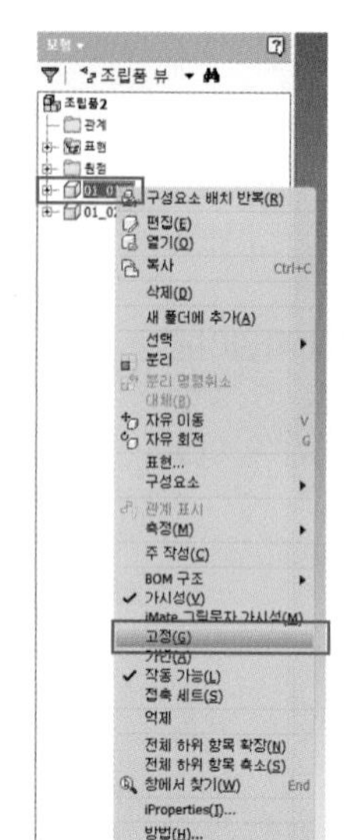

29

조립구속조건

- [구속조건] → [삽입] → [부품② 원 부분 선택]

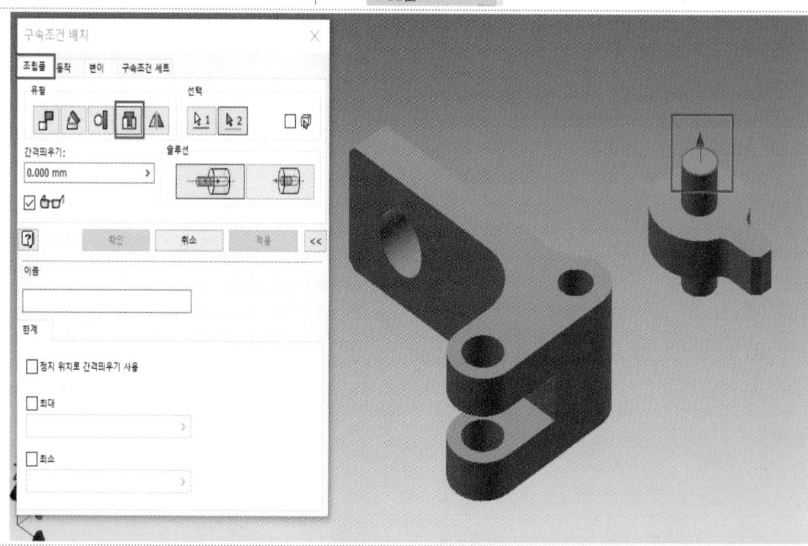

30

조립구속조건

- [부품① 구멍 원 부분선택] → [정렬] → [확인]

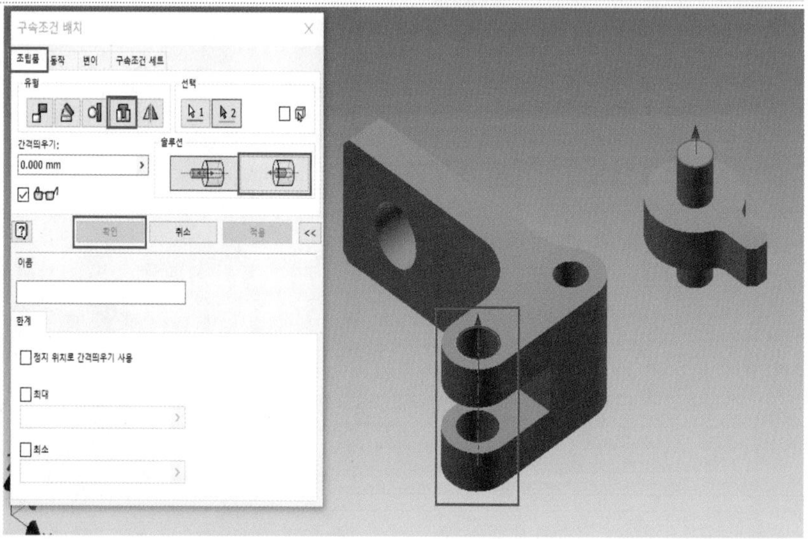

31

출력방향을 고려하여 구속조건 추가

※ 조립된 상태로 출력하니 되도록 서포트가 적게 나오고 도면의 ㉠, ㉡, ㉢ 치수가 정밀하게 나오는 출력방향을 결정해야 한다.

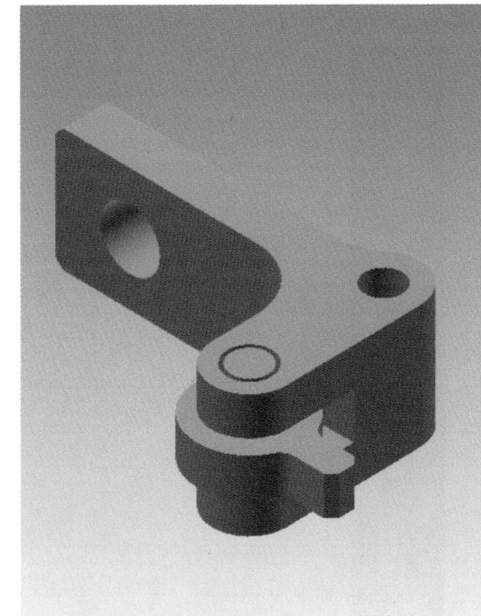

32

어셈블리 저장하기(2가지 확장자)

- [파일] → [다른 이름으로 저장] → [비번호 폴더] → [파일이름] → [01] → [저장]

- [파일] → [내보내기] → [CAD형식] → [비번호폴더] → [01] → [파일형식 : STEP 선택] → [저장]

구 분	작업명	파일명	비 고
1	어셈블리	01.***	
2		01.STP	채점용

※ 비번호 01인 경우

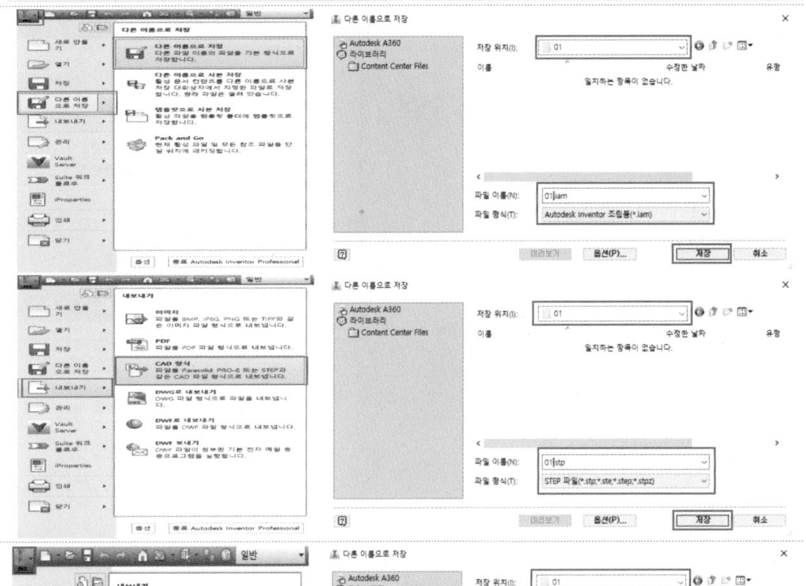

33

어셈블리 저장하기(STL확장자)

- [파일] → [내보내기] → [CAD형식] → [비번호폴더] → [01] → [파일형식 : STL 선택] → [옵션] → [단위 : mm] → [저장]

※ 옵션에서 단위 mm 선택

구 분	작업명	파일명	비 고
3	어셈블리	01.STL	

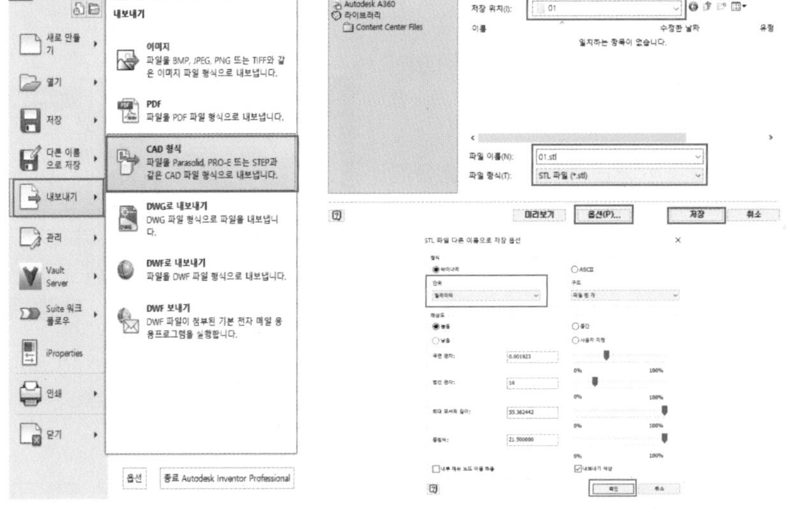

34

슬라이싱(3DWOX)

슬라이싱 프로그램을 실행한다.

• [파일] → [모델 불러오기] → [비번호폴더] → [01.stl] → [열기]

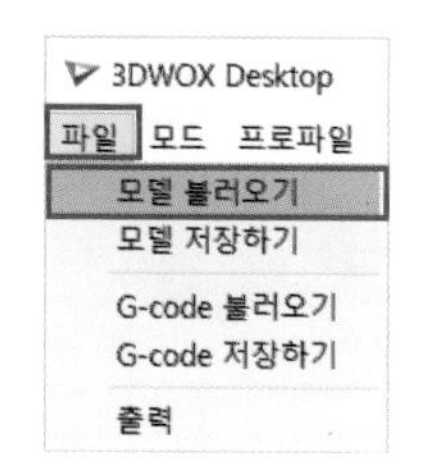

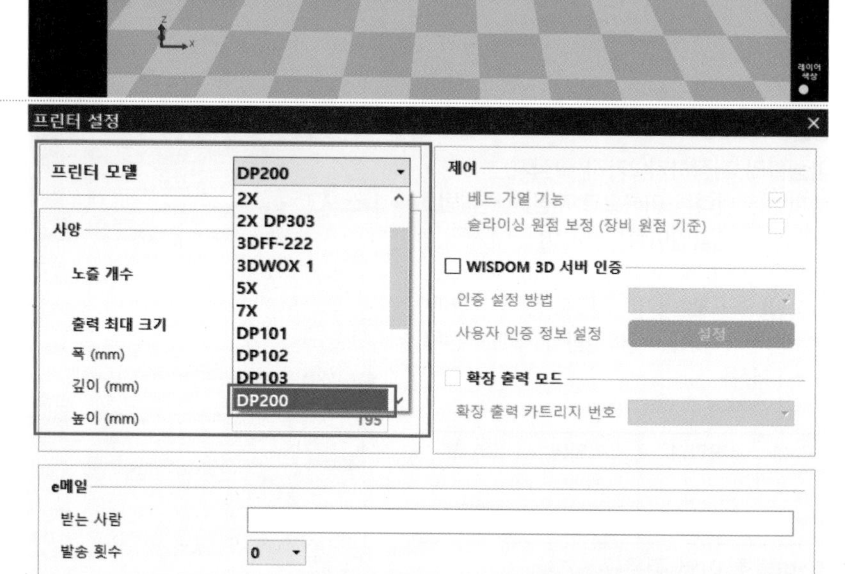

35

프린터 설정

• [설정] → [프린터 설정] → [프린터 모델] → [확인]

※ 시험장 프린터 모델을 선택한다.
예 DP200

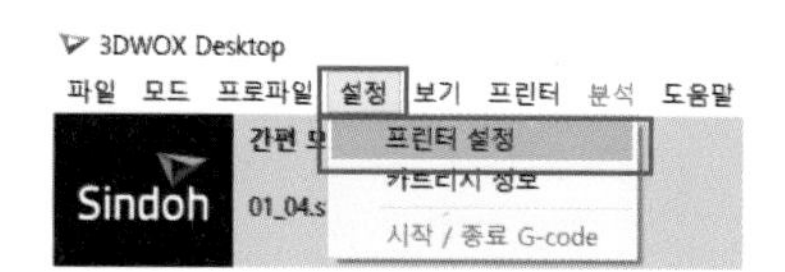

36

출력방향을 결정한다.

• [분석] → [최적출력방향] → [분석] → [추천 1~6 선택]

※ 신도리코 3DWOX는 최적출력방향을 분석해 준다. 참고하여 서포트가 적게 나오고 도면의 ㉠, ㉡, ㉢ 치수가 정밀하게 나오는 출력방향을 결정한다.

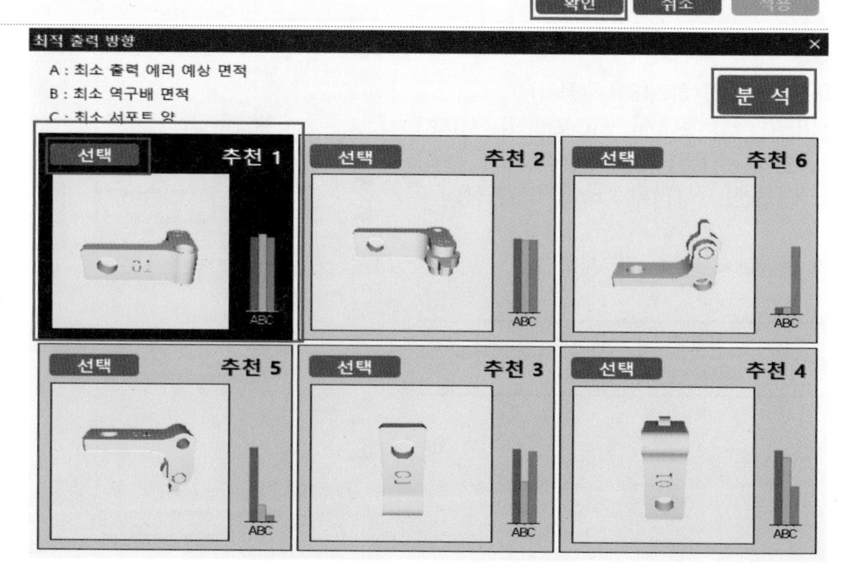

37

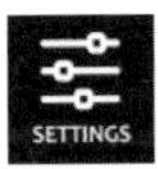

기본 파라미터를 설정한다.

- [SETTINGS] 버튼을 클릭하여 파라미터 값을 조정한다.
- 기본 속도 출력
- 재질 : PLA
- 서포트 : 모든 곳, 지그재그 구조

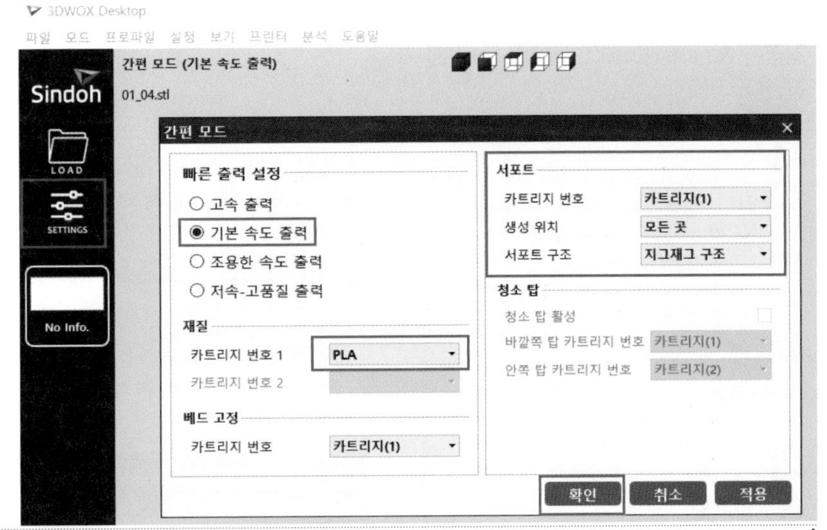

38

슬라이싱

- 베드상에 있는 출력물이 파라미터의 값이 반영되면서 슬라이싱을 수행한다.

※ 출력예상시간을 확인한다.

※ 출력예상시간이 1시간 20분이 넘어가면 고급모드로 변경하여 [SETTINGS]에서 레이어 높이, 채우기 밀도, 서포트 밀도 등 설정값을 변경한다.

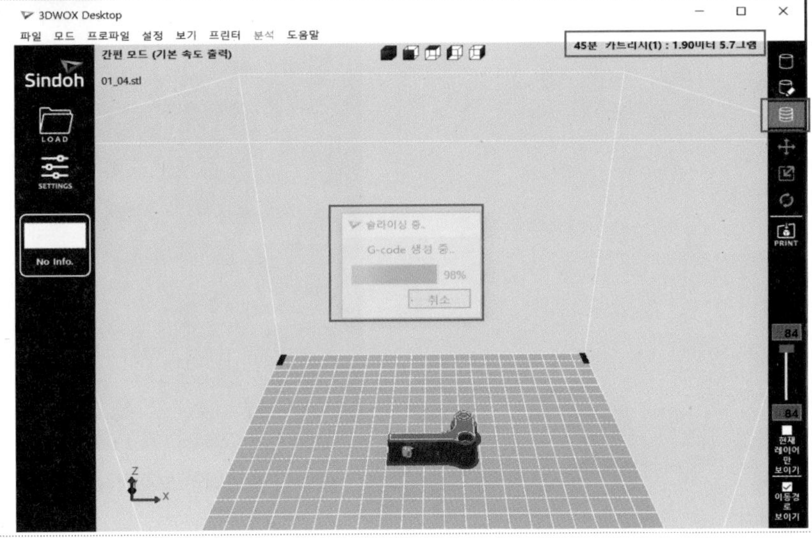

39

G-code 저장하기

- [파일] → [G-code 저장하기] → [예] → [비번호폴더] → [01.gcode] → [저장]

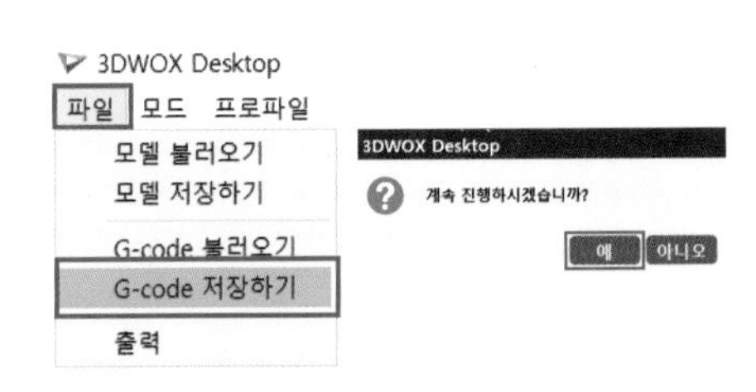

구 분	작업명	파일명	비 고
4	슬라이싱	01.***	gcode

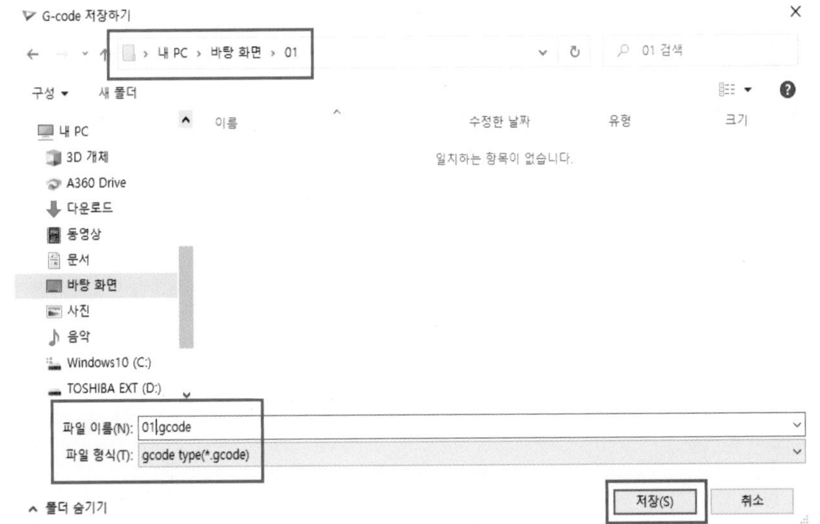

40
지급된 저장매체(USB 또는 SD-card)에 저장한다.

• 감독위원에게 저장매체(USB 또는 SD-card) 제출

41
3D프린터 세팅

• 노즐, 베드 등에 이물질을 제거하여 출력 시 방해요소가 없도록 세팅한다.
• PLA 필라멘트 장착 여부 등 소재의 이상 여부를 점검하고 정상 작동하도록 세팅한다.
• 베드 레벨링 기능 등을 활용하여 베드 위치를 세팅한다.

42
3D프린팅

• 저장매체(USB 또는 SD-card)에 있는 파일(01_04.gcode)을 3D프린터 전면부에 있는 USB 포트에 연결하여 화면에서 직접 G-code를 불러와 출력한다.

43
최종 출력물

44
후처리

• 출력이 완료되면 보호장갑을 착용하고 서포트 및 거스러미를 제거한 후 감독위원에게 제출한다.

45
노즐 및 베드 정리

• 출력물을 제출 후 본인이 사용한 3D프린터 노즐 및 베드 등의 잔여물을 제거하고 정리정돈 한다(**※ 정리상태도 채점 대상임에 주의하자**).

08 3D모델링 실기 공개문제 도면 - 08

자격종목	3D프린터운용기능사	[시험1] 과제명	3D모델링 작업	척 도	NS

주서

1. 도시되고 지시없는 모따기는 C2, 라운드는 R3

01

부품 ① 모델링

• [새로 만들기] → [Metric] → [Standard(mm).ipt] → [작성]

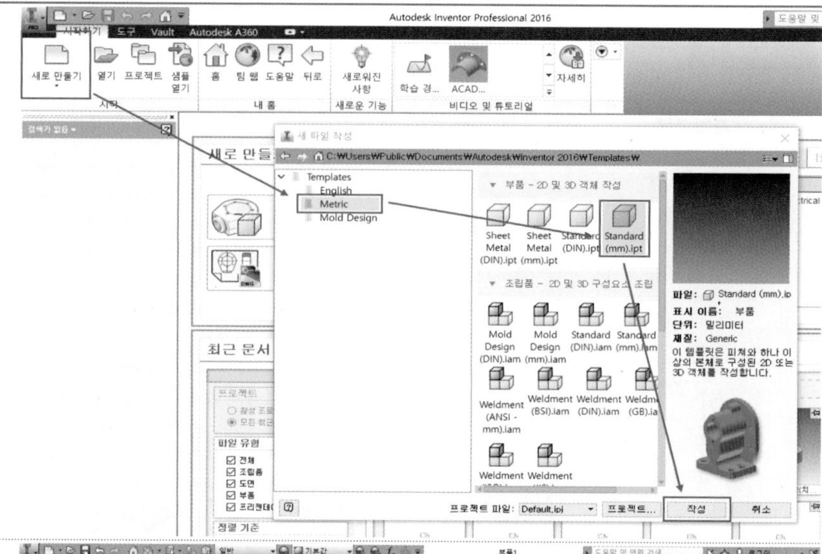

02

[2D 스케치 시작] → [마우스로 **XY Plane** 선택]

※ 마우스로 XY Plane 선택 시 빨간색으로 변함

※ 다른 방법(시트트리에서)
[원점] → [XY평면 마우스오른쪽 클릭] → [새 스케치]

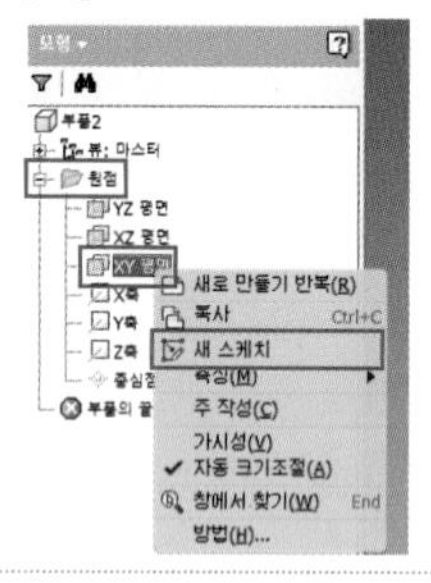

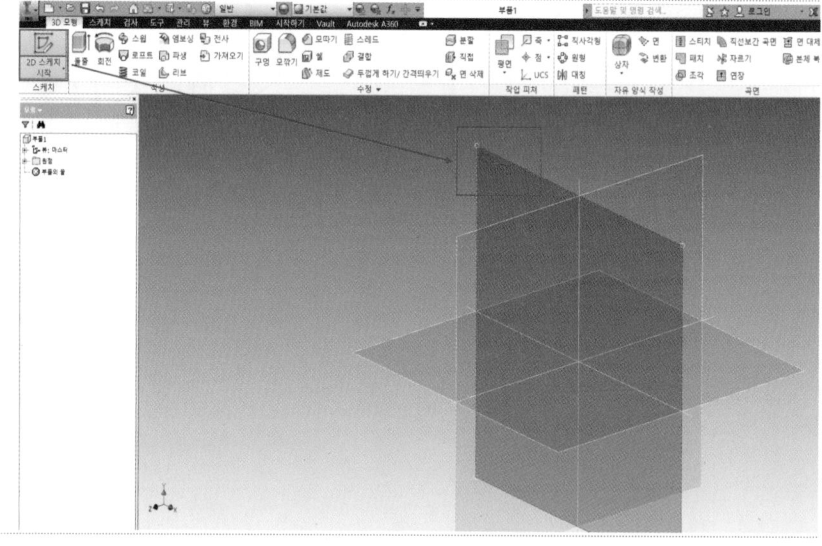

03

부품 ① 정면도 일부를 스케치 한다.

• 선, 원, 직사각형
• 기하학 구속조건(접선)
• 치수 구속조건
• 자르기
• 모깎기(R3)

※ 주서 : 도시되고 지시없는 라운드는 R3

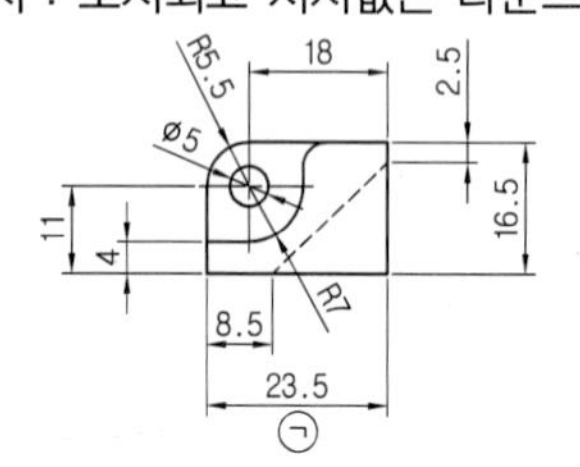

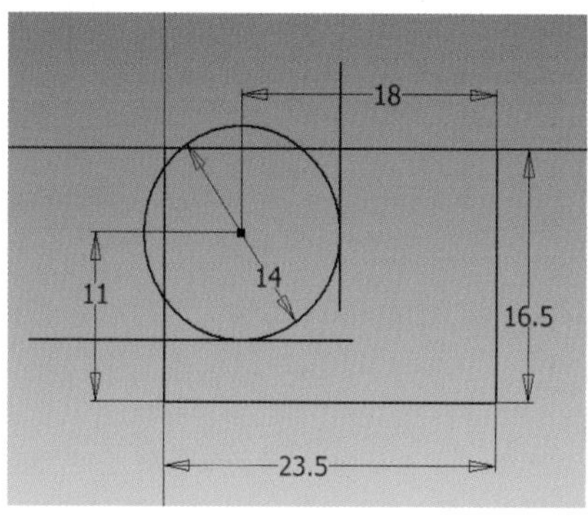

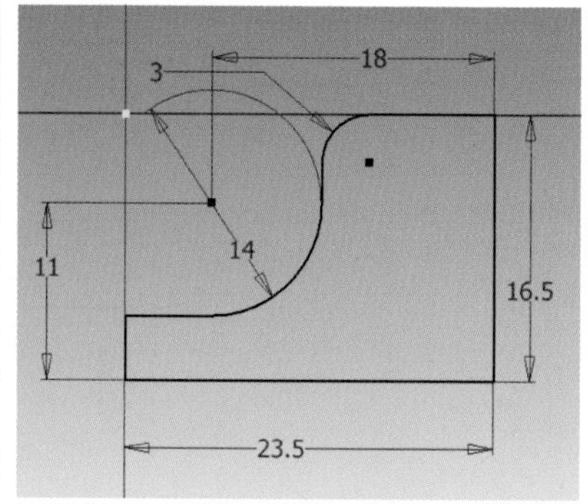

04

스케치마무리

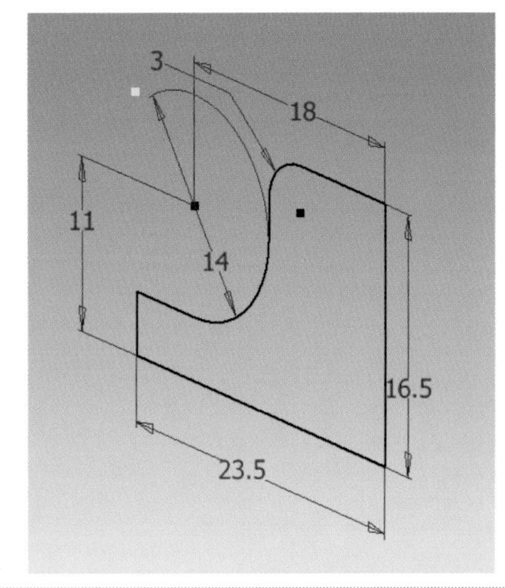

05

부품 ① 3D 모형 만들기

• [돌출] → [스케치 클릭] → [거리16] → [대칭] → [확인]

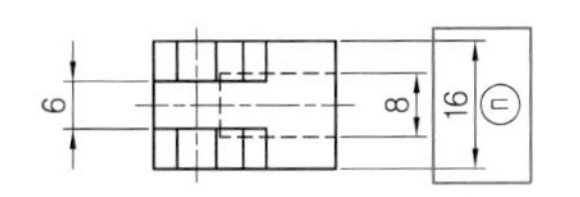

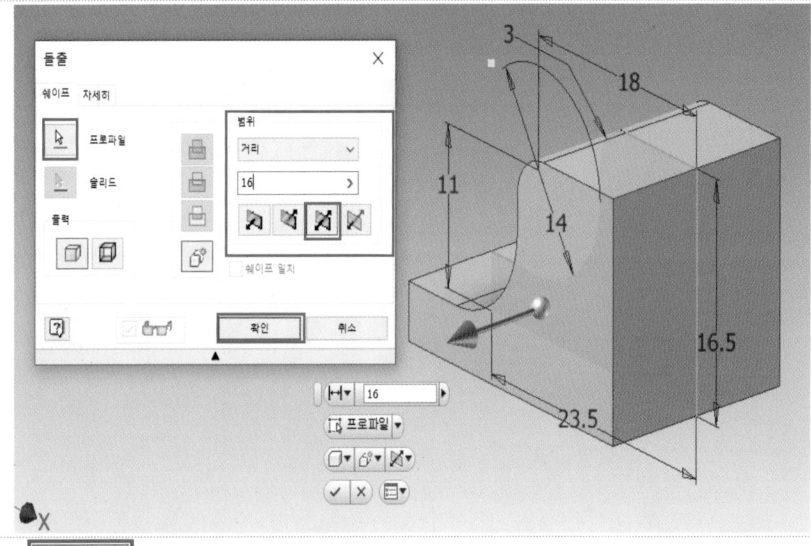

06

부품 ① 3D 모형 만들기

• [2D 스케치 시작] → [XY평면 선택] → [F7] [형상투영] → [선] → [모깎기R5.5] → [치수구속조건] → [스케치마무리]

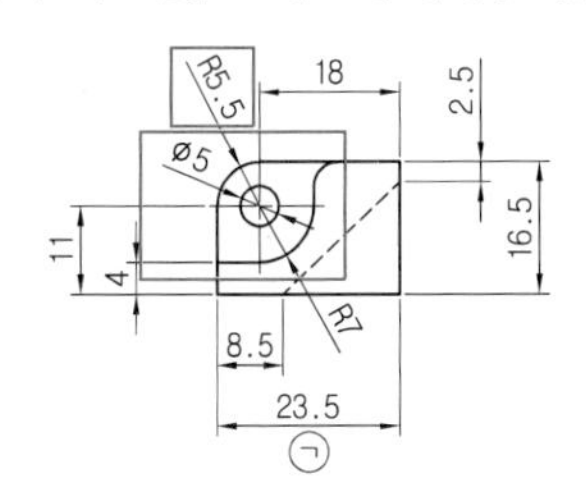

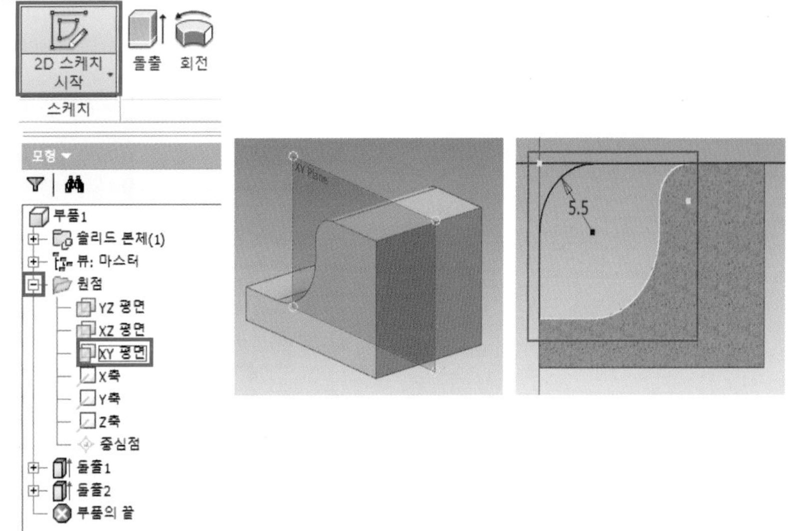

07

스케치마무리

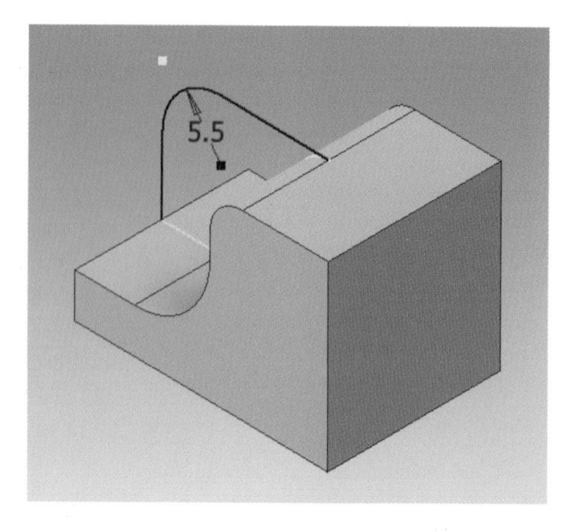

08

부품 ① 3D 모형 만들기

• [돌출] → [스케치 클릭] → [접합] → [거리6] → [대칭] → [확인]

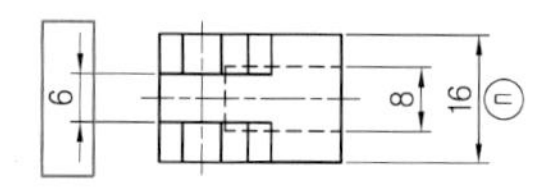

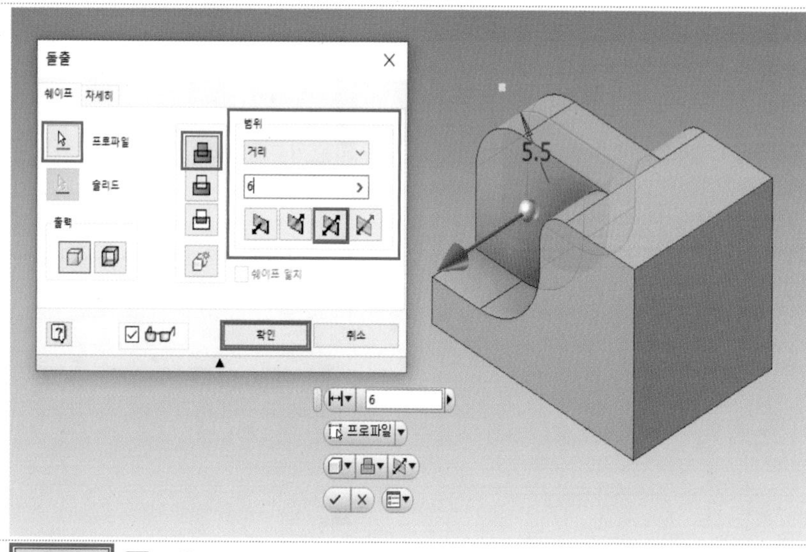

09

부품 ① 3D 모형 만들기

• [2D 스케치 시작] → [XY평면 선택] → [F7] [원∅5] → [치수구속조건] → [스케치마무리]

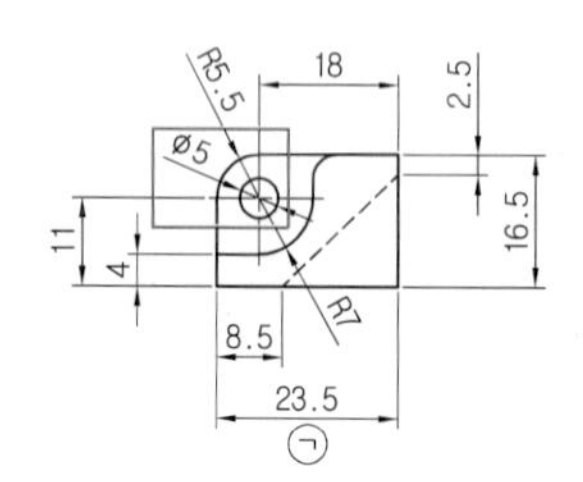

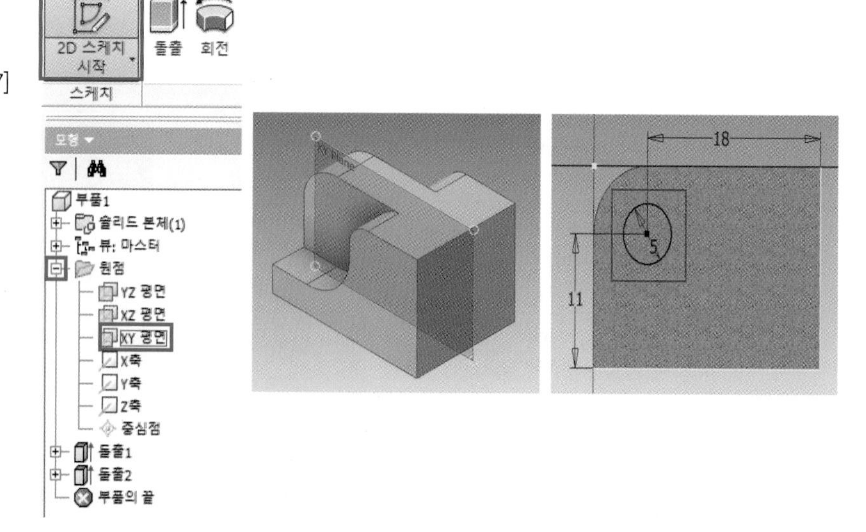

10

스케치마무리

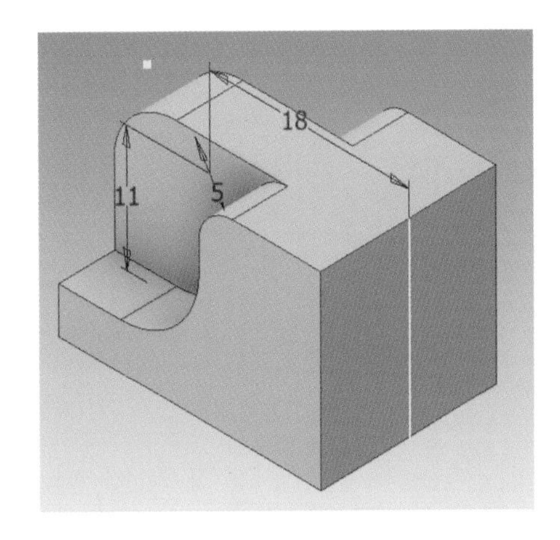

11

부품 ① 3D 모형 만들기

- [돌출] → [스케치 클릭] → [접합] → [거리16] → [대칭] → [확인]

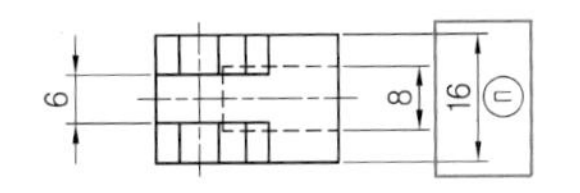

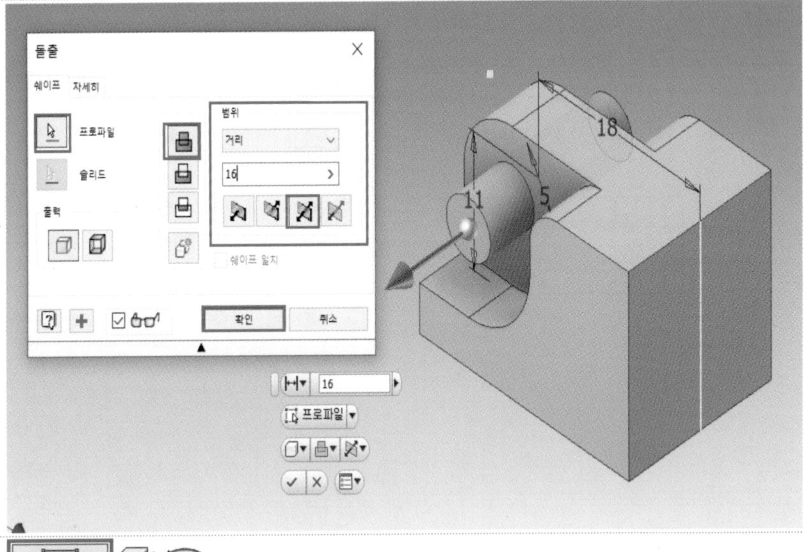

12

부품 ① 3D 모형 만들기

- [2D 스케치 시작] → [XY평면 선택] → [F7] [형상투영] → [치수구속조건] → [스케치마무리]

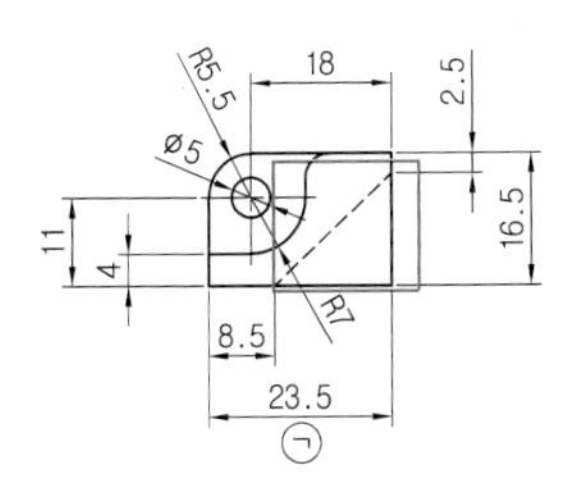

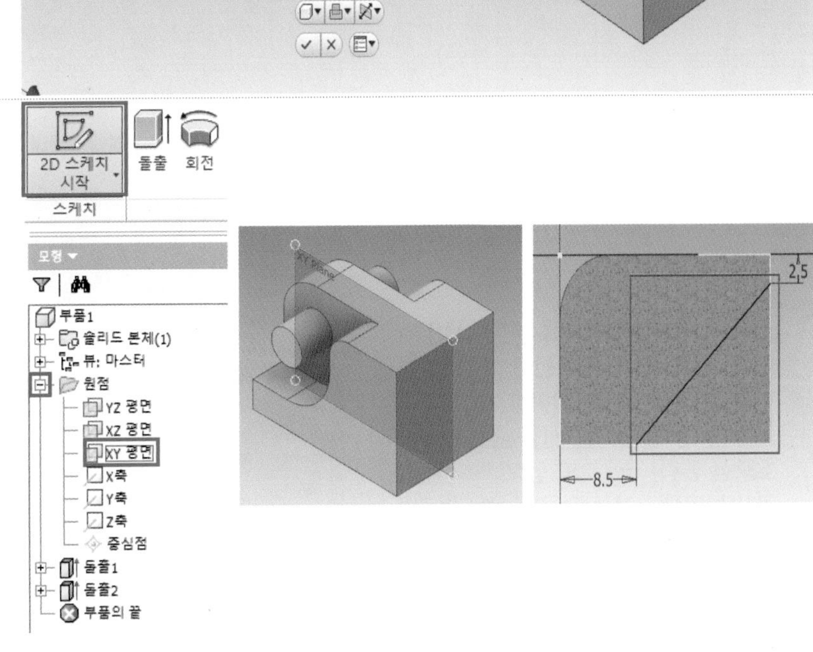

13

스케치마무리

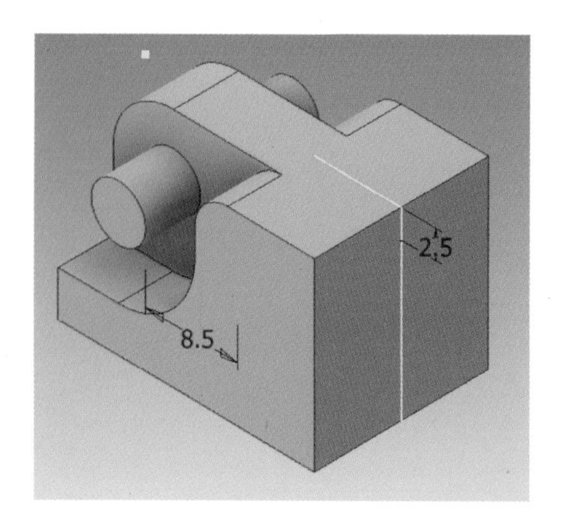

14

부품 ① 3D 모형 만들기

- [돌출] → [스케치 클릭] → [차집합] → [거리8] → [대칭] → [확인]

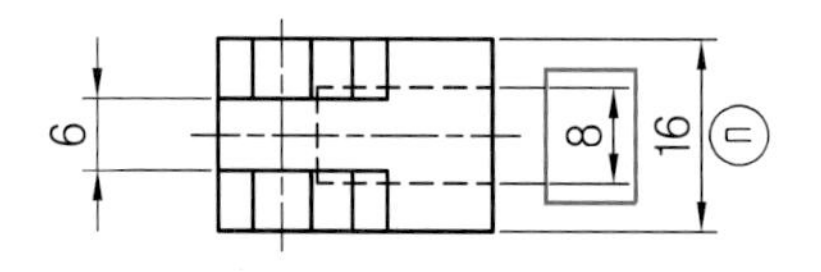

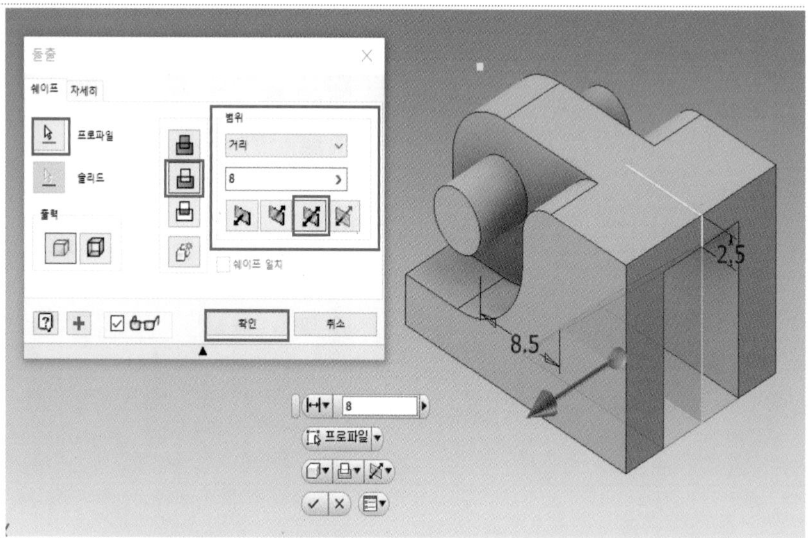

15

부품 ① 각인

- [2D 스케치 시작] → [각인평면 선택] → [텍스트] → [바탕체] → [6mm] → [확인] → [스케치마무리]

- [돌출] → [각인번호 선택] → [차집합] → [거리] → [3mm] → [방향2] → [확인]

※ 각인 방향이 도면과 상이할 시 [회전] → [각인 선택] → [중심점 : 각인번호중심 클릭] → [각도 입력] → [적용]

※ 글자체, 글자 크기, 글자 깊이 등은 별도의 정보가 없으므로 도면과 유사한 모양 및 크기로 작업하시오.

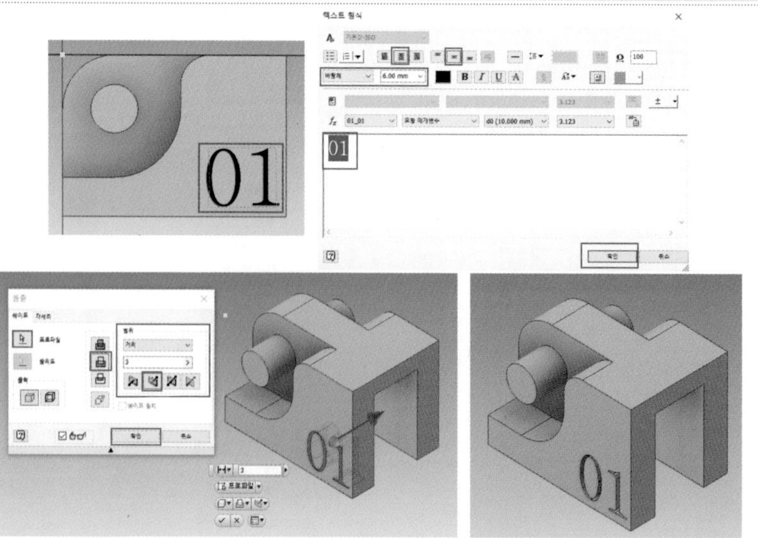

16

부품 ① 저장하기

• [파일] → [다른 이름으로 저장] → [비번호 폴더] → [파일이름] → [01_01] → [저장]

※ 본 교재의 부품 ①번 3D모델링 파일이름은 "01_01"로 작성되었다. 부품 ①, ②번 3D모델링 파일이름은 수험자가 임의로 정할 수 있다.
예 부품1번, 01번 등

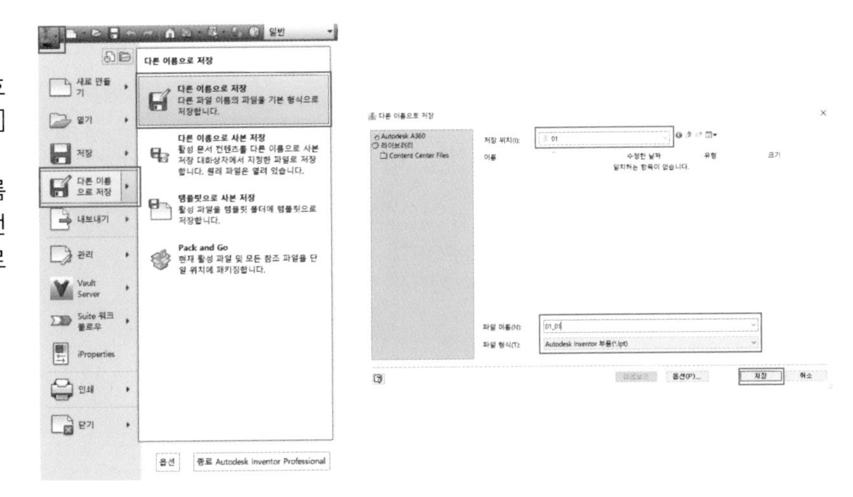

17

부품 ② 모델링

• [새로 만들기] → [Metric] → [Standard(mm).ipt] → [작성]

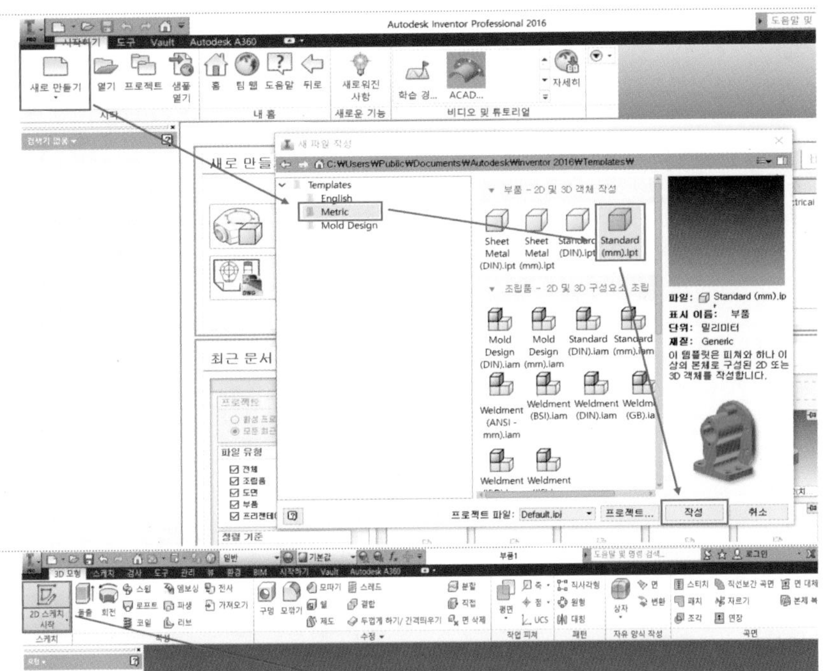

18

[2D 스케치 시작] → [마우스로 XY Plane 선택]

※ 마우스로 XY Plane 선택 시 빨간색으로 변함

※ 다른 방법(시트트리에서)
[원점] → [XY평면 마우스오른쪽 클릭] → [새 스케치]

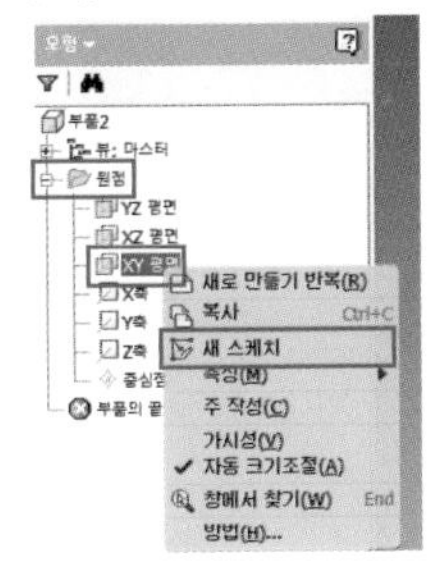

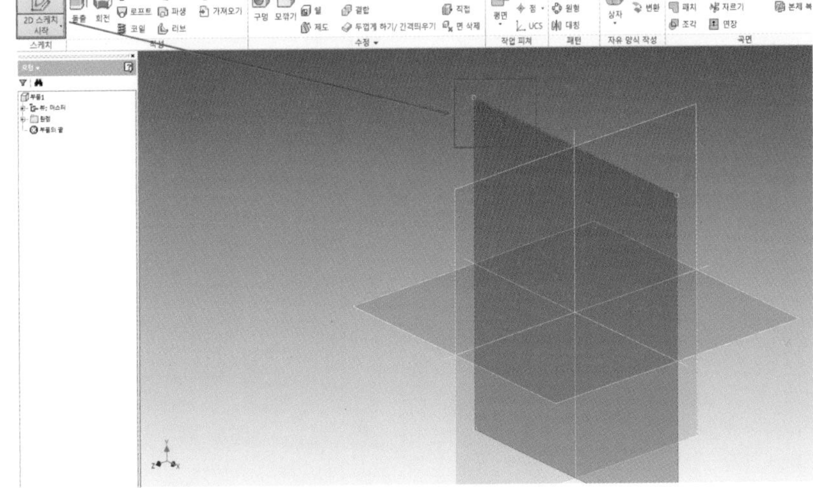

19

부품 ② 정면도를 스케치 한다.

- ∅11, 6 원을 그린다, 선을 그린다.
- 기하학 구속조건(접선), 치수 구속조건
- 자르기, 모따기(C2), 모깎기(R2)(※ 선 자르기 시 치수 먼저 삭제)
- 주서
  도시되고 지시없는 모따기는C2, 라운드는R3

※ 'A'는 상대치수(∅5mm)와 구멍공차를 적용해 ∅6mm로 결정한다.

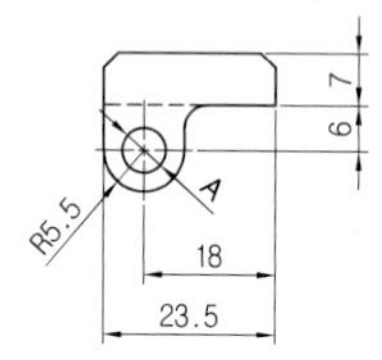

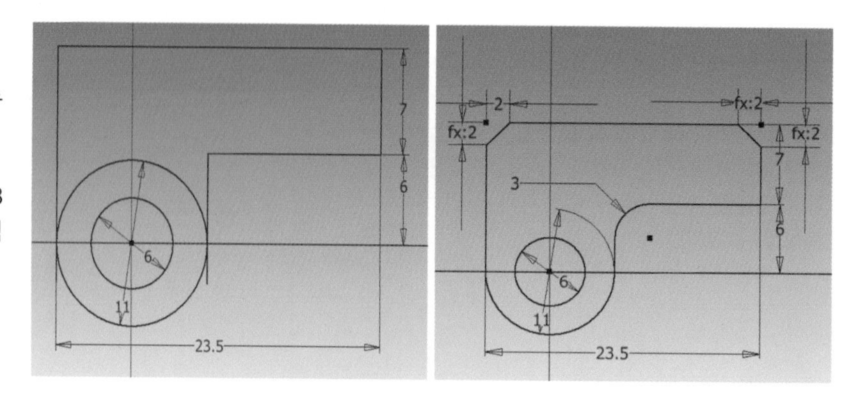

20

스케치마무리

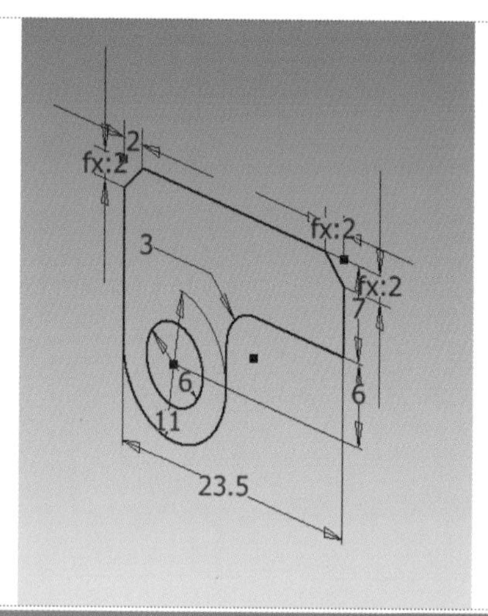

21

부품 ② 3D 모형 만들기

- [돌출] → [스케치 클릭] → [거리16] → [대칭] → [확인]

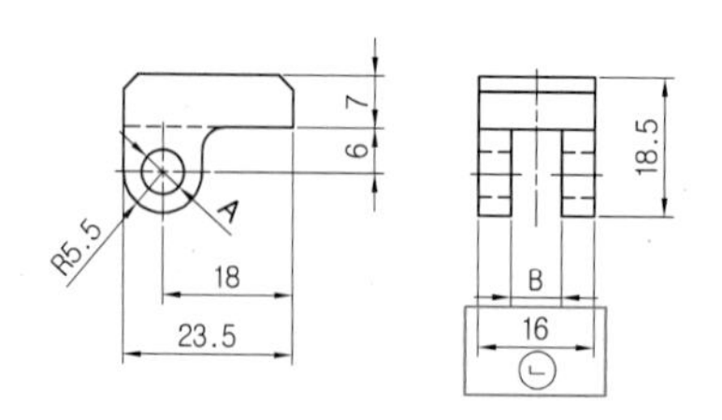

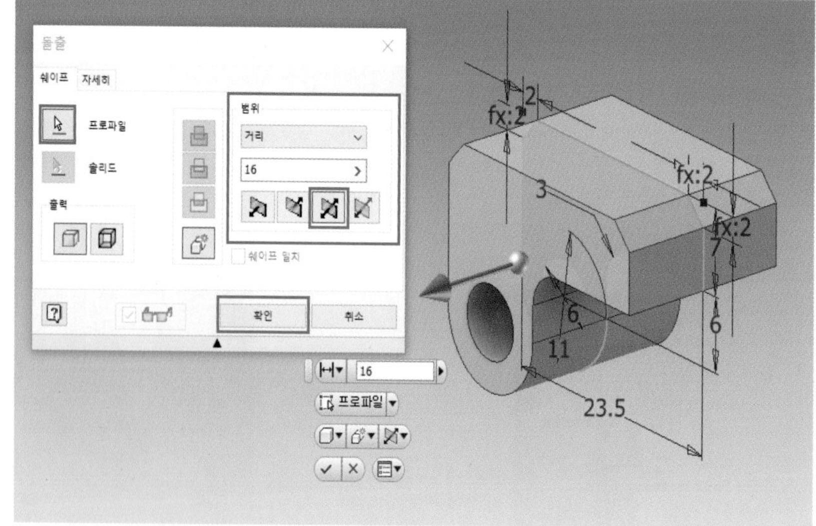

22

부품 ② 3D 모형 만들기

- [2D 스케치 시작] → [YZ평면 선택] → [F7] [직사각형] → [치수구속조건] → [스케치 마무리]

※ 'B'는 상대치수(6mm)와 구멍공차를 적용해 **7mm**로 결정한다.

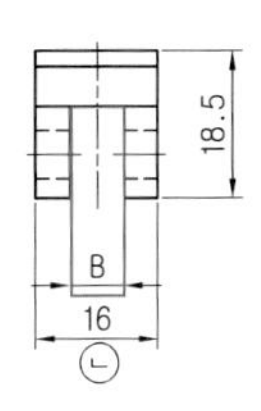

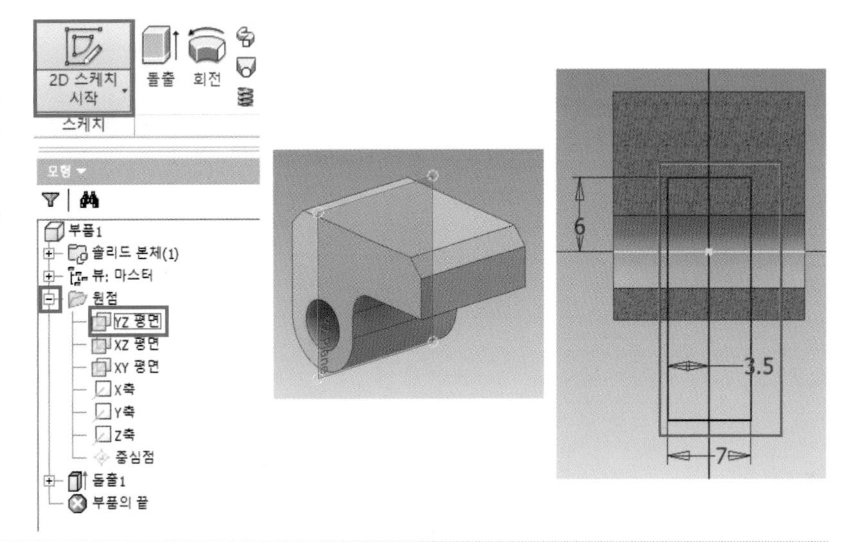

23

부품 ② 3D 모형 만들기

- [돌출] → [스케치 클릭] → [차집합] → [전체] → [대칭] → [확인]

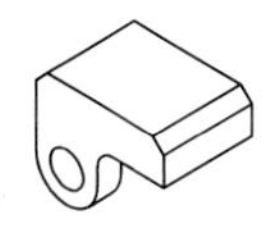

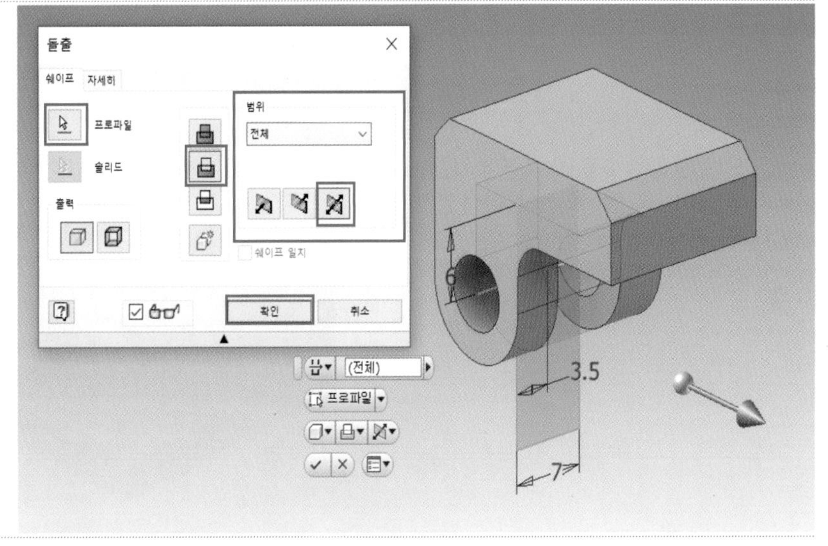

24

부품 ② 저장하기

- [파일] → [다른 이름으로 저장] → [비번호 폴더] → [파일이름] → [01_02] → [저장]

※ 본 교재의 부품 ②번 3D모델링 파일이름은 "01_02"로 작성되었다. 부품 ①, ②번 3D모델링 파일이름은 수험자가 임의로 정할 수 있다.
예 부품2번, 02번 등

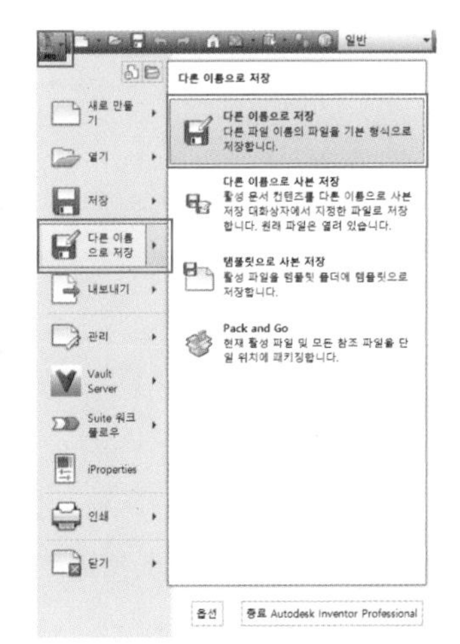

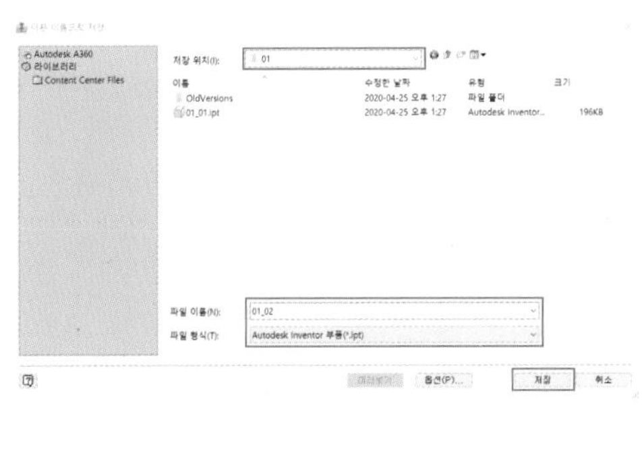

25

어셈블리

• [새로 만들기] → [Metric] → [Standard(mm).iam] → [작성]

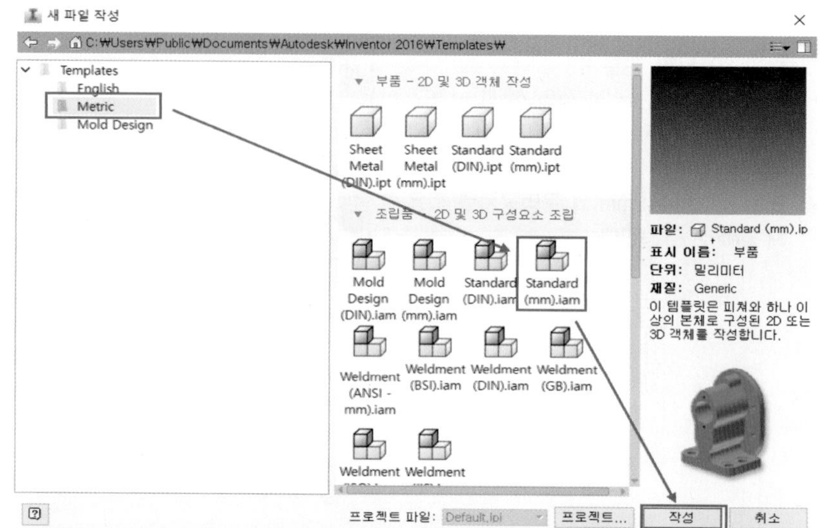

26

"배치" 아이콘을 통해 부품 ①, ②를 배치한다.

• [배치] → [01_01, 01_02 선택] → [열기] → [화면 클릭] → [ESC]

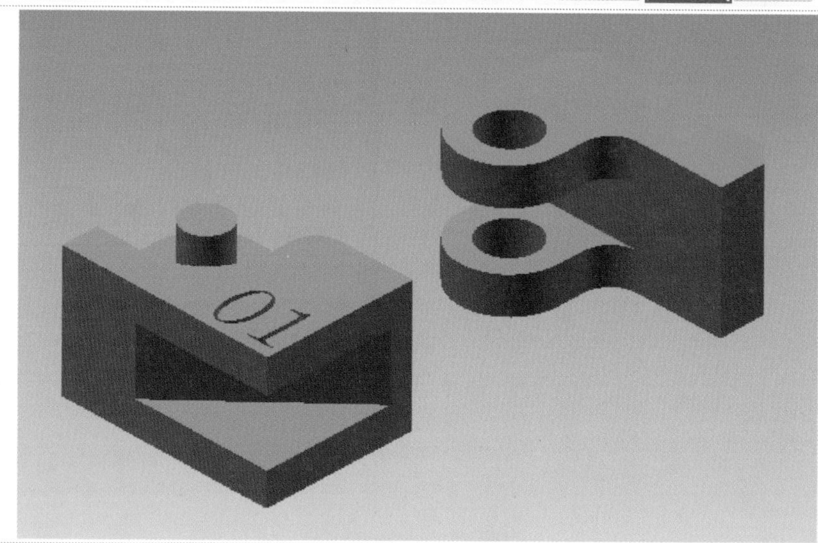

27

시트트리에서 부품①번을 우클릭하여 고정한다.

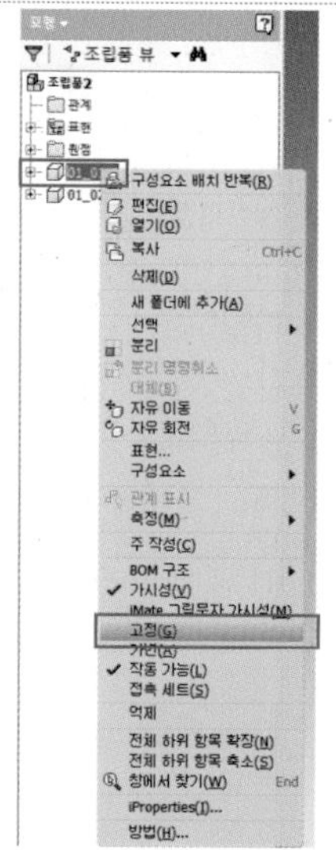

28

조립구속조건

• 부품②를 클릭하여 움직이고 우클릭하여 자유회전을 통하여 도면의 조립도와 비슷하게 한다.

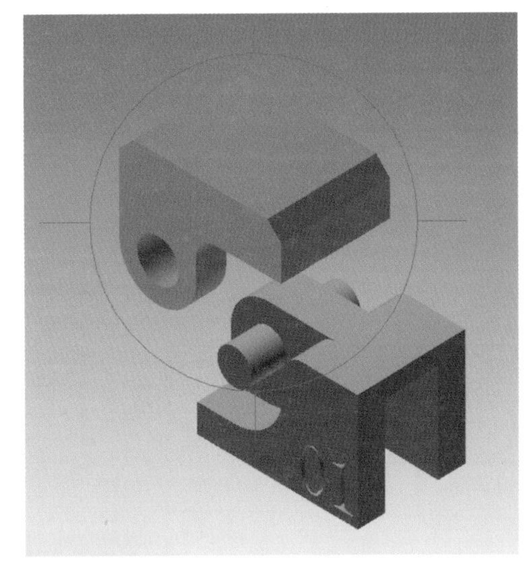

29

조립구속조건

• [구속조건] → [삽입] → [솔루션 : 정렬] → [부품①선택요소] → [자유회전] → [부품②선택요소] → [확인]

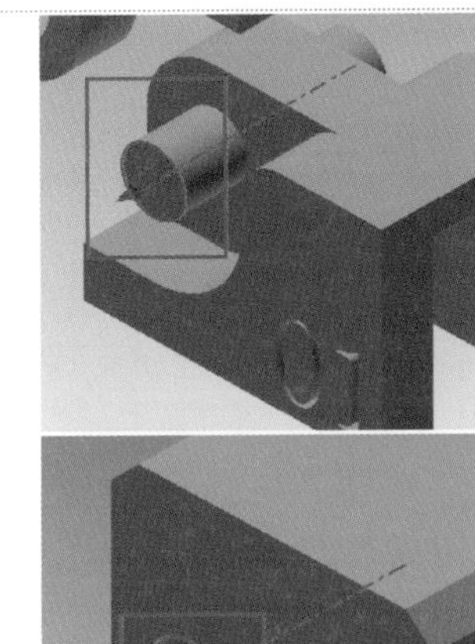

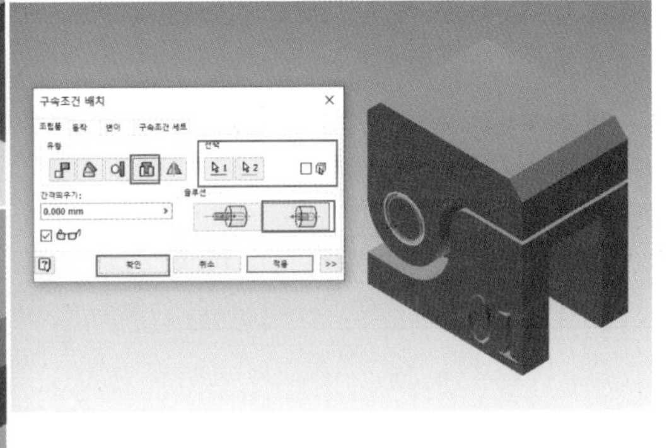

30

출력방향을 고려하여 구속조건 추가

※ 조립된 상태로 출력하니 되도록 서포트가 적게 나오고 도면의 ㉠, ㉡, ㉢ 치수가 정밀하게 나오는 출력방향을 결정해야 한다.

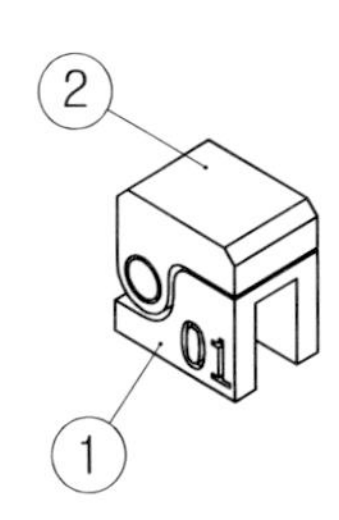

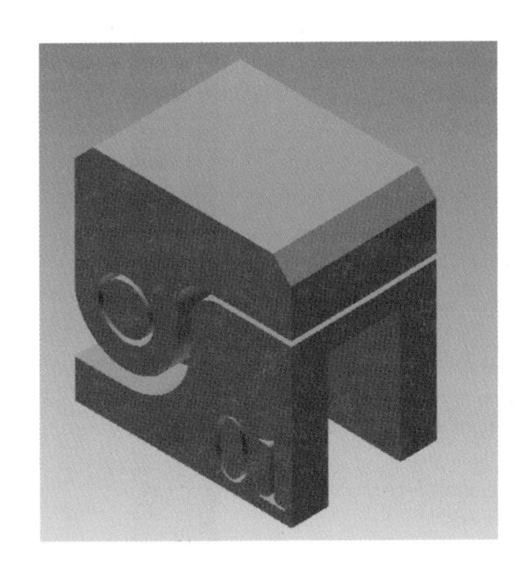

31

어셈블리 저장하기(2가지 확장자)

- [파일] → [다른 이름으로 저장] → [비번호 폴더] → [파일이름] → [01] → [저장]

- [파일] → [내보내기] → [CAD형식] → [비번호폴더] → [01] → [파일형식 : STEP 선택] → [저장]

구 분	작업명	파일명	비 고
1	어셈블리	01.***	
2		01.STP	채점용

※ 비번호 01인 경우

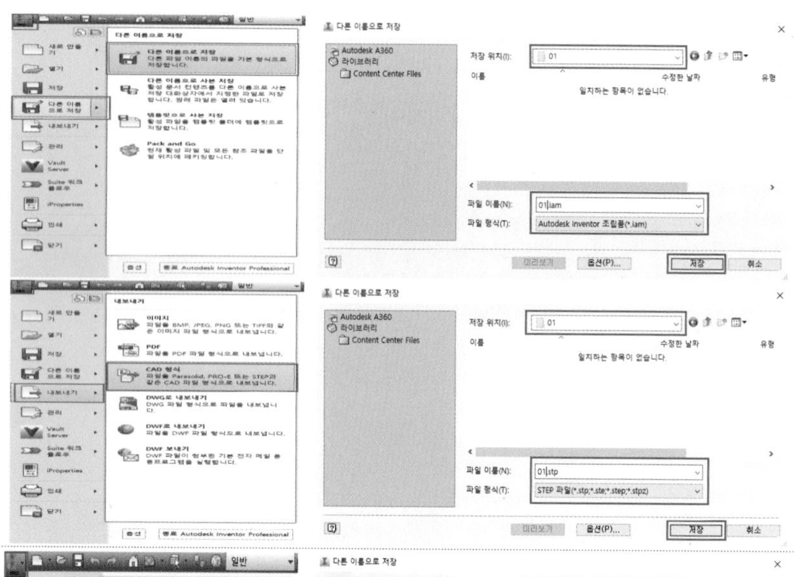

32

어셈블리 저장하기(STL확장자)

- [파일] → [내보내기] → [CAD형식] → [비번호폴더] → [01] → [파일형식 : STL 선택] → [옵션] → [단위 : mm] → [저장]

※ 옵션에서 단위 mm 선택

구 분	작업명	파일명	비 고
3	어셈블리	01.STL	

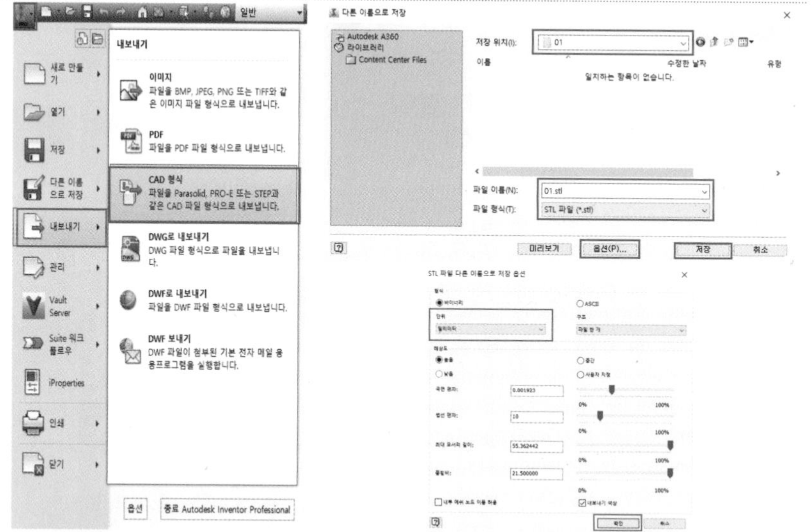

33

슬라이싱(3DWOX)

슬라이싱 프로그램을 실행한다.

- [파일] → [모델 불러오기] → [비번호폴더] → [01.stl] → [열기]

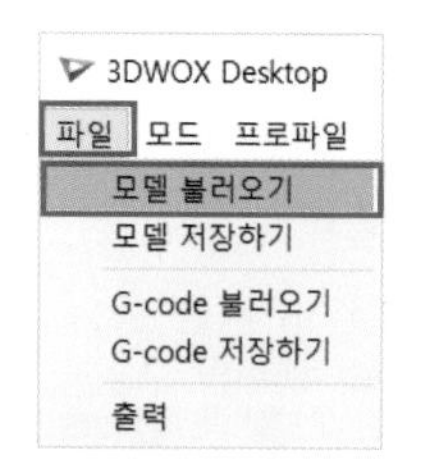

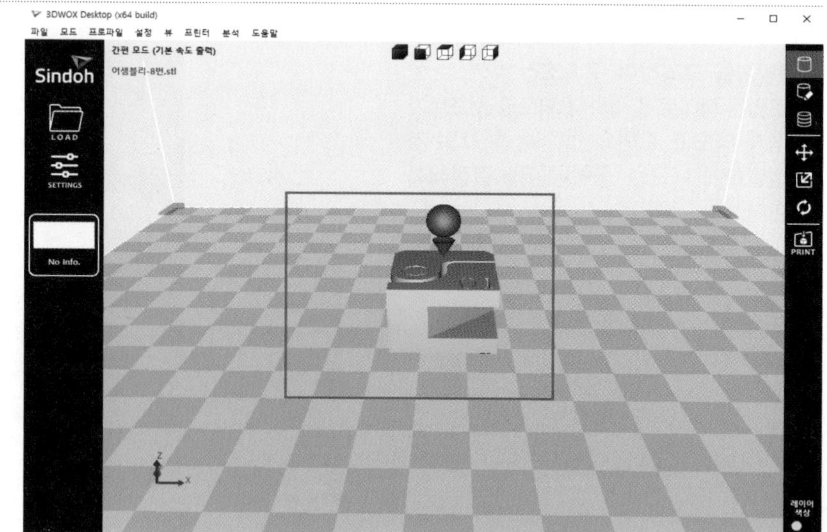

34

프린터 설정

• [설정] → [프린터 설정] → [프린터 모델] → [확인]

※ 시험장 프린터 모델을 선택한다.
예 DP200

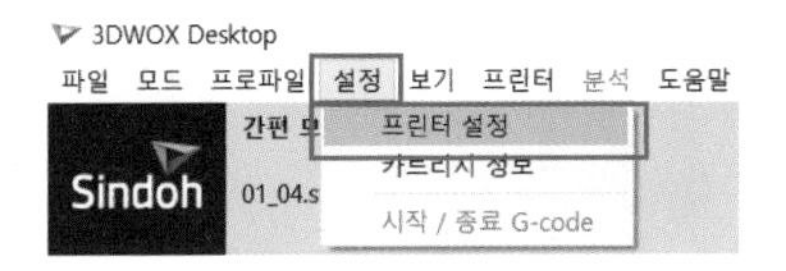

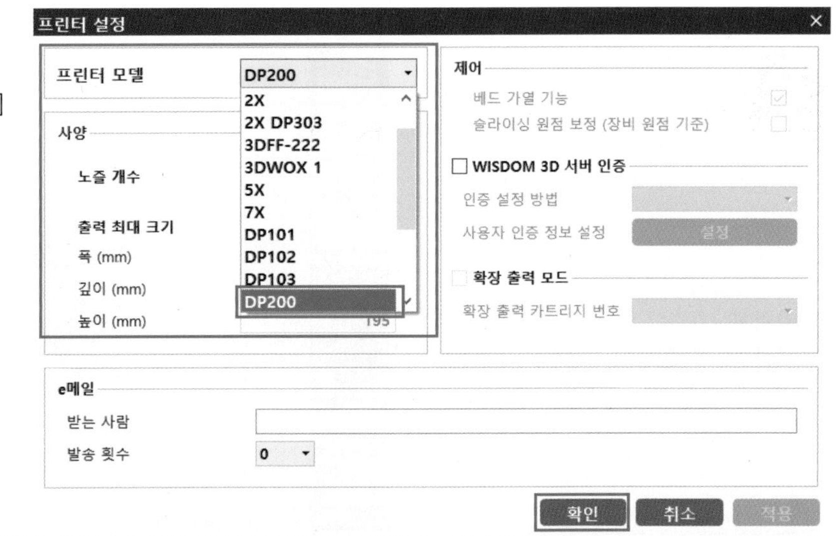

35

출력방향을 결정한다.

• [분석] → [최적출력방향] → [분석] → [추천 1~6 선택]

※ 신도리코 3DWOX는 최적출력방향을 분석해 준다. 참고하여 서포트가 적게 나오고 도면의 ㉠, ㉡, ㉢ 치수가 정밀하게 나오는 출력방향을 결정한다.

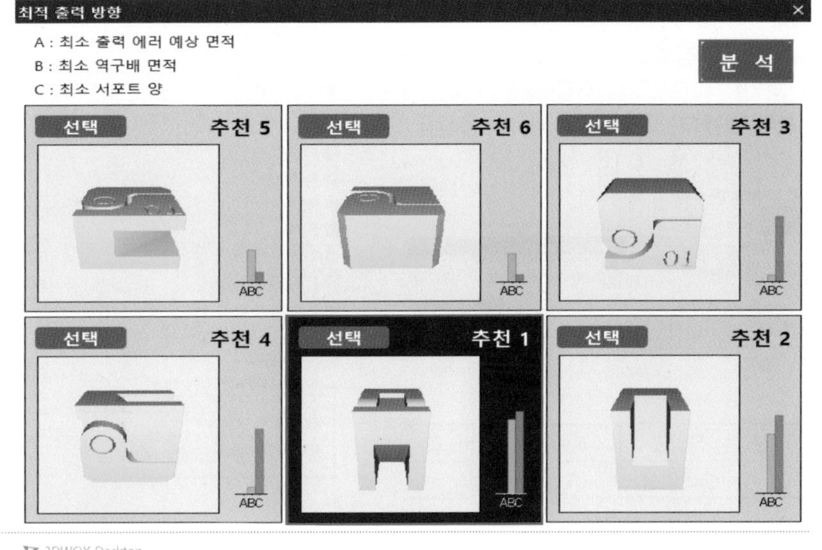

36

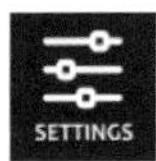

기본 파라미터를 설정한다.

• [SETTINGS] 버튼을 클릭하여 파라미터 값을 조정한다.
• 기본 속도 출력
• 재질 : PLA
• 서포트 : 모든 곳, 지그재그 구조

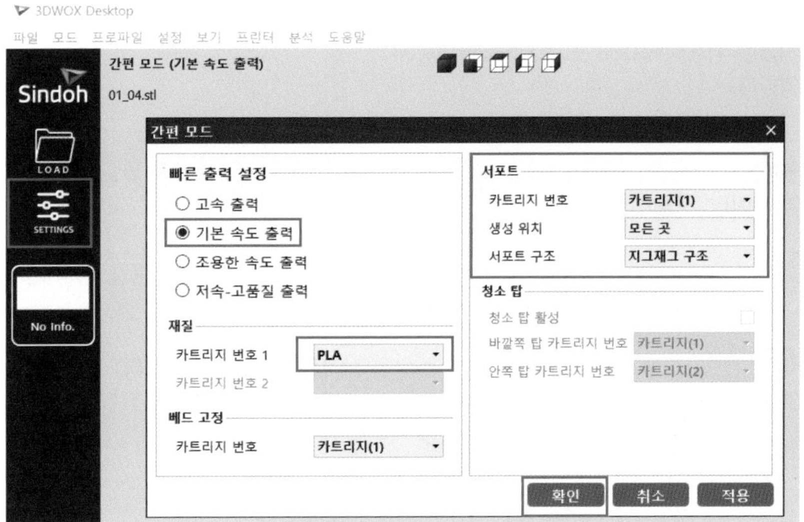

37

슬라이싱

• 베드상에 있는 출력물이 파라미터의 값이 반영되면서 슬라이싱을 수행한다.

※ 출력예상시간을 확인한다.

※ 출력예상시간이 1시간 20분이 넘어가면 고급모드로 변경하여 [SETTINGS]에서 레이어 높이, 채우기 밀도, 서포트 밀도 등 설정값을 변경한다.

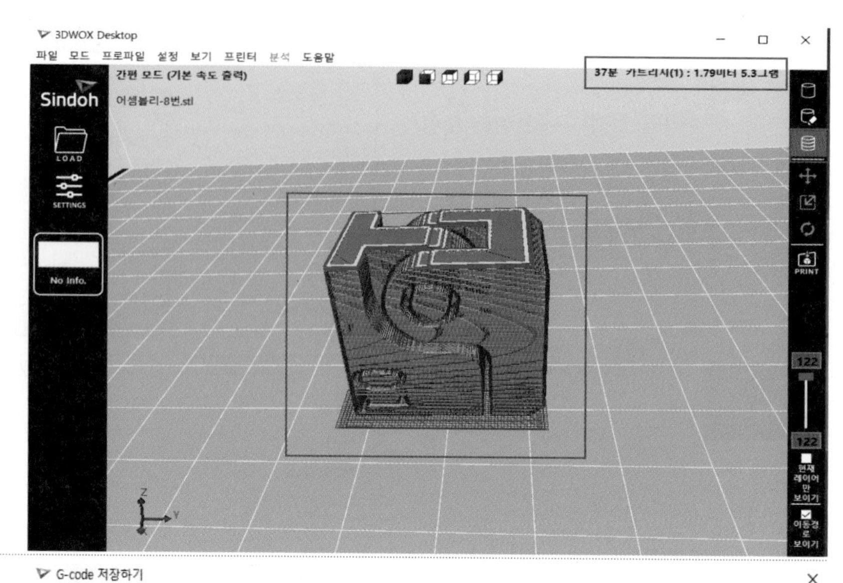

38

G-code 저장하기

• [파일] → [G-code 저장하기] → [예] → [비번호폴더] → [01.gcode] → [저장]

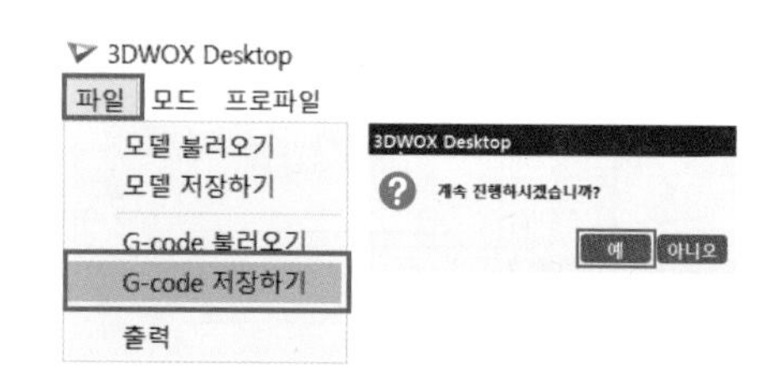

구 분	작업명	파일명	비 고
4	슬라이싱	01.***	gcode

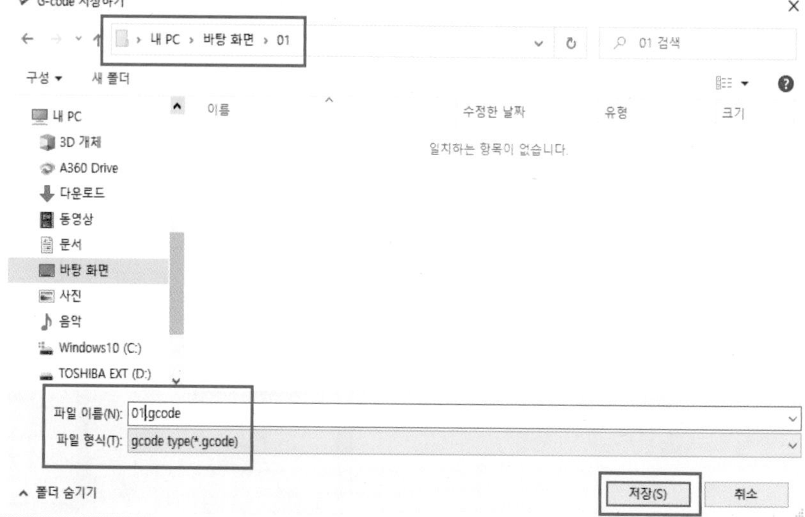

39

지급된 저장매체(USB 또는 SD-card)에 저장한다.

• 감독위원에게 저장매체(USB 또는 SD-card) 제출

40

3D프린터 세팅

• 노즐, 베드 등에 이물질을 제거하여 출력 시 방해요소가 없도록 세팅한다.
• PLA 필라멘트 장착 여부 등 소재의 이상 여부를 점검하고 정상 작동하도록 세팅한다.
• 베드 레벨링 기능 등을 활용하여 베드 위치를 세팅한다.

41

3D프린팅

• 저장매체(USB 또는 SD-card)에 있는 파일(01_04.gcode)을 3D프린터 전면부에 있는 USB 포트에 연결하여 화면에서 직접 G-code를 불러와 출력한다.

42
최종 출력물

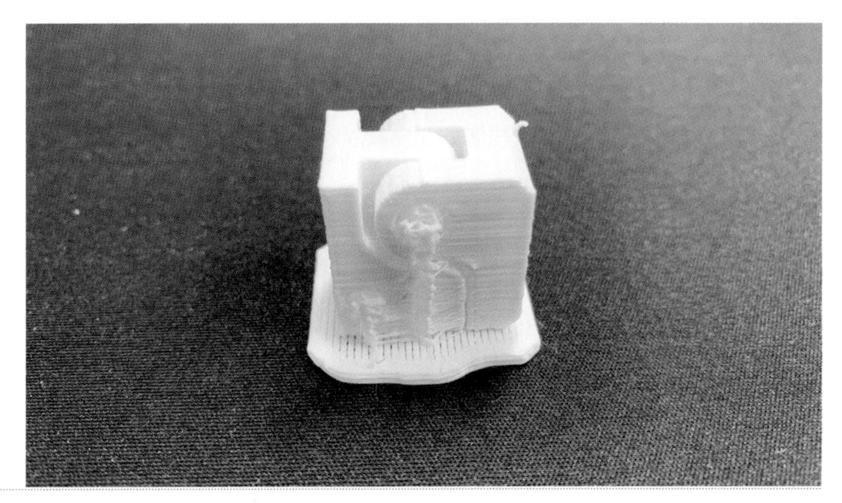

43
후처리

- 출력이 완료되면 보호장갑을 착용하고 서포트 및 거스러미를 제거한 후 감독위원에게 제출한다.

44
노즐 및 베드 정리

- 출력물을 제출 후 본인이 사용한 3D프린터 노즐 및 베드 등의 잔여물을 제거하고 정리정돈 한다(**※ 정리상태도 채점 대상임에 주의하자**).

09 3D모델링 실기 공개문제 도면 - 09

자격종목	3D프린터운용기능사	[시험1] 과제명	3D모델링 작업	척 도	NS

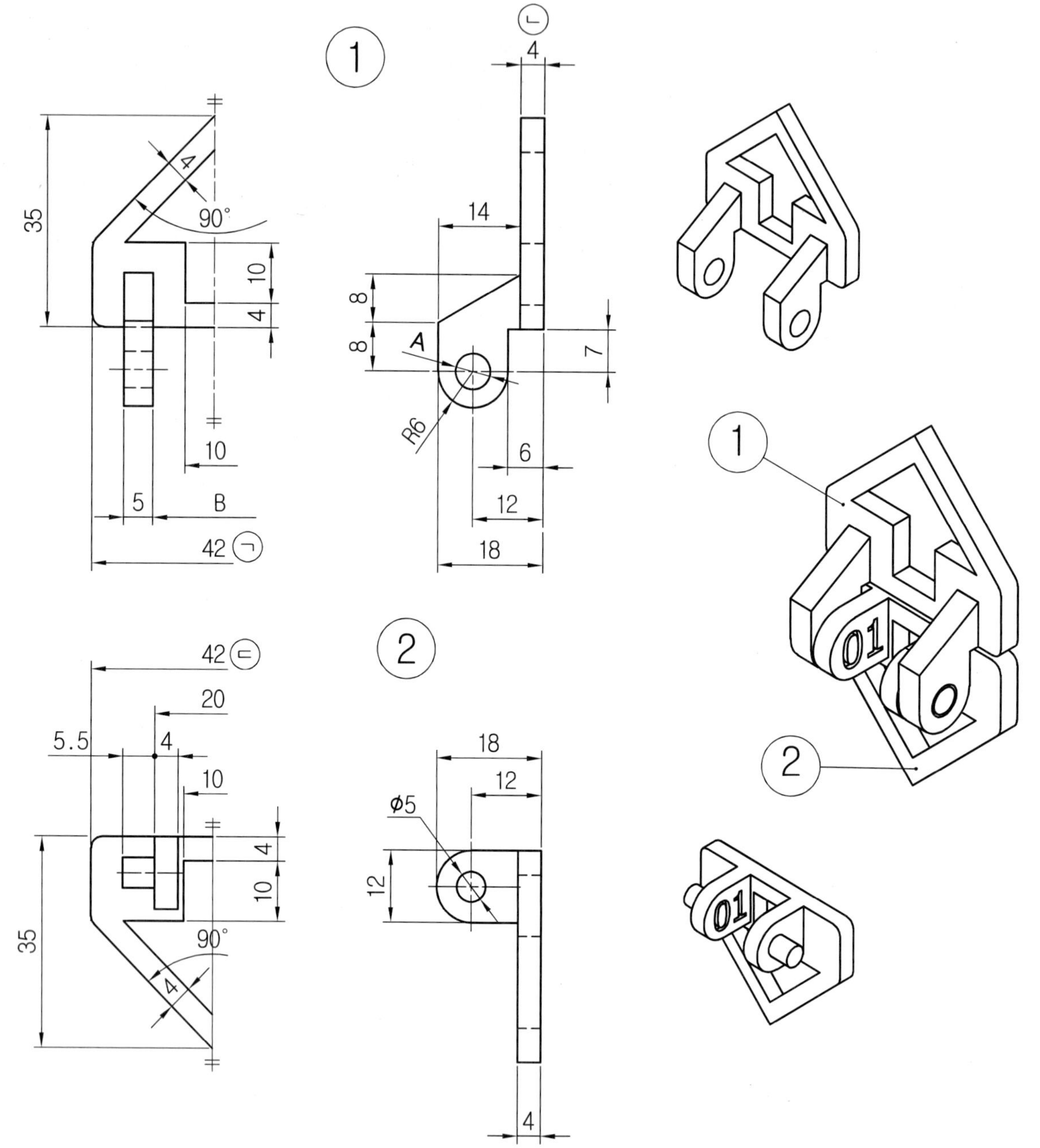

주서

1. 도시되고 지시없는 라운드는 R2
2. 해당도면은 좌우대칭임

01

부품 ① 모델링

- [새로 만들기] → [Metric] → [Standard(mm).ipt] → [작성]

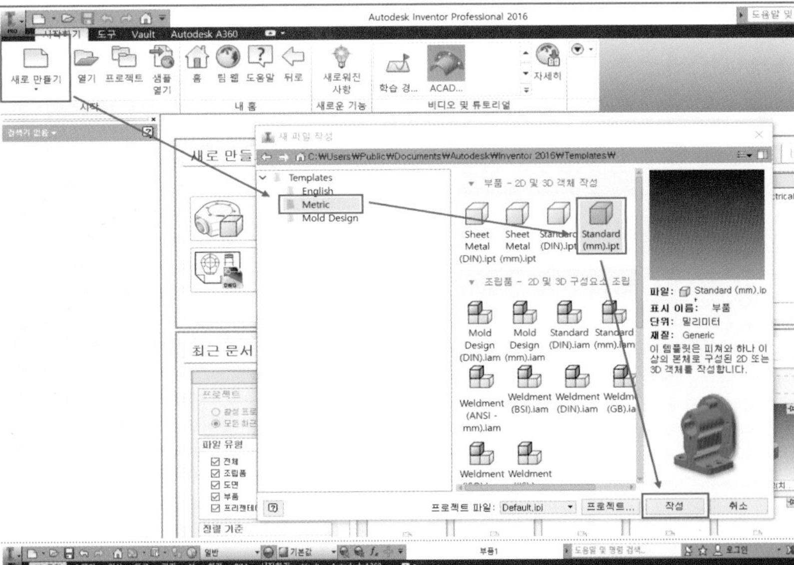

02

[2D 스케치 시작] → [마우스로 **XY Plane** 선택]

※ 마우스로 XY Plane 선택 시 빨간색으로 변함

※ 다른 방법(시트트리에서)
[원점] → [XY평면 마우스오른쪽 클릭] → [새 스케치]

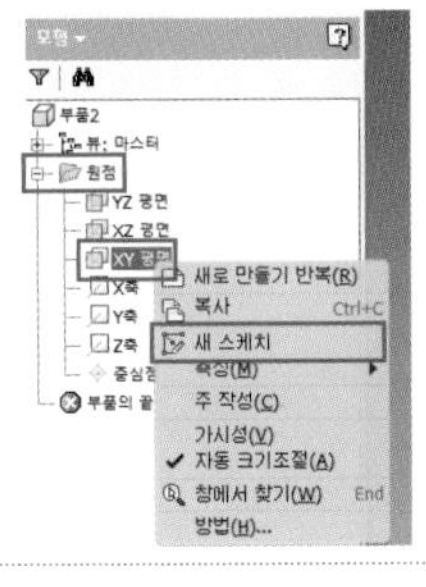

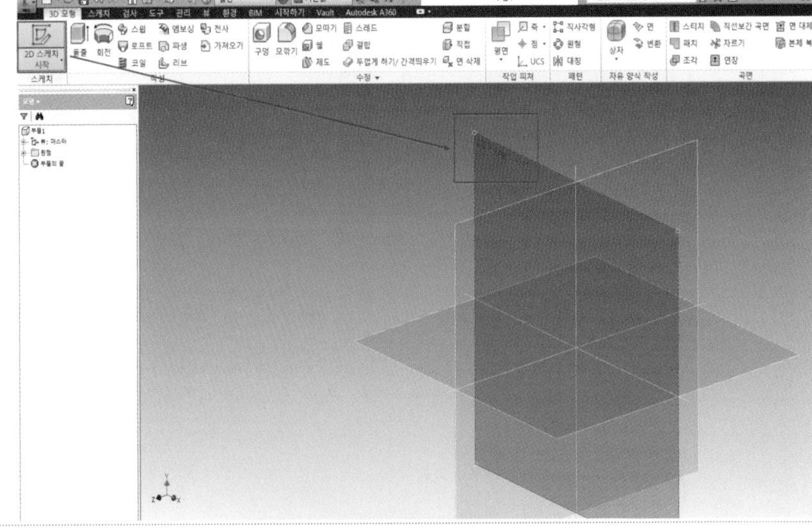

03

부품 ① 정면도 일부를 스케치 한다.

- ① 정면도 대칭으로 스케치
- 선, 간격띄우기(4), 치수 구속조건
- 자르기, 모깎기(R2)

※ 'B'는 상대치수(20mm)와 구멍공차를 적용해 **21mm**로 결정한다.

※ 주서 : 도시되고 지시없는 라운드는 R2

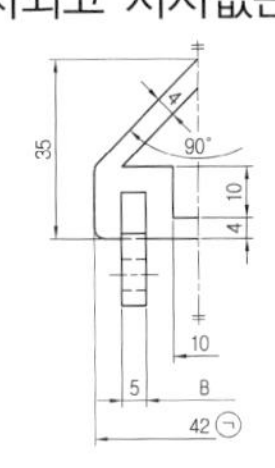

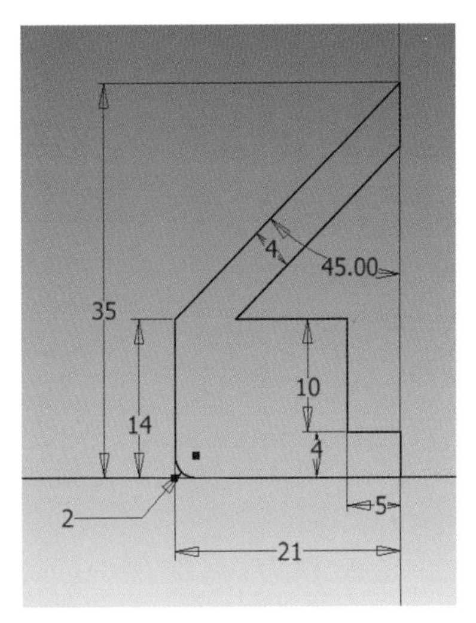

04

스케치마무리

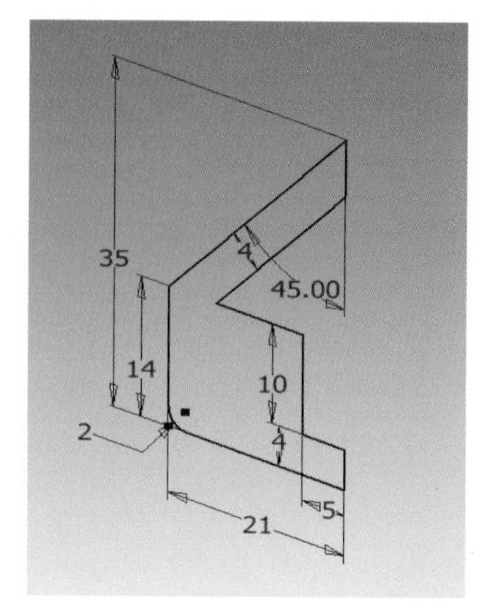

05

부품 ① 3D 모형 만들기

- [돌출] → [스케치 클릭] → [거리4] → [대칭] → [확인]

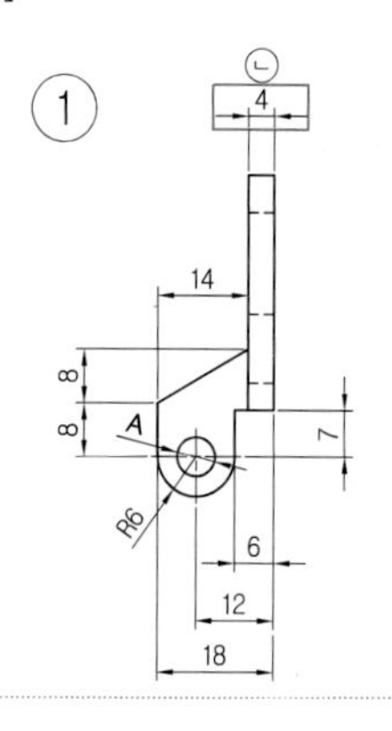

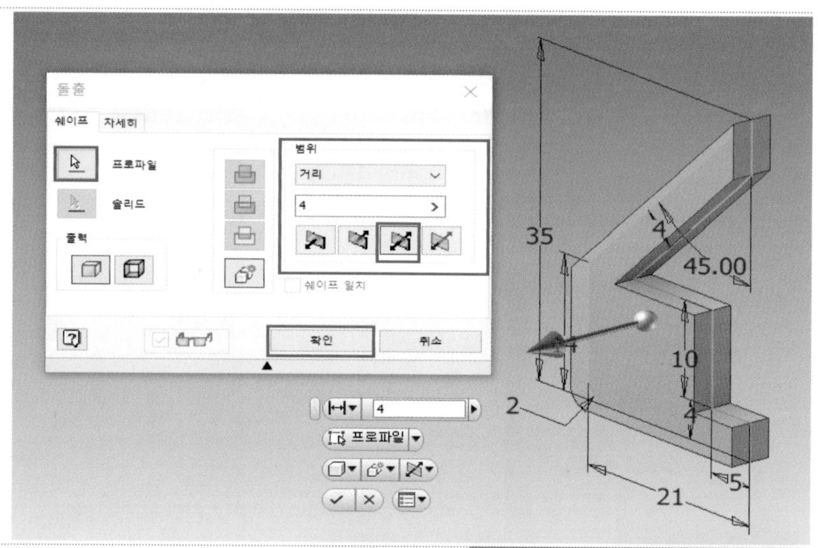

06

부품 ① 3D 모형 만들기

- [대칭] → [피쳐] → [시트트리 돌출1클릭] [대칭평면] → [시트트리 YZ평면클릭] → [확인]

※ 피쳐 및 대칭평면 선택 시 시트트리가 아닌 화면상의 피쳐 및 대칭평면을 선택하여도 된다.

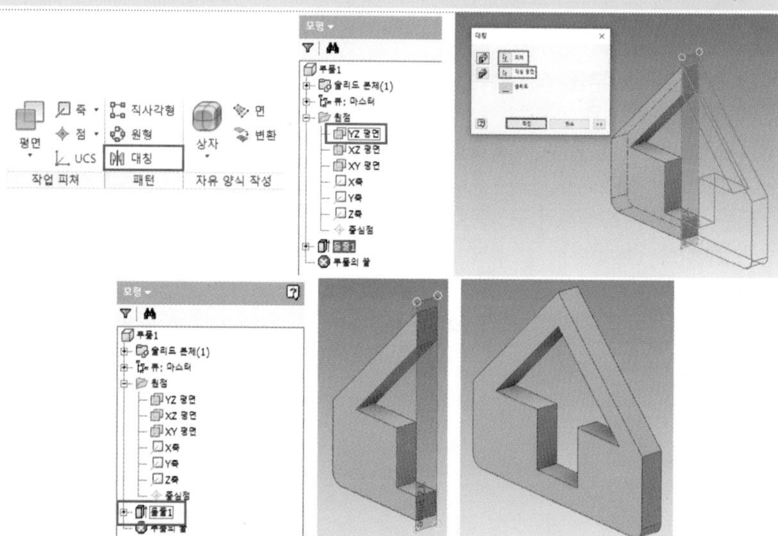

07

부품 ① 3D 모형 만들기

- [작업피쳐 : 평면] → [평면에서 간격띄우기] → [시트트리에서 YZ평면 선택] → [-10.5] → [Enter] → [2D 스케치 시작] → [시트트리에서 작업평면선택] → [F7] → [스케치] → [스케치마무리]

※ 'A'는 상대치수(∅5mm)와 구멍공차를 적용해 ∅6mm로 결정한다.

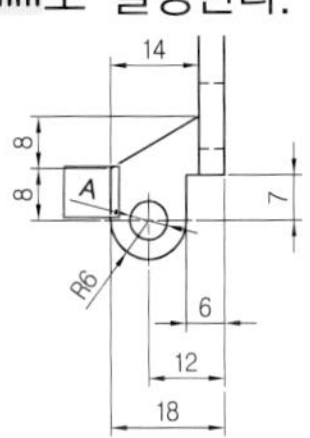

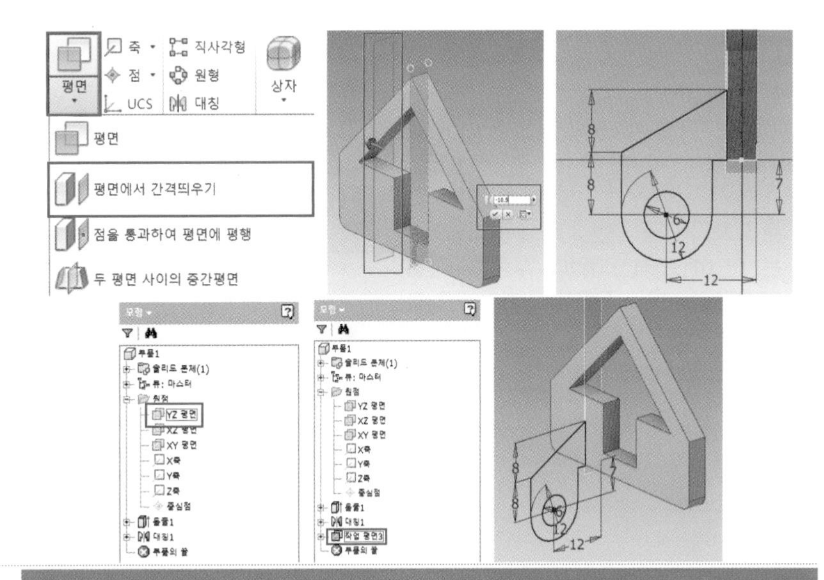

08

부품 ① 3D 모형 만들기

- [돌출] → [스케치 클릭] → [접합] → [거리5] → [방향2] → [확인]

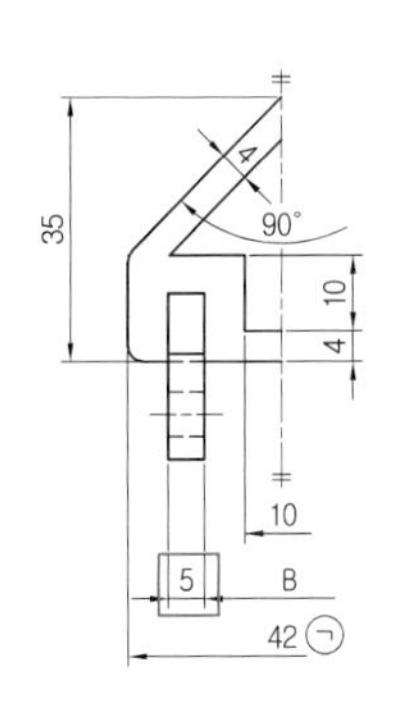

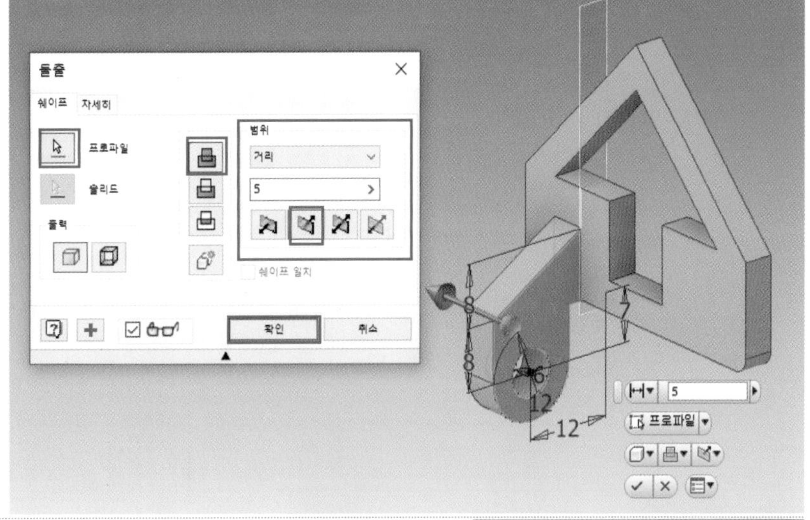

09

부품 ① 3D 모형 만들기

- [대칭] → [피쳐] → [시트트리 돌출2클릭] [대칭평면] → [시트트리 YZ평면클릭] → [확인]

※ 피쳐 및 대칭평면 선택 시 시트트리가 아닌 화면상의 피쳐 및 대칭평면을 선택하여도 된다.

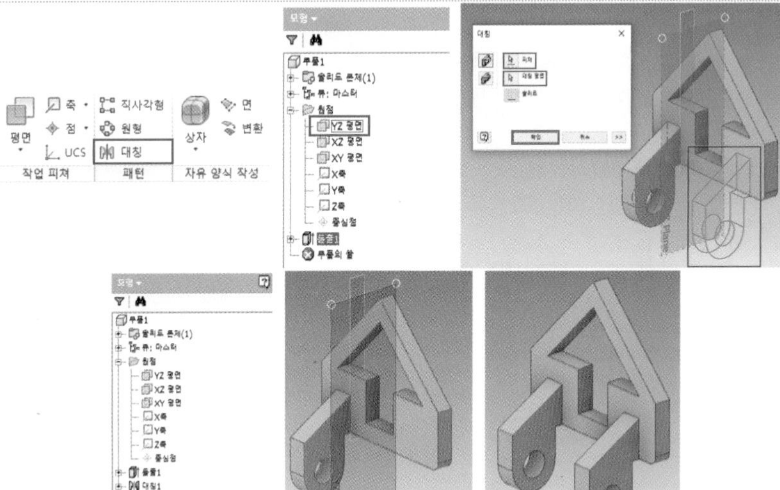

10

부품 ① 저장하기

• [파일] → [다른 이름으로 저장] → [비번호 폴더] → [파일이름] → [01_01] → [저장]

※ 본 교재의 부품 ①번 3D모델링 파일이름은 "01_01"로 작성되었다. 부품 ①, ②번 3D모델링 파일이름은 수험자가 임의로 정할 수 있다.
예 부품1번, 01번 등

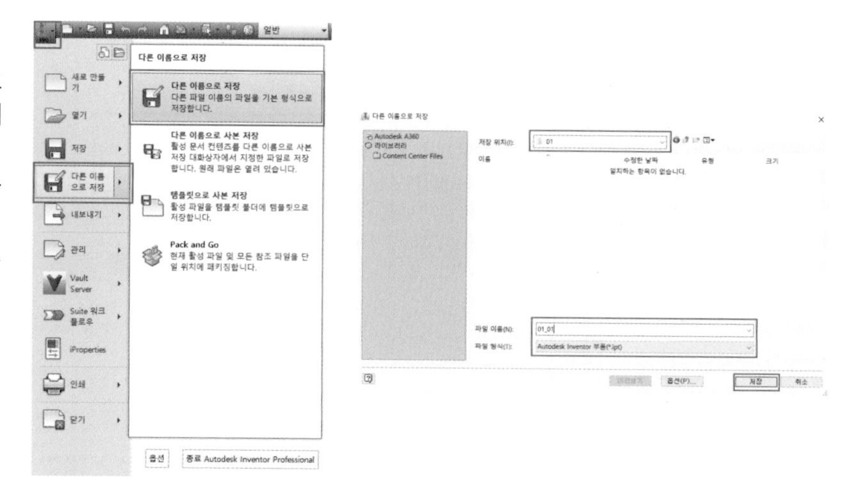

11

부품 ② 모델링

• [새로 만들기] → [Metric] → [Standard(mm).ipt] → [작성]

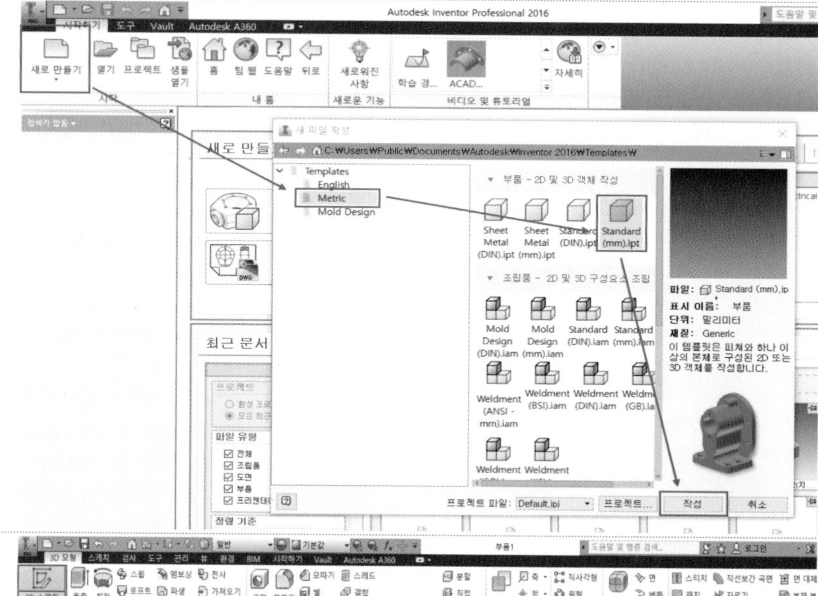

12

[2D 스케치 시작] → [마우스로 XY Plane 선택]

※ 마우스로 XY Plane 선택 시 빨간색으로 변함

※ 다른 방법(시트트리에서)
[원점] → [XY평면 마우스오른쪽 클릭] → [새 스케치]

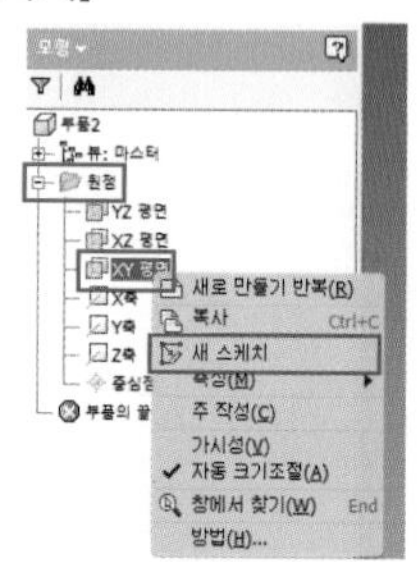

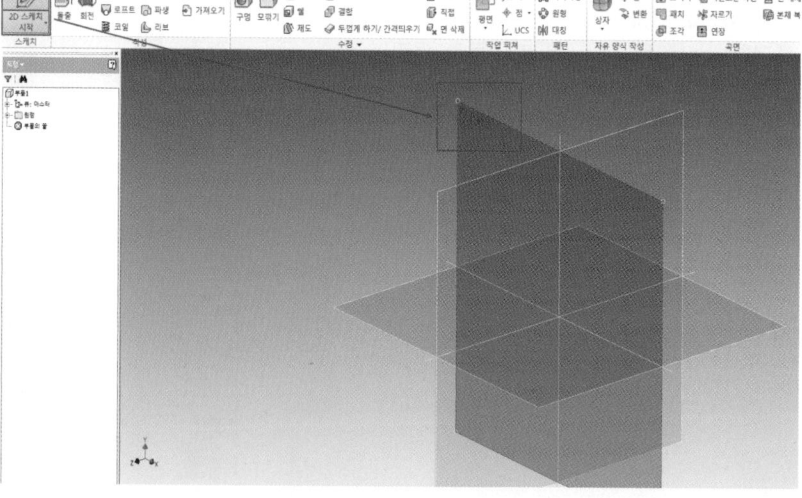

13

부품 ② 정면도 일부를 스케치 한다.

- ② 정면도 대칭으로 스케치
- 선, 간격띄우기(4), 치수 구속조건
- 자르기, 모깎기(R2)

※ 주서
　도시되고 지시없는 라운드는 R2

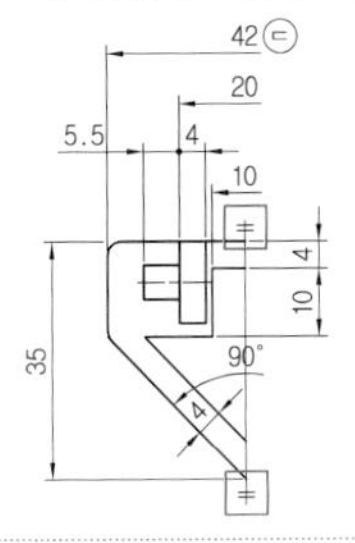

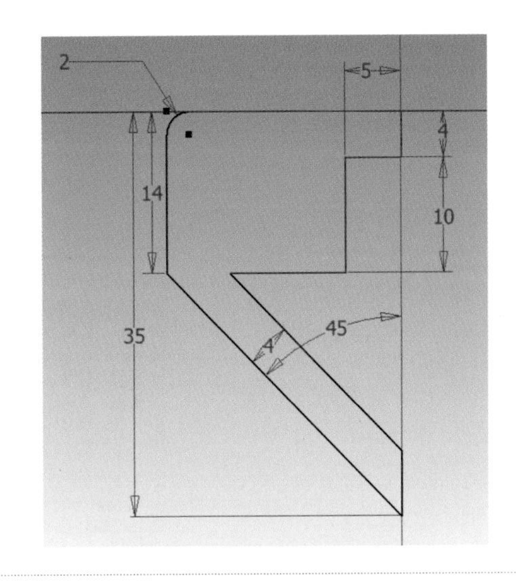

14

스케치마무리

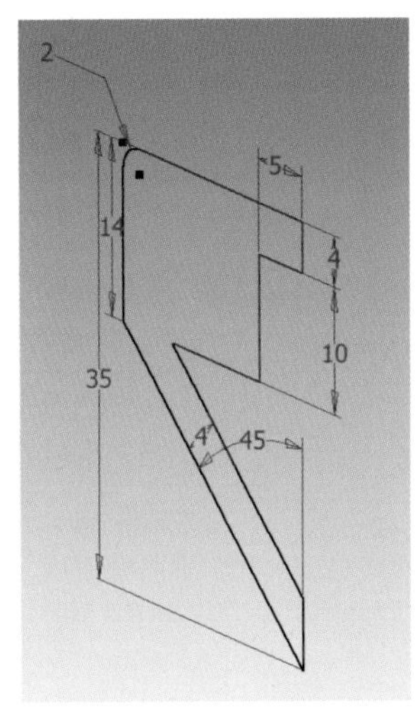

15

부품 ② 3D 모형 만들기

- [돌출] → [스케치 클릭] → [거리4] → [대칭] → [확인]

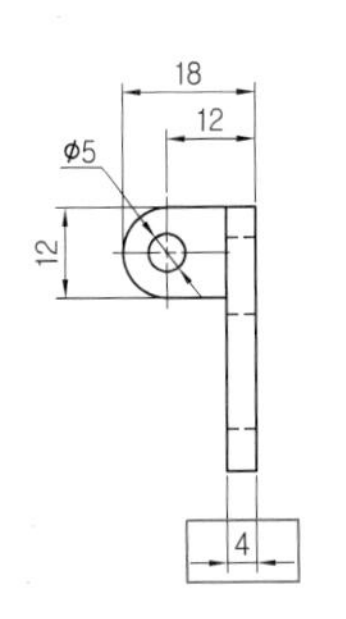

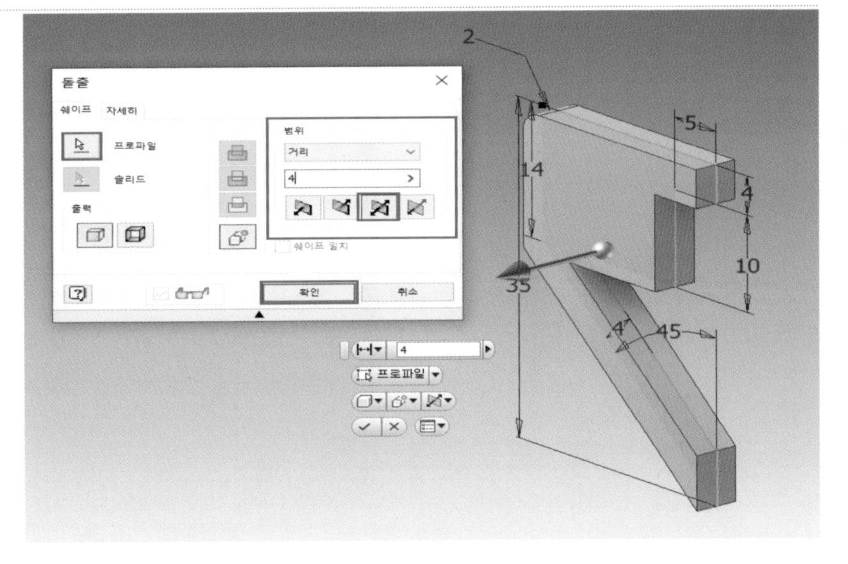

16

부품 ② 3D 모형 만들기

- [대칭] → [피쳐] → [시트트리 돌출1클릭] [대칭평면] → [시트트리 YZ평면클릭] → [확인]

※ 피쳐 및 대칭평면 선택 시 시트트리가 아닌 화면상의 피쳐 및 대칭평면을 선택하여도 된다.

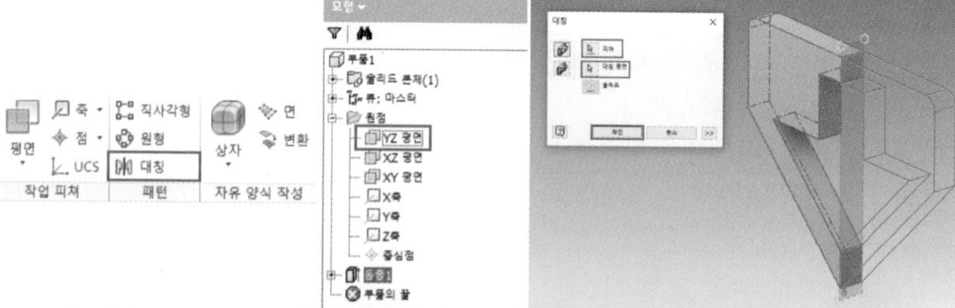

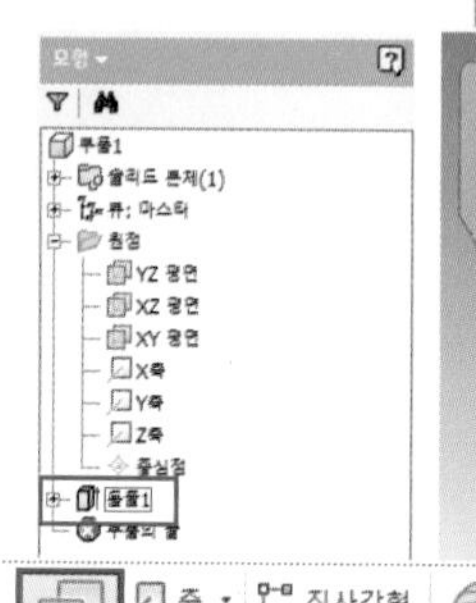

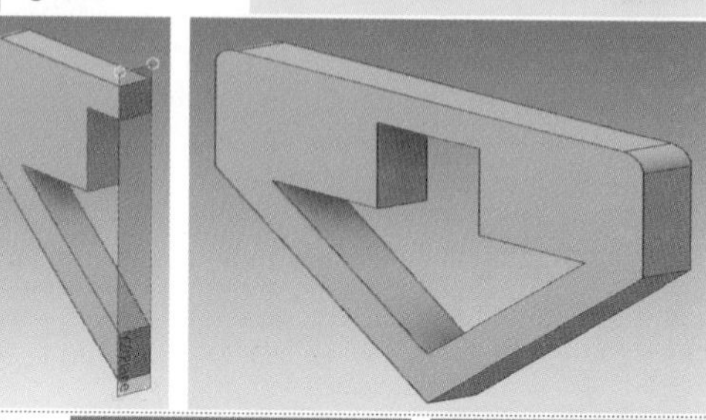

17

부품 ② 3D 모형 만들기

- [작업피쳐 : 평면] → [평면에서 간격띄우기] → [시트트리에서 YZ평면 선택] → [-10] → [Enter] → [2D 스케치 시작] → [시트트리에서 작업평면선택] → [F7] → [스케치] → [스케치마무리]

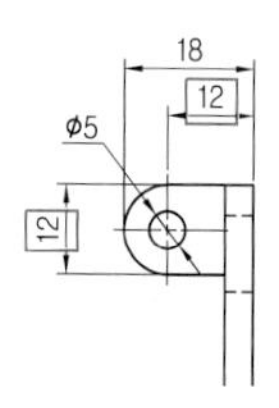

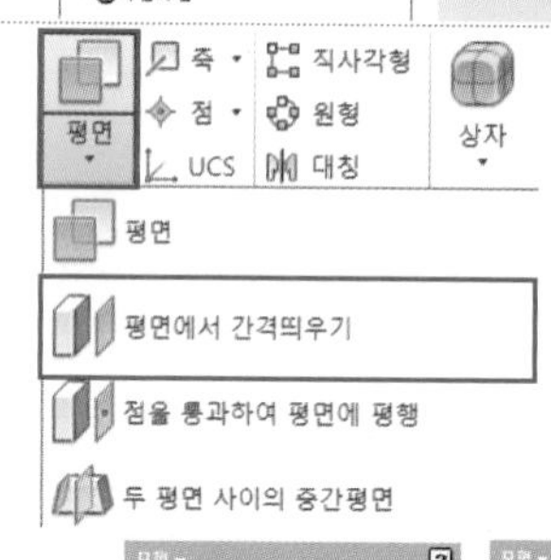

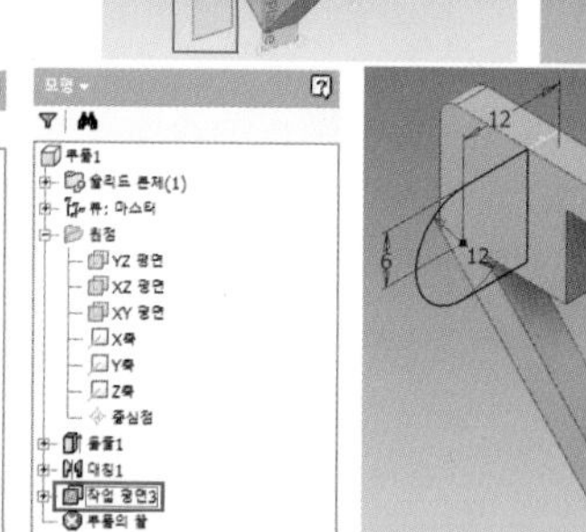

18

부품 ② 3D 모형 만들기

- [돌출] → [스케치 클릭] → [접합] → [거리4] → [방향1] → [확인]

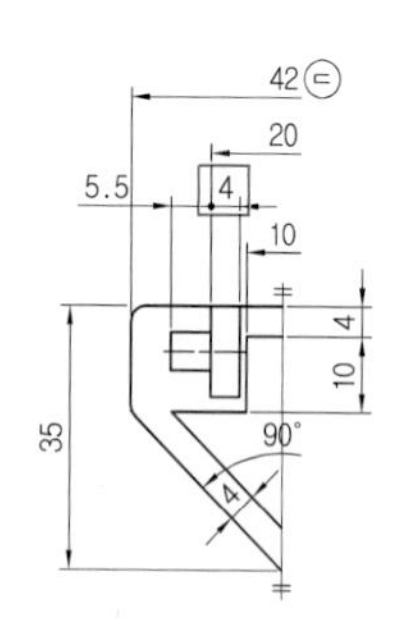

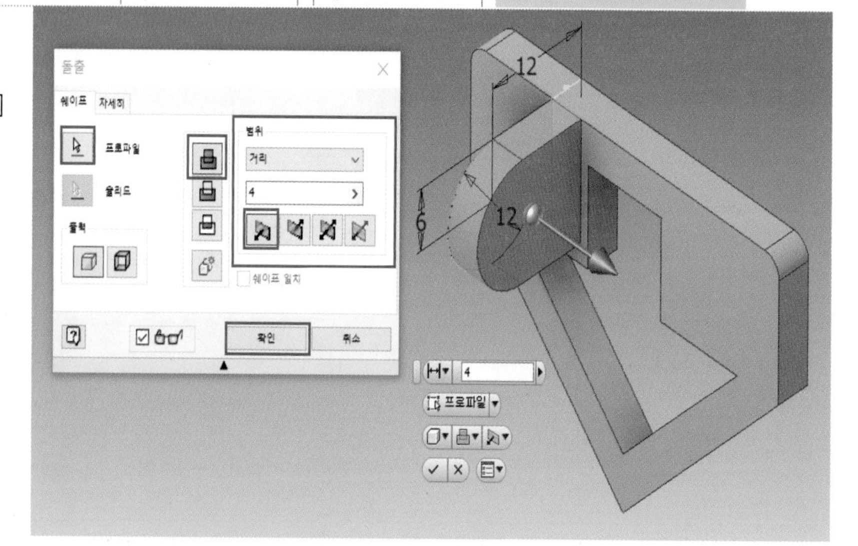

19

부품 ② 3D 모형 만들기

• [2D 스케치 시작] → [스케치평면 선택] → [원∅5] → [치수구속조건] → [스케치마무리]

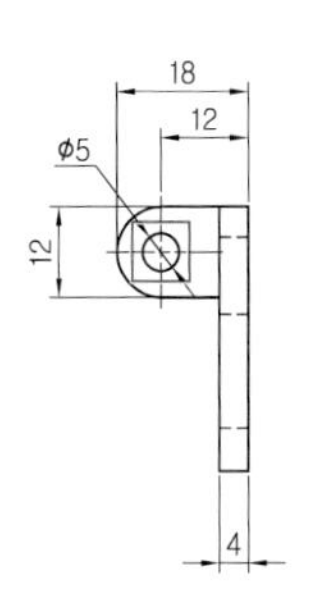

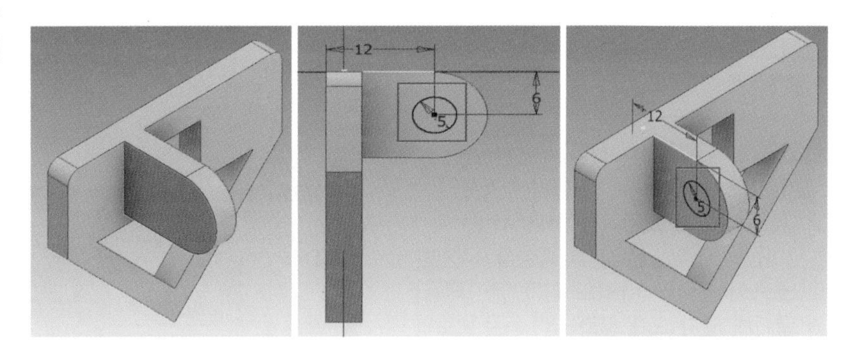

20

부품 ② 3D 모형 만들기

• [돌출] → [스케치 클릭] → [접합] → [거리5.5] → [방향1] → [확인]

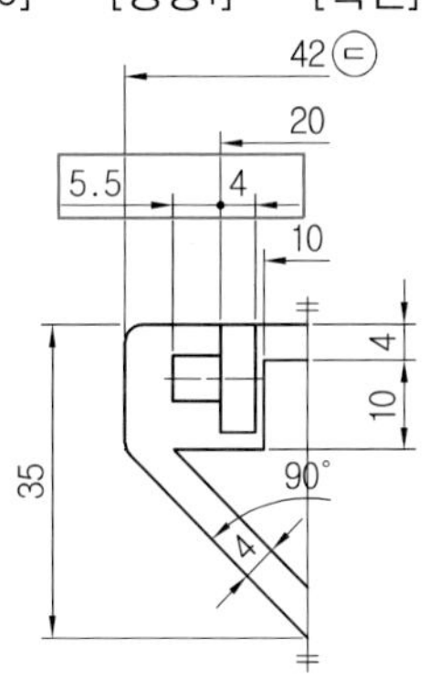

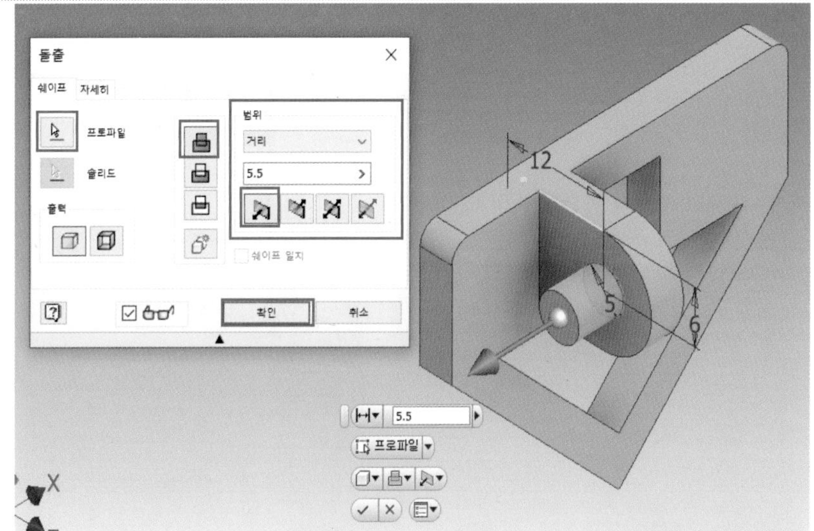

21

부품 ② 3D 모형 만들기

• [대칭] → [피쳐] → [시트트리 돌출2, 3 클릭] [대칭평면] → [시트트리 YZ평면 클릭] → [확인]

※ 피쳐 및 대칭평면 선택 시 시트트리가 아닌 화면상의 피쳐 및 대칭평면을 선택하여도 된다.

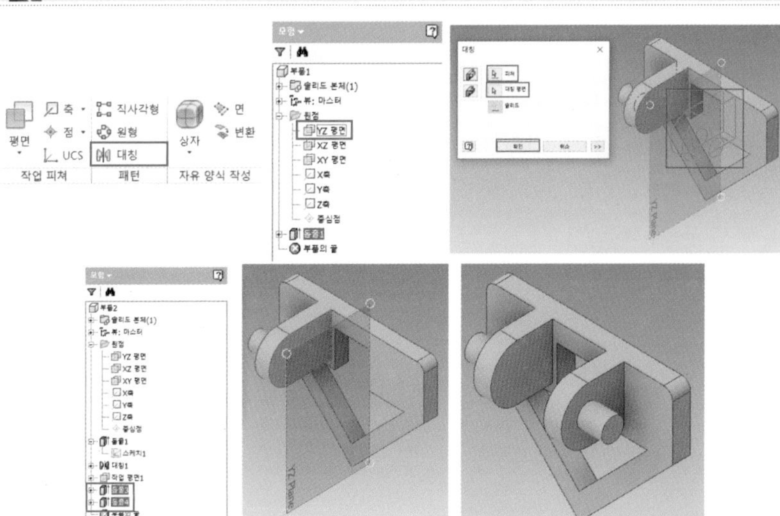

22

부품 ② 각인

- [2D 스케치 시작] → [각인평면 선택] → [텍스트] → [바탕체] → [6mm] → [확인] → [스케치마무리]

- [돌출] → [각인번호 선택] → [차집합] → [거리] → [3mm] → [방향2] → [확인]

※ 각인 방향이 도면과 상이할 시 [회전] → [각인 선택] → [중심점 : 각인번호중심 클릭] → [각도 입력] → [적용]

※ 글자체, 글자 크기, 글자 깊이 등은 별도의 정보가 없으므로 도면과 유사한 모양 및 크기로 작업하시오.

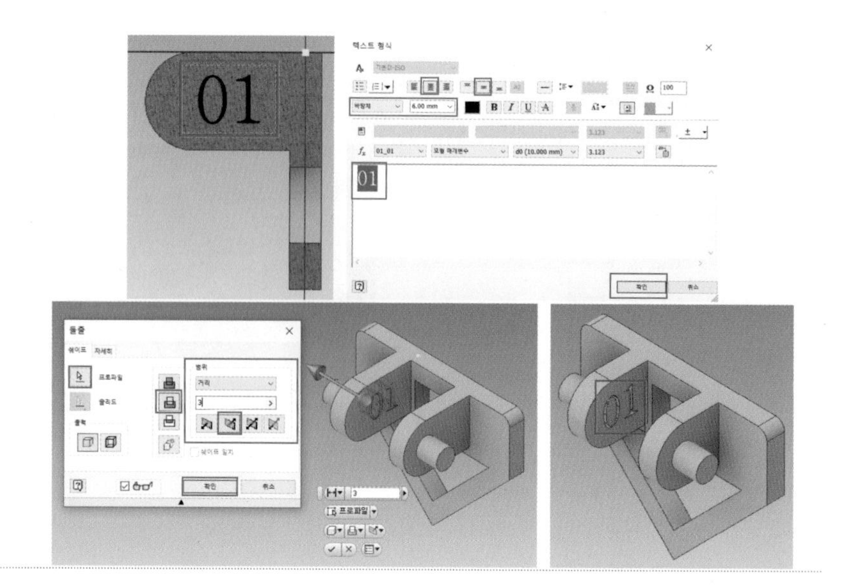

23

부품 ② 저장하기

- [파일] → [다른 이름으로 저장] → [비번호 폴더] → [파일이름] → [01_02] → [저장]

※ 본 교재의 부품 ②번 3D모델링 파일이름은 "01_02"로 작성되었다. 부품 ①, ②번 3D모델링 파일이름은 수험자가 임의로 정할 수 있다.
예 부품2번, 02번 등

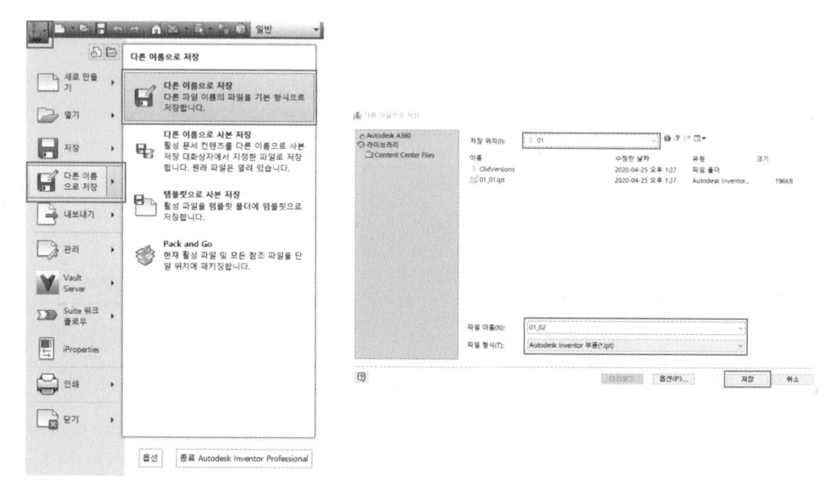

24

어셈블리

- [새로 만들기] → [Metric] → [Standard(mm).iam] → [작성]

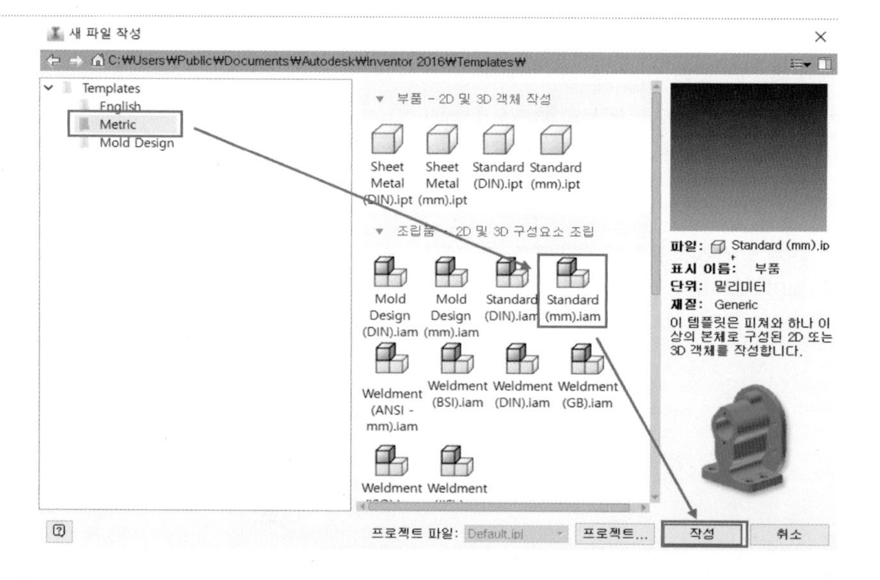

25

"배치" 아이콘을 통해 부품 ①, ②를 배치한다.

• [배치] → [01_01, 01_02 선택] → [열기] → [화면 클릭] → [ESC]

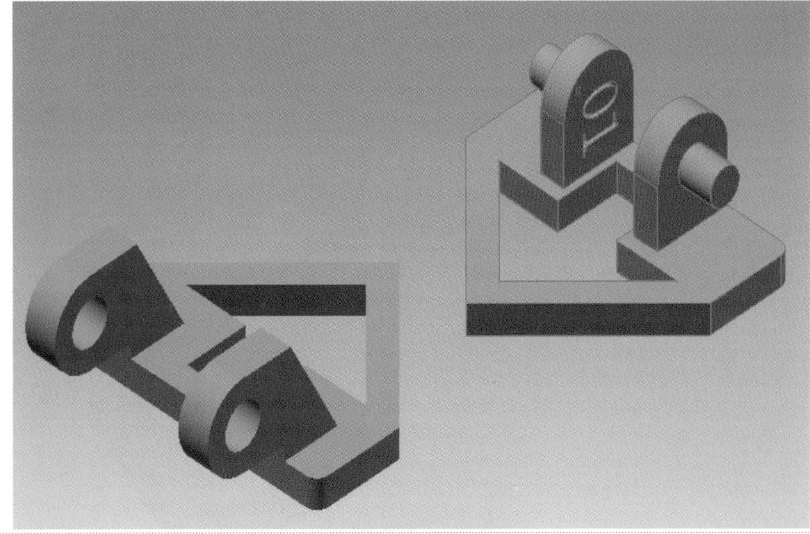

26

시트트리에서 부품①번을 우클릭하여 고정한다.

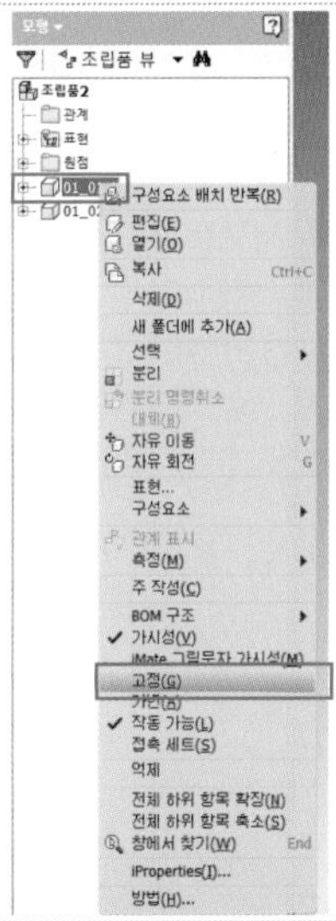

27

조립구속조건

• 부품②를 클릭하여 움직이고 우클릭하여 자유회전을 통하여 도면의 조립도와 비슷하게 한다.

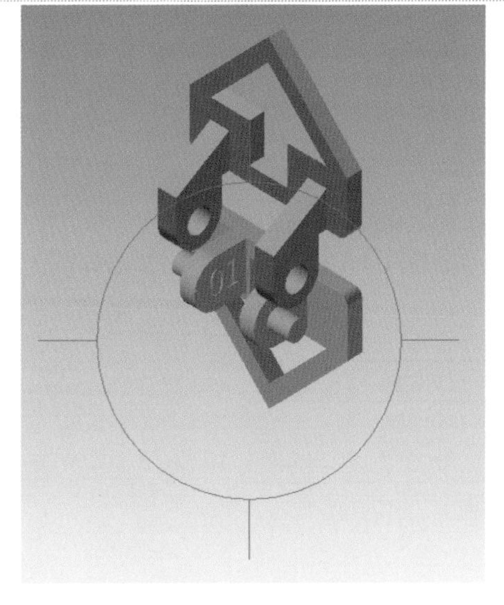

28

조립구속조건

• [구속조건] → [삽입] → [솔루션 : 정렬] → [부품①선택요소] → [자유회전] → [부품②선택요소] → [확인]

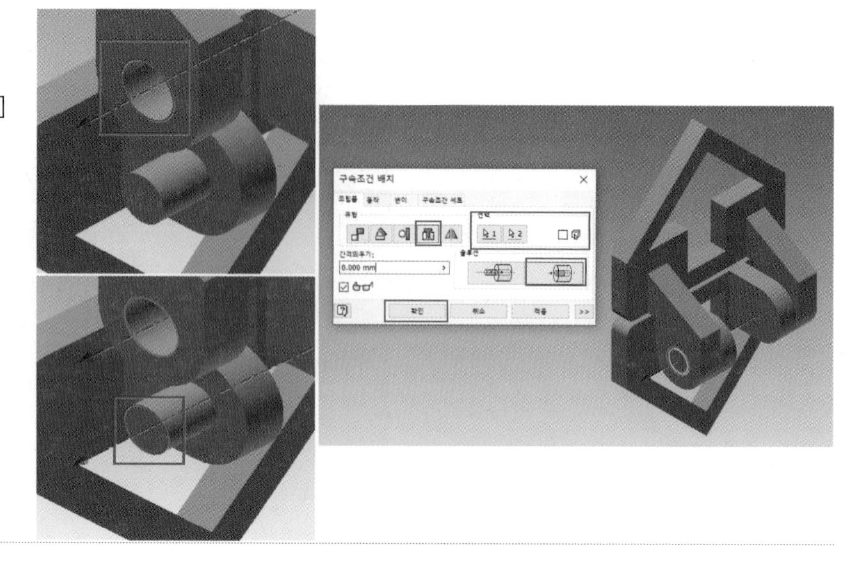

29

출력방향을 고려하여 구속조건 추가

※ 조립된 상태로 출력하니 되도록 서포트가 적게 나오고 도면의 ㉠, ㉡, ㉢ 치수가 정밀하게 나오는 출력방향을 결정해야 한다.

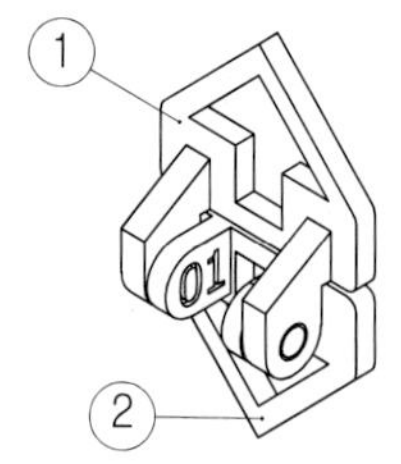

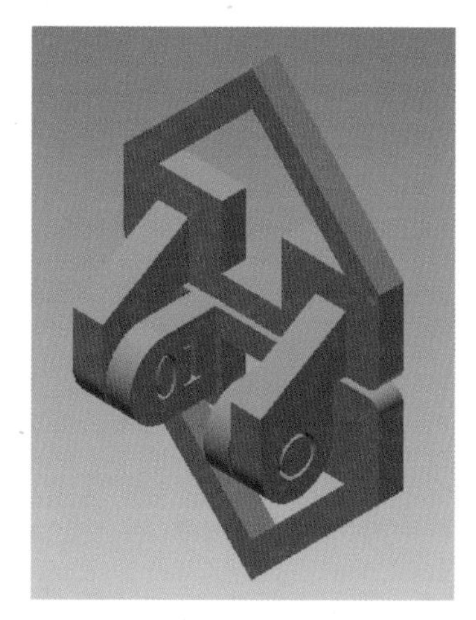

30

어셈블리 저장하기(2가지 확장자)

• [파일] → [다른 이름으로 저장] → [비번호 폴더] → [파일이름] → [01] → [저장]

• [파일] → [내보내기] → [CAD형식] → [비번호폴더] → [01] → [파일형식 : STEP 선택] → [저장]

구 분	작업명	파일명	비 고
1	어셈블리	01.***	
2		01.STP	채점용

※ 비번호 01인 경우

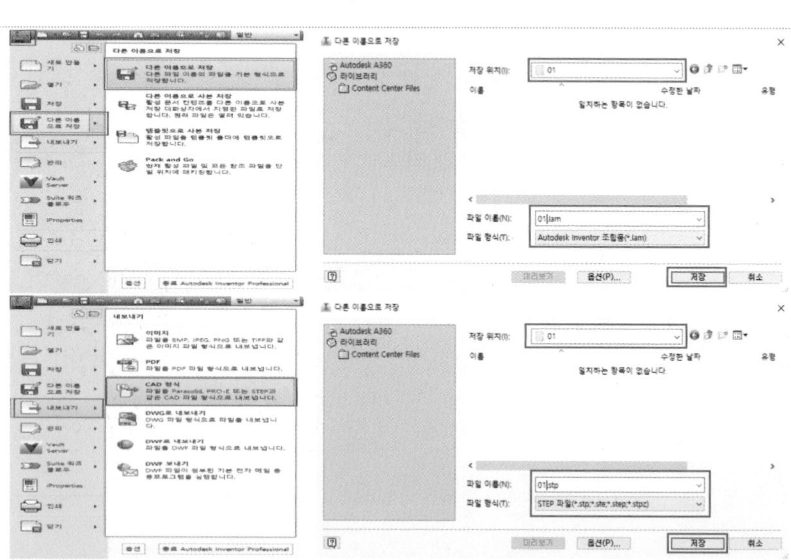

31

어셈블리 저장하기(STL확장자)

• [파일] → [내보내기] → [CAD형식] → [비번호폴더] → [01] → [파일형식 : STL 선택] → [옵션] → [단위 : mm] → [저장]

※ 옵션에서 단위 mm 선택

구 분	작업명	파일명	비 고
3	어셈블리	01.STL	

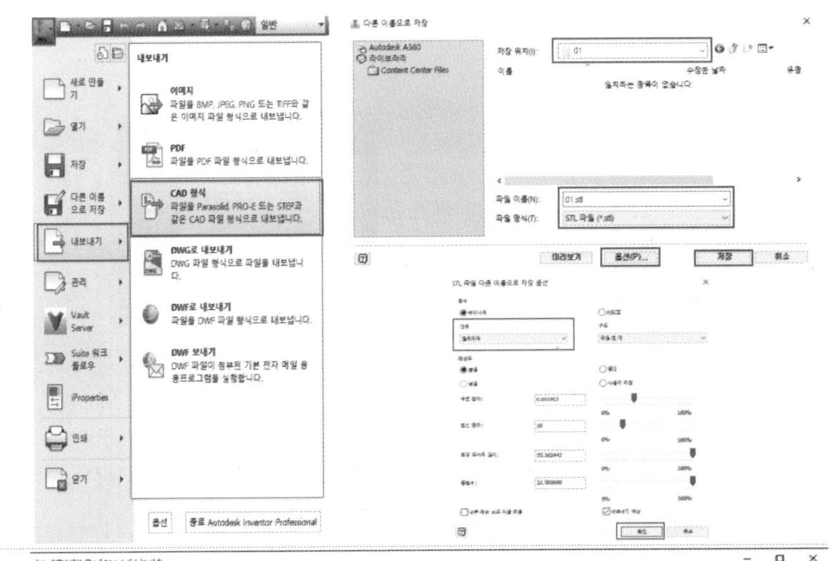

32

슬라이싱(3DWOX)

슬라이싱 프로그램을 실행한다.

• [파일] → [모델 불러오기] → [비번호폴더] → [01.stl] → [열기]

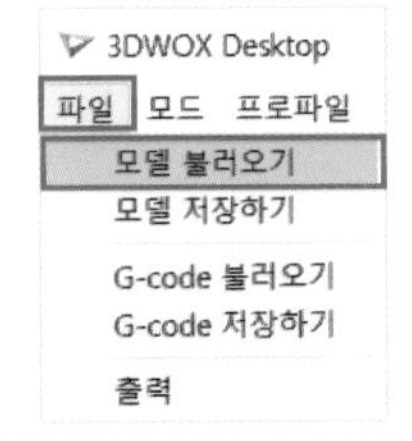

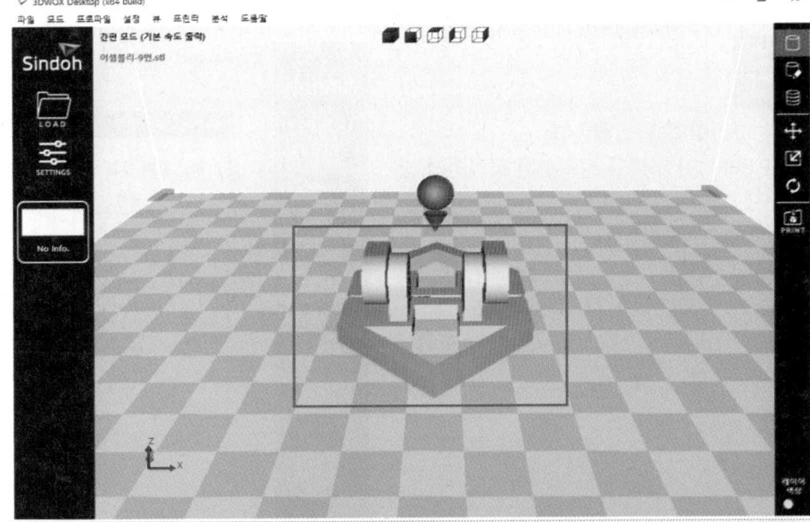

33

프린터 설정

• [설정] → [프린터 설정] → [프린터 모델] → [확인]

※ 시험장 프린터 모델을 선택한다.
예 DP200

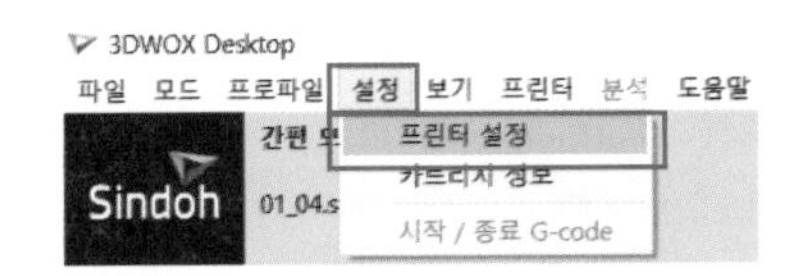

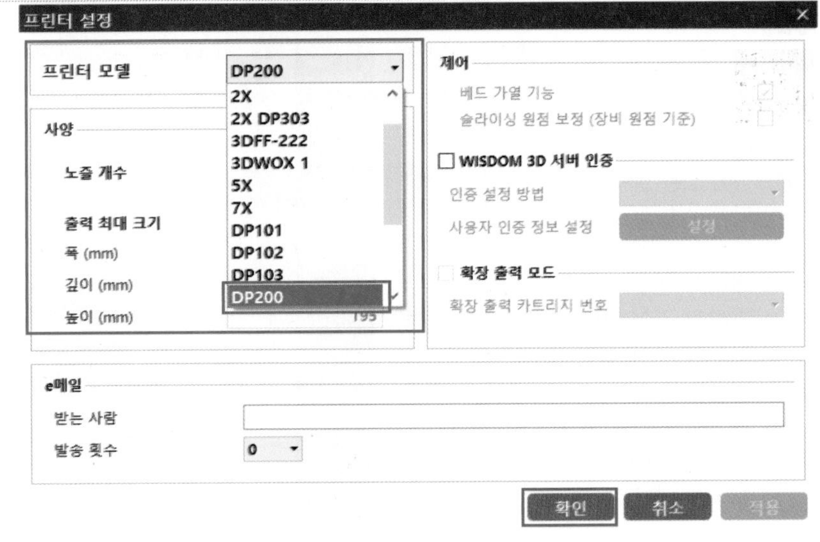

34

출력방향을 결정한다.

• [분석] → [최적출력방향] → [분석] → [추천 1~6 선택]

※ 신도리코 3DWOX는 최적출력방향을 분석해 준다. 참고하여 서포트가 적게 나오고 도면의 ㉠, ㉡, ㉢ 치수가 정밀하게 나오는 출력방향을 결정한다.

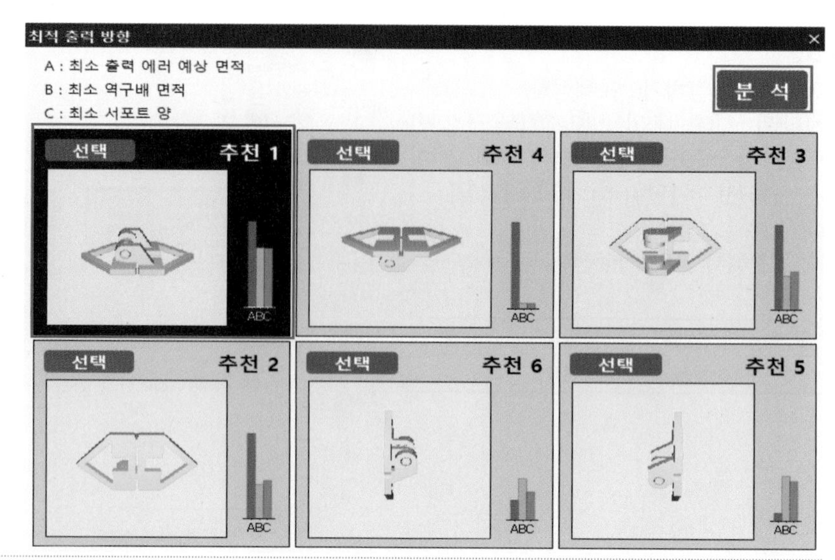

35

기본 파라미터를 설정한다.

• [SETTINGS] 버튼을 클릭하여 파라미터 값을 조정한다.
• 기본 속도 출력
• 재질 : PLA
• 서포트 : 모든 곳, 지그재그 구조

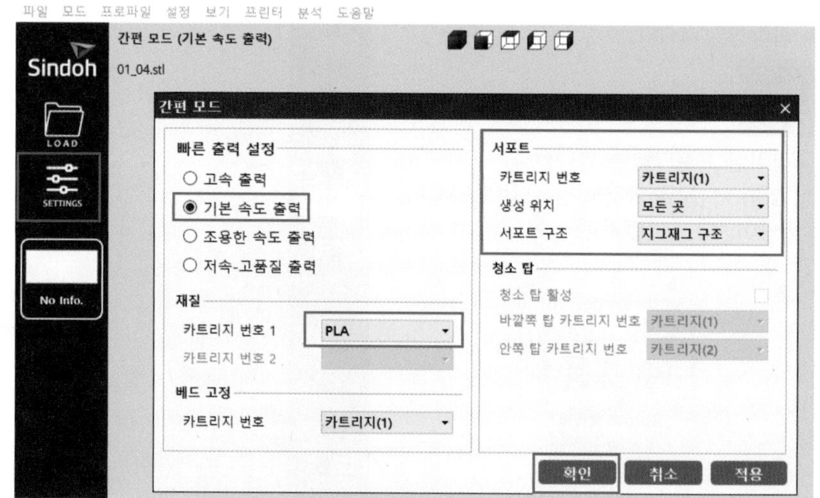

36

슬라이싱

• 베드상에 있는 출력물이 파라미터의 값이 반영되면서 슬라이싱을 수행한다.

※ 출력예상시간을 확인한다.

※ 출력예상시간이 1시간 20분이 넘어가면 고급모드로 변경하여 [SETTINGS]에서 레이어 높이, 채우기 밀도, 서포트 밀도 등 설정값을 변경한다.

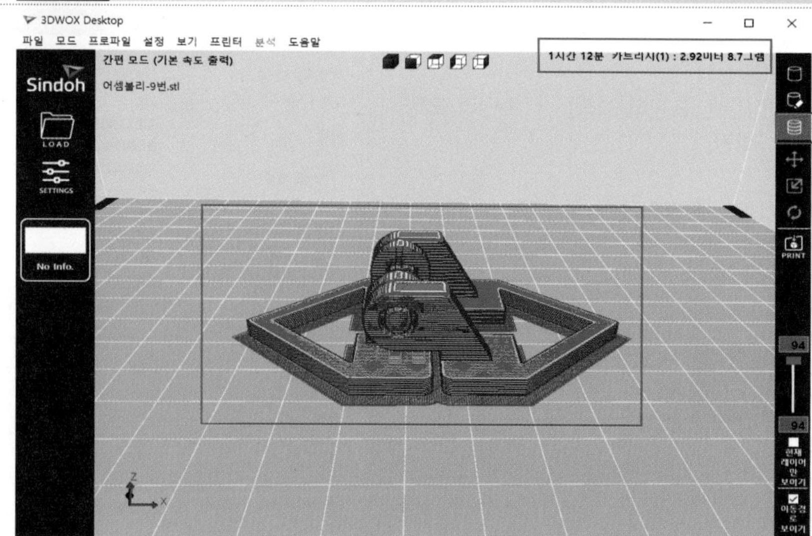

37

G-code 저장하기

• [파일] → [G-code 저장하기] → [예] → [비번호폴더] → [01.gcode] → [저장]

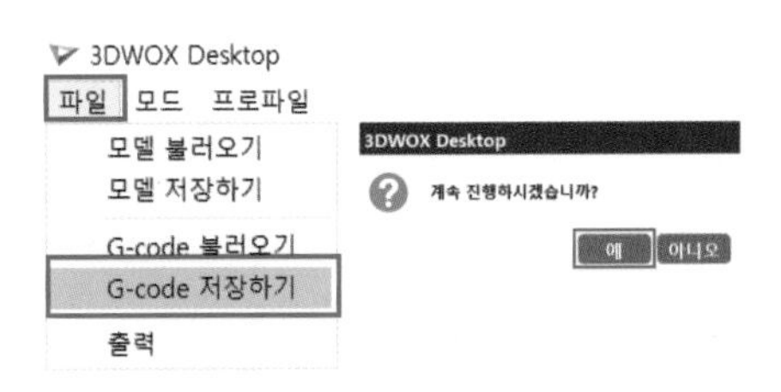

구 분	작업명	파일명	비 고
4	슬라이싱	01.***	gcode

38

지급된 저장매체(USB 또는 SD-card)에 저장한다.

• 감독위원에게 저장매체(USB 또는 SD-card) 제출

39

3D프린터 세팅

• 노즐, 베드 등에 이물질을 제거하여 출력 시 방해요소가 없도록 세팅한다.
• PLA 필라멘트 장착 여부 등 소재의 이상 여부를 점검하고 정상 작동하도록 세팅한다.
• 베드 레벨링 기능 등을 활용하여 베드 위치를 세팅한다.

40

3D프린팅

• 저장매체(USB 또는 SD-card)에 있는 파일(01_04.gcode)을 3D프린터 전면부에 있는 USB 포트에 연결하여 화면에서 직접 G-code를 불러와 출력한다.

41

최종 출력물

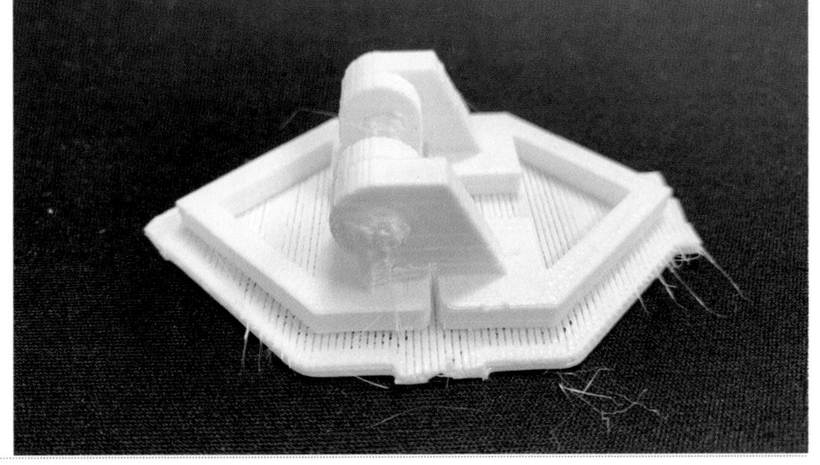

42

후처리

• 출력이 완료되면 보호장갑을 착용하고 서포트 및 거스러미를 제거한 후 감독위원에게 제출한다.

43

노즐 및 베드 정리

• 출력물을 제출 후 본인이 사용한 3D프린터 노즐 및 베드 등의 잔여물을 제거하고 정리정돈 한다(**※ 정리상태도 채점 대상임에 주의하자**).

10 3D모델링 실기 공개문제 도면 - 10

자격종목	3D프린터운용기능사	[시험1] 과제명	3D모델링 작업	척 도	NS

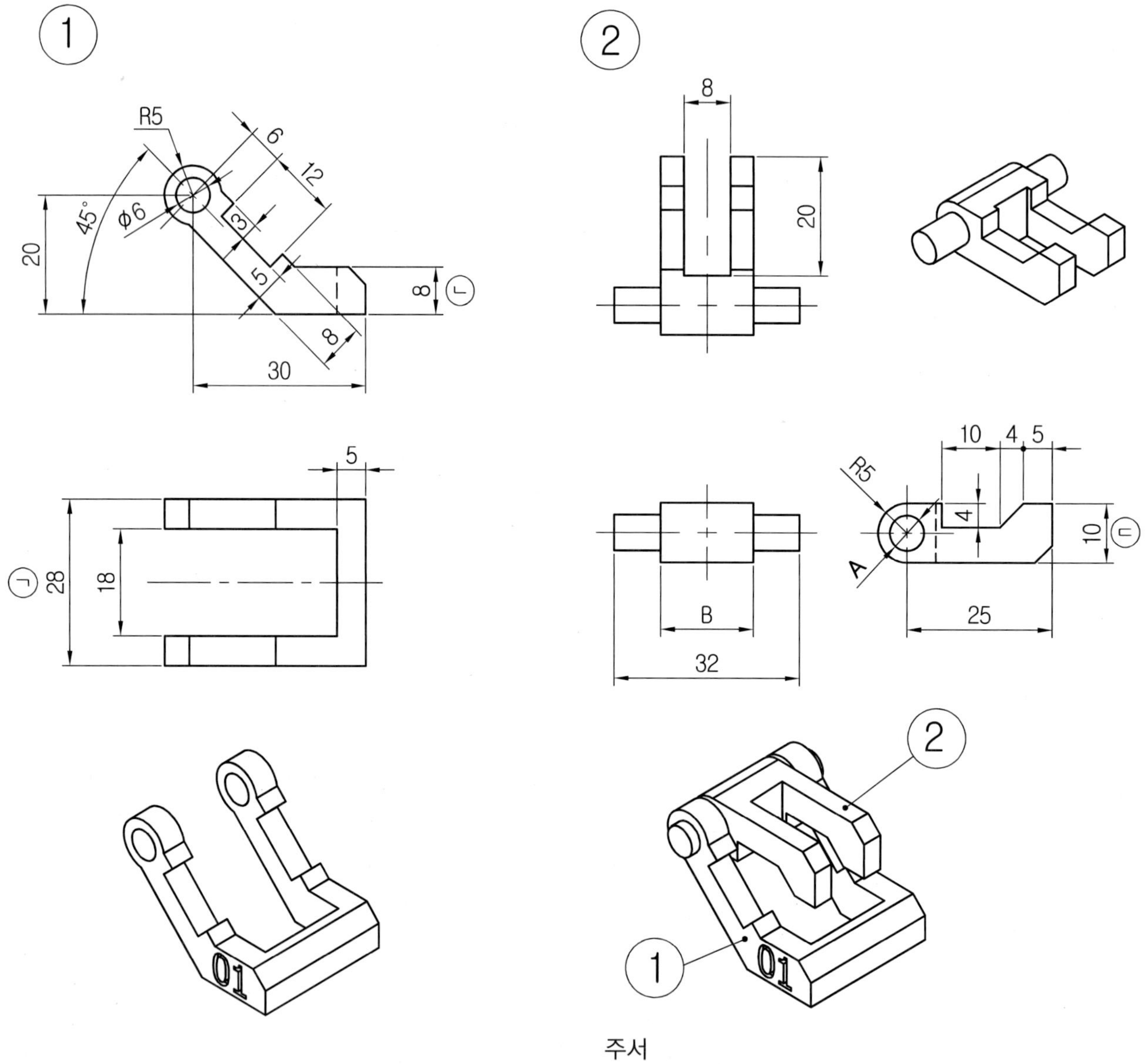

주서

1. 도시되고 지시없는 모따기는 C3

01

부품 ① 모델링

- [새로 만들기] → [Metric] → [Standard(mm).ipt] → [작성]

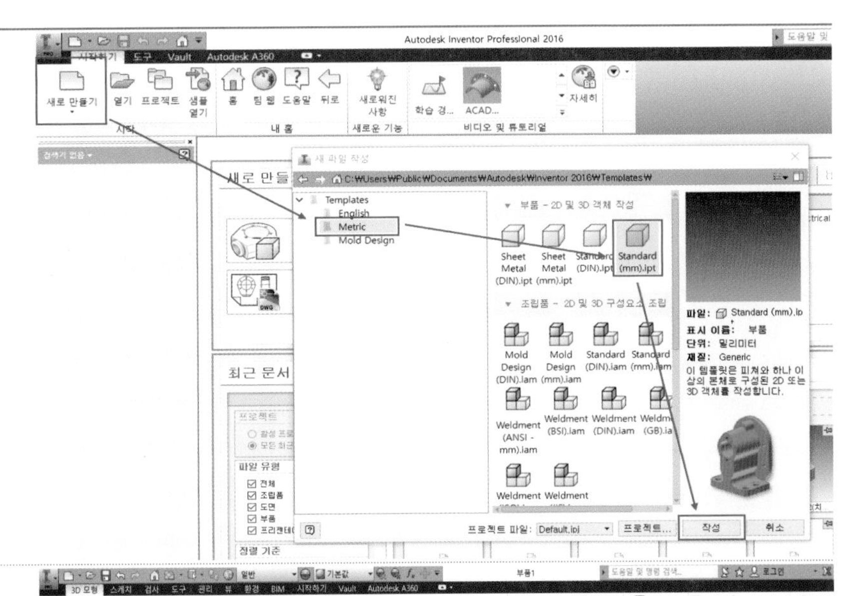

02

[2D 스케치 시작] → [마우스로 XY Plane 선택]

※ 마우스로 XY Plane 선택 시 빨간색으로 변함

※ 다른 방법(시트트리에서)
[원점] → [XY평면 마우스오른쪽 클릭] → [새 스케치]

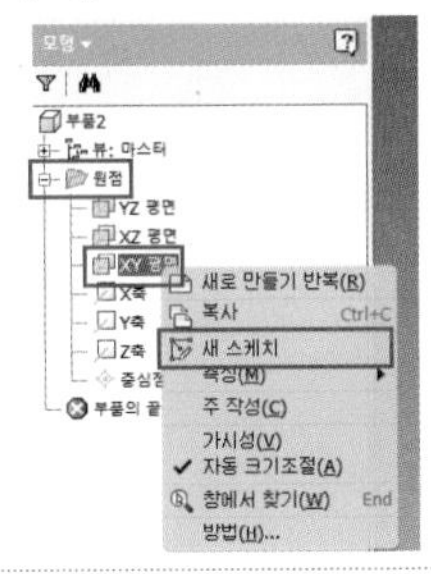

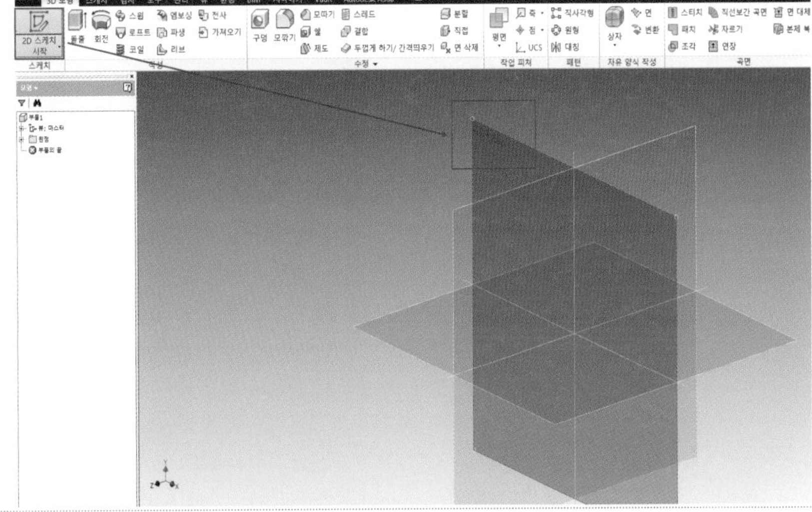

03

부품 ① 정면도 일부를 스케치 한다.

- 원(∅6, 10), 선, 구성선, 간격띄우기
- 기하학 구속조건, 치수 구속조건
- 자르기, 모따기(C3)

※ 주서
도시되고 지시없는 모따기는 C3

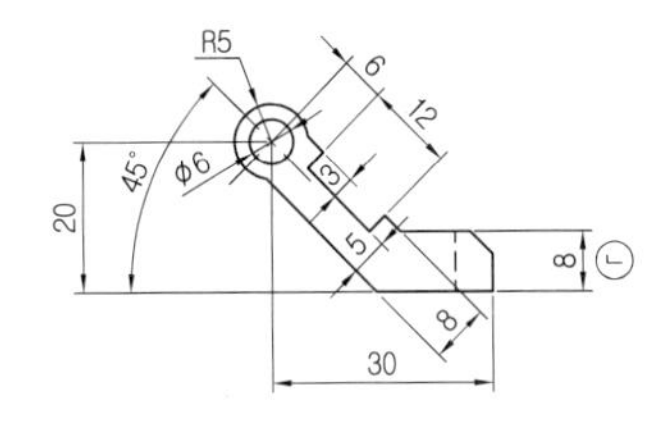

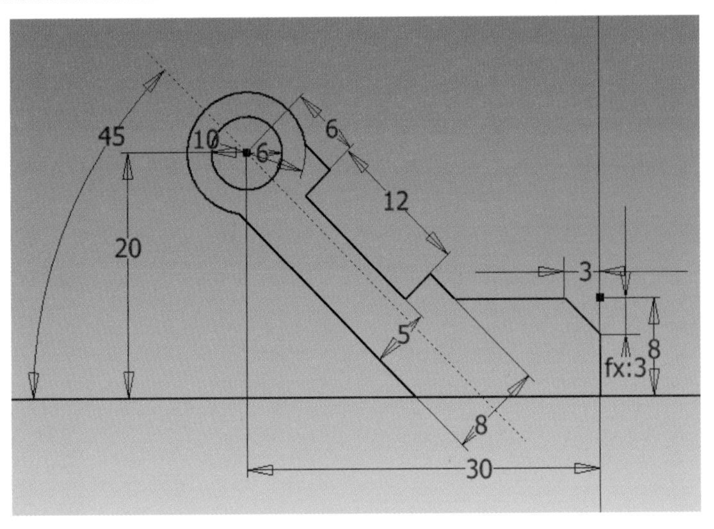

04

스케치마무리

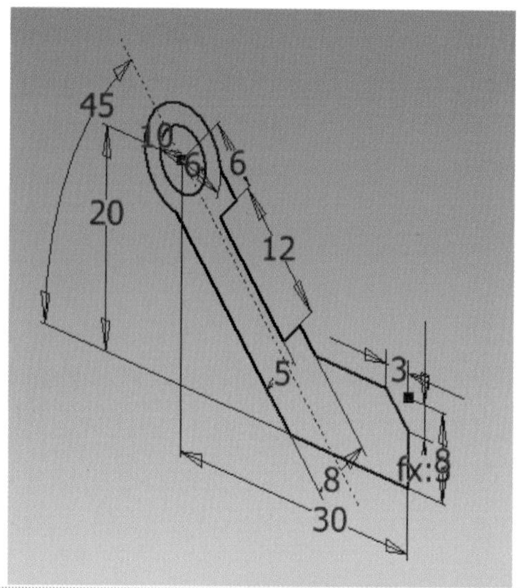

05

부품 ① 3D 모형 만들기

- [돌출] → [스케치 클릭] → [거리28] → [대칭] → [확인]

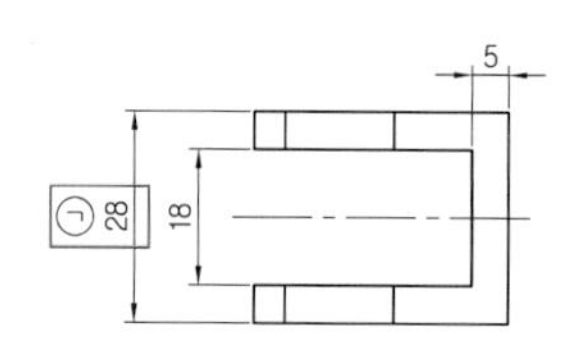

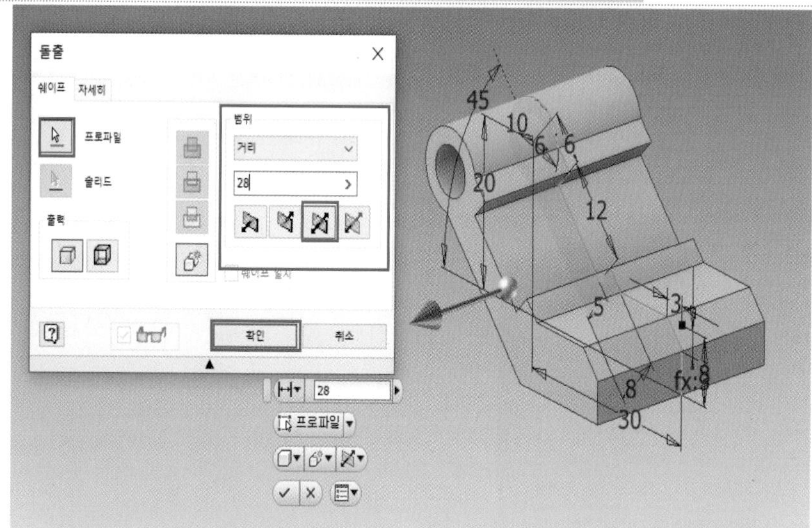

06

부품 ① 3D 모형 만들기

- [2D 스케치 시작] → [스케치평면 선택] → [직각사형] → [치수구속조건] → [스케치마무리]

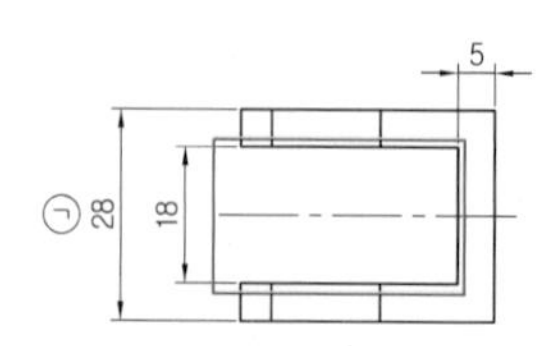

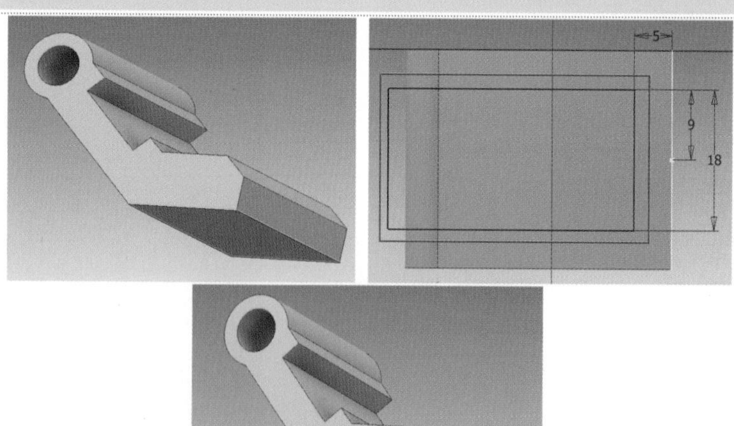

07

부품 ① 3D 모형 만들기

- [돌출] → [스케치 클릭] → [차집합] → [전체] → [방향2] → [확인]

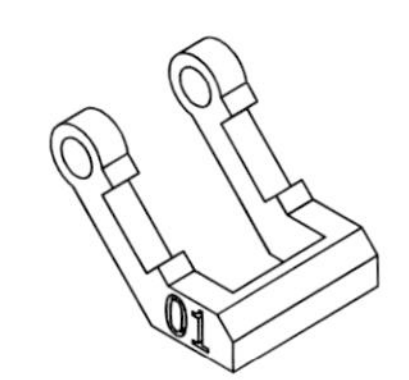

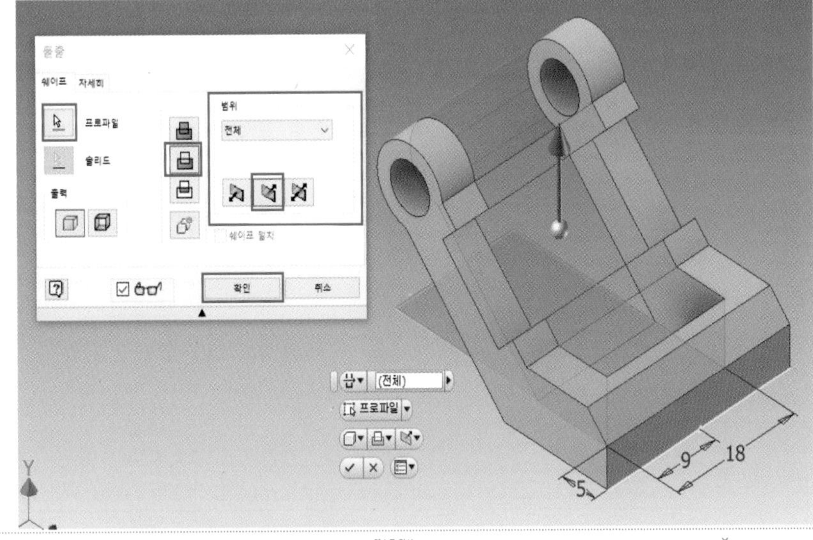

08

부품 ① 각인

- [2D 스케치 시작] → [각인평면 선택] → [텍스트] → [바탕체] → [6mm] → [확인] → [스케치마무리]

- [돌출] → [각인번호 선택] → [차집합] → [거리] → [3mm] → [방향2] → [확인]

※ 각인 방향이 도면과 상이할 시 [회전] → [각인 선택] → [중심점 : 각인번호중심 클릭] → [각도 입력] → [적용]

※ 글자체, 글자 크기, 글자 깊이 등은 별도의 정보가 없으므로 도면과 유사한 모양 및 크기로 작업하시오.

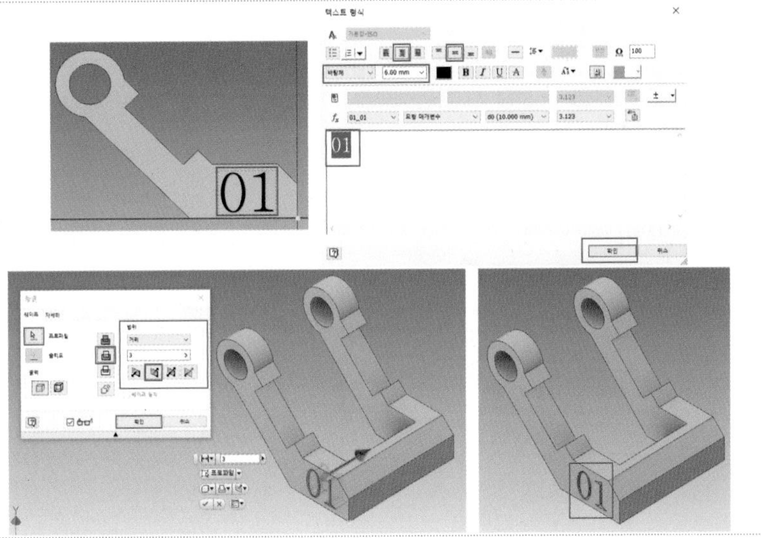

09

부품 ① 저장하기

- [파일] → [다른 이름으로 저장] → [비번호 폴더] → [파일이름] → [01_01] → [저장]

※ 본 교재의 부품 ①번 3D모델링 파일이름은 "01_01"로 작성되었다. 부품 ①, ②번 3D모델링 파일이름은 수험자가 임의로 정할 수 있다.
예 부품1번, 01번 등

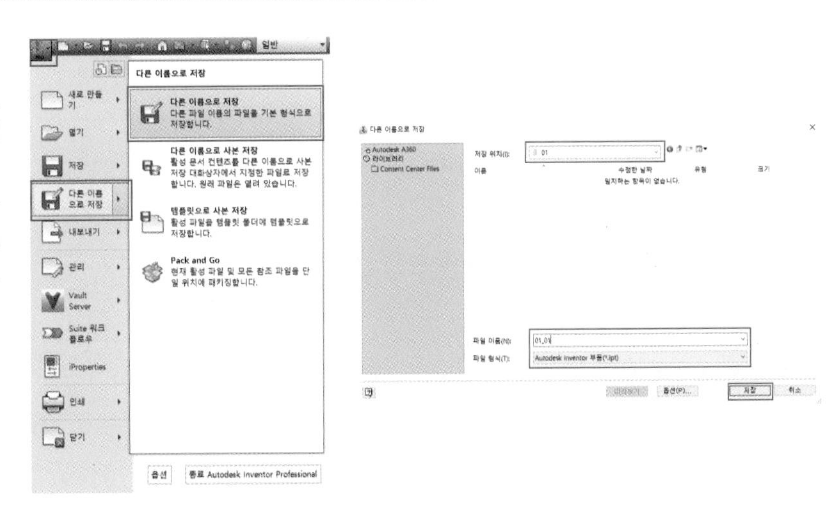

10

부품 ② 모델링

• [새로 만들기] → [Metric] → [Standard(mm).ipt] → [작성]

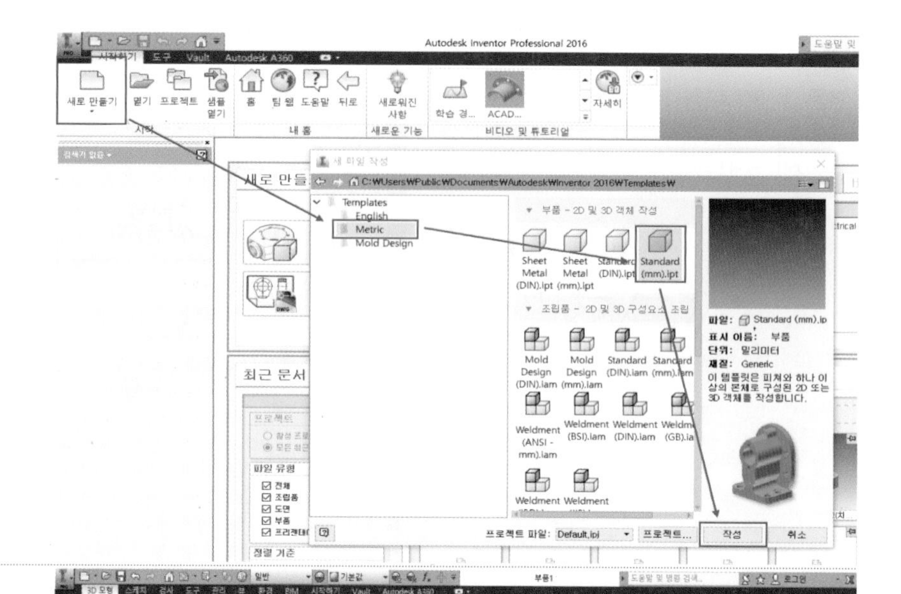

11

[2D 스케치 시작] → [마우스로 XY Plane 선택]

※ 마우스로 XY Plane 선택 시 빨간색으로 변함

※ 다른 방법(시트트리에서)
[원점] → [XY평면 마우스오른쪽 클릭] → [새 스케치]

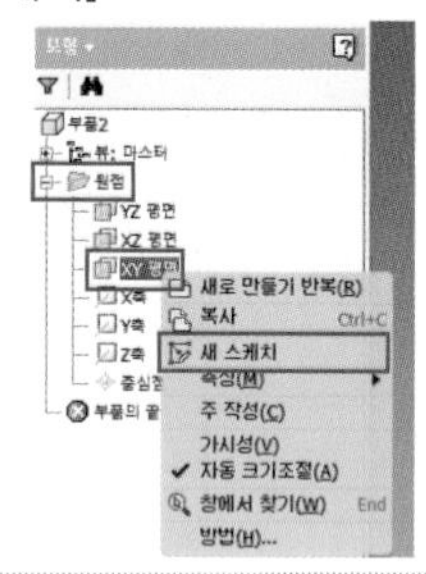

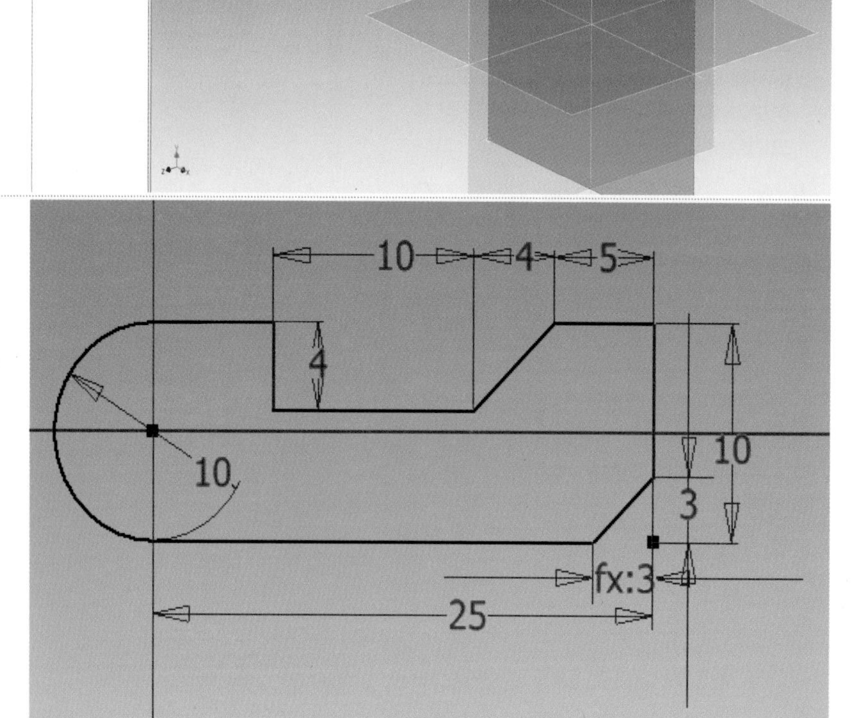

12

부품 ② 우측면도를 스케치 한다.

• ∅10 원을 그린다, 선을 그린다.

• 기하학 구속조건(접선), 치수 구속조건

• 자르기, 모따기(C3)(※ 선 자르기 시 치수 먼저 삭제)

※ 주서
도시되고 지시없는 모따기는C3

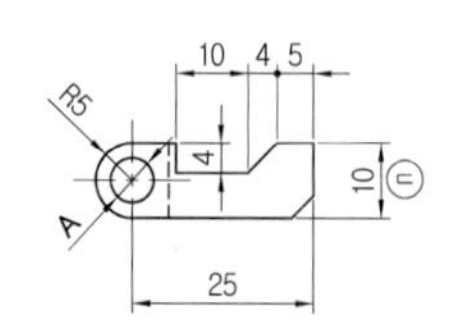

13

스케치마무리

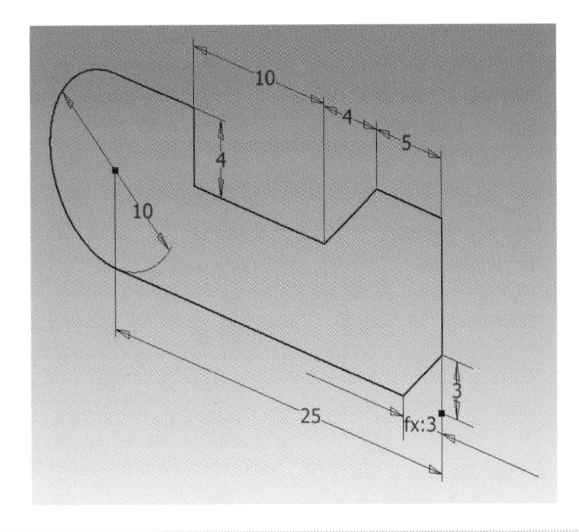

14

부품 ② 3D 모형 만들기

- [돌출] → [스케치 클릭] → [거리17] → [대칭] → [확인]

※ 'B'는 상대치수(18mm)와 축공차를 적용해 **17mm**로 결정한다.

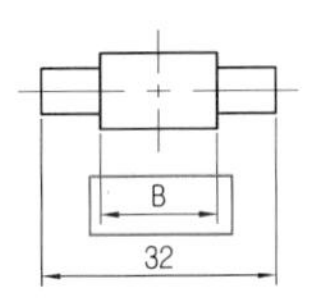

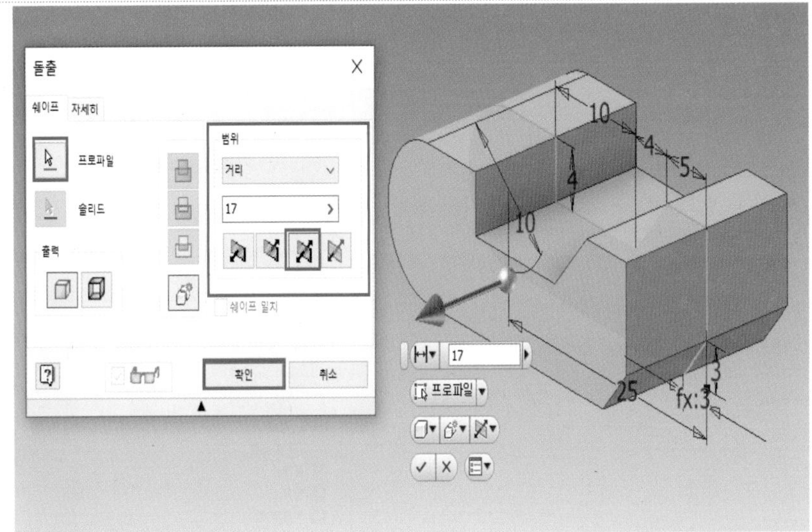

15

부품 ② 3D 모형 만들기

- [2D 스케치 시작] → [XZ평면 선택] → [F7] [직사각형] → [치수구속조건] → [스케치마무리]

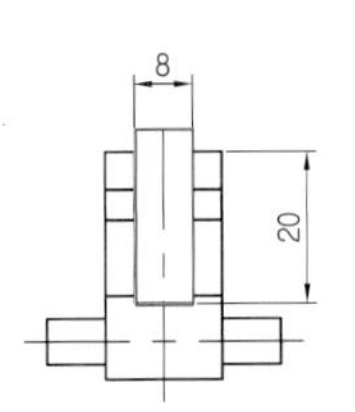

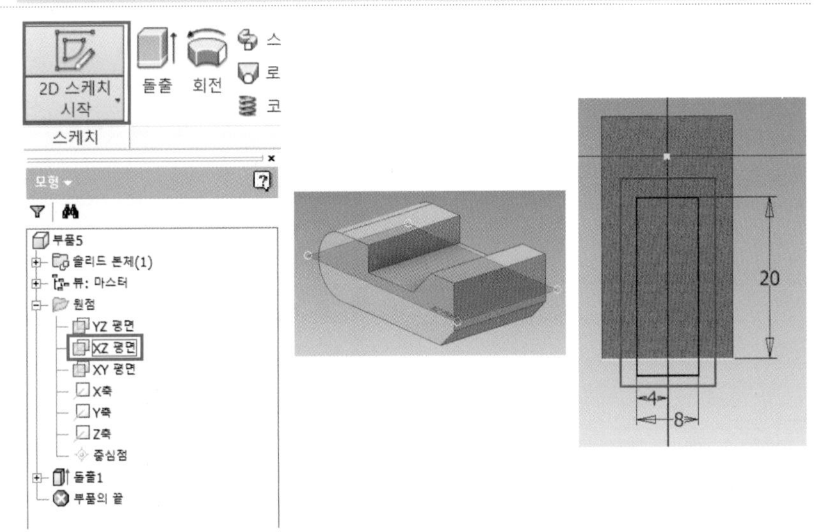

16

부품 ② 3D 모형 만들기

- [돌출] → [스케치 클릭] → [차집합] → [전체] → [대칭] → [확인]

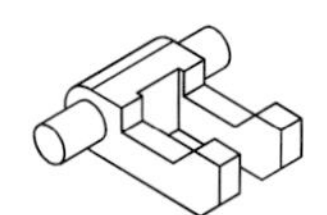

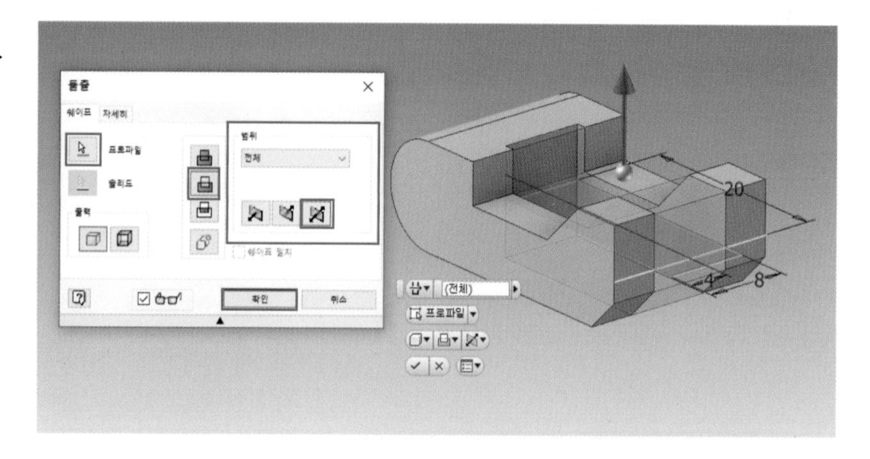

17

부품 ② 3D 모형 만들기

- [2D 스케치 시작] → [XY평면 선택] → [F7] [원∅5] → [치수구속조건] → [스케치마무리]

※ 'A'는 상대치수(∅6mm)와 축공차를 적용해 **∅5mm**로 결정한다.

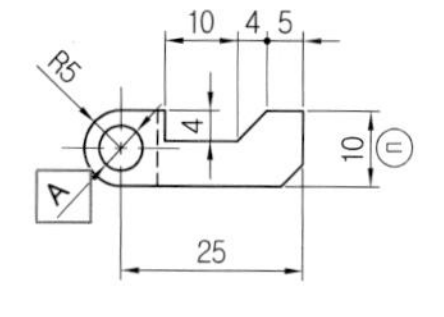

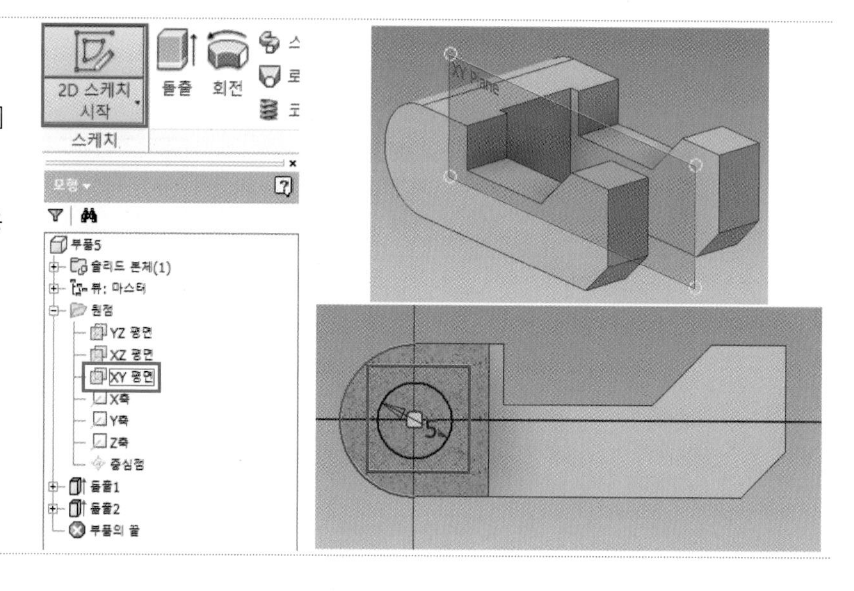

18

부품 ② 3D 모형 만들기

- [돌출] → [스케치 클릭] → [접합] → [거리32] → [대칭] → [확인]

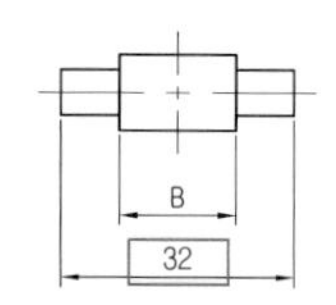

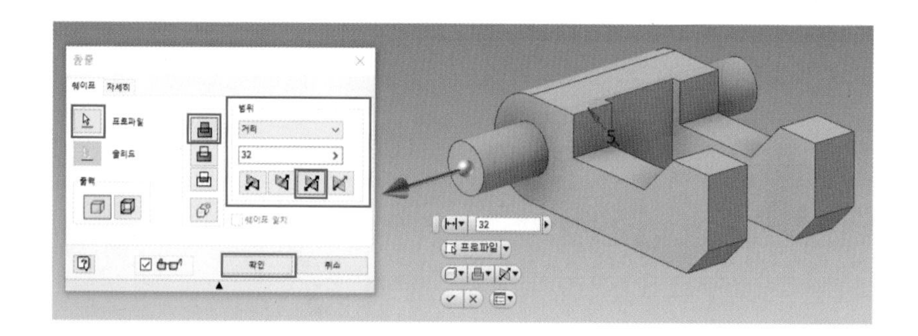

19

부품 ② 저장하기

• [파일] → [다른 이름으로 저장] → [비번호 폴더] → [파일이름] → [01_02] → [저장]

※ 본 교재의 부품 ②번 3D모델링 파일이름은 "01_02"로 작성되었다. 부품 ①, ②번 3D모델링 파일이름은 수험자가 임의로 정할 수 있다.
예 부품2번, 02번 등

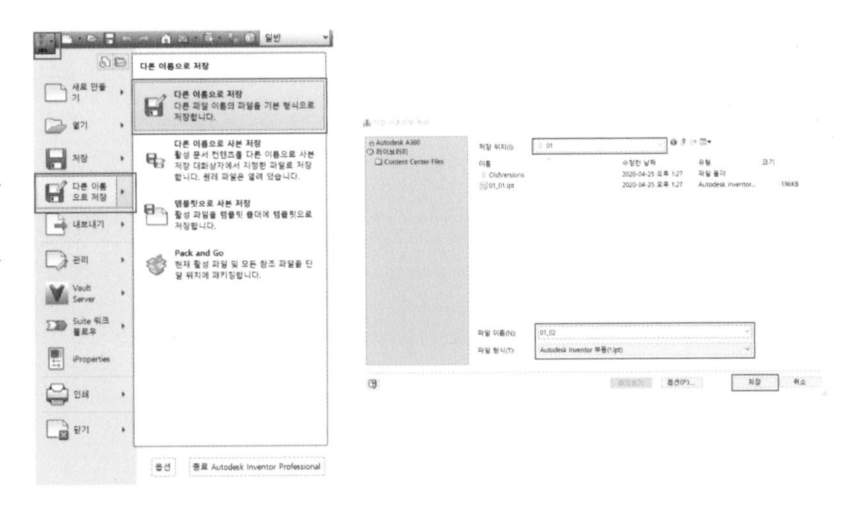

20

어셈블리

• [새로 만들기] → [Metric] → [Standard(mm).iam] → [작성]

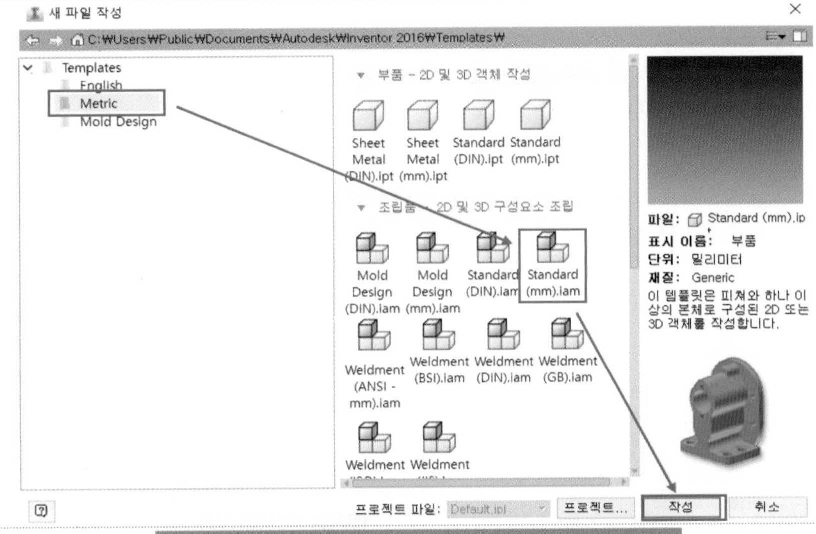

21

배치

"배치" 아이콘을 통해 부품 ①, ②를 배치한다.

• [배치] → [01_01, 01_02 선택] → [열기] → [화면 클릭] → [ESC]

22

시트트리에서 부품①번을 우클릭하여 고정한다.

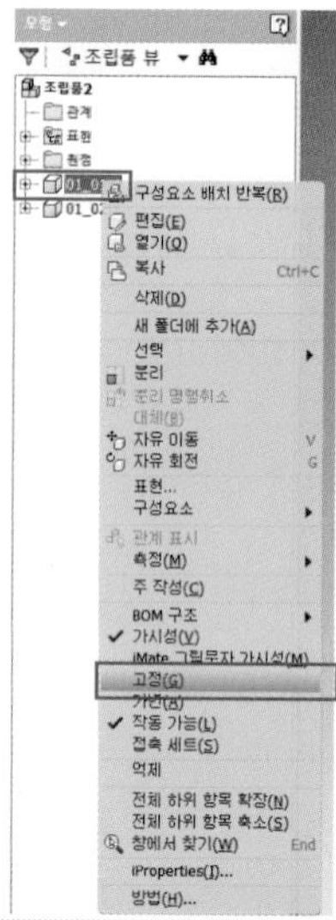

23

조립구속조건

- 부품②를 클릭하여 움직이고 우클릭하여 자유회전을 통하여 도면의 조립도와 비슷하게 한다.

24

조립구속조건

- [구속조건] → [삽입] → [솔루션 : 반대] → [부품①선택요소] → [자유회전] → [부품②선택요소] → [간격띄우기 : 0.5] → [확인]

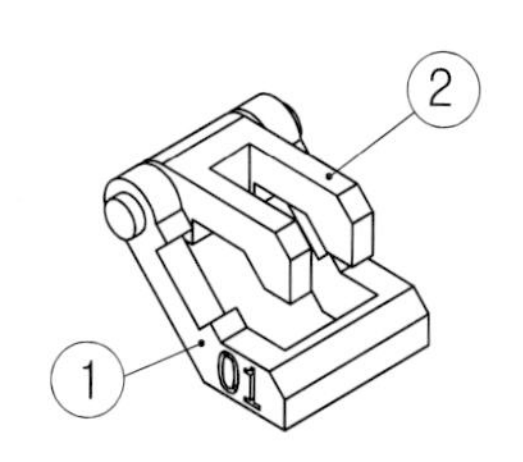

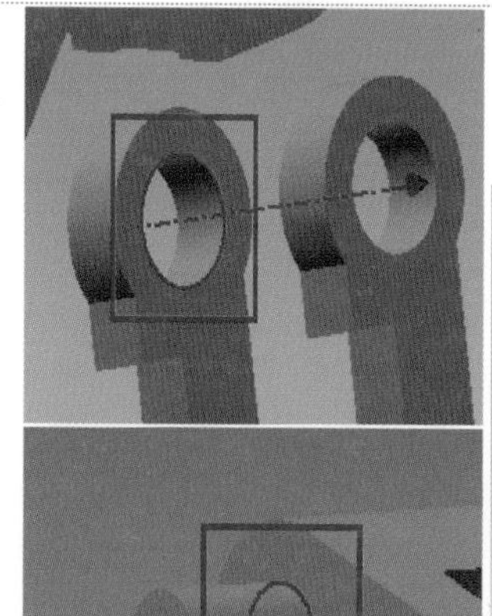

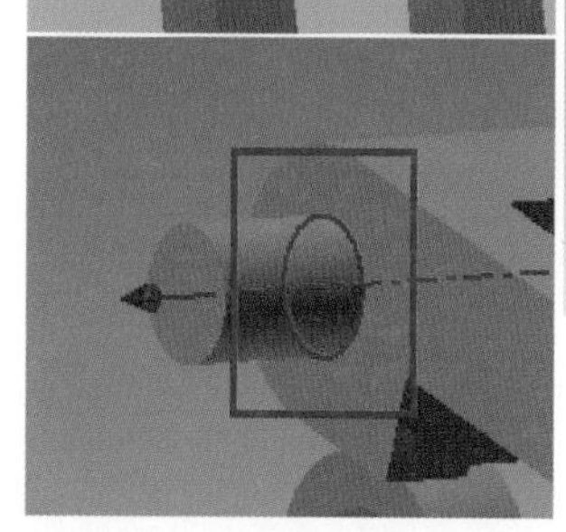

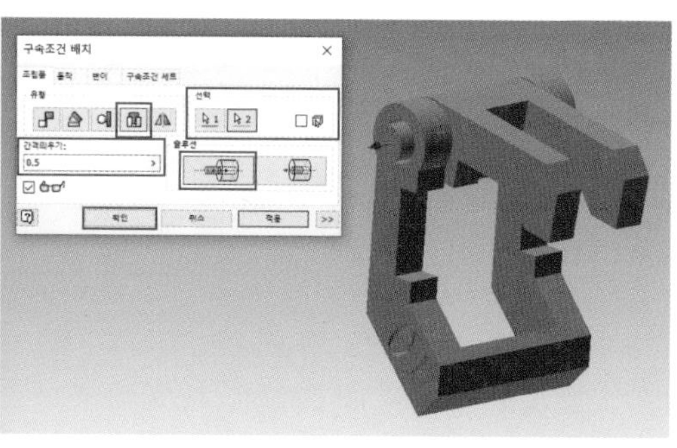

25

출력방향을 고려하여 구속조건 추가

※ 조립된 상태로 출력하니 되도록 서포트가 적게 나오고 도면의 ㉠, ㉡, ㉢ 치수가 정밀하게 나오는 출력방향을 결정해야 한다.

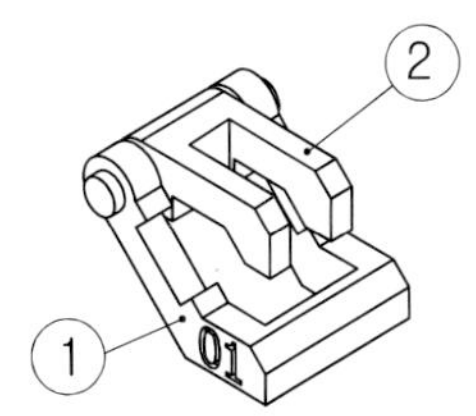

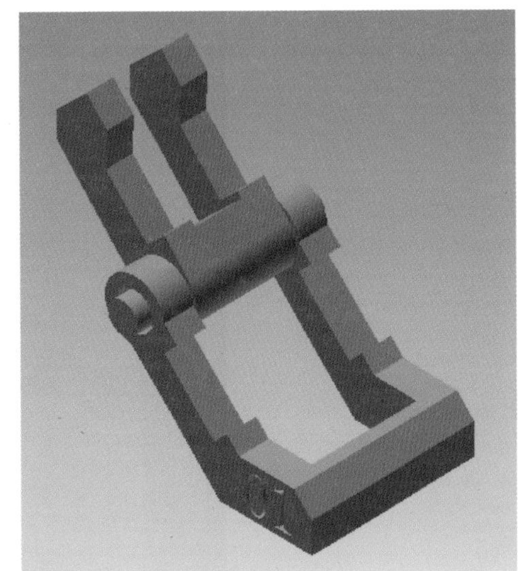

26

어셈블리 저장하기(2가지 확장자)

- [파일] → [다른 이름으로 저장] → [비번호 폴더] → [파일이름] → [01] → [저장]

- [파일] → [내보내기] → [CAD형식] → [비번호폴더] → [01] → [파일형식 : STEP 선택] → [저장]

구 분	작업명	파일명	비 고
1	어셈블리	01.***	
2		01.STP	채점용

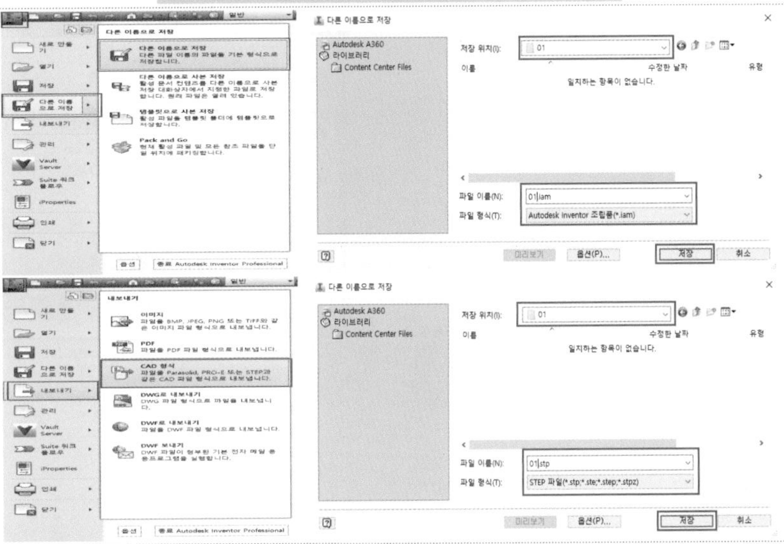

27

어셈블리 저장하기(STL확장자)

- [파일] → [내보내기] → [CAD형식] → [비번호폴더] → [01] → [파일형식 : STL 선택] → [옵션] → [단위 : mm] → [저장]

※ 옵션에서 단위 mm 선택

구 분	작업명	파일명	비 고
3	어셈블리	01.STL	

※ 비번호 01인 경우

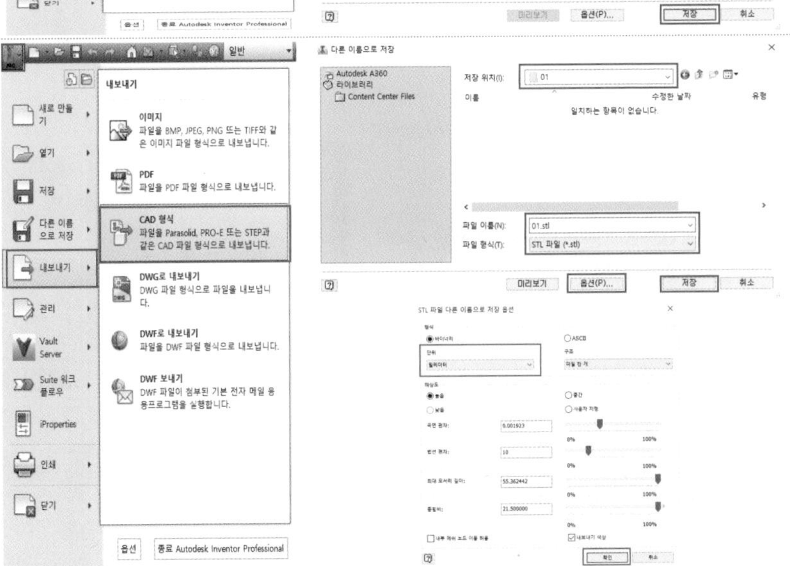

28

슬라이싱(3DWOX)

슬라이싱 프로그램을 실행한다.

- [파일] → [모델 불러오기] → [비번호폴더] → [01.stl] → [열기]

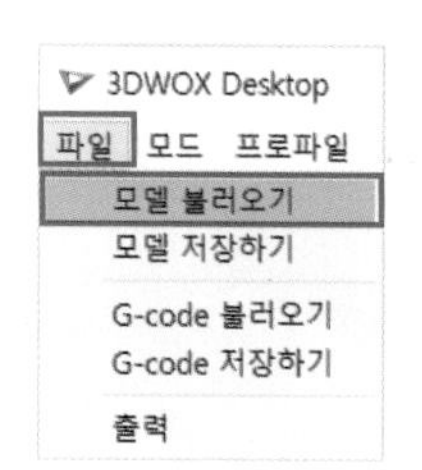

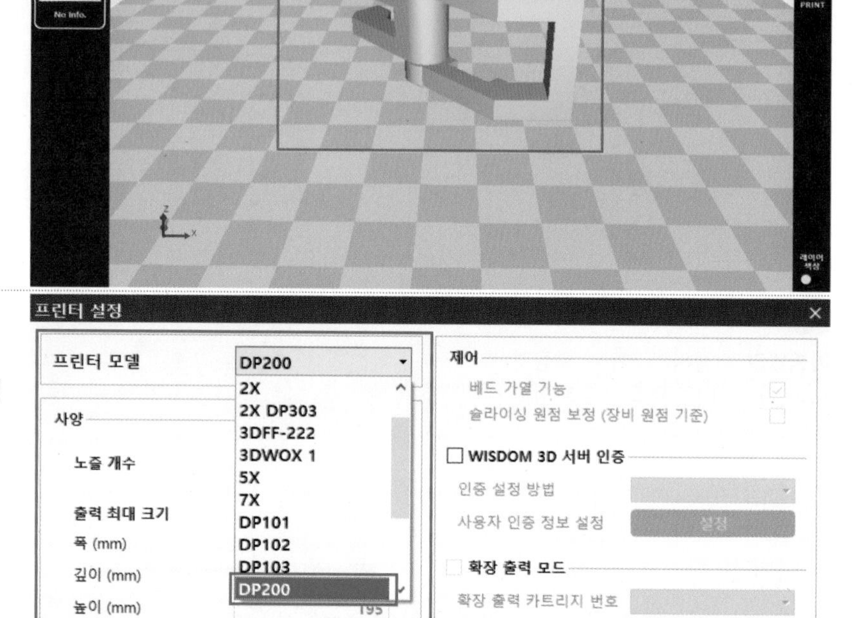

29

프린터 설정

- [설정] → [프린터 설정] → [프린터 모델] → [확인]

※ 시험장 프린터 모델을 선택한다.
예 DP200

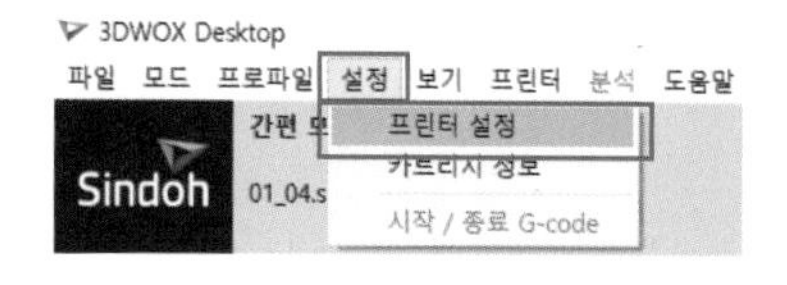

30

출력방향을 결정한다.

- [분석] → [최적출력방향] → [분석] → [추천 1~6 선택]

※ 신도리코 3DWOX는 최적출력방향을 분석해 준다. 참고하여 서포트가 적게 나오고 도면의 ㉠, ㉡, ㉢ 치수가 정밀하게 나오는 출력방향을 결정한다.

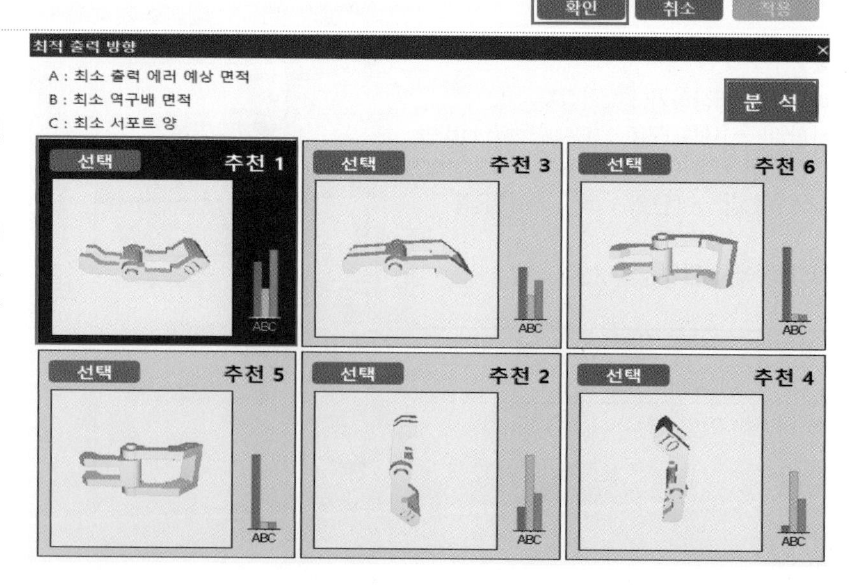

31

기본 파라미터를 설정한다.

- [SETTINGS] 버튼을 클릭하여 파라미터 값을 조정한다.
- 기본 속도 출력
- 재질 : PLA
- 서포트 : 모든 곳, 지그재그 구조

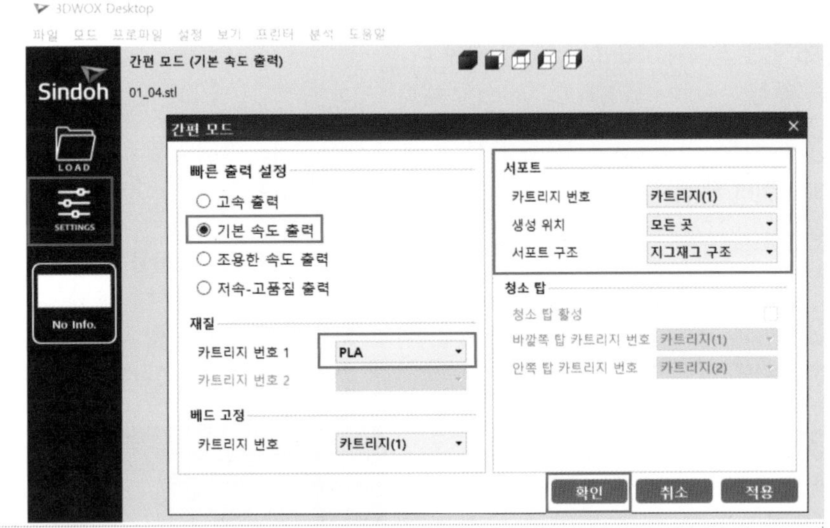

32

슬라이싱

- 베드상에 있는 출력물이 파라미터의 값이 반영되면서 슬라이싱을 수행한다.

※ 출력예상시간을 확인한다.

※ 출력예상시간이 1시간 20분이 넘어가면 고급모드로 변경하여 [SETTINGS]에서 레이어 높이, 채우기 밀도, 서포트 밀도 등 설정값을 변경한다.

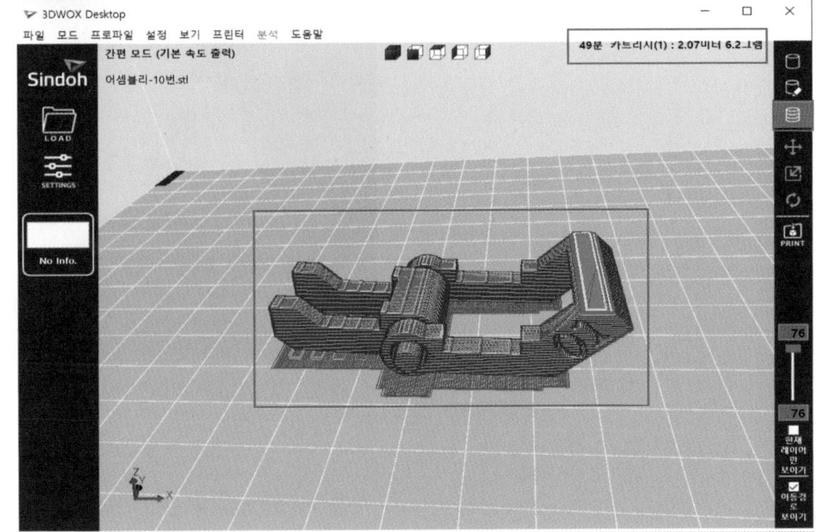

33

G-code 저장하기

- [파일] → [G-code 저장하기] → [예] → [비번호폴더] → [01.gcode] → [저장]

구 분	작업명	파일명	비 고
4	슬라이싱	01.***	gcode

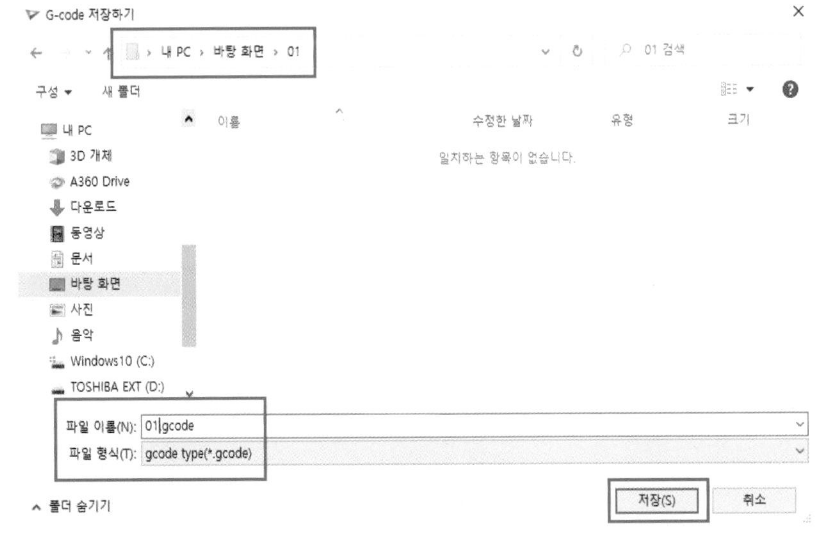

34
지급된 저장매체(USB 또는 SD-card)에 저장한다.

- 감독위원에게 저장매체(USB 또는 SD-card) 제출

35
3D프린터 세팅

- 노즐, 베드 등에 이물질을 제거하여 출력 시 방해요소가 없도록 세팅한다.
- PLA 필라멘트 장착 여부 등 소재의 이상 여부를 점검하고 정상 작동하도록 세팅한다.
- 베드 레벨링 기능 등을 활용하여 베드 위치를 세팅한다.

36
3D프린팅

- 저장매체(USB 또는 SD-card)에 있는 파일(01_04.gcode)을 3D프린터 전면부에 있는 USB 포트에 연결하여 화면에서 직접 G-code를 불러와 출력한다.

37
최종 출력물

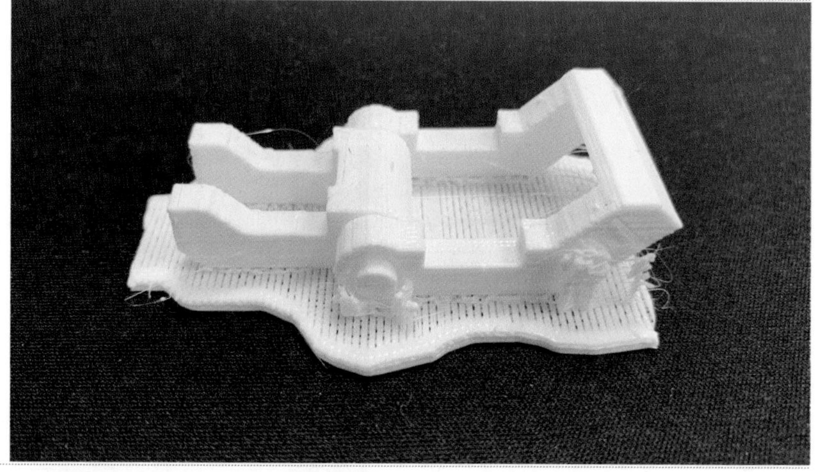

38
후처리

- 출력이 완료되면 보호장갑을 착용하고 서포트 및 거스러미를 제거한 후 감독위원에게 제출한다.

39
노즐 및 베드 정리

- 출력물을 제출 후 본인이 사용한 3D프린터 노즐 및 베드 등의 잔여물을 제거하고 정리정돈 한다(**※ 정리상태도 채점 대상임에 주의하자**).

11 3D모델링 실기 공개문제 도면 - 11

자격종목	3D프린터운용기능사	[시험1] 과제명	3D모델링 작업	척 도	NS

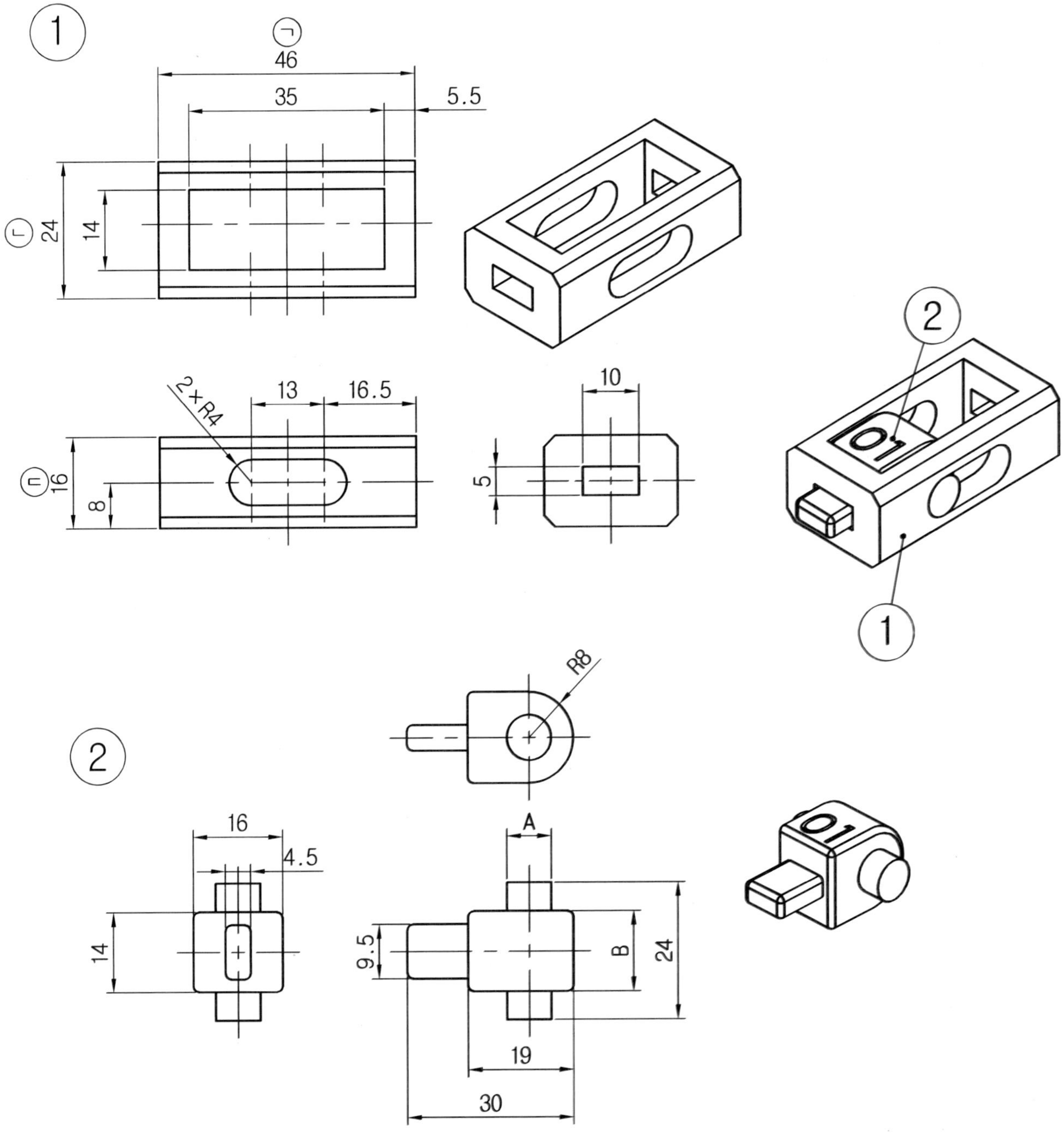

주서

1. 도시되고 지시없는 모따기는 C2, 라운드는 R1

01

부품 ① 모델링

- [새로 만들기] → [Metric] → [Standard(mm).ipt] → [작성]

02

[2D 스케치 시작] → [마우스로 XY Plane 선택]

※ 마우스로 XY Plane 선택 시 빨간색으로 변함

※ 다른 방법(시트트리에서) [원점] → [XY평면 마우스오른쪽 클릭] → [새 스케치]

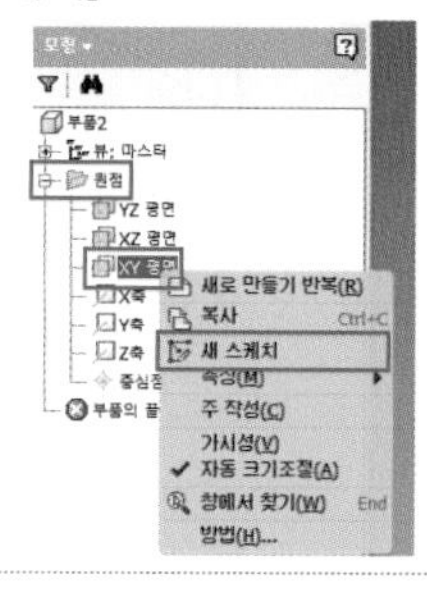

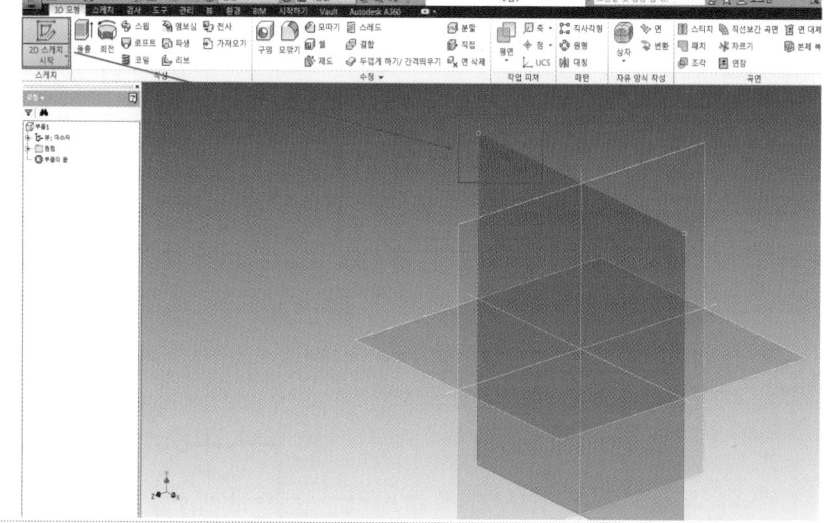

03

부품 ① 정면도 일부를 스케치 한다.

- 슬롯(중심대중심), 직사각형
- 치수 구속조건

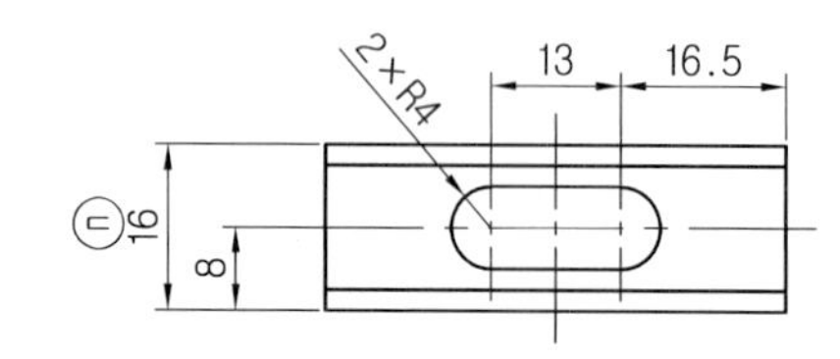

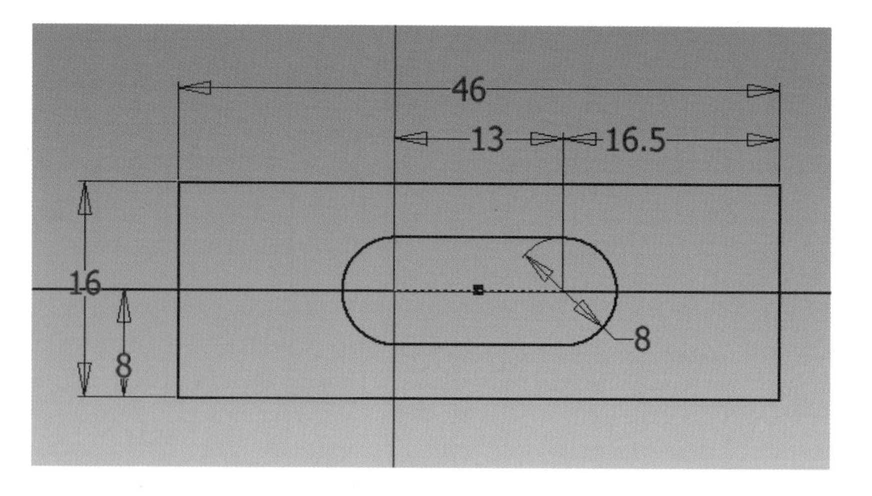

04

스케치마무리

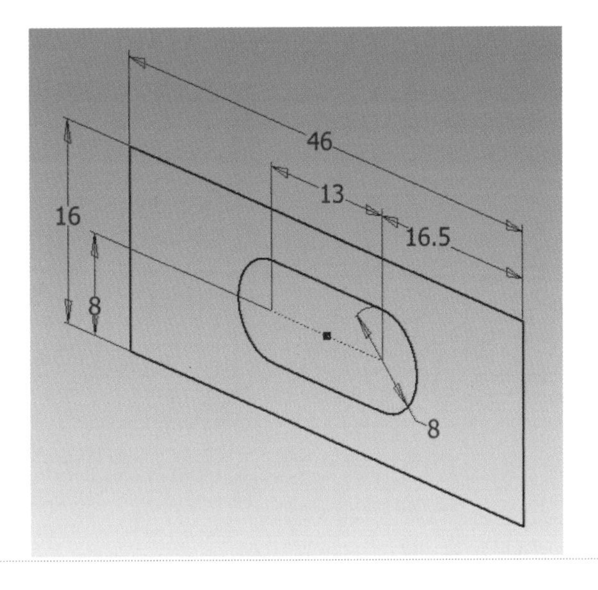

05

부품 ① 3D 모형 만들기

- [돌출] → [스케치 클릭] → [거리24] → [대칭] → [확인]

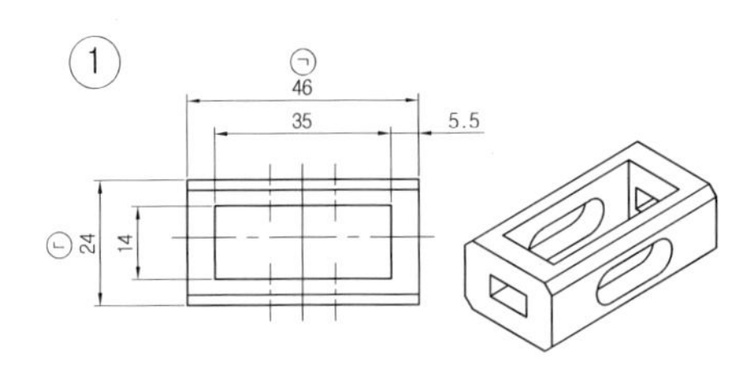

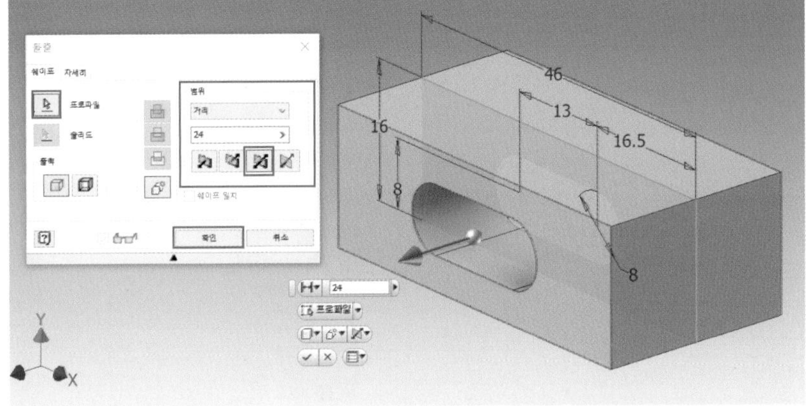

06

부품 ① 3D 모형 만들기

- [2D 스케치 시작] → [XZ평면 선택] → [F7] [직사각형] → [치수구속조건] → [스케치마무리]

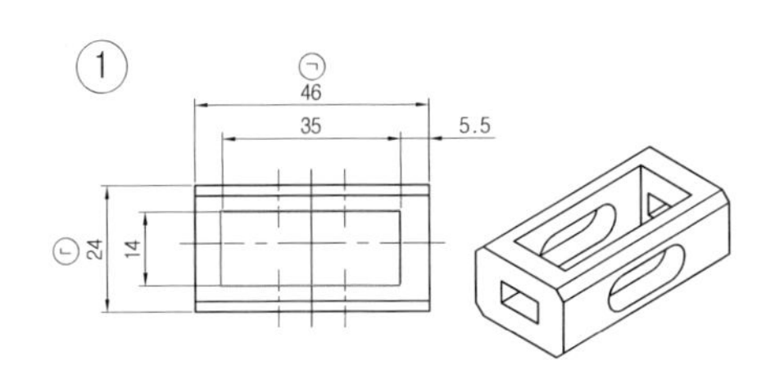

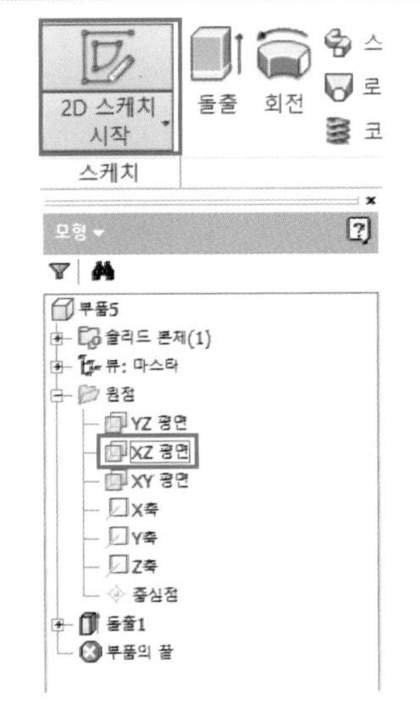

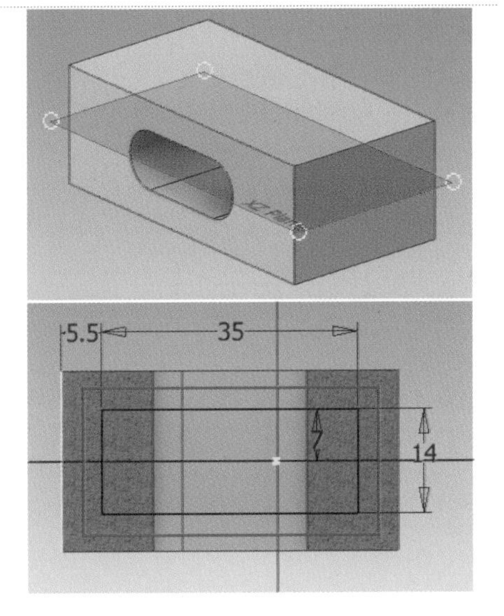

07

부품 ① 3D 모형 만들기

• [돌출] → [스케치 클릭] → [차집합] → [전체] → [대칭] → [확인]

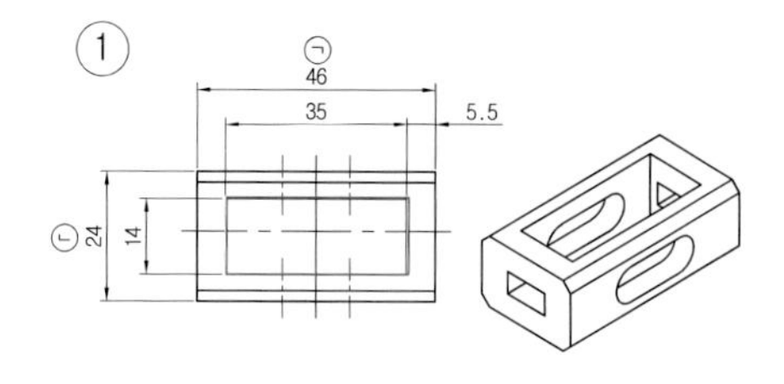

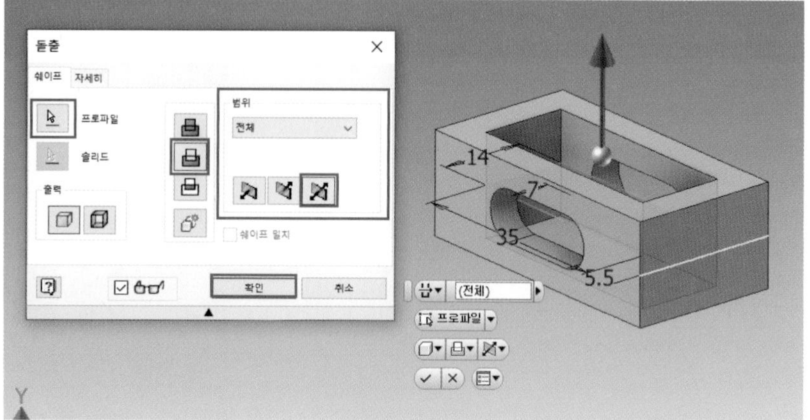

08

부품 ① 3D 모형 만들기

• [2D 스케치 시작] → [YZ평면 선택] → [F7] [직사각형] → [치수구속조건] → [스케치마무리]

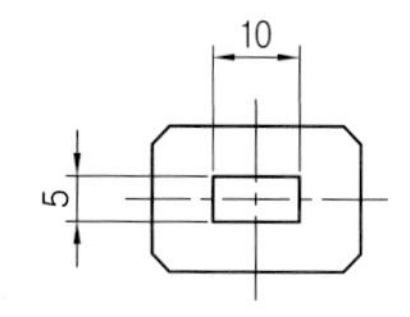

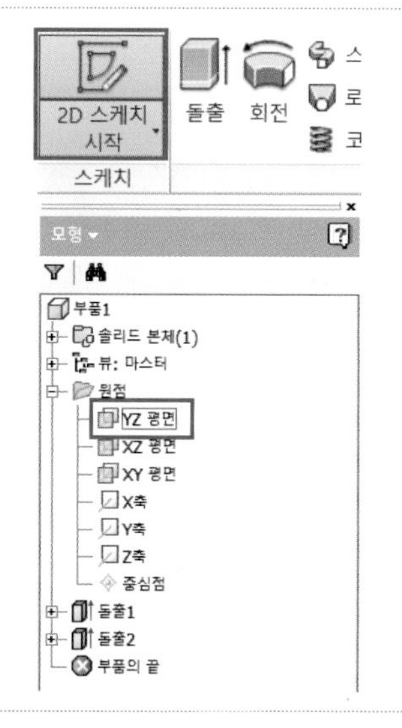

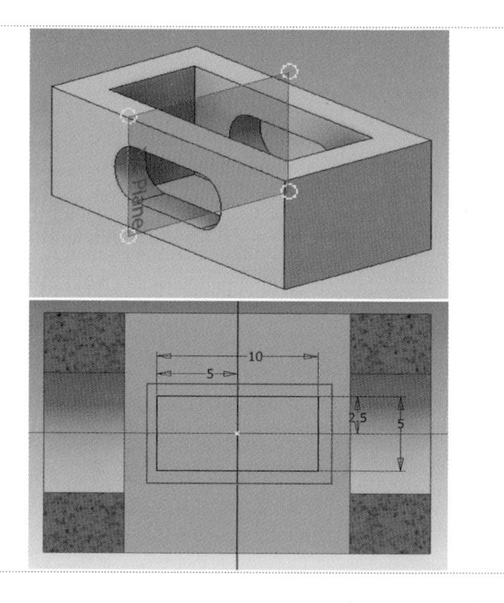

09

부품 ① 3D 모형 만들기

• [돌출] → [스케치 클릭] → [차집합] → [전체] → [대칭] → [확인]

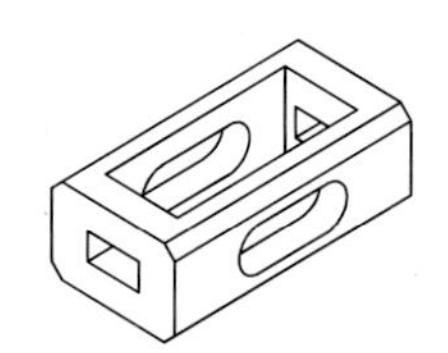

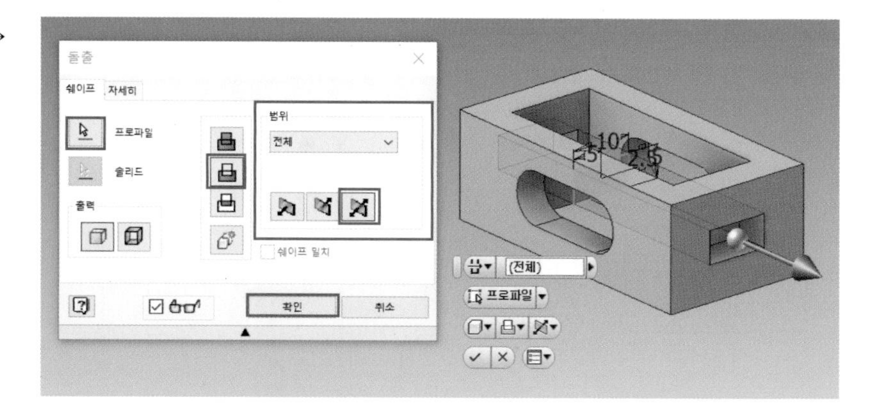

10

부품 ① 3D 모형 만들기

• [모따기] → [모따기선택/4개소] → [거리2] → [확인]

※ 주서
도시되고 지시없는 모따기는 C2

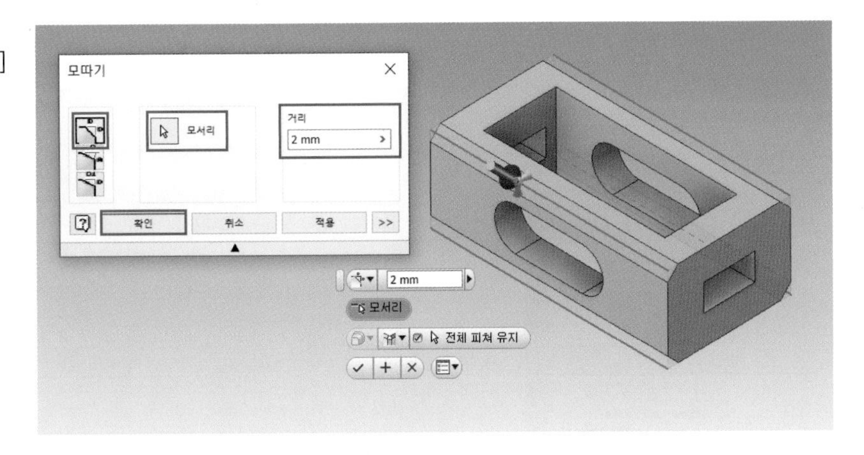

11

부품 ① 저장하기

• [파일] → [다른 이름으로 저장] → [비번호 폴더] → [파일이름] → [01_01] → [저장]

※ 본 교재의 부품 ①번 3D모델링 파일이름은 "01_01"로 작성되었다. 부품 ①, ②번 3D모델링 파일이름은 수험자가 임의로 정할 수 있다.
예 부품1번, 01번 등

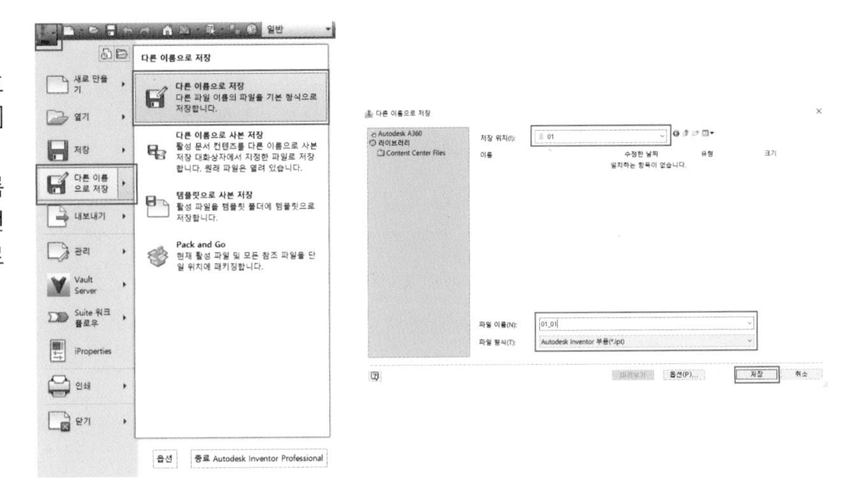

12

부품 ② 모델링

• [새로 만들기] → [Metric] → [Standard(mm).ipt] → [작성]

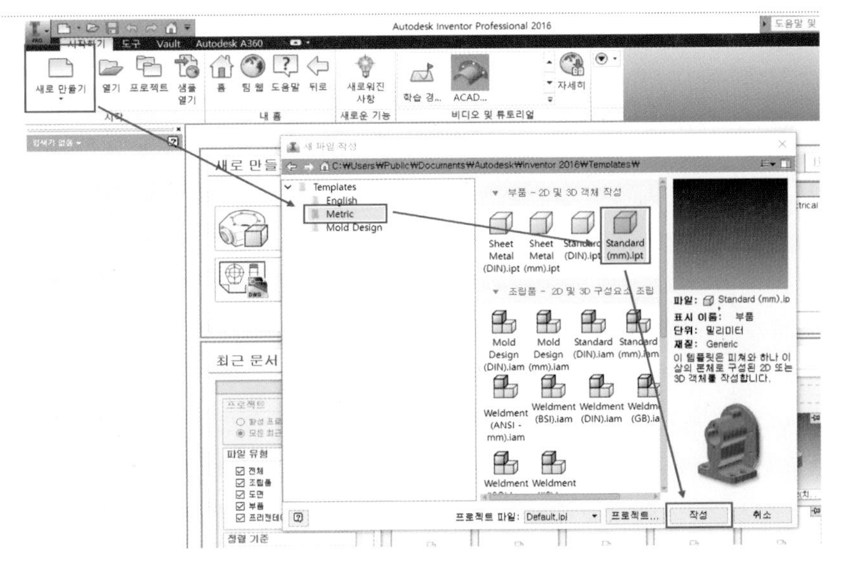

13

[2D 스케치 시작] → [마우스로 XY Plane 선택]

※ 마우스로 XY Plane 선택 시 빨간색으로 변함

※ 다른 방법(시트트리에서)
[원점] → [XY평면 마우스오른쪽 클릭] → [새 스케치]

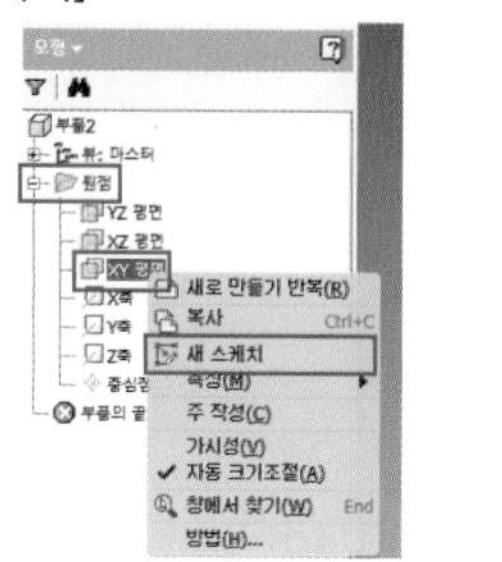

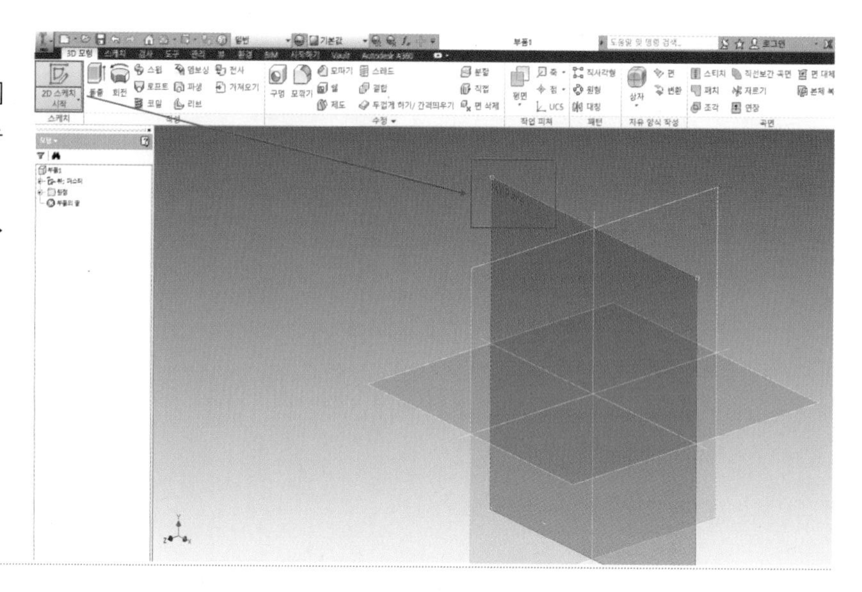

14

부품 ② 평면도를 스케치 한다.

- ∅16 원을 그린다, 선을 그린다.
- 기하학 구속조건(접선), 치수 구속조건
- 자르기(※ 선 자르기 시 치수 먼저 삭제)

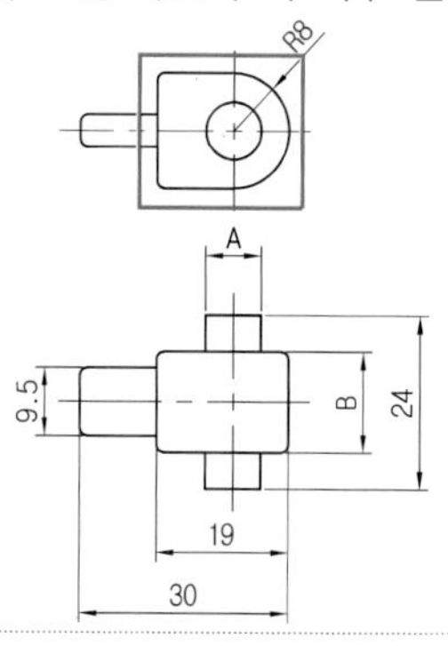

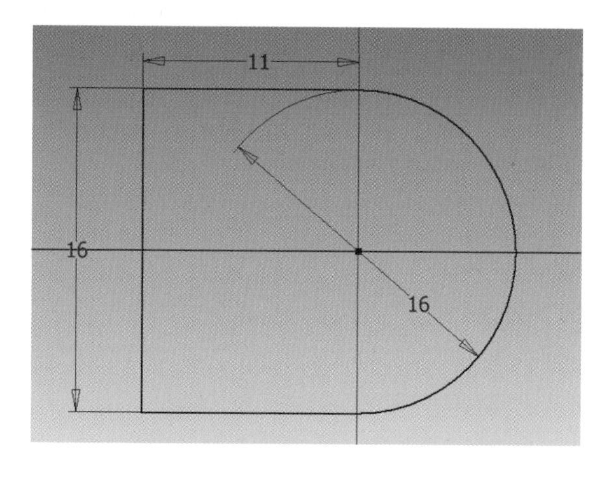

15

스케치마무리

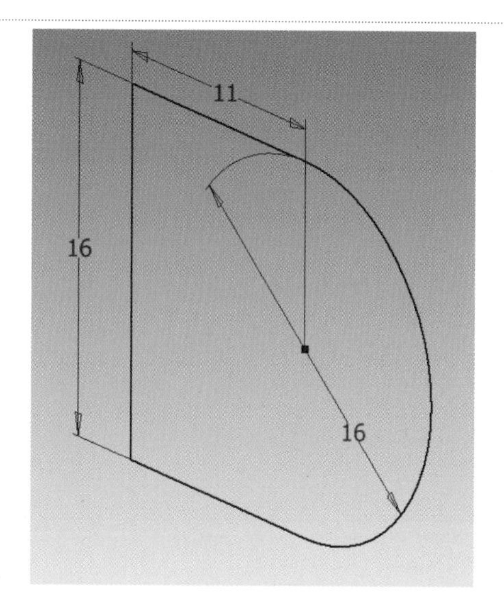

16

부품 ② 3D 모형 만들기

- [돌출] → [스케치 클릭] → [거리13] → [대칭] → [확인]

※ 'B'는 상대치수(14mm)와 축공차를 적용해 13mm로 결정한다.

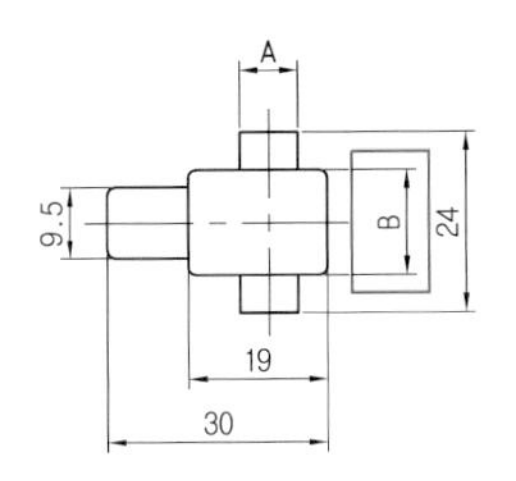

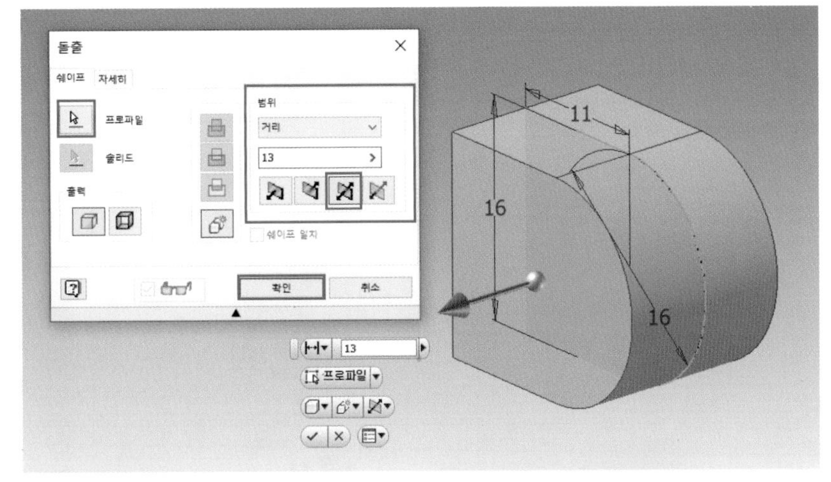

17

부품 ② 3D 모형 만들기

- [2D 스케치 시작] → [XY평면 선택] → [F7] [직사각형] → [치수구속조건] → [스케치마무리]

※ 'A'는 상대치수(8mm/2×R4)와 축공차를 적용해 ∅7mm로 결정한다.

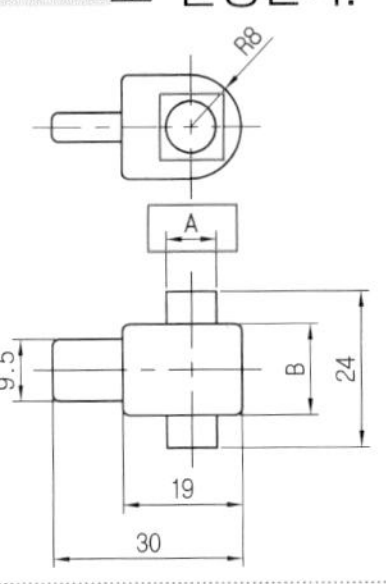

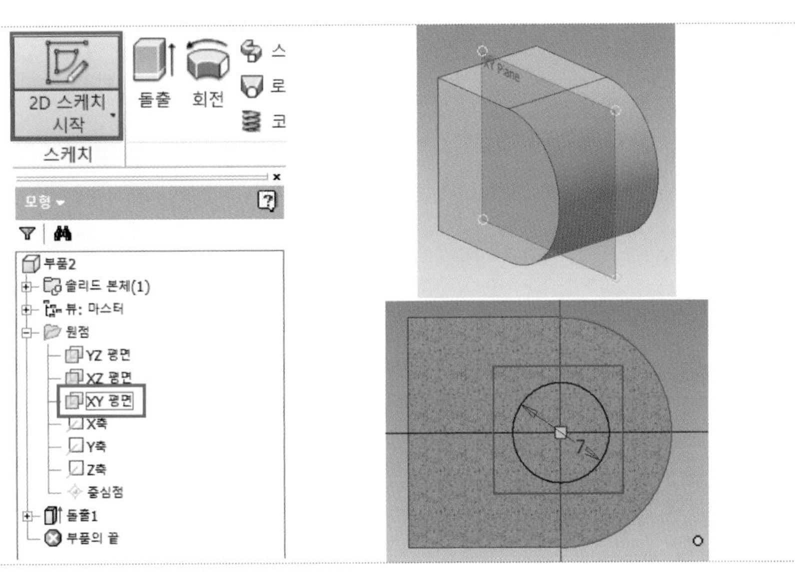

18

부품 ② 3D 모형 만들기

- [돌출] → [스케치 클릭] → [접합] → [거리24] → [대칭] → [확인]

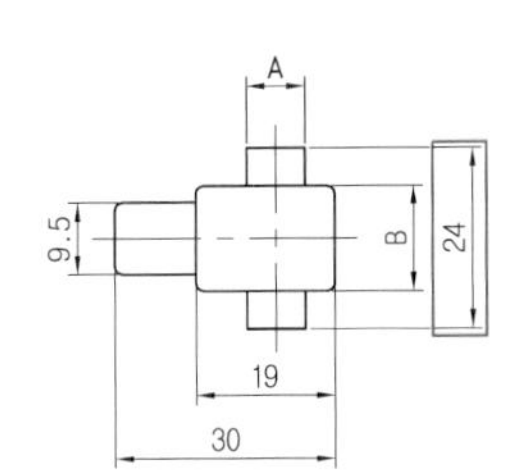

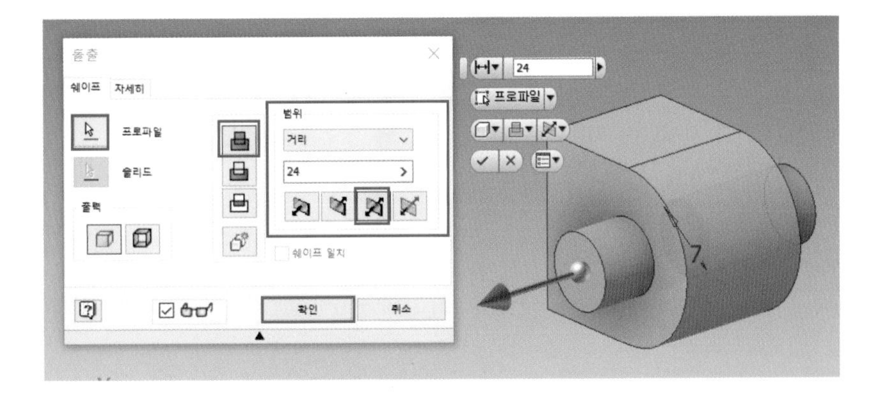

19

부품 ② 3D 모형 만들기

• [2D 스케치 시작] → [XY평면 선택] → [F7] [직사각형] → [치수구속조건] → [스케치마무리]

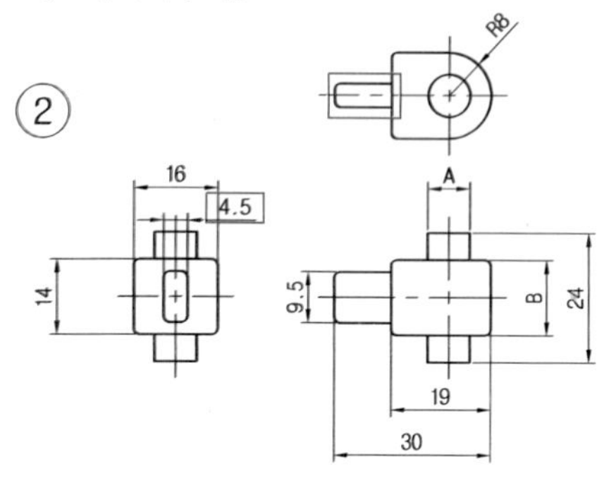

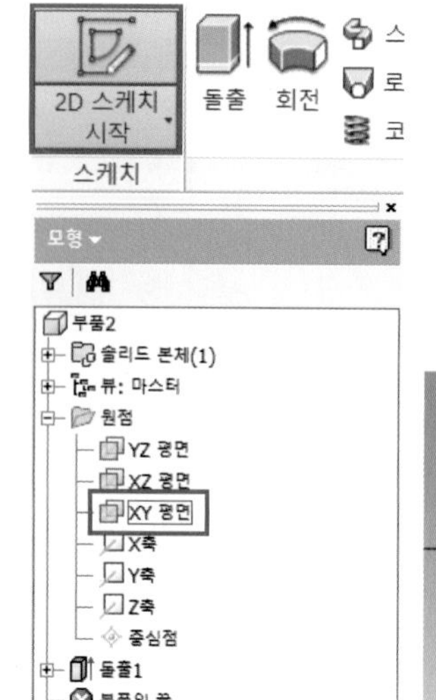

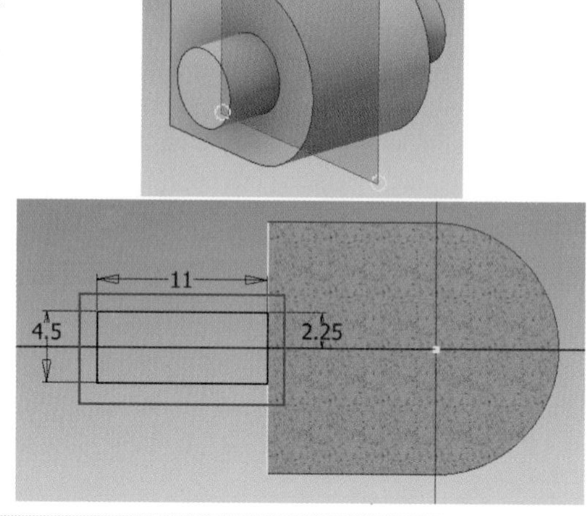

20

부품 ② 3D 모형 만들기

• [돌출] → [스케치 클릭] → [접합] → [거리9.5] → [대칭] → [확인]

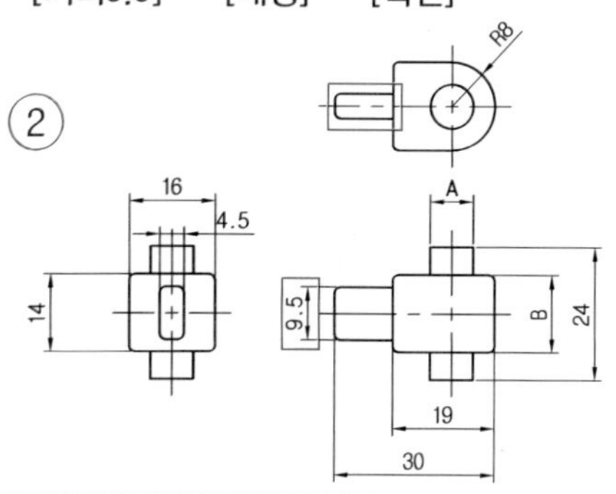

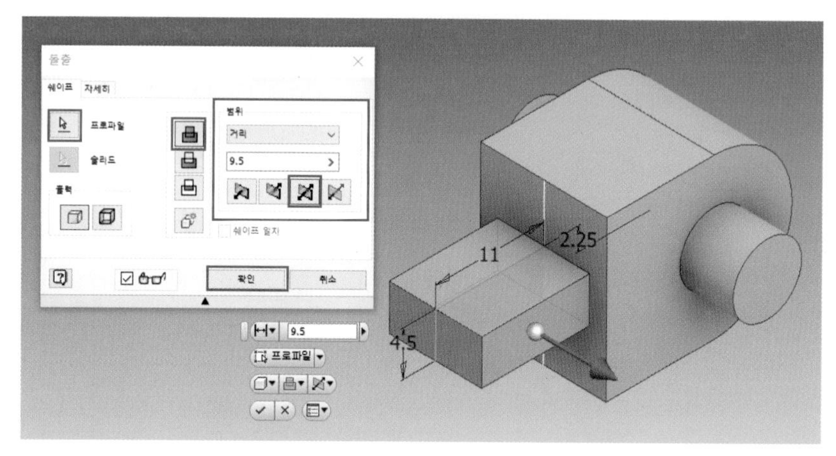

21

부품 ② 3D 모형 만들기

• [모깎기] → [모깎기선택/18개소] → [거리1] → [확인]

※ 주서

도시되고 지시없는 라운드는 R1

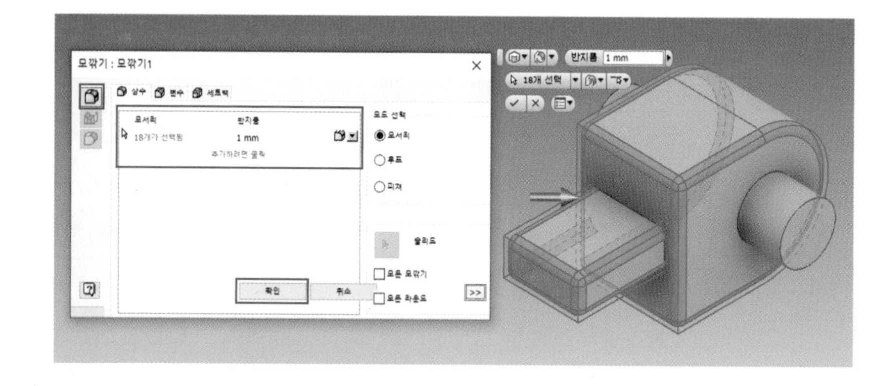

22

부품 ② 각인

- [2D 스케치 시작] → [각인평면 선택] → [텍스트] → [바탕체] → [6mm] → [확인] → [스케치마무리]
- [돌출] → [각인번호 선택] → [차집합] → [거리] → [3mm] → [방향2] → [확인]

※ 각인 방향이 도면과 상이할 시 [회전] → [각인 선택] → [중심점 : 각인번호중심 클릭] → [각도 입력] → [적용]

※ 글자체, 글자 크기, 글자 깊이 등은 별도의 정보가 없으므로 도면과 유사한 모양 및 크기로 작업하시오.

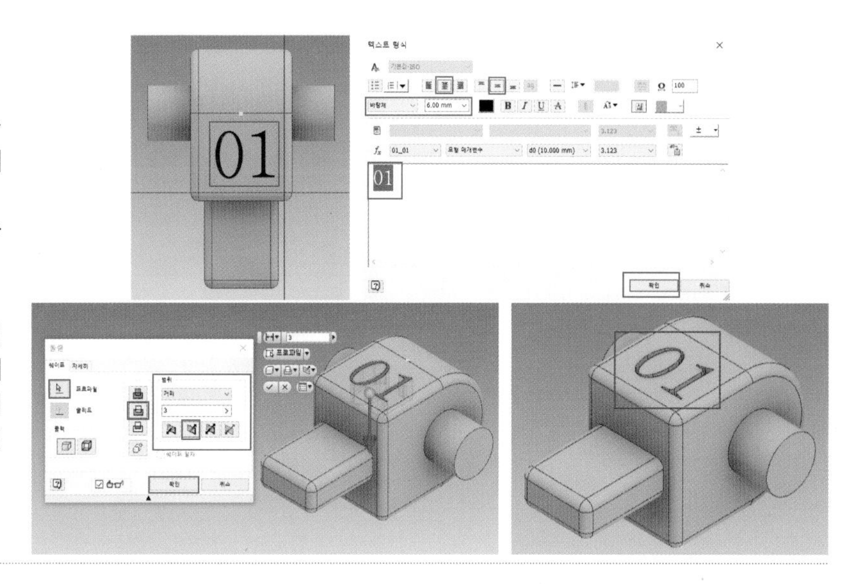

23

부품 ② 저장하기

- [파일] → [다른 이름으로 저장] → [비번호 폴더] → [파일이름] → [01_02] → [저장]

※ 본 교재의 부품 ②번 3D모델링 파일이름은 "01_02"로 작성되었다. 부품 ①, ②번 3D모델링 파일이름은 수험자가 임의로 정할 수 있다.
예 부품2번, 02번 등

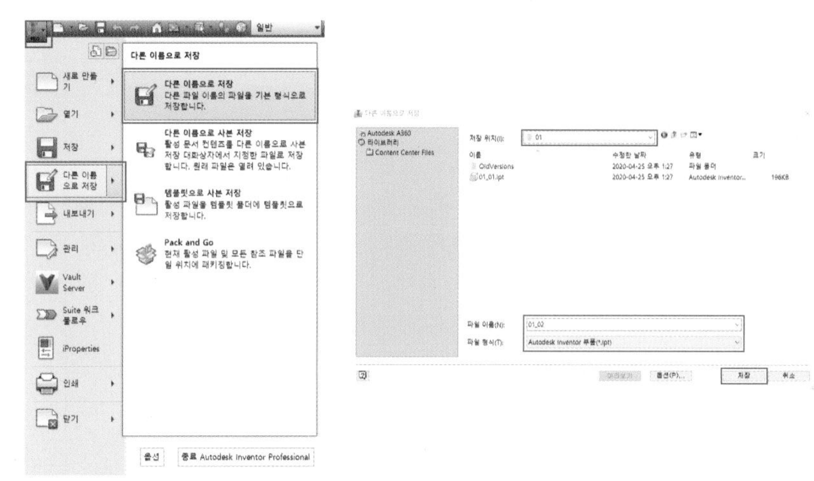

24

어셈블리

- [새로 만들기] → [Metric] → [Standard(mm).iam] → [작성]

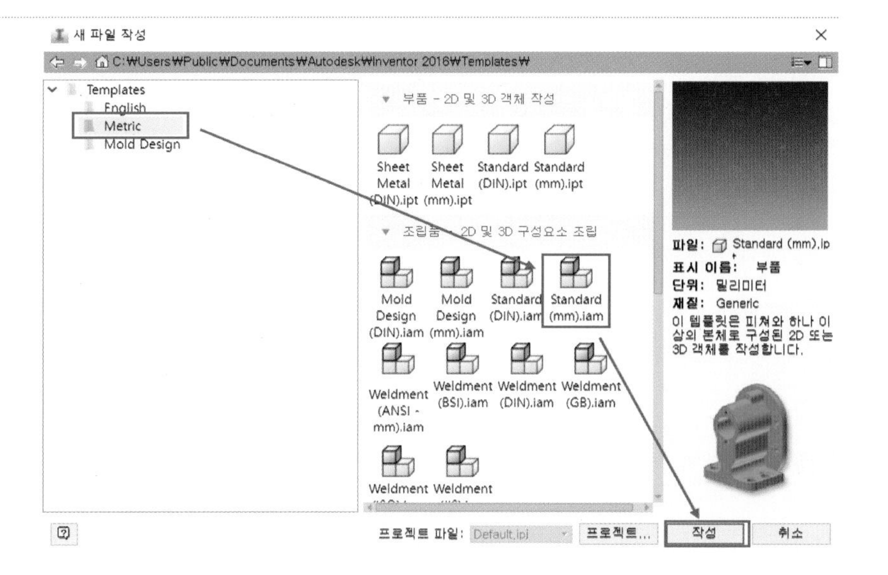

25

배치

"배치" 아이콘을 통해 부품 ①, ②를 배치한다.

• [배치] → [01_01, 01_02 선택] → [열기] → [화면 클릭] → [ESC]

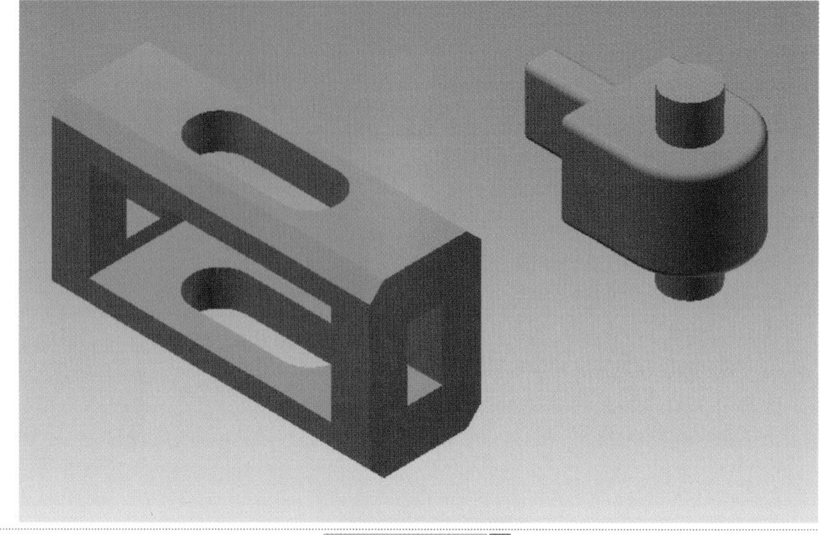

26

시트트리에서 부품①번을 우클릭하여 고정한다.

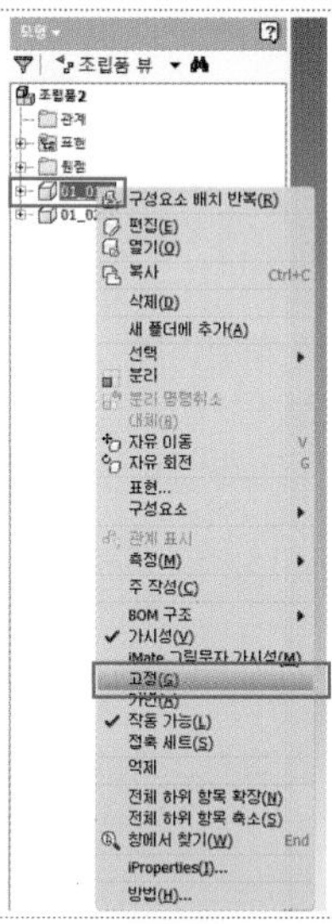

27

조립구속조건

• 부품②를 클릭하여 움직이고 우클릭하여 자유회전을 통하여 도면의 조립도와 비슷하게 한다.

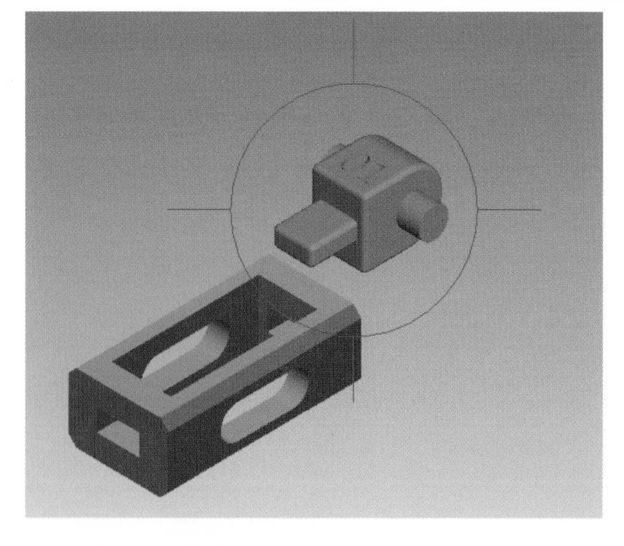

28

조립구속조건

• [구속조건] → [메이트] → [솔루션 : 플러시] → [부품①선택요소] → [자유회전] → [부품②선택요소] → [적용] → [자유회전] → [메이트] → [솔루션 : 메이트] → [부품①선택요소] → [자유회전] → [부품②선택요소] → [간격띄우기0.5] → [확인]

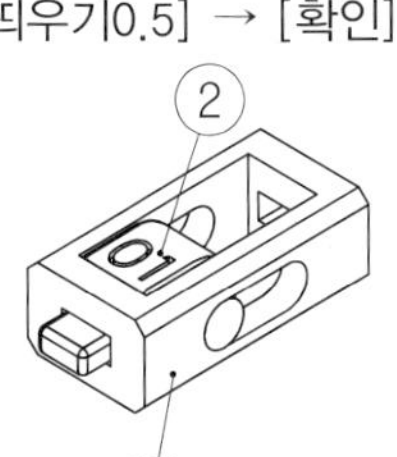

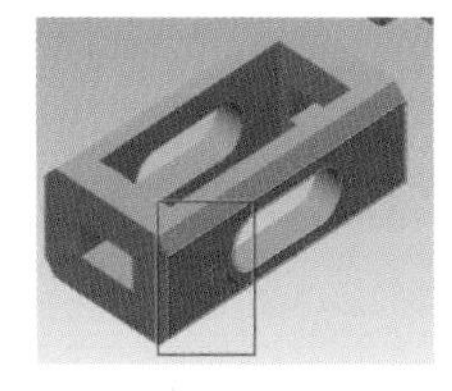

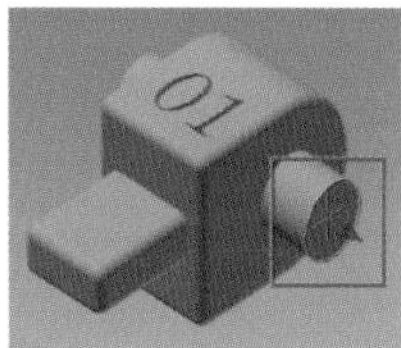

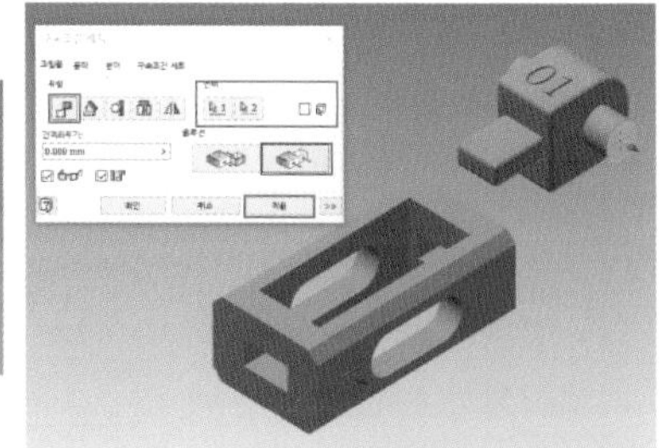

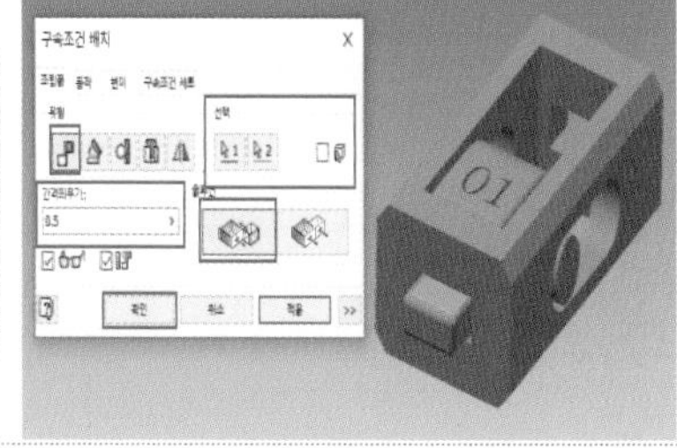

29

출력방향을 고려하여 구속조건 추가

※ 조립된 상태로 출력하니 되도록 서포트가 적게 나오고 도면의 ㉠, ㉡, ㉢ 치수가 정밀하게 나오는 출력방향을 결정해야 한다.

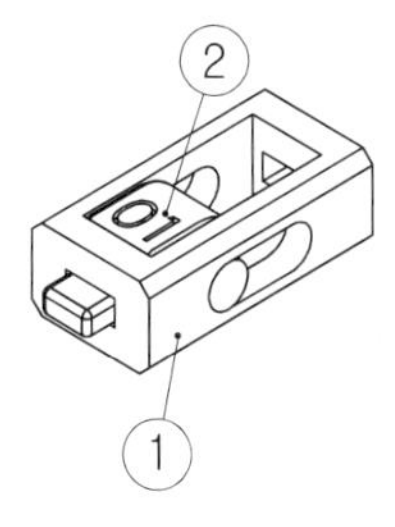

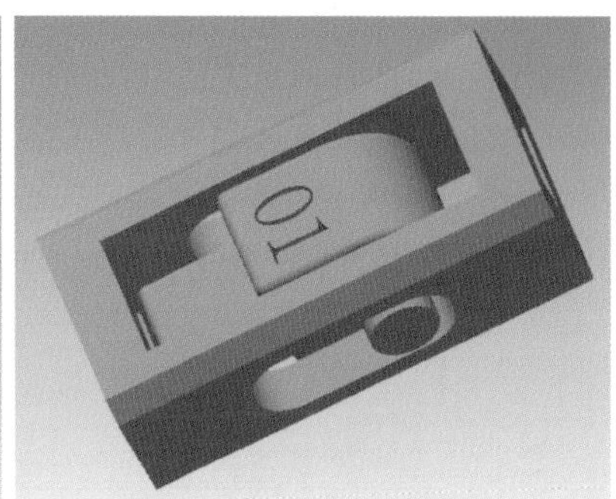

30

어셈블리 저장하기(2가지 확장자)

• [파일] → [다른 이름으로 저장] → [비번호폴더] → [파일이름] → [01] → [저장]

• [파일] → [내보내기] → [CAD형식] → [비번호폴더] → [01] → [파일형식 : STEP 선택] → [저장]

구 분	작업명	파일명	비 고
1	어셈블리	01.***	
2		01.STP	채점용

※ 비번호 01인 경우

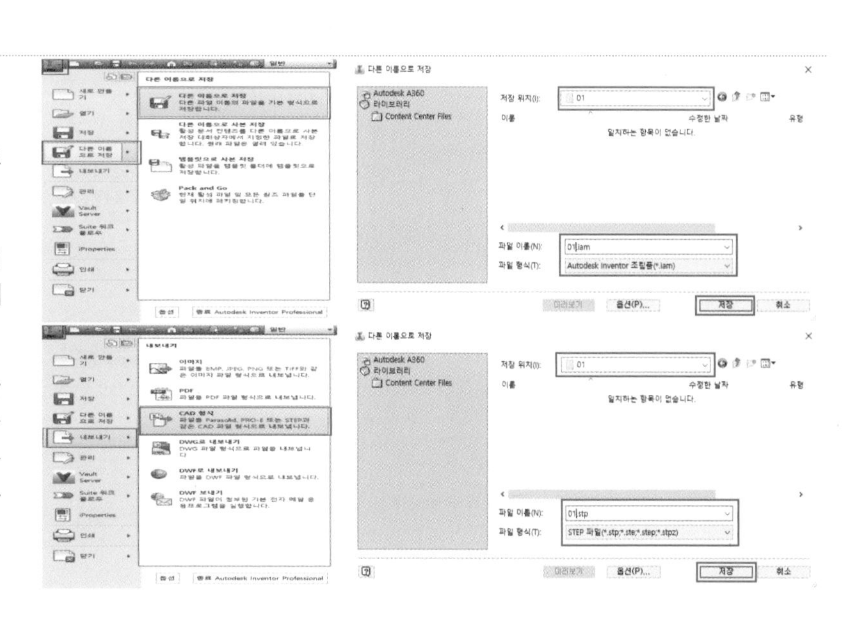

31

어셈블리 저장하기(STL확장자)

- [파일] → [내보내기] → [CAD형식] → [비번호폴더] → [01] → [파일형식 : STL 선택] → [옵션] → [단위 : mm] → [저장]

※ 옵션에서 단위 mm 선택

구 분	작업명	파일명	비 고
3	어셈블리	01.STL	

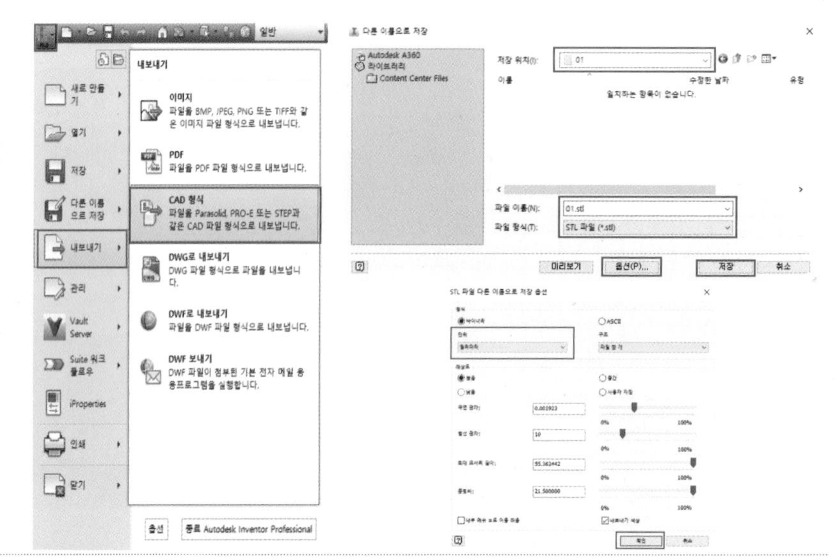

32

슬라이싱(3DWOX)

슬라이싱 프로그램을 실행한다.

- [파일] → [모델 불러오기] → [비번호폴더] → [01.stl] → [열기]

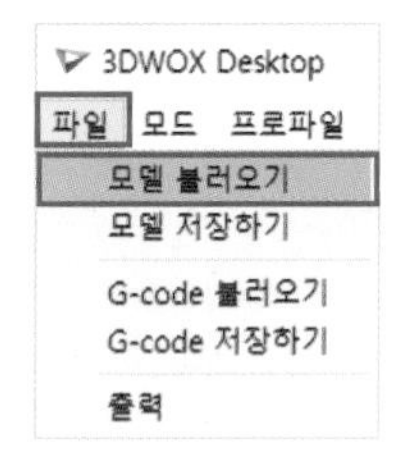

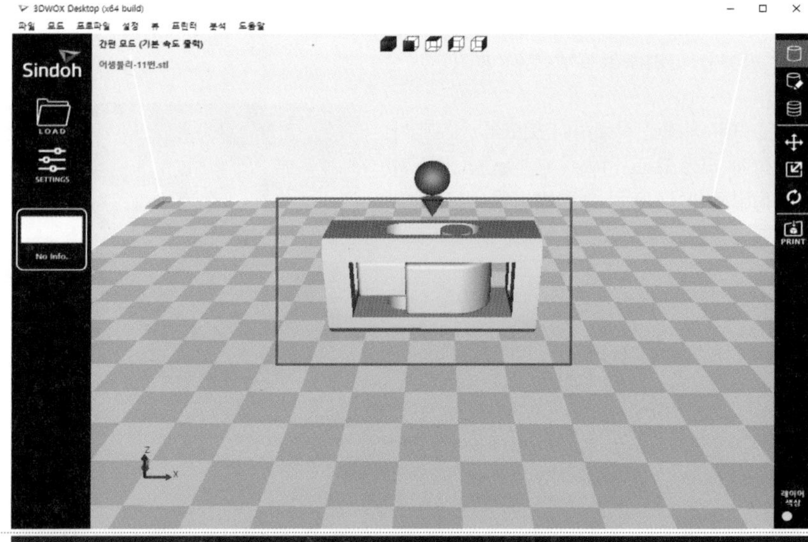

33

프린터 설정

- [설정] → [프린터 설정] → [프린터 모델] → [확인]

※ 시험장 프린터 모델을 선택한다.
예 DP200

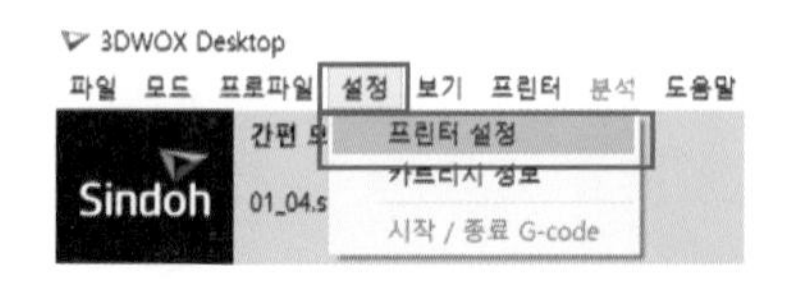

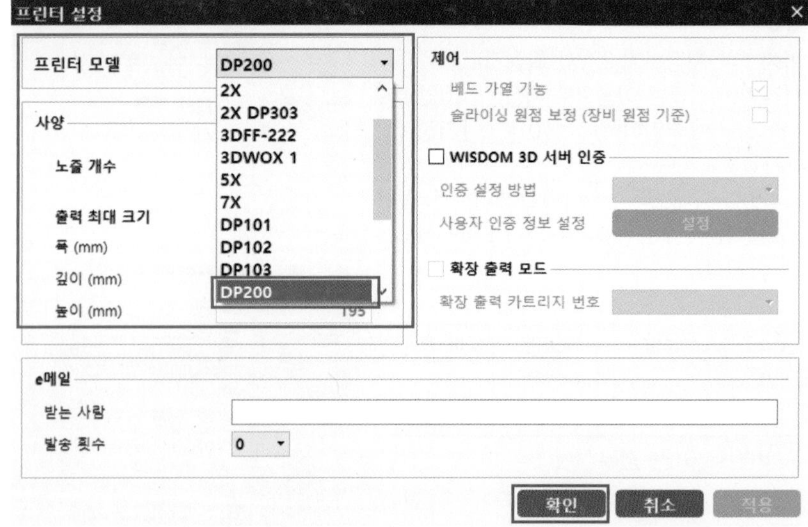

34

출력방향을 결정한다.

• [분석] → [최적출력방향] → [분석] → [추천 1~6 선택]

※ 신도리코 3DWOX는 최적출력방향을 분석해 준다. 참고하여 서포트가 적게 나오고 도면의 ㉠, ㉡, ㉢ 치수가 정밀하게 나오는 출력방향을 결정한다.

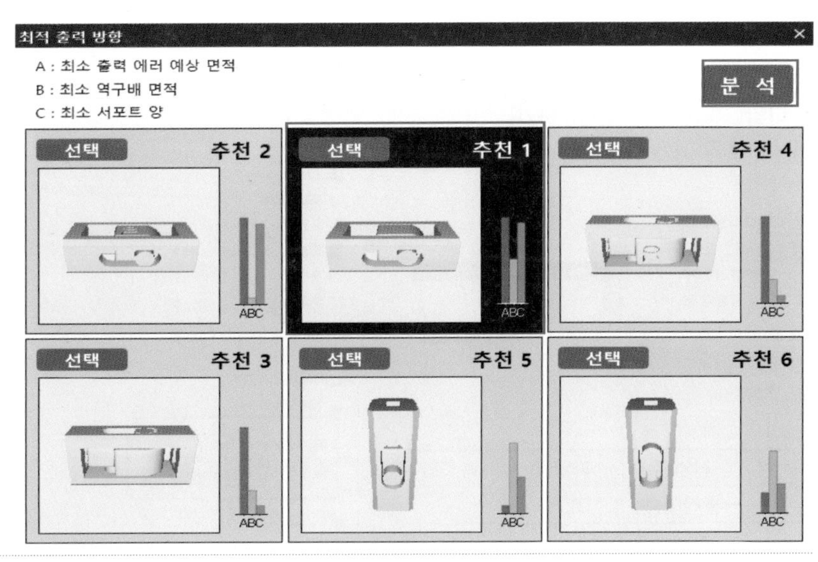

35

기본 파라미터를 설정한다.

• [SETTINGS] 버튼을 클릭하여 파라미터 값을 조정한다.
• 기본 속도 출력
• 재질 : PLA
• 서포트 : 모든 곳, 지그재그 구조

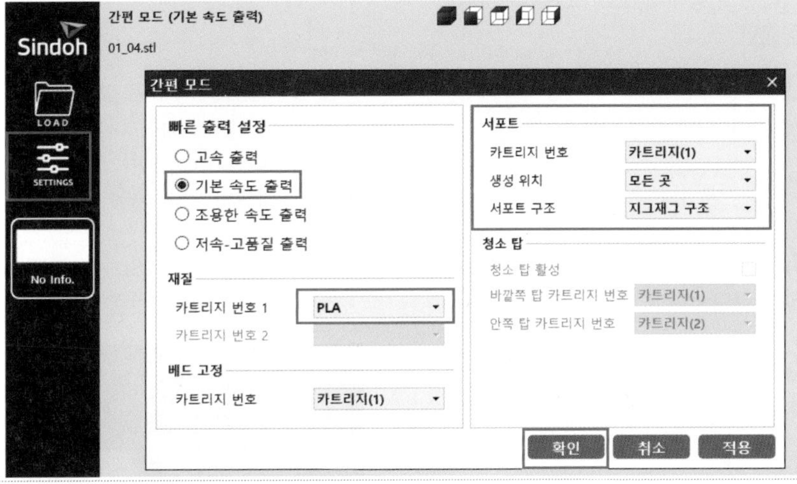

36

슬라이싱

• 베드상에 있는 출력물이 파라미터의 값이 반영되면서 슬라이싱을 수행한다.

※ 출력예상시간을 확인한다.

※ 출력예상시간이 1시간 20분이 넘어가면 고급모드로 변경하여 [SETTINGS]에서 레이어 높이, 채우기 밀도, 서포트 밀도 등 설정값을 변경한다.

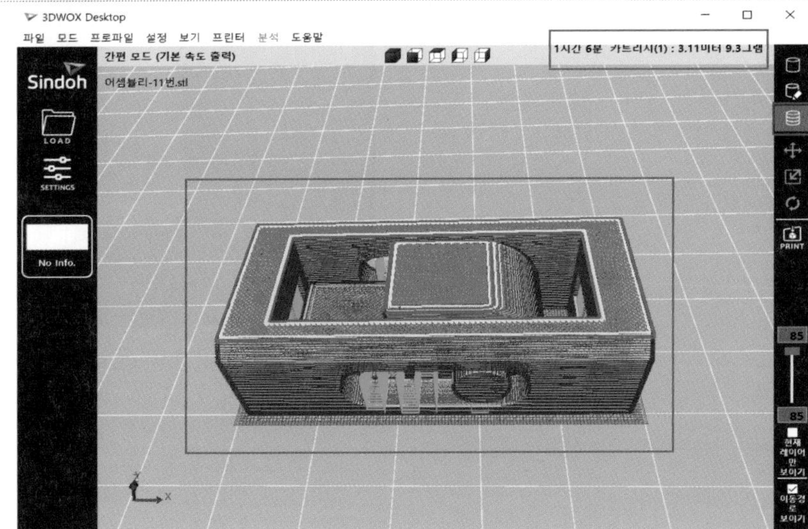

37

G-code 저장하기

- [파일] → [G-code 저장하기] → [예] → [비번호폴더] → [01.gcode] → [저장]

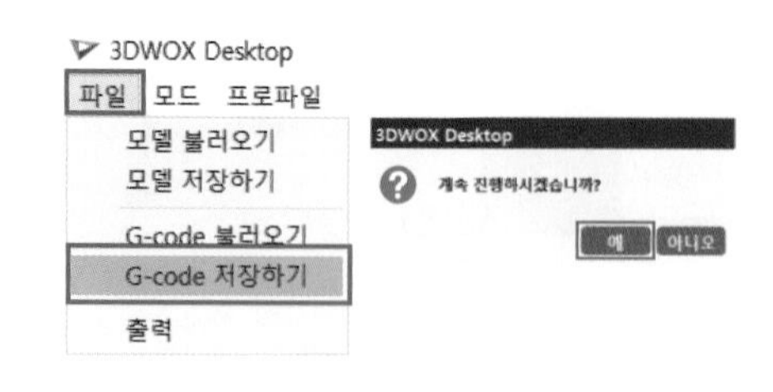

구 분	작업명	파일명	비 고
4	슬라이싱	01.***	gcode

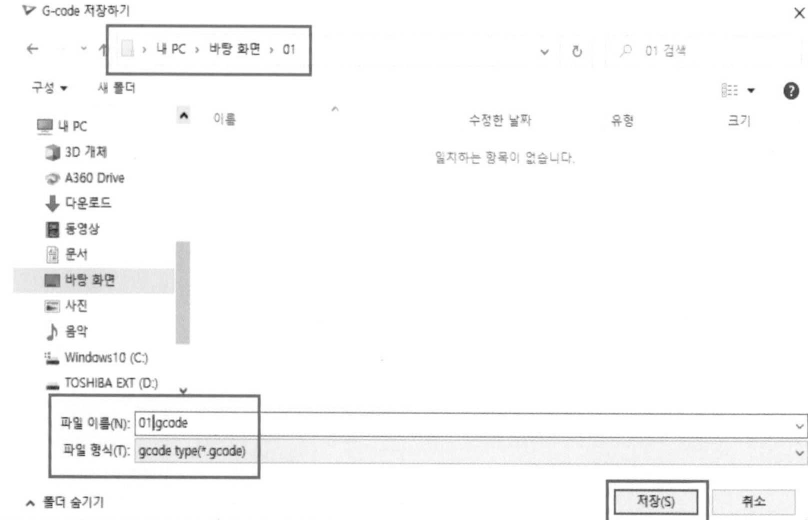

38

지급된 저장매체(USB 또는 SD-card)에 저장한다.

- 감독위원에게 저장매체(USB 또는 SD-card) 제출

39

3D프린터 세팅

- 노즐, 베드 등에 이물질을 제거하여 출력 시 방해요소가 없도록 세팅한다.
- PLA 필라멘트 장착 여부 등 소재의 이상 여부를 점검하고 정상 작동하도록 세팅한다.
- 베드 레벨링 기능 등을 활용하여 베드 위치를 세팅한다.

40

3D프린팅

- 저장매체(USB 또는 SD-card)에 있는 파일(01_04.gcode)을 3D프린터 전면부에 있는 USB 포트에 연결하여 화면에서 직접 G-code를 불러와 출력한다.

41

최종 출력물

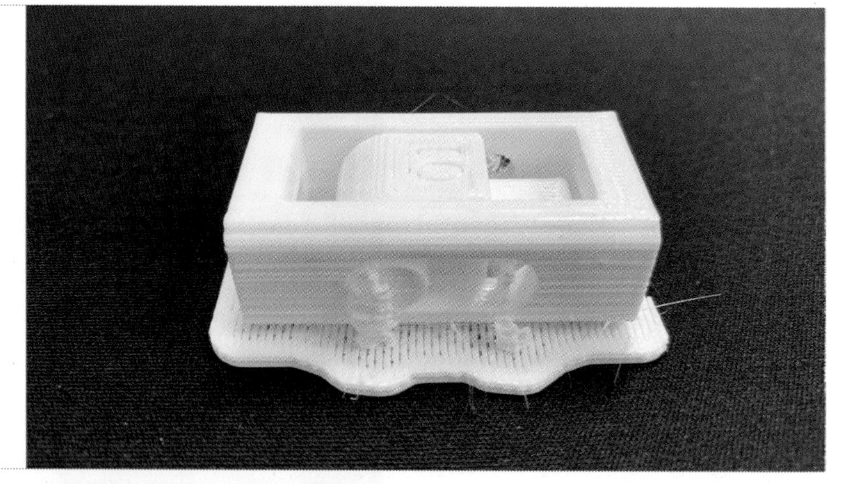

42

후처리

- 출력이 완료되면 보호장갑을 착용하고 서포트 및 거스러미를 제거한 후 감독위원에게 제출한다.

43

노즐 및 베드 정리

- 출력물을 제출 후 본인이 사용한 3D프린터 노즐 및 베드 등의 잔여물을 제거하고 정리정돈 한다(**※ 정리상태도 채점 대상임에 주의하자**).

12 3D모델링 실기 공개문제 도면 - 12

자격종목	3D프린터운용기능사	[시험1] 과제명	3D모델링 작업	척 도	NS

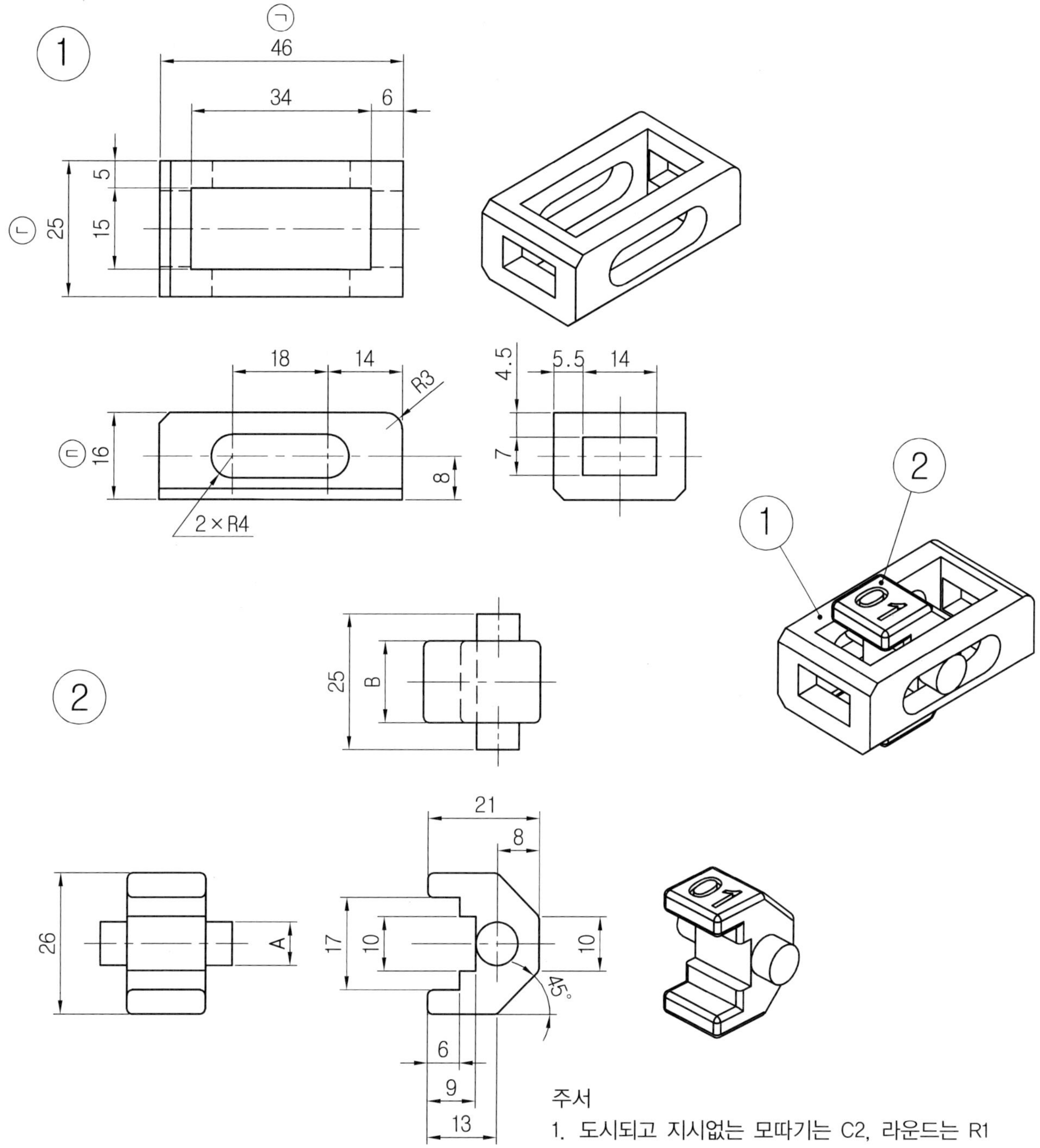

1

㉠ 46

34

6

5

㉢ 25

15

18

14

R3

㉣ 16

8

2×R4

4.5

5.5

14

7

2

1

2

25

B

21

8

26

A

17

10

10

45°

6

9

13

주서

1. 도시되고 지시없는 모따기는 C2, 라운드는 R1

01

부품 ① 모델링

- [새로 만들기] → [Metric] → [Standard(mm).ipt] → [작성]

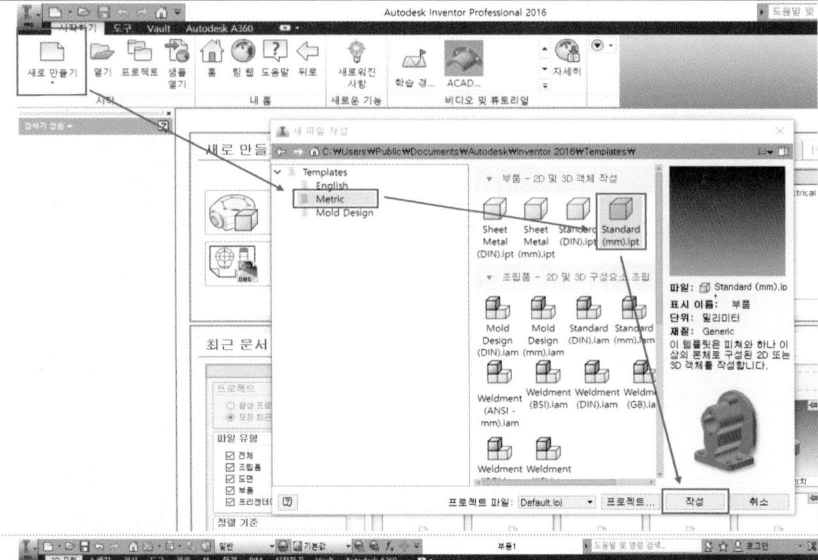

02

[2D 스케치 시작] → [마우스로 **XY Plane** 선택]

※ 마우스로 XY Plane 선택 시 빨간색으로 변함

※ 다른 방법(시트트리에서)
[원점] → [XY평면 마우스오른쪽 클릭] → [새 스케치]

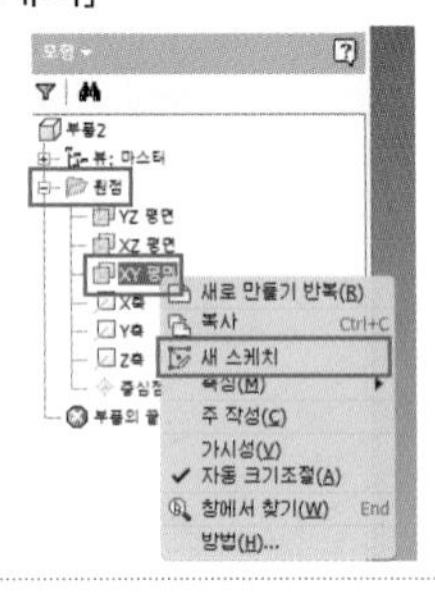

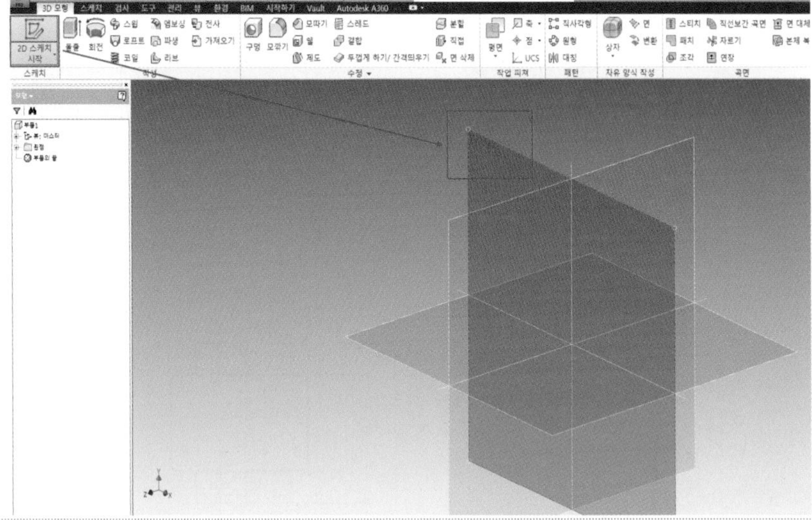

03

부품 ① 정면도를 스케치 한다.

- 슬롯(중심대중심), 직사각형
- 기하학 구속조건, 치수 구속조건
- 모따기(C2)

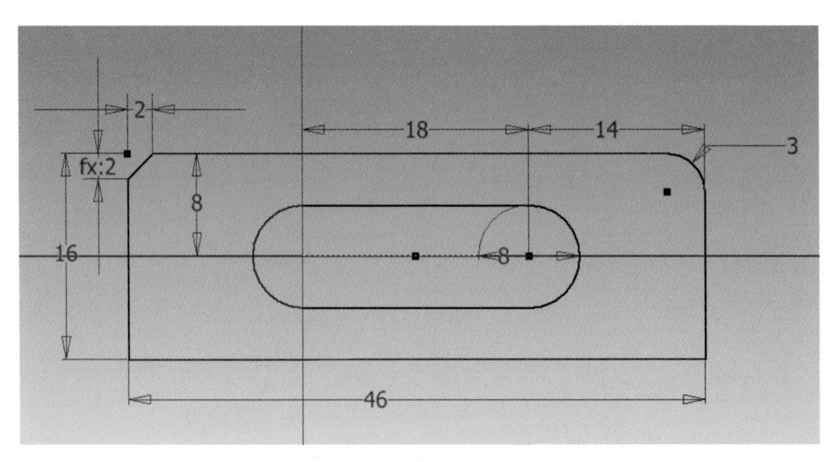

※ 주서
도시되고 지시없는 모따기는 C2

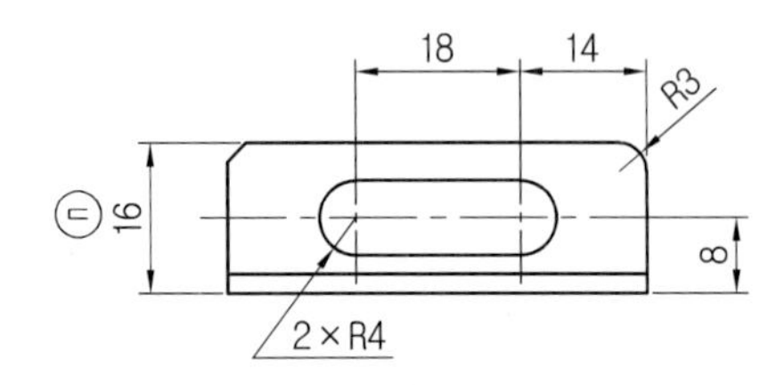

04

스케치마무리

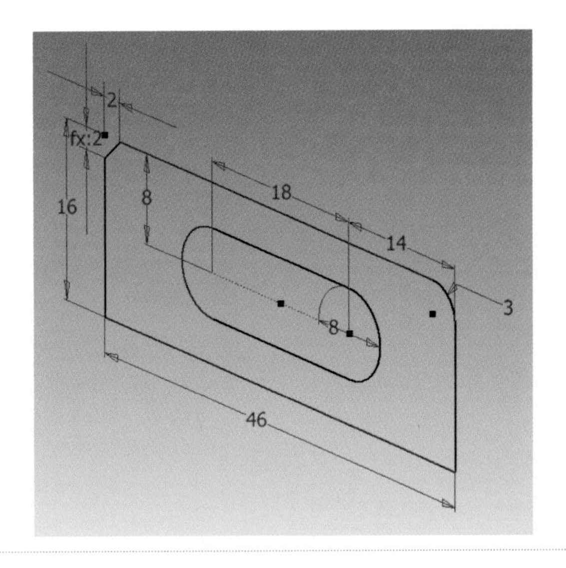

05

부품 ① 3D 모형 만들기

• [돌출] → [스케치 클릭] → [거리25] → [대칭] → [확인]

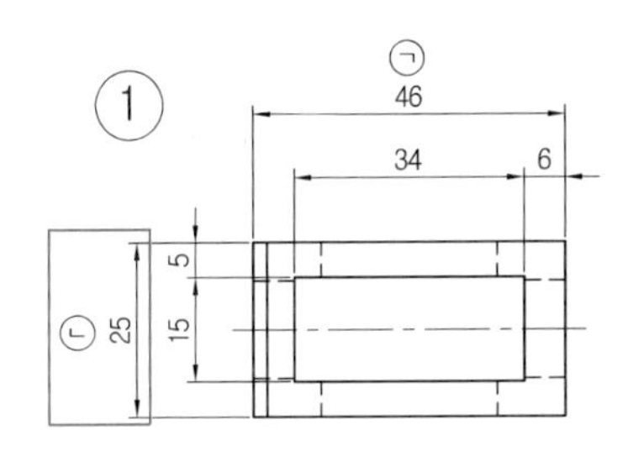

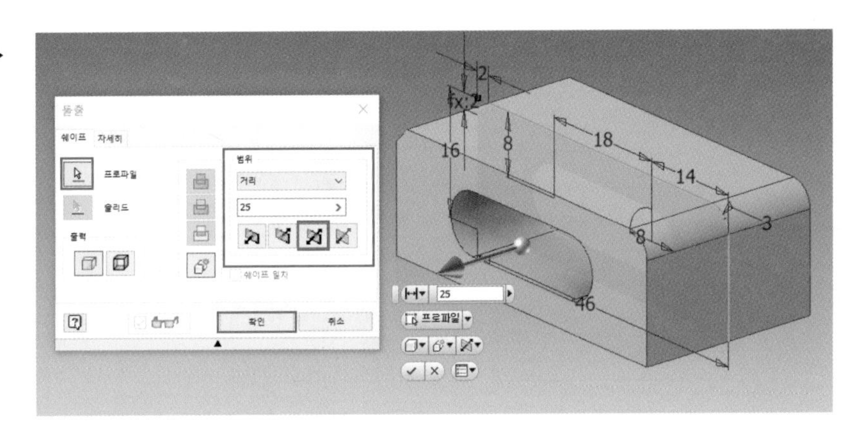

06

부품 ① 3D 모형 만들기

• [2D 스케치 시작] → [YZ평면 선택] → [F7] [직사각형] → [치수구속조건] → [스케치마무리]

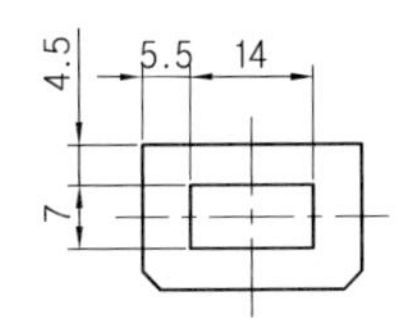

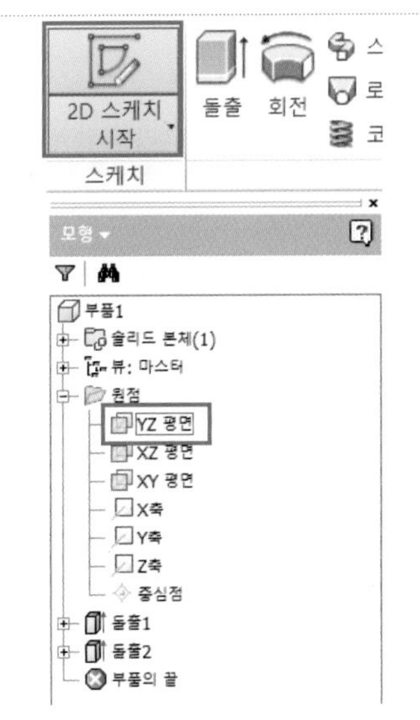

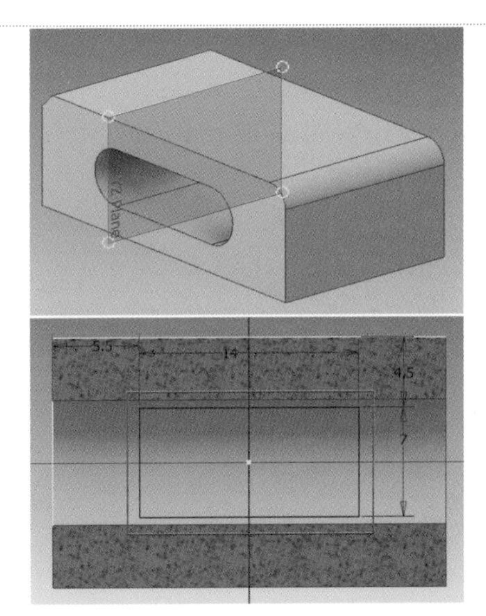

07

부품 ① 3D 모형 만들기

• [돌출] → [스케치 클릭] → [차집합] → [전체] → [대칭] → [확인]

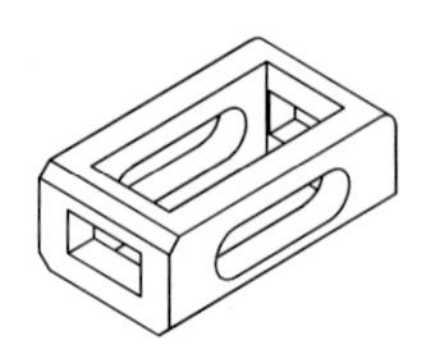

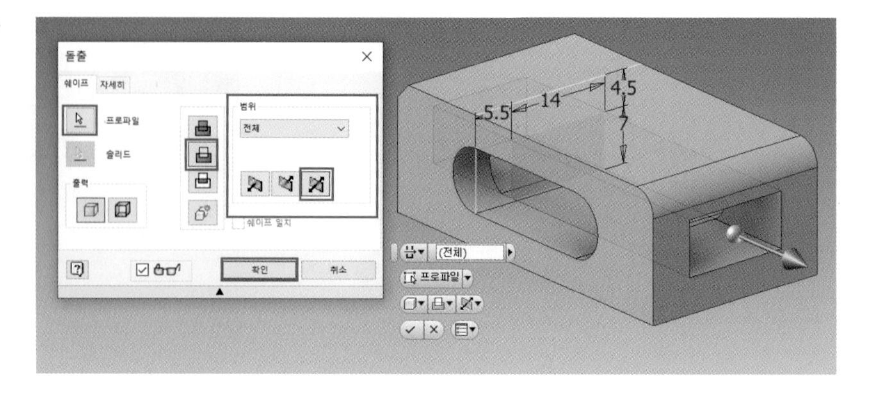

08

부품 ① 3D 모형 만들기

• [2D 스케치 시작] → [XZ평면 선택] → [F7] [직사각형] → [치수구속조건] → [스케치마무리]

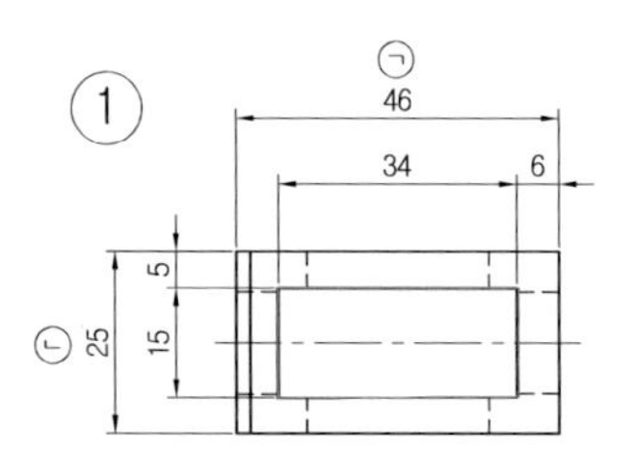

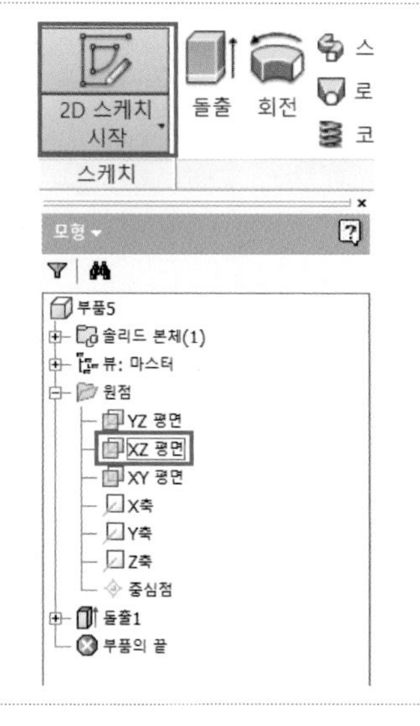

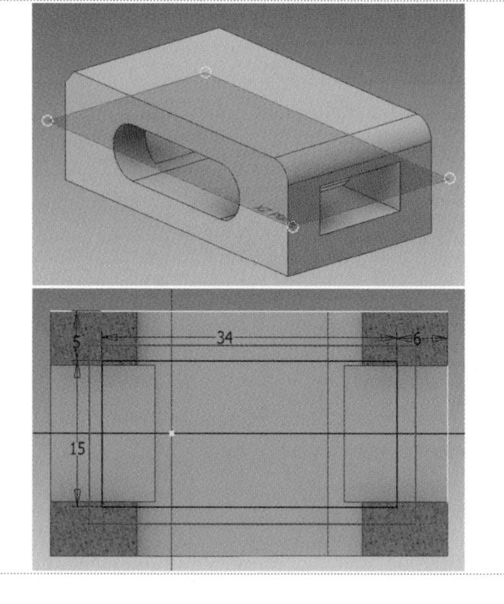

09

부품 ① 3D 모형 만들기

• [돌출] → [스케치 클릭] → [차집합] → [전체] → [대칭] → [확인]

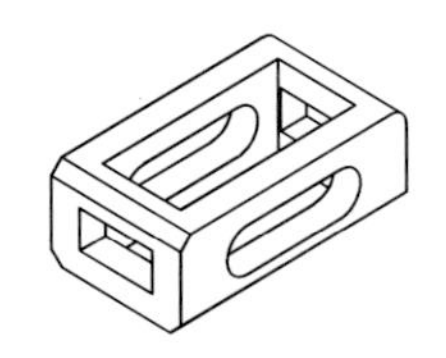

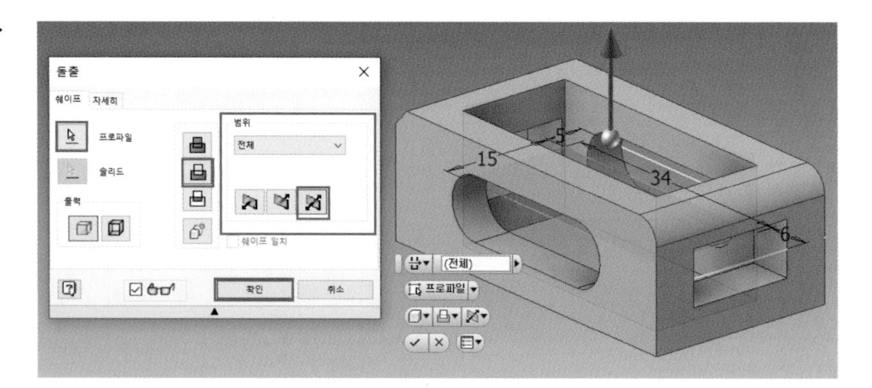

10

부품 ① 3D 모형 만들기

• [모따기] → [모따기선택/2개소] → [거리2] → [확인]

※ 주서
도시되고 지시없는 모따기는 C2

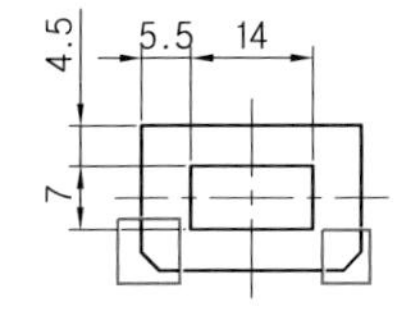

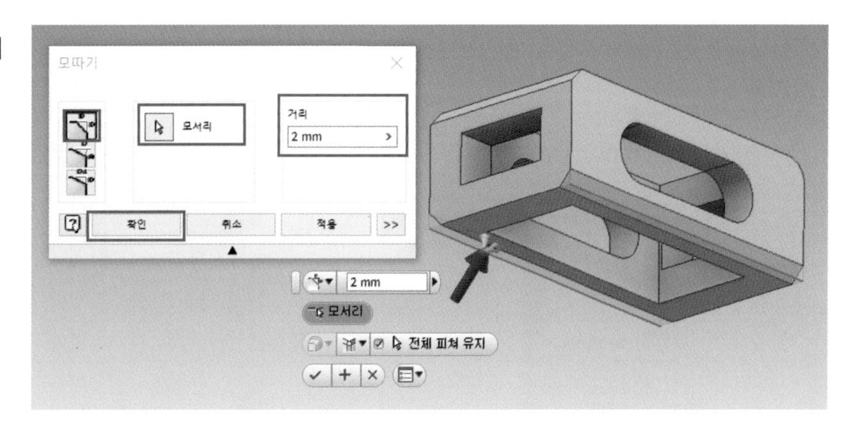

11

부품 ① 저장하기

• [파일] → [다른 이름으로 저장] → [비번호 폴더] → [파일이름] → [01_01] → [저장]

※ 본 교재의 부품 ①번 3D모델링 파일이름은 "01_01"로 작성되었다. 부품 ①, ②번 3D모델링 파일이름은 수험자가 임의로 정할 수 있다.
예 부품1번, 01번 등

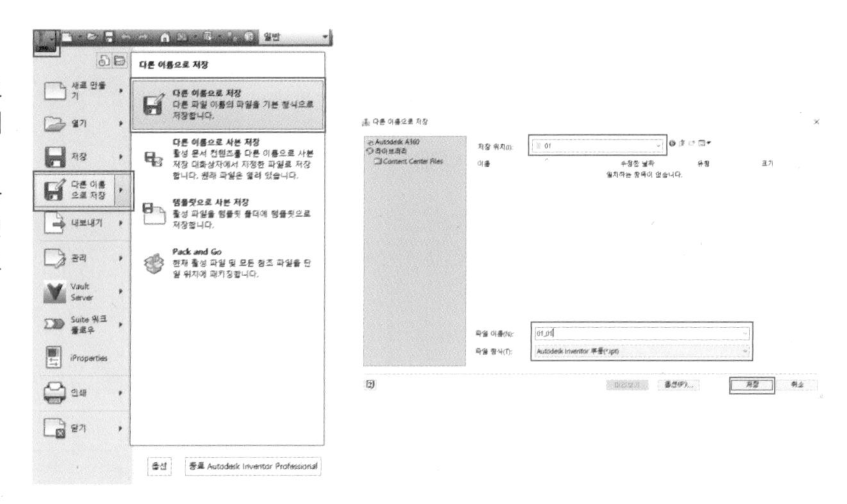

12

부품 ② 모델링

• [새로 만들기] → [Metric] → [Standard(mm).ipt] → [작성]

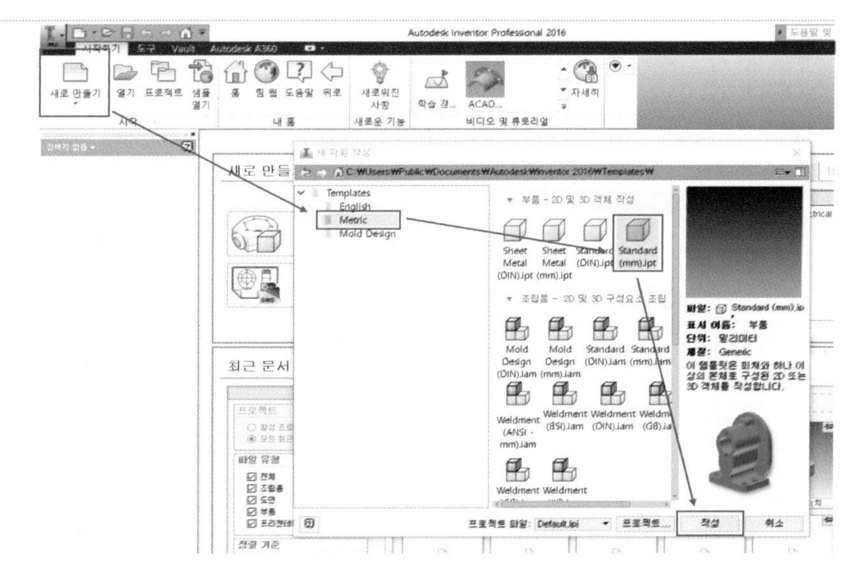

13

[2D 스케치 시작] → [마우스로 XY Plane 선택]

※ 마우스로 XY Plane 선택 시 빨간색으로 변함

※ 다른 방법(시트트리에서) [원점] → [XY평면 마우스오른쪽 클릭] → [새 스케치]

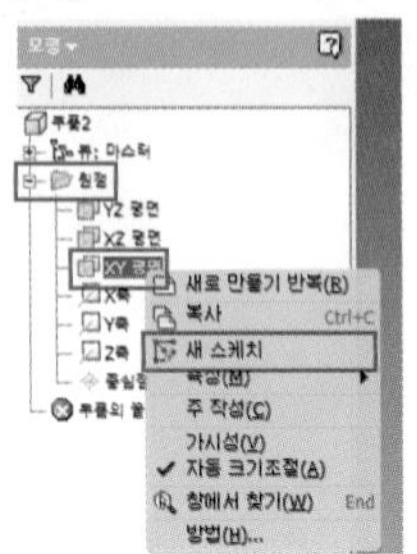

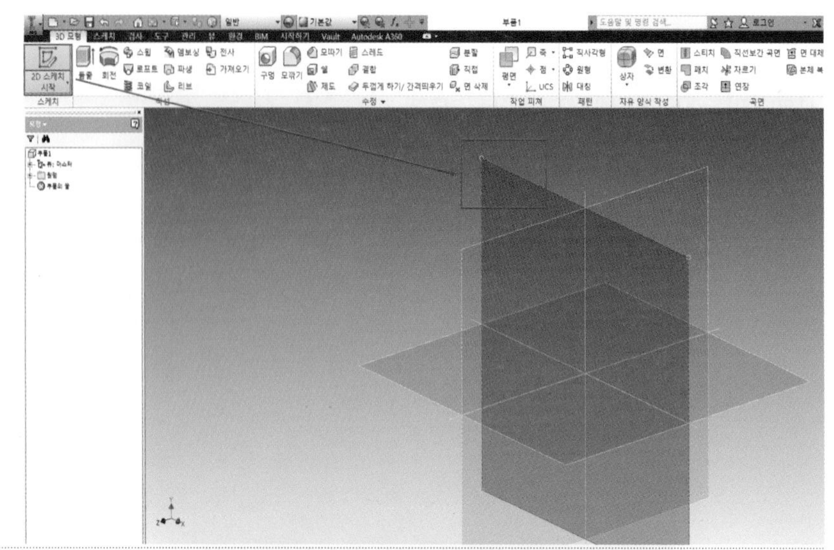

14

부품 ② 정면도를 스케치 한다.

• 선
• 기하학 구속조건, 치수 구속조건, 대칭
• 자르기(※ 선 자르기 시 치수 먼저 삭제)

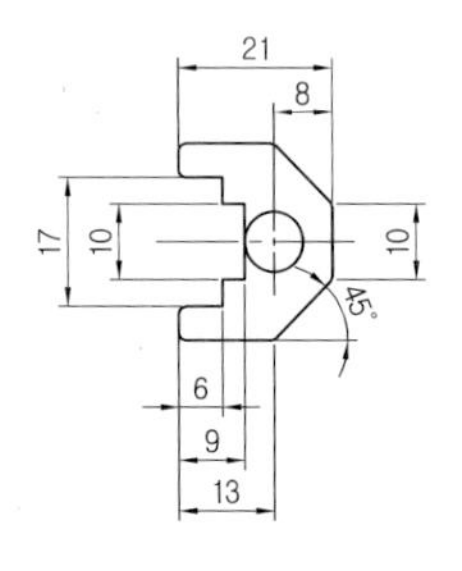

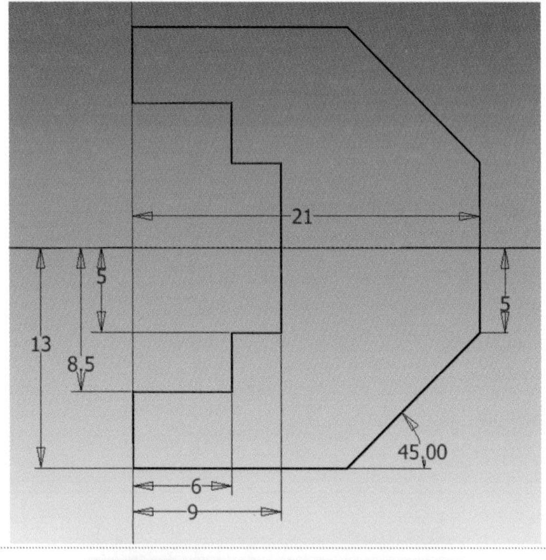

15

스케치마무리

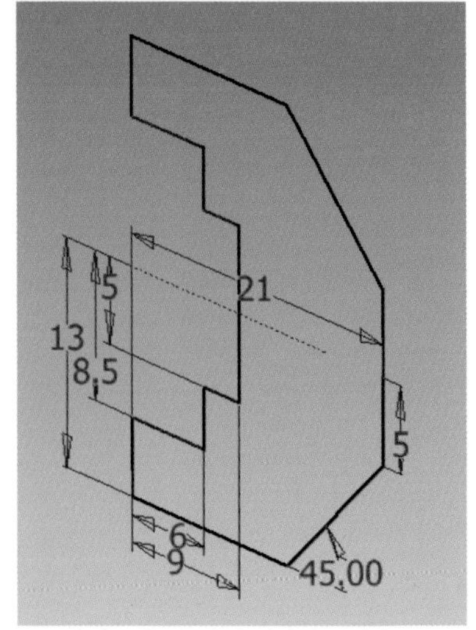

16

부품 ② 3D 모형 만들기

- [돌출] → [스케치 클릭] → [거리14] → [대칭] → [확인]

※ 'B'는 상대치수(15mm)와 축공차를 적용해 14mm로 결정한다.

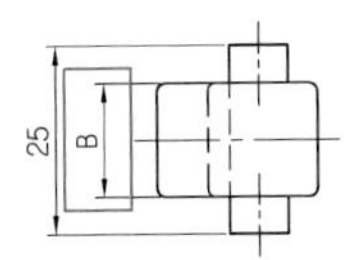

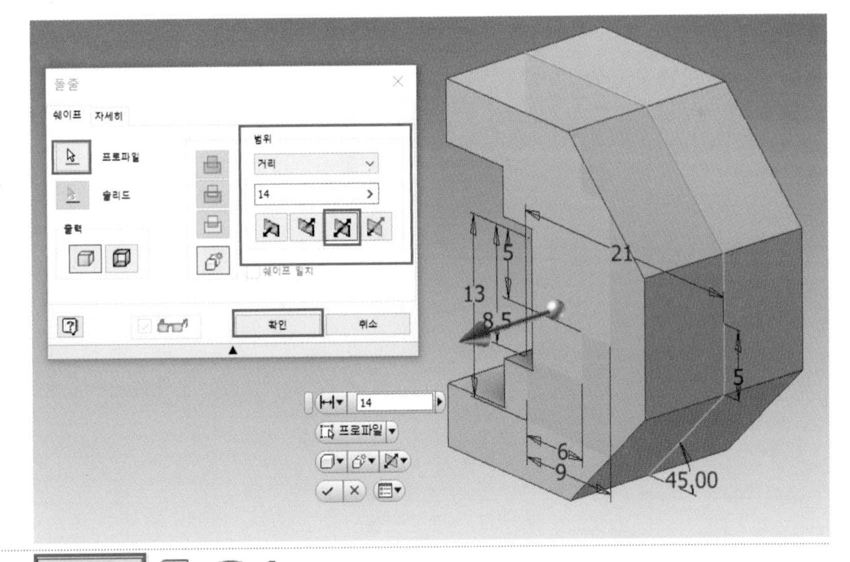

17

부품 ② 3D 모형 만들기

- [2D 스케치 시작] → [XY평면 선택] → [F7] [원∅7] → [치수구속조건] → [스케치마무리]

※ 'A'는 상대치수(∅7mm)와 축공차를 적용해 ∅7mm로 결정한다.

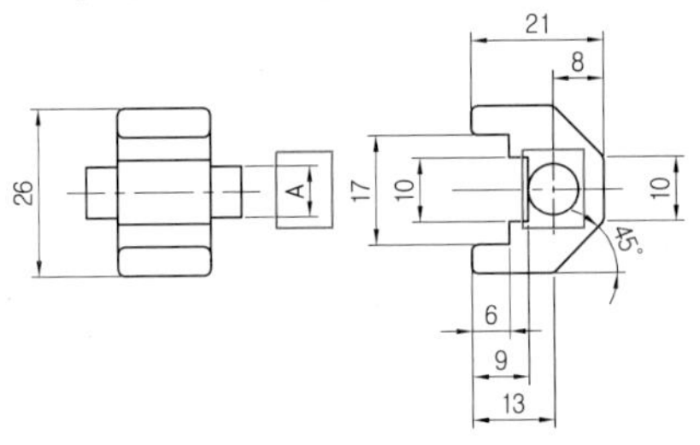

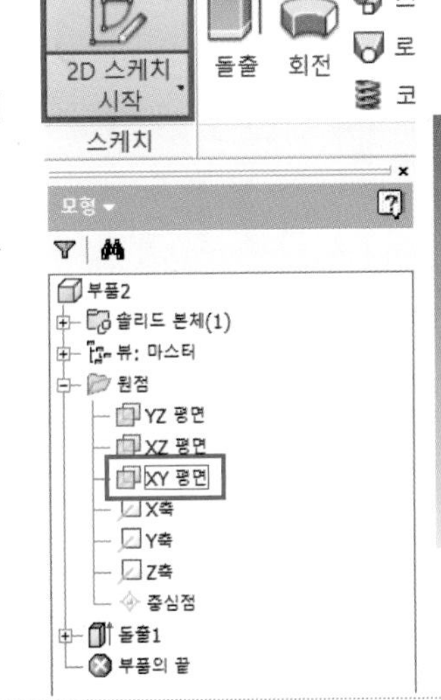

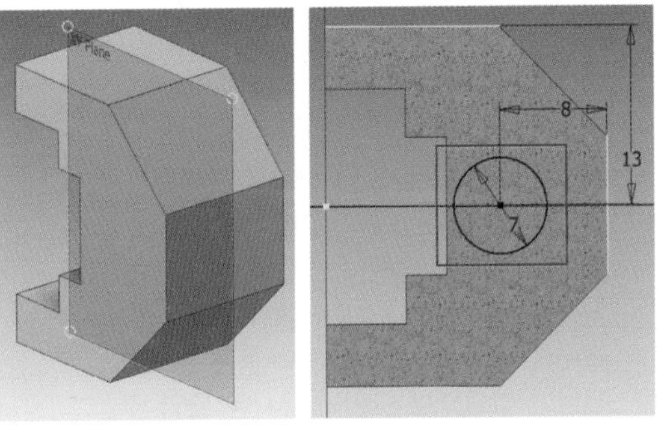

18

부품 ② 3D 모형 만들기

- [돌출] → [스케치 클릭] → [접합] → [거리25] → [대칭] → [확인]

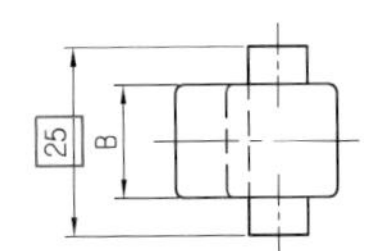

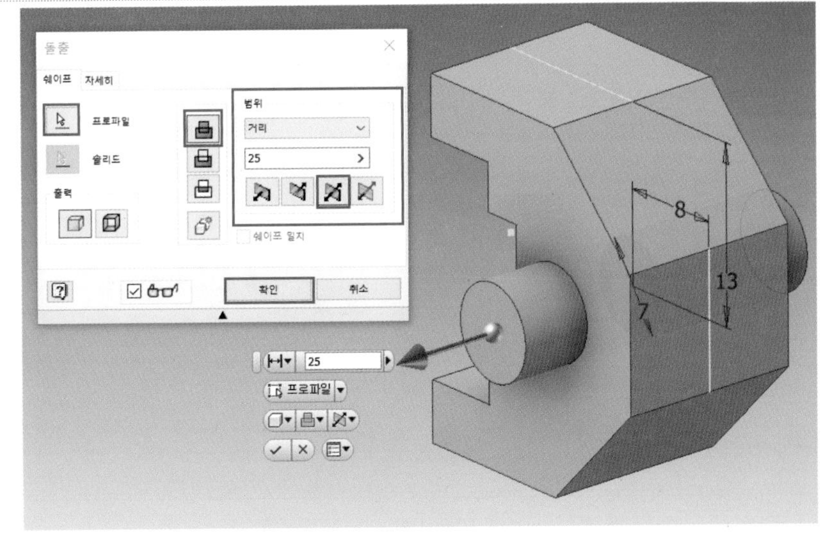

19

부품 ② 3D 모형 만들기

- [모깎기] → [모깎기선택/22개소] → [거리1] → [확인]

※ 주서
도시되고 지시없는 라운드는 R1

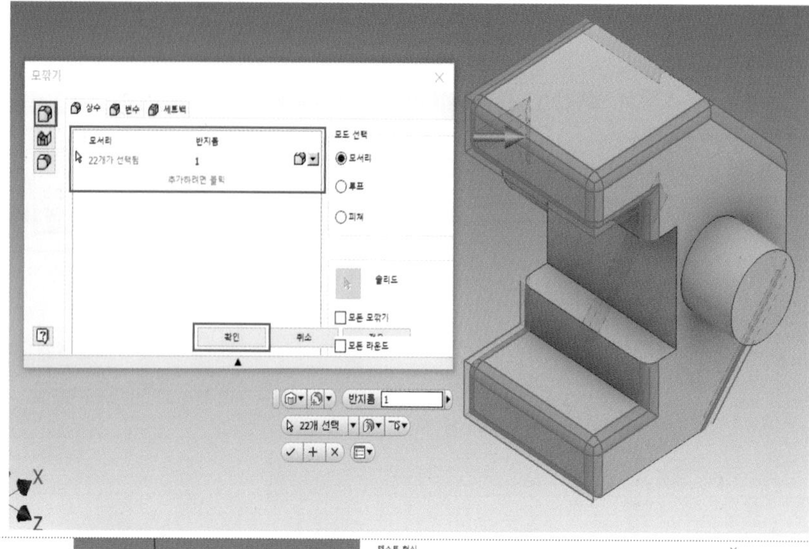

20

부품 ② 각인

- [2D 스케치 시작] → [각인평면 선택] → [텍스트] → [바탕체] → [6mm] → [확인] → [스케치마무리]
- [돌출] → [각인번호 선택] → [차집합] → [거리] → [3mm] → [방향2] → [확인]

※ 각인 방향이 도면과 상이할 시 [회전] → [각인 선택] → [중심점 : 각인번호중심 클릭] → [각도 입력] → [적용]

※ 글자체, 글자 크기, 글자 깊이 등은 별도의 정보가 없으므로 도면과 유사한 모양 및 크기로 작업하시오.

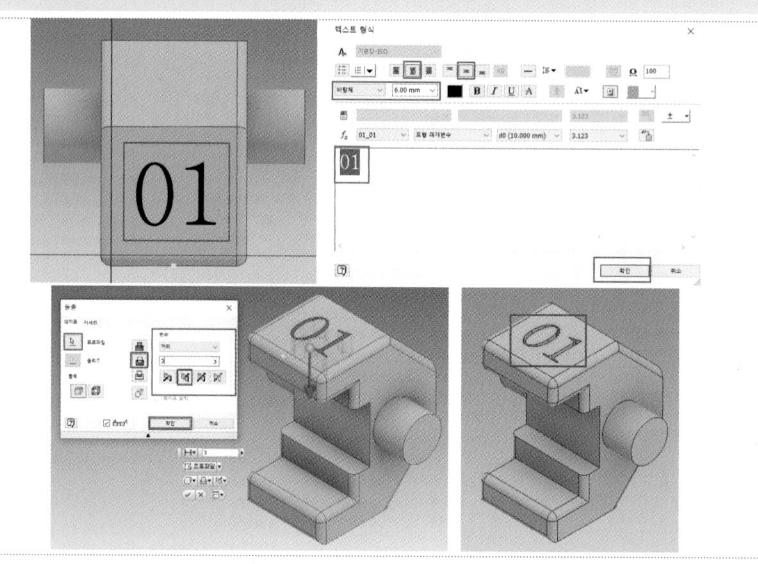

21

부품 ② 저장하기

- [파일] → [다른 이름으로 저장] → [비번호 폴더] → [파일이름] → [01_02] → [저장]

※ 본 교재의 부품 ②번 3D모델링 파일이름은 "01_02"로 작성되었다. 부품 ①, ②번 3D모델링 파일이름은 수험자가 임의로 정할 수 있다.
예 부품2번, 02번 등

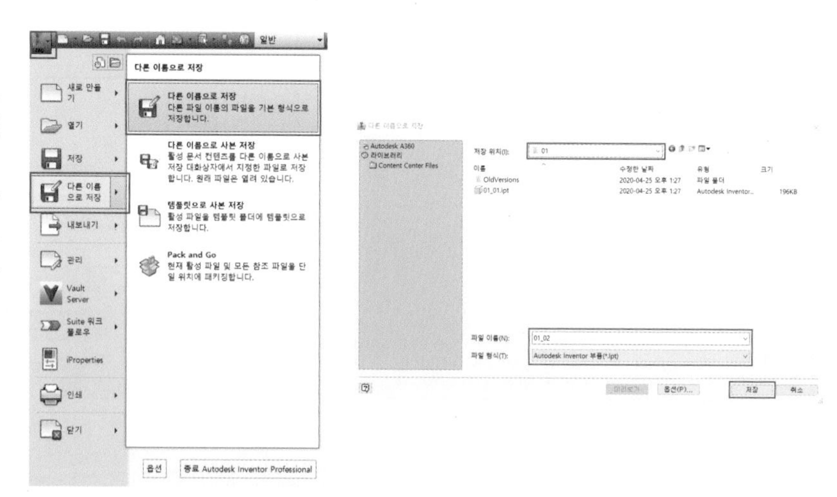

22

어셈블리

- [새로 만들기] → [Metric] → [Standard(mm).iam] → [작성]

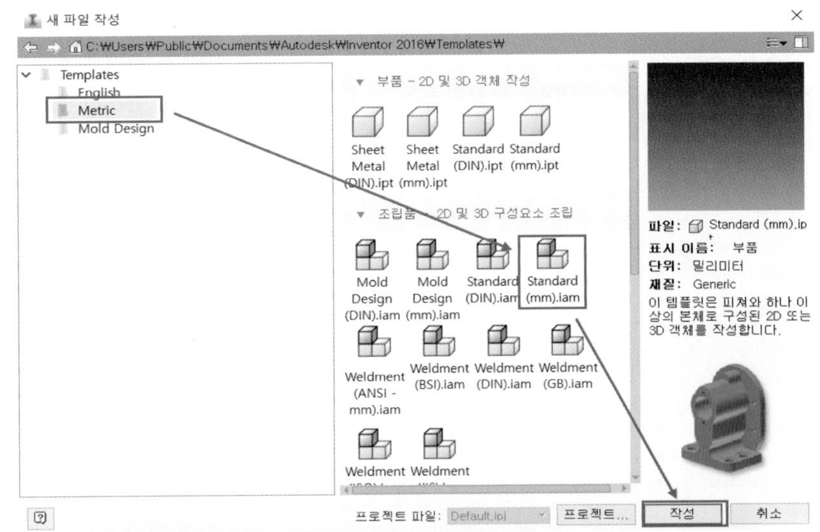

23

"배치" 아이콘을 통해 부품 ①, ②를 배치한다.

- [배치] → [01_01, 01_02 선택] → [열기] → [화면 클릭] → [ESC]

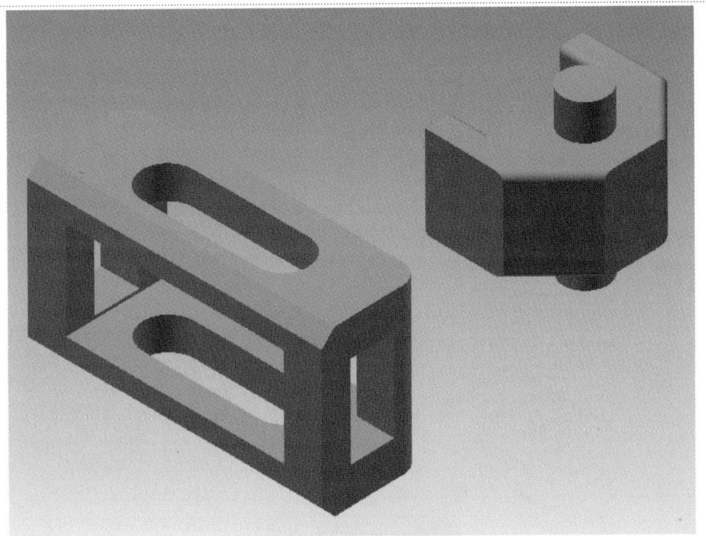

24

시트트리에서 부품①번을 우클릭하여 고정한다.

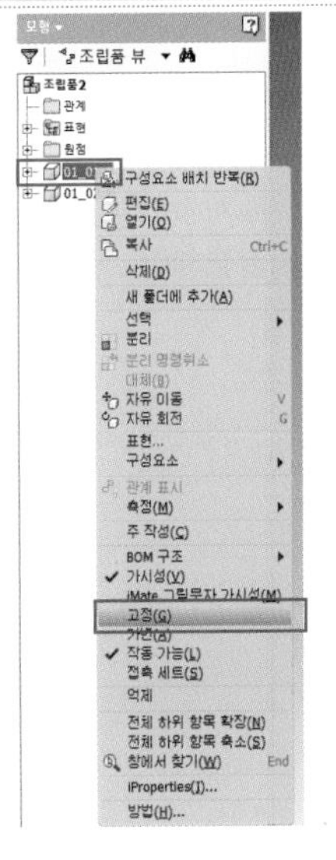

25

조립구속조건

- 부품②를 클릭하여 움직이고 우클릭하여 자유회전을 통하여 도면의 조립도와 비슷하게 한다.

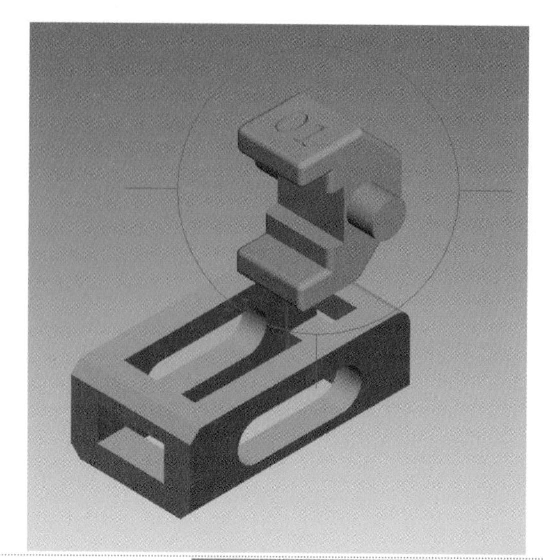

26

조립구속조건

- [구속조건] → [메이트] → [솔루션 : 플러시] → [부품①선택요소] → [자유회전] → [부품②선택요소] → [적용] → [자유회전] → [접선] → [솔루션 : 외부] → [부품①선택요소] → [자유회전] → [부품②선택요소] → [간격띄우기0.5] → [확인]

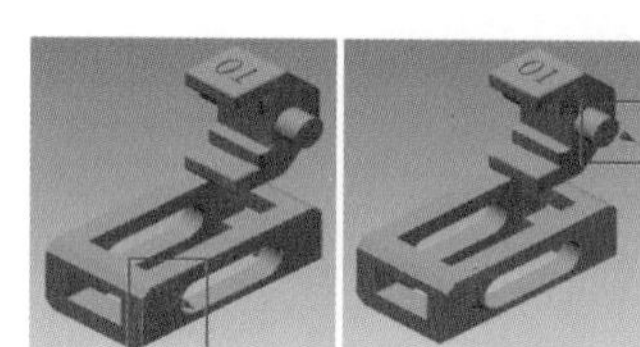
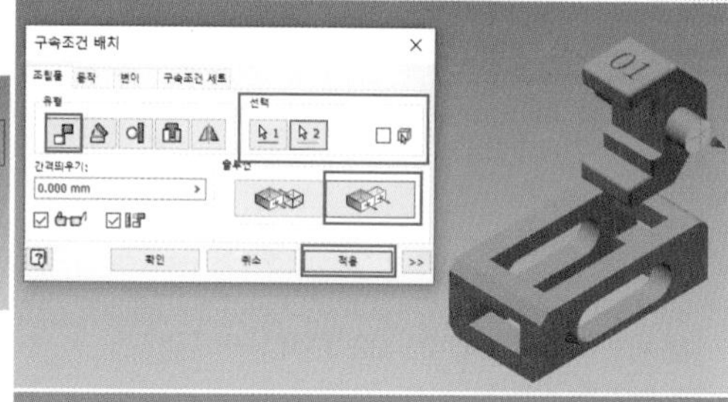

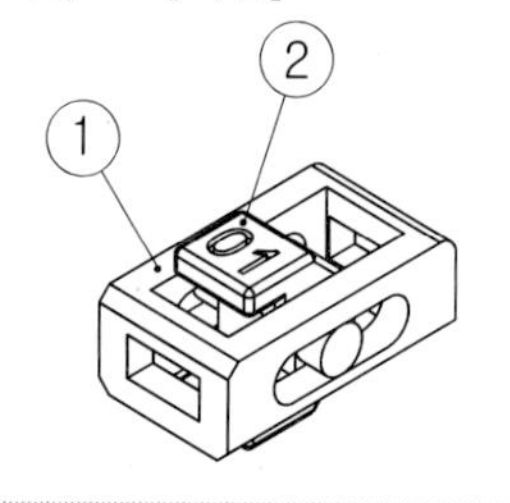

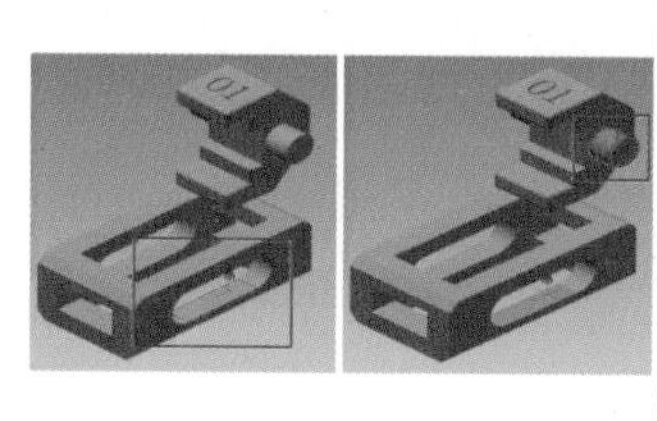
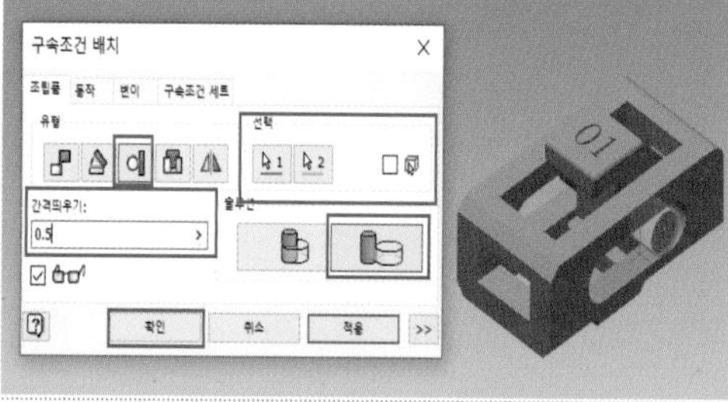

27

출력방향을 고려하여 구속조건 추가

※ 조립된 상태로 출력하니 되도록 서포트가 적게 나오고 도면의 ㉠, ㉡, ㉢ 치수가 정밀하게 나오는 출력방향을 결정해야 한다.

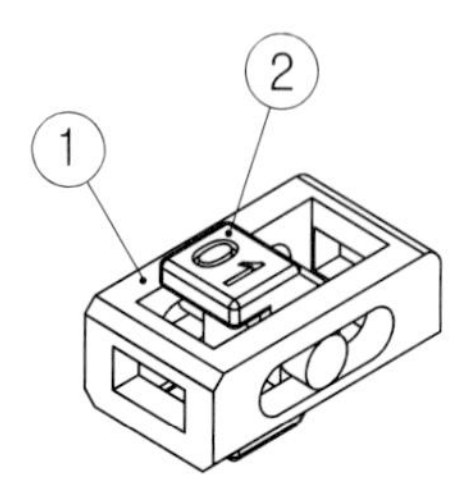

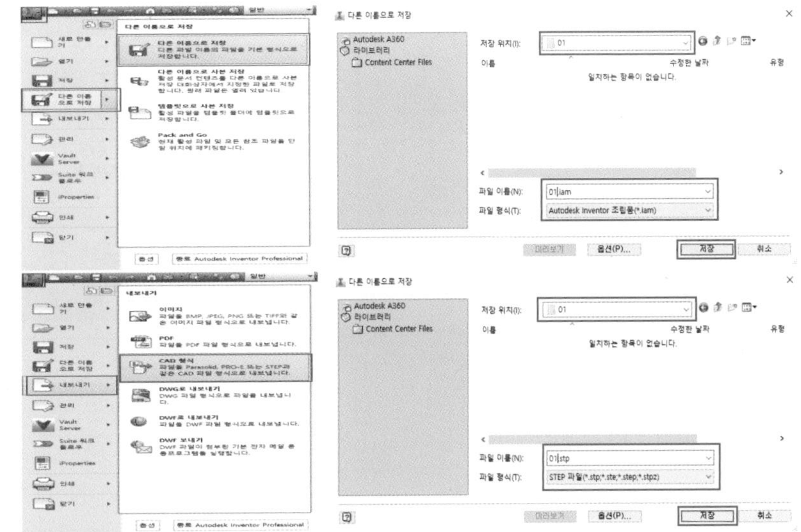

28

어셈블리 저장하기(2가지 확장자)

- [파일] → [다른 이름으로 저장] → [비번호 폴더] → [파일이름] → [01] → [저장]

- [파일] → [내보내기] → [CAD형식] → [비번호폴더] → [01] → [파일형식 : STEP 선택] → [저장]

구 분	작업명	파일명	비 고
1	어셈블리	01.***	
2		01.STP	채점용

※ 비번호 01인 경우

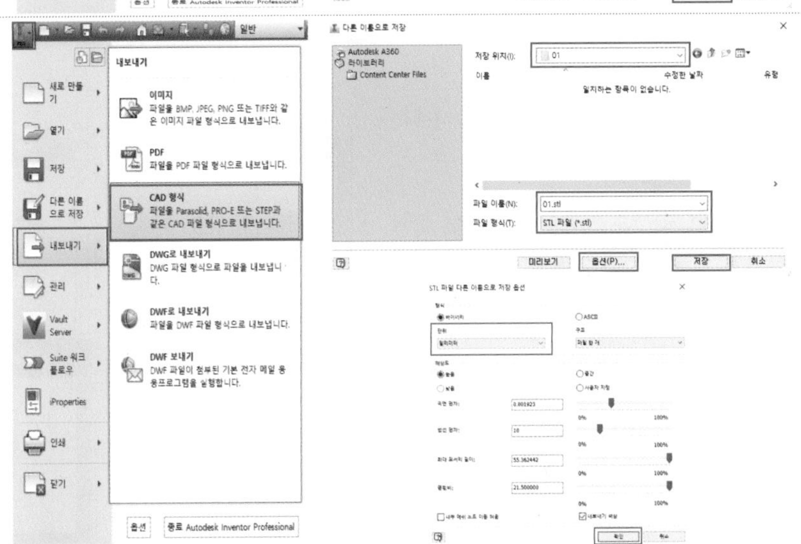

29

어셈블리 저장하기(STL확장자)

- [파일] → [내보내기] → [CAD형식] → [비번호폴더] → [01] → [파일형식 : STL 선택] → [옵션] → [단위 : mm] → [저장]

※ 옵션에서 단위 mm 선택

구 분	작업명	파일명	비 고
3	어셈블리	01.STL	

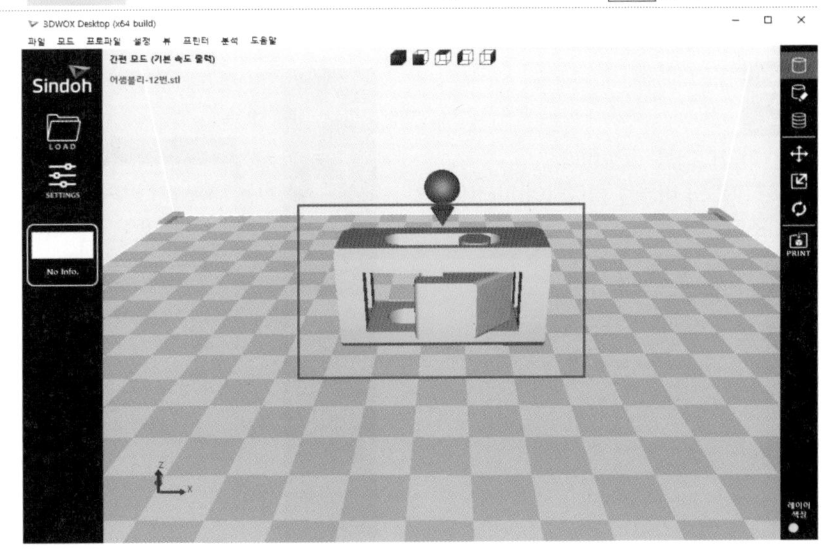

30

슬라이싱(3DWOX)

슬라이싱 프로그램을 실행한다.

- [파일] → [모델 불러오기] → [비번호폴더] → [01.stl] → [열기]

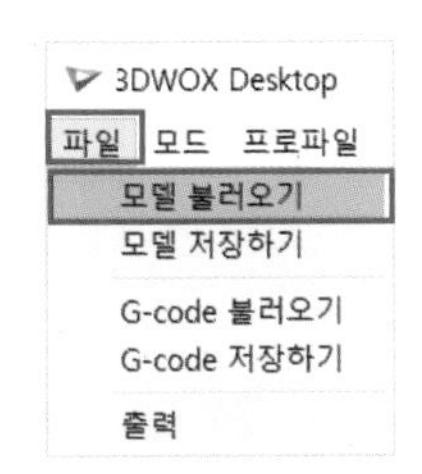

31

프린터 설정

• [설정] → [프린터 설정] → [프린터 모델] → [확인]

※ 시험장 프린터 모델을 선택한다.
예 DP200

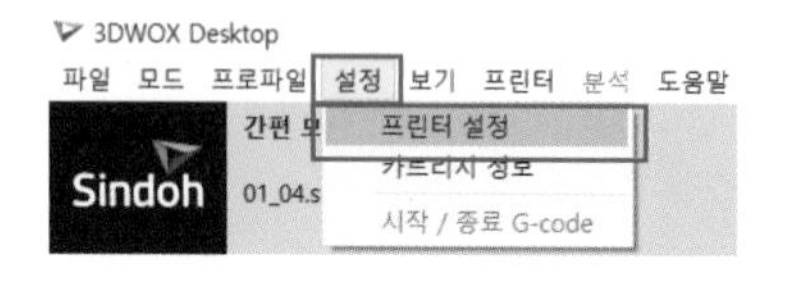

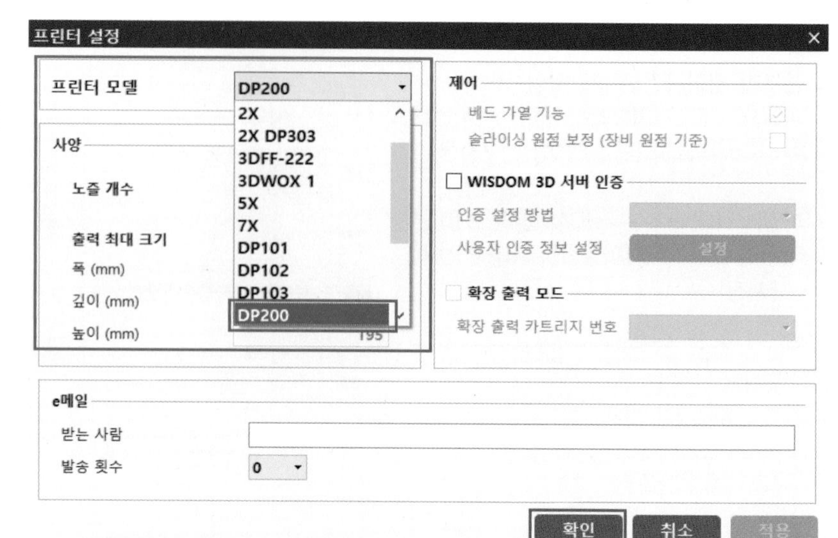

32

출력방향을 결정한다.

• [분석] → [최적출력방향] → [분석] → [추천 1~6 선택]

※ 신도리코 3DWOX는 최적출력방향을 분석해 준다. 참고하여 서포트가 적게 나오고 도면의 ㉠, ㉡, ㉢ 치수가 정밀하게 나오는 출력방향을 결정한다.

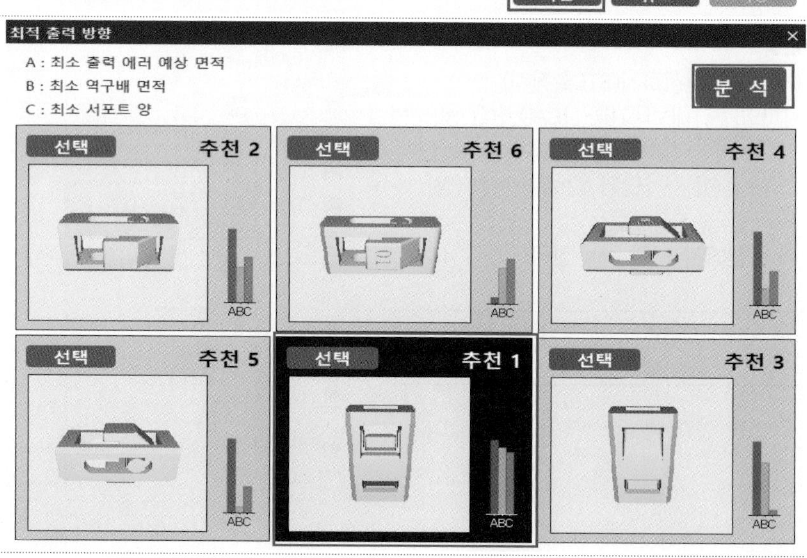

33

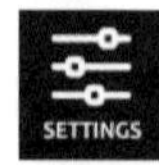

기본 파라미터를 설정한다.

• [SETTINGS] 버튼을 클릭하여 파라미터 값을 조정한다.
• 기본 속도 출력
• 재질 : PLA
• 서포트 : 모든 곳, 지그재그 구조

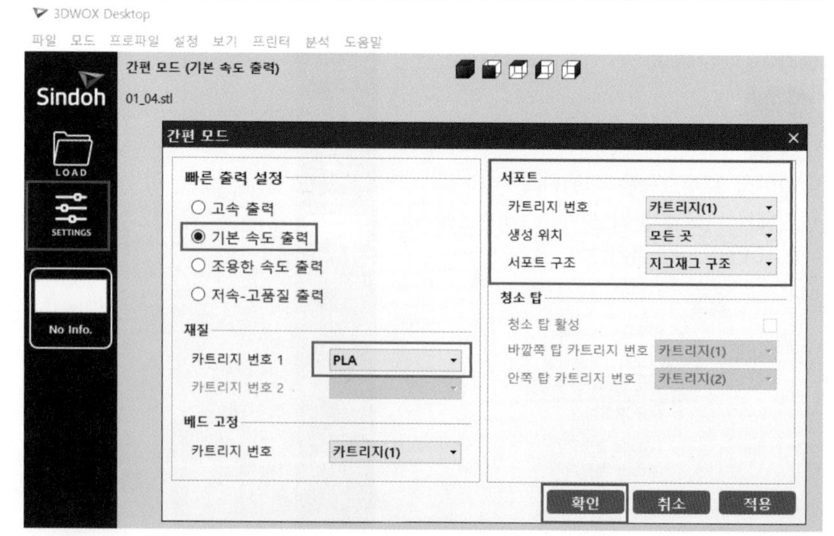

34

슬라이싱

• 베드상에 있는 출력물이 파라미터의 값이 반영되면서 슬라이싱을 수행한다.

※ 출력예상시간을 확인한다.

※ 출력예상시간이 1시간 20분이 넘어가면 고급모드로 변경하여 [SETTINGS]에서 레이어 높이, 채우기 밀도, 서포트 밀도 등 설정값을 변경한다.

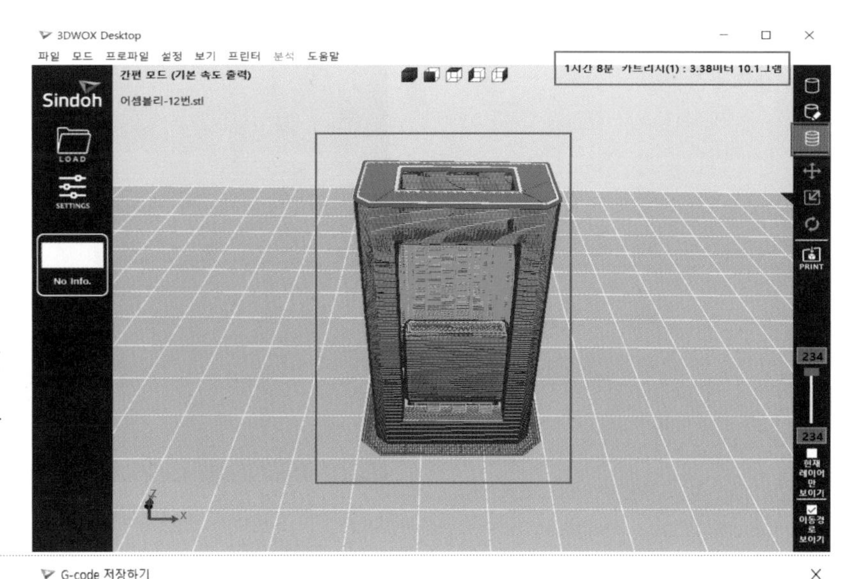

35

G-code 저장하기

• [파일] → [G-code 저장하기] → [예] → [비번호폴더] → [01.gcode] → [저장]

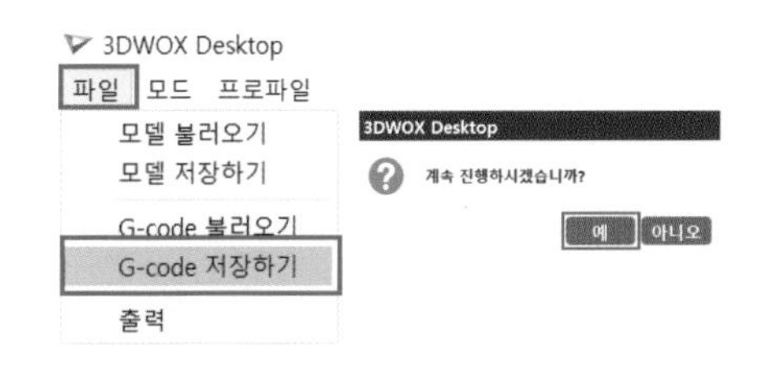

구 분	작업명	파일명	비 고
4	슬라이싱	01.***	gcode

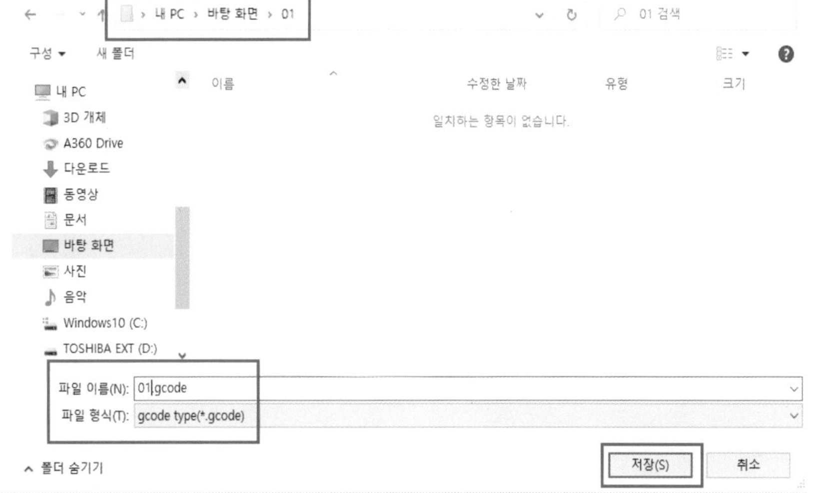

36

지급된 저장매체(USB 또는 SD-card)에 저장한다.

• 감독위원에게 저장매체(USB 또는 SD-card) 제출

37

3D프린터 세팅

• 노즐, 베드 등에 이물질을 제거하여 출력 시 방해요소가 없도록 세팅한다.
• PLA 필라멘트 장착 여부 등 소재의 이상 여부를 점검하고 정상 작동하도록 세팅한다.
• 베드 레벨링 기능 등을 활용하여 베드 위치를 세팅한다.

38

3D프린팅

• 저장매체(USB 또는 SD-card)에 있는 파일(01_04.gcode)을 3D프린터 전면부에 있는 USB 포트에 연결하여 화면에서 직접 G-code를 불러와 출력한다.

39
최종 출력물

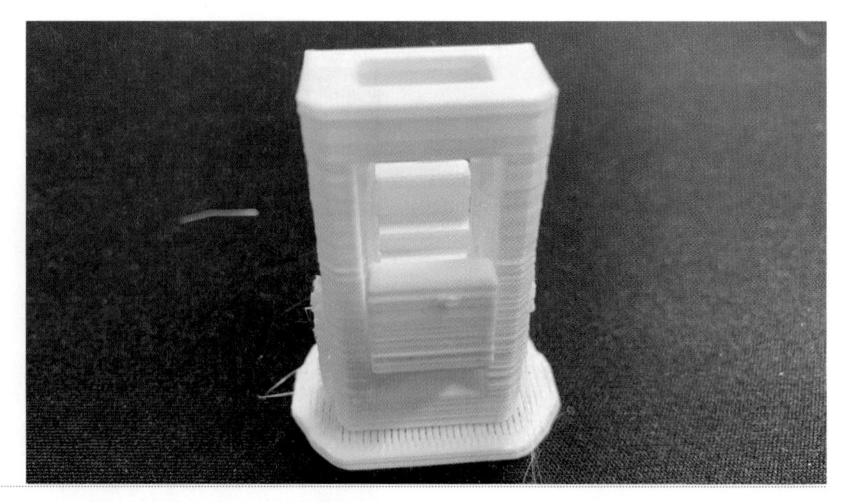

40
후처리

• 출력이 완료되면 보호장갑을 착용하고 서포트 및 거스러미를 제거한 후 감독위원에게 제출한다.

41
노즐 및 베드 정리

• 출력물을 제출 후 본인이 사용한 3D프린터 노즐 및 베드 등의 잔여물을 제거하고 정리정돈 한다(**※ 정리상태도 채점 대상임에 주의하자**).

13 3D모델링 실기 공개문제 도면 - 13

자격종목	3D프린터운용기능사	[시험1] 과제명	3D모델링 작업	척 도	NS

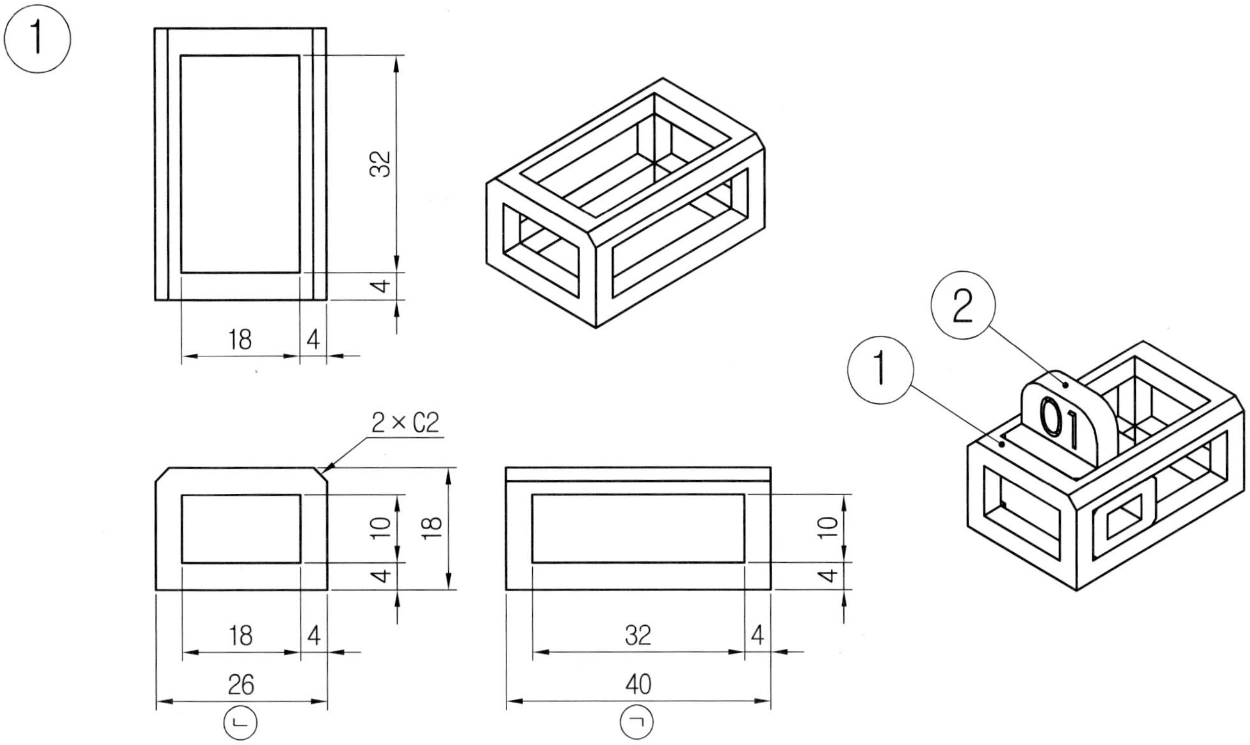

①
32
4
18 4
2 × C2
10 18
4
18 4
26
ㄷ
10
4
32 4
40
ㄱ
② ①
01

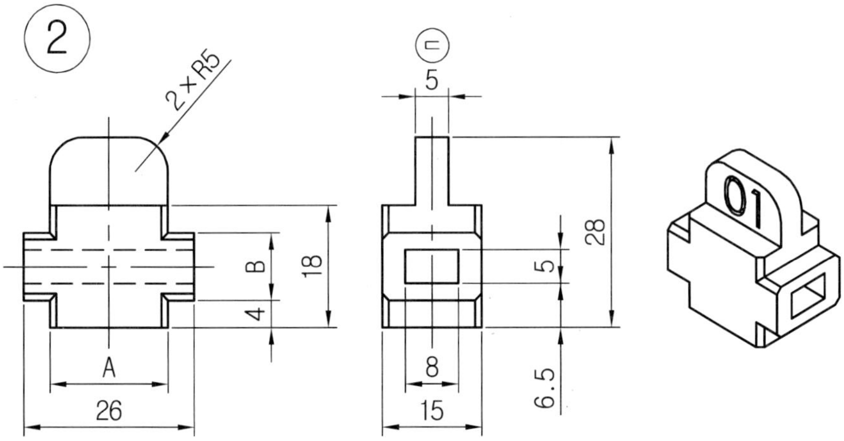

②
2 × R5
B 18
4
A
26
ㄷ
5
28
5
6.5
8
15
01

주서

1. 도시되고 지시없는 모따기는 C1

01

부품 ① 모델링

• [새로 만들기] → [Metric] → [Standard(mm).ipt] → [작성]

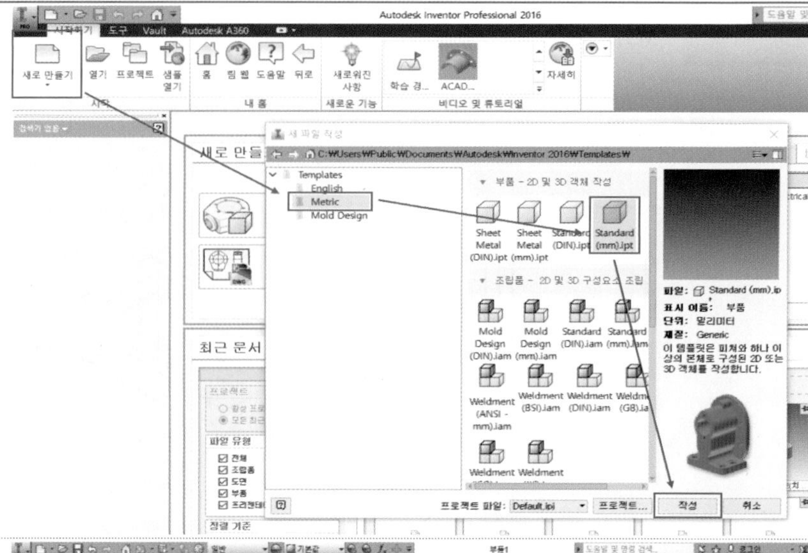

02

[2D 스케치 시작] → [마우스로 XY Plane 선택]

※ 마우스로 XY Plane 선택 시 빨간색으로 변함

※ 다른 방법(시트트리에서) [원점] → [XY평면 마우스오른쪽 클릭] → [새 스케치]

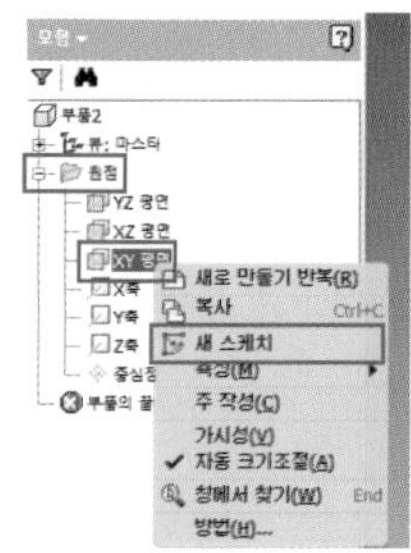

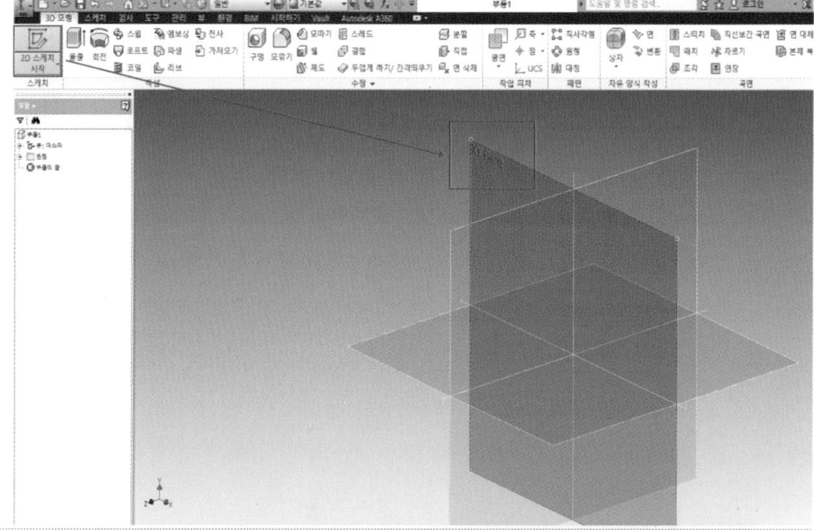

03

부품 ① 정면도를 스케치 한다.

• 직사각형, 치수 구속조건

• 간격띄우기(4), 모따기(2×C2)

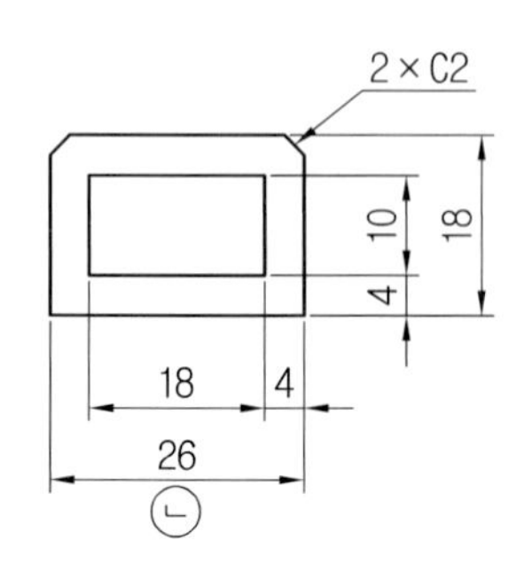

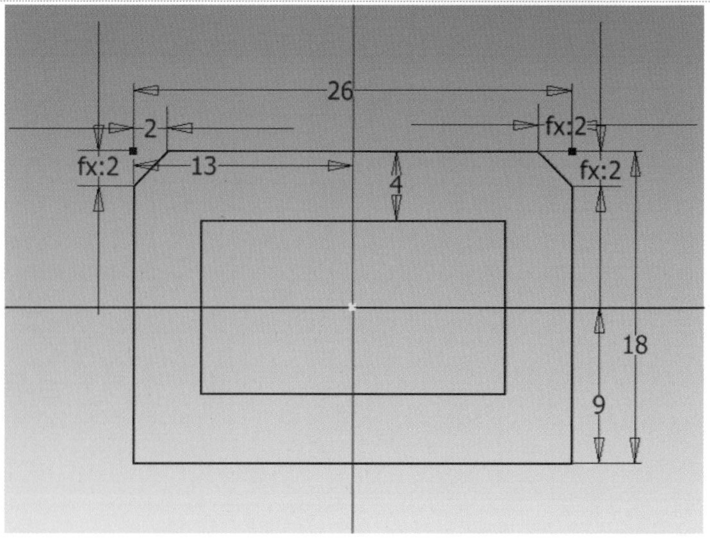

04

스케치마무리

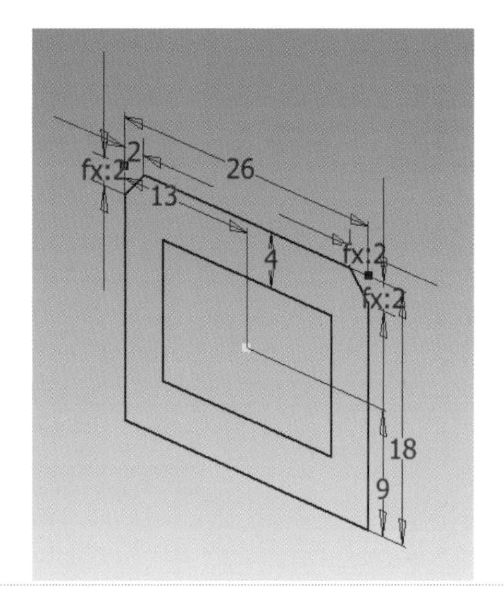

05

부품 ① 3D 모형 만들기

• [돌출] → [스케치 클릭] → [거리40] → [대칭] → [확인]

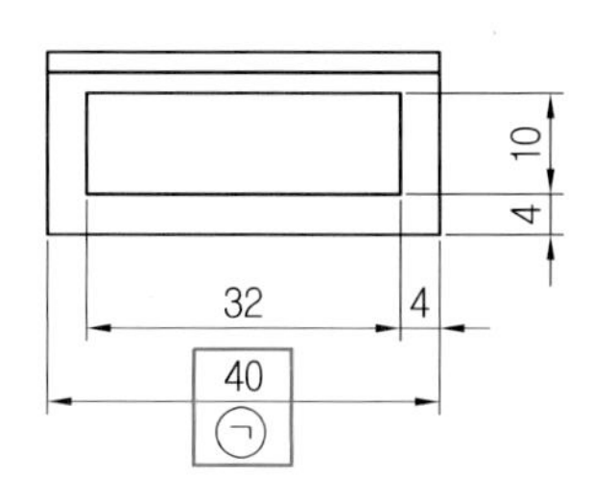

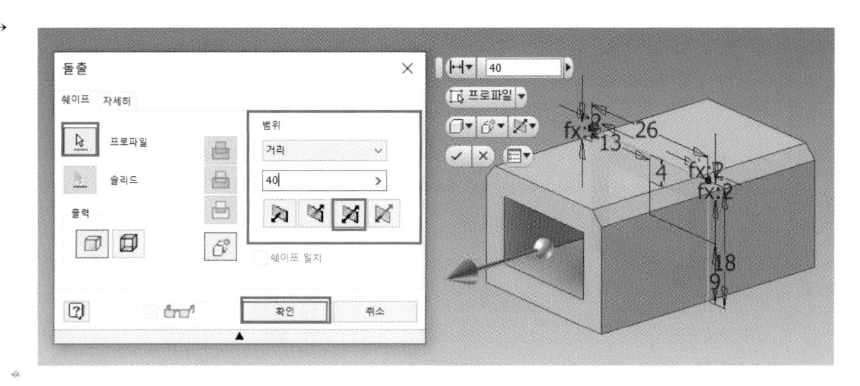

06

부품 ① 3D 모형 만들기

• [2D 스케치 시작] → [YZ평면 선택] → [F7] [직사각형] → [치수구속조건] → [스케치마무리]

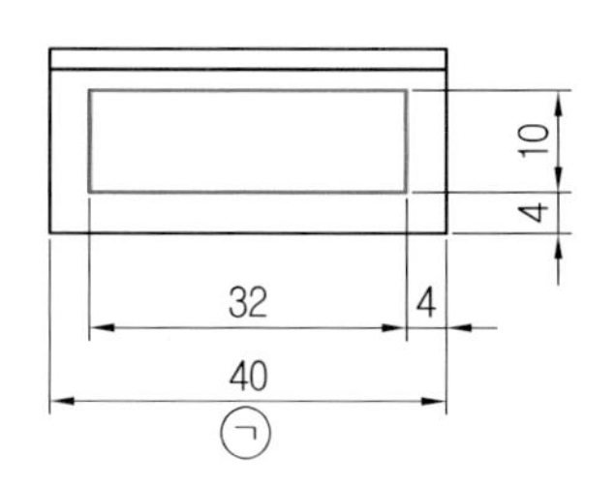

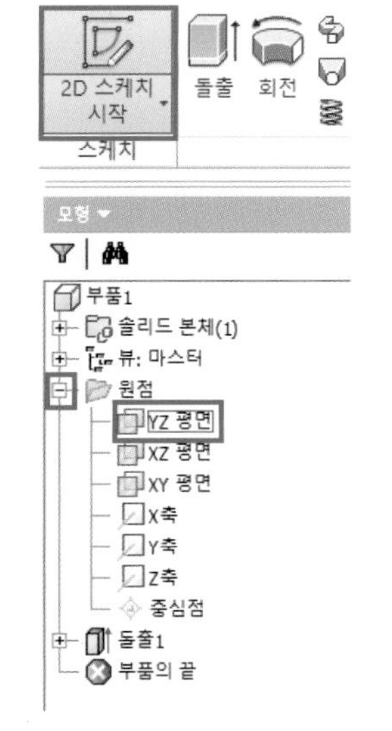

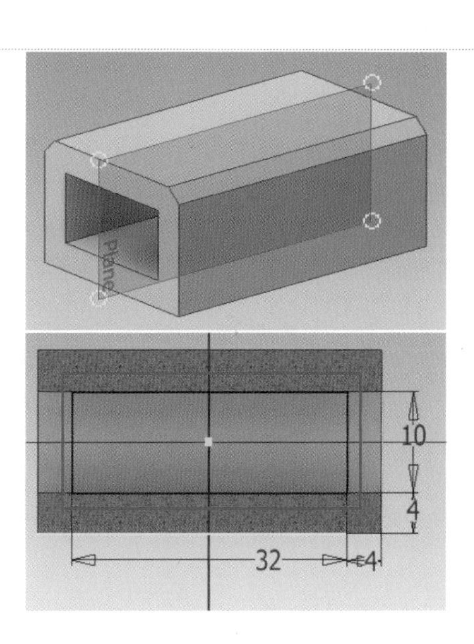

07

부품 ① 3D 모형 만들기

- [돌출] → [스케치 클릭] → [차집합] → [전체] → [대칭] → [확인]

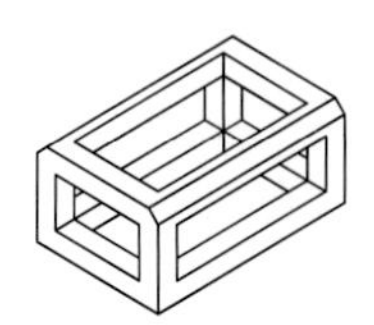

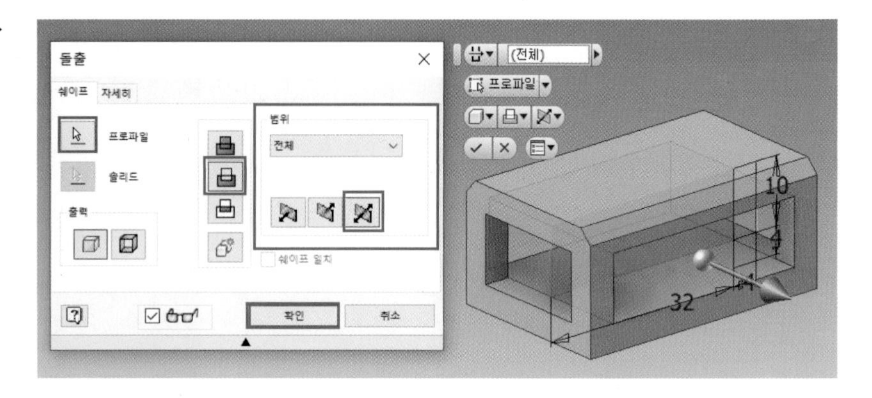

08

부품 ① 3D 모형 만들기

- [2D 스케치 시작] → [XZ평면 선택] → [F7] [직사각형] → [치수구속조건] → [스케치마무리]

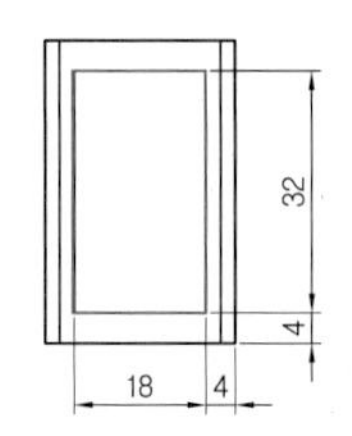

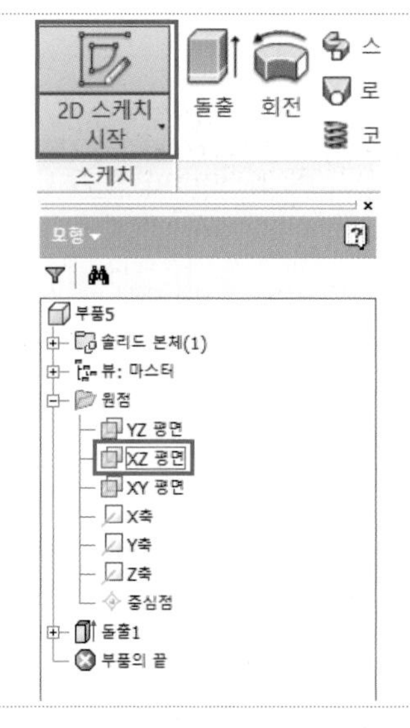

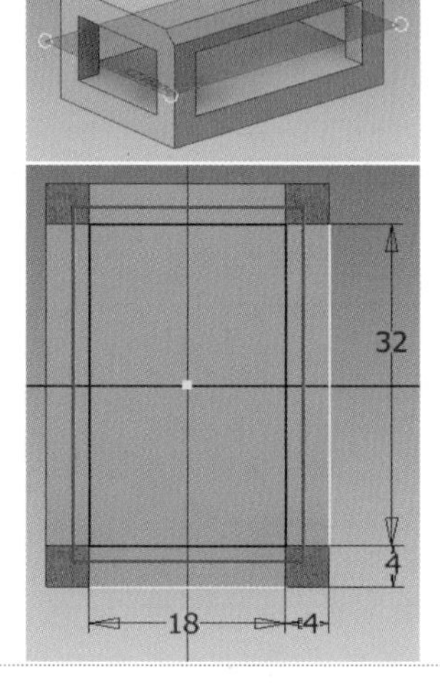

09

부품 ① 3D 모형 만들기

- [돌출] → [스케치 클릭] → [차집합] → [전체] → [대칭] → [확인]

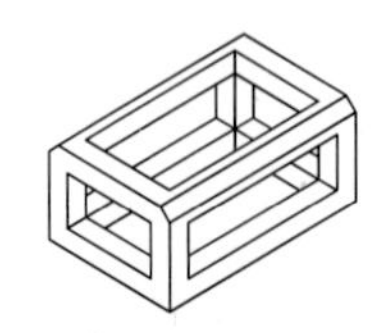

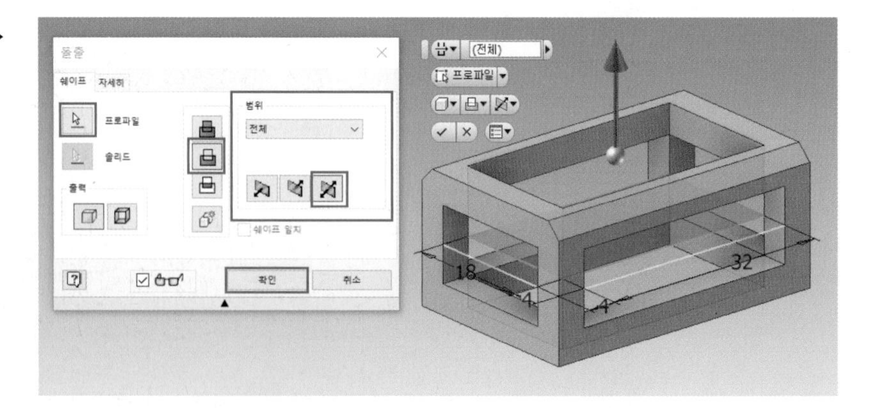

10

부품 ① 저장하기

- [파일] → [다른 이름으로 저장] → [비번호 폴더] → [파일이름] → [01_01] → [저장]

※ 본 교재의 부품 ①번 3D모델링 파일이름은 "01_01"로 작성되었다. 부품 ①, ②번 3D모델링 파일이름은 수험자가 임의로 정할 수 있다.
예 부품1번, 01번 등

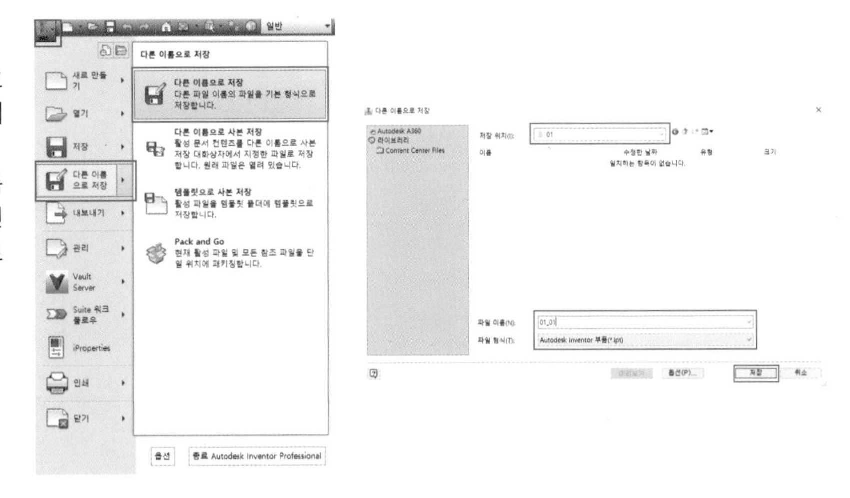

11

부품 ② 모델링

- [새로 만들기] → [Metric] → [Standard(mm).ipt] → [작성]

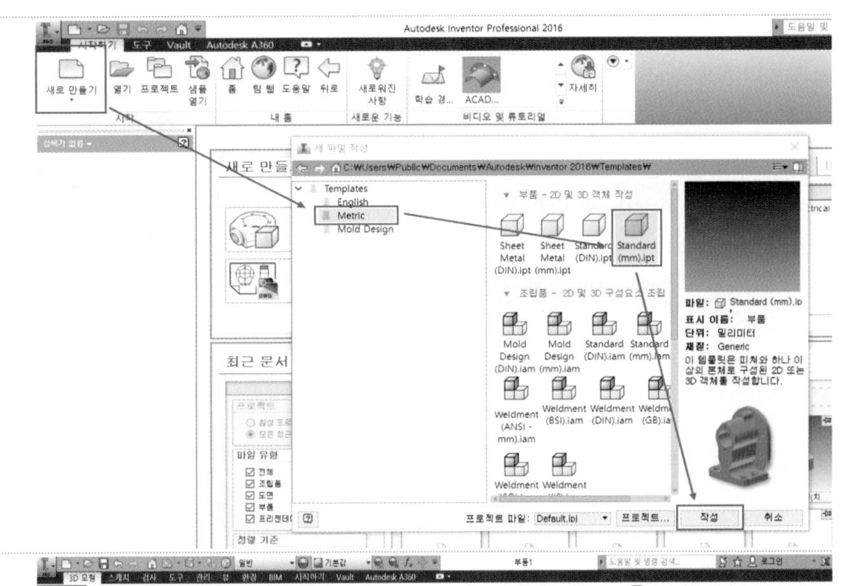

12

[2D 스케치 시작] → [마우스로 **XY Plane** 선택]

※ 마우스로 XY Plane 선택 시 빨간색으로 변함

※ 다른 방법(시트트리에서) [원점] → [XY평면 마우스오른쪽 클릭] → [새 스케치]

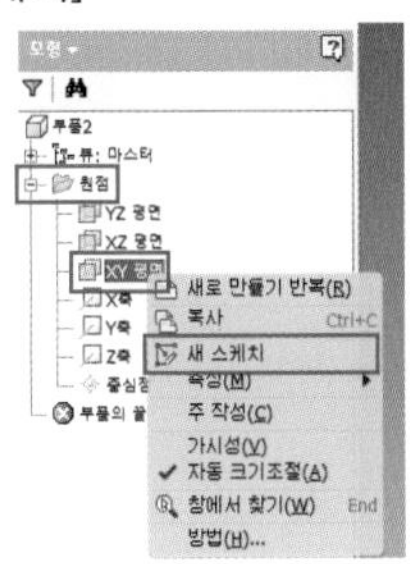

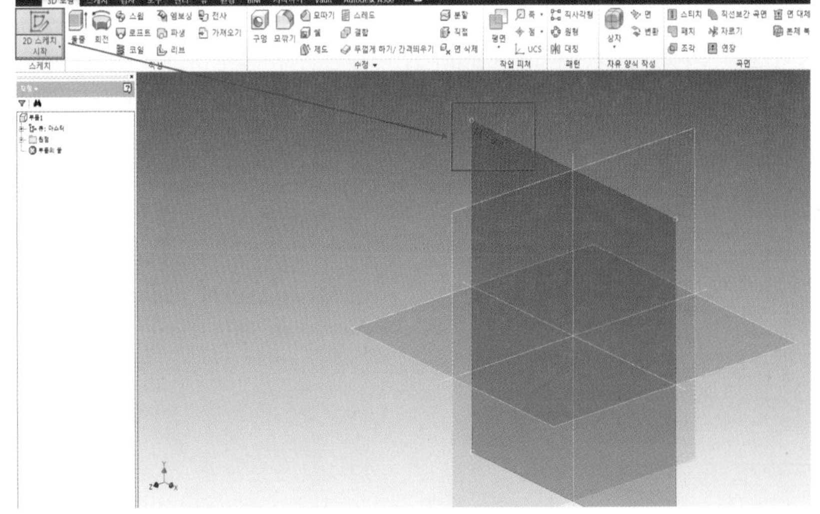

13

부품 ② 정면도 일부를 스케치 한다.

- 직사각형, 치수 구속조건
- 자르기(※ 선 자르기 시 치수 먼저 삭제)

※ 'A'는 상대치수(18mm)와 축공차를 적용해 17mm로 결정한다.

※ 'B'는 상대치수(10mm)와 축공차를 적용해 9mm로 결정한다.

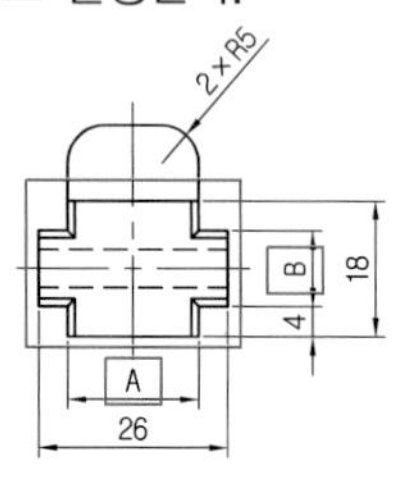

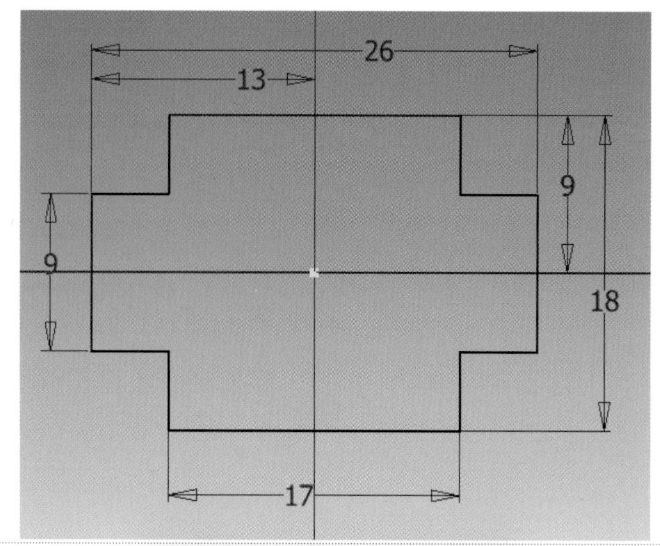

14

스케치마무리

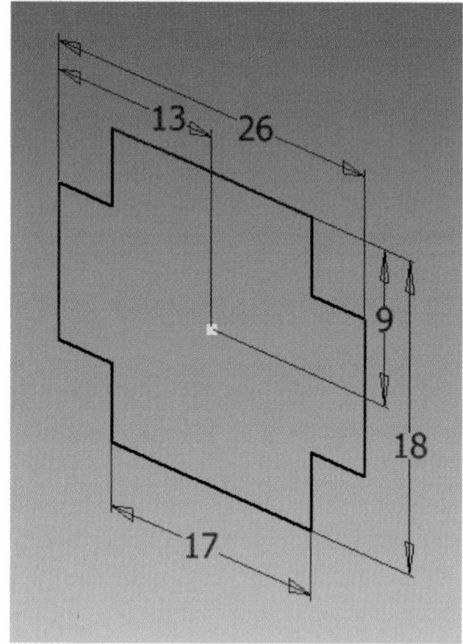

15

부품 ② 3D 모형 만들기

- [돌출] → [스케치 클릭] → [거리15] → [대칭] → [확인]

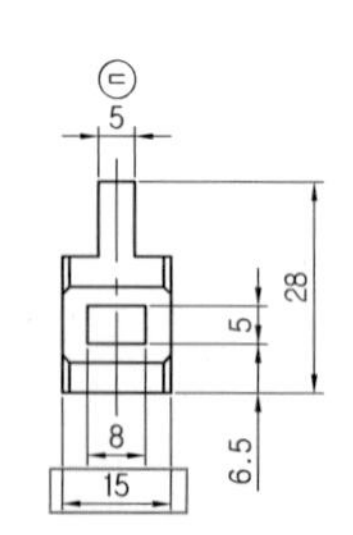

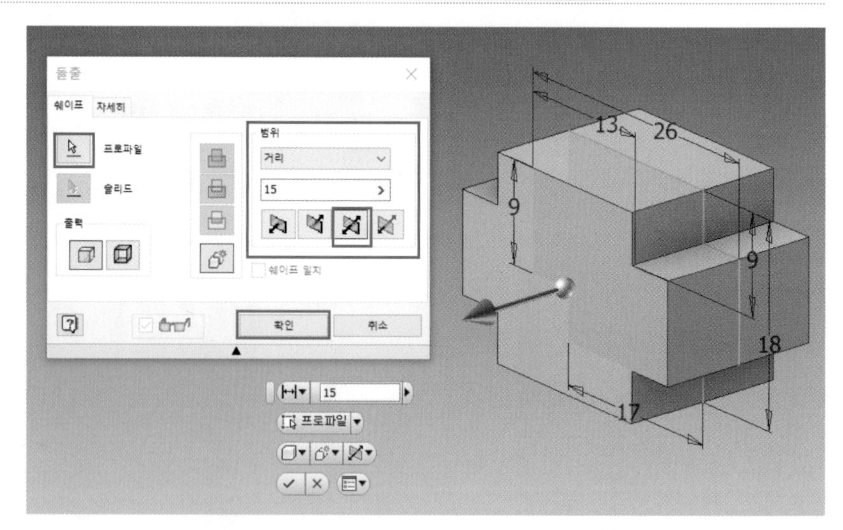

16

부품 ② 3D 모형 만들기

• [2D 스케치 시작] → [XY평면 선택] → [F7] [직사각형] → [치수구속조건] → [모깎기 2×R5] → [스케치마무리]

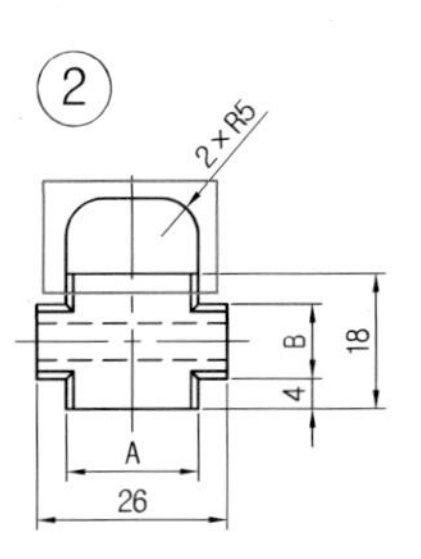

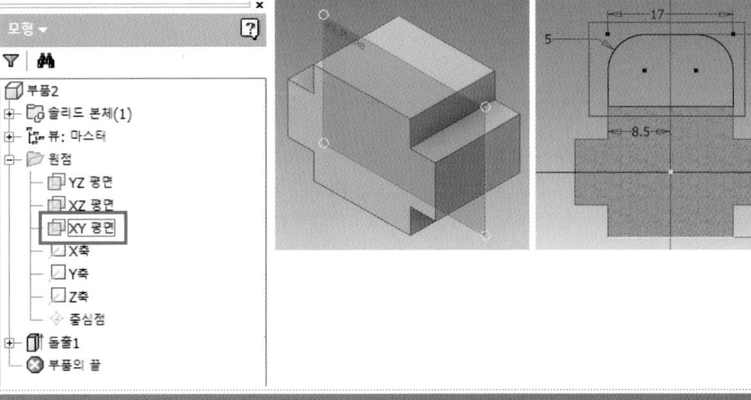

17

부품 ② 3D 모형 만들기

• [돌출] → [스케치 클릭] → [접합] → [거리5] → [대칭] → [확인]

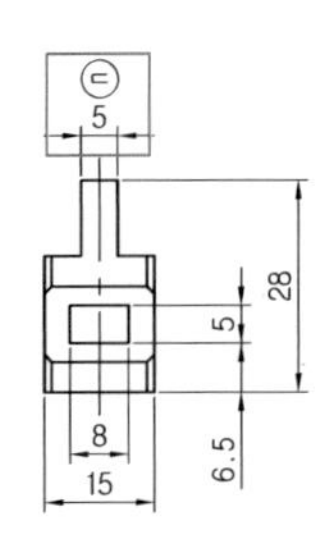

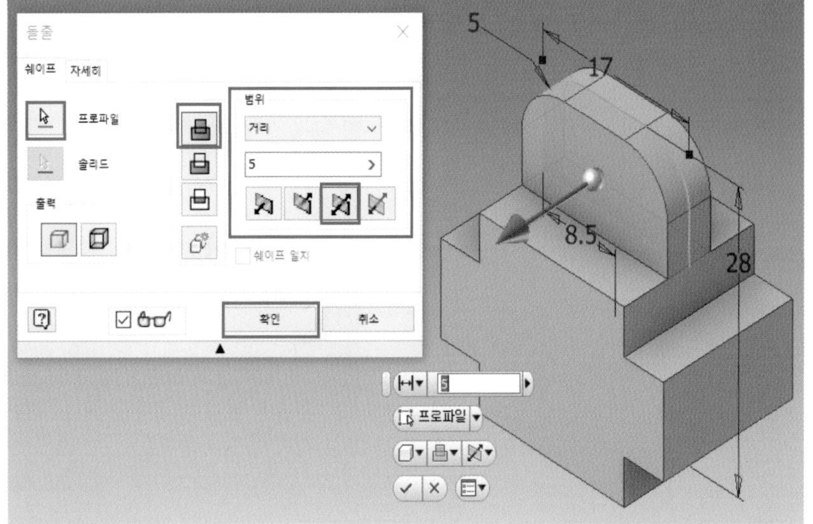

18

부품 ② 3D 모형 만들기

• [2D 스케치 시작] → [YZ평면 선택] → [F7] [직사각형] → [치수구속조건] → [스케치마무리]

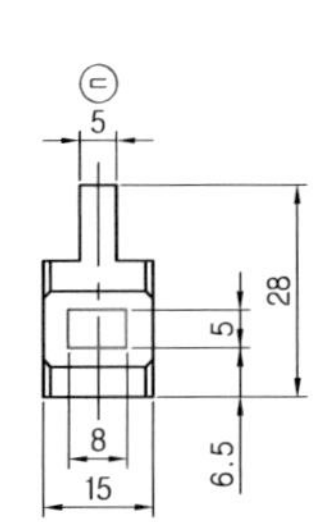

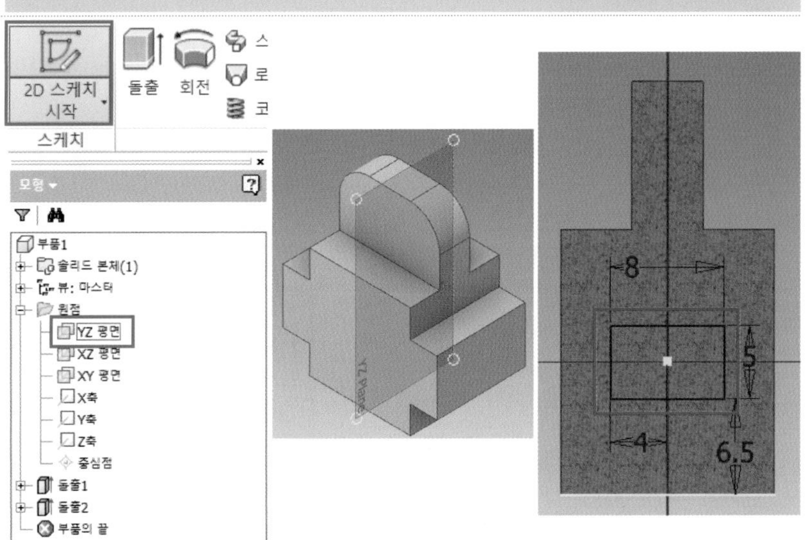

19

부품 ② 3D 모형 만들기

• [돌출] → [스케치 클릭] → [차집합] → [전체] → [대칭] → [확인]

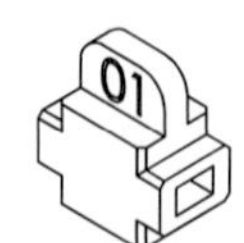

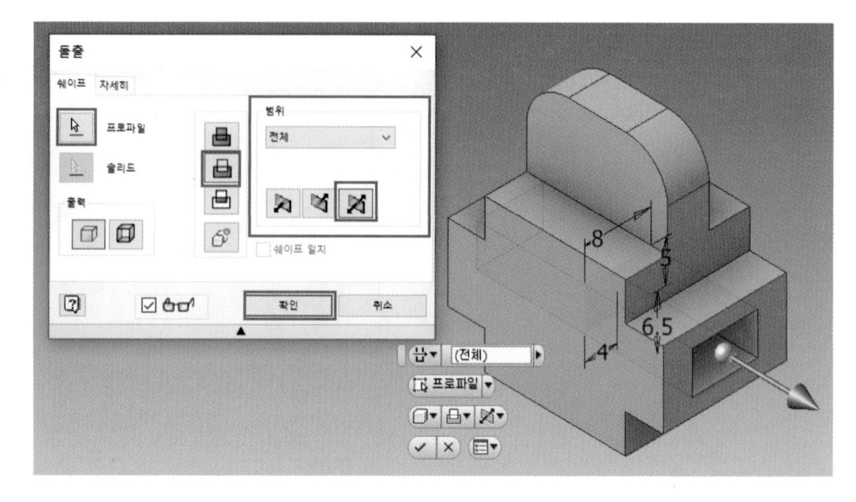

20

부품 ② 3D 모형 만들기

• [모따기] → [모따기선택/16개소] → [거리1] → [확인]

※ 주서

도시되고 지시없는 모따기는 C1

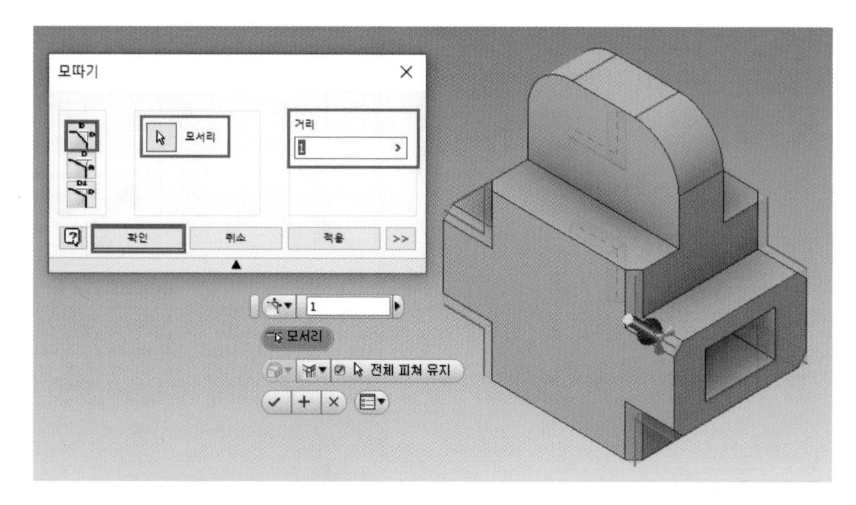

21

부품 ② 각인

• [2D 스케치 시작] → [각인평면 선택] → [텍스트] → [바탕체] → [6mm] → [확인] → [스케치마무리]

• [돌출] → [각인번호 선택] → [차집합] → [거리] → [3mm] → [방향2] → [확인]

※ 각인 방향이 도면과 상이할 시 [회전] → [각인 선택] → [중심점 : 각인번호중심 클릭] → [각도 입력] → [적용]

※ 글자체, 글자 크기, 글자 깊이 등은 별도의 정보가 없으므로 도면과 유사한 모양 및 크기로 작업하시오.

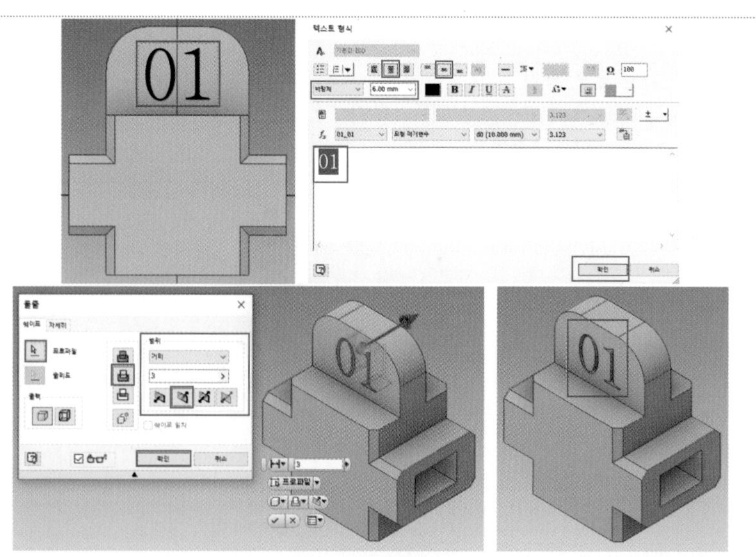

22

부품 ② 저장하기

- [파일] → [다른 이름으로 저장] → [비번호 폴더] → [파일이름] → [01_02] → [저장]

※ 본 교재의 부품 ②번 3D모델링 파일이름은 "01_02"로 작성되었다. 부품 ①, ②번 3D모델링 파일이름은 수험자가 임의로 정할 수 있다.
예 부품2번, 02번 등

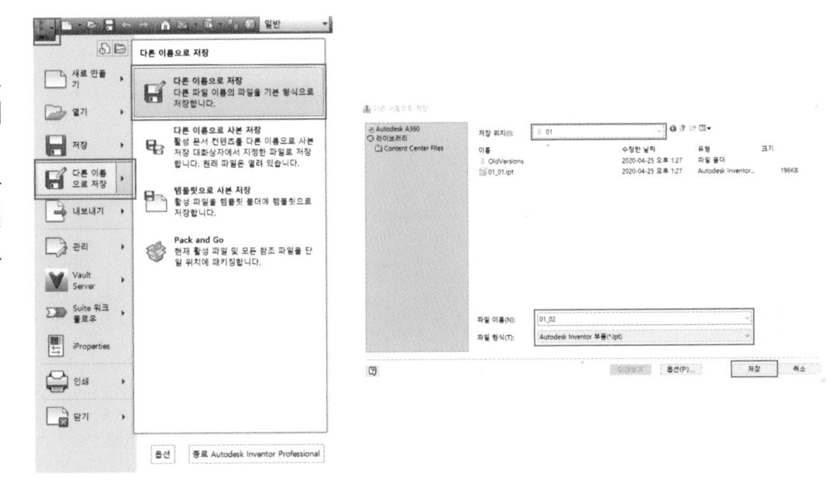

23

어셈블리

- [새로 만들기] → [Metric] → [Standard(mm).iam] → [작성]

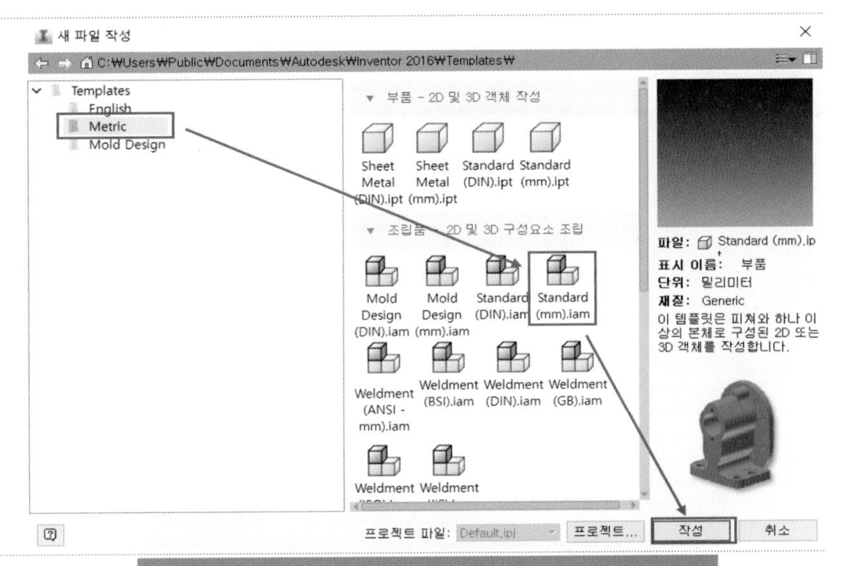

24

"배치" 아이콘을 통해 부품 ①, ②를 배치한다.

- [배치] → [01_01, 01_02 선택] → [열기] → [화면 클릭] → [ESC]

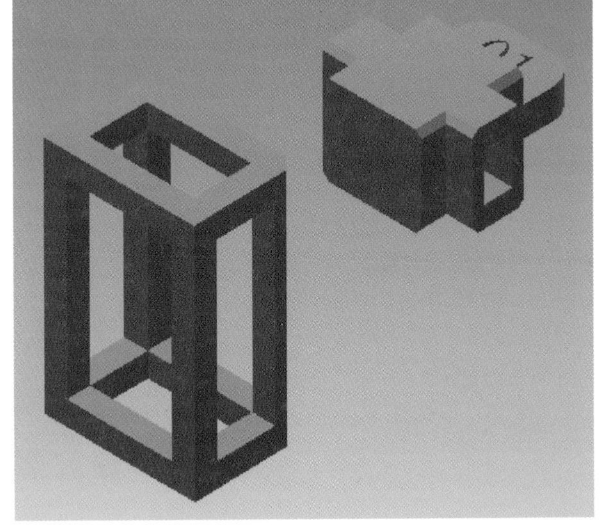

25

시트트리에서 부품①번을 우클릭하여 고정한다.

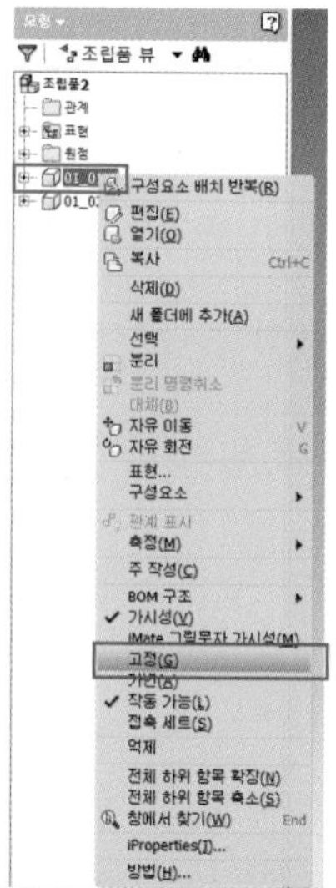

26

조립구속조건

- 부품②를 클릭하여 움직이고 우클릭하여 자유회전을 통하여 도면의 조립도와 비슷하게 한다.

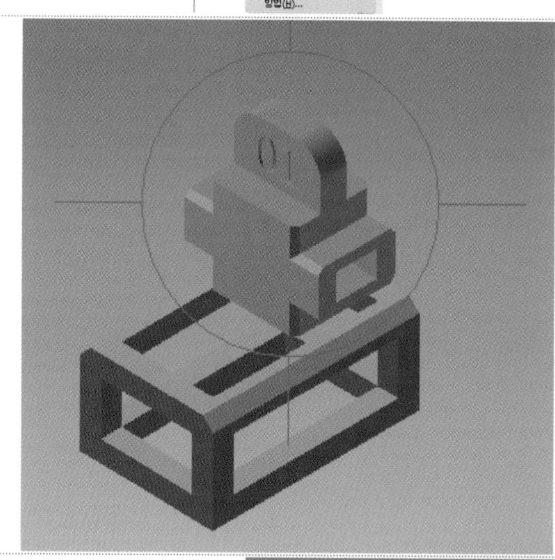

27

조립구속조건

- [구속조건] → [메이트] → [솔루션 : 메이트] → [부품①선택요소] → [자유회전F4] → [부품②선택요소] → [간격띄우기0.5] [적용] → [자유회전F4] → [메이트] → [솔루션 : 메이트] → [부품①선택요소] → [자유회전F4] → [부품②선택요소] → [간격띄우기0.5] → [확인]

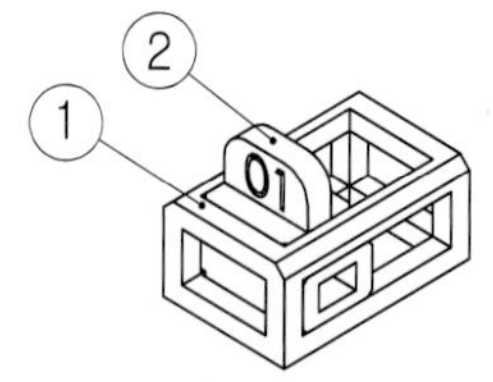

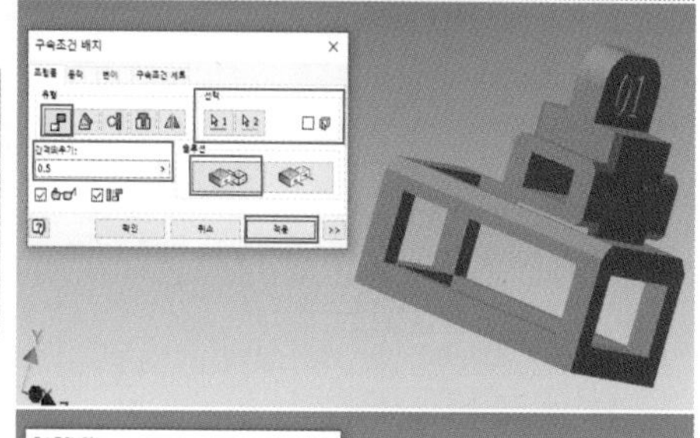

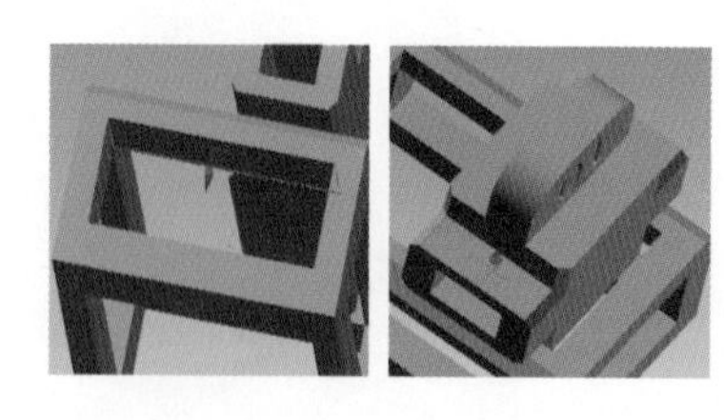

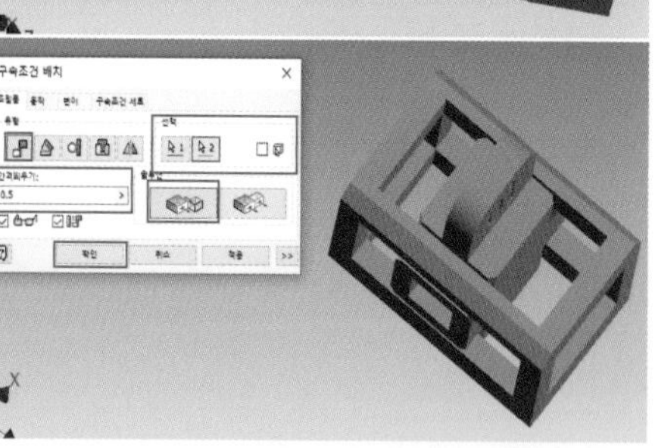

28

출력방향을 고려하여 구속조건 추가

※ 조립된 상태로 출력하니 되도록 서포트가 적게 나오고 도면의 ㉠, ㉡, ㉢ 치수가 정밀하게 나오는 출력방향을 결정해야 한다.

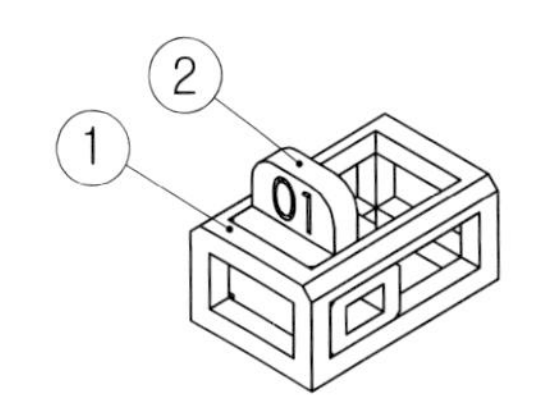

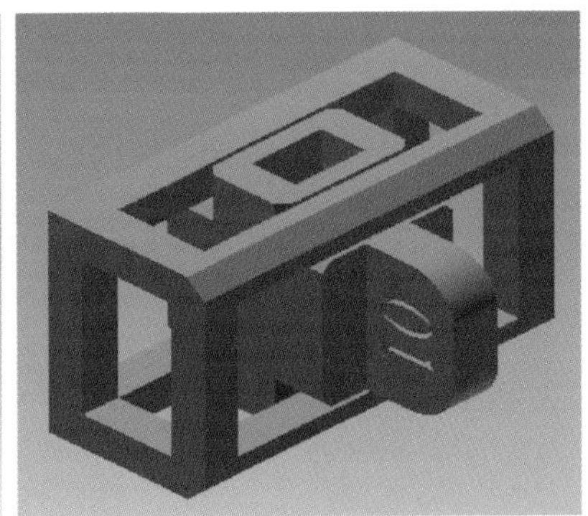

29

어셈블리 저장하기(2가지 확장자)

- [파일] → [다른 이름으로 저장] → [비번호 폴더] → [파일이름] → [01] → [저장]

- [파일] → [내보내기] → [CAD형식] → [비번호폴더] → [01] → [파일형식 : STEP 선택] → [저장]

구 분	작업명	파일명	비 고
1	어셈블리	01.***	
2		01.STP	채점용

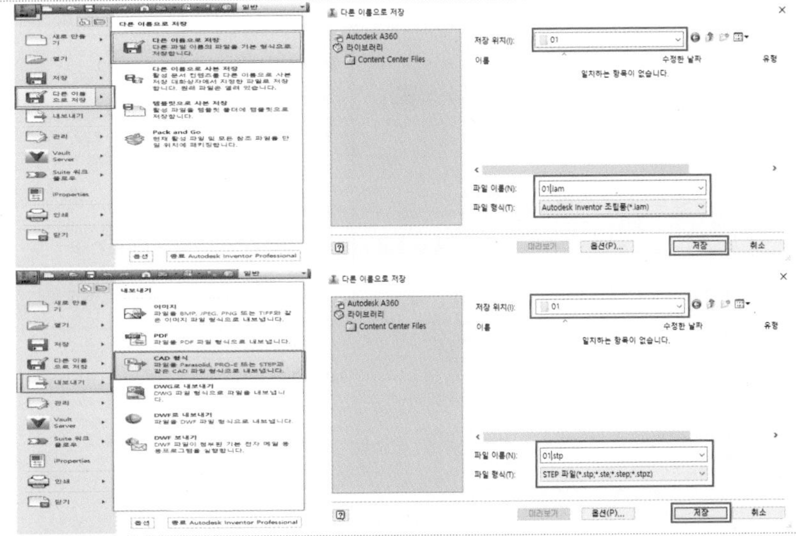

30

어셈블리 저장하기(STL확장자)

- [파일] → [내보내기] → [CAD형식] → [비번호폴더] → [01] → [파일형식 : STL 선택] → [옵션] → [단위 : mm] → [저장]

※ 옵션에서 단위 mm 선택

구 분	작업명	파일명	비 고
3	어셈블리	01.STL	

※ 비번호 01인 경우

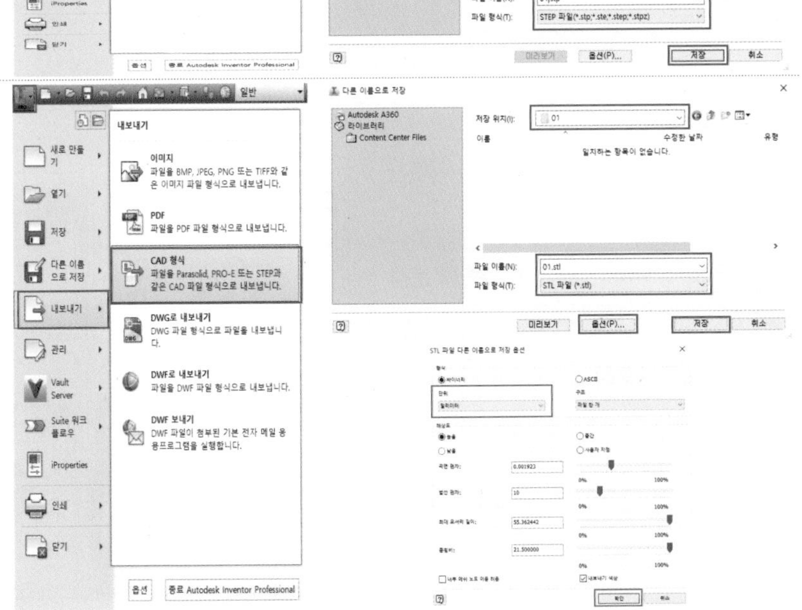

31

슬라이싱(3DWOX)

슬라이싱 프로그램을 실행한다.

• [파일] → [모델 불러오기] → [비번호폴더] → [01.stl] → [열기]

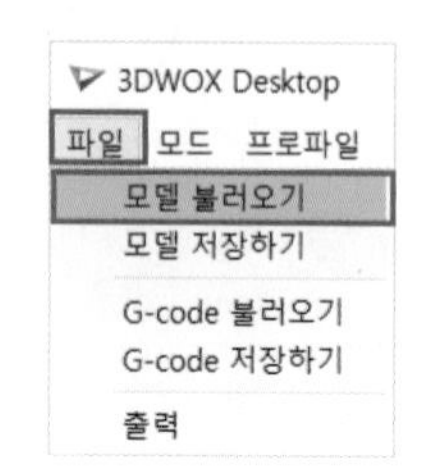

32

프린터 설정

• [설정] → [프린터 설정] → [프린터 모델] → [확인]

※ 시험장 프린터 모델을 선택한다.
예 DP200

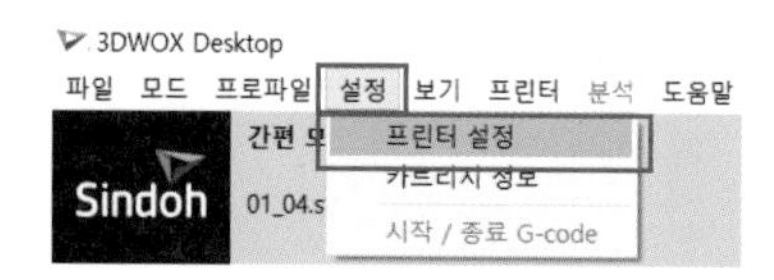

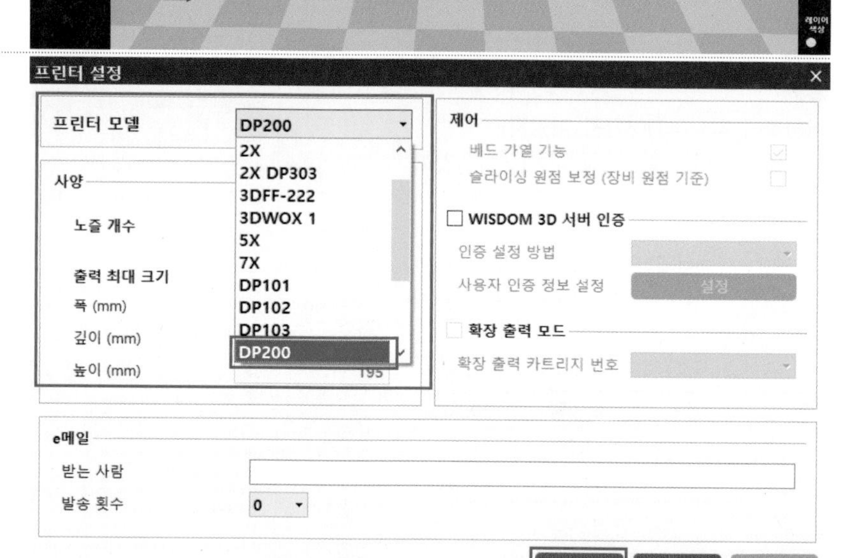

33

출력방향을 결정한다.

• [분석] → [최적출력방향] → [분석] → [추천 1~6 선택]

※ 신도리코 3DWOX는 최적출력방향을 분석해 준다. 참고하여 서포트가 적게 나오고 도면의 ㉠, ㉡, ㉢ 치수가 정밀하게 나오는 출력방향을 결정한다.

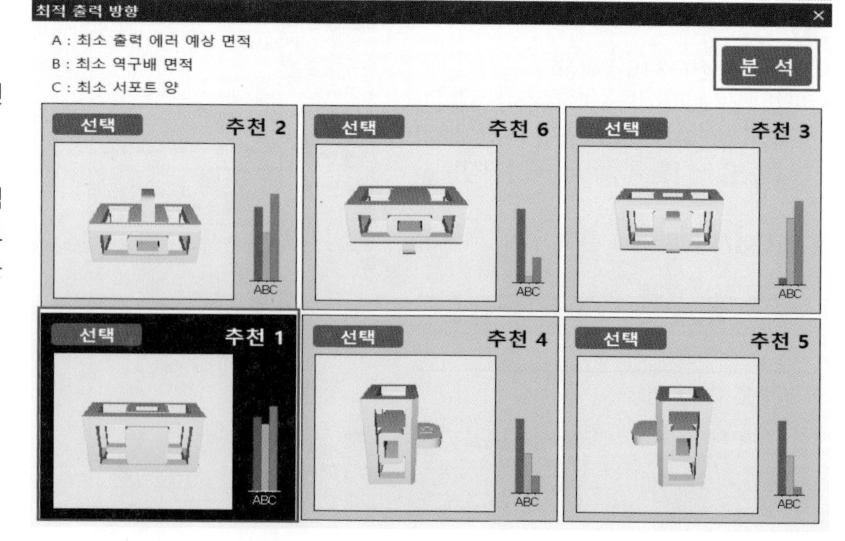

34

기본 파라미터를 설정한다.

- [SETTINGS] 버튼을 클릭하여 파라미터 값을 조정한다.
- 기본 속도 출력
- 재질 : PLA
- 서포트 : 모든 곳, 지그재그 구조

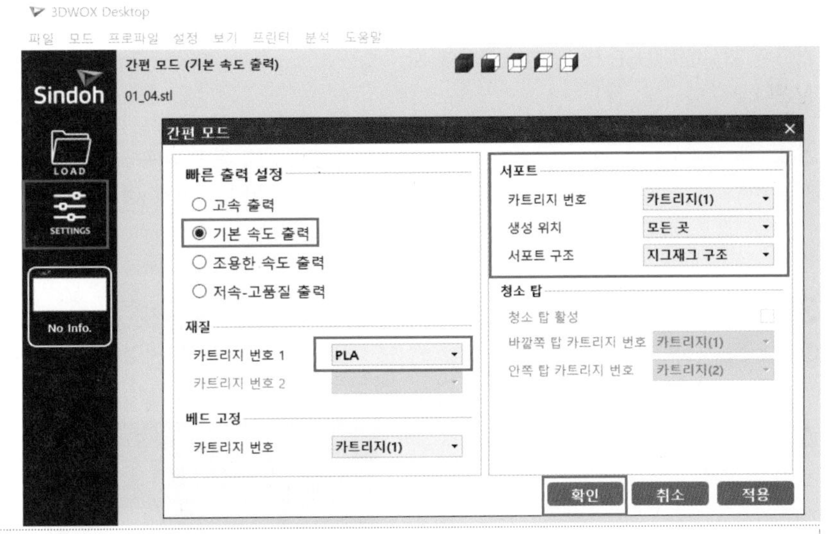

35

슬라이싱

- 베드상에 있는 출력물이 파라미터의 값이 반영되면서 슬라이싱을 수행한다.

※ 출력예상시간을 확인한다.

※ 출력예상시간이 1시간 20분이 넘어가면 고급모드로 변경하여 [SETTINGS]에서 레이어 높이, 채우기 밀도, 서포트 밀도 등 설정값을 변경한다.

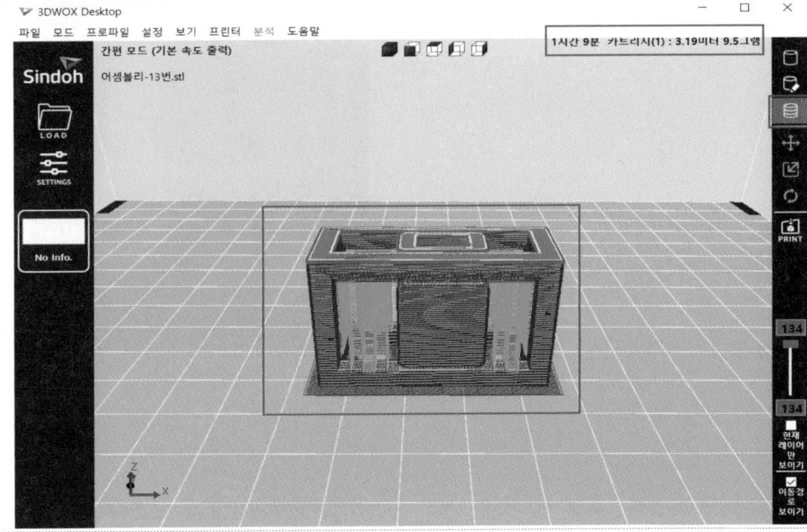

36

G-code 저장하기

- [파일] → [G-code 저장하기] → [예] → [비번호폴더] → [01.gcode] → [저장]

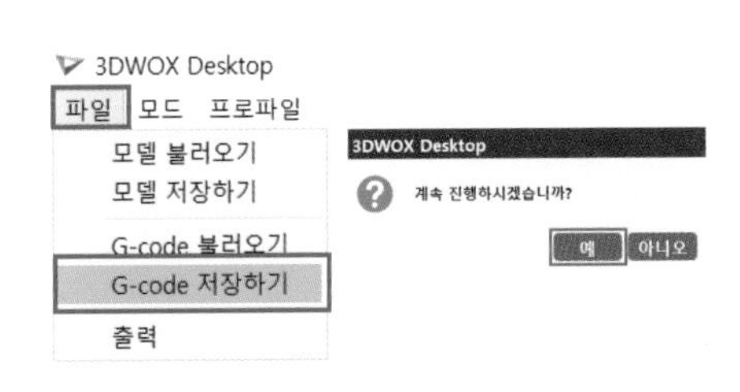

구 분	작업명	파일명	비 고
4	슬라이싱	01.***	gcode

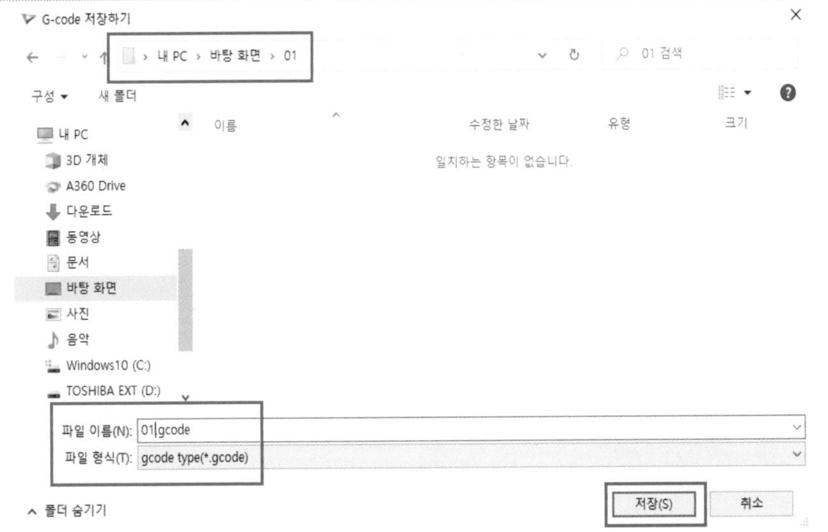

37
지급된 저장매체(USB 또는 SD-card)에 저장한다.

- 감독위원에게 저장매체(USB 또는 SD-card) 제출

38
3D프린터 세팅

- 노즐, 베드 등에 이물질을 제거하여 출력 시 방해요소가 없도록 세팅한다.
- PLA 필라멘트 장착 여부 등 소재의 이상 여부를 점검하고 정상 작동하도록 세팅한다.
- 베드 레벨링 기능 등을 활용하여 베드 위치를 세팅한다.

39
3D프린팅

- 저장매체(USB 또는 SD-card)에 있는 파일(01_04.gcode)을 3D프린터 전면부에 있는 USB 포트에 연결하여 화면에서 직접 G-code를 불러와 출력한다.

40
최종 출력물

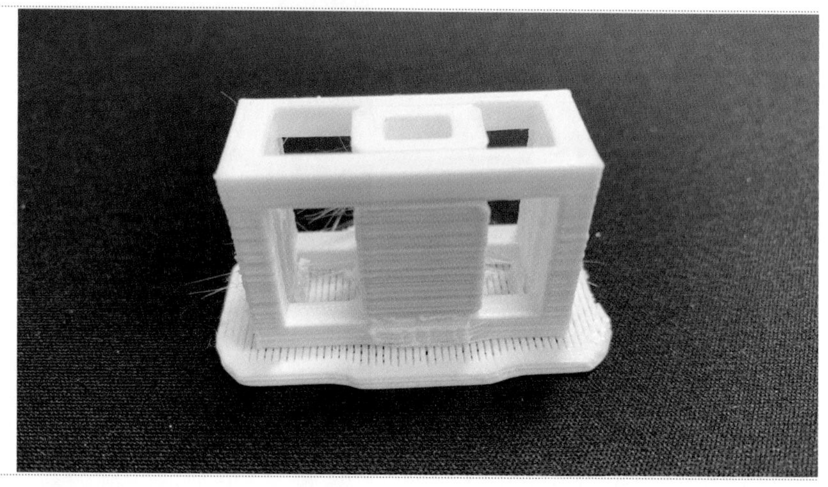

41
후처리

- 출력이 완료되면 보호장갑을 착용하고 서포트 및 거스러미를 제거한 후 감독위원에게 제출한다.

42
노즐 및 베드 정리

- 출력물을 제출 후 본인이 사용한 3D프린터 노즐 및 베드 등의 잔여물을 제거하고 정리정돈 한다(**※ 정리상태도 채점 대상임에 주의하자**).

14 3D모델링 실기 공개문제 도면 - 14

자격종목	3D프린터운용기능사	[시험1] 과제명	3D모델링 작업	척 도	NS

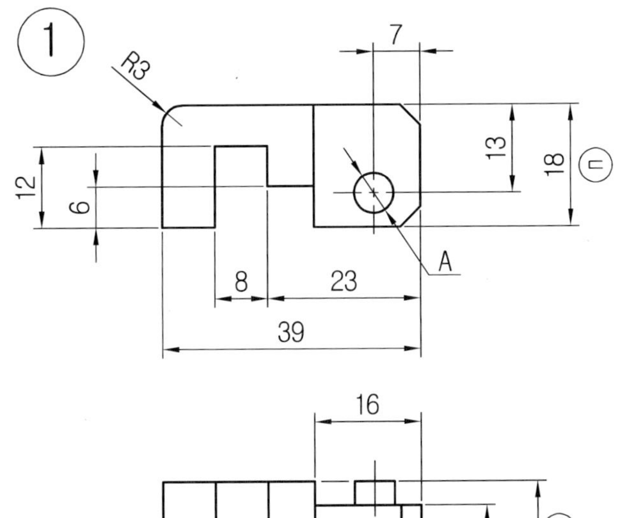

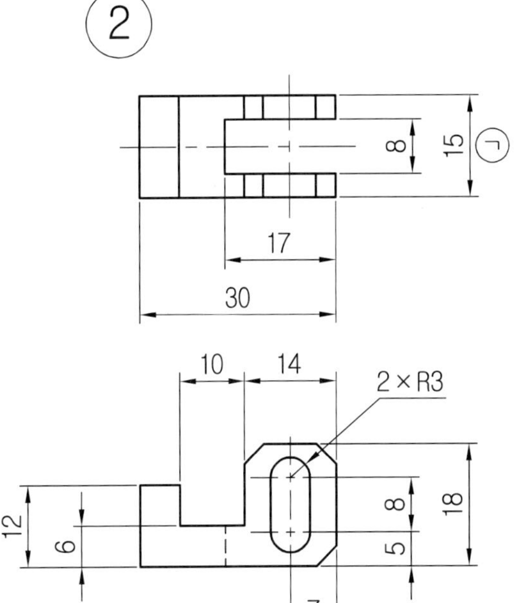

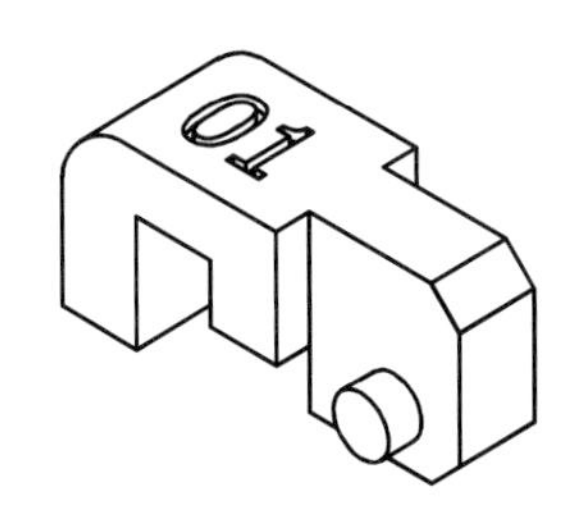

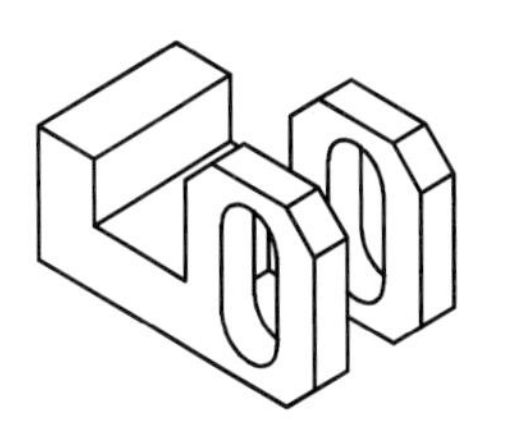

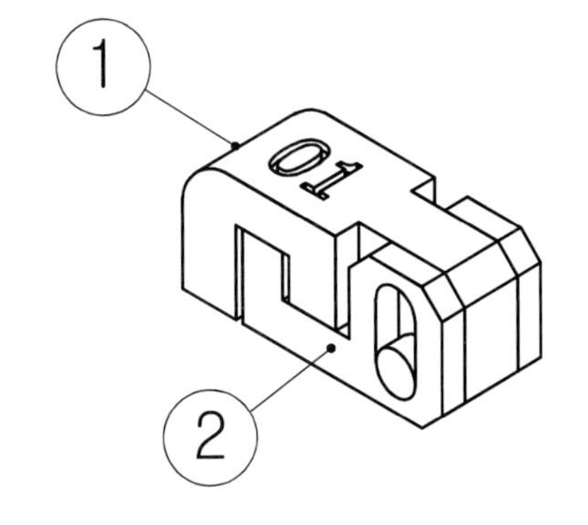

주서
1. 도시되고 지시없는 모따기는 C3

01

부품 ① 모델링

- [새로 만들기] → [Metric] → [Standard(mm).ipt] → [작성]

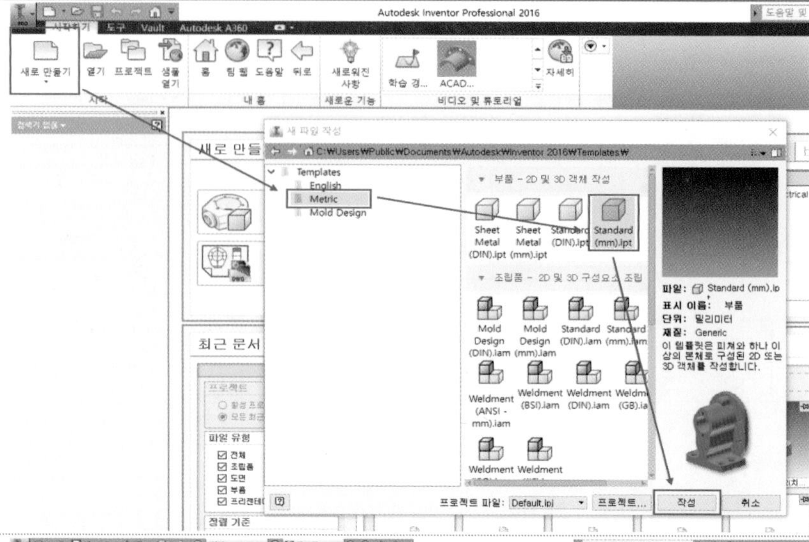

02

[2D 스케치 시작] → [마우스로 XY Plane 선택]

※ 마우스로 XY Plane 선택 시 빨간색으로 변함

※ 다른 방법(시트트리에서)
[원점] → [XY평면 마우스오른쪽 클릭] → [새 스케치]

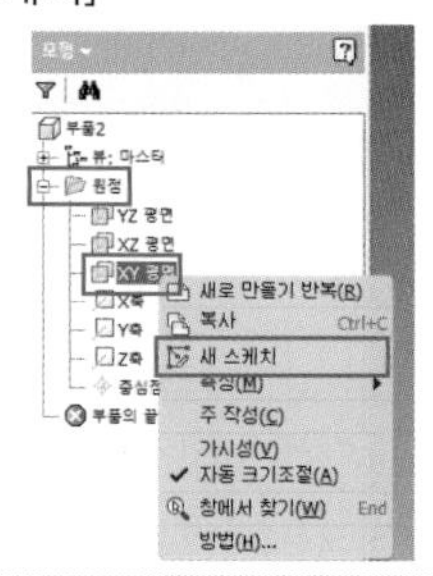

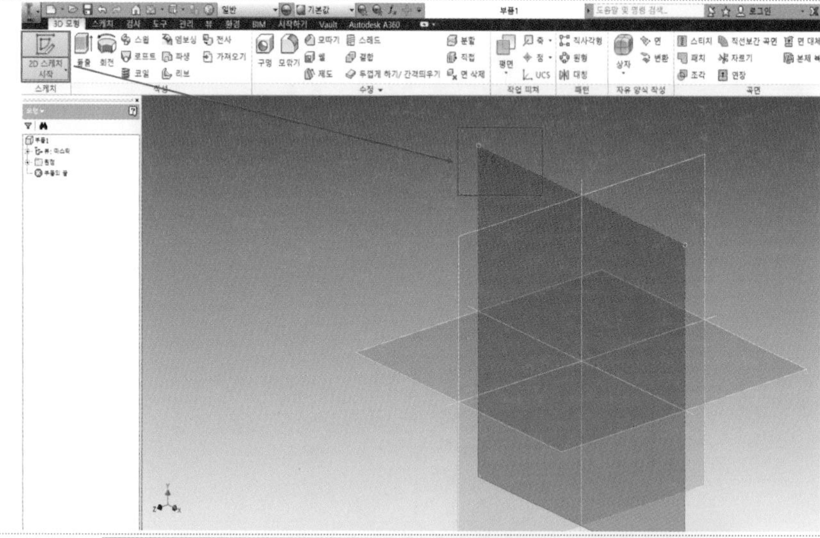

03

부품 ① 평면도 일부를 스케치 한다.

- 선, 치수 구속조건
- 모깎기(R3)

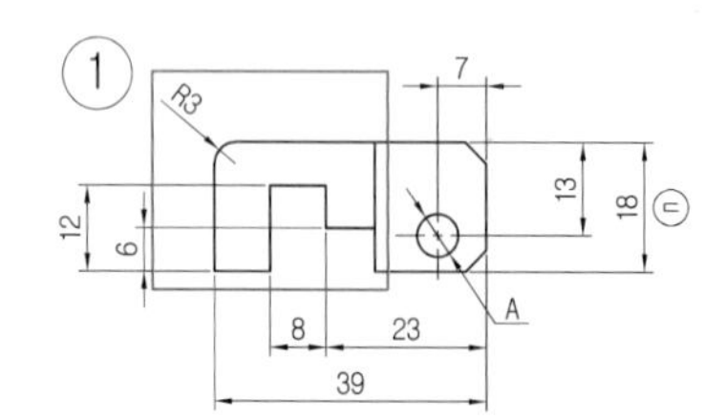

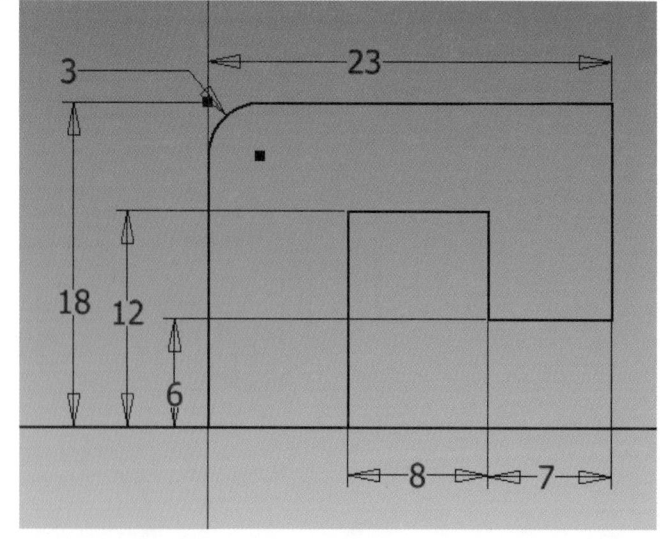

04
스케치마무리

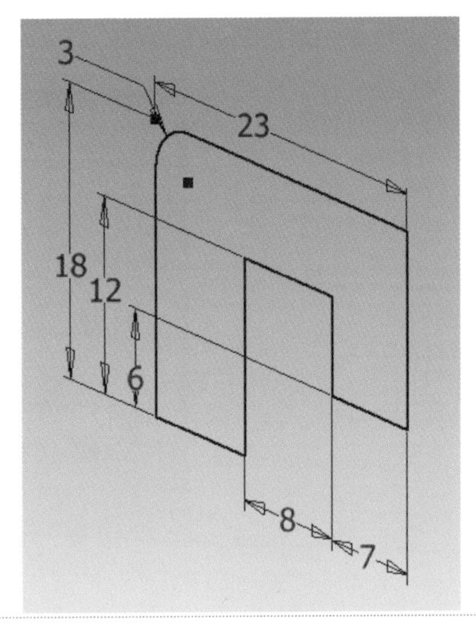

05
부품 ① 3D 모형 만들기
• [돌출] → [스케치 클릭] → [거리15] → [대칭] → [확인]

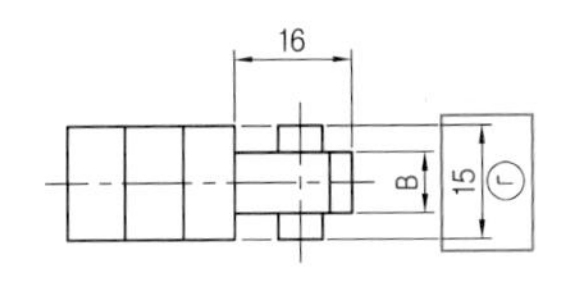

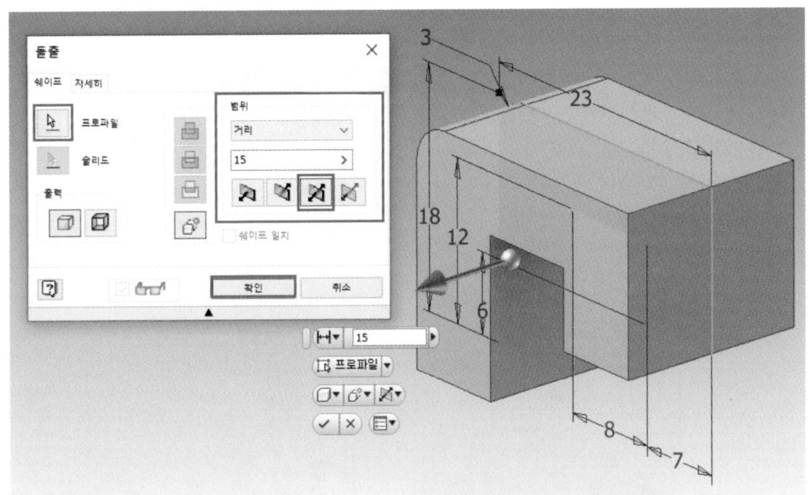

06
부품 ① 3D 모형 만들기
• [2D 스케치 시작] → [XY평면 선택] → [F7] [직사각형] → [치수구속조건] → [모따기2개소] → [스케치마무리]

※ 주서
도시되고 지시없는 모따기는 C3

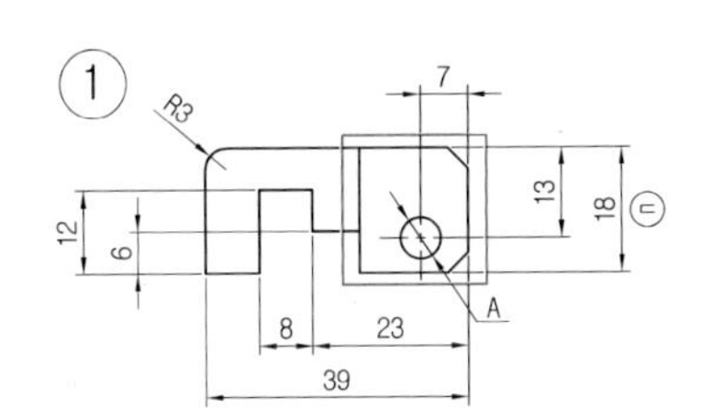

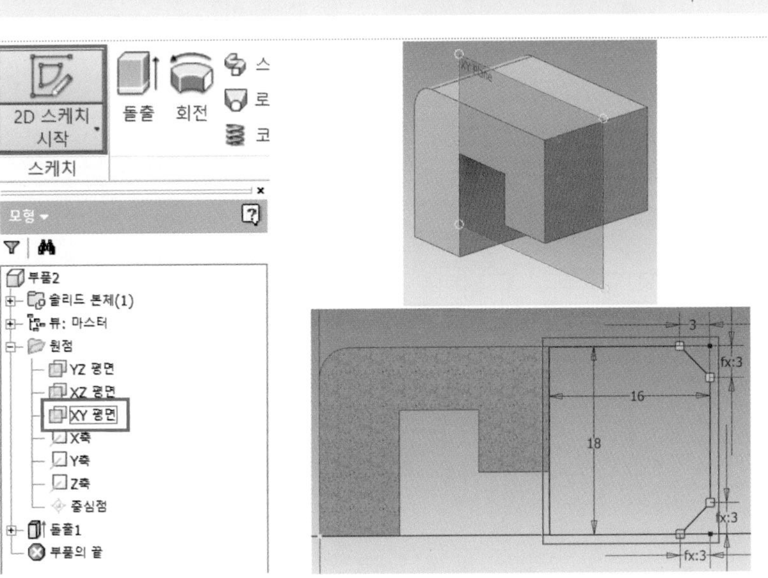

07

부품 ① 3D 모형 만들기

- [돌출] → [스케치 클릭] → [접합] → [거리7] → [대칭] → [확인]

※ 'B'는 상대치수(8mm)와 축공차를 적용해 7mm로 결정한다.

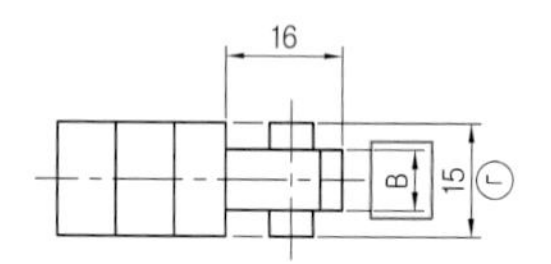

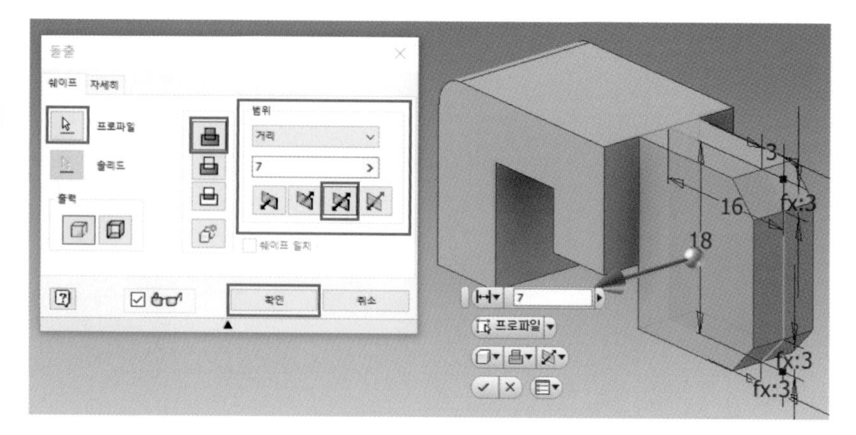

08

부품 ① 3D 모형 만들기

- [2D 스케치 시작] → [XY평면 선택] → [F7] [원∅5] → [치수구속조건] → [스케치마무리]

※ 'A'는 상대치수(∅6/2×R3)와 축공차를 적용해 ∅5mm로 결정한다.

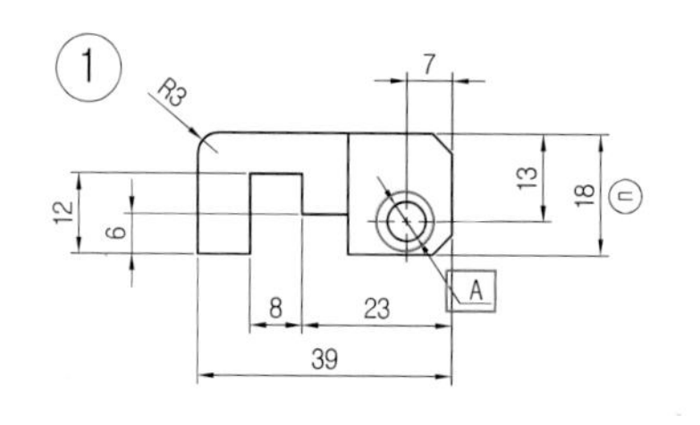

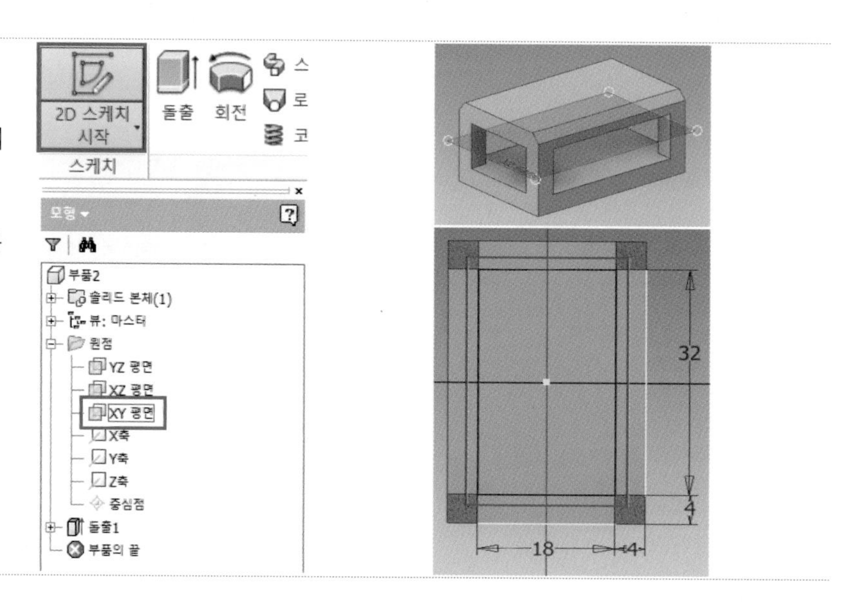

09

부품 ① 3D 모형 만들기

- [돌출] → [스케치 클릭] → [접합] → [거리15] → [대칭] → [확인]

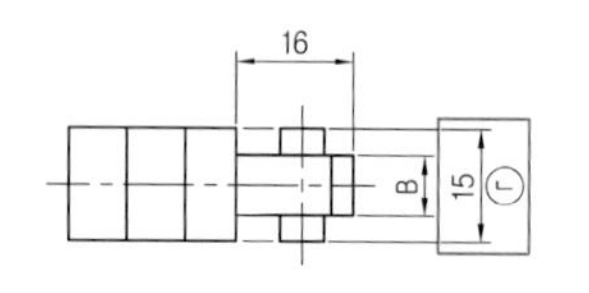

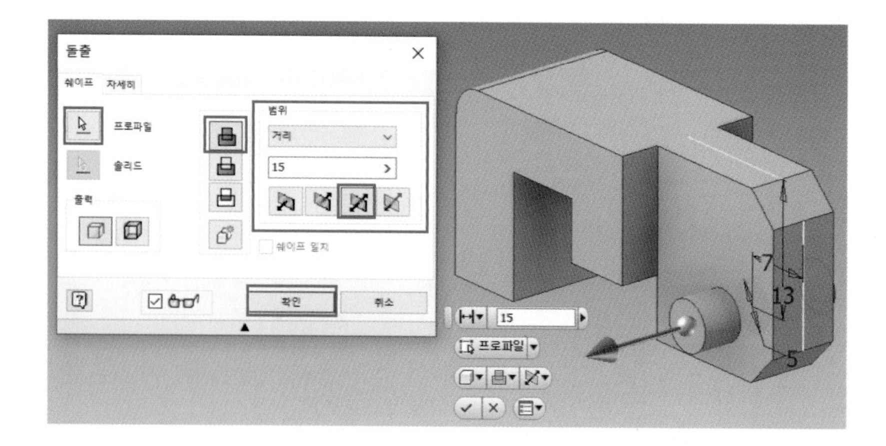

10

부품 ① 각인

- [2D 스케치 시작] → [각인평면 선택] → [텍스트] → [바탕체] → [6mm] → [확인] → [스케치마무리]

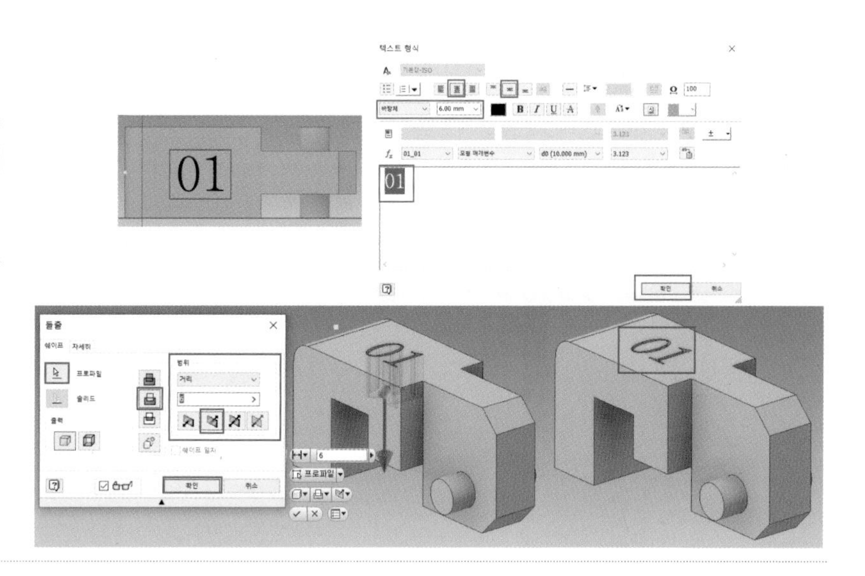

- [돌출] → [각인번호 선택] → [차집합] → [거리] → [3mm] → [방향2] → [확인]

※ 각인 방향이 도면과 상이할 시 [회전] → [각인 선택] → [중심점 : 각인번호중심 클릭] → [각도 입력] → [적용]

※ 글자체, 글자 크기, 글자 깊이 등은 별도의 정보가 없으므로 도면과 유사한 모양 및 크기로 작업하시오.

11

부품 ① 저장하기

- [파일] → [다른 이름으로 저장] → [비번호 폴더] → [파일이름] → [01_01] → [저장]

※ 본 교재의 부품 ①번 3D모델링 파일이름은 "01_01"로 작성되었다. 부품 ①, ②번 3D모델링 파일이름은 수험자가 임의로 정할 수 있다.
예 부품1번, 01번 등

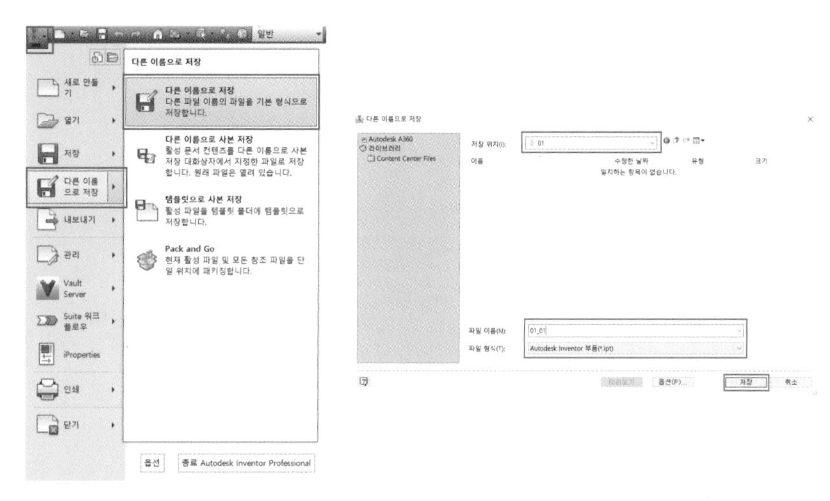

12

부품 ② 모델링

- [새로 만들기] → [Metric] → [Standard(mm).ipt] → [작성]

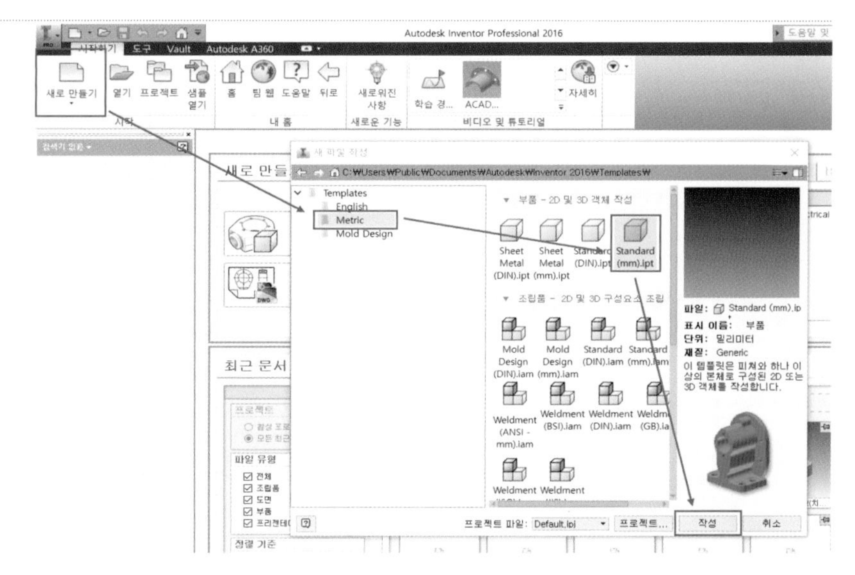

13

[2D 스케치 시작] → [마우스로 XY Plane 선택]

※ 마우스로 XY Plane 선택 시 빨간색으로 변함

※ 다른 방법(시트트리에서)
[원점] → [XY평면 마우스오른쪽 클릭] → [새 스케치]

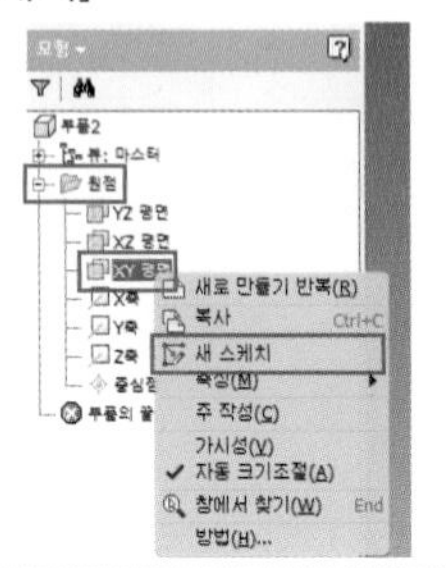

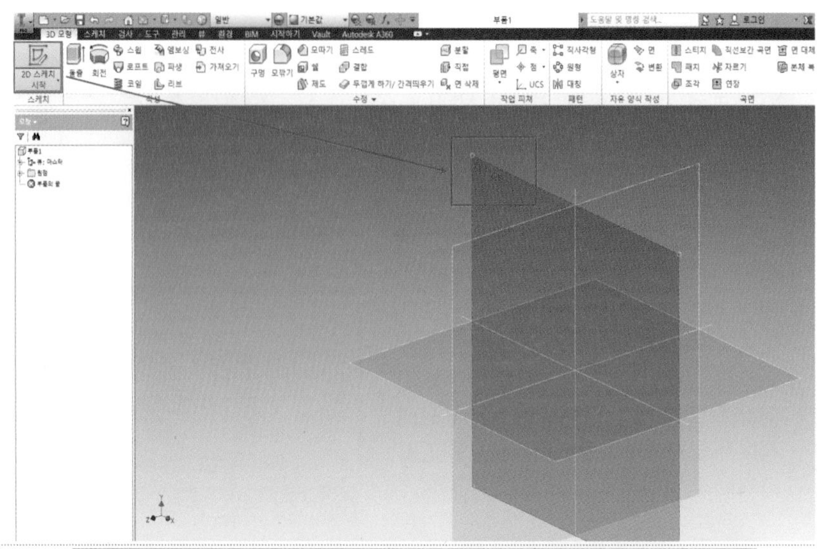

14

부품 ② 정면도를 스케치 한다.

- 슬롯(중심대중심), 직사각형
- 기하학 구속조건, 치수 구속조건
- 자르기, 모따기(2개소)
(※ 선 자르기 시 치수 먼저 삭제)

※ 주서
도시되고 지시없는 모따기는 C3

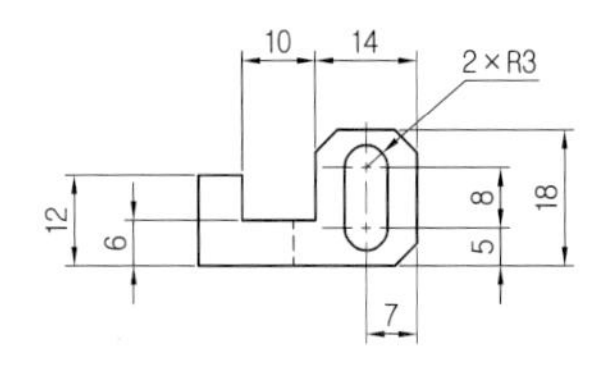

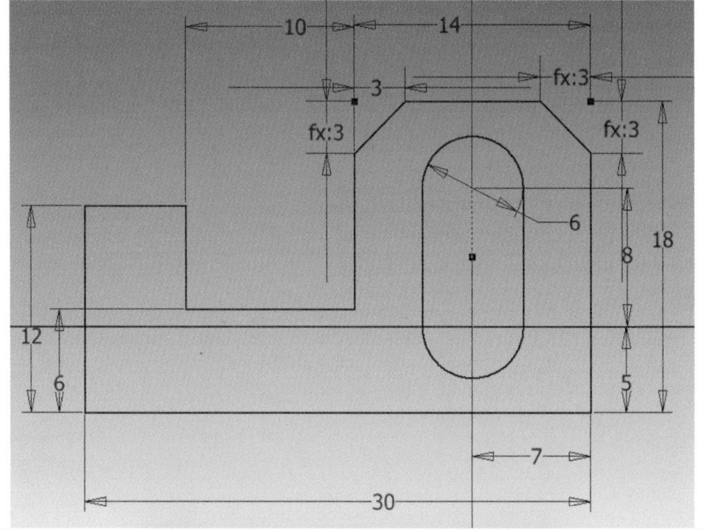

15

스케치마무리

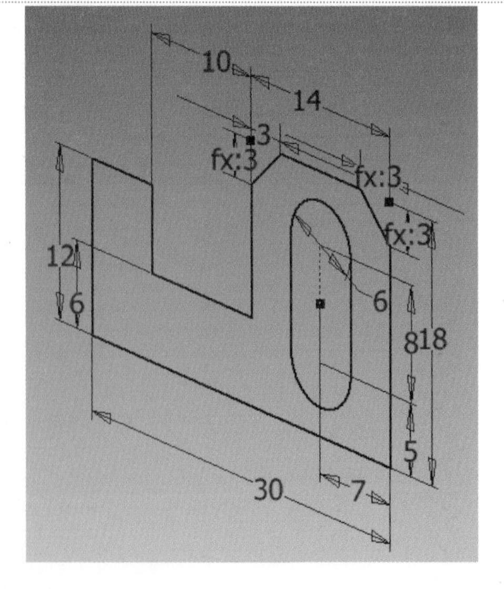

16

부품 ② 3D 모형 만들기

- [돌출] → [스케치 클릭] → [거리15] → [대칭] → [확인]

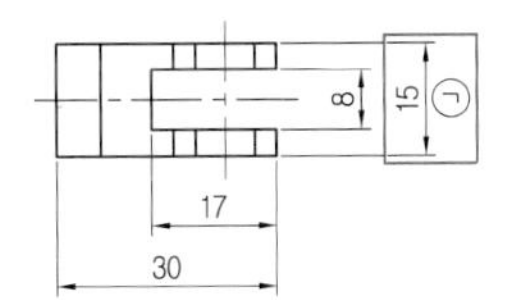

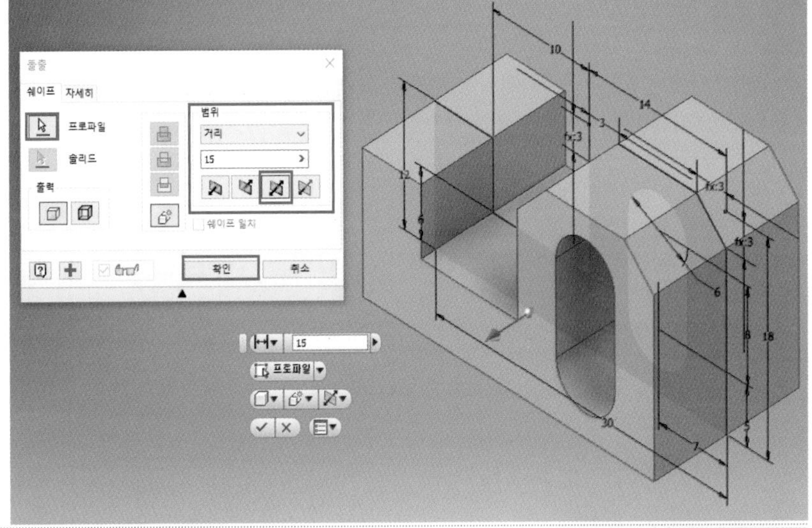

17

부품 ② 3D 모형 만들기

- [2D 스케치 시작] → [XZ평면 선택] → [F7] [직사각형] → [치수구속조건] → [스케치마무리]

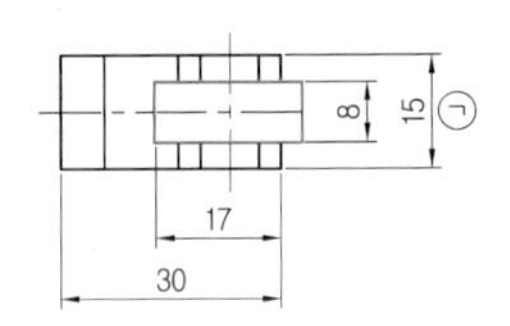

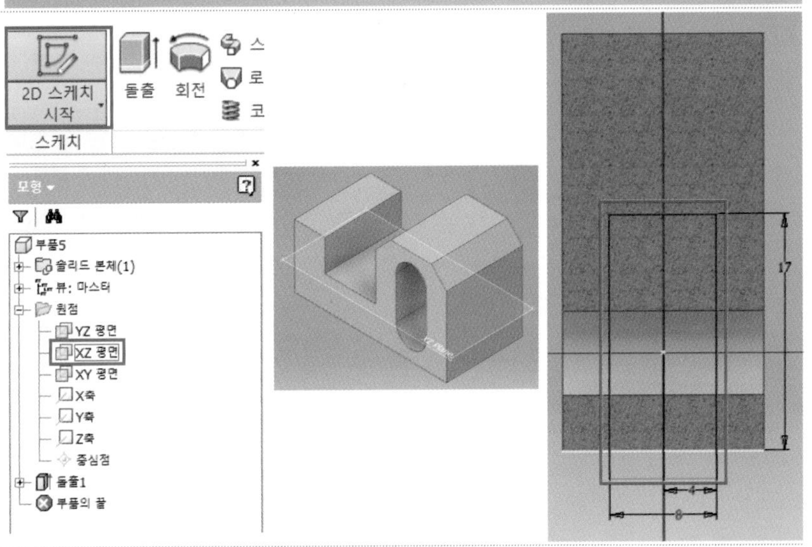

18

부품 ② 3D 모형 만들기

- [돌출] → [스케치 클릭] → [차집합] → [전체] → [대칭] → [확인]

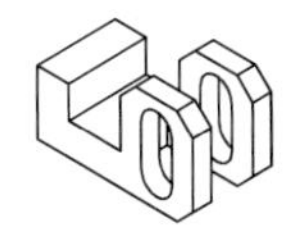

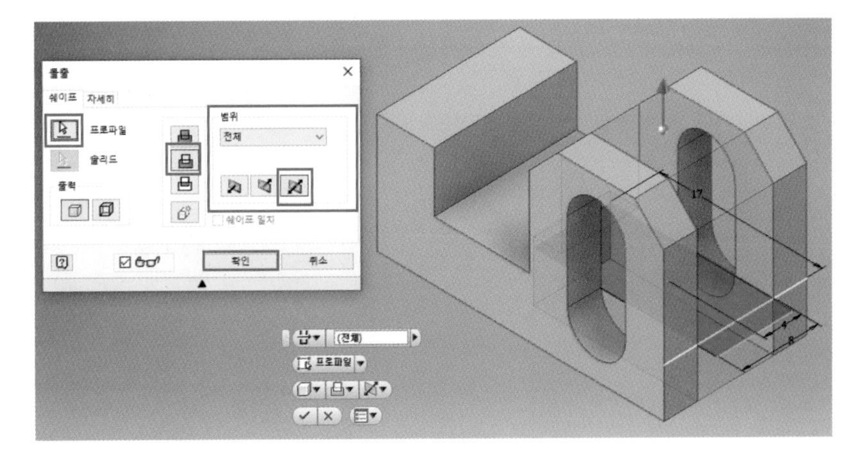

19

부품 ② 저장하기

- [파일] → [다른 이름으로 저장] → [비번호 폴더] → [파일이름] → [01_02] → [저장]

※ 본 교재의 부품 ②번 3D모델링 파일이름은 “01_02”로 작성되었다. 부품 ①, ②번 3D모델링 파일이름은 수험자가 임의로 정할 수 있다.
예 부품2번, 02번 등

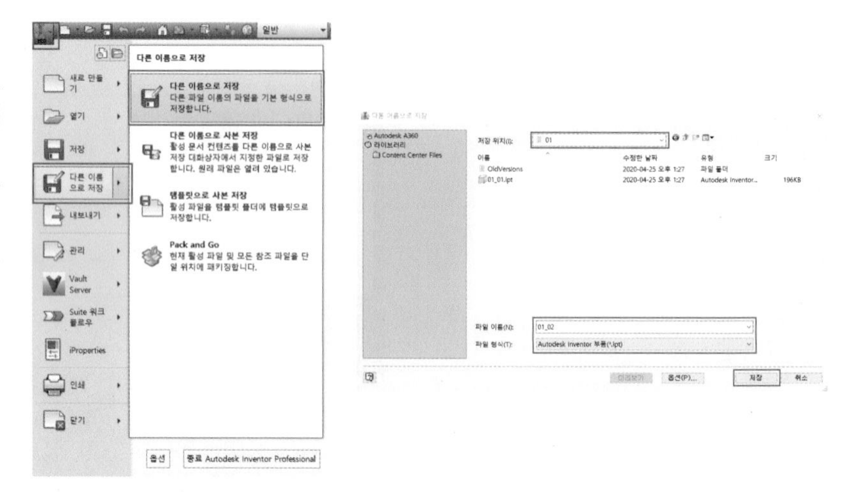

20

어셈블리

- [새로 만들기] → [Metric] → [Standard(mm).iam] → [작성]

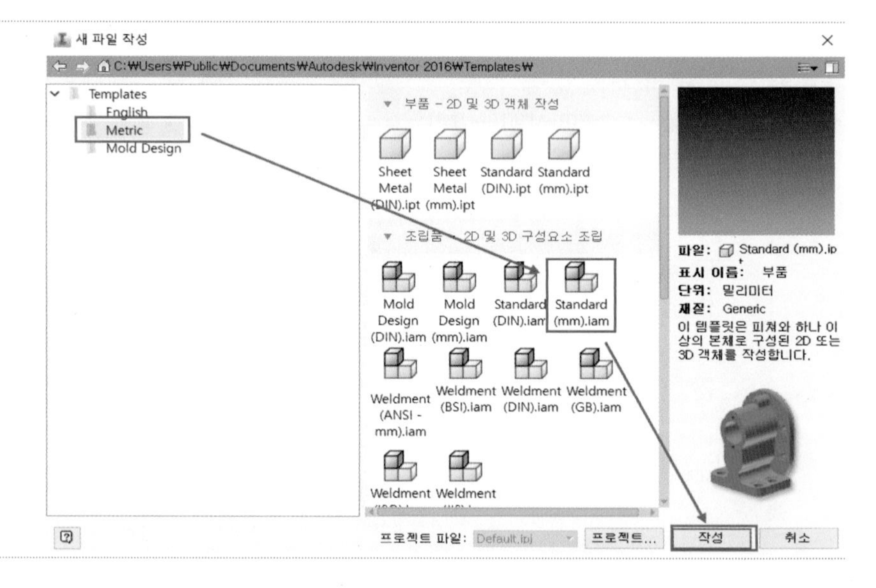

21

“배치” 아이콘을 통해 부품 ①, ②를 배치한다.

- [배치] → [01_01, 01_02 선택] → [열기] → [화면 클릭] → [ESC]

22

시트트리에서 부품①번을 우클릭하여 고정한다.

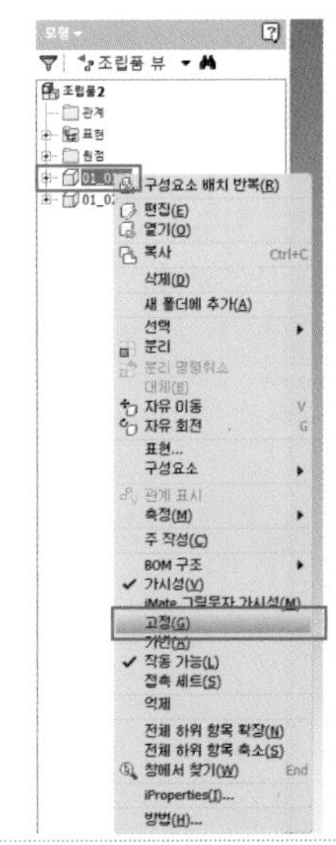

23

조립구속조건

- 부품②를 클릭하여 움직이고 우클릭하여 자유회전을 통하여 도면의 조립도와 비슷하게 한다.

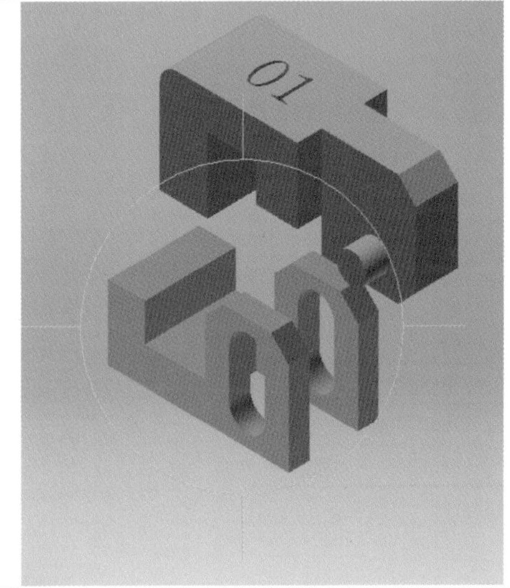

24

조립구속조건

- [구속조건] → [삽입] → [솔루션 : 정렬] → [부품①선택요소] → [자유회전F4] → [부품②선택요소] → [확인]

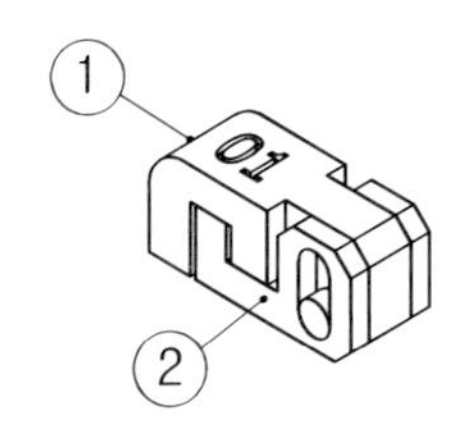

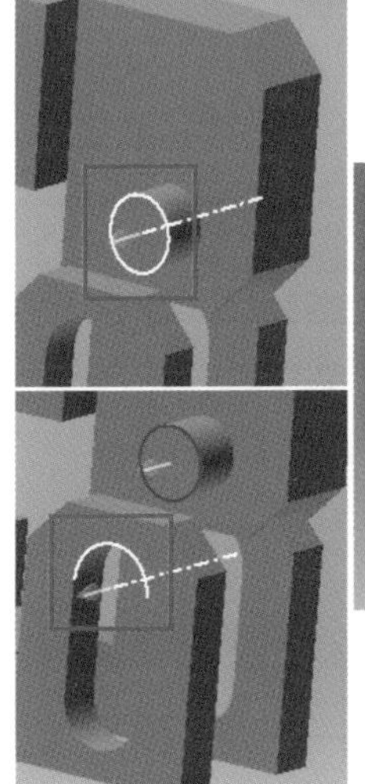

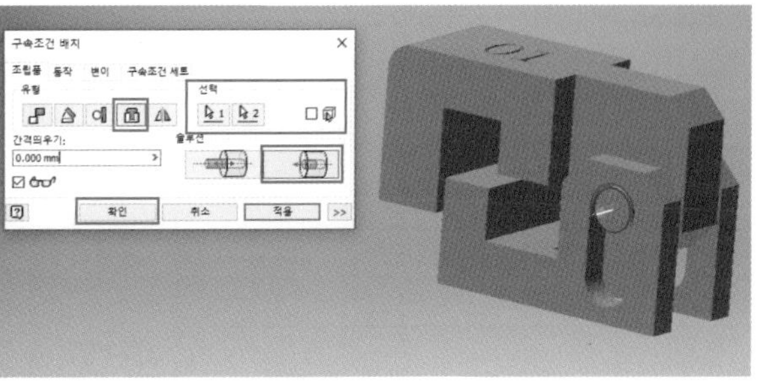

25

출력방향을 고려하여 구속조건 추가

※ 조립된 상태로 출력하니 되도록 서포트가 적게 나오고 도면의 ㉠, ㉡, ㉢ 치수가 정밀하게 나오는 출력방향을 결정해야 한다.

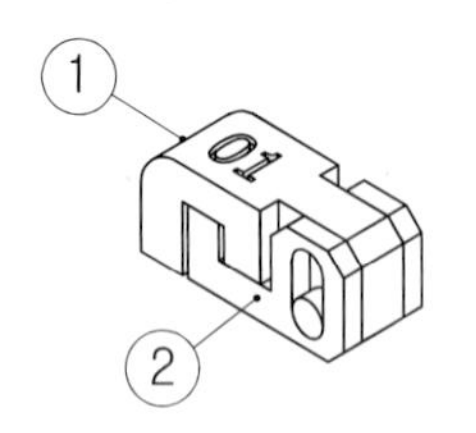

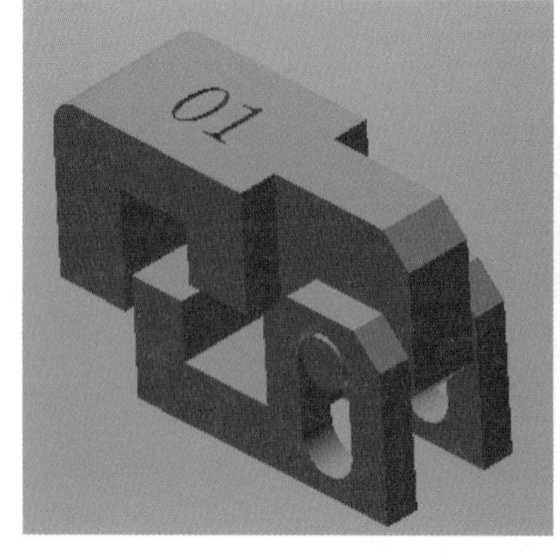

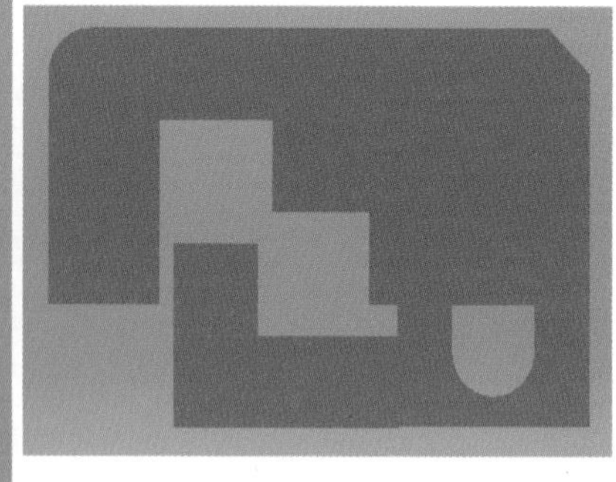

※ 부품 ①,②가 서로 붙지 않도록 출력하는 것이 중요하다.

26

어셈블리 저장하기(2가지 확장자)

- [파일] → [다른 이름으로 저장] → [비번호 폴더] → [파일이름] → [01] → [저장]

- [파일] → [내보내기] → [CAD형식] → [비번호폴더] → [01] → [파일형식 : STEP 선택] → [저장]

구 분	작업명	파일명	비 고
1	어셈블리	01.***	
2		01.STP	채점용

※ 비번호 01인 경우

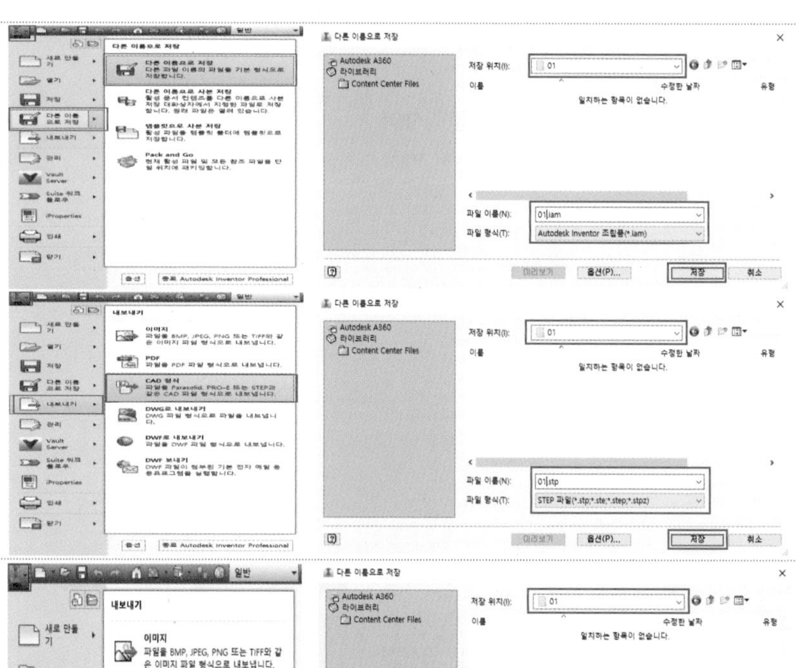

27

어셈블리 저장하기(STL확장자)

- [파일] → [내보내기] → [CAD형식] → [비번호폴더] → [01] → [파일형식 : STL 선택] → [옵션] → [단위 : mm] → [저장]

※ 옵션에서 단위 mm 선택

구 분	작업명	파일명	비 고
3	어셈블리	01.STL	

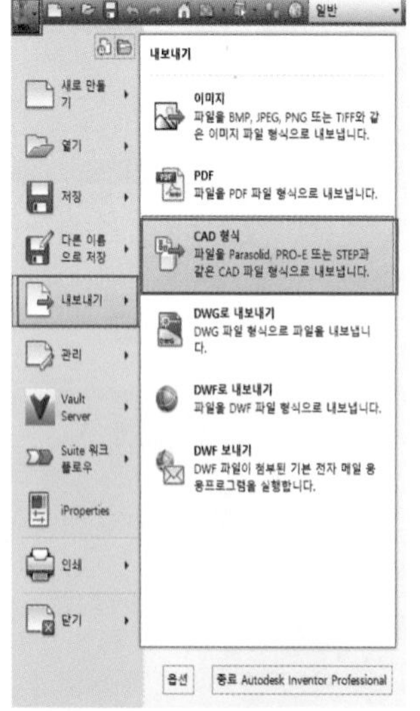

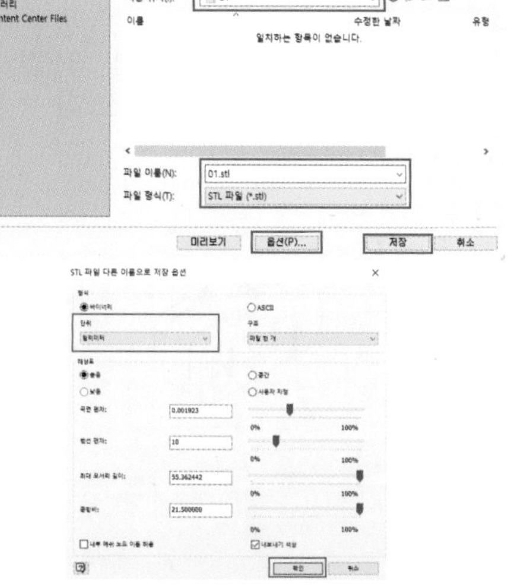

28

슬라이싱(3DWOX)

슬라이싱 프로그램을 실행한다.

• [파일] → [모델 불러오기] → [비번호폴더] → [01.stl] → [열기]

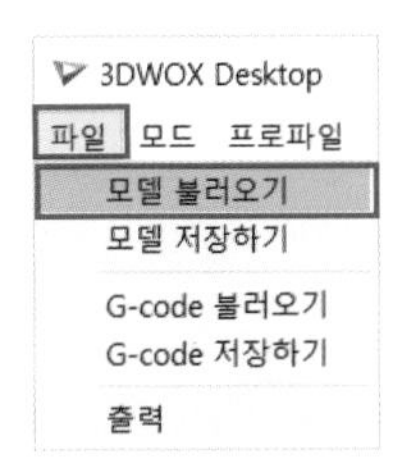

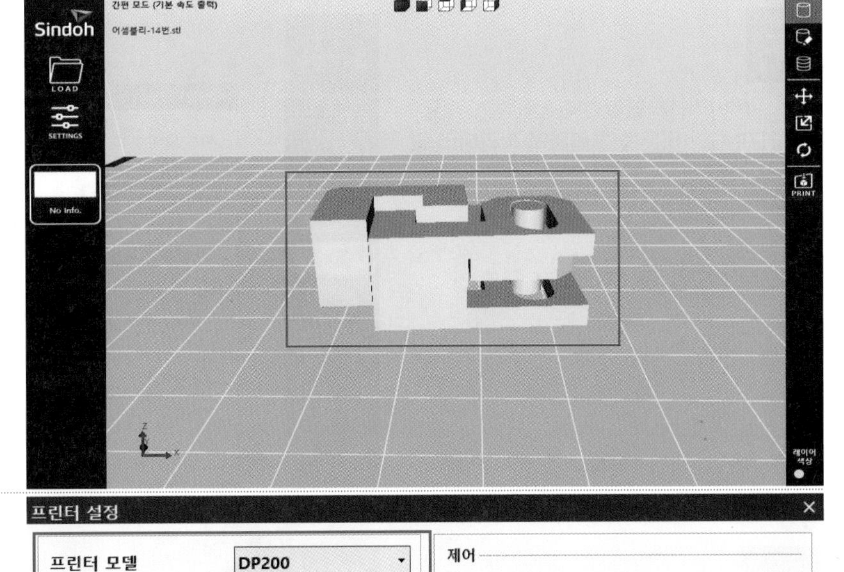

29

프린터 설정

• [설정] → [프린터 설정] → [프린터 모델] → [확인]

※ 시험장 프린터 모델을 선택한다.

예 DP200

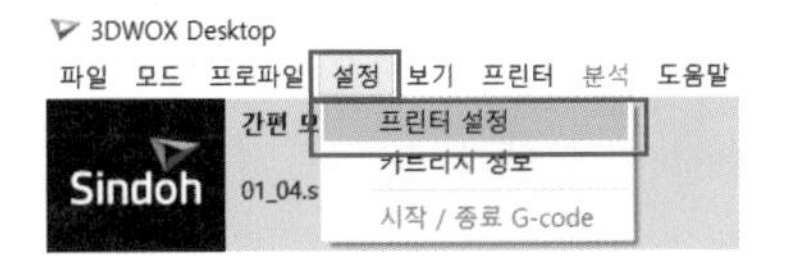

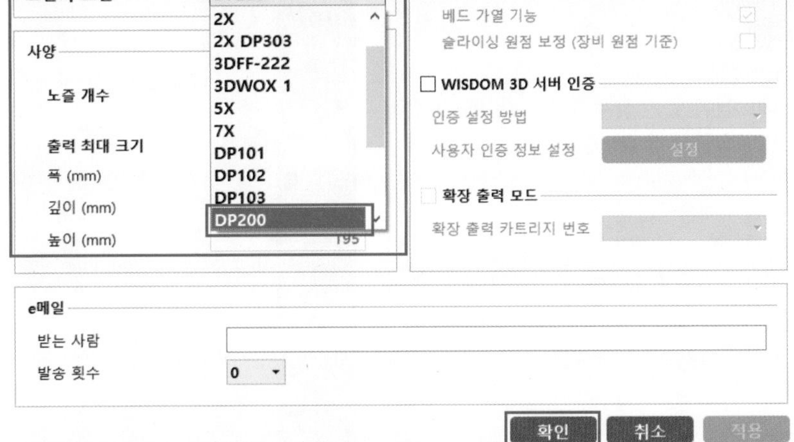

30

출력방향을 결정한다.

• [분석] → [최적출력방향] → [분석] → [추천 1~6 선택]

※ 신도리코 3DWOX는 최적출력방향을 분석해 준다. 참고하여 서포트가 적게 나오고 도면의 ㉠, ㉡, ㉢ 치수가 정밀하게 나오는 출력방향을 결정한다.

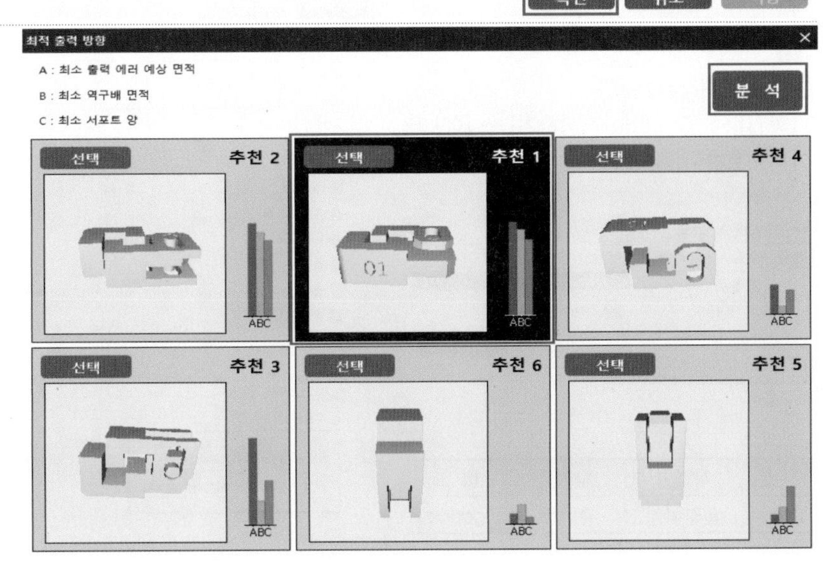

31

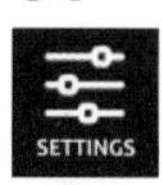

기본 파라미터를 설정한다.

- [SETTINGS] 버튼을 클릭하여 파라미터 값을 조정한다.
- 기본 속도 출력
- 재질 : PLA
- 서포트 : 모든 곳, 지그재그 구조

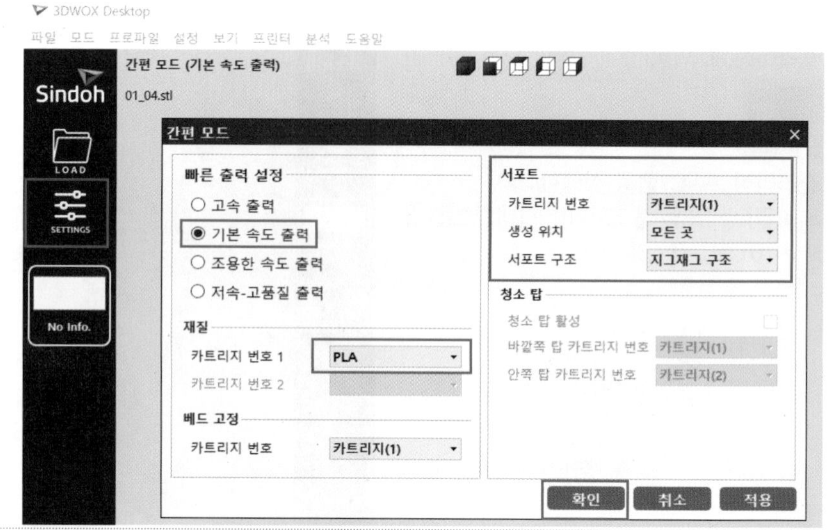

32

슬라이싱

- 베드상에 있는 출력물이 파라미터의 값이 반영되면서 슬라이싱을 수행한다.

※ 출력예상시간을 확인한다.

※ 출력예상시간이 1시간 20분이 넘어가면 고급모드로 변경하여 [SETTINGS]에서 레이어 높이, 채우기 밀도, 서포트 밀도 등 설정값을 변경한다.

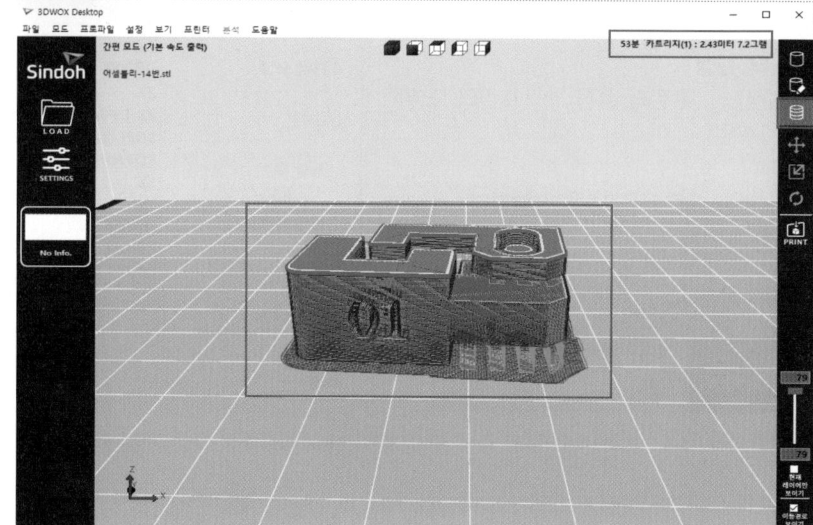

33

G-code 저장하기

- [파일] → [G-code 저장하기] → [예] → [비번호폴더] → [01.gcode] → [저장]

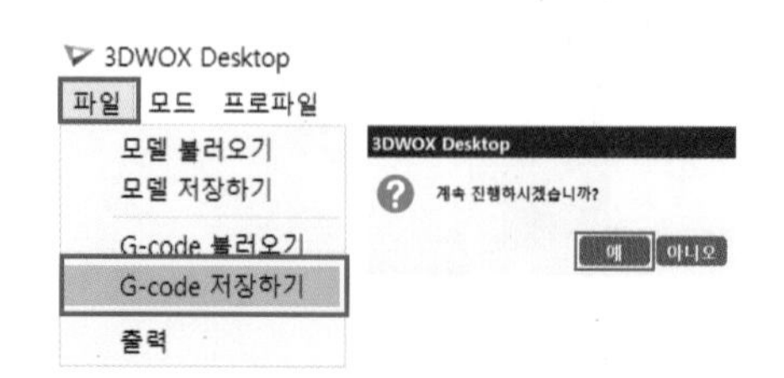

구 분	작업명	파일명	비 고
4	슬라이싱	01.***	gcode

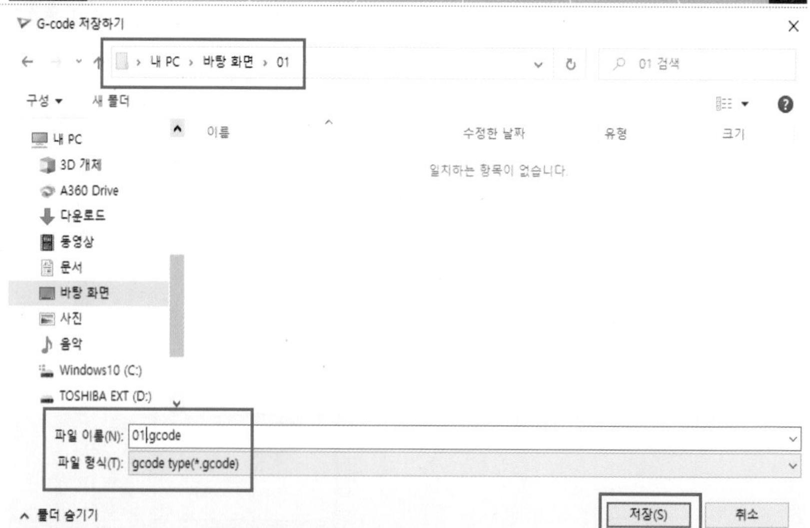

34
지급된 저장매체(USB 또는 SD-card)에 저장한다.

- 감독위원에게 저장매체(USB 또는 SD-card) 제출

35
3D프린터 세팅

- 노즐, 베드 등에 이물질을 제거하여 출력 시 방해요소가 없도록 세팅한다.
- PLA 필라멘트 장착 여부 등 소재의 이상 여부를 점검하고 정상 작동하도록 세팅한다.
- 베드 레벨링 기능 등을 활용하여 베드 위치를 세팅한다.

36
3D프린팅

- 저장매체(USB 또는 SD-card)에 있는 파일(01_04.gcode)을 3D프린터 전면부에 있는 USB 포트에 연결하여 화면에서 직접 G-code를 불러와 출력한다.

37
최종 출력물

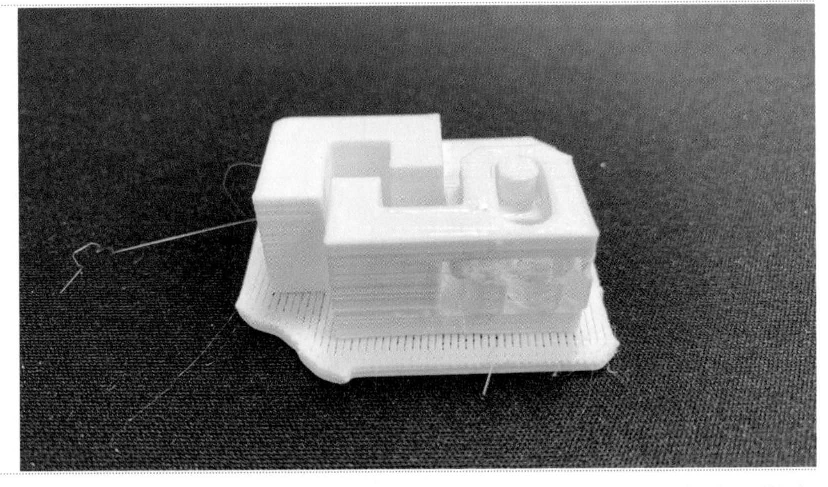

38
후처리

- 출력이 완료되면 보호장갑을 착용하고 서포트 및 거스러미를 제거한 후 감독위원에게 제출한다.

39
노즐 및 베드 정리

- 출력물을 제출 후 본인이 사용한 3D프린터 노즐 및 베드 등의 잔여물을 제거하고 정리정돈 한다(**※ 정리상태도 채점 대상임에 주의하자**).

15 3D모델링 실기 공개문제 도면 - 15

자격종목	3D프린터운용기능사	[시험1] 과제명	3D모델링 작업	척 도	NS

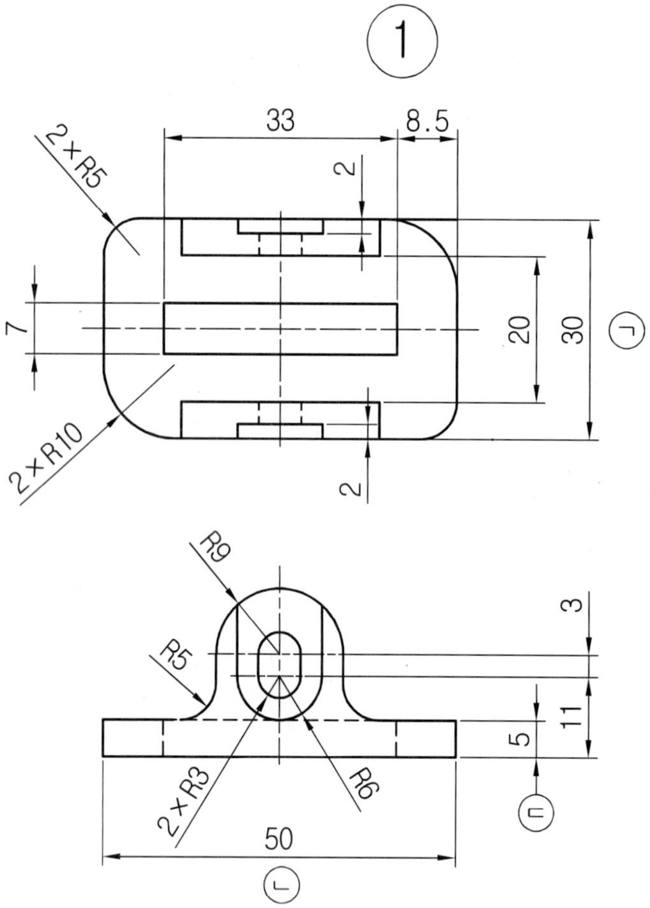

①

33
8.5
2×R5
2
7
20
30
ㄱ
2×R10
2

R9
3
R5
11
5
2×R3
R6
ㄴ
50
ㄷ

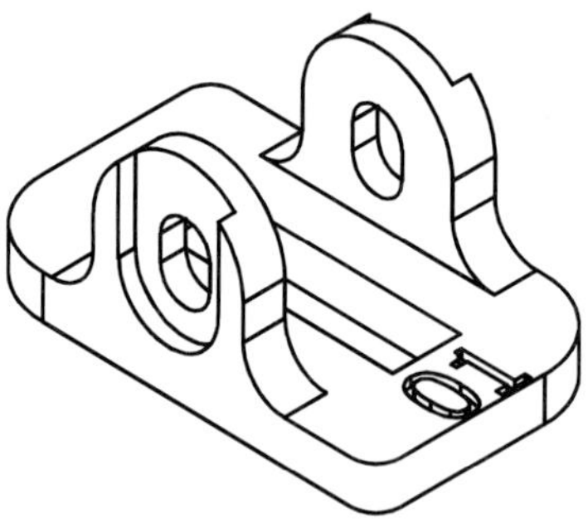

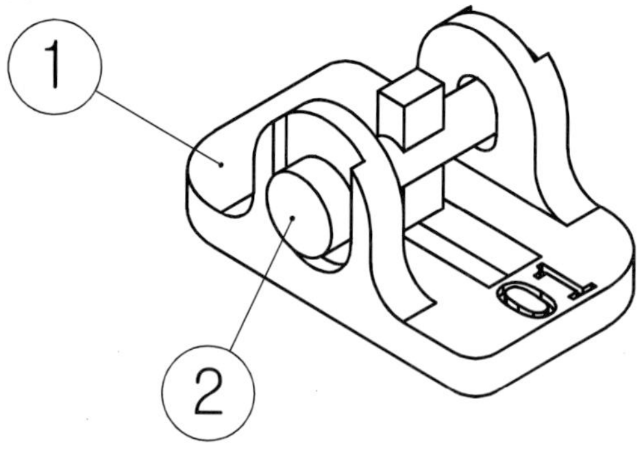

① ②

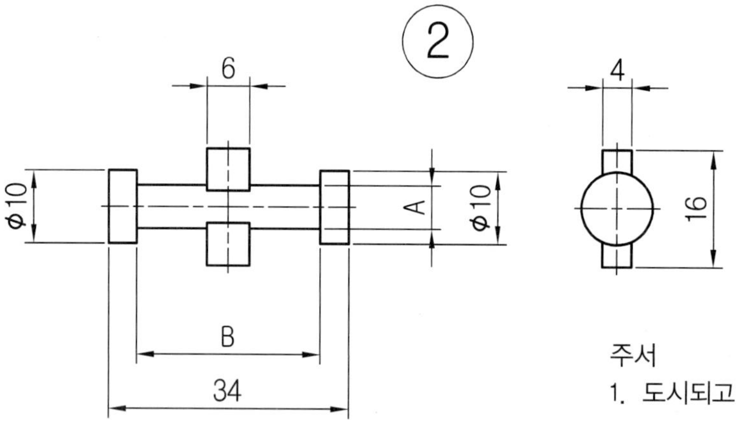

②

6
φ10
A
φ10
B
34

4
16

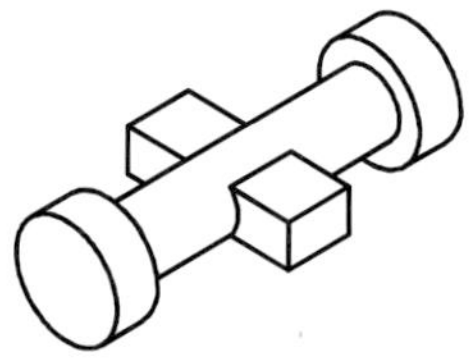

주서

1. 도시되고 지시없는 라운드는 R1

01

부품 ① 모델링

- [새로 만들기] → [Metric] → [Standard(mm).ipt] → [작성]

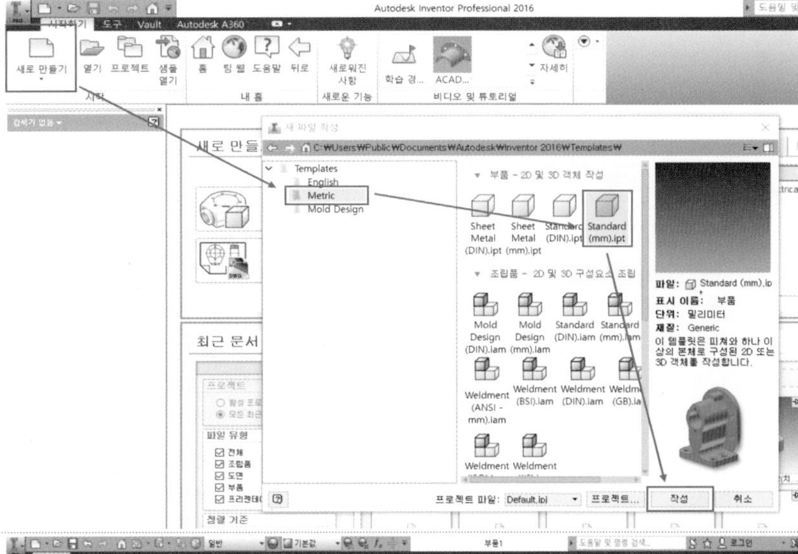

02

[2D 스케치 시작] → [마우스로 XY Plane 선택]

※ 마우스로 XY Plane 선택 시 빨간색으로 변함

※ 다른 방법(시트트리에서) [원점] → [XY평면 마우스오른쪽 클릭] → [새 스케치]

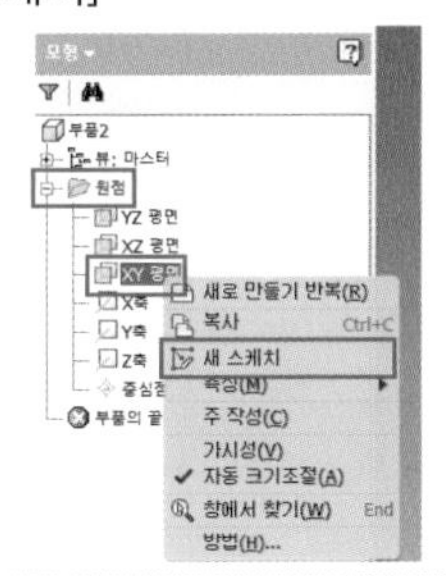

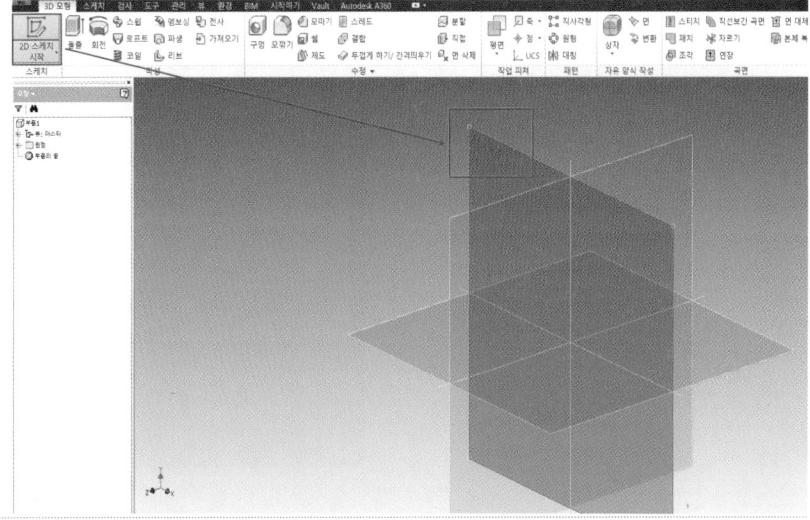

03

부품 ① 평면도 일부를 스케치 한다.

- 직사각형, 치수 구속조건
- 모깎기(2×R5, 2×R10)

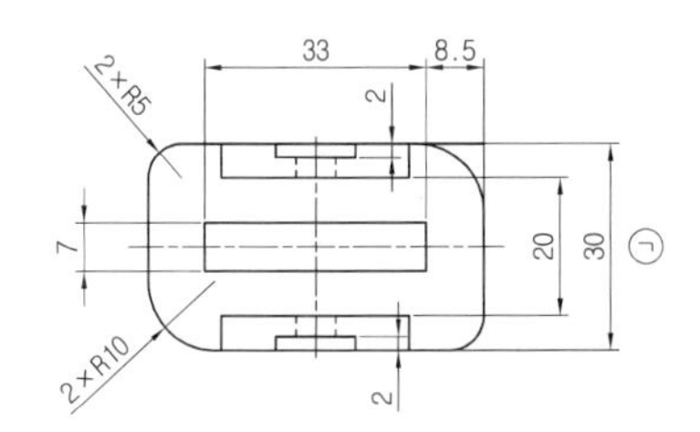

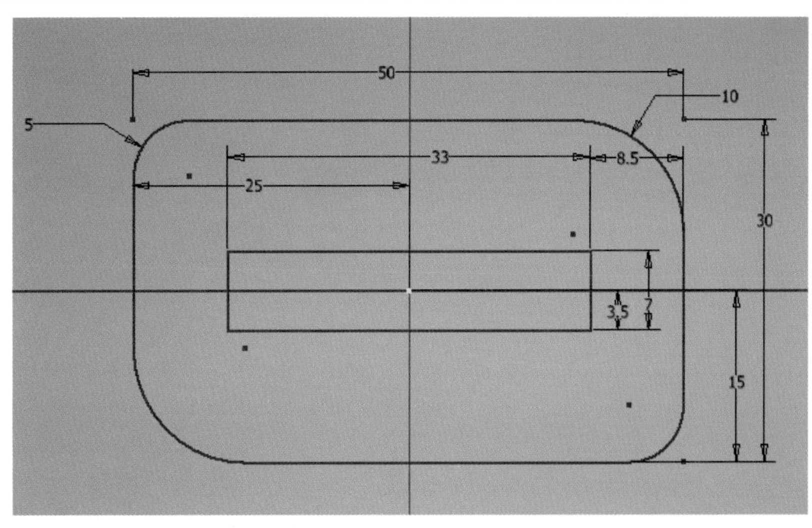

04

스케치마무리

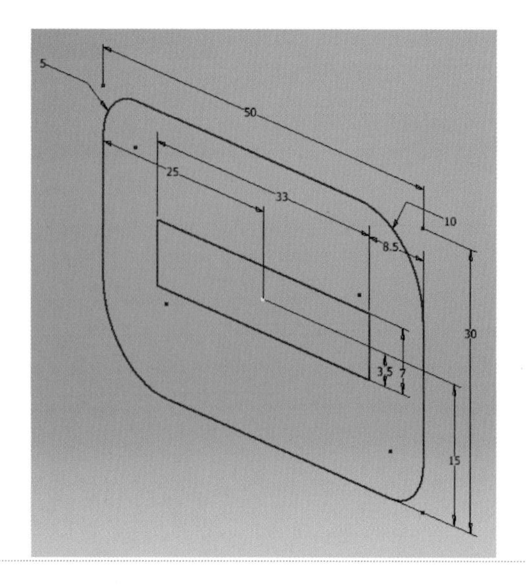

05

부품 ① 3D 모형 만들기

- [돌출] → [스케치 클릭] → [거리5] → [대칭] → [확인]

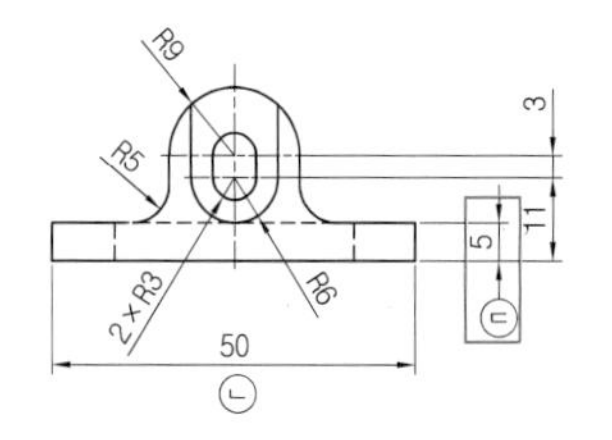

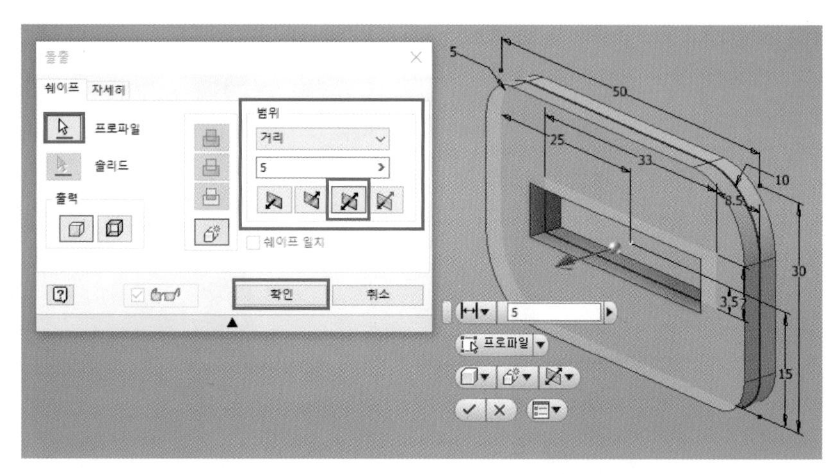

06

부품 ① 3D 모형 만들기

- [2D 스케치 시작] → [스케치평면 선택] → [직각사형] → [치수구속조건] → [슬롯 : 중심대중심] → [모깎기R9, R5] → [자르기] → [스케치마무리]

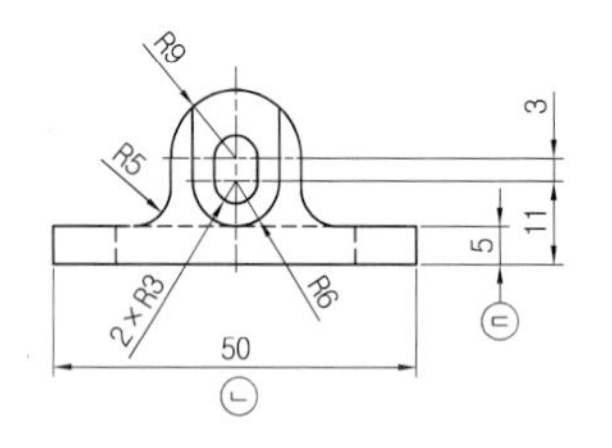

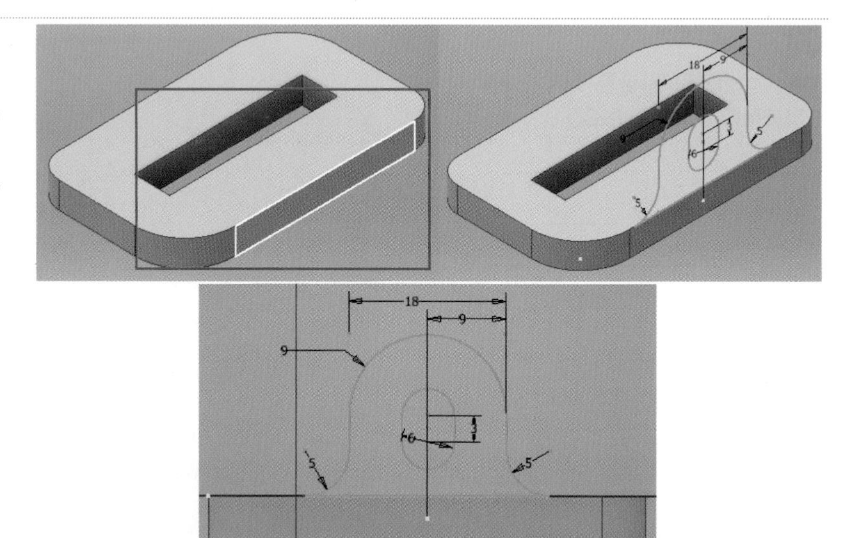

07

부품 ① 3D 모형 만들기

• [돌출] → [스케치 클릭] → [접합] → [거리5] → [방향2] → [확인]

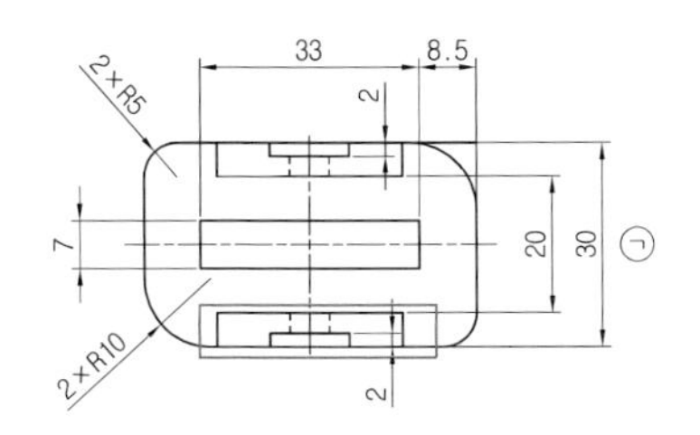

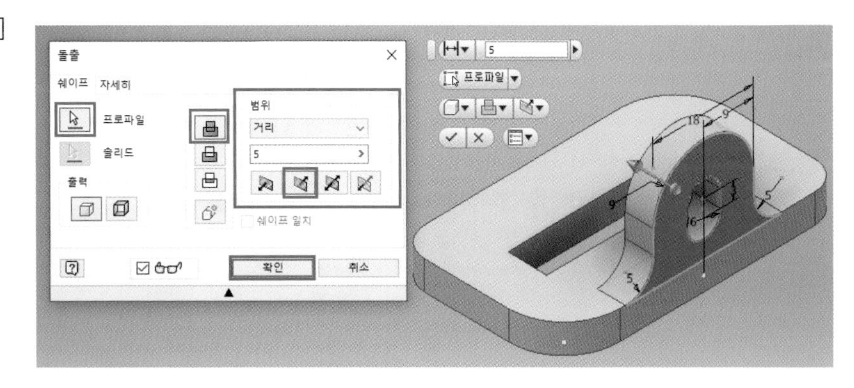

08

부품 ① 3D 모형 만들기

• [2D 스케치 시작] → [스케치평면 선택] → [형상투영] → [원∅12] → [선] → [기하학구속조건 : 접선] → [치수구속조건] → [자르기] → [스케치마무리]

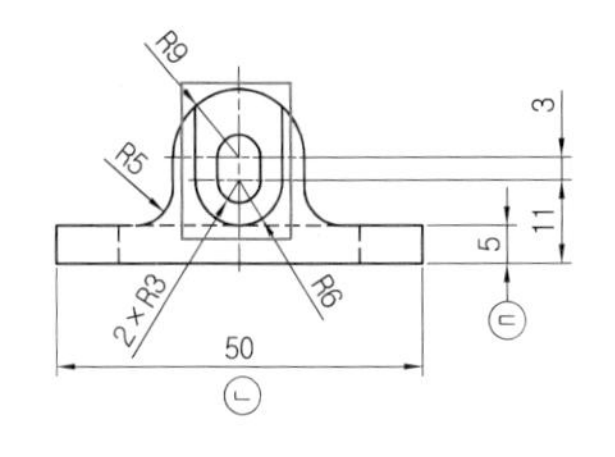

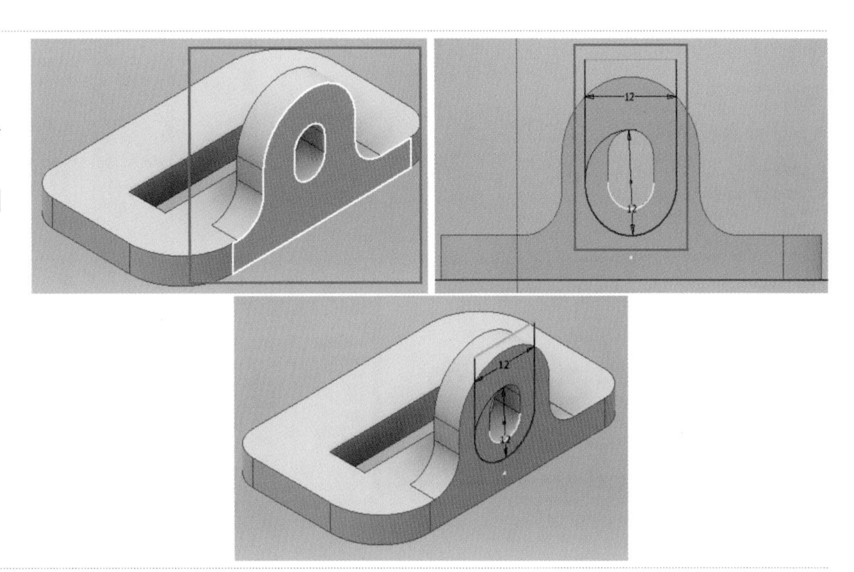

09

부품 ① 3D 모형 만들기

• [돌출] → [스케치 클릭] → [차집합] → [거리2] → [방향2] → [확인]

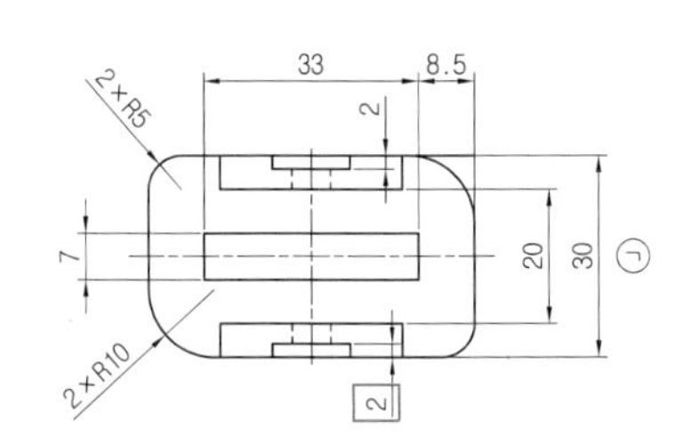

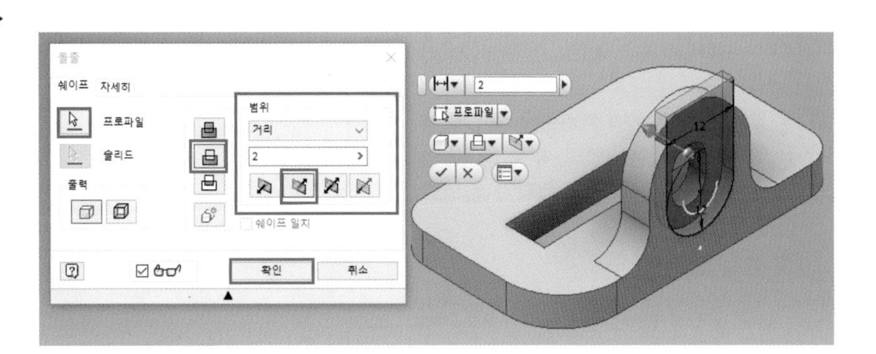

10

부품 ① 3D 모형 만들기

- [대칭] → [피쳐] → [시트트리 돌출2, 3 클릭] [대칭평면] → [시트트리 XZ평면 클릭] → [확인]

※ 피쳐 및 대칭평면 선택 시 시트트리가 아닌 화면상의 피쳐 및 대칭평면을 선택하여도 된다.

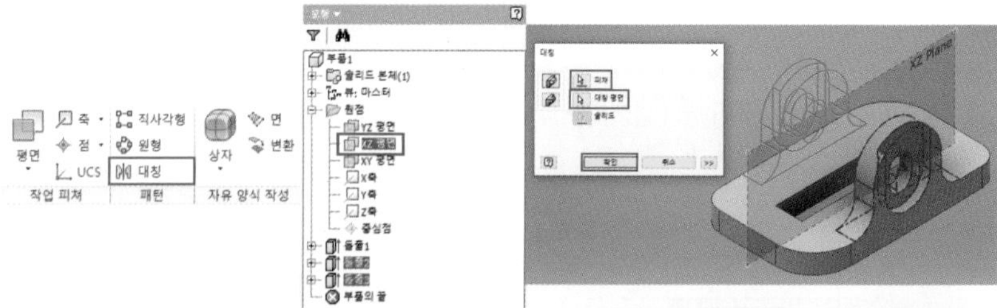

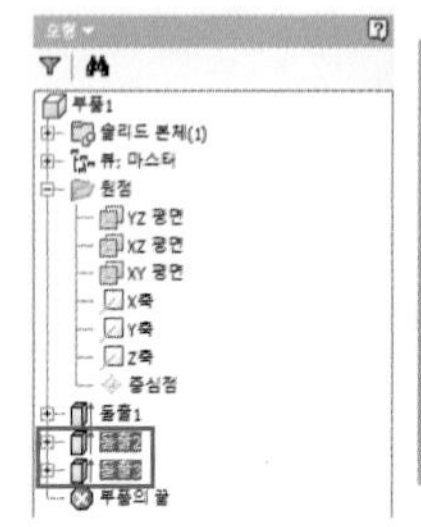

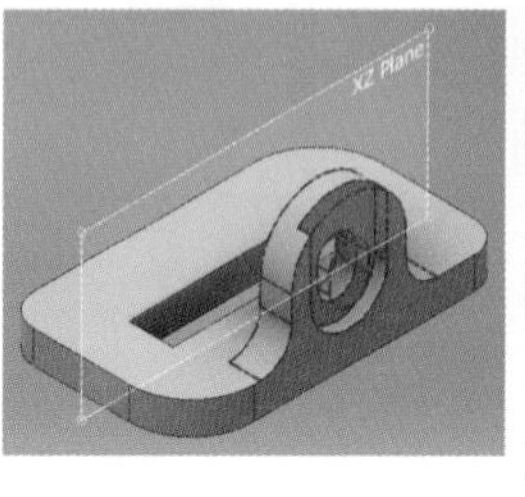

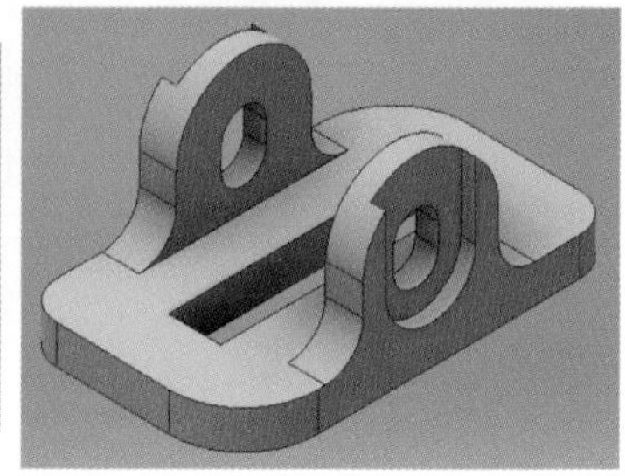

11

부품 ① 각인

- [2D 스케치 시작] → [각인평면 선택] → [텍스트] → [바탕체] → [6mm] → [확인] → [스케치마무리]

- [돌출] → [각인번호 선택] → [차집합] → [거리] → [3mm] → [방향2] → [확인]

※ 각인 방향이 도면과 상이할 시 [회전] → [각인 선택] → [중심점 : 각인번호중심 클릭] → [각도 입력] → [적용]

※ 글자체, 글자 크기, 글자 깊이 등은 별도의 정보가 없으므로 도면과 유사한 모양 및 크기로 작업하시오.

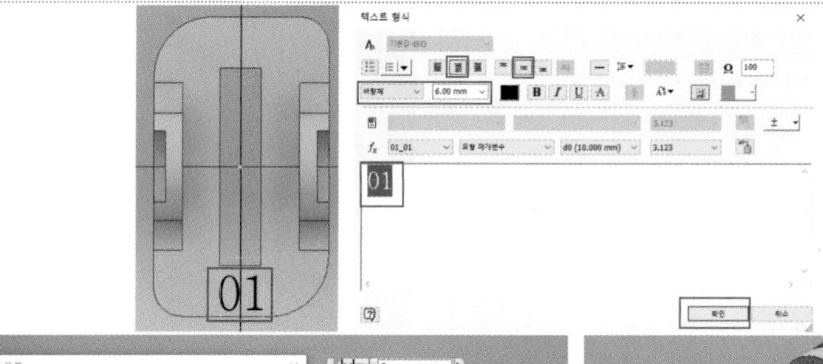

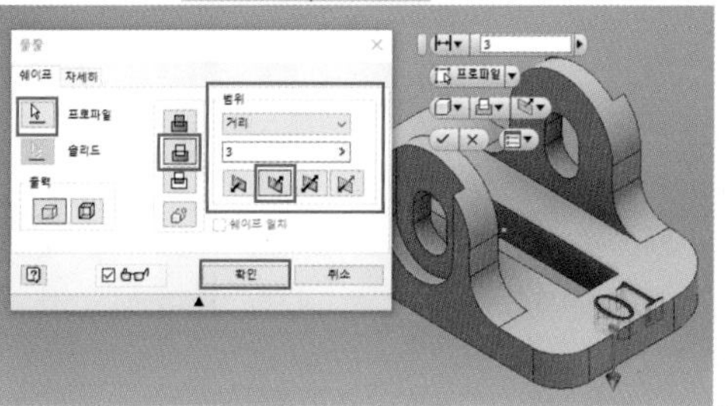

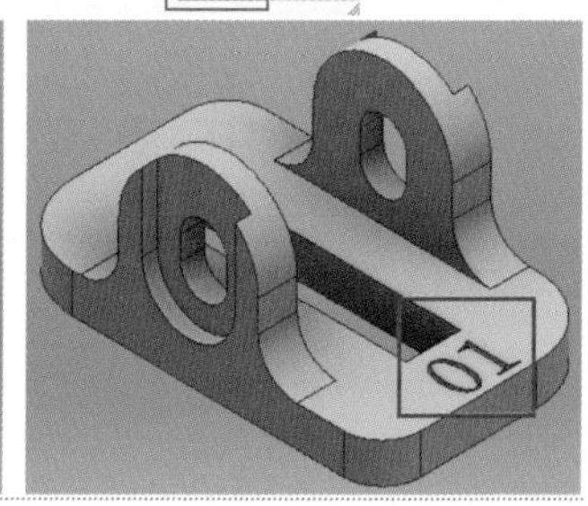

12

부품 ① 저장하기

- [파일] → [다른 이름으로 저장] → [비번호 폴더] → [파일이름] → [01_01] → [저장]

※ 본 교재의 부품 ①번 3D모델링 파일이름은 "01_01"로 작성되었다. 부품 ①, ②번 3D모델링 파일이름은 수험자가 임의로 정할 수 있다.

예 부품1번, 01번 등

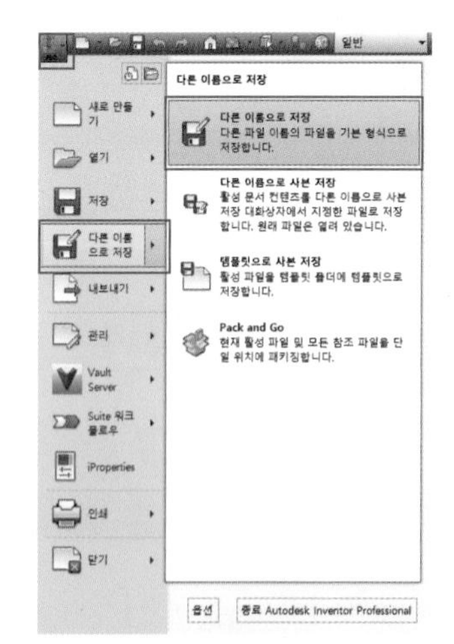

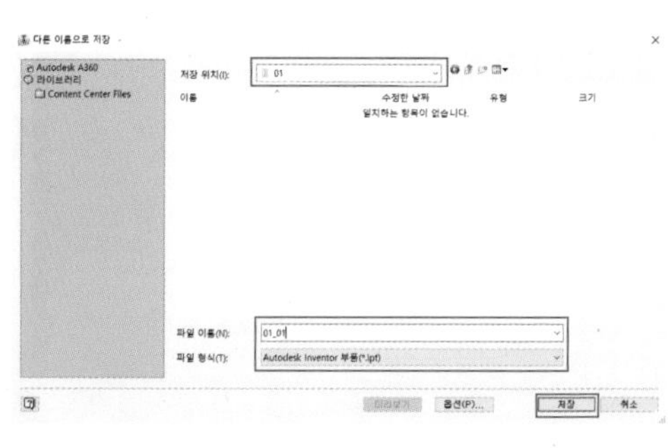

13

부품 ② 모델링

- [새로 만들기] → [Metric] → [Standard(mm).ipt] → [작성]

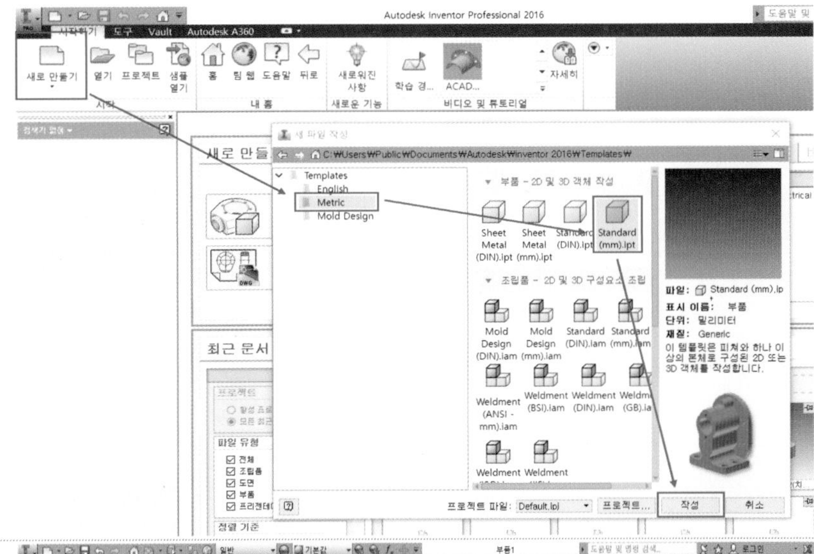

14

[2D 스케치 시작] → [마우스로 **XY Plane** 선택]

※ 마우스로 XY Plane 선택 시 빨간색으로 변함

※ 다른 방법(시트트리에서)
[원점] → [XY평면 마우스오른쪽 클릭] → [새 스케치]

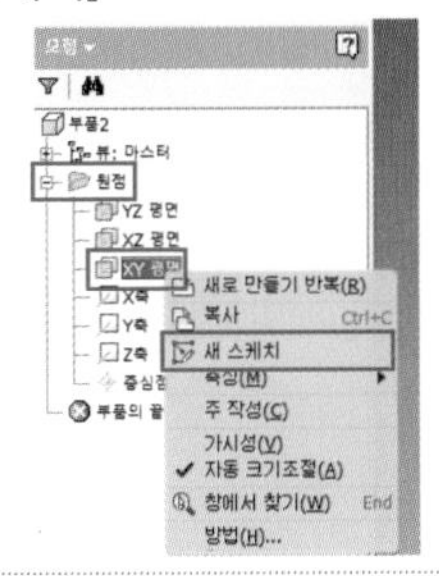

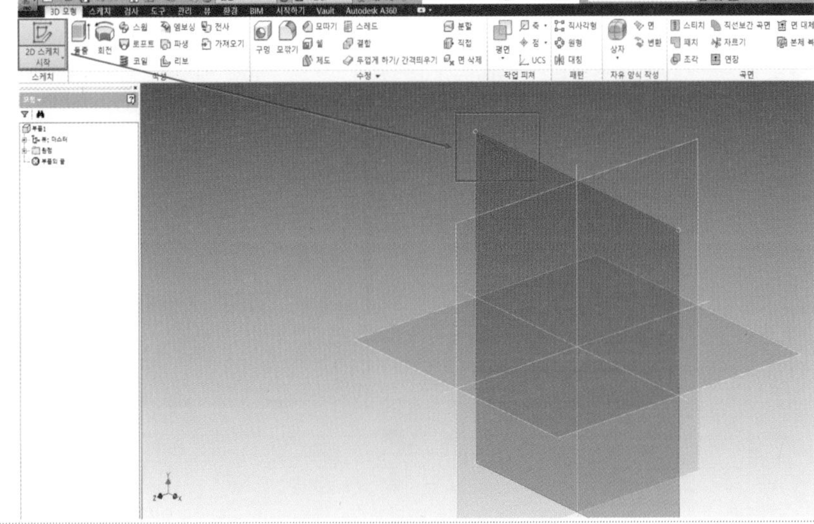

15

부품 ② 우측면도를 스케치 한다.

- 원(∅5)

※ 'A'는 상대치수(6mm/2×R3)와 축공차를 적용해 **∅5mm**로 결정한다.

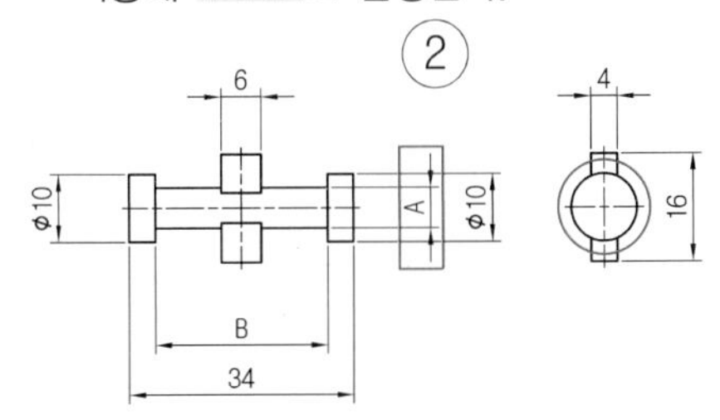

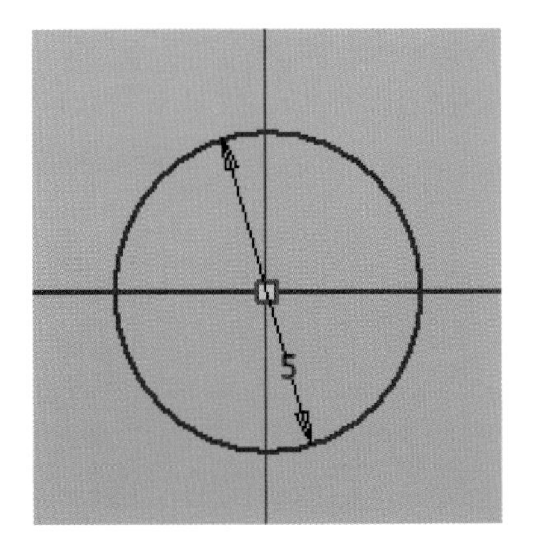

16

스케치마무리

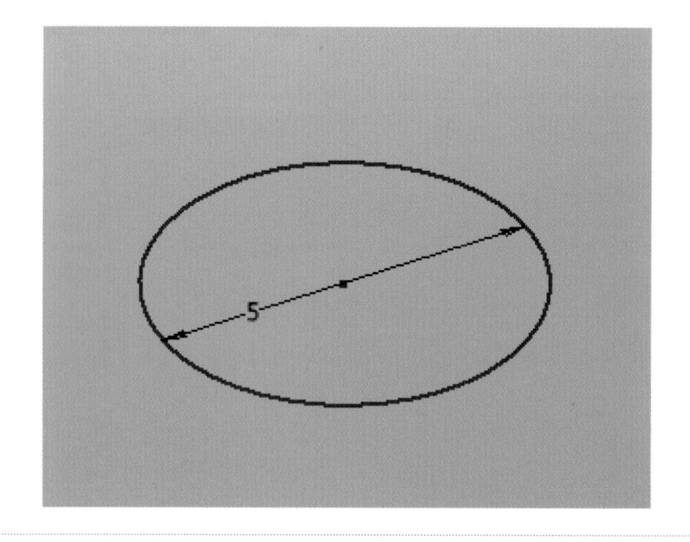

17

부품 ② 3D 모형 만들기

- [돌출] → [스케치 클릭] → [거리27] → [대칭] → [확인]

※ 'B'는 상대치수(26mm)와 구멍공차를 적용해 27mm로 결정한다.

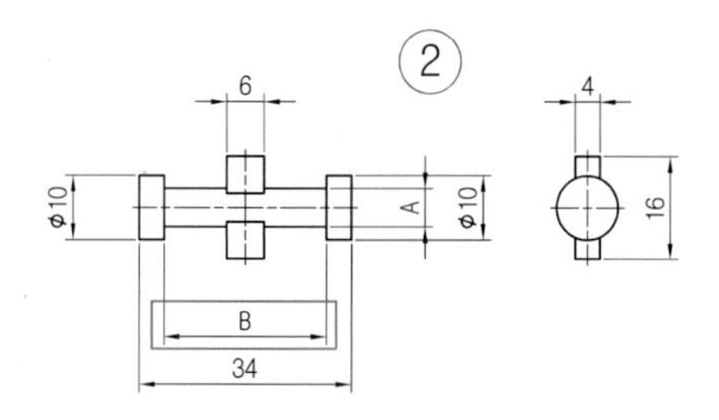

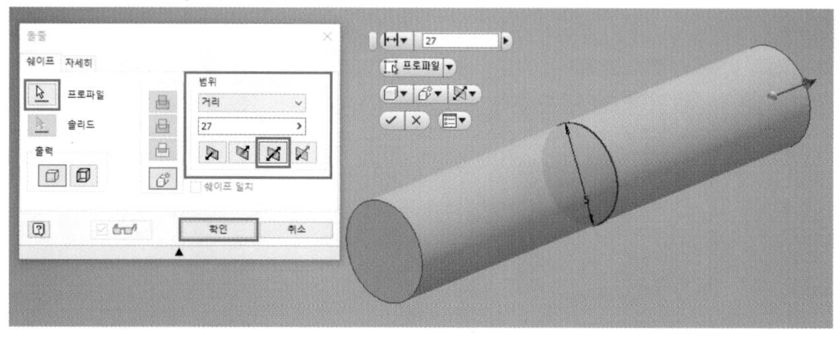

18

부품 ② 3D 모형 만들기

- [2D 스케치 시작] → [XY평면 선택] → [F7] [직사각형] → [치수구속조건] → [스케치마무리]

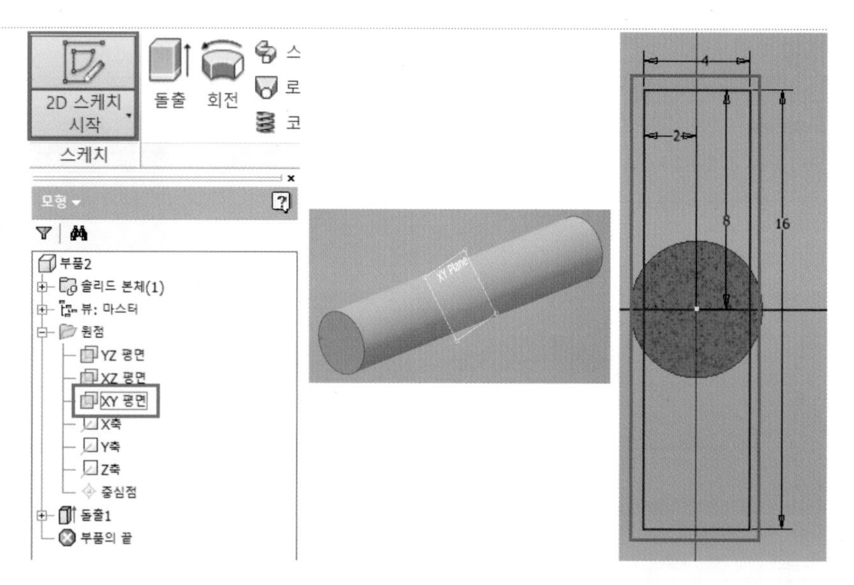

19

부품 ② 3D 모형 만들기

• [돌출] → [스케치 클릭] → [접합] → [거리6] → [대칭] → [확인]

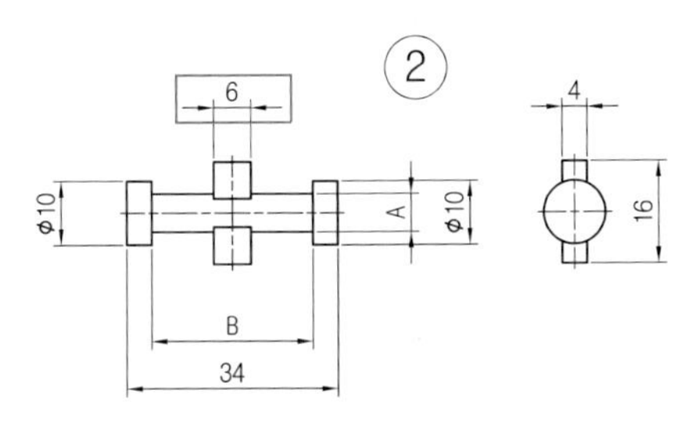

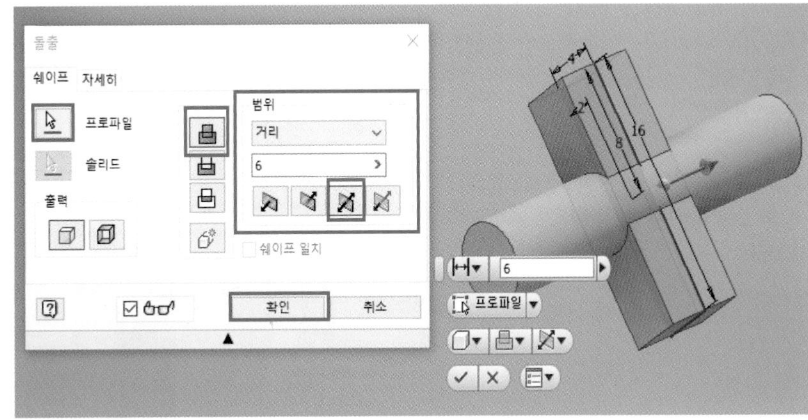

20

부품 ② 3D 모형 만들기

• [2D 스케치 시작] → [스케치평면 선택] → [원∅10] → [스케치마무리]

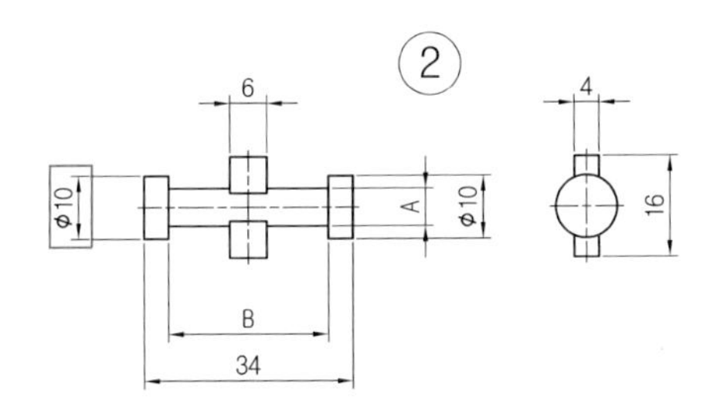

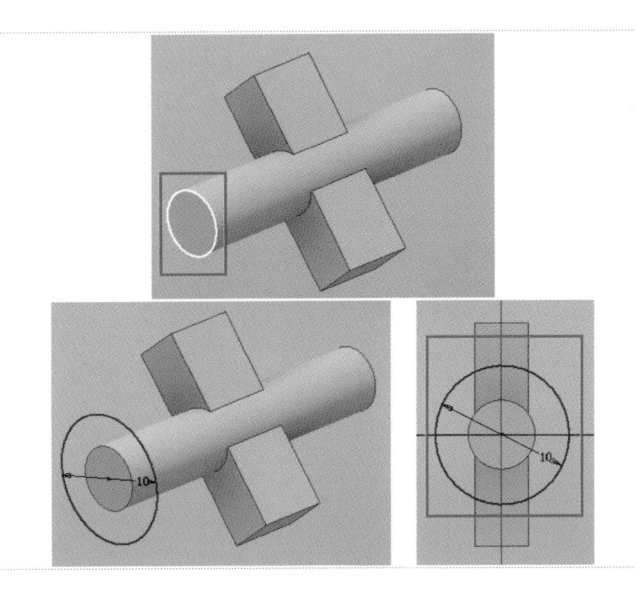

21

부품 ② 3D 모형 만들기

• [돌출] → [스케치 클릭] → [접합] → [거리3.5] → [방향1] → [확인]

※ 거리3.5 : (34–B)/2=3.5 여기서 B는 27mm

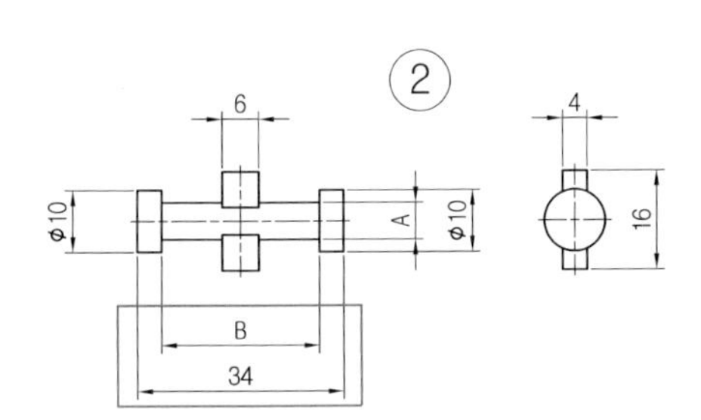

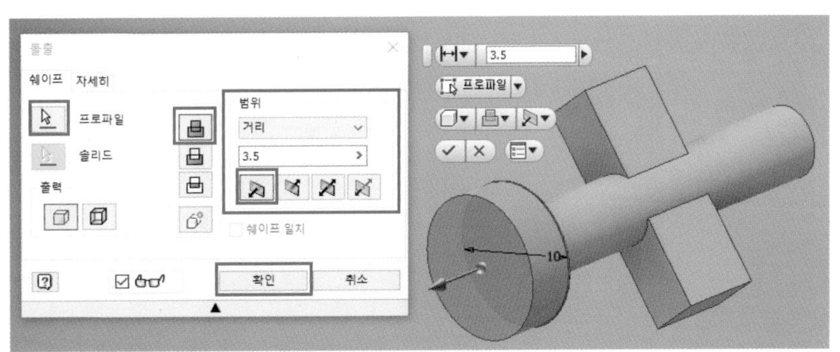

22

부품 ② 3D 모형 만들기

- [대칭] → [피쳐] → [시트트리 돌출3 클릭] [대칭평면] → [시트트리 XY평면 클릭] → [확인]

※ 피쳐 및 대칭평면 선택 시 시트트리가 아닌 화면상의 피쳐 및 대칭평면을 선택하여도 된다.

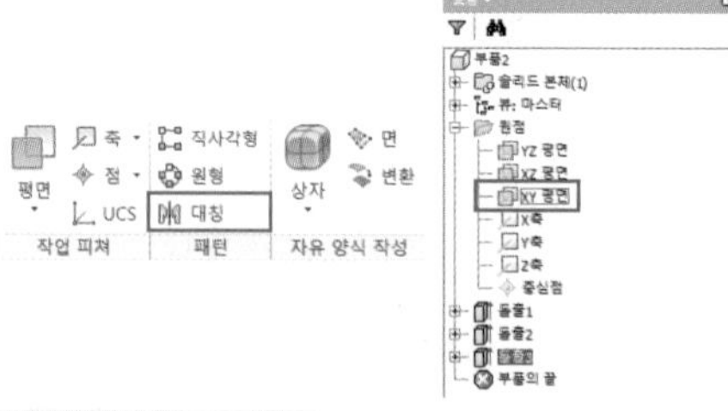

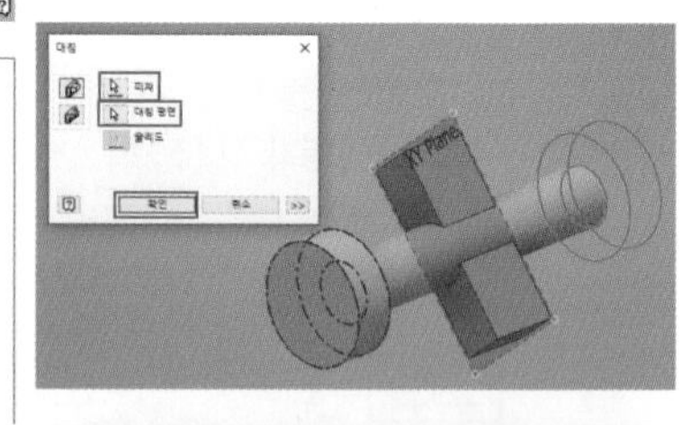

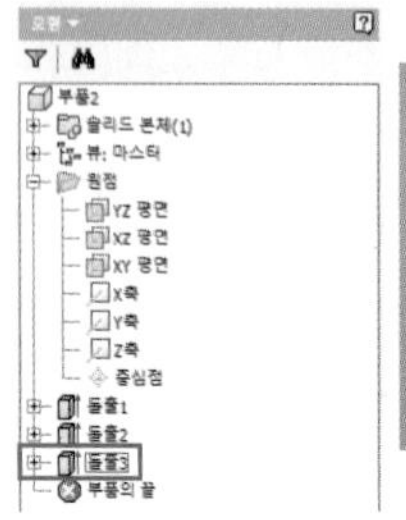

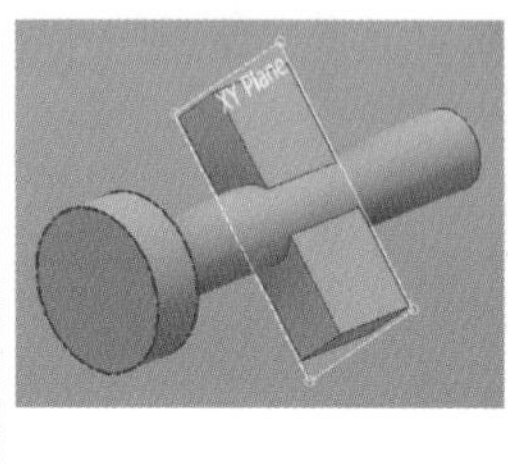

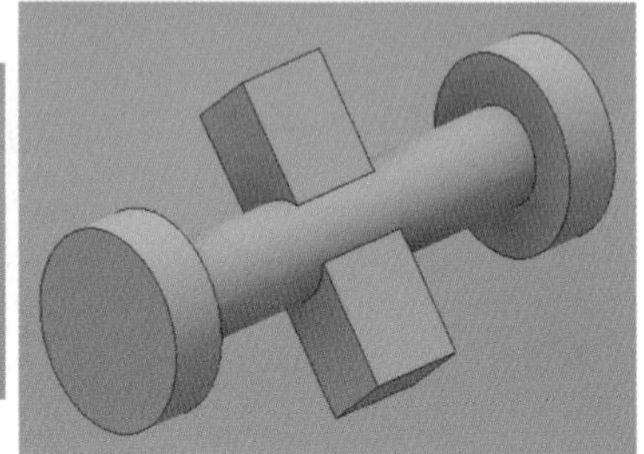

23

부품 ② 저장하기

- [파일] → [다른 이름으로 저장] → [비번호 폴더] → [파일이름] → [01_02] → [저장]

※ 본 교재의 부품 ②번 3D모델링 파일이름은 "01_02"로 작성되었다. 부품 ①, ②번 3D모델링 파일이름은 수험자가 임의로 정할 수 있다.
예 부품2번, 02번 등

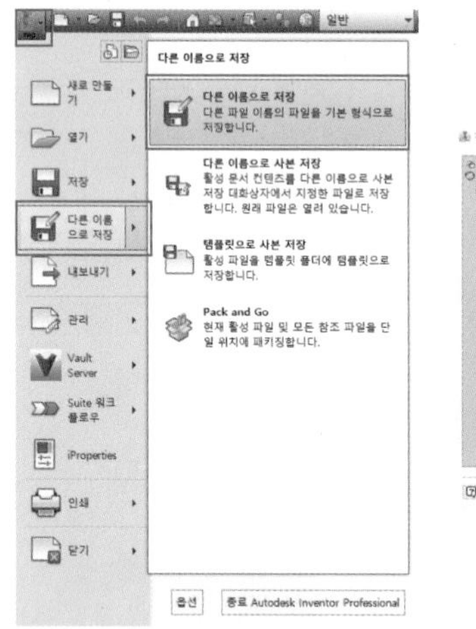

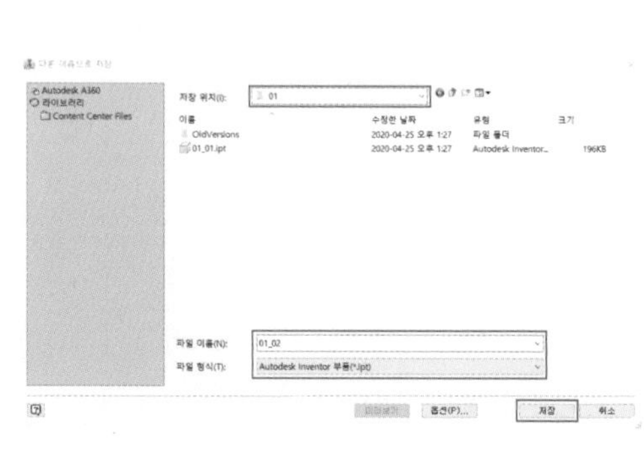

24

어셈블리

- [새로 만들기] → [Metric] → [Standard(mm).iam] → [작성]

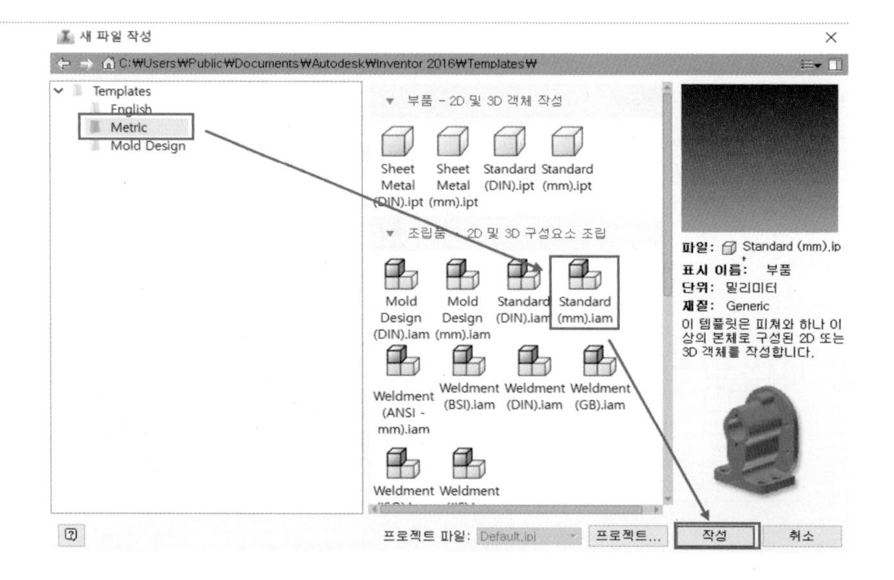

25

배치

"배치" 아이콘을 통해 부품 ①, ②를 배치한다.

- [배치] → [01_01, 01_02 선택] → [열기] → [화면 클릭] → [ESC]

26

시트트리에서 부품①번을 우클릭하여 고정한다.

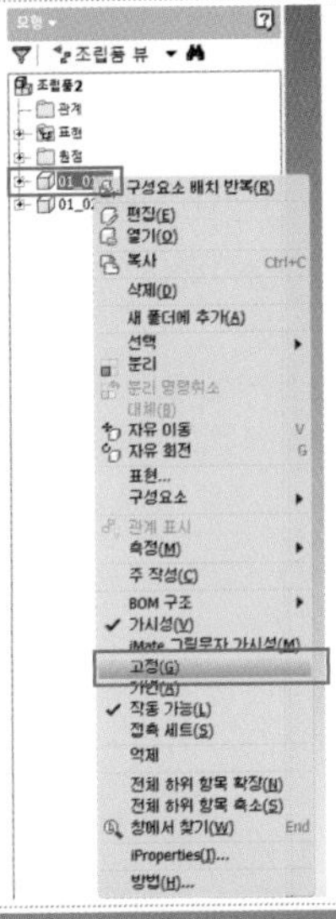

27

조립구속조건

- 부품②를 클릭하여 움직이고 우클릭하여 자유회전을 통하여 도면의 조립도와 비슷하게 한다.

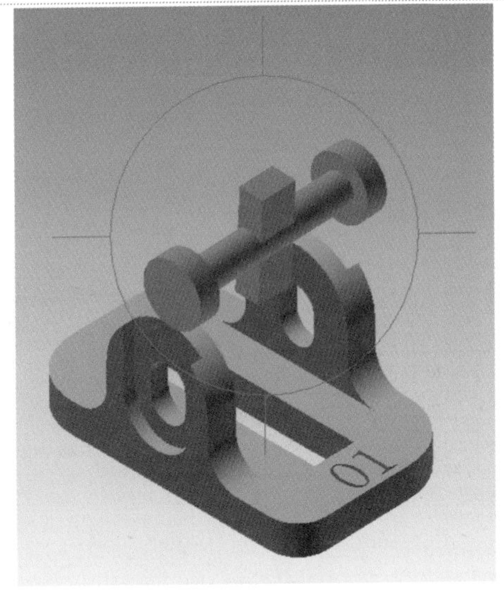

28

조립구속조건

• [구속조건] → [삽입] → [솔루션 : 반대] → [부품①선택요소] → [자유회전F4] → [부품②선택요소] → [간격띄우기0.5] → [확인]

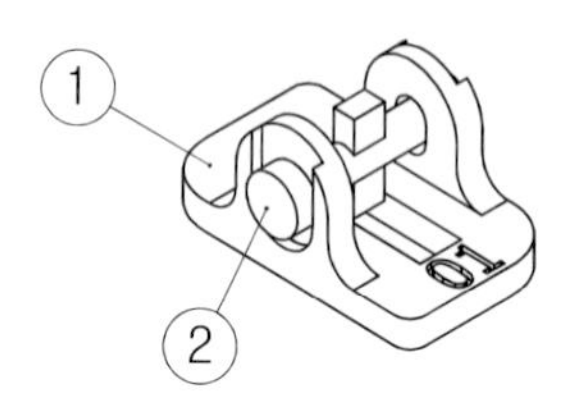

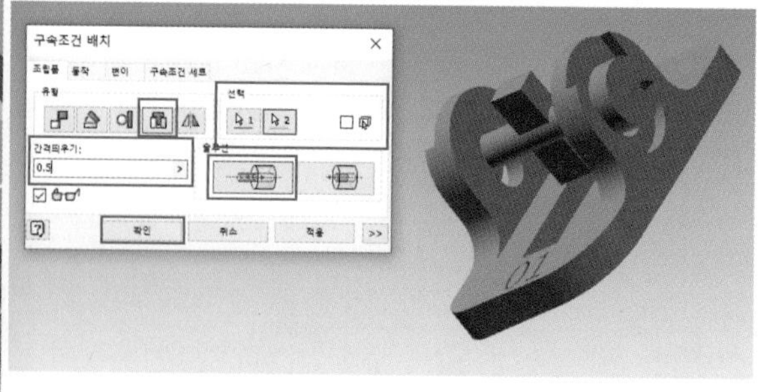

29

출력방향을 고려하여 구속조건 추가

※ 조립된 상태로 출력하니 되도록 서포트가 적게 나오고 도면의 ㉠, ㉡, ㉢ 치수가 정밀하게 나오는 출력방향을 결정해야 한다.

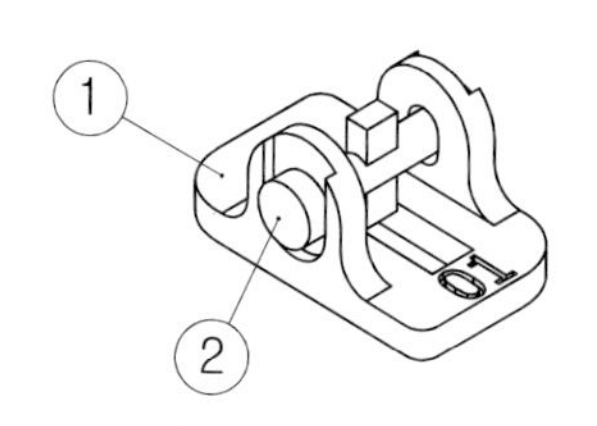

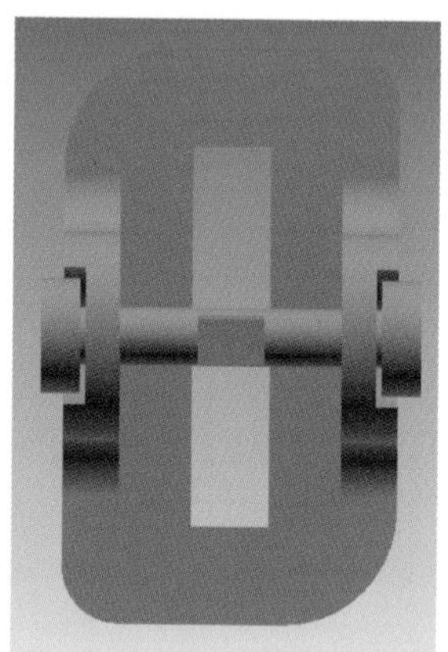

30

어셈블리 저장하기(2가지 확장자)

• [파일] → [다른 이름으로 저장] → [비번호 폴더] → [파일이름] → [01] → [저장]

• [파일] → [내보내기] → [CAD형식] → [비번호폴더] → [01] → [파일형식 : STEP 선택] → [저장]

구 분	작업명	파일명	비 고
1	어셈블리	01.***	
2		01.STP	채점용

※ 비번호 01인 경우

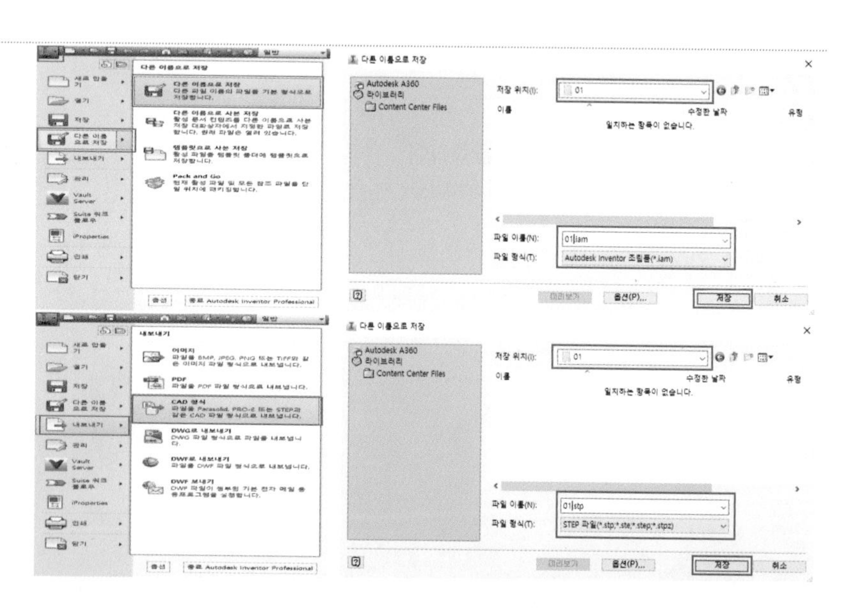

31

어셈블리 저장하기(STL확장자)

• [파일] → [내보내기] → [CAD형식] → [비번호폴더] → [01] → [파일형식 : STL 선택] → [옵션] → [단위 : mm] → [저장]

※ 옵션에서 단위 mm 선택

구 분	작업명	파일명	비 고
3	어셈블리	01.STL	

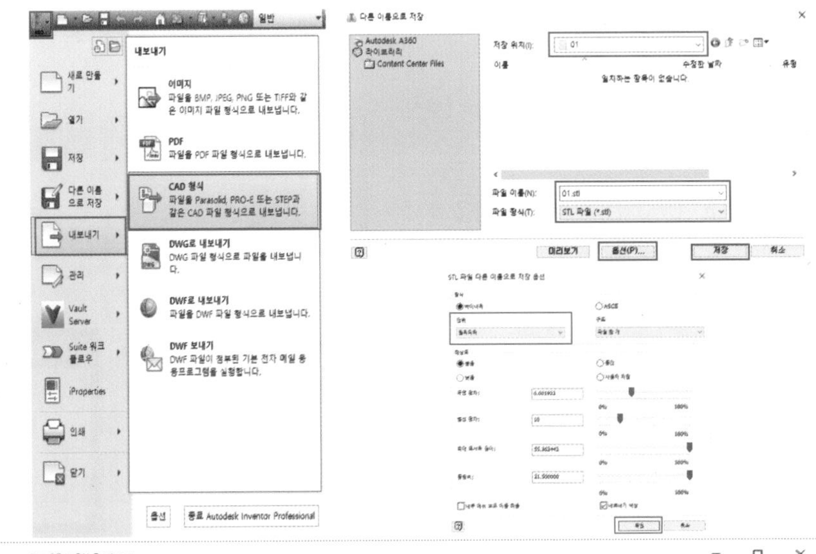

32

슬라이싱(3DWOX)

슬라이싱 프로그램을 실행한다.

• [파일] → [모델 불러오기] → [비번호폴더] → [01.stl] → [열기]

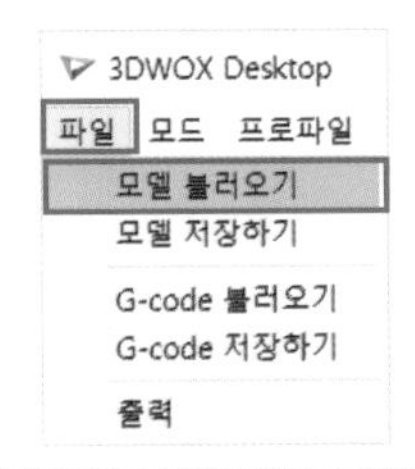

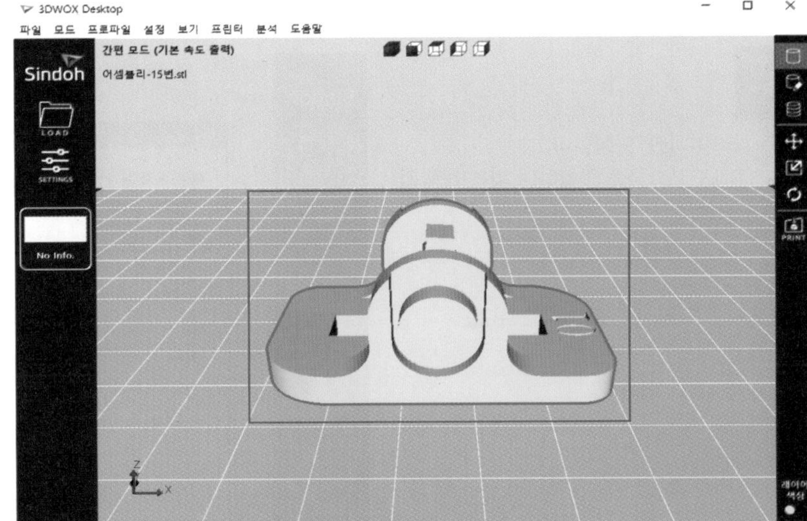

33

프린터 설정

• [설정] → [프린터 설정] → [프린터 모델] → [확인]

※ 시험장 프린터 모델을 선택한다.
예 DP200

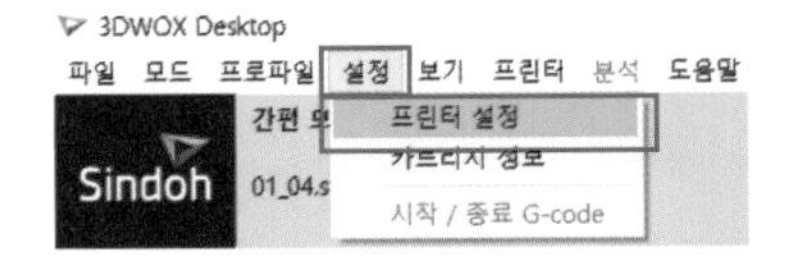

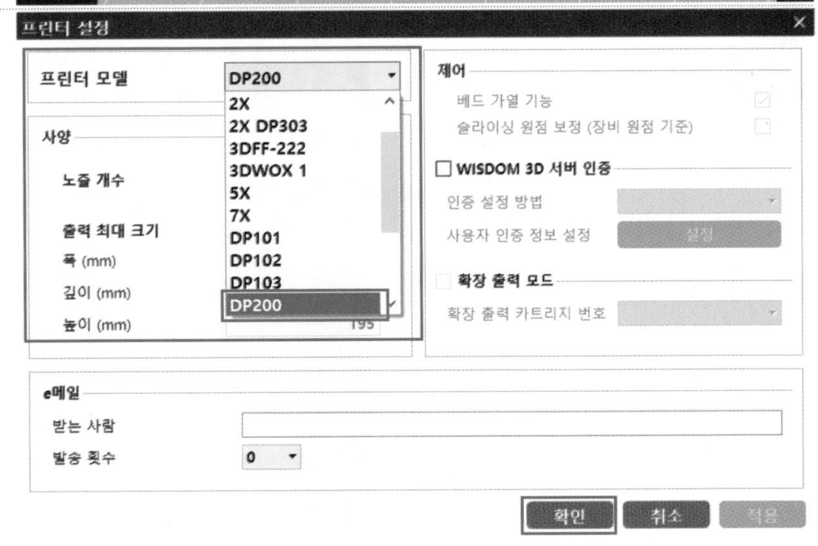

34

출력방향을 결정한다.

- [분석] → [최적출력방향] → [분석] → [추천 1~6 선택]

※ 신도리코 3DWOX는 최적출력방향을 분석해 준다. 참고하여 서포트가 적게 나오고 도면의 ㉠, ㉡, ㉢ 치수가 정밀하게 나오는 출력방향을 결정한다.

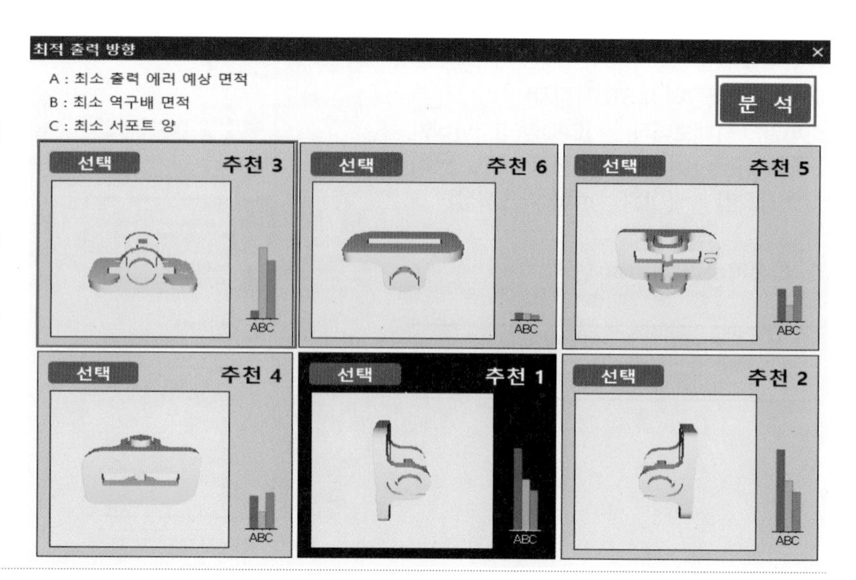

35

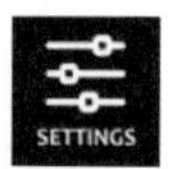

기본 파라미터를 설정한다.

- [SETTINGS] 버튼을 클릭하여 파라미터 값을 조정한다.
- 기본 속도 출력
- 재질 : PLA
- 서포트 : 모든 곳, 지그재그 구조

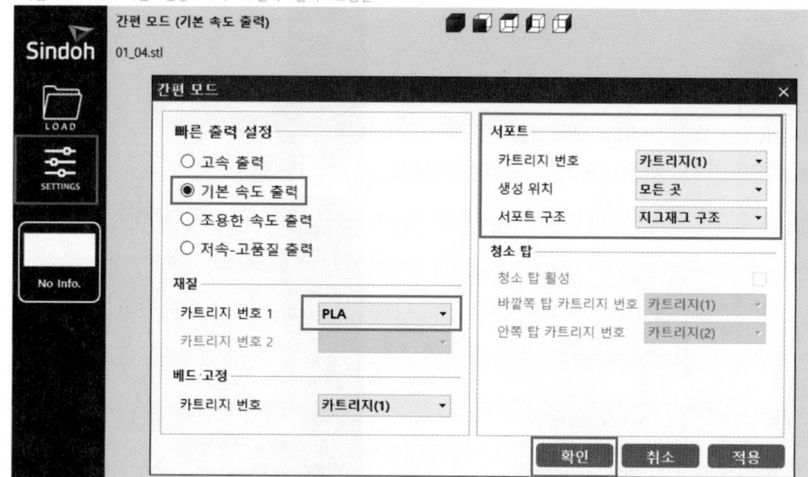

36

슬라이싱

- 베드상에 있는 출력물이 파라미터의 값이 반영되면서 슬라이싱을 수행한다.

※ 출력예상시간을 확인한다.

※ 출력예상시간이 1시간 20분이 넘어가면 고급모드로 변경하여 [SETTINGS]에서 레이어 높이, 채우기 밀도, 서포트 밀도 등 설정값을 변경한다.

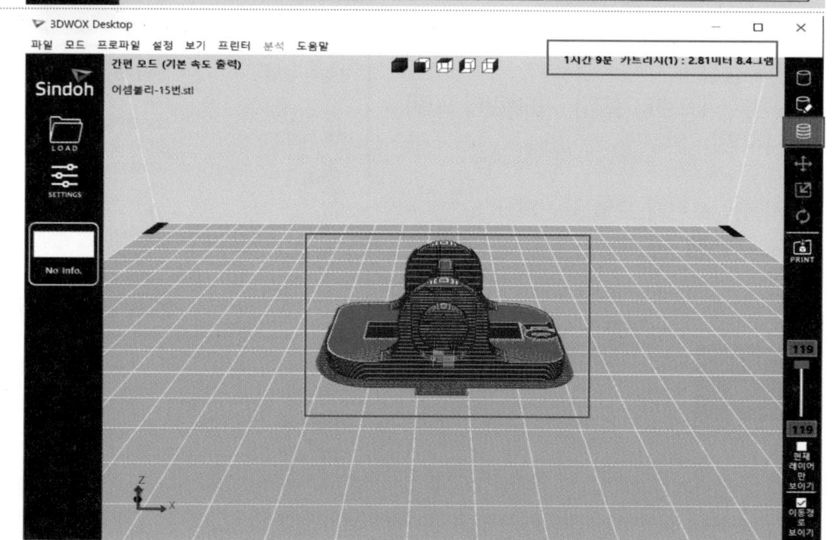

37

G-code 저장하기

- [파일] → [G-code 저장하기] → [예] → [비번호폴더] → [01.gcode] → [저장]

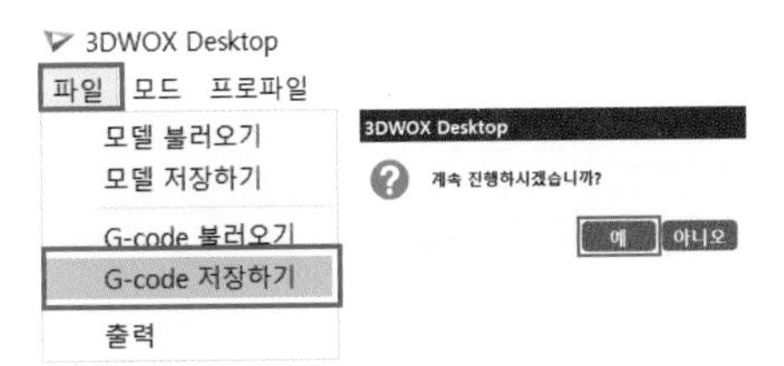

구 분	작업명	파일명	비 고
4	슬라이싱	01.***	gcode

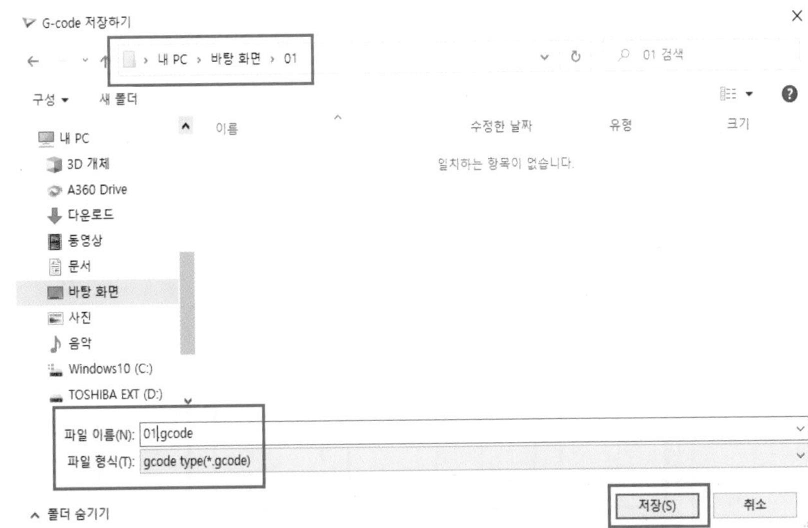

38

지급된 저장매체(USB 또는 SD-card)에 저장한다.

- 감독위원에게 저장매체(USB 또는 SD-card) 제출

39

3D프린터 세팅

- 노즐, 베드 등에 이물질을 제거하여 출력 시 방해요소가 없도록 세팅한다.
- PLA 필라멘트 장착 여부 등 소재의 이상 여부를 점검하고 정상 작동하도록 세팅한다.
- 베드 레벨링 기능 등을 활용하여 베드 위치를 세팅한다.

40

3D프린팅

- 저장매체(USB 또는 SD-card)에 있는 파일(01_04.gcode)을 3D프린터 전면부에 있는 USB 포트에 연결하여 화면에서 직접 G-code를 불러와 출력한다.

41

최종 출력물

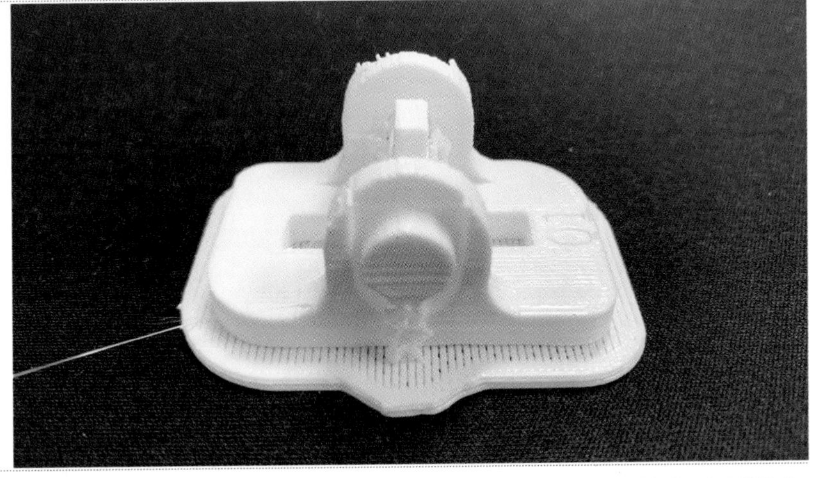

42

후처리

- 출력이 완료되면 보호장갑을 착용하고 서포트 및 거스러미를 제거한 후 감독위원에게 제출한다.

16 3D모델링 실기 공개문제 도면 - 16

자격종목	3D프린터운용기능사	[시험1] 과제명	3D모델링 작업	척 도	NS

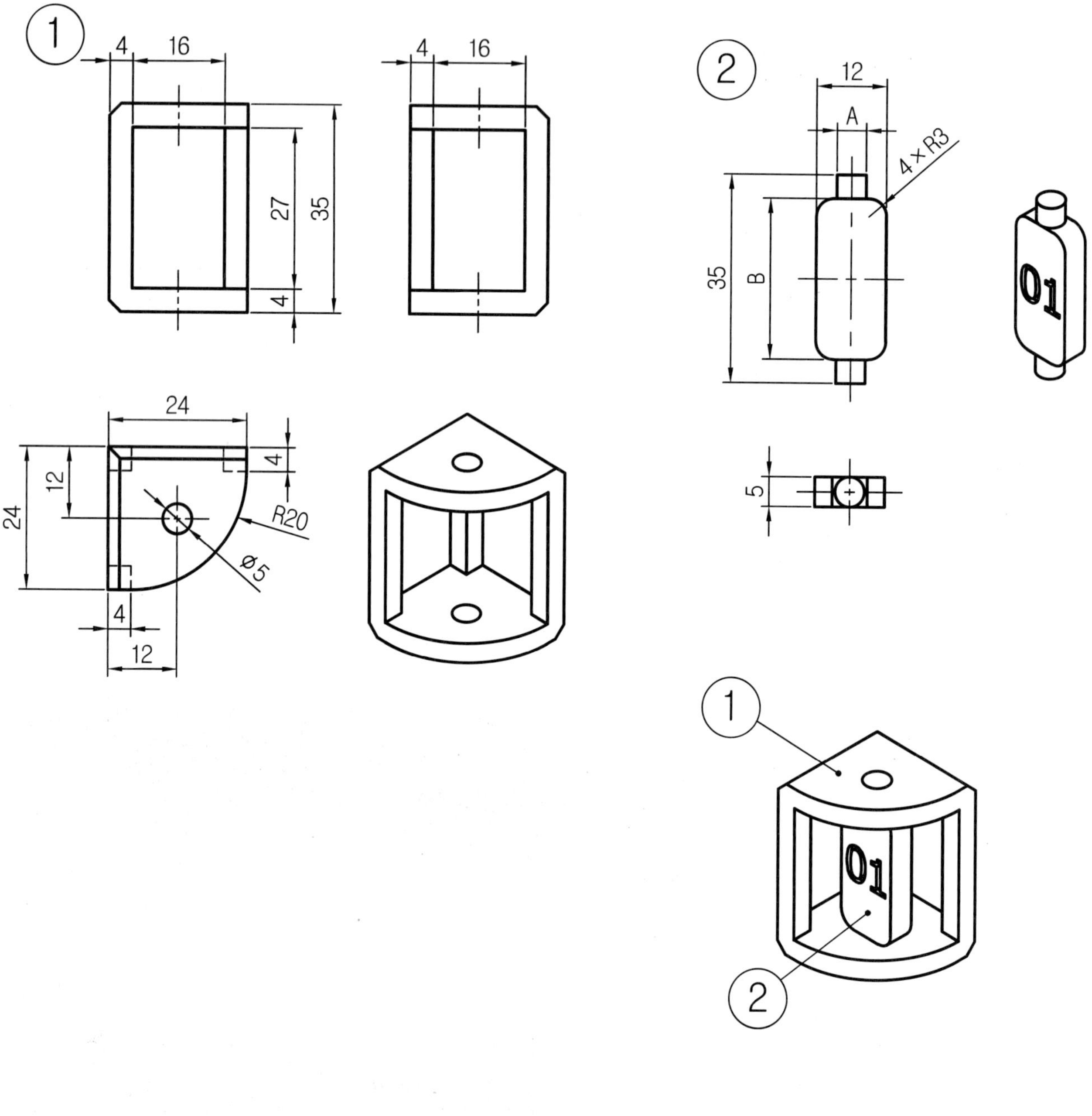

주서

1. 도시되고 지시없는 모따기는 C2

01

부품 ① 모델링

• [새로 만들기] → [Metric] → [Standard(mm).ipt] → [작성]

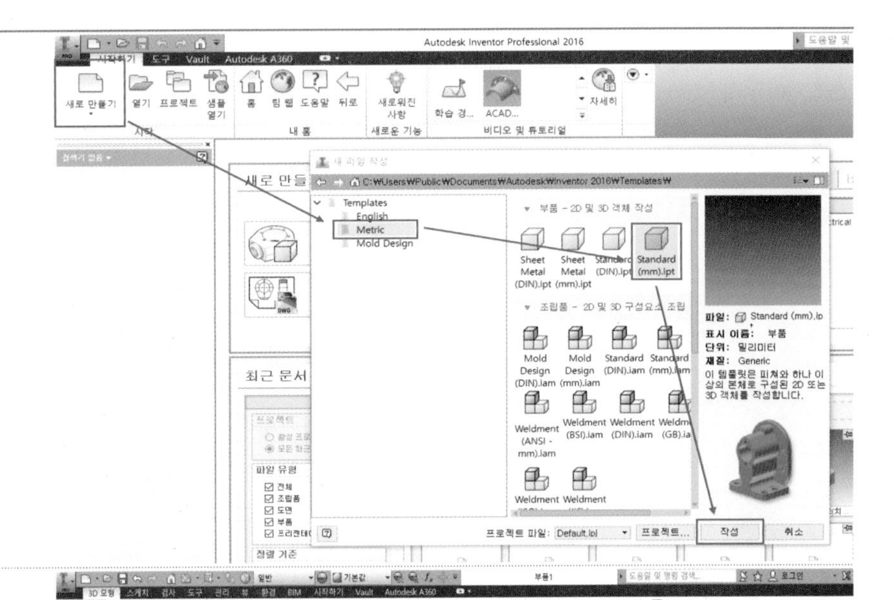

02

[2D 스케치 시작] → [마우스로 **XY Plane** 선택]

※ 마우스로 XY Plane 선택 시 빨간색으로 변함

※ 다른 방법(시트트리에서)
[원점] → [XY평면 마우스오른쪽 클릭] → [새 스케치]

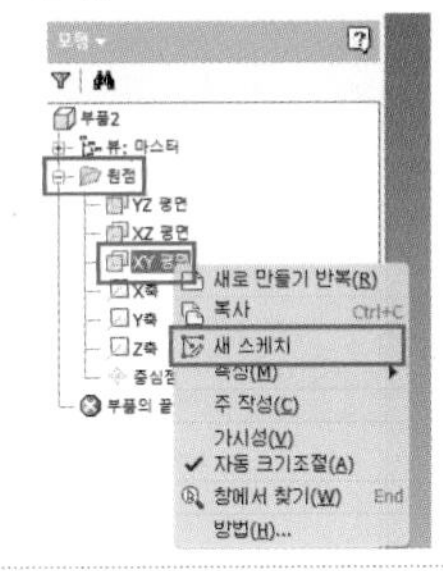

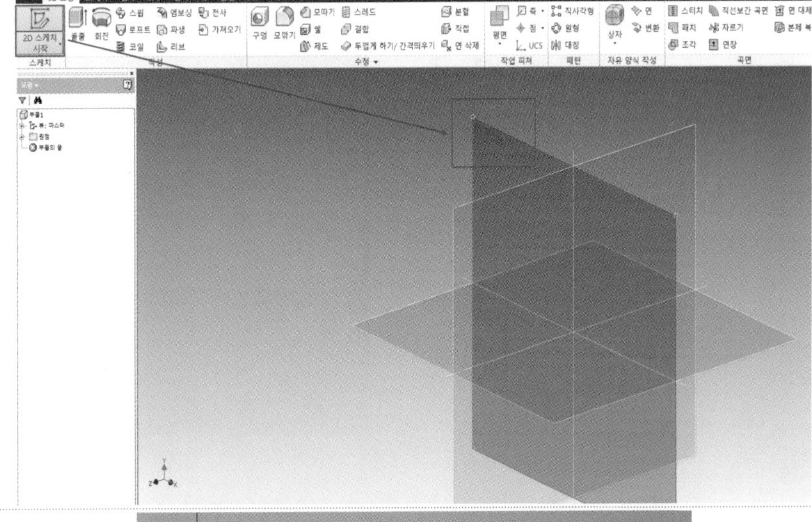

03

부품 ① 저면도 일부를 스케치 한다.

• 선, 호, 치수

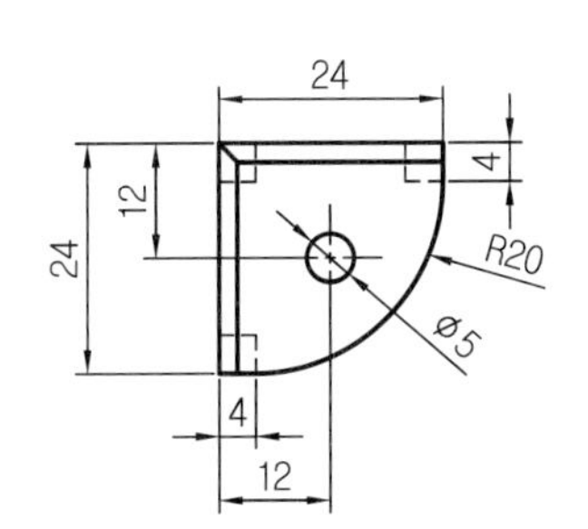

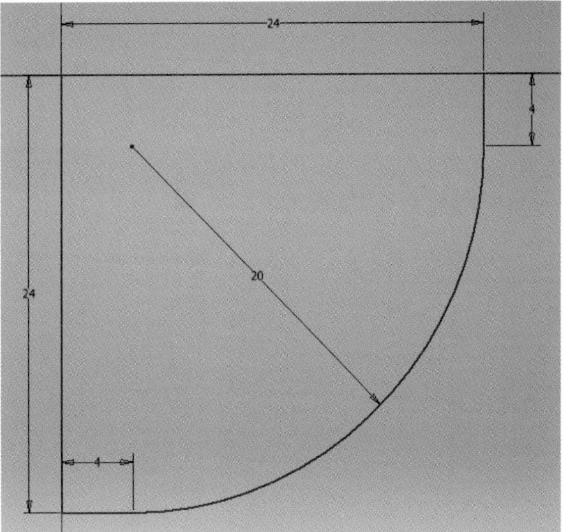

04

스케치마무리

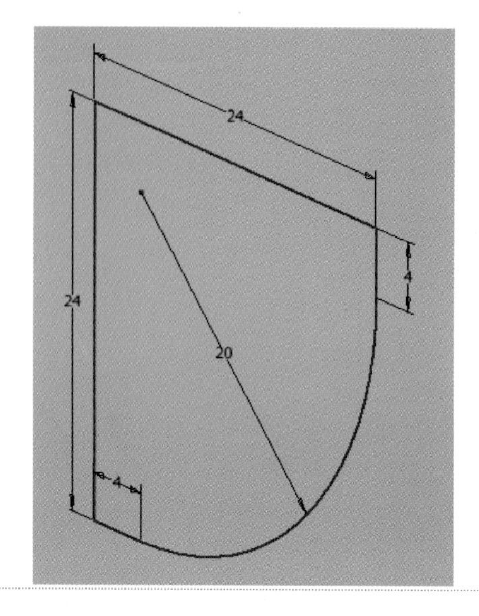

05

부품 ① 3D 모형 만들기

- [돌출] → [스케치 클릭] → [거리35] → [대칭] → [확인]

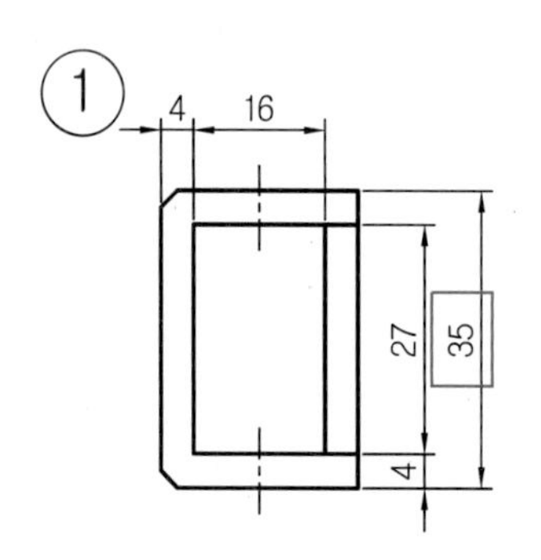

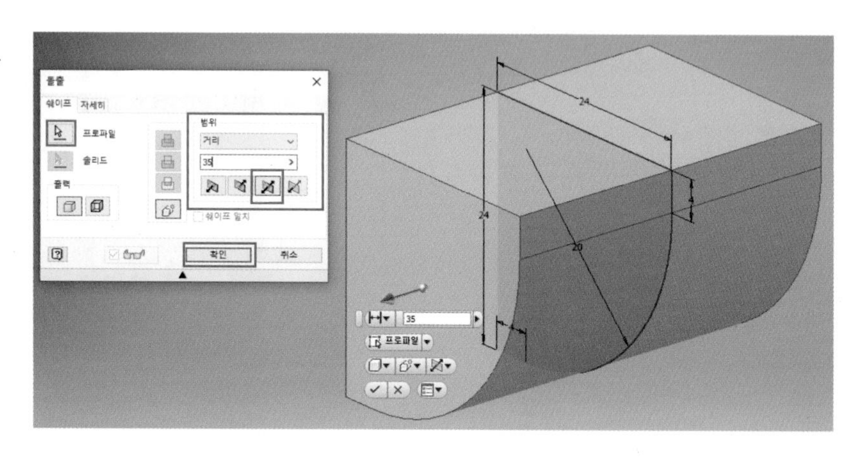

06

부품 ① 3D 모형 만들기

- [2D 스케치 시작] → [XY평면 선택] → [F7] [직사각형] → [치수] → [형상투영] → [스케치마무리]

※ 형상을 투영하여 3개의 직사각형을 제외

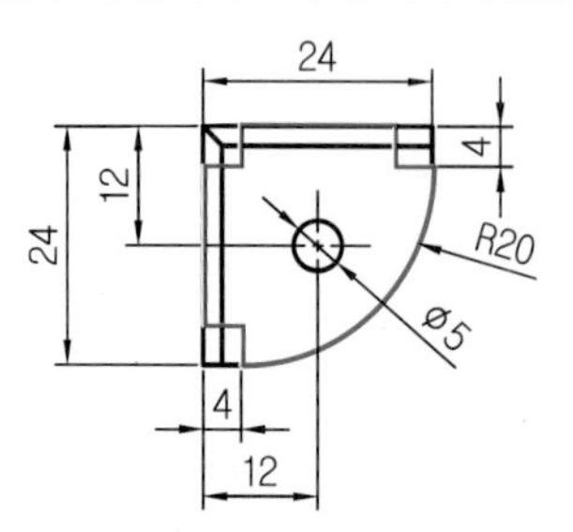

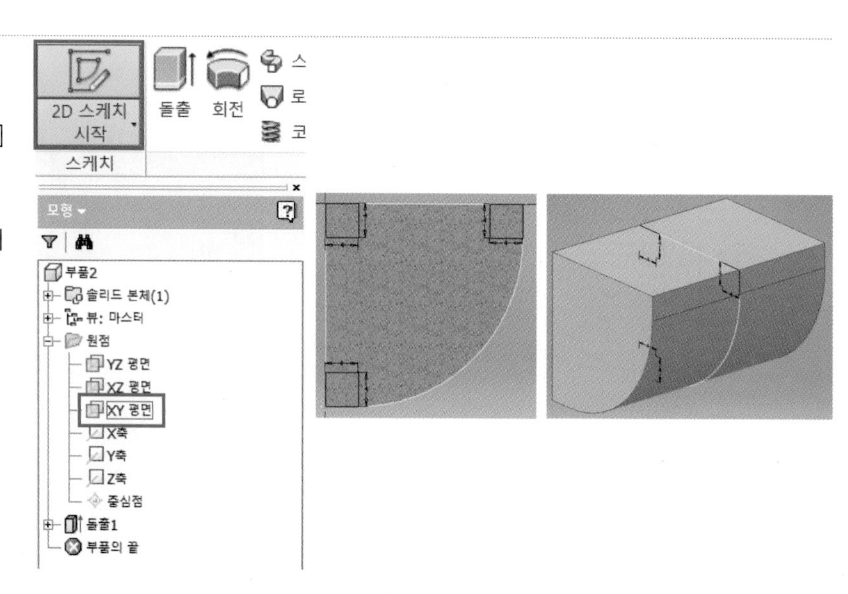

07

부품 ① 3D 모형 만들기

• [돌출] → [스케치 클릭] → [차집합] → [거리27] → [대칭] → [확인]

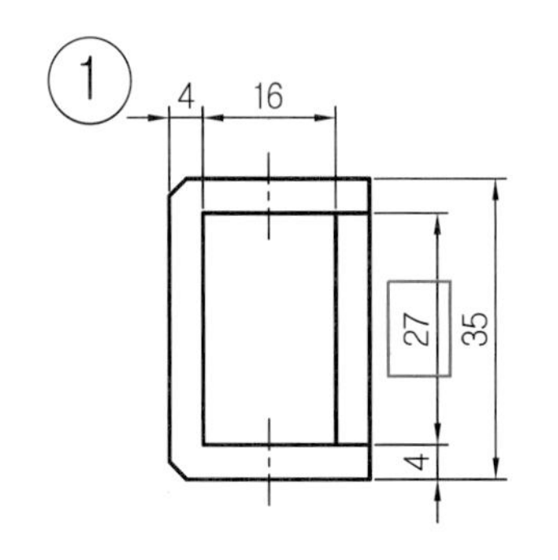

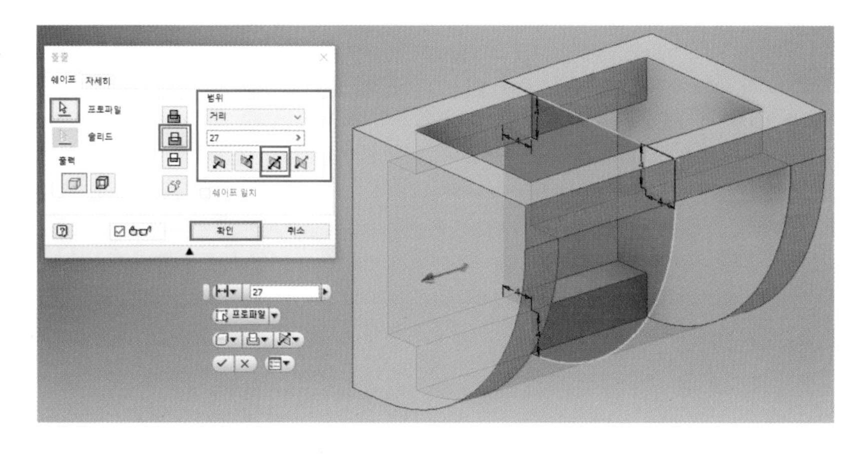

08

부품 ① 3D 모형 만들기

• [2D 스케치 시작] → [해당 스케치평면 선택] → [원] → [∅5] → [치수] → [스케치마무리]

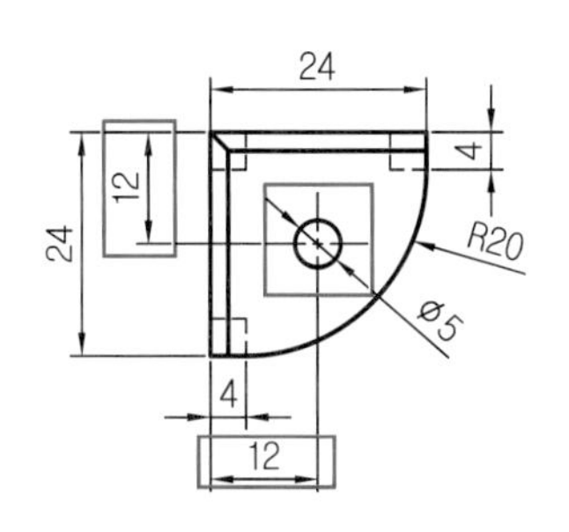

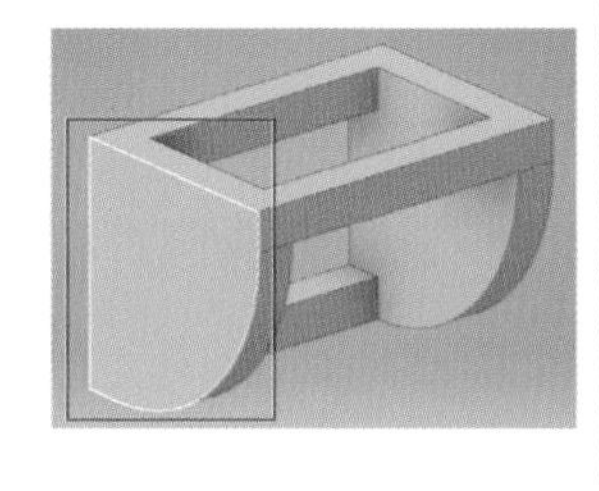

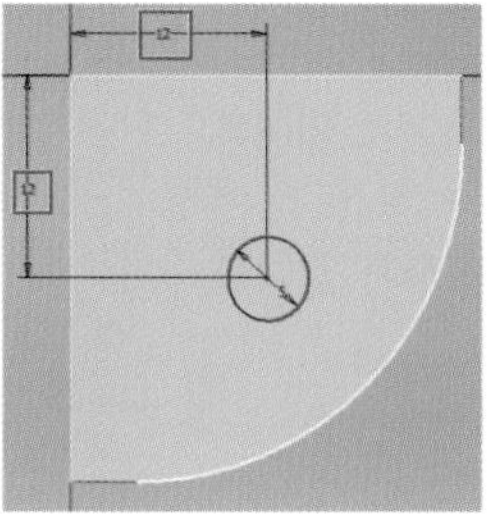

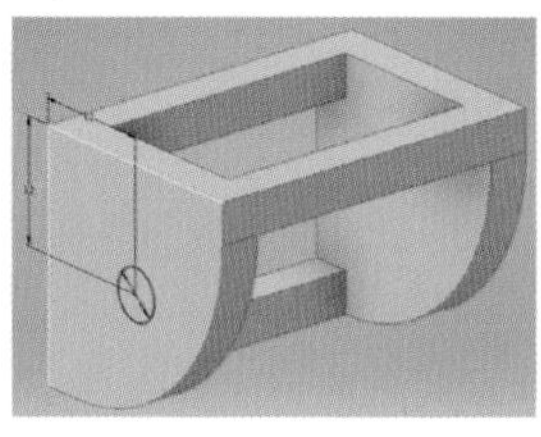

09

부품 ① 3D 모형 만들기

• [돌출] → [스케치 클릭] → [차집합] → [전체] → [방향2] → [확인]

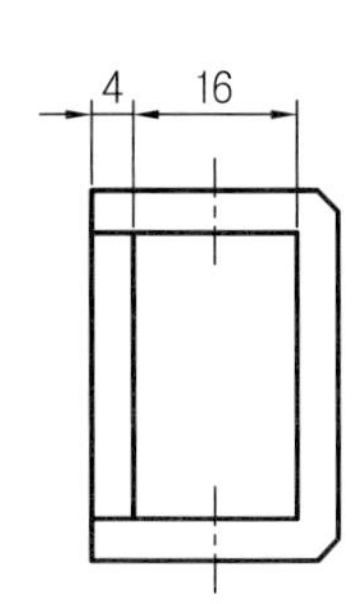

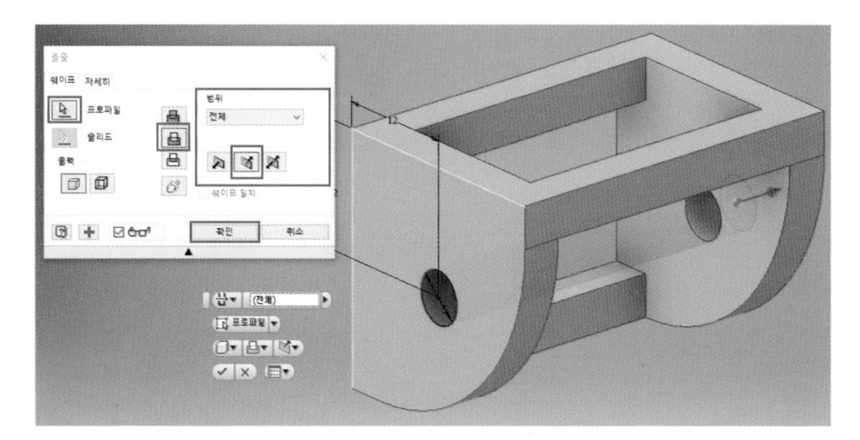

10

부품 ① 3D 모형 만들기

• [모따기] → [거리2] → [4개소] → [확인]

※ 주서
도시되고 지시없는 모따기는 C2

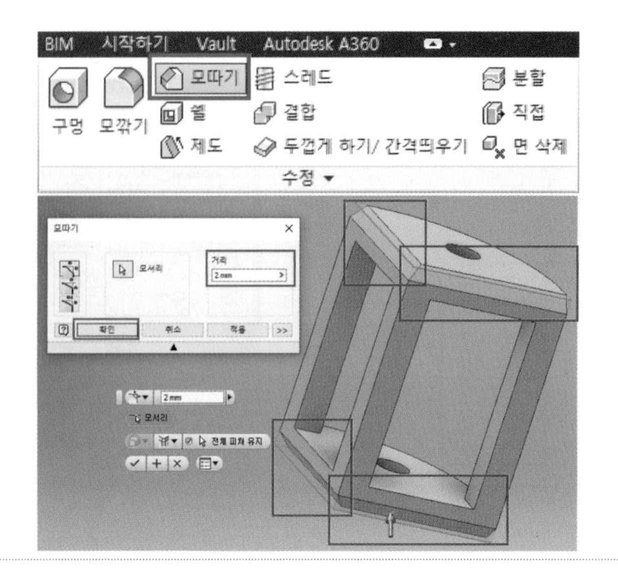

11

부품 ① 저장하기

• [파일] → [다른 이름으로 저장] → [비번호 폴더] → [파일이름] → [01_01] → [저장]

※ 본 교재의 부품 ①번 3D모델링 파일이름은 "01_01"로 작성되었다. 부품 ①, ②번 3D모델링 파일이름은 수험자가 임의로 정할 수 있다.
예 부품1번, 01번 등

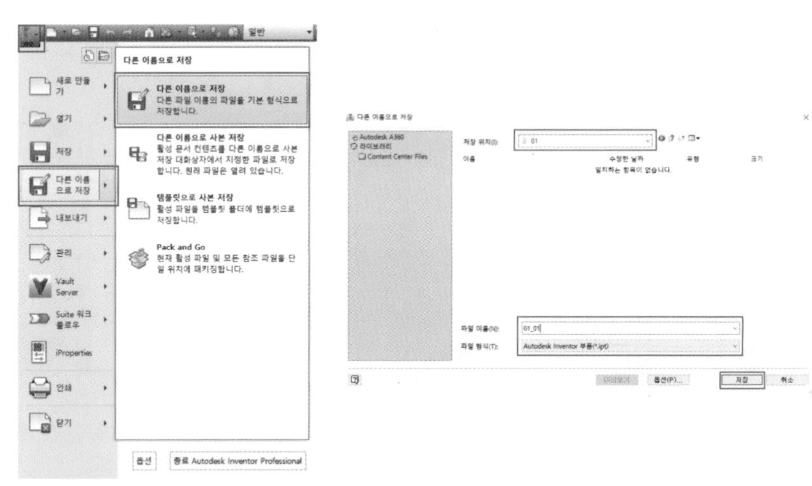

12

부품 ② 모델링

• [새로 만들기] → [Metric] → [Standard(mm).ipt] → [작성]

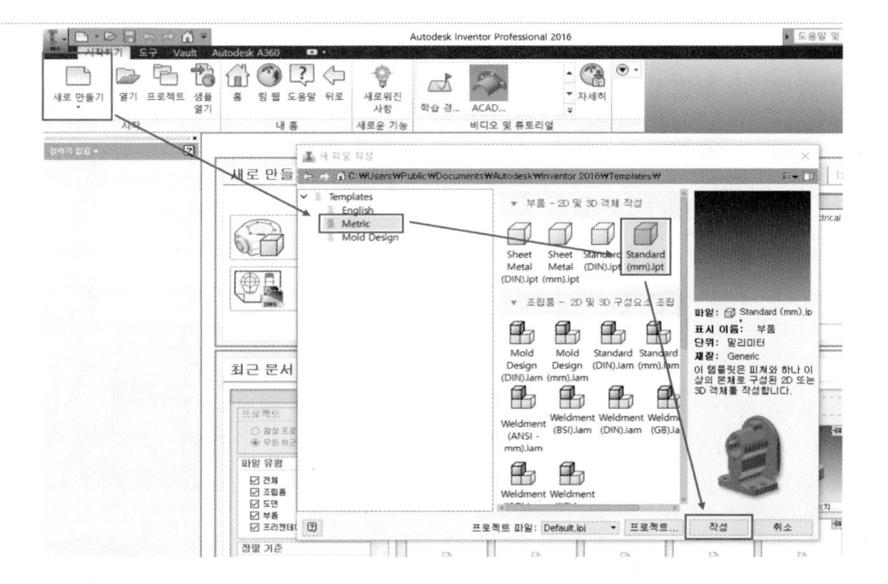

13

[2D 스케치 시작] → [마우스로 **XY Plane** 선택]

※ 마우스로 XY Plane 선택 시 빨간색으로 변함

※ 다른 방법(시트트리에서)
[원점] → [XY평면 마우스오른쪽 클릭] → [새 스케치]

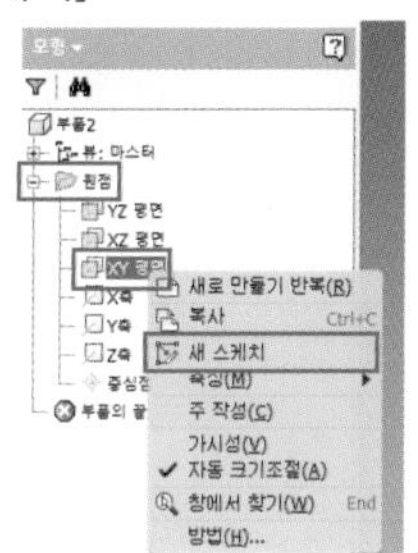

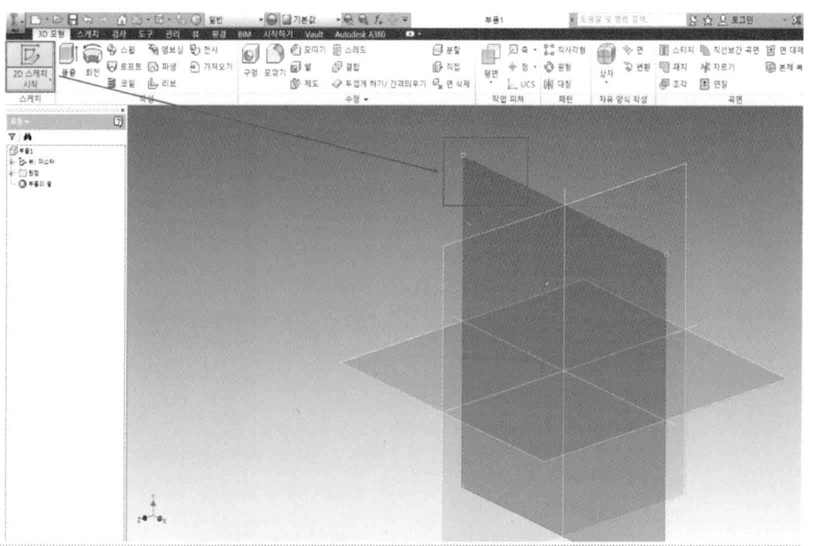

14

부품 ② 평면도를 스케치 한다.

• [직사각형] → [치수] → [모깎기 4 × R3] → [스케치마무리]

※ '**B**'는 27과 축공차를 적용해 **26mm**로 결정한다.

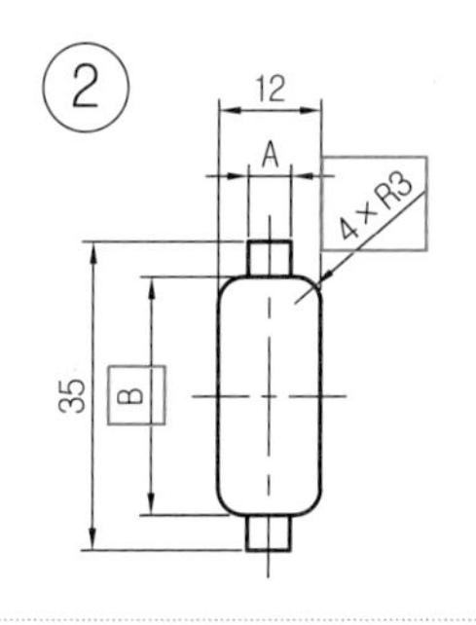

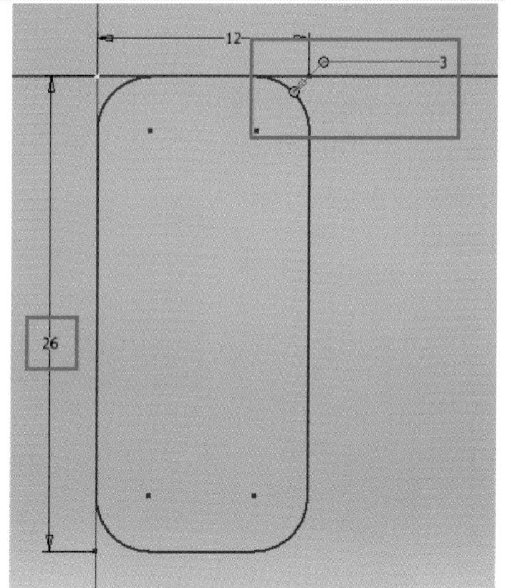

15

스케치마무리

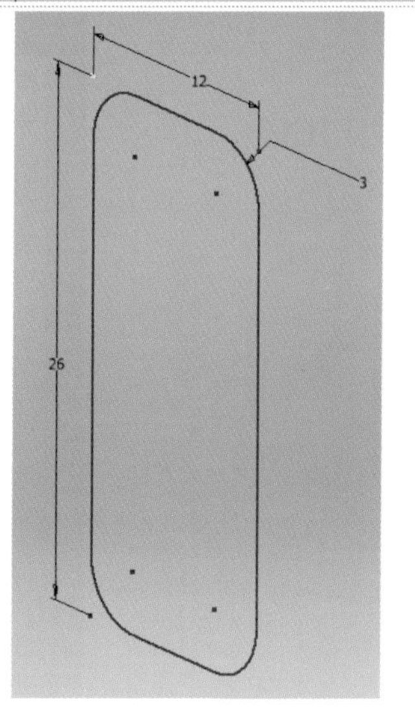

16

부품 ② 3D 모형 만들기

• [돌출] → [스케치 클릭] → [거리5] → [대칭] → [확인]

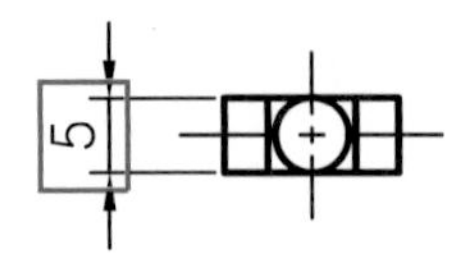

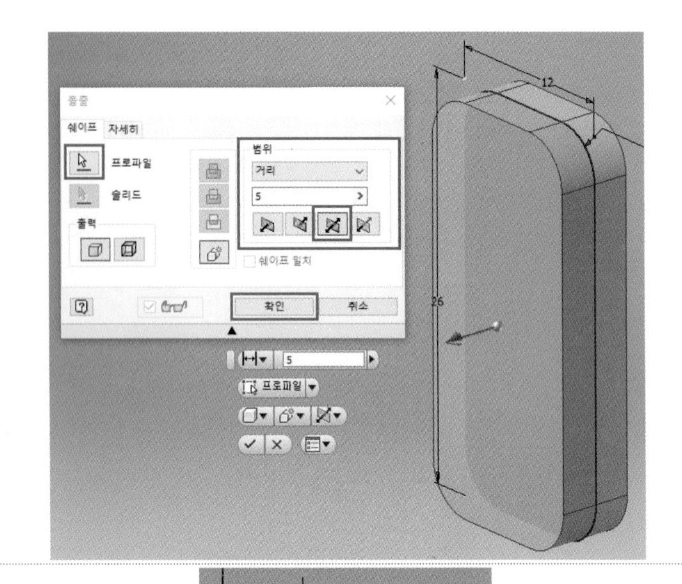

17

부품 ② 3D 모형 만들기

• [2D 스케치 시작] → [해당 스케치평면 선택] → [원∅4] → [치수] → [스케치마무리]

※ 'A'는 상대치수(∅5mm)와 축공차를 적용해 ∅4mm로 결정한다.

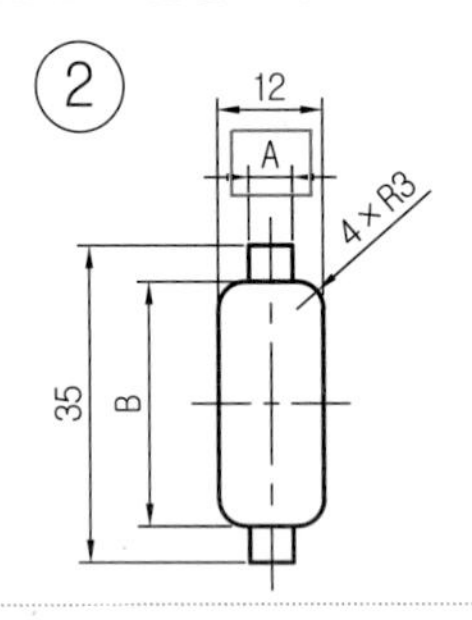

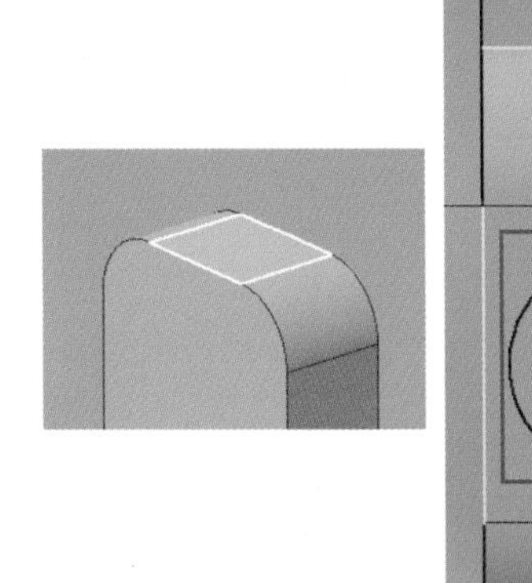

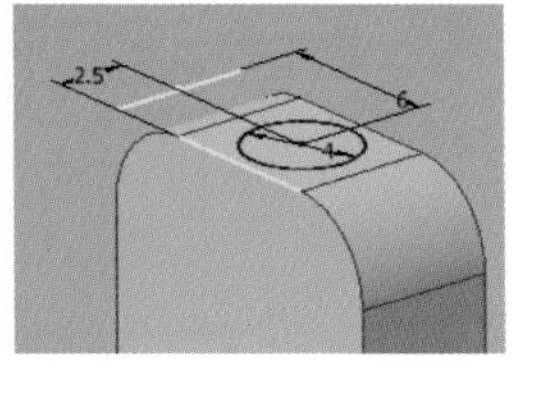

18

부품 ② 3D 모형 만들기

• [돌출] → [스케치 클릭] → [접합] → [거리4.5] → [방향1] → [확인]

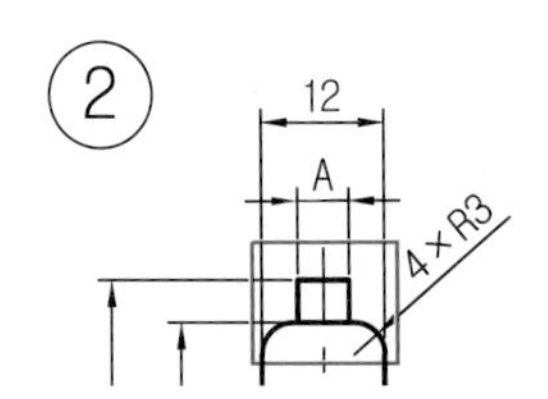

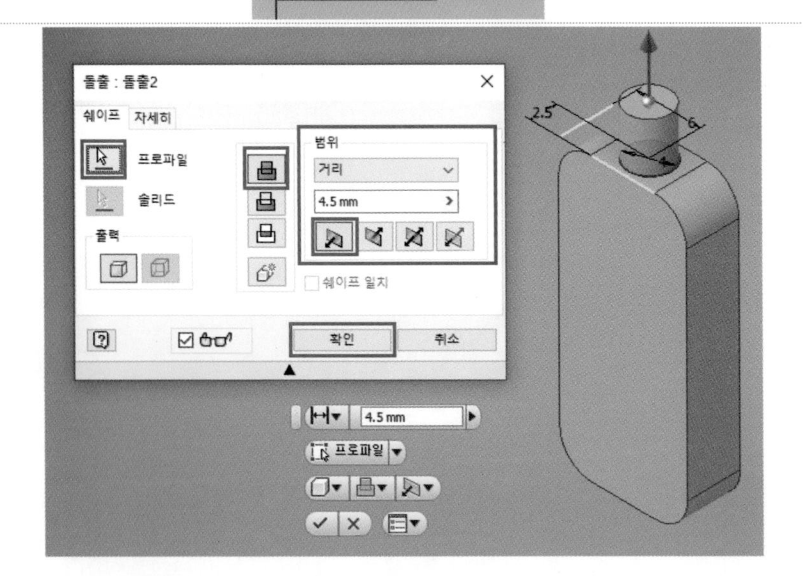

19

부품 ② 3D 모형 만들기

• 반대쪽도 동일하게 진행한다. [17-18]

• [2D 스케치 시작] → [해당 스케치평면 선택] → [원∅4] → [치수] → [스케치마무리]

※ 'A'는 상대치수(∅5mm)와 축공차를 적용해 ∅4mm로 결정한다.

• [돌출] → [스케치 클릭] → [접합] → [거리4.5] → [방향1] → [확인]

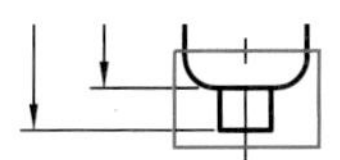

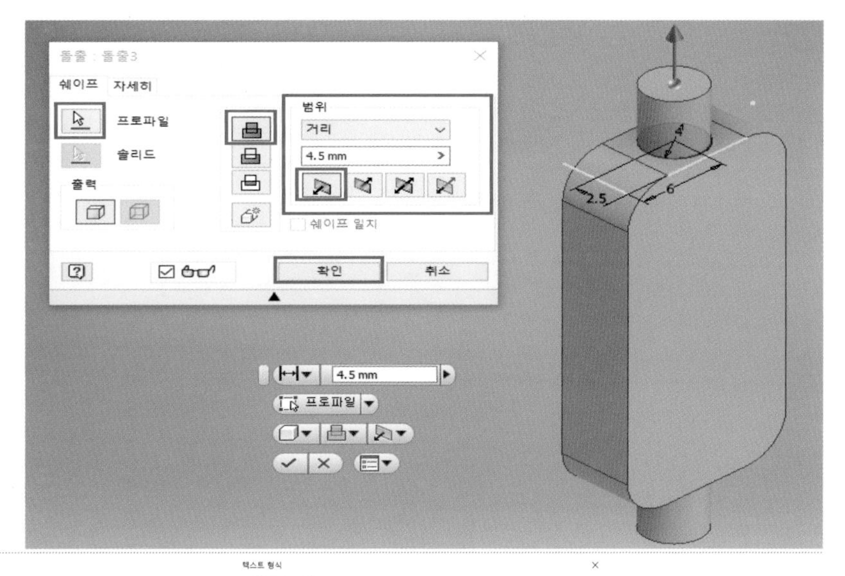

20

부품 ② 각인

• [2D 스케치 시작] → [각인평면 선택] → [텍스트] → [바탕체] → [6mm] → [확인] → [스케치마무리]

• [돌출] → [각인번호 선택] → [차집합] → [거리] → [3mm] → [방향2] → [확인]

※ 각인 방향이 도면과 상이할 시 [회전] → [각인 선택] → [중심점 : 각인번호중심 클릭] → [각도 입력] → [적용]

※ 글자체, 글자 크기, 글자 깊이 등은 별도의 정보가 없으므로 도면과 유사한 모양 및 크기로 작업하시오.

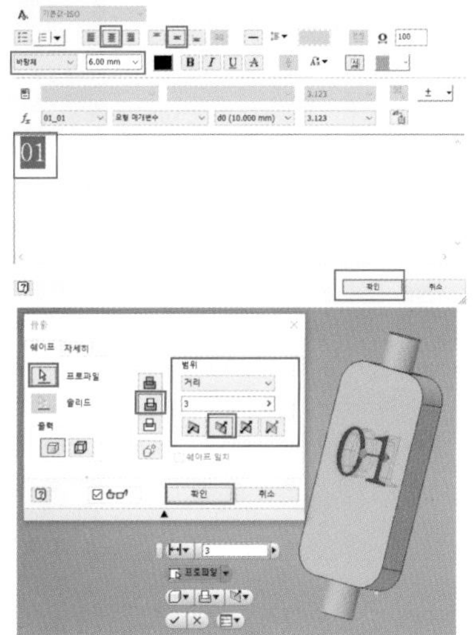

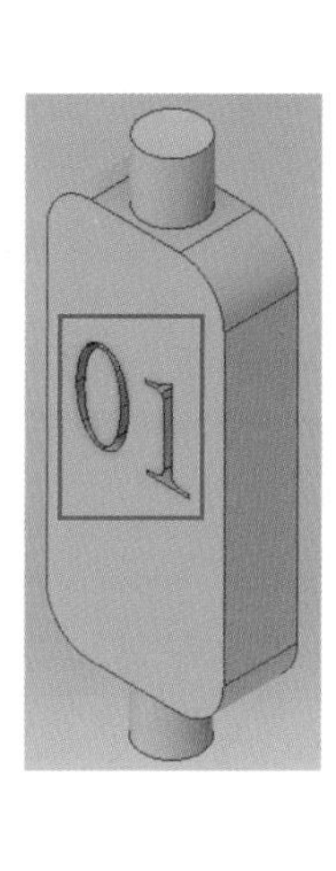

21

부품 ② 저장하기

• [파일] → [다른 이름으로 저장] → [비번호 폴더] → [파일이름] → [01_02] → [저장]

※ 본 교재의 부품 ②번 3D모델링 파일이름은 "01_02"로 작성되었다. 부품 ①, ②번 3D모델링 파일이름은 수험자가 임의로 정할 수 있다.

예 부품2번, 02번 등

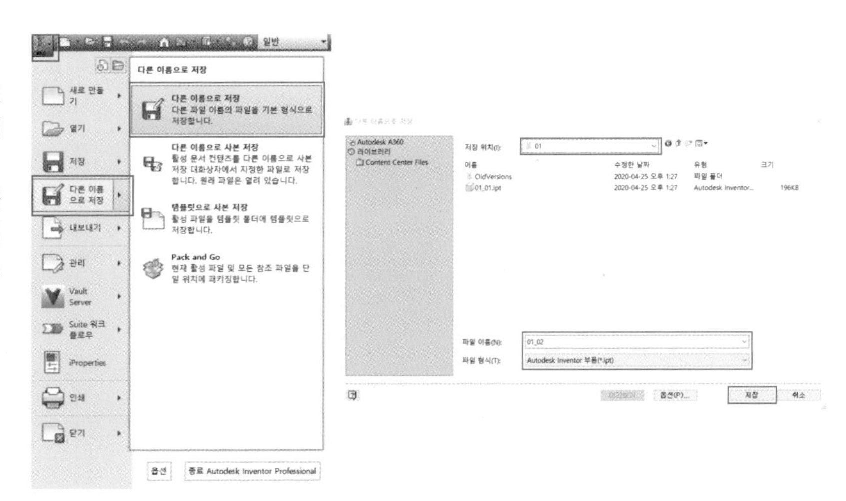

22

어셈블리

• [새로 만들기] → [Metric] → [Standard(mm).iam] → [작성]

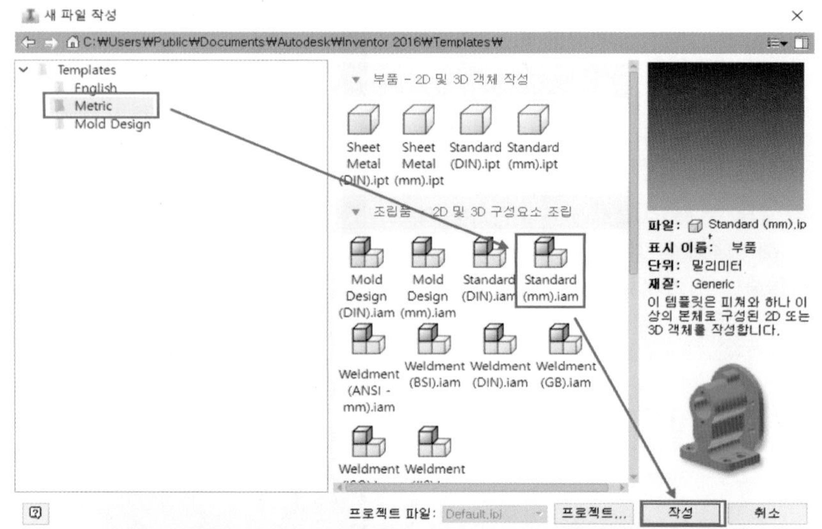

23

배치

"배치" 아이콘을 통해 부품 ①, ②를 배치한다.

• [배치] → [01_01, 01_02 선택] → [열기] → [화면 클릭] → [ESC]

24

시트트리에서 부품①번을 우클릭하여 고정한다.

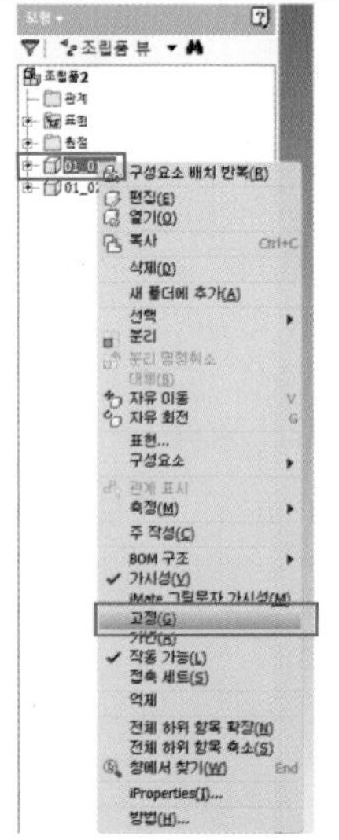

25

조립구속조건

• 부품②를 클릭하여 움직이고 우클릭하여 자유회전을 통하여 도면의 조립도와 비슷하게 한다.

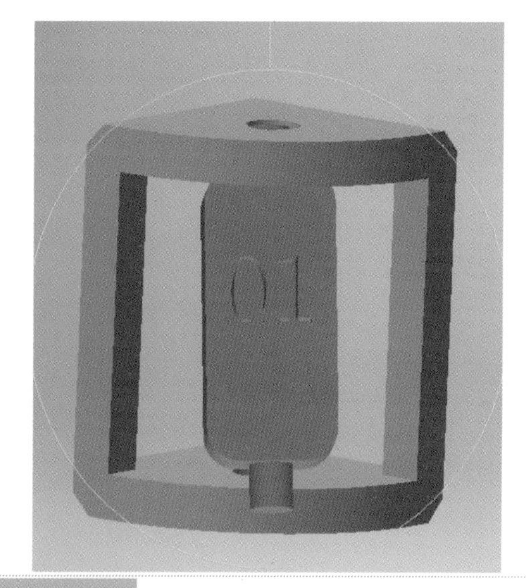

26

조립구속조건

• [구속조건] → [삽입] → [솔루션 : 정렬] → [부품①선택요소] → [자유회전F4] → [부품②선택요소] → [간격띄우기0] → [확인]

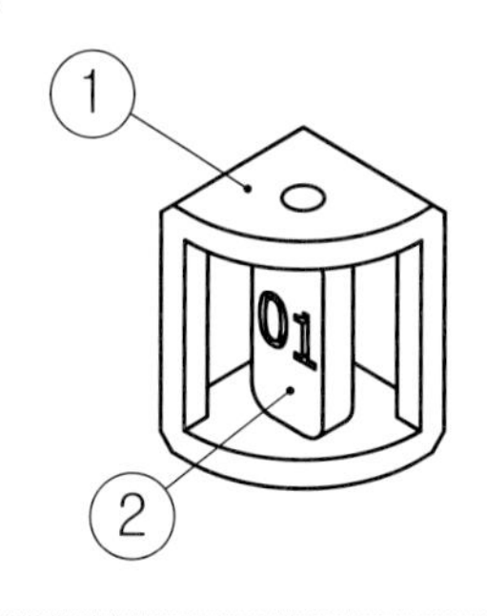

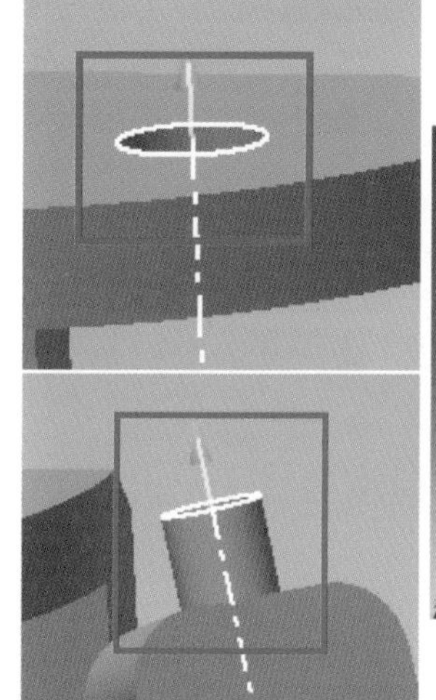

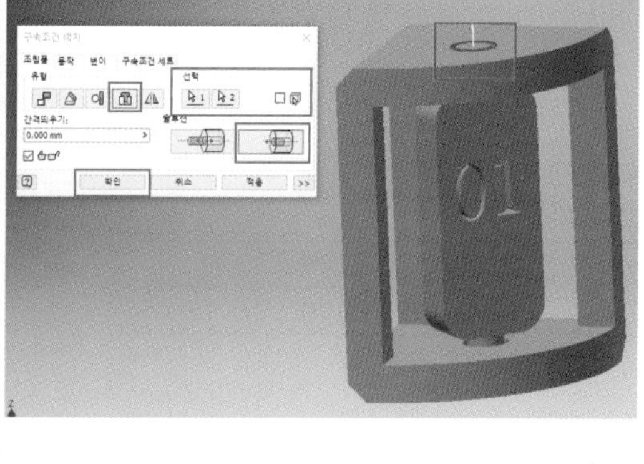

27

출력방향을 고려하여 구속조건 추가

※ 조립된 상태로 출력하니 되도록 서포트가 적게 나오고 도면의 ㉠, ㉡, ㉢ 치수가 정밀하게 나오는 출력방향을 결정해야 한다.

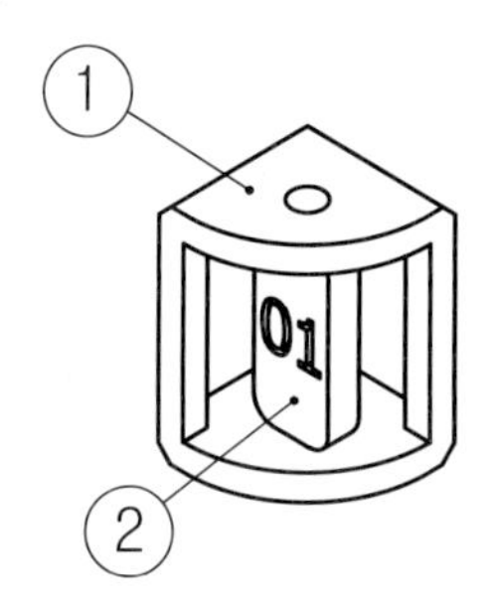

28

어셈블리 저장하기(2가지 확장자)

- [파일] → [다른 이름으로 저장] → [비번호폴더] → [파일이름] → [01] → [저장]

- [파일] → [내보내기] → [CAD형식] → [비번호폴더] → [01] → [파일형식 : STEP 선택] → [저장]

구 분	작업명	파일명	비 고
1	어셈블리	01.***	
2		01.STP	채점용

※ 비번호 01인 경우

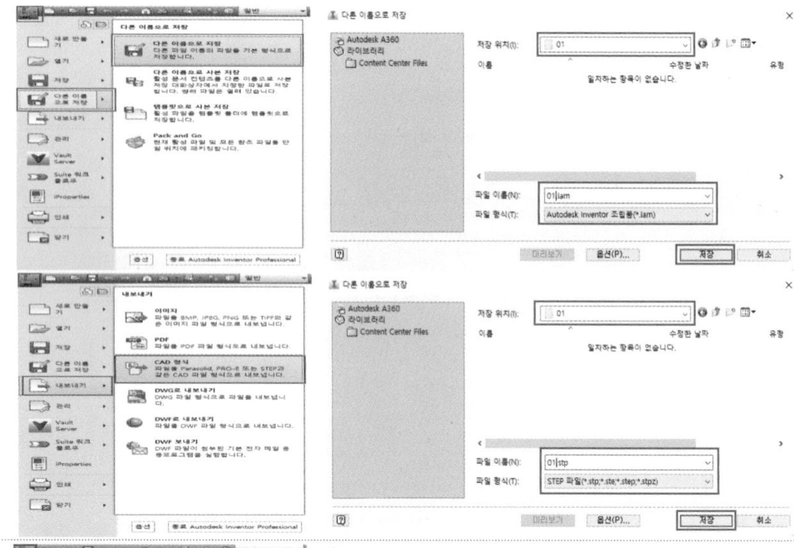

29

어셈블리 저장하기(STL확장자)

- [파일] → [내보내기] → [CAD형식] → [비번호폴더] → [01] → [파일형식 : STL 선택] → [옵션] → [단위 : mm] → [저장]

※ 옵션에서 단위 mm 선택

구 분	작업명	파일명	비 고
3	어셈블리	01.STL	

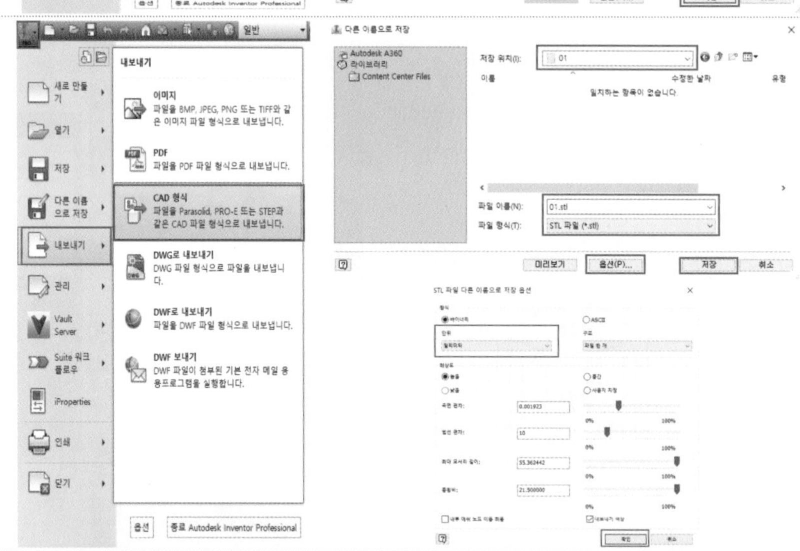

30

슬라이싱(3DWOX)

슬라이싱 프로그램을 실행한다.

- [파일] → [모델 불러오기] → [비번호폴더] → [01.stl] → [열기]

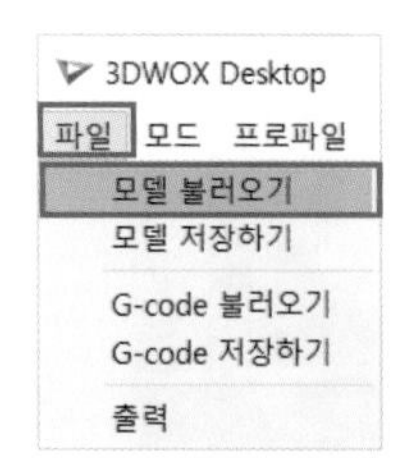

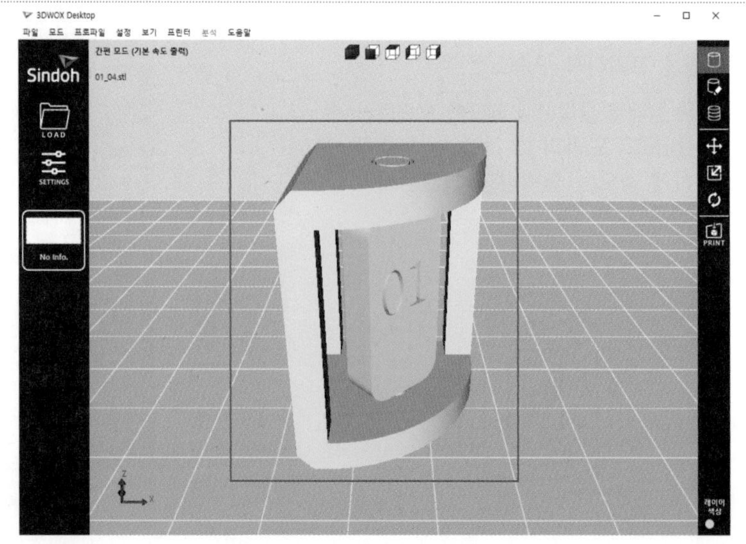

31

프린터 설정

- [설정] → [프린터 설정] → [프린터 모델] → [확인]

※ 시험장 프린터 모델을 선택한다.
  예 DP200

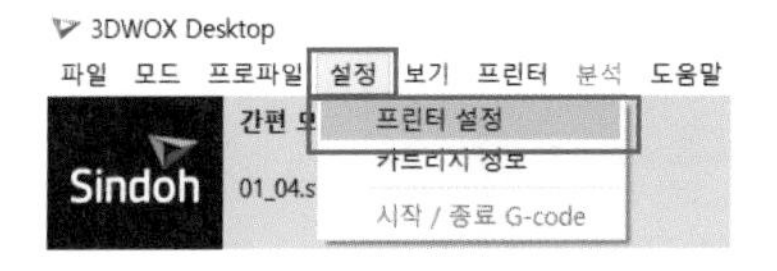

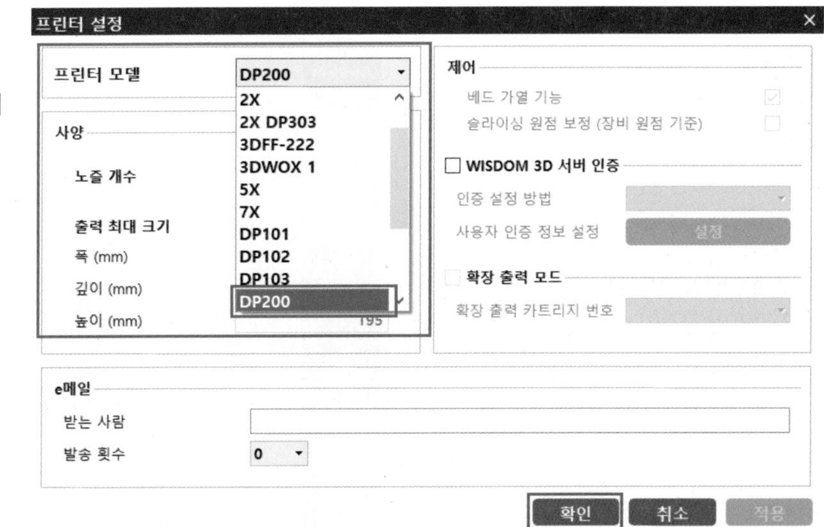

32

출력방향을 결정한다.

- [분석] → [최적출력방향] → [분석] → [추천 1~6 선택]

※ 신도리코 3DWOX는 최적출력방향을 분석해 준다. 참고하여 서포트가 적게 나오고 도면의 ㉠, ㉡, ㉢ 치수가 정밀하게 나오는 출력방향을 결정한다.

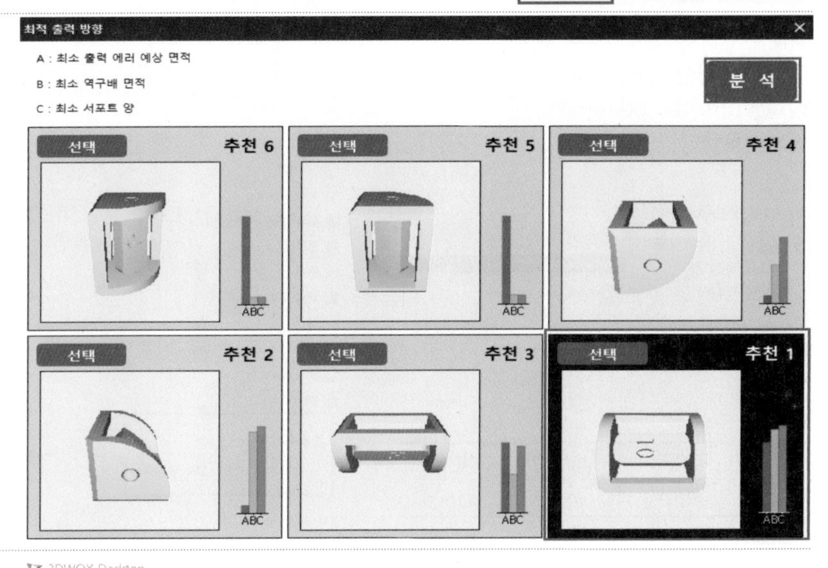

33

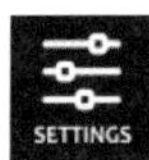

기본 파라미터를 설정한다.

- [SETTINGS] 버튼을 클릭하여 파라미터 값을 조정한다.
- 기본 속도 출력
- 재질 : PLA
- 서포트 : 모든 곳, 지그재그 구조

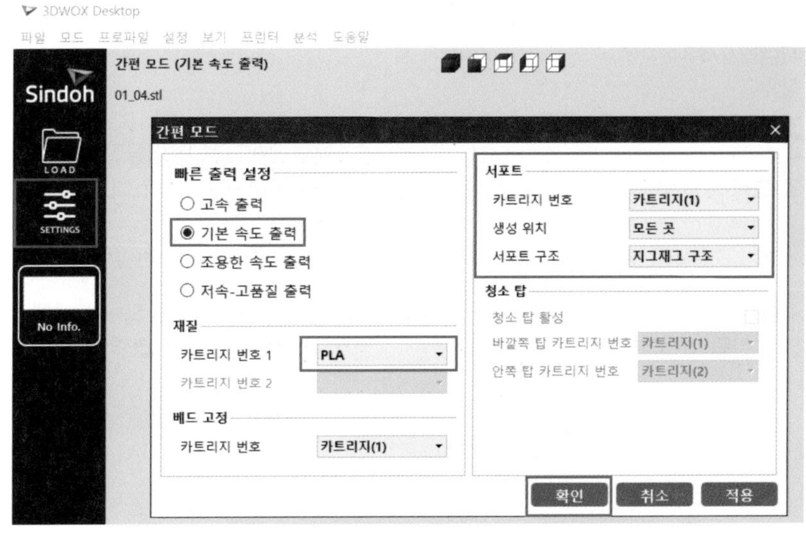

34

슬라이싱

- 베드상에 있는 출력물이 파라미터의 값이 반영되면서 슬라이싱을 수행한다.

※ 출력예상시간을 확인한다.

※ 출력예상시간이 1시간 20분이 넘어가면 고급모드로 변경하여 [SETTINGS]에서 레이어 높이, 채우기 밀도, 서포트 밀도 등 설정값을 변경한다.

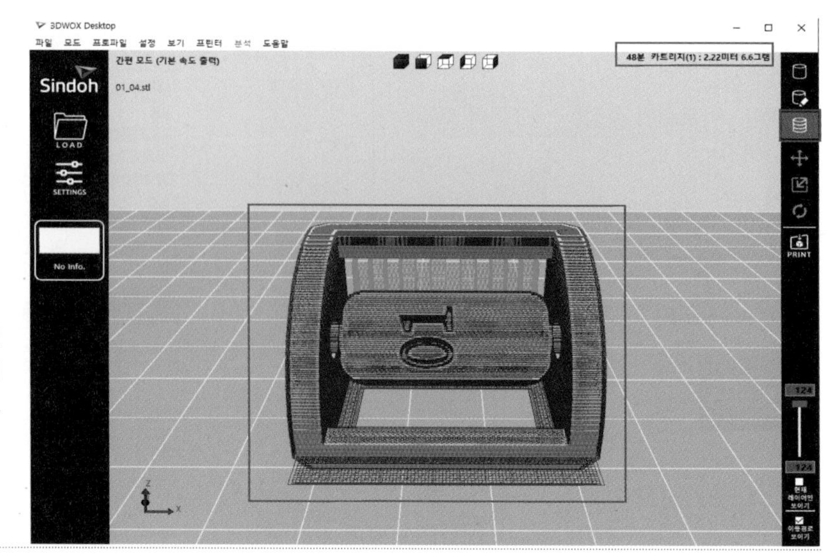

35

G-code 저장하기

- [파일] → [G-code 저장하기] → [예] → [비번호폴더] → [01.gcode] → [저장]

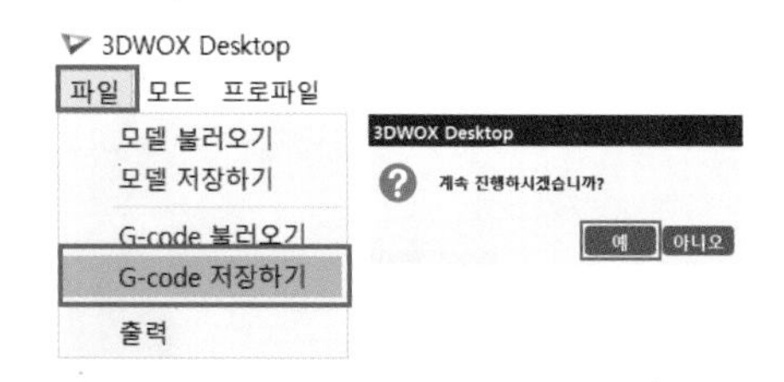

구 분	작업명	파일명	비 고
4	슬라이싱	01.***	gcode

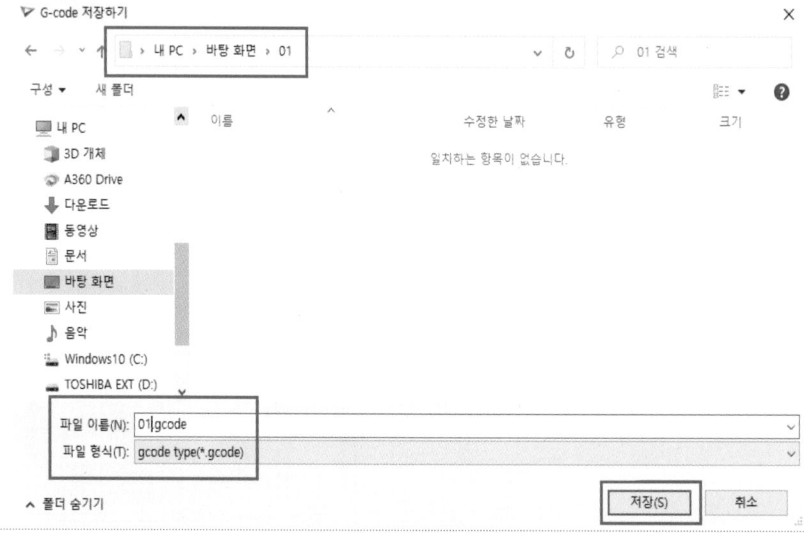

36

지급된 저장매체(USB 또는 SD-card)에 저장한다.

- 감독위원에게 저장매체(USB 또는 SD-card) 제출

37

3D프린터 세팅

- 노즐, 베드 등에 이물질을 제거하여 출력 시 방해요소가 없도록 세팅한다.
- PLA 필라멘트 장착 여부 등 소재의 이상 여부를 점검하고 정상 작동하도록 세팅한다.
- 베드 레벨링 기능 등을 활용하여 베드 위치를 세팅한다.

38

3D프린팅

- 저장매체(USB 또는 SD-card)에 있는 파일(01_04.gcode)을 3D프린터 전면부에 있는 USB 포트에 연결하여 화면에서 직접 G-code를 불러와 출력한다.

39 후처리	• 출력이 완료되면 보호장갑을 착용하고 서포트 및 거스러미를 제거하여 감독위원에게 제출한다.
40 노즐 및 베드 정리	• 출력물을 제출 후 본인이 사용한 3D프린터 노즐 및 베드 등의 잔여물을 제거하고 정리정돈 한다(**※ 정리상태도 채점 대상임에 주의하자**).

17 3D모델링 실기 공개문제 도면 - 17

자격종목	3D프린터운용기능사	[시험1] 과제명	3D모델링 작업	척 도	NS

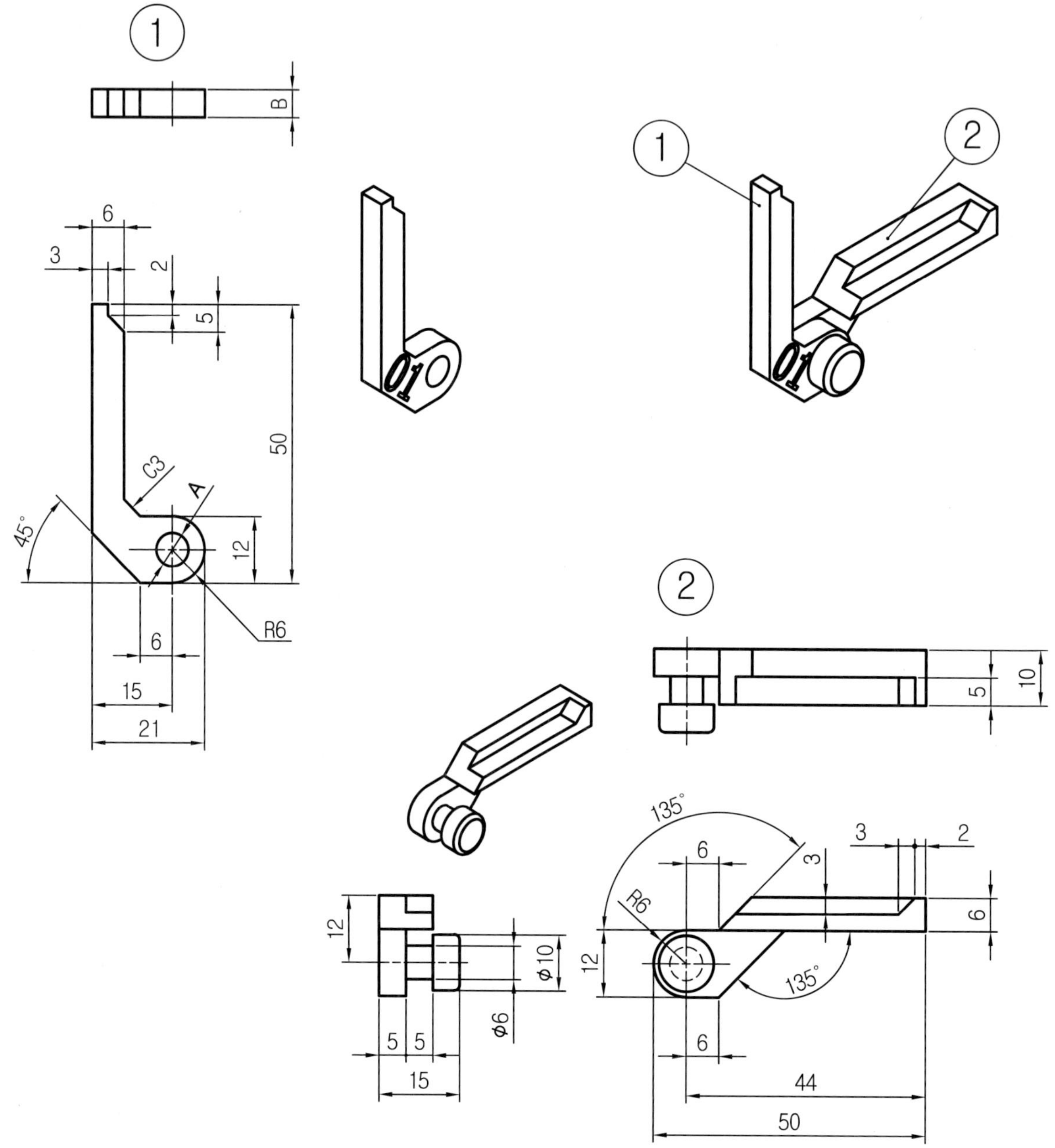

주서

1. 도시되고 지시없는 라운드는 R1

01

부품 ① 모델링

• [새로 만들기] → [Metric] → [Standard(mm).ipt] → [작성]

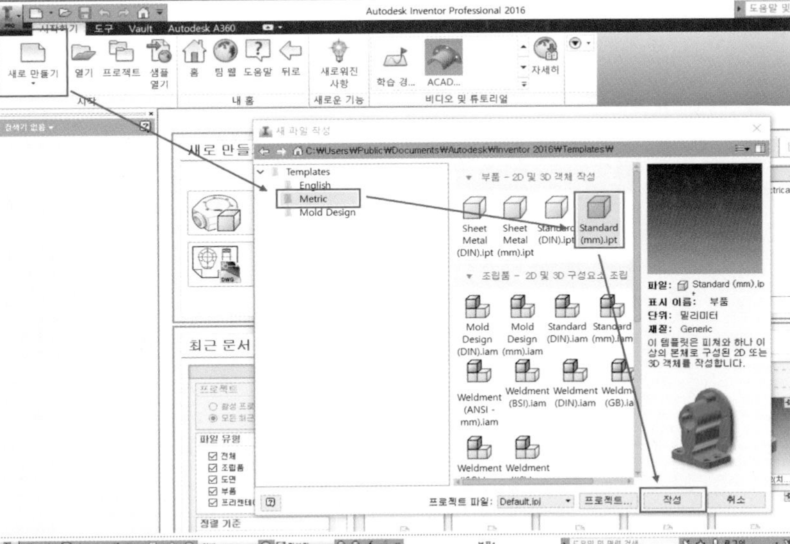

02

[2D 스케치 시작] → [마우스로 XY Plane 선택]

※ 마우스로 XY Plane 선택 시 빨간색으로 변함

※ 다른 방법(시트트리에서)
[원점] → [XY평면 마우스오른쪽 클릭] → [새 스케치]

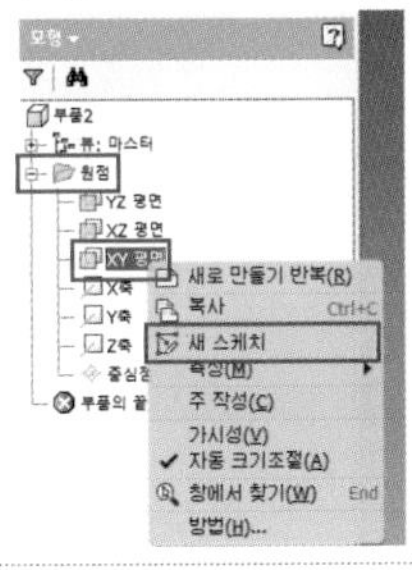

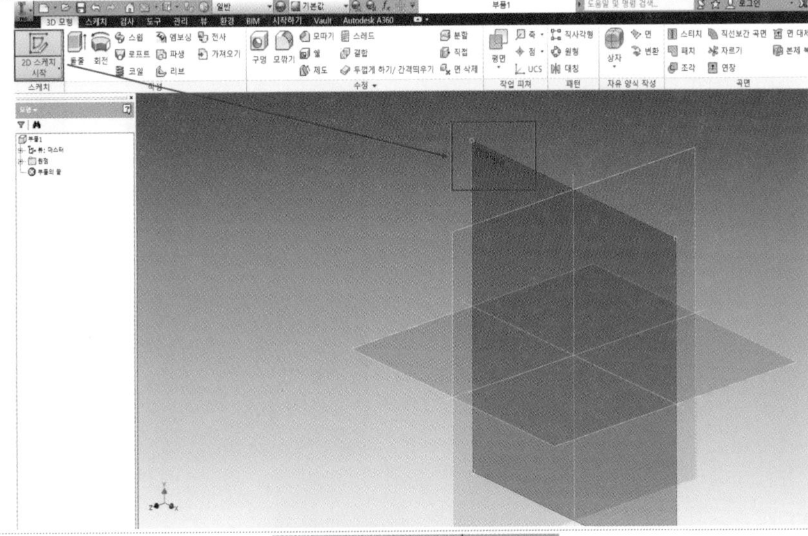

03

부품 ① 정면도를 스케치 한다.

• 원호, 선, 치수, 모따기, 치수 구속조건

※ 'A'는 상대치수(∅6mm)와 구멍공차를 적용해 ∅7mm로 결정한다.

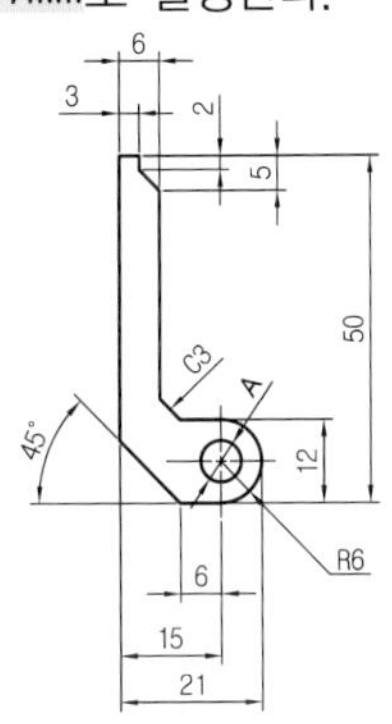

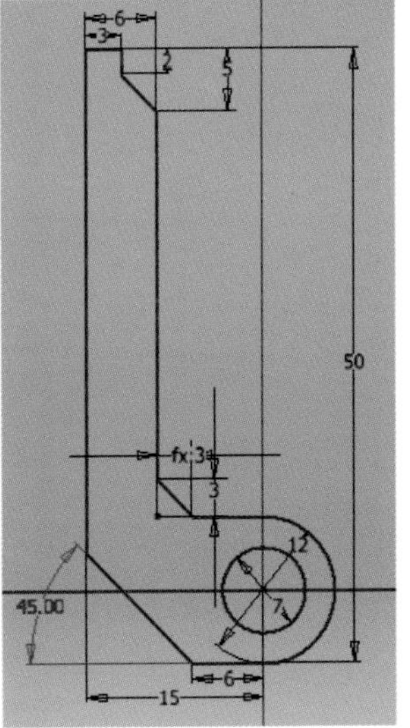

04

스케치마무리

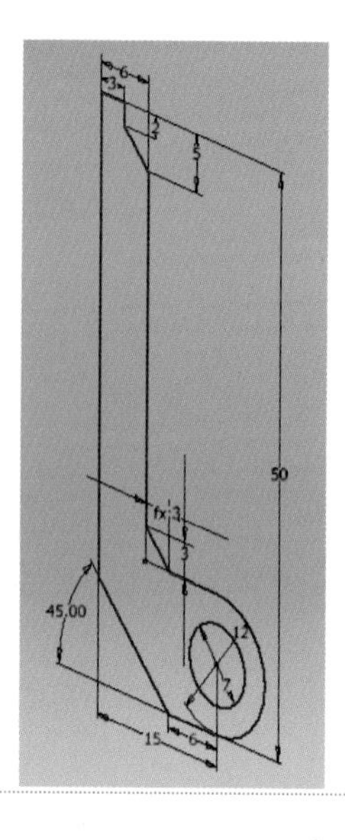

05

부품 ① 3D 모형 만들기

- [돌출] → [스케치 클릭] → [거리4] → [대칭] → [확인]

※ 'B'는 상대치수(5mm)와 축공차를 적용해 4mm로 결정한다.

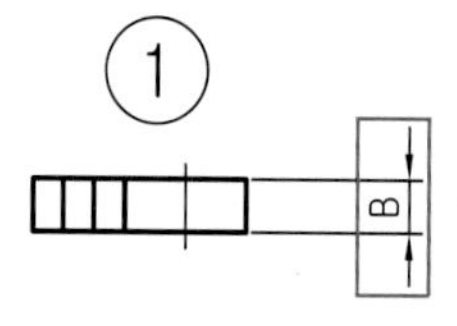

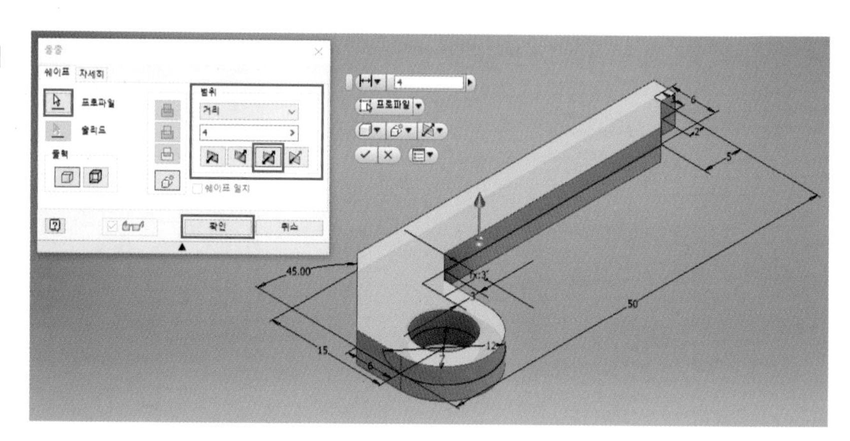

06

부품 ① 각인

- [2D 스케치 시작] → [각인평면 선택] → [텍스트] → [바탕체] → [6mm] → [확인] → [스케치마무리]
- [돌출] → [각인번호 선택] → [차집합] → [거리] → [3mm] → [방향2] → [확인]

※ 각인 방향이 도면과 상이할 시 [회전] → [각인 선택] → [중심점 : 각인번호중심 클릭] → [각도 입력] → [적용]

※ 글자체, 글자 크기, 글자 깊이 등은 별도의 정보가 없으므로 도면과 유사한 모양 및 크기로 작업하시오.

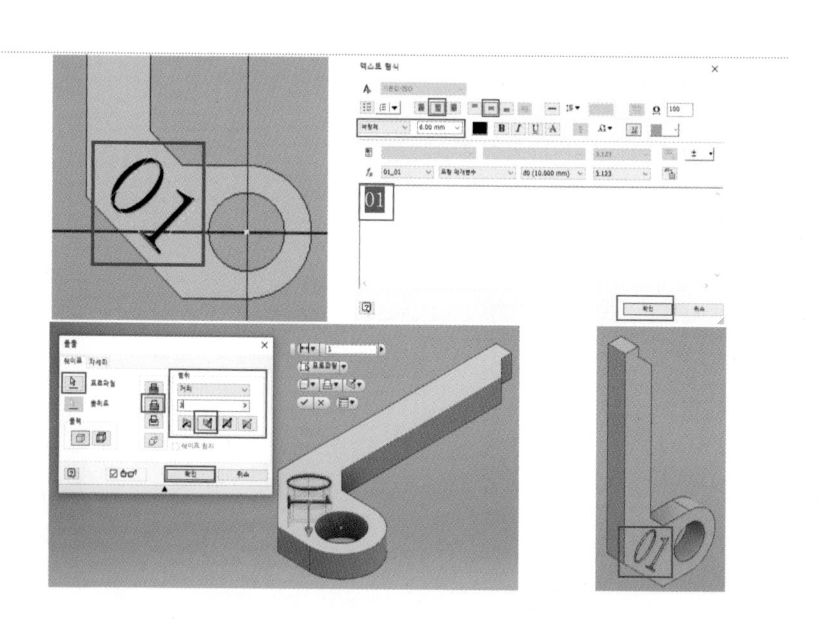

07

부품 ① 저장하기

- [파일] → [다른 이름으로 저장] → [비번호 폴더] → [파일이름] → [01_01] → [저장]

※ 본 교재의 부품 ①번 3D모델링 파일이름은 "01_01"로 작성되었다. 부품 ①, ②번 3D모델링 파일이름은 수험자가 임의로 정할 수 있다.
예 부품1번, 01번 등

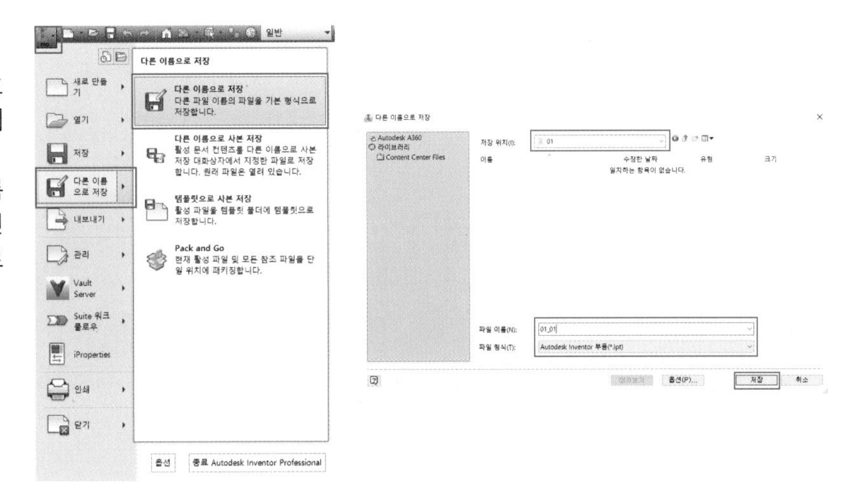

08

부품 ② 모델링

- [새로 만들기] → [Metric] → [Standard(mm).ipt] → [작성]

09

[2D 스케치 시작] → [마우스로 XY Plane 선택]

※ 마우스로 XY Plane 선택 시 빨간색으로 변함

※ 다른 방법(시트트리에서)
[원점] → [XY평면 마우스오른쪽 클릭] → [새 스케치]

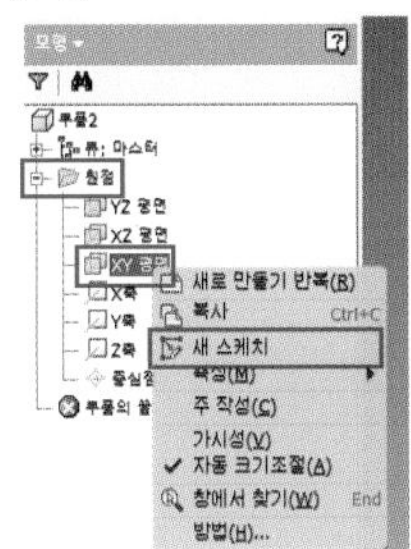

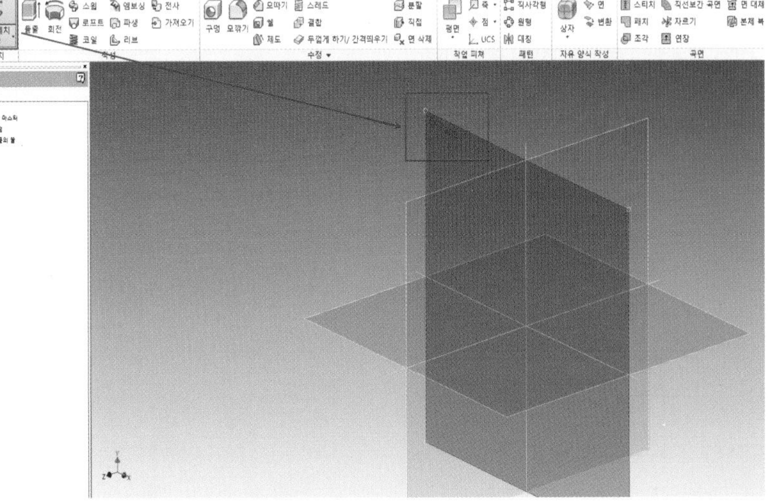

10

부품 ② 정면도 일부를 스케치 한다.

• [선] → [치수] → [스케치마무리]

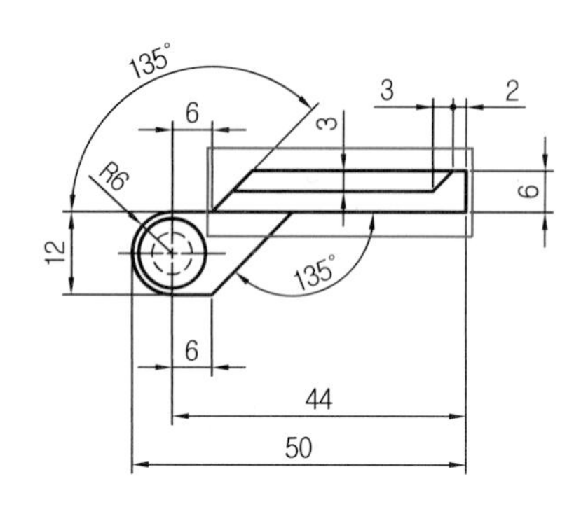

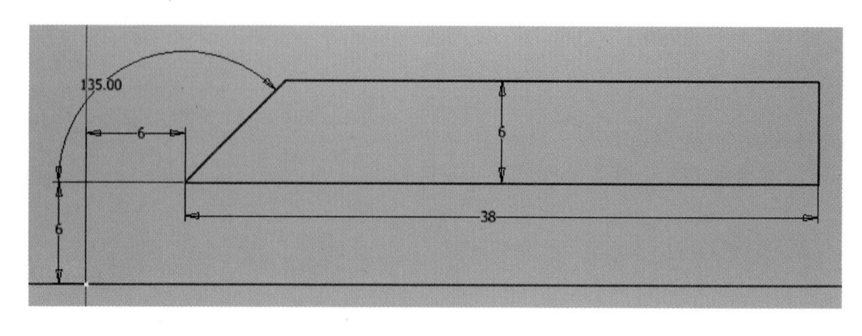

11

부품 ② 3D 모형 만들기

• [돌출] → [스케치 클릭] → [거리10] → [방향1] → [확인]

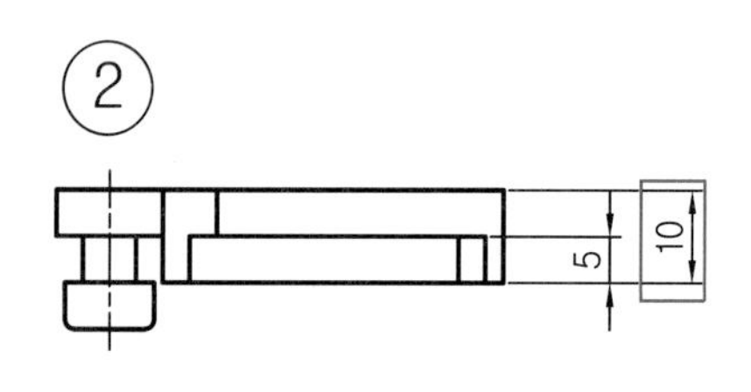

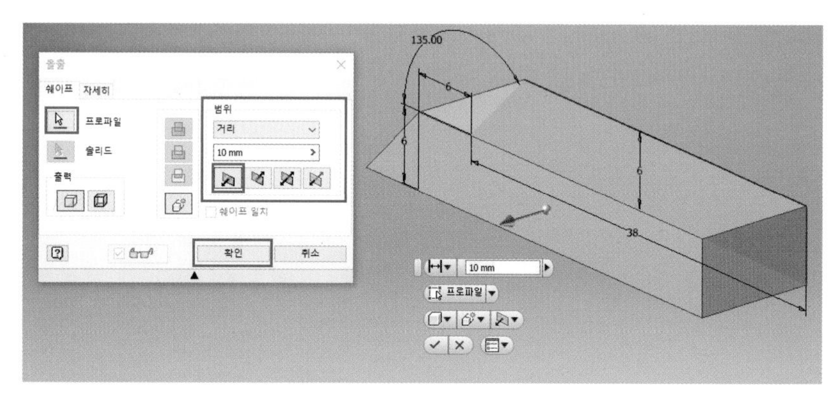

12

부품 ② 3D 모형 만들기

• [2D 스케치 시작] → [해당 스케치평면 선택] → [선] → [치수] → [형상투영] → [스케치 마무리]

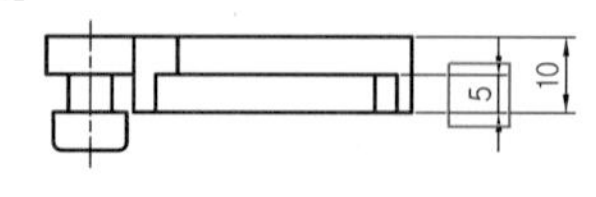

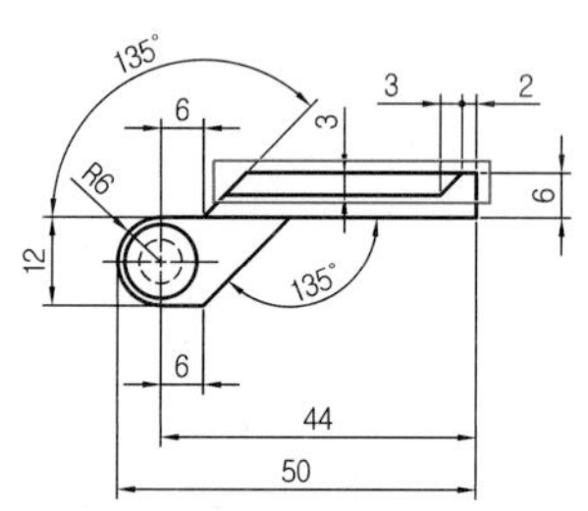

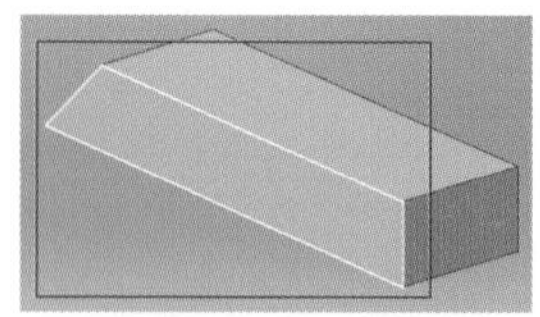

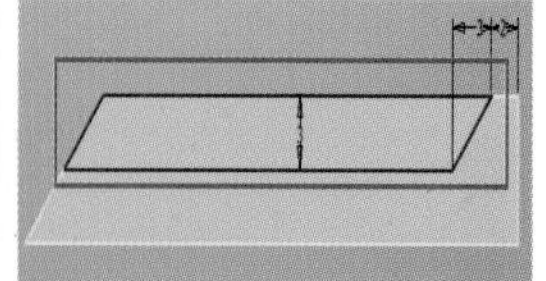

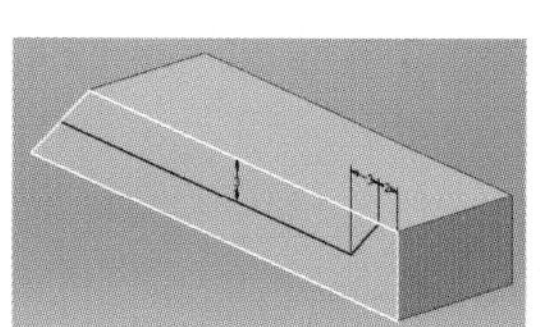

13

부품 ② 3D 모형 만들기

- [돌출] → [스케치 클릭] → [차집합] → [거리5] → [방향2] → [확인]

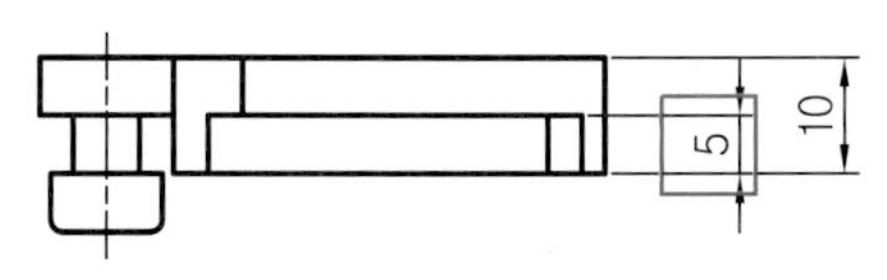

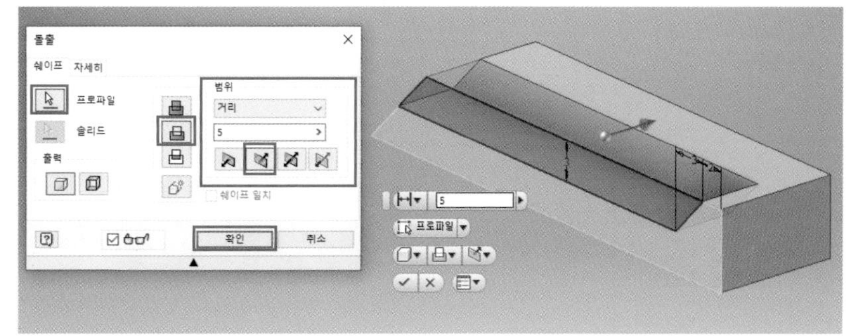

14

부품 ② 3D 모형 만들기

- [2D 스케치 시작] → [XY평면 선택] → [원, 선, 치수, 자르기 등] → [스케치마무리]

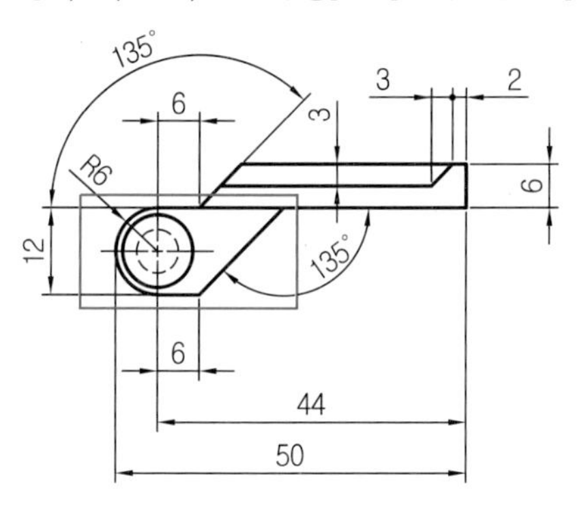

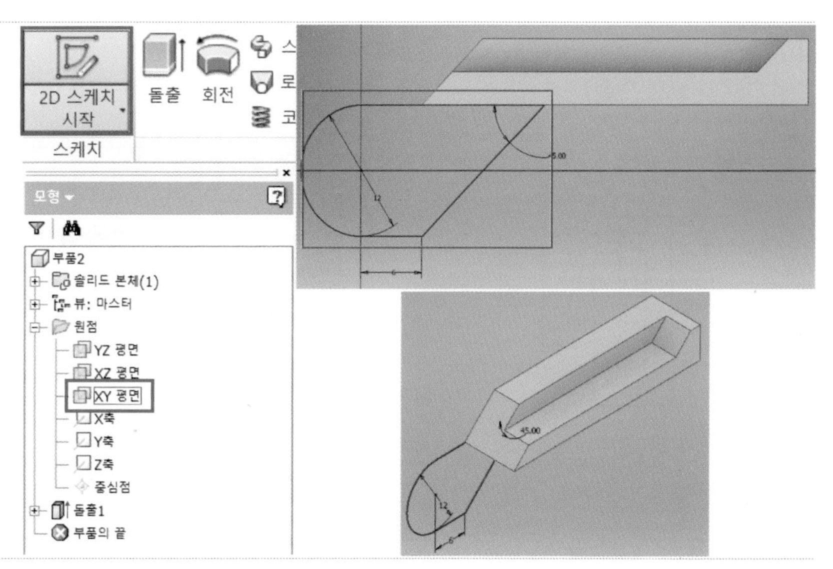

15

부품 ② 3D 모형 만들기

- [돌출] → [스케치 클릭] → [접합] → [거리5] → [방향1] → [확인]

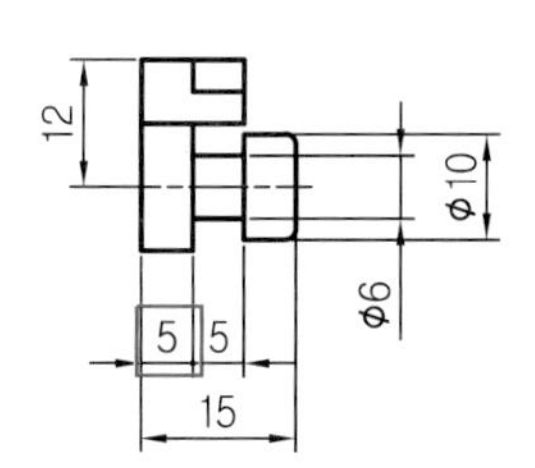

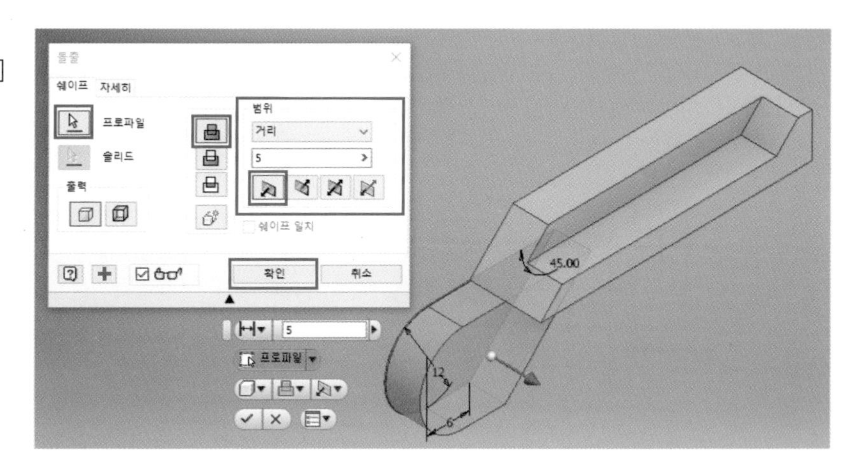

16

부품 ② 3D 모형 만들기

• [2D 스케치 시작] → [해당 스케치평면 선택] → [원] → [치수] → [∅6mm] → [스케치 마무리]

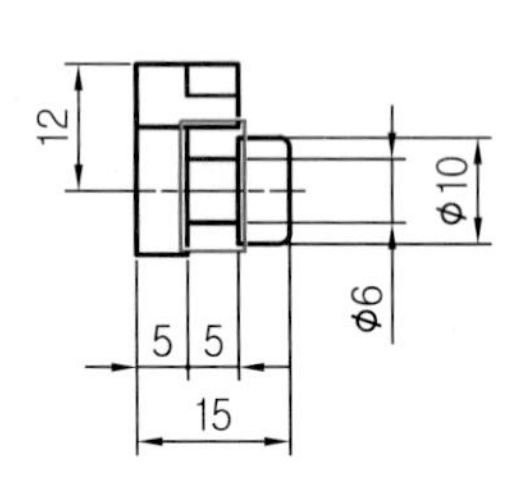

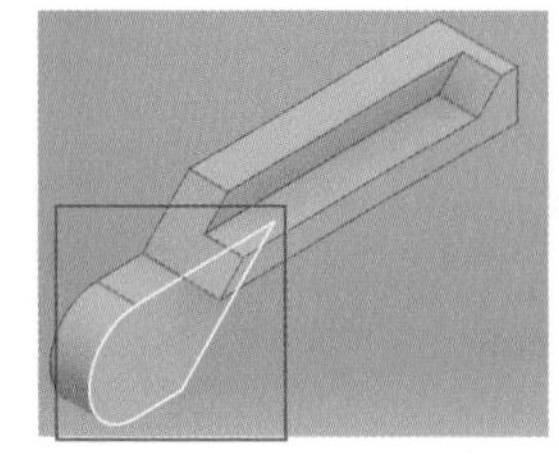

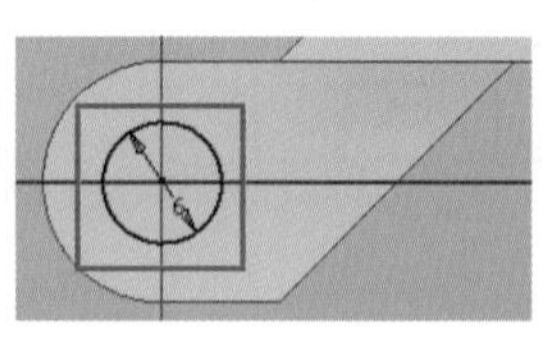

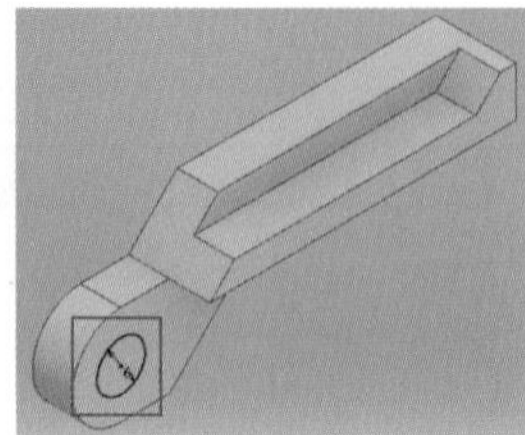

17

부품 ② 3D 모형 만들기

• [돌출] → [스케치 클릭] → [접합] → [거리5] → [방향1] → [확인]

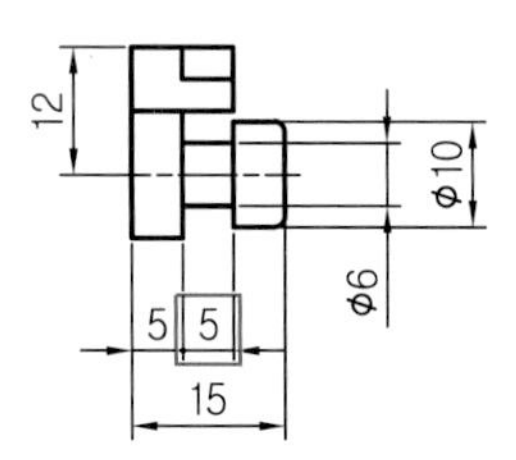

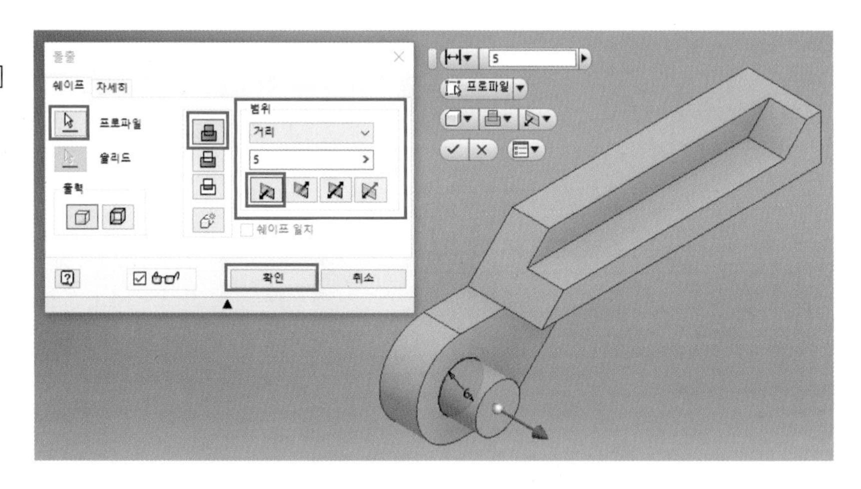

18

부품 ② 3D 모형 만들기

• [2D 스케치 시작] → [해당 스케치평면 선택] → [원] → [치수] → [∅10mm] → [스케치 마무리]

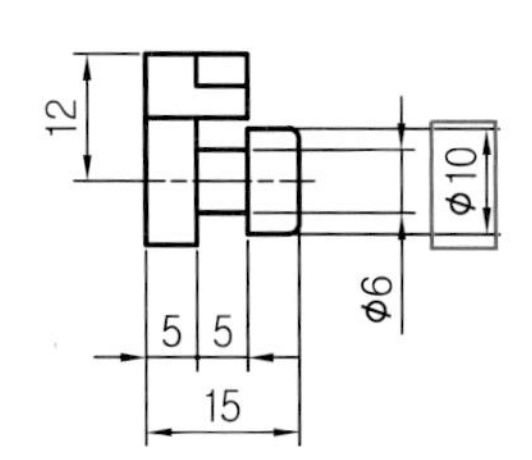

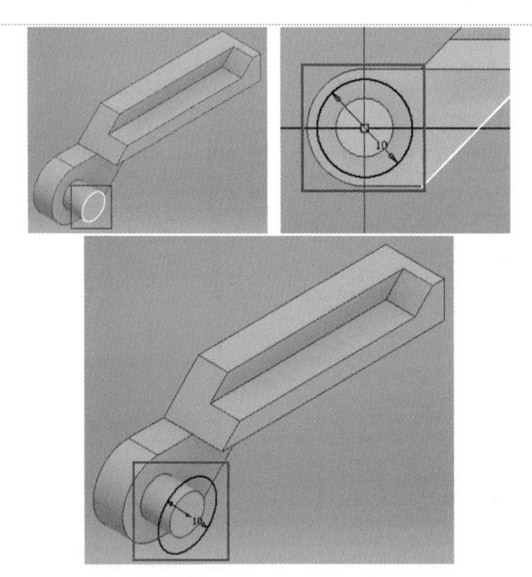

19

부품 ② 3D 모형 만들기

• [돌출] → [스케치 클릭] → [접합] → [거리5] → [방향1] → [확인]

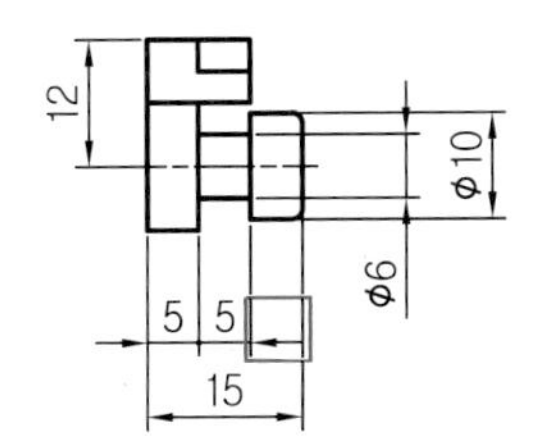

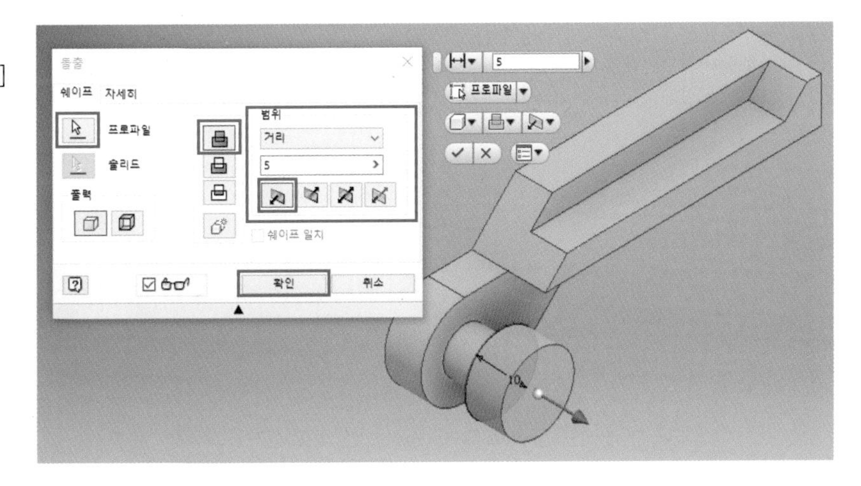

20

부품 ② 3D 모형 만들기

• [모깎기] → [모서리선택] → [반지름1mm] → [확인]

※ 주서
도시되고 지시없는 라운드는 R1

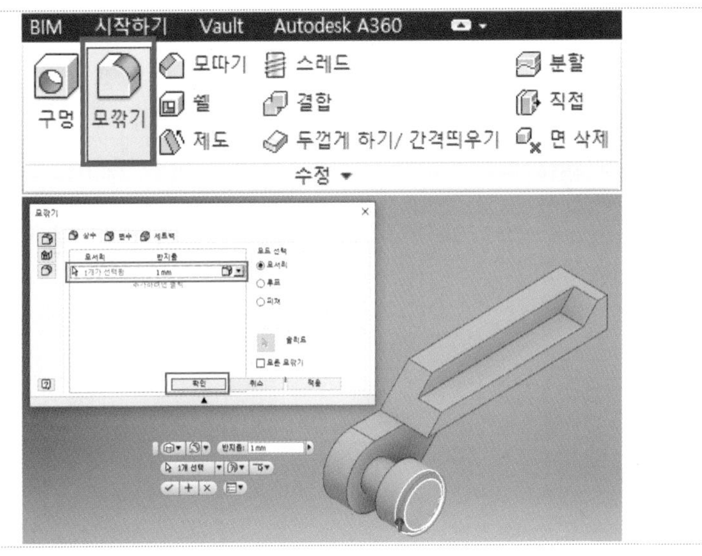

21

부품 ② 저장하기

• [파일] → [다른 이름으로 저장] → [비번호 폴더] → [파일이름] → [01_02] → [저장]

※ 본 교재의 부품 ②번 3D모델링 파일이름은 "01_02"로 작성되었다. 부품 ①, ②번 3D모델링 파일이름은 수험자가 임의로 정할 수 있다.
예 부품2번, 02번 등

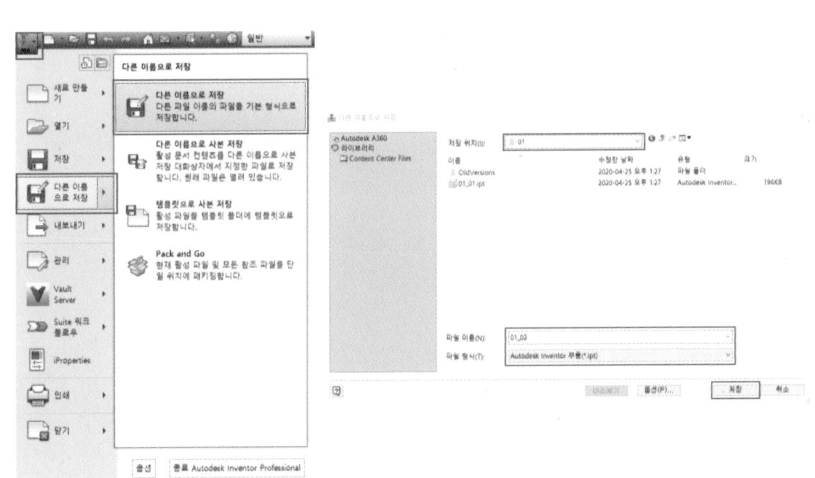

22

어셈블리

- [새로 만들기] → [Metric] → [Standard(mm).iam] → [작성]

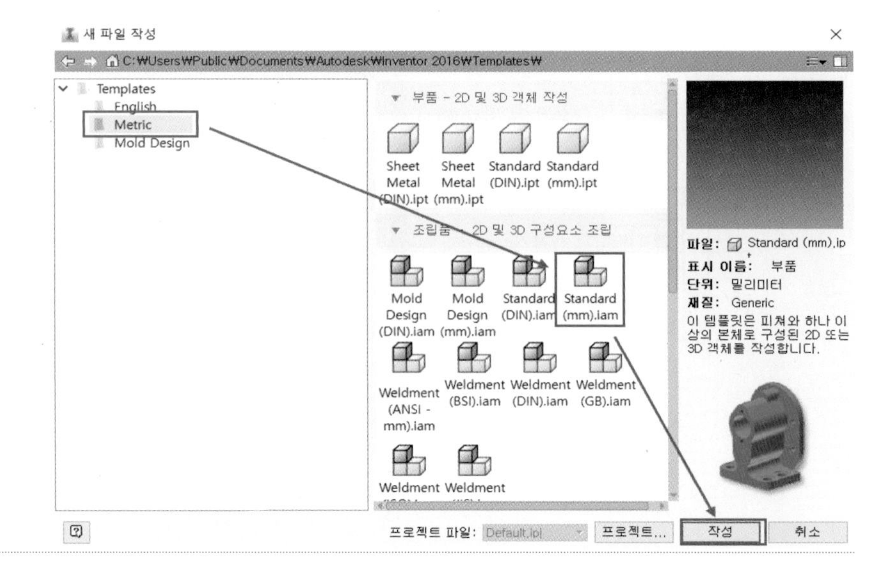

23

배치

"배치" 아이콘을 통해 부품 ①, ②를 배치한다.

- [배치] → [01_01, 01_02 선택] → [열기] → [화면 클릭] → [ESC]

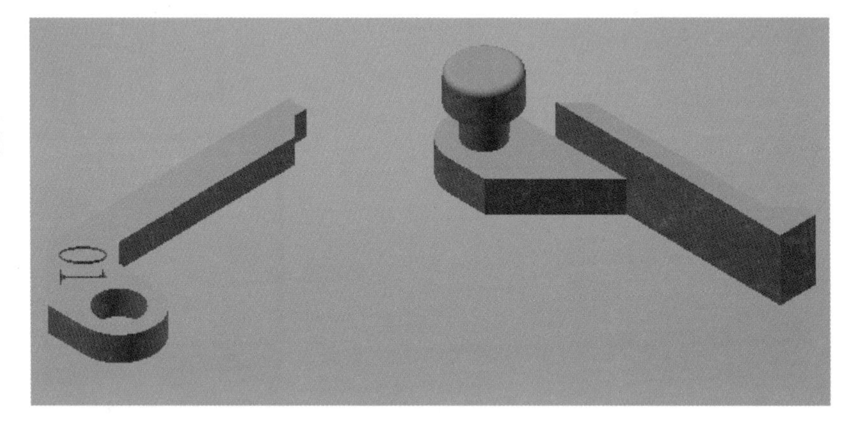

24

시트트리에서 부품①번을 우클릭하여 고정한다.

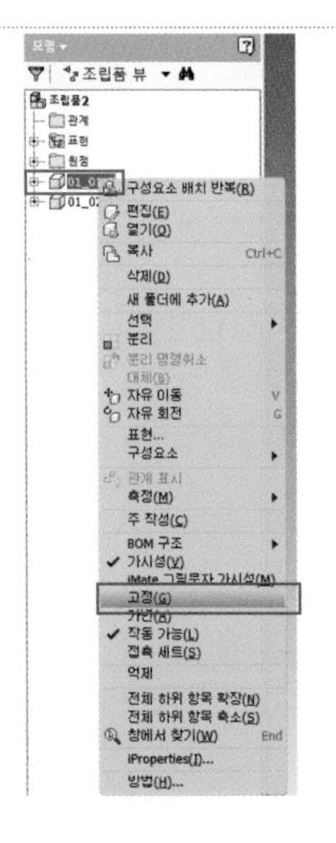

25

조립구속조건

- 부품②를 클릭하여 움직이고 우클릭하여 자유회전을 통하여 도면의 조립도와 비슷하게 한다.

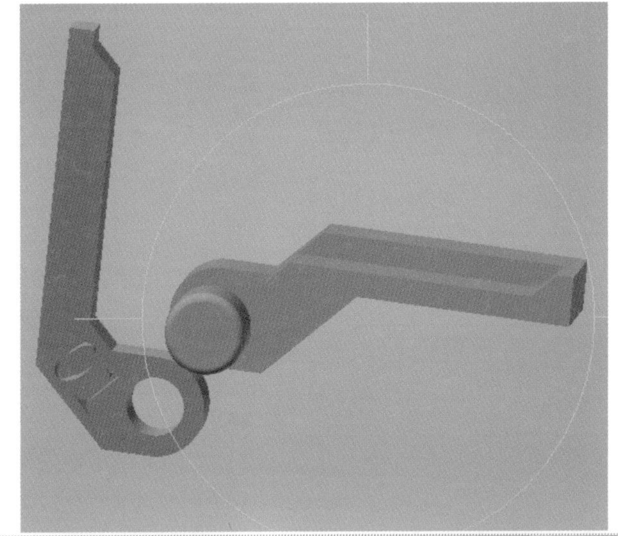

26

조립구속조건

- [구속조건] → [삽입] → [솔루션 : 반대] → [부품①선택요소] → [자유회전F4] → [부품②선택요소] → [간격띄우기0.5] → [확인]

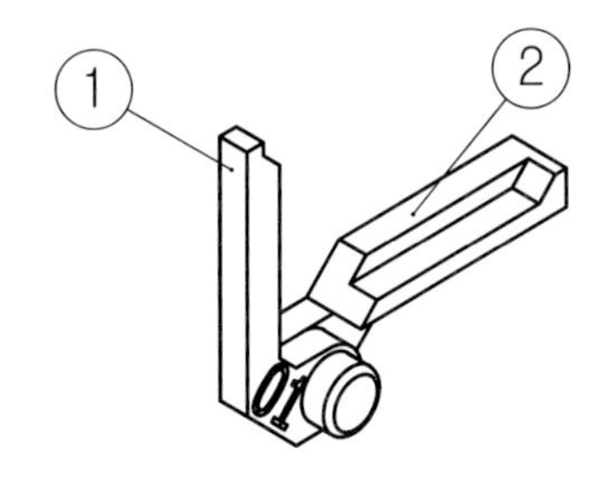

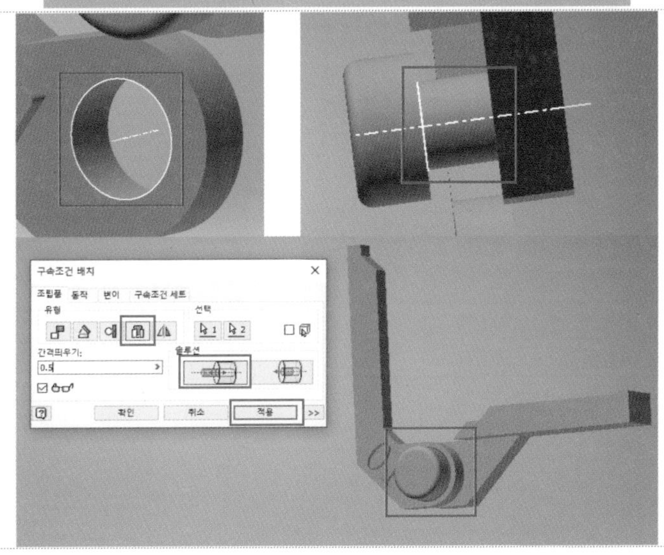

27

출력방향을 고려하여 구속조건 추가

※ 조립된 상태로 출력하니 되도록 서포트가 적게 나오고 도면의 ㉠, ㉡, ㉢ 치수가 정밀하게 나오는 출력방향을 결정해야 한다.

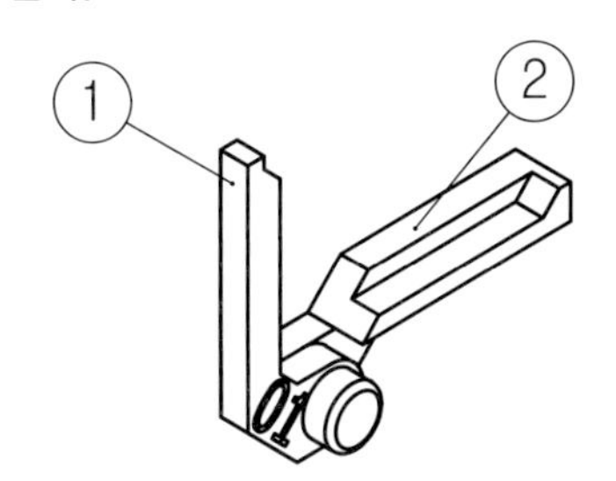

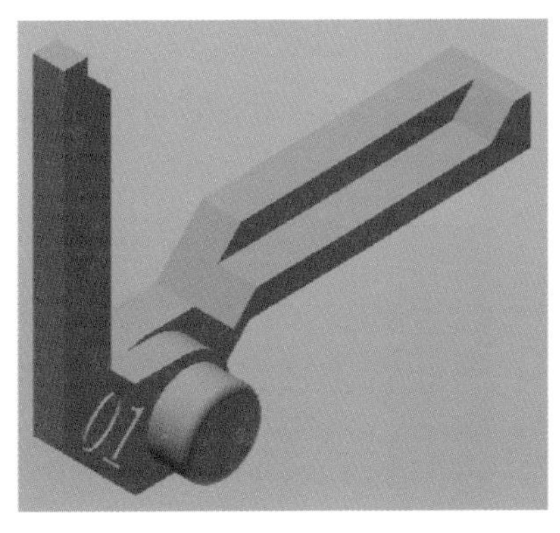

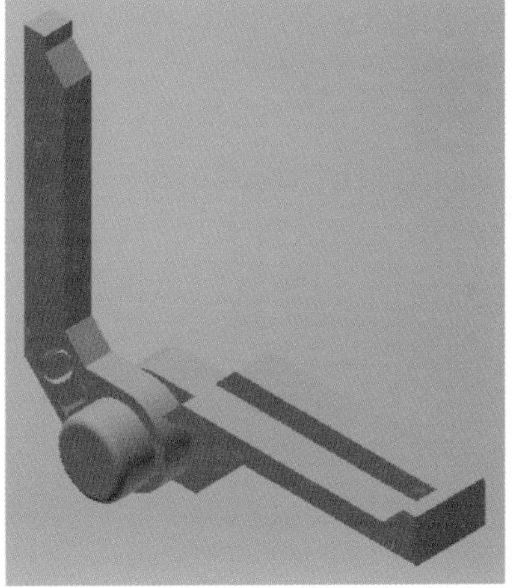

28

어셈블리 저장하기(2가지 확장자)

- [파일] → [다른 이름으로 저장] → [비번호 폴더] → [파일이름] → [01] → [저장]

- [파일] → [내보내기] → [CAD형식] → [비번호폴더] → [01] → [파일형식 : STEP 선택] → [저장]

구 분	작업명	파일명	비 고
1	어셈블리	01.***	
2		01.STP	채점용

※ 비번호 01인 경우

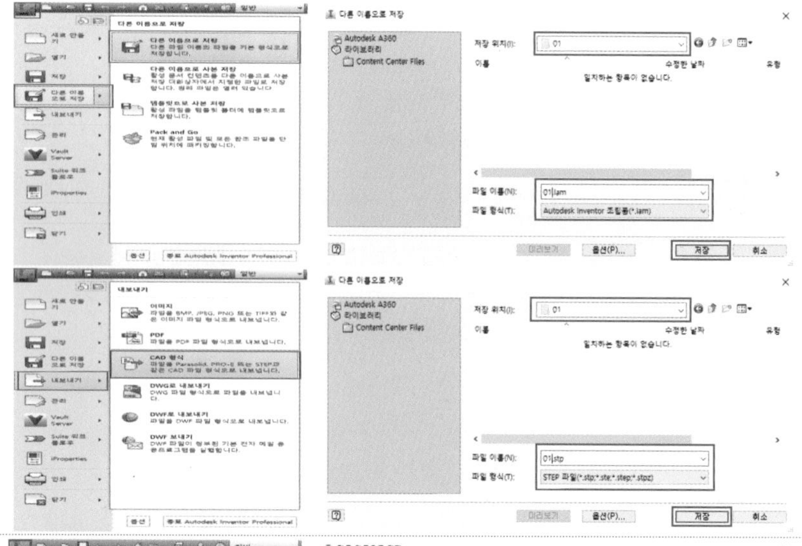

29

어셈블리 저장하기(STL확장자)

- [파일] → [내보내기] → [CAD형식] → [비번호폴더] → [01] → [파일형식 : STL 선택] → [옵션] → [단위 : mm] → [저장]

※ 옵션에서 단위 mm 선택

구 분	작업명	파일명	비 고
3	어셈블리	01.STL	

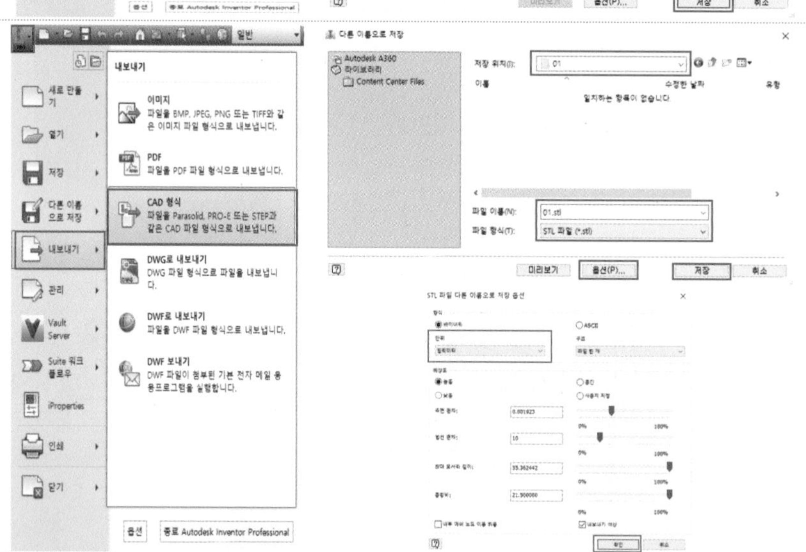

30

슬라이싱(3DWOX)

슬라이싱 프로그램을 실행한다.

- [파일] → [모델 불러오기] → [비번호폴더] → [01.stl] → [열기]

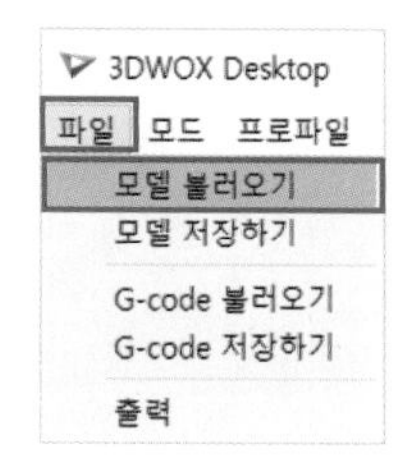

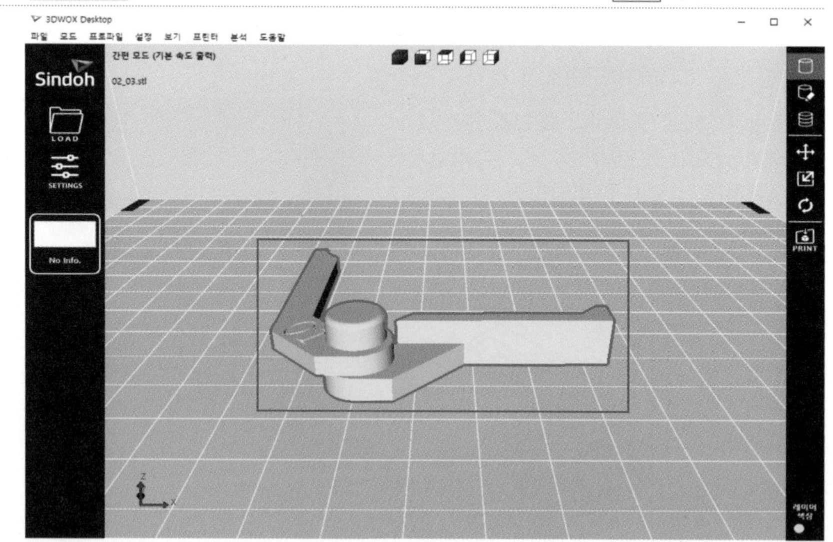

31

프린터 설정

• [설정] → [프린터 설정] → [프린터 모델] → [확인]

※ 시험장 프린터 모델을 선택한다.
예 DP200

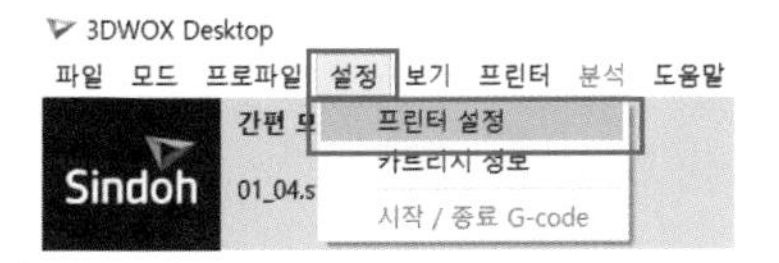

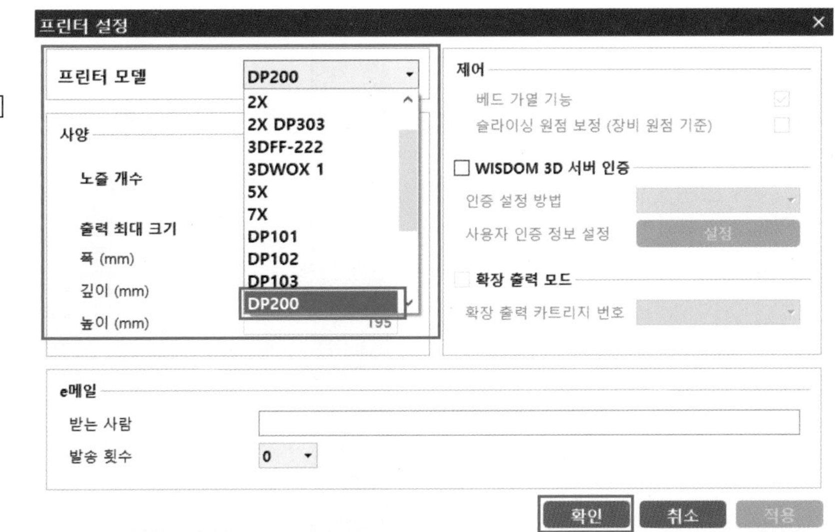

32

출력방향을 결정한다.

• [분석] → [최적출력방향] → [분석] → [추천 1~6 선택]

※ 신도리코 3DWOX는 최적출력방향을 분석해 준다. 참고하여 서포트가 적게 나오고 도면의 ㉠, ㉡, ㉢ 치수가 정밀하게 나오는 출력방향을 결정한다.

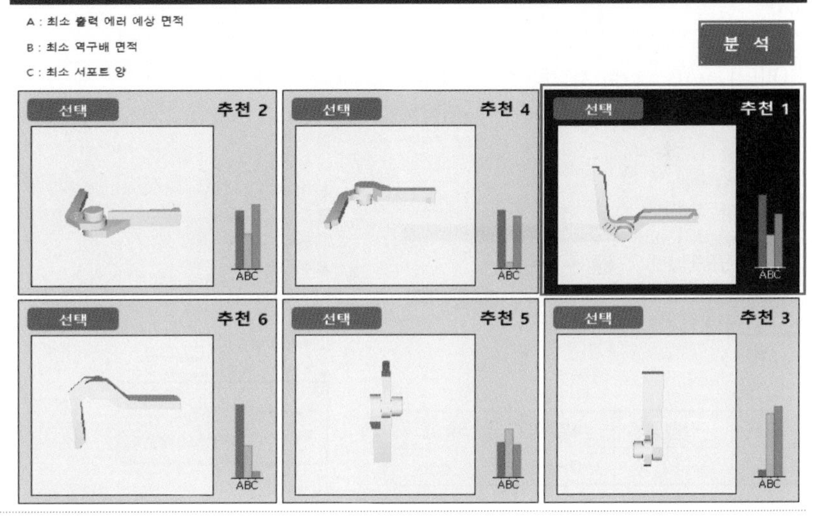

33

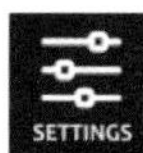

기본 파라미터를 설정한다.

• [SETTINGS] 버튼을 클릭하여 파라미터 값을 조정한다.
• 기본 속도 출력
• 재질 : PLA
• 서포트 : 모든 곳, 지그재그 구조

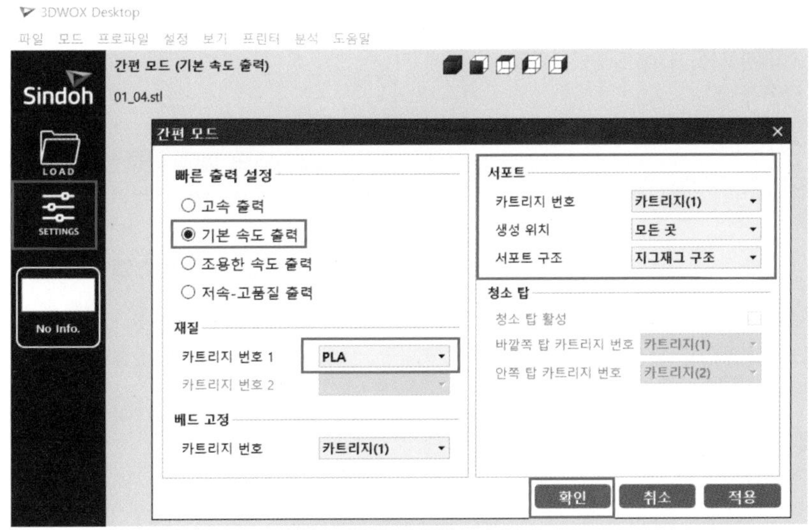

34

슬라이싱

- 베드상에 있는 출력물이 파라미터의 값이 반영되면서 슬라이싱을 수행한다.

※ 출력예상시간을 확인한다.

※ 출력예상시간이 1시간 20분이 넘어가면 고급모드로 변경하여 [SETTINGS]에서 레이어 높이, 채우기 밀도, 서포트 밀도 등 설정값을 변경한다.

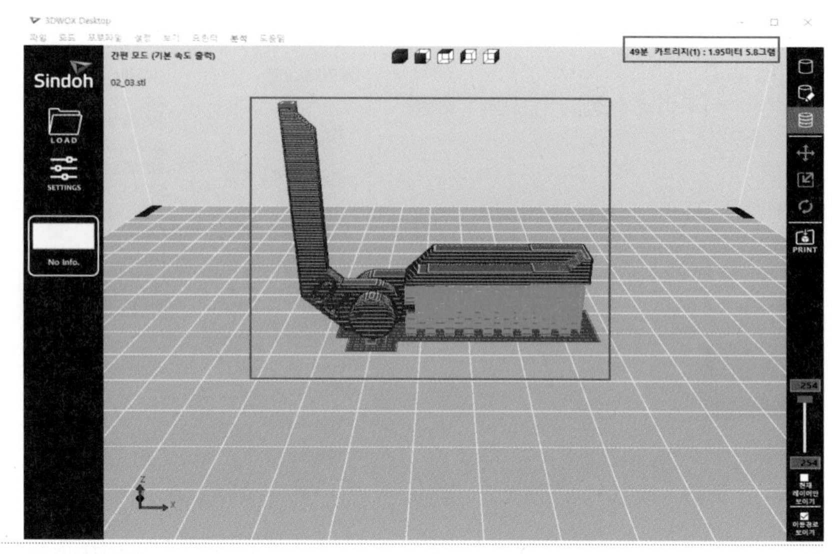

35

G-code 저장하기

- [파일] → [G-code 저장하기] → [예] → [비번호폴더] → [01.gcode] → [저장]

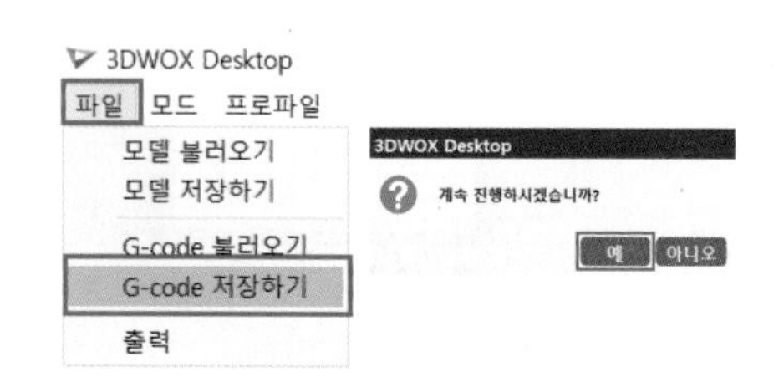

구 분	작업명	파일명	비 고
4	슬라이싱	01.***	gcode

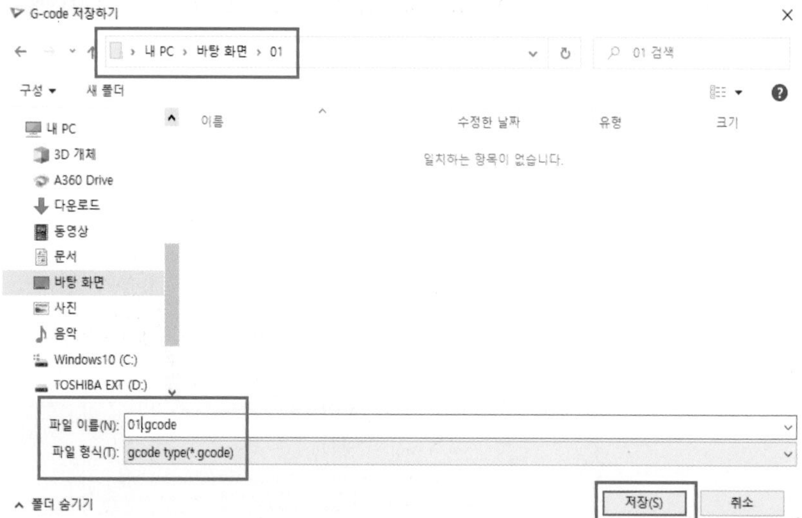

36

지급된 저장매체(USB 또는 SD-card)에 저장한다.

- 감독위원에게 저장매체(USB 또는 SD-card) 제출

37

3D프린터 세팅

- 노즐, 베드 등에 이물질을 제거하여 출력 시 방해요소가 없도록 세팅한다.
- PLA 필라멘트 장착 여부 등 소재의 이상 여부를 점검하고 정상 작동하도록 세팅한다.
- 베드 레벨링 기능 등을 활용하여 베드 위치를 세팅한다.

38

3D프린팅

- 저장매체(USB 또는 SD-card)에 있는 파일(01_04.gcode)을 3D프린터 전면부에 있는 USB 포트에 연결하여 화면에서 직접 G-code를 불러와 출력한다.

39 후처리	• 출력이 완료되면 보호장갑을 착용하고 서포트 및 거스러미를 제거하여 감독위원에게 제출한다.
40 노즐 및 베드 정리	• 출력물을 제출 후 본인이 사용한 3D프린터 노즐 및 베드 등의 잔여물을 제거하고 정리정돈 한다(**※ 정리상태도 채점 대상임에 주의하자**).

18 3D모델링 실기 공개문제 도면 - 18

자격종목	3D프린터운용기능사	[시험1] 과제명	3D모델링 작업	척 도	NS

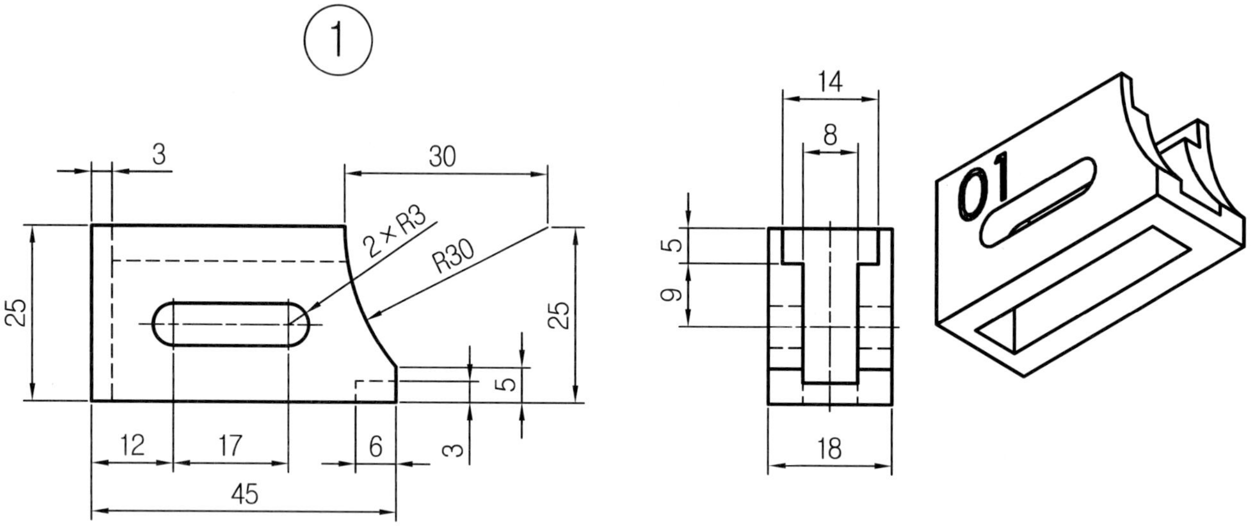

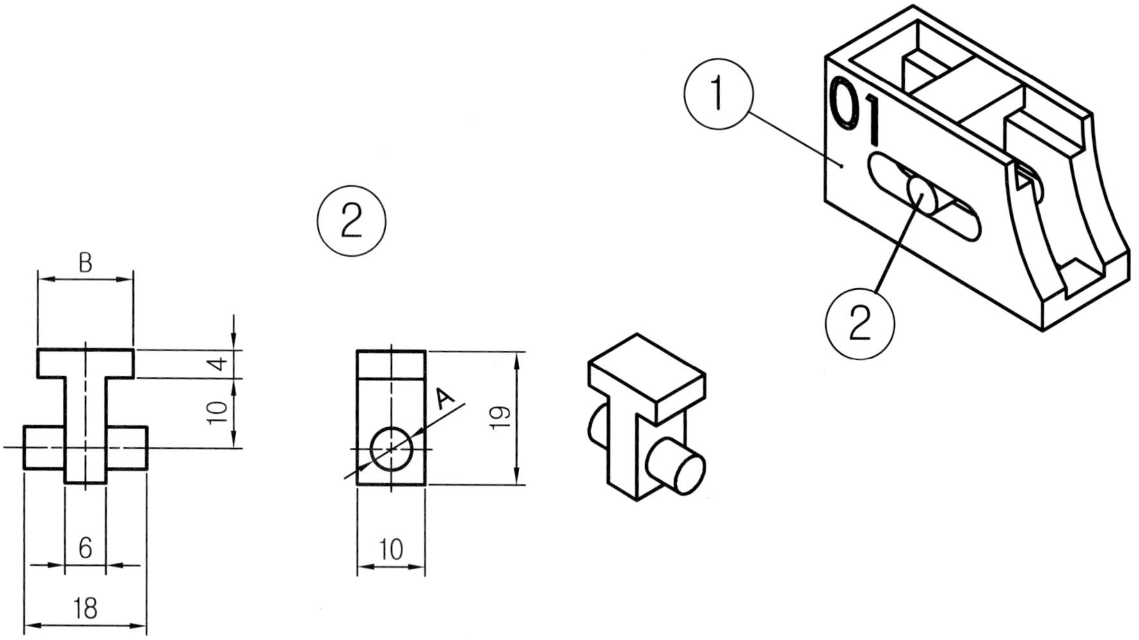

01

부품 ① 모델링

- [새로 만들기] → [Metric] → [Standard(mm).ipt] → [작성]

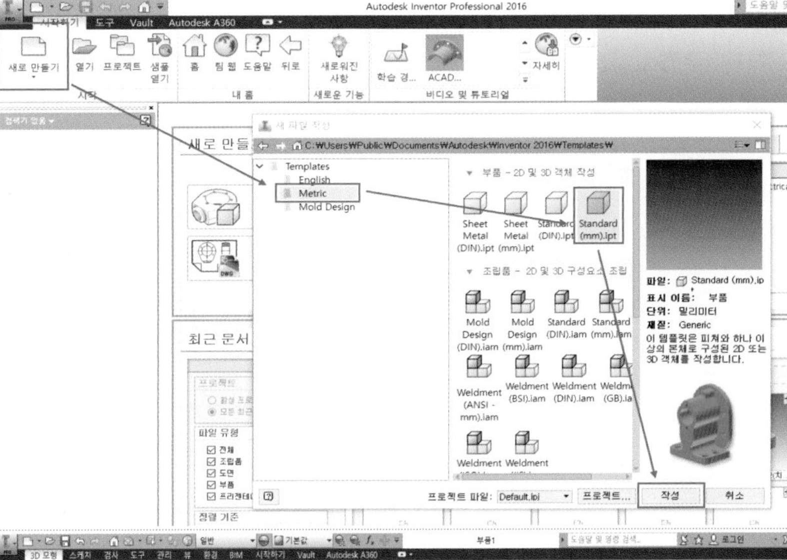

02

[2D 스케치 시작] → [마우스로 **XY Plane** 선택]

※ 마우스로 XY Plane 선택 시 빨간색으로 변함

※ 다른 방법(시트트리에서) [원점] → [XY평면 마우스오른쪽 클릭] → [새 스케치]

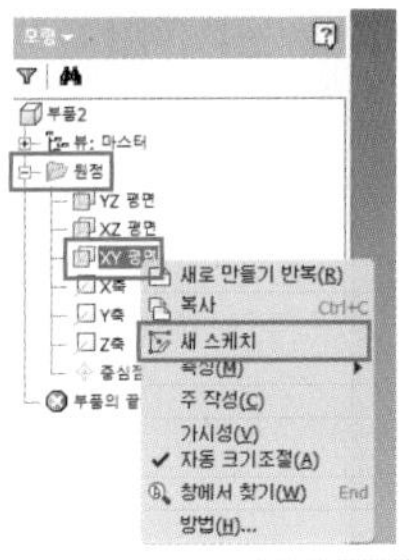

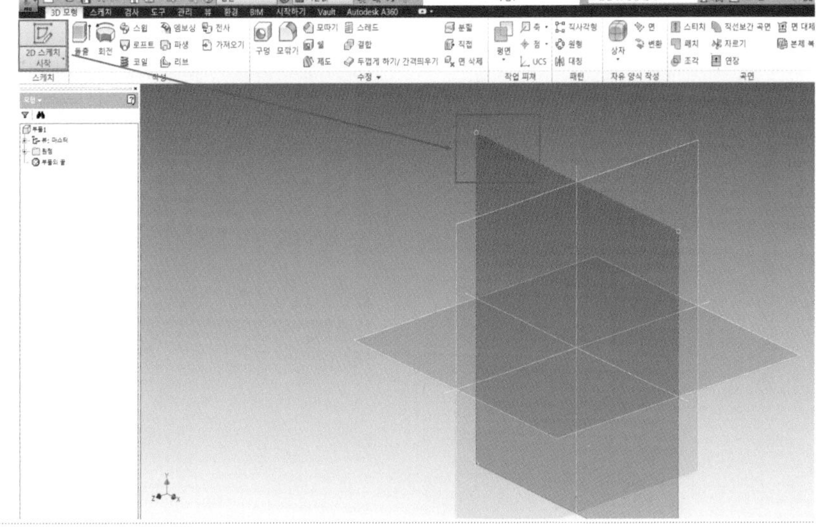

03

부품 ① 정면도를 스케치 한다.

- 직사각형, 호, 치수, 자르기 슬롯(중심대 중심)

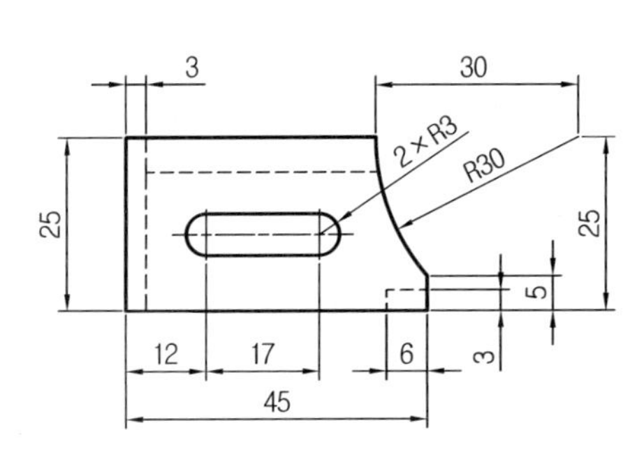

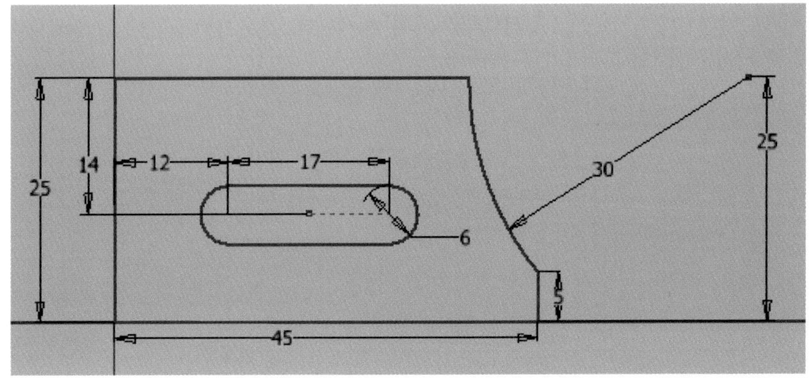

04

스케치마무리

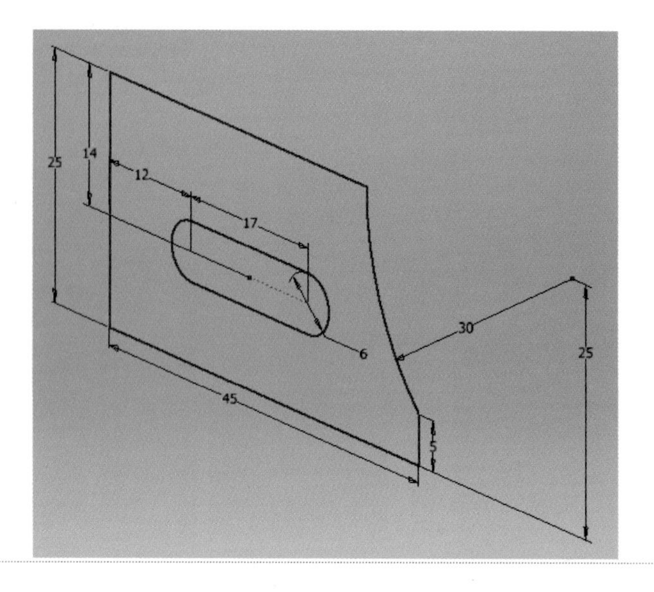

05

부품 ① 3D 모형 만들기

- [돌출] → [스케치 클릭] → [거리18] → [대칭] → [확인]

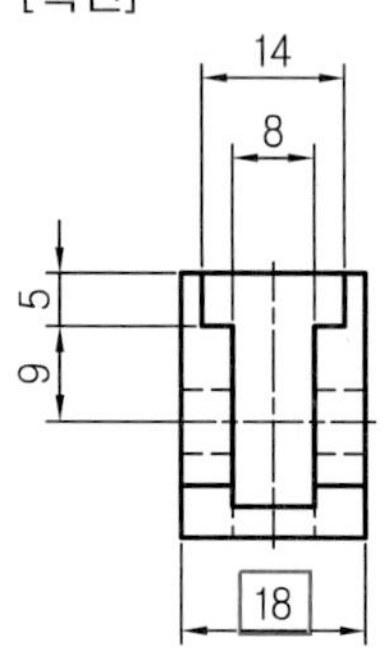

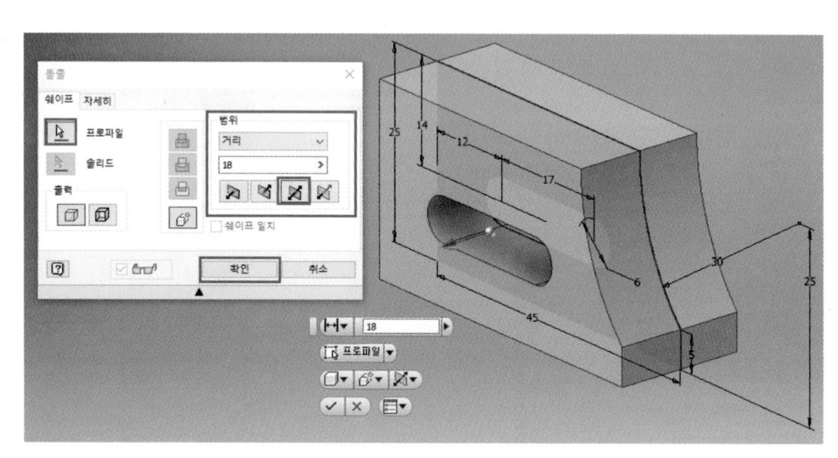

06

부품 ① 3D 모형 만들기

- [2D 스케치 시작] → [해당 스케치평면 선택] → [선] → [치수] → [스케치마무리]

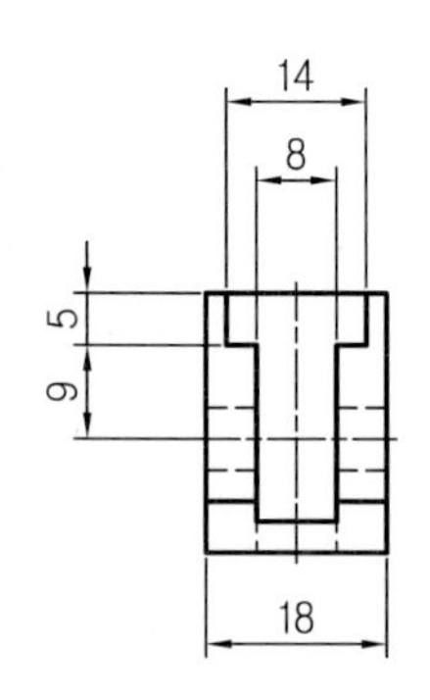

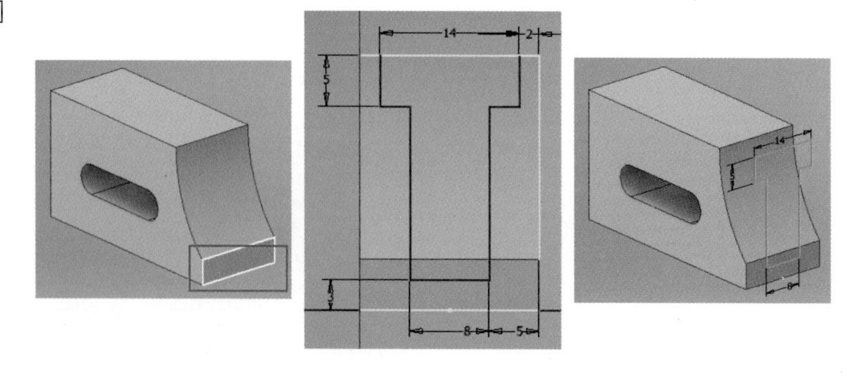

07

부품 ① 3D 모형 만들기

• [돌출] → [스케치 클릭] → [차집합] → [거리42] → [방향2] → [확인]

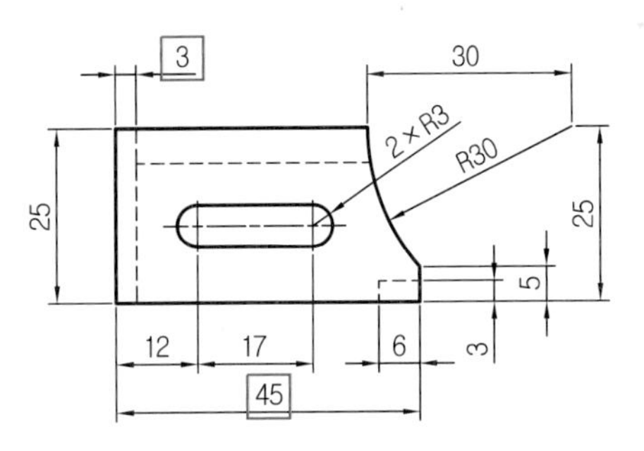

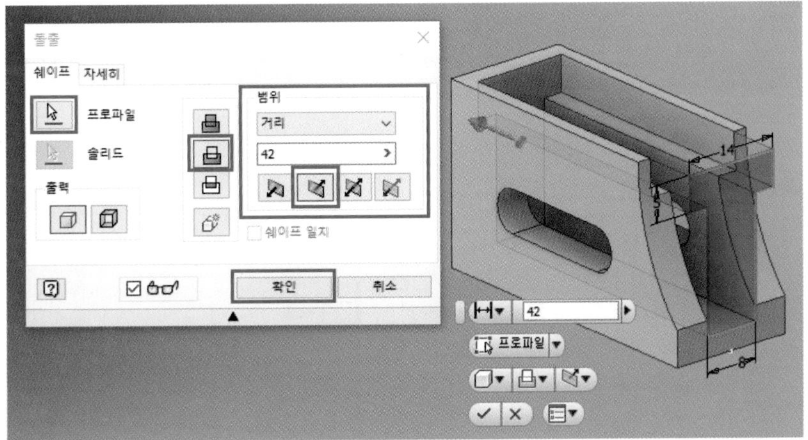

08

부품 ① 3D 모형 만들기

• [2D 스케치 시작] → [해당 스케치평면 선택] → [직사각형] → [치수] → [스케치마무리]

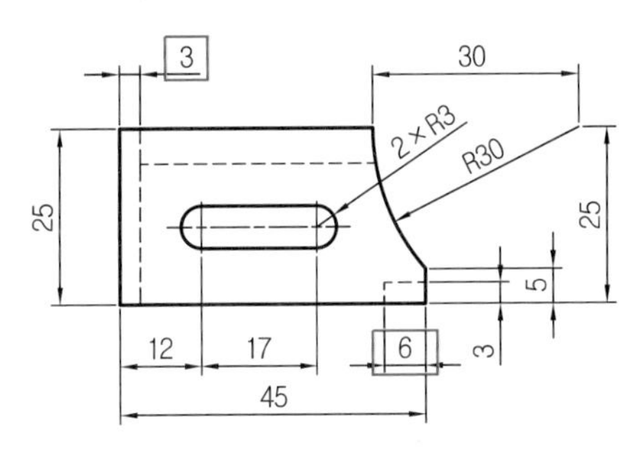

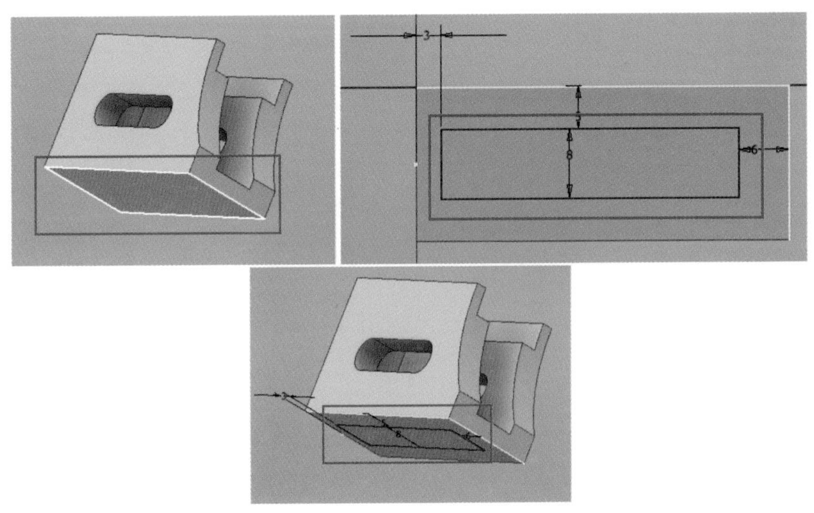

09

부품 ① 3D 모형 만들기

• [돌출] → [스케치 클릭] → [차집합] → [전체] → [방향2] → [확인]

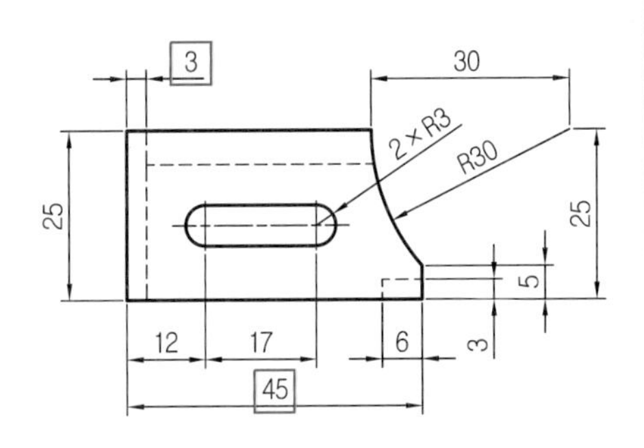

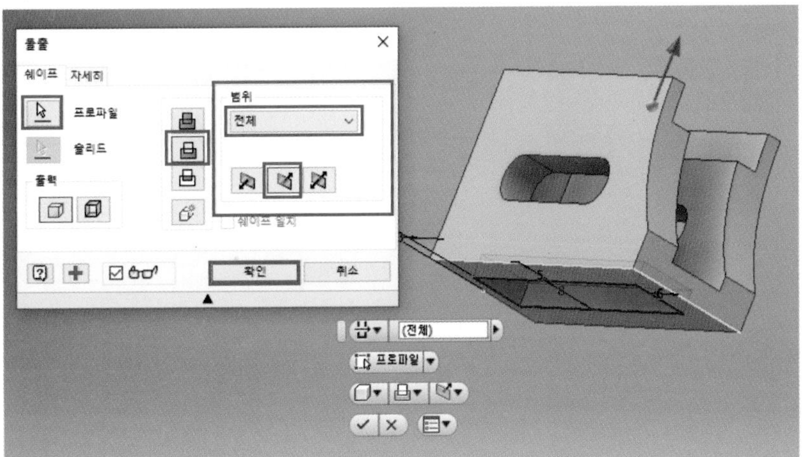

10

부품 ① 각인

- [2D 스케치 시작] → [각인평면 선택] → [텍스트] → [바탕체] → [6mm] → [확인] → [스케치마무리]
- [돌출] → [각인번호 선택] → [차집합] → [거리] → [3mm] → [방향2] → [확인]

※ 각인 방향이 도면과 상이할 시 [회전] → [각인 선택] → [중심점 : 각인번호중심 클릭] → [각도 입력] → [적용]

※ 글자체, 글자 크기, 글자 깊이 등은 별도의 정보가 없으므로 도면과 유사한 모양 및 크기로 작업하시오.

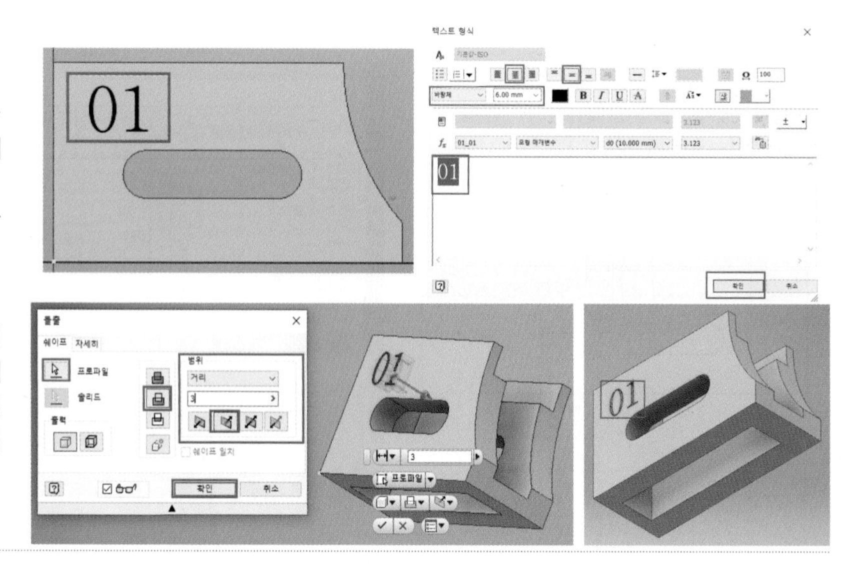

11

부품 ① 저장하기

- [파일] → [다른 이름으로 저장] → [비번호 폴더] → [파일이름] → [01_01] → [저장]

※ 본 교재의 부품 ①번 3D모델링 파일이름은 "01_01"로 작성되었다. 부품 ①, ②번 3D모델링 파일이름은 수험자가 임의로 정할 수 있다.
예 부품1번, 01번 등

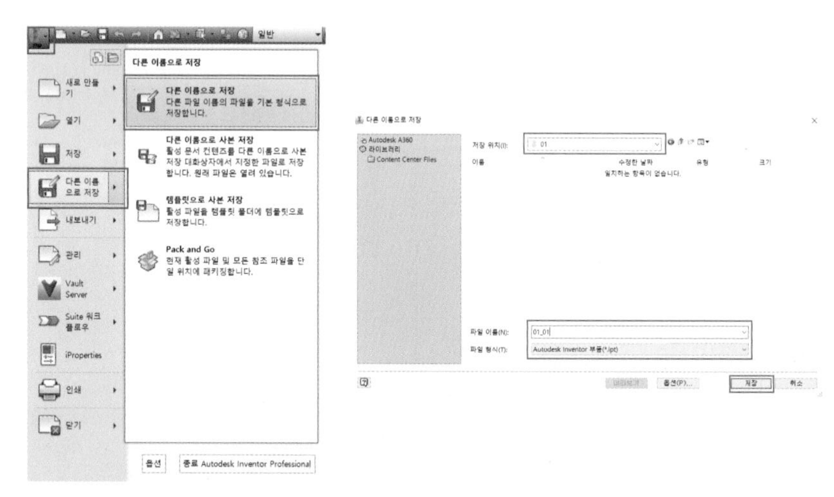

12

부품 ② 모델링

- [새로 만들기] → [Metric] → [Standard(mm).ipt] → [작성]

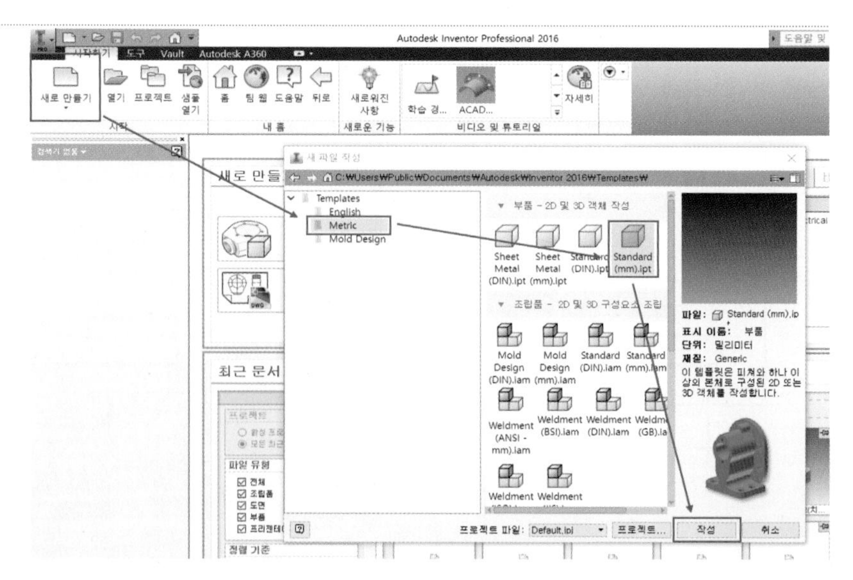

13

[2D 스케치 시작] → [마우스로 XY Plane 선택]

※ 마우스로 XY Plane 선택 시 빨간색으로 변함

※ 다른 방법(시트트리에서)
[원점] → [XY평면 마우스오른쪽 클릭] → [새 스케치]

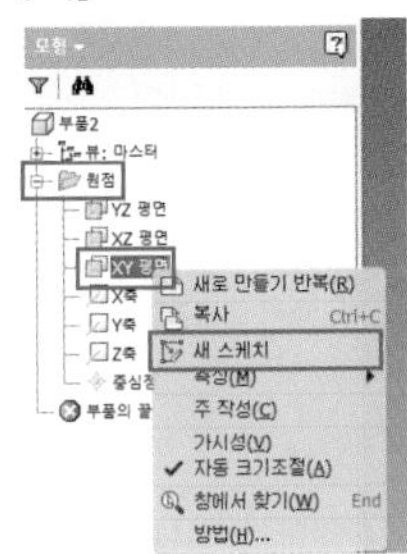

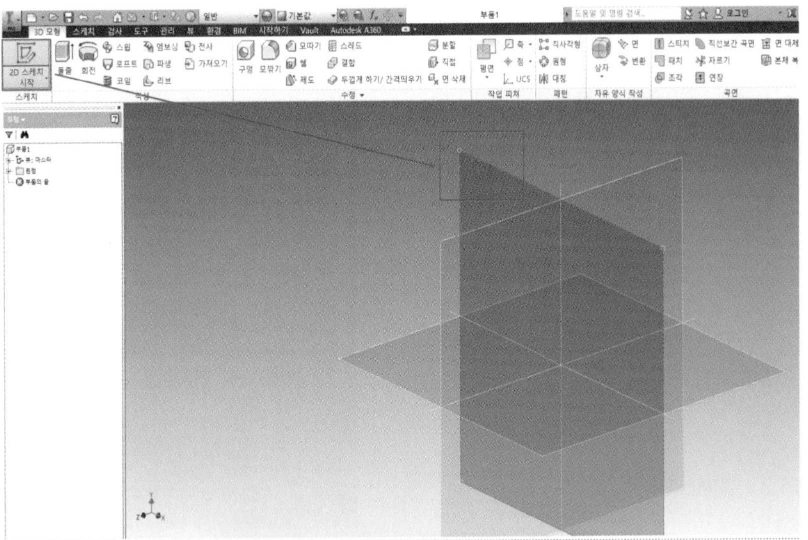

14

부품 ② 정면도 일부를 스케치 한다.

• [직사각형] → [치수] → [스케치마무리]

※ 'B'는 14와 축공차를 적용해 13mm로 결정한다.

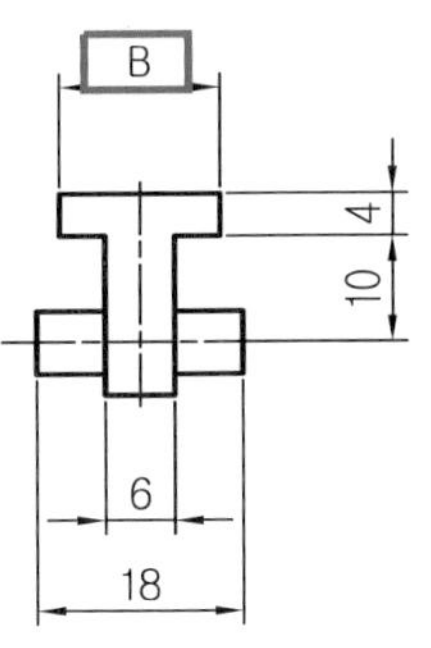

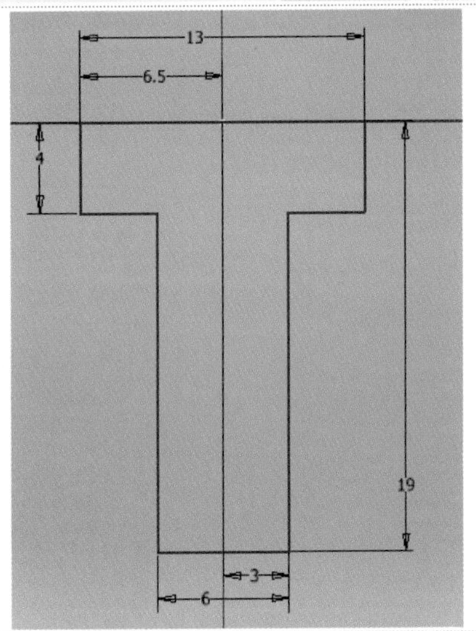

15

스케치마무리

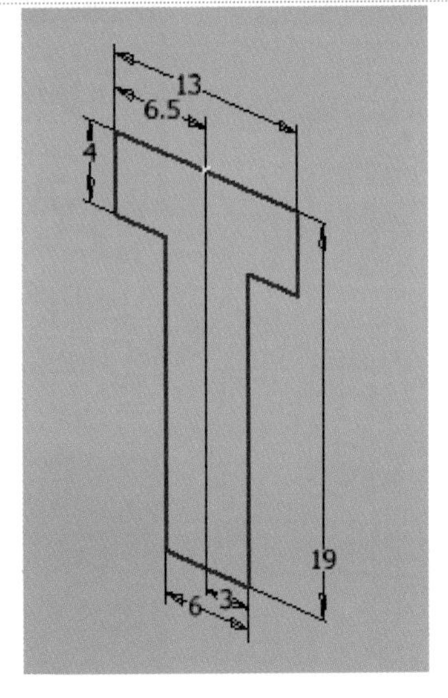

16

부품 ② 3D 모형 만들기

- [돌출] → [스케치 클릭] → [거리10] → [대칭] → [확인]

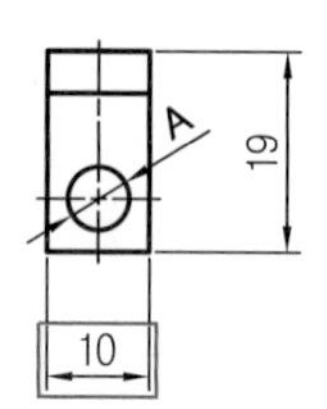

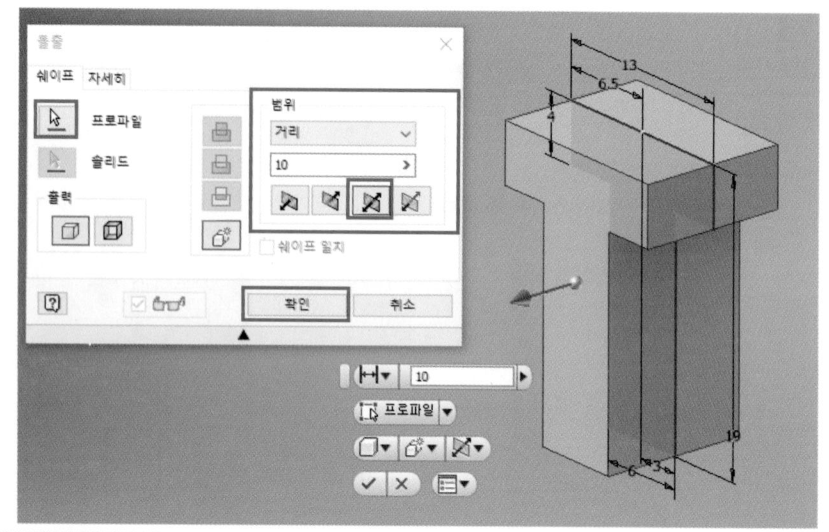

17

부품 ② 3D 모형 만들기

- [2D 스케치 시작] → [YZ평면 선택] → [F7] [원∅5] → [치수] → [스케치마무리]

※ 'A'는 상대치수(2XR3)와 축공차를 적용해 ∅5mm로 결정한다.

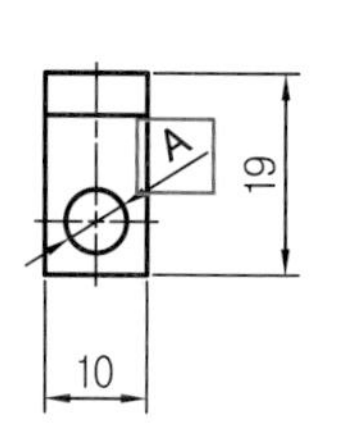

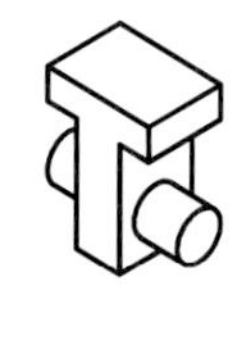

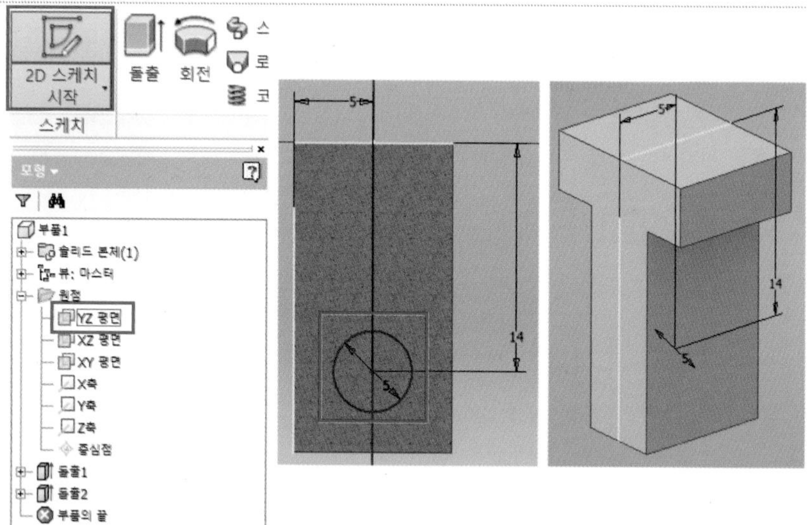

18

부품 ② 3D 모형 만들기

- [돌출] → [스케치 클릭] → [접합] → [거리18] → [대칭] → [확인]

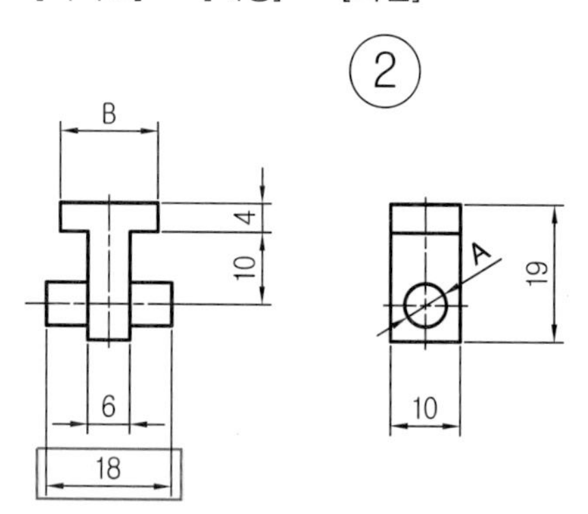

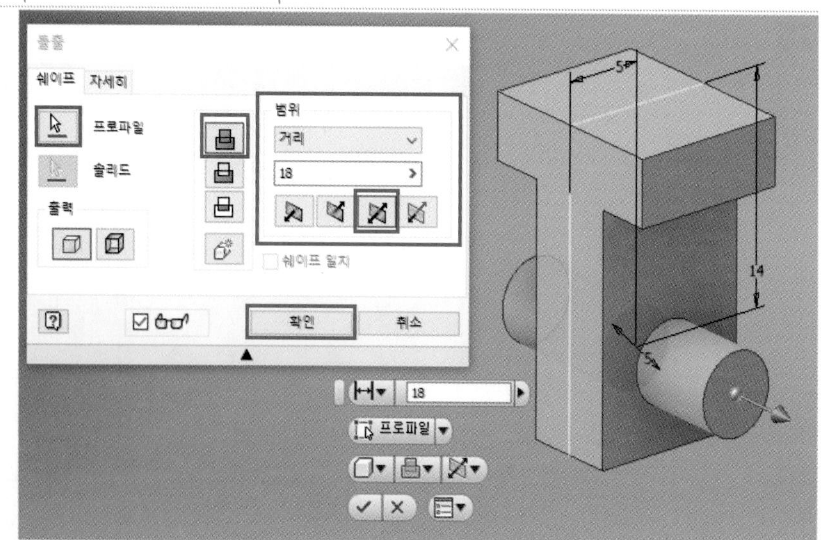

19

부품 ② 저장하기

• [파일] → [다른 이름으로 저장] → [비번호 폴더] → [파일이름] → [01_02] → [저장]

※ 본 교재의 부품 ②번 3D모델링 파일이름은 "01_02"로 작성되었다. 부품 ①, ②번 3D모델링 파일이름은 수험자가 임의로 정할 수 있다.
예 부품2번, 02번 등

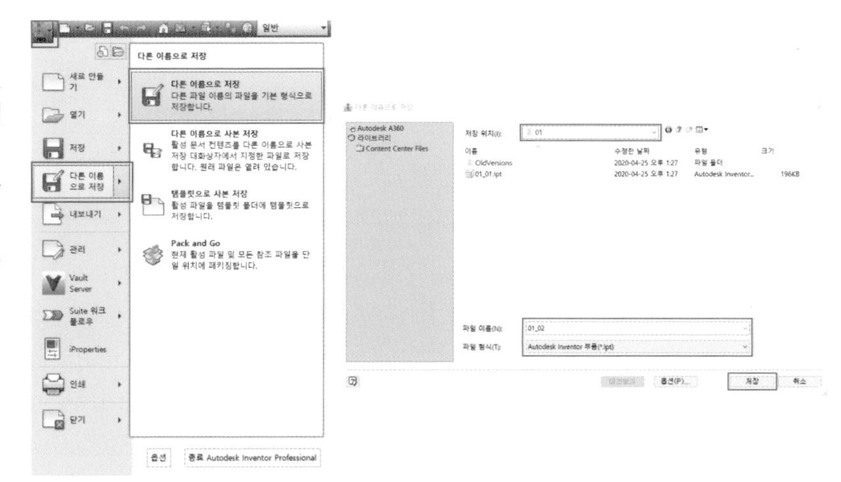

20

어셈블리

• [새로 만들기] → [Metric] → [Standard(mm).iam] → [작성]

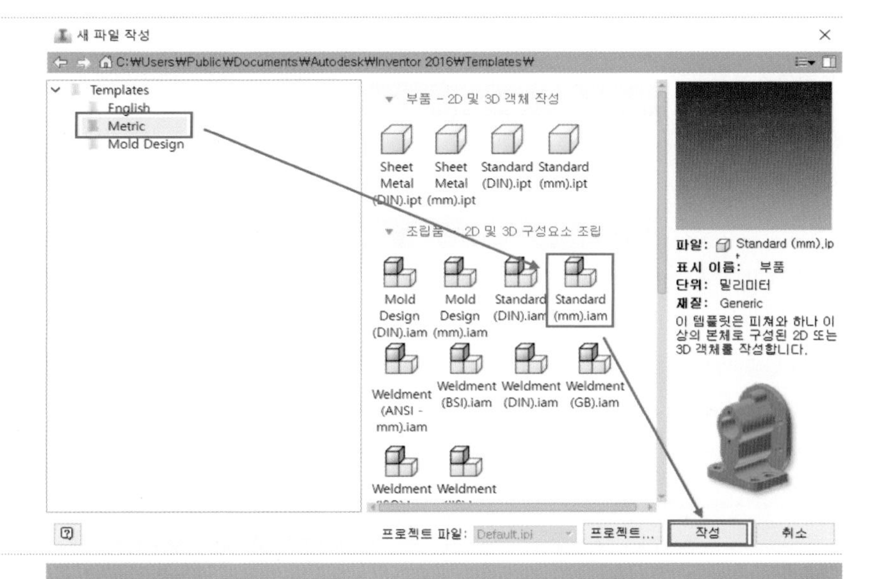

21

배치

"배치" 아이콘을 통해 부품 ①, ②를 배치한다.

• [배치] → [01_01, 01_02 선택] → [열기] → [화면 클릭] → [ESC]

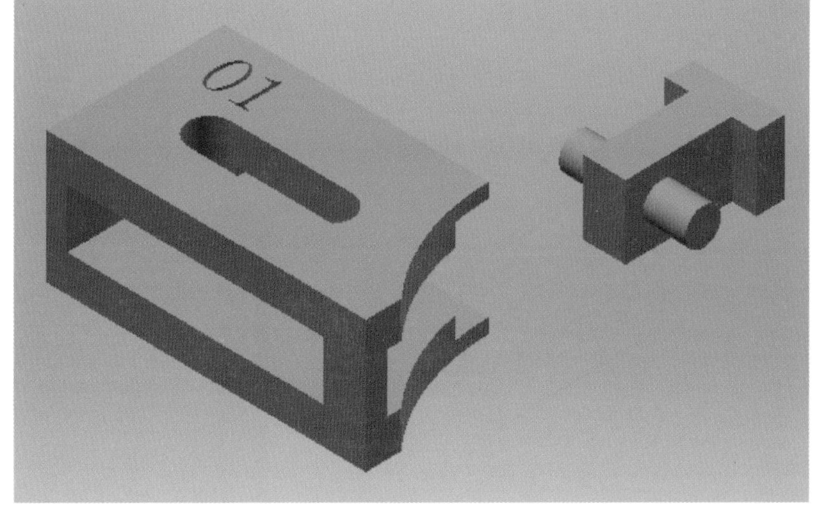

22

시트트리에서 부품①번을 우클릭하여 고정한다.

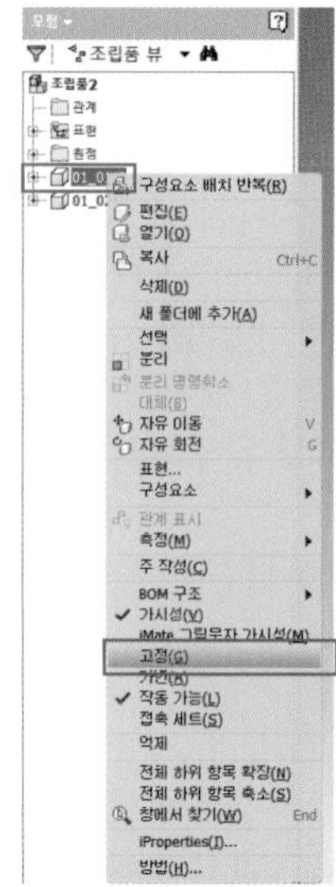

23

조립구속조건

- 부품②를 클릭하여 움직이고 우클릭하여 자유회전을 통하여 도면의 조립도와 비슷하게 한다.

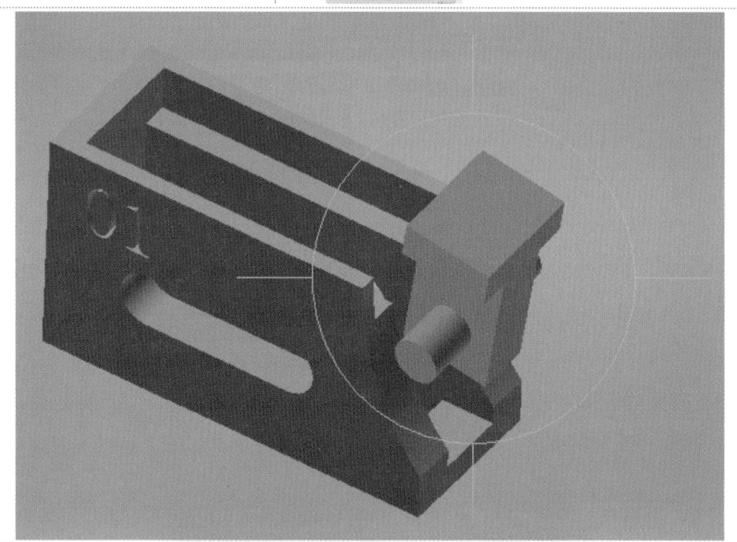

24

조립구속조건

- [구속조건] → [삽입] → [솔루션 : 정렬] → [부품①선택요소] → [자유회전F4] → [부품②선택요소] → [간격띄우기0] → [확인]

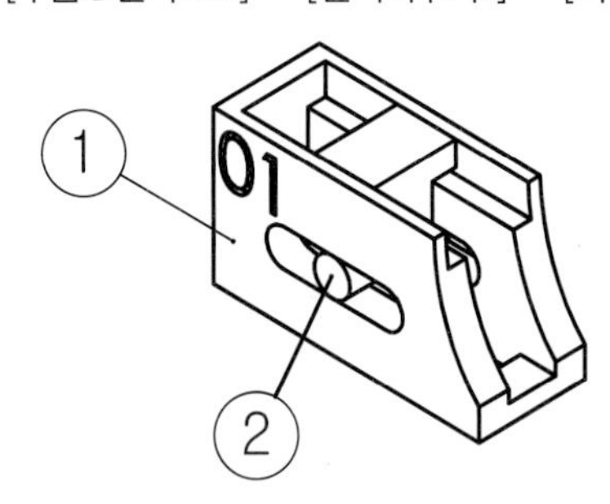

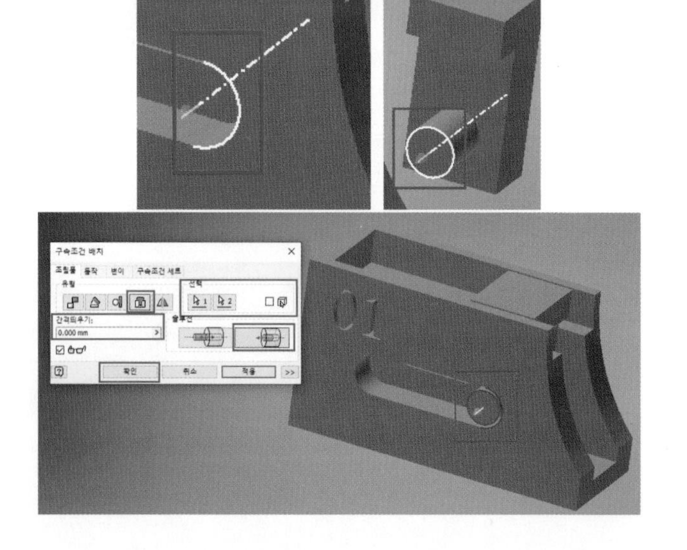

25

조립구속조건

• [구속조건] → [메이트] → [솔루션 : 플러시] → [부품①선택요소] → [부품②선택요소] → [간격띄우기0] → [확인]

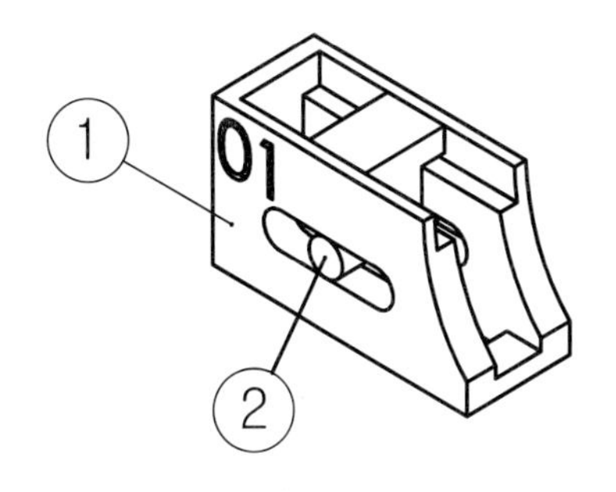

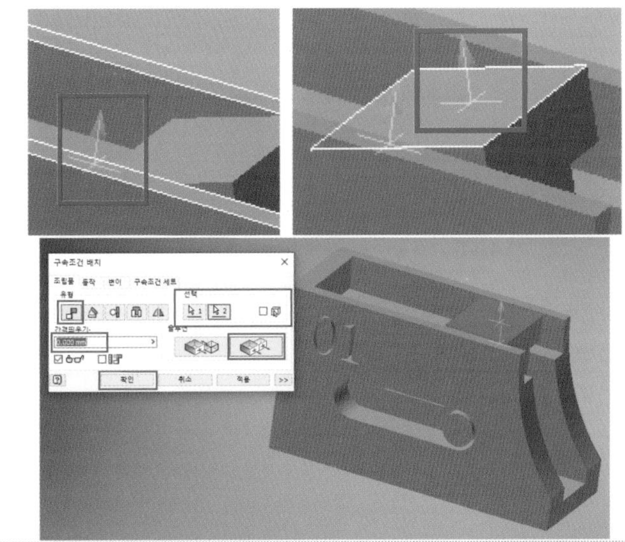

26

출력방향을 고려하여 구속조건 추가

※ 조립된 상태로 출력하니 되도록 서포트가 적게 나오고 도면의 ㉠, ㉡, ㉢ 치수가 정밀하게 나오는 출력방향을 결정해야 한다.

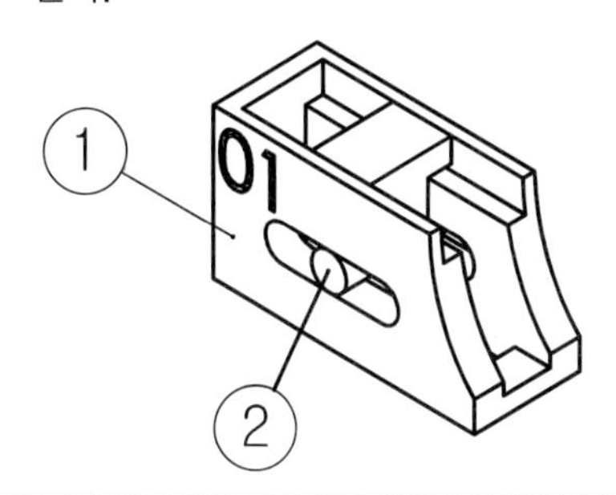

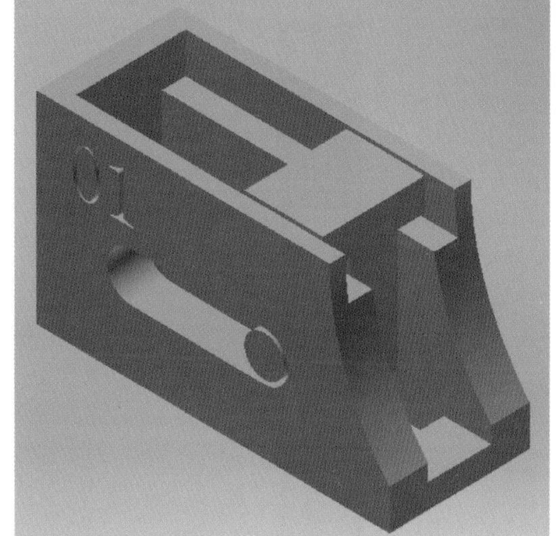

27

어셈블리 저장하기(2가지 확장자)

• [파일] → [다른 이름으로 저장] → [비번호 폴더] → [파일이름] → [01] → [저장]

• [파일] → [내보내기] → [CAD형식] → [비번호폴더] → [01] → [파일형식 : STEP 선택] → [저장]

구 분	작업명	파일명	비 고
1	어셈블리	01.***	
2		01.STP	채점용

※ 비번호 01인 경우

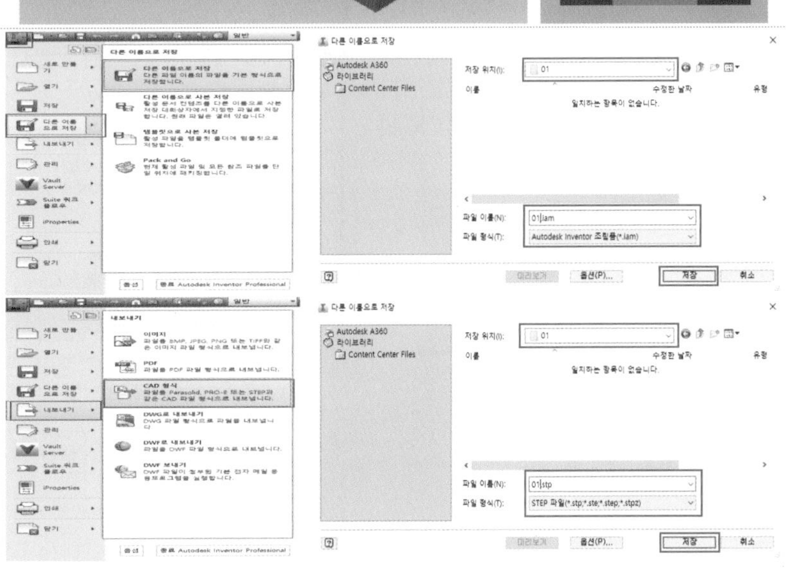

28

어셈블리 저장하기(STL확장자)

- [파일] → [내보내기] → [CAD형식] → [비번호폴더] → [01] → [파일형식 : STL 선택] → [옵션] → [단위 : mm] → [저장]

※ 옵션에서 단위 mm 선택

구 분	작업명	파일명	비 고
3	어셈블리	01.STL	

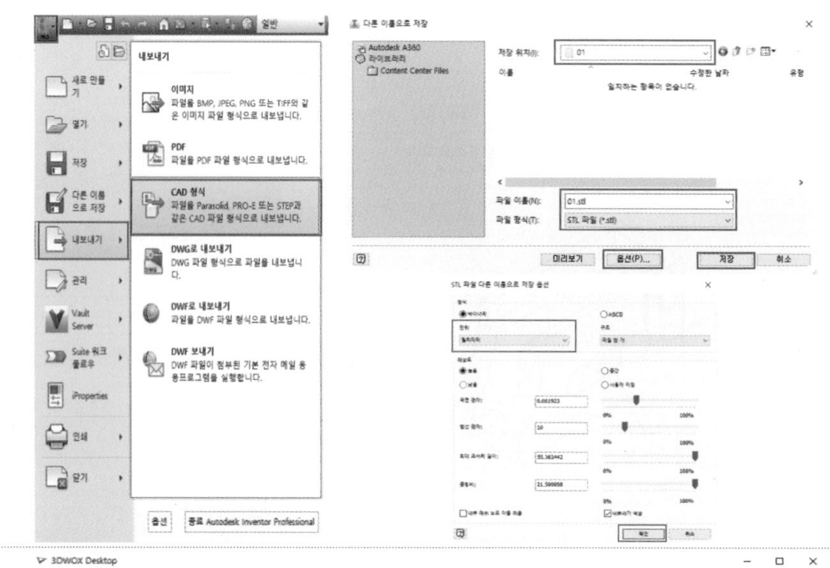

29

슬라이싱(3DWOX)

슬라이싱 프로그램을 실행한다.

- [파일] → [모델 불러오기] → [비번호폴더] → [01.stl] → [열기]

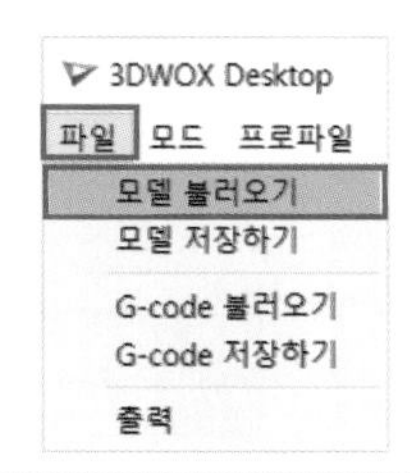

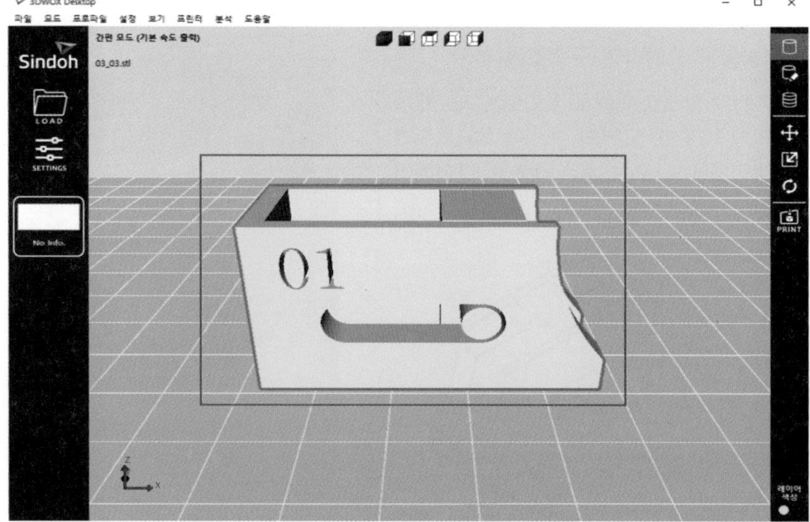

30

프린터 설정

- [설정] → [프린터 설정] → [프린터 모델] → [확인]

※ 시험장 프린터 모델을 선택한다.
예 DP200

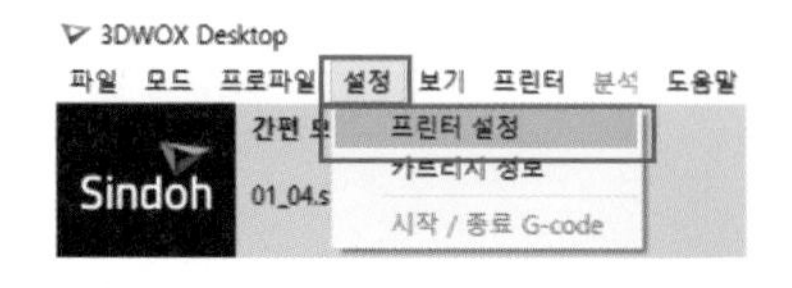

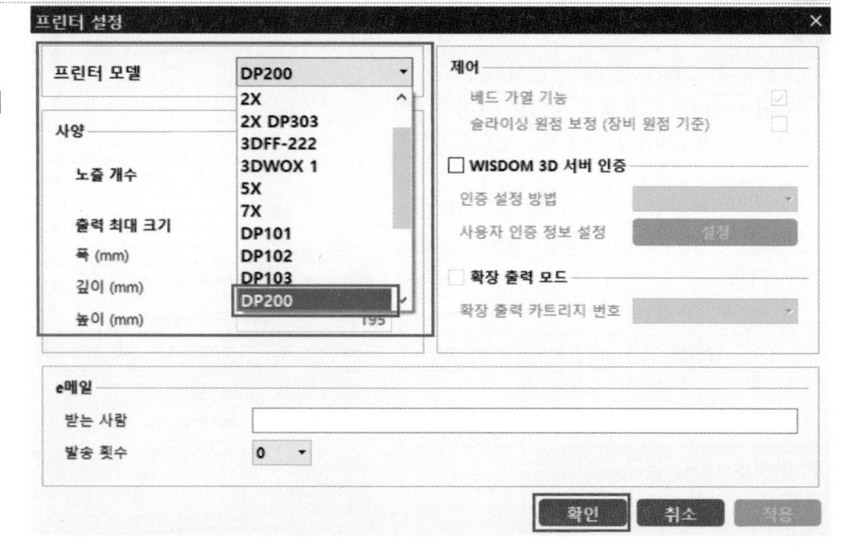

31

출력방향을 결정한다.

- [분석] → [최적출력방향] → [분석] → [추천 1~6 선택]

※ 신도리코 3DWOX는 최적출력방향을 분석해 준다. 참고하여 서포트가 적게 나오고 도면의 ㉠, ㉡, ㉢ 치수가 정밀하게 나오는 출력방향을 결정한다.

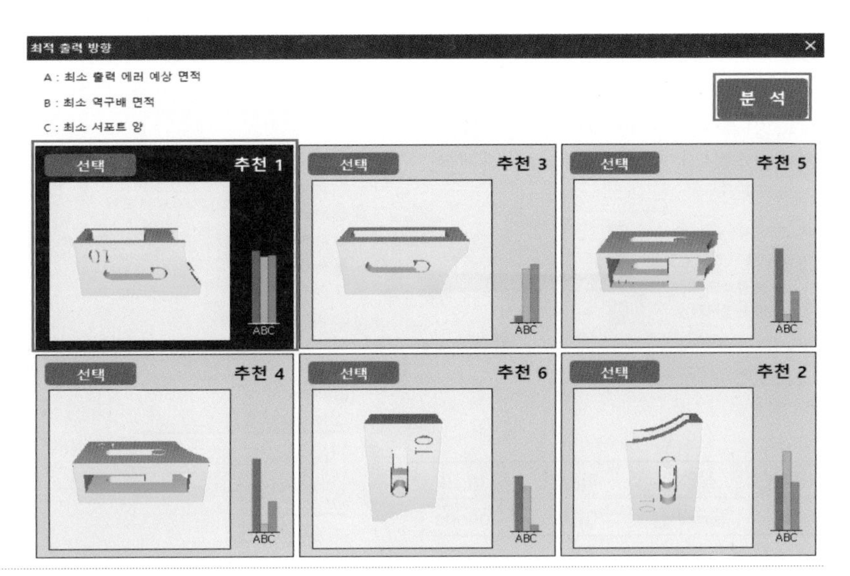

32

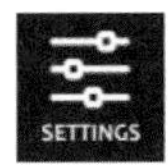

기본 파라미터를 설정한다.

- [SETTINGS] 버튼을 클릭하여 파라미터 값을 조정한다.
- 기본 속도 출력
- 재질 : PLA
- 서포트 : 모든 곳, 지그재그 구조

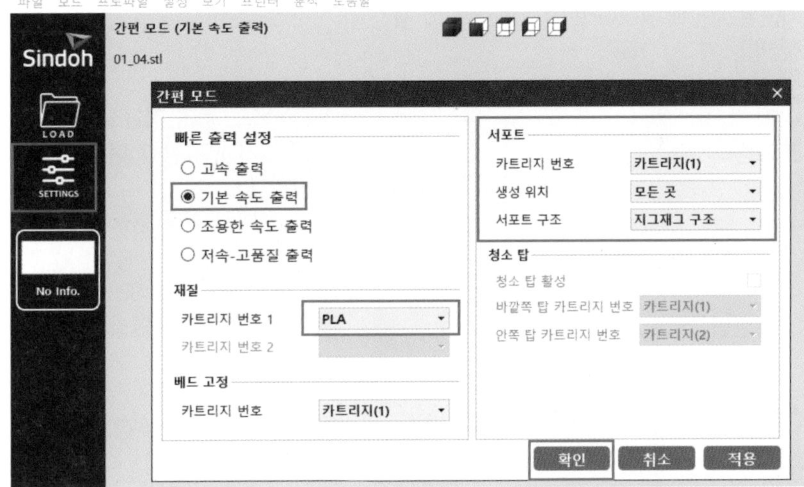

33

슬라이싱

- 베드상에 있는 출력물이 파라미터의 값이 반영되면서 슬라이싱을 수행한다.

※ 출력예상시간을 확인한다.

※ 출력예상시간이 1시간 20분이 넘어가면 고급모드로 변경하여 [SETTINGS]에서 레이어 높이, 채우기 밀도, 서포트 밀도 등 설정값을 변경한다.

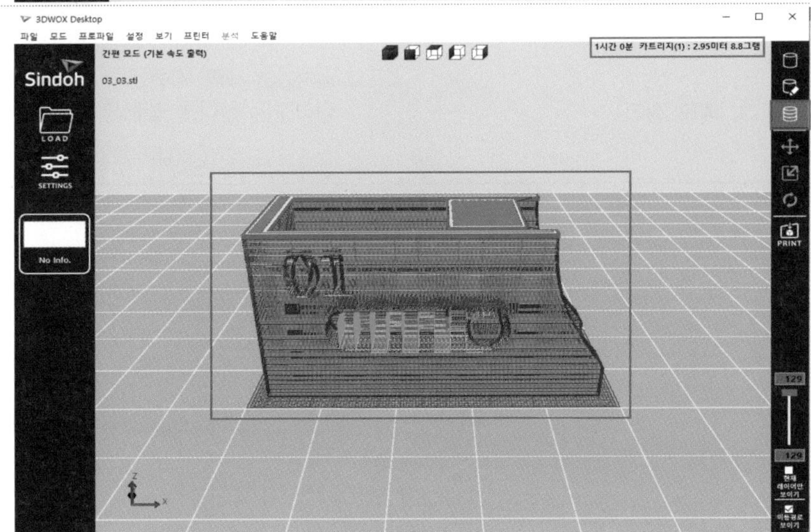

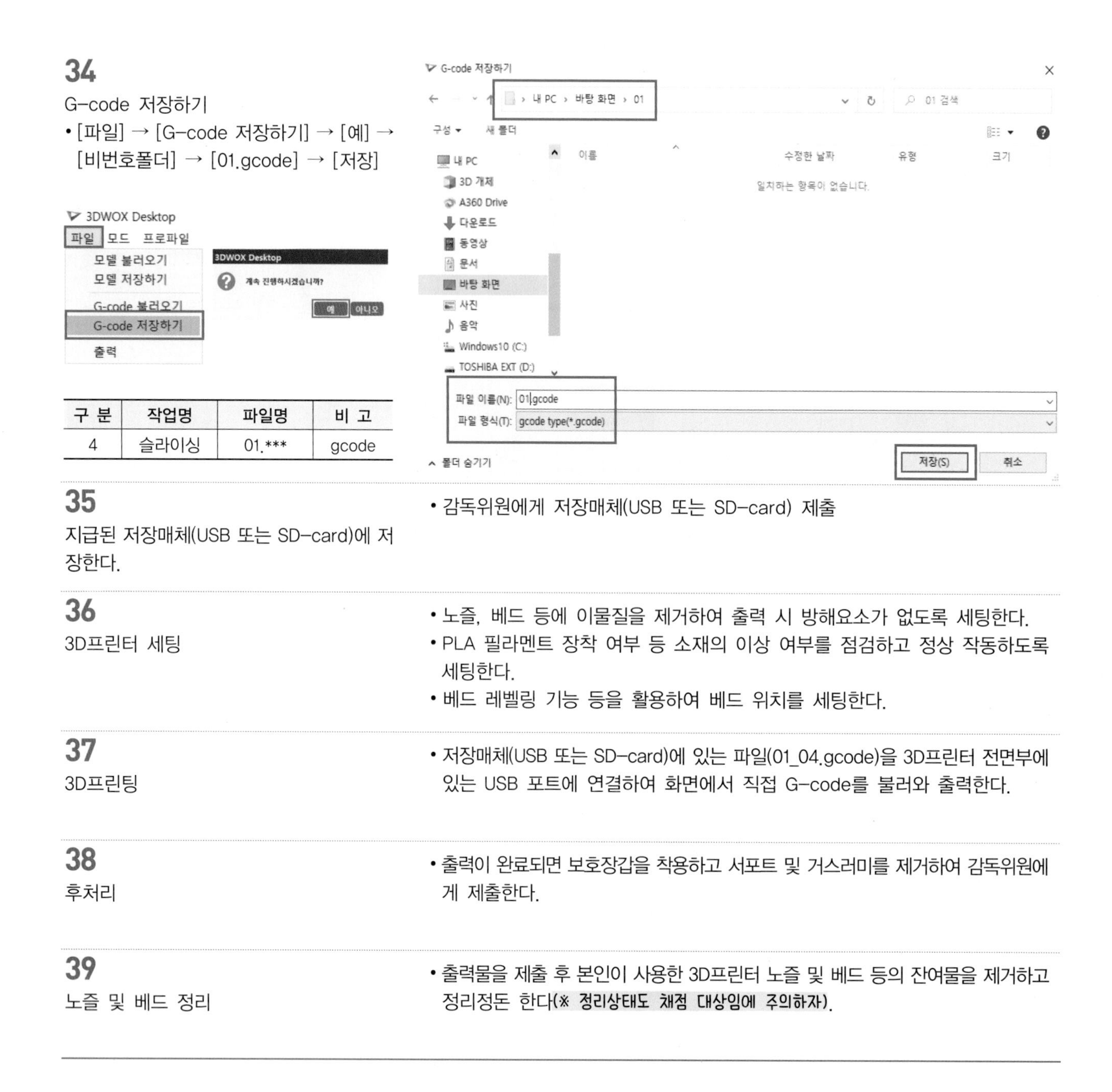

34

G-code 저장하기

• [파일] → [G-code 저장하기] → [예] → [비번호폴더] → [01.gcode] → [저장]

구 분	작업명	파일명	비 고
4	슬라이싱	01.***	gcode

35

지급된 저장매체(USB 또는 SD-card)에 저장한다.

• 감독위원에게 저장매체(USB 또는 SD-card) 제출

36

3D프린터 세팅

• 노즐, 베드 등에 이물질을 제거하여 출력 시 방해요소가 없도록 세팅한다.
• PLA 필라멘트 장착 여부 등 소재의 이상 여부를 점검하고 정상 작동하도록 세팅한다.
• 베드 레벨링 기능 등을 활용하여 베드 위치를 세팅한다.

37

3D프린팅

• 저장매체(USB 또는 SD-card)에 있는 파일(01_04.gcode)을 3D프린터 전면부에 있는 USB 포트에 연결하여 화면에서 직접 G-code를 불러와 출력한다.

38

후처리

• 출력이 완료되면 보호장갑을 착용하고 서포트 및 거스러미를 제거하여 감독위원에게 제출한다.

39

노즐 및 베드 정리

• 출력물을 제출 후 본인이 사용한 3D프린터 노즐 및 베드 등의 잔여물을 제거하고 정리정돈 한다(**※ 정리상태도 채점 대상임에 주의하자**).

19 3D모델링 실기 공개문제 도면 - 19

자격종목	3D프린터운용기능사	[시험1] 과제명	3D모델링 작업	척 도	NS

1

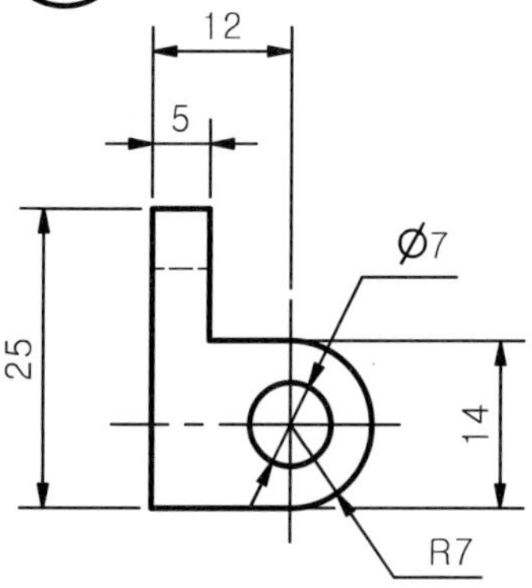

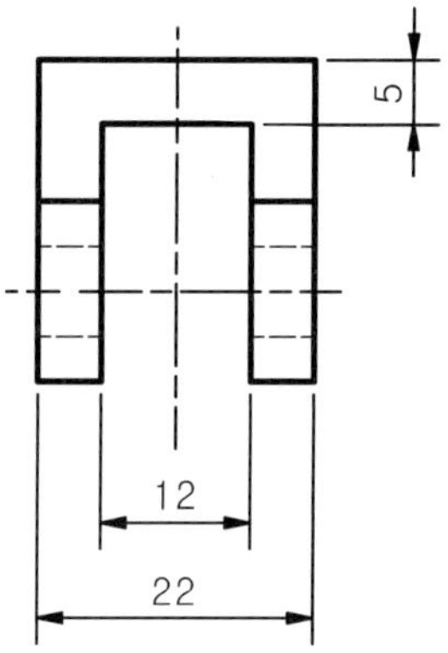

12
5
Ø7
25
14
R7
5
12
22

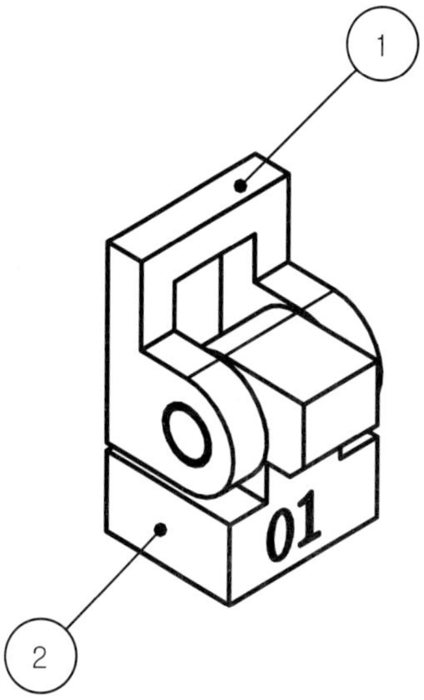

1
2
01

2

R7
A
18
10
10
15
13.5
18.5
24
B
22
01

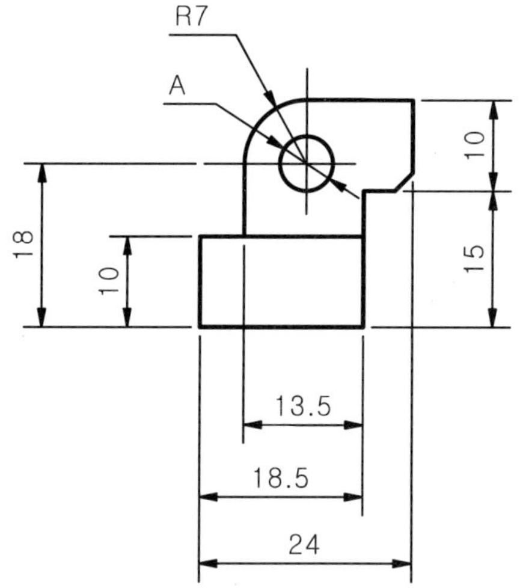

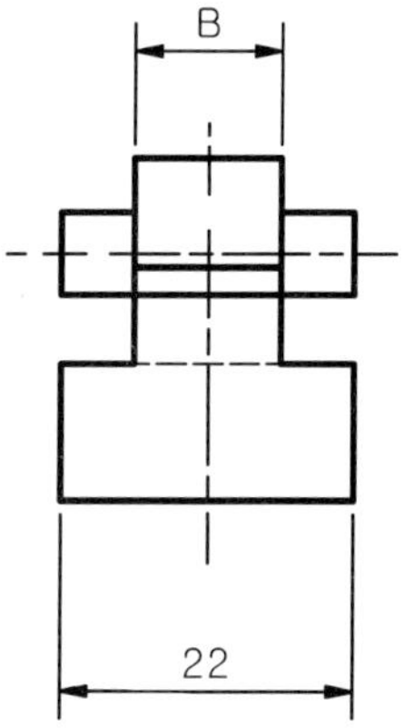

주서

1. 도시되고 지시없는 모따기는 C2

01

부품 ① 모델링

- [새로 만들기] → [Metric] → [Standard(mm).ipt] → [작성]

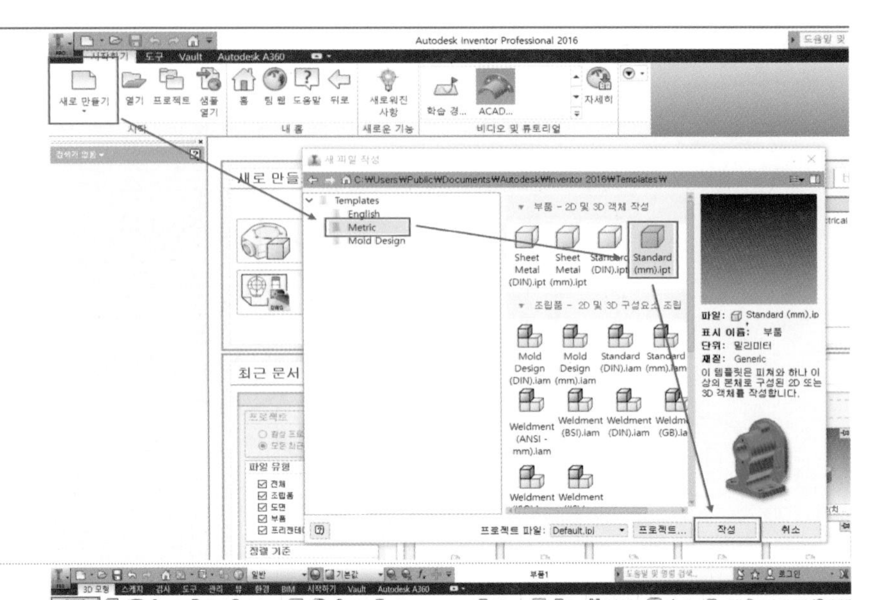

02

[2D 스케치 시작] → [마우스로 XY Plane 선택]

※ 마우스로 XY Plane 선택 시 빨간색으로 변함

※ 다른 방법(시트트리에서) [원점] → [XY평면 마우스오른쪽 클릭] → [새 스케치]

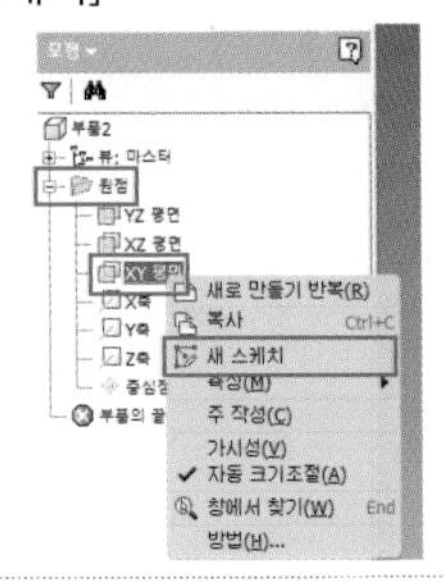

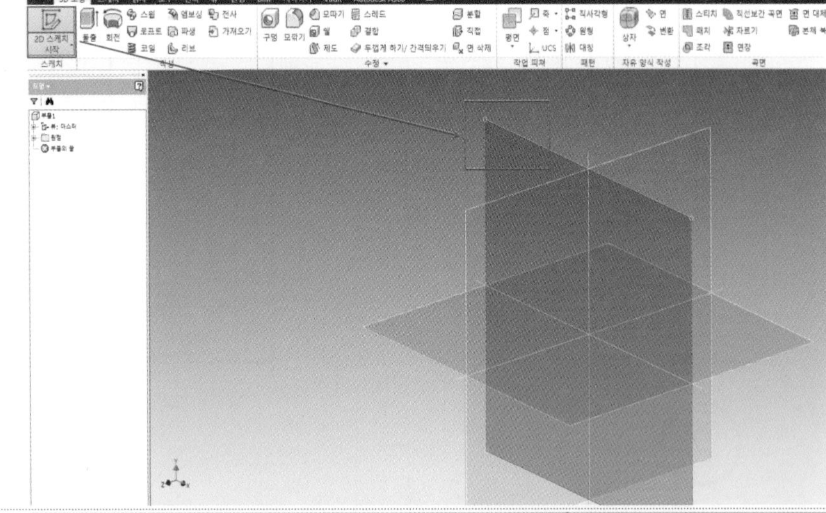

03

부품 ① 정면도를 스케치 한다.

- 선, 호, 치수

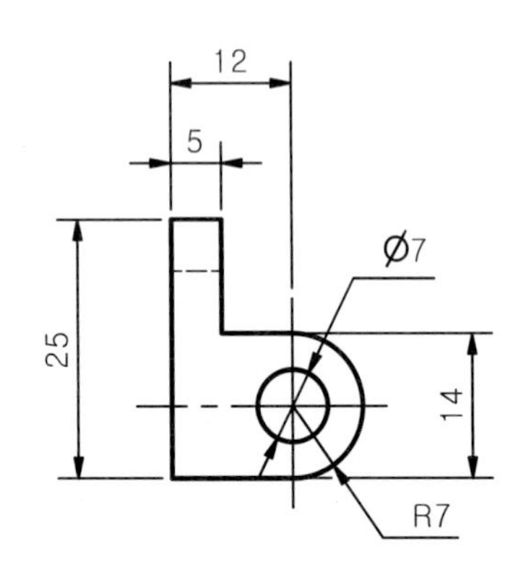

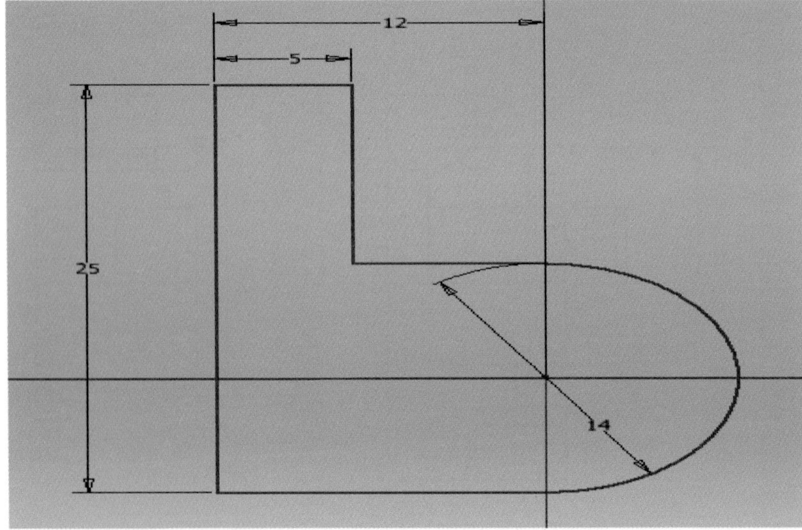

04

스케치마무리

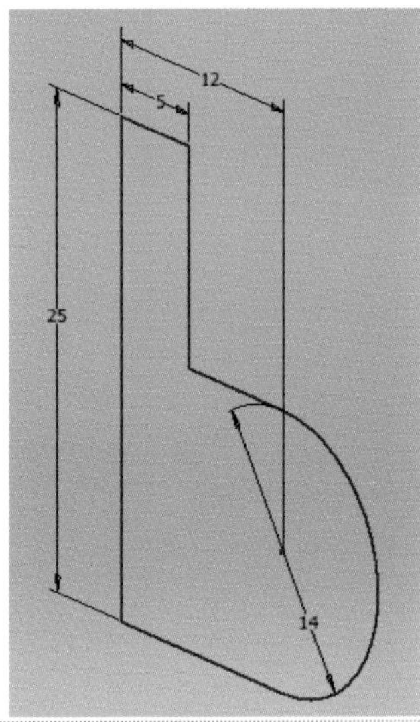

05

부품 ① 3D 모형 만들기

• [돌출] → [스케치 클릭] → [거리22] → [대칭] → [확인]

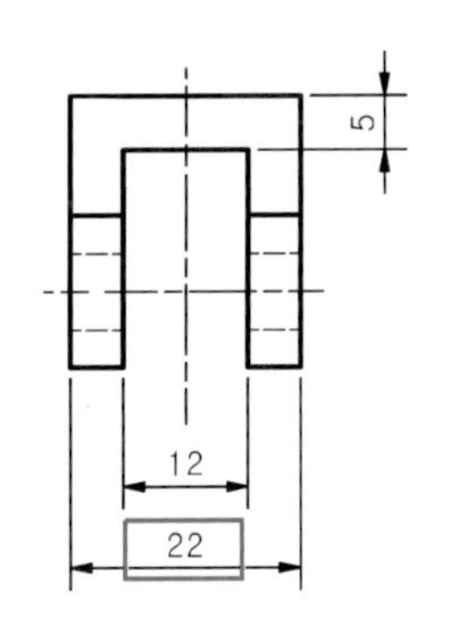

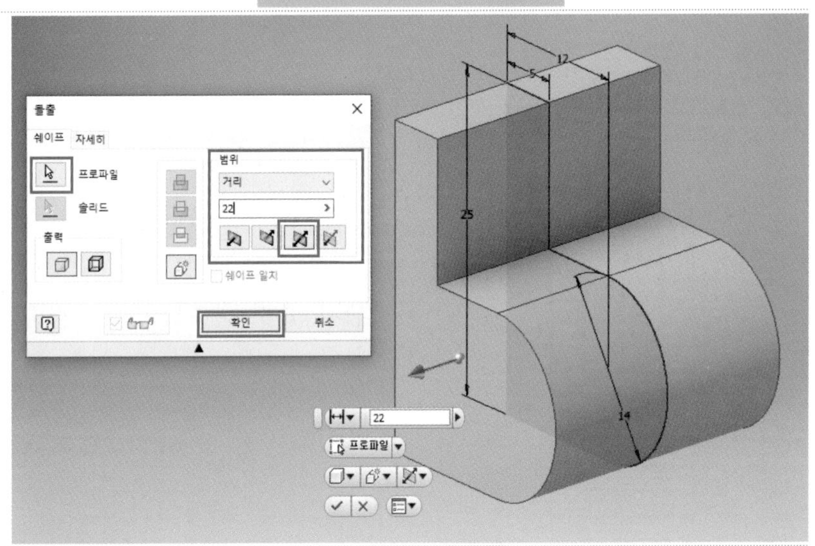

06

부품 ① 3D 모형 만들기

• [2D 스케치 시작] → [XY평면 선택] → [F7] [원] → [∅7] → [치수] → [스케치마무리]

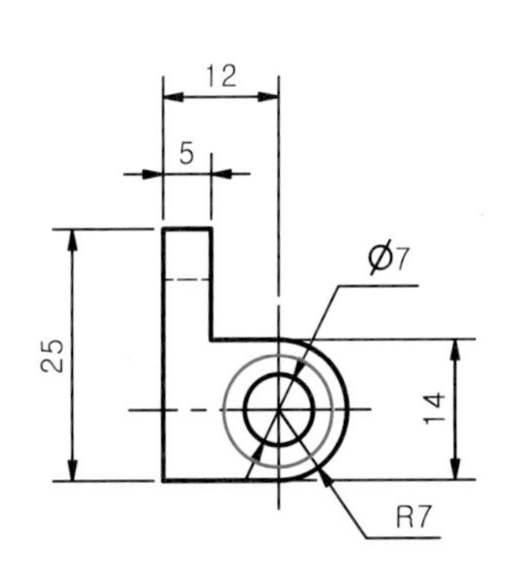

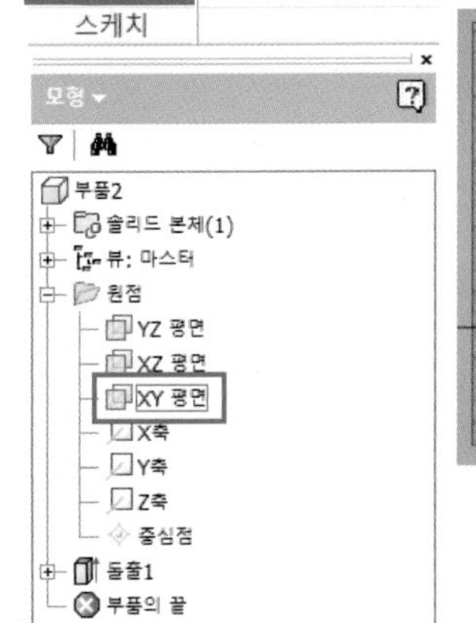

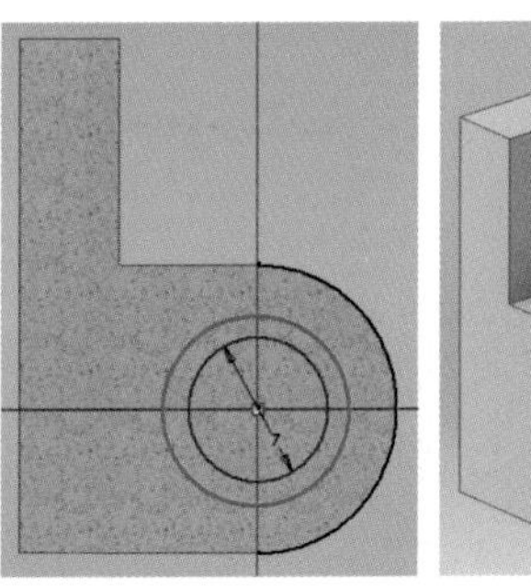

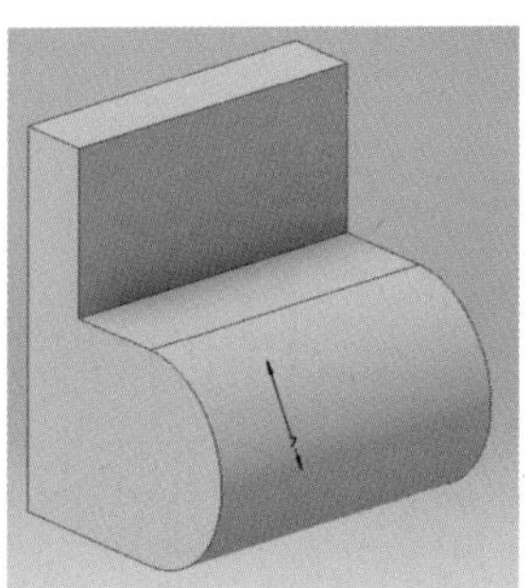

07

부품 ① 3D 모형 만들기

• [돌출] → [스케치 클릭] → [차집합] → [전체] → [대칭] → [확인]

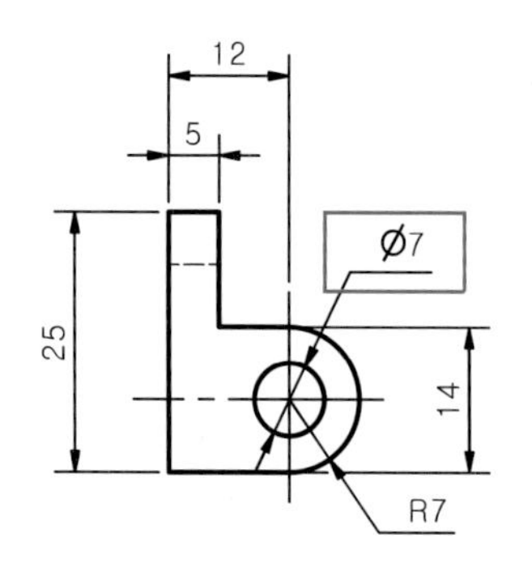

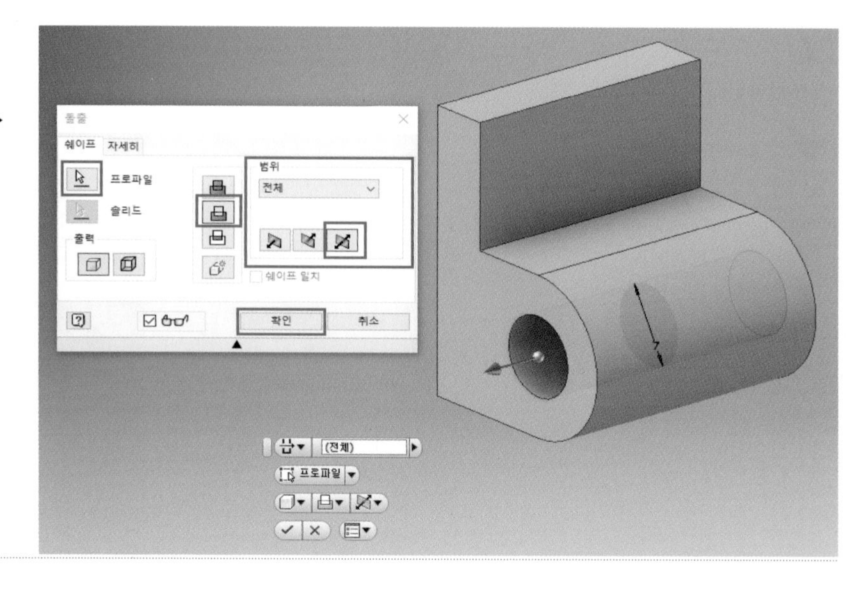

08

부품 ① 3D 모형 만들기

• [2D 스케치 시작] → [해당 스케치평면 선택] → [직사각형] → [치수] → [스케치마무리]

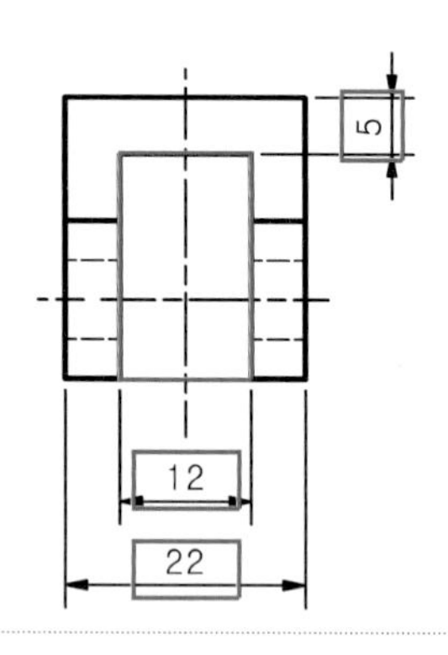

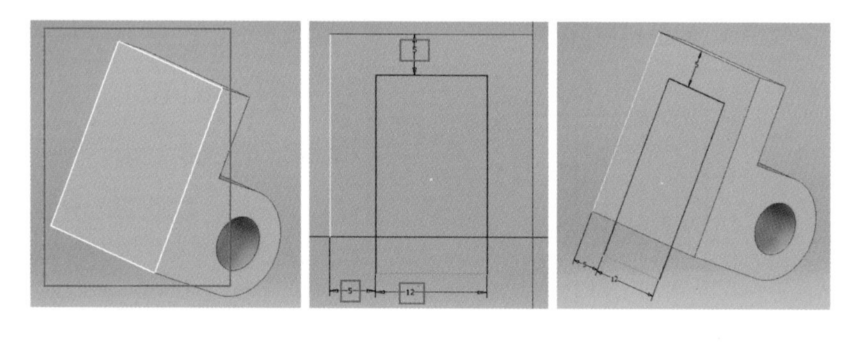

09

부품 ① 3D 모형 만들기

• [돌출] → [스케치 클릭] → [차집합] → [전체] → [방향2] → [확인]

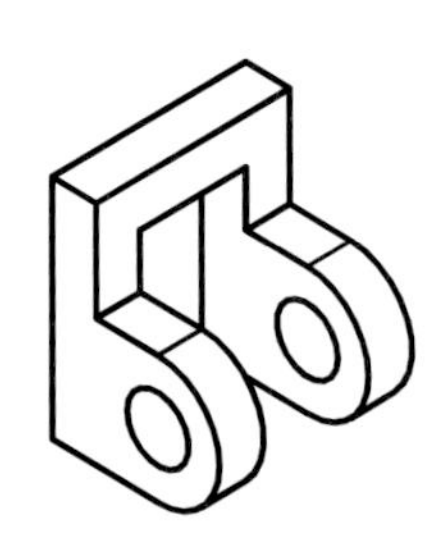

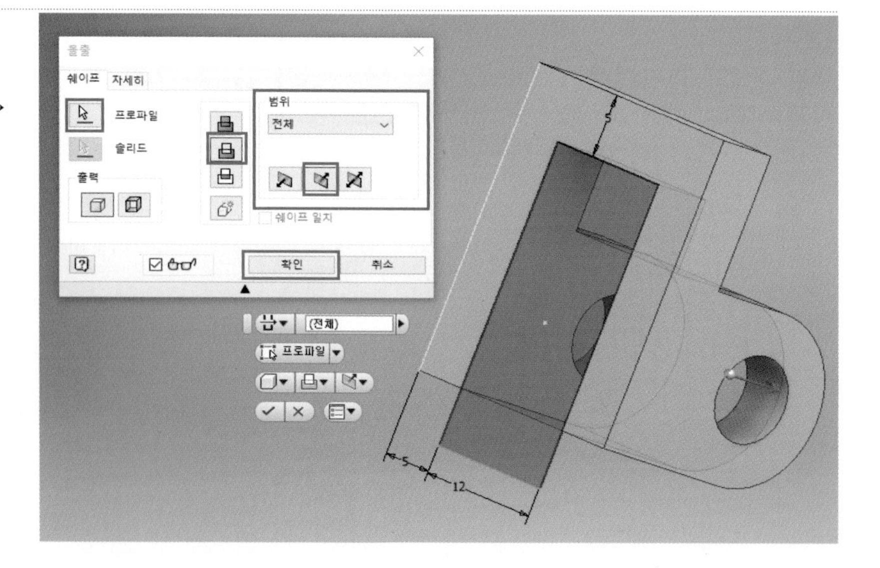

10

부품 ① 저장하기

- [파일] → [다른 이름으로 저장] → [비번호 폴더] → [파일이름] → [01_01] → [저장]

※ 본 교재의 부품 ①번 3D모델링 파일이름은 "01_01"로 작성되었다. 부품 ①, ②번 3D모델링 파일이름은 수험자가 임의로 정할 수 있다.
예 부품1번, 01번 등

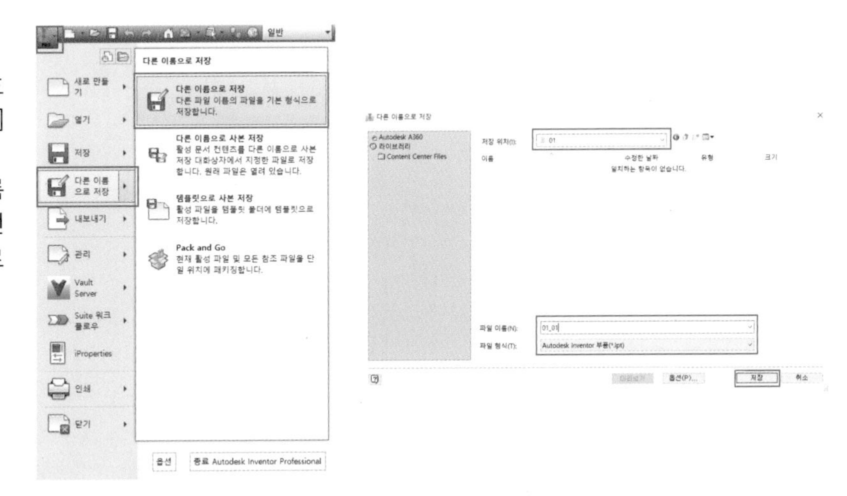

11

부품 ② 모델링

- [새로 만들기] → [Metric] → [Standard(mm).ipt] → [작성]

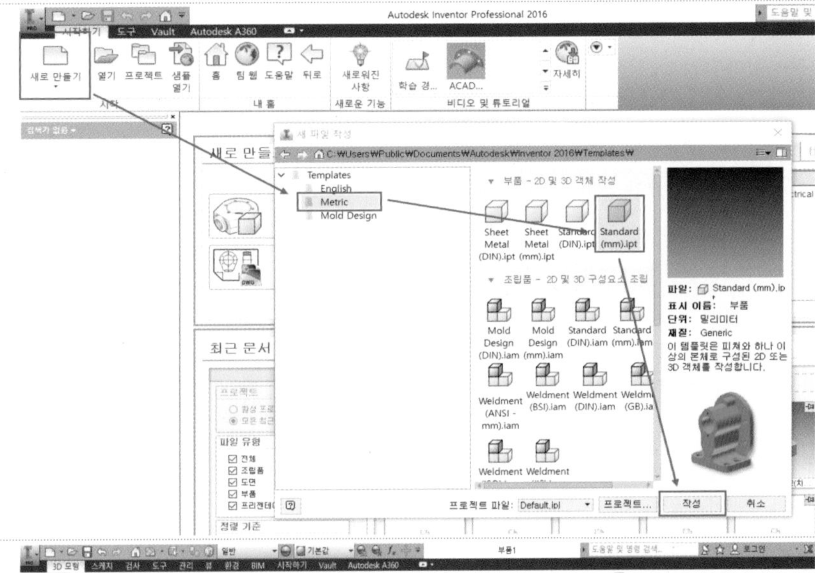

12

[2D 스케치 시작] → [마우스로 **XY Plane** 선택]

※ 마우스로 XY Plane 선택 시 빨간색으로 변함

※ 다른 방법(시트트리에서) [원점] → [XY평면 마우스오른쪽 클릭] → [새 스케치]

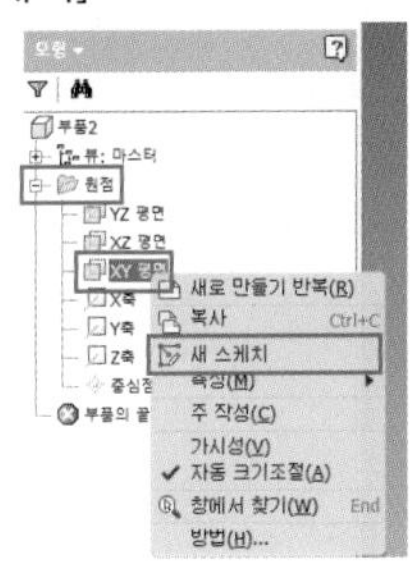

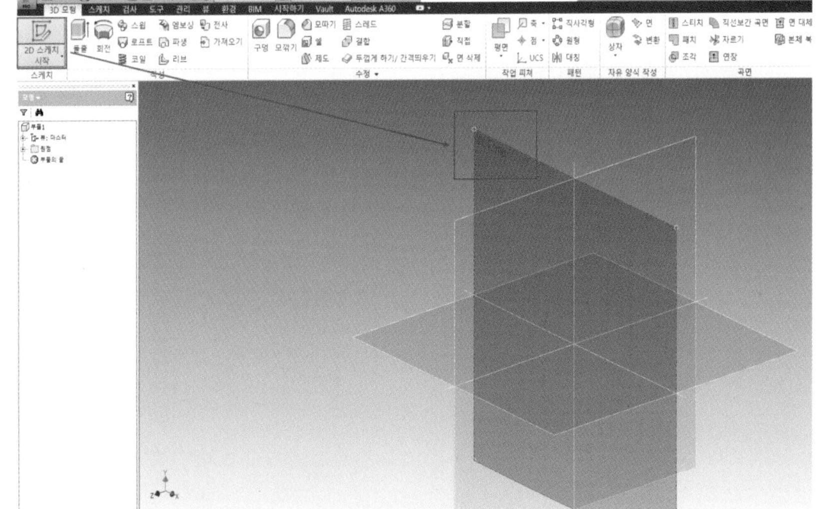

13

부품 ② 정면도를 스케치 한다.

• 원, 선, 치수

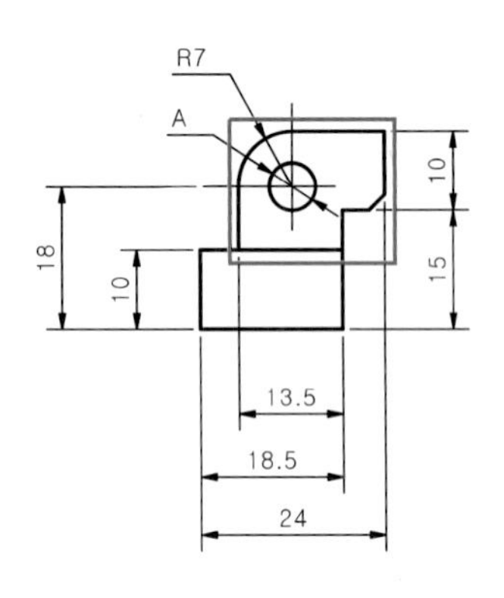

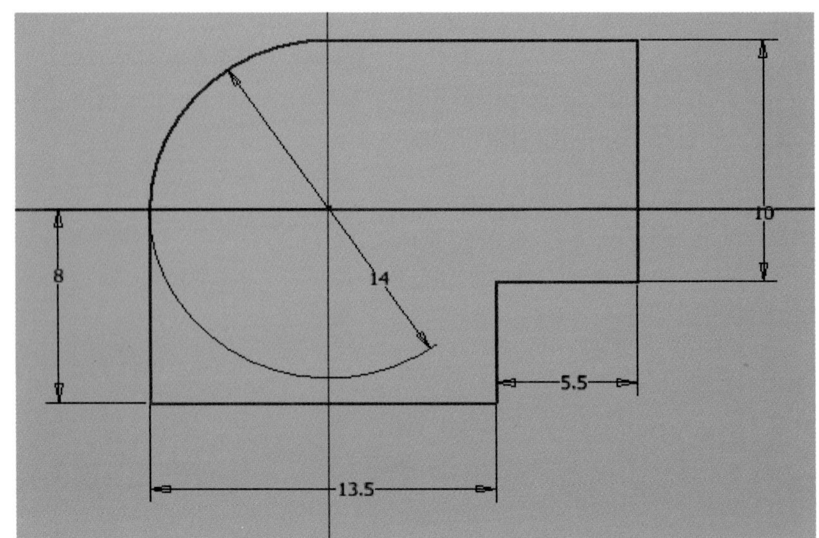

14

스케치마무리

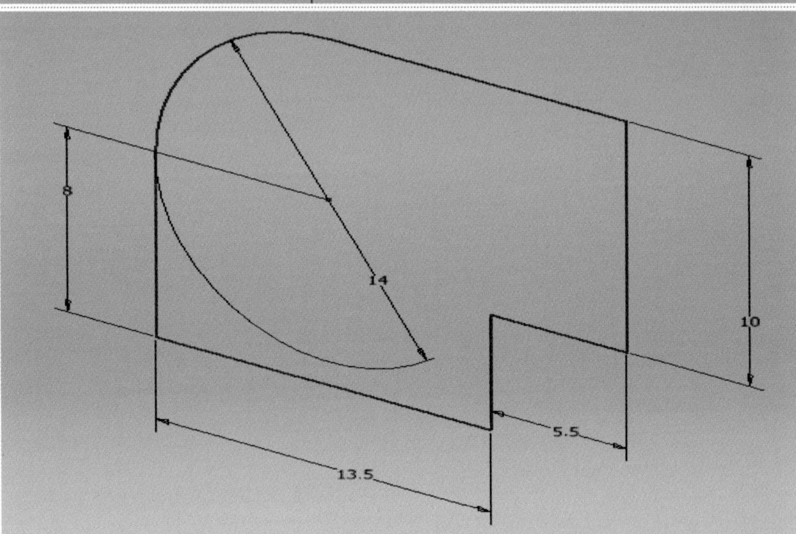

15

부품 ② 3D 모형 만들기

• [돌출] → [스케치 클릭] → [거리11] → [대칭] → [확인]

※ 'B'는 상대치수(12mm)와 축공차를 적용해 11mm로 결정한다.

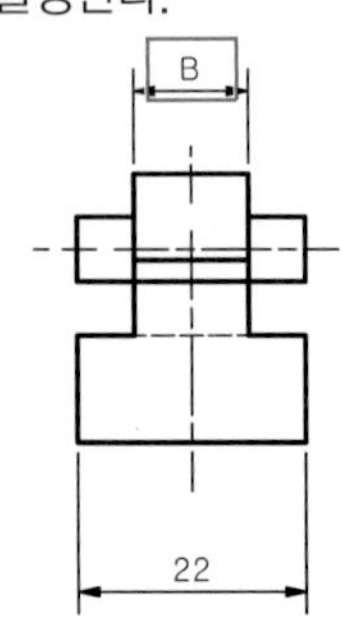

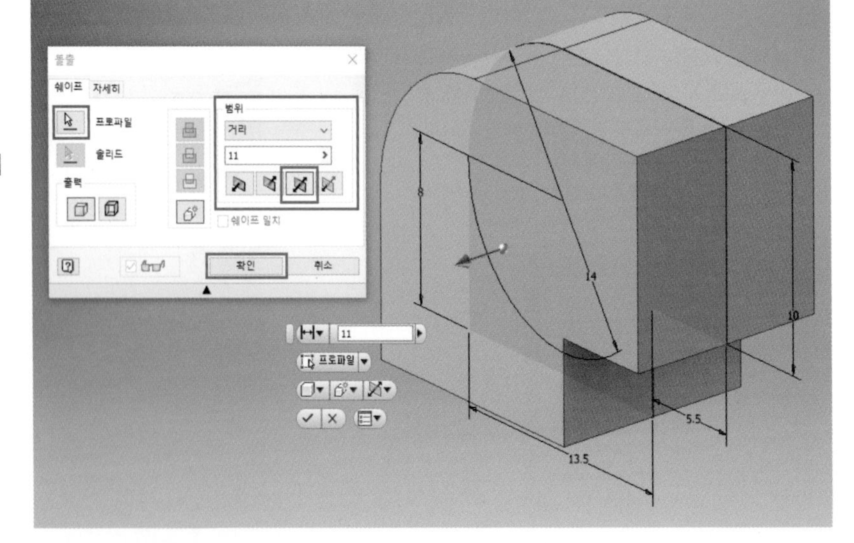

16

부품 ② 3D 모형 만들기

• [2D 스케치 시작] → [XY평면 선택] → [F7] [원] → [∅6] → [치수] → [스케치마무리]

※ 'A'는 상대치수(∅7mm)와 축공차를 적용해 ∅6mm로 결정한다.

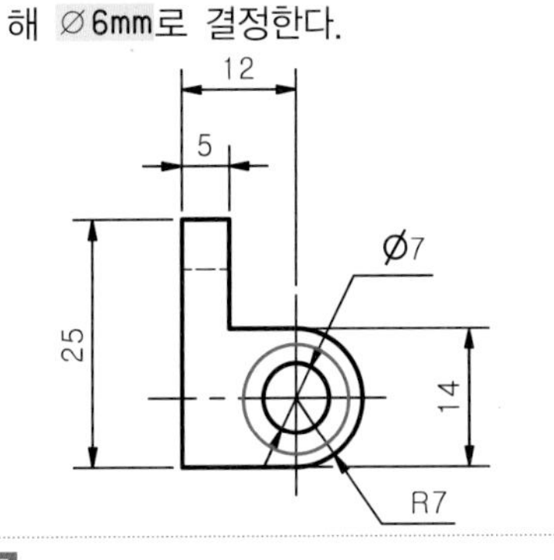

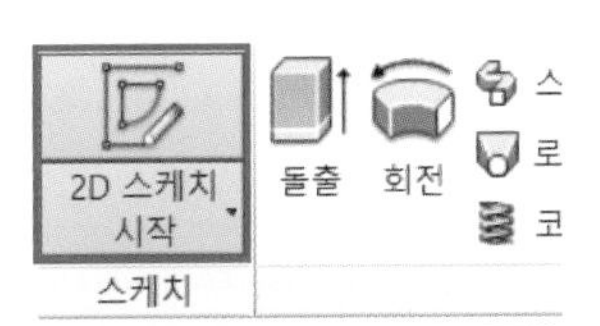

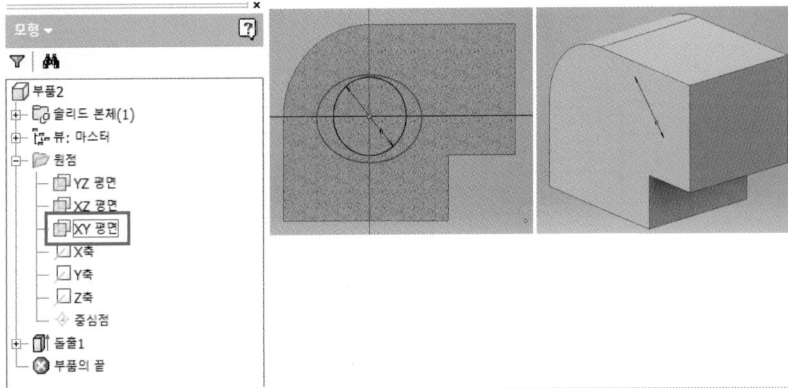

17

부품 ② 3D 모형 만들기

• [돌출] → [스케치 클릭] → [접합] → [거리22] → [대칭] → [확인]

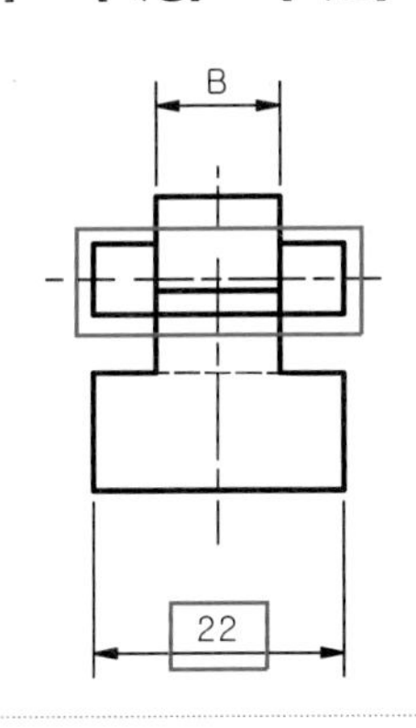

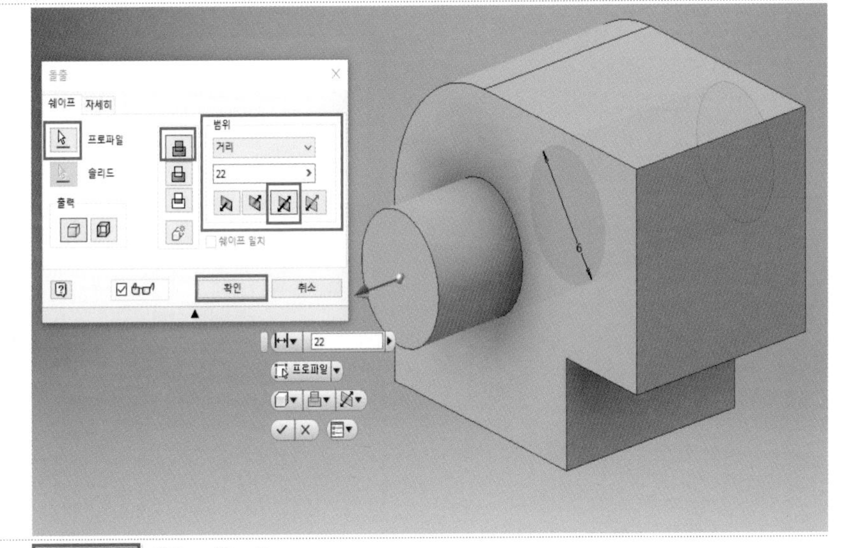

18

부품 ② 3D 모형 만들기

• [2D 스케치 시작] → [XY평면 선택] → [F7] [형상투영] → [직사각형] → [치수] → [스케치마무리]

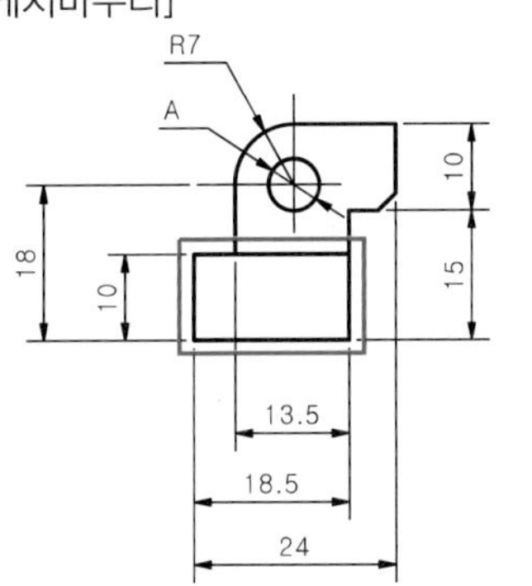

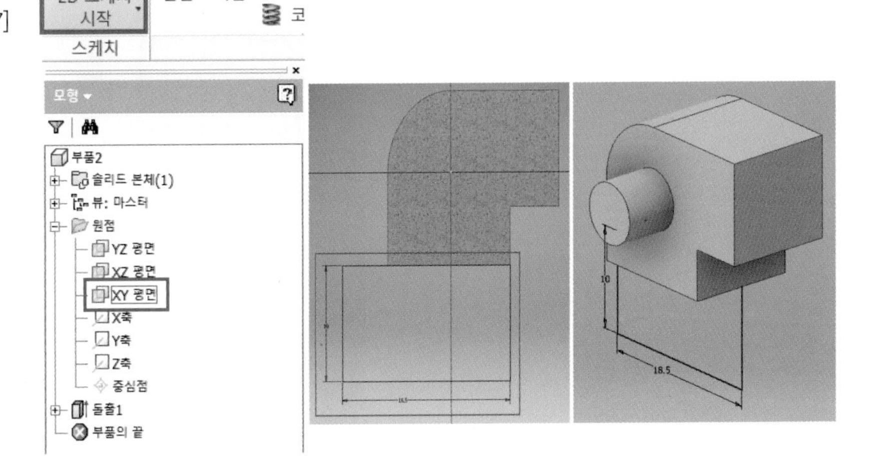

19

부품 ② 3D 모형 만들기

- [돌출] → [스케치 클릭] → [접합] → [거리22] → [대칭] → [확인]

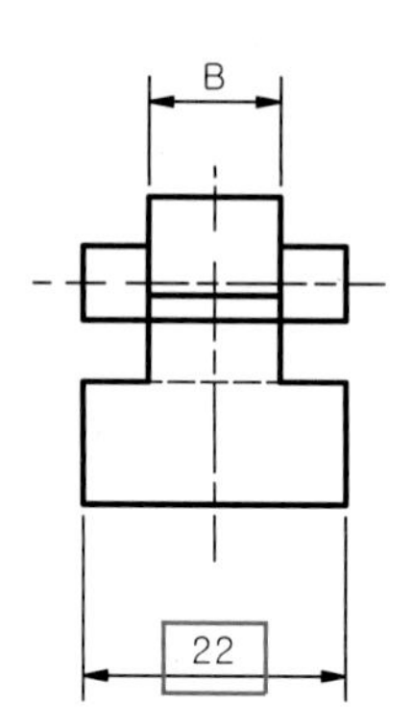

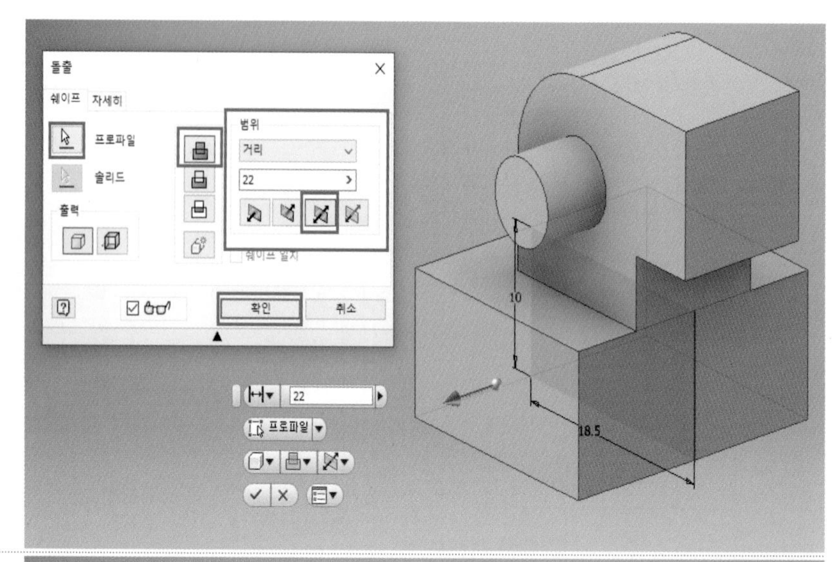

20

부품 ② 3D 모형 만들기

- [모따기] → [모서리선택] → [거리2] → [확인]

※ 주서
 도시되고 지시없는 모따기는 C2

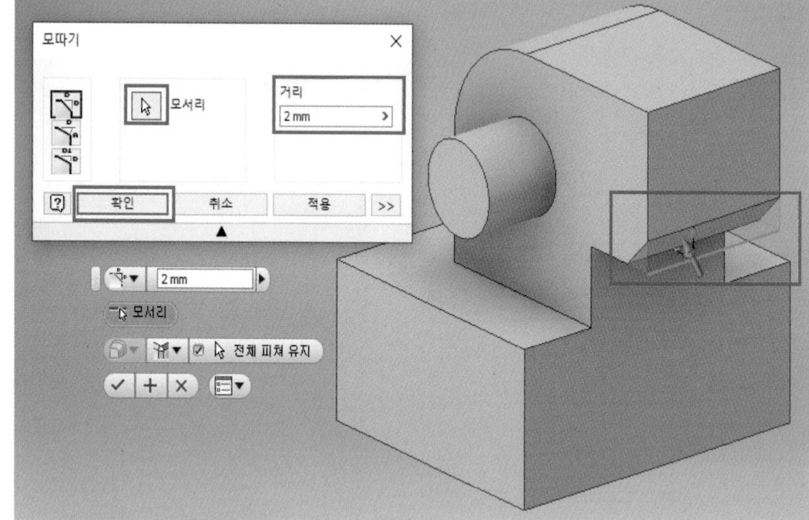

21

부품 ② 각인

- [2D 스케치 시작] → [각인평면 선택] → [텍스트] → [바탕체] → [6mm] → [확인] → [스케치마무리]
- [돌출] → [각인번호 선택] → [차집합] → [거리] → [3mm] → [방향2] → [확인]

※ 각인 방향이 도면과 상이할 시 [회전] → [각인 선택] → [중심점 : 각인번호중심 클릭] → [각도 입력] → [적용]

※ 글자체, 글자 크기, 글자 깊이 등은 별도의 정보가 없으므로 도면과 유사한 모양 및 크기로 작업하시오.

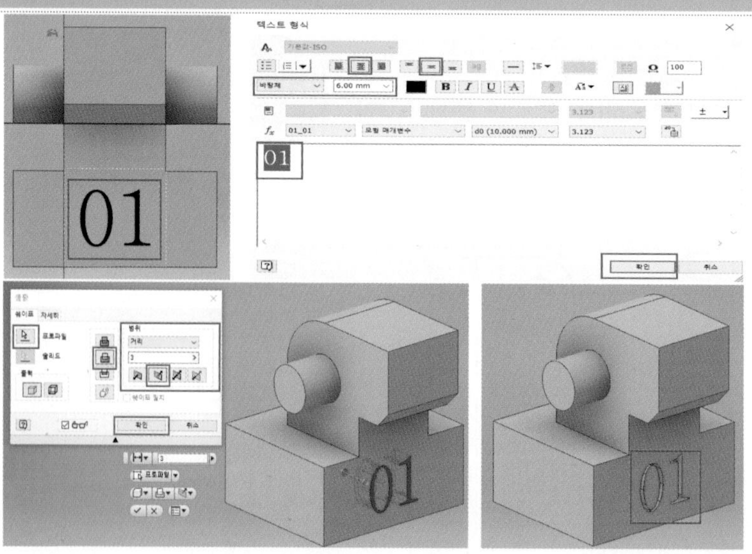

22

부품 ② 저장하기

- [파일] → [다른 이름으로 저장] → [비번호 폴더] → [파일이름] → [01_02] → [저장]

※ 본 교재의 부품 ②번 3D모델링 파일이름은 "01_02"로 작성되었다. 부품 ①, ②번 3D모델링 파일이름은 수험자가 임의로 정할 수 있다.
예 부품2번, 02번 등

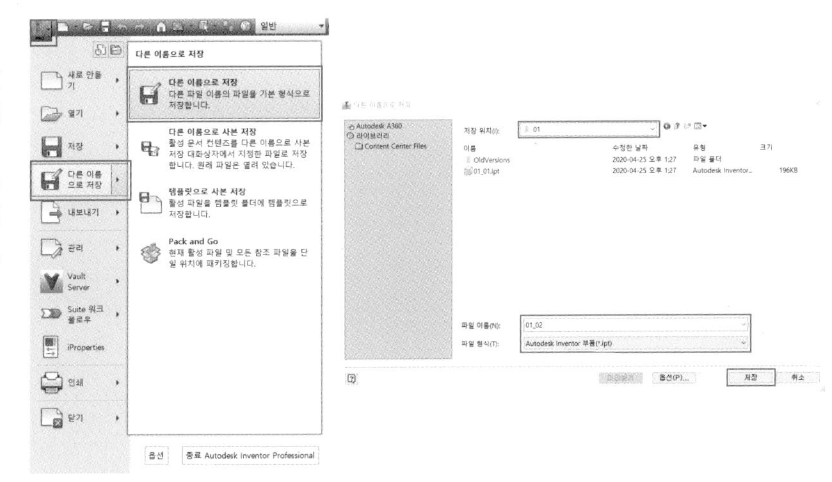

23

어셈블리

- [새로 만들기] → [Metric] → [Standard(mm).iam] → [작성]

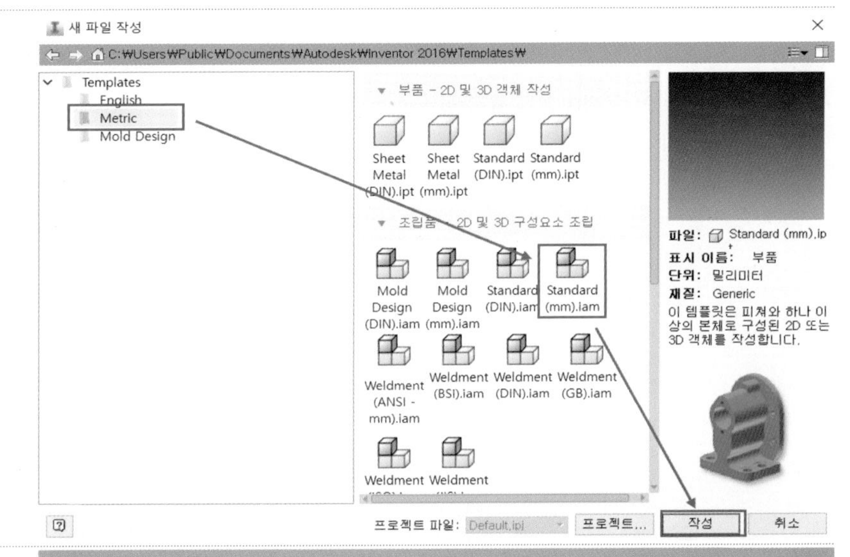

24

"배치" 아이콘을 통해 부품 ①, ②를 배치한다.

- [배치] → [01_01, 01_02 선택] → [열기] → [화면 클릭] → [ESC]

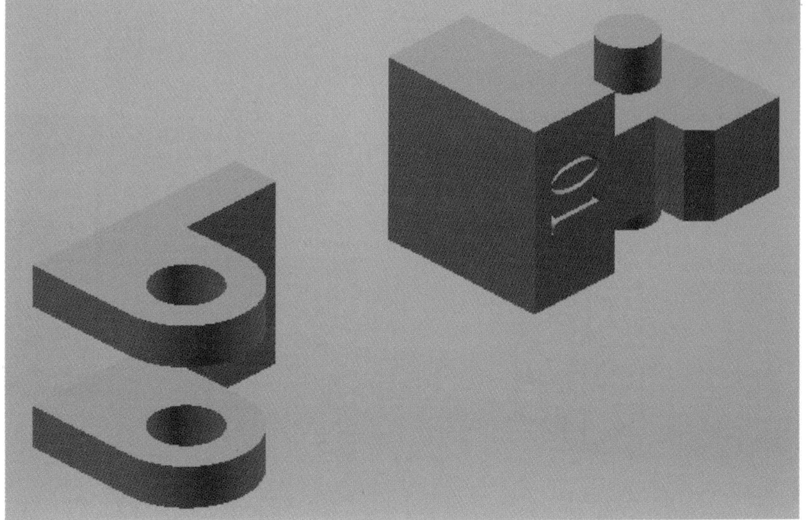

25

시트트리에서 부품①번을 우클릭하여 고정한다.

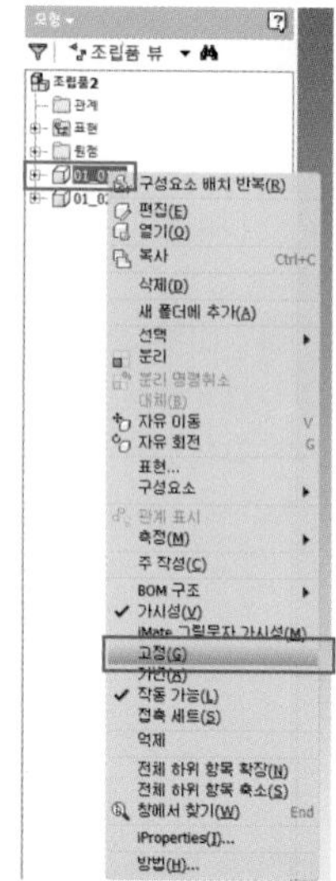

26

조립구속조건

- 부품②를 클릭하여 움직이고 우클릭하여 자유회전을 통하여 도면의 조립도와 비슷하게 한다.

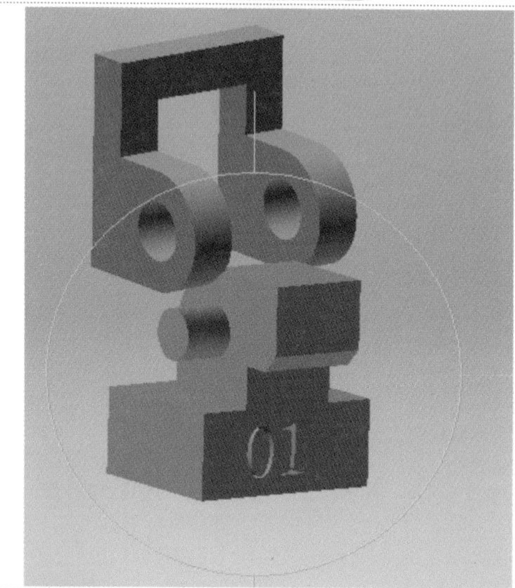

27

조립구속조건

- [구속조건] → [삽입] → [솔루션 : 정렬] → [부품①선택요소] → [자유회전F4] → [부품②선택요소] → [간격띄우기0] → [확인]

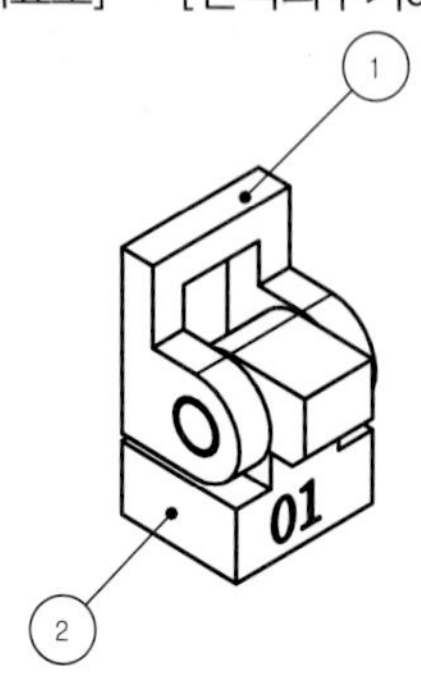

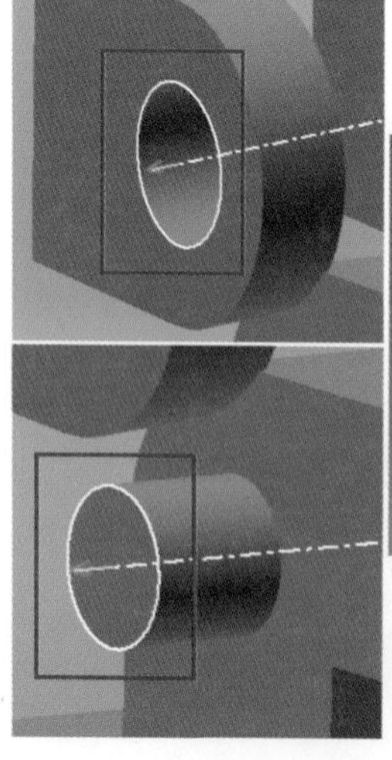

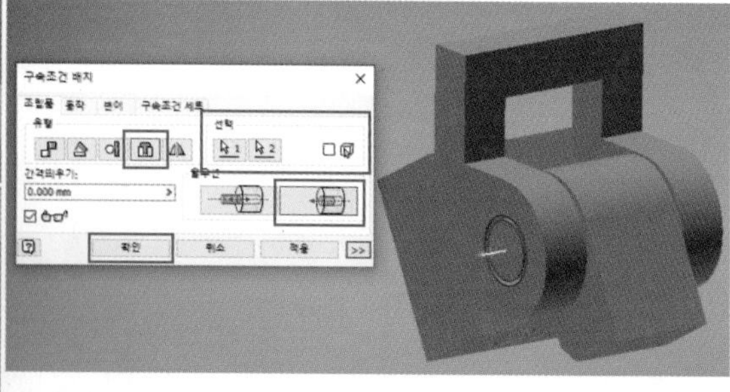

28

출력방향을 고려하여 구속조건 추가

※ 조립된 상태로 출력하니 되도록 서포트가 적게 나오고 도면의 ㉠, ㉡, ㉢ 치수가 정밀하게 나오는 출력방향을 결정해야 한다.

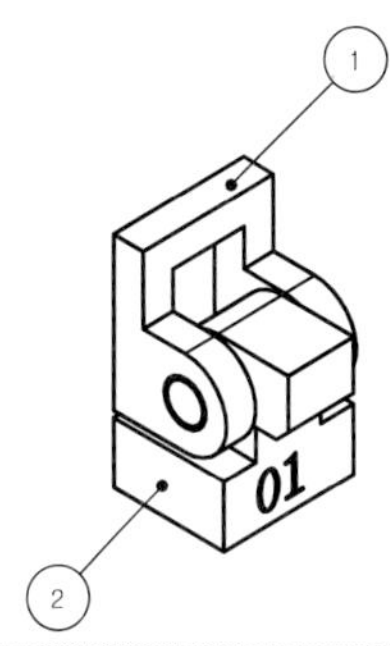

29

어셈블리 저장하기(2가지 확장자)

• [파일] → [다른 이름으로 저장] → [비번호 폴더] → [파일이름] → [01] → [저장]

• [파일] → [내보내기] → [CAD형식] → [비번호폴더] → [01] → [파일형식 : STEP 선택] → [저장]

구 분	작업명	파일명	비 고
1	어셈블리	01.***	
2		01.STP	채점용

※ 비번호 01인 경우

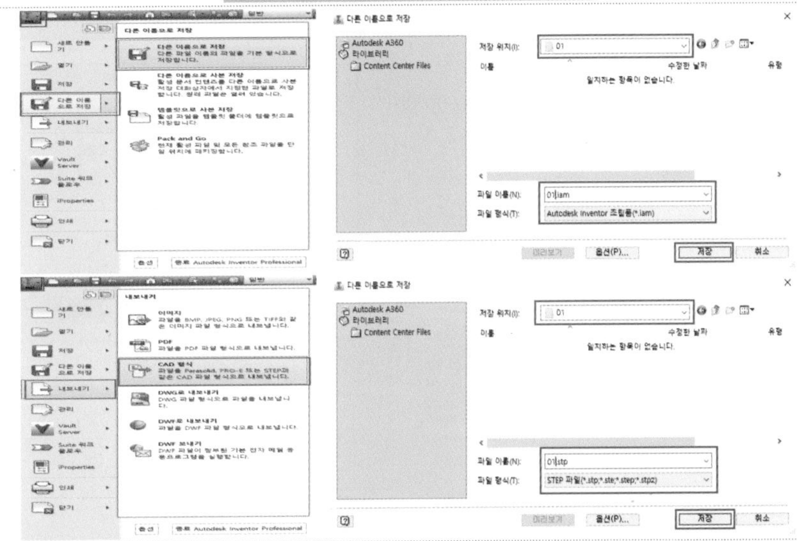

30

어셈블리 저장하기(STL확장자)

• [파일] → [내보내기] → [CAD형식] → [비번호폴더] → [01] → [파일형식 : STL 선택] → [옵션] → [단위 : mm] → [저장]

※ 옵션에서 단위 mm 선택

구 분	작업명	파일명	비 고
3	어셈블리	01.STL	

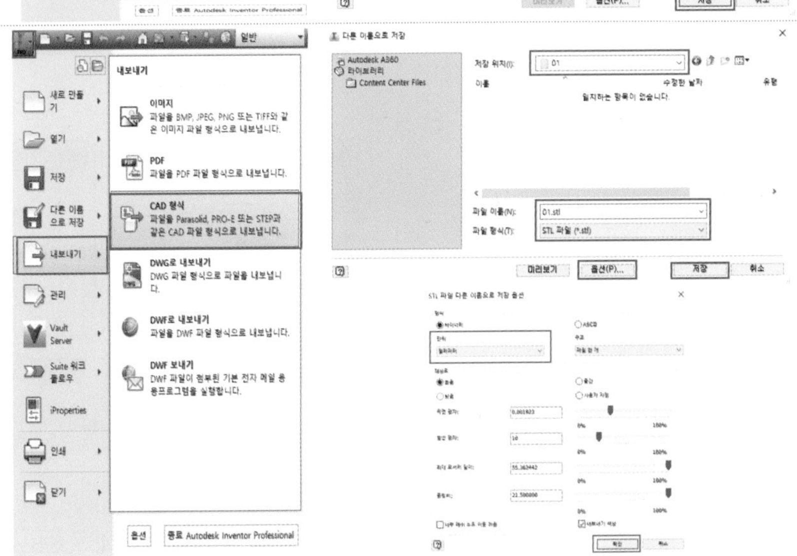

31

슬라이싱(3DWOX)

슬라이싱 프로그램을 실행한다.

- [파일] → [모델 불러오기] → [비번호폴더] → [01.stl] → [열기]

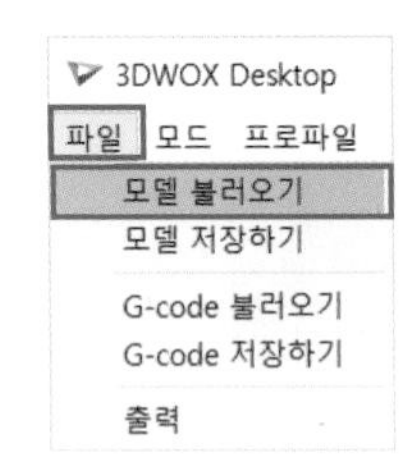

32

프린터 설정

- [설정] → [프린터 설정] → [프린터 모델] → [확인]

※ 시험장 프린터 모델을 선택한다.
　예 DP200

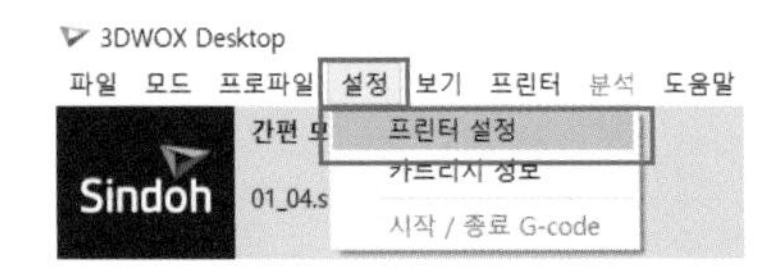

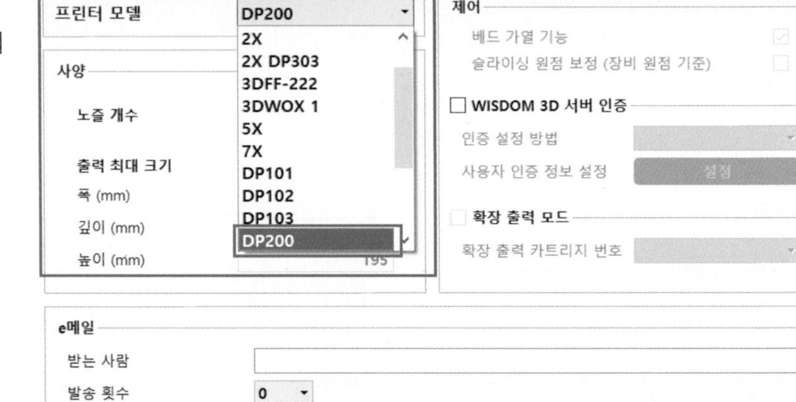

33

출력방향을 결정한다.

- [분석] → [최적출력방향] → [분석] → [추천 1~6 선택]

※ 신도리코 3DWOX는 최적출력방향을 분석해 준다. 참고하여 서포트가 적게 나오고 도면의 ㉠, ㉡, ㉢ 치수가 정밀하게 나오는 출력방향을 결정한다.

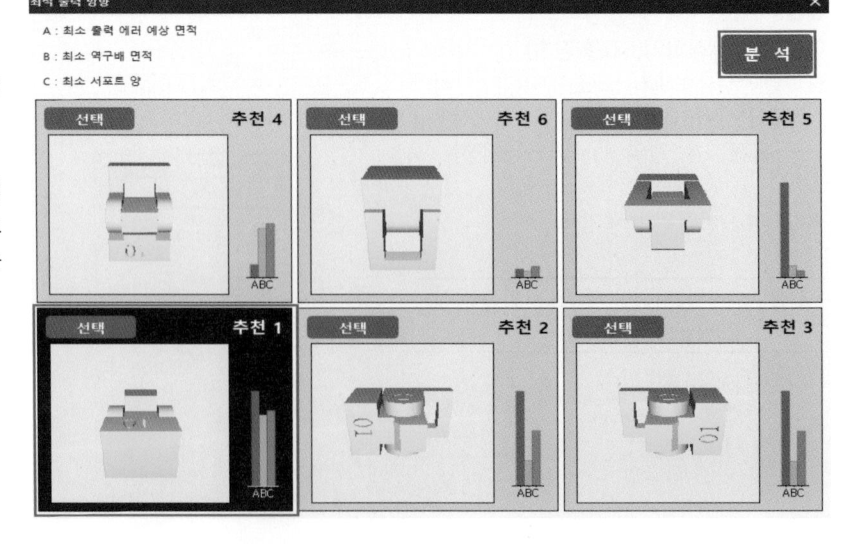

34

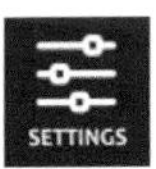

기본 파라미터를 설정한다.

- [SETTINGS] 버튼을 클릭하여 파라미터 값을 조정한다.
- 기본 속도 출력
- 재질 : PLA
- 서포트 : 모든 곳, 지그재그 구조

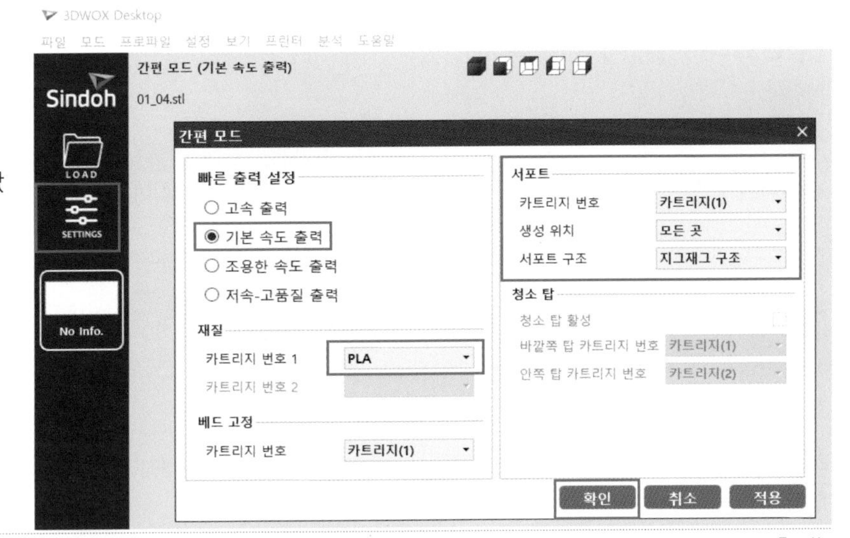

35

슬라이싱

- 베드상에 있는 출력물이 파라미터의 값이 반영되면서 슬라이싱을 수행한다.

※ 출력예상시간을 확인한다.

※ 출력예상시간이 1시간 20분이 넘어가면 고급모드로 변경하여 [SETTINGS]에서 레이어 높이, 채우기 밀도, 서포트 밀도 등 설정값을 변경한다.

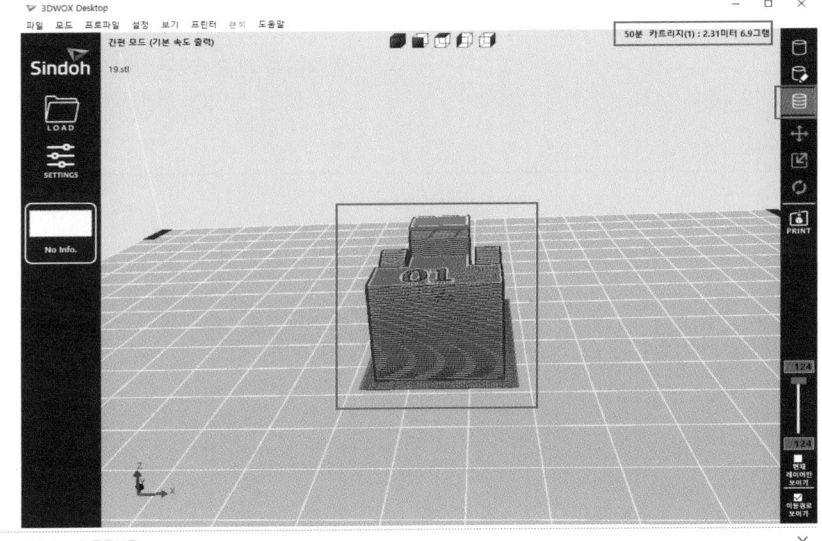

36

G-code 저장하기

- [파일] → [G-code 저장하기] → [예] → [비번호폴더] → [01.gcode] → [저장]

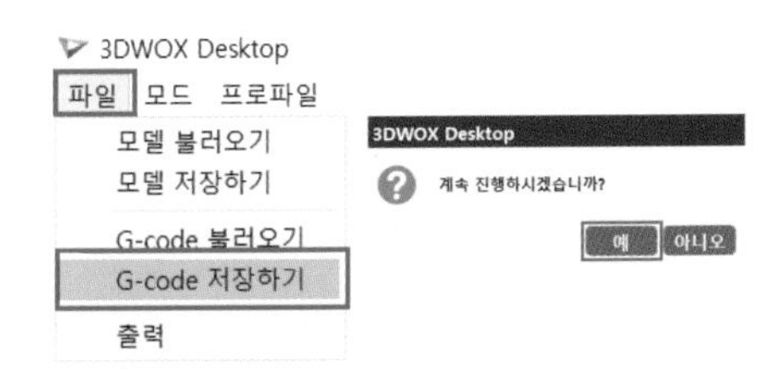

구 분	작업명	파일명	비 고
4	슬라이싱	01.***	gcode

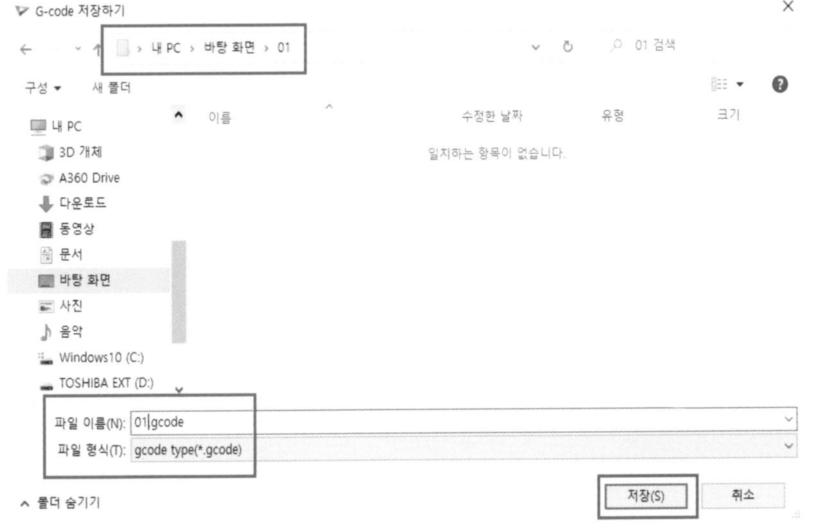

37 지급된 저장매체(USB 또는 SD-card)에 저장한다.	• 감독위원에게 저장매체(USB 또는 SD-card) 제출
38 3D프린터 세팅	• 노즐, 베드 등에 이물질을 제거하여 출력 시 방해요소가 없도록 세팅한다. • PLA 필라멘트 장착 여부 등 소재의 이상 여부를 점검하고 정상 작동하도록 세팅한다. • 베드 레벨링 기능 등을 활용하여 베드 위치를 세팅한다.
39 3D프린팅	• 저장매체(USB 또는 SD-card)에 있는 파일(01_04.gcode)을 3D프린터 전면부에 있는 USB 포트에 연결하여 화면에서 직접 G-code를 불러와 출력한다.
40 후처리	• 출력이 완료되면 보호장갑을 착용하고 서포트 및 거스러미를 제거하여 감독위원에게 제출한다.
41 노즐 및 베드 정리	• 출력물을 제출 후 본인이 사용한 3D프린터 노즐 및 베드 등의 잔여물을 제거하고 정리정돈 한다(**※ 정리상태도 채점 대상임에 주의하자**).

20 3D모델링 실기 공개문제 도면 - 20

자격종목	3D프린터운용기능사	[시험1] 과제명	3D모델링 작업	척 도	NS

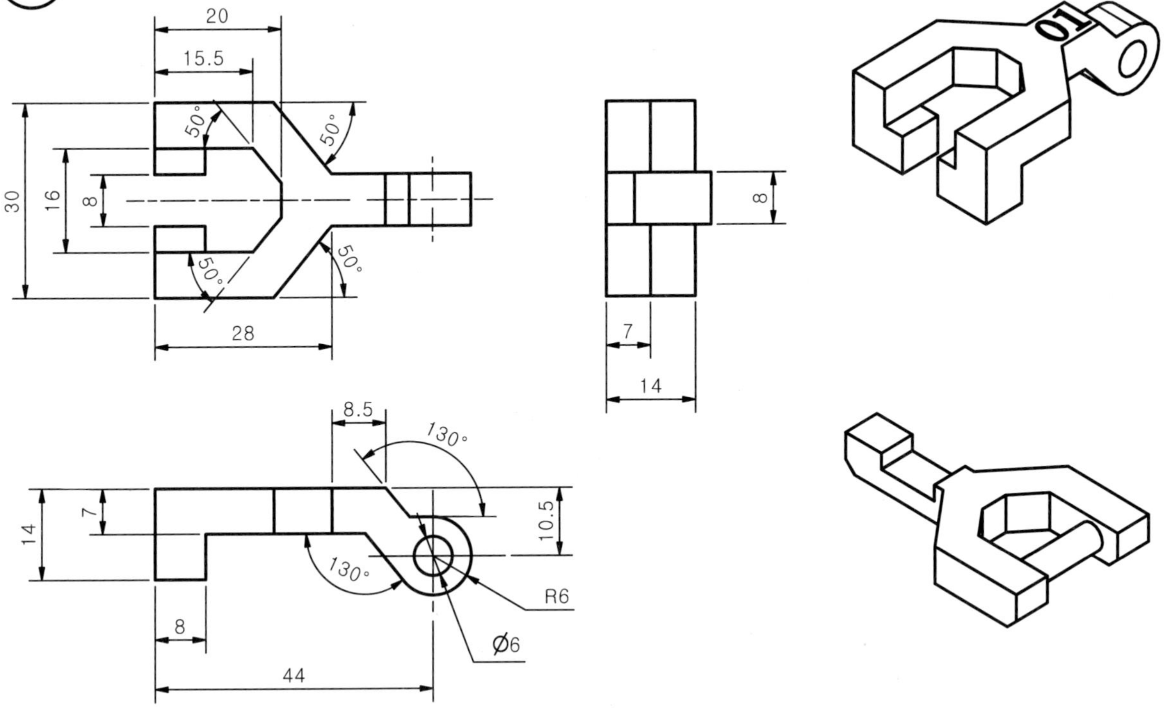

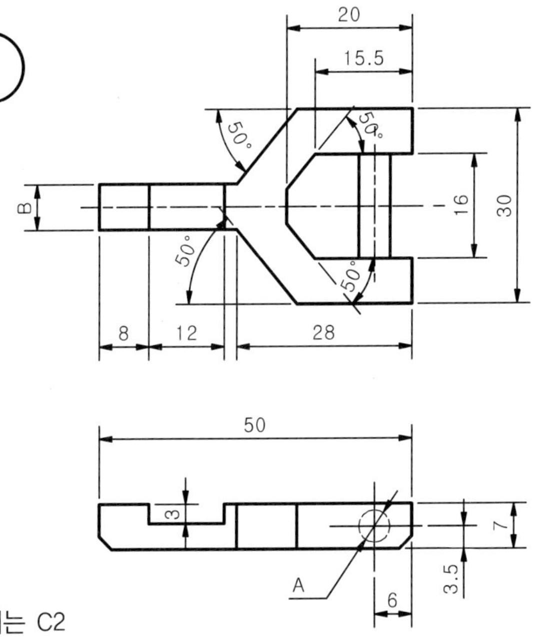

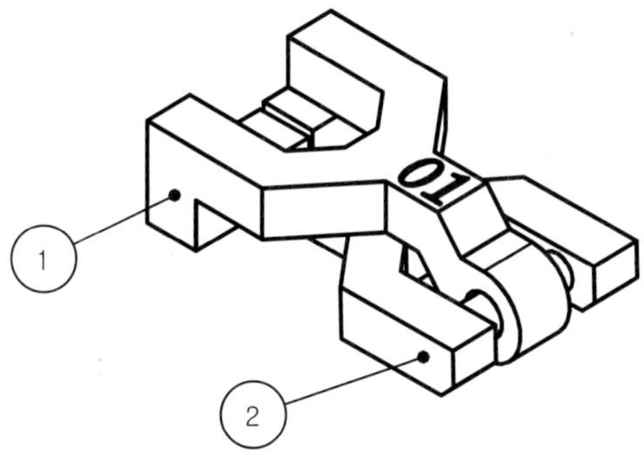

주서

1. 도시되고 지시없는 모따기는 C2

01

부품 ① 모델링

• [새로 만들기] → [Metric] → [Standard(mm).ipt] → [작성]

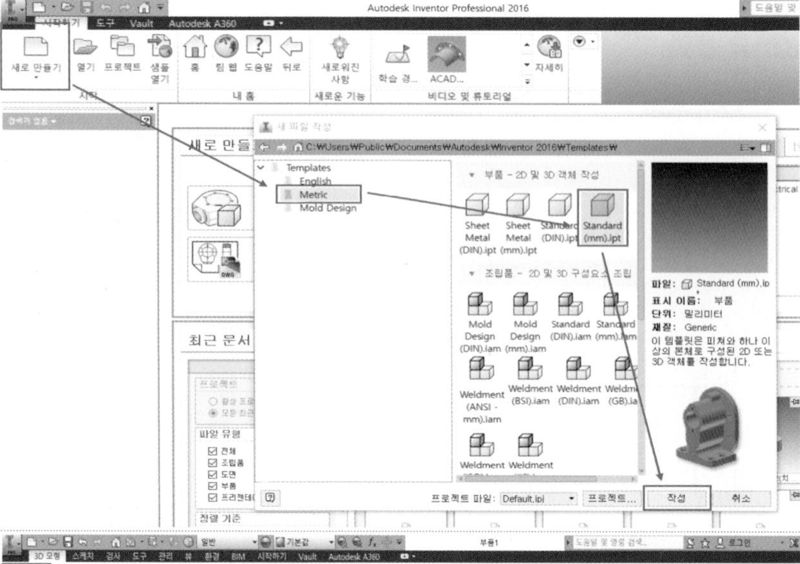

02

[2D 스케치 시작] → [마우스로 XY Plane 선택]

※ 마우스로 XY Plane 선택 시 빨간색으로 변함

※ 다른 방법(시트트리에서)
[원점] → [XY평면 마우스오른쪽 클릭] → [새 스케치]

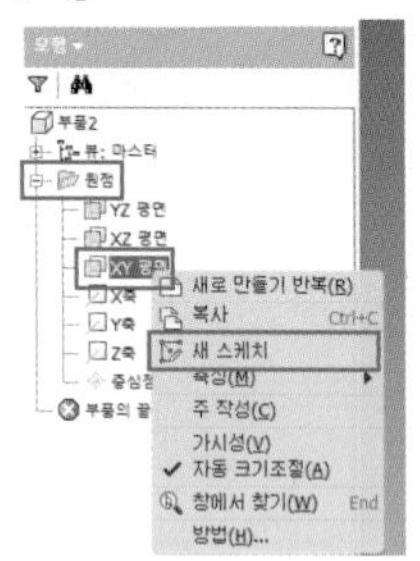

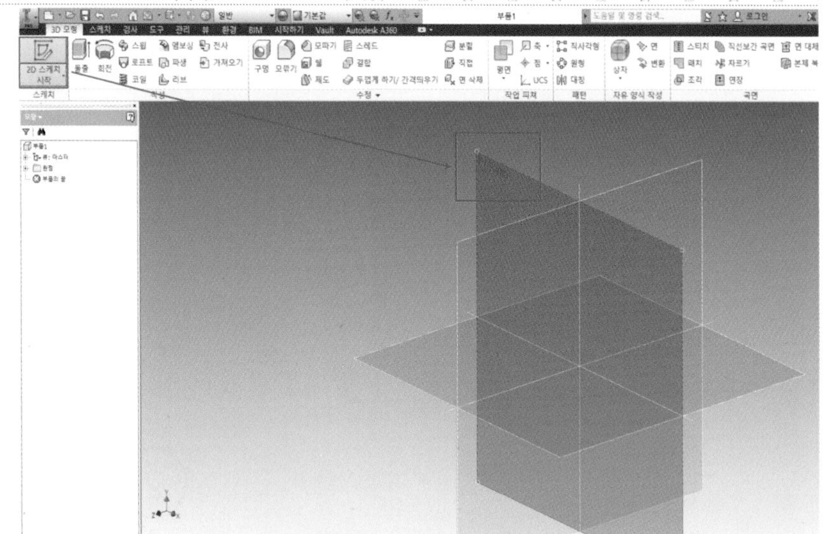

03

부품 ① 저면도를 스케치 한다.

• 원호, 선, 치수, 치수 구속조건(접선) 자르기

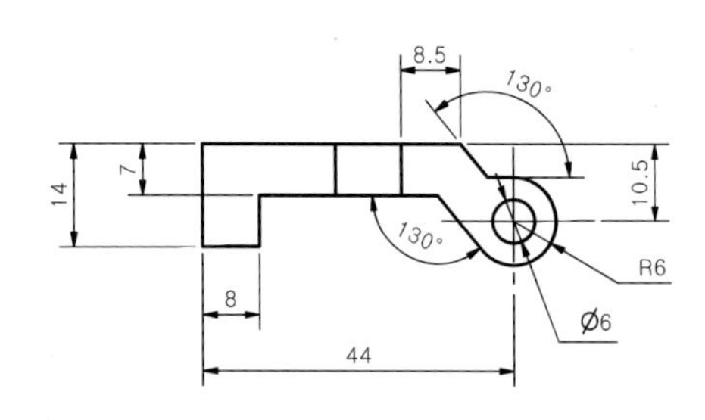

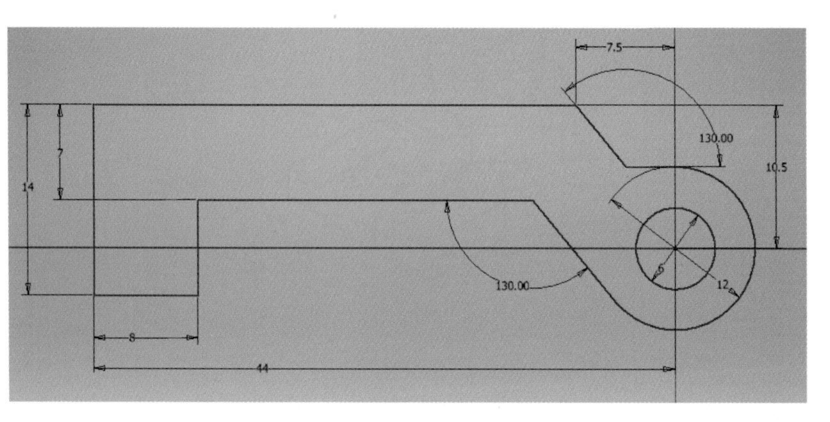

04

스케치마무리

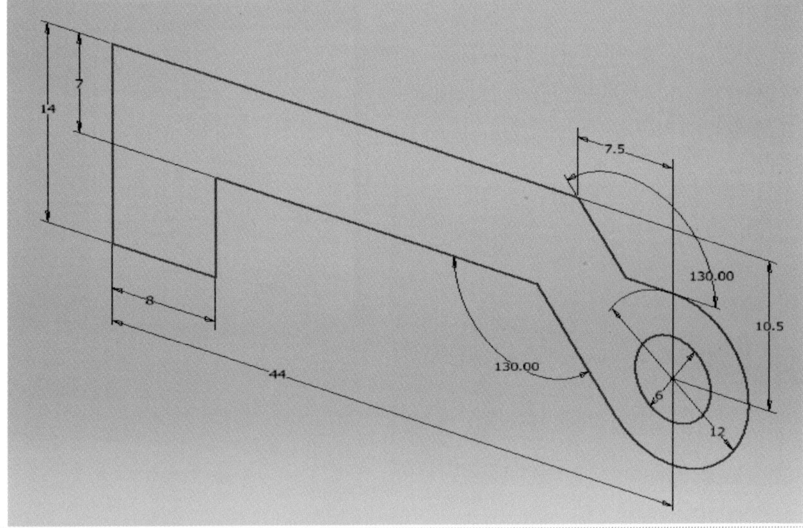

05

부품 ① 3D 모형 만들기

• [돌출] → [스케치 클릭] → [거리30] → [대칭] → [확인]

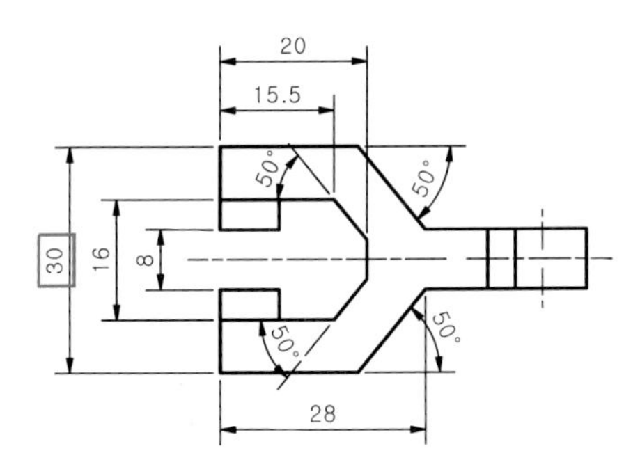

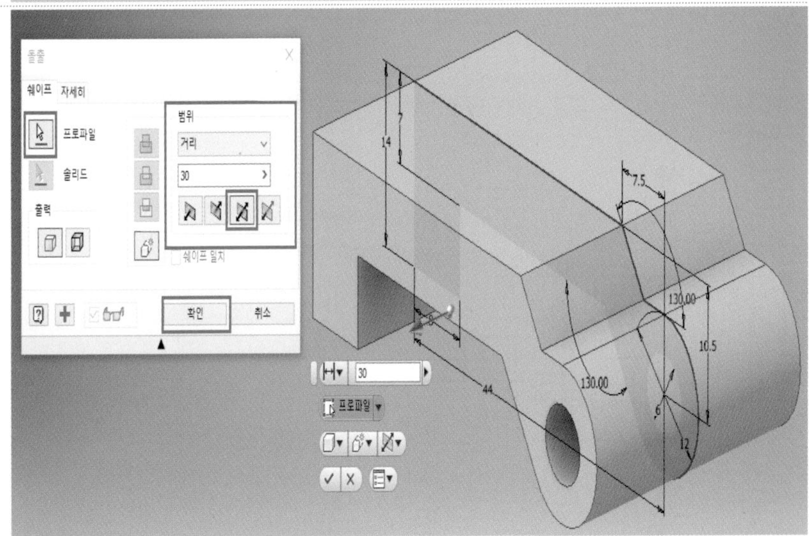

06

부품 ① 3D 모형 만들기

• [2D 스케치 시작] → [해당 스케치평면 선택] → [형상투영] → [선] → [치수] → [스케치 마무리]

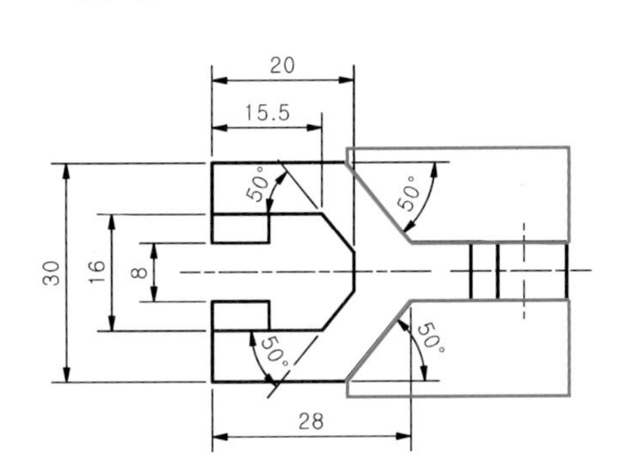

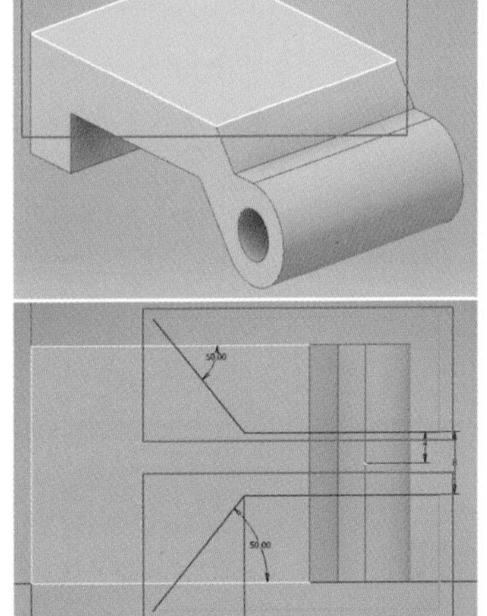

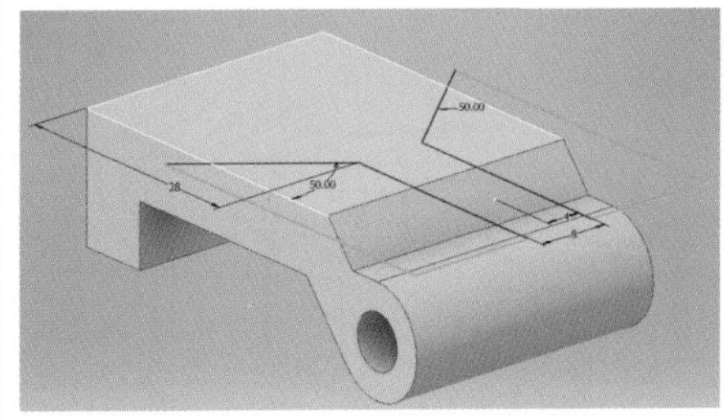

07

부품 ① 3D 모형 만들기

• [돌출] → [스케치클릭/2개] → [차집합] → [전체] → [방향2] → [확인]

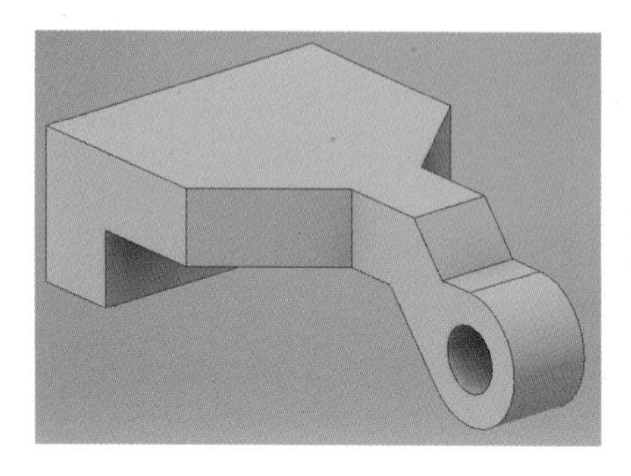

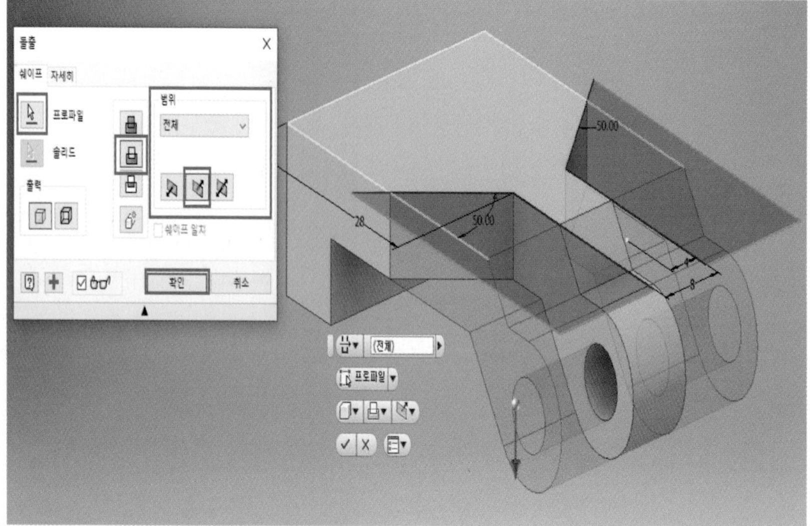

08

부품 ① 3D 모형 만들기

• [2D 스케치 시작] → [해당 스케치평면 선택] → [선] → [치수] → [스케치마무리]

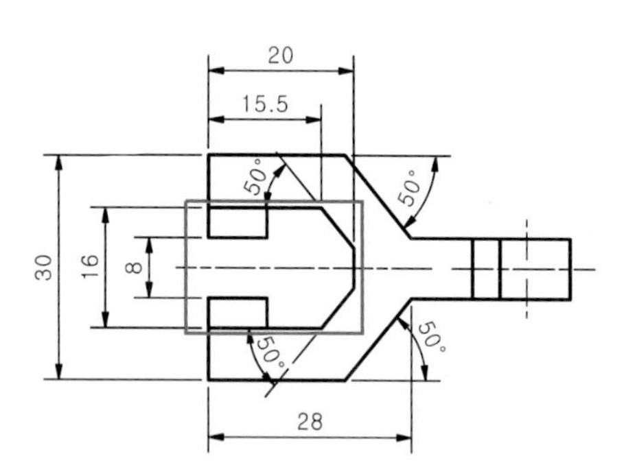

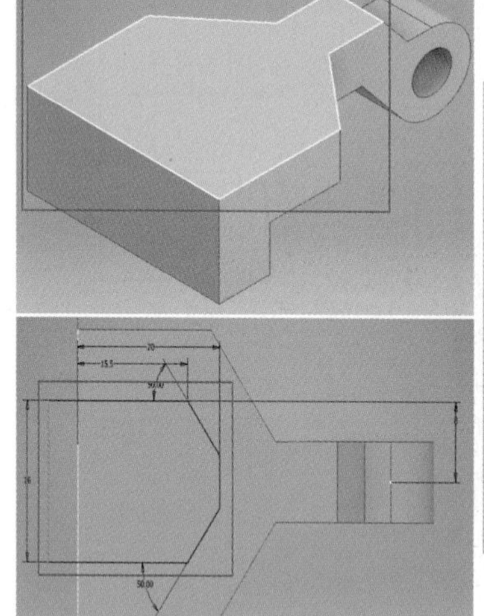

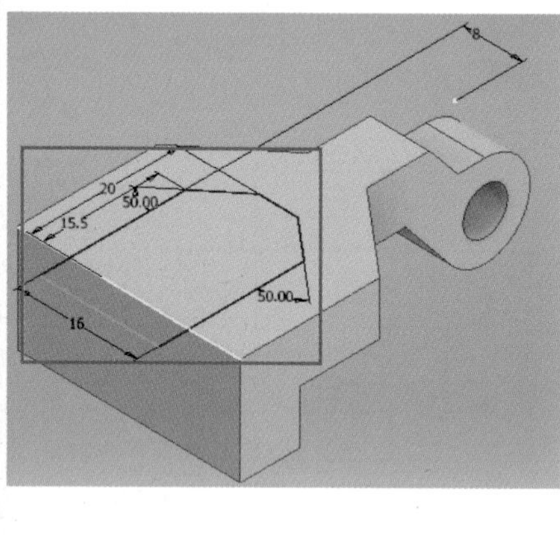

09

부품 ① 3D 모형 만들기

• [돌출] → [스케치 클릭] → [차집합] → [거리7] → [방향2] → [확인]

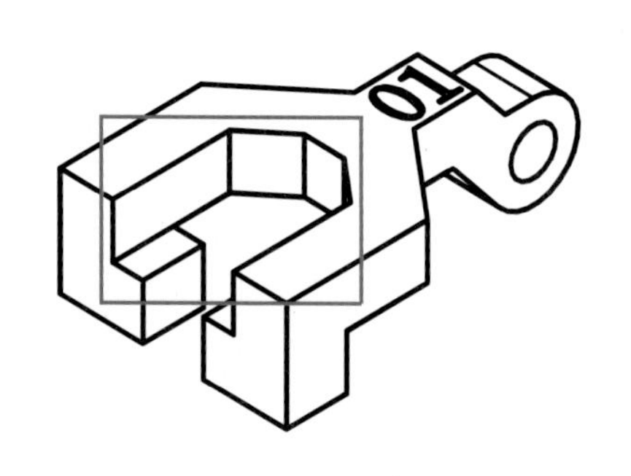

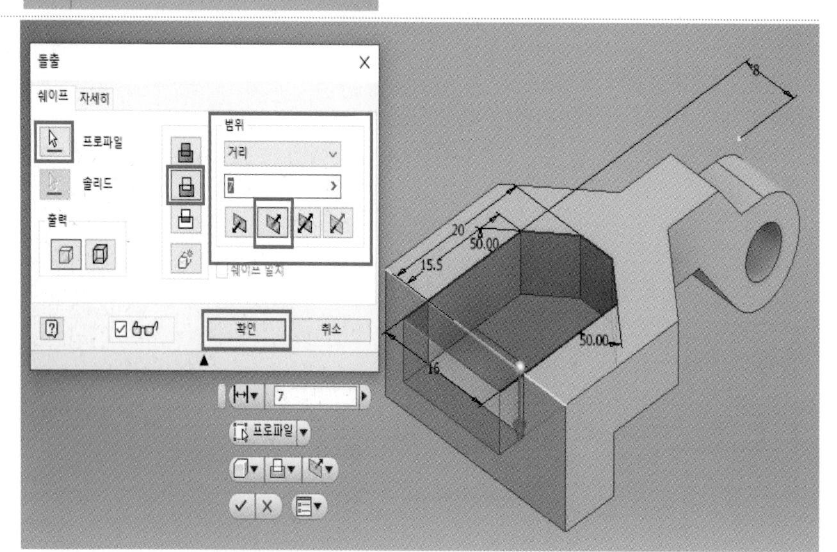

10

부품 ① 3D 모형 만들기

- [2D 스케치 시작] → [해당 스케치평면 선택] → [직사각형] → [치수] → [스케치마무리]

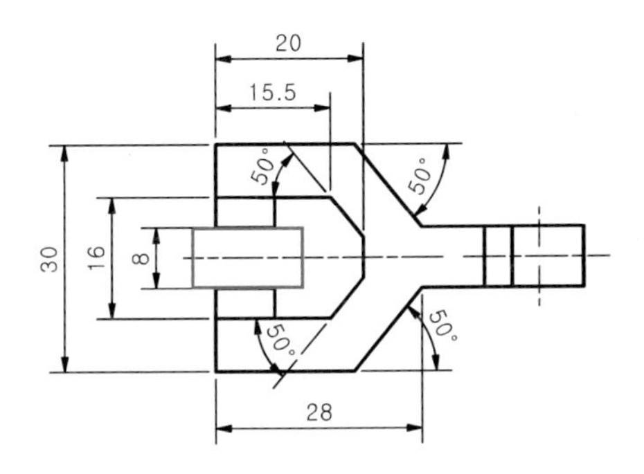

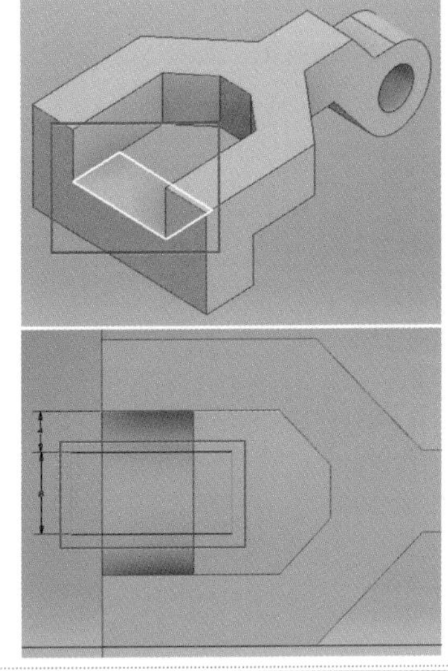

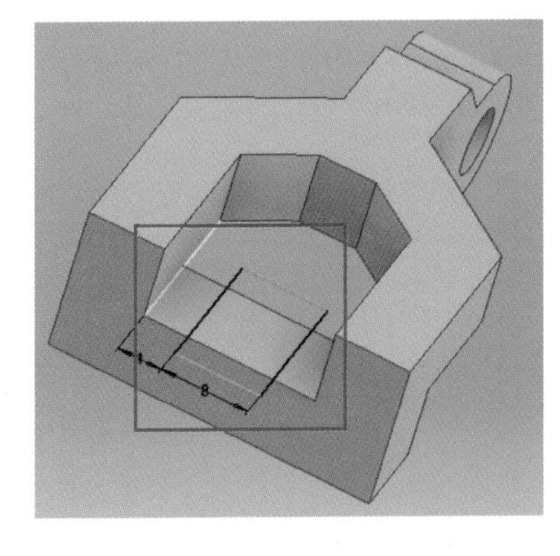

11

부품 ① 3D 모형 만들기

- [돌출] → [스케치 클릭] → [차집합] → [전체] → [방향2] → [확인]

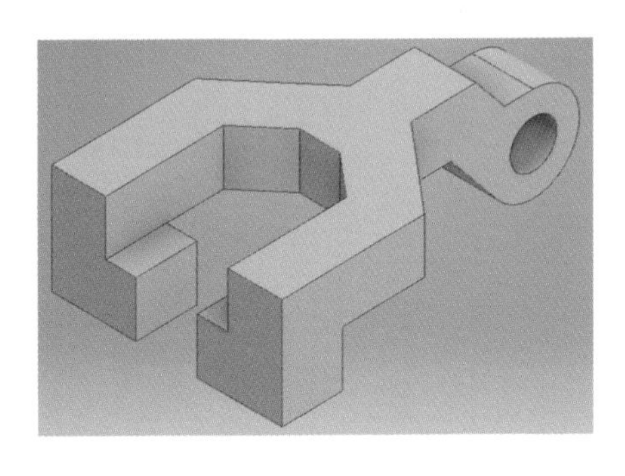

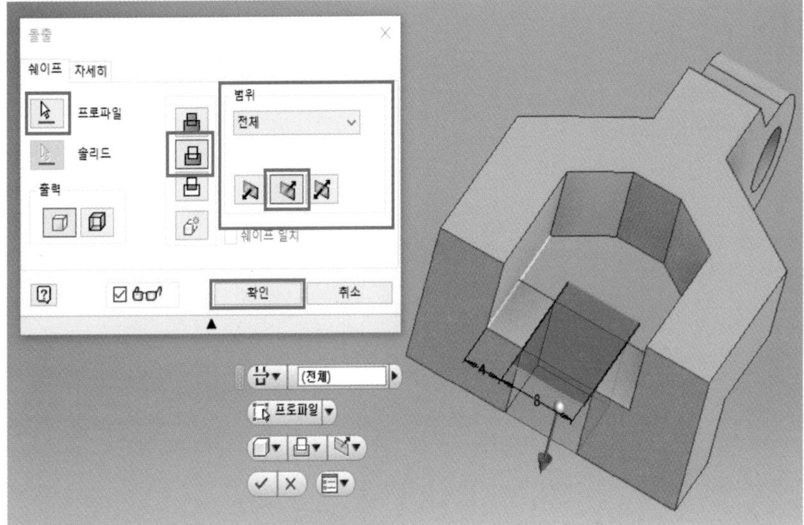

12

부품 ① 각인

- [2D 스케치 시작] → [각인평면 선택] → [텍스트] → [바탕체] → [6mm] → [확인] → [스케치마무리]
- [돌출] → [각인번호 선택] → [차집합] → [거리] → [3mm] → [방향2] → [확인]

※ 각인 방향이 도면과 상이할 시 [회전] → [각인 선택] → [중심점 : 각인번호중심 클릭] → [각도 입력] → [적용]

※ 글자체, 글자 크기, 글자 깊이 등은 별도의 정보가 없으므로 도면과 유사한 모양 및 크기로 작업하시오.

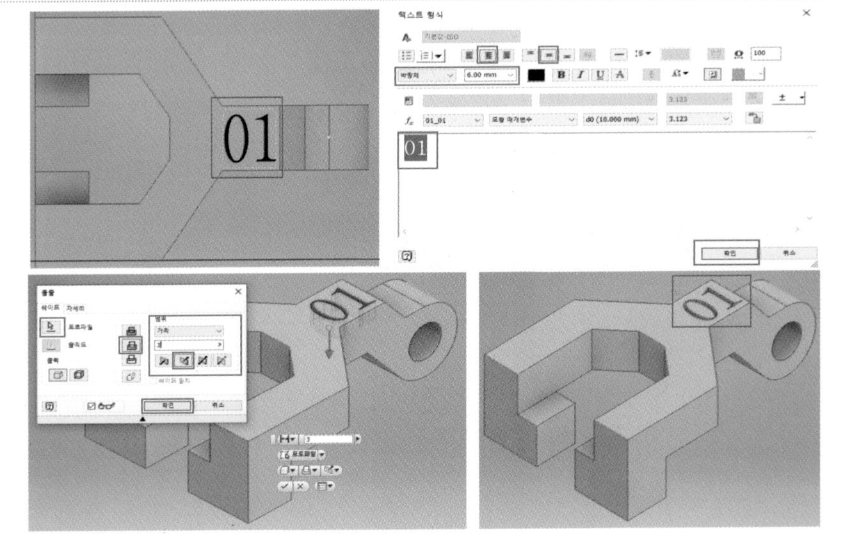

13

부품 ① 저장하기

- [파일] → [다른 이름으로 저장] → [비번호 폴더] → [파일이름] → [01_01] → [저장]

※ 본 교재의 부품 ①번 3D모델링 파일이름은 "01_01"로 작성되었다. 부품 ①, ②번 3D모델링 파일이름은 수험자가 임의로 정할 수 있다.
예 부품1번, 01번 등

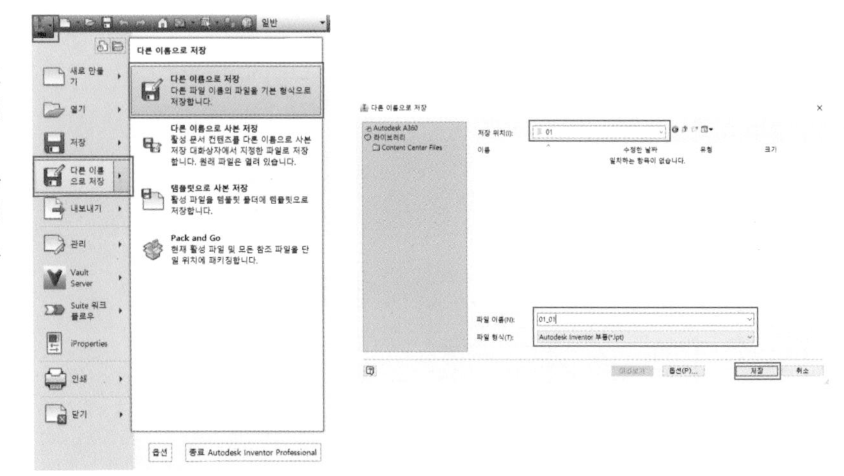

14

부품 ② 모델링

- [새로 만들기] → [Metric] → [Standard(mm).ipt] → [작성]

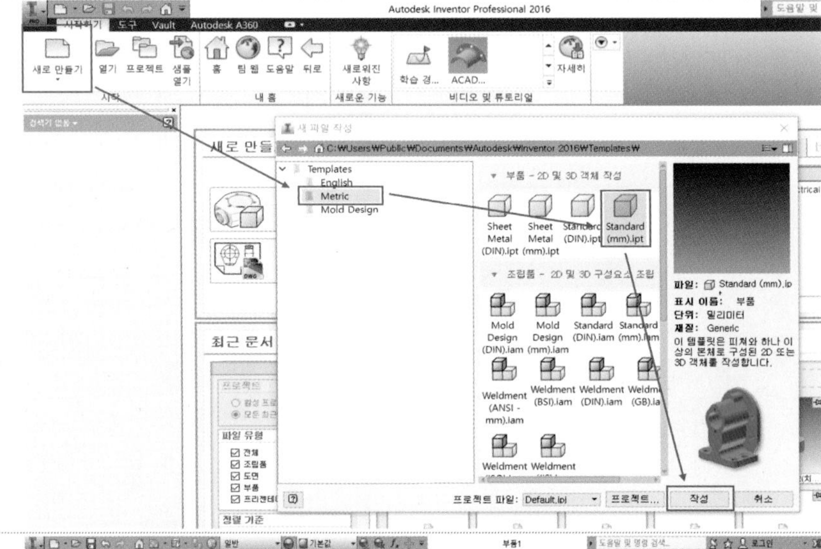

15

[2D 스케치 시작] → [마우스로 XY Plane 선택]

※ 마우스로 XY Plane 선택 시 빨간색으로 변함

※ 다른 방법(시트트리에서) [원점] → [XY평면 마우스오른쪽 클릭] → [새 스케치]

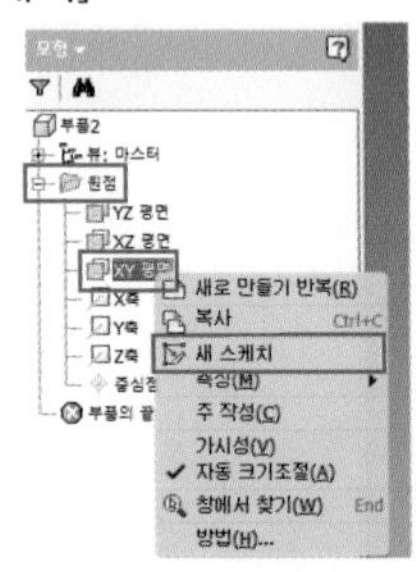

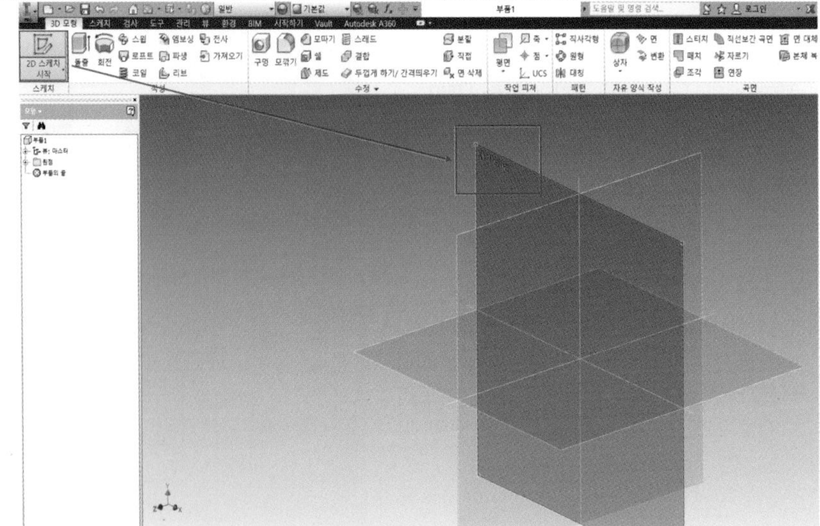

16

부품 ② 평면도를 스케치 한다.

• 선, 치수

※ 'B'는 상대치수(8mm)와 축공차를 적용해 7mm로 결정한다.

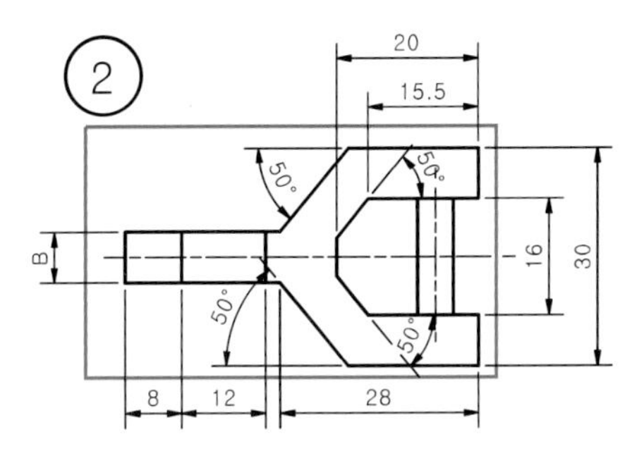

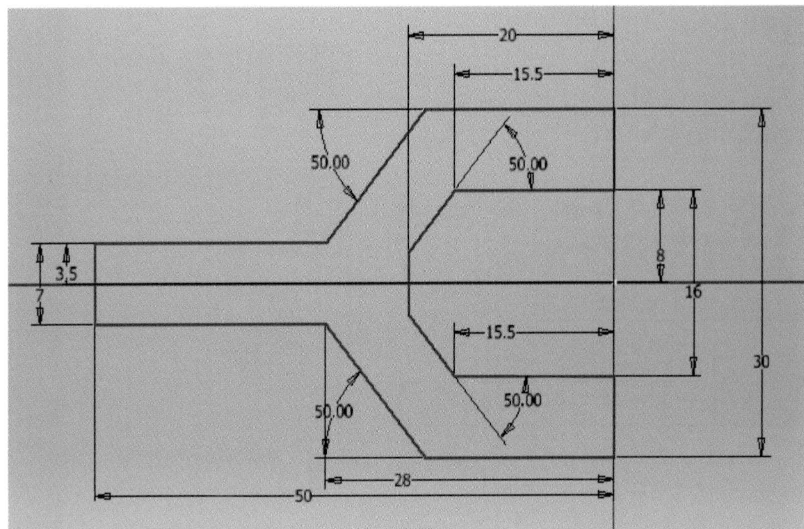

17

스케치마무리

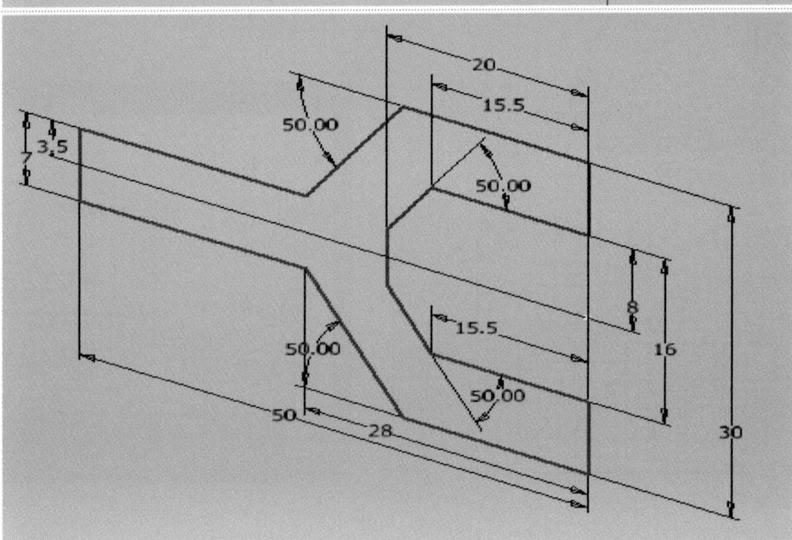

18

부품 ② 3D 모형 만들기

• [돌출] → [스케치 클릭] → [거리7] → [대칭] → [확인]

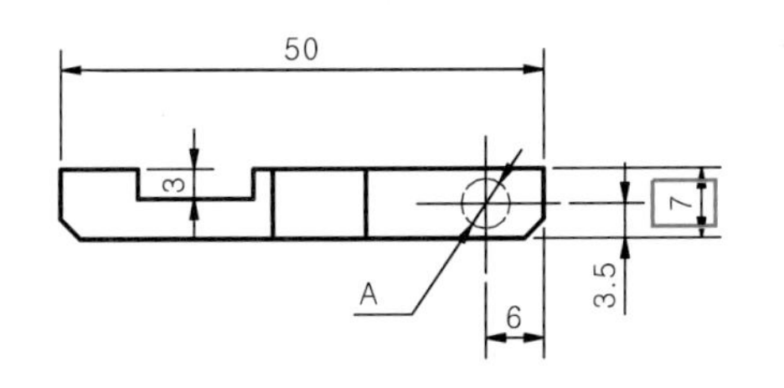

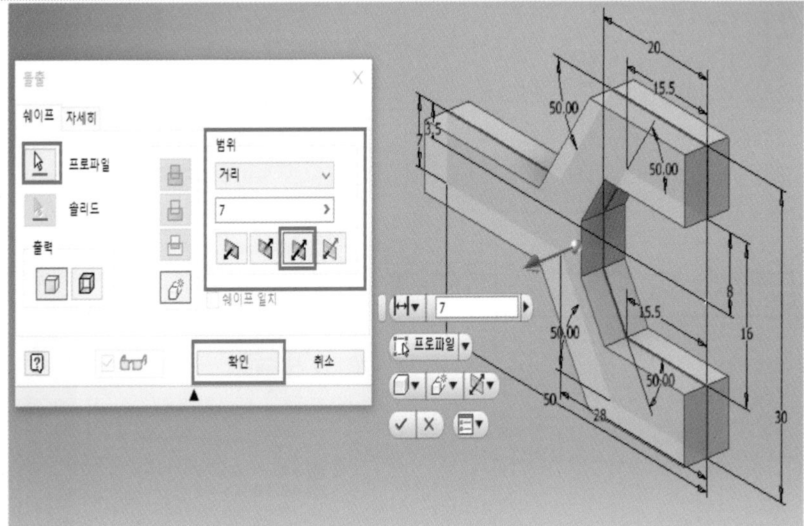

19

부품 ② 3D 모형 만들기

• [2D 스케치 시작] → [XZ평면 선택] → [F7] [원] → [∅5] → [치수] → [스케치마무리]

※ 'A'는 상대치수(∅6mm)와 축공차를 적용해 ∅5mm로 결정한다.

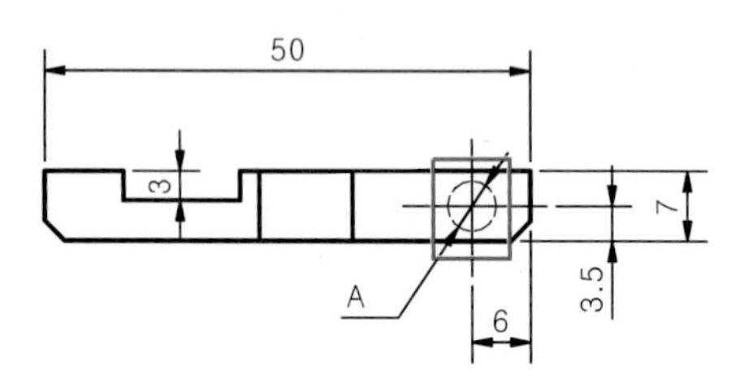

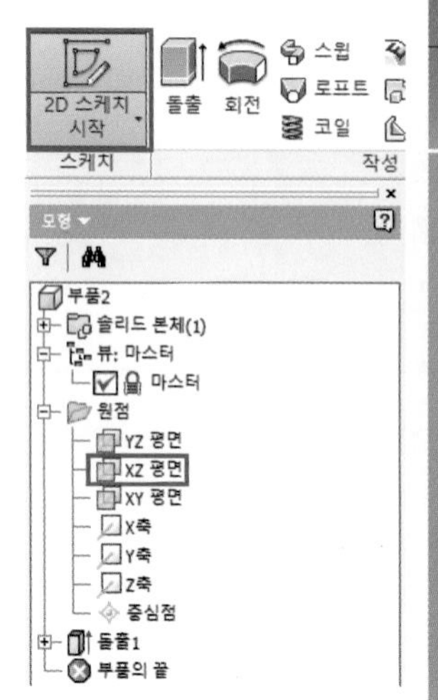

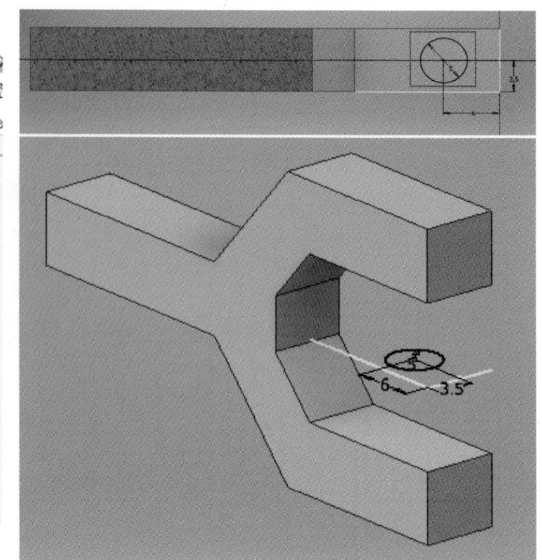

20

부품 ② 3D 모형 만들기

• [돌출] → [스케치 클릭] → [접합] → [거리16] → [대칭] → [확인]

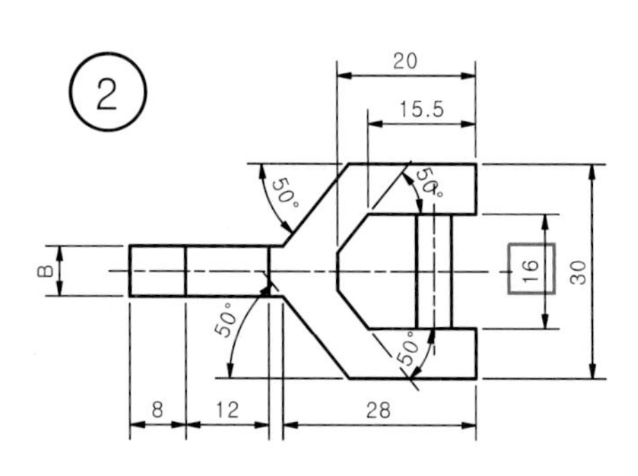

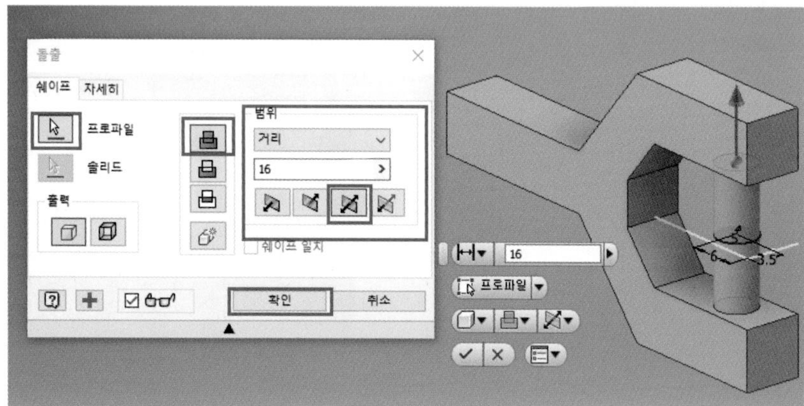

21

부품 ② 3D 모형 만들기

• [2D 스케치 시작] → [XZ평면 선택] → [F7] [직사각형] → [치수] → [스케치마무리]

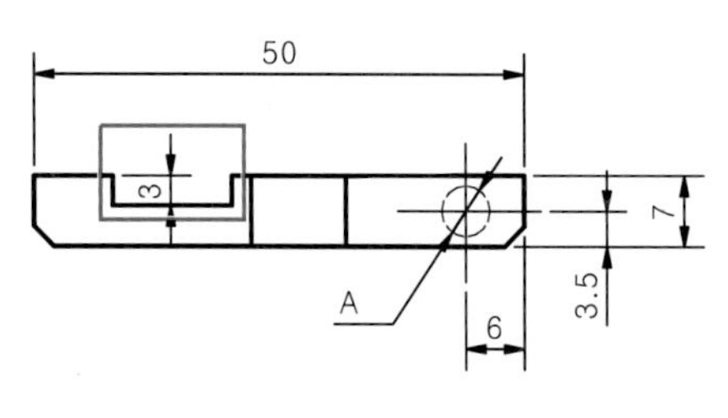

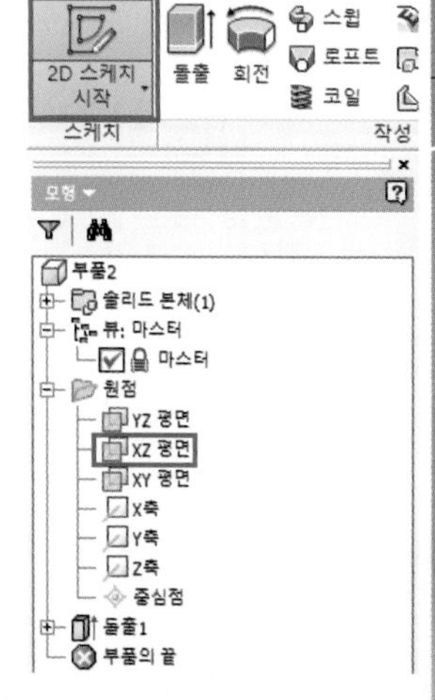

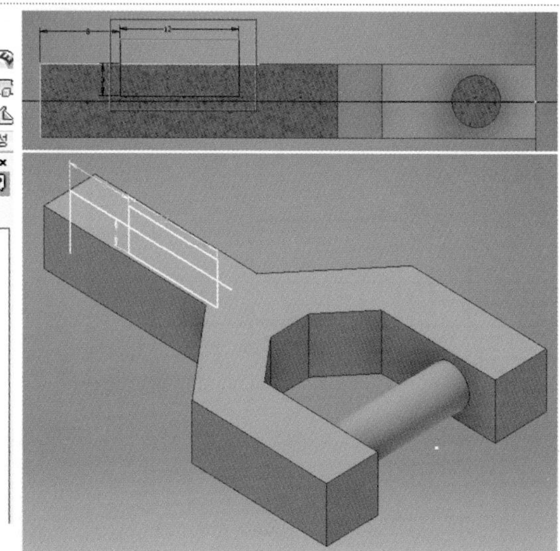

22

부품 ② 3D 모형 만들기

- [돌출] → [스케치 클릭] → [차집합] → [전체] → [대칭] → [확인]

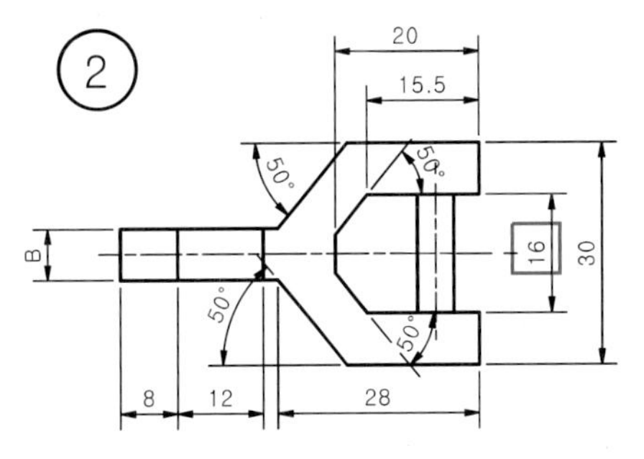

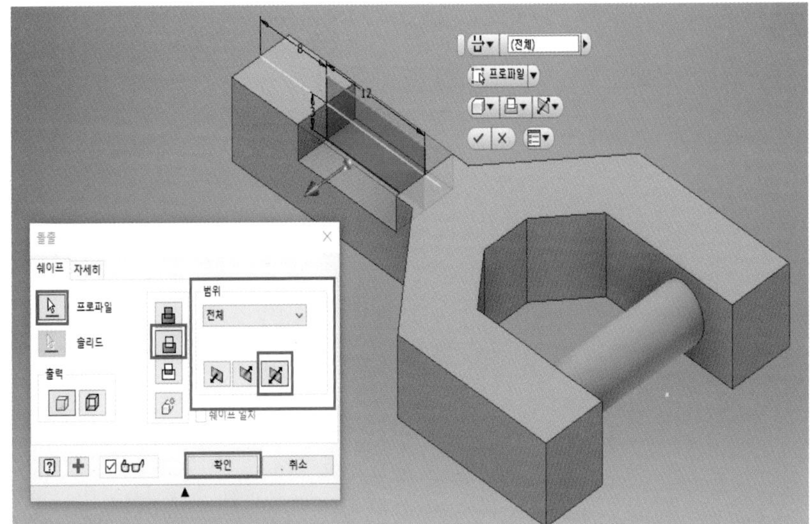

23

부품 ② 3D 모형 만들기

- [모따기] → [모서리선택/3개소] → [거리2] → [확인]

※ 주서
도시되고 지시없는 모따기는 C2

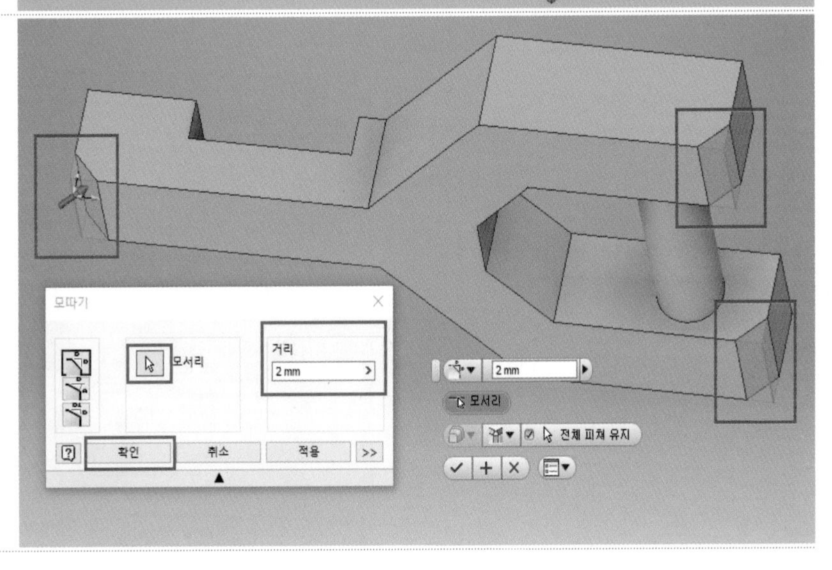

24

부품 ② 저장하기

- [파일] → [다른 이름으로 저장] → [비번호 폴더] → [파일이름] → [01_02] → [저장]

※ 본 교재의 부품 ②번 3D모델링 파일이름은 "01_02"로 작성되었다. 부품 ①, ②번 3D모델링 파일이름은 수험자가 임의로 정할 수 있다.
예 부품2번, 02번 등

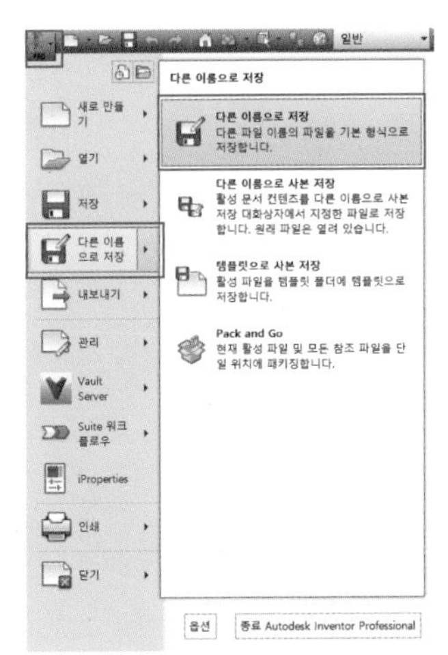

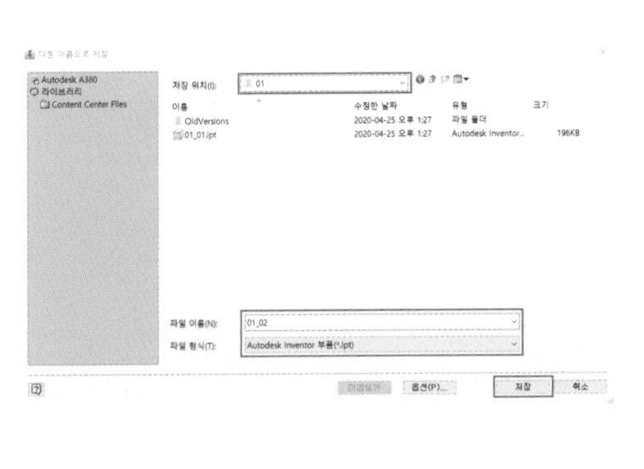

25

어셈블리

- [새로 만들기] → [Metric] → [Standard(mm).iam] → [작성]

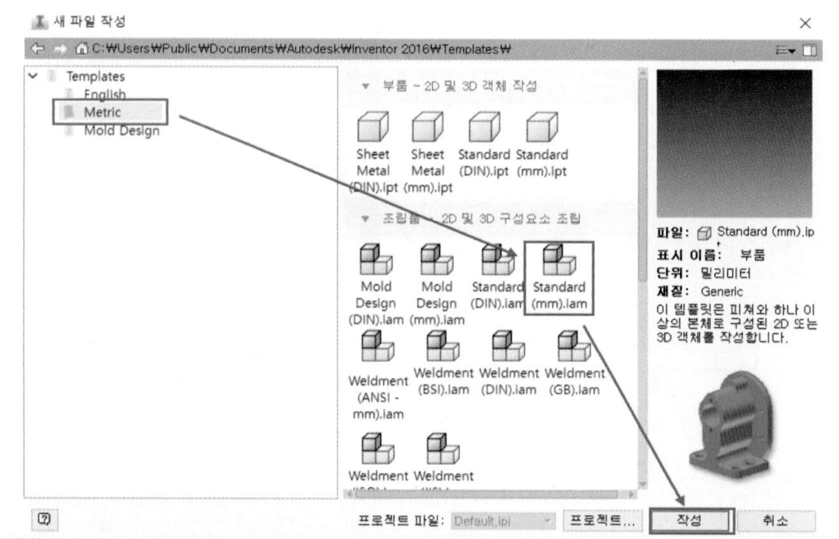

26

배치

"배치" 아이콘을 통해 부품 ①, ②를 배치한다.

- [배치] → [01_01, 01_02 선택] → [열기] → [화면 클릭] → [ESC]

27

시트트리에서 부품①번을 우클릭하여 고정한다.

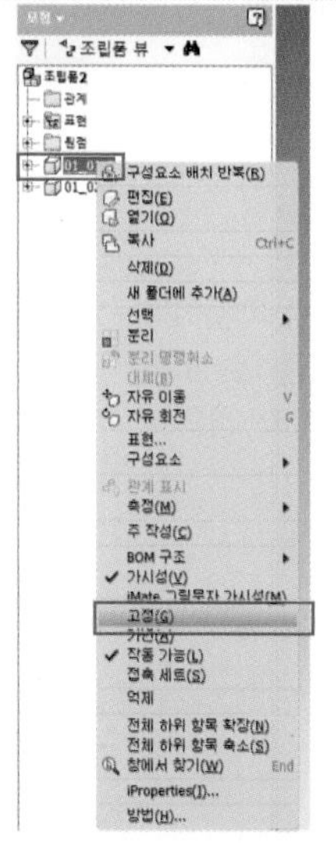

28

조립구속조건

• 부품②를 클릭하여 움직이고 우클릭하여 자유회전을 통하여 도면의 조립도와 비슷하게 한다.

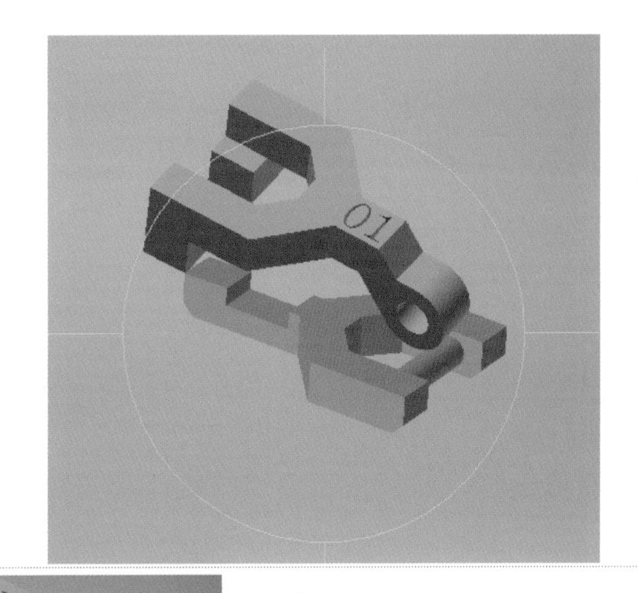

29

조립구속조건

• [구속조건] → [삽입] → [솔루션 : 반대] → [부품①선택요소] → [자유회전F4] → [부품②선택요소] → [간격띄우기4] → [확인]
※ '간격띄우기4 → (16−8)/2=4

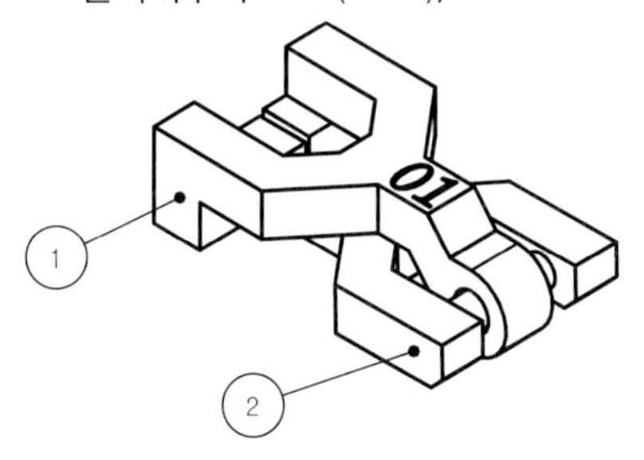

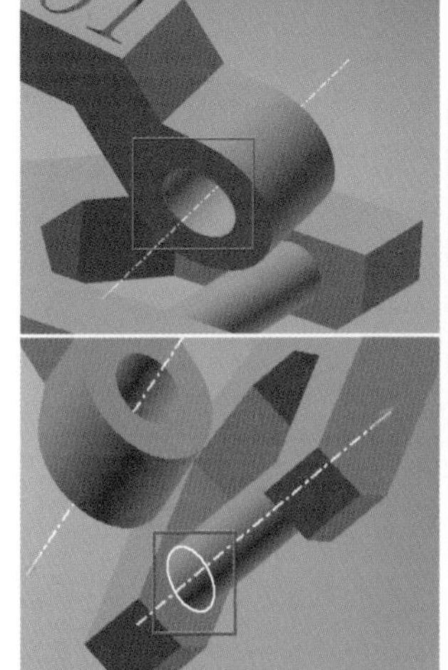

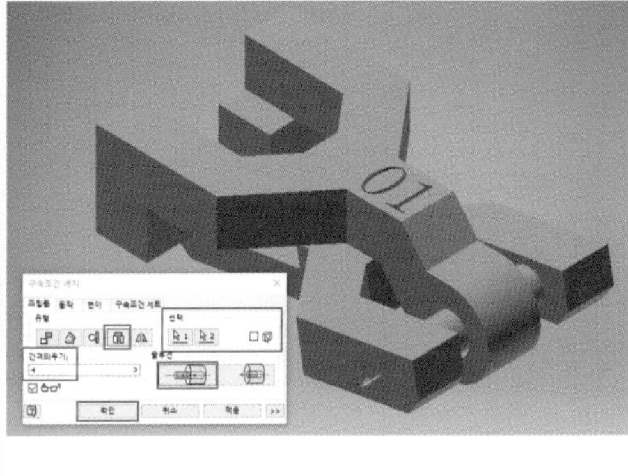

30

출력방향을 고려하여 구속조건 추가

※ 조립된 상태로 출력하니 되도록 서포트가 적게 나오고 도면의 ㉠, ㉡, ㉢ 치수가 정밀하게 나오는 출력방향을 결정해야 한다.

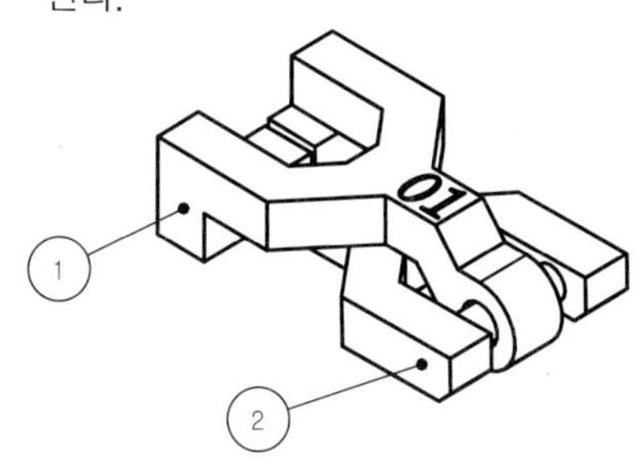

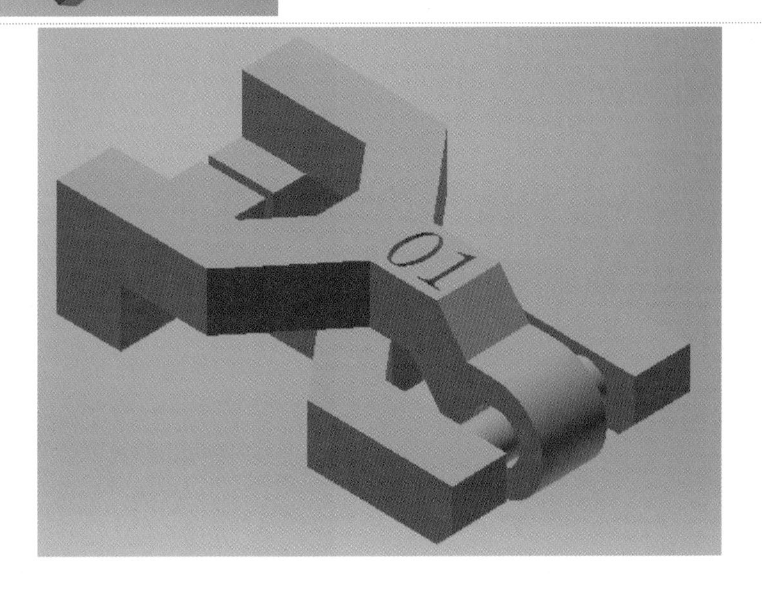

31

어셈블리 저장하기(2가지 확장자)

- [파일] → [다른 이름으로 저장] → [비번호 폴더] → [파일이름] → [01] → [저장]

- [파일] → [내보내기] → [CAD형식] → [비번호폴더] → [01] → [파일형식 : STEP 선택] → [저장]

구 분	작업명	파일명	비 고
1	어셈블리	01.***	
2		01.STP	채점용

※ 비번호 01인 경우

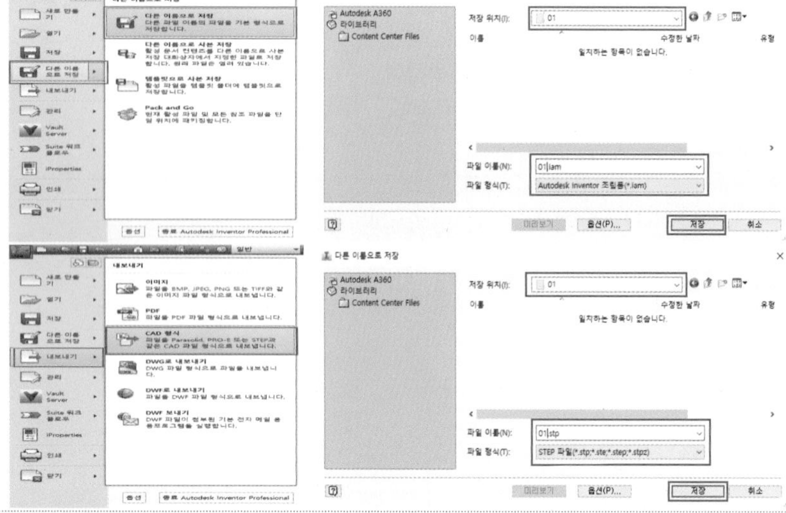

32

어셈블리 저장하기(STL확장자)

- [파일] → [내보내기] → [CAD형식] → [비번호폴더] → [01] → [파일형식 : STL 선택] → [옵션] → [단위 : mm] → [저장]

※ 옵션에서 단위 mm 선택

구 분	작업명	파일명	비 고
3	어셈블리	01.STL	

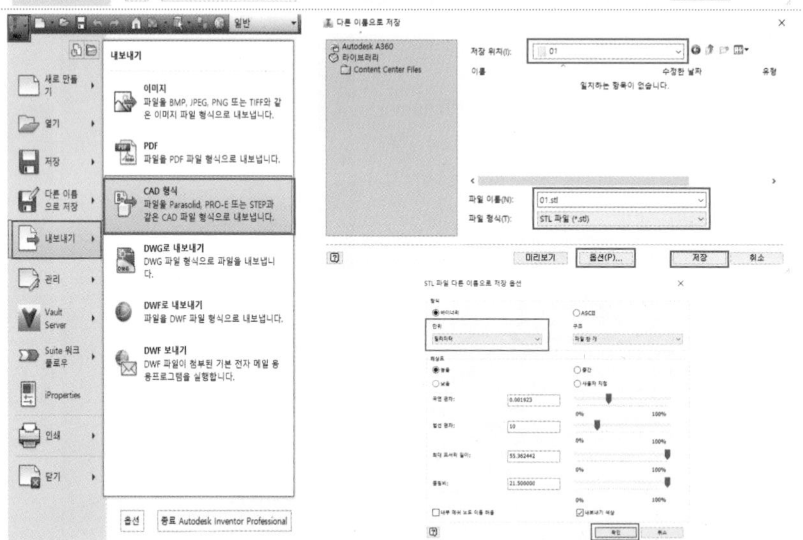

33

슬라이싱(3DWOX)

슬라이싱 프로그램을 실행한다.

- [파일] → [모델 불러오기] → [비번호폴더] → [01.stl] → [열기]

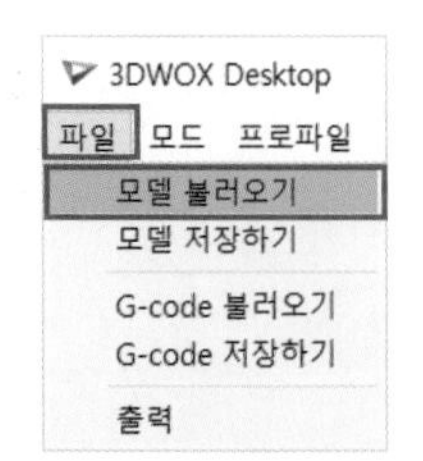

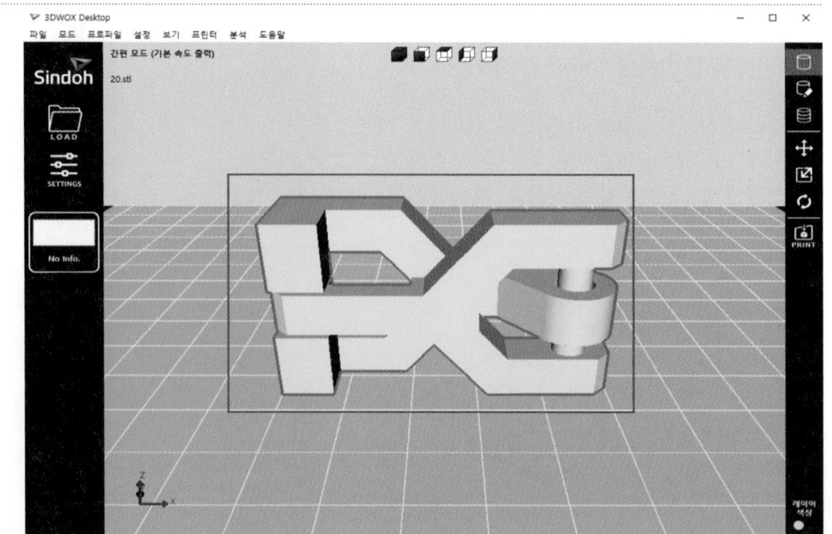

34

프린터 설정

• [설정] → [프린터 설정] → [프린터 모델] → [확인]

※ 시험장 프린터 모델을 선택한다.
예 DP200

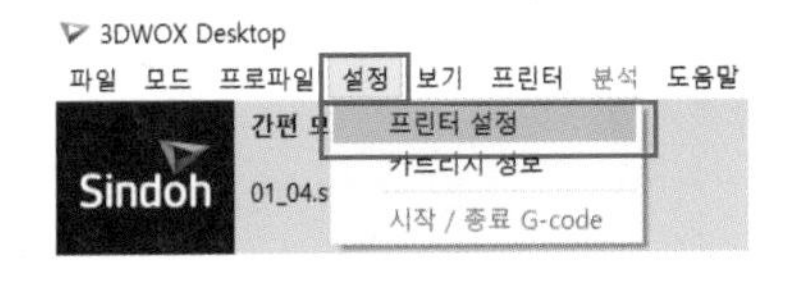

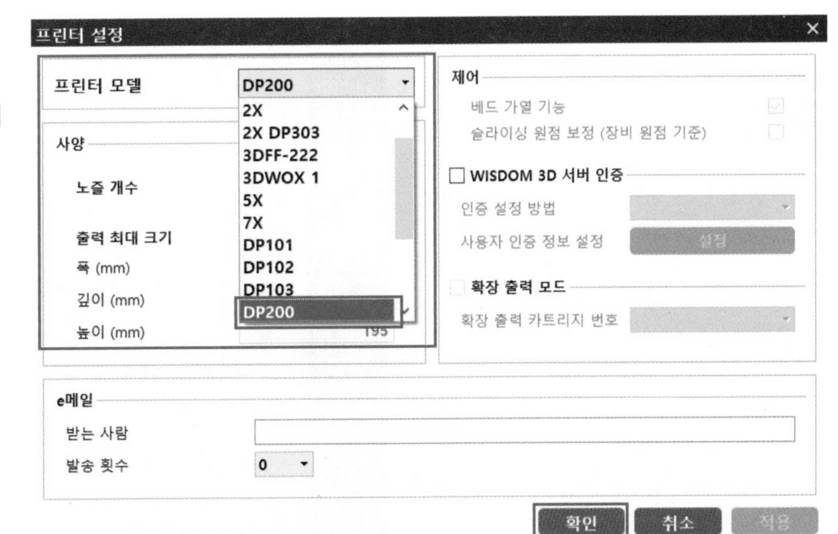

35

출력방향을 결정한다.

• [분석] → [최적출력방향] → [분석] → [추천 1~6 선택]

※ 신도리코 3DWOX는 최적출력방향을 분석해 준다. 참고하여 서포트가 적게 나오고 도면의 ㉠, ㉡, ㉢ 치수가 정밀하게 나오는 출력방향을 결정한다.

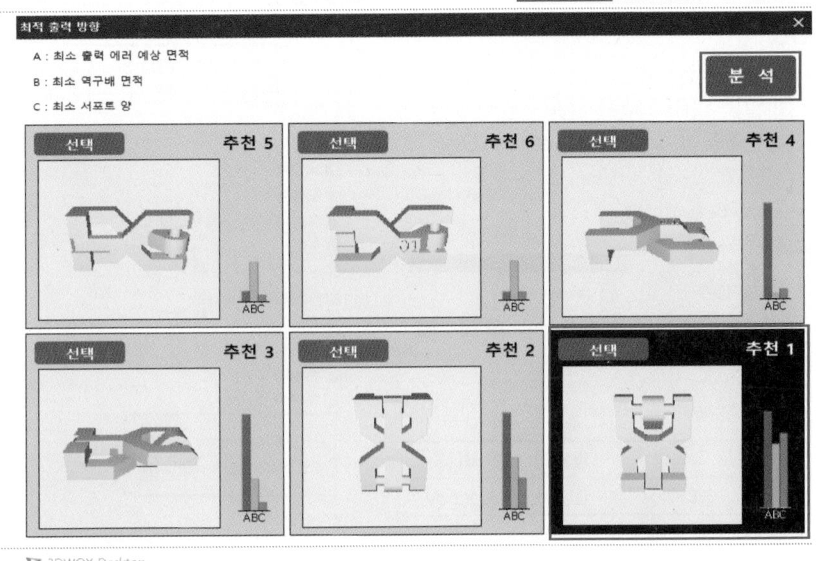

36

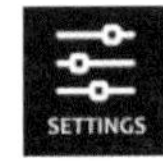

기본 파라미터를 설정한다.

• [SETTINGS] 버튼을 클릭하여 파라미터 값을 조정한다.
• 기본 속도 출력
• 재질 : PLA
• 서포트 : 모든 곳, 지그재그 구조

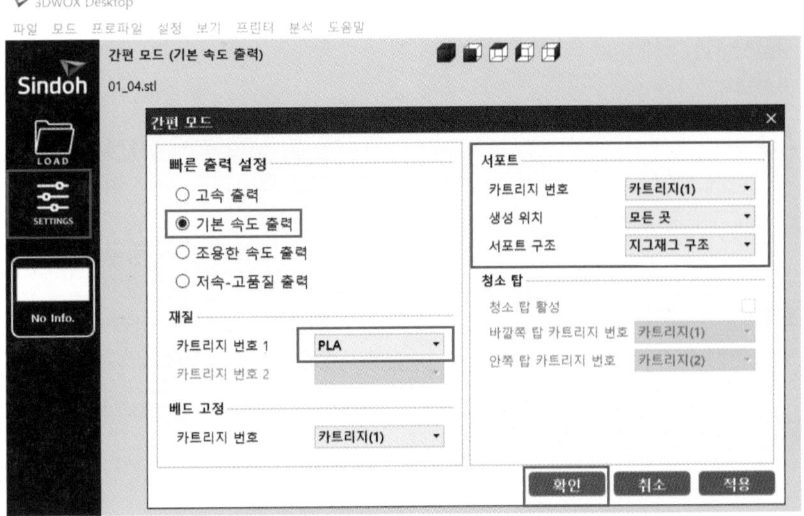

37

슬라이싱

• 베드상에 있는 출력물이 파라미터의 값이 반영되면서 슬라이싱을 수행한다.

※ 출력예상시간을 확인한다.

※ 출력예상시간이 1시간 20분이 넘어가면 고급모드로 변경하여 [SETTINGS]에서 레이어 높이, 채우기 밀도, 서포트 밀도 등 설정값을 변경한다.

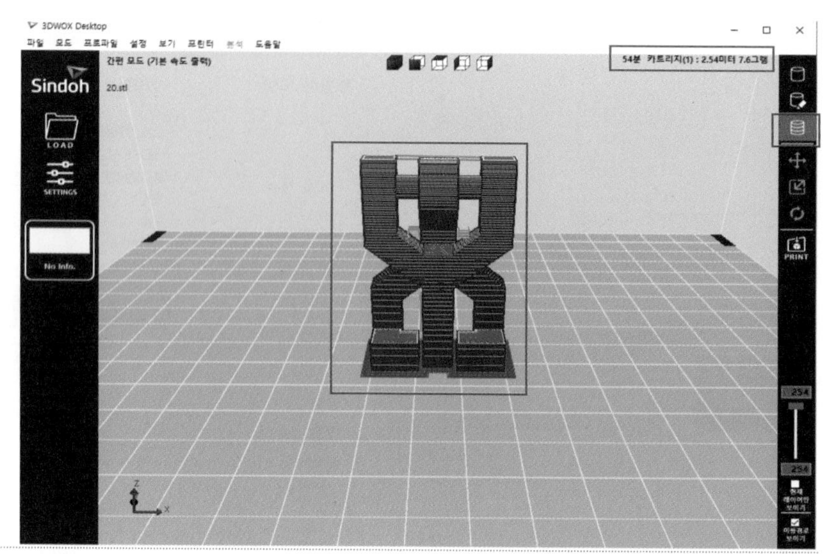

38

G-code 저장하기

• [파일] → [G-code 저장하기] → [예] → [비번호폴더] → [01.gcode] → [저장]

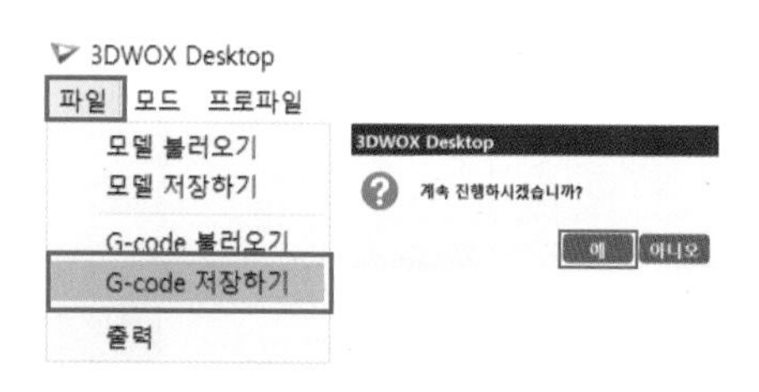

구 분	작업명	파일명	비 고
4	슬라이싱	01.***	gcode

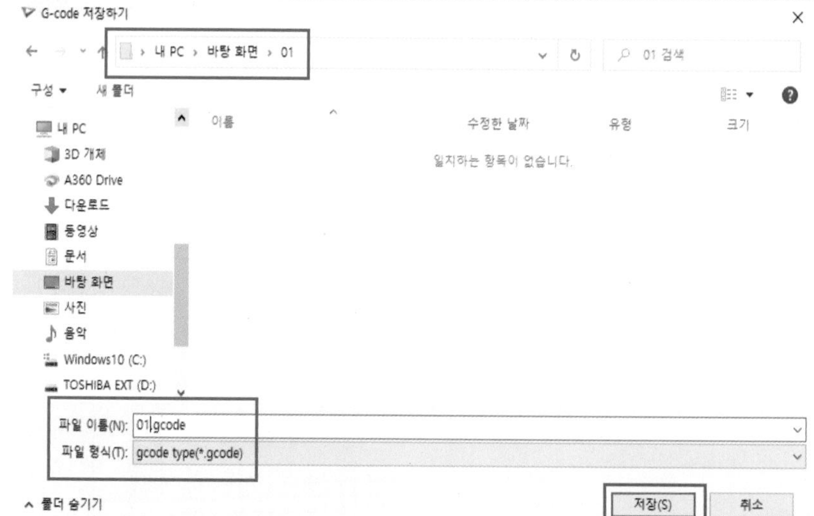

39

지급된 저장매체(USB 또는 SD-card)에 저장한다.

• 감독위원에게 저장매체(USB 또는 SD-card) 제출

40

3D프린터 세팅

• 노즐, 베드 등에 이물질을 제거하여 출력 시 방해요소가 없도록 세팅한다.
• PLA 필라멘트 장착 여부 등 소재의 이상 여부를 점검하고 정상 작동하도록 세팅한다.
• 베드 레벨링 기능 등을 활용하여 베드 위치를 세팅한다.

41

3D프린팅

• 저장매체(USB 또는 SD-card)에 있는 파일(01_04.gcode)을 3D프린터 전면부에 있는 USB 포트에 연결하여 화면에서 직접 G-code를 불러와 출력한다.

42 후처리	• 출력이 완료되면 보호장갑을 착용하고 서포트 및 거스러미를 제거하여 감독위원에게 제출한다.
43 노즐 및 베드 정리	• 출력물을 제출 후 본인이 사용한 3D프린터 노즐 및 베드 등의 잔여물을 제거하고 정리정돈 한다(**※ 정리상태도 채점 대상임에 주의하자**).

21 3D모델링 실기 공개문제 도면 - 21

자격종목	3D프린터운용기능사	[시험1] 과제명	3D모델링 작업	척 도	NS

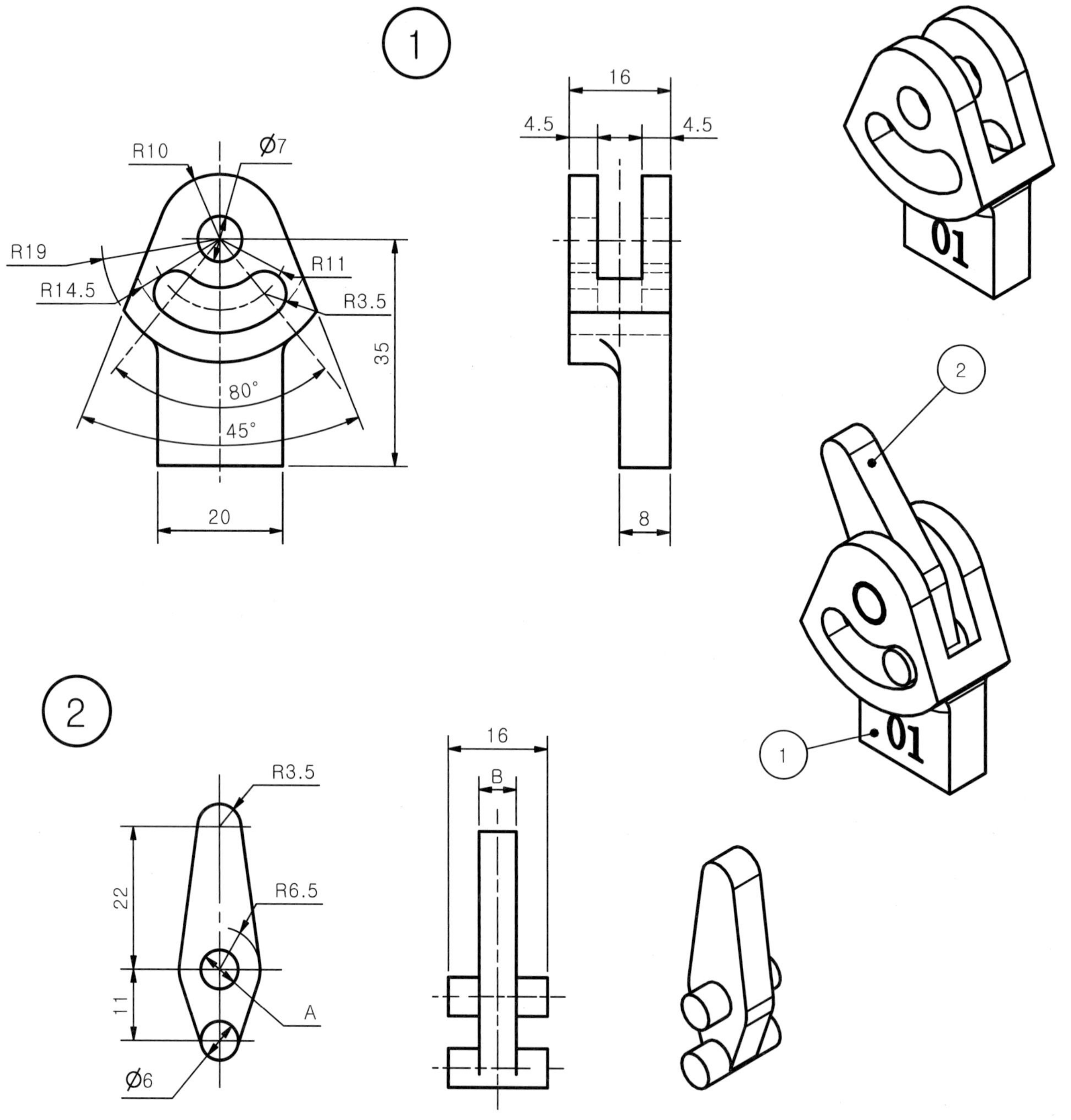

주서

1. 도시되고 지시없는 라운드는 R3

01

부품 ① 모델링

• [새로 만들기] → [Metric] → [Standard(mm).ipt] → [작성]

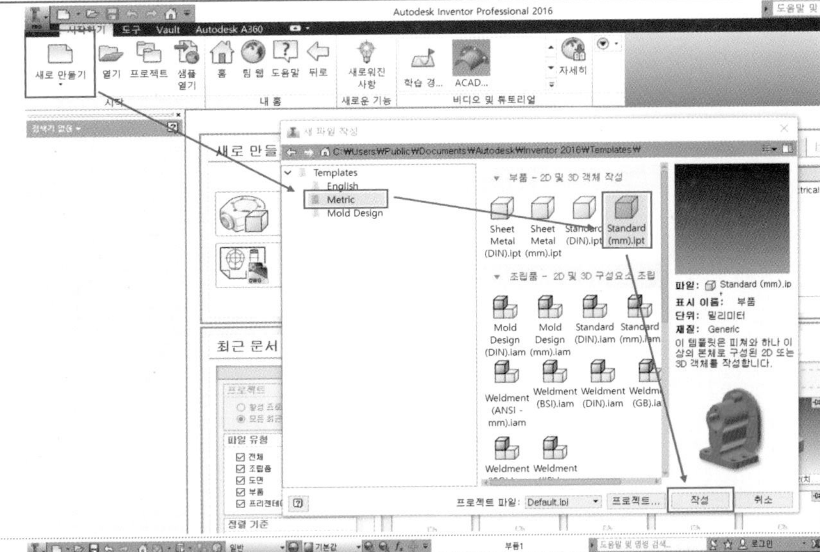

02

[2D 스케치 시작] → [마우스로 XY Plane 선택]

※ 마우스로 XY Plane 선택 시 빨간색으로 변함

※ 다른 방법(시트트리에서)
[원점] → [XY평면 마우스오른쪽 클릭] → [새 스케치]

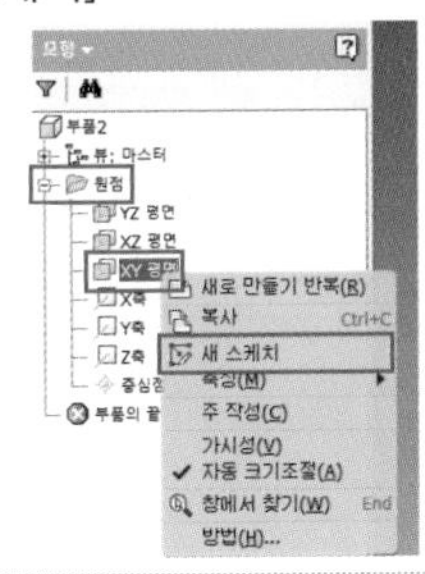

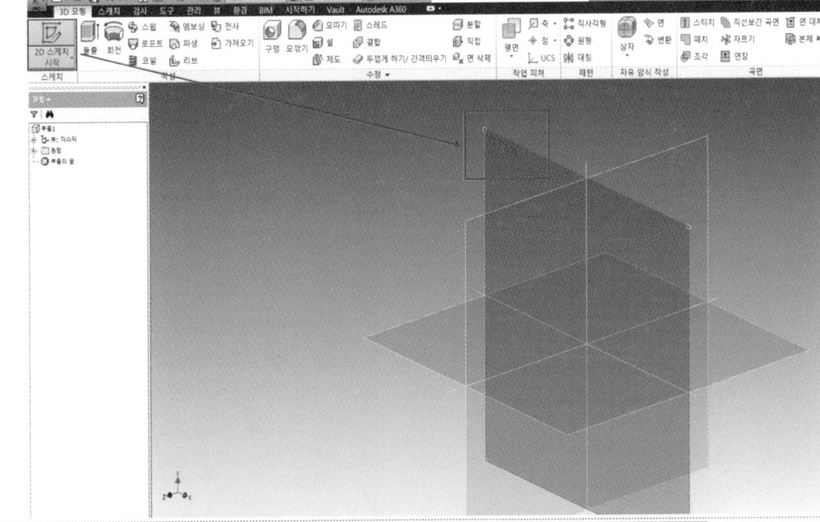

03

부품 ① 정면도를 스케치 한다.

• 원, 선, 구속조건(접선), 치수, 자르기 슬롯(중심점호)

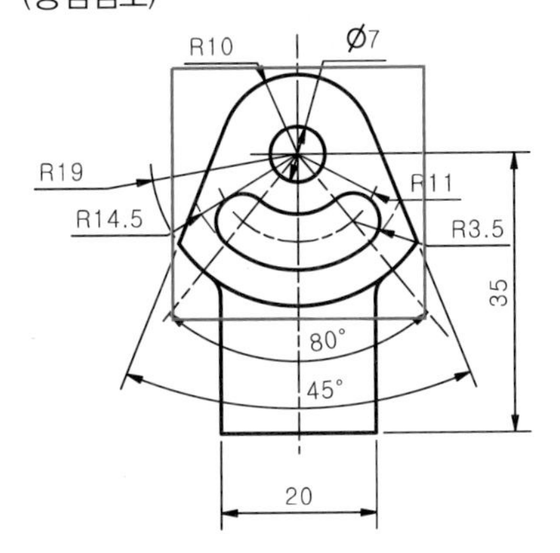

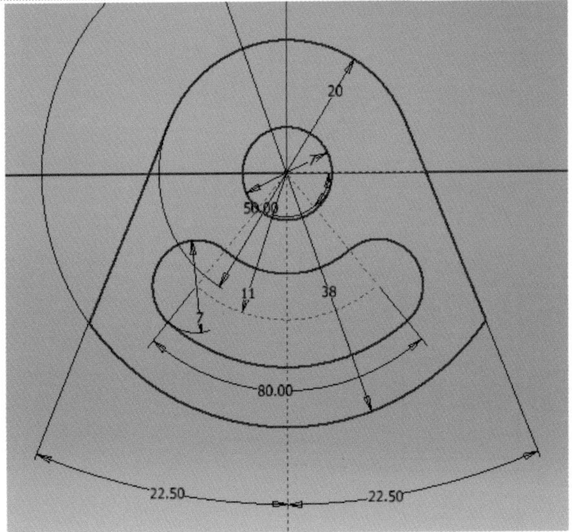

04

스케치마무리

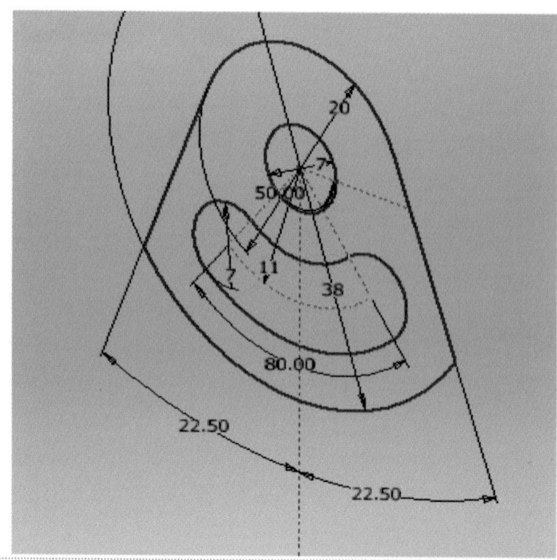

05

부품 ① 3D 모형 만들기

• [돌출] → [스케치 클릭] → [거리16] → [대칭] → [확인]

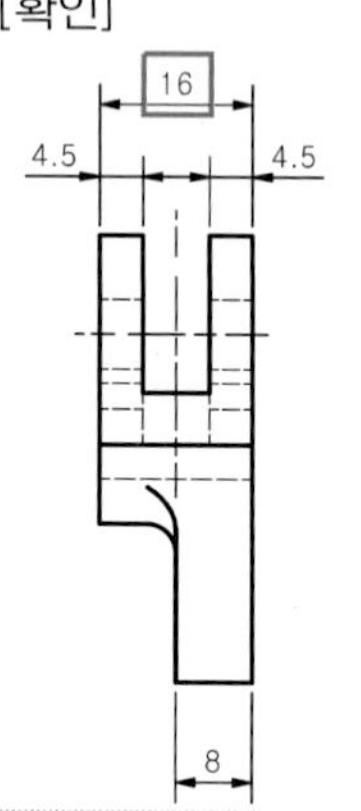

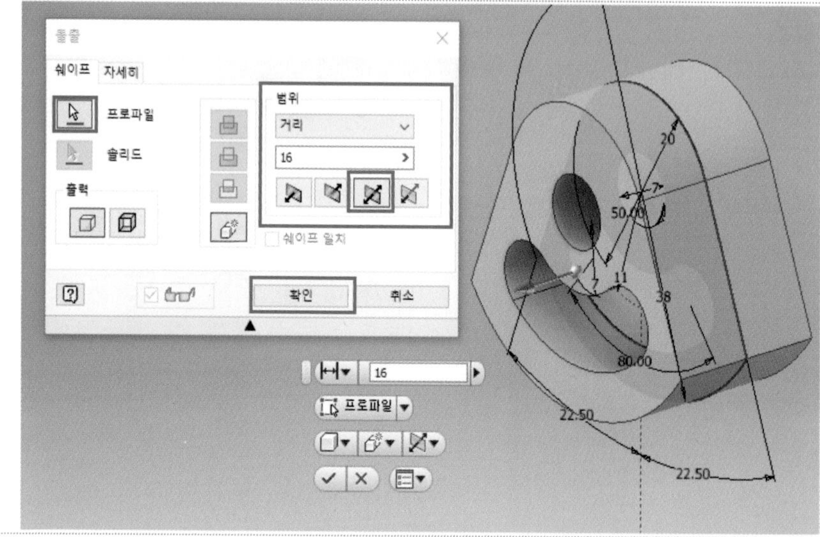

06

부품 ① 3D 모형 만들기

• [2D 스케치 시작] → [해당 스케치평면 선택] → [직사각형] → [치수] → [스케치마무리]

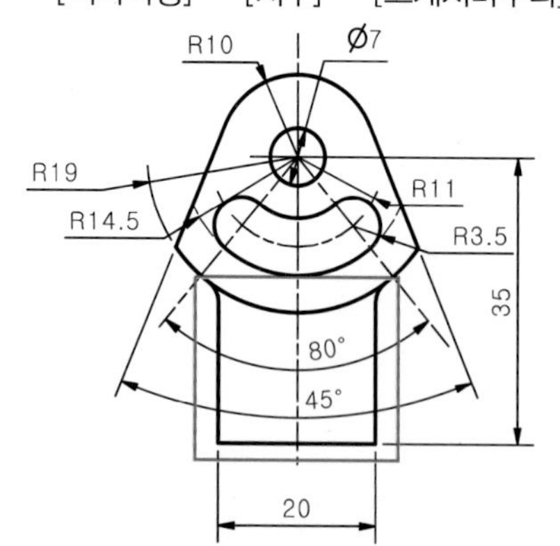

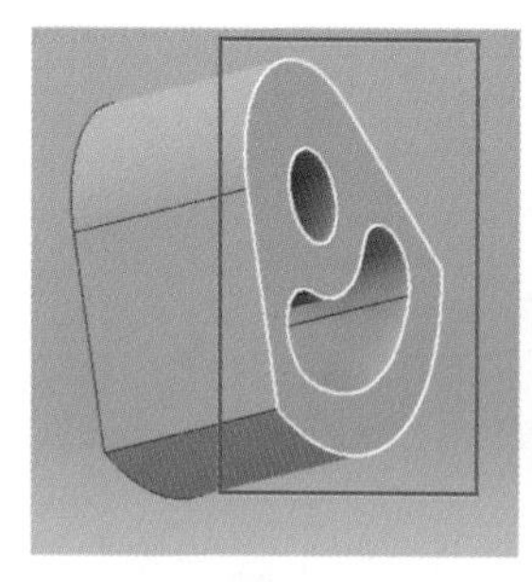

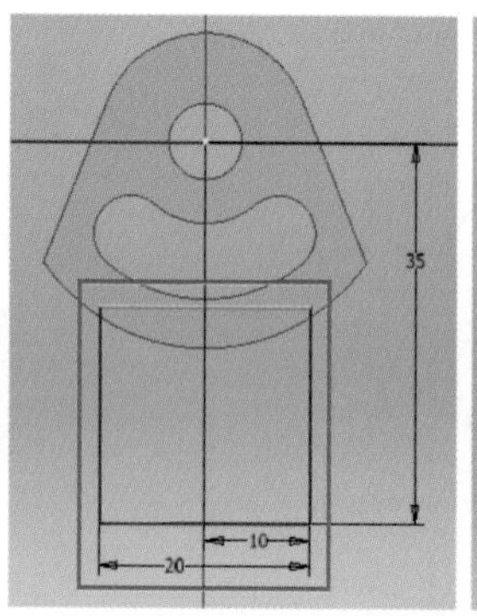

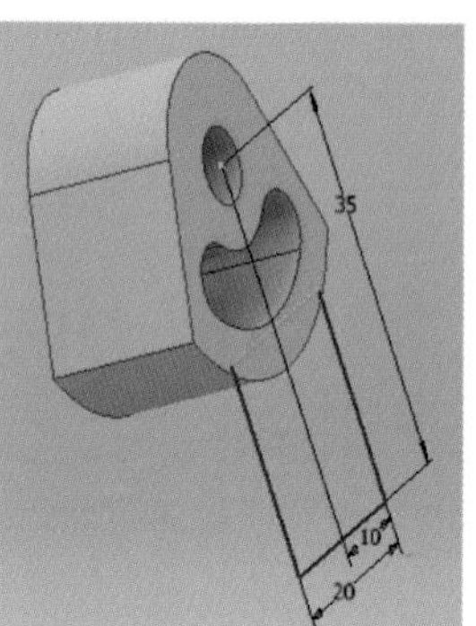

07

부품 ① 3D 모형 만들기

• [돌출] → [스케치 클릭] → [접합] → [거리8] → [방향2] → [확인]

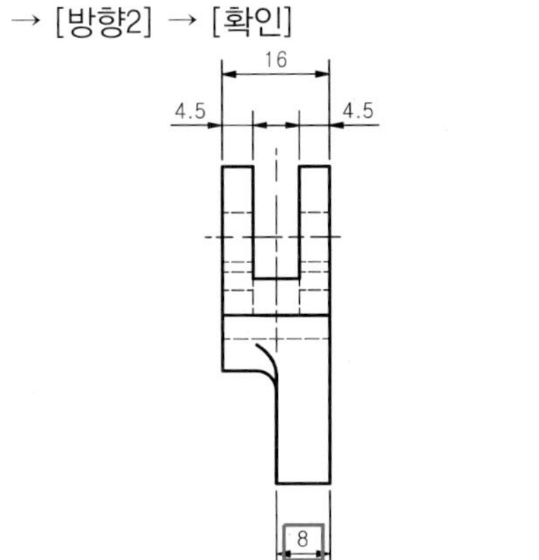

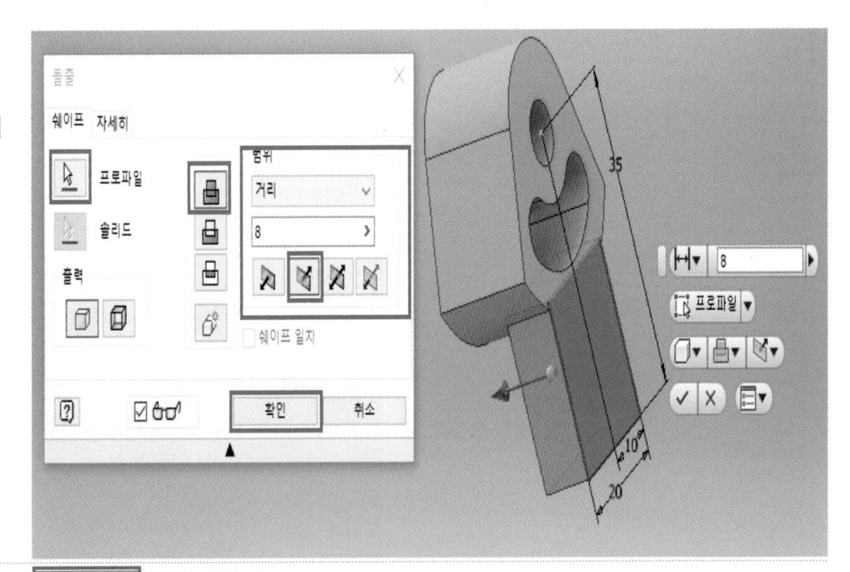

08

부품 ① 3D 모형 만들기

• [2D 스케치 시작] → [XY평면 선택] → [F7] [원] → [∅29] → [치수] → [스케치마무리]

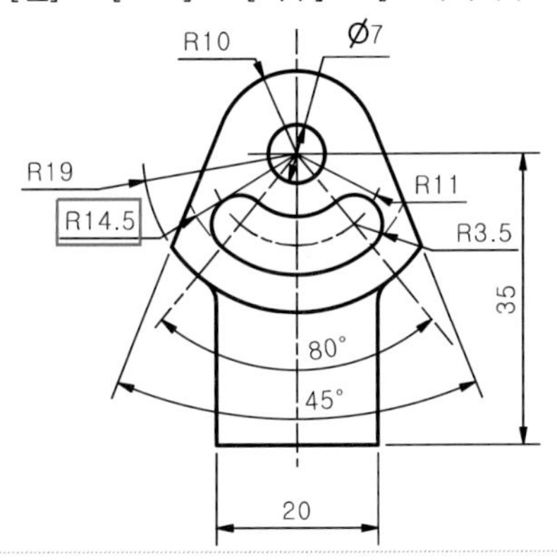

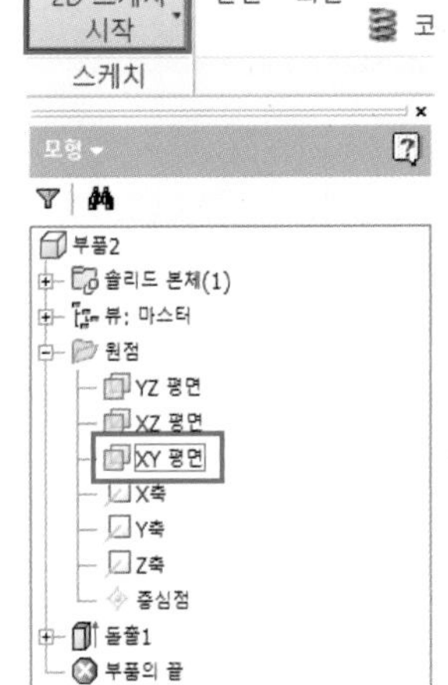

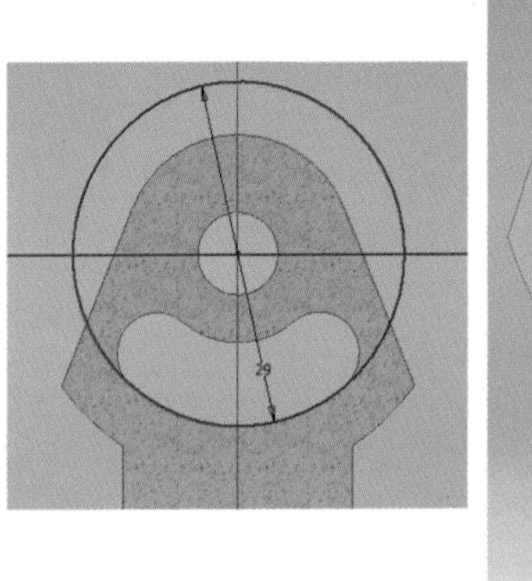

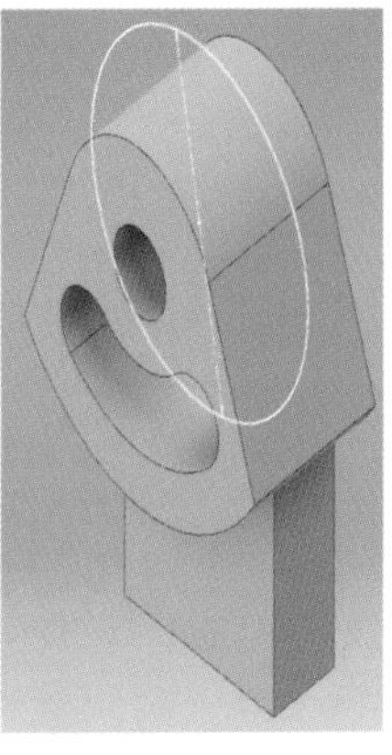

09

부품 ① 3D 모형 만들기

• [돌출] → [스케치 클릭] → [차집합] → [거리7] → [대칭] → [확인]

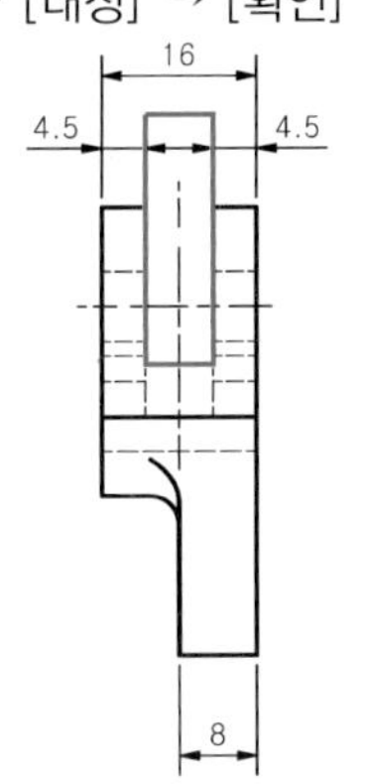

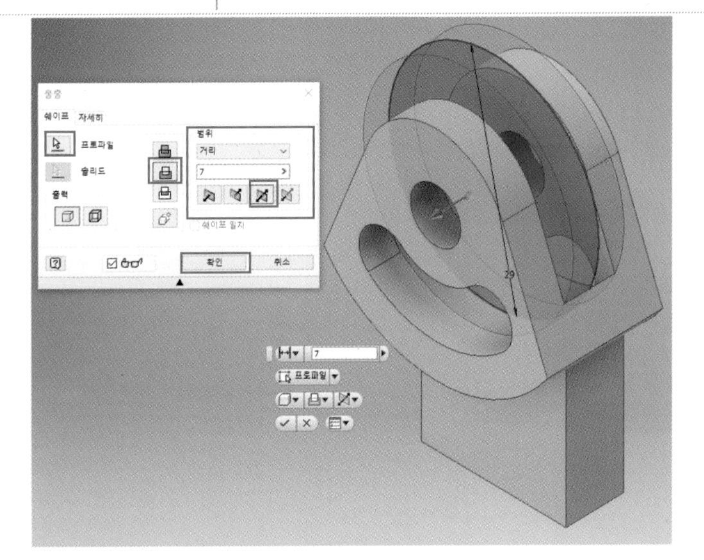

10

부품 ① 3D 모형 만들기

• [모깎기] → [모서리선택/3개소] → [반지름3] → [확인]

※ 주서

도시되고 지시없는 라운드는 R3

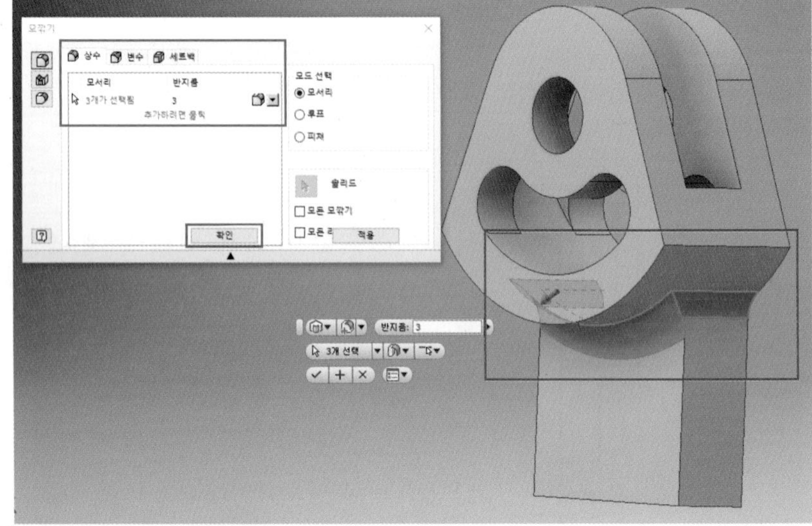

11

부품 ① 각인

• [2D 스케치 시작] → [각인평면 선택] → [텍스트] → [바탕체] → [6mm] → [확인] → [스케치마무리]

• [돌출] → [각인번호 선택] → [차집합] → [거리] → [3mm] → [방향2] → [확인]

※ 각인 방향이 도면과 상이할 시 [회전] → [각인 선택] → [중심점 : 각인번호중심 클릭] → [각도 입력] → [적용]

※ 글자체, 글자 크기, 글자 깊이 등은 별도의 정보가 없으므로 도면과 유사한 모양 및 크기로 작업하시오.

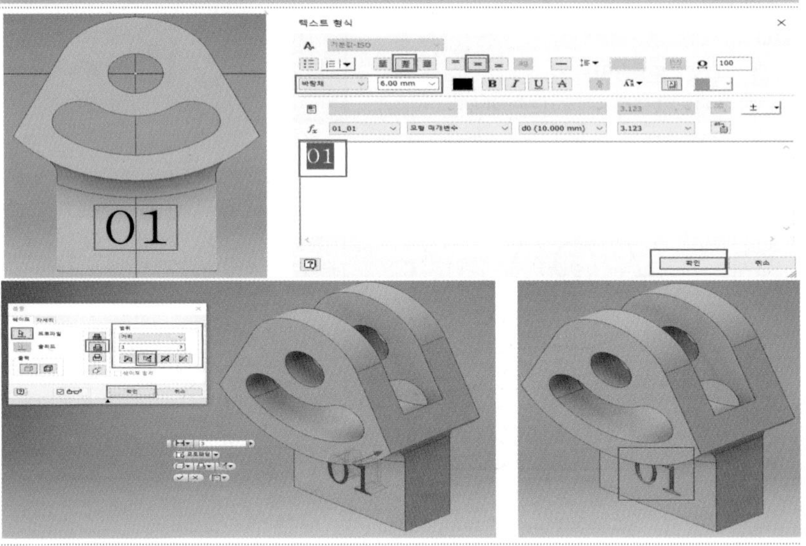

12

부품 ① 저장하기

• [파일] → [다른 이름으로 저장] → [비번호 폴더] → [파일이름] → [01_01] → [저장]

※ 본 교재의 부품 ①번 3D모델링 파일이름은 "01_01"로 작성되었다. 부품 ①, ②번 3D모델링 파일이름은 수험자가 임의로 정할 수 있다.

예 부품1번, 01번 등

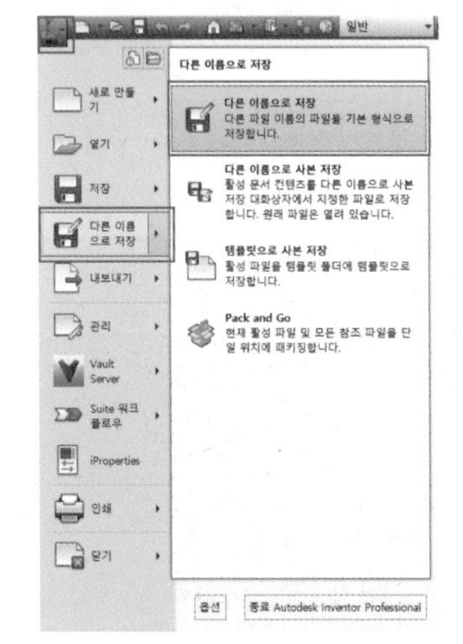

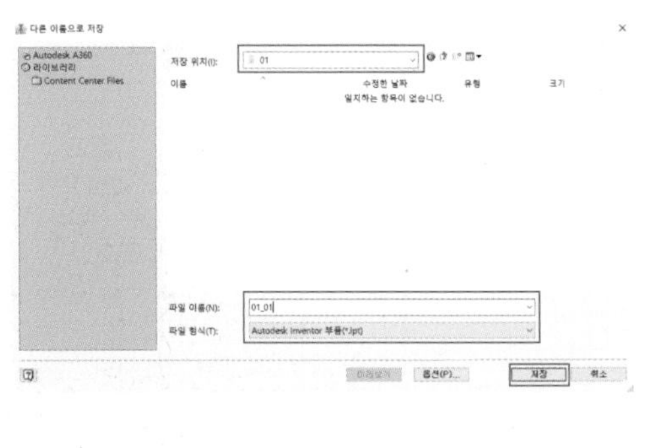

13

부품 ② 모델링

• [새로 만들기] → [Metric] → [Standard(mm).ipt] → [작성]

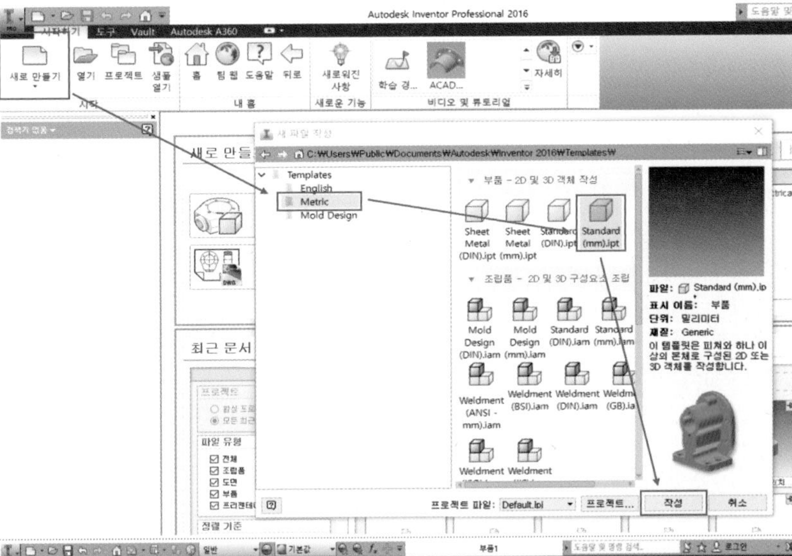

14

[2D 스케치 시작] → [마우스로 XY Plane 선택]

※ 마우스로 XY Plane 선택 시 빨간색으로 변함

※ 다른 방법(시트트리에서)

[원점] → [XY평면 마우스오른쪽 클릭] → [새 스케치]

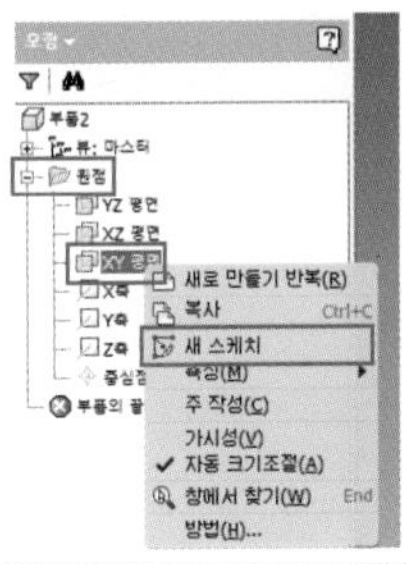

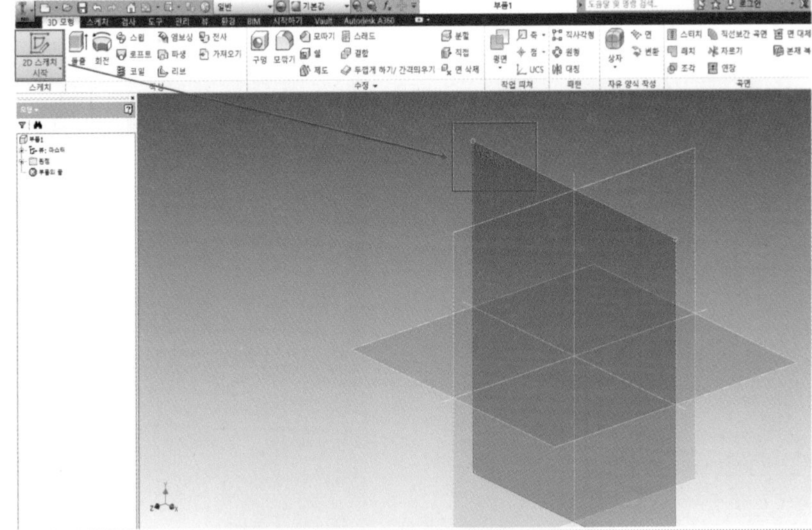

15

부품 ② 정면도를 스케치 한다.

• 원, 선, 치수, 구속조건(접선), 자르기

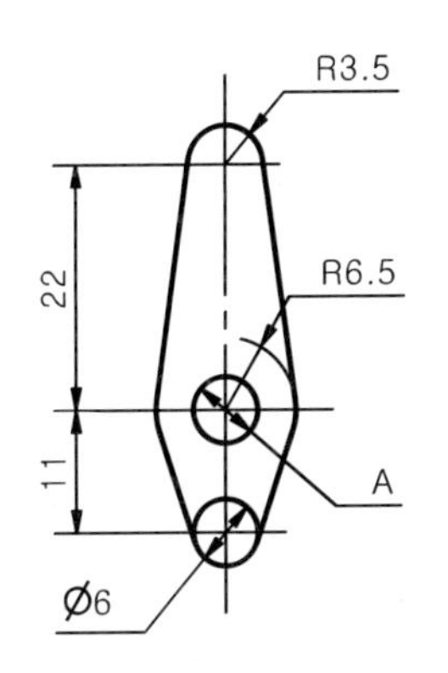

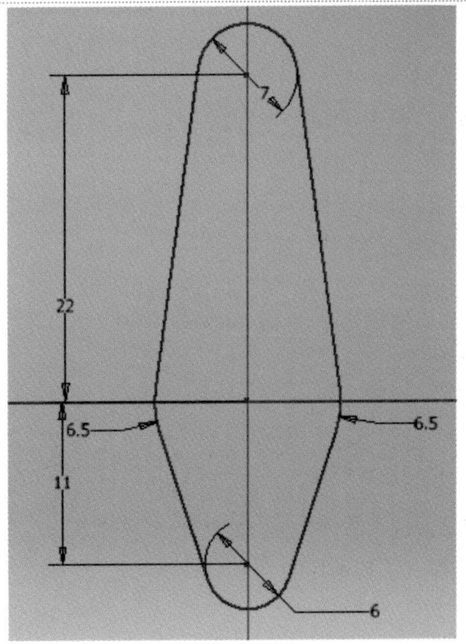

16

스케치마무리

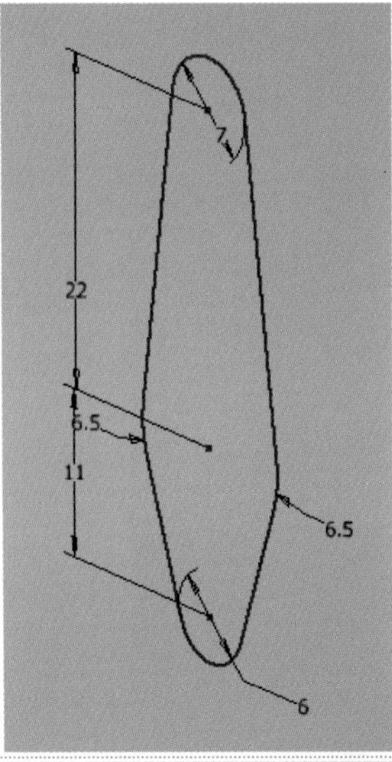

17

부품 ② 3D 모형 만들기

- [돌출] → [스케치 클릭] → [거리6] → [대칭] → [확인]

※ 'B'는 상대치수(7mm)와 축공차를 적용해 6mm로 결정한다.

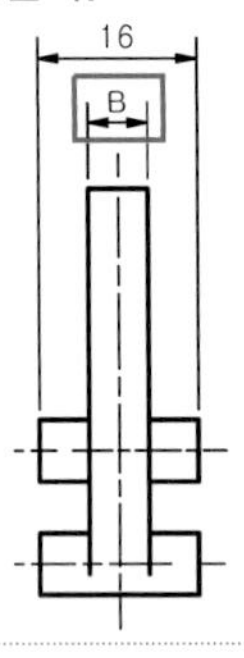

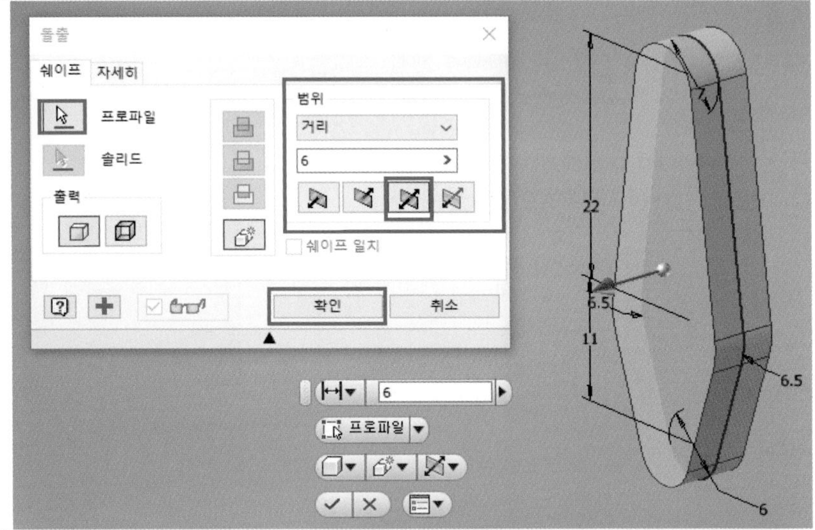

18

부품 ② 3D 모형 만들기

- [2D 스케치 시작] → [XY평면 선택] → [F7] [원] → [∅6] → [치수] → [형상투영] → [원] → [∅6] → [스케치마무리]

※ 'A'는 상대치수(∅7mm)와 축공차를 적용해 ∅6mm로 결정한다.

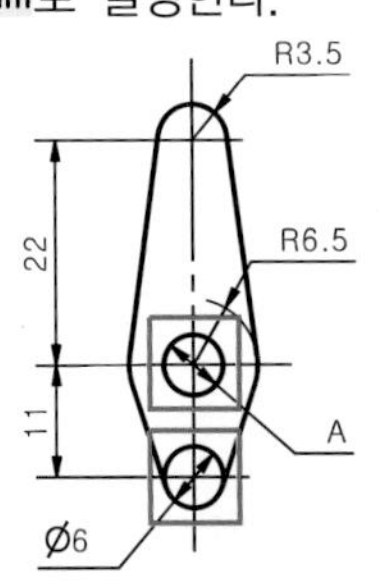

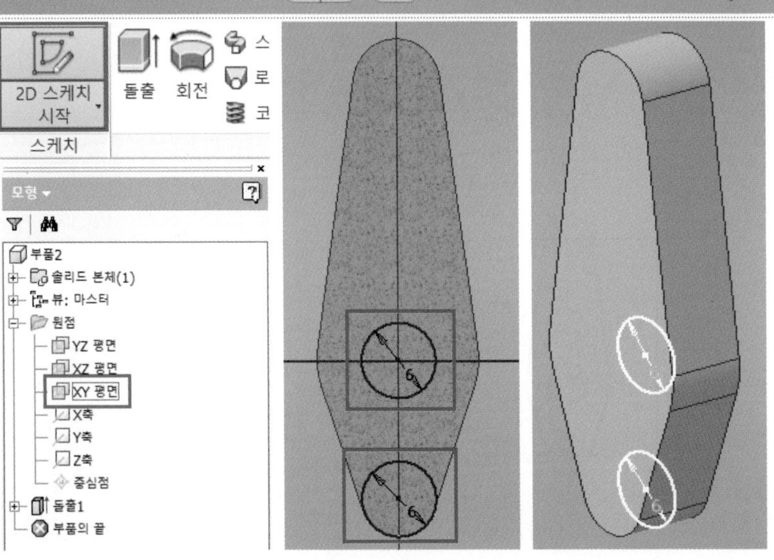

19

부품 ② 3D 모형 만들기

- [돌출] → [스케치 2개 클릭] → [접합] → [거리16] → [대칭] → [확인]

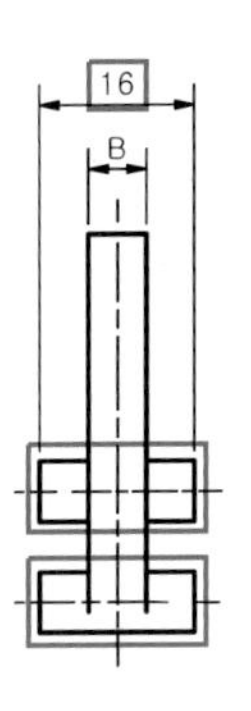

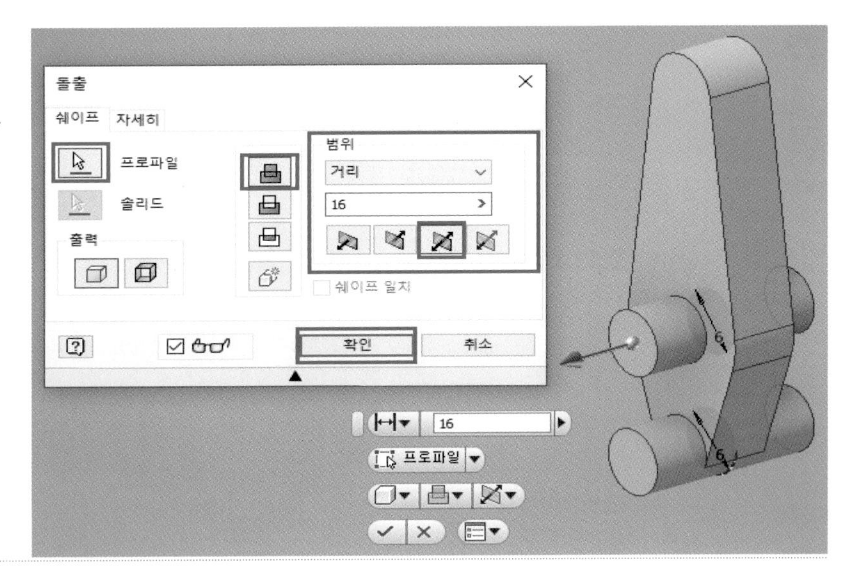

20

부품 ② 저장하기

- [파일] → [다른 이름으로 저장] → [비번호 폴더] → [파일이름] → [01_02] → [저장]

※ 본 교재의 부품 ②번 3D모델링 파일이름은 "01_02"로 작성되었다. 부품 ①, ②번 3D모델링 파일이름은 수험자가 임의로 정할 수 있다.
예 부품2번, 02번 등

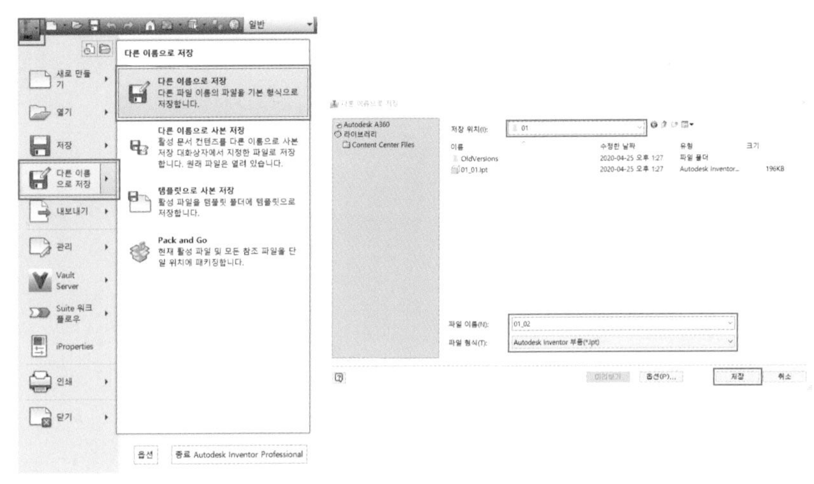

21

어셈블리

- [새로 만들기] → [Metric] → [Standard(mm).iam] → [작성]

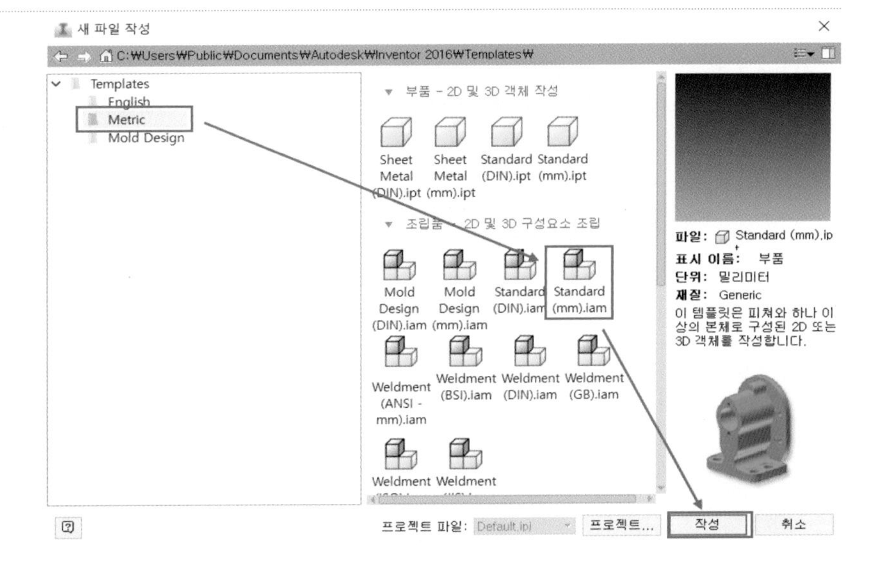

22

"배치" 아이콘을 통해 부품 ①, ②를 배치한다.

- [배치] → [01_01, 01_02 선택] → [열기] → [화면 클릭] → [ESC]

23

시트트리에서 부품①번을 우클릭하여 고정한다.

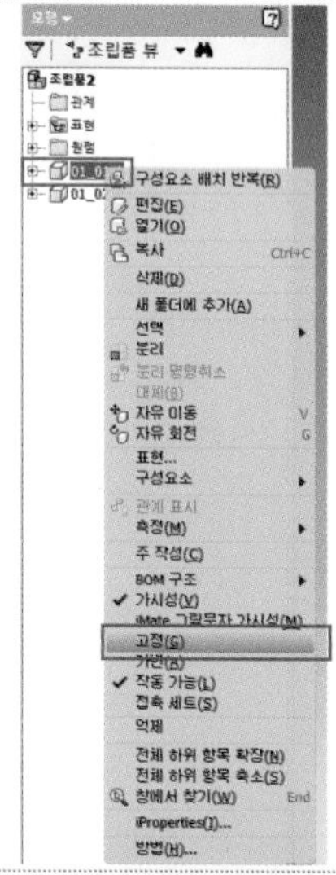

24

조립구속조건

- 부품②를 클릭하여 움직이고 우클릭하여 자유회전을 통하여 도면의 조립도와 비슷하게 한다.

25

조립구속조건

- [구속조건] → [삽입] → [솔루션 : 정렬] → [부품①선택요소] → [자유회전F4] → [부품②선택요소] → [간격띄우기0] → [확인]

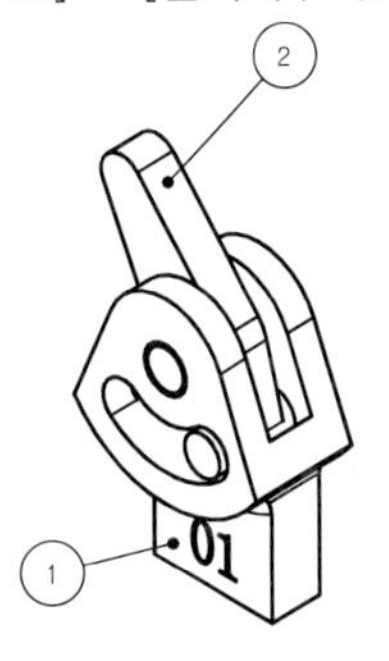

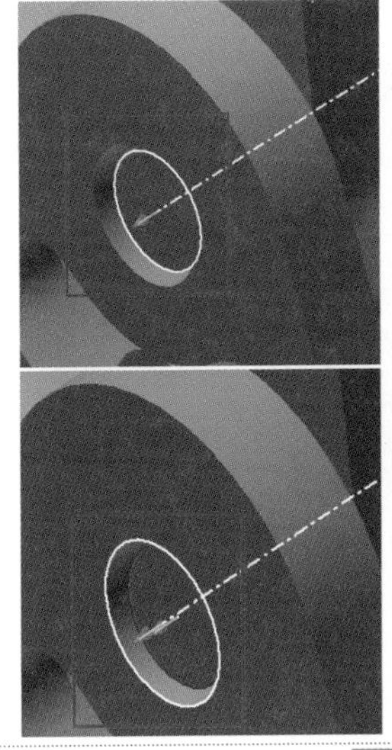

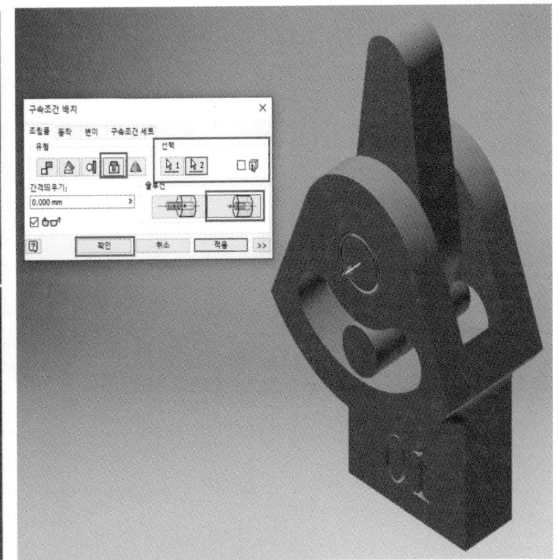

26

출력방향을 고려하여 구속조건 추가

※ 조립된 상태로 출력하니 되도록 서포트가 적게 나오고 도면의 ㉠, ㉡, ㉢ 치수가 정밀하게 나오는 출력방향을 결정해야 한다.

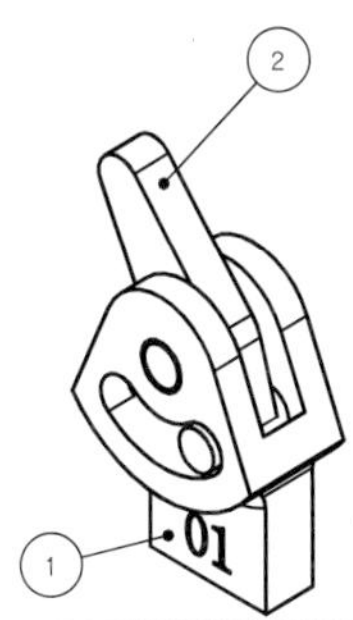

27

어셈블리 저장하기(2가지 확장자)

- [파일] → [다른 이름으로 저장] → [비번호 폴더] → [파일이름] → [01] → [저장]

- [파일] → [내보내기] → [CAD형식] → [비번호폴더] → [01] → [파일형식 : STEP 선택] → [저장]

구 분	작업명	파일명	비 고
1	어셈블리	01.***	
2		01.STP	채점용

※ 비번호 01인 경우

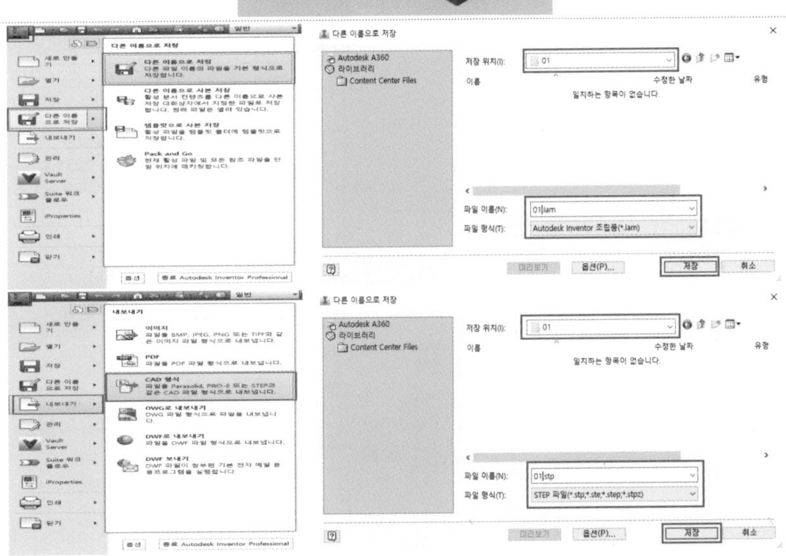

28

어셈블리 저장하기(STL확장자)

- [파일] → [내보내기] → [CAD형식] → [비번호폴더] → [01] → [파일형식 : STL선택] → [옵션] → [단위 : mm] → [저장]

※ 옵션에서 단위 mm 선택

구 분	작업명	파일명	비 고
3	어셈블리	01.STL	

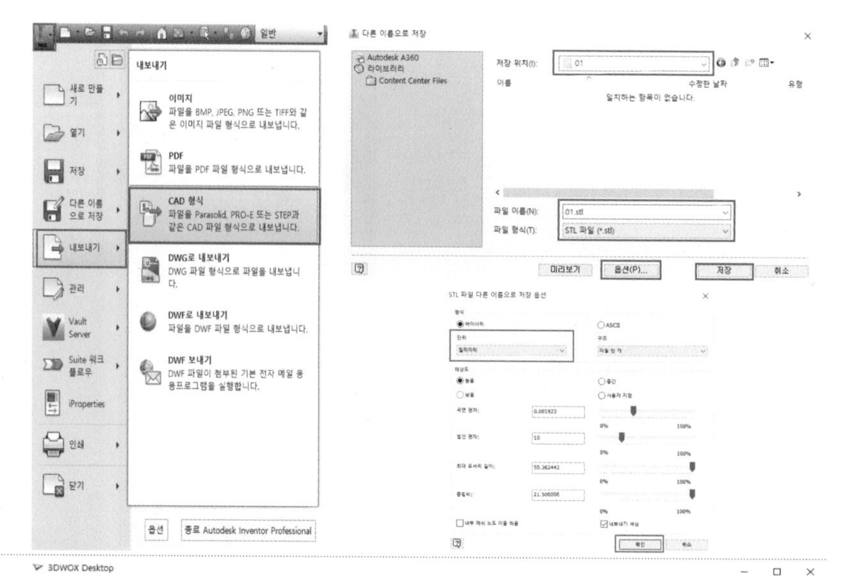

29

슬라이싱(3DWOX)

슬라이싱 프로그램을 실행한다.

- [파일] → [모델 불러오기] → [비번호폴더] → [01.stl] → [열기]

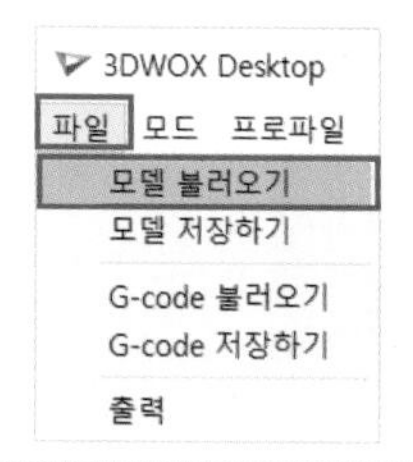

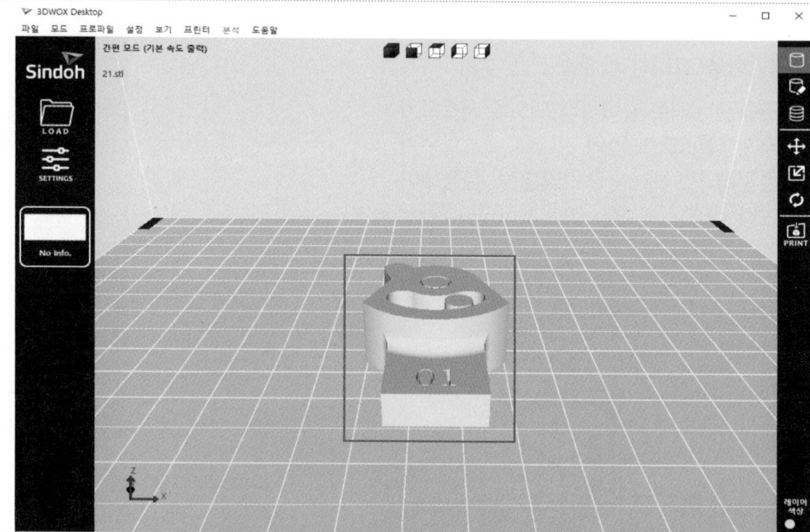

30

프린터 설정

- [설정] → [프린터 설정] → [프린터 모델] → [확인]

※ 시험장 프린터 모델을 선택한다.
예 DP200

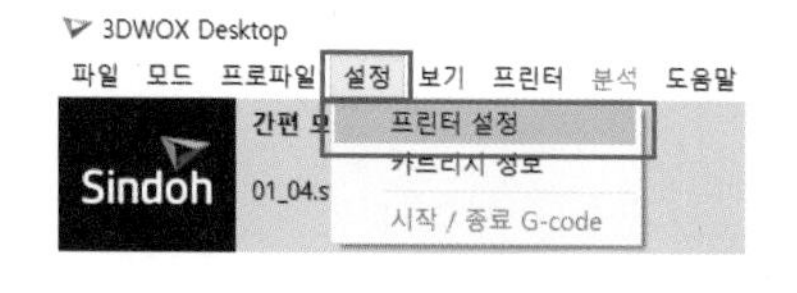

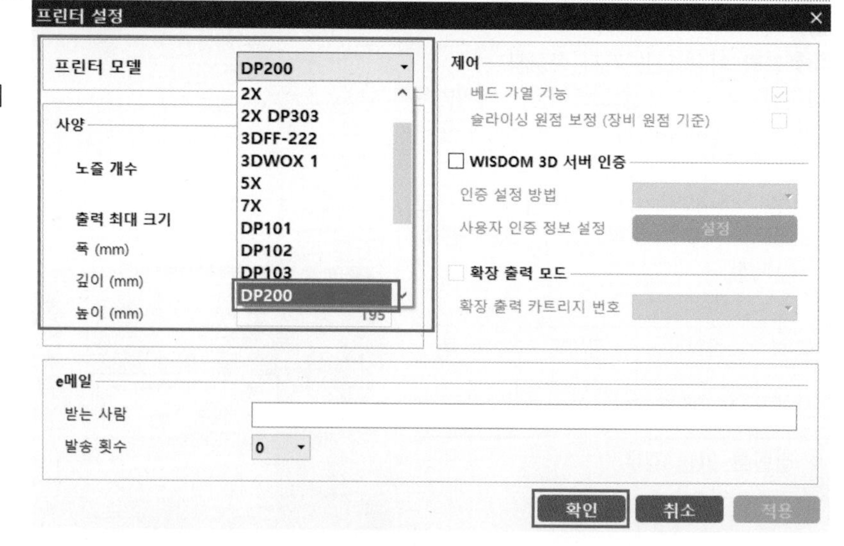

31

출력방향을 결정한다.

- [분석] → [최적출력방향] → [분석] → [추천 1~6 선택]

※ 신도리코 3DWOX는 최적출력방향을 분석해 준다. 참고하여 서포트가 적게 나오고 도면의 ㉠, ㉡, ㉢ 치수가 정밀하게 나오는 출력방향을 결정한다.

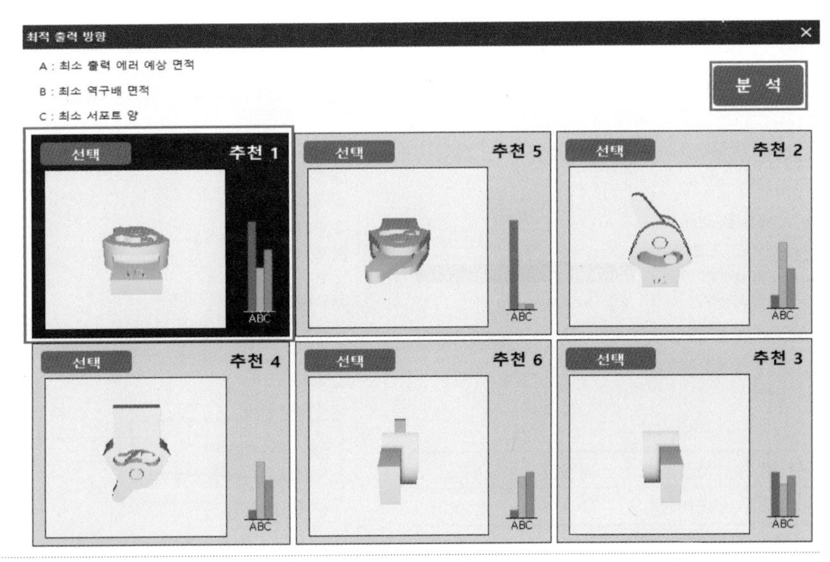

32

기본 파라미터를 설정한다.

- [SETTINGS] 버튼을 클릭하여 파라미터 값을 조정한다.
- 기본 속도 출력
- 재질 : PLA
- 서포트 : 모든 곳, 지그재그 구조

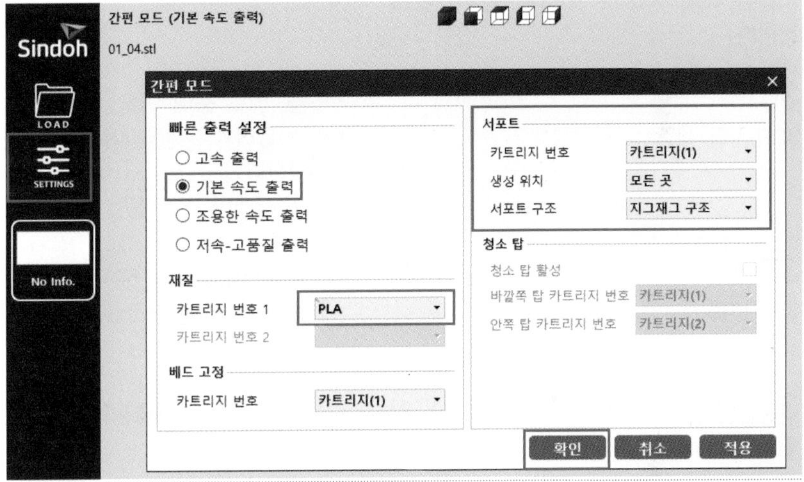

33

슬라이싱

- 베드상에 있는 출력물이 파라미터의 값이 반영되면서 슬라이싱을 수행한다.

※ 출력예상시간을 확인한다.

※ 출력예상시간이 1시간 20분이 넘어가면 고급모드로 변경하여 [SETTINGS]에서 레이어 높이, 채우기 밀도, 서포트 밀도 등 설정값을 변경한다.

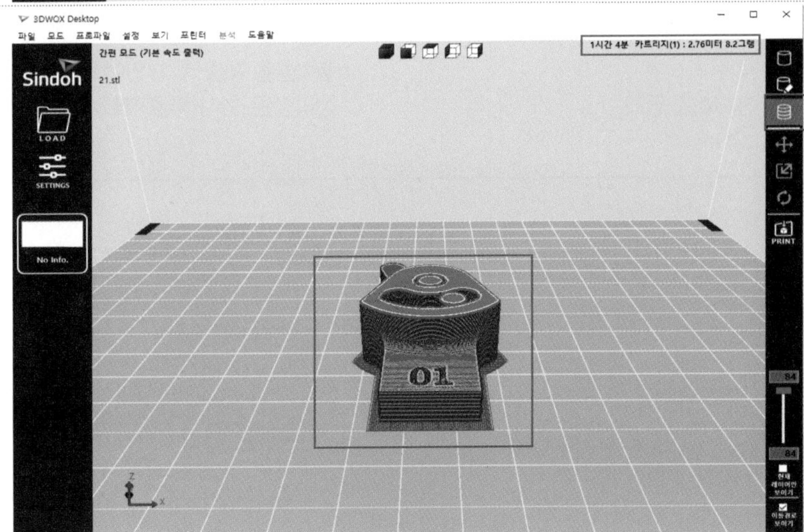

34

G-code 저장하기

- [파일] → [G-code 저장하기] → [예] → [비번호폴더] → [01.gcode] → [저장]

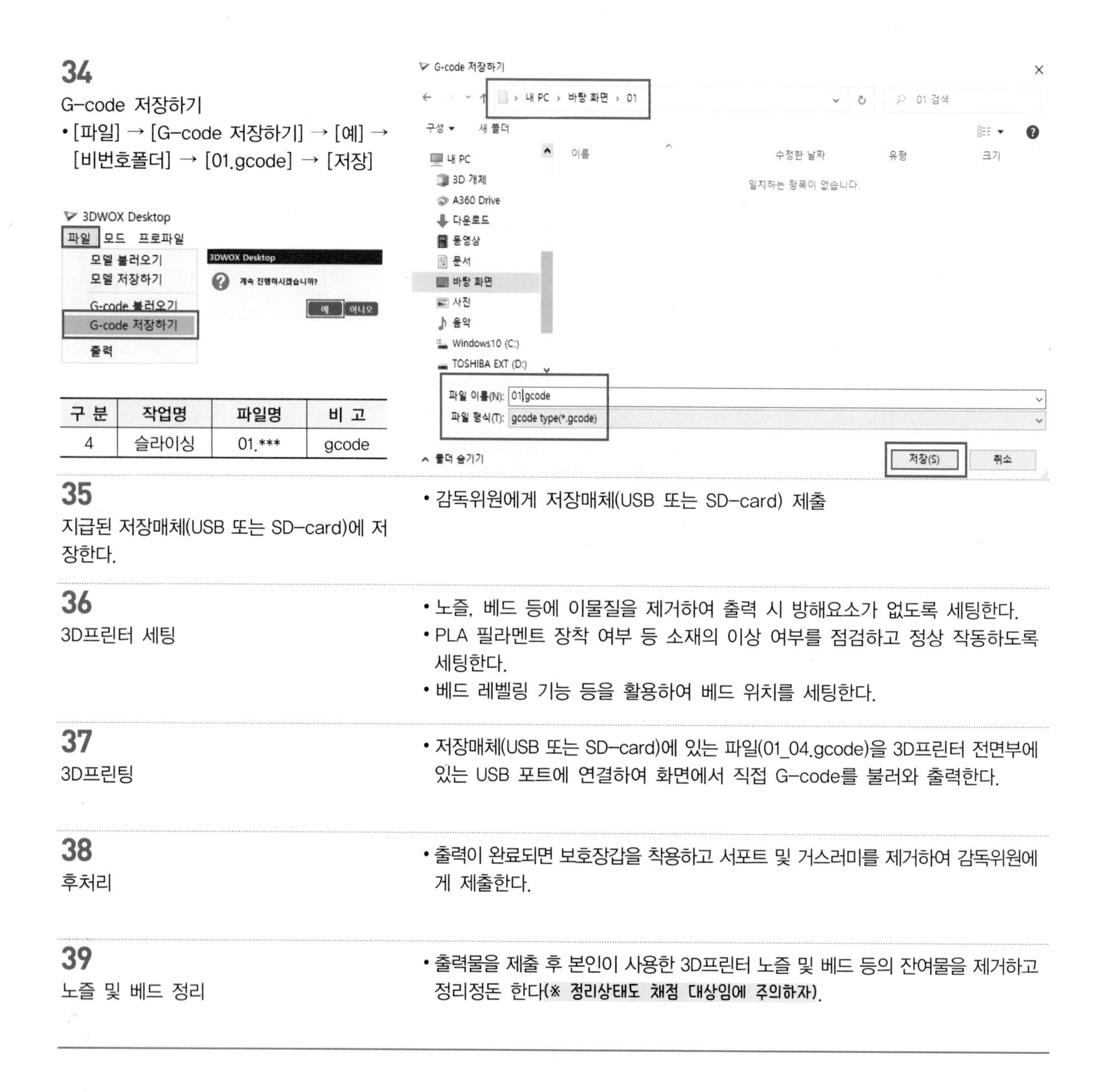

구 분	작업명	파일명	비 고
4	슬라이싱	01.***	gcode

35

지급된 저장매체(USB 또는 SD-card)에 저장한다.

- 감독위원에게 저장매체(USB 또는 SD-card) 제출

36

3D프린터 세팅

- 노즐, 베드 등에 이물질을 제거하여 출력 시 방해요소가 없도록 세팅한다.
- PLA 필라멘트 장착 여부 등 소재의 이상 여부를 점검하고 정상 작동하도록 세팅한다.
- 베드 레벨링 기능 등을 활용하여 베드 위치를 세팅한다.

37

3D프린팅

- 저장매체(USB 또는 SD-card)에 있는 파일(01_04.gcode)을 3D프린터 전면부에 있는 USB 포트에 연결하여 화면에서 직접 G-code를 불러와 출력한다.

38

후처리

- 출력이 완료되면 보호장갑을 착용하고 서포트 및 거스러미를 제거하여 감독위원에게 제출한다.

39

노즐 및 베드 정리

- 출력물을 제출 후 본인이 사용한 3D프린터 노즐 및 베드 등의 잔여물을 제거하고 정리정돈 한다(**※ 정리상태도 채점 대상임에 주의하자**).

22 3D모델링 실기 공개문제 도면 - 22

자격종목	3D프린터운용기능사	[시험1] 과제명	3D모델링 작업	척 도	NS

①

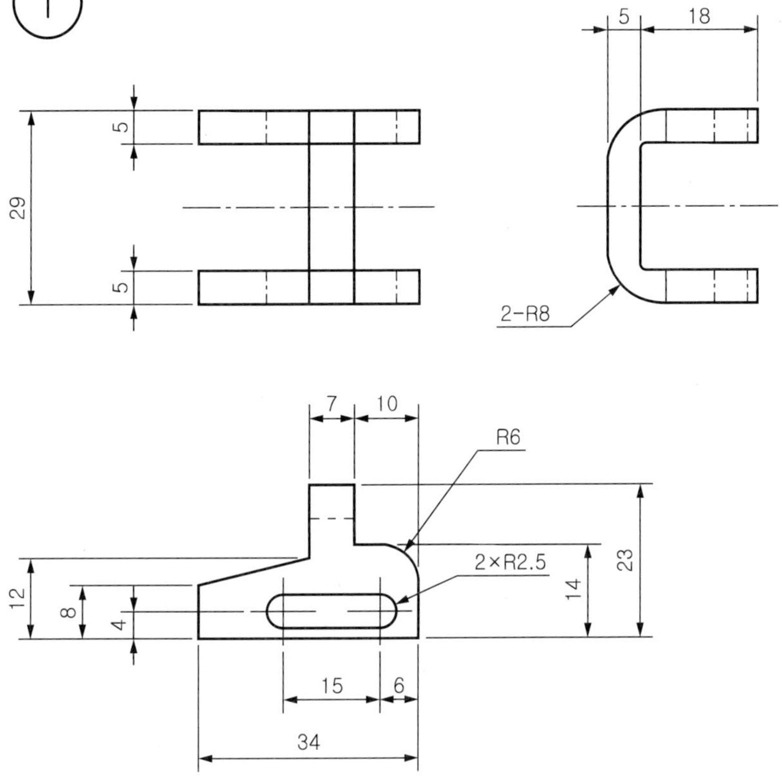

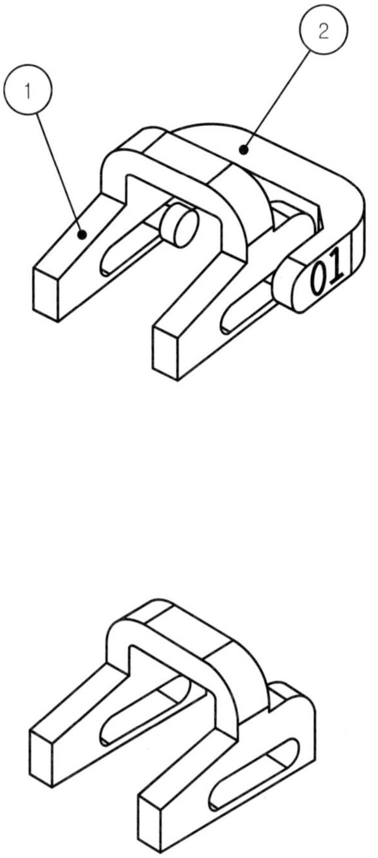

②

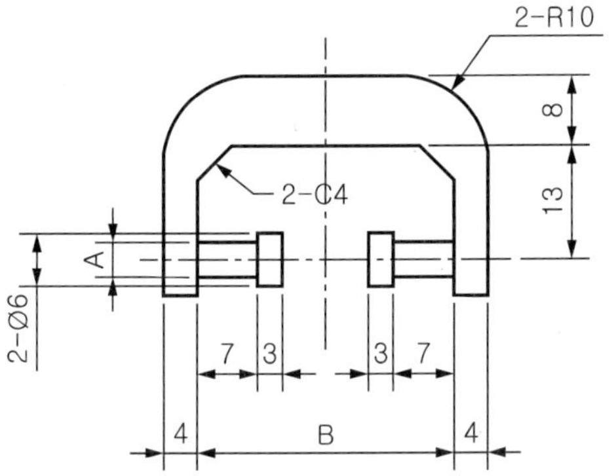

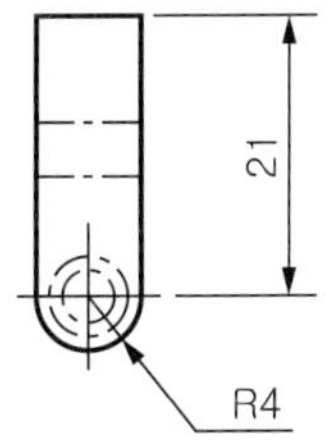

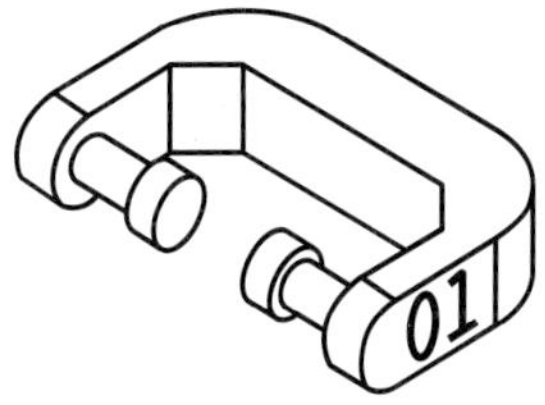

주서
1. 도시되고 지시없는 라운드는 R1

부품 ① 모델링

• [새로 만들기] → [Metric] → [Standard(mm).ipt] → [작성]

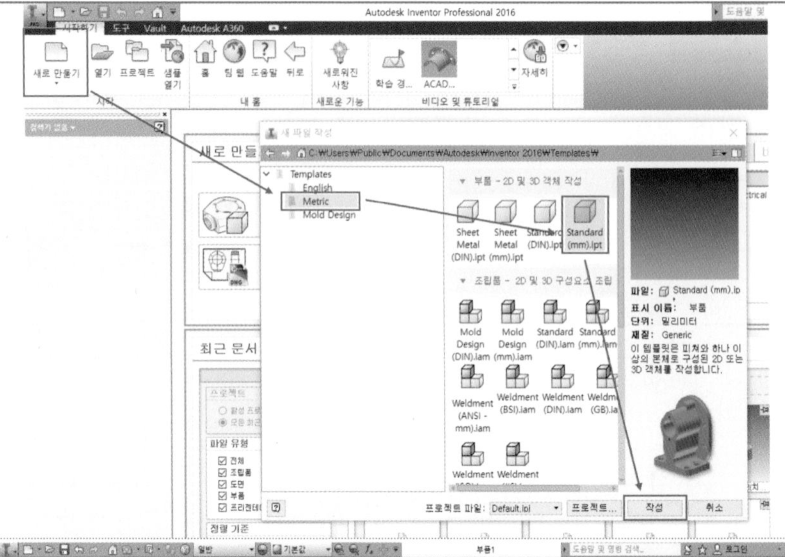

02

[2D 스케치 시작] → [마우스로 **XY Plane** 선택]

※ 마우스로 XY Plane 선택 시 빨간색으로 변함

※ 다른 방법(시트트리에서)
[원점] → [XY평면 마우스오른쪽 클릭] → [새 스케치]

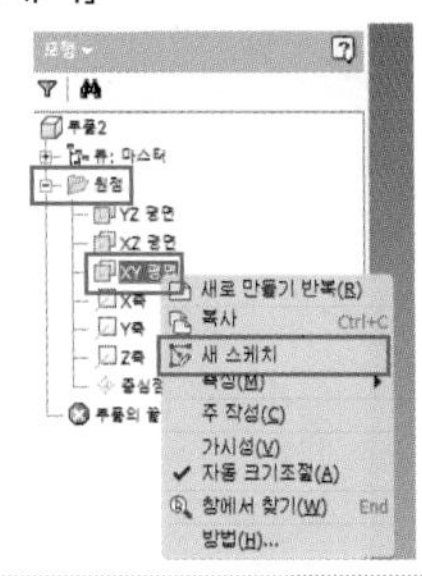

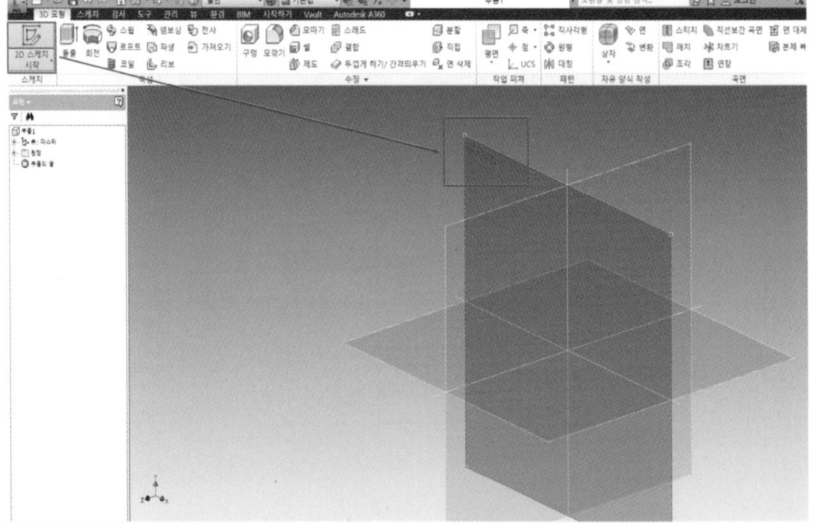

03

부품 ① 정면도를 스케치 한다.

• 선, 치수, 슬롯 중심대 중심, 모깎기

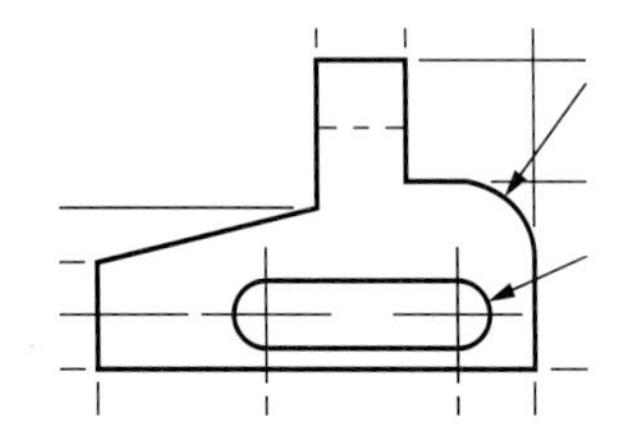

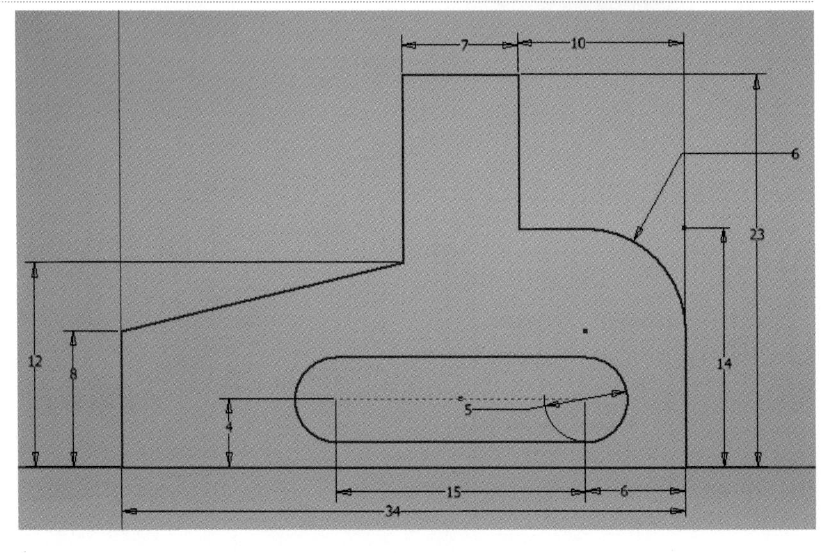

04

스케치마무리

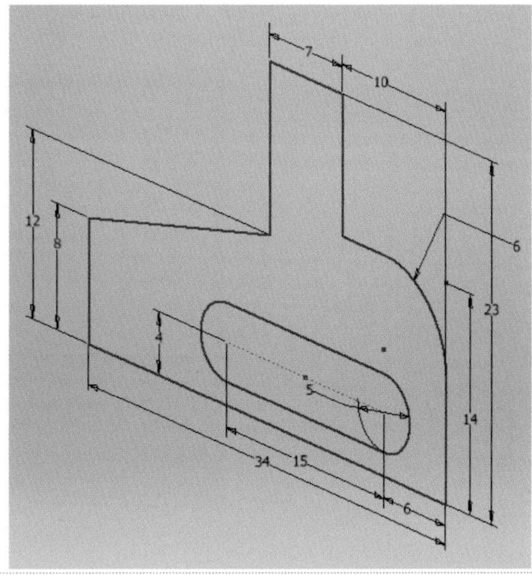

05

부품 ① 3D 모형 만들기

- [돌출] → [스케치 클릭] → [거리29] → [대칭] → [확인]

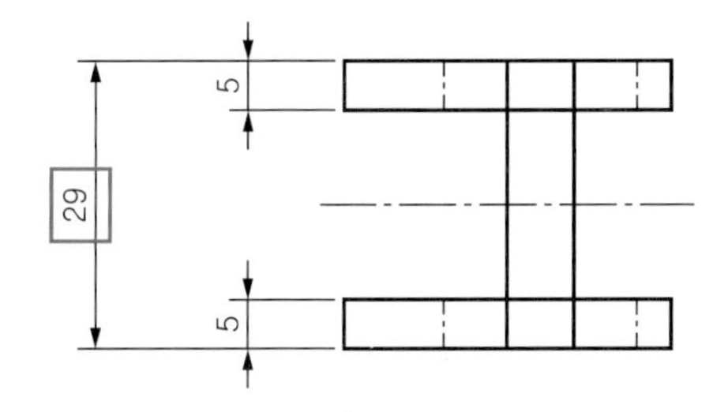

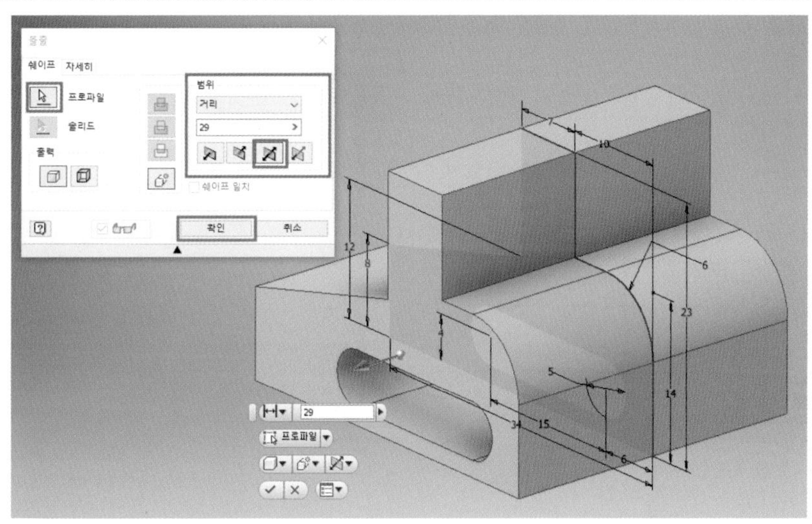

06

부품 ① 3D 모형 만들기

- [2D 스케치 시작] → [해당 스케치평면 선택] → [직사각형] → [치수] → [스케치마무리]

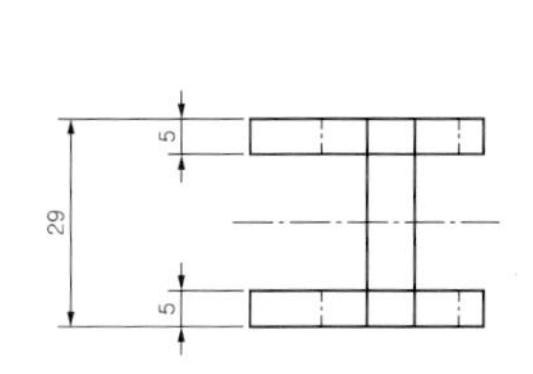

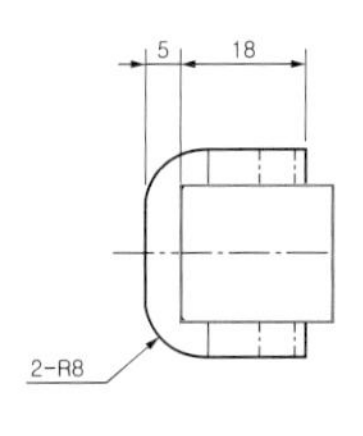

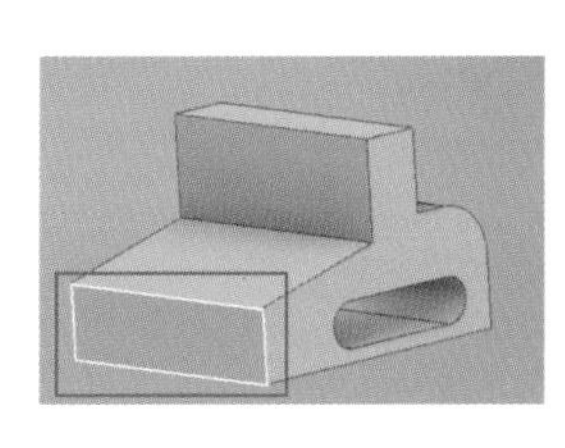

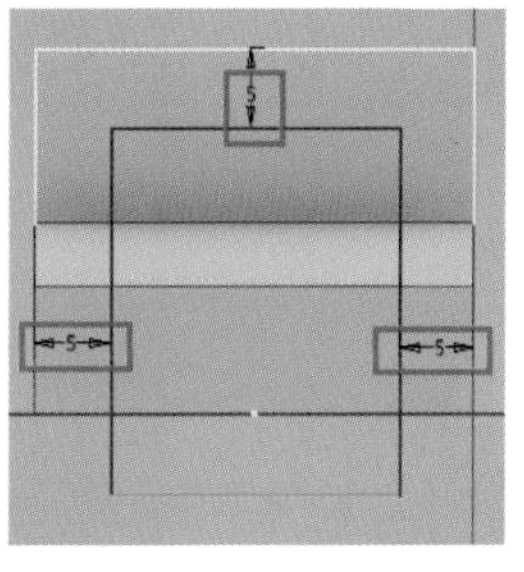

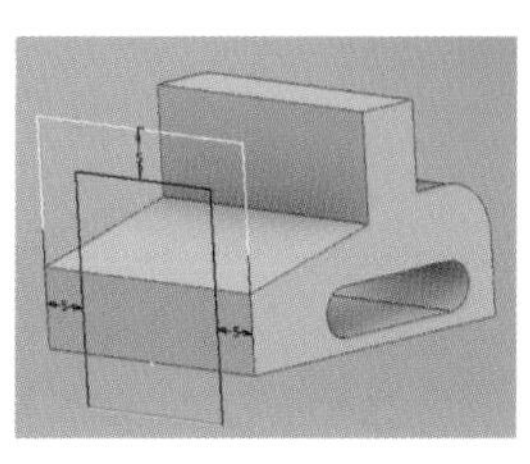

07

부품 ① 3D 모형 만들기

• [돌출] → [스케치 클릭] → [차집합] → [전체] → [방향2] → [확인]

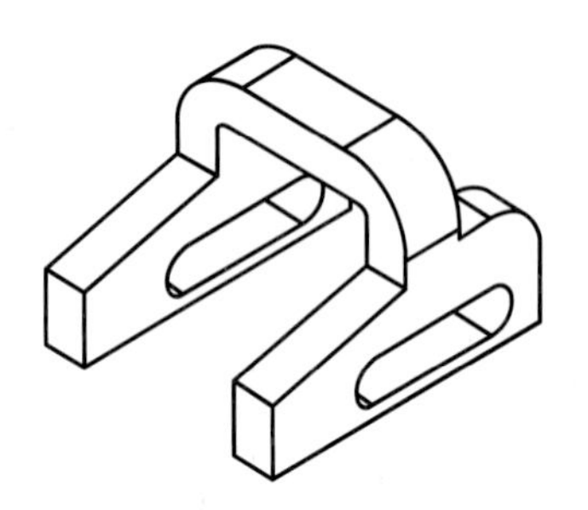

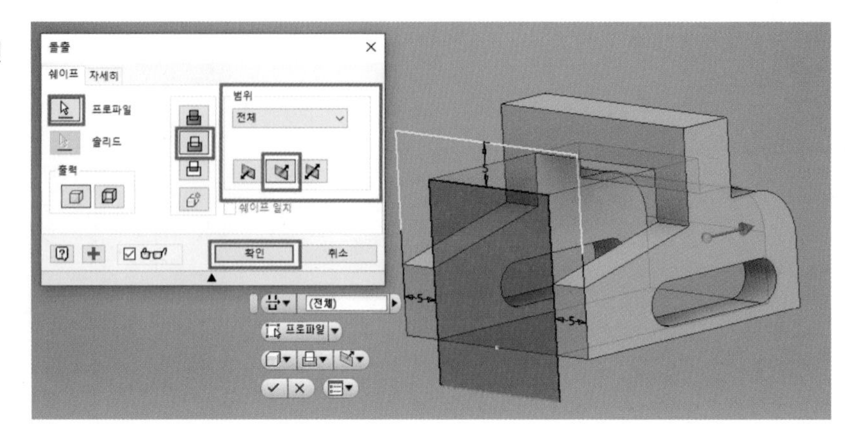

08

부품 ① 3D 모형 만들기

• [모깎기] → [모깎기선택] → [반지름8] → [확인]

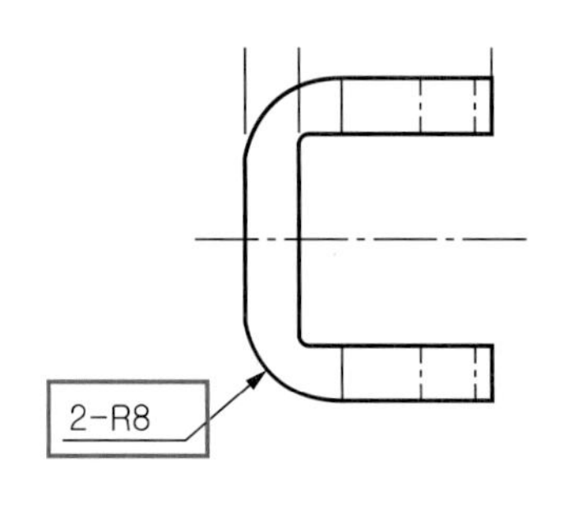

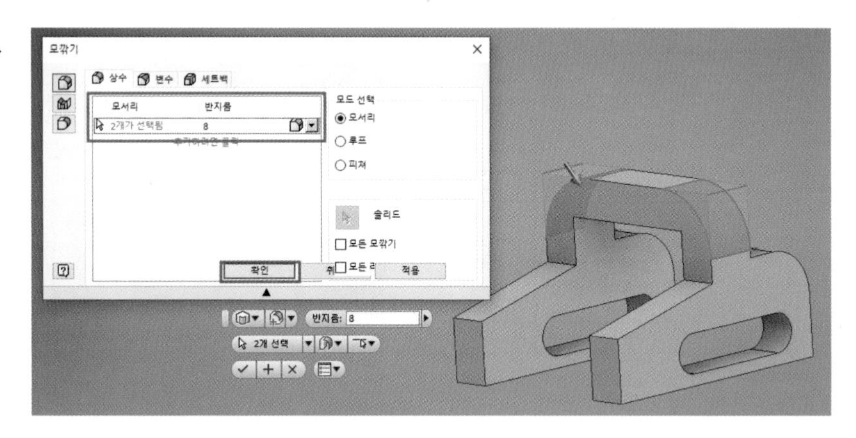

09

부품 ① 3D 모형 만들기

• [모깎기] → [모깎기선택] → [반지름1] → [확인]

※ 주서

도시되고 지시 없는 라운드는 R1

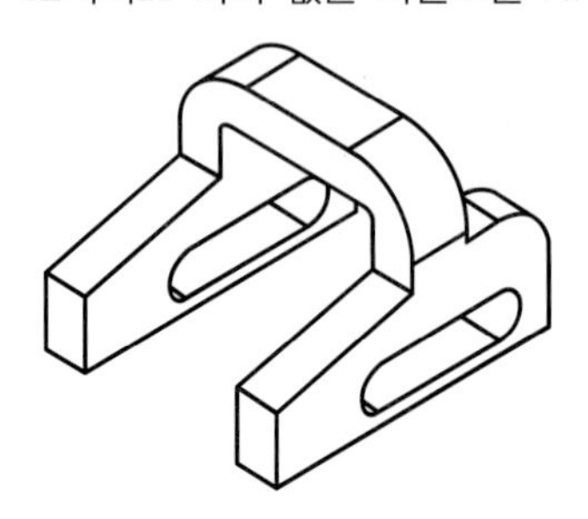

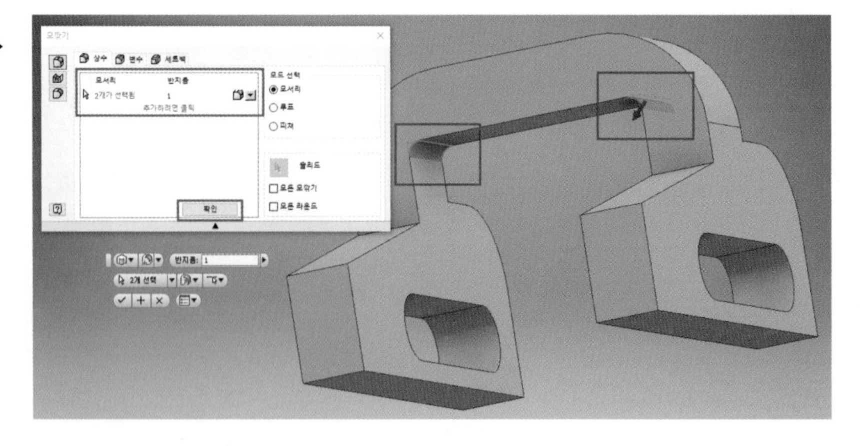

10

부품 ① 저장하기

- [파일] → [다른 이름으로 저장] → [비번호폴더] → [파일이름] → [01_01] → [저장]

※ 본 교재의 부품 ①번 3D모델링 파일이름은 "01_01"로 작성되었다. 부품 ①, ②번 3D모델링 파일이름은 수험자가 임의로 정할 수 있다.
예 부품1번, 01번 등

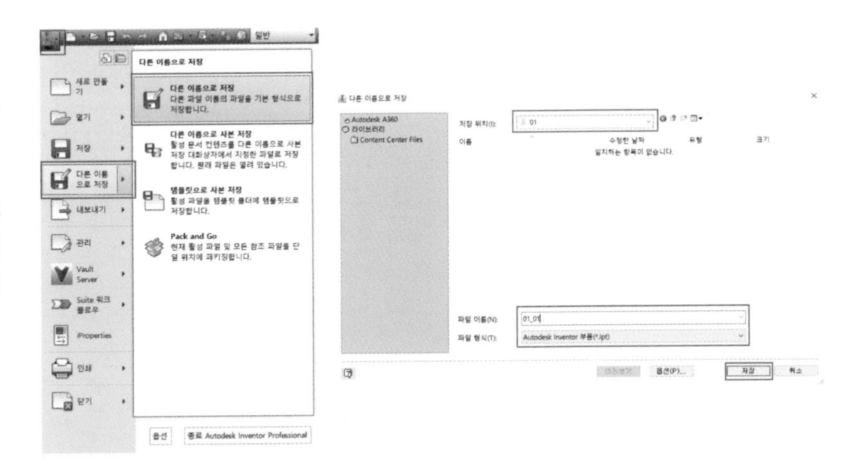

11

부품 ② 모델링

- [새로 만들기] → [Metric] → [Standard(mm).ipt] → [작성]

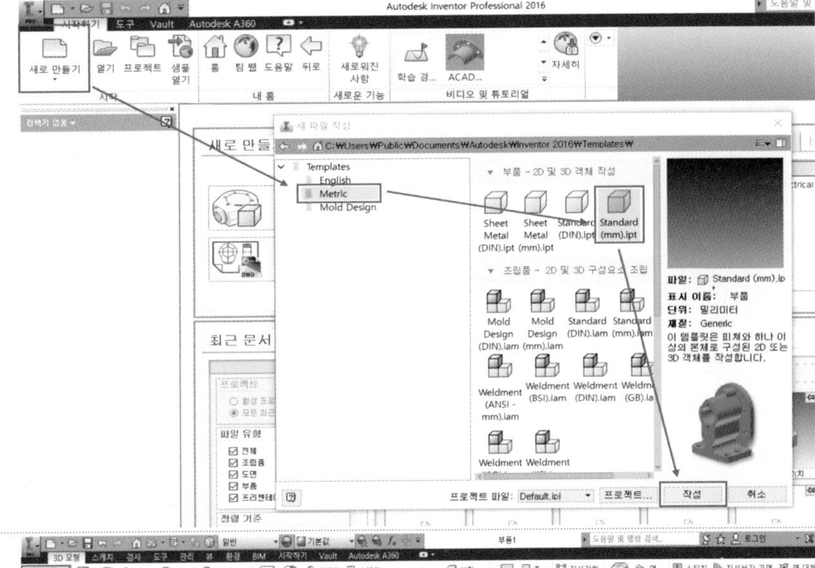

12

[2D 스케치 시작] → [마우스로 XY Plane 선택]

※ 마우스로 XY Plane 선택 시 빨간색으로 변함

※ 다른 방법(시트트리에서)
[원점] → [XY평면 마우스오른쪽 클릭] → [새 스케치]

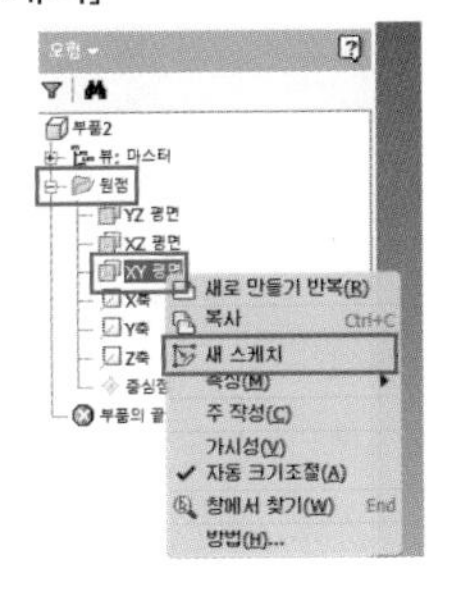

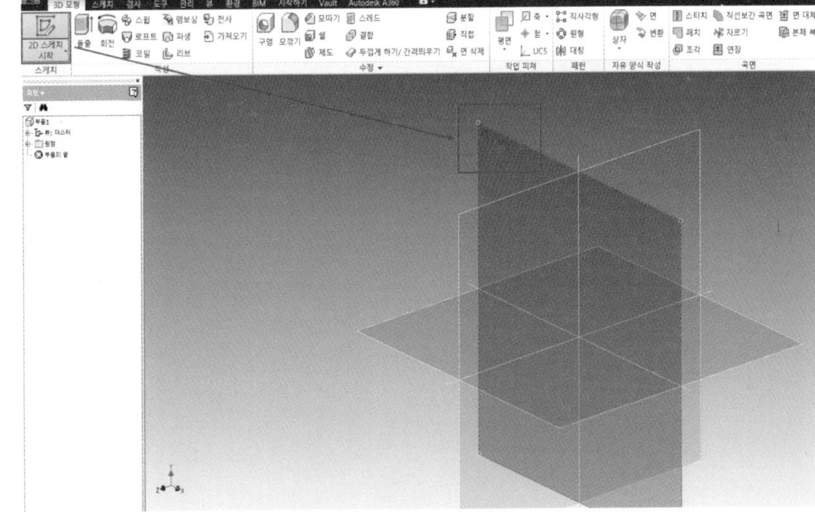

13

부품 ② 우측면도를 스케치 한다.

• 원, 직사각형, 구속조건(접선), 치수, 자르기

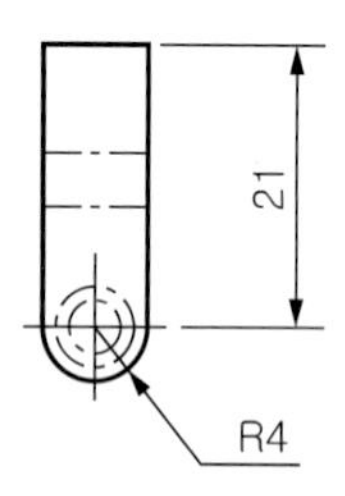

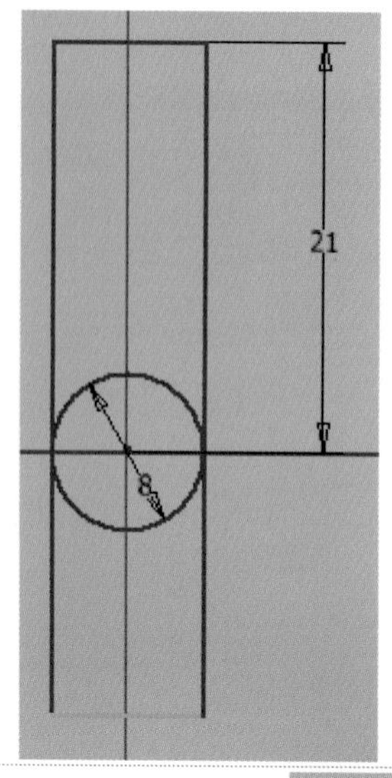

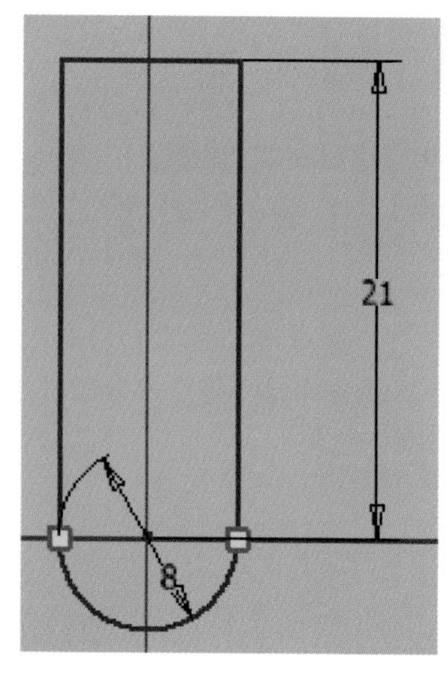

14

스케치마무리

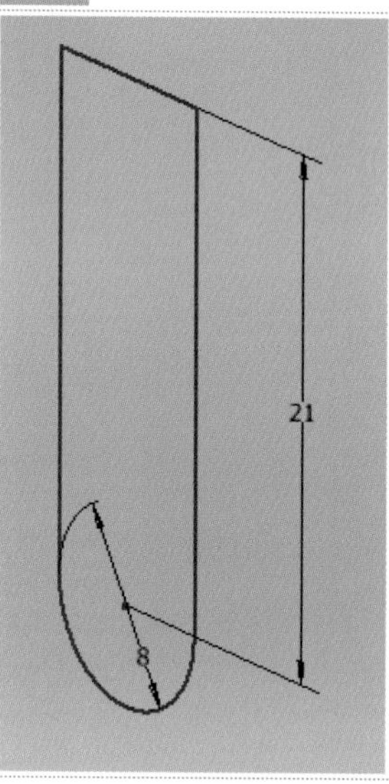

15

부품 ② 3D 모형 만들기

• [돌출] → [스케치 클릭] → [거리38] → [대칭] → [확인]

※ 'B'는 상대치수(29mm)와 구멍공차를 적용해 30mm로 결정한다(4 + 30 + 4 = 38).

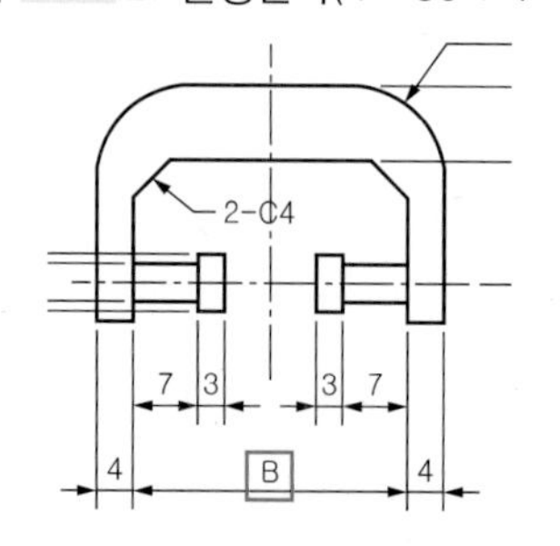

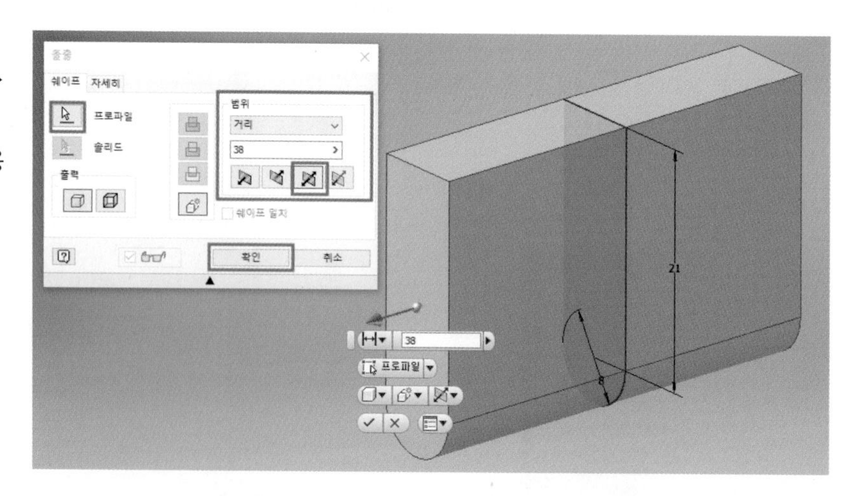

16

부품 ② 3D 모형 만들기

• [2D 스케치 시작] → [YZ평면 선택] → [F7] → [직사각형] → [치수] → [스케치마무리]

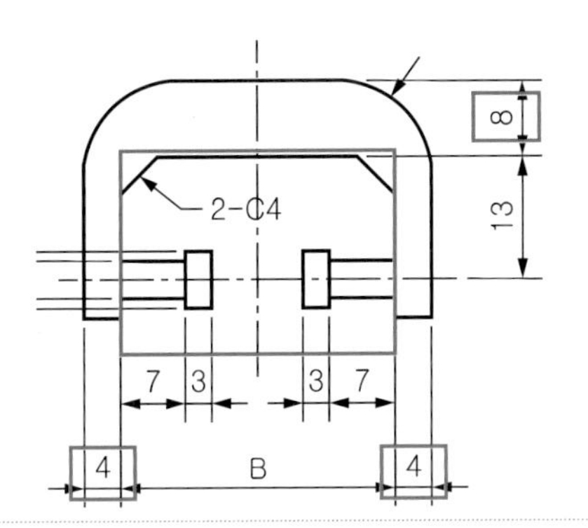

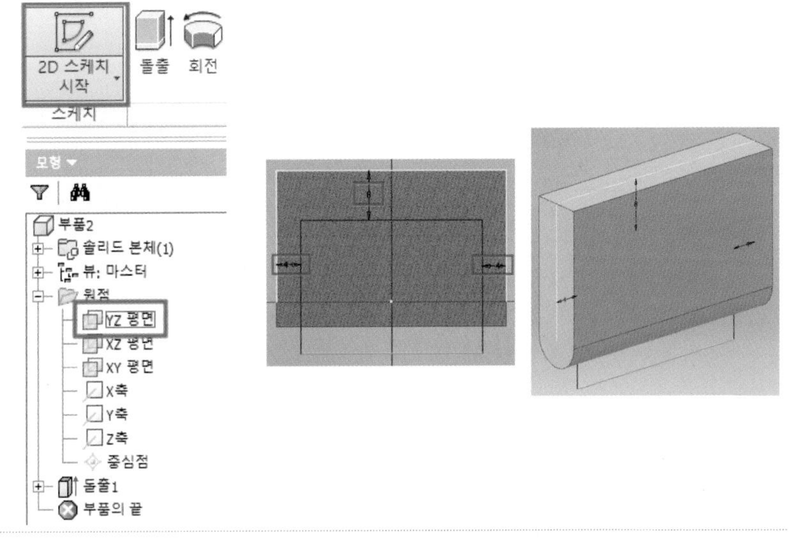

17

부품 ② 3D 모형 만들기

• [돌출] → [스케치 클릭] → [차집합] → [전체] → [대칭] → [확인]

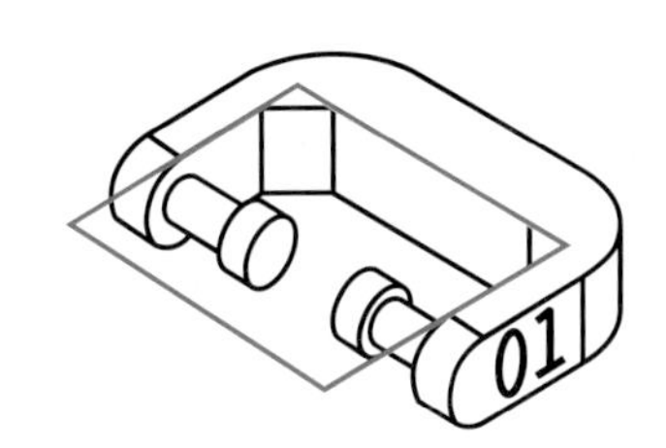

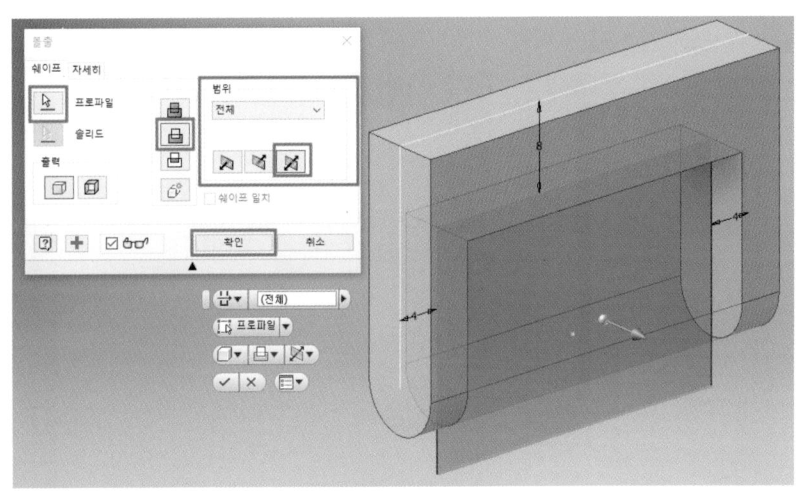

18

부품 ② 3D 모형 만들기

• [2D 스케치 시작] → [해당 스케치평면 선택] → [F7] → [원] → [∅4] → [스케치마무리]

※ 'A'는 상대치수(∅5mm)와 축공차를 적용해 ∅4mm로 결정한다.

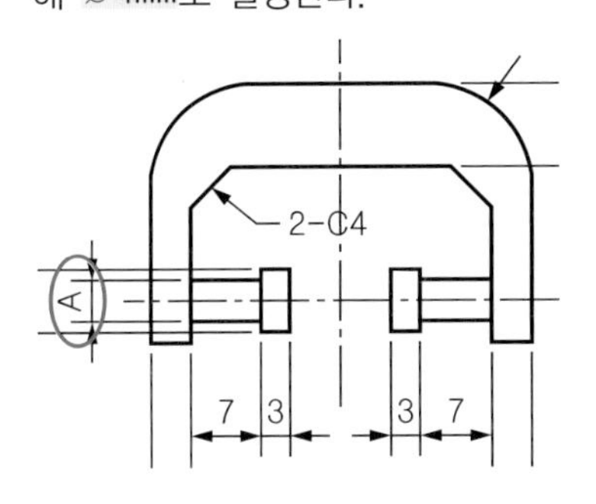

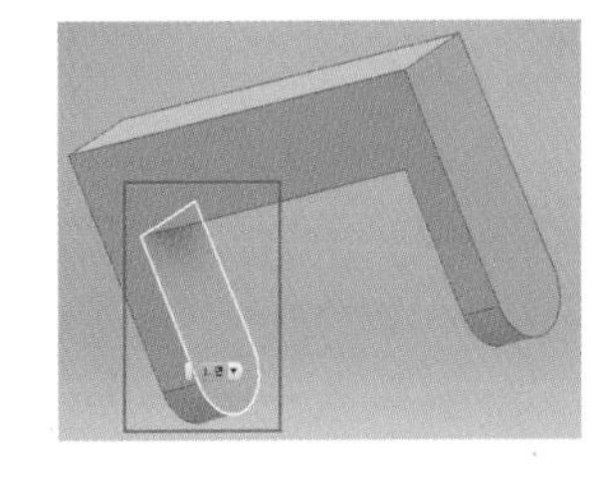

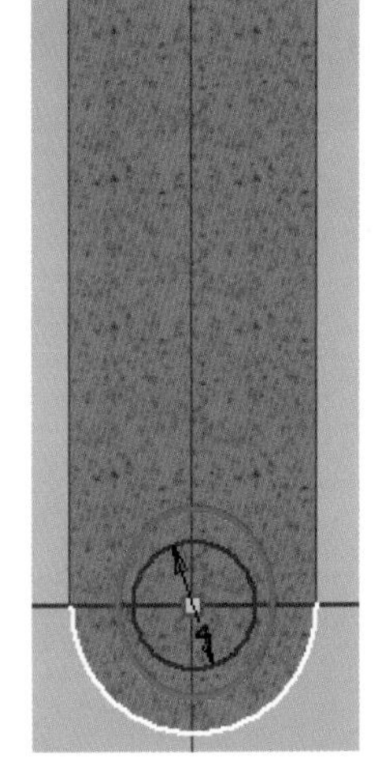

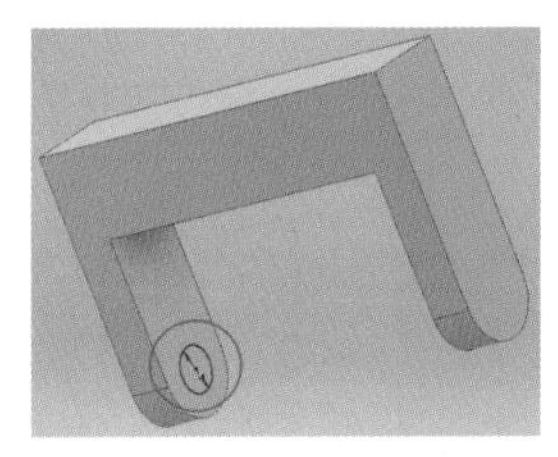

19

부품 ② 3D 모형 만들기

• [돌출] → [스케치 클릭] → [접합] → [거리7] → [방향1] → [확인]

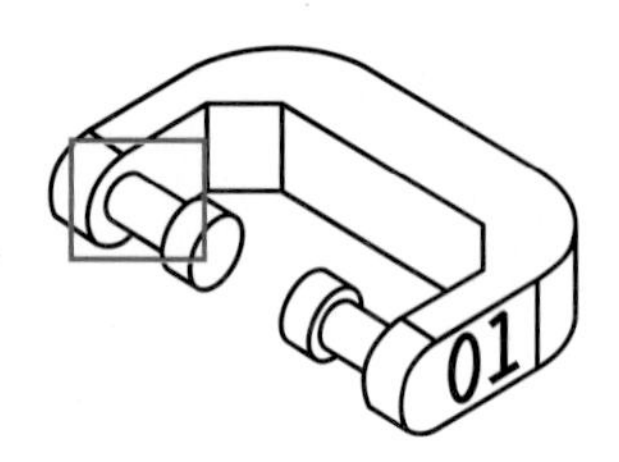

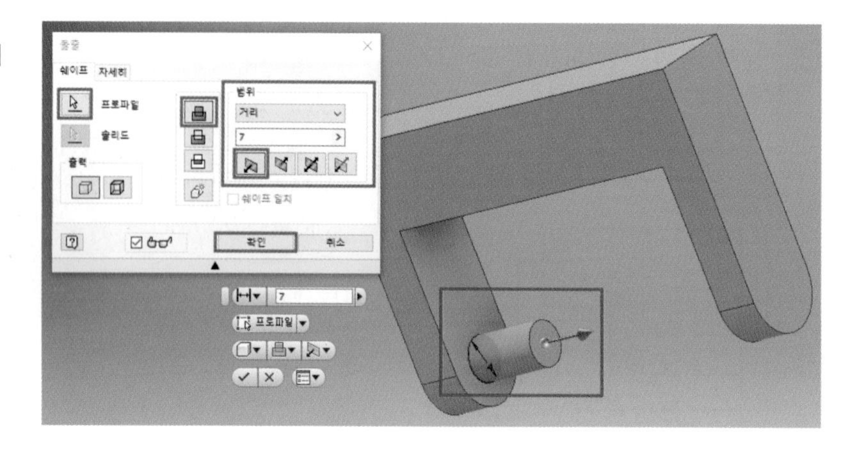

20

부품 ② 3D 모형 만들기

• [2D 스케치 시작] → [해당 스케치평면 선택] → [F7] → [원] → [∅6] → [스케치마무리]

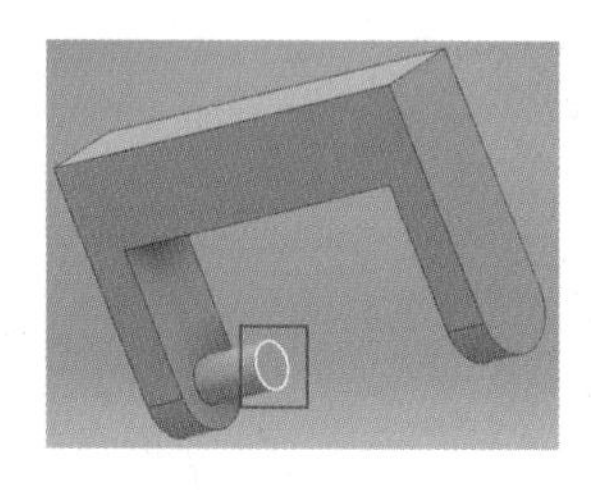

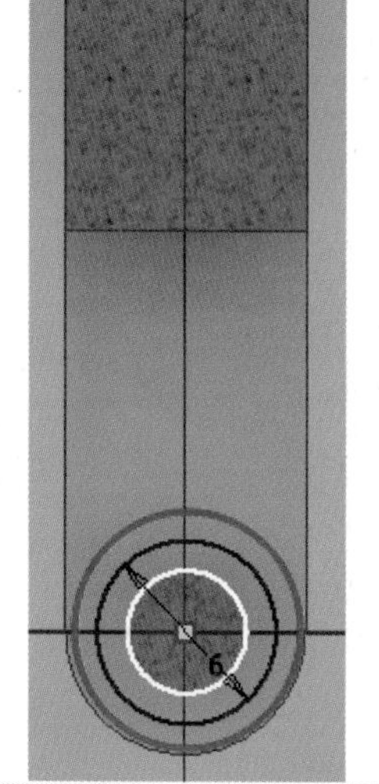

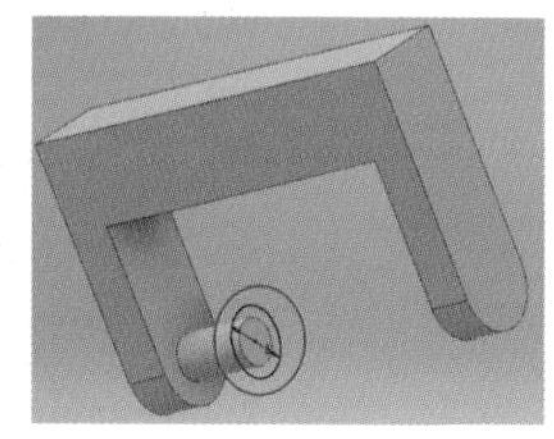

21

부품 ② 3D 모형 만들기

• [돌출] → [스케치 클릭] → [접합] → [거리3] → [방향1] → [확인]

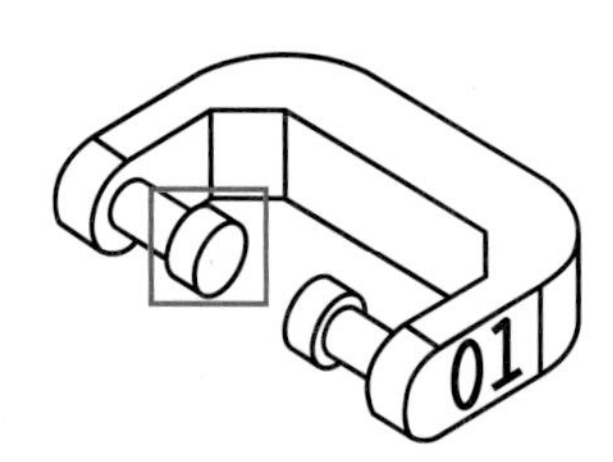

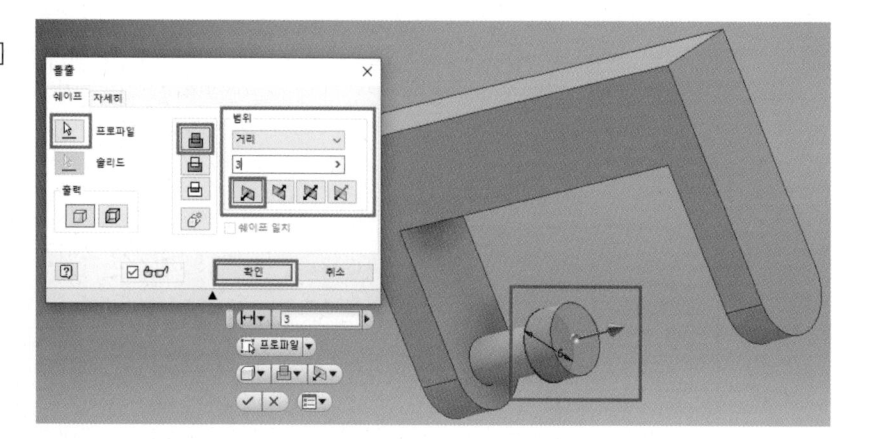

22

부품 ② 3D 모형 만들기

• [대칭] → [피쳐(돌출3/4클릭)] → [대칭평면 : XY평면 선택] → [확인]

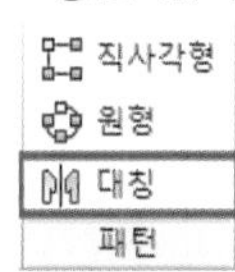

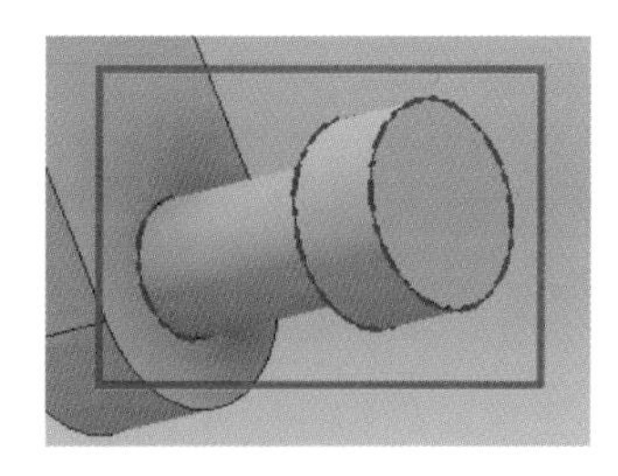

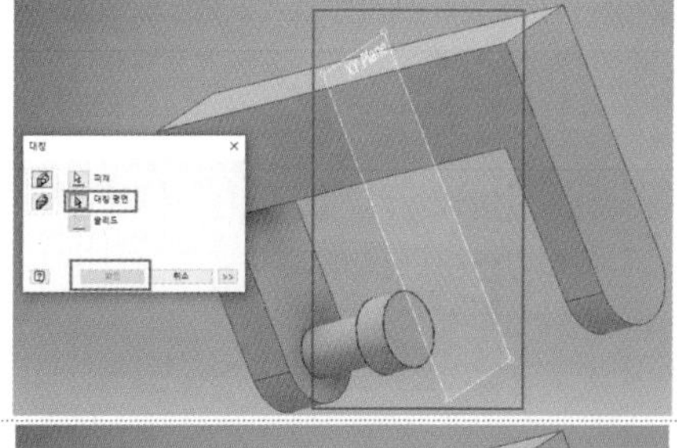

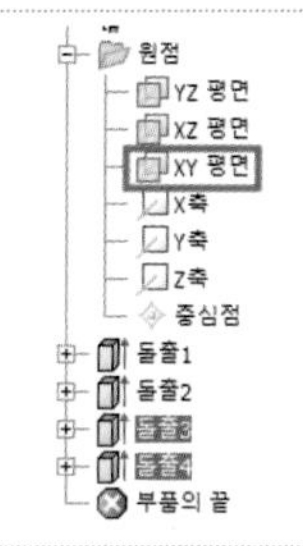

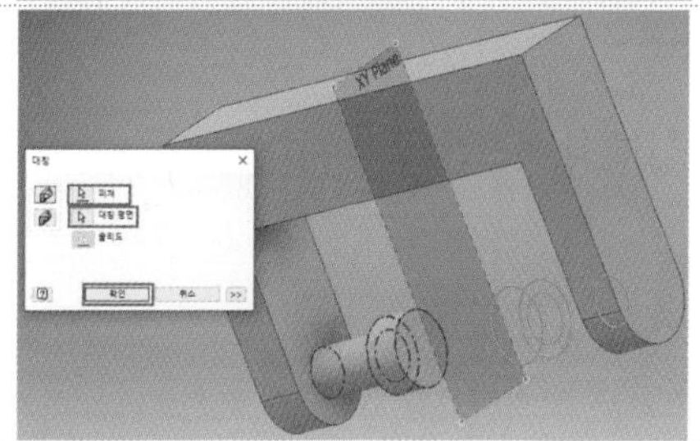

※ 대칭할 피쳐 선택시 모델링 작업창의 돌출3,4를 선택하는 방법과 검색기의 돌출3,4를 선택하는 방법이 있다.

※ 대칭 평면은 XY평면을 사용하였다.

※ 대칭을 사용하지 않고 해당스케치 평면을 선택하여 18~21번 방법과 동일하게 돌출하여 모델링도 가능하다.

23

부품 ② 3D 모형 만들기

• [모따기] → [모서리선택] → [거리 : 4] → [확인]

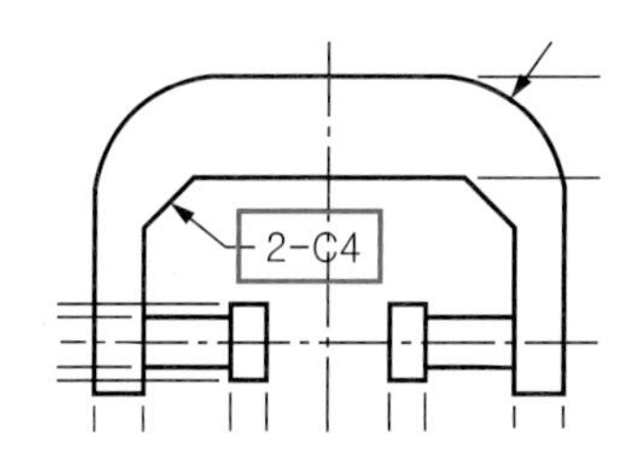

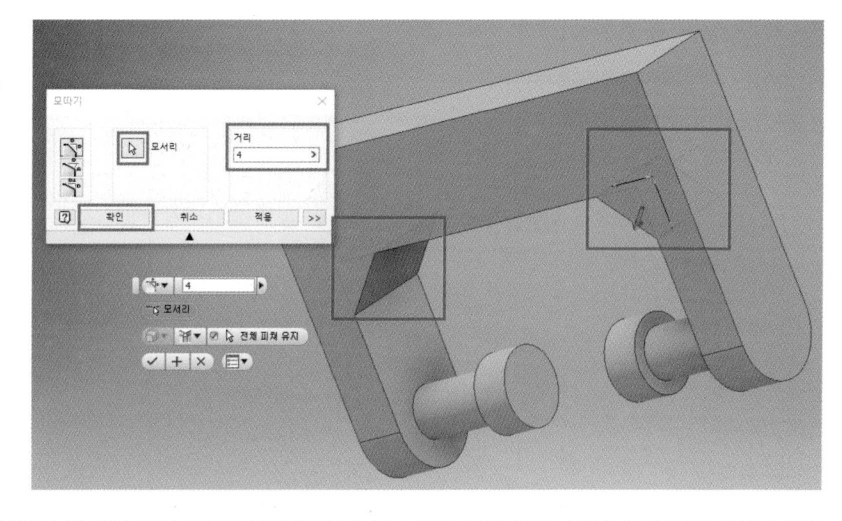

24

부품 ② 3D 모형 만들기

• [모깎기] → [모서리선택] → [반지름 : 10] → [확인]

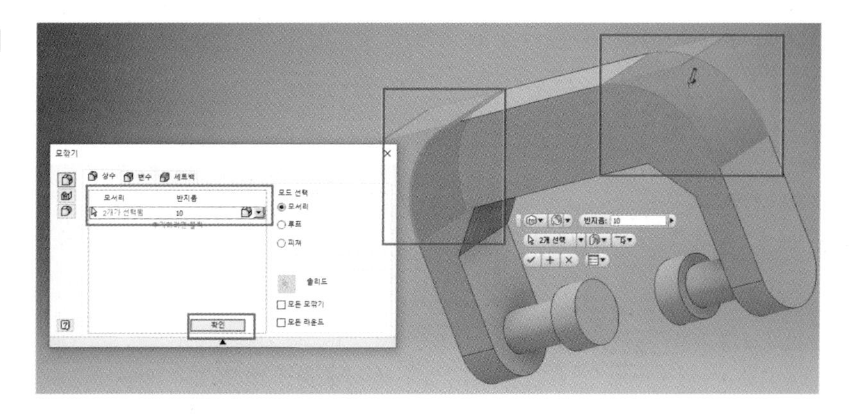

25

부품 ② 각인

• [2D 스케치 시작] → [각인평면 선택] → [텍스트] → [바탕체] → [6mm] → [확인] → [스케치마무리]

• [돌출] → [각인번호 선택] → [차집합] → [거리] → [3mm] → [방향2] → [확인]

※ 각인 방향이 도면과 상이할 시 [회전] → [각인 선택] → [중심점 : 각인번호중심 클릭] → [각도 입력] → [적용]

※ 글자체, 글자 크기, 글자 깊이 등은 별도의 정보가 없으므로 도면과 유사한 모양 및 크기로 작업하시오.

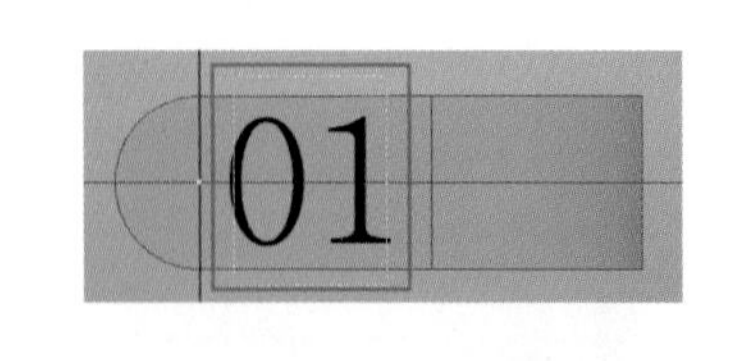

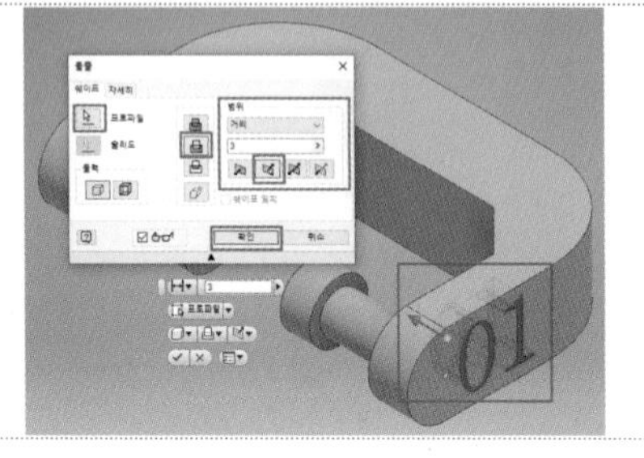

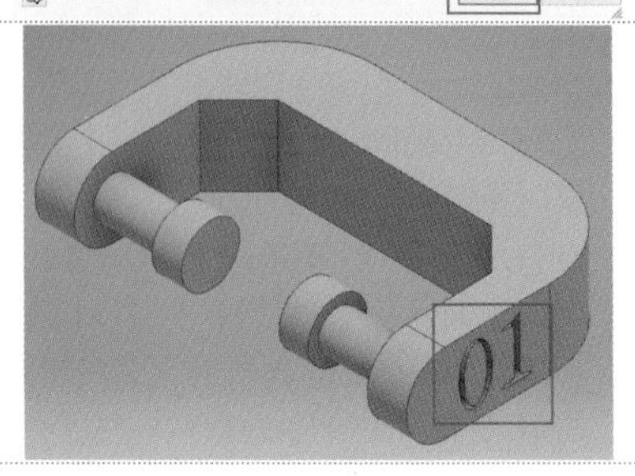

26

부품 ② 저장하기

• [파일] → [다른 이름으로 저장] → [비번호폴더] → [파일이름] → [01_02] → [저장]

※ 본 교재의 부품 ②번 3D모델링 파일이름은 "01_02"로 작성되었다. 부품 ①, ②번 3D모델링 파일이름은 수험자가 임의로 정할 수 있다.
예 부품2번, 02번 등

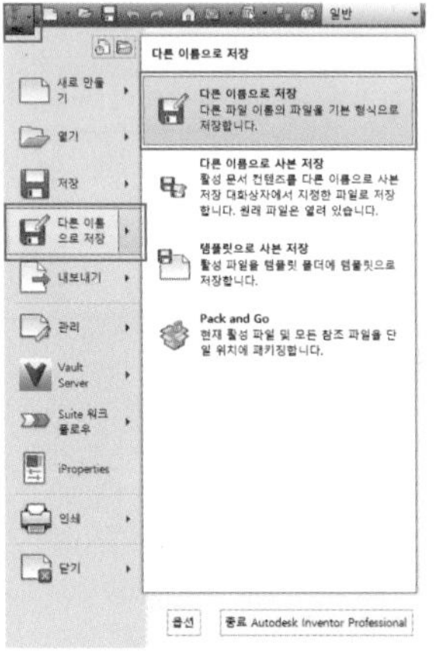

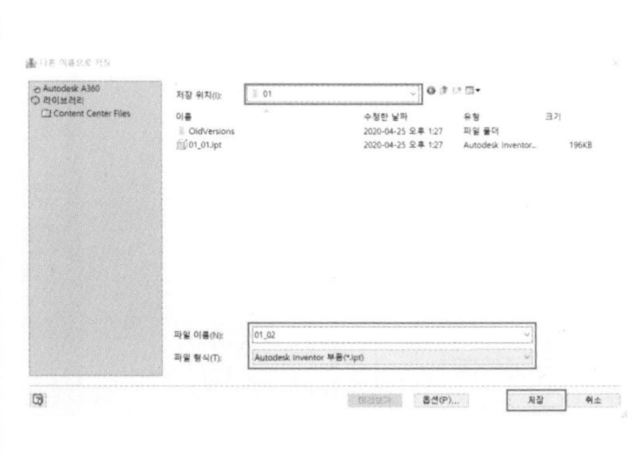

27

어셈블리

• [새로 만들기] → [Metric] → [Standard(mm).iam] → [작성]

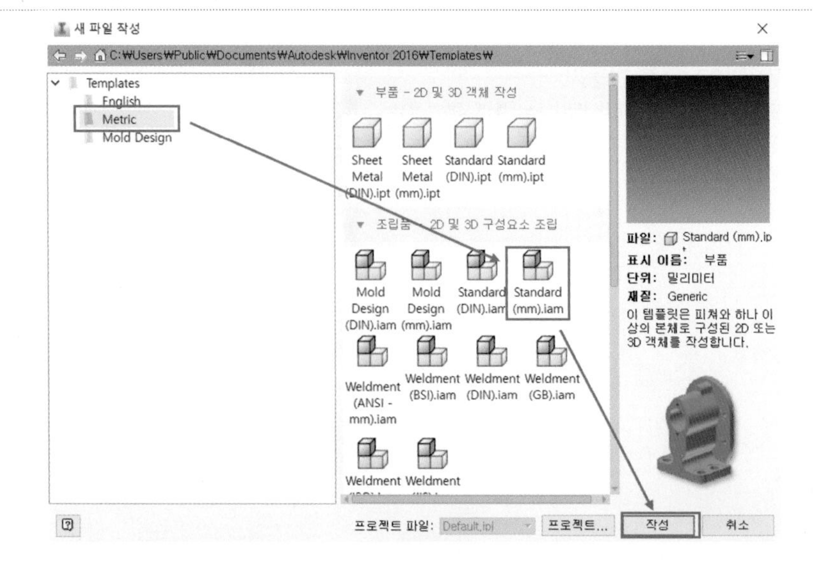

28

"배치" 아이콘을 통해 부품 ①, ②를 배치한다.

• [배치] → [01_01, 01_02 선택] → [열기] → [화면 클릭] → [ESC]

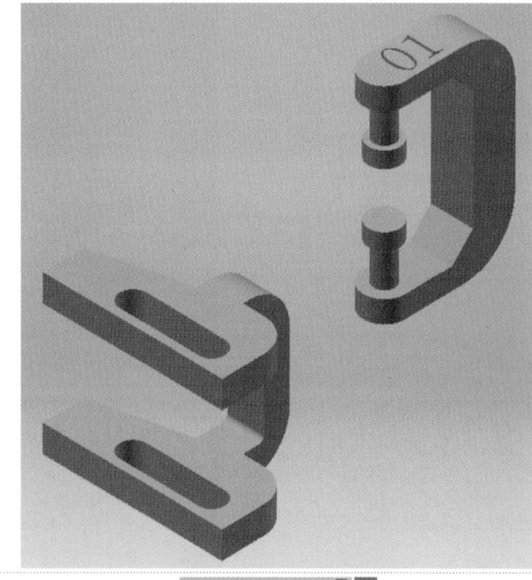

29

시트트리에서 부품①번을 우클릭하여 고정한다.

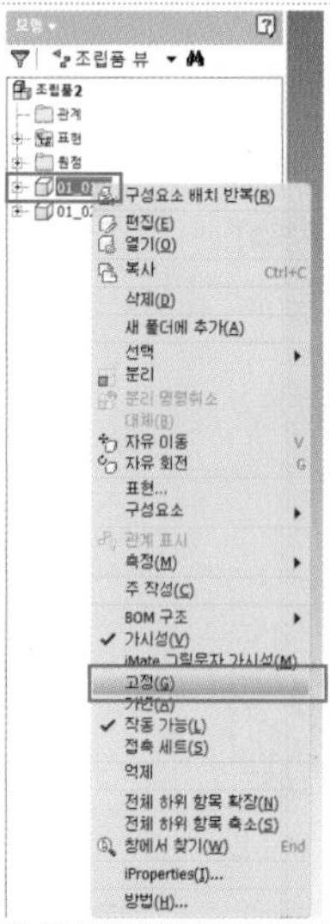

30

조립구속조건

• 부품②를 클릭하여 움직이고 우클릭하여 자유회전을 통하여 도면의 조립도와 비슷하게 한다.

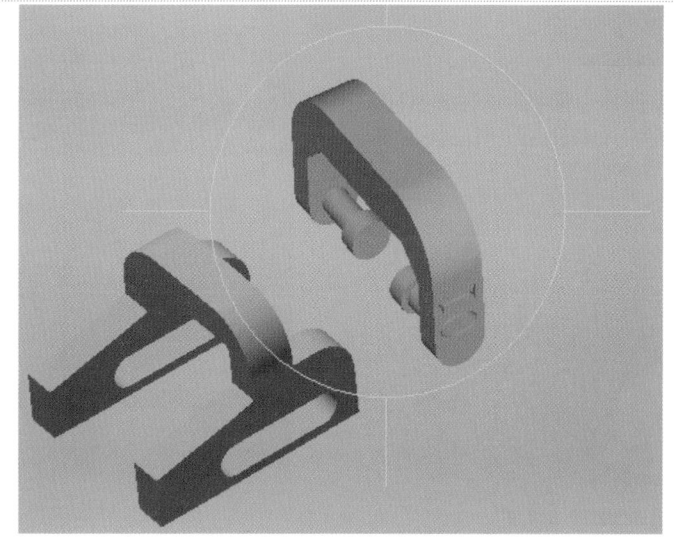

31

조립구속조건

- [구속조건] → [메이트] → [솔루션 : 메이트] → [부품①선택요소] → [자유회전F4] → [부품②선택요소] → [간격띄우기0.5] → [적용]

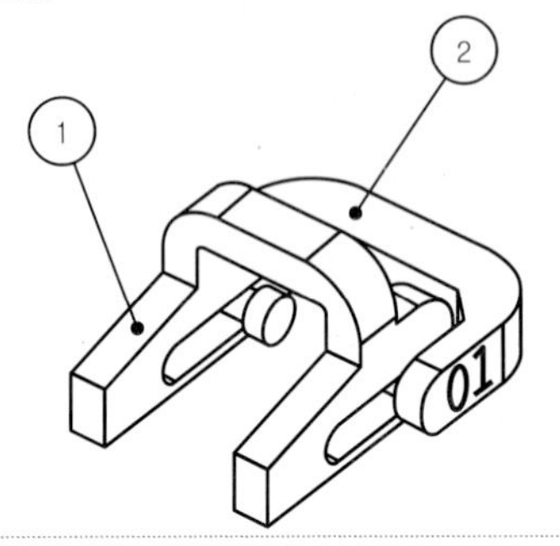

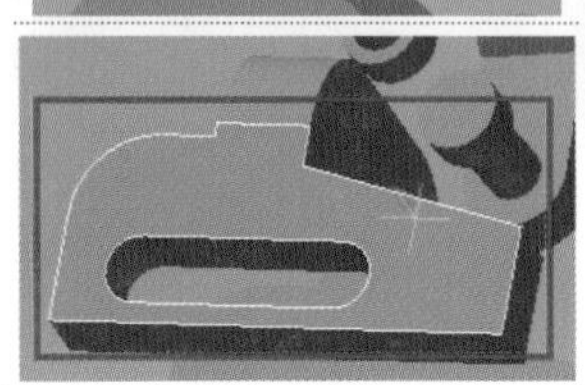

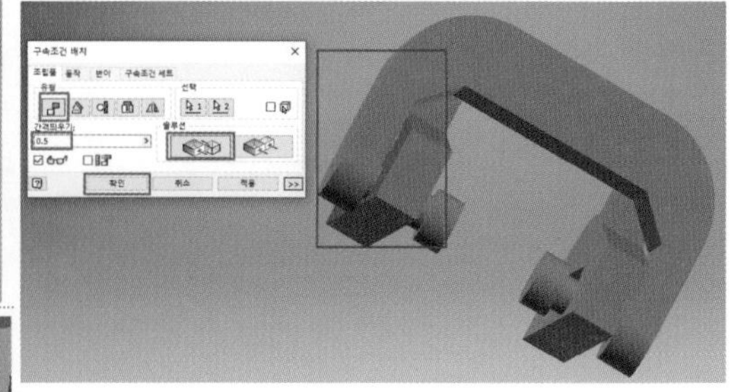

32

조립구속조건

- [구속조건] → [접선] → [솔루션 : 외부] → [부품①선택요소] → [자유회전F4] → [부품②선택요소] → [간격띄우기0.5] → [적용]

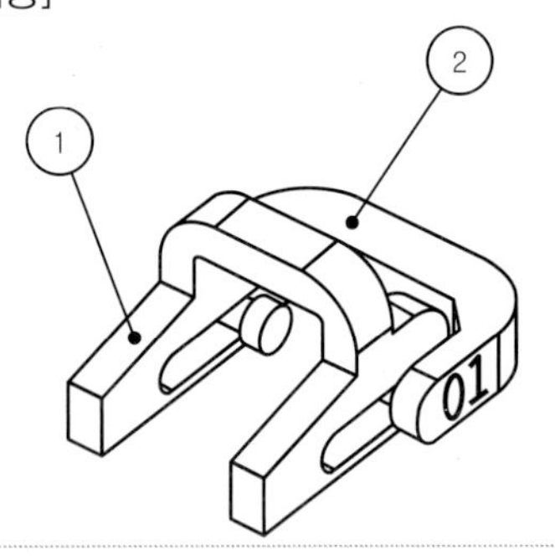

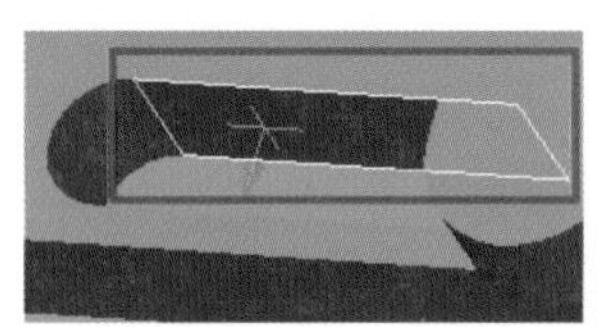

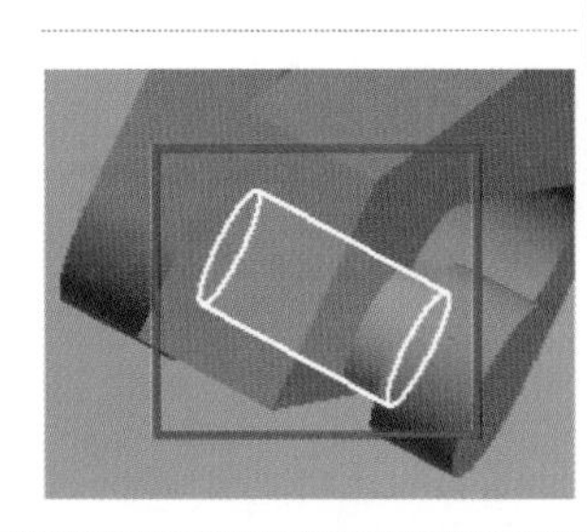

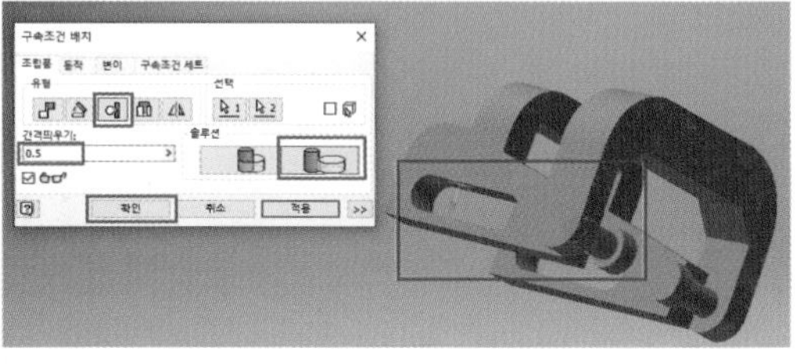

33

조립구속조건

- [구속조건] → [메이트] → [솔루션 : 플러쉬] → [부품①선택요소] → [자유회전F4] → [부품②선택요소] → [간격띄우기0.0] → [확인]

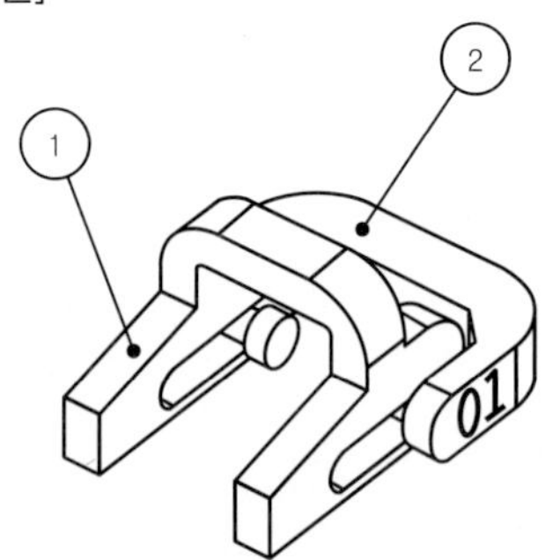

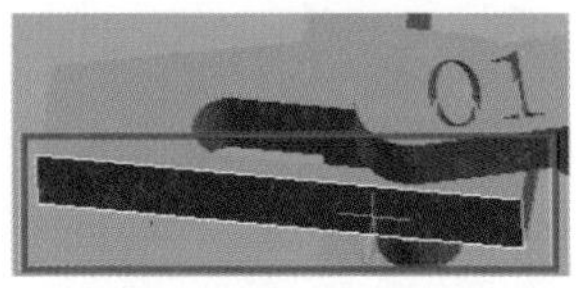

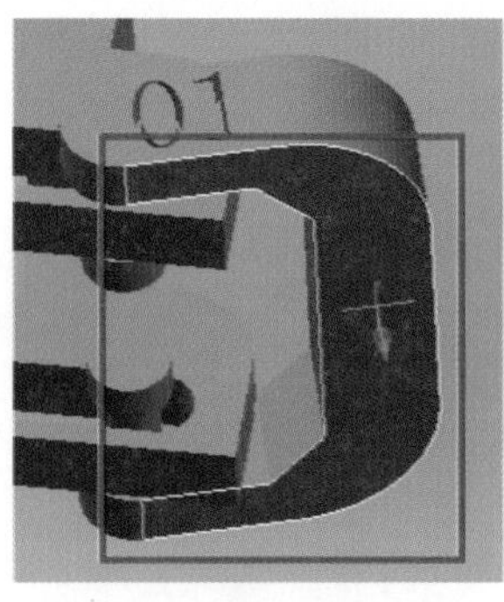

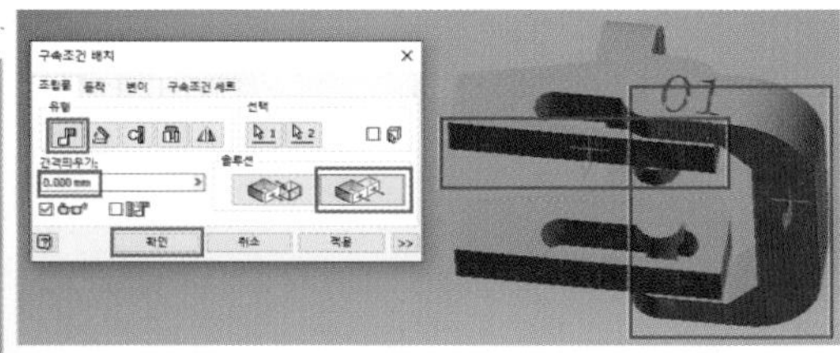

34

출력방향을 고려하여 구속조건 추가

※ 조립된 상태로 출력하니 되도록 서포트가 적게 나오고 도면의 ㉠, ㉡, ㉢의 치수가 정밀하게 나오는 출력방향을 결정해야 한다.

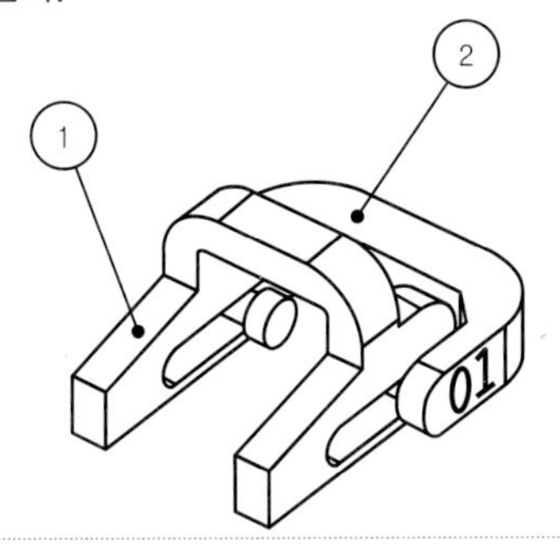

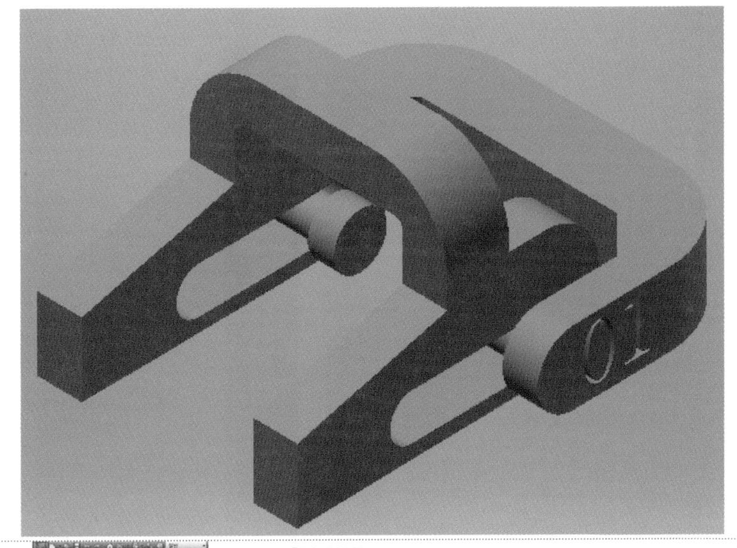

35

어셈블리 저장하기(2가지 확장자)

- [파일] → [다른 이름으로 저장] → [비번호 폴더] → [파일이름] → [01] → [저장]

- [파일] → [내보내기] → [CAD형식] → [비번호폴더] → [01] → [파일형식 : STEP 선택] → [저장]

구 분	작업명	파일명	비 고
1	어셈블리	01.***	
2		01.STP	채점용

※ 비번호 01인 경우

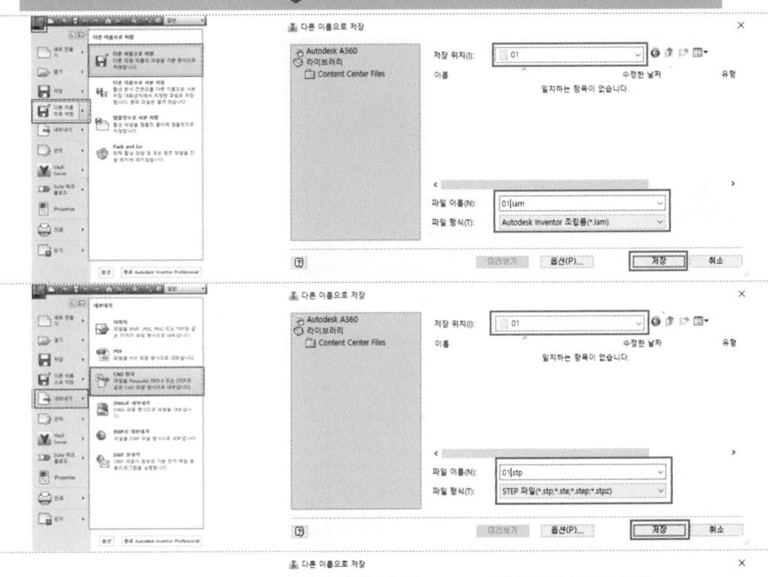

36

어셈블리 저장하기(STL확장자)

- [파일] → [내보내기] → [CAD형식] → [비번호폴더] → [01] → [파일형식 : STL 선택] → [옵션] → [단위 : mm] → [저장]
  ※ 옵션에서 단위 mm 선택

구 분	작업명	파일명	비 고
3	어셈블리	01.STL	

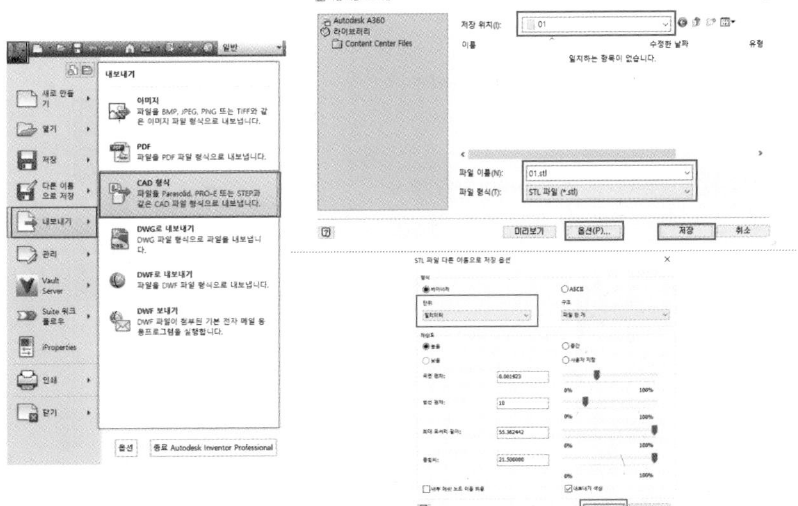

37

슬라이싱(3DWOX)

슬라이싱 프로그램을 실행한다.

• [파일] → [모델 불러오기] → [비번호폴더] → [01.stl] → [열기]

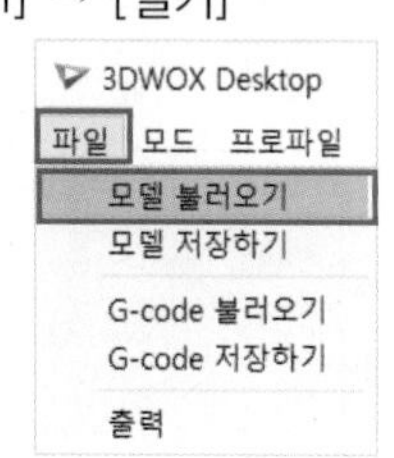

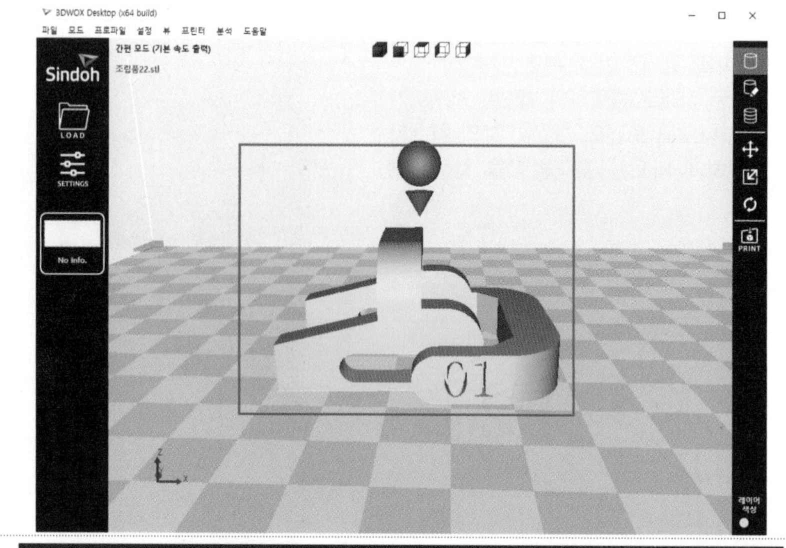

38

프린터 설정

• [설정] → [프린터 설정] → [프린터 모델] → [확인]

※ 시험장 프린터 모델을 선택한다.
예 DP200

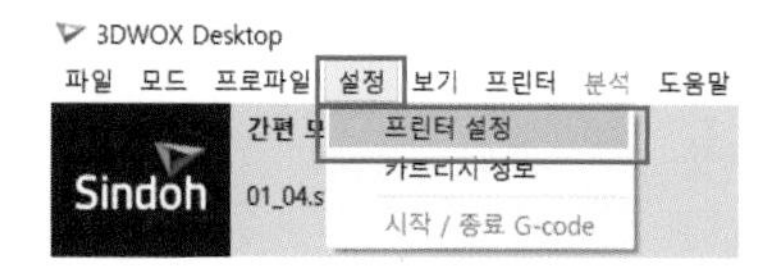

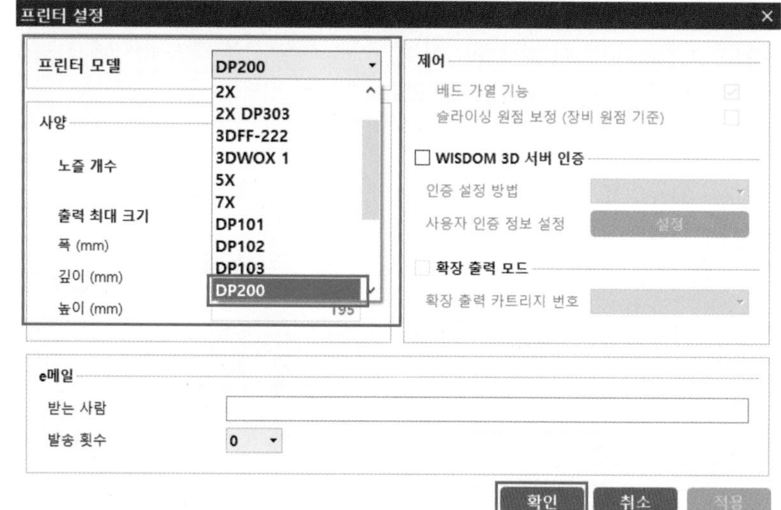

39

출력방향을 결정한다.

• [분석] → [최적출력방향] → [분석] → [추천 1~6 선택]

※ 신도리코 3DWOX는 최적출력방향을 분석해 준다. 참고하여 서포트가 적게 나오고 도면의 ㉠, ㉡, ㉢ 치수가 정밀하게 나오는 출력방향을 결정한다.

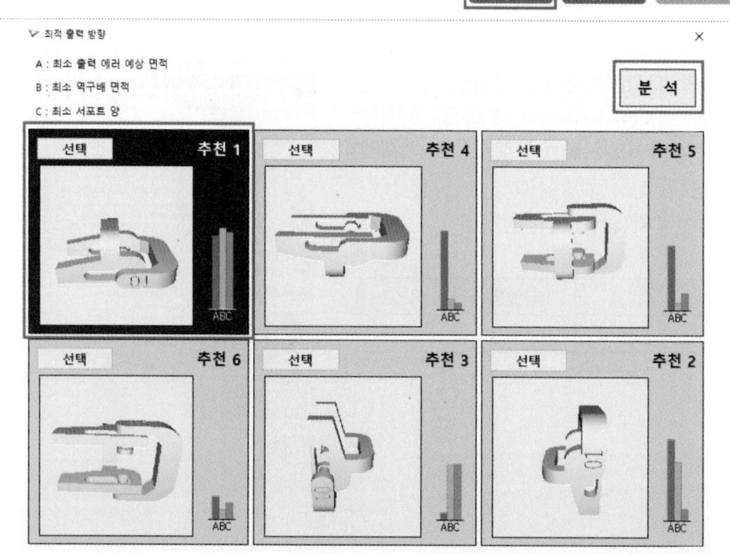

40

기본 파라미터를 설정한다.

- [SETTINGS] 버튼을 클릭하여 파라미터 값을 조정한다.
- 기본 속도 출력
- 재질 : PLA
- 서포트 : 모든 곳, 지그재그 구조

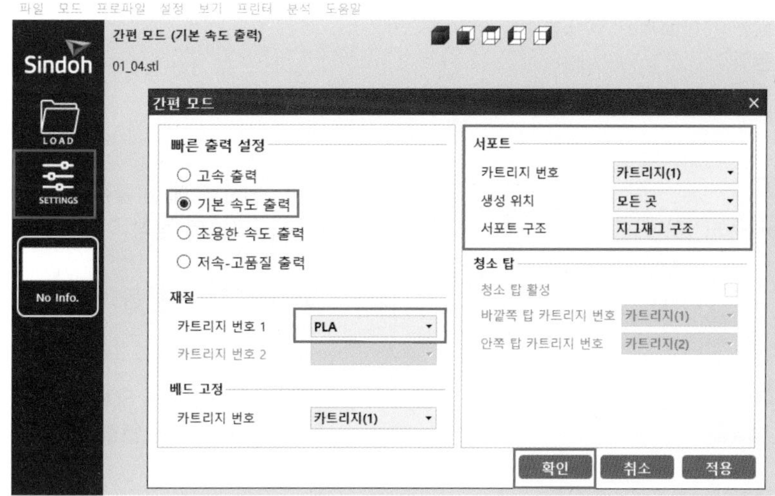

41

슬라이싱

- 베드상에 있는 출력물이 파라미터의 값이 반영되면서 슬라이싱을 수행한다.

※ 출력예상시간을 확인한다.

※ 출력예상시간이 1시간 20분이 넘어가면 고급모드로 변경하여 [SETTINGS]에서 레이어 높이, 채우기 밀도, 서포트 밀도 등 설정값을 변경한다.

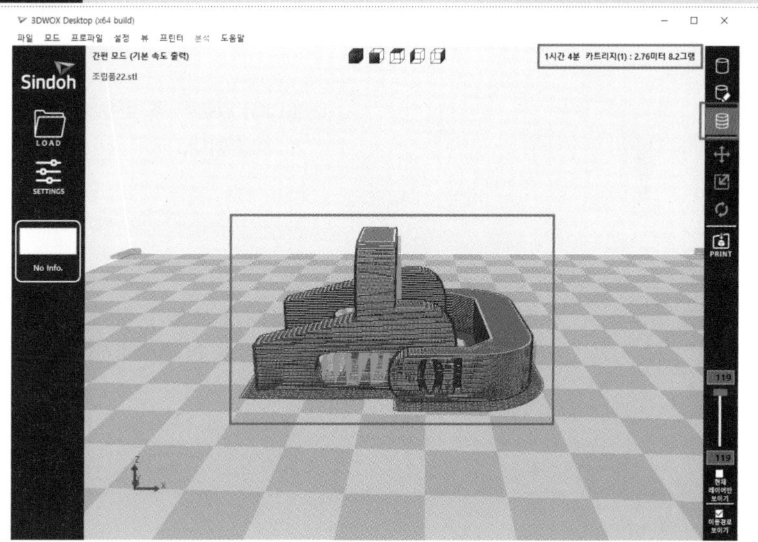

42

G-code 저장하기

- [파일] → [G-code 저장하기] → [예] → [비번호폴더] → [01.gcode] → [저장]

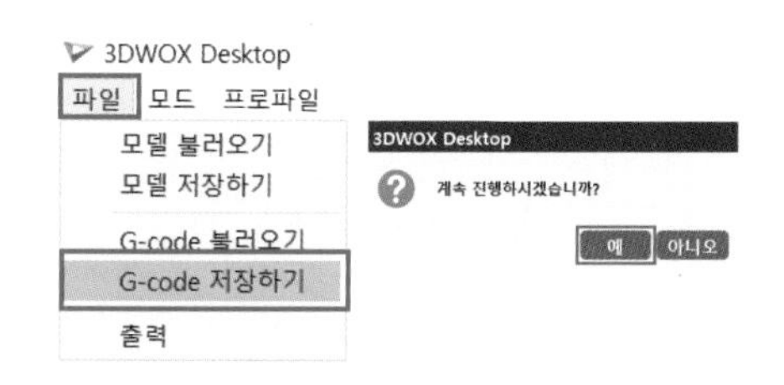

구 분	작업명	파일명	비 고
4	슬라이싱	01.***	gcode

43 지급된 저장매체(USB 또는 SD-card)에 저장한다.	• 감독위원에게 저장매체(USB 또는 SD-card) 제출
44 3D프린터 세팅	• 노즐, 베드 등에 이물질을 제거하여 출력 시 방해요소가 없도록 세팅한다. • PLA 필라멘트 장착 여부 등 소재의 이상 여부를 점검하고 정상 작동하도록 세팅한다. • 베드 레벨링 기능 등을 활용하여 베드 위치를 세팅한다.
45 3D프린팅	• 저장매체(USB 또는 SD-card)에 있는 파일(01_04.gcode)을 3D프린터 전면부에 있는 USB 포트에 연결하여 화면에서 직접 G-code를 불러와 출력한다.
46 후처리	• 출력이 완료한 후 보호장갑을 착용하고 서포트 및 거스러미를 제거하여 감독위원에게 제출한다.
47 노즐 및 베드 정리	• 출력물을 제출 후 본인이 사용한 3D프린터 노즐 및 베드 등의 잔여물을 제거하고 정리정돈 한다(**※ 정리상태도 채점 대상임에 주의하자**).

23 3D모델링 실기 공개문제 도면 - 23

자격종목	3D프린터운용기능사	[시험1] 과제명	3D모델링 작업	척 도	NS

①

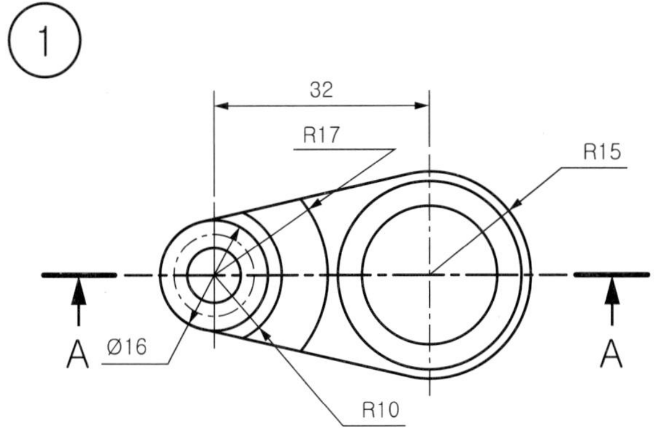

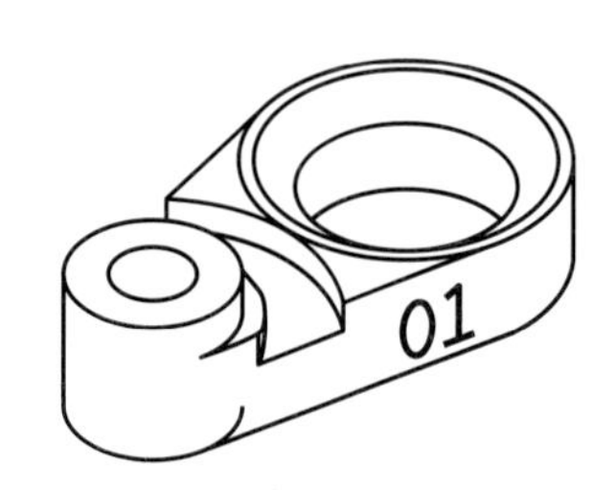

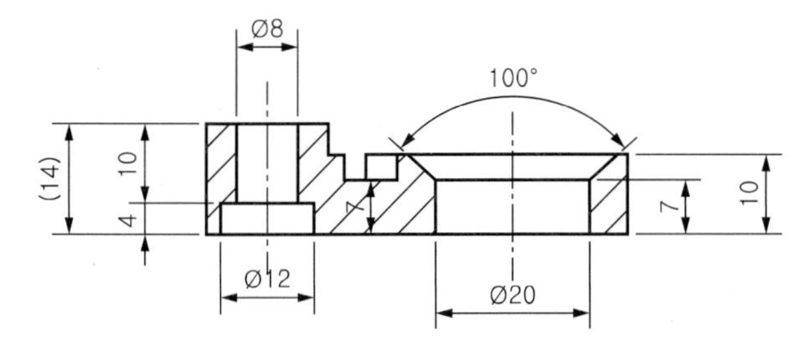

단면 A-A

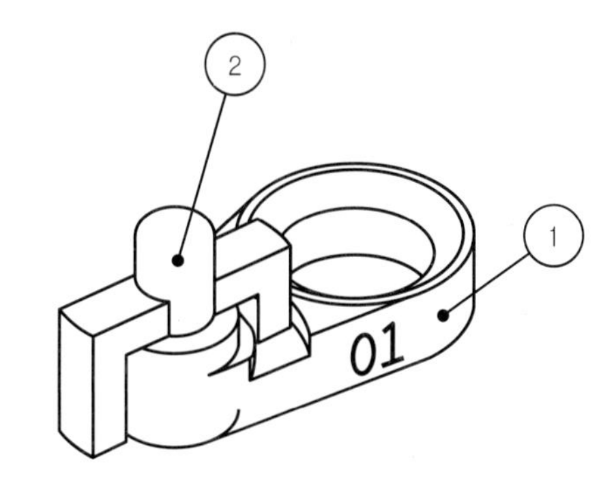

②

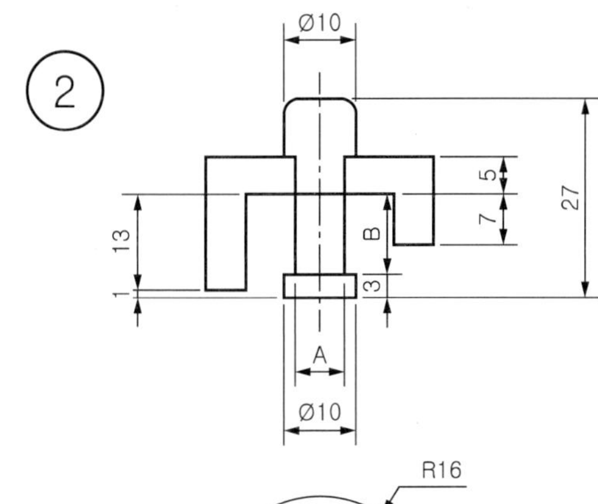

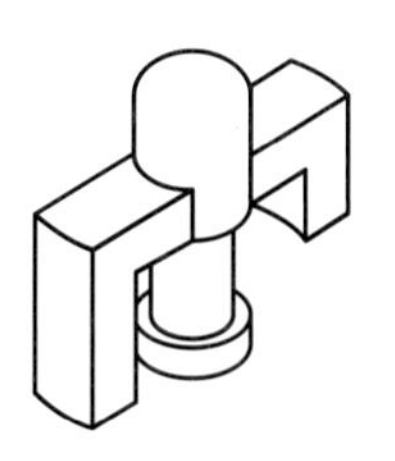

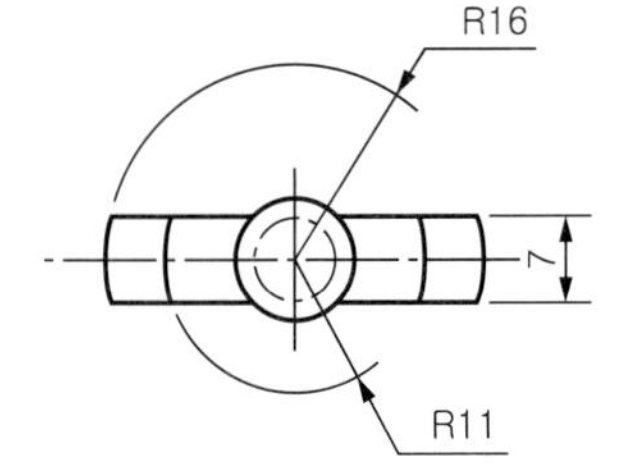

주서

1. 도시되고 지시없는 라운드는 R2

01

부품 ① 모델링

- [새로 만들기] → [Metric] → [Standard(mm).ipt] → [작성]

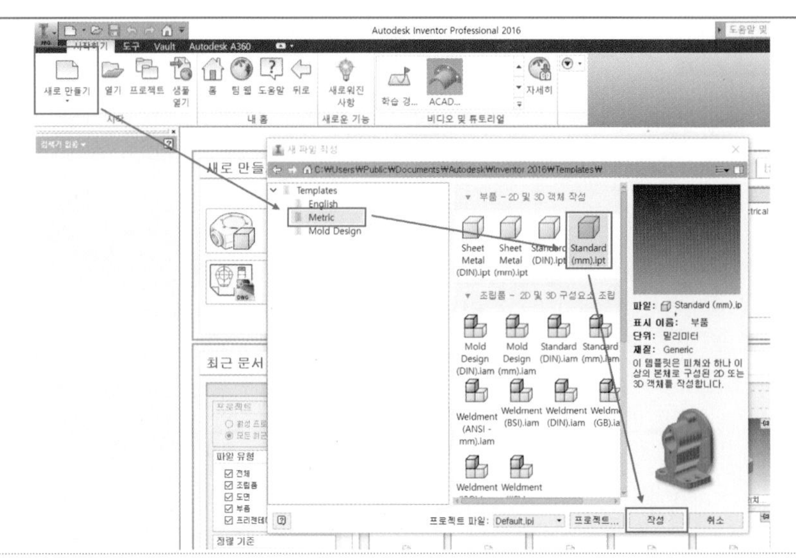

02

[2D 스케치 시작] → [마우스로 XY Plane 선택]

※ 마우스로 XY Plane 선택 시 빨간색으로 변함

※ 다른 방법(시트트리에서)
[원점] → [XY평면 마우스오른쪽 클릭] → [새 스케치]

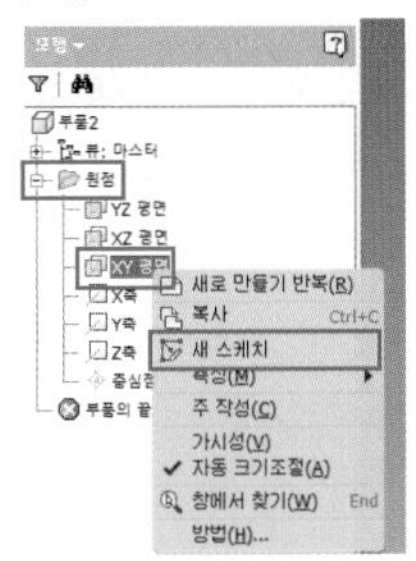

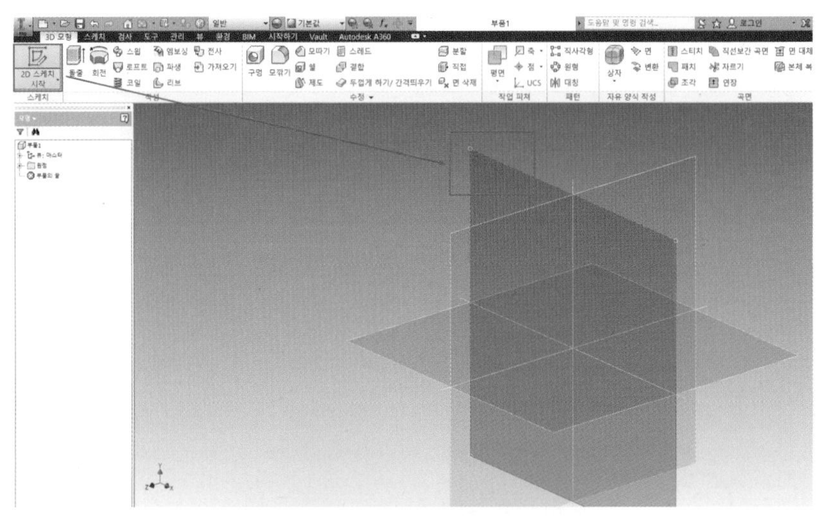

03

부품 ① 평면도를 스케치 한다.

- 원(∅16, ∅30), 치수 구속조건(수평), 치수, 선, 치수 구속조건(접선), 자르기

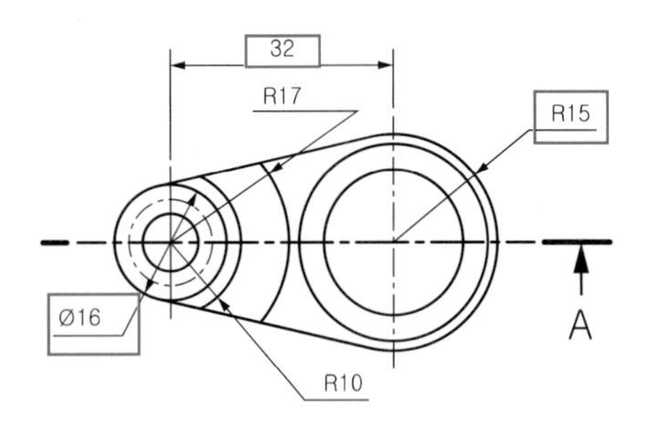

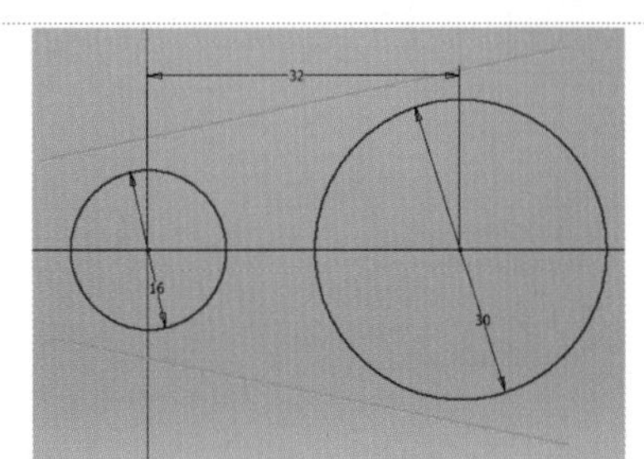

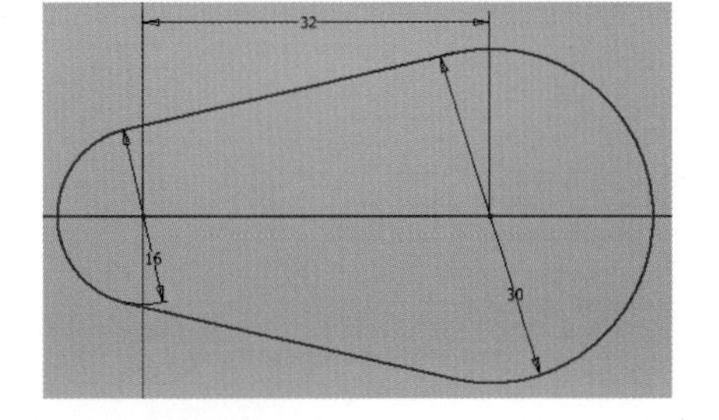

04

스케치마무리

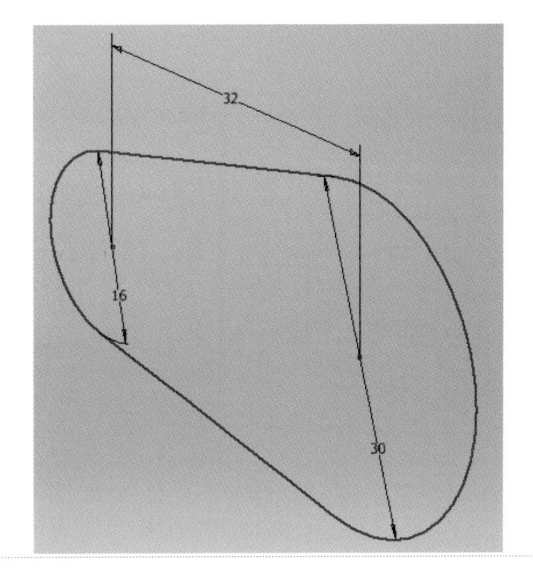

05

부품 ① 3D 모형 만들기

• [돌출] → [스케치 클릭] → [거리10] → [대칭] → [확인]

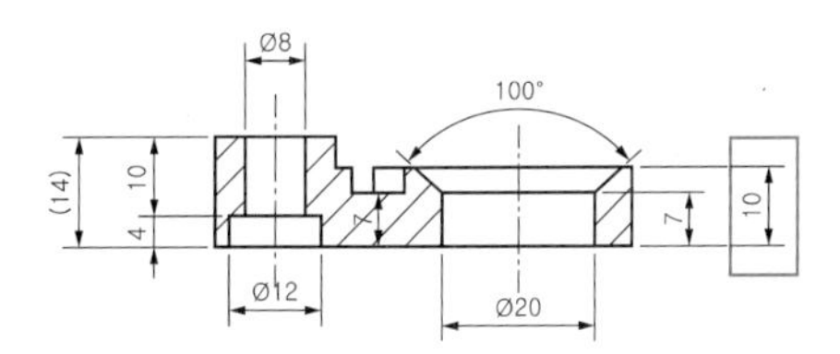

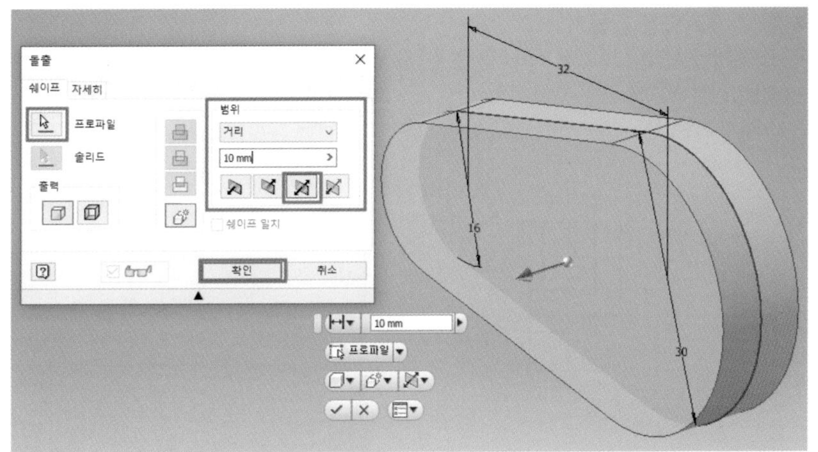

06

부품 ① 3D 모형 만들기

• [2D 스케치 시작] → [해당 스케치평면 선택] → [형상투영] → [원] → [치수] → [스케치마무리]

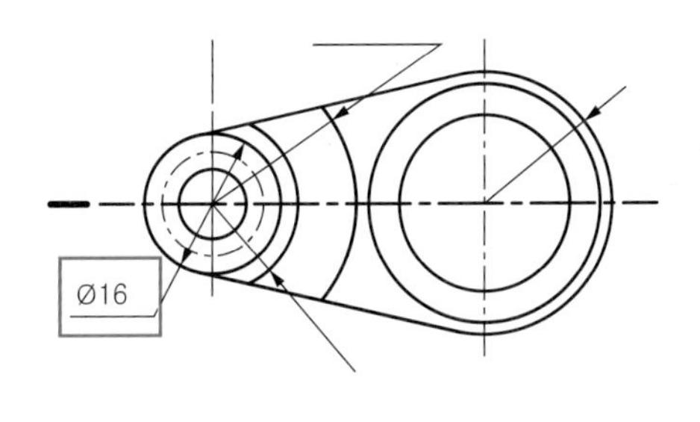

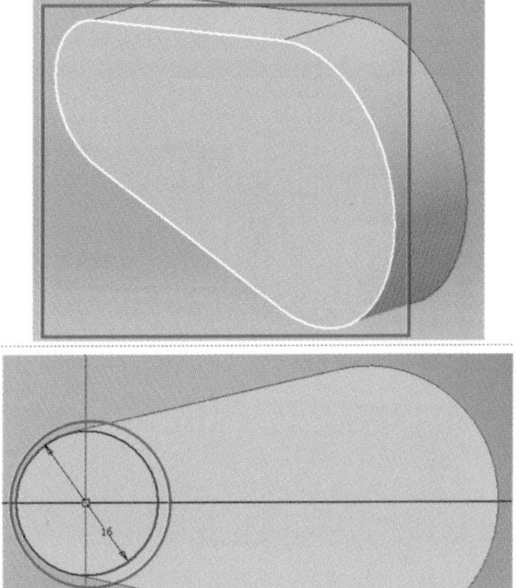

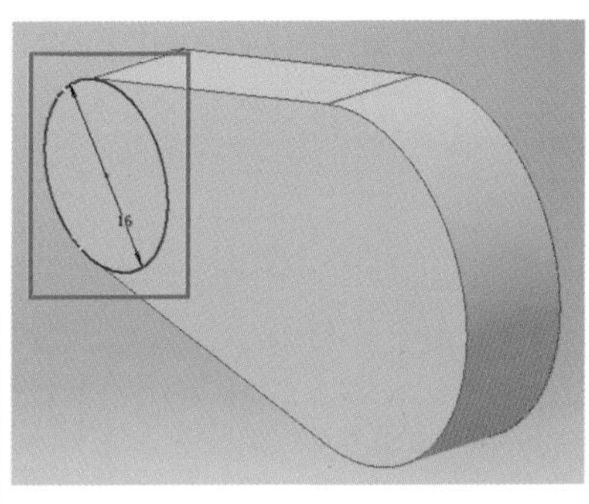

07

부품 ① 3D 모형 만들기

• [돌출] → [스케치 클릭] → [접합] → [거리4] → [방향1] → [확인]

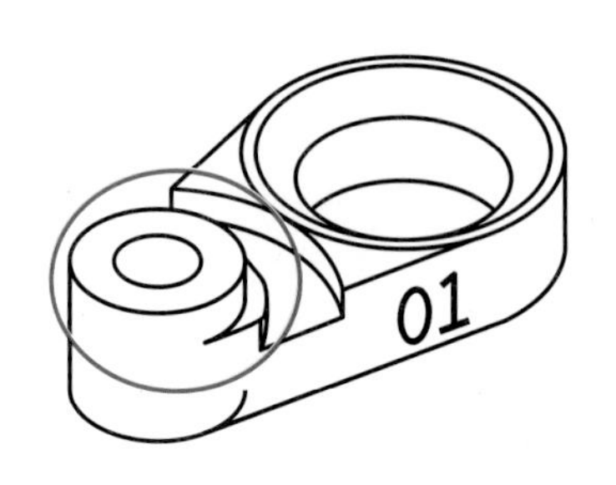

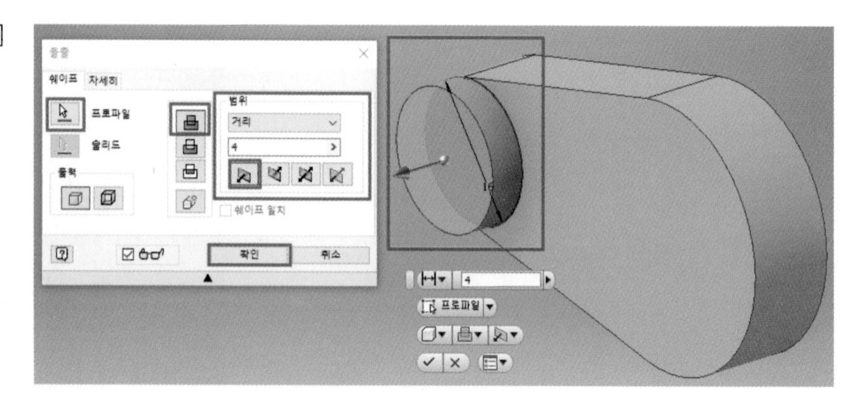

08

부품 ① 3D 모형 만들기

• [2D 스케치 시작] → [해당 스케치평면 선택] → [형상투영] → [원] → [∅8] → [스케치마무리]

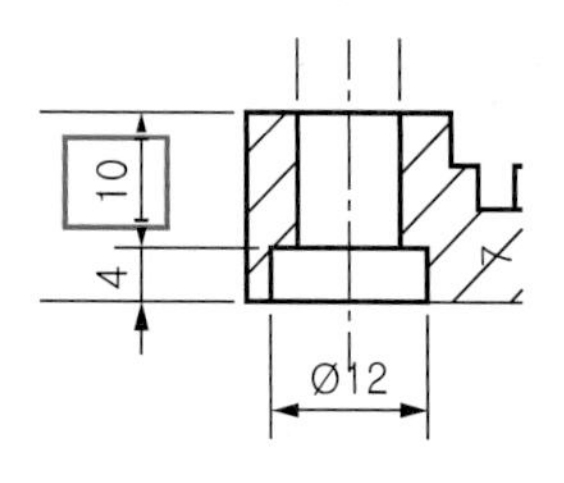

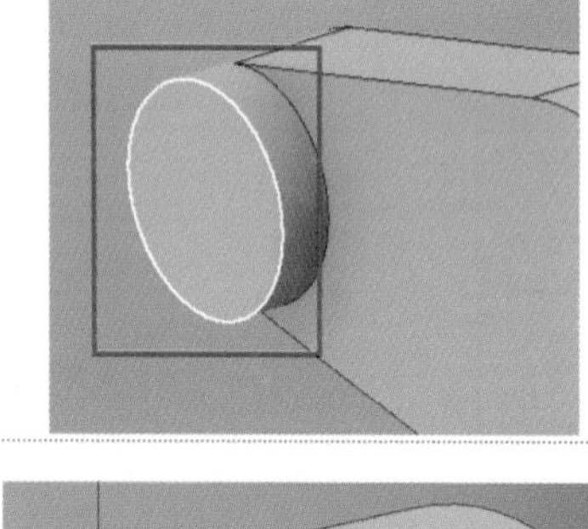

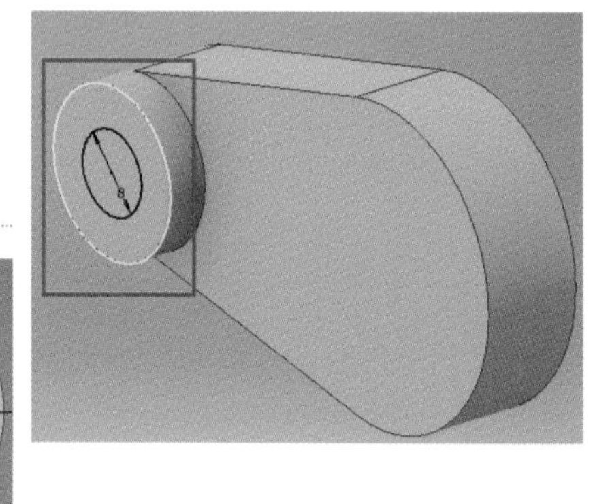

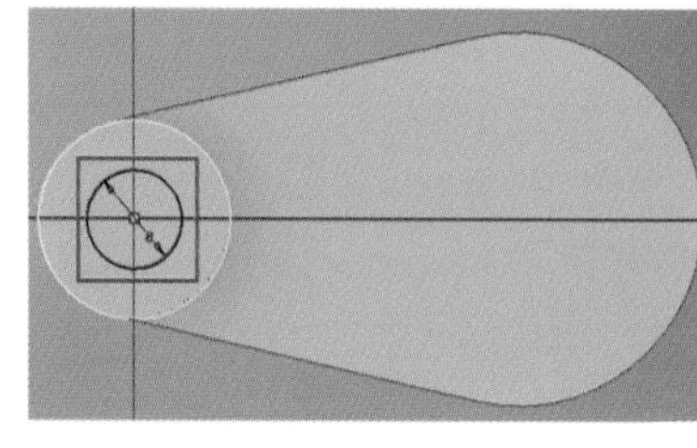

09

부품 ① 3D 모형 만들기

• [돌출] → [스케치 클릭] → [차집합] → [거리10] → [방향2] → [확인]

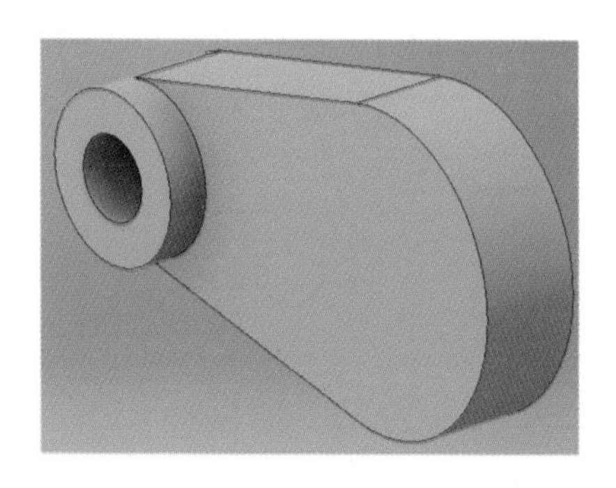

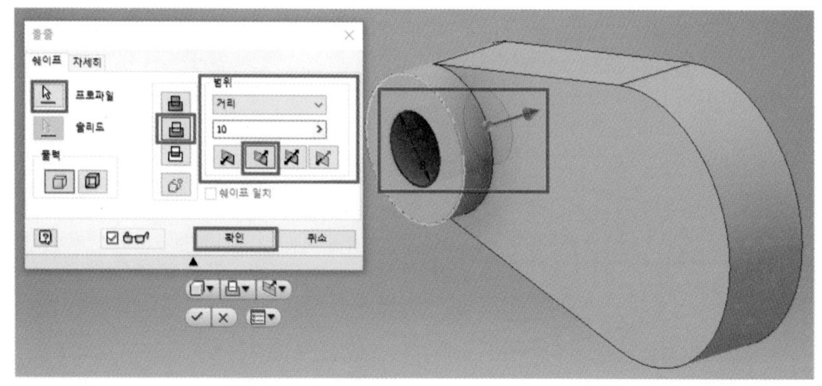

10

부품 ① 3D 모형 만들기

• [2D 스케치 시작] → [해당 스케치평면 선택] → [형상투영] → [원] → [∅12] → [스케치마무리]

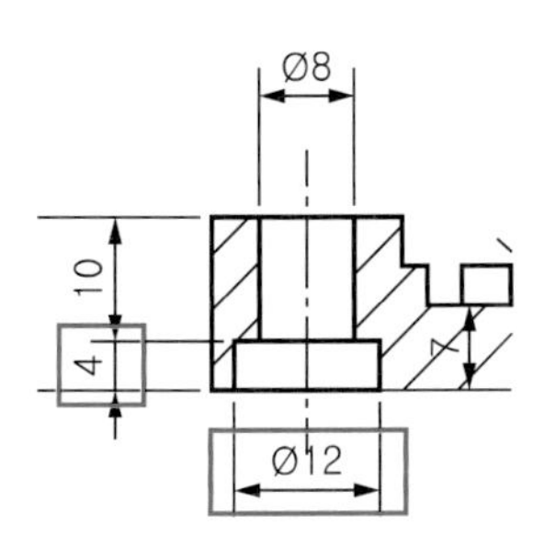

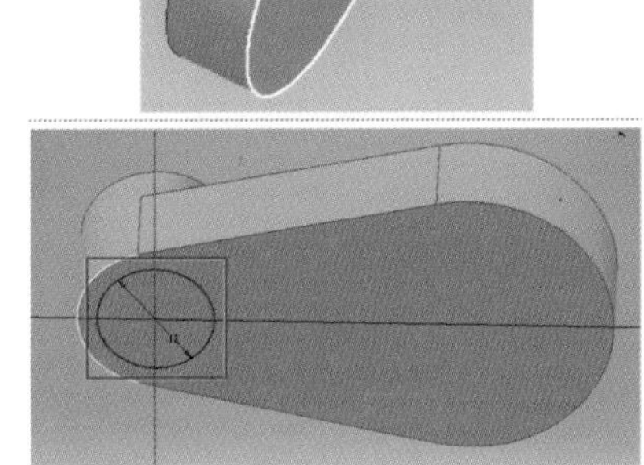

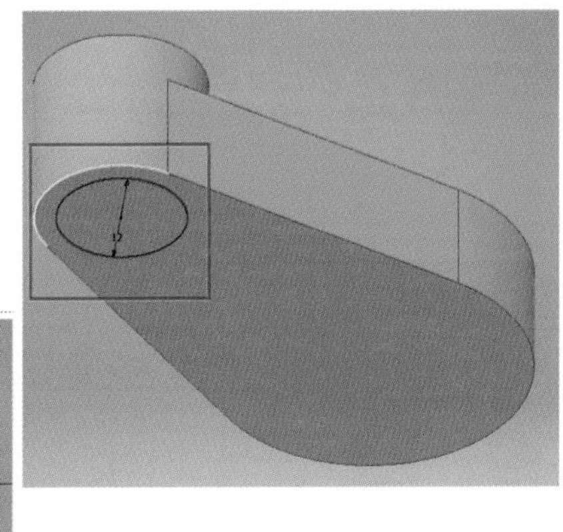

11

부품 ① 3D 모형 만들기

• [돌출] → [스케치 클릭] → [차집합] → [거리4] → [방향2] → [확인]

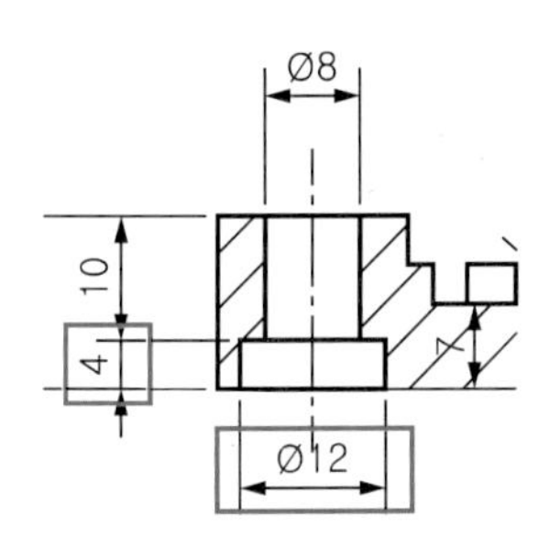

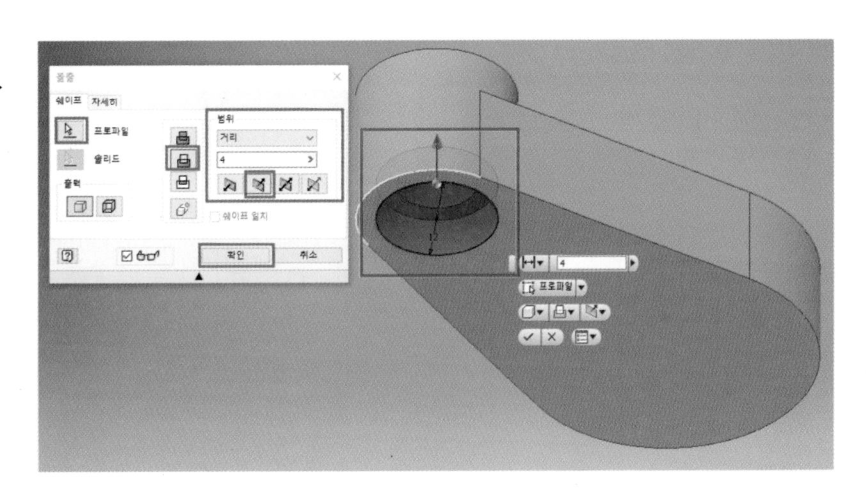

12

부품 ① 3D 모형 만들기

• [2D 스케치 시작] → [해당 스케치평면 선택] → [형상투영] → [원] → [∅20, ∅34] → [스케치마무리]

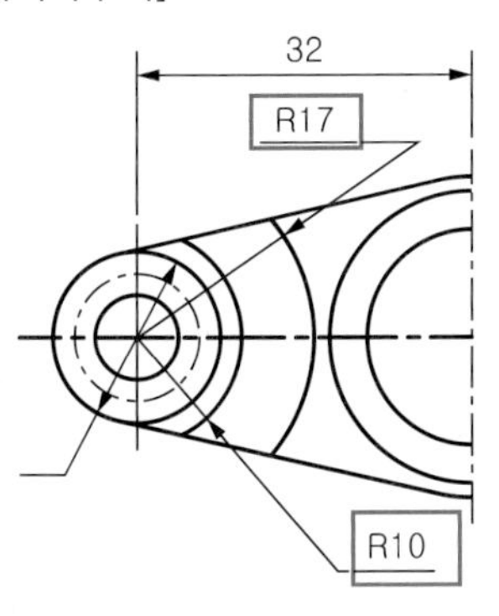

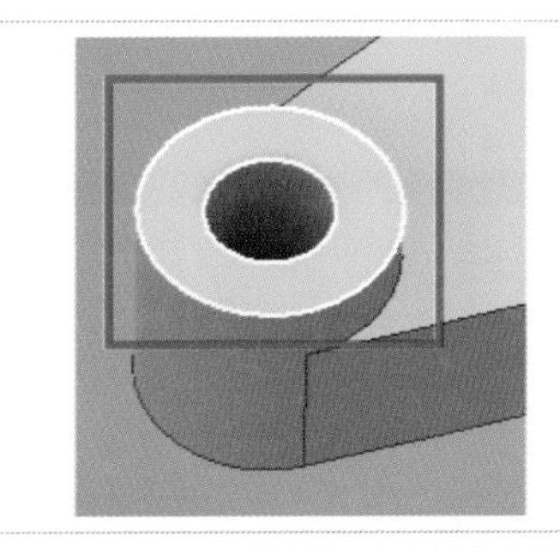

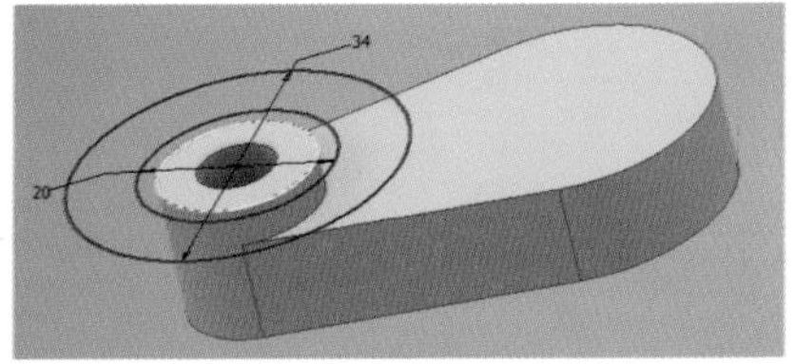

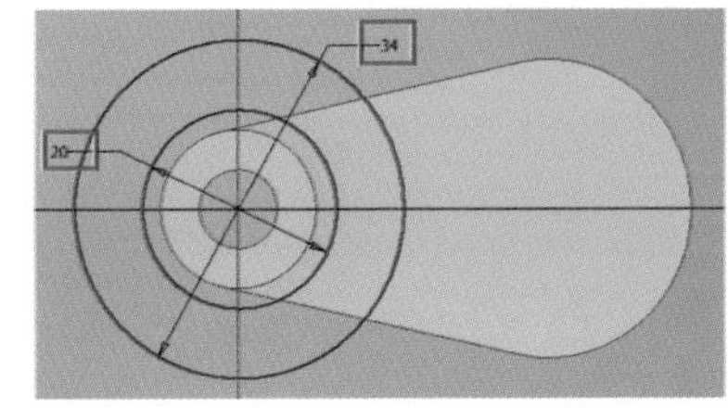

13

부품 ① 3D 모형 만들기

• [돌출] → [스케치 클릭] → [차집합] → [거리7] → [방향2] → [확인]

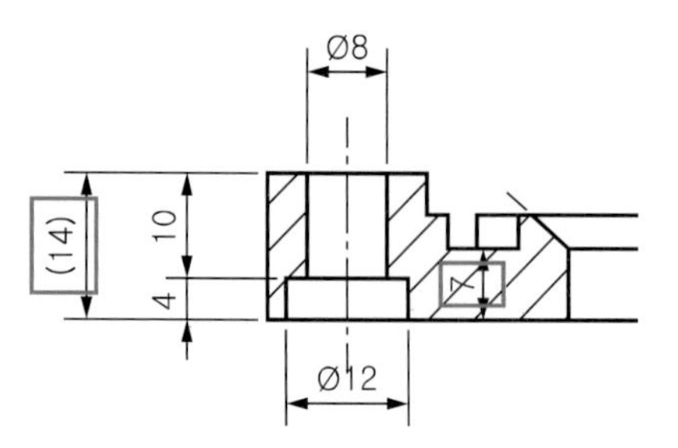

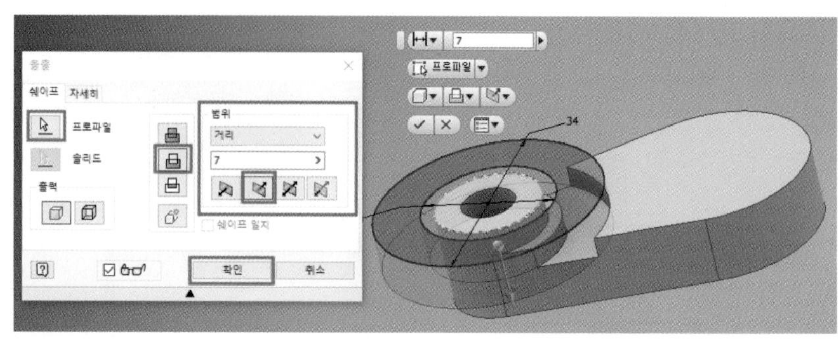

14

부품 ① 3D 모형 만들기

• [2D 스케치 시작] → [XZ평면 선택] → [F7] → [선] → [자르기] → [치수] → [스케치마무리]

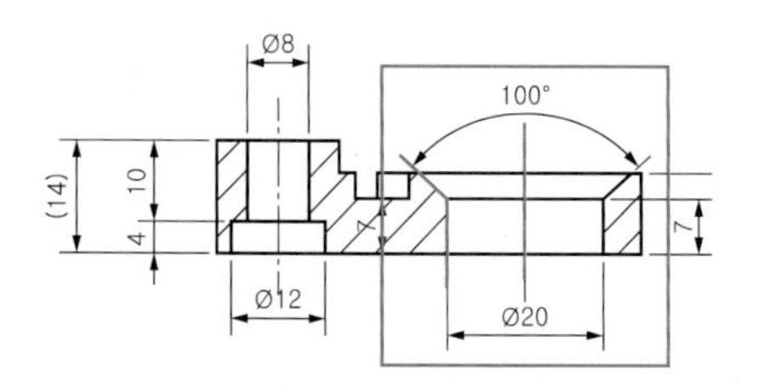

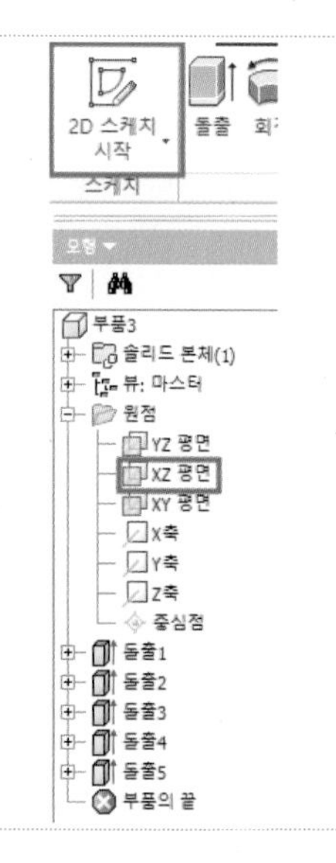

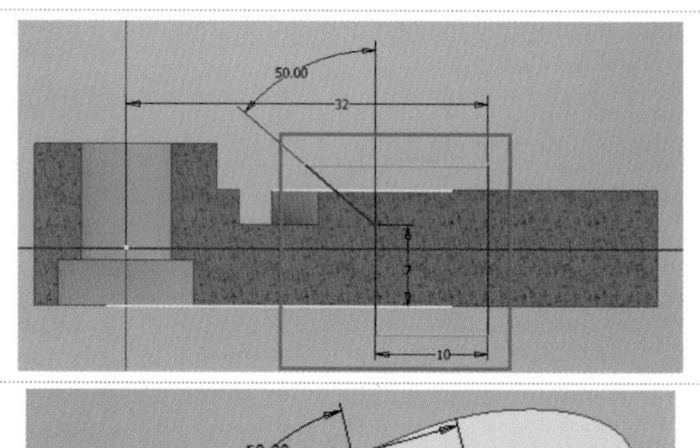

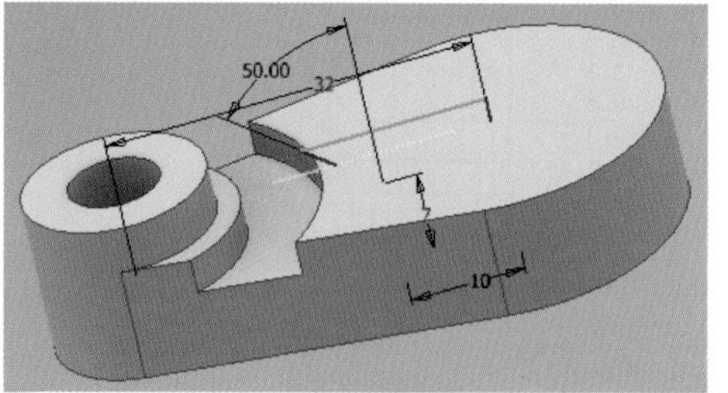

15

부품 ① 3D 모형 만들기

• [회전] → [스케치 클릭] → [축선택] → [차집합] → [전체] → [확인]

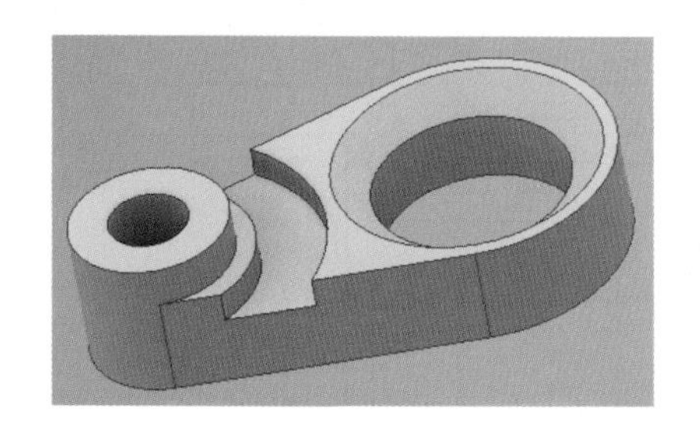

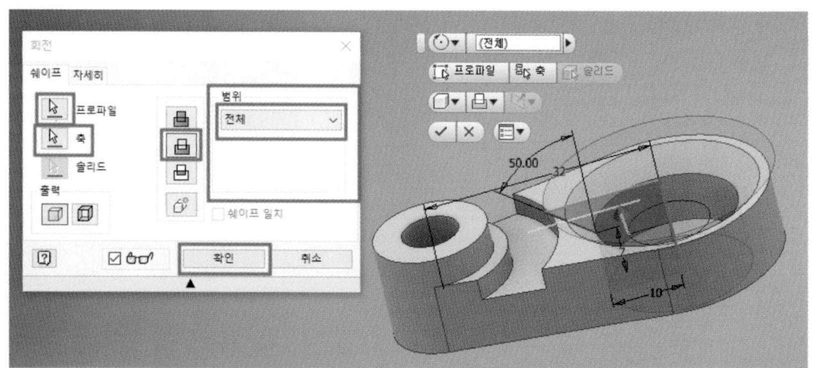

16

부품 ① 각인

- [2D 스케치 시작] → [각인평면 선택] → [텍스트] → [바탕체] → [6mm] → [확인] → [스케치마무리]
- [돌출] → [각인번호 선택] → [차집합] → [거리] → [3mm] → [방향2] → [확인]

※ 각인 방향이 도면과 상이할 시 [회전] → [각인 선택] → [중심점 : 각인번호중심 클릭] → [각도 입력] → [적용]

※ 글자체, 글자 크기, 글자 깊이 등은 별도의 정보가 없으므로 도면과 유사한 모양 및 크기로 작업하시오.

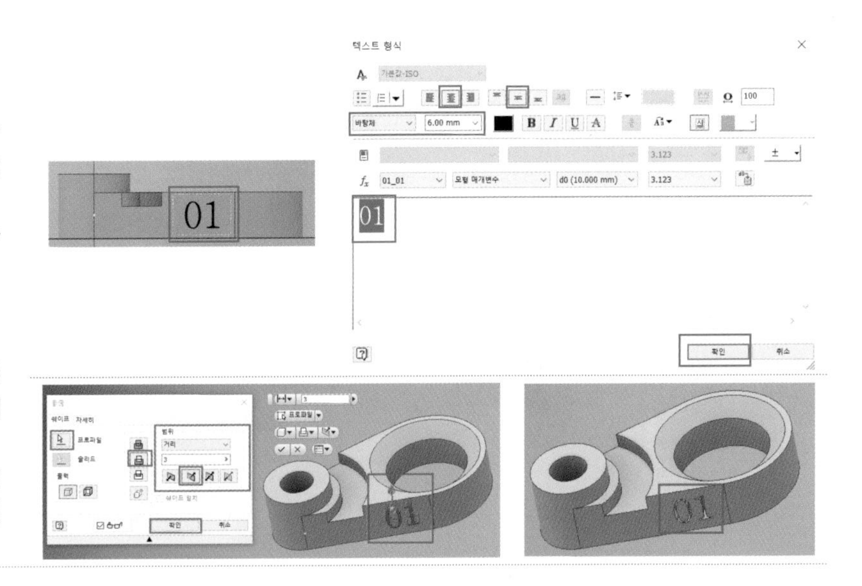

17

부품 ① 저장하기

- [파일] → [다른 이름으로 저장] → [비번호폴더] → [파일이름] → [01_01] → [저장]

※ 본 교재의 부품 ①번 3D모델링 파일이름은 "01_01"로 작성되었다. 부품 ①, ②번 3D모델링 파일이름은 수험자가 임의로 정할 수 있다.
예 부품1번, 01번 등

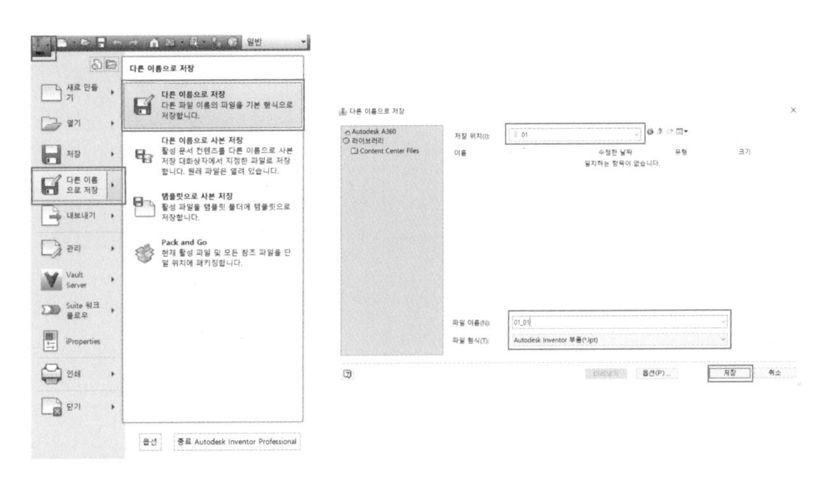

18

부품 ② 모델링

- [새로 만들기] → [Metric] → [Standard(mm).ipt] → [작성]

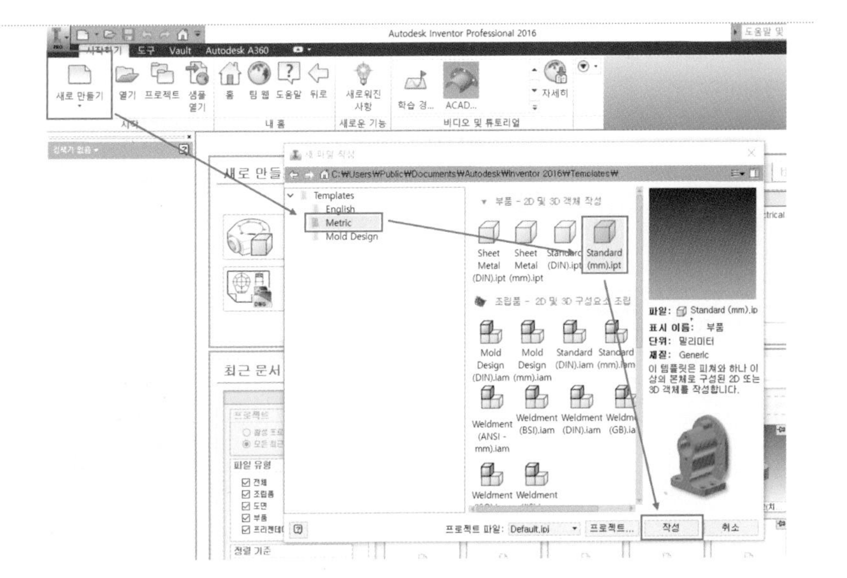

19

[2D 스케치 시작] → [마우스로 XY Plane 선택]

※ 마우스로 XY Plane 선택 시 빨간색으로 변함

※ 다른 방법(시트트리에서)
[원점] → [XY평면 마우스오른쪽 클릭] → [새 스케치]

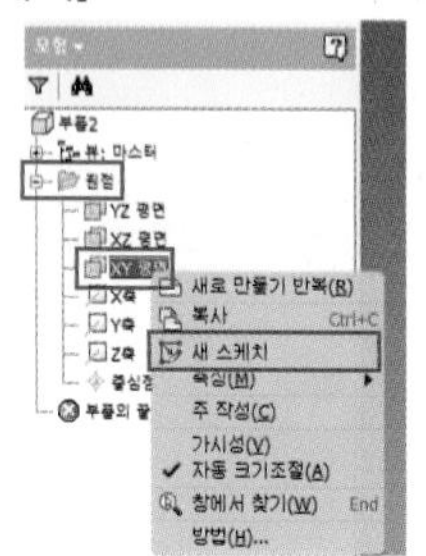

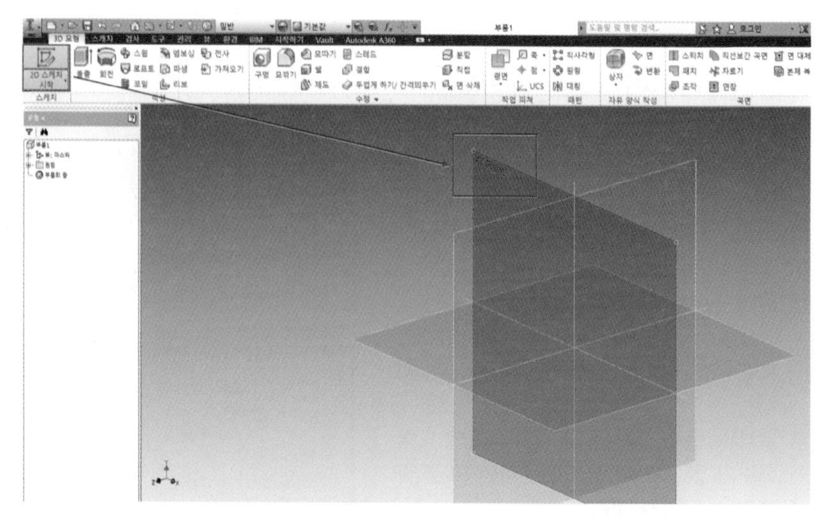

20

부품 ② 평면도를 스케치 한다.

• 원, 치수(∅10)

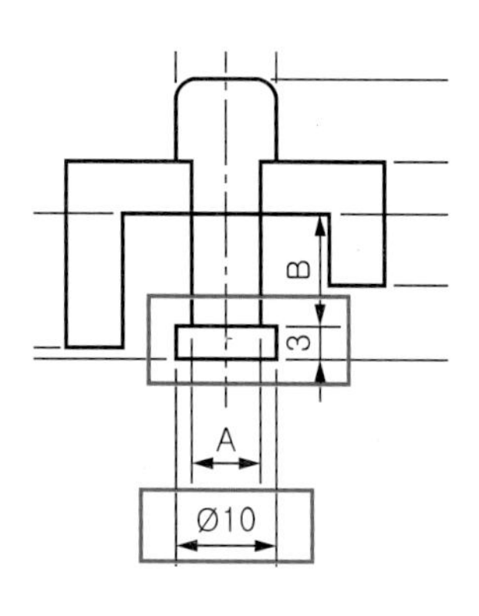

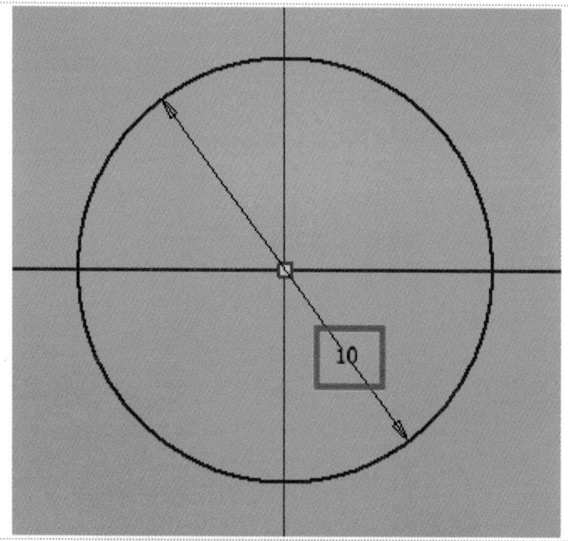

21

스케치마무리

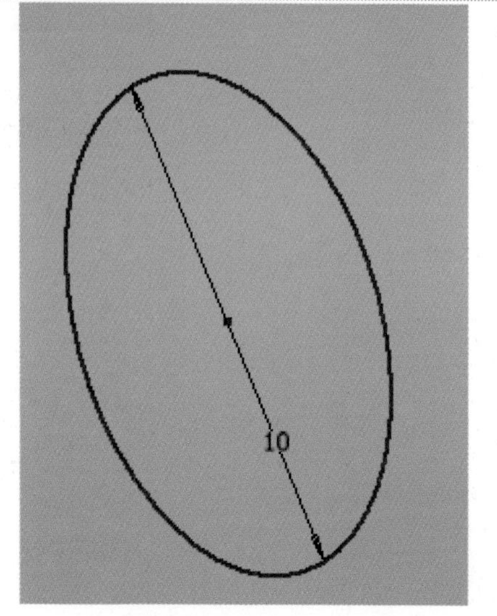

22

부품 ② 3D 모형 만들기

• [돌출] → [스케치 클릭] → [거리3] → [방향1] → [확인]

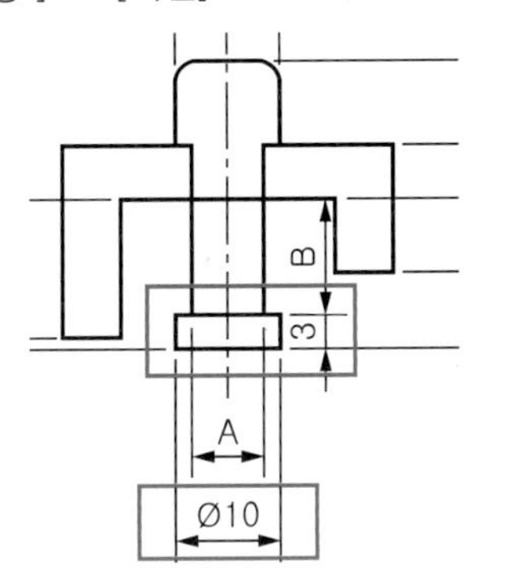

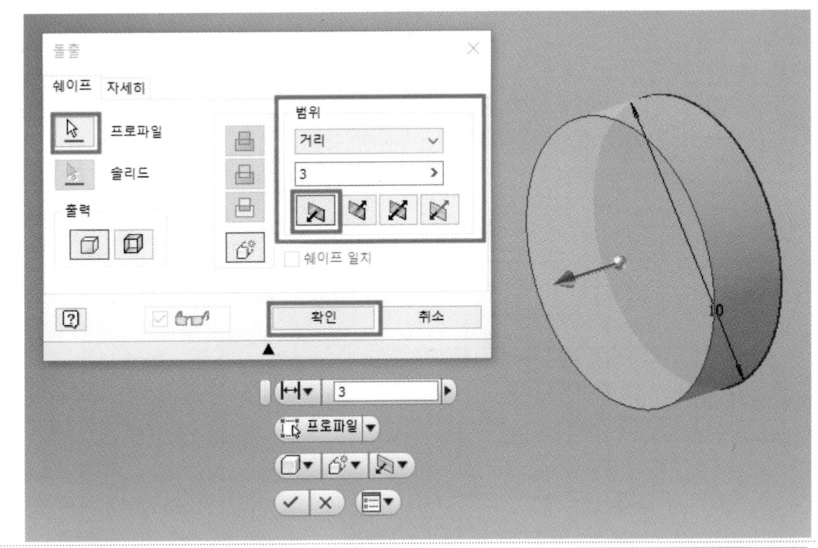

23

부품 ② 3D 모형 만들기

• [2D 스케치 시작] → [해당 스케치평면 선택] → [원] → [∅7] → [스케치마무리]

※ 'A'는 상대치수(∅8mm)와 축공차를 적용해 ∅7mm로 결정한다.

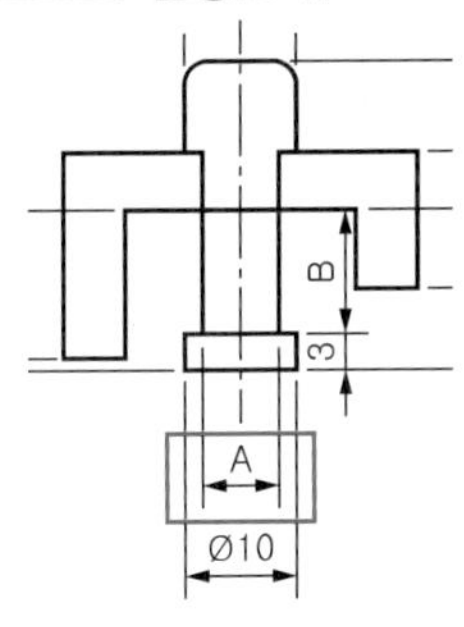

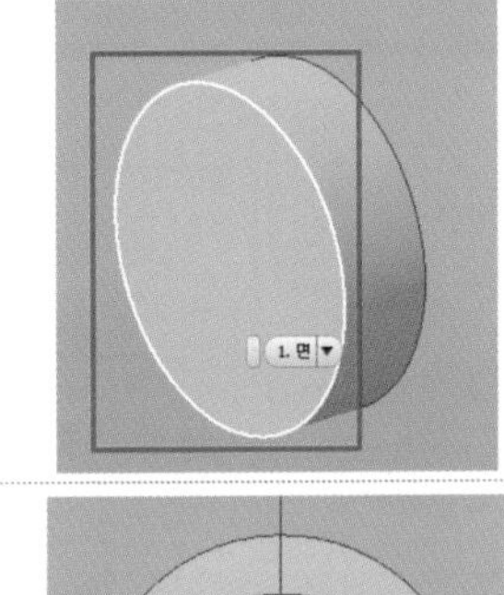

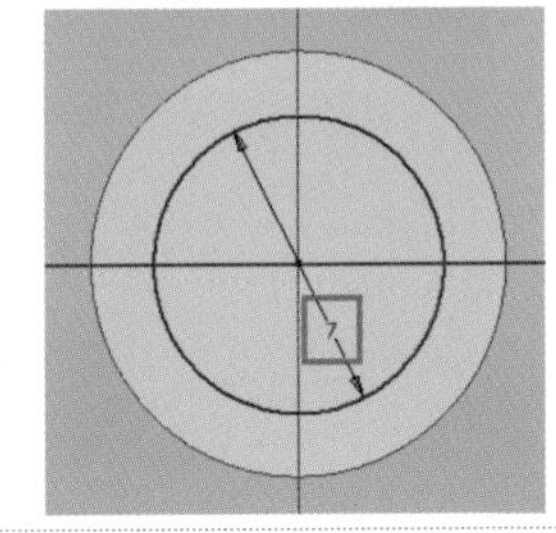

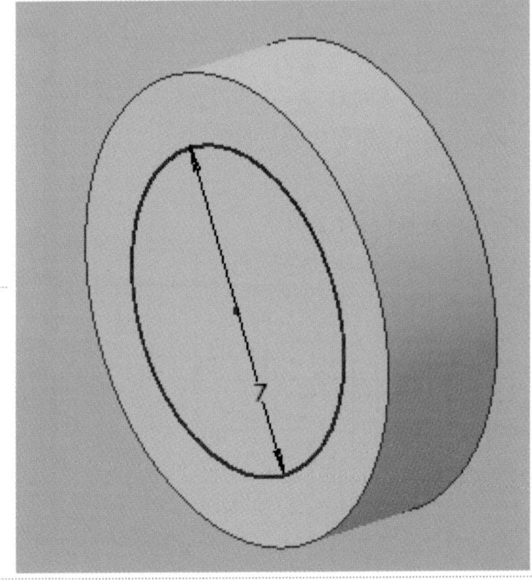

24

부품 ② 3D 모형 만들기

• [돌출] → [스케치 클릭] → [거리11] → [방향1] → [확인]

※ 'B'는 상대치수(10mm)와 구멍공차를 적용해 11mm로 결정한다.

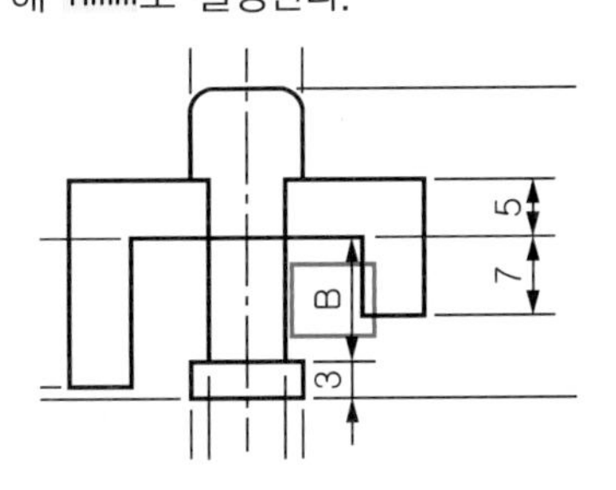

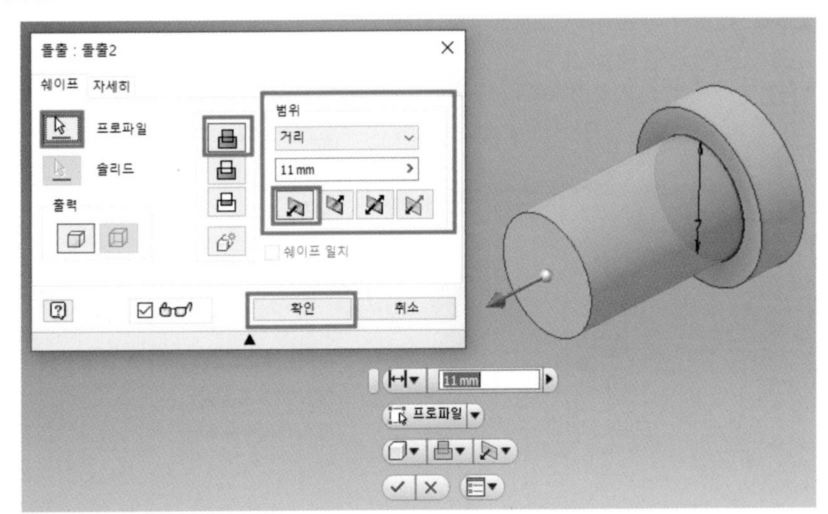

25

부품 ② 3D 모형 만들기

• [2D 스케치 시작] → [해당 스케치평면 선택] → [원] → [∅10] → [스케치마무리]

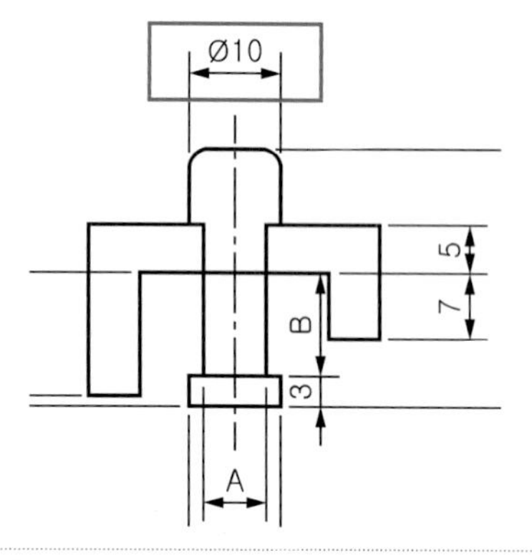

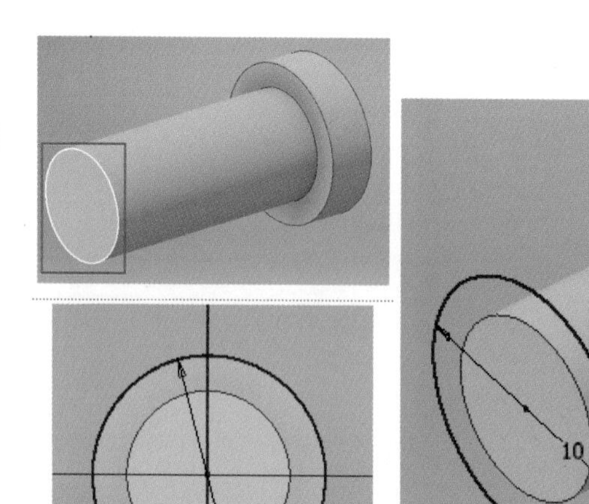

26

부품 ② 3D 모형 만들기

• [돌출] → [스케치 클릭] → [접합] → [거리13] → [방향1] → [확인]

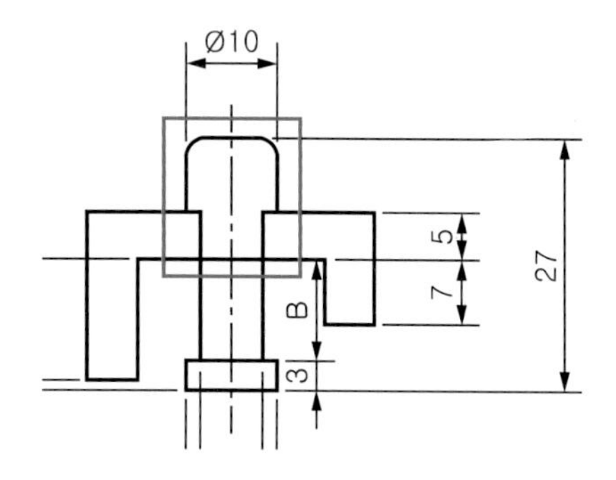

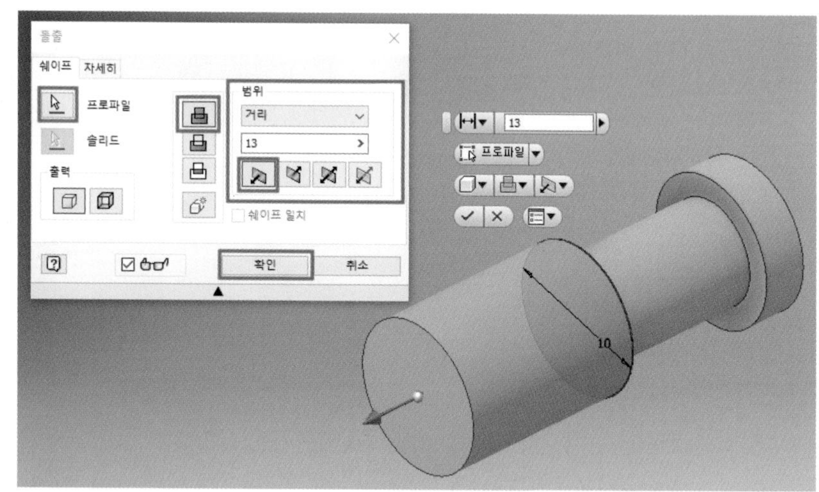

27

부품 ② 3D 모형 만들기

• [평면] → [평면에서 간격띄우기] → [해당 스케치평면 선택] → [-8입력/확인] → [작업평면 확인]

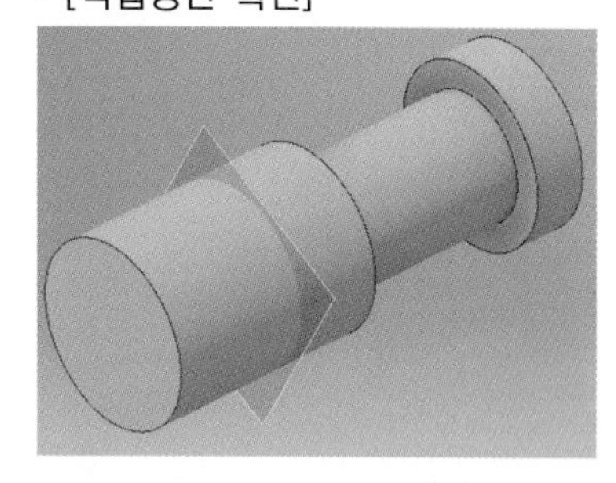

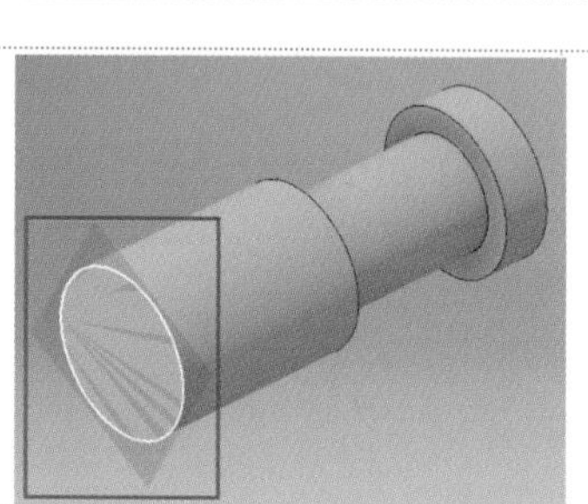

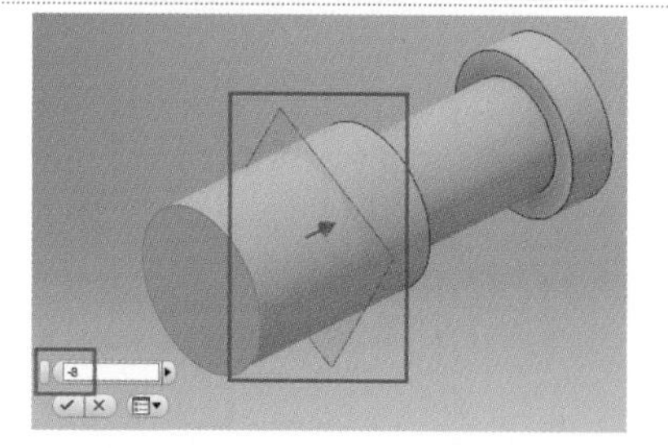

28

부품 ② 3D 모형 만들기

- [2D 스케치 시작] → [작업평면 선택] → [F7] → [직사각형] → [치수] → [원] → [∅32] → [자르기] → [스케치마무리]

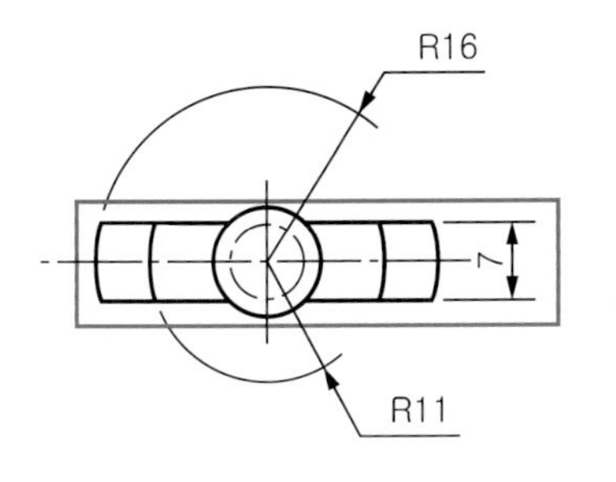

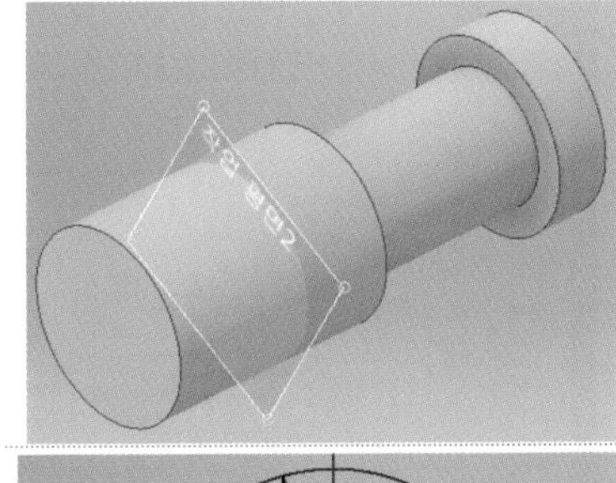

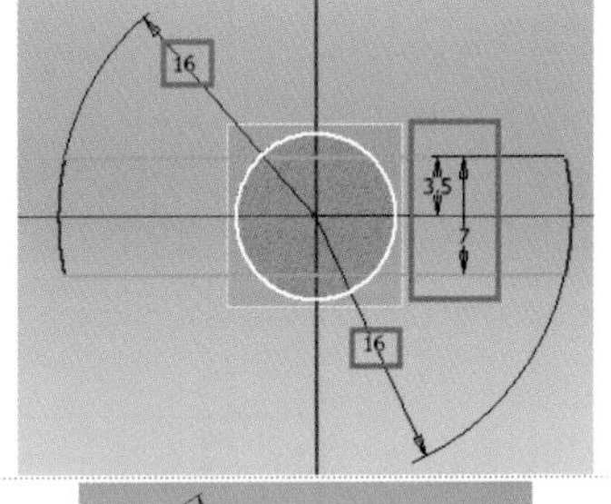

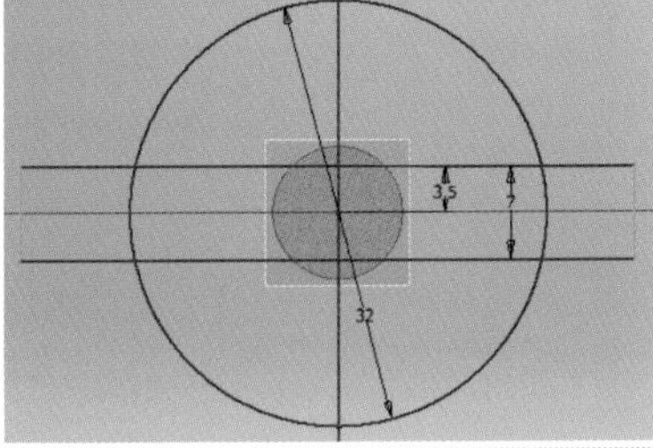

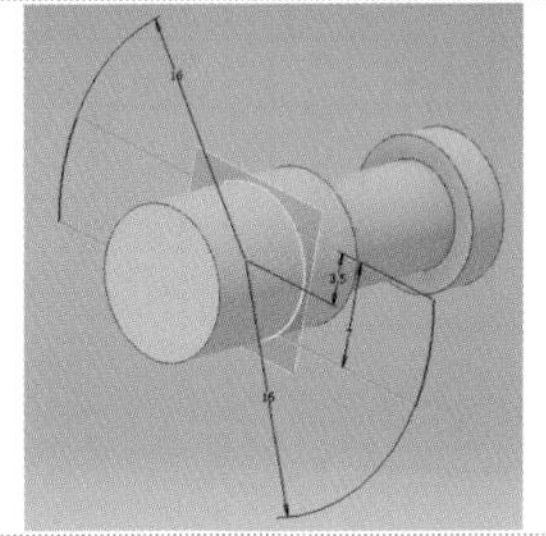

29

부품 ② 3D 모형 만들기

- [돌출] → [스케치 클릭] → [접합] → [거리5] → [방향2] → [확인]

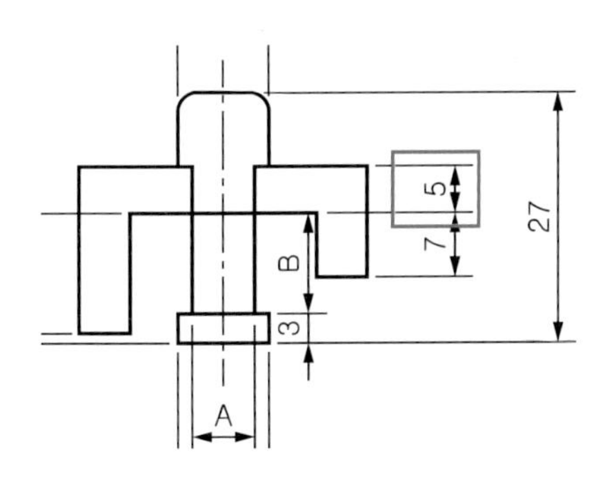

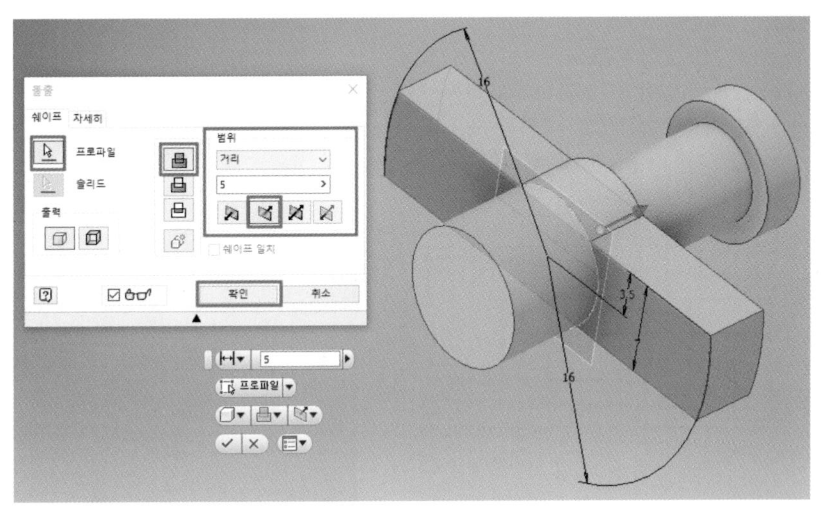

30

부품 ② 3D 모형 만들기

- [2D 스케치 시작] → [해당 스케치평면 선택] → [F7] → [형상투영] → [원] → [∅22] → [자르기] → [스케치마무리]

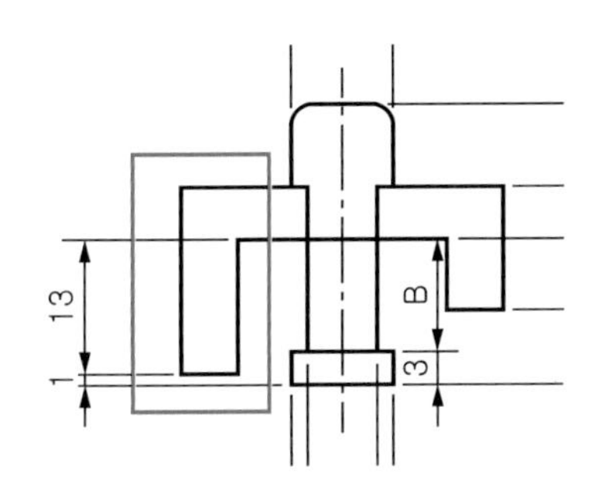

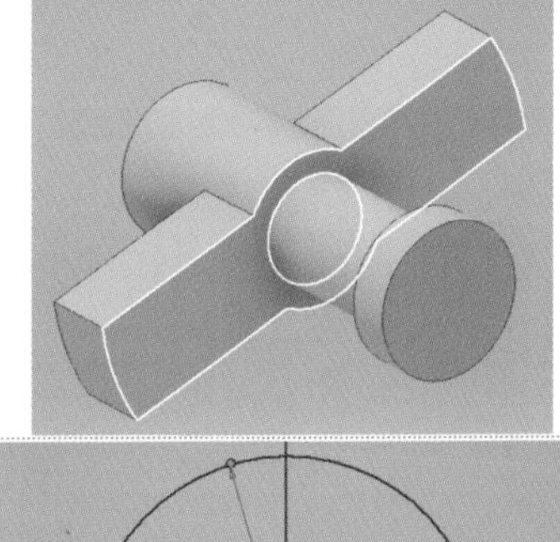

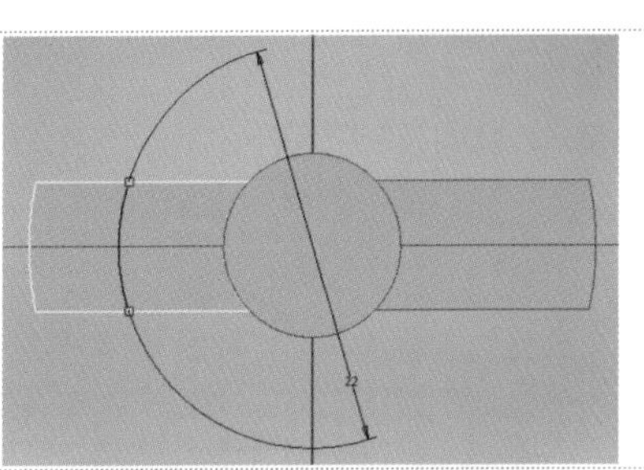

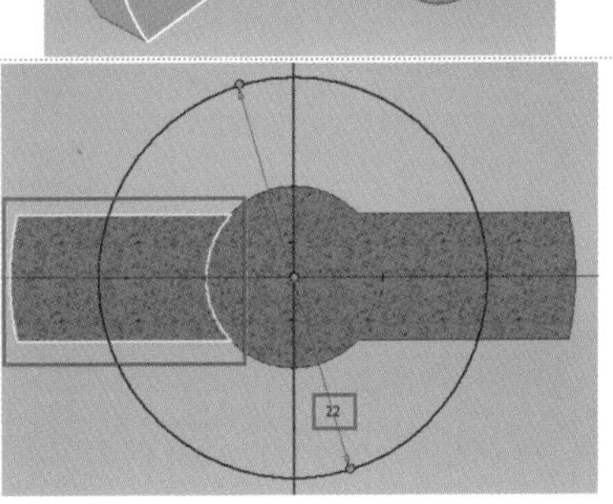

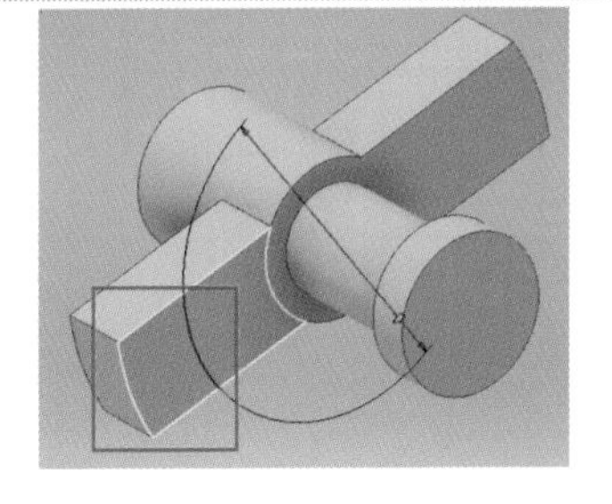

31

부품 ② 3D 모형 만들기

- [돌출] → [스케치 클릭] → [접합] → [거리13] → [방향1] → [확인]

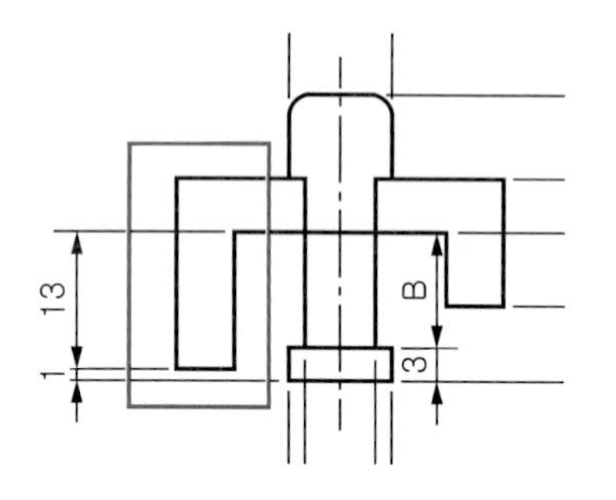

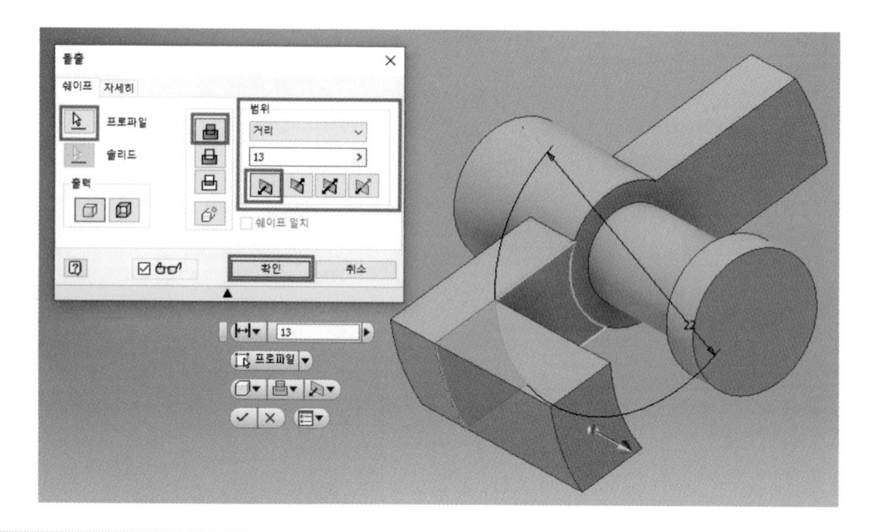

32

부품 ② 3D 모형 만들기

- [2D 스케치 시작] → [해당 스케치평면 선택] → [F7] → [형상투영] → [원] → [∅22] → [자르기] → [스케치마무리]

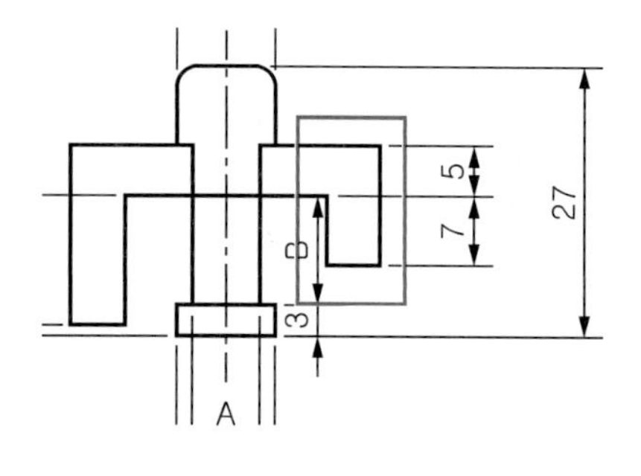

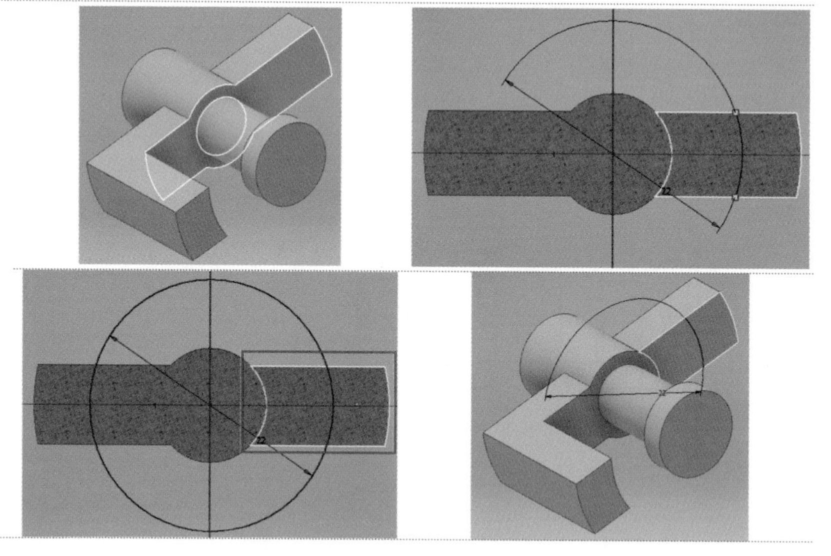

33

부품 ② 3D 모형 만들기

- [돌출] → [스케치 클릭] → [접합] → [거리7] → [방향1] → [확인]

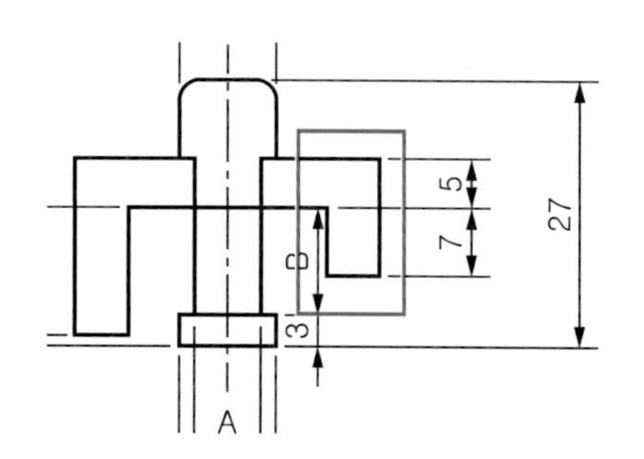

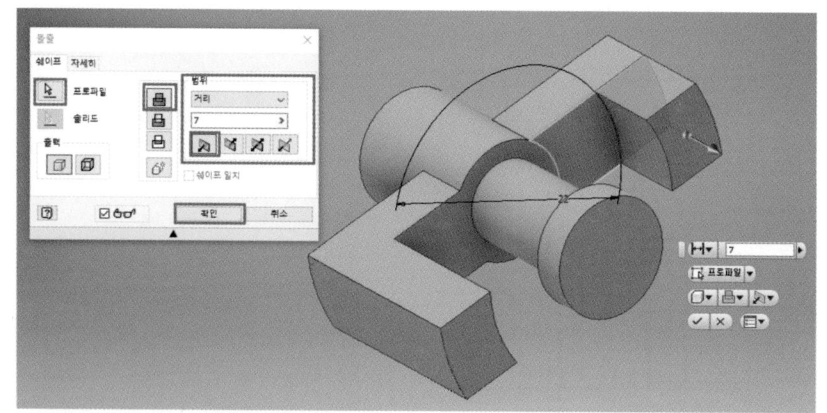

34

부품 ② 3D 모형 만들기

- [모깎기] → [모서리선택/1개소] → [반지름2] → [확인]

※ 주서
도시되고 지시 없는 라운드는 R2

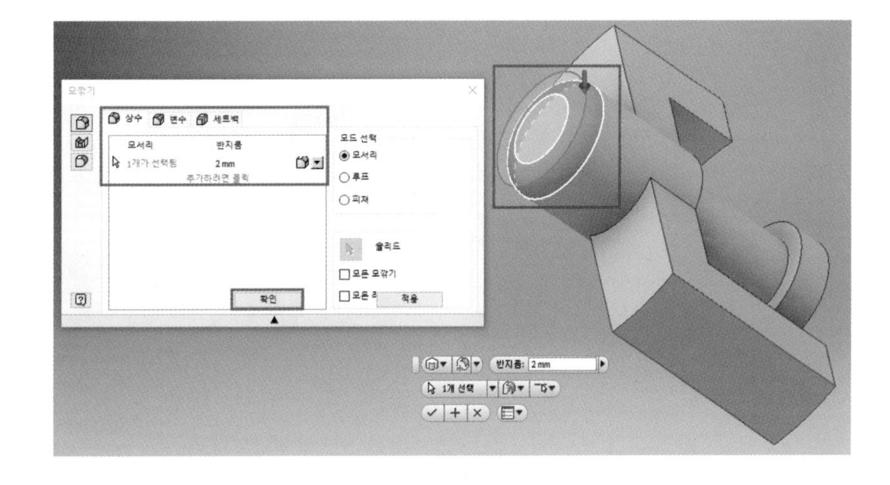

35

부품 ② 저장하기

- [파일] → [다른 이름으로 저장] → [비번호폴더] → [파일이름] → [01_02] → [저장]

※ 본 교재의 부품 ②번 3D모델링 파일이름은 "01_02"로 작성되었다. 부품 ①, ②번 3D모델링 파일이름은 수험자가 임의로 정할 수 있다.
예 부품2번, 02번 등

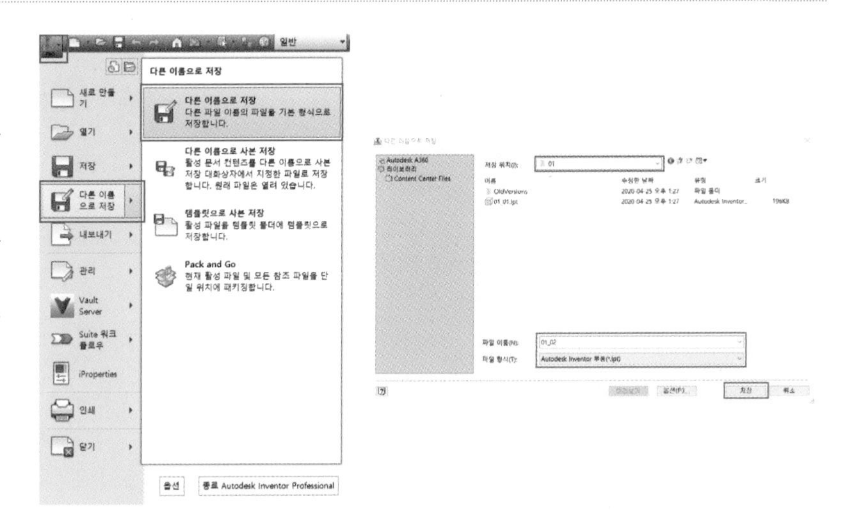

36

어셈블리

- [새로 만들기] → [Metric] → [Standard(mm).iam] → [작성]

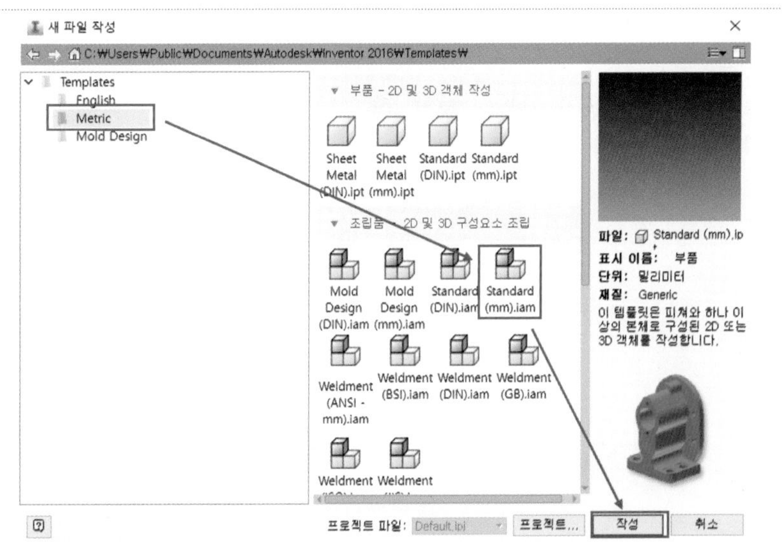

37

"배치" 아이콘을 통해 부품 ①, ②를 배치한다.

- [배치] → [01_01, 01_02 선택] → [열기] → [화면 클릭] → [ESC]

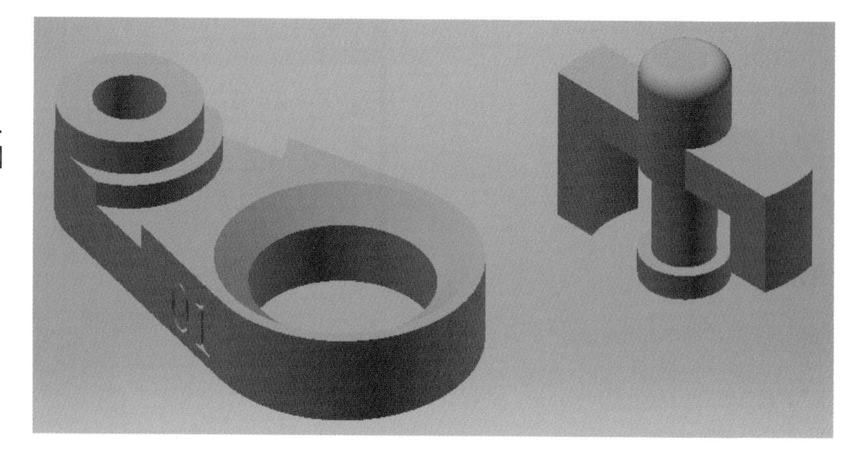

38

시트트리에서 부품①번을 우클릭하여 고정한다.

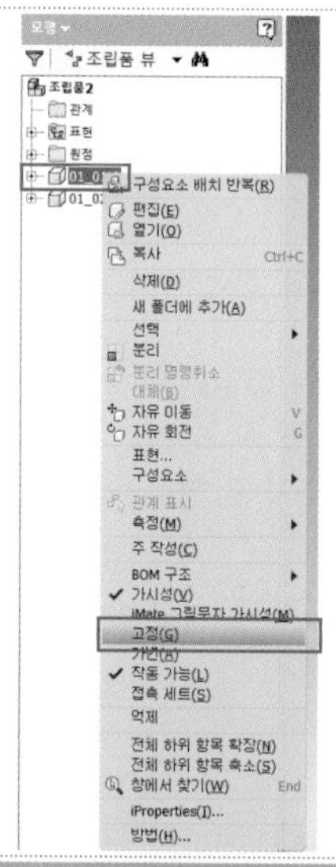

39

조립구속조건

- 부품②를 클릭하여 움직이고 우클릭하여 자유회전을 통하여 도면의 조립도와 비슷하게 한다.

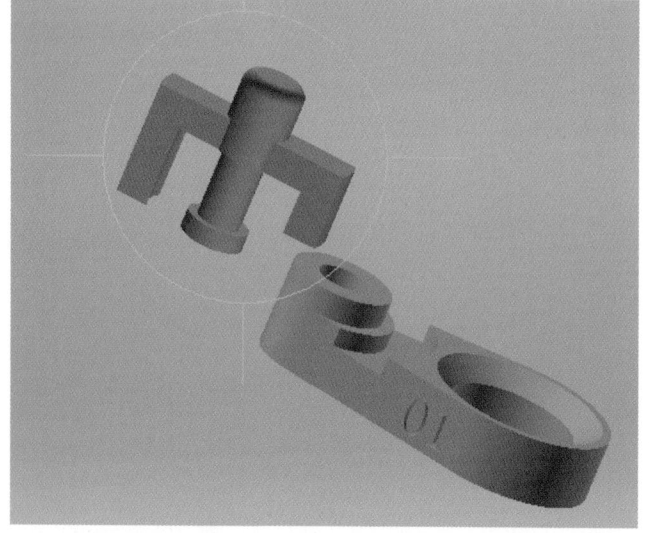

40

조립구속조건

- [구속조건] → [삽입] → [솔루션 : 반대] → [부품①선택요소] → [자유회전F4] → [부품②선택요소] → [간격띄우기0.5] → [확인]

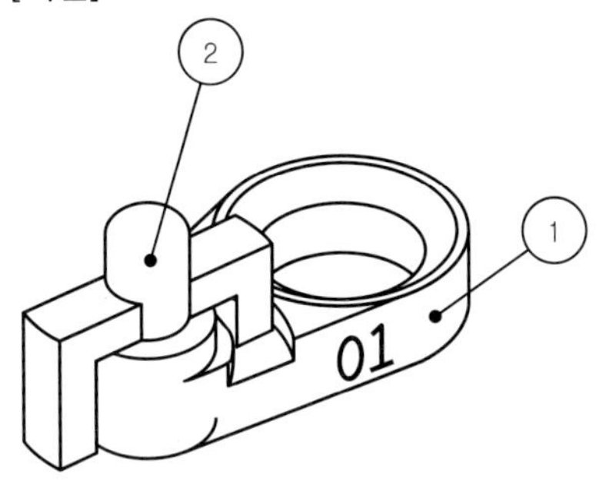

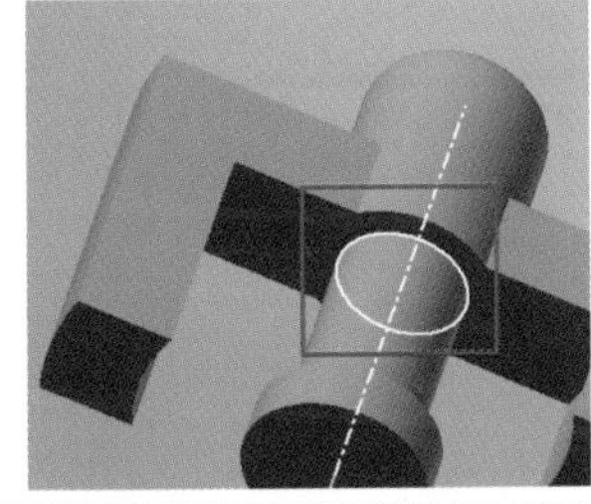

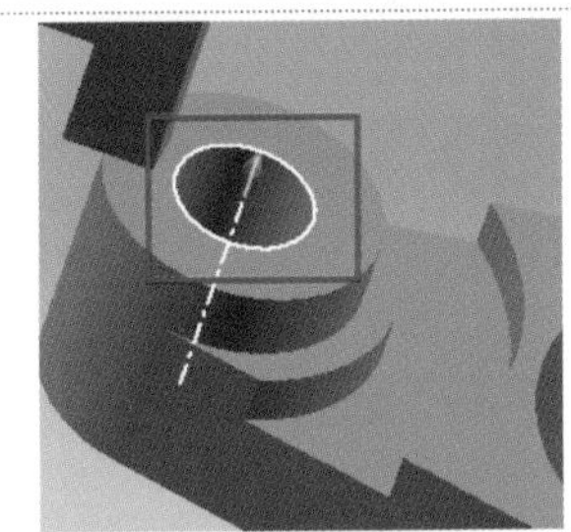

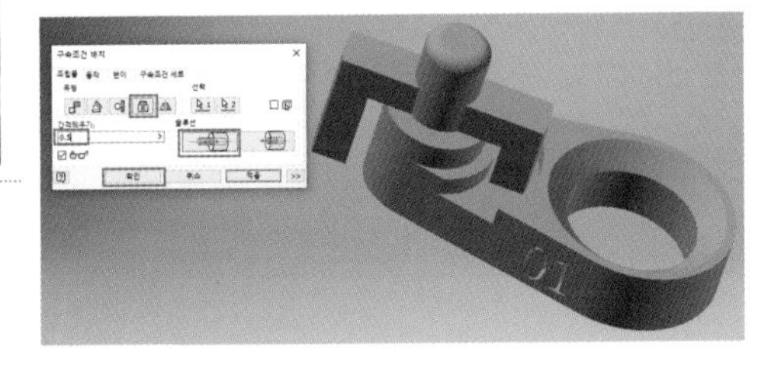

41

출력방향을 고려하여 구속조건 추가

※ 조립된 상태로 출력하니 되도록 서포트가 적게 나오고 도면의 ㉠, ㉡, ㉢ 치수가 정밀하게 나오는 출력방향을 결정해야 한다.

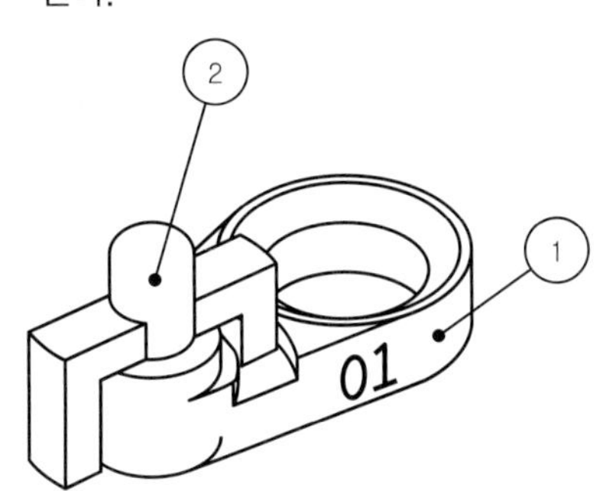

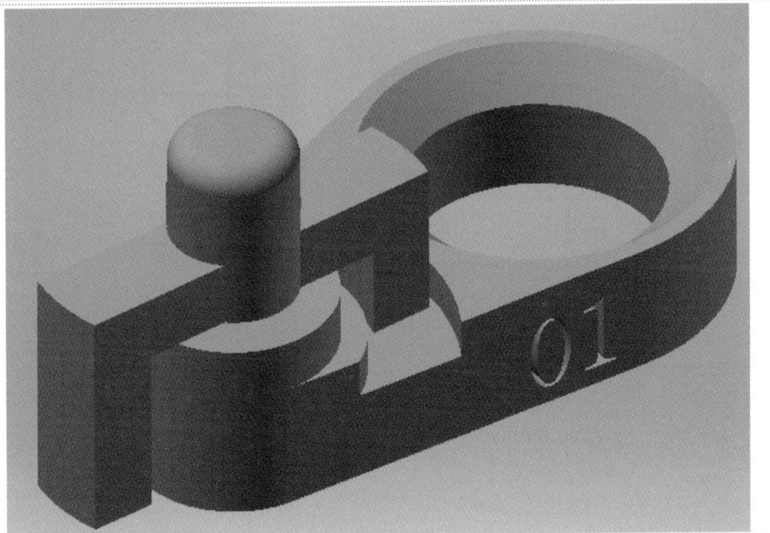

42

어셈블리 저장하기(2가지 확장자)

- [파일] → [다른 이름으로 저장] → [비번호 폴더] → [파일이름] → [01] → [저장]
- [파일] → [내보내기] → [CAD형식] → [비번호폴더] → [01] → [파일형식 : STEP 선택] → [저장]

구 분	작업명	파일명	비 고
1	어셈블리	01.***	
2		01.STP	채점용

※ 비번호 01인 경우

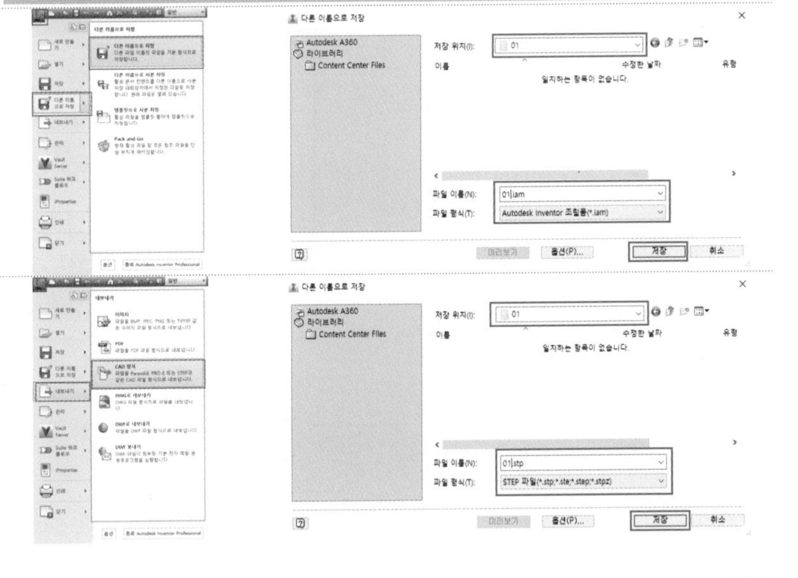

43

어셈블리 저장하기(STL확장자)

- [파일] → [내보내기] → [CAD형식] → [비번호폴더] → [01] → [파일형식 : STL 선택] → [옵션] → [단위 : mm] → [저장]
  ※ 옵션에서 단위 mm 선택

구 분	작업명	파일명	비 고
3	어셈블리	01.STL	

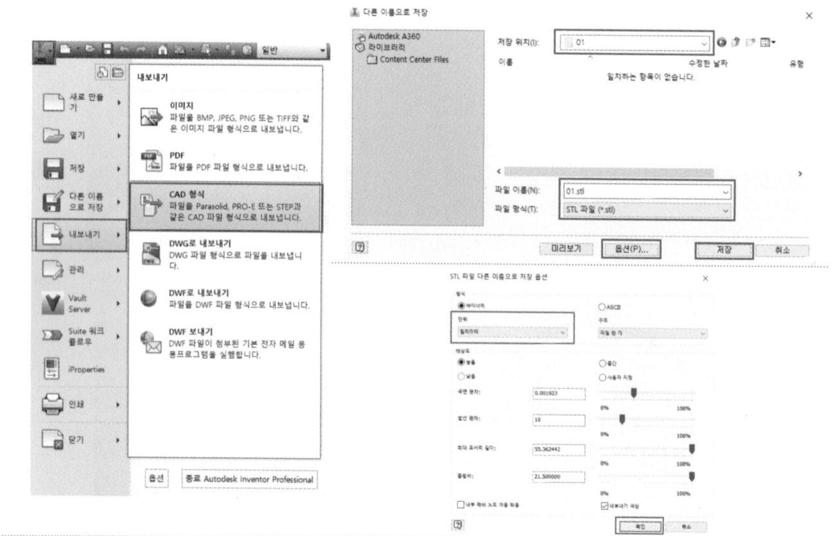

44

슬라이싱(3DWOX)

슬라이싱 프로그램을 실행한다.

- [파일] → [모델 불러오기] → [비번호폴더] → [01.stl] → [열기]

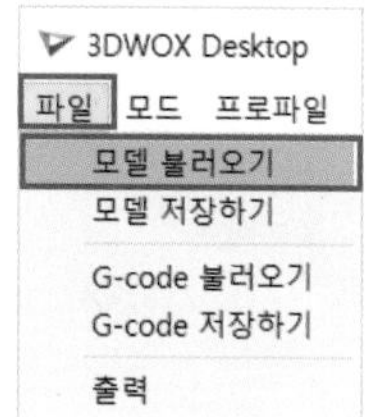

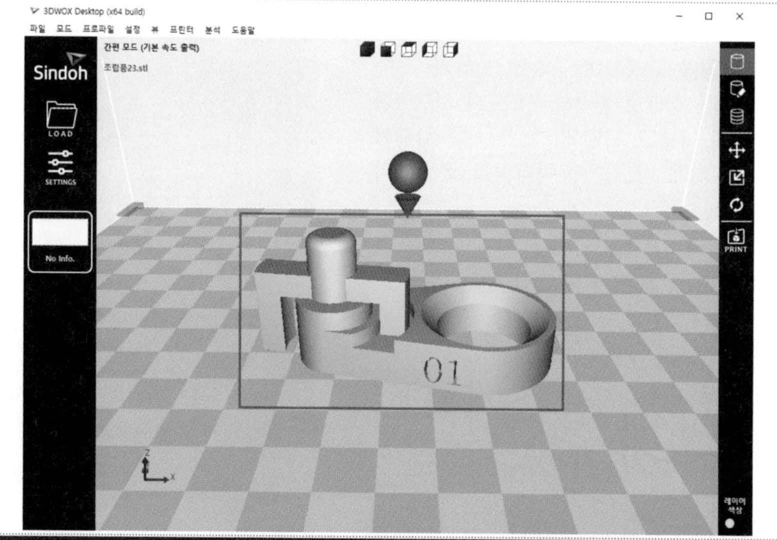

45

프린터 설정

- [설정] → [프린터 설정] → [프린터 모델] → [확인]

※ 시험장 프린터 모델을 선택한다.
  예 DP200

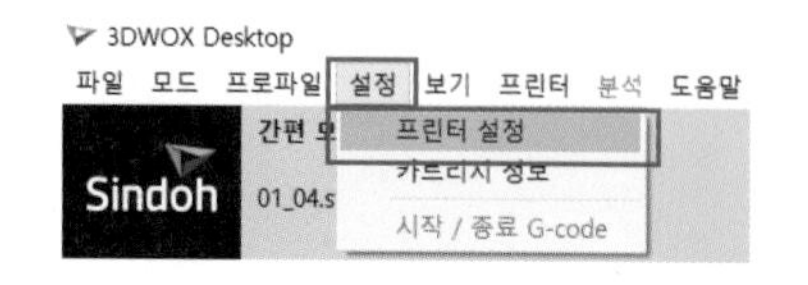

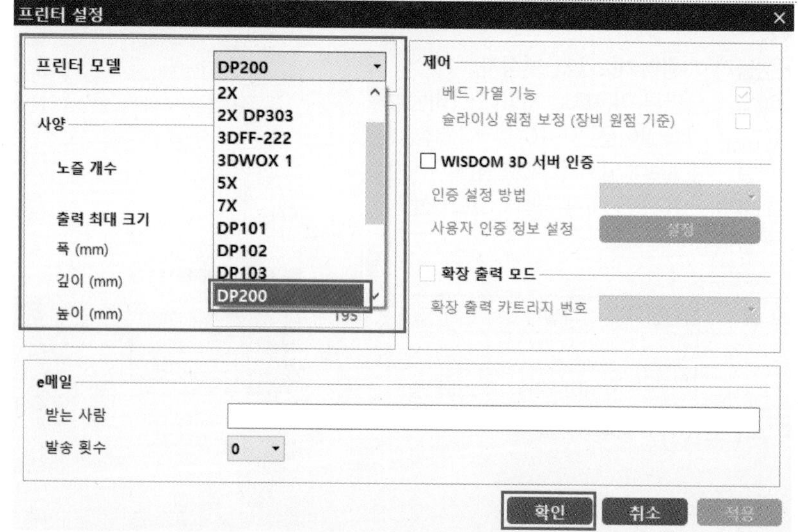

46

출력방향을 결정한다.

• [분석] → [최적출력방향] → [분석] → [추천1~6 선택]

※ 신도리코 3DWOX는 최적출력방향을 분석해 준다. 참고하여 서포트가 적게 나오고 도면의 ㉠, ㉡, ㉢ 치수가 정밀하게 나오는 출력방향을 결정한다.

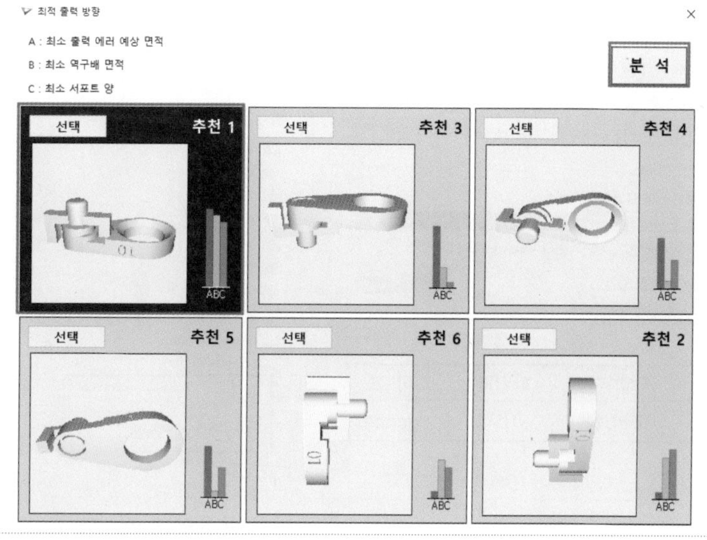

47

기본 파라미터를 설정한다.

• [SETTINGS] 버튼을 클릭하여 파라미터 값을 조정한다.
• 기본 속도 출력
• 재질 : PLA
• 서포트 : 모든 곳, 지그재그 구조

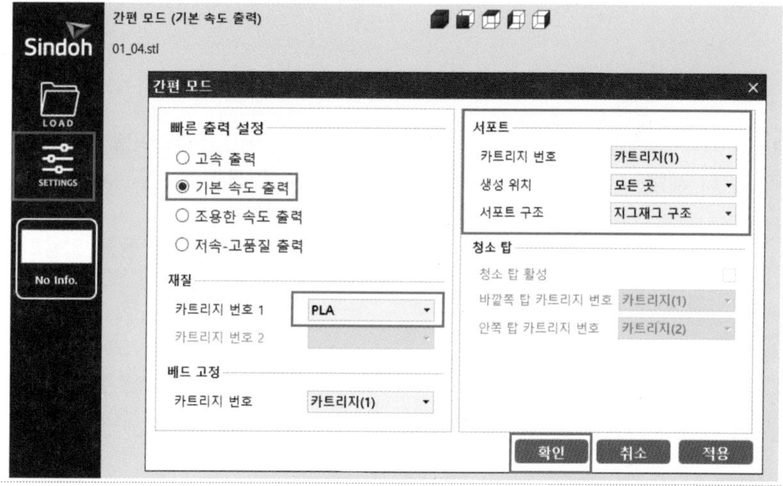

48

슬라이싱

• 베드상에 있는 출력물이 파라미터의 값이 반영되면서 슬라이싱을 수행한다.

※ 출력예상시간을 확인한다.

※ 출력예상시간이 1시간 20분이 넘어가면 고급모드로 변경하여 [SETTINGS]에서 레이어 높이, 채우기 밀도, 서포트 밀도 등 설정값을 변경한다.

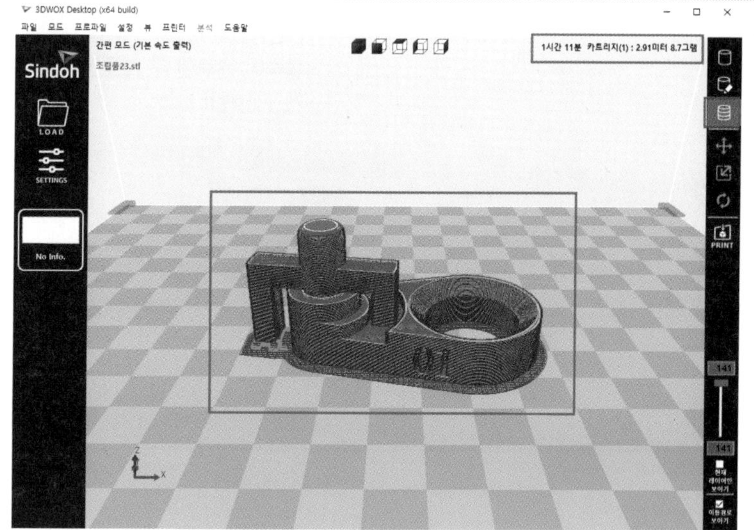

49

G-code 저장하기

• [파일] → [G-code 저장하기] → [예] → [비번호폴더] → [01.gcode] → [저장]

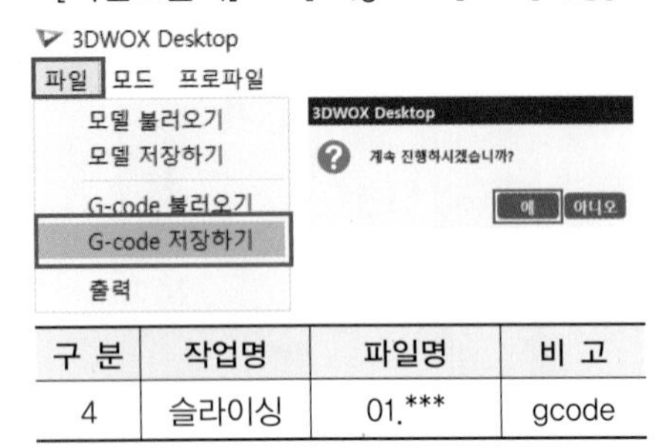

구 분	작업명	파일명	비 고
4	슬라이싱	01.***	gcode

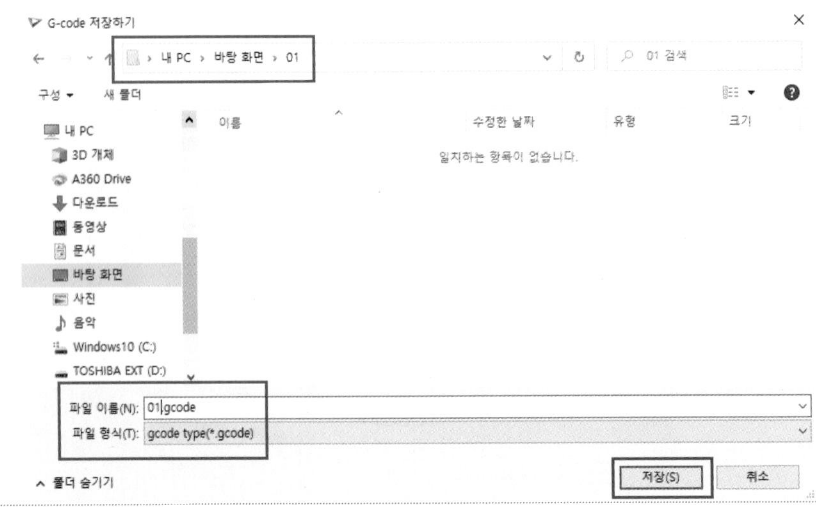

50

지급된 저장매체(USB 또는 SD-card)에 저장한다.

• 감독위원에게 저장매체(USB 또는 SD-card) 제출

51

3D프린터 세팅

• 노즐, 베드 등에 이물질을 제거하여 출력 시 방해요소가 없도록 세팅한다.
• PLA 필라멘트 장착 여부 등 소재의 이상 여부를 점검하고 정상 작동하도록 세팅한다.
• 베드 레벨링 기능 등을 활용하여 베드 위치를 세팅한다.

52

3D프린팅

• 저장매체(USB 또는 SD-card)에 있는 파일(01_04.gcode)을 3D프린터 전면부에 있는 USB 포트에 연결하여 화면에서 직접 G-code를 불러와 출력한다.

53

후처리

• 출력이 완료한 후 보호장갑을 착용하고 서포트 및 거스러미를 제거하여 감독위원에게 제출한다.

54

노즐 및 베드 정리

• 출력물을 제출 후 본인이 사용한 3D프린터 노즐 및 베드 등의 잔여물을 제거하고 정리정돈 한다(**※ 정리상태도 채점 대상임에 주의하자**).

24 3D모델링 실기 공개문제 도면 - 24

자격종목	3D프린터운용기능사	[시험1] 과제명	3D모델링 작업	척 도	NS

①

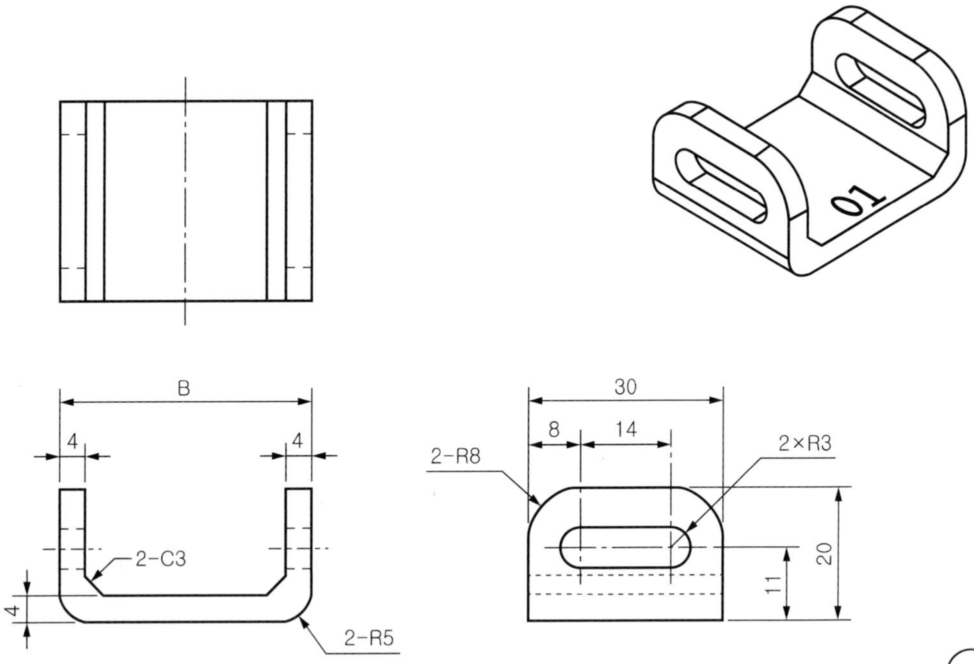

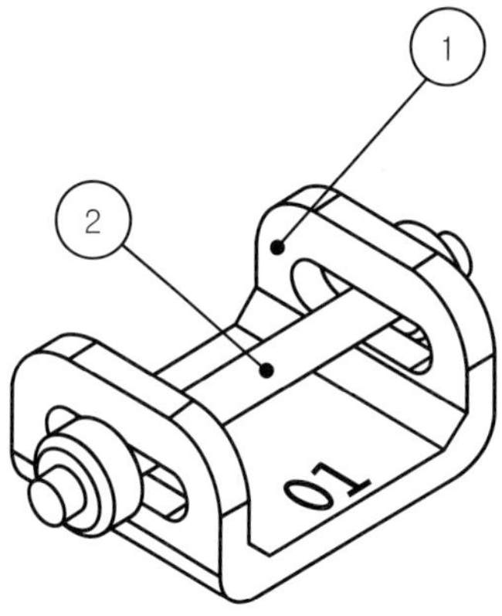

②

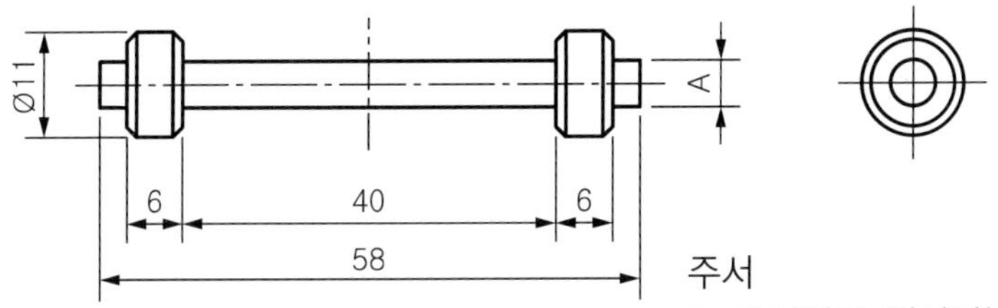

주서

1. 도시되고 지시없는 모따기는 C1

01

부품 ① 모델링

- [새로 만들기] → [Metric] → [Standard(mm).ipt] → [작성]

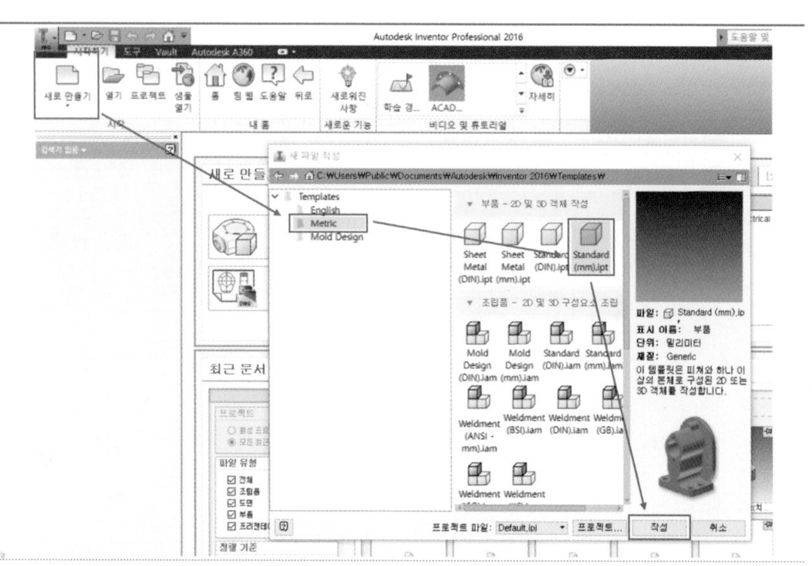

02

[2D 스케치 시작] → [마우스로 **XY Plane** 선택]

※ 마우스로 XY Plane 선택 시 빨간색으로 변함

※ 다른 방법(시트트리에서)
[원점] → [XY평면 마우스오른쪽 클릭] → [새 스케치]

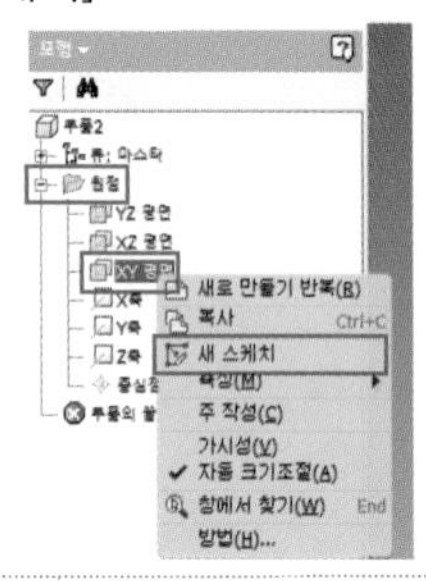

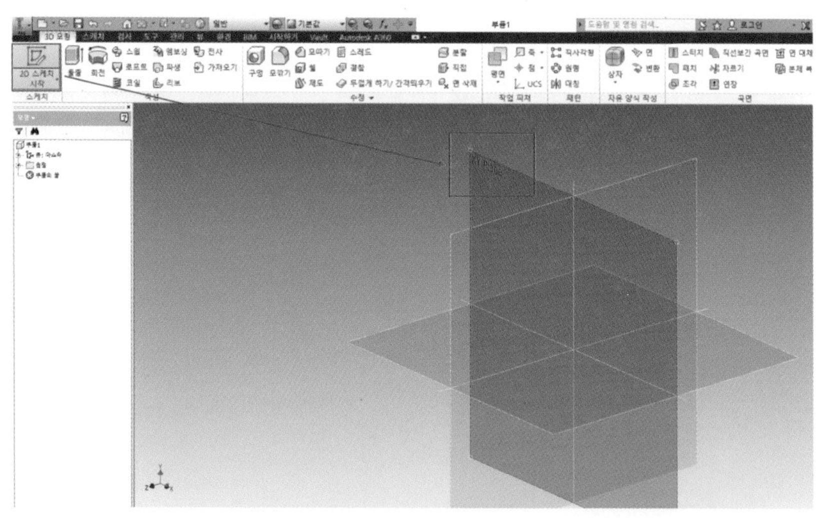

03

부품 ① 우측면도를 스케치 한다.

- 직사각형, 치수, 슬롯중심대중심, 모깎기

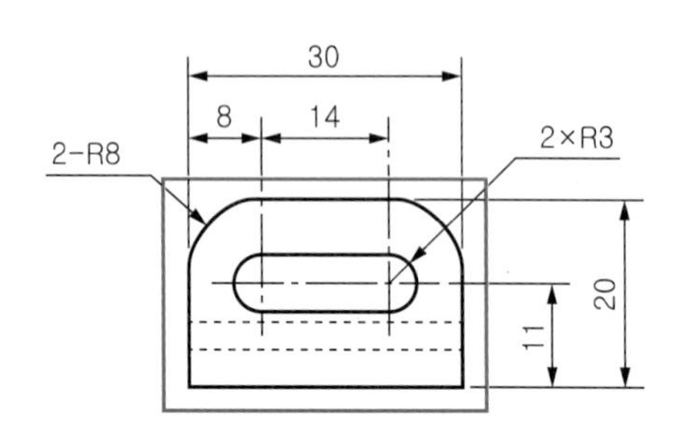

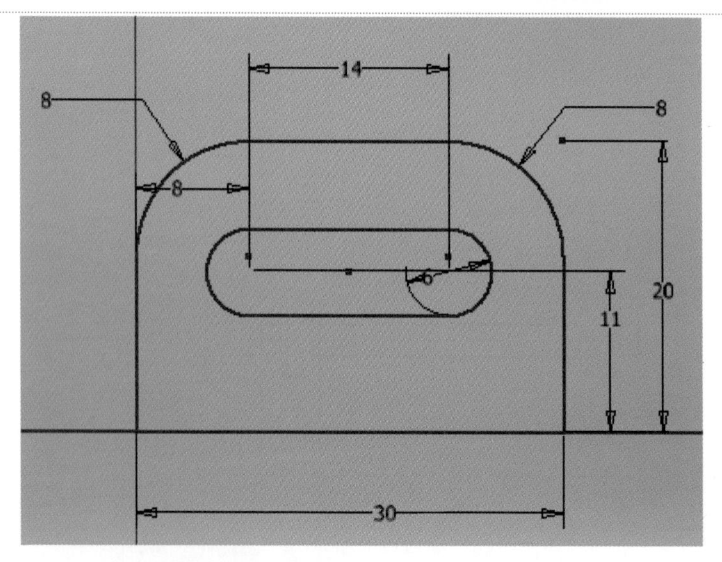

04

스케치마무리

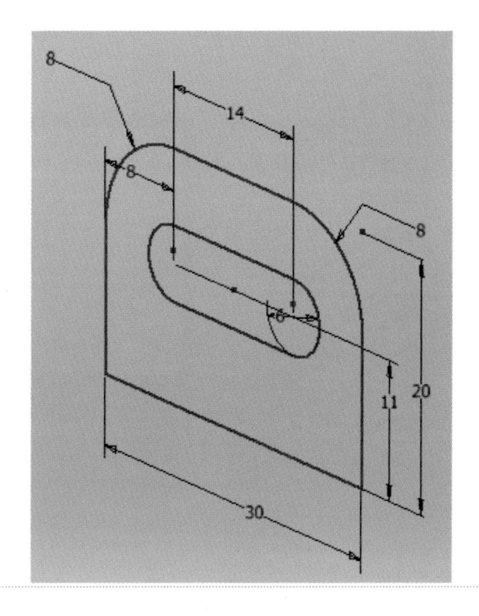

05

부품 ① 3D 모형 만들기

• [돌출] → [스케치 클릭] → [거리39] → [대칭] → [확인]

※ 'B'는 상대치수(40mm)와 축공차를 적용해 39mm로 결정한다.

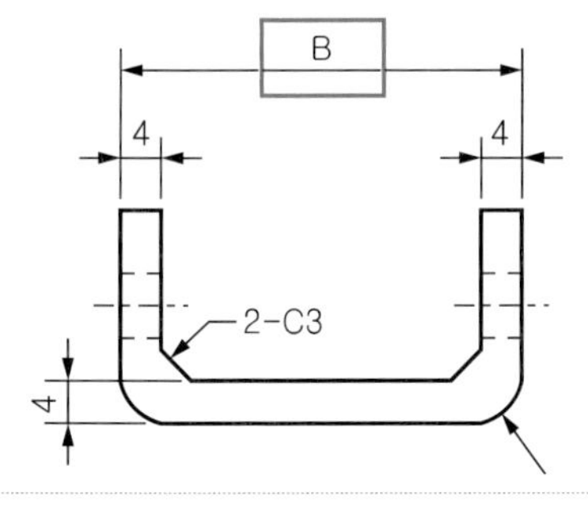

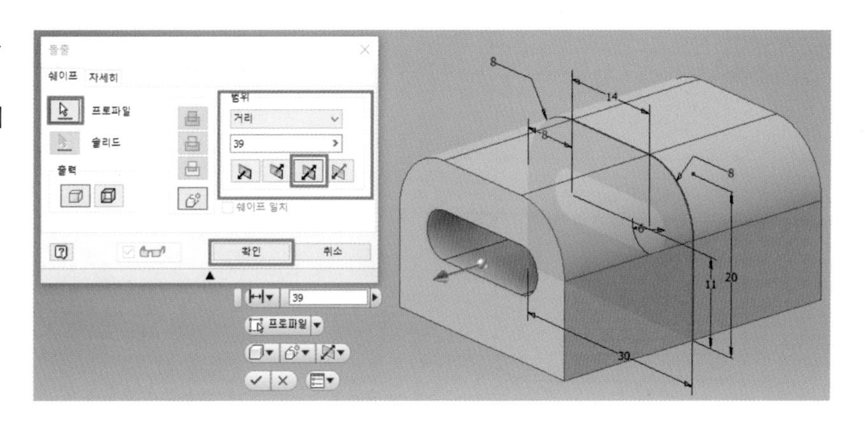

06

부품 ① 3D 모형 만들기

• [2D 스케치 시작] → [해당 스케치평면 선택] → [직사각형] → [치수] → [스케치마무리]

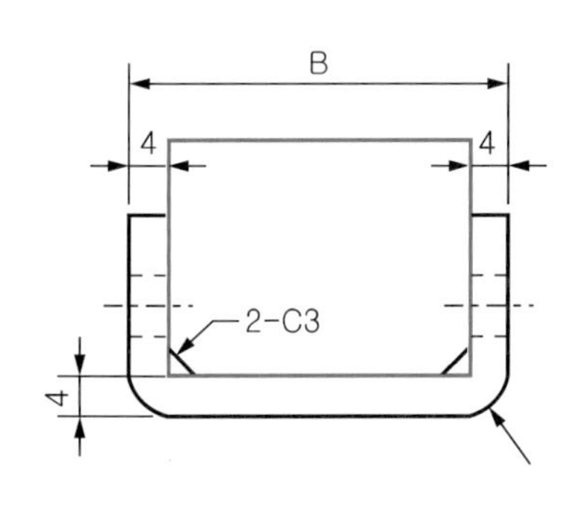

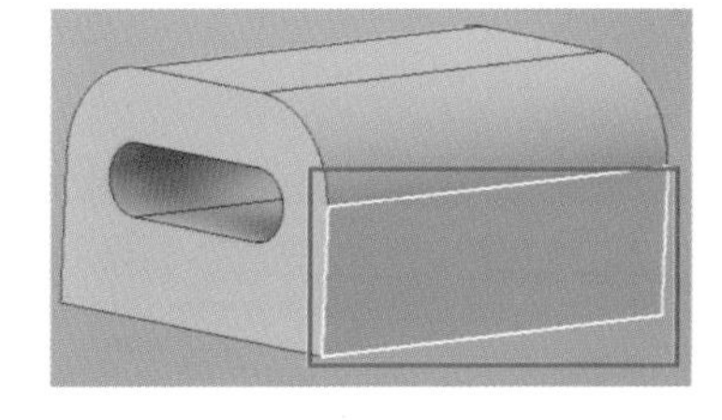

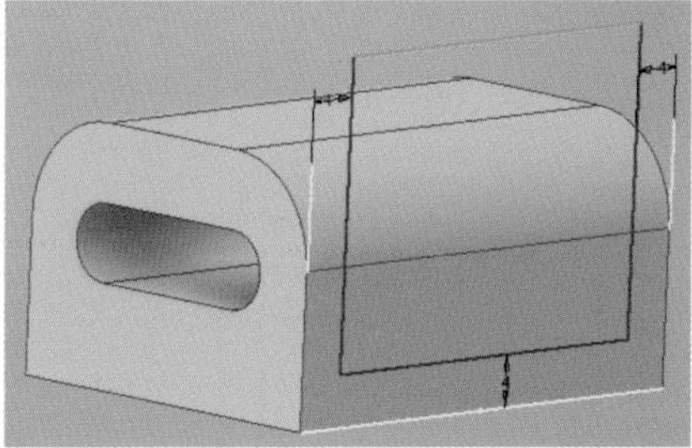

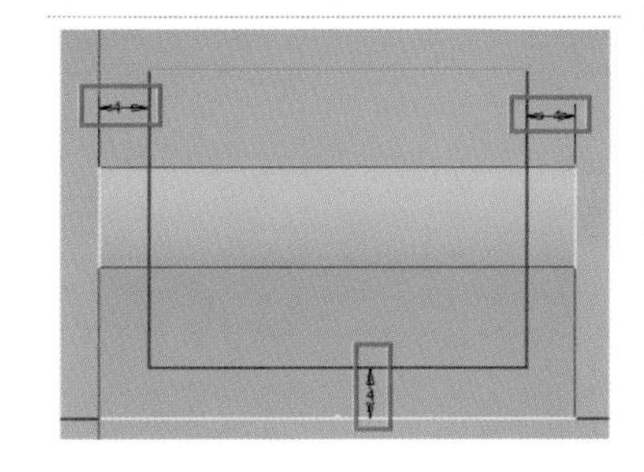

07

부품 ① 3D 모형 만들기

- [돌출] → [스케치 클릭] → [차집합] → [전체] → [방향2] → [확인]

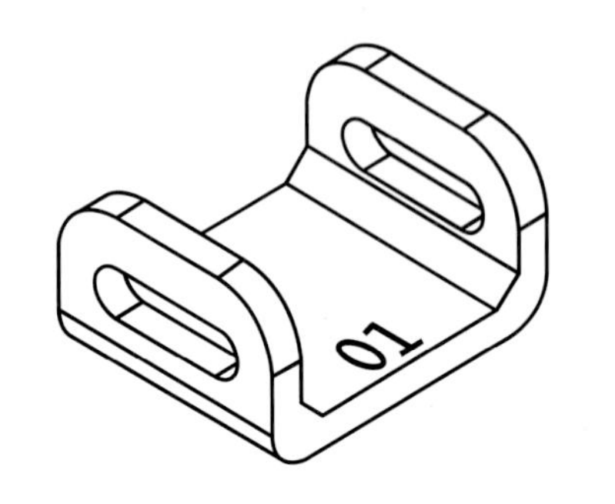

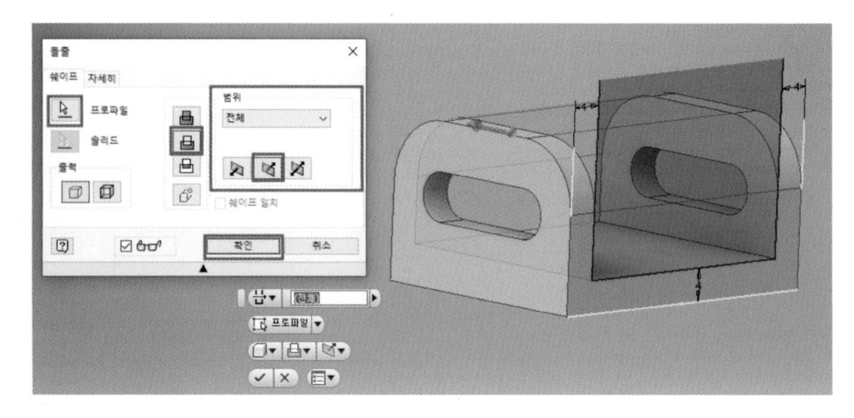

08

부품 ① 3D 모형 만들기

- [모따기] → [모서리선택/2개소] → [거리3] → [확인]

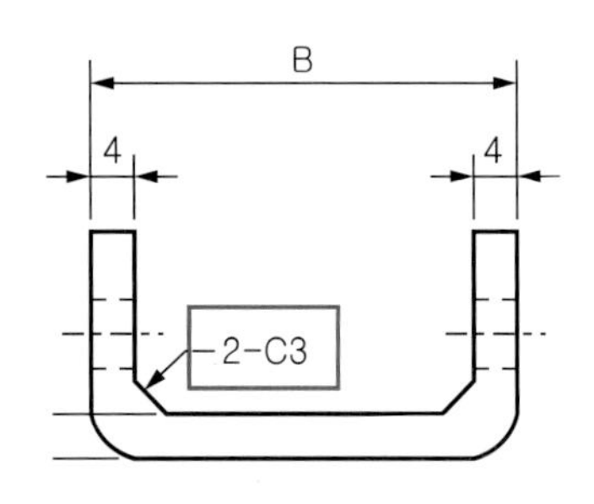

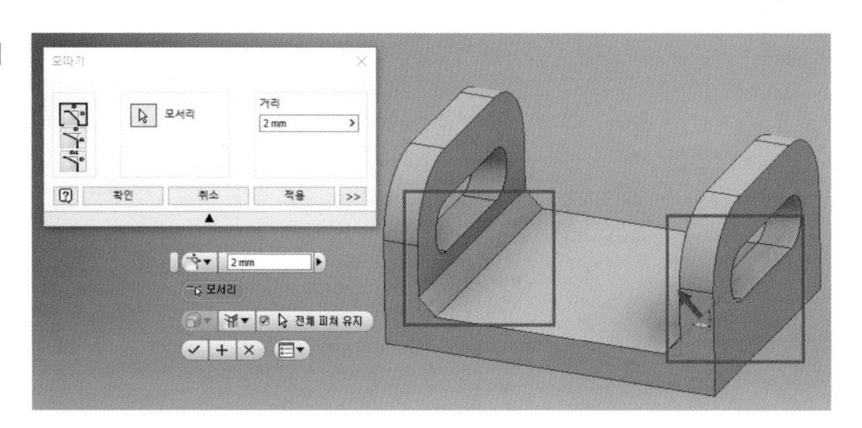

09

부품 ① 3D 모형 만들기

- [모깎기] → [모서리선택/3개소] → [반지름5] → [확인]

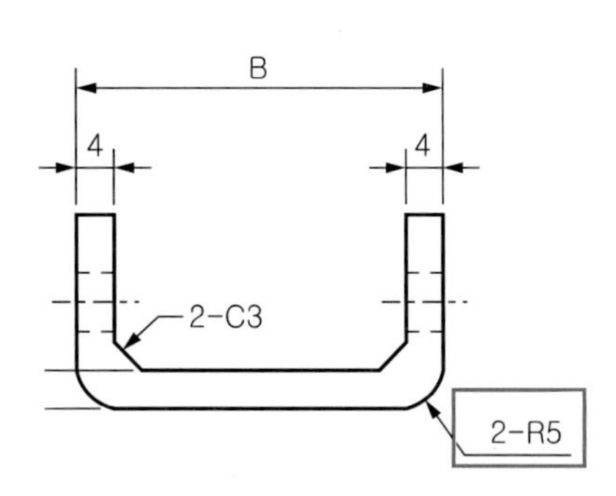

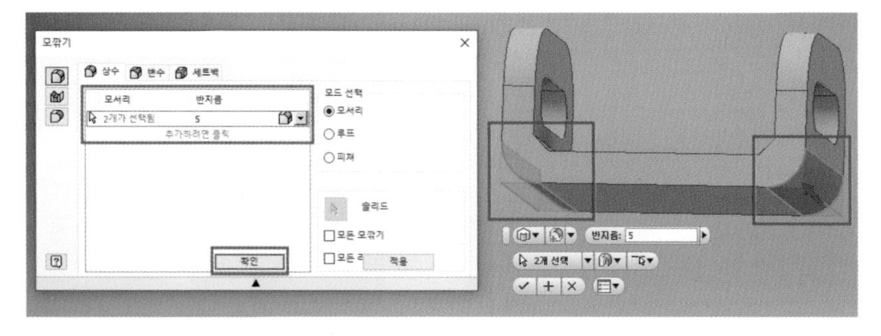

10

부품 ① 각인

- [2D 스케치 시작] → [각인평면 선택] → [텍스트] → [바탕체] → [6mm] → [확인] → [스케치마무리]
- [돌출] → [각인번호 선택] → [차집합] → [거리] → [3mm] → [방향2] → [확인]

※ 각인 방향이 도면과 상이할 시 [회전] → [각인 선택] → [중심점 : 각인번호중심 클릭] → [각도 입력] → [적용]

※ 글자체, 글자 크기, 글자 깊이 등은 별도의 정보가 없으므로 도면과 유사한 모양 및 크기로 작업하시오.

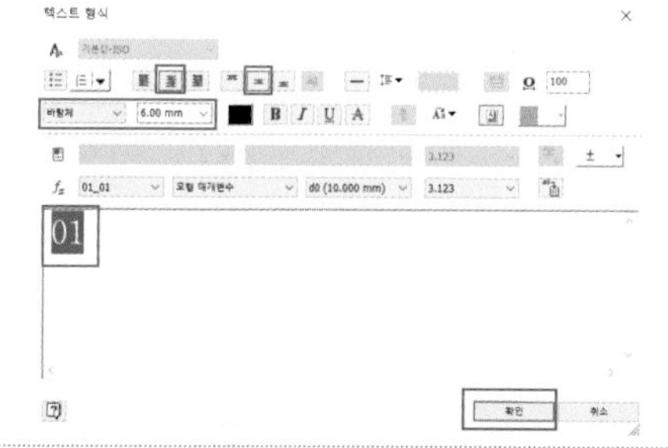

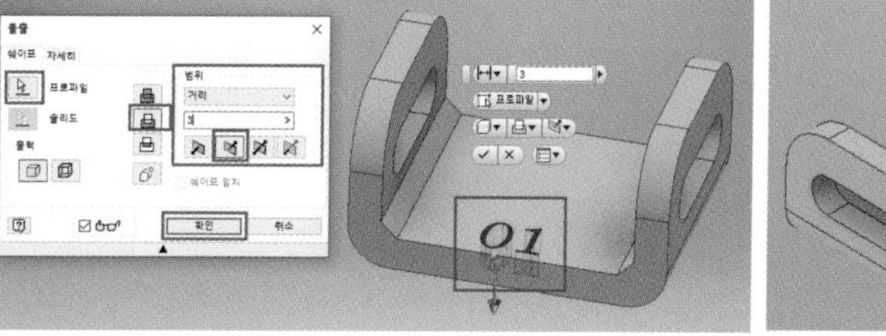
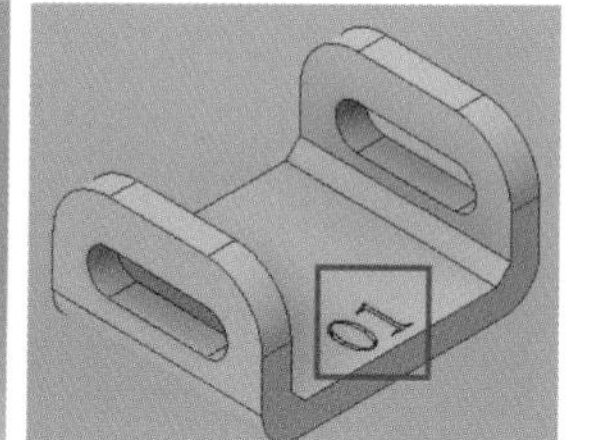

11

부품 ① 저장하기

- [파일] → [다른 이름으로 저장] → [비번호폴더] → [파일이름] → [01_01] → [저장]

※ 본 교재의 부품 ①번 3D모델링 파일이름은 "01_01"로 작성되었다. 부품 ①, ②번 3D모델링 파일이름은 수험자가 임의로 정할 수 있다.
예 부품1번, 01번 등

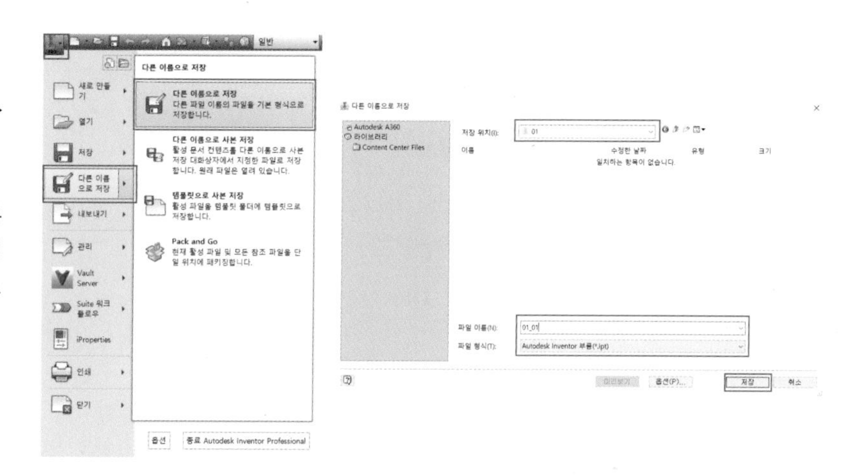

12

부품 ② 모델링

- [새로 만들기] → [Metric] → [Standard(mm).ipt] → [작성]

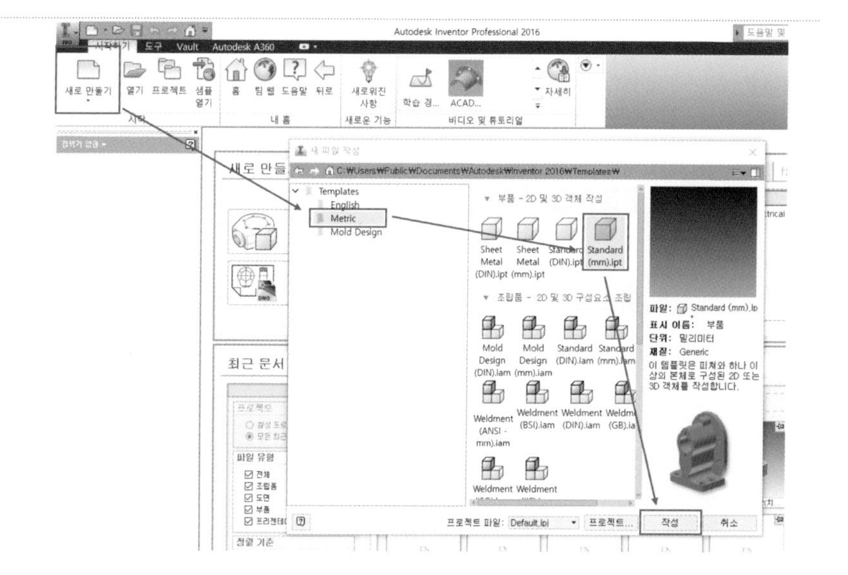

13

[2D 스케치 시작] → [마우스로 **XY Plane** 선택]

※ 마우스로 XY Plane 선택 시 빨간색으로 변함

※ 다른 방법(시트트리에서)
[원점] → [XY평면 마우스오른쪽 클릭] → [새 스케치]

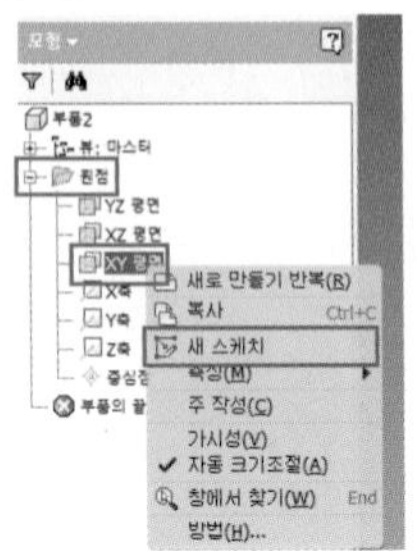

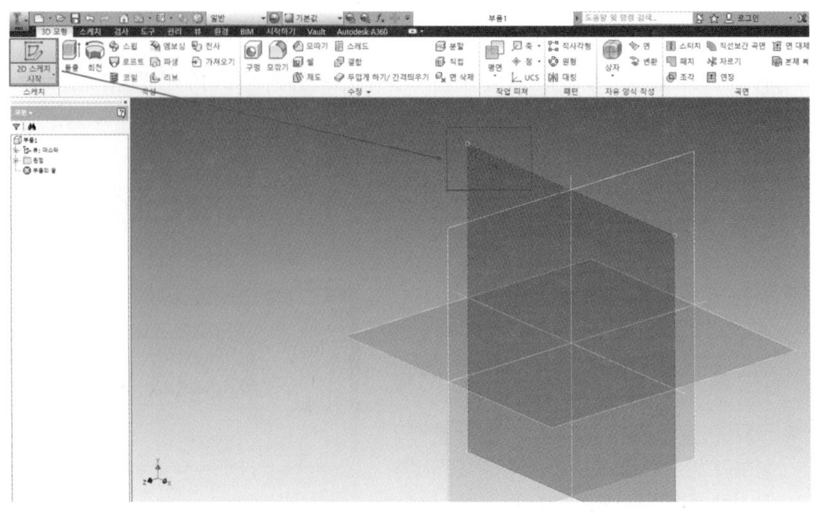

14

부품 ② 우측면도를 스케치 한다.

• 원, 치수(∅5)

※ 'A'는 상대치수(**6mm**)와 축공차를 적용해 ∅**5mm**로 결정한다.

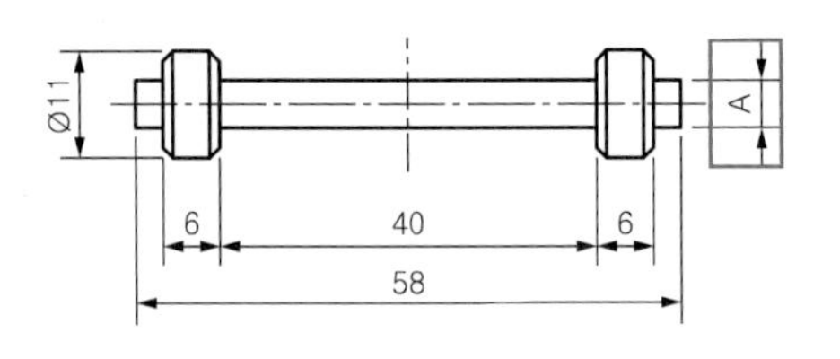

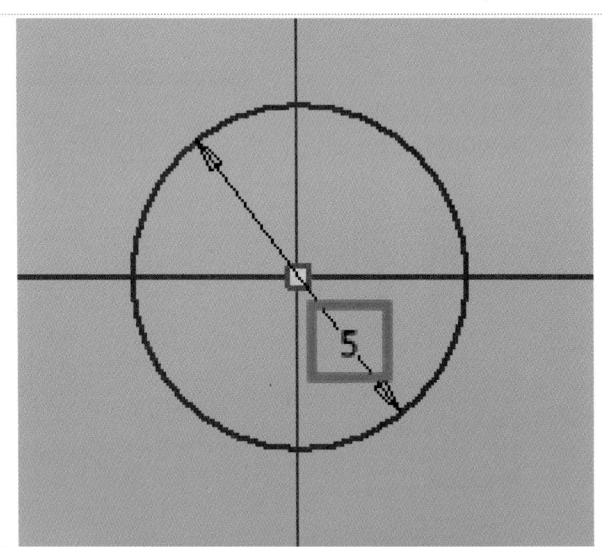

15

스케치마무리

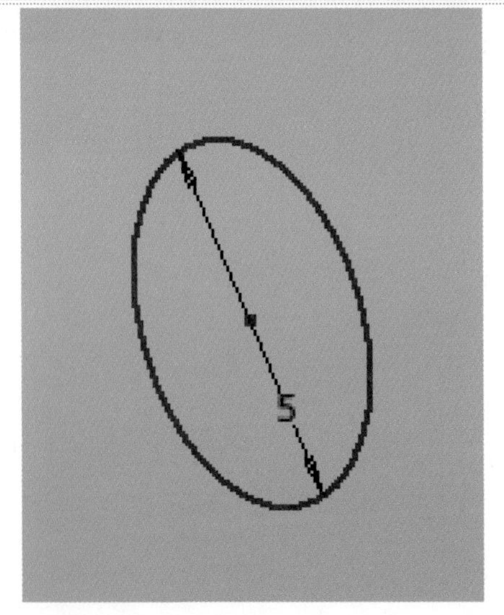

16

부품 ② 3D 모형 만들기

• [돌출] → [스케치 클릭] → [거리58] → [대칭] → [확인]

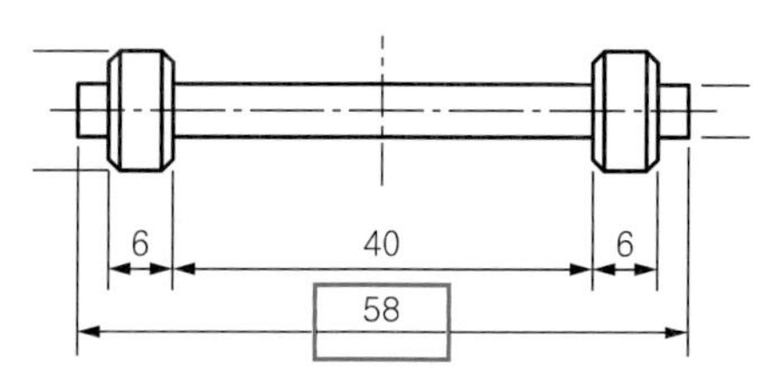

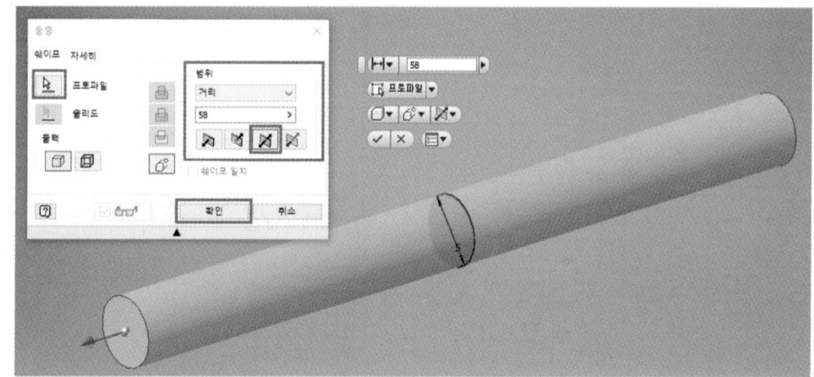

17

부품 ② 3D 모형 만들기

• [평면] → [평면에서 간격띄우기] → [XY평면 선택] → [간격20입력] → [확인]

※ 모델링을 위해 '작업평면' 만들기

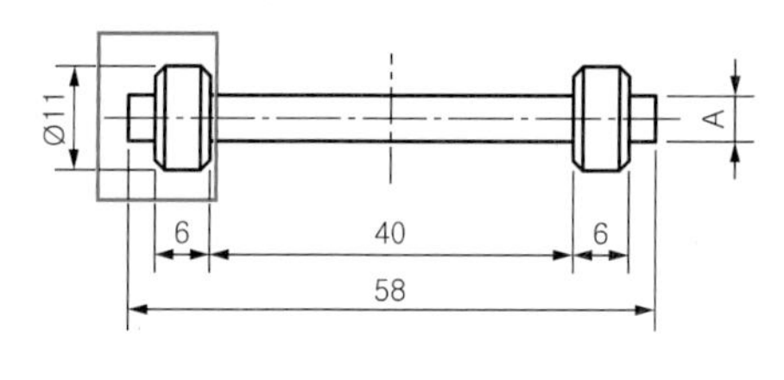

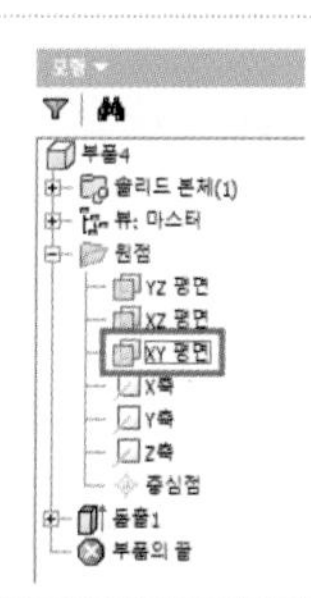

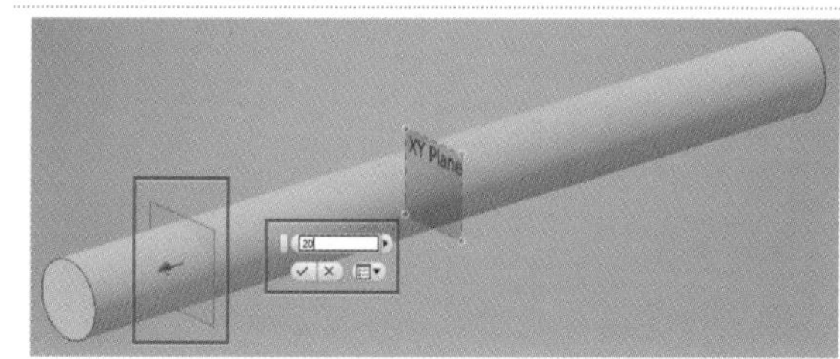

18

부품 ② 3D 모형 만들기

• [2D 스케치 시작] → [작업평면 선택] → [F7] → [원] → [∅11] → [스케치마무리]

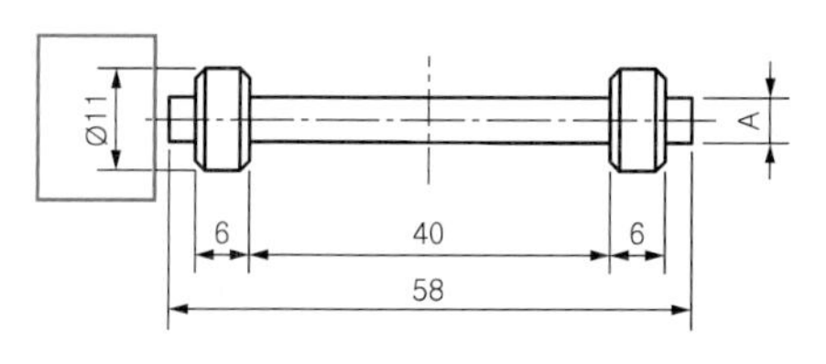

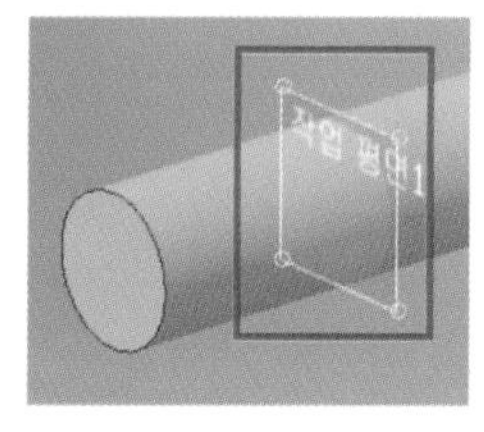

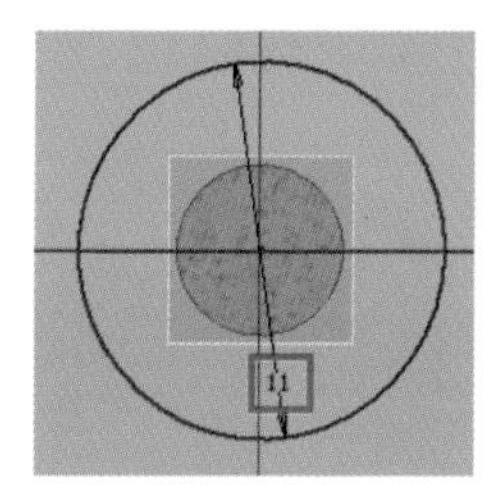

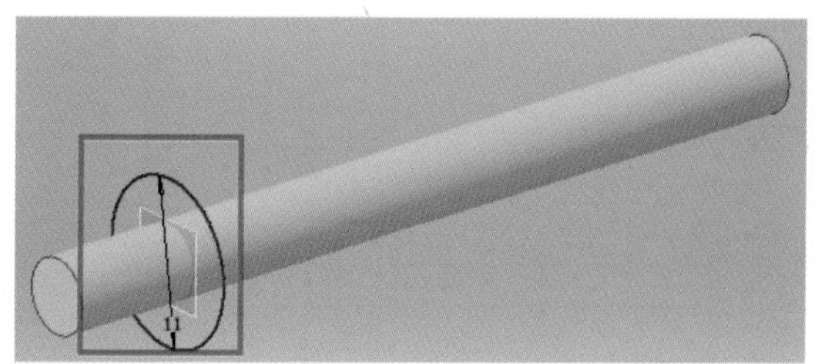

19

부품 ② 3D 모형 만들기

• [돌출] → [스케치 클릭] → [접합] → [거리6] → [방향1] → [확인]

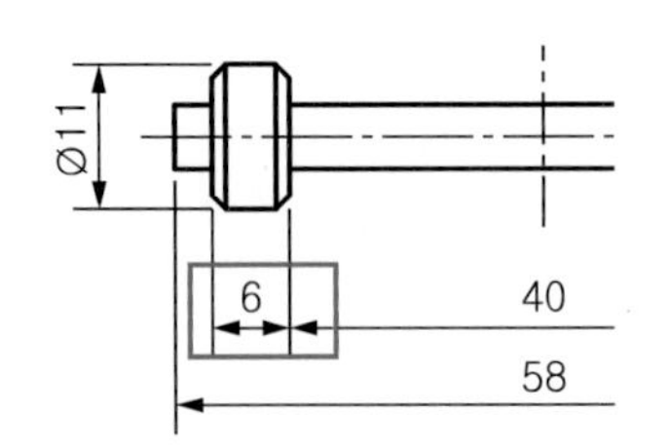

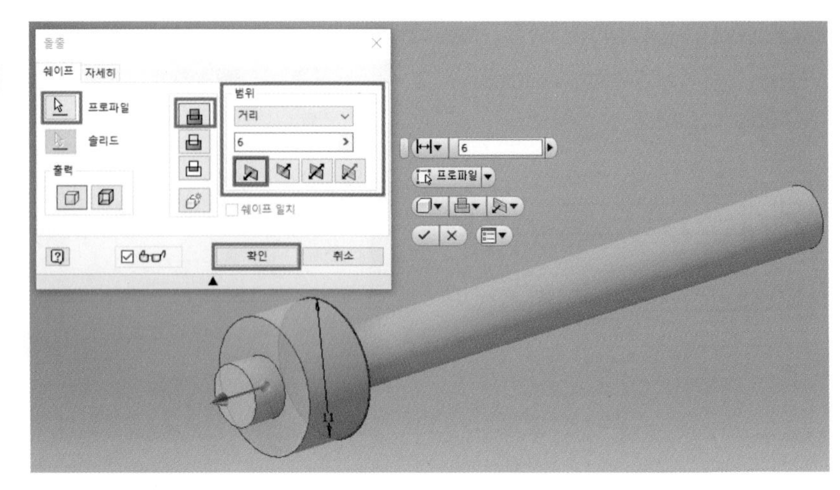

20

부품 ② 3D 모형 만들기

• [대칭] → [피쳐선택] → [대칭평면선택] → [XY평면] → [확인]

※ 반대쪽 모델링을 위해 "대칭"패턴 사용

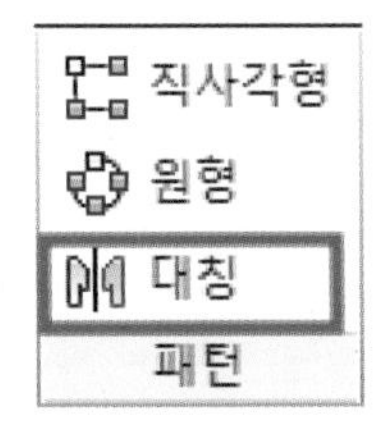

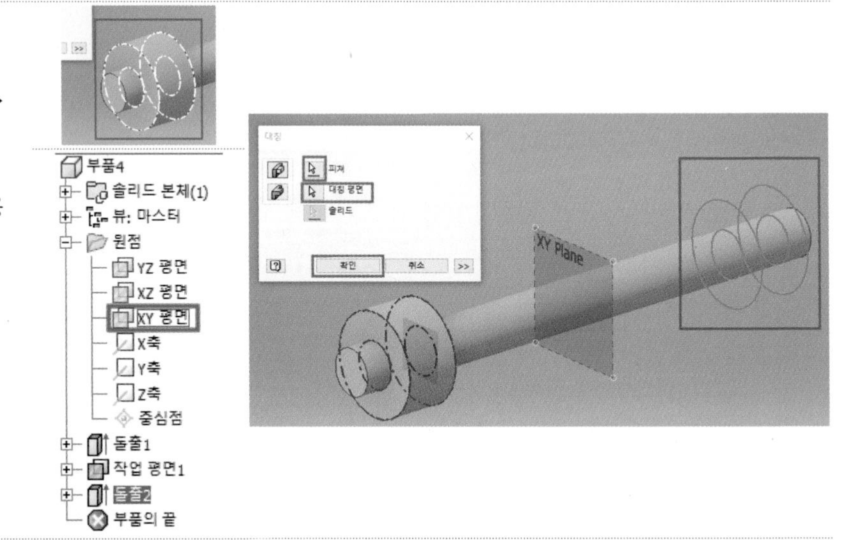

21

부품 ② 3D 모형 만들기

• [모따기] → [모서리선택/4개소] → [거리1] → [확인]

※ 주서

도시되고 지시 없는 모따기는 C1

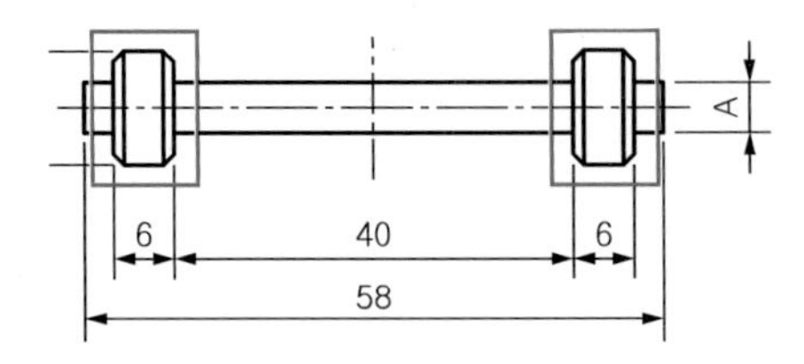

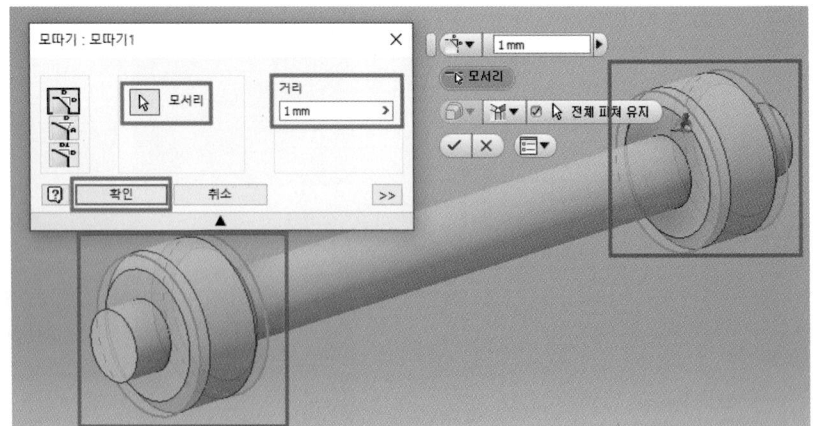

22

부품 ② 저장하기

- [파일] → [다른 이름으로 저장] → [비번호폴더] → [파일이름] → [01_02] → [저장]

※ 본 교재의 부품 ②번 3D모델링 파일이름은 "01_02"로 작성되었다. 부품 ①, ②번 3D모델링 파일이름은 수험자가 임의로 정할 수 있다.
예 부품2번, 02번 등

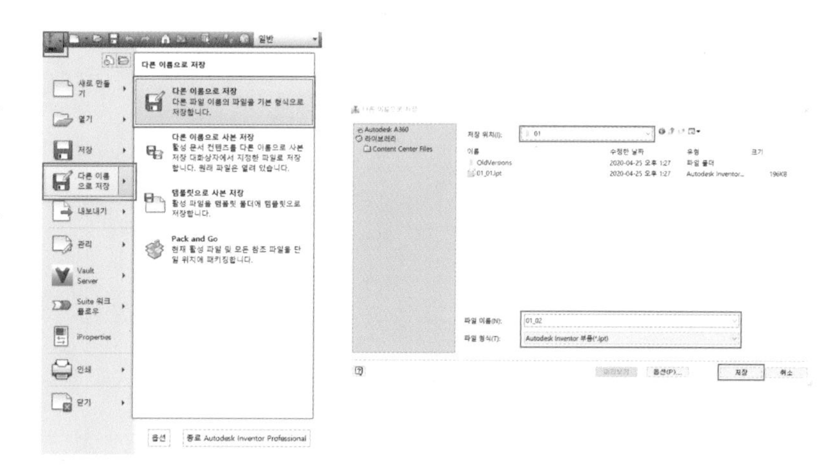

23

어셈블리

- [새로 만들기] → [Metric] → [Standard(mm).iam] → [작성]

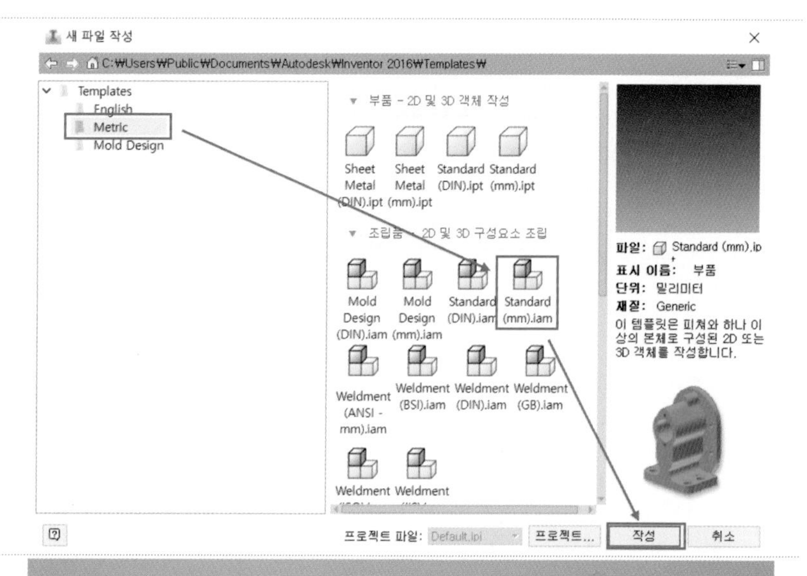

24

배치

"배치" 아이콘을 통해 부품 ①, ②를 배치한다.

- [배치] → [01_01, 01_02 선택] → [열기] → [화면 클릭] → [ESC]

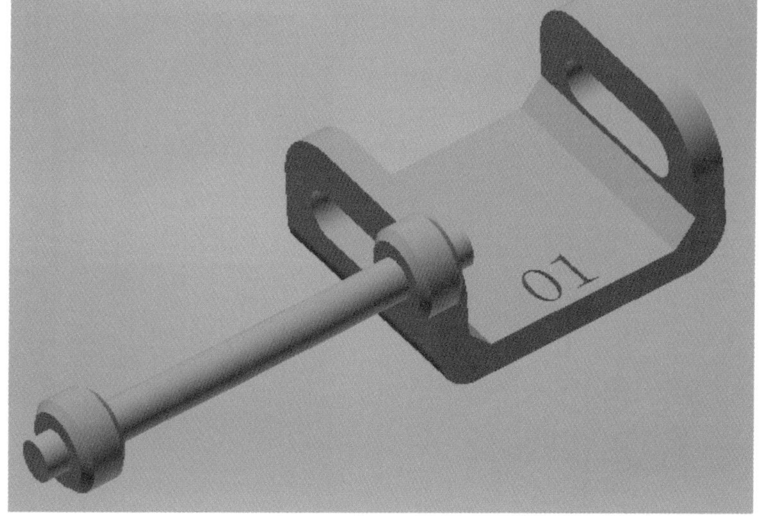

25.

시트트리에서 부품①번을 우클릭하여 고정한다.

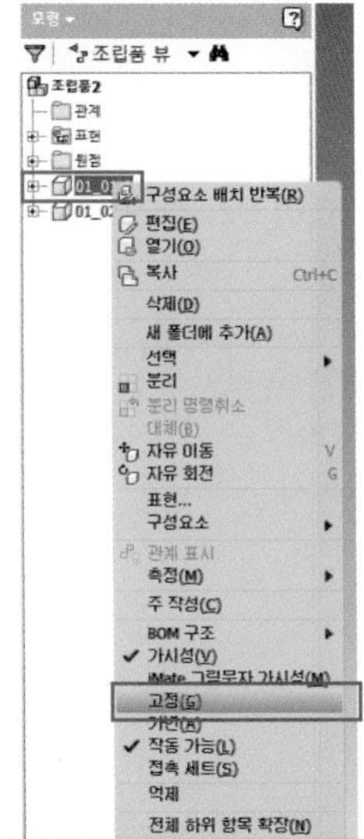

26

조립구속조건

- 부품②를 클릭하여 움직이고 우클릭하여 자유회전을 통하여 도면의 조립도와 비슷하게 한다.

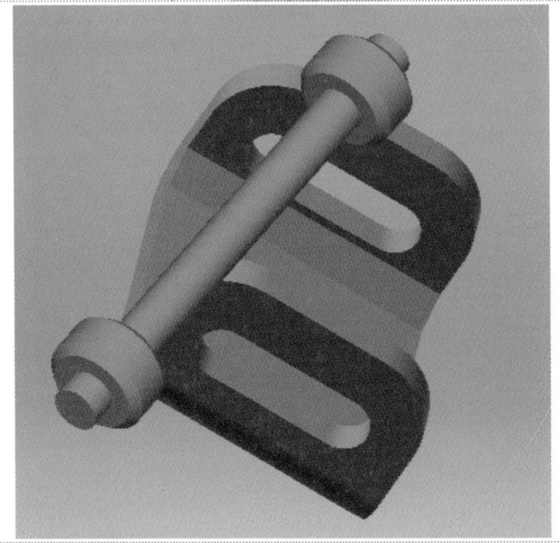

27

조립구속조건

- [구속조건] → [메이트] → [솔루션 : 메이트] → [부품①선택요소] → [자유회전F4] → [부품②선택요소] → [간격띄우기0.5] → [확인]

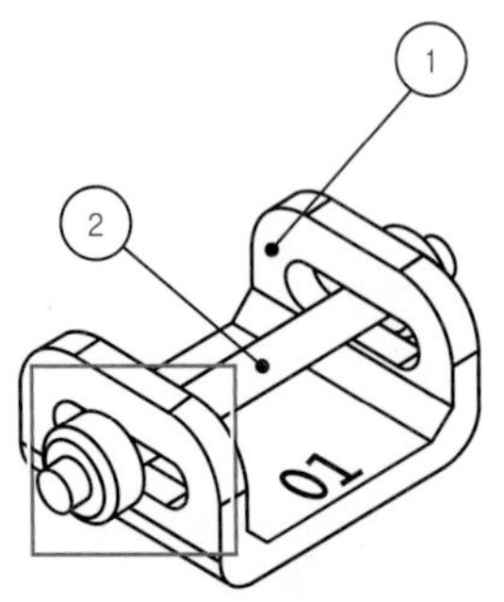

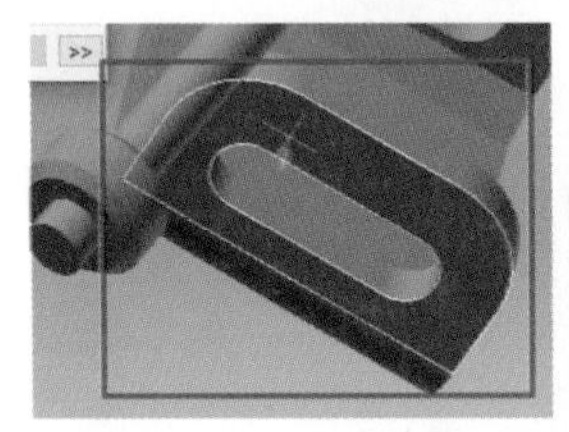

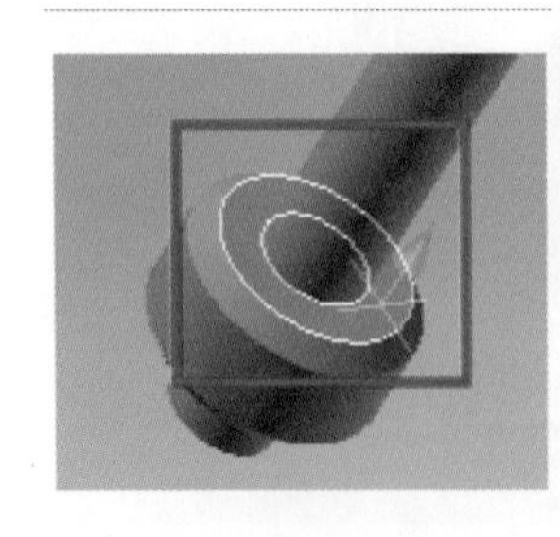

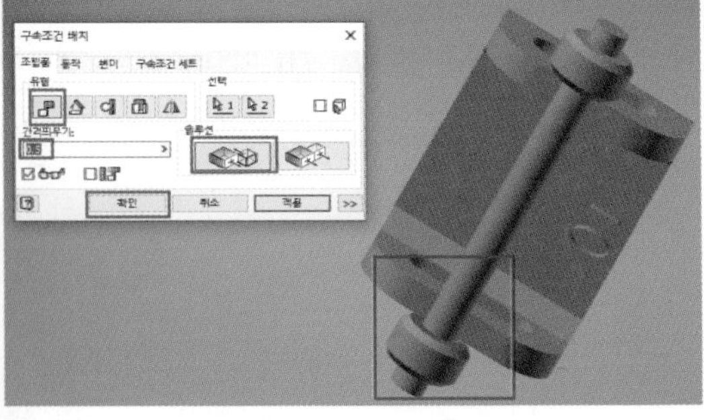

28

조립구속조건

- [구속조건] → [접선] → [솔루션 : 외부] → [부품①선택요소] → [자유회전F4] → [부품②선택요소] → [간격띄우기0.5] → [확인]

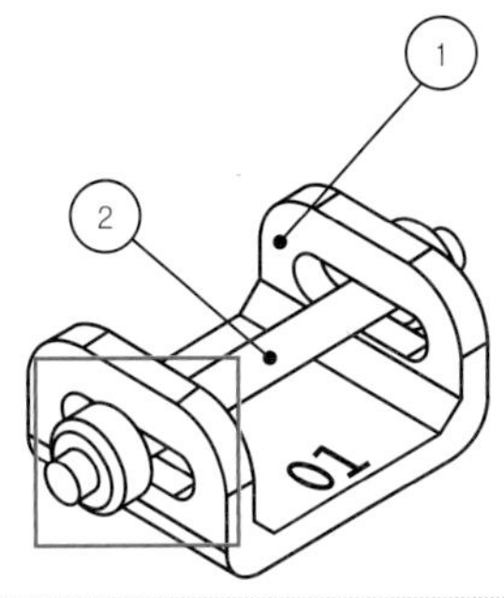

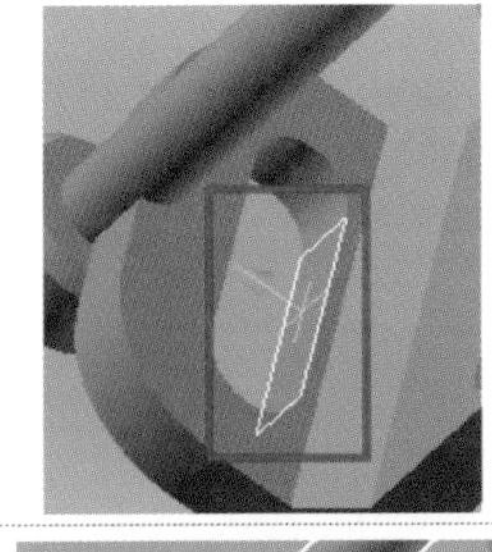

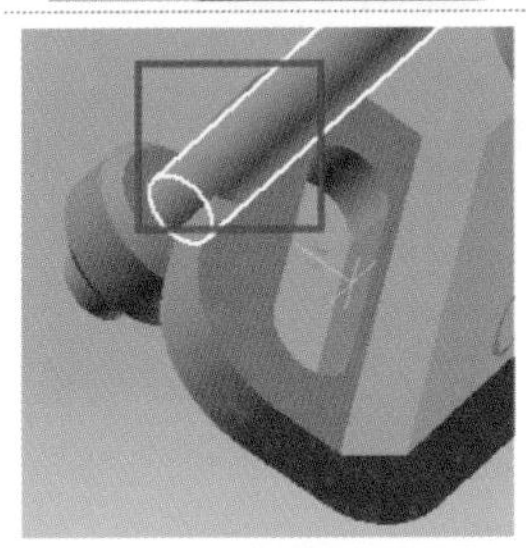

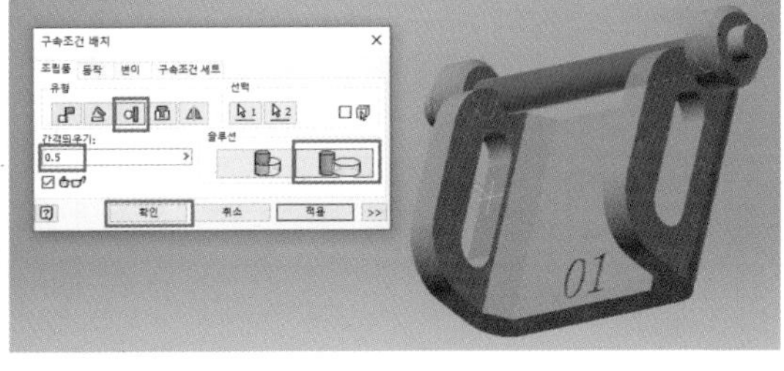

29

출력방향을 고려하여 구속조건 추가

※ 조립된 상태로 출력하니 되도록 서포트가 적게 나오고 도면의 ㉠, ㉡, ㉢ 치수가 정밀하게 나오는 출력방향을 결정해야 한다.

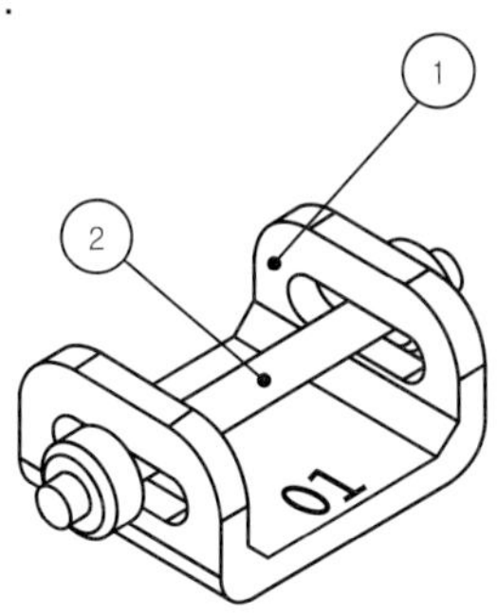

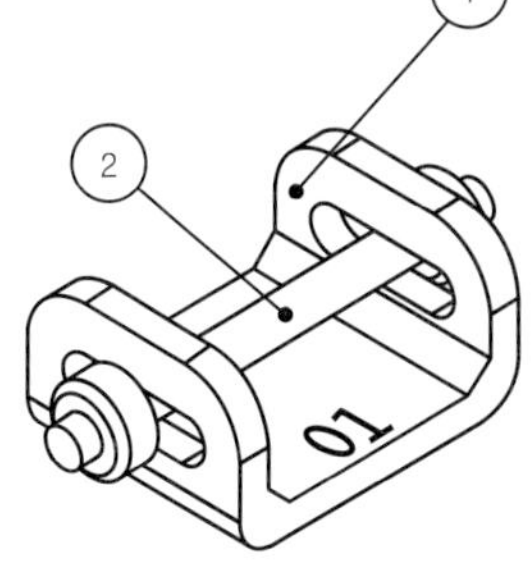

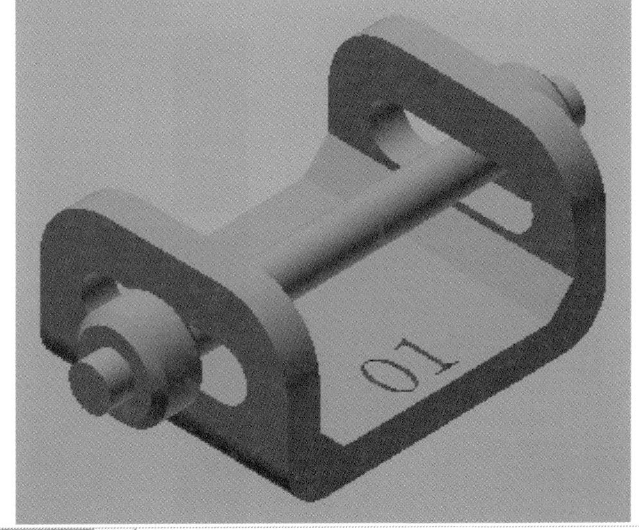

30

어셈블리 저장하기(2가지 확장자)

- [파일] → [다른 이름으로 저장] → [비번호폴더] → [파일이름] → [01] → [저장]
- [파일] → [내보내기] → [CAD형식] → [비번호폴더] → [01] → [파일형식 : STEP 선택] → [저장]

구 분	작업명	파일명	비 고
1	어셈블리	01.***	
2		01.STP	채점용

※ 비번호 01인 경우

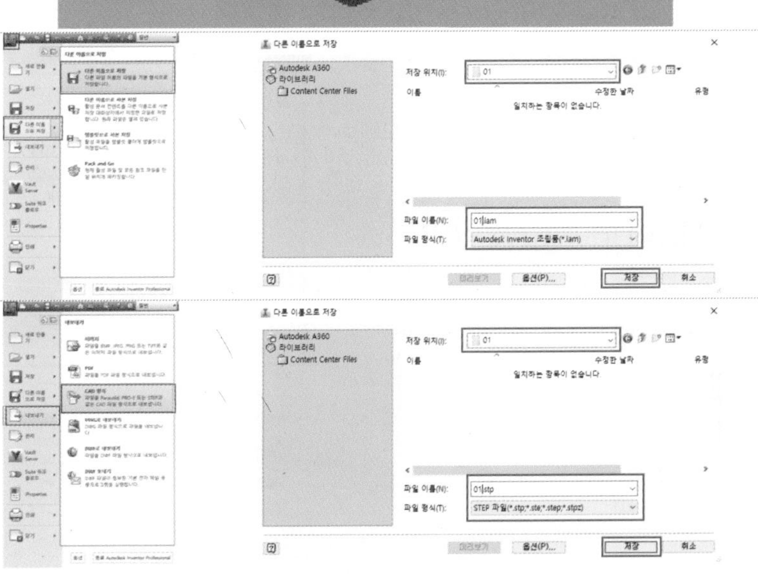

31

어셈블리 저장하기 (STL확장자)

- [파일] → [내보내기] → [CAD형식] → [비번호폴더] → [01] → [파일형식 : STL 선택] → [옵션] → [단위 : mm] → [저장]

※ 옵션에서 단위 mm 선택

구 분	작업명	파일명	비 고
3	어셈블리	01.STL	

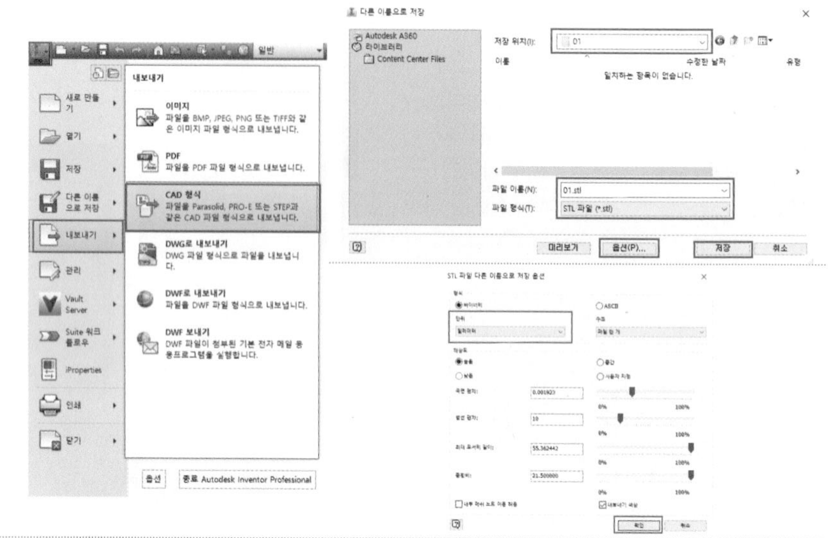

32

슬라이싱(3DWOX)

슬라이싱 프로그램을 실행한다.

- [파일] → [모델 불러오기] → [비번호폴더] → [01.stl] → [열기]

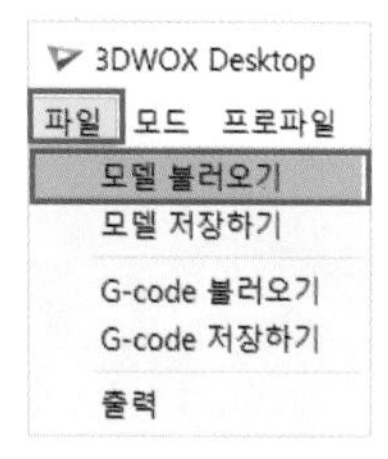

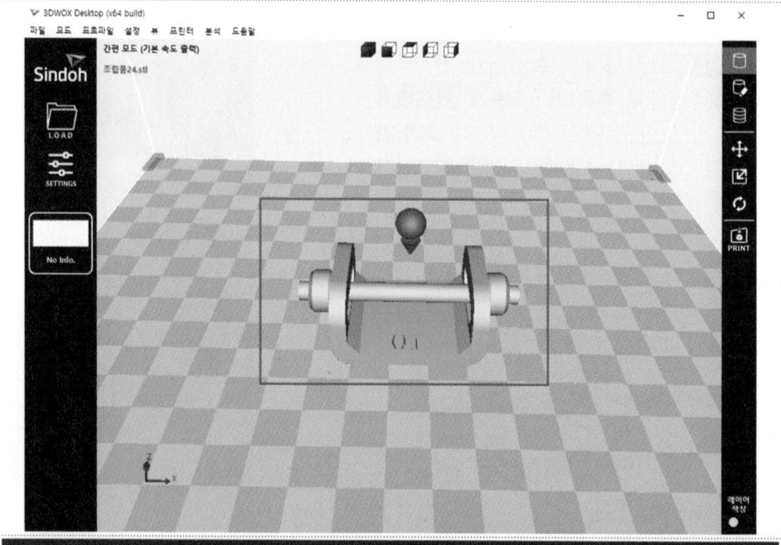

33

프린터 설정

- [설정] → [프린터 설정] → [프린터 모델] → [확인]

※ 시험장 프린터 모델을 선택한다.

예 DP200

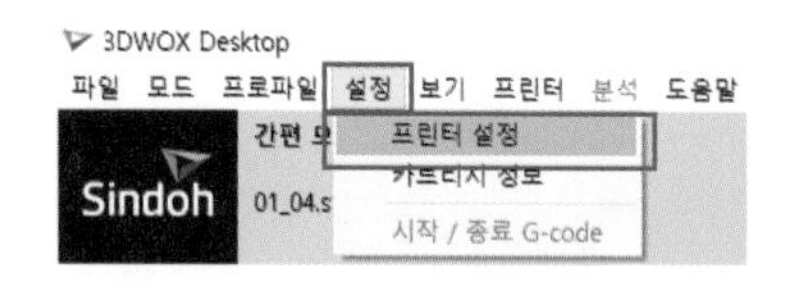

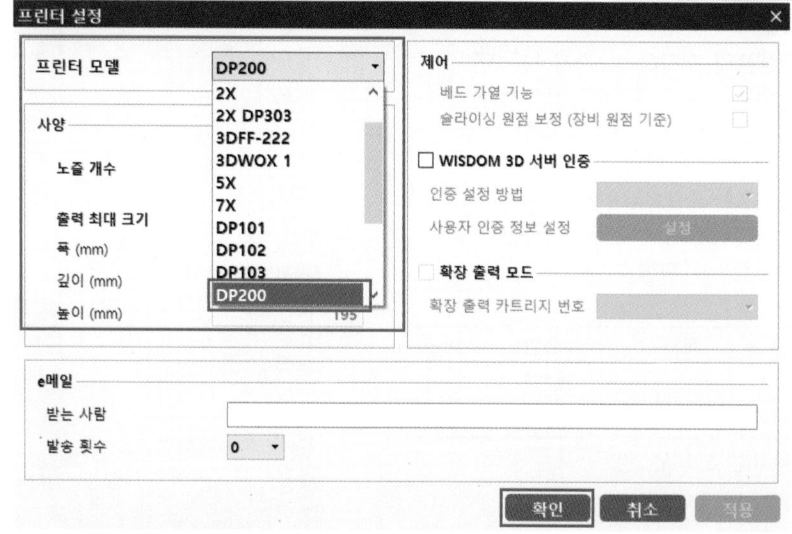

34

출력방향을 결정한다.

- [분석] → [최적출력방향] → [분석] → [추천1~6 선택]

※ 신도리코 3DWOX는 최적출력방향을 분석해 준다. 참고하여 서포트가 적게 나오고 도면의 ㉠, ㉡, ㉢ 치수가 정밀하게 나오는 출력방향을 결정한다.

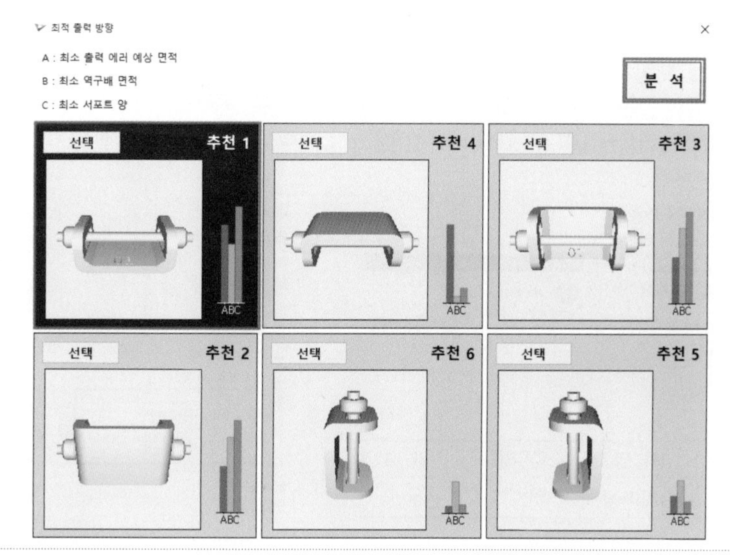

35

기본 파라미터를 설정한다.

- [SETTINGS] 버튼을 클릭하여 파라미터 값을 조정한다.
- 기본 속도 출력
- 재질 : PLA
- 서포트 : 모든 곳, 지그재그 구조

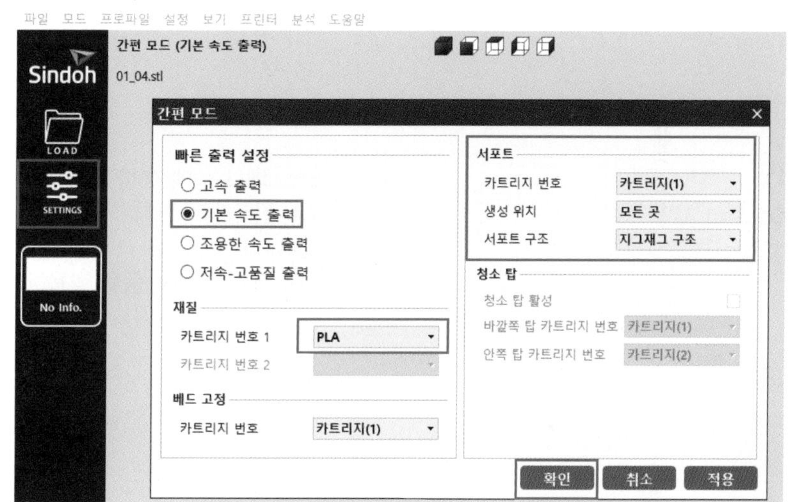

36

슬라이싱

- 베드상에 있는 출력물이 파라미터의 값이 반영되면서 슬라이싱을 수행한다.

※ 출력예상시간을 확인한다.

※ 출력예상시간이 1시간 20분이 넘어가면 고급모드로 변경하여 [SETTINGS]에서 레이어 높이, 채우기 밀도, 서포트 밀도 등 설정값을 변경한다.

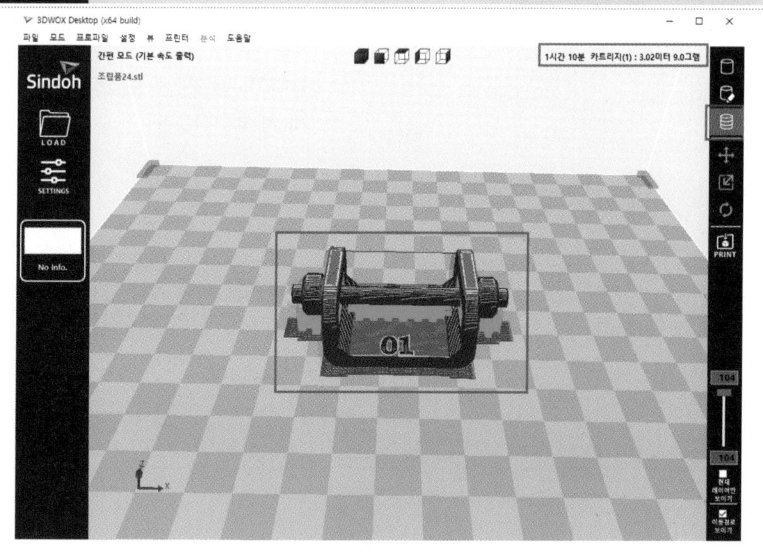

37

G-code 저장하기

- [파일] → [G-code 저장하기] → [예] → [비번호폴더] → [01.gcode] → [저장]

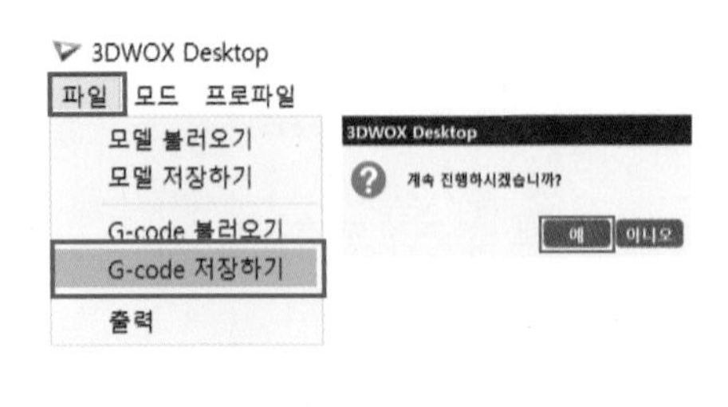

구 분	작업명	파일명	비 고
4	슬라이싱	01.***	gcode

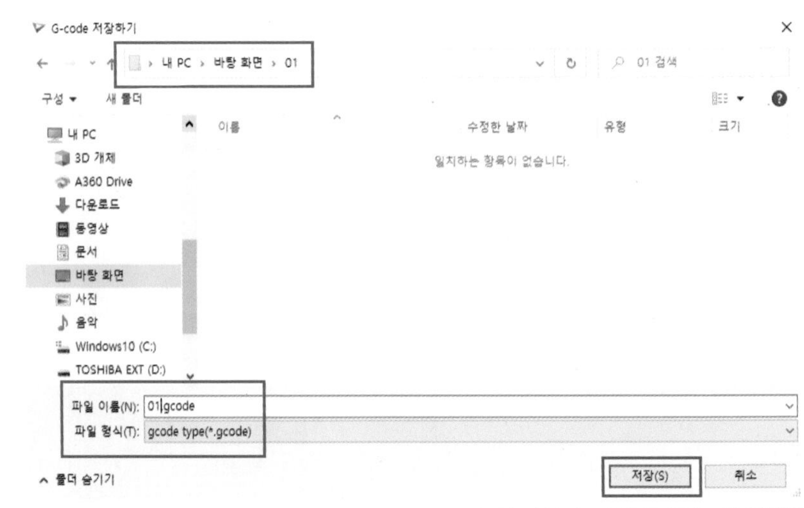

38

지급된 저장매체(USB 또는 SD-card)에 저장한다.

- 감독위원에게 저장매체(USB 또는 SD-card) 제출

39

3D프린터 세팅

- 노즐, 베드 등에 이물질을 제거하여 출력 시 방해요소가 없도록 세팅한다.
- PLA 필라멘트 장착 여부 등 소재의 이상 여부를 점검하고 정상 작동하도록 세팅한다.
- 베드 레벨링 기능 등을 활용하여 베드 위치를 세팅한다.

40

3D프린팅

- 저장매체(USB 또는 SD-card)에 있는 파일(01_04.gcode)을 3D프린터 전면부에 있는 USB 포트에 연결하여 화면에서 직접 G-code를 불러와 출력한다.

41

후처리

- 출력이 완료한 후 보호장갑을 착용하고 서포트 및 거스러미를 제거하여 감독위원에게 제출한다.

42

노즐 및 베드 정리

- 출력물을 제출 후 본인이 사용한 3D프린터 노즐 및 베드 등의 잔여물을 제거하고 정리정돈 한다(**※ 정리상태도 채점 대상임에 주의하자**).

25 3D모델링 실기 공개문제 도면 - 25

자격종목	3D프린터운용기능사	[시험1] 과제명	3D모델링 작업	척 도	NS

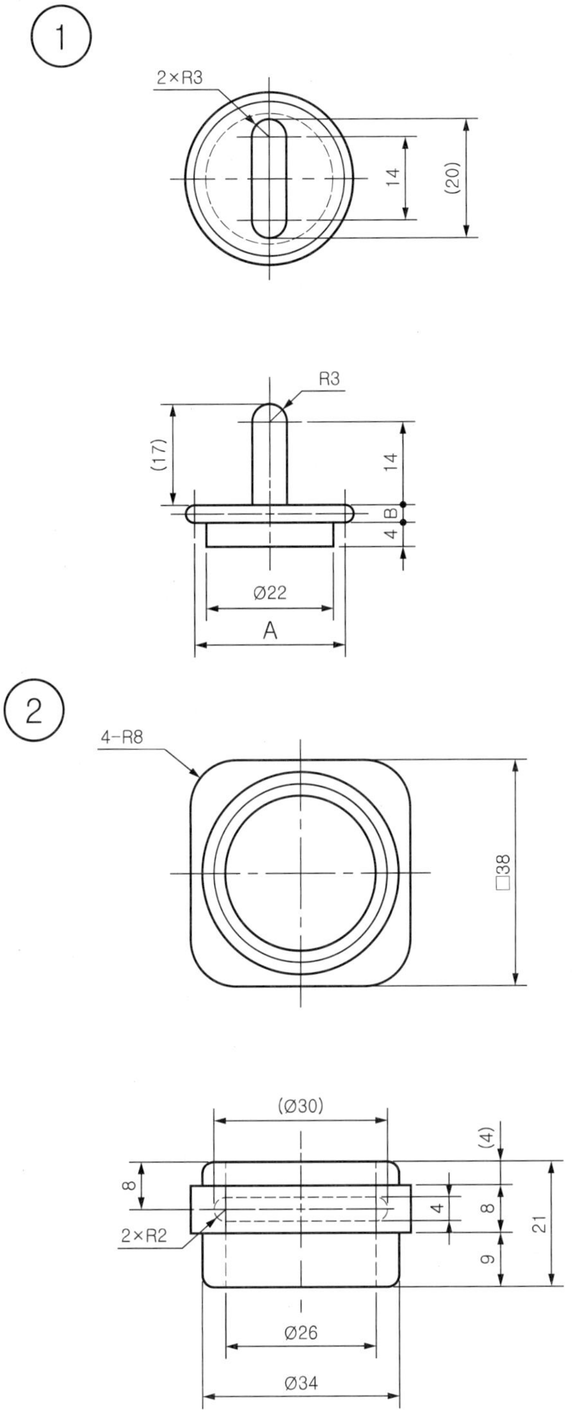

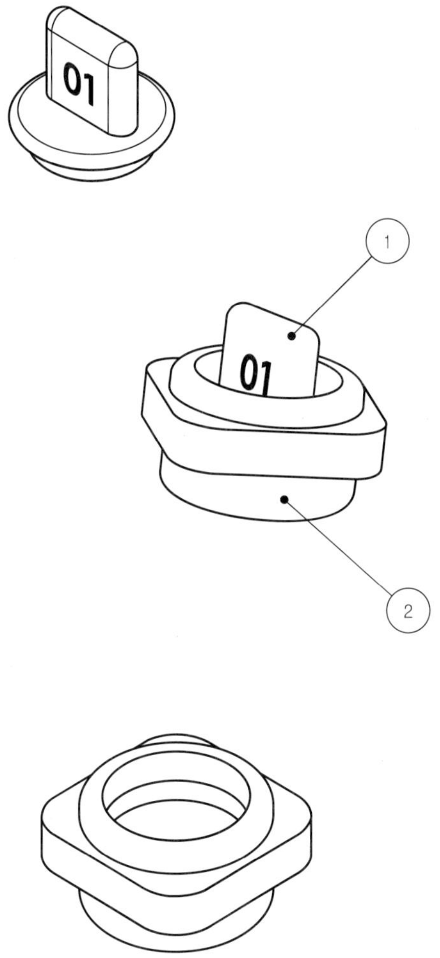

주서

1. 도시되고 지시없는 라운드는 R2

01

부품 ① 모델링

- [새로 만들기] → [Metric] → [Standard(mm).ipt] → [작성]

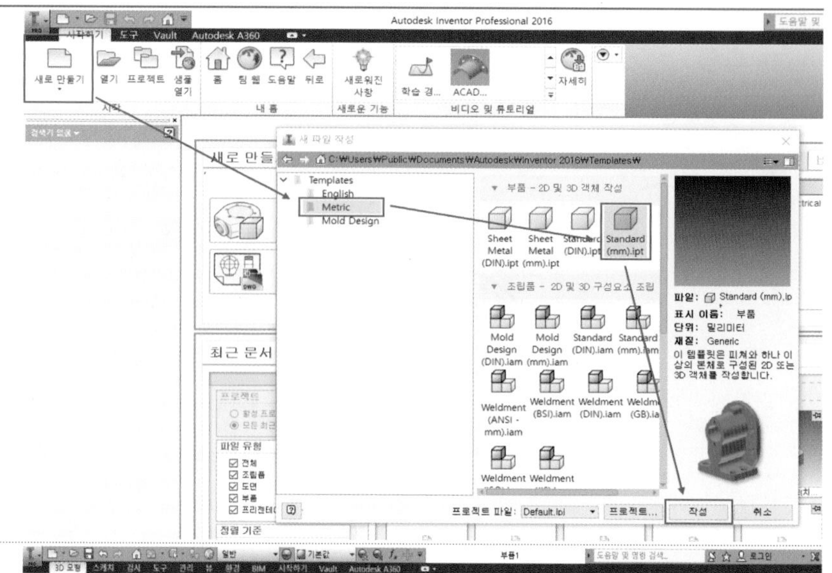

02

[2D 스케치 시작] → [마우스로 **XY Plane** 선택]

※ 마우스로 XY Plane 선택 시 빨간색으로 변함

※ 다른 방법(시트트리에서)
[원점] → [XY평면 마우스오른쪽 클릭] → [새 스케치]

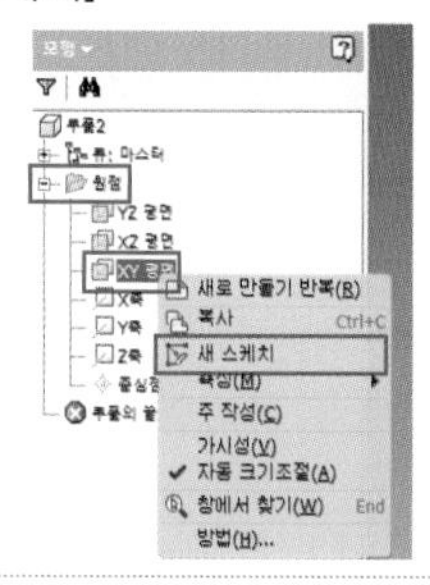

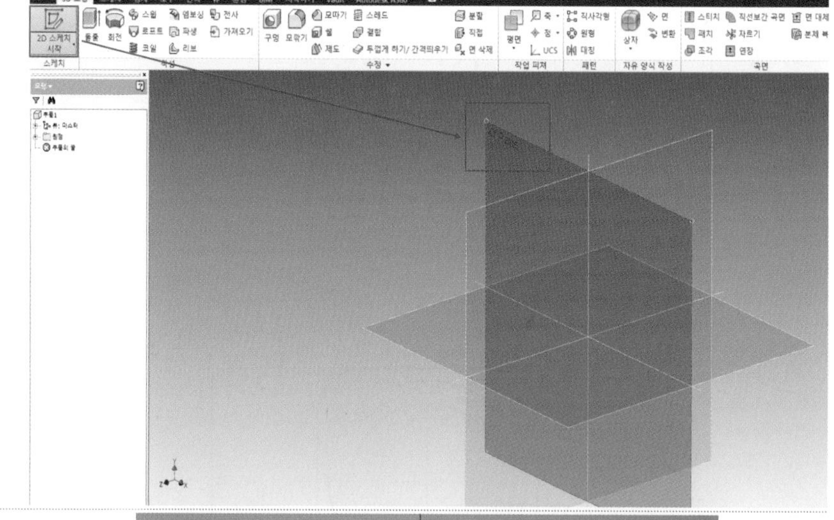

03

부품 ① 정면도 바닥을 스케치한다.

- 원, 치수(∅22)

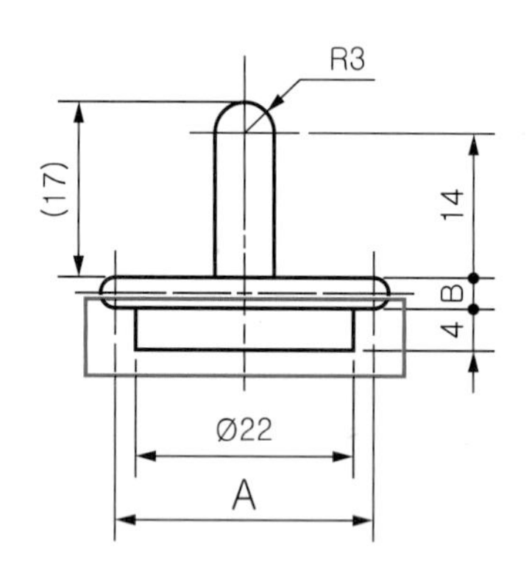

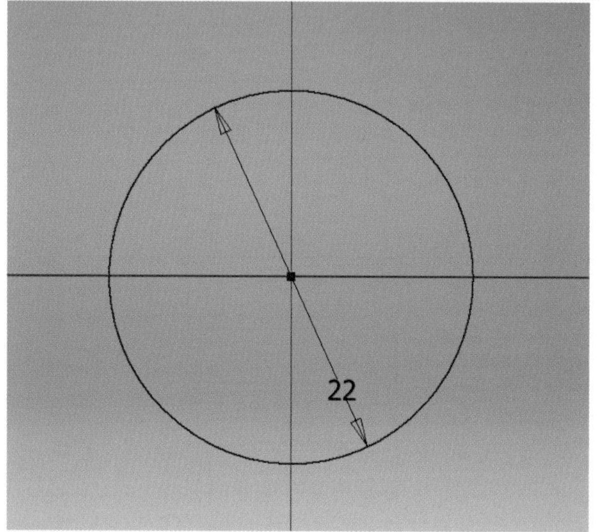

04

스케치마무리

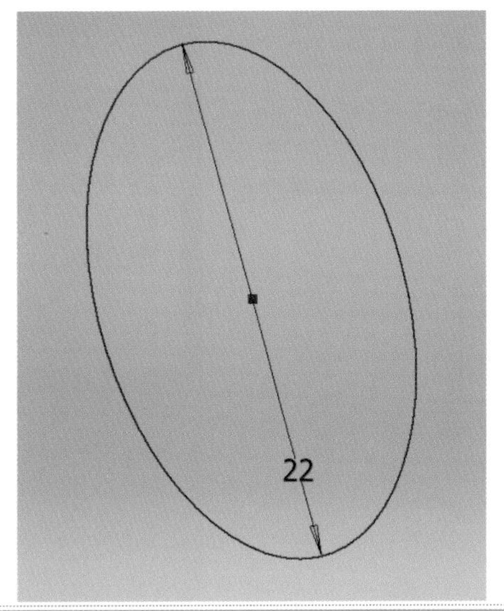

05

부품 ① 3D 모형 만들기

• [돌출] → [스케치 클릭] → [거리 : 4] → [방향1] → [확인]

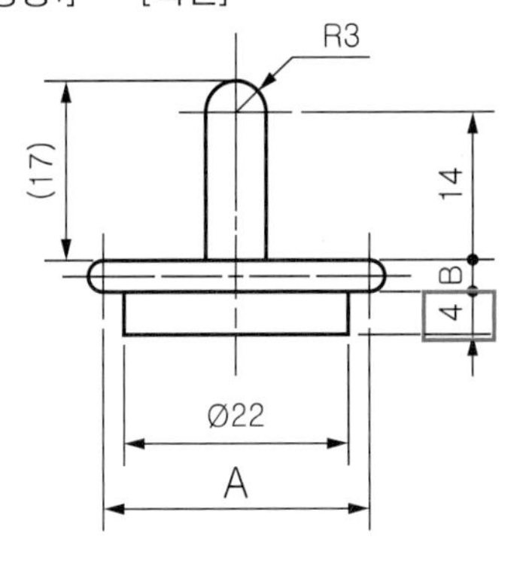

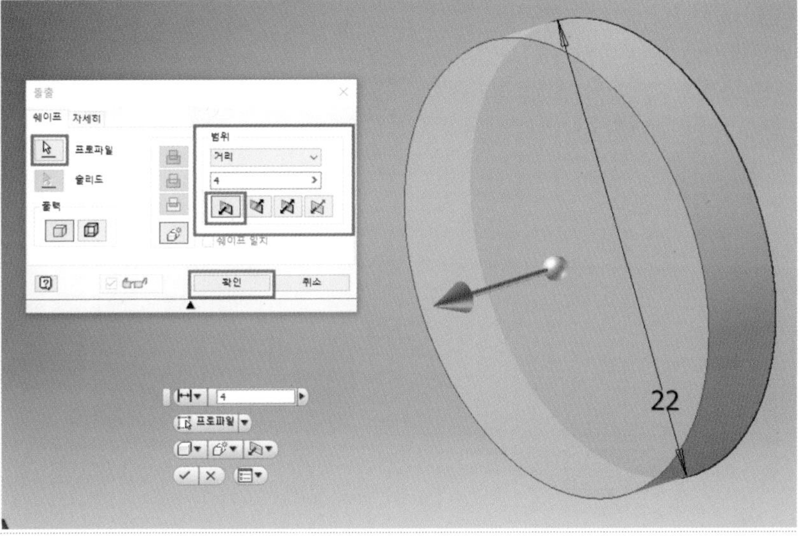

06

부품 ① 3D 모형 만들기

• [2D 스케치 시작] → [스케치평면 선택] → [원] → [치수 : 29] → [스케치마무리]

※ 'A'는 상대치수(30mm)와 축공차를 적용해 29mm로 결정한다.

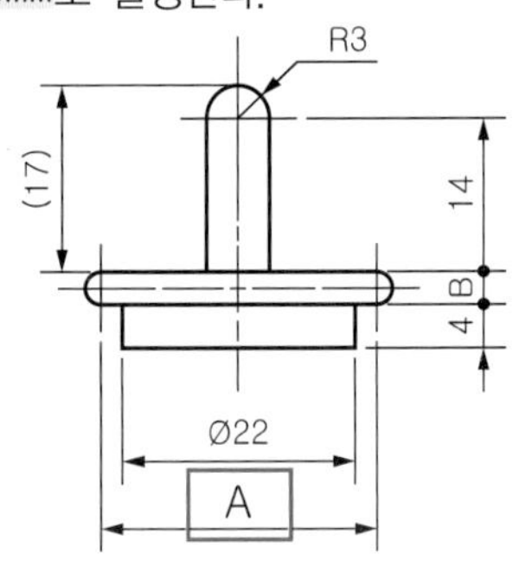

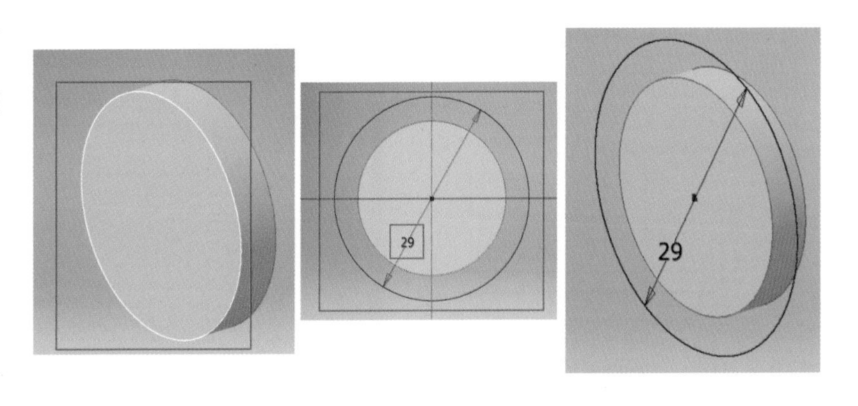

07

부품 ① 3D 모형 만들기

- [돌출] → [스케치 클릭] → [거리 : 3] → [방향1] → [확인]

※ 'B'는 상대치수(4mm)와 축공차를 적용해 3mm로 결정한다.

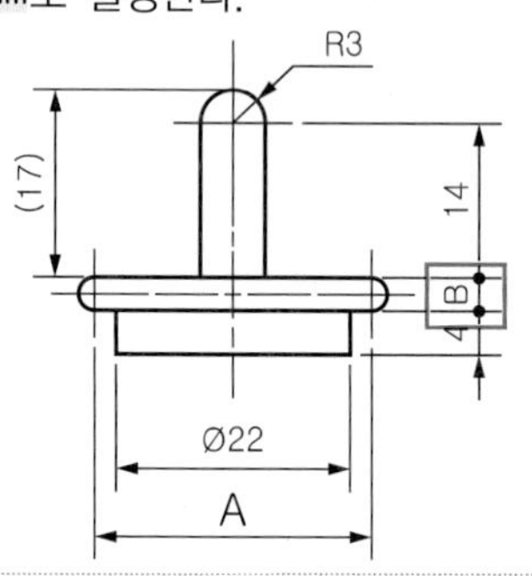

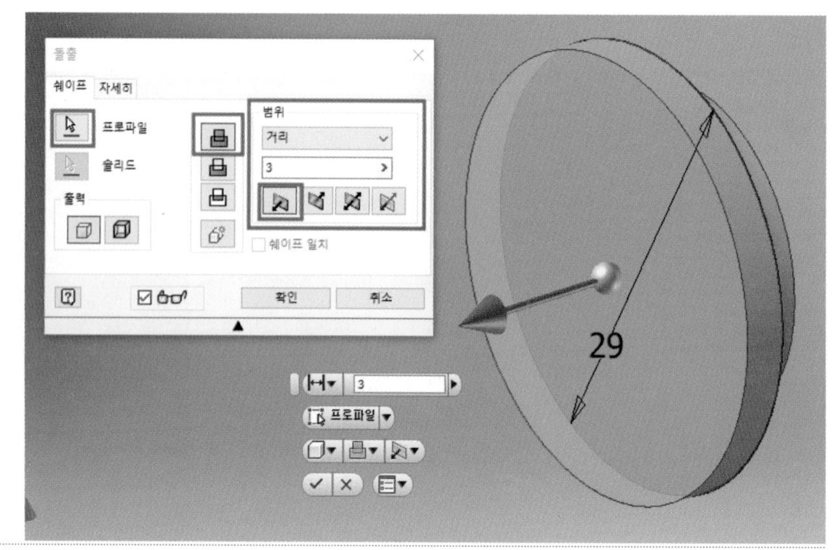

08

부품 ① 3D 모형 만들기

- [2D 스케치 시작] → [스케치평면 선택] → [직사각형] → [치수] → [스케치마무리]

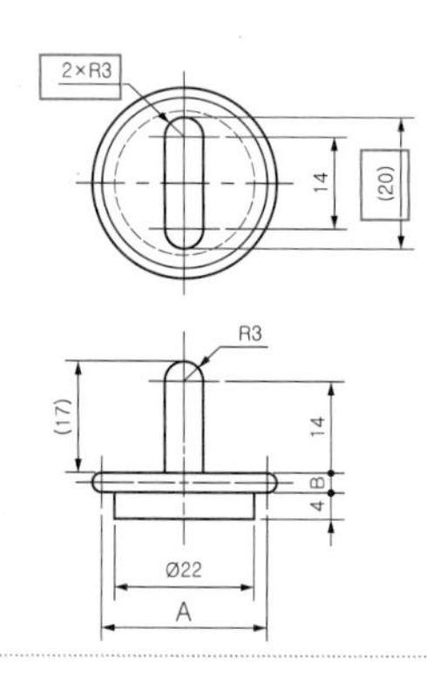

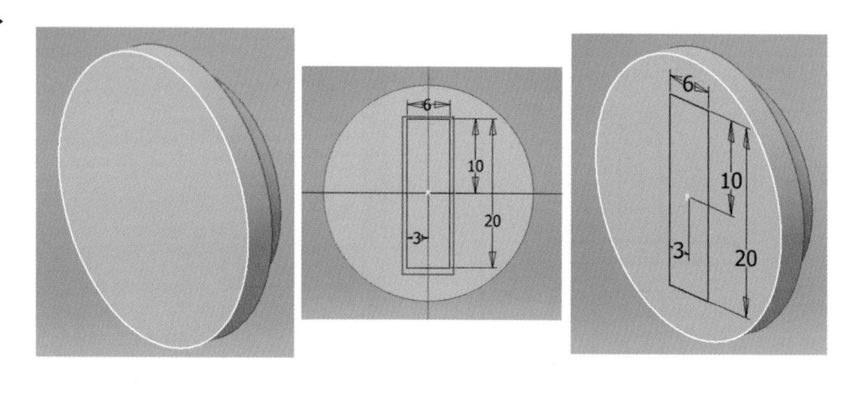

09

부품 ① 3D 모형 만들기

- [돌출] → [스케치 클릭] → [거리 : 17] → [방향1] → [확인]

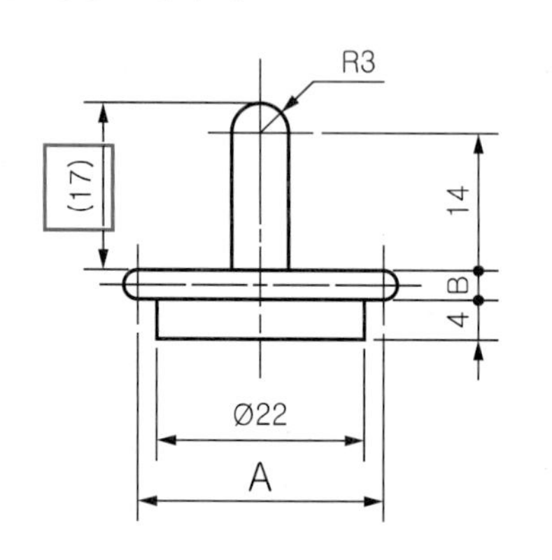

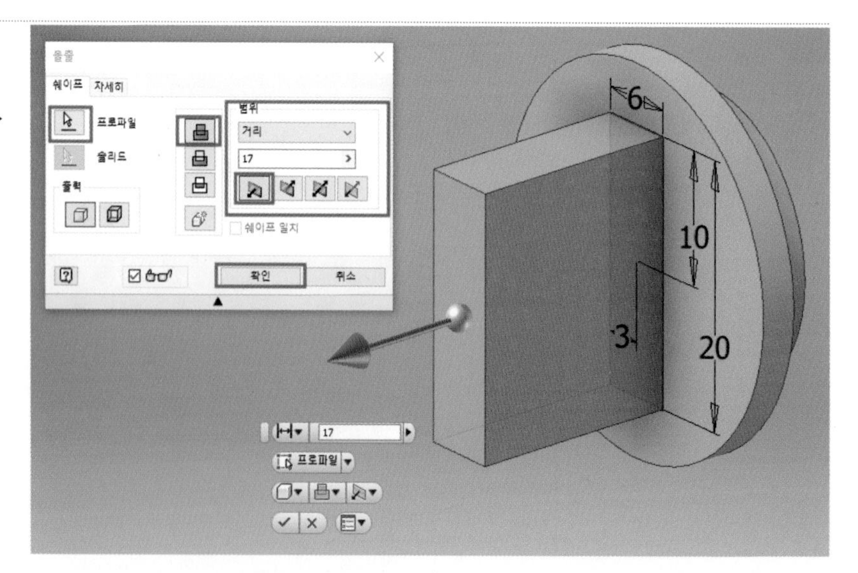

10

부품 ① 3D 모형 만들기

• [모깎기] → [모서리선택/2개] → [반지름 : 3] → [확인]

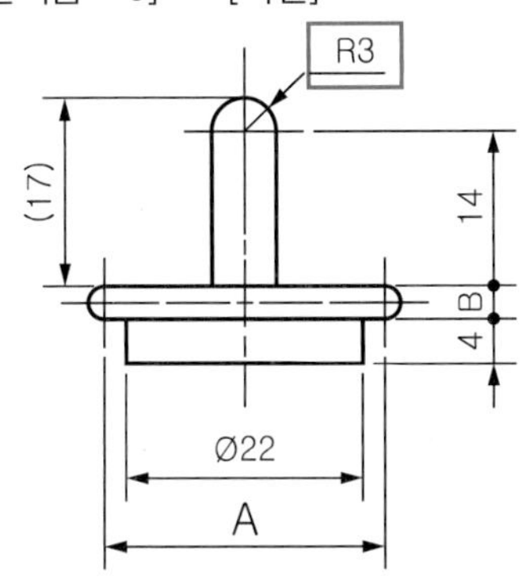

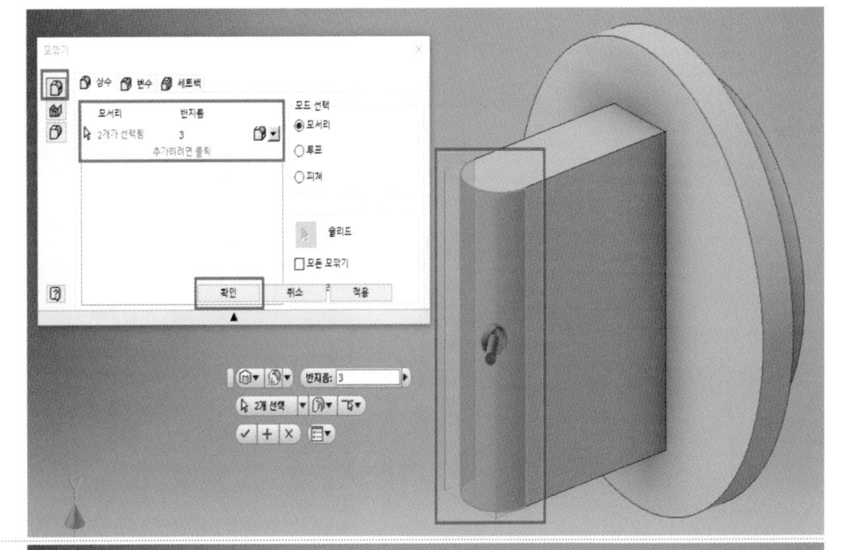

11

부품 ① 3D 모형 만들기

• [모깎기] → [모서리선택/6개] → [반지름 : 3] → [확인]

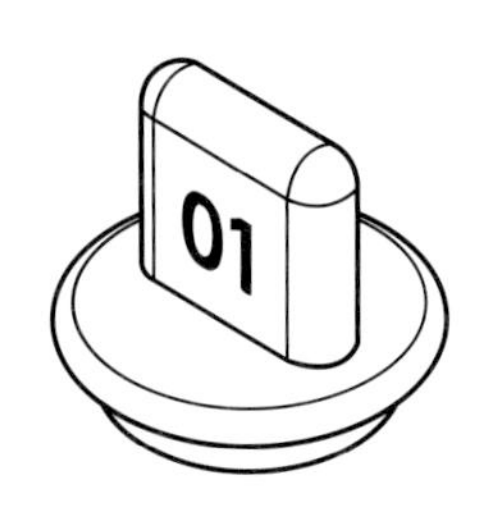

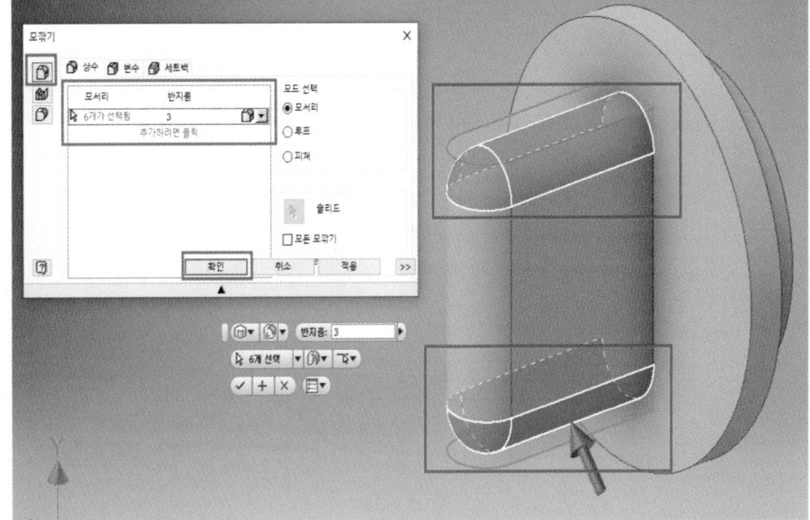

12

부품 ① 3D 모형 만들기

• [모깎기] → [모서리선택/2개] → [반지름 : 1.5] → [확인]

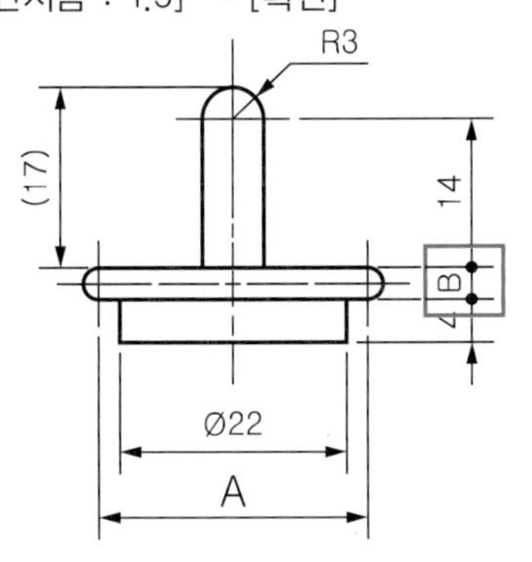

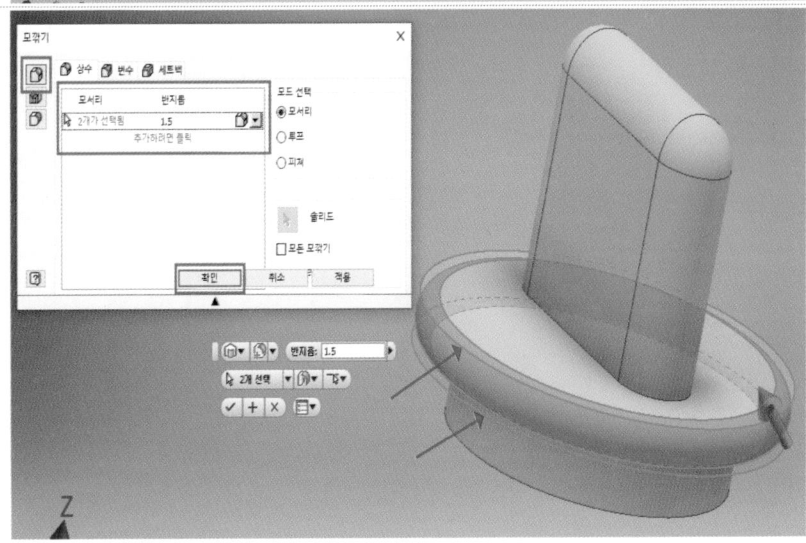

13

부품 ① 각인

- [2D 스케치 시작] → [각인평면 선택] → [텍스트] → [바탕체] → [6mm] → [확인] → [스케치마무리]
- [돌출] → [각인번호 선택] → [차집합] → [거리] → [3mm] → [방향2] → [확인]

※ 각인 방향이 도면과 상이할 시 [회전] → [각인 선택] → [중심점 : 각인번호중심 클릭] → [각도 입력] → [적용]

※ 글자체, 글자 크기, 글자 깊이 등은 별도의 정보가 없으므로 도면과 유사한 모양 및 크기로 작업하시오.

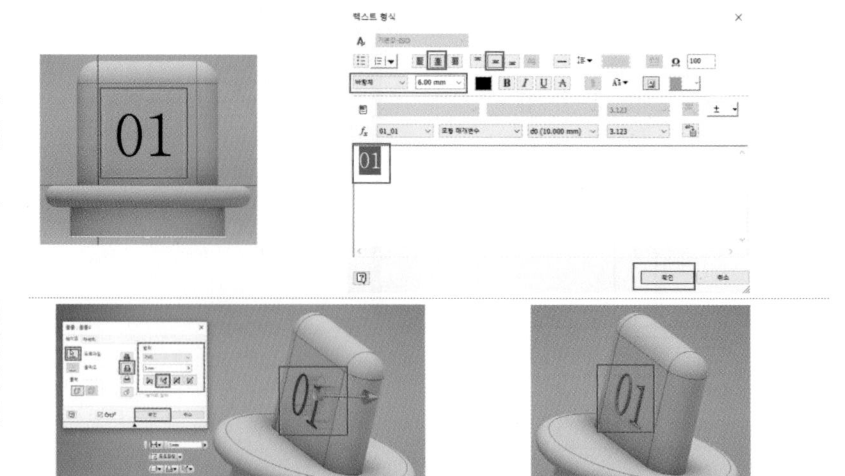

14

부품 ① 저장하기

- [파일] → [다른 이름으로 저장] → [비번호 폴더] → [파일이름] → [01_01] → [저장]

※ 본 교재의 부품 ①번 3D 모델링 파일이름은 "01_01"로 작성되었다. 부품 ①, ②번 3D모델링 파일이름은 수험자가 임의로 정할 수 있다.

예 부품1번, 01번 등

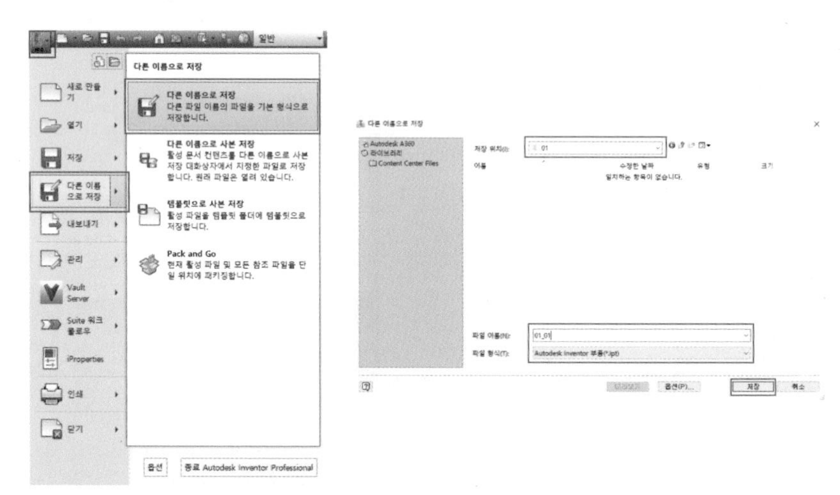

15

부품 ② 모델링

- [새로 만들기] → [Metric] → [Standard(mm).ipt] → [작성]

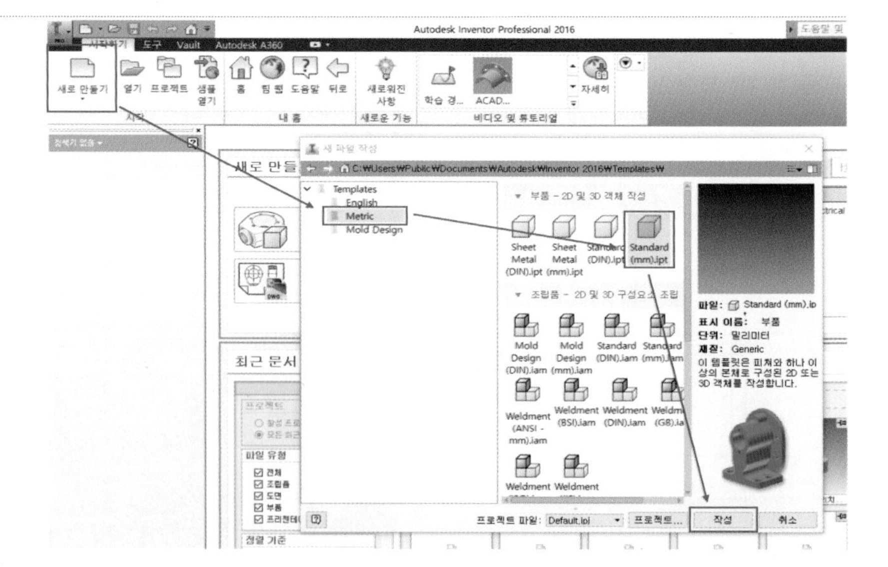

16

[2D 스케치 시작] → [마우스로 **XY Plane** 선택]

※ 마우스로 XY Plane 선택 시 빨간색으로 변함

※ 다른 방법(시트트리에서)
[원점] → [XY평면 마우스오른쪽 클릭] → [새 스케치]

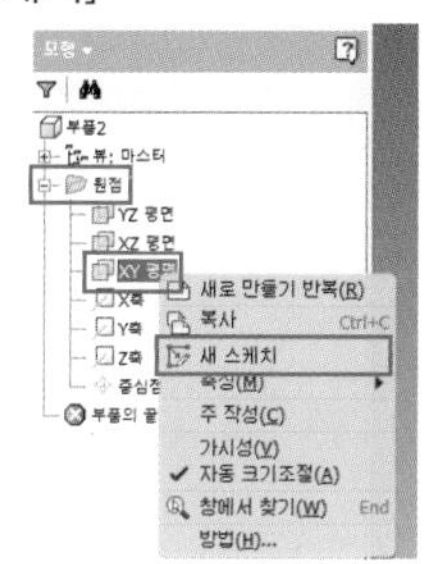

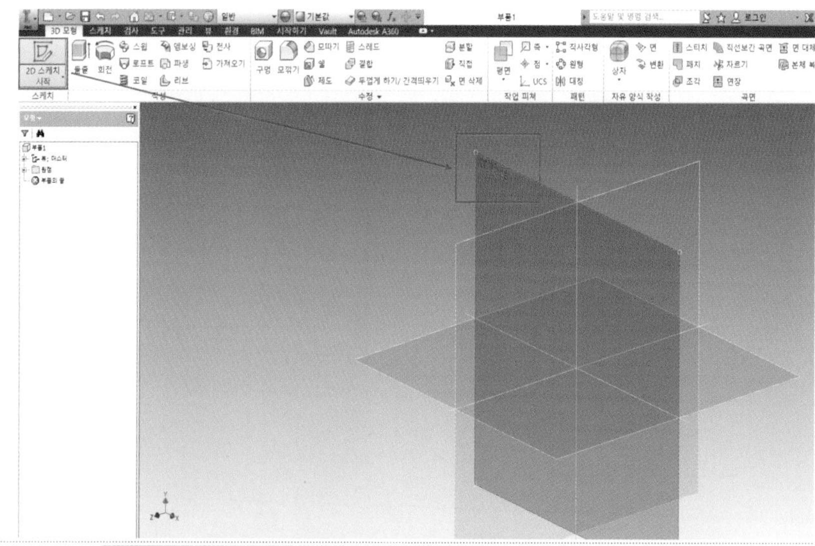

17

부품 ② 정면도 아래 원을 스케치한다.

• 원. ∅26, ∅34

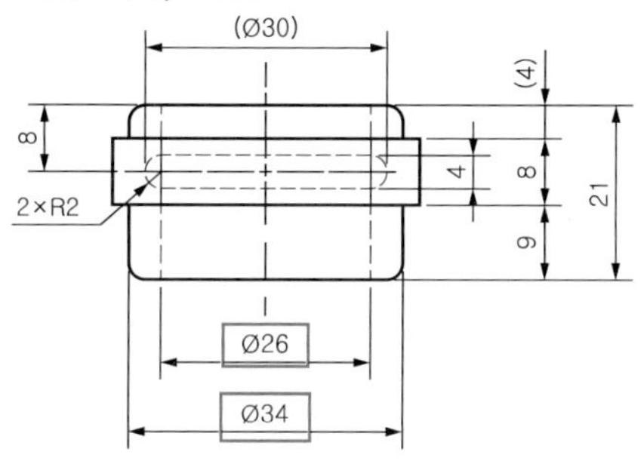

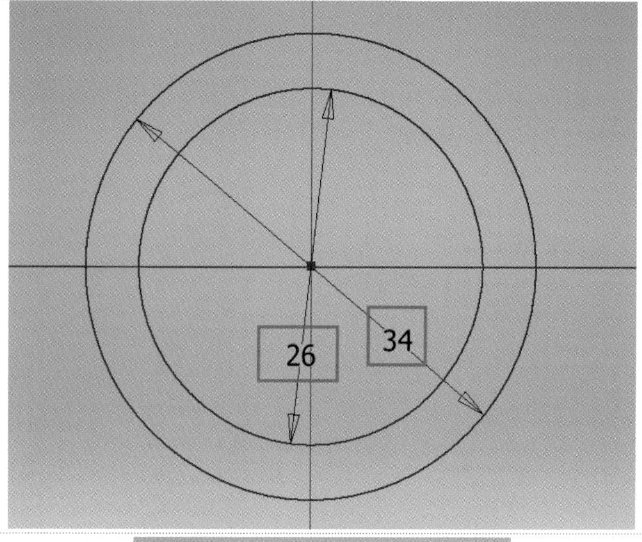

18

스케치마무리

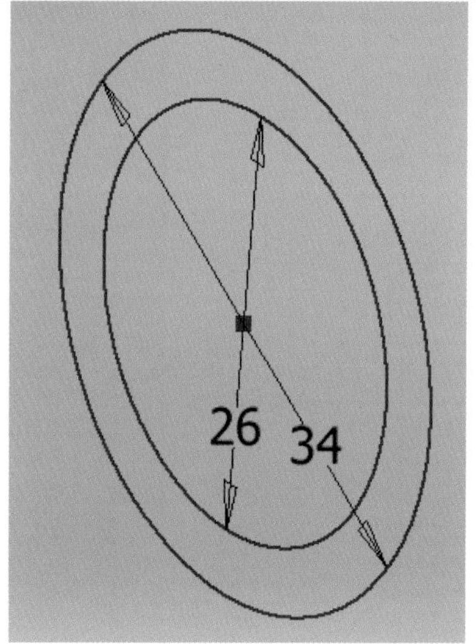

19

부품 ② 3D 모형 만들기

• [돌출] → [스케치 클릭] → [거리 : 21] → [방향1] → [확인]

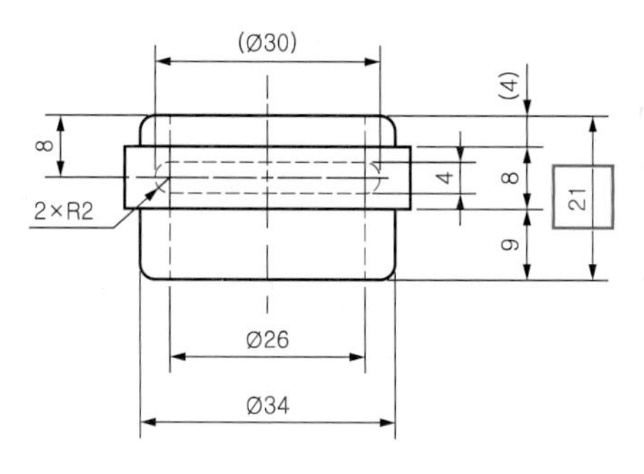

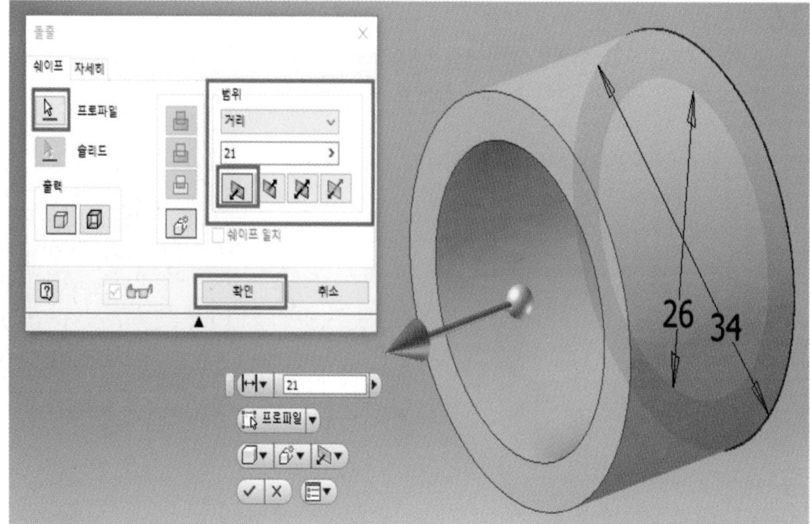

20

부품 ② 3D 모형 만들기

• [평면] → [평면에서 간격띄우기] → [평면 선택] → [−4] → [확인]

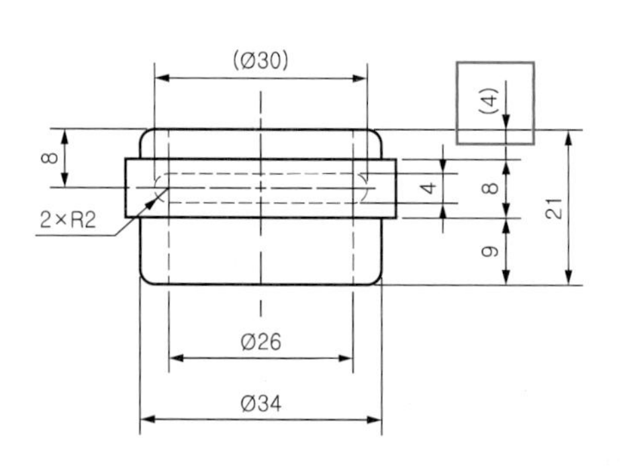

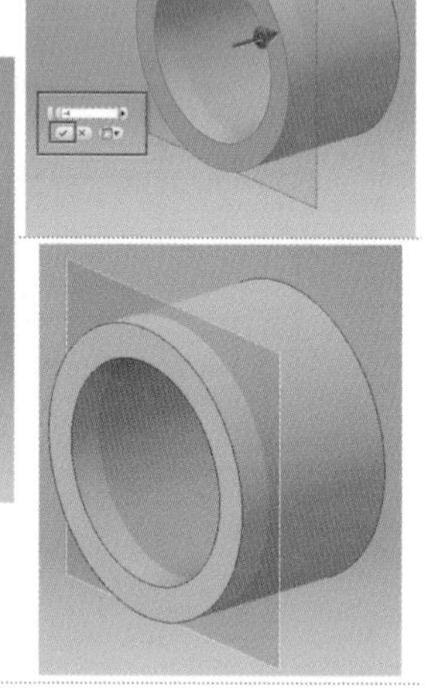

21

부품 ② 3D 모형 만들기

• [2D 스케치 시작] → [작업평면1 클릭]

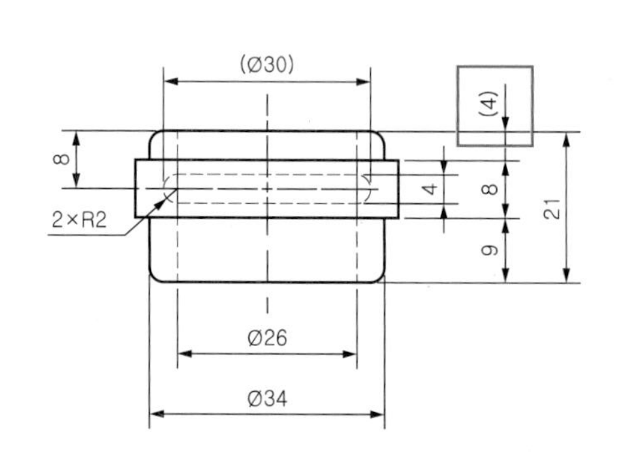

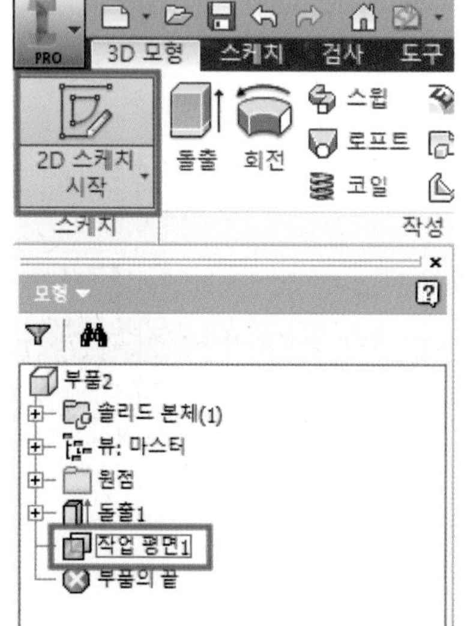

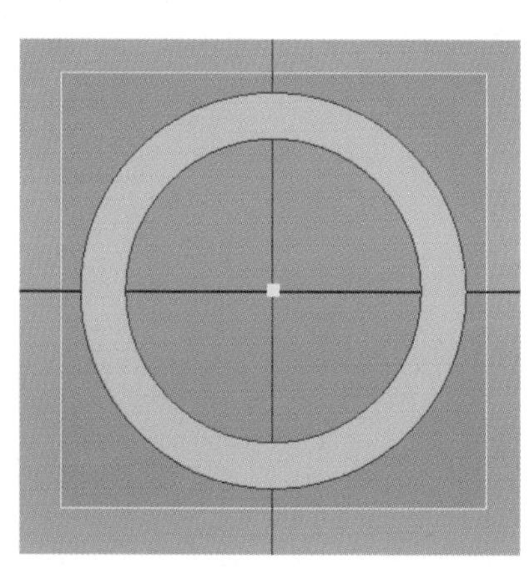

22

부품 ② 3D 모형 만들기

• [직사각형] → [치수/□38] → [형상투영] → [스케치마무리]

※ 형상 투영

※ 정사각형을 원 중앙에 위치시킨다.

※ 바깥원(∅34)을 형상투영한다.

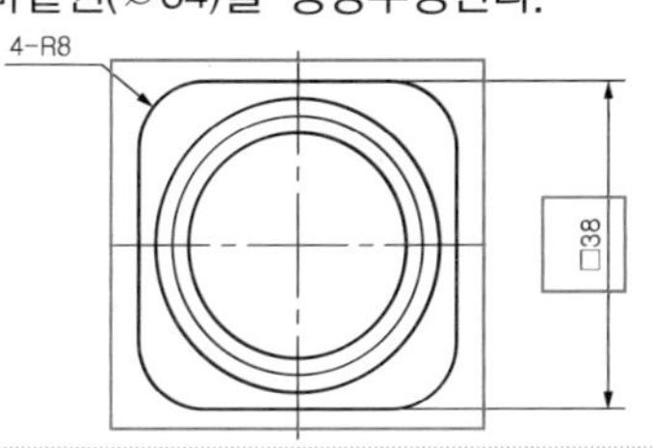

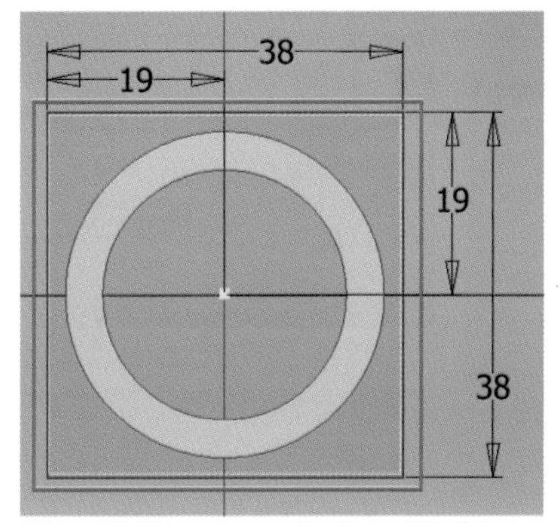

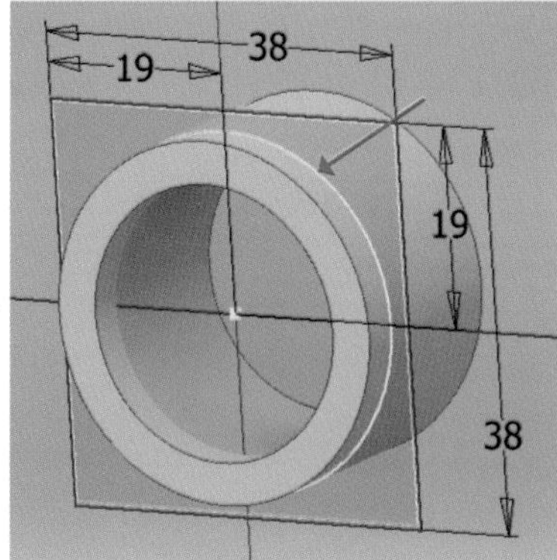

23

부품 ② 3D 모형 만들기

• [돌출] → [스케치 클릭] → [접합] → [거리 : 8] → [방향2] → [확인]

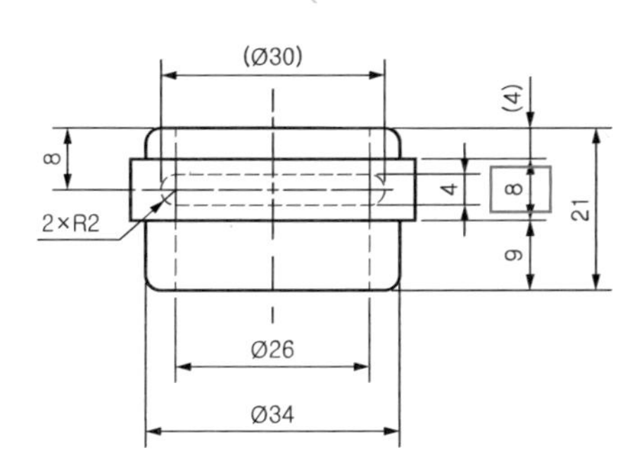

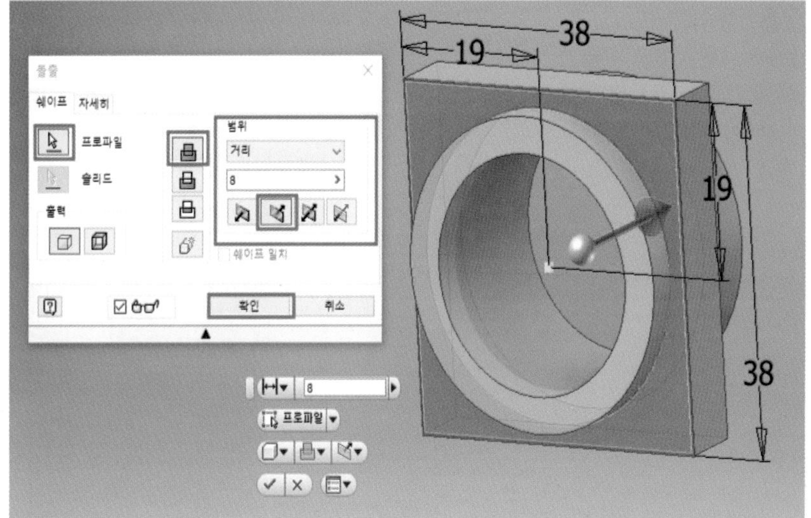

24

부품 ② 3D 모형 만들기

• [모깎기] → [모서리선택/4개] → [반지름 : 8] → [확인]

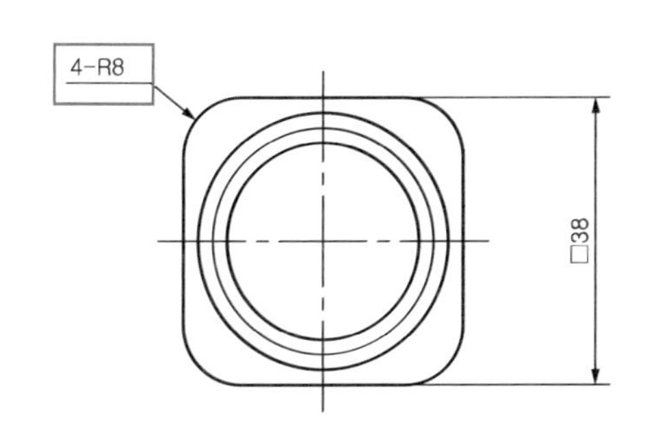

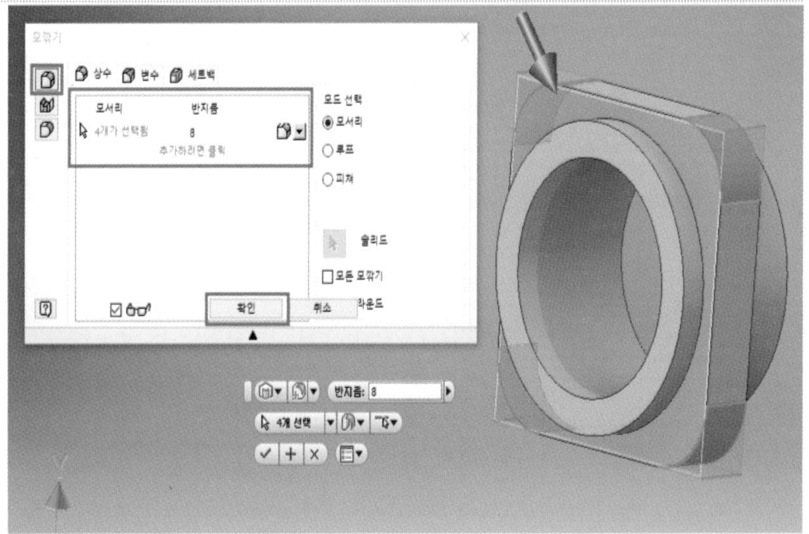

25

부품 ② 3D 모형 만들기

- [모깎기] → [모서리선택/2개] → [반지름 : 2] → [확인]

※ 주서
도시되고 지시 없는 라운드는 R2

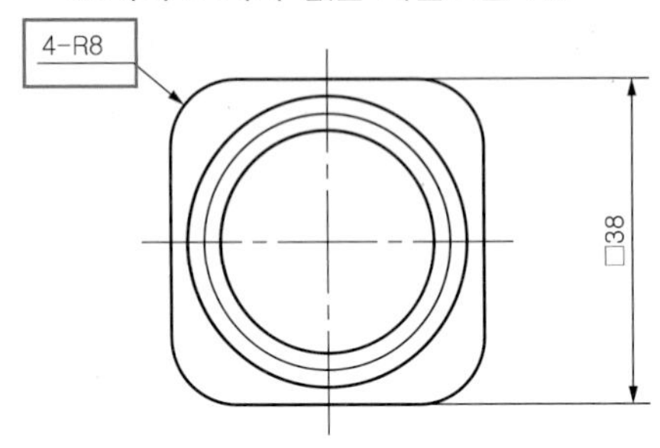

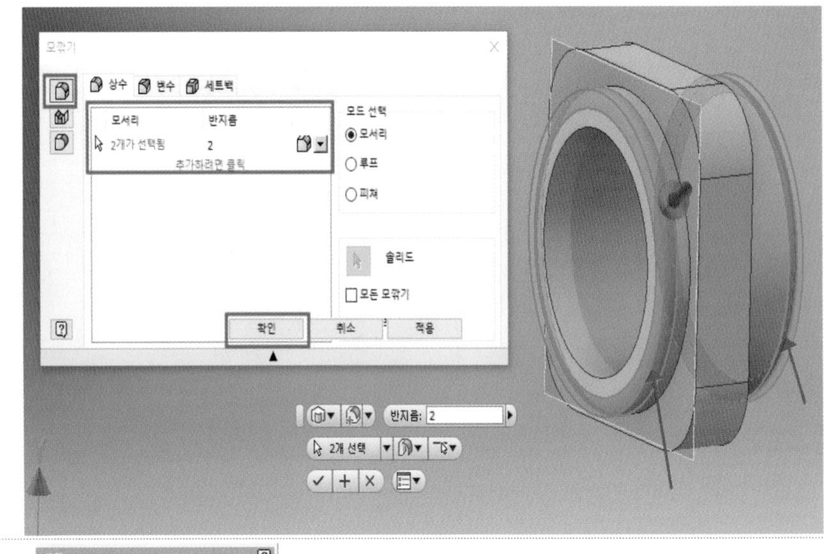

26

부품 ② 3D 모형 만들기

※ 작업평면 가시성 없애기

- [작업평면1] → [마우스오른쪽 클릭] → [가시성 클릭]

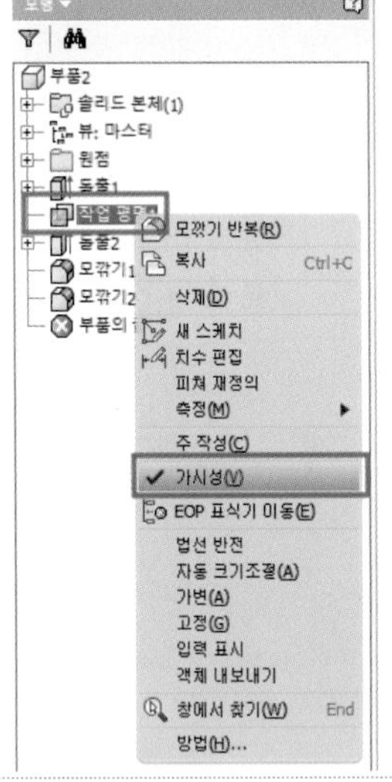

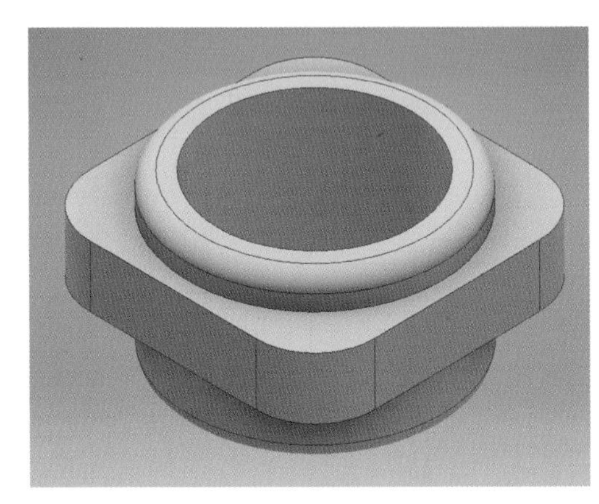

27

부품 ② 3D 모형 만들기

- [평면] → [평면에서 간격띄우기] → [평면 선택] → [-4] → [확인]

※ □38 정사각형 안의 원을 모델링하기 위해 정사각형 표면에서부터 4mm(8-4) 평면에서 간격 띄움

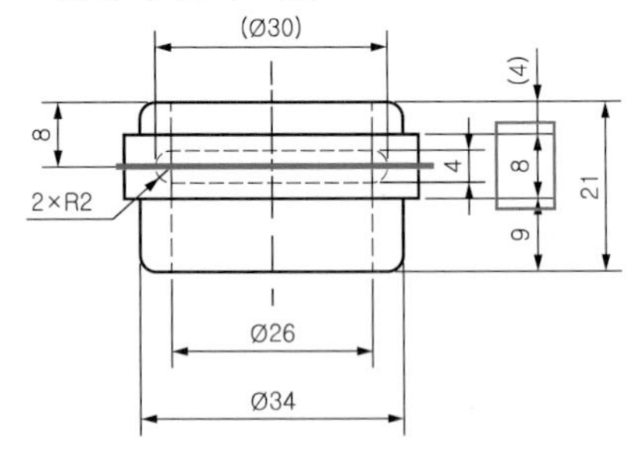

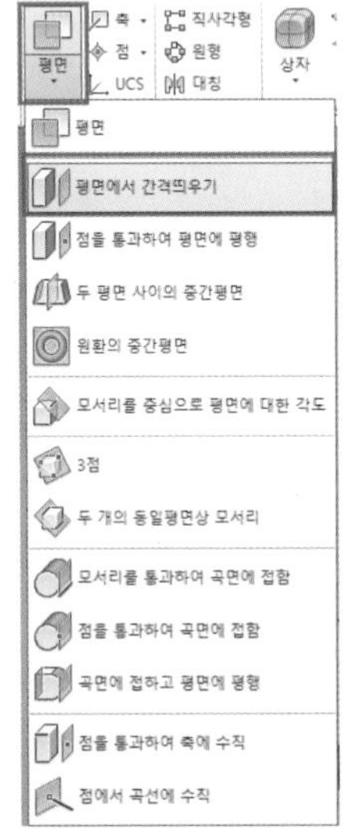

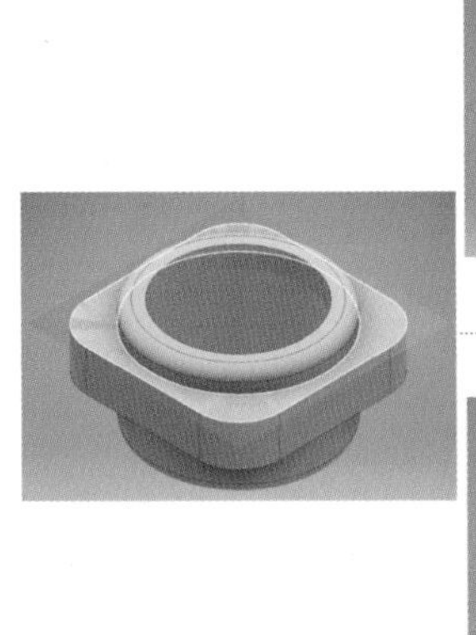

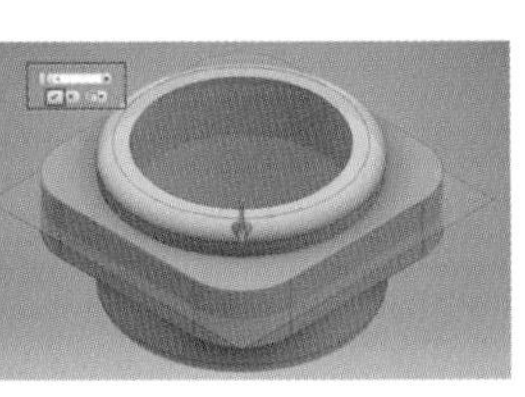

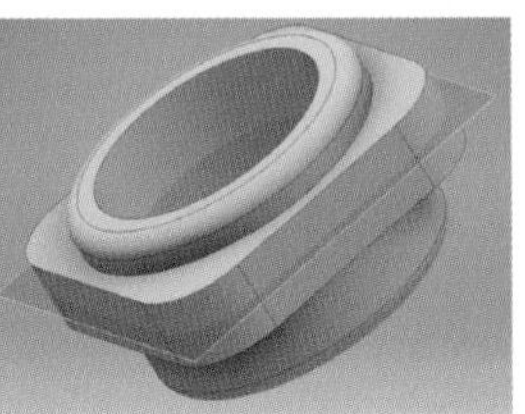

28

부품 ② 3D 모형 만들기

• [2D 스케치 시작] → [작업평면2 클릭] → [F7]

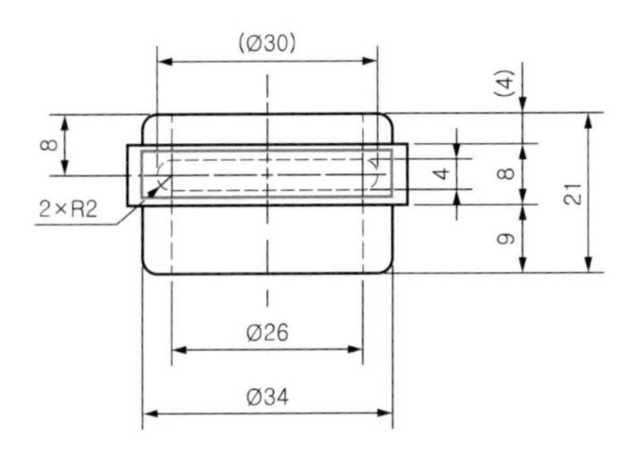

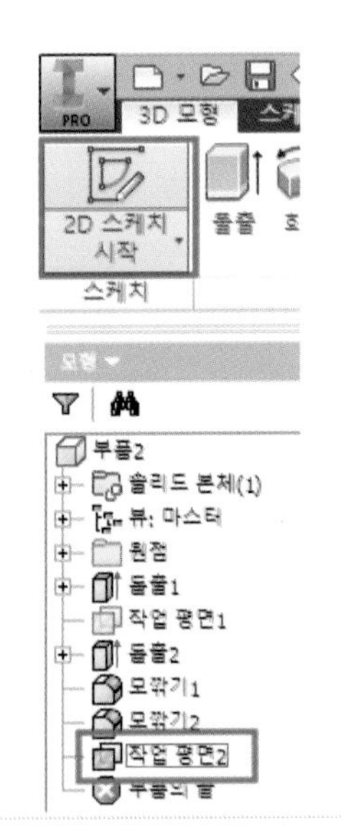

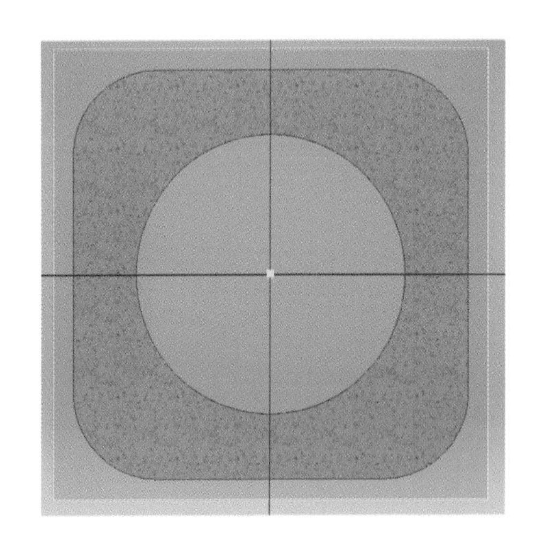

29

부품 ② 3D 모형 만들기

• [원] → [치수/∅30] → [스케치마무리]

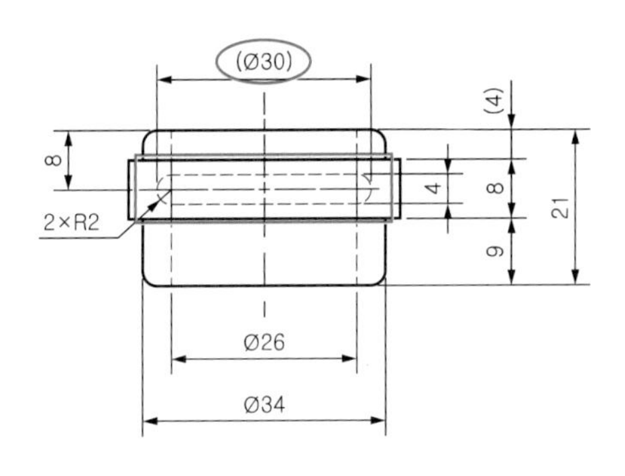

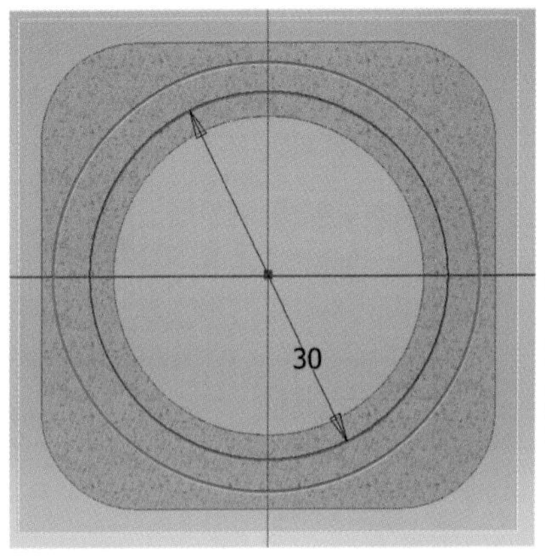

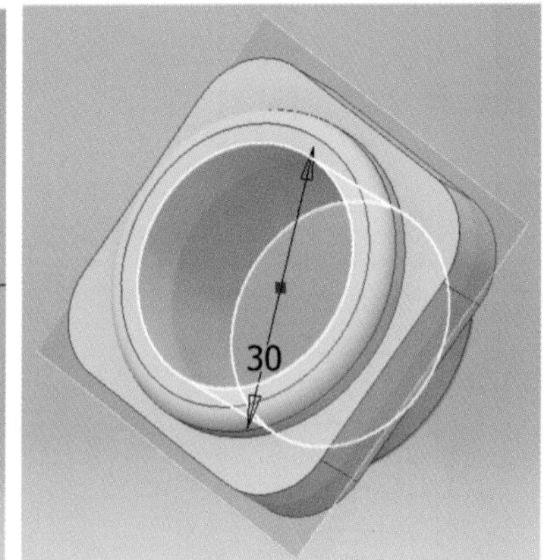

30

부품 ② 3D 모형 만들기

• [돌출] → [스케치 클릭] → [차집합] → [거리 : 4] → [대칭] → [확인]

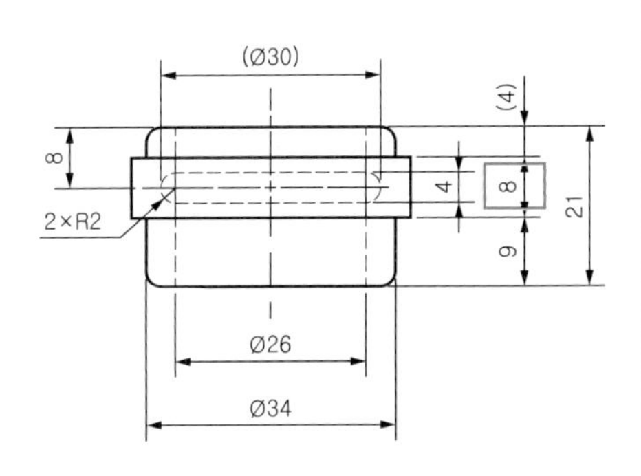

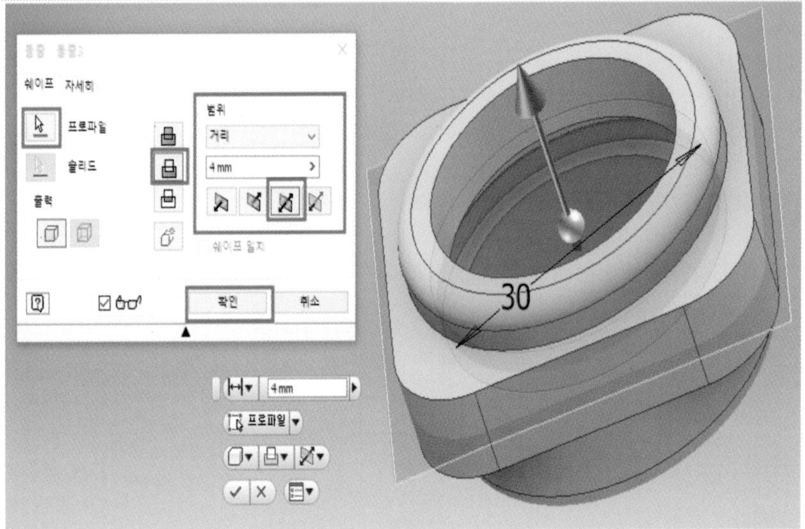

31

부품 ② 3D 모형 만들기

※ 작업평면 가시성 없애기

- [작업평면2] → [마우스오른쪽 클릭] → [가시성 클릭]

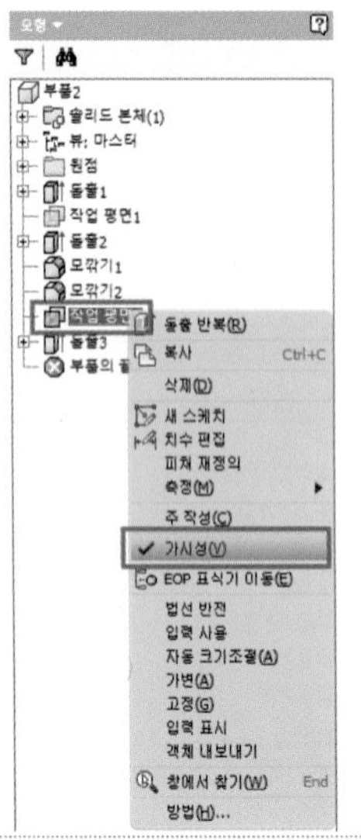

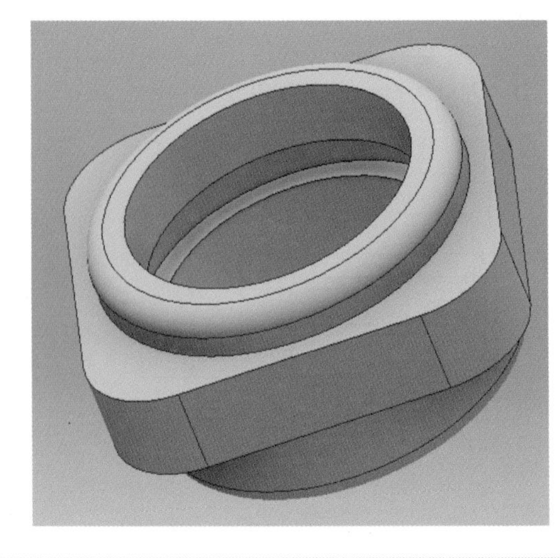

32

부품 ② 3D 모형 만들기

- [모깎기] → [모서리선택/2개] → [반지름 : 2] → [확인]

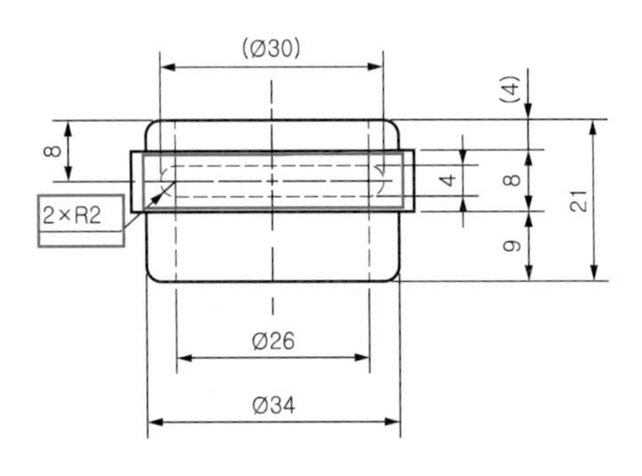

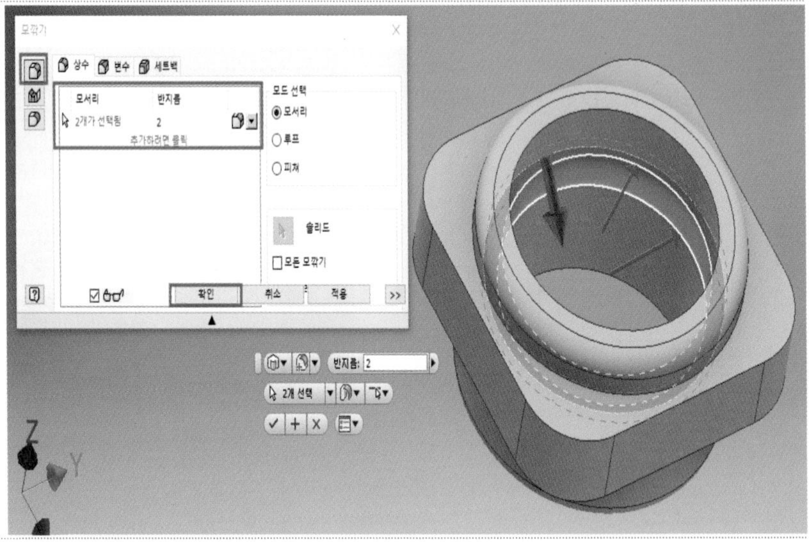

33

부품 ② 저장하기

- [파일] → [다른 이름으로 저장] → [비번호 폴더] → [파일이름] → [01_02] → [저장]

※ 본 교재의 부품 ②번 3D모델링 파일이름은 "01_02"로 작성되었다. 부품 ①, ②번 3D모델링 파일이름은 수험자가 임의로 정할 수 있다.

예 부품2번, 02번 등

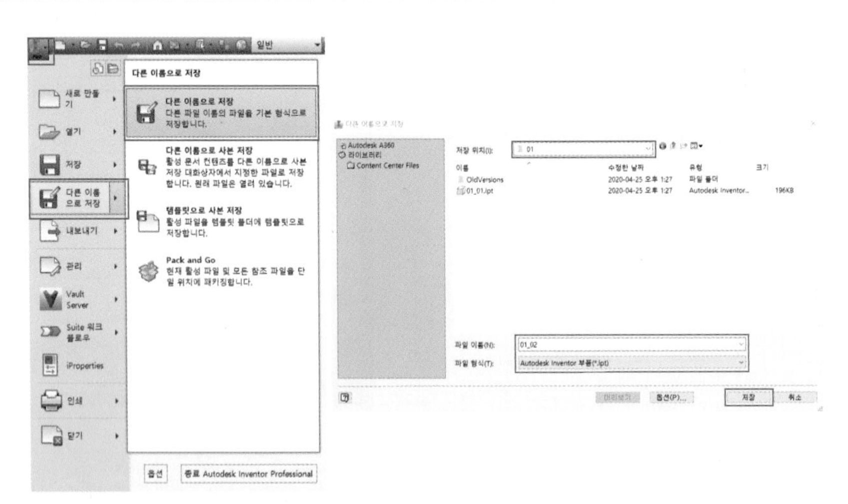

34

어셈블리

• [새로 만들기] → [Metric] → [Standard(mm).iam] → [작성]

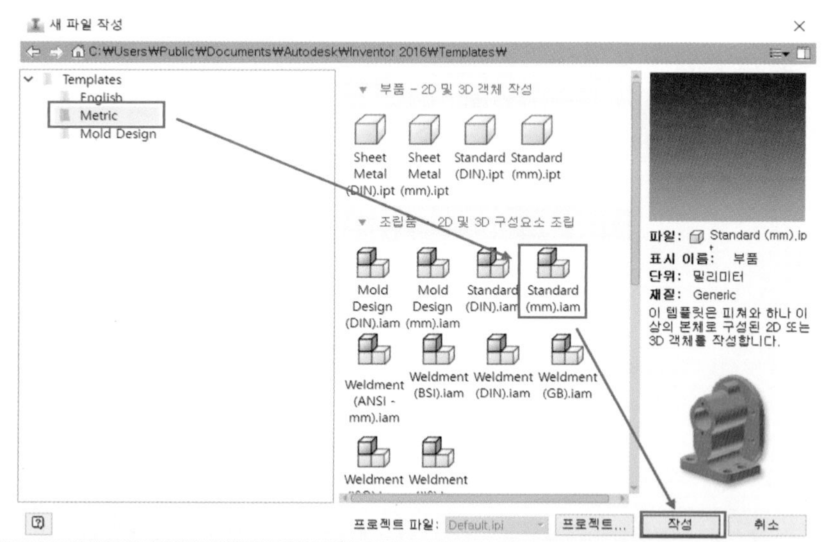

35

"배치" 아이콘을 통해 부품 ①, ②를 배치한다.

• [배치] → [01_01, 01_02 선택] → [열기] → [화면 클릭] → [ESC]

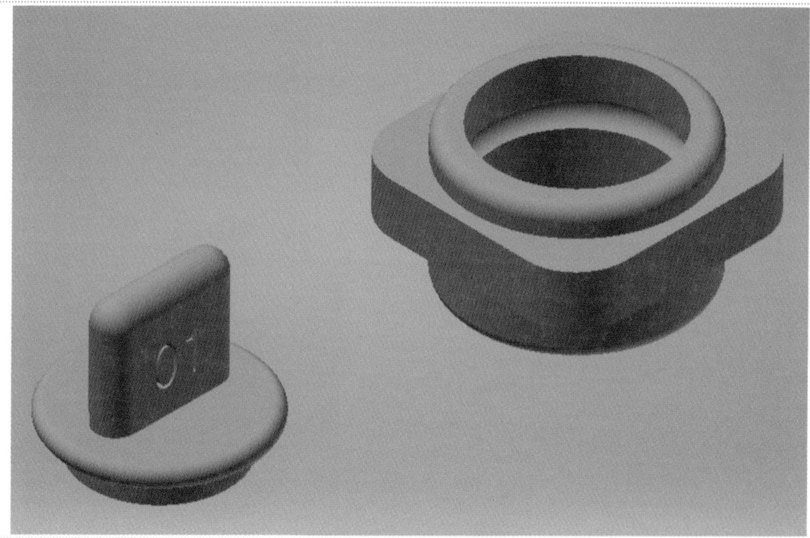

36

시트트리에서 부품①번을 우클릭하여 고정한다.

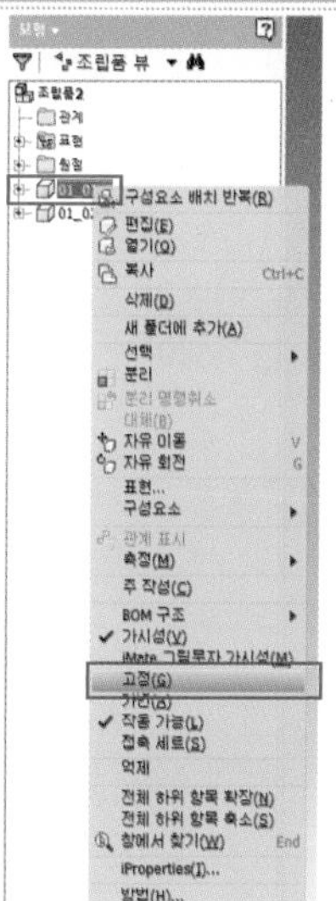

37

조립구속조건

• 부품 ②를 클릭하여 움직이고 우클릭하여 자유회전을 통하여 도면의 조립도와 비슷하게 한다.

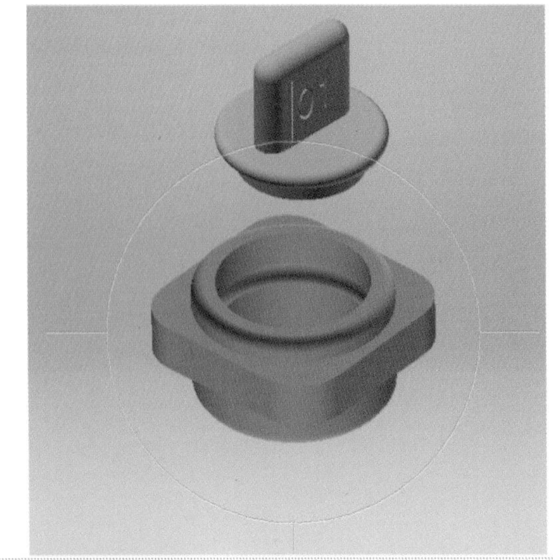

38

조립구속조건

• [구속조건] → [삽입] → [솔루션 : 반대] → [부품①선택요소] → [자유회전F4] → [부품②선택요소] → [간격띄우기 : 0.5] → [적용]

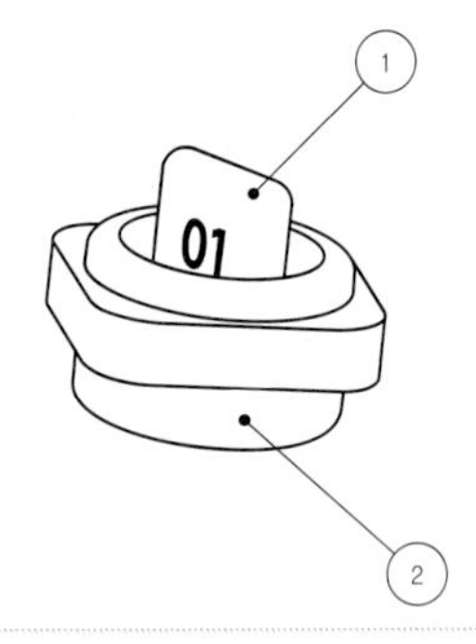

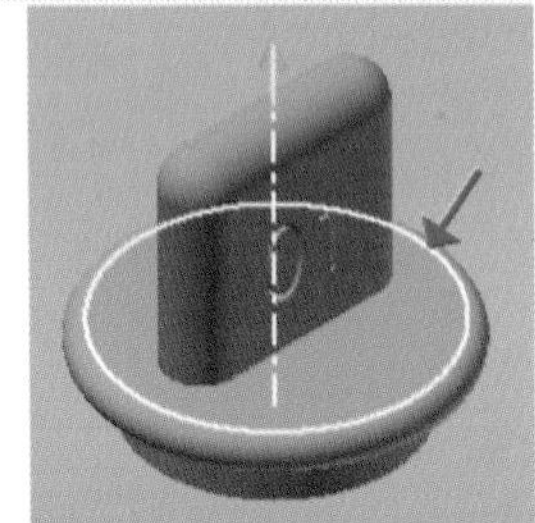

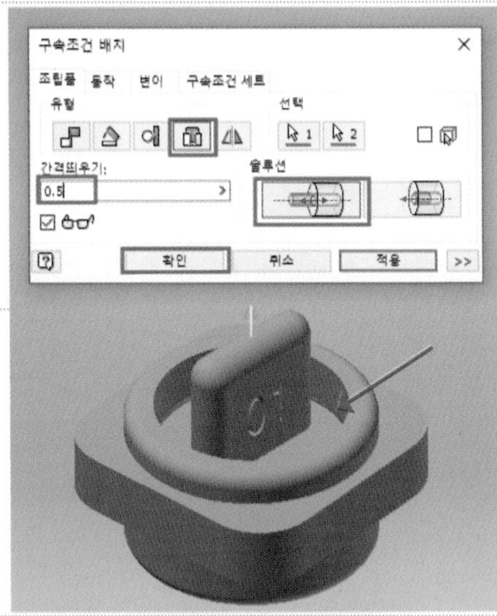

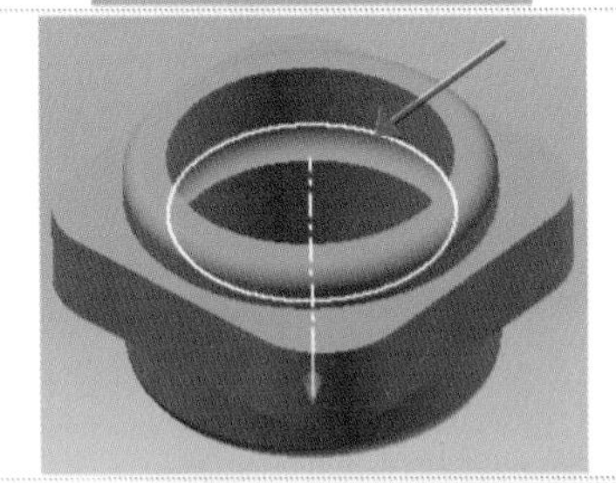

39

출력방향을 고려하여 구속조건 추가

※ 조립된 상태로 출력하니 되도록 서포트가 적게 나오고 도면의 ㉠, ㉡, ㉢ 치수가 정밀하게 나오는 출력방향을 결정해야 한다.

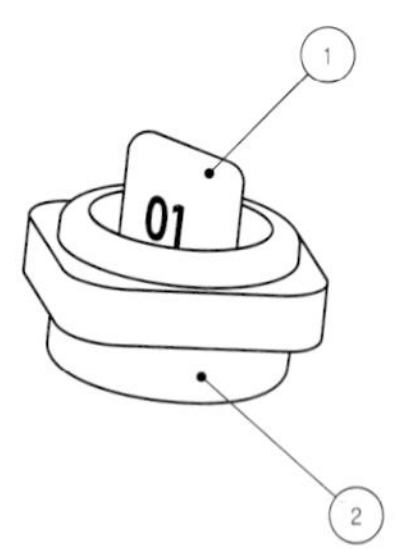

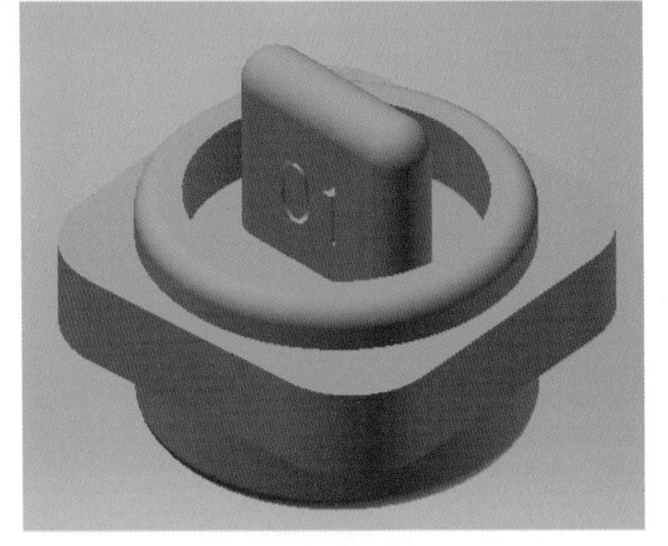

40

어셈블리 저장하기(2가지 확장자)

- [파일] → [다른 이름으로 저장] → [비번호 폴더] → [파일이름] → [01] → [저장]

- [파일] → [내보내기] → [CAD형식] → [비번호폴더] → [01] → [파일형식 : STEP 선택] → [저장]

구 분	작업명	파일명	비 고
1	어셈블리	01.***	
2		01.STP	채점용

※ 비번호 01인 경우

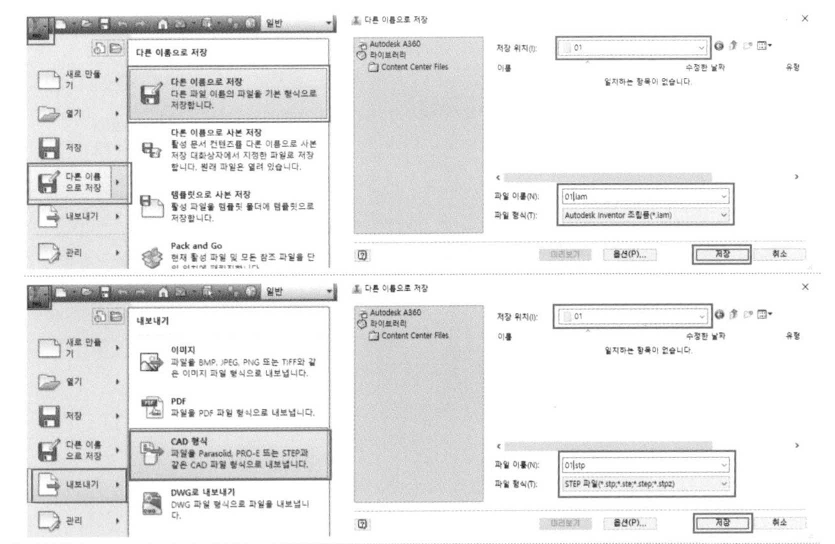

41

어셈블리 저장하기(STL확장자)

- [파일] → [내보내기] → [CAD형식] → [비번호폴더] → [01] → [파일형식 : STL 선택] → [옵션] → [단위 : mm] → [저장]

※ 옵션에서 단위 mm 선택

구 분	작업명	파일명	비 고
3	어셈블리	01.STL	

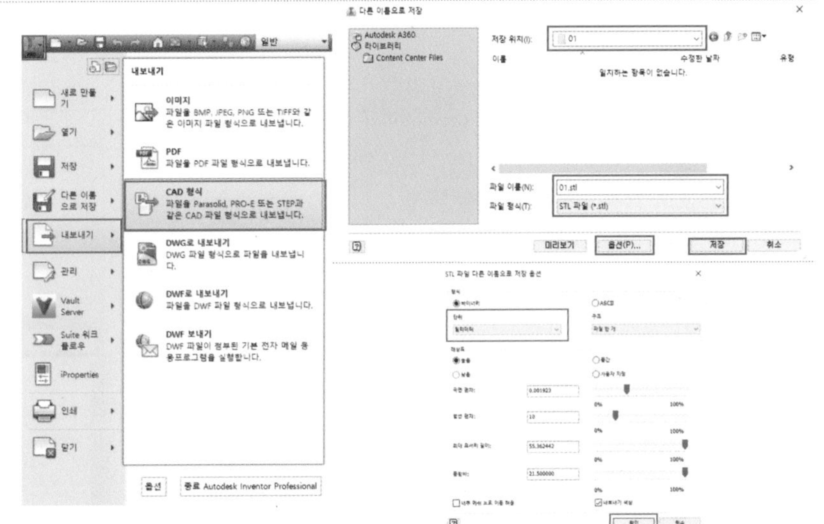

42

슬라이싱(3DWOX)

슬라이싱 프로그램을 실행한다.

- [파일] → [모델 불러오기] → [비번호폴더] → [01.stl] → [열기]

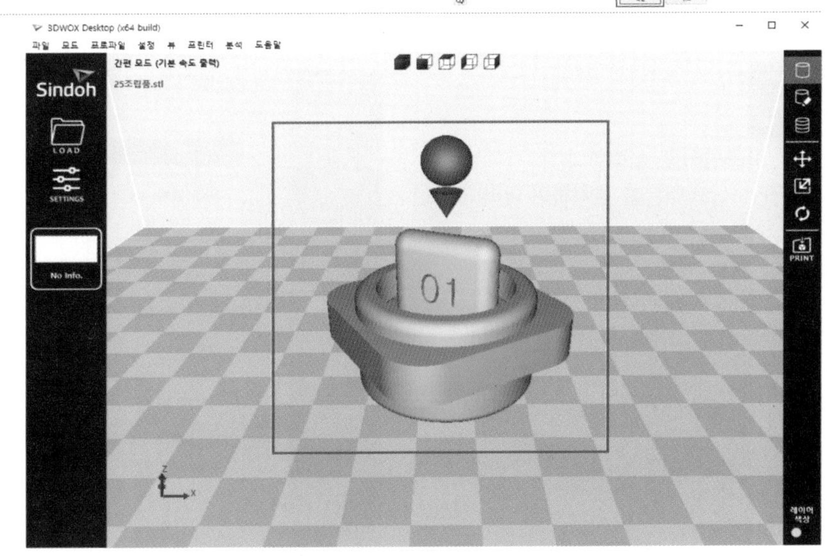

43

프린터 설정

• [설정] → [프린터 설정] → [프린터 모델] → [확인]

※ 시험장 프린터 모델을 선택한다.
예 DP200

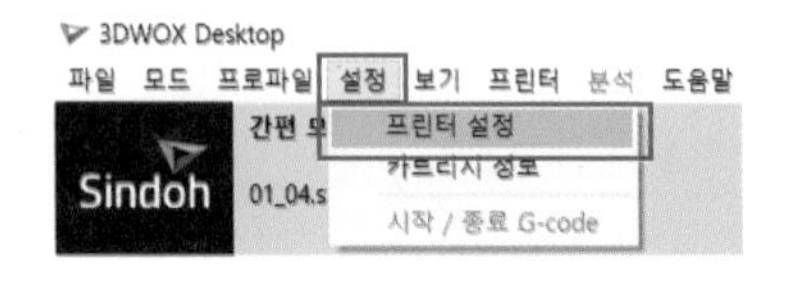

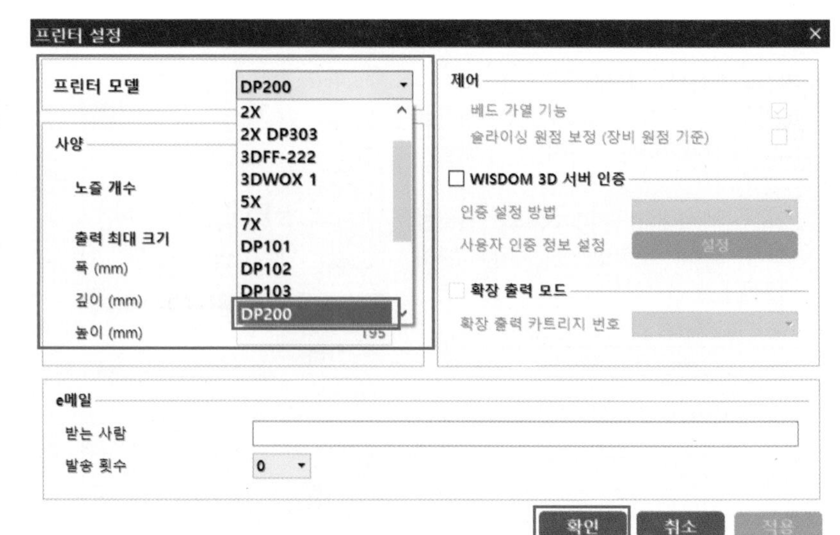

44

출력방향을 결정한다.

• [분석] → [최적출력방향] → [분석] → [추천 1~6 선택]

※ 신도리코 3DWOX는 최적출력방향을 분석해 준다. 참고하여 서포트가 적게 나오고 도면의 ㉠, ㉡, ㉢ 치수가 정밀하게 나오는 출력방향을 결정한다.

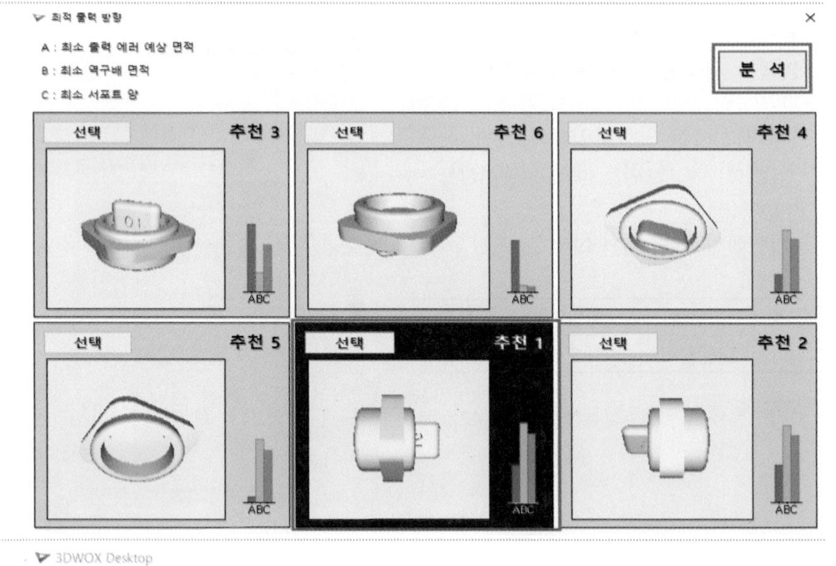

45

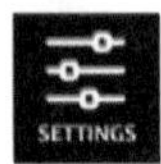

기본 파라미터를 설정한다.

• [SETTINGS] 버튼을 클릭하여 파라미터 값을 조정한다.
• 기본 속도 출력
• 재질 : PLA
• 서포트 : 모든 곳, 지그재그 구조

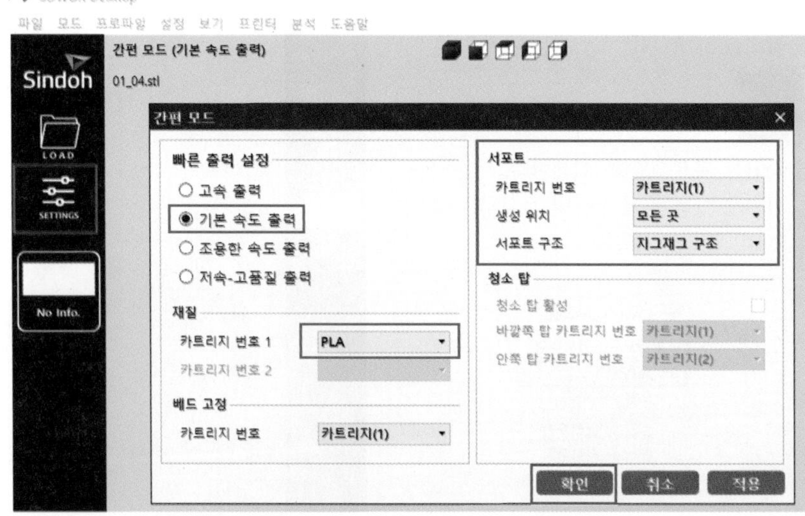

46

슬라이싱

- 베드상에 있는 출력물이 파라미터의 값이 반영되면서 슬라이싱을 수행한다.

※ 출력예상시간을 확인한다.

※ 출력예상시간이 1시간 20분이 넘어가면 고급모드로 변경하여 [SETTINGS]에서 레이어 높이, 채우기 밀도, 서포트 밀도 등 설정값을 변경한다.

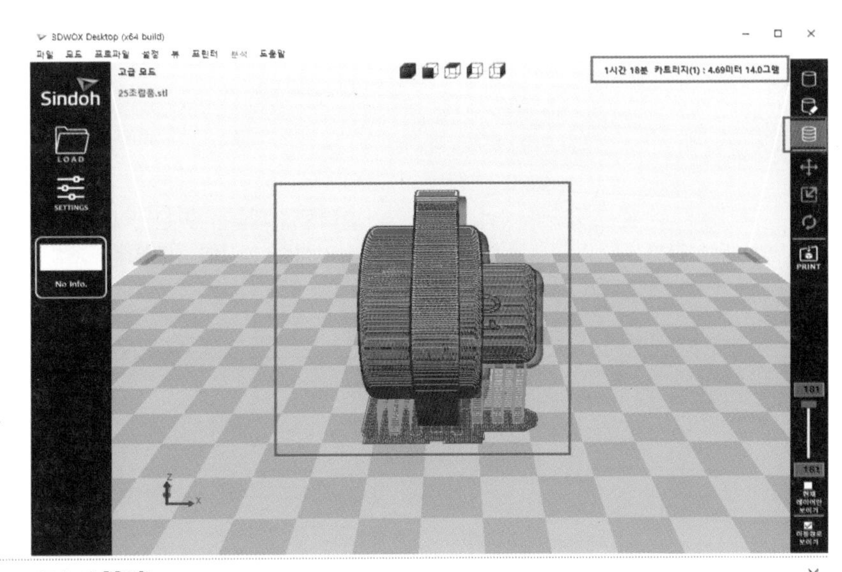

47

G-code 저장하기

- [파일] → [G-code 저장하기] → [예] → [비번호폴더] → [01.gcode] → [저장]

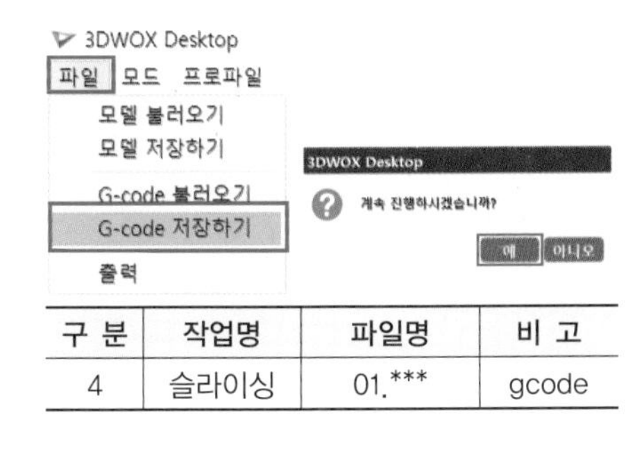

구 분	작업명	파일명	비 고
4	슬라이싱	01.***	gcode

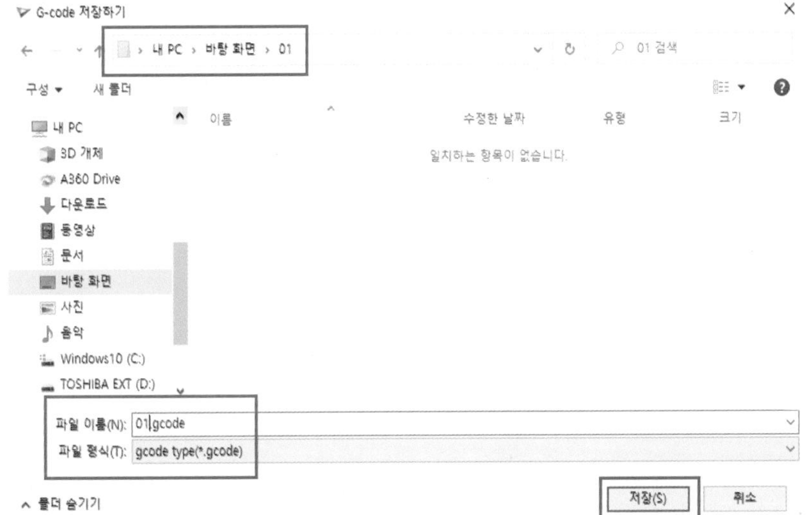

48

지급된 저장매채(USB 또는 SD-card)에 저장한다.

- 감독위원에게 저장매채(USB 또는 SD-card) 제출

49

3D프린터 세팅

- 노즐, 베드 등에 이물질을 제거하여 출력 시 방해요소가 없도록 세팅한다.
- PLA 필라멘트 장착 여부 등 소재의 이상 여부를 점검하고 정상 작동하도록 세팅한다.
- 베드 레벨링 기능 등을 활용하여 베드 위치를 세팅한다.

50

3D프린팅

- 저장매채(USB 또는 SD-card)에 있는 파일(01_04.gcode)을 3D프린터 전면부에 있는 USB 포트에 연결하여 화면에서 직접 G-code를 불러와 출력한다.

51
후처리

• 출력을 완료한 후 보호장갑을 착용하고 서포트 및 거스러미를 제거하여 감독위원에게 제출한다.

52
노즐 및 베드 정리

• 출력물을 제출한 후 본인이 사용한 3D프린터 노즐 및 베드 등의 잔여물을 제거하고 정리정돈 한다(**※ 정리상태도 채점 대상임에 주의하자**).

26 3D모델링 실기 공개문제 도면 - 26

자격종목	3D프린터운용기능사	[시험1] 과제명	3D모델링 작업	척 도	NS

1

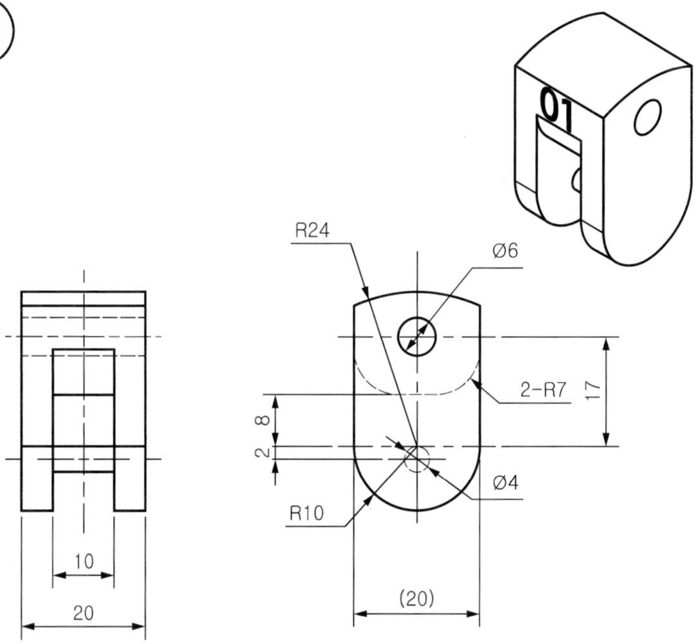

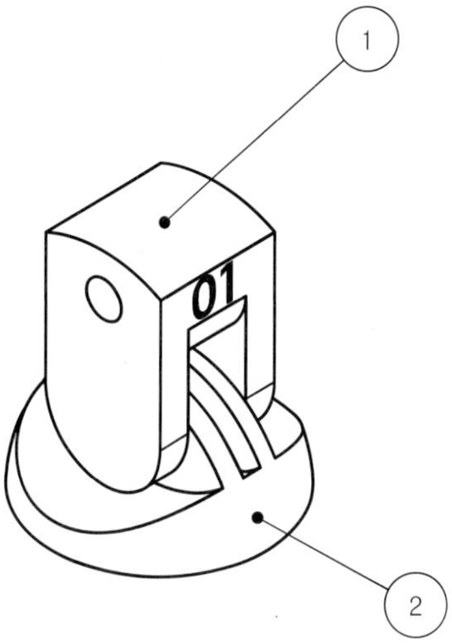

R24
Ø6
2-R7
17
8
2
Ø4
R10
10
20
(20)
1
2

2

B
3
(Ø38)
A
R25
SR19
29
13

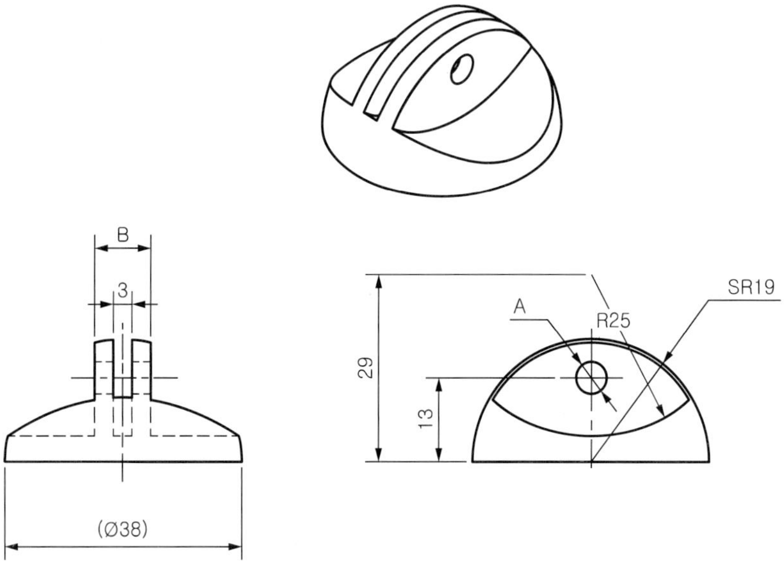

01

부품 ① 모델링

• [새로 만들기] → [Metric] → [Standard(mm).ipt] → [작성]

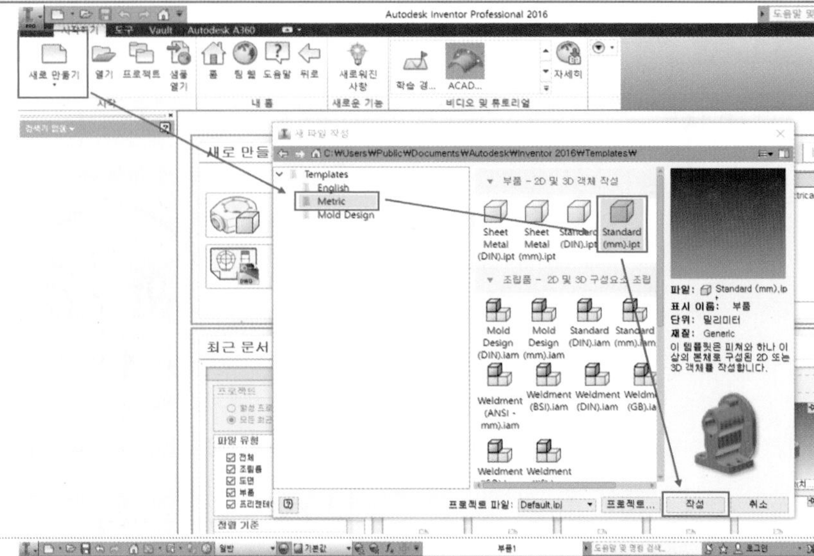

02

[2D 스케치 시작] → [마우스로 XY Plane 선택]

※ 마우스로 XY Plane 선택 시 빨간색으로 변함

※ 다른 방법(시트트리에서)
[원점] → [XY평면 마우스오른쪽 클릭] → [새 스케치]

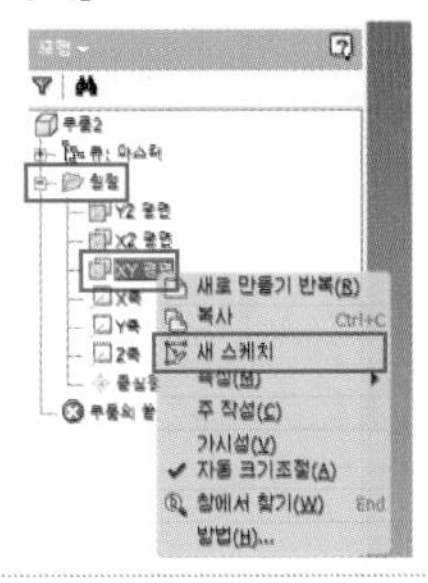

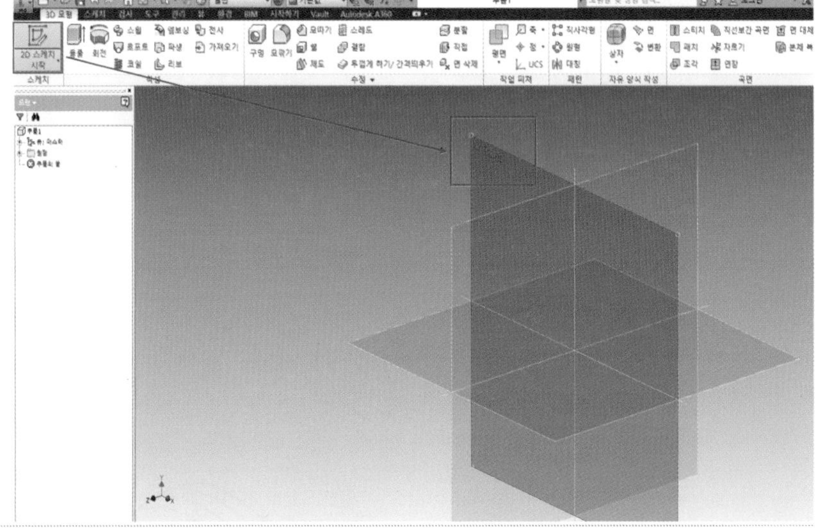

03

부품 ① 우측면도를 스케치한다.

• 원(∅20), 선, 치수 구속조건(접선), 호(R24), 치수 구속조건(일치), 원(∅6), 자르기

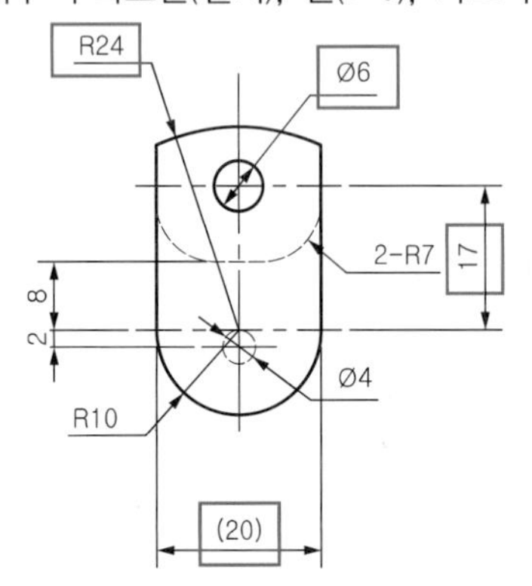

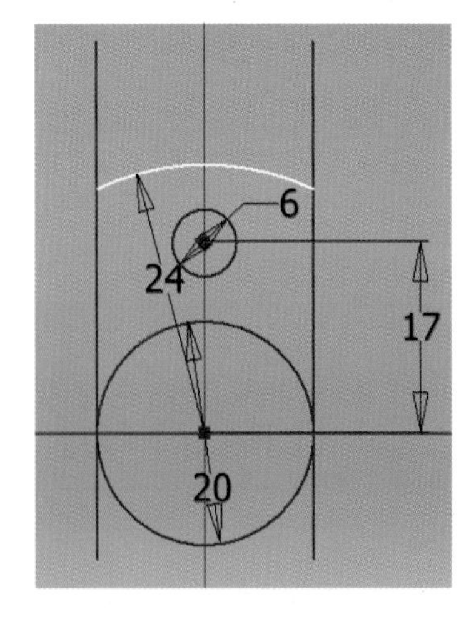

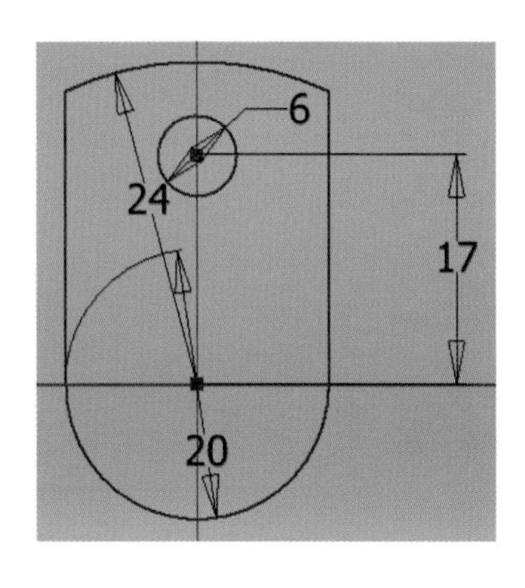

04

스케치마무리

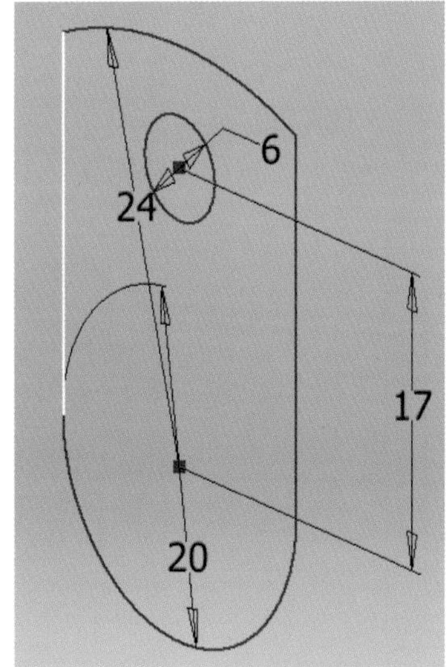

05

부품 ① 3D 모형 만들기

• [돌출] → [스케치 클릭] → [거리 : 20] → [대칭] → [확인]

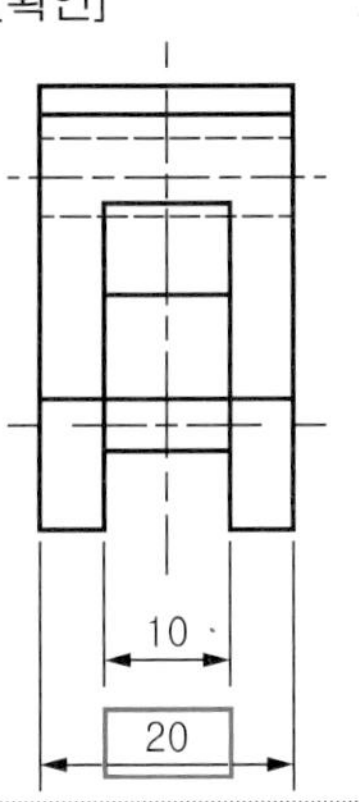

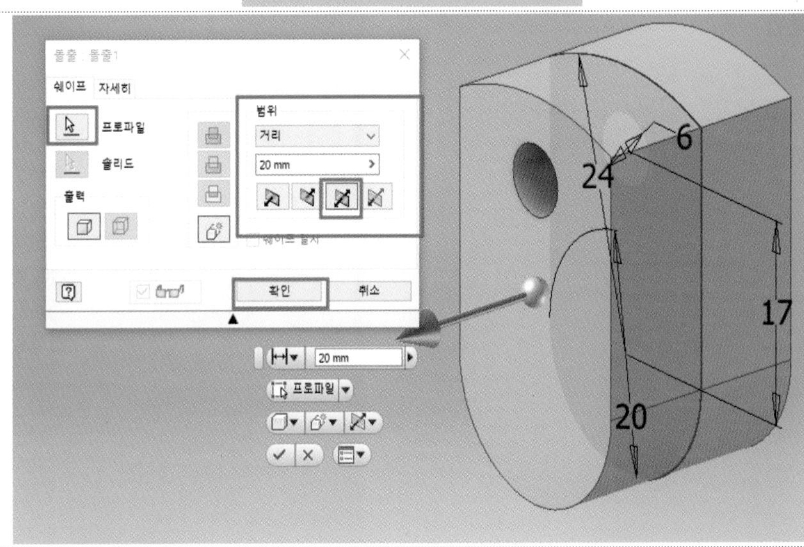

06

부품 ① 3D 모형 만들기

• [2D 스케치 시작] → [XY평면 선택] → [F7] → [형상투영] → [선] → [치수] → [원/∅4] → [치수] → [치수 구속조건(수직)] → [자르기] → [스케치마무리]

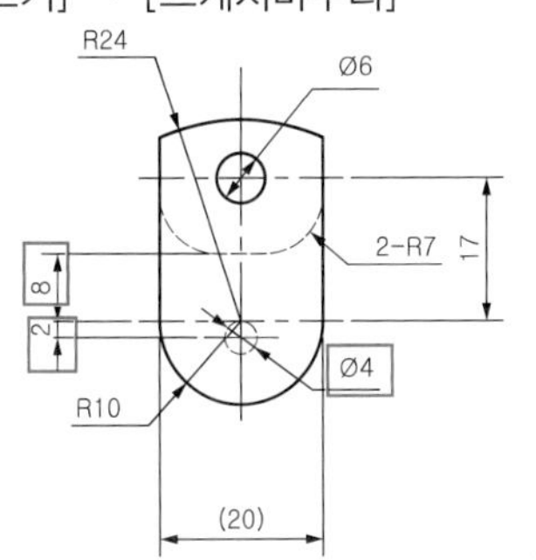

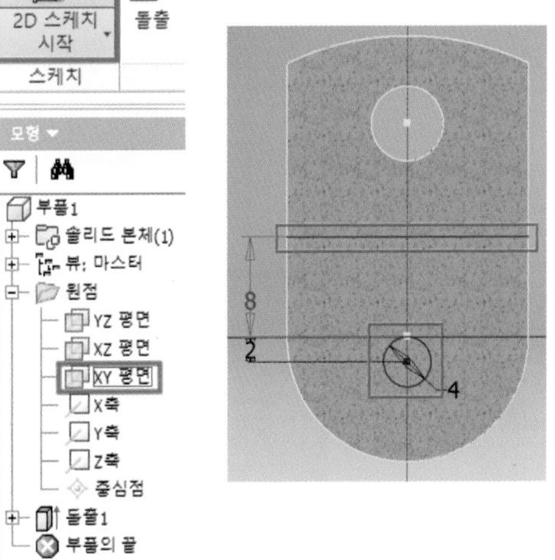

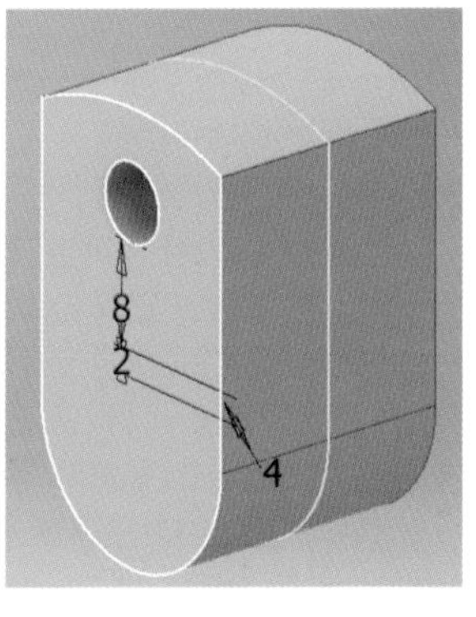

07

부품 ① 3D 모형 만들기

• [돌출] → [스케치 클릭] → [차집합] → [거리 : 10] → [대칭] → [확인]

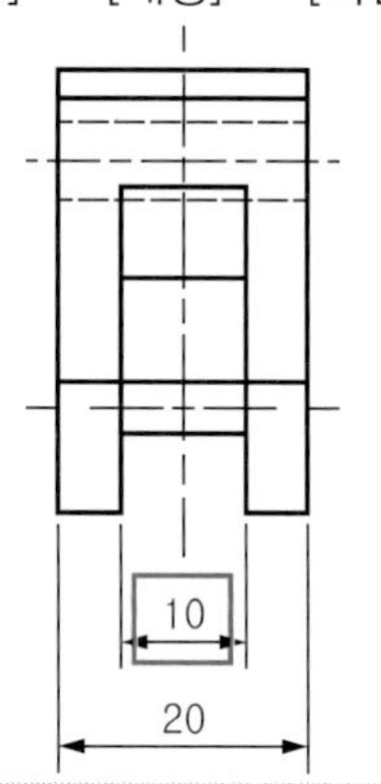

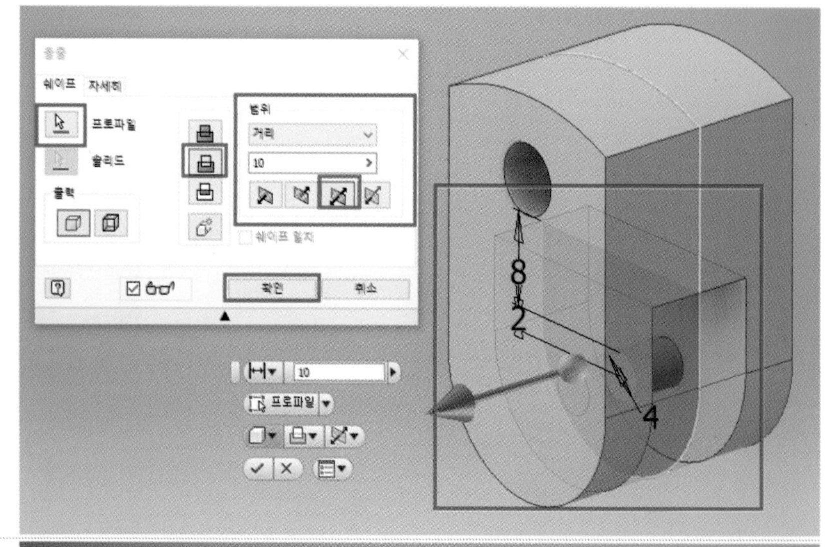

08

부품 ① 3D 모형 만들기

• [모깎기] → [모서리선택/2개소] → [반지름 : 7] → [확인]

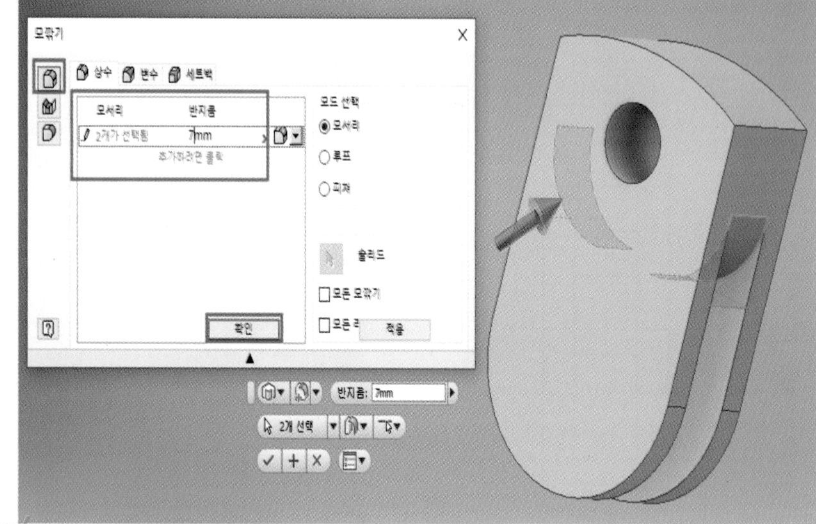

09

부품 ① 각인

• [2D 스케치 시작] → [각인평면 선택] → [텍스트] → [바탕체] → [6mm] → [확인] → [스케치마무리]

• [돌출] → [각인번호 선택] → [차집합] → [거리] → [3mm] → [방향2] → [확인]

※ 각인 방향이 도면과 상이할 시 [회전] → [각인 선택] → [중심점 : 각인번호중심 클릭] → [각도 입력] → [적용]

※ 글자체, 글자 크기, 글자 깊이 등은 별도의 정보가 없으므로 도면과 유사한 모양 및 크기로 작업하시오.

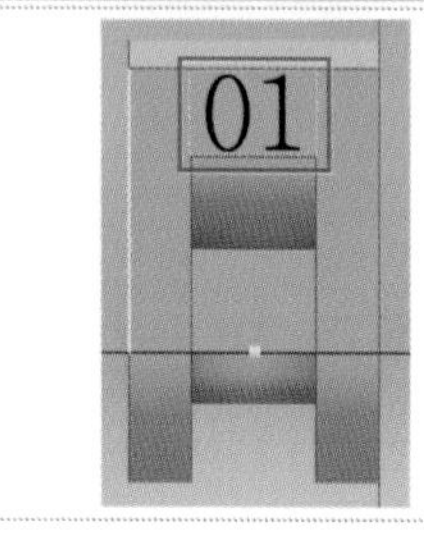

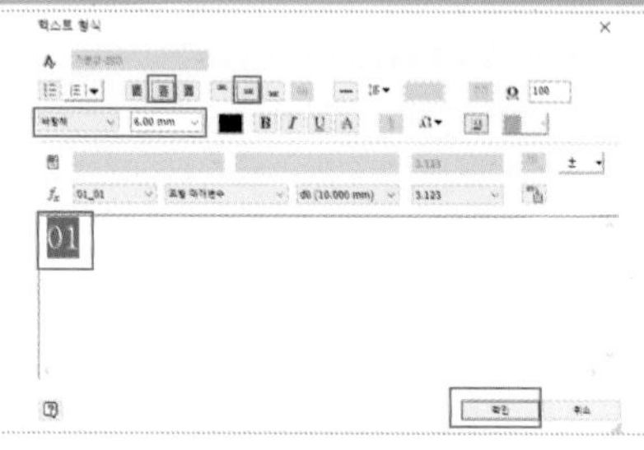

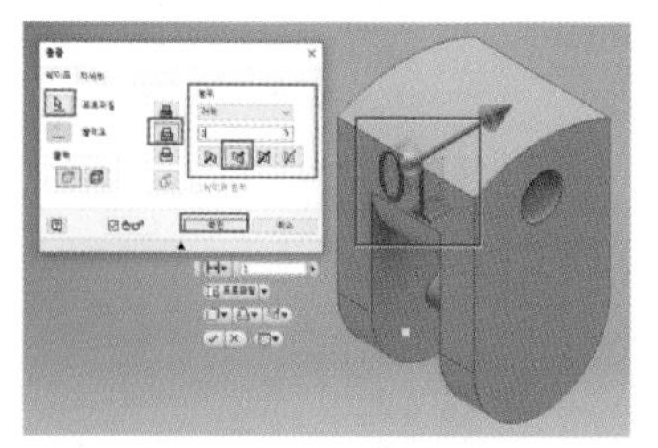

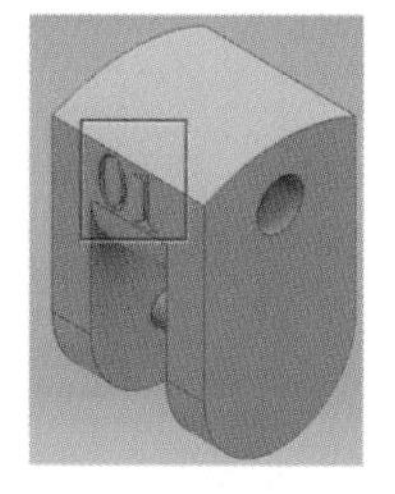

10

부품 ① 저장하기

- [파일] → [다른 이름으로 저장] → [비번호 폴더] → [파일이름] → [01_01] → [저장]

※ 본 교재의 부품 ①번 3D모델링 파일이름은 "01_01"로 작성되었다. 부품 ①, ②번 3D모델링 파일이름은 수험자가 임의로 정할 수 있다.
 예 부품1번, 01번 등

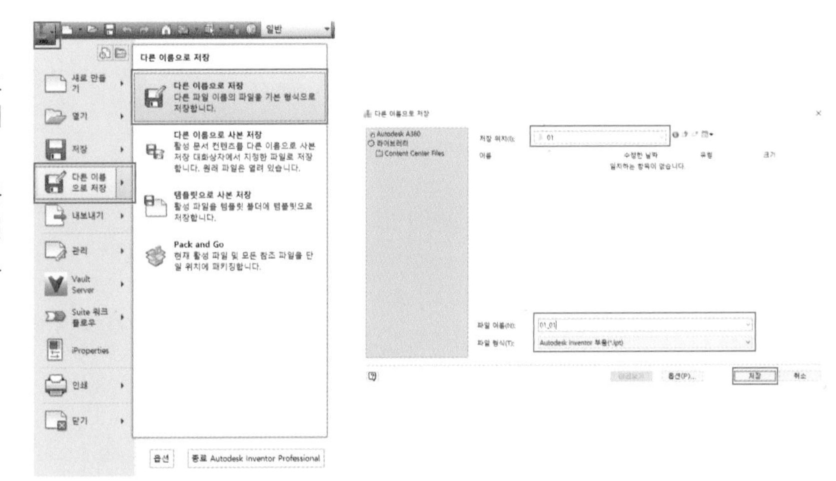

11

부품 ② 모델링

- [새로 만들기] → [Metric] → [Standard(mm).ipt] → [작성]

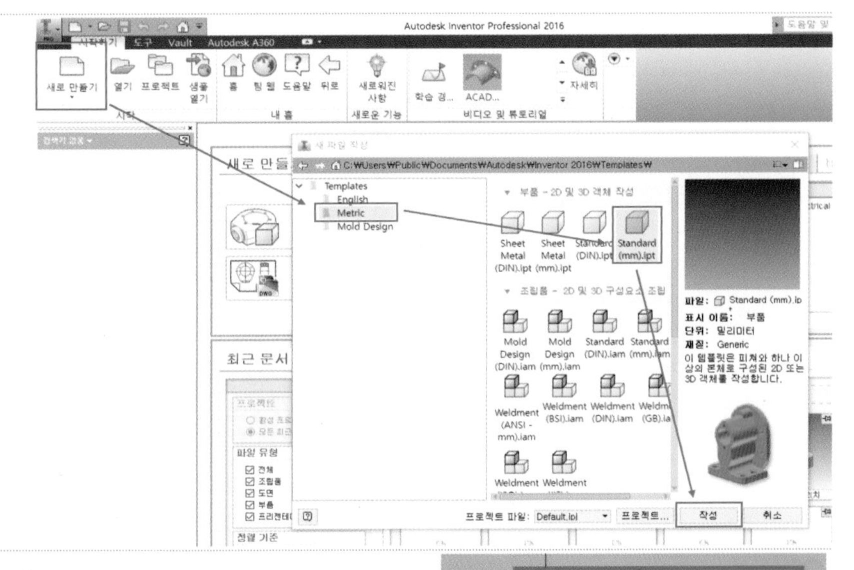

12

부품 ② 우측면도를 스케치한다.

- 원(∅38), 선, 자르기
- SR19의 1/2만 스케치

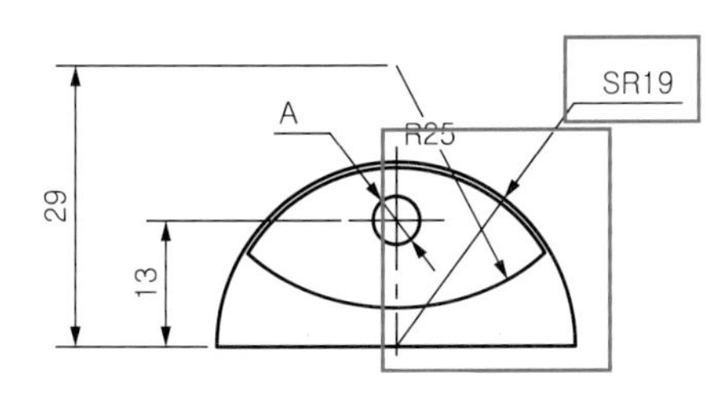

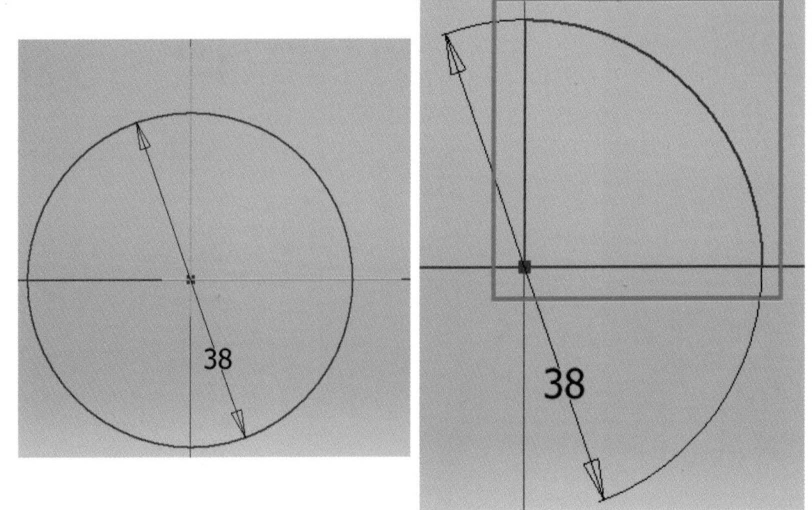

13

스케치마무리

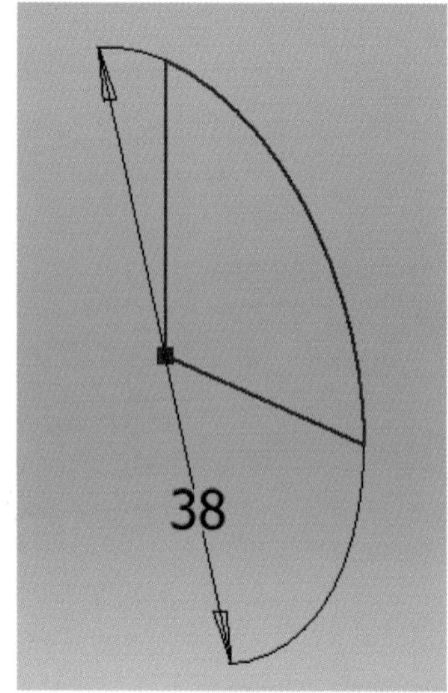

14

부품 ② 3D 모형 만들기

• [회전] → [축 클릭] → [전체] → [확인]

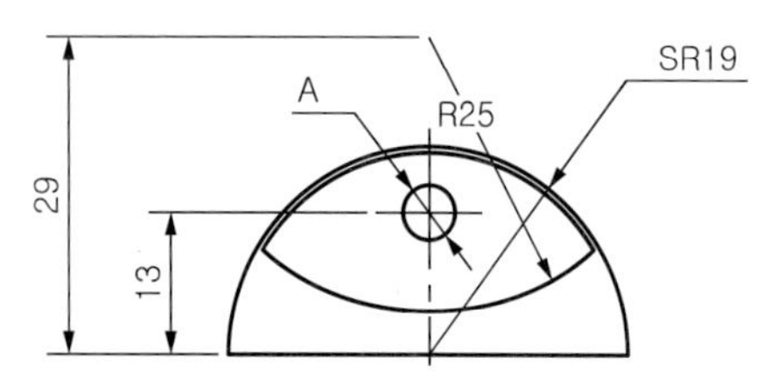

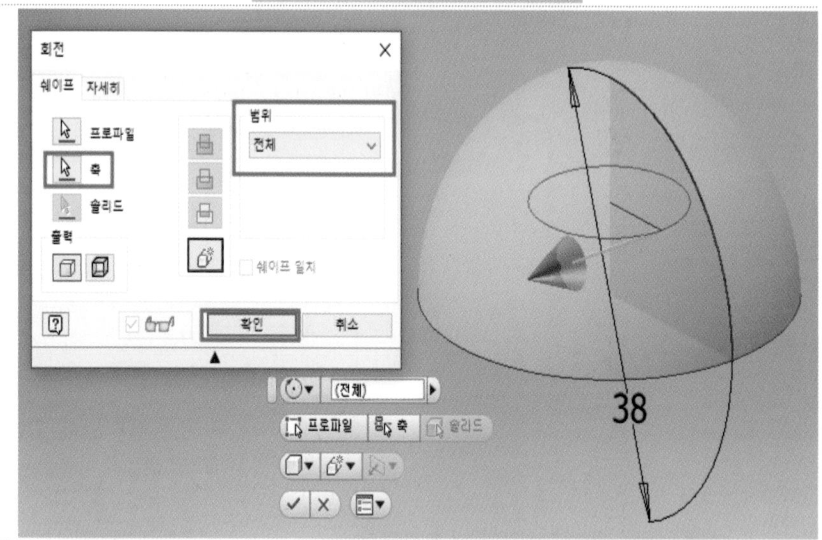

15

부품 ② 3D 모형 만들기

• [2D 스케치 시작] → [XY평면 선택] → [F7] → [형상투영] → [호/R25] → [치수 구속조건(수직)] → [치수] → [자르기] → [스케치 마무리]

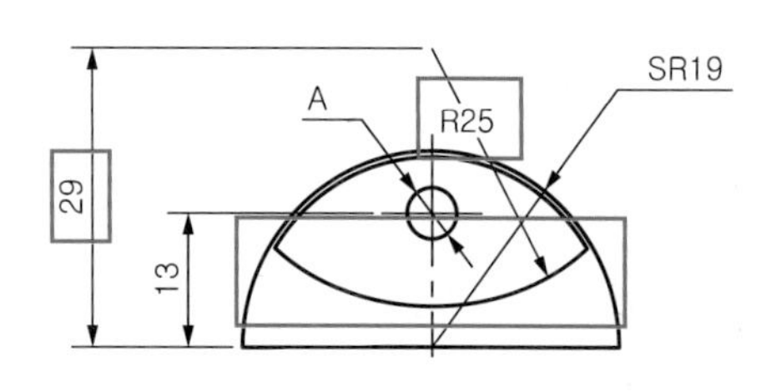

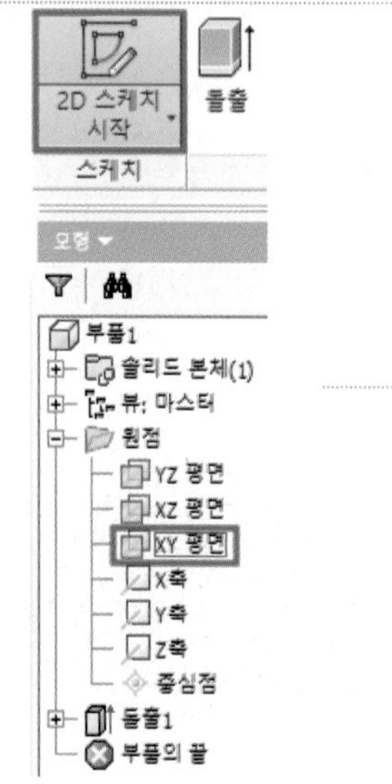

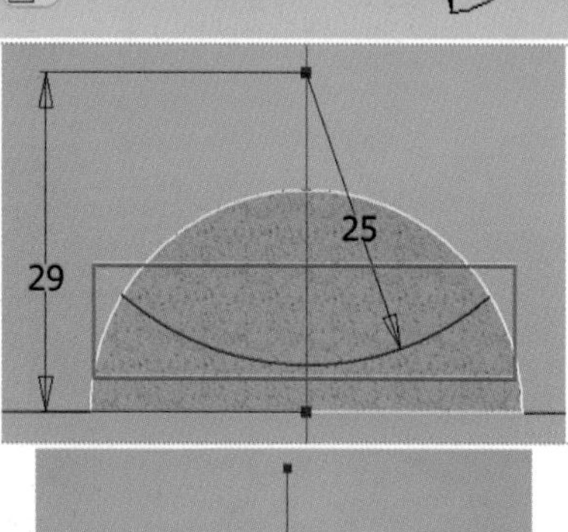

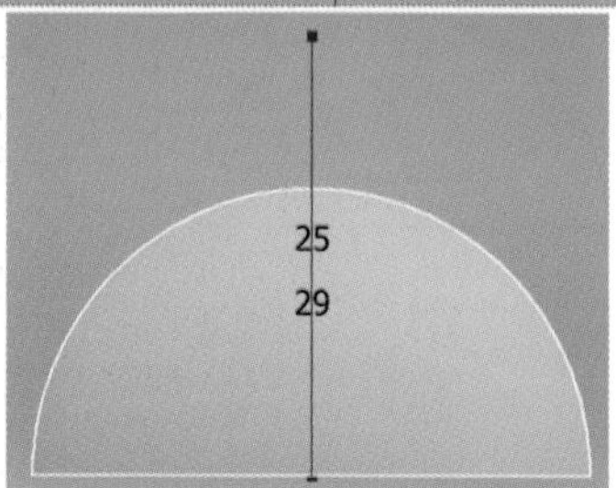

16

부품 ② 3D 모형 만들기

• [돌출] → [스케치 클릭] → [거리 : 3] → [대칭] → [확인]

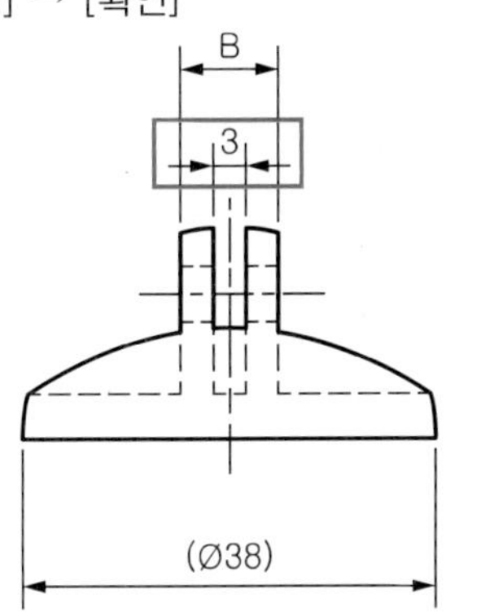

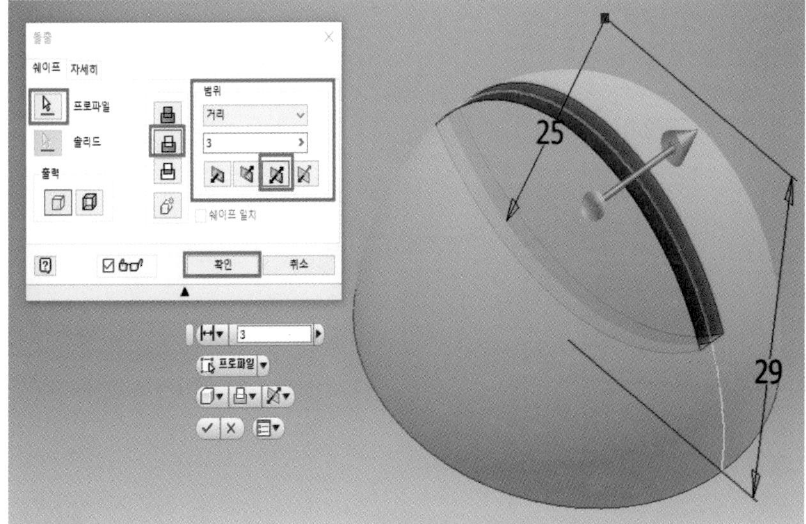

17

부품 ② 3D 모형 만들기

• [평면] → [평면에서 간격띄우기] → [해당 스케치평면 선택] → [-3 입력/확인] → [작업평면 확인]

※ 'B'는 상대치수(10mm)와 축공차를 적용해 9mm로 결정한다.

※ 평면에서 간격띄우기 → -3mm

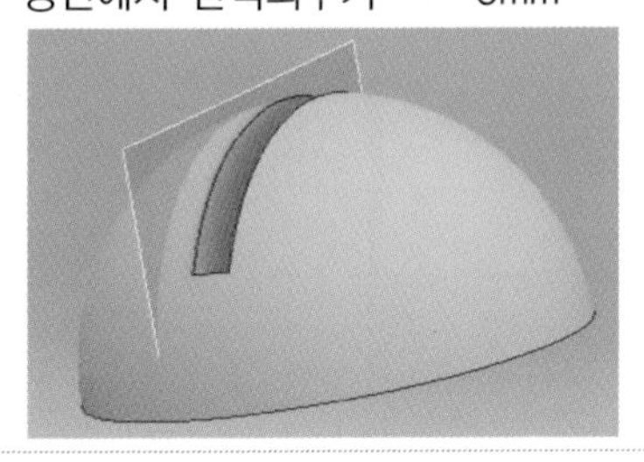

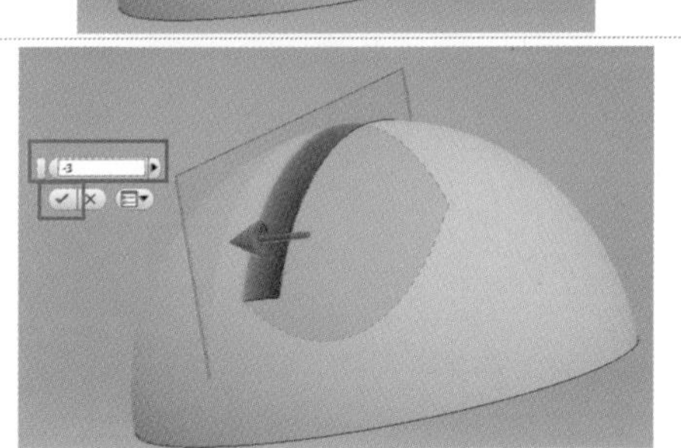

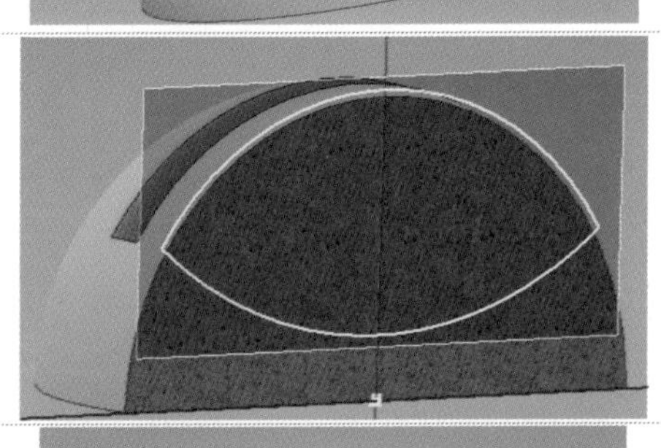

18

부품 ② 3D 모형 만들기

• [2D 스케치 시작] → [작업평면 선택] → [F7] → [형상투영] → [스케치마무리]

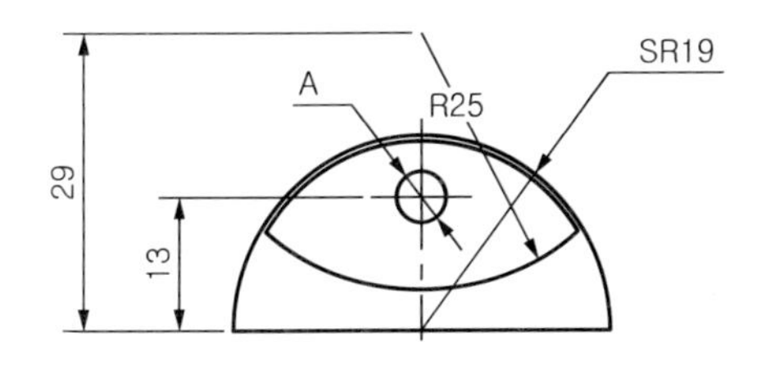

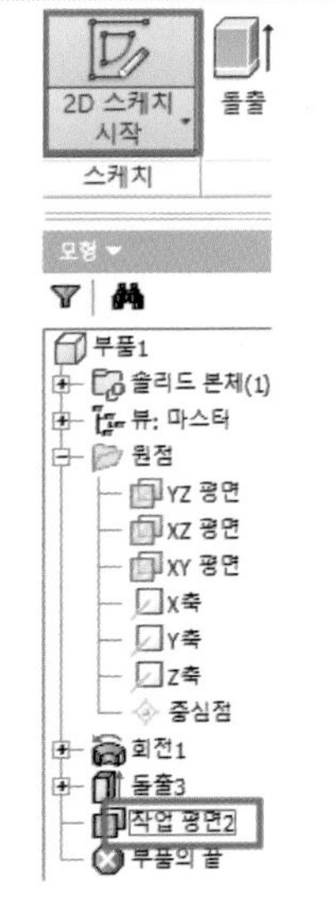

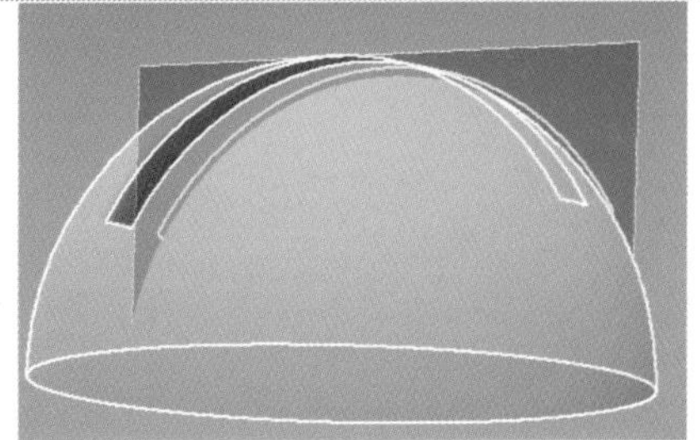

19

부품 ② 3D 모형 만들기

• [돌출] → [스케치 클릭] → [차집합] → [전체] → [방향2] → [확인]

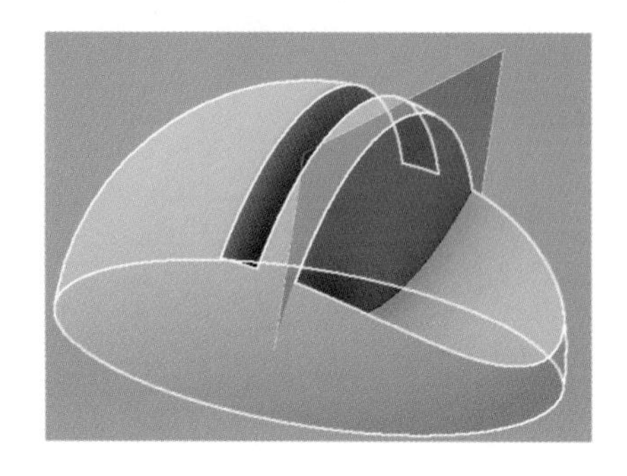

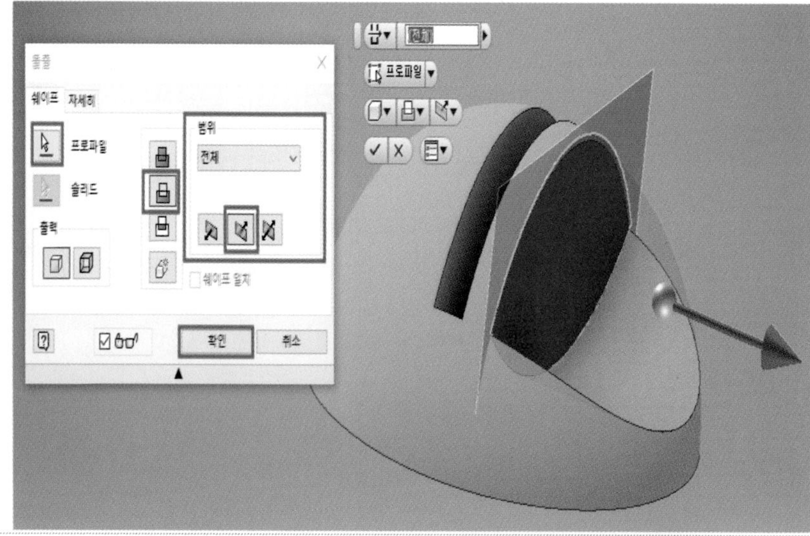

20

부품 ② 3D 모형 만들기

• [대칭] → [피쳐/"돌출4" 선택] → [대칭평면] → [XY평면] → [확인]

※ XY평면을 대칭으로 모델링

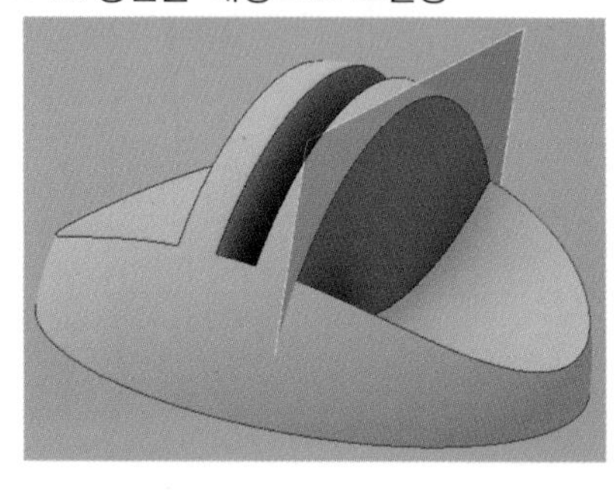

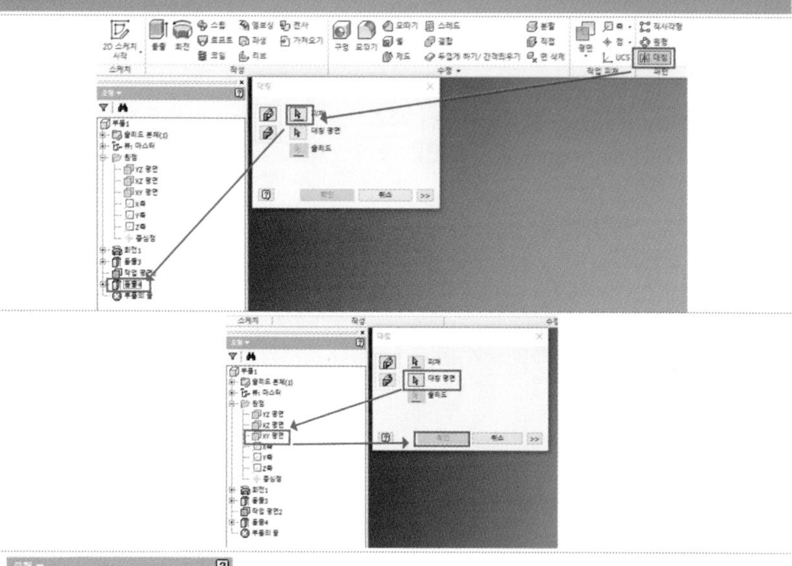

21

부품 ② 3D 모형 만들기

※ 작업평면 가시성 없애기

• [작업평면2] → [마우스오른쪽 클릭] → [가시성 클릭]

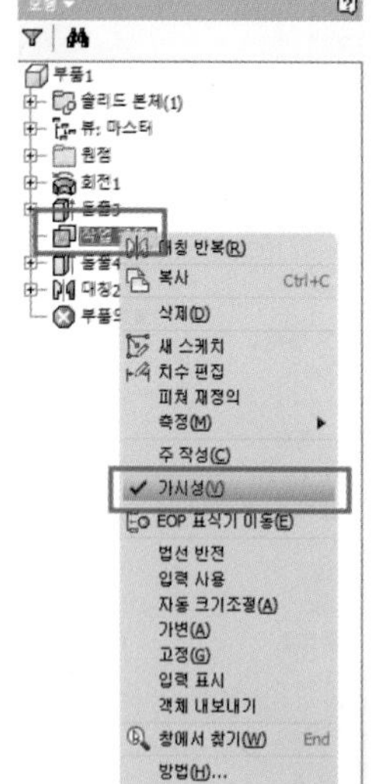

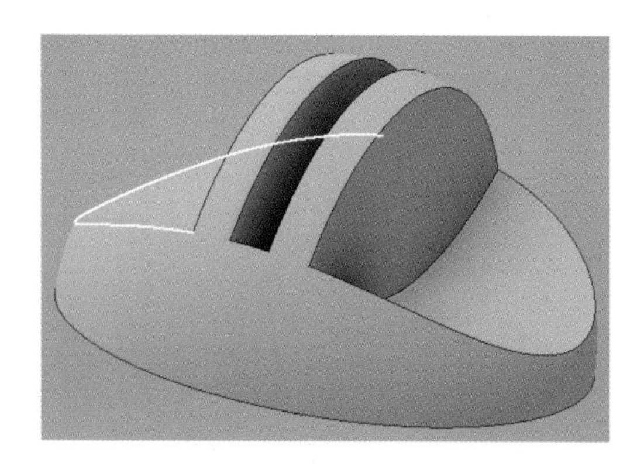

22

부품 ② 3D 모형 만들기

- [2D 스케치 시작] → [XY평면 선택] → [F7] → [원/∅5] → [치수 구속조건(수직)] → [치수] → [자르기] → [스케치마무리]

※ 'A'는 상대치수(∅4mm)와 구멍공차를 적용해 ∅5mm로 결정한다.

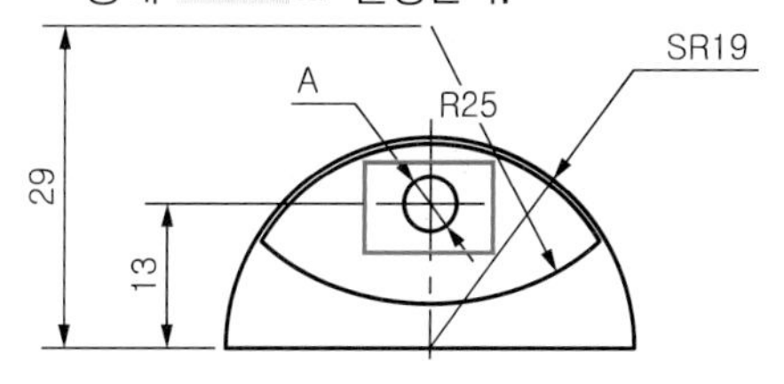

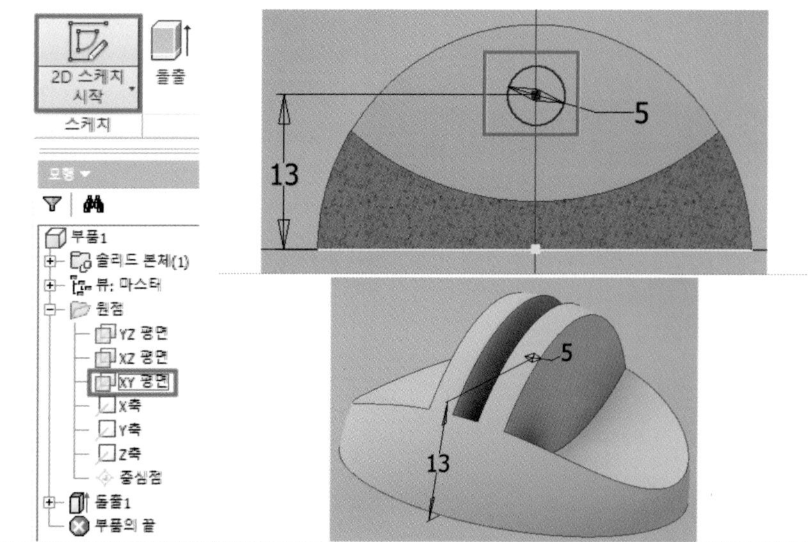

23

부품 ② 3D 모형 만들기

- [돌출] → [스케치 클릭] → [차집합] → [전체] → [대칭] → [확인]

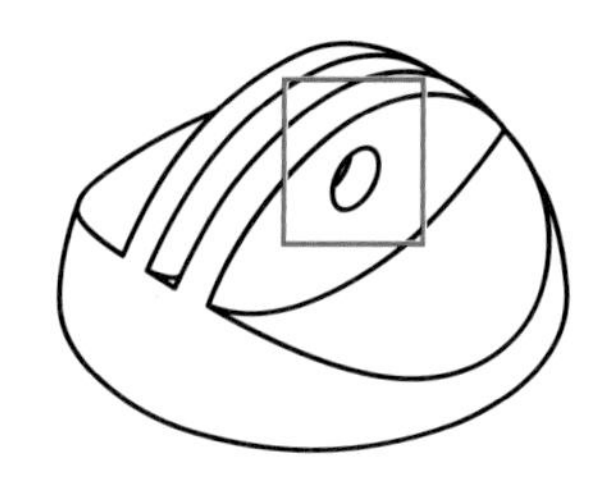

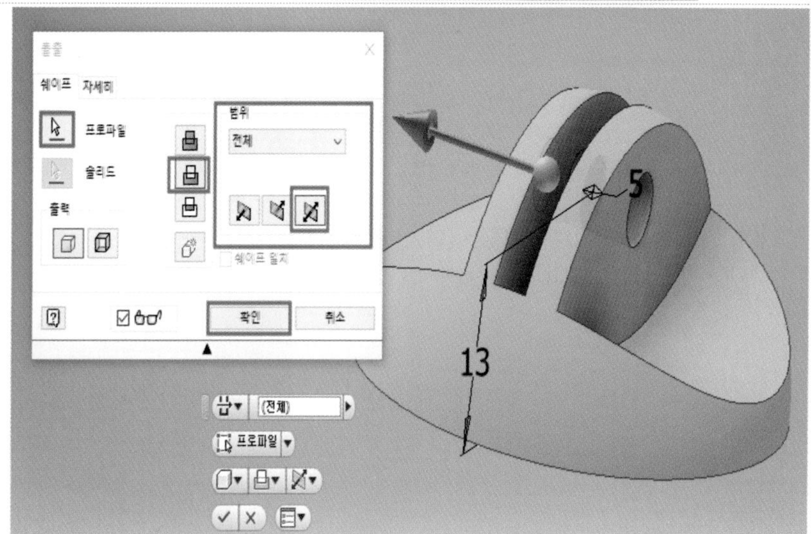

24

부품 ② 저장하기

- [파일] → [다른 이름으로 저장] → [비번호 폴더] → [파일이름] → [01_02] → [저장]

※ 본 교재의 부품 ②번 3D모델링 파일이름은 "01_02"로 작성되었다. 부품 ①, ②번 3D모델링 파일이름은 수험자가 임의로 정할 수 있다.
예 부품2번, 02번 등

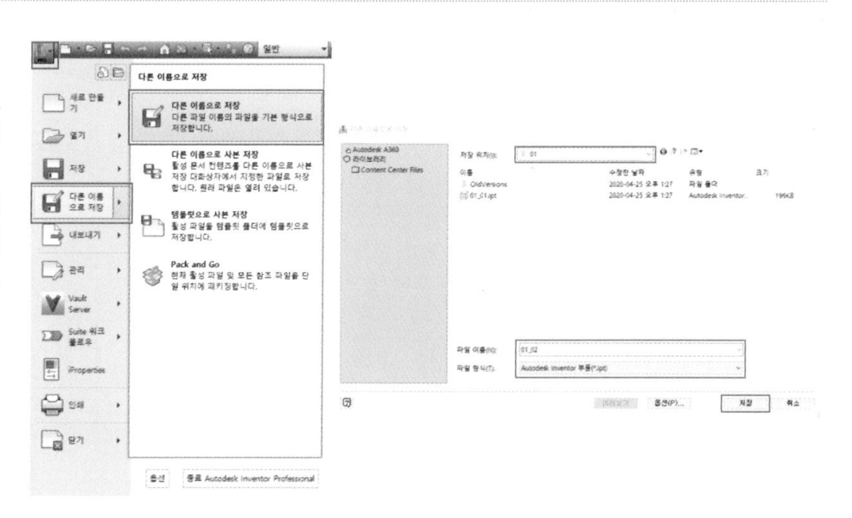

25

어셈블리

- [새로 만들기] → [Metric] → [Standard(mm).iam] → [작성]

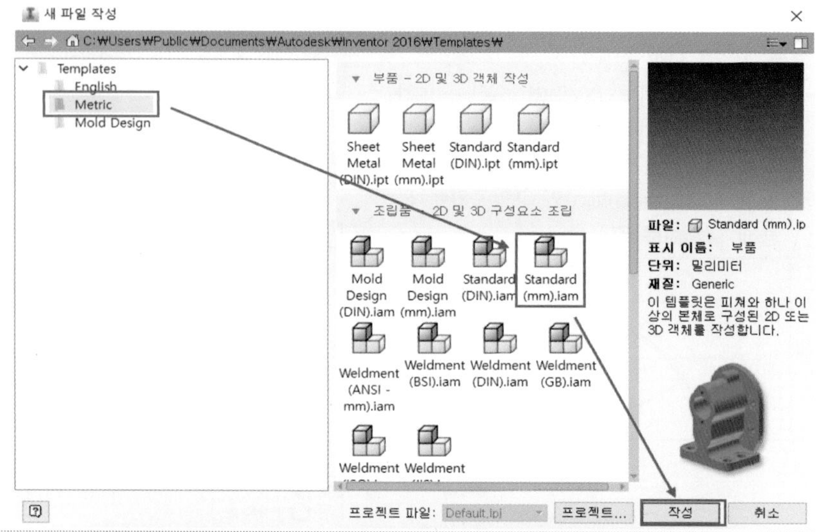

26

"배치" 아이콘을 통해 부품 ①, ②를 배치한다.

- [배치] → [01_01, 01_02 선택] → [열기] → [화면 클릭] → [ESC]

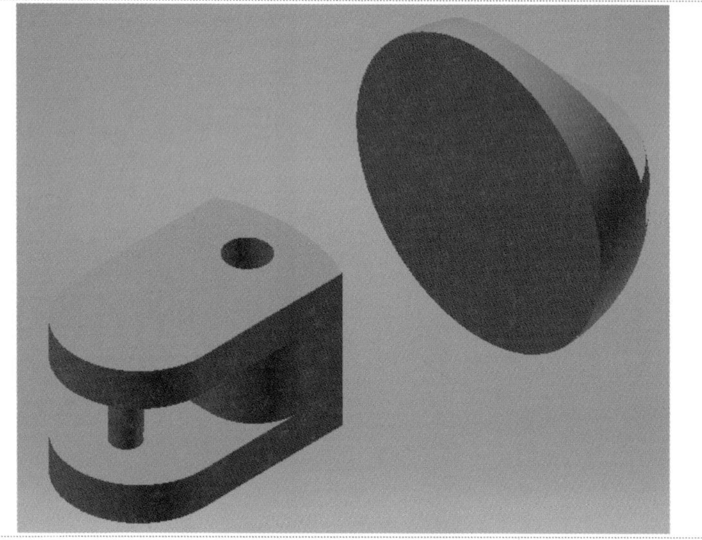

27

시트트리에서 부품①번을 우클릭하여 고정한다.

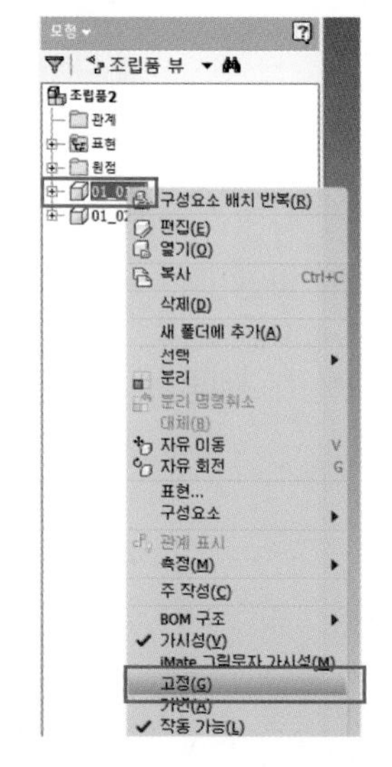

28

조립구속조건

• 부품 ②를 클릭하여 움직이고 우클릭하여 자유회전을 통하여 도면의 조립도와 비슷하게 한다.

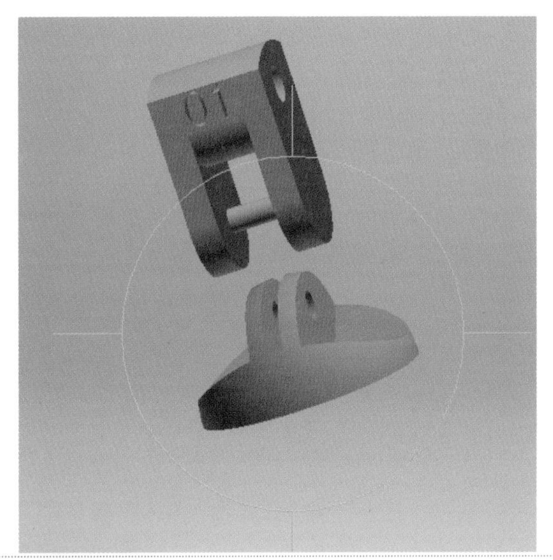

29

조립구속조건

• [구속조건] → [삽입] → [솔루션 : 반대] → [부품①선택요소] → [자유회전F4] → [부품②선택요소] → [간격띄우기 : 0.5] → [확인]

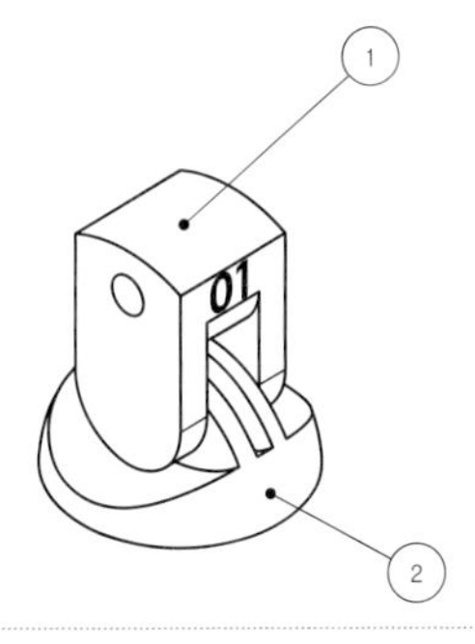

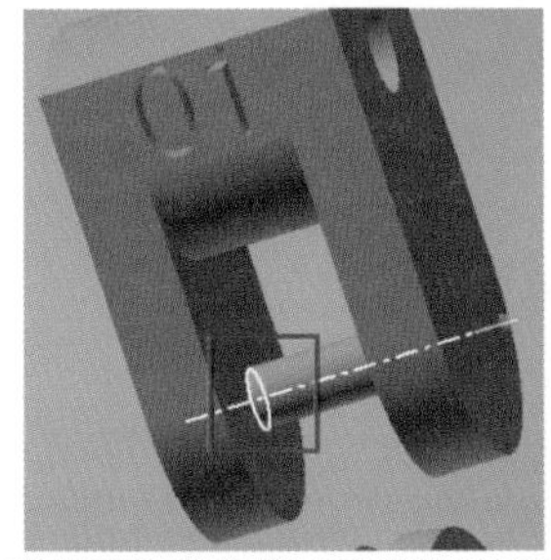

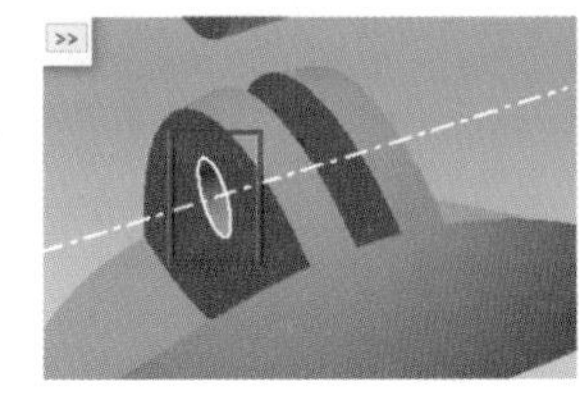

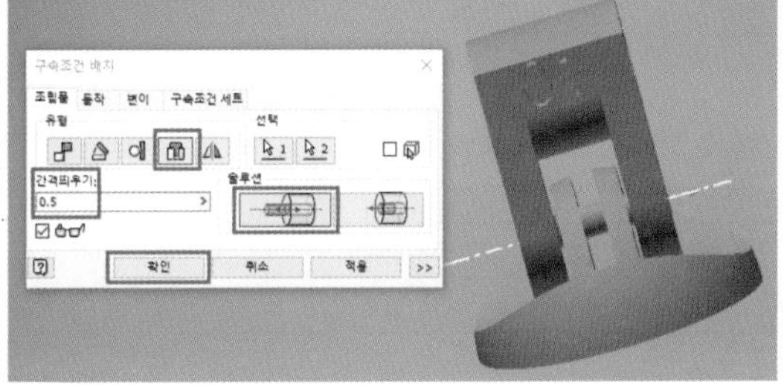

30

출력방향을 고려하여 구속조건 추가

※ 조립된 상태로 출력하니 되도록 서포트가 적게 나오고 도면의 ㉠, ㉡, ㉢ 치수가 정밀하게 나오는 출력방향을 결정해야 한다.

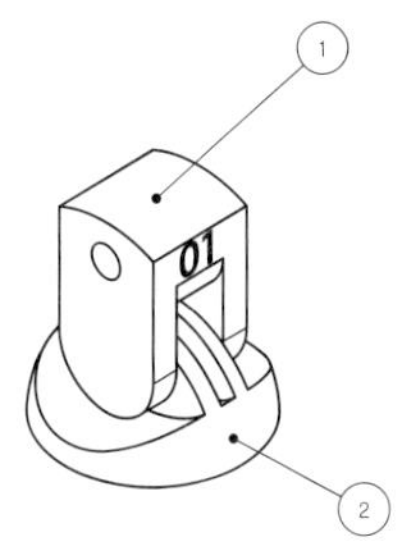

31

어셈블리 저장하기(2가지 확장자)

- [파일] → [다른 이름으로 저장] → [비번호폴더] → [파일이름] → [01] → [저장]

- [파일] → [내보내기] → [CAD형식] → [비번호폴더] → [01] → [파일형식 : STEP 선택] → [저장]

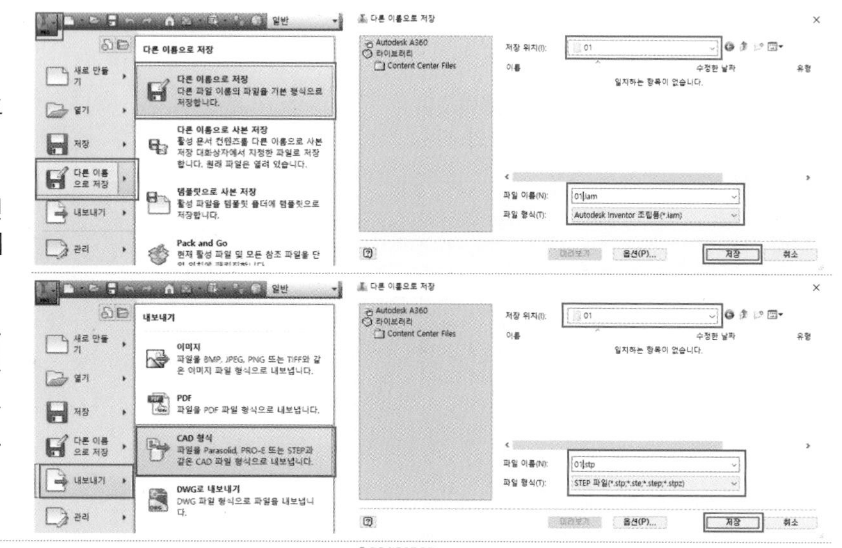

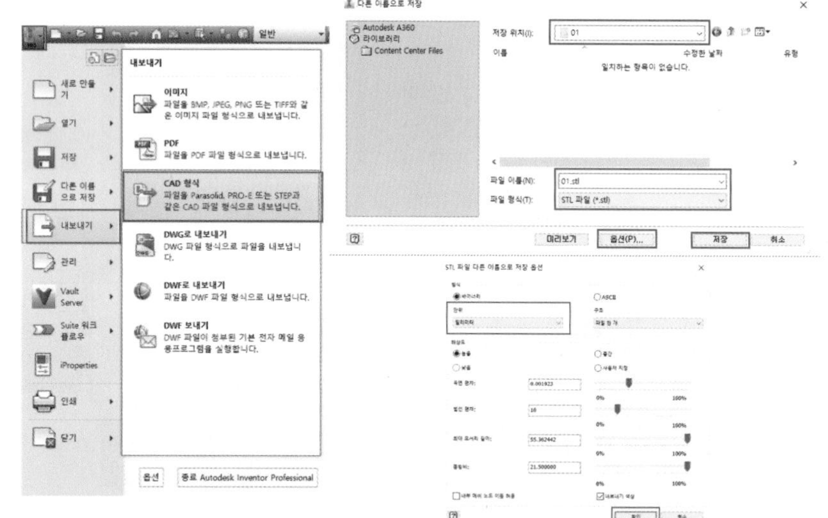

구 분	작업명	파일명	비 고
1	어셈블리	01.***	
2		01.STP	채점용

※ 비번호 01인 경우

32

어셈블리 저장하기(STL확장자)

- [파일] → [내보내기] → [CAD형식] → [비번호폴더] → [01] → [파일형식 : STL 선택] → [옵션] → [단위 : mm] → [저장]

※ 옵션에서 단위 mm 선택

구 분	작업명	파일명	비 고
3	어셈블리	01.STL	

33

슬라이싱(3DWOX)

슬라이싱 프로그램을 실행한다.

- [파일] → [모델 불러오기] → [비번호폴더] → [01.stl] → [열기]

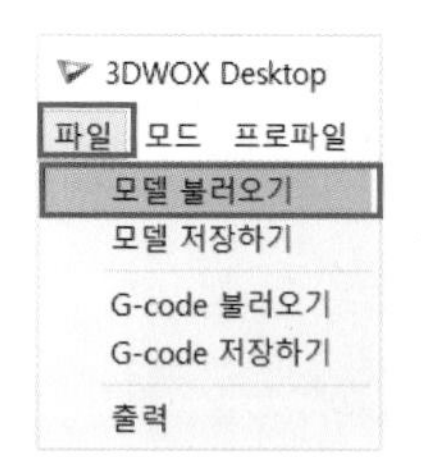

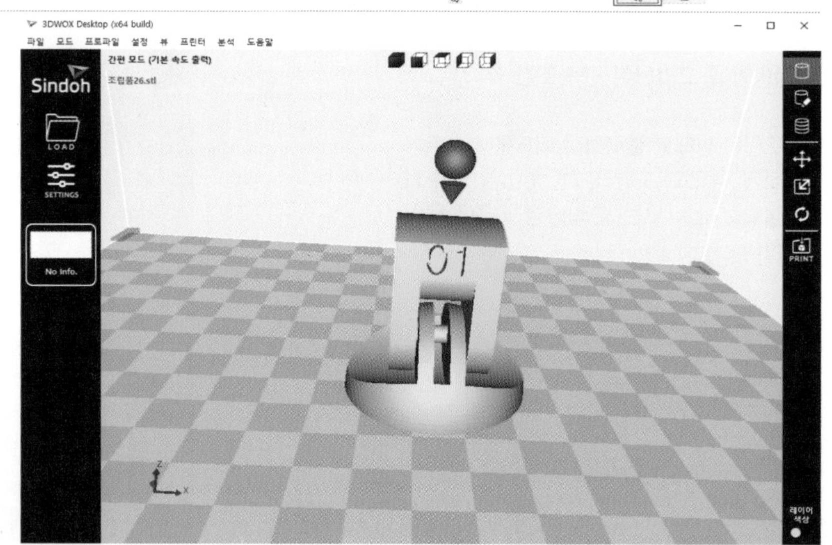

34

프린터 설정

• [설정] → [프린터 설정] → [프린터 모델] → [확인]

※ 시험장 프린터 모델을 선택한다.
예 DP200

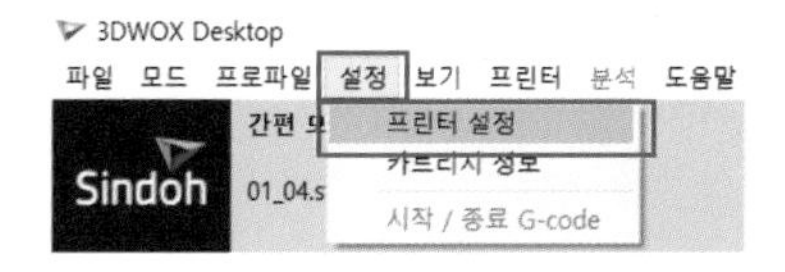

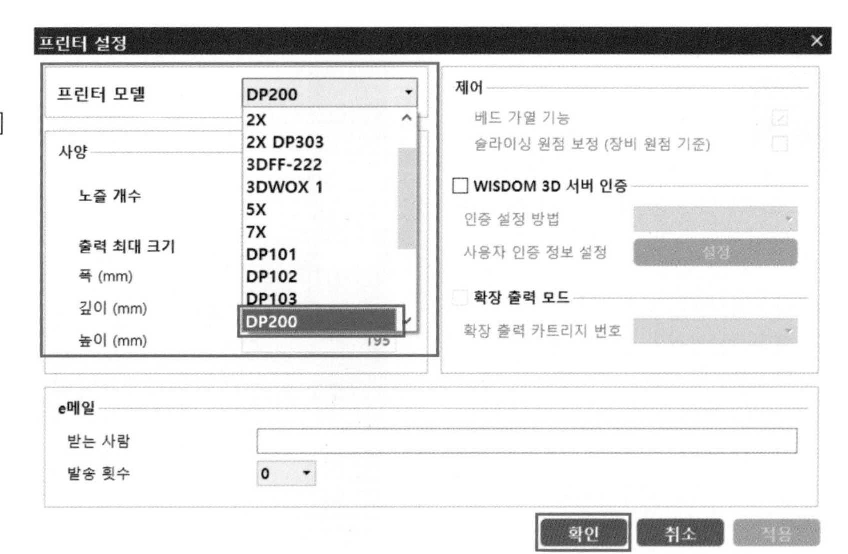

35

출력방향을 결정한다.

• [분석] → [최적출력방향] → [분석] → [추천 1~6 선택]

※ 신도리코 3DWOX는 최적출력방향을 분석해 준다. 참고하여 서포트가 적게 나오고 도면의 ㉠, ㉡, ㉢ 치수가 정밀하게 나오는 출력방향을 결정한다.

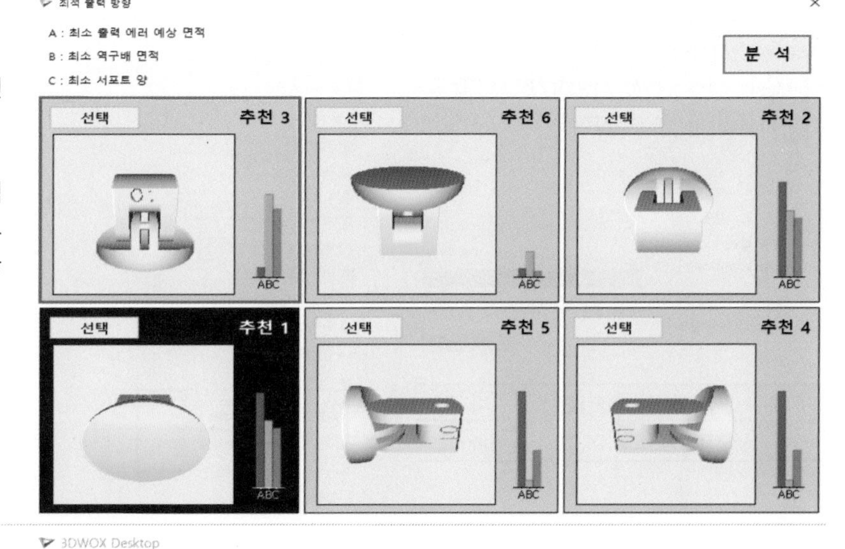

36

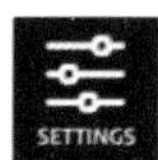

기본 파라미터를 설정한다.

• [SETTINGS] 버튼을 클릭하여 파라미터 값을 조정한다.
• 기본 속도 출력
• 재질 : PLA
• 서포트 : 모든 곳, 지그재그 구조

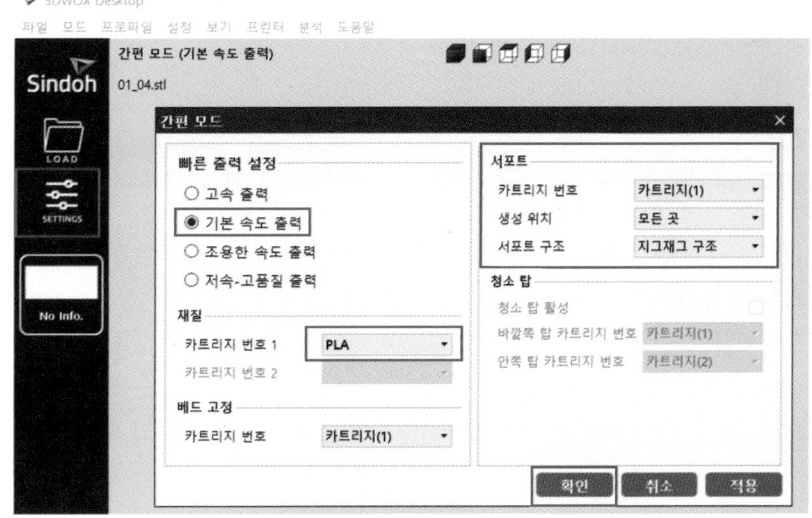

37

슬라이싱

• 베드상에 있는 출력물이 파라미터의 값이 반영되면서 슬라이싱을 수행한다.

※ 출력예상시간을 확인한다.

※ 출력예상시간이 1시간 20분이 넘어가면 고급모드로 변경하여 [SETTINGS]에서 레이어 높이, 채우기 밀도, 서포트 밀도 등 설정값을 변경한다.

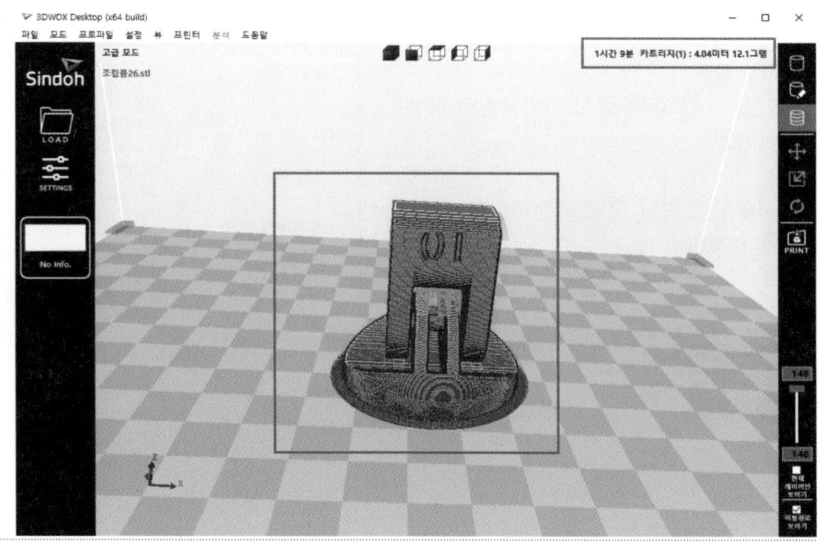

38

G-code 저장하기

• [파일] → [G-code 저장하기] → [예] → [비번호폴더] → [01.gcode] → [저장]

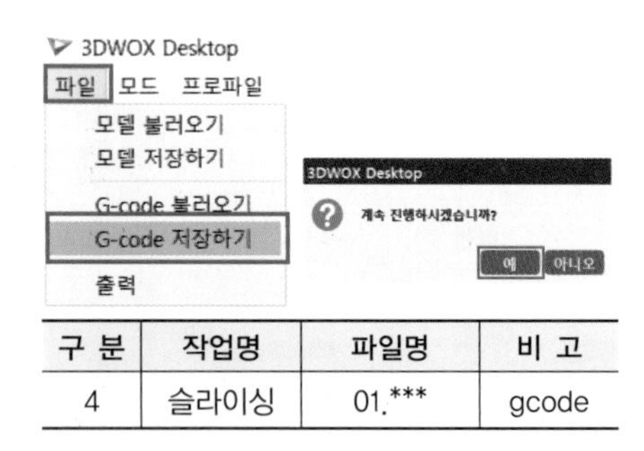

구 분	작업명	파일명	비 고
4	슬라이싱	01.***	gcode

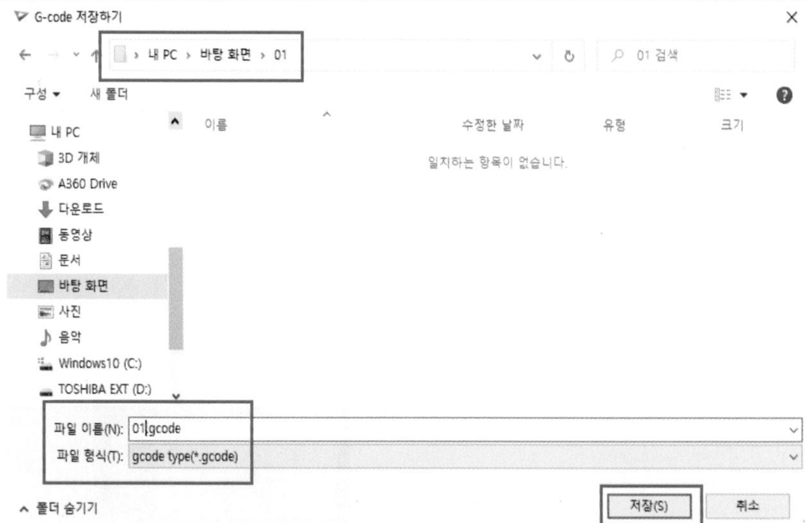

39

지급된 저장매체(USB 또는 SD-card)에 저장한다.

• 감독위원에게 저장매체(USB 또는 SD-card) 제출

40

3D프린터 세팅

• 노즐, 베드 등에 이물질을 제거하여 출력 시 방해요소가 없도록 세팅한다.
• PLA 필라멘트 장착 여부 등 소재의 이상 여부를 점검하고 정상 작동하도록 세팅한다.
• 베드 레벨링 기능 등을 활용하여 베드 위치를 세팅한다.

41

3D프린팅

• 저장매체(USB 또는 SD-card)에 있는 파일(01_04.gcode)을 3D프린터 전면부에 있는 USB 포트에 연결하여 화면에서 직접 G-code를 불러와 출력한다.

42
후처리

• 출력을 완료한 후 보호장갑을 착용하고 서포트 및 거스러미를 제거하여 감독위원에게 제출한다.

43
노즐 및 베드 정리

• 출력물을 제출한 후 본인이 사용한 3D프린터 노즐 및 베드 등의 잔여물을 제거하고 정리정돈 한다(**※ 정리상태도 채점 대상임에 주의하자**).

27 3D모델링 실기 공개문제 도면 - 27

자격종목	3D프린터운용기능사	[시험1] 과제명	3D모델링 작업	척 도	NS

1

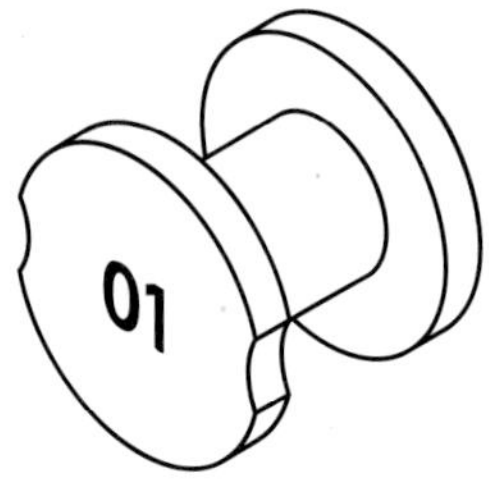

01

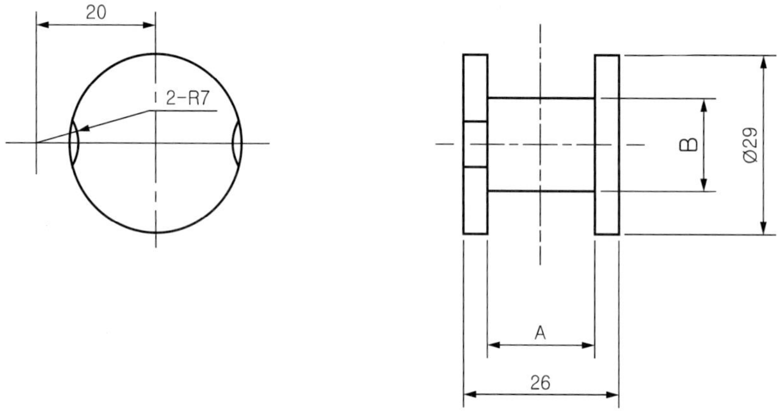

20

2-R7

B

Ø29

A

26

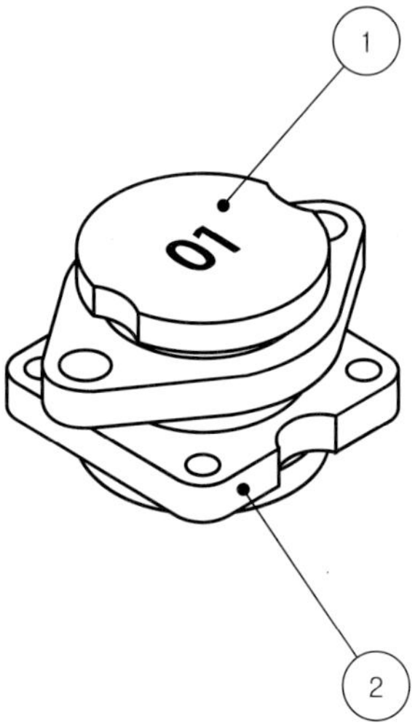

2

4-Ø4

4-R4

2-R5

Ø16

R16

19

2-Ø6

□26

□34

2-R5

38

Ø24

2

5

5

5

(17)

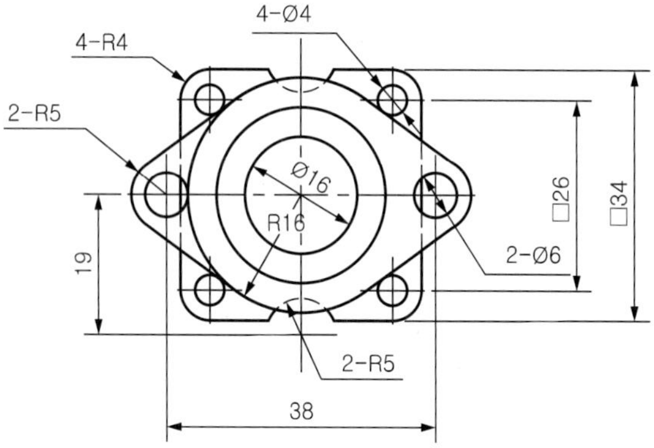

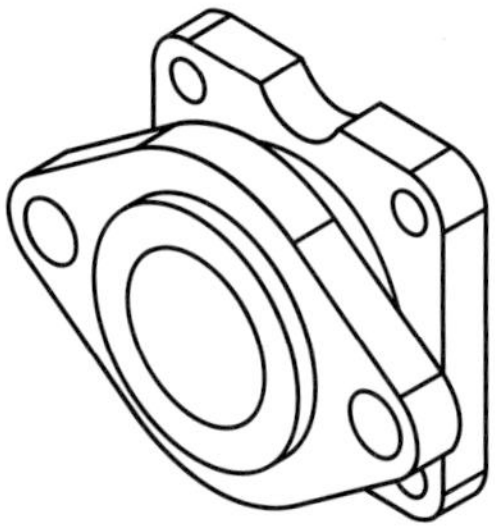

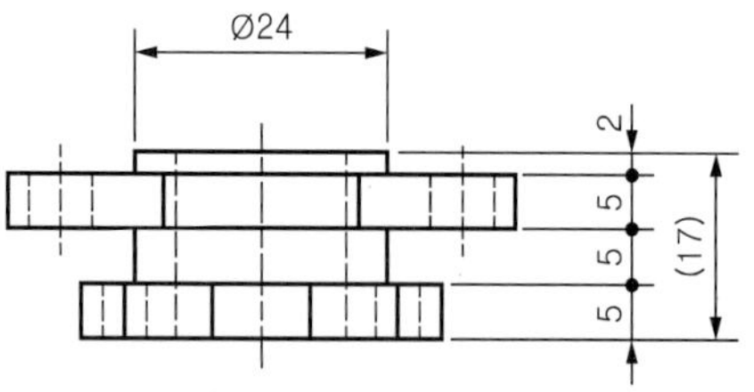

01

부품 ① 모델링

- [새로 만들기] → [Metric] → [Standard(mm).ipt] → [작성]

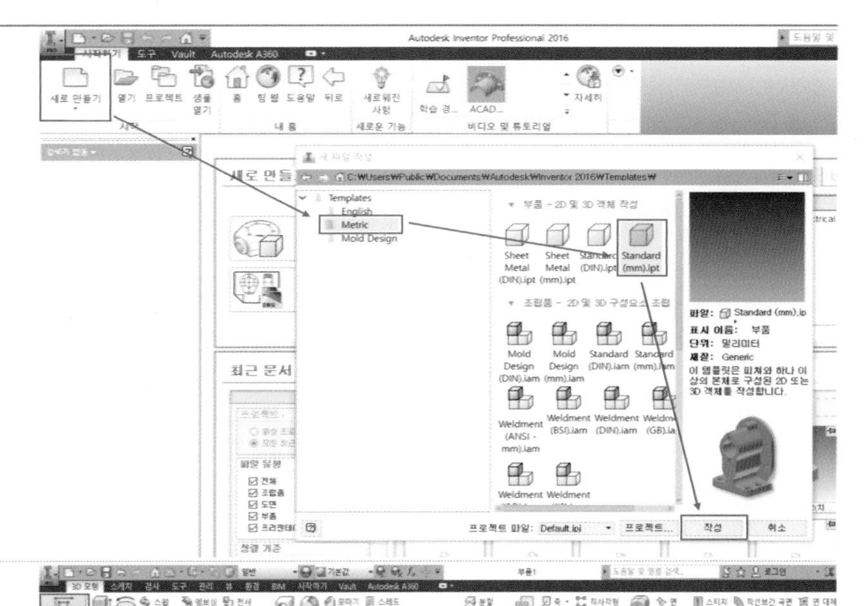

02

[2D 스케치 시작] → [마우스로 **XY Plane** 선택]

※ 마우스로 XY Plane 선택 시 빨간색으로 변함

※ 다른 방법(시트트리에서) [원점] → [XY평면 마우스오른쪽 클릭] → [새 스케치]

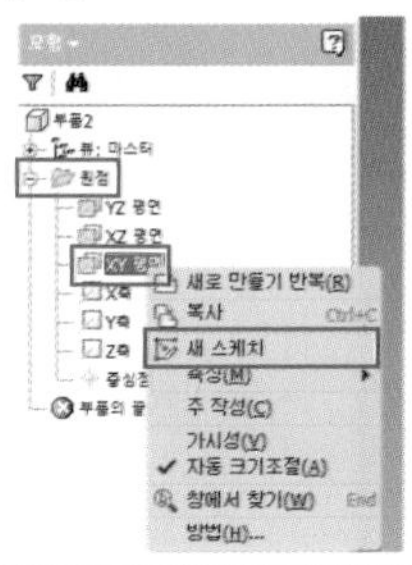

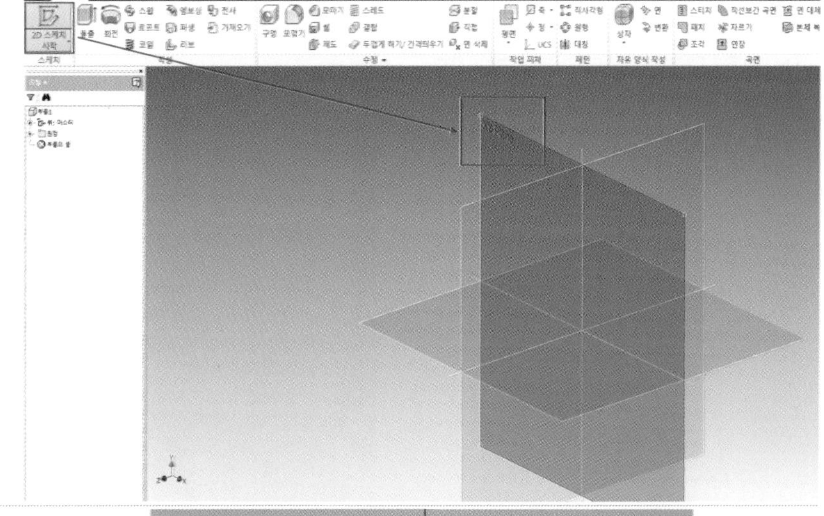

03

부품 ① 우측면도를 스케치한다.

- 원(∅15)

※ 'B'는 상대치수(∅16mm)와 축공차를 적용해 ∅15mm로 결정한다.

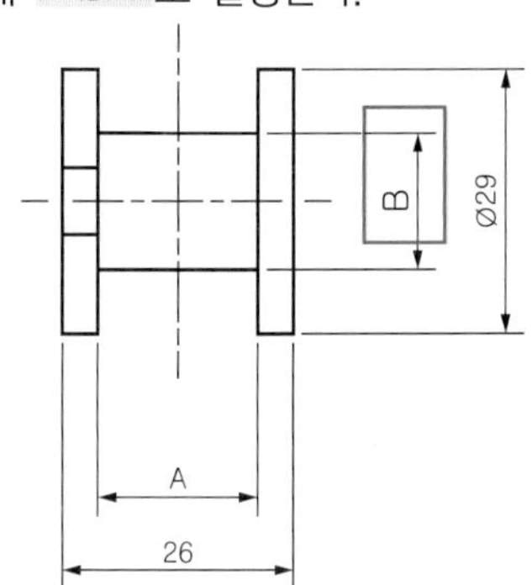

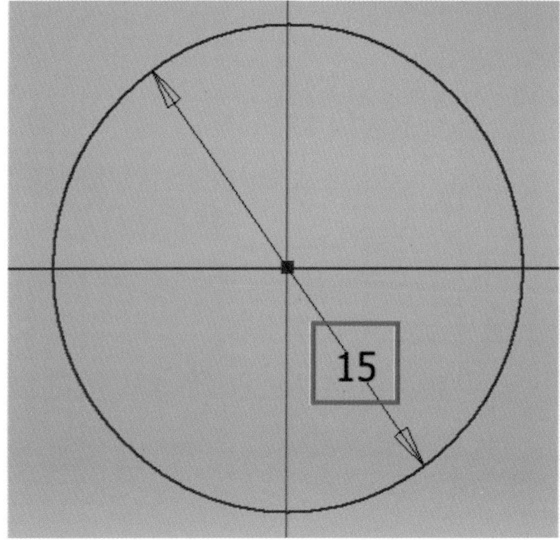

04

스케치마무리

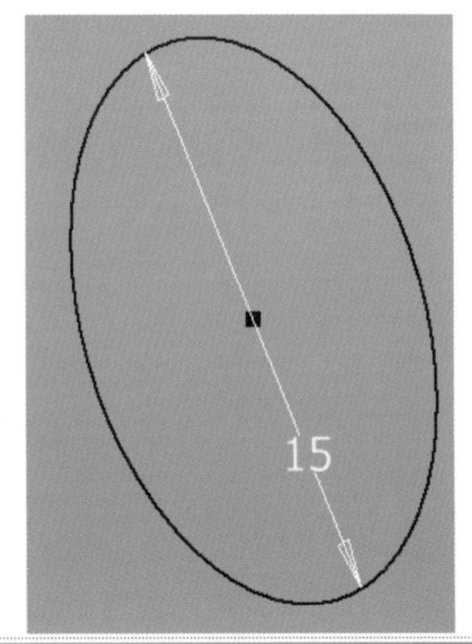

05

부품 ① 3D 모형 만들기

- [돌출] → [스케치 클릭] → [거리 : 18] → [대칭] → [확인]

※ 'A'는 상대치수(17mm)와 구멍공차를 적용해 18mm로 결정한다.

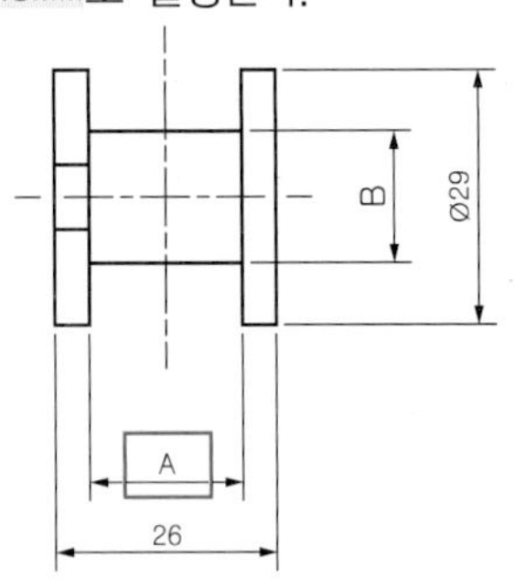

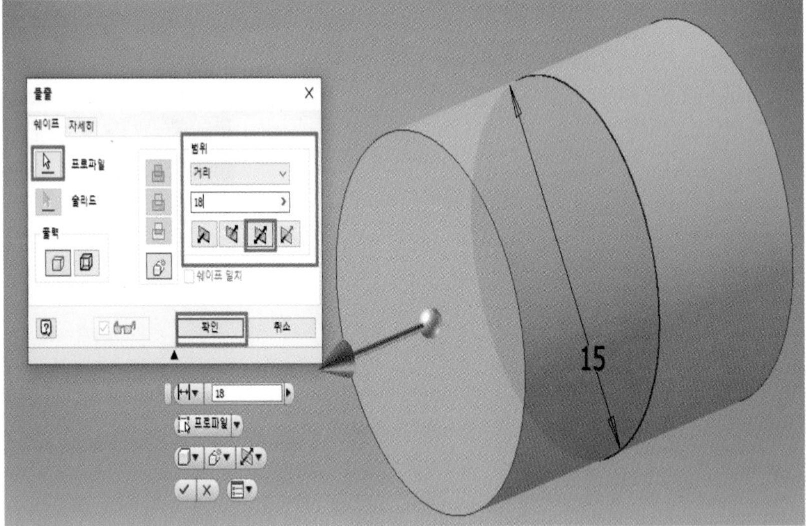

06

부품 ① 3D 모형 만들기

- [2D 스케치 시작] → [해당 스케치평면 선택] → [원/∅29] → [스케치마무리]

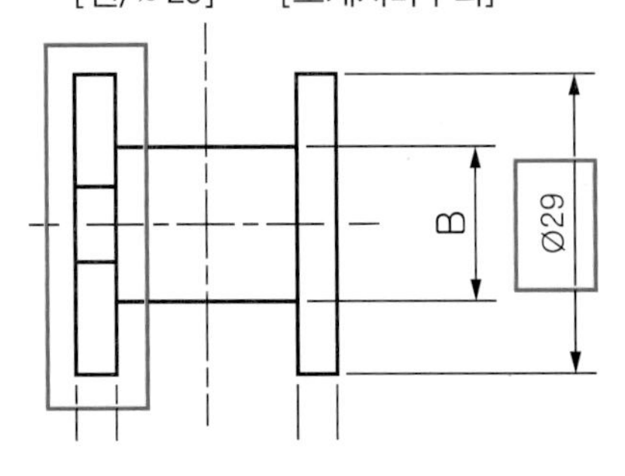

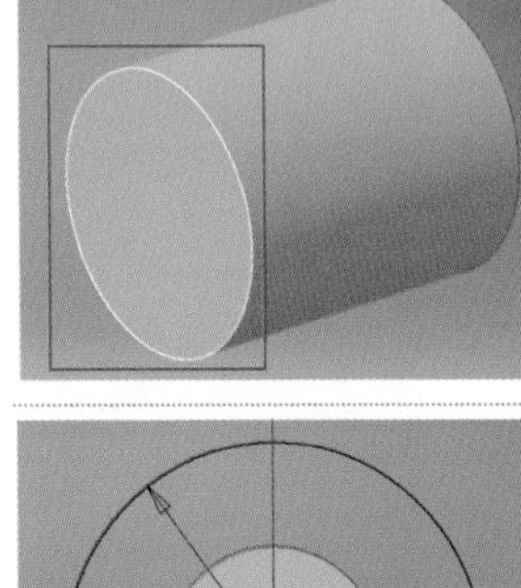

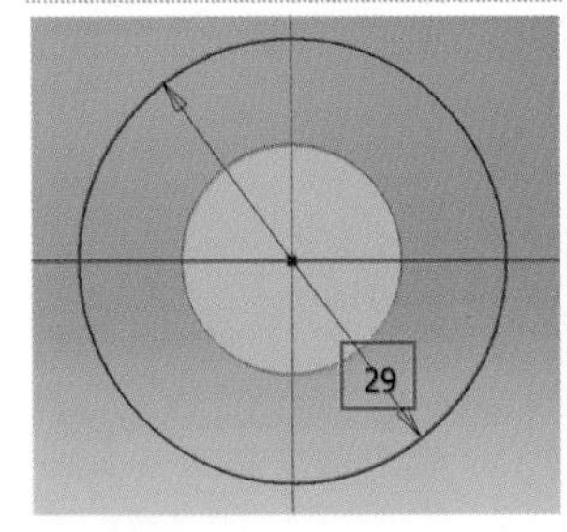

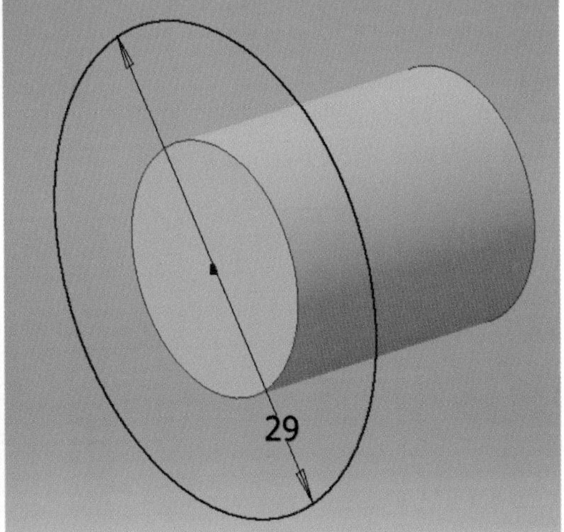

07

부품 ① 3D 모형 만들기

• [돌출] → [스케치 클릭] → [접합] → [거리 : 4] → [방향1] → [확인]

※ A = 18mm → (26−A)/2 = 4mm ∴ 거리4

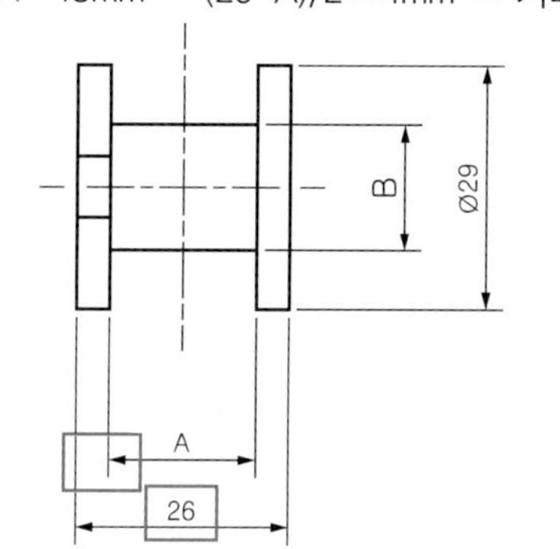

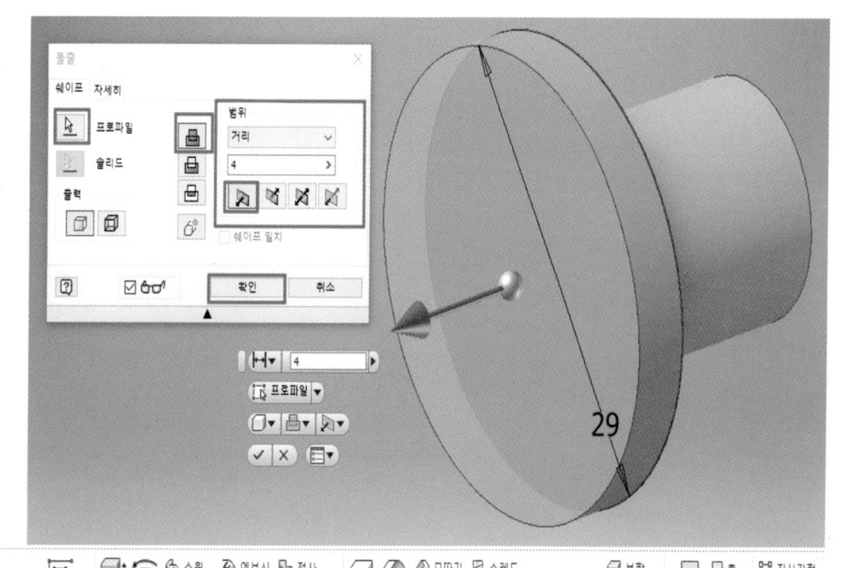

08

부품 ① 3D 모형 만들기

• [대칭] → [피쳐 : 돌출2 선택] → [대칭평면 : XY평면] → [확인]

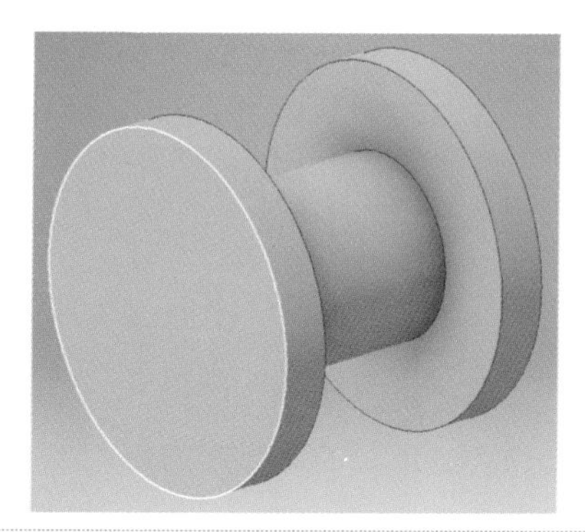

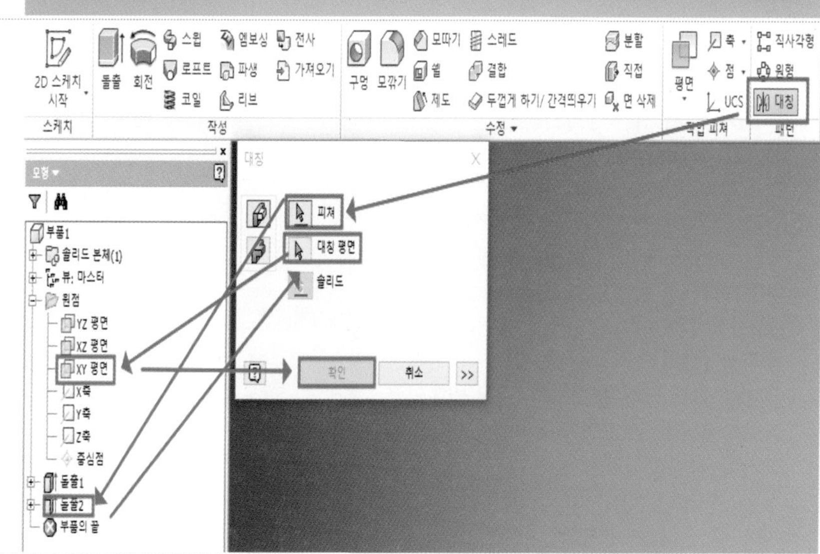

09

부품 ① 3D 모형 만들기

• [2D 스케치 시작] → [해당 스케치평면 선택] → [호/R7] → [치수 구속조건 : 수평] → [치수] → [스케치마무리]

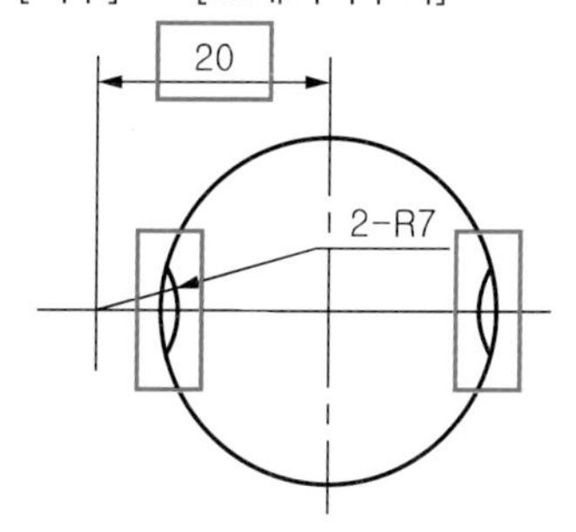

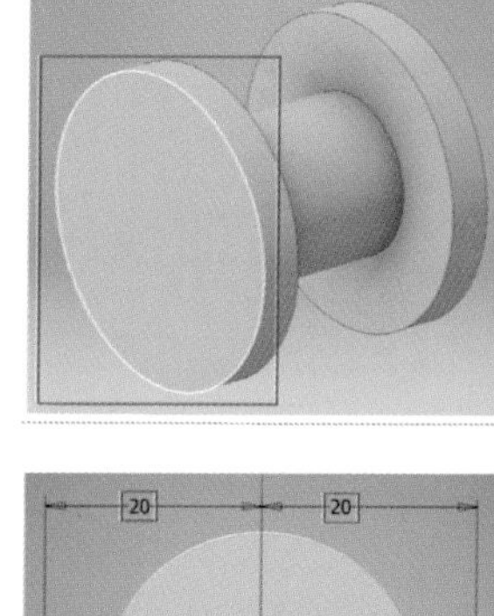

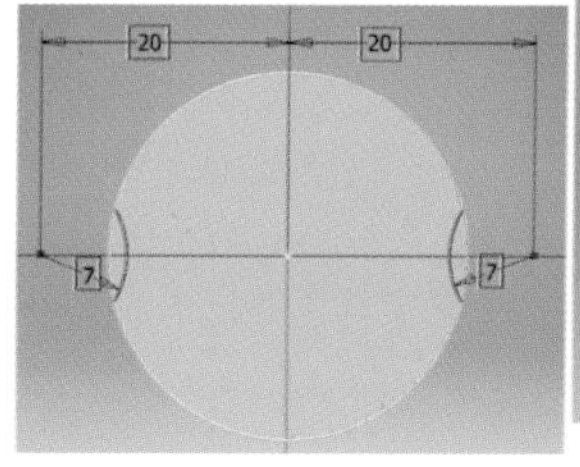

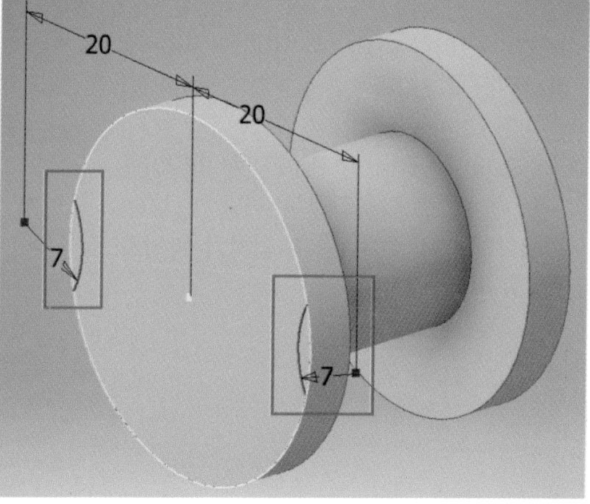

10

부품 ① 3D 모형 만들기

- [돌출] → [스케치클릭/2개] → [차집합] → [거리 : 5] → [방향2] → [확인]

※ 두께가 4mm이므로 4보다 더 큰 거리 5로 모델링한다.

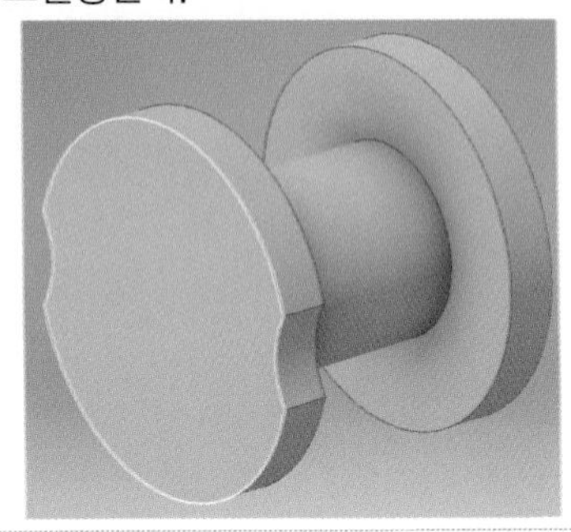

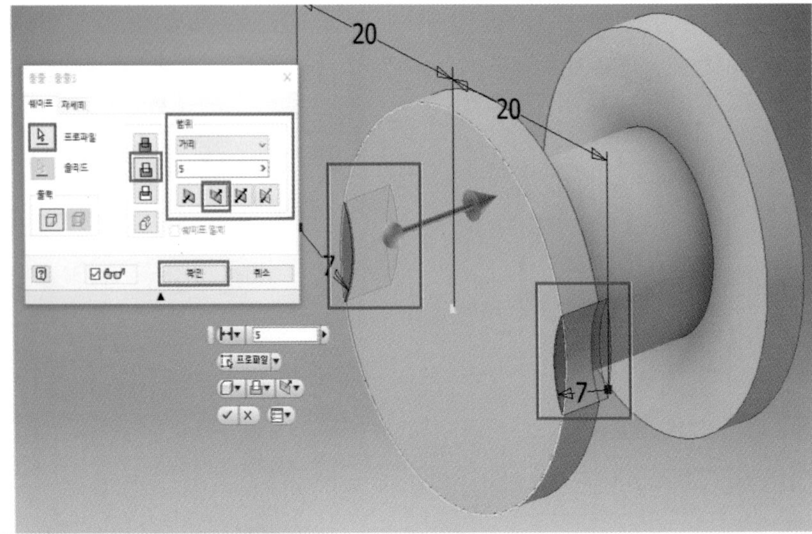

11

부품 ① 각인

- [2D 스케치 시작] → [각인평면 선택] → [텍스트] → [바탕체] → [6mm] → [확인] → [스케치마무리]
- [돌출] → [각인번호 선택] → [차집합] → [거리] → [3mm] → [방향2] → [확인]

※ 각인 방향이 도면과 상이할 시 [회전] → [각인 선택] → [중심점 : 각인번호중심 클릭] → [각도 입력] → [적용]

※ 글자체, 글자 크기, 글자 깊이 등은 별도의 정보가 없으므로 도면과 유사한 모양 및 크기로 작업하시오.

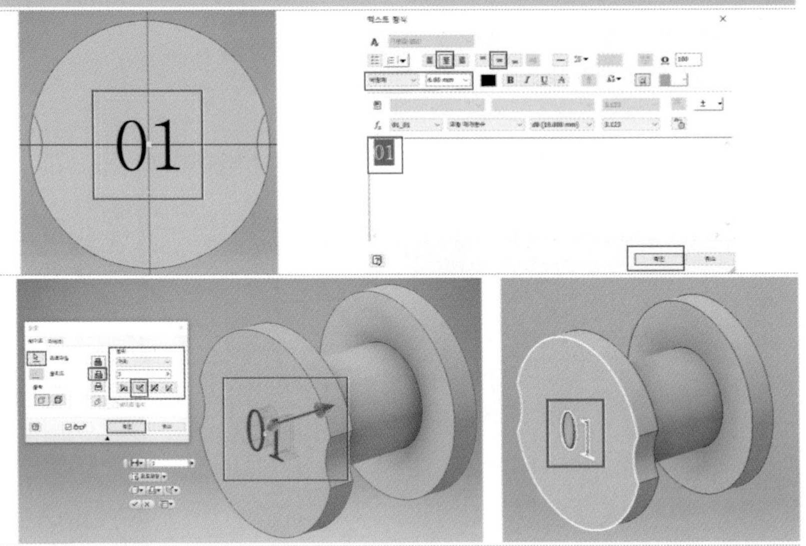

12

부품 ① 저장하기

- [파일] → [다른 이름으로 저장] → [비번호 폴더] → [파일이름] → [01_01] → [저장]

※ 본 교재의 부품 ①번 3D모델링 파일이름은 "01_01"로 작성되었다. 부품 ①, ②번 3D모델링 파일이름은 수험자가 임의로 정할 수 있다.
예 부품1번, 01번 등

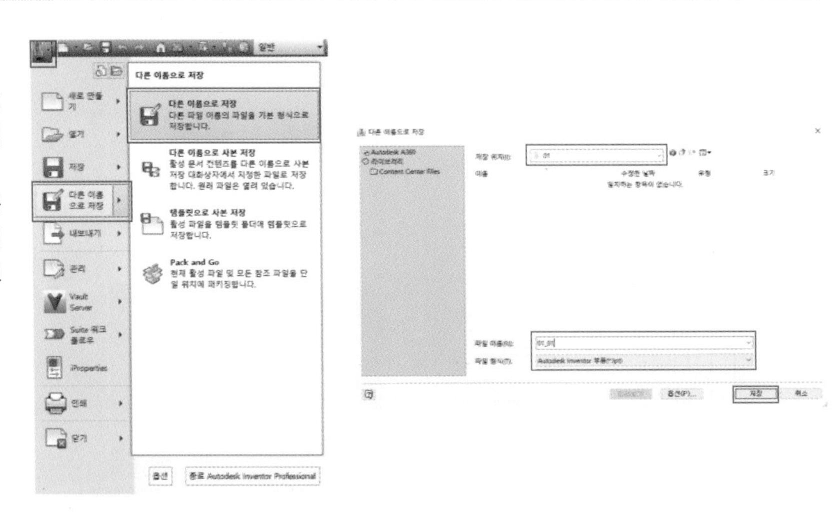

13

부품 ② 모델링

• [새로 만들기] → [Metric] → [Standard(mm).ipt] → [작성]

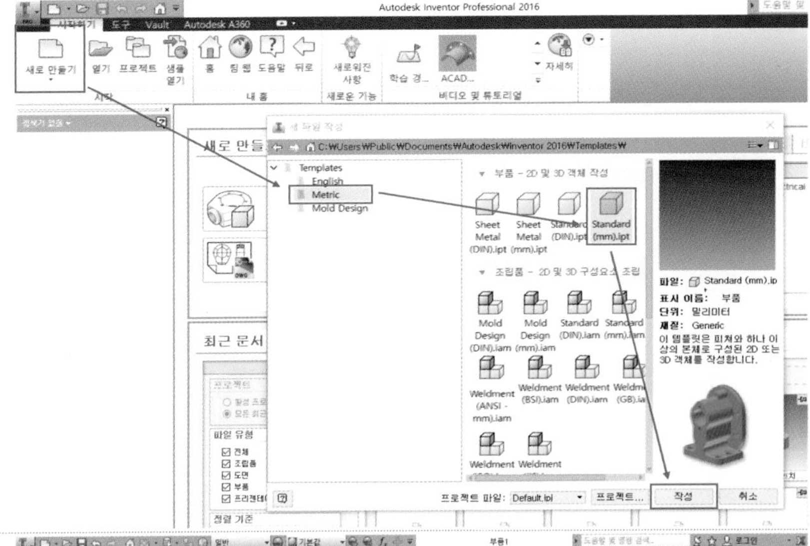

14

[2D 스케치 시작] → [마우스로 **XY Plane** 선택]

※ 마우스로 XY Plane 선택 시 빨간색으로 변함

※ 다른 방법(시트트리에서)
[원점] → [XY평면 마우스오른쪽 클릭] → [새 스케치]

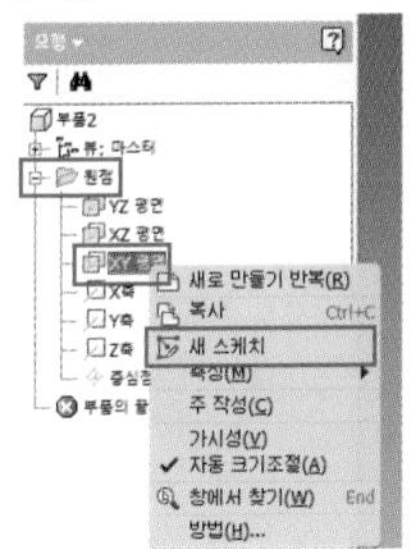

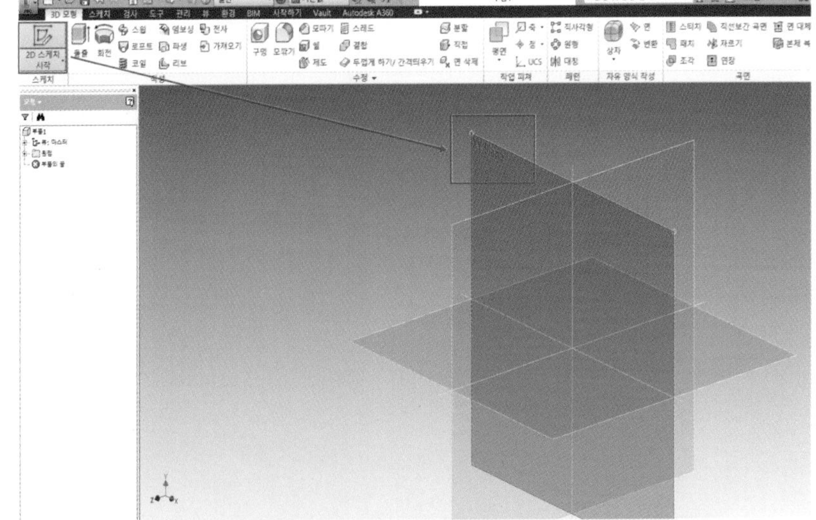

15

부품 ② 평면도를 스케치한다.

• 직사각형(□34), 치수, 원(∅4–4개), 호(R5) 구속조건(수직), 자르기

※ 정사각형 중심이 원점에 위치하게 스케치

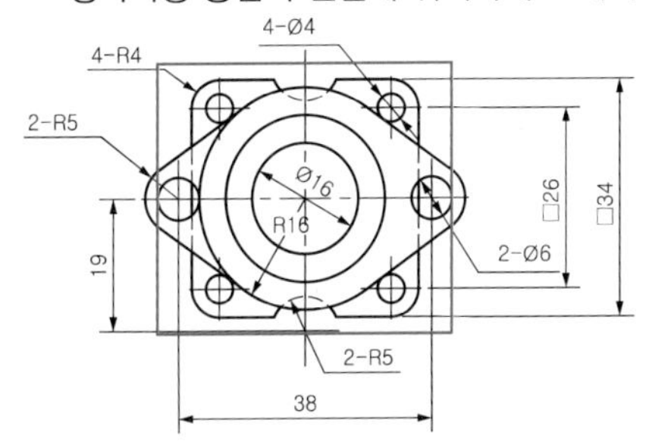

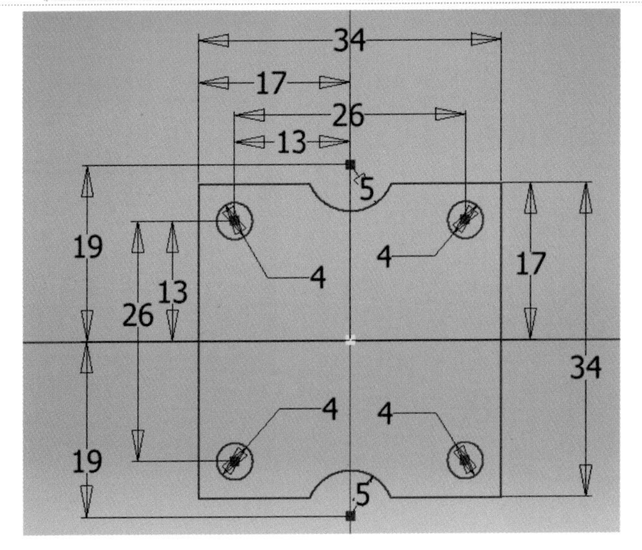

16

스케치마무리

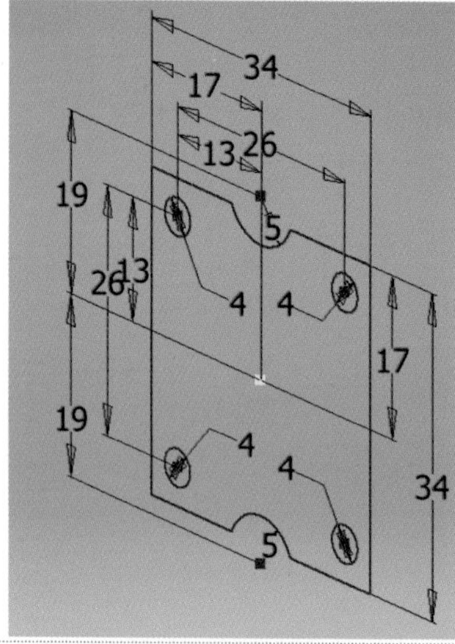

17

부품 ② 3D 모형 만들기

• [돌출] → [스케치 클릭] → [거리 : 5] → [방향1] → [확인]

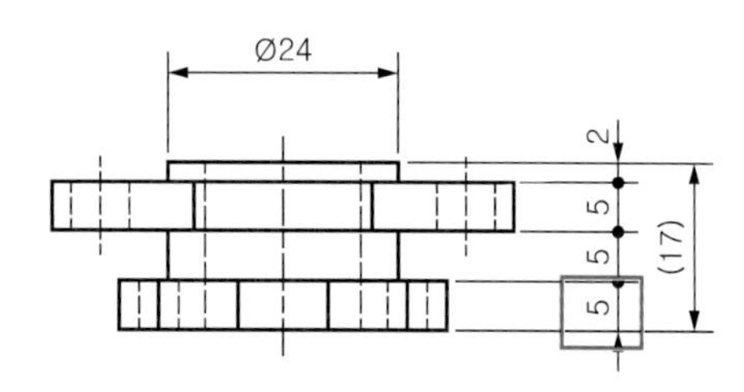

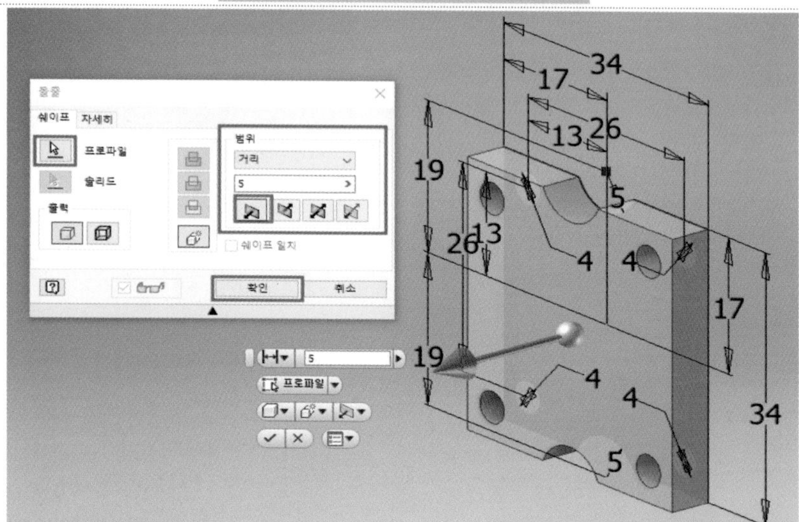

18

부품 ② 3D 모형 만들기

• [모깎기] → [모서리선택/4개소] → [반지름 : 4] → [확인]

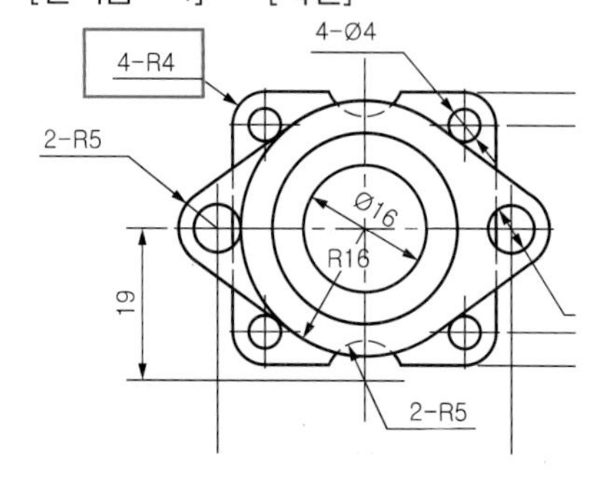

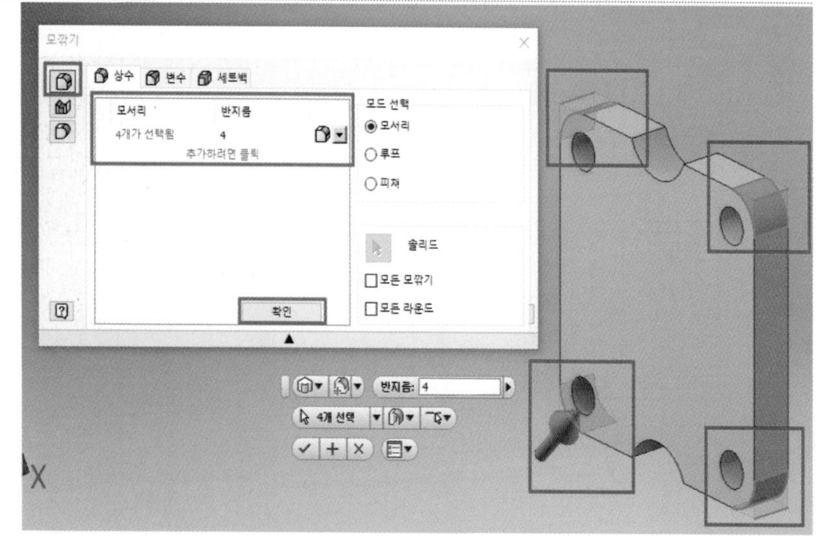

19

부품 ② 3D 모형 만들기

• [2D 스케치 시작] → [해당 스케치평면 선택] → [원/∅24] → [스케치마무리]

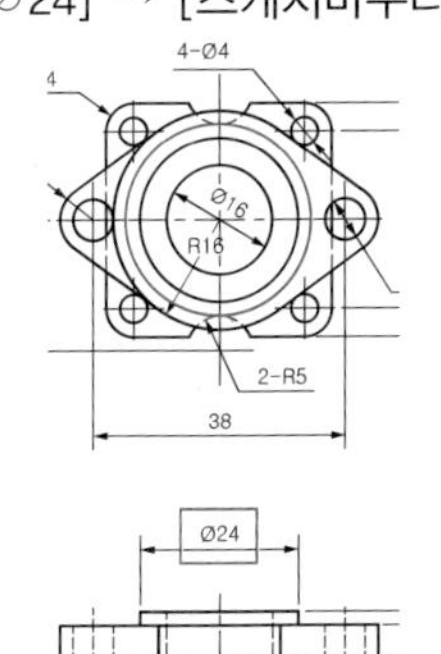

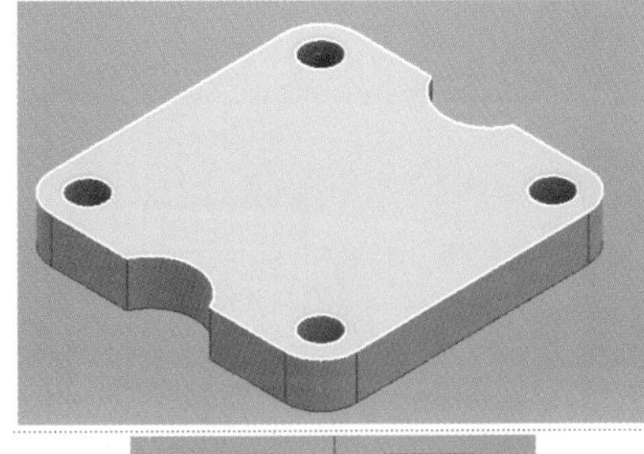

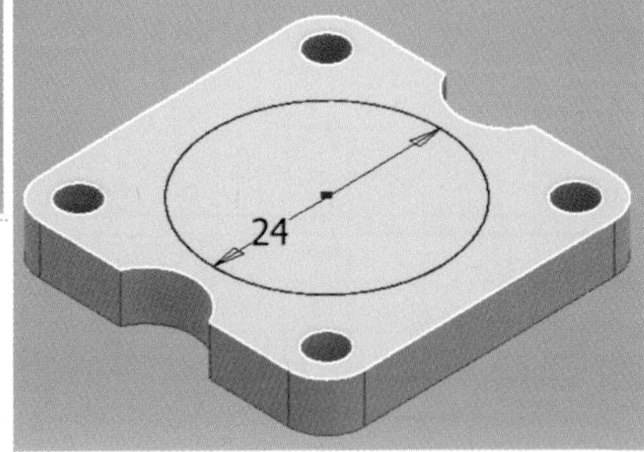

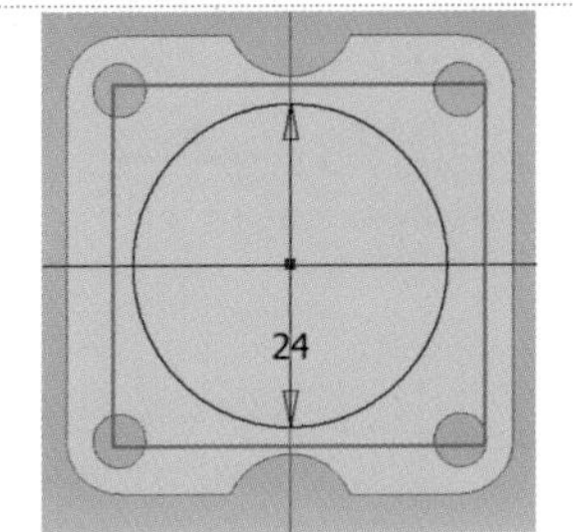

20

부품 ② 3D 모형 만들기

• [돌출] → [스케치 클릭] → [접합] → [거리 : 12] → [방향1] → [확인]

※ 거리12 = 5 + 5 + 2

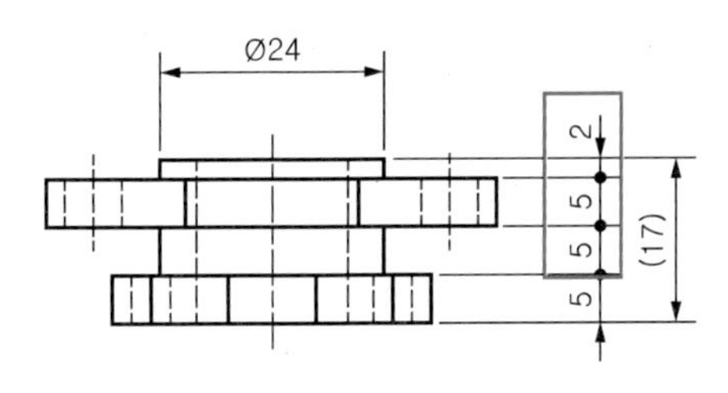

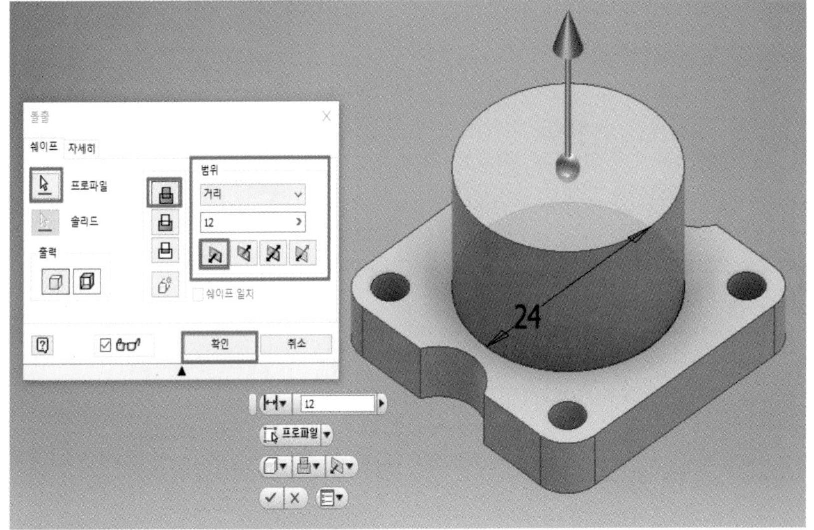

21

부품 ② 3D 모형 만들기

• [2D 스케치 시작] → [해당 스케치평면 선택] → [원/∅16] → [스케치마무리]

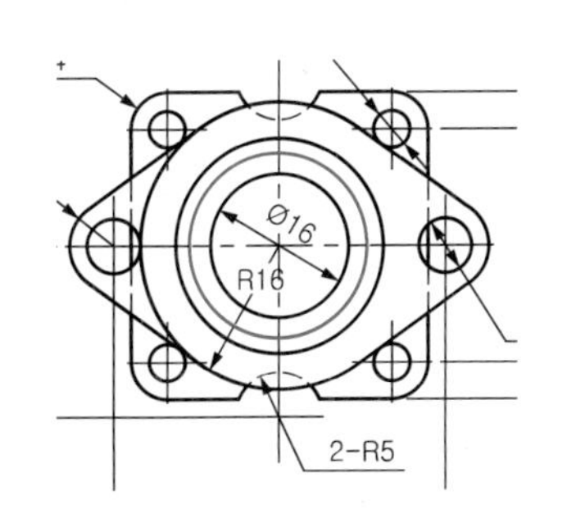

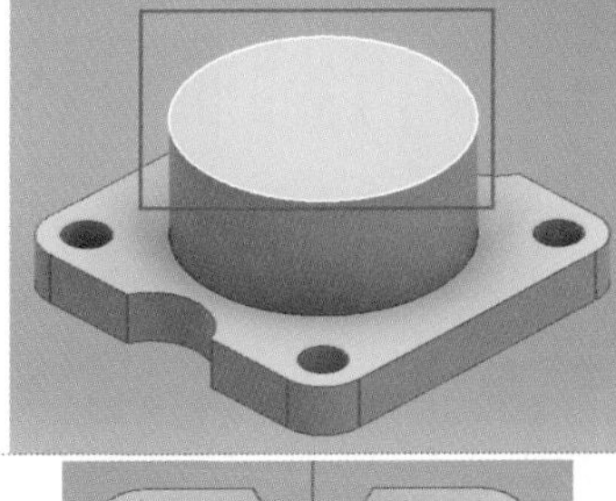

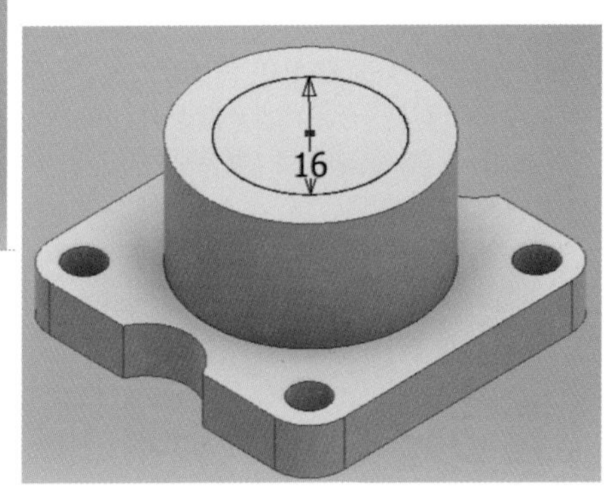

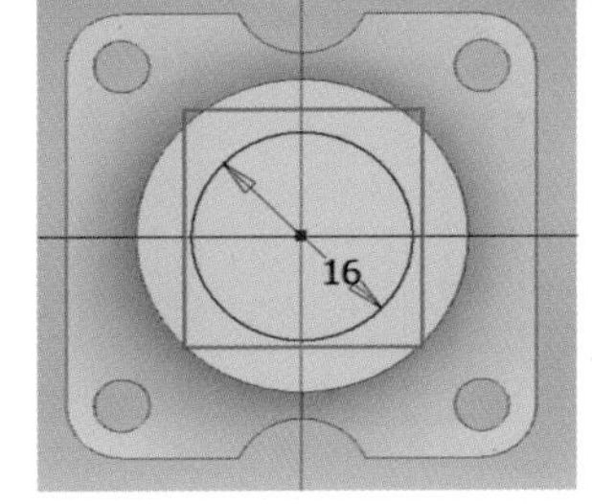

22

부품 ② 3D 모형 만들기

• [돌출] → [스케치 클릭] → [차집합] → [전체] → [방향2] → [확인]

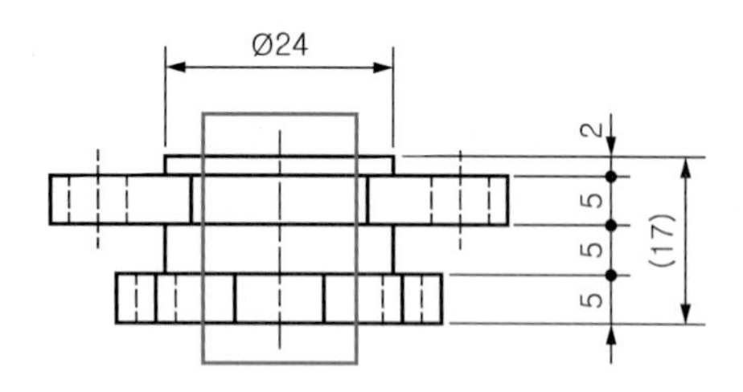

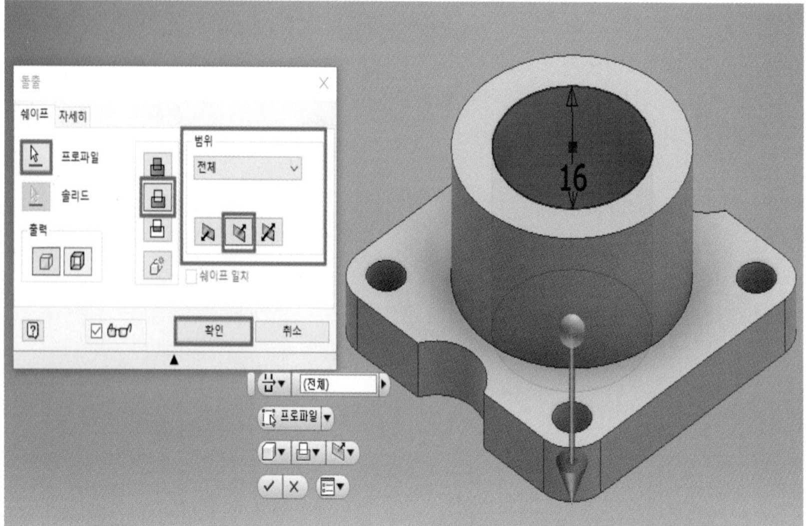

23

부품 ② 3D 모형 만들기

• [평면] → [평면에서 간격띄우기] → [간격 -2 입력] → [확인]

※ 모델링을 위해 '작업평면' 만들기

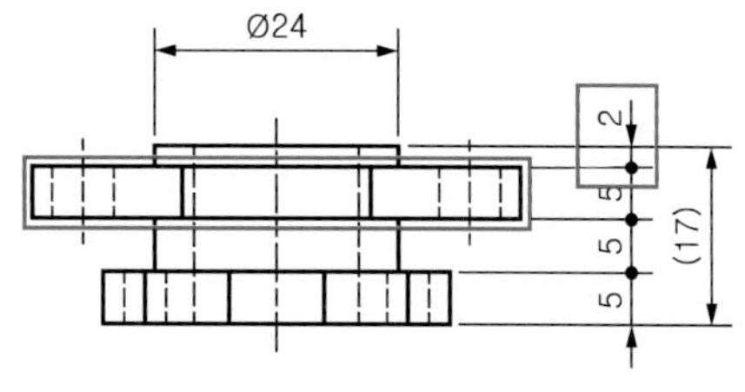

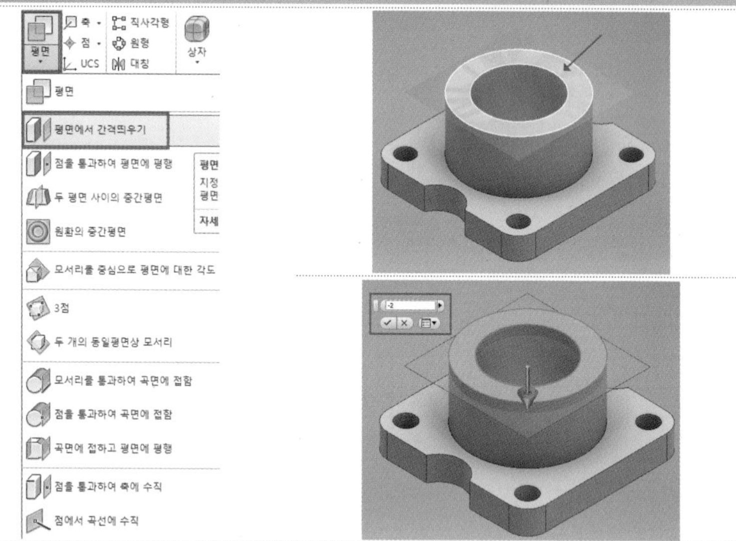

24

부품 ② 3D 모형 만들기

• [2D 스케치 시작] → [작업평면 선택] → [F7] → [원] → [∅32] → [∅10/2개] → [치수] → [선] → [구속조건/접선] → [자르기] → [∅6/2개] → [형상투영/∅24] → [스케치마무리]

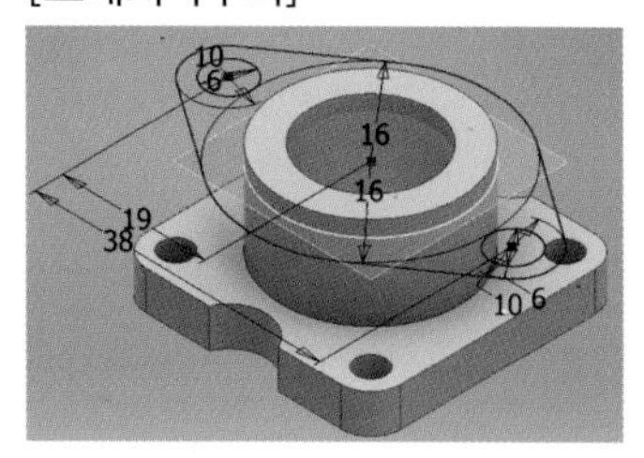

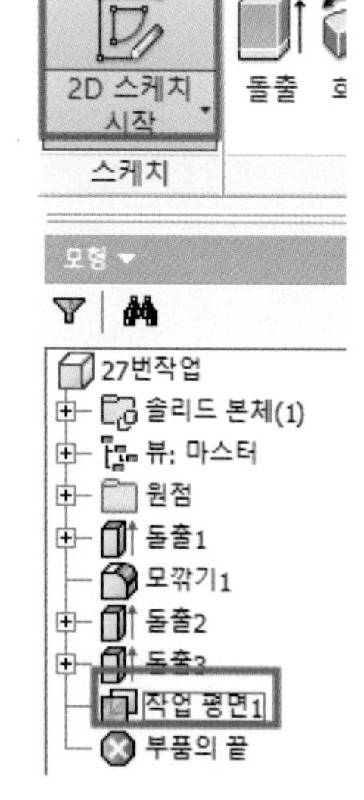

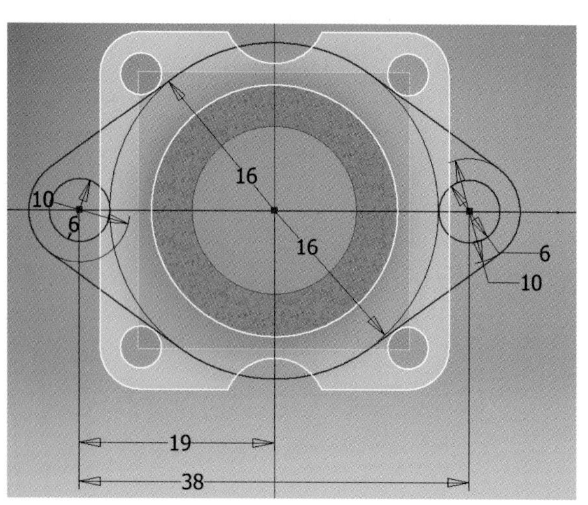

25

부품 ② 3D 모형 만들기

- [돌출] → [스케치 클릭] → [접합] → [거리 : 5] → [방향2] → [확인]

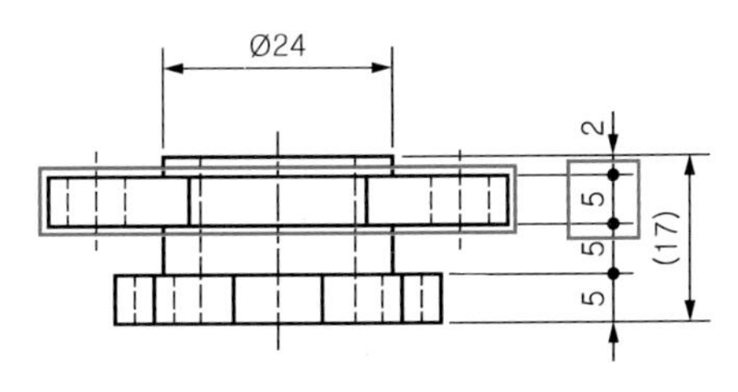

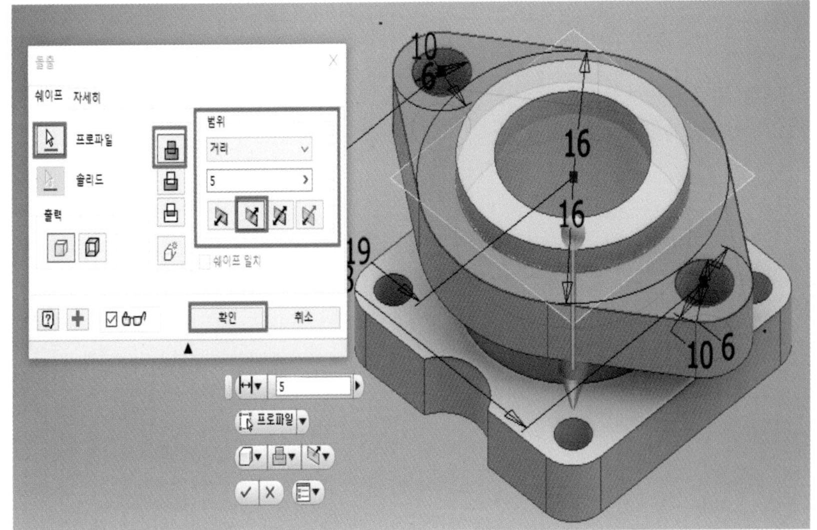

26

부품 ② 3D 모형 만들기

※ 작업평면 가시성 없애기

- [작업평면1] → [마우스오른쪽 클릭] → [가시성 클릭]

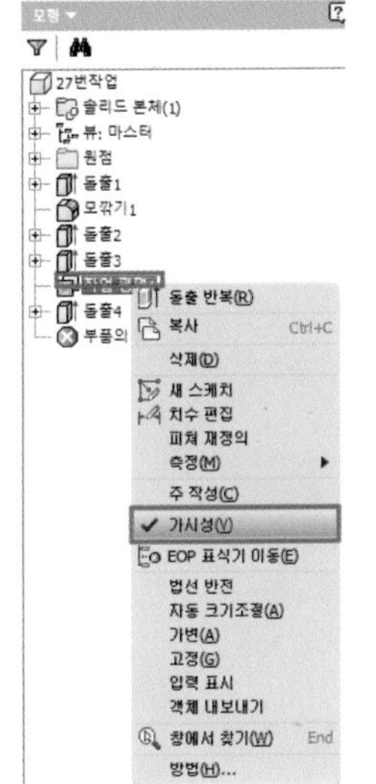

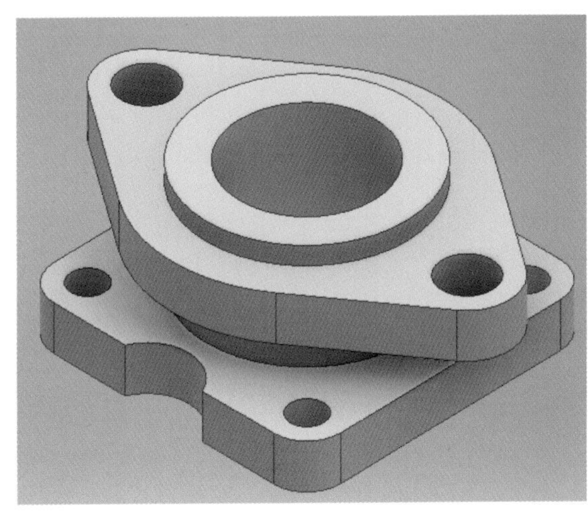

27

부품 ② 저장하기

- [파일] → [다른 이름으로 저장] → [비번호 폴더] → [파일이름] → [01_02] → [저장]

※ 본 교재의 부품 ②번 3D모델링 파일이름은 "01_02"로 작성되었다. 부품 ①, ②번 3D모델링 파일이름은 수험자가 임의로 정할 수 있다.

예 부품2번, 02번 등

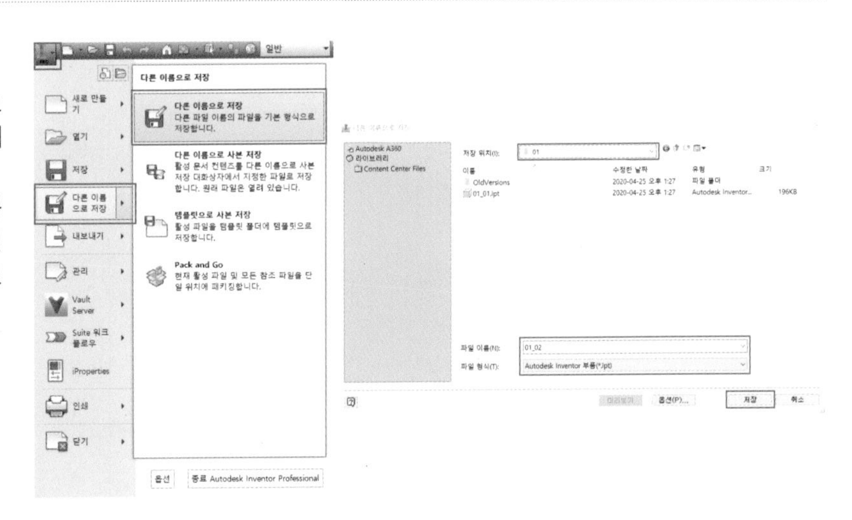

28

어셈블리

• [새로 만들기] → [Metric] → [Standard(mm).iam] → [작성]

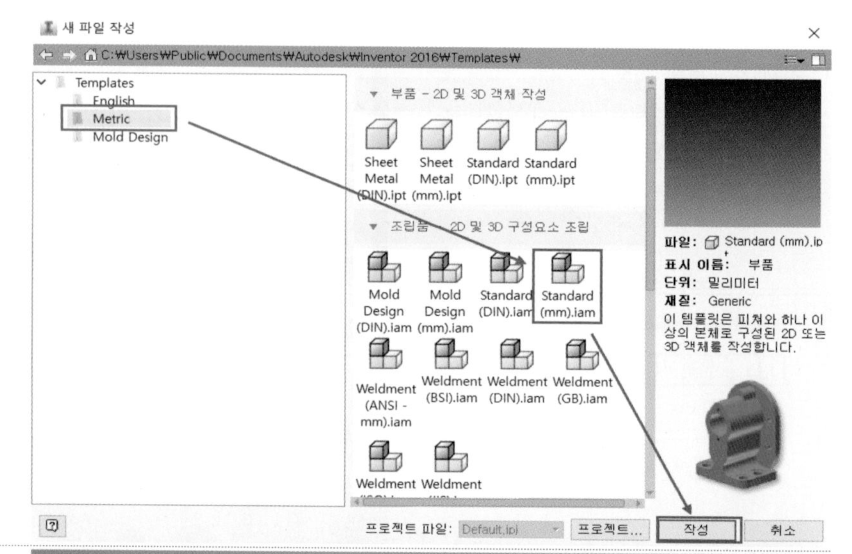

29

배치

"배치" 아이콘을 통해 부품 ①, ②를 배치한다.

• [배치] → [01_01, 01_02 선택] → [열기] → [화면 클릭] → [ESC]

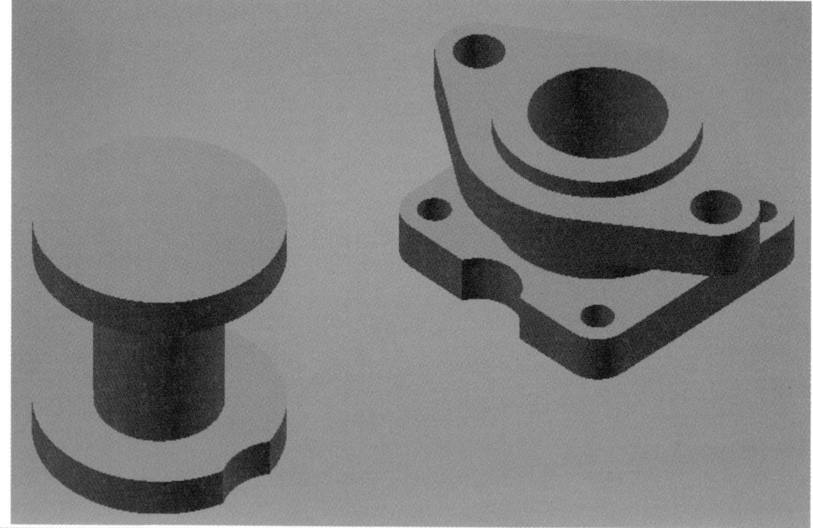

30

시트트리에서 부품①번을 우클릭하여 고정한다.

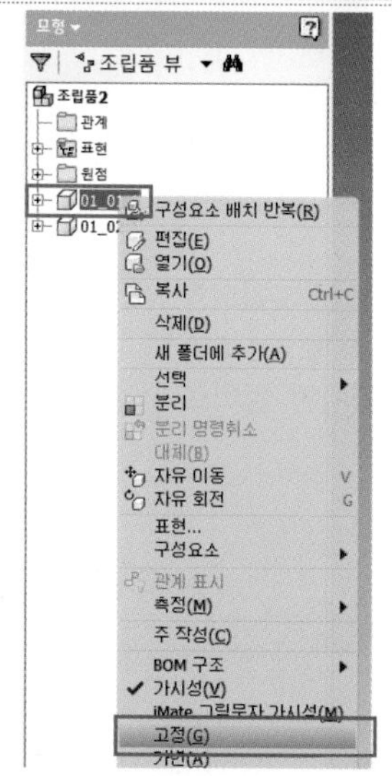

31

조립구속조건

• 부품 ②를 클릭하여 움직이고 우클릭하여 자유회전을 통해 도면의 조립도와 비슷하게 한다.

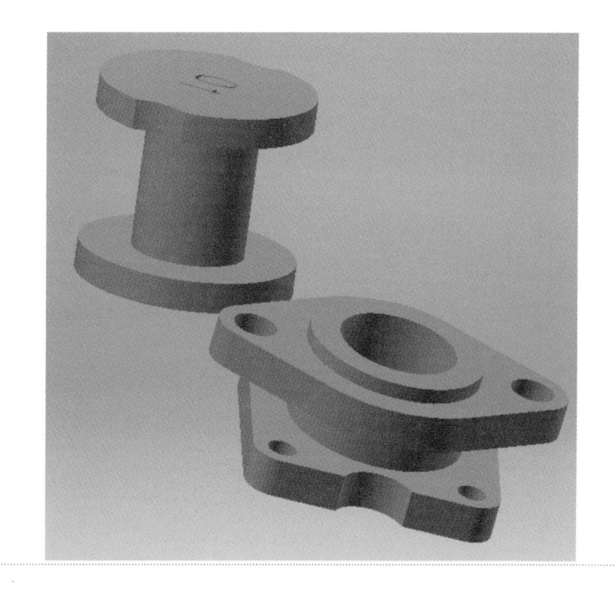

32

조립구속조건

• [구속조건] → [삽입] → [솔루션 : 반대] → [부품①선택요소] → [자유회전F4] → [부품②선택요소] → [간격띄우기 : 0.5] → [확인]

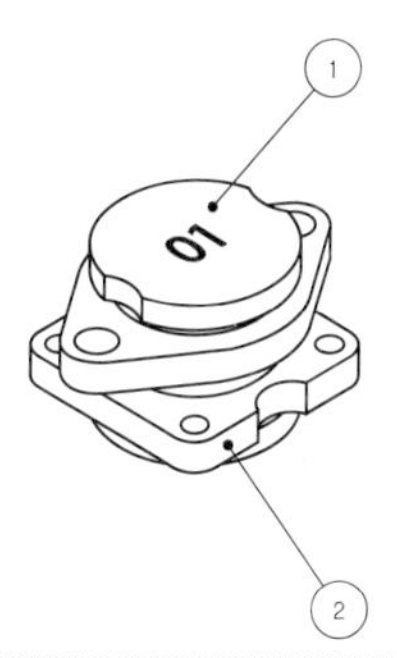

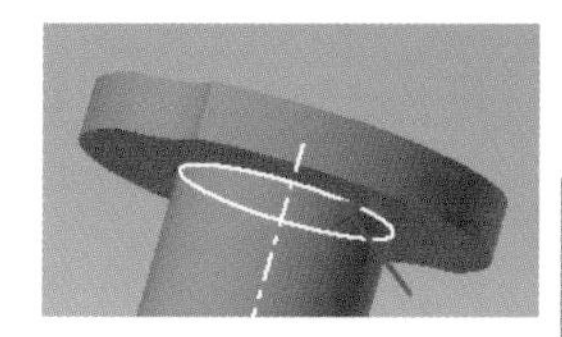

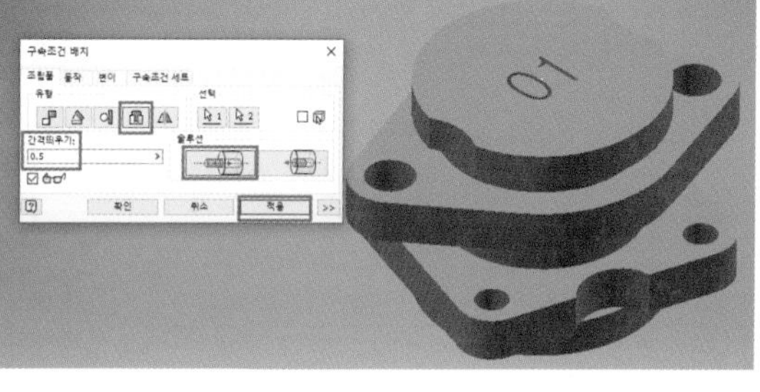

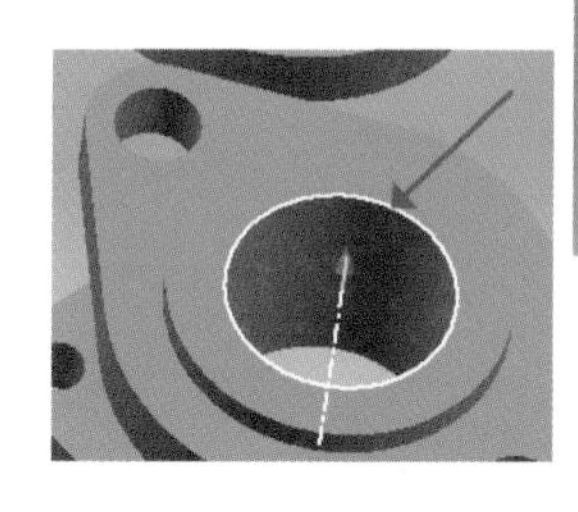

33

출력방향을 고려하여 구속조건 추가

※ 조립된 상태로 출력하니 되도록 서포트가 적게 나오고 도면의 ㉠, ㉡, ㉢ 치수가 정밀하게 나오는 출력방향을 결정해야 한다.

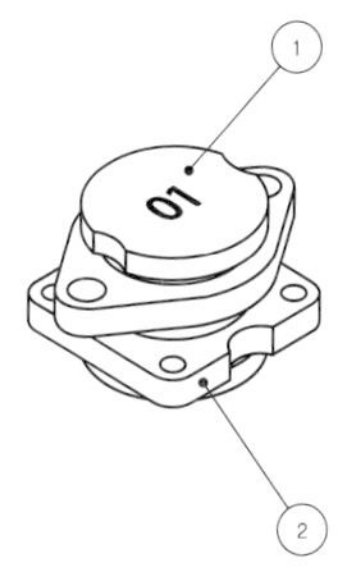

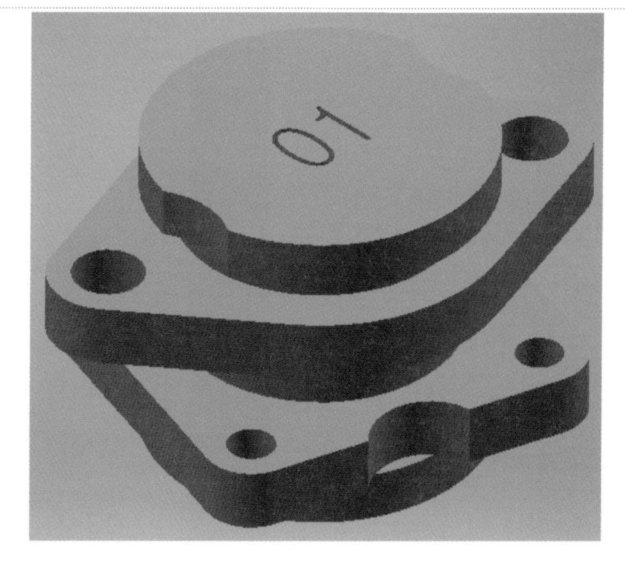

34

어셈블리 저장하기(2가지 확장자)

- [파일] → [다른 이름으로 저장] → [비번호폴더] → [파일이름] → [01] → [저장]

- [파일] → [내보내기] → [CAD형식] → [비번호폴더] → [01] → [파일형식 : STEP 선택] → [저장]

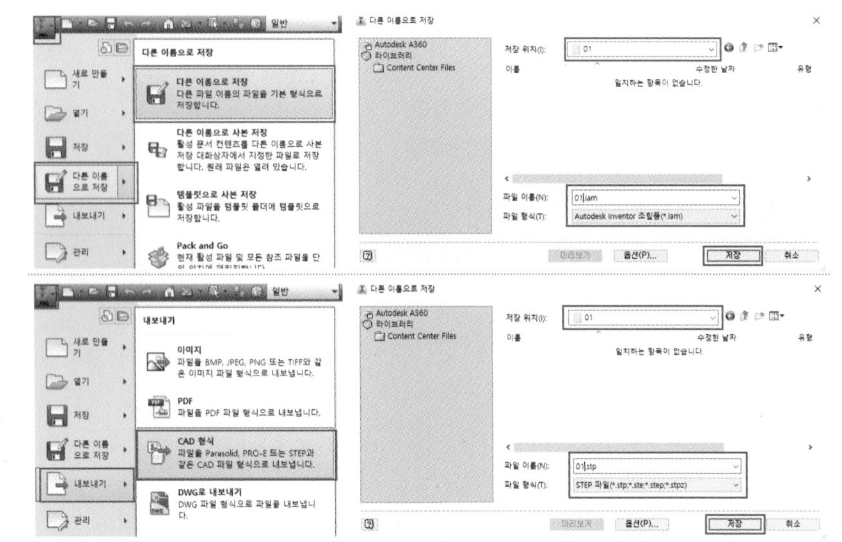

구 분	작업명	파일명	비 고
1	어셈블리	01.***	
2		01.STP	채점용

※ 비번호 01인 경우

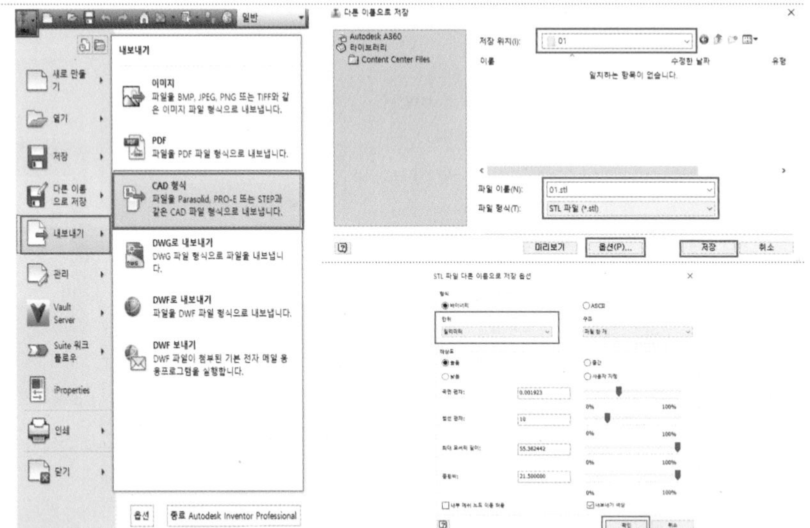

35

어셈블리 저장하기(STL확장자)

- [파일] → [내보내기] → [CAD형식] → [비번호폴더] → [01] → [파일형식 : STL 선택] → [옵션] → [단위 : mm] → [저장]

※ 옵션에서 단위 mm 선택

구 분	작업명	파일명	비 고
3	어셈블리	01.STL	

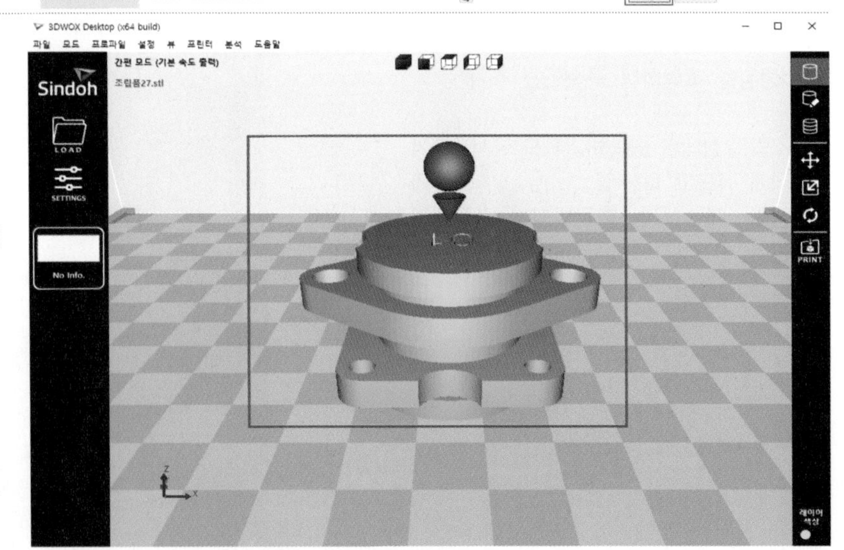

36

슬라이싱(3DWOX)

슬라이싱 프로그램을 실행한다.

- [파일] → [모델 불러오기] → [비번호폴더] → [01.stl] → [열기]

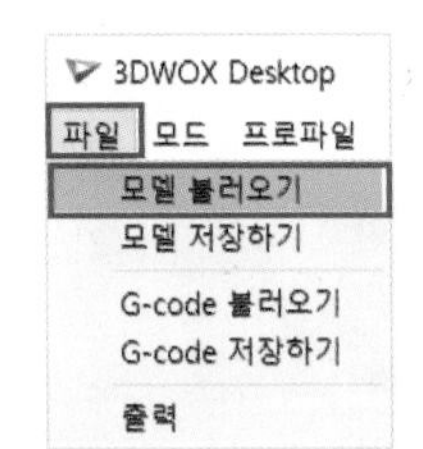

37

프린터 설정

- [설정] → [프린터 설정] → [프린터 모델] → [확인]

※ 시험장 프린터 모델을 선택한다.
예 DP200

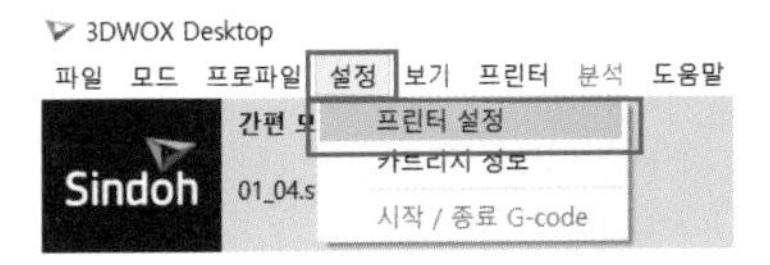

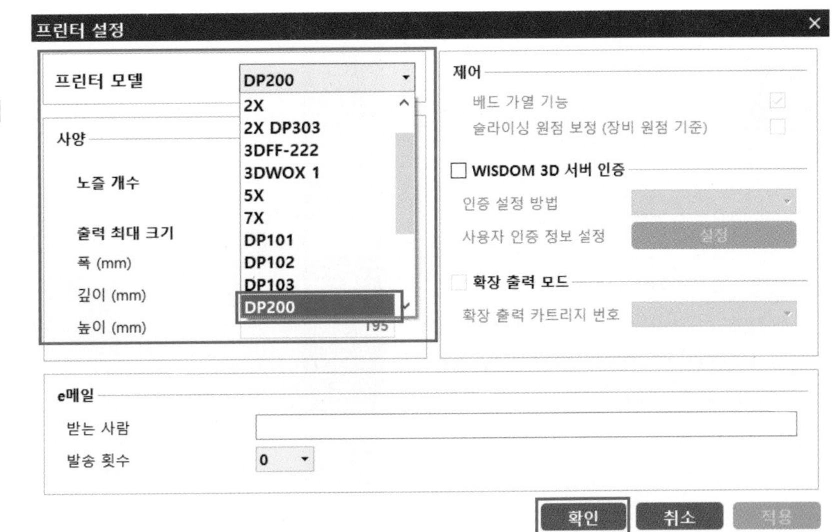

38

출력방향을 결정한다.

- [분석] → [최적출력방향] → [분석] → [추천 1~6 선택]

※ 신도리코 3DWOX는 최적출력방향을 분석해 준다. 참고하여 서포트가 적게 나오고 도면의 ㉠, ㉡, ㉢ 치수가 정밀하게 나오는 출력방향을 결정한다.

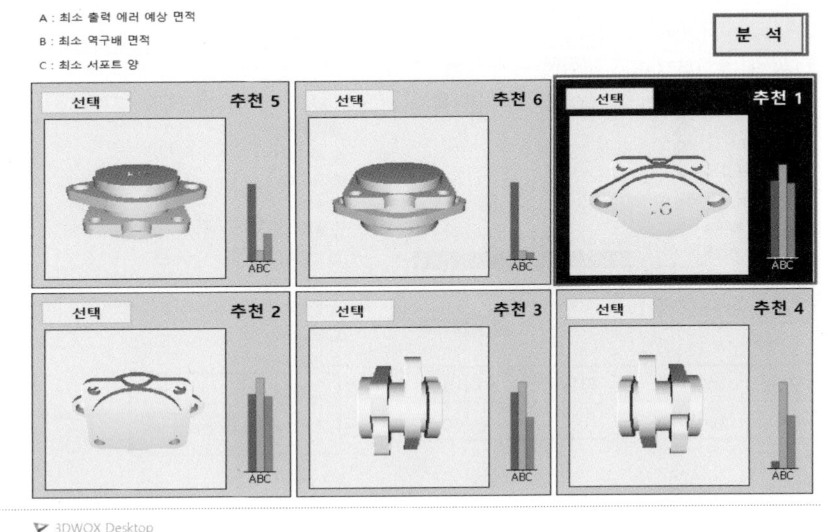

39

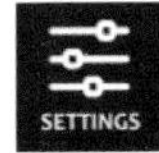

기본 파라미터를 설정한다.

- [SETTINGS] 버튼을 클릭하여 파라미터 값을 조정한다.
- 기본 속도 출력
- 재질 : PLA
- 서포트 : 모든 곳, 지그재그 구조

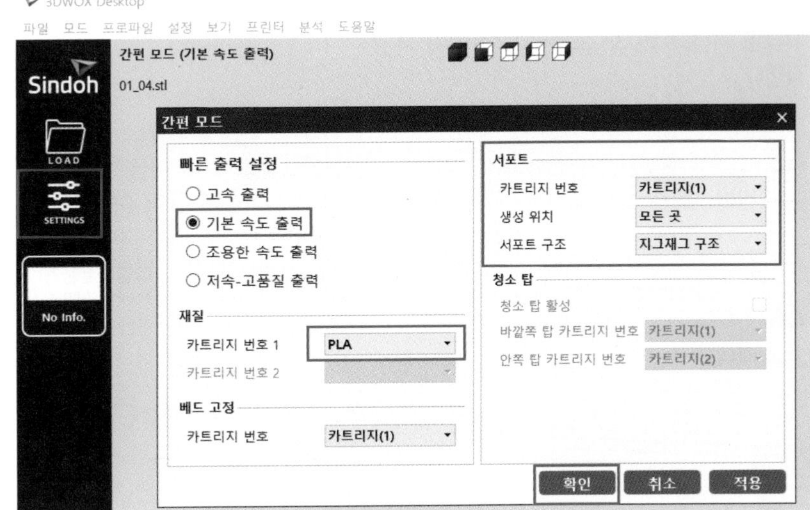

40

슬라이싱

• 베드상에 있는 출력물이 파라미터의 값이 반영되면서 슬라이싱을 수행한다.

※ 출력예상시간을 확인한다.

※ 출력예상시간이 1시간 20분이 넘어가면 고급모드로 변경하여 [SETTINGS]에서 레이어 높이, 채우기 밀도, 서포트 밀도 등 설정값을 변경한다.

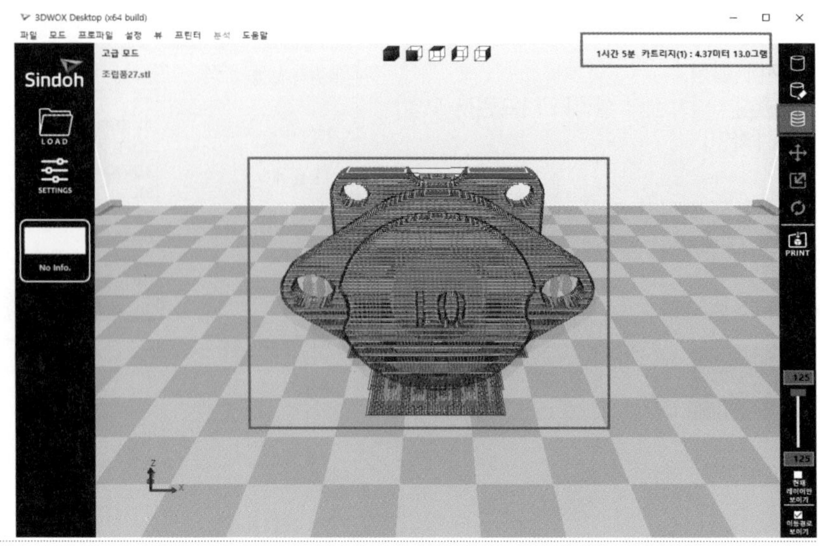

41

G-code 저장하기

• [파일] → [G-code 저장하기] → [예] → [비번호폴더] → [01.gcode] → [저장]

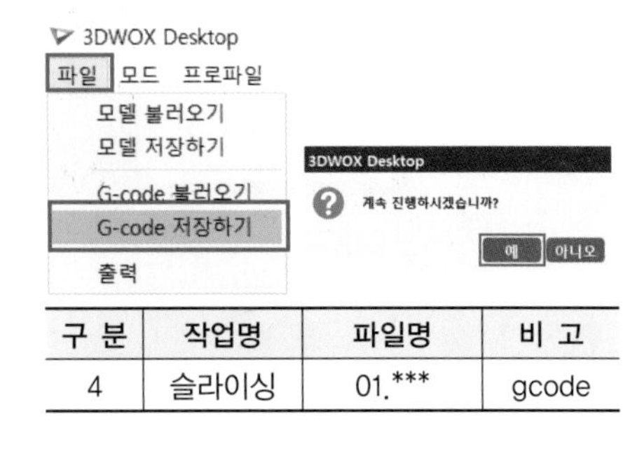

구 분	작업명	파일명	비 고
4	슬라이싱	01.***	gcode

42

지급된 저장매채(USB 또는 SD-card)에 저장한다.

• 감독위원에게 저장매채(USB 또는 SD-card) 제출

43

3D프린터 세팅

• 노즐, 베드 등에 이물질을 제거하여 출력 시 방해요소가 없도록 세팅한다.
• PLA 필라멘트 장착 여부 등 소재의 이상 여부를 점검하고 정상 작동하도록 세팅한다.
• 베드 레벨링 기능 등을 활용하여 베드 위치를 세팅한다.

44

3D프린팅

• 저장매채(USB 또는 SD-card)에 있는 파일(01_04.gcode)을 3D프린터 전면부에 있는 USB 포트에 연결하여 화면에서 직접 G-code를 불러와 출력한다.

45
후처리

- 출력을 완료한 후 보호장갑을 착용하고 서포트 및 거스러미를 제거하여 감독위원에게 제출한다.

46
노즐 및 베드 정리

- 출력물을 제출한 후 본인이 사용한 3D프린터 노즐 및 베드 등의 잔여물을 제거하고 정리정돈 한다(**※ 정리상태도 채점 대상임에 주의하자**).

3D프린터운용기능사 슬라이싱 작업

01 3D WOX(신도리코)

01
소프트웨어 설치

- 신도리코 홈페이지
  https://www.sindoh.com/ko
- [고객지원] → [통합검색] → [검색창에 모델명 입력] → [모델명 클릭] → [운영체제 선택] → [통합 슬라이서 다운로드]

※ 본인 지역 해당 시험장에 맞는 3D프린터 모델명을 선택한다.

02
슬라이싱(3DWOX)

슬라이싱 프로그램을 실행한다.

- [파일] → [모델 불러오기] → [비번호폴더] → [01.stl] → [열기]

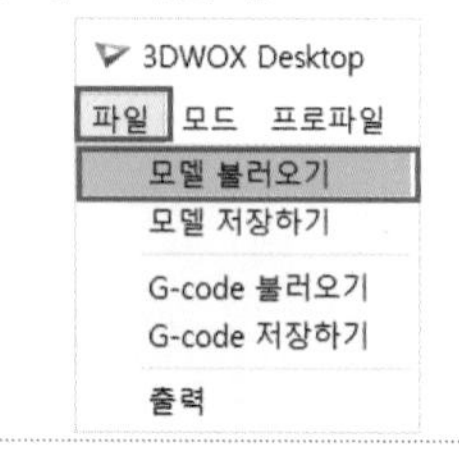

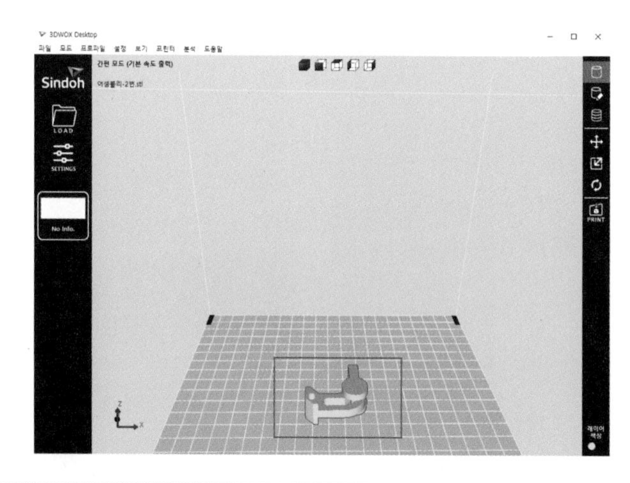

03
프린터 설정

- [설정] → [프린터 설정] → [프린터 모델] → [확인]

※ 시험장 프린터 모델을 선택한다.
  예 DP200

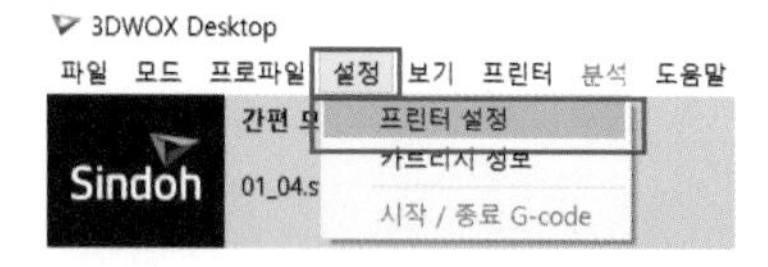

04

출력방향을 결정한다.

• [분석] → [최적출력방향] → [분석] → [추천 1~6 선택]

※ 신도리코 3DWOX는 최적출력방향을 분석해 준다. 참고하여 서포트가 적게 나오고 도면의 ㉠, ㉡, ㉢ 치수가 정밀하게 나오는 출력방향을 결정한다.

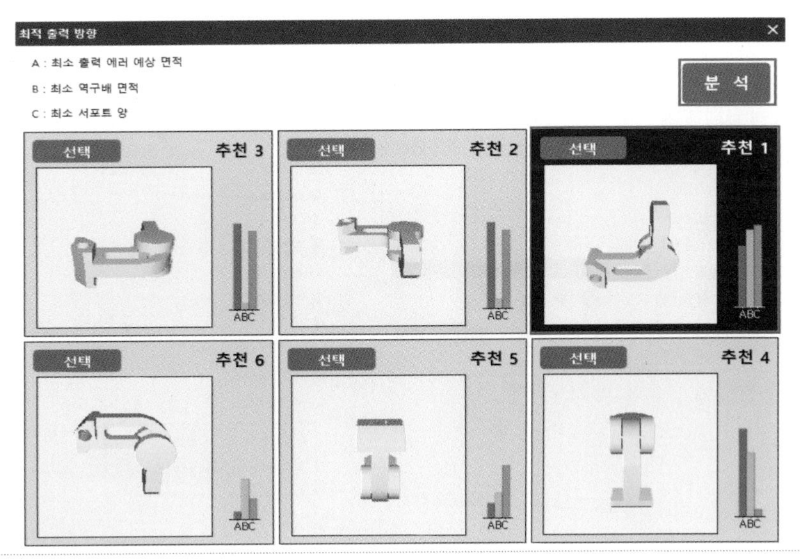

05

기본 파라미터를 설정한다.

• [SETTINGS] 버튼을 클릭하여 파라미터 값을 조정한다.
• 기본 속도 출력
• 재질 : PLA
• 서포트 : 모든 곳, 지그재그 구조

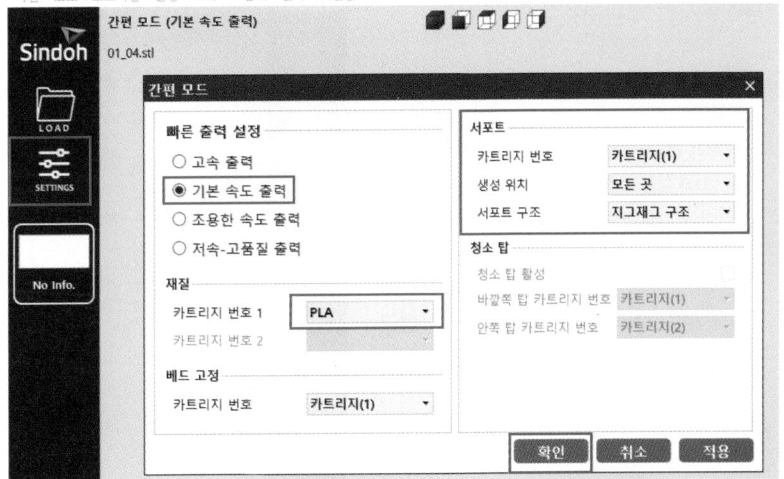

06

슬라이싱

• 베드상에 있는 출력물이 파라미터의 값이 반영되면서 슬라이싱을 수행한다.

※ 출력예상시간을 확인한다.

※ 출력예상시간이 1시간 20분이 넘어가면 고급모드로 변경하여 [SETTINGS]에서 레이어 높이, 채우기 밀도, 서포트 밀도 등 설정값을 변경한다.

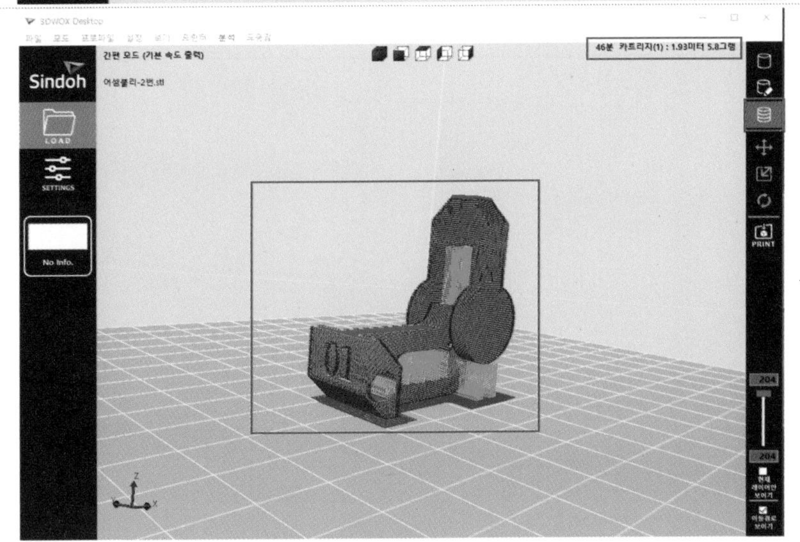

07

G-code 저장하기

- [파일] → [G-code 저장하기] → [예] → [비번호폴더] → [01_04.gcode] → [저장]

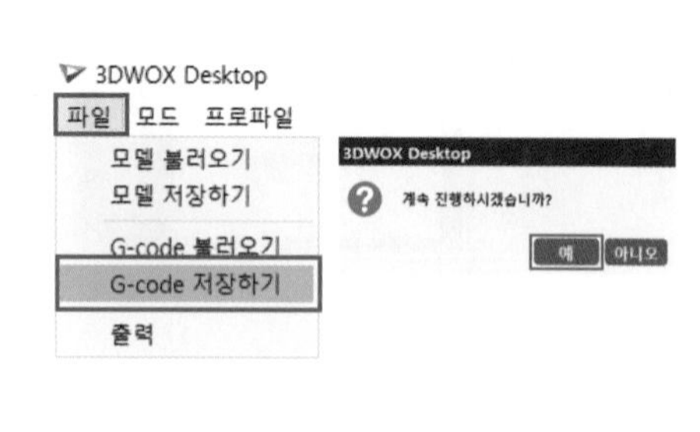

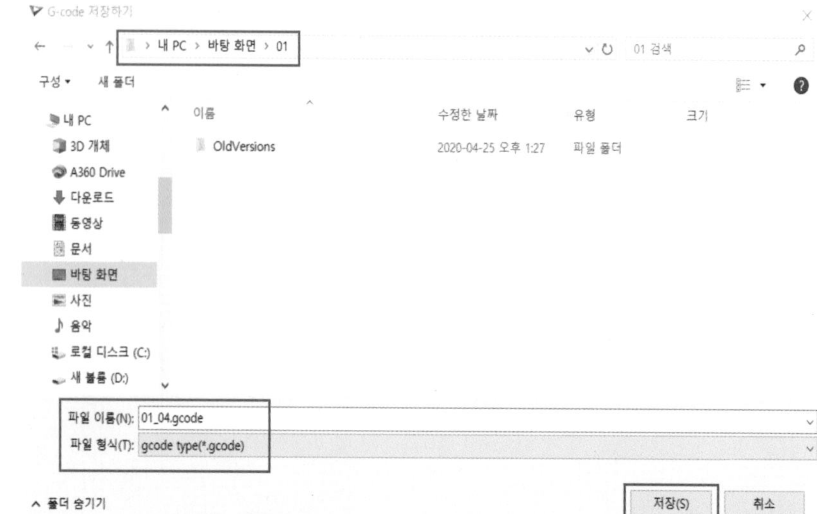

08

출력예상시간 초과 시 조정 방법

※ 출력예상시간이 1시간 20분이 넘어가면 고급모드로 변경하여 [SETTINGS]에서 레이어 높이, 채우기 밀도, 서포트 밀도 등 설정값을 변경한다.

※ 레이어높이는 출력물의 품질을 결정하는 가장 중요한 요소이다. 보통 도면의 사이즈는 1시간 20분 안에 출력이 되게 출제되나 혹시 1시간 20분이 넘어가면 고급모드에서 레이어높이를 높여 시간 안에 출력한다.

- [모드] → [고급모드] → [예] → [확인] [SETTINGS] → [기본설정] → [레이어높이 조정] → [적용] → [확인]

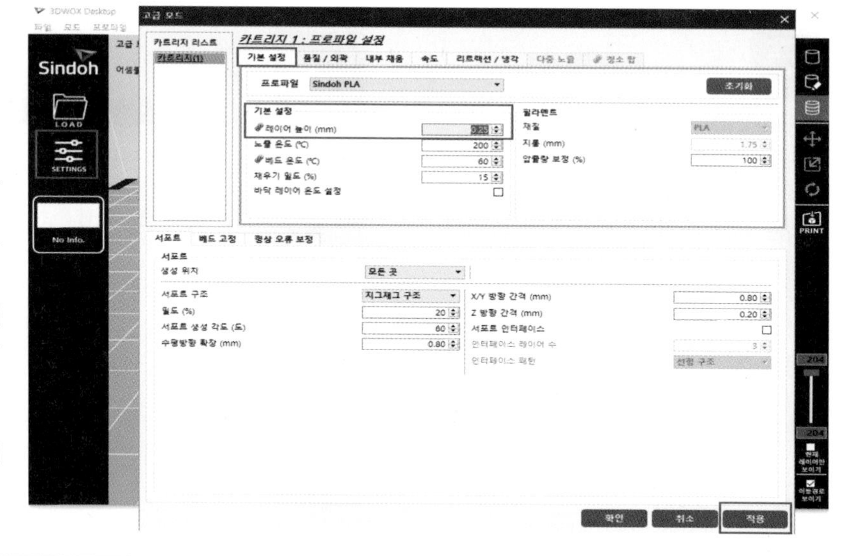

02 Makerbot

01

소프트웨어 설치

• 메이커봇 홈페이지
https://www.makerbot.com/

• [SUPPORT] → [Software] → [OS 종류를 선택] → [Download]

※ 본인 지역 해당 시험장에 맞는 3D프린터 모델명을 선택한다.

02

MakerBot Print

• 슬라이싱 프로그램을 실행한다.
• MakerBot 계정입력
• 계정이 없으면 신규 가입

※ 로그인을 하지 않으면 프로그램을 사용할 수 없기 때문에 먼저 회원가입을 해야 한다.

• [회원가입] → [Sign up] → [사용자정보입력] → [CONTINUE]

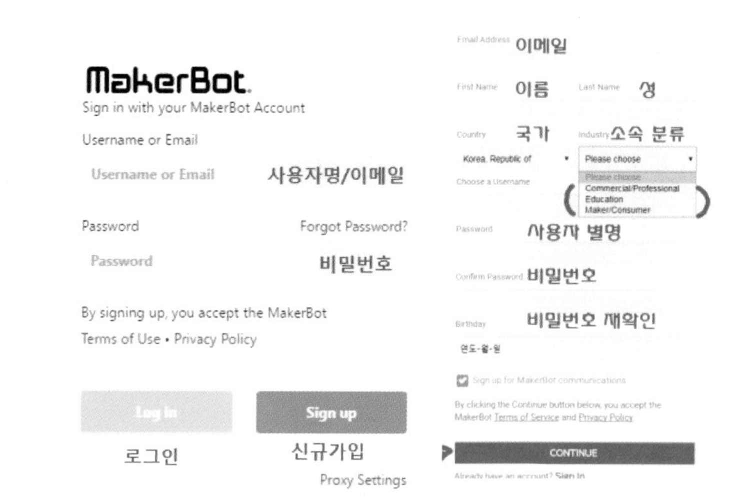

03

장비선택

• 사용 전 반드시 장비 선택 필요
• 우측 하단 'Select a Printer' 메뉴로 프린터 선택

※ 본인 지역 해당 시험장에 맞는 3D프린터 모델명을 선택한다.

※ 보통 시험장 컴퓨터는 프린터가 선택되어 있다.

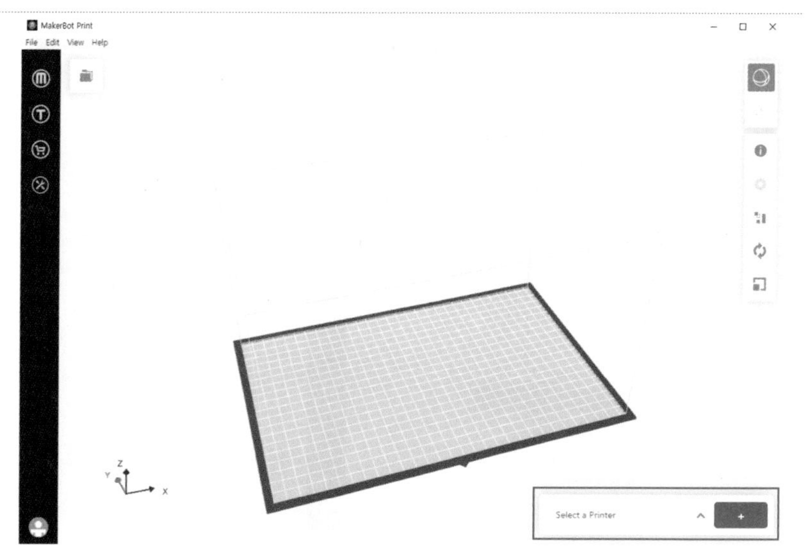

04

오프라인 장비 선택

• [Select a Printer] → [Add a Printer] → [Add an Unconnected Printer] → [시험장 프린터 기종 선택]

※ 시험장 상황에 따라 달라질 수 있다. 보통 오프라인 장비로 선택해서 저장매체(USB, SD카드)에 Export하여 프린터에서 출력하는 방식이다.

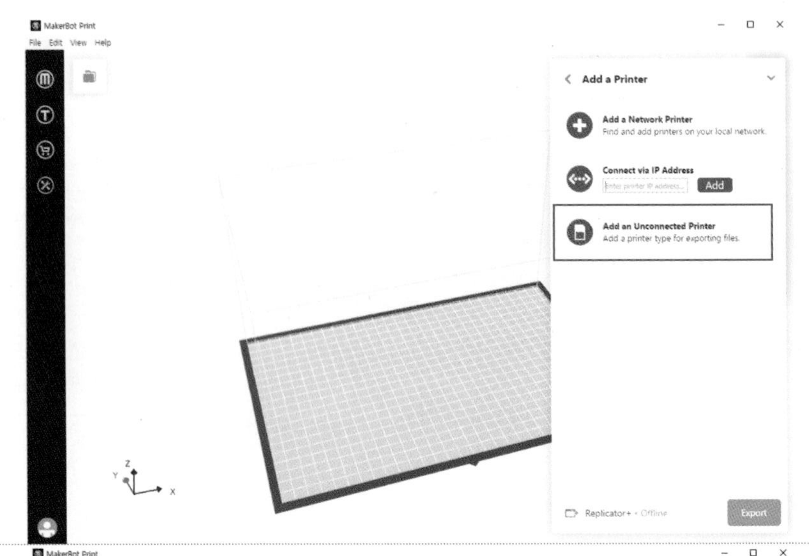

05

시험장에 있는 기종을 찾아 등록

※ 시험장에 있는 기종을 확인하여 선택한다. 본 교재에서는 Replicator+를 선택하였다.

※ 이후 출력면적과 설정이 해당 기종으로 자동 조정된다.

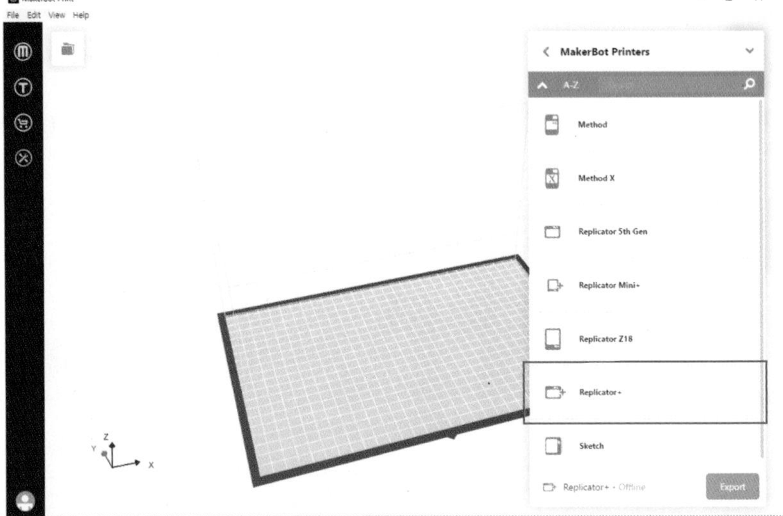

06

모델 불러오기

• [File] → [Insert File] → [01_04.stl] → [열기]

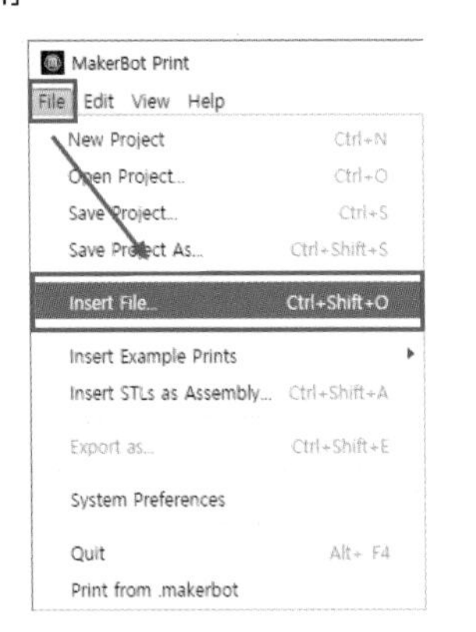

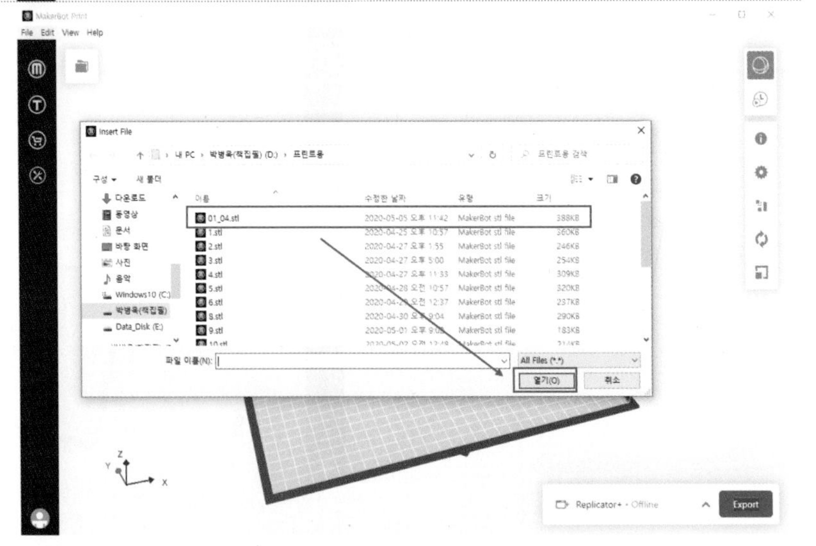

07

모델의 측정 단위를 확인한다.

• [Model Info] → [모델선택] → [Units : mm]

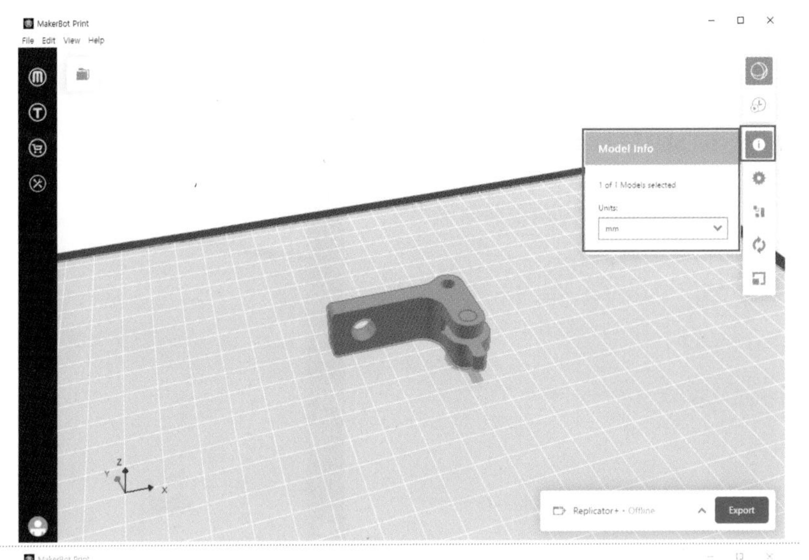

08

출력방향을 결정

• [Orient] → [모델선택] → [X,Y,Z축 조정]

※ Place Face on Build Plates : 선택된 면을 바닥으로 할 수 있다.

※ 서포트가 적게 나오고 도면의 ㉠, ㉡, ㉢의 치수가 정밀하게 나오는 출력방향을 결정한다.

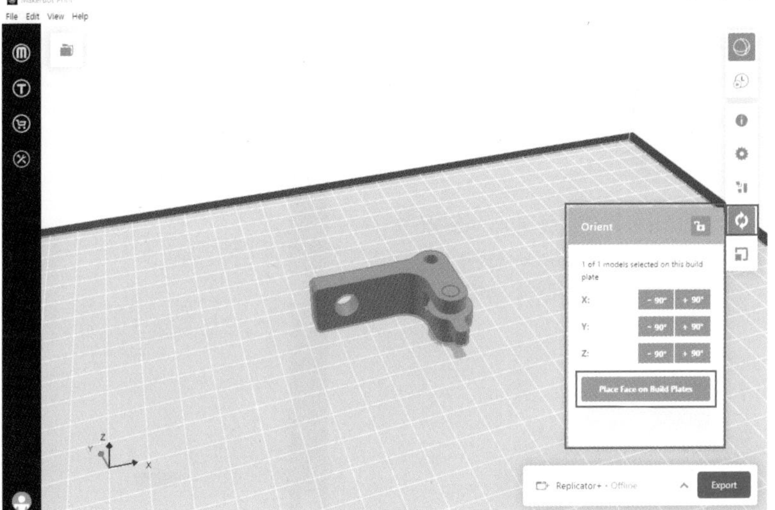

09

프린터 세팅(Print Settings)

• Extruder Type : 시험장 프린터에 장착한 압출기 선택

• Print Mode : Balanced(기본)

• Layer Height : 0.2mm(레이어높이)

• Support Type : Breakaway Support

※ 출력예상시간이 초과되면 Layer Height(레이어높이)를 높인다.

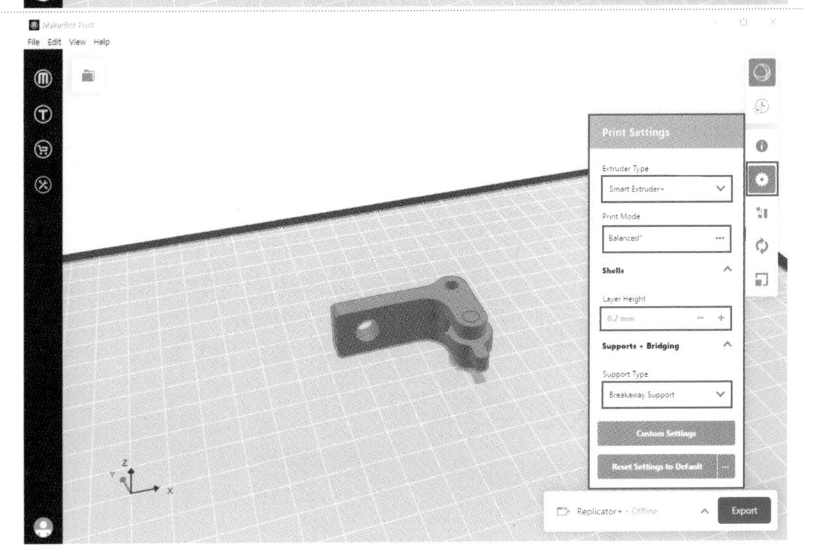

10

슬라이싱(Print Preview)

- 예상 출력시간 확인
- 필라멘트 사용량 예측
- 출력물 구조 예측
- 좌측 레이어 위치 슬라이더를 통해 출력물 확인

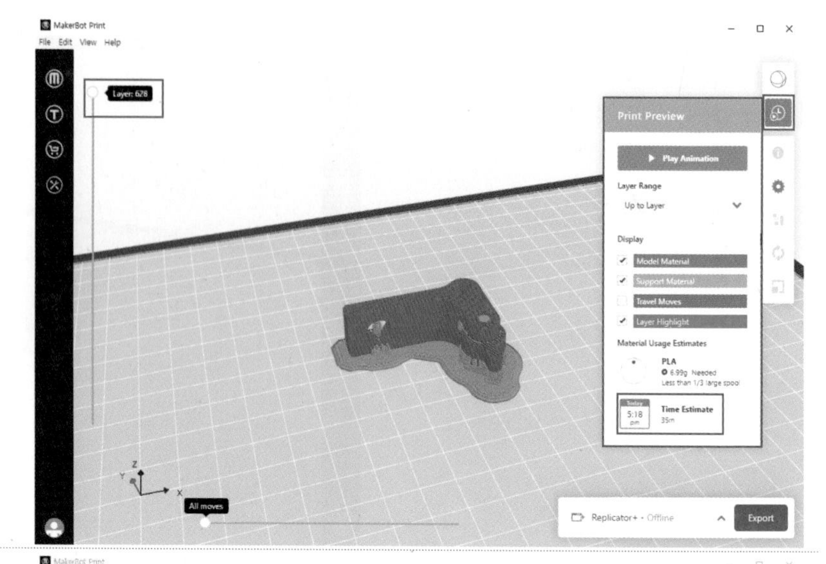

11

내보내기(Export)

- 출력용 G-Code 저장
- [Export] → [비번호폴더] → [01_04] → [저장]

※ 저장 폴더는 비번호폴더에 파일명은 01_04로 한다. MakerBot프린터는 파일명을 영문으로 작성해야 한다.

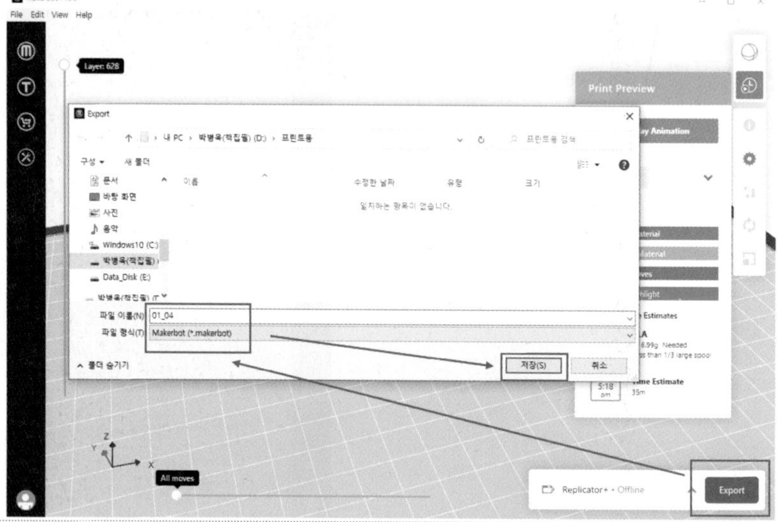

12

참고1-메뉴설명

① Model View is active
모델을 보는 시점을 조정하거나, 모델의 위치를 조정하는 메뉴 ①

② Print preview
프린트하기 전 출력 시뮬레이션 진행 ②

③ Model info
모델의 크기 정보 ③

④ Print Settings
모델을 프린트 하는 데 필요한 상세한 세팅 메뉴 ④

⑤ Arrange
모델을 정렬, 배치하기 위한 메뉴 ⑤

⑥ Orient
모델의 각도를 설정하는 메뉴 ⑥

⑦ Scale
모델의 크기를 설정하는 메뉴 ⑦

13

참고2-Print Modes

- Balanced(밸런스트) : 일반적인 출력품질(통상 출력물 강도)
- Draft(드래프트) : 빠른 외형 제작 모드
- MinFill(최소 채움) : 내부 채움 최소화(가장 빠른 출력) /Balanced의 2.5배

※ 밸런스트보다 고품질/고강도일 경우 커스텀 세팅을 사용한다.

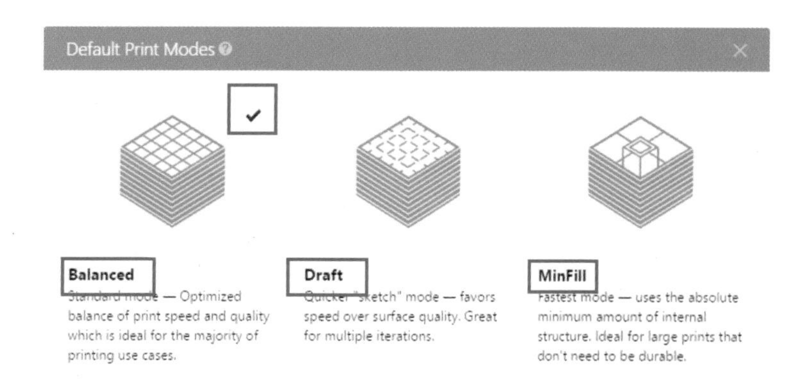
Default Print Modes
Balanced
Standard mode — Optimized balance of print speed and quality which is ideal for the majority of printing use cases.
Draft
Quicker "sketch" mode — favors speed over surface quality. Great for multiple iterations.
MinFill
Fastest mode — uses the absolute minimum amount of internal structure. Ideal for large prints that don't need to be durable.
Print Modes are customized sets of recommended print settings. To make modified versions of these Print Modes, please use Custom Print Modes.
Custom Settings
Done

03 Cubicreator 4

01

소프트웨어 설치

• CUBICON 홈페이지
http://www.3dcubicon.com/bbs/board.php?bo_table=datalist

• 큐비콘 홈페이지 "기술자료실"에서 "Cubicreator 4" 소프트웨어를 다운받아 설치한다. 설치시 3D프린터 모델을 선택한다.

※ 본인 지역 해당 시험장에 맞는 3D프린터 모델명을 선택한다.

02

• 슬라이싱 프로그램을 실행한다.

• 3D프린터 모델을 확인한다.
[설정] → [환경설정] → [장비] → [제품모델] → [시험장 프린터선택] → [확인]

※ 본 수험서는 Single Plus(3DP-310F) 설치

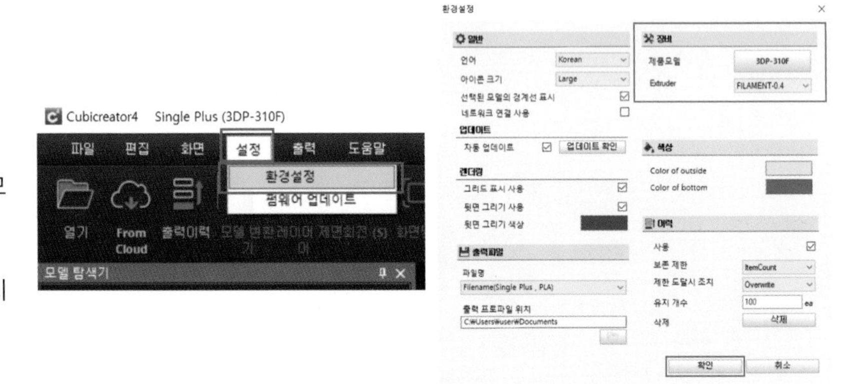

03

• 모델 불러오기
[열기] → [비번호폴더] → [01_04.stl] → [열기]

※ Cubicreator4는 3D모델(STL, OBJ, 3MF) 파일을 불러올 수 있다.

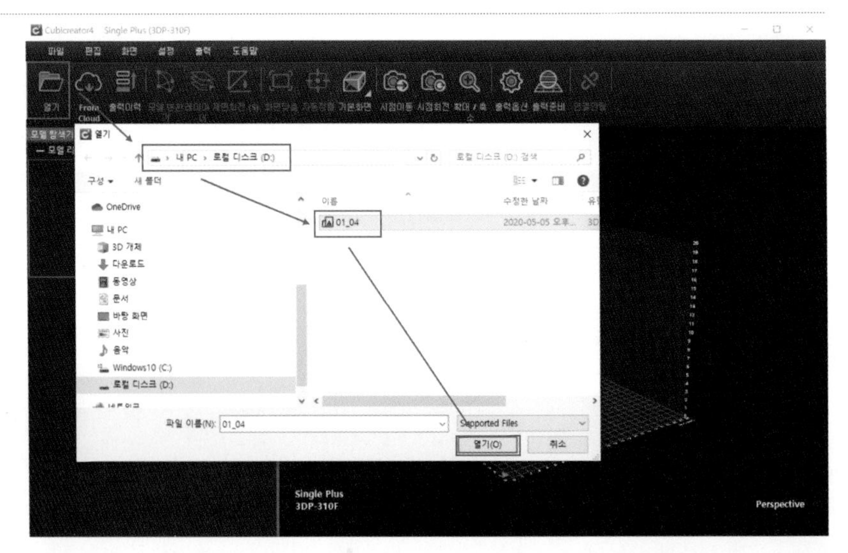

04

출력방향을 결정

• [화면맞춤] → [마우스로 X,Y,Z축 조정]

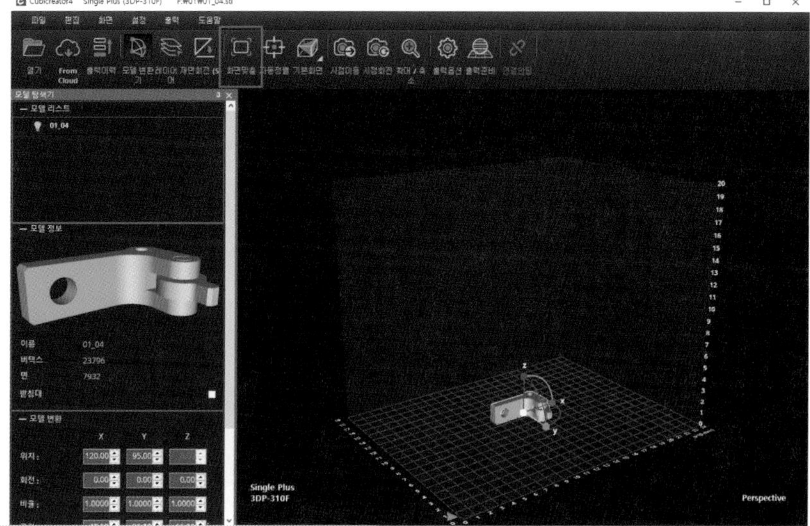

05

출력방향을 결정

• [마우스로 X,Y,Z축 조정]

※ 모델탐색기 회전에서 X,Y,Z축을 조정할 수 있다.

※ 서포트가 적게 나오고 도면의 ㉠, ㉡, ㉢의 치수가 정밀하게 나오는 출력방향을 결정한다.

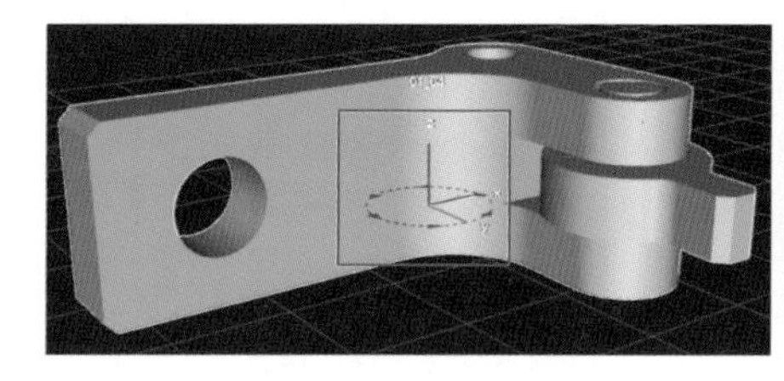

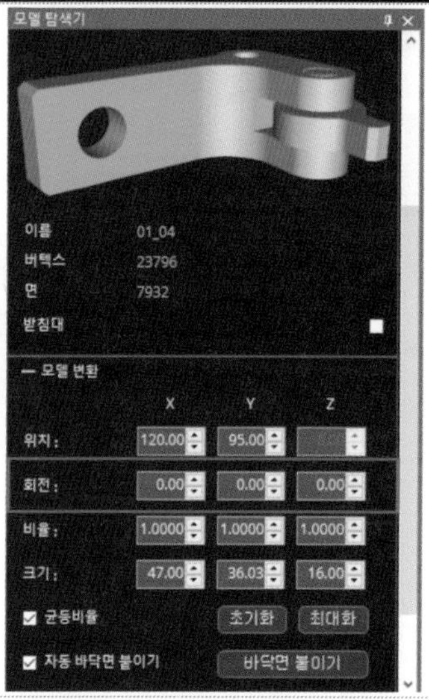

06

출력 옵션 설정

• 기본옵션
• 필라멘트 : PLA
• 속도 : 일반속도
• 품질 : 일반품질
• 채우기 : 일반밀도
• 레이어변경점 : 사용자지정
• 바닥보조물 : 종류(Raft/낮게)
• 지지대 : 각도(50), 지지대확장(보통)

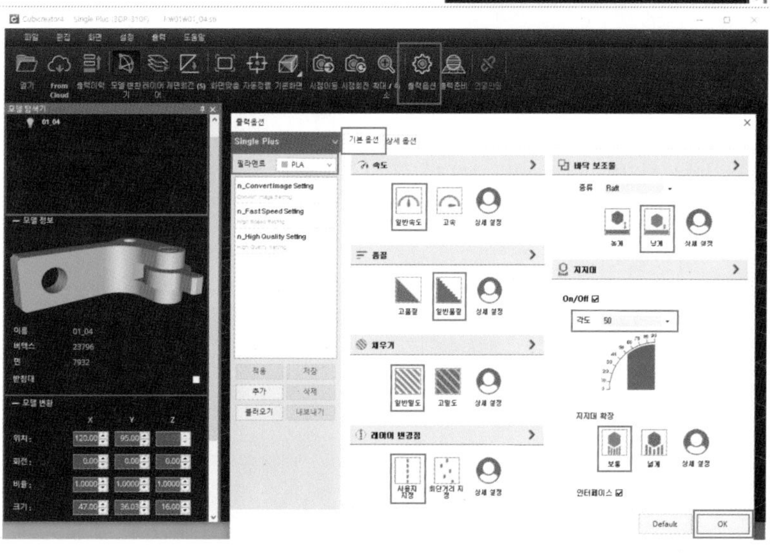

07

출력 예상시간이 초과 시 조치사항

※ 출력예상시간이 초과되면 상세옵션에서 Layer Height(레이어높이)를 높인다.

- [상세옵션] → [품질] → [레이어높이 높게 조절] → [OK]

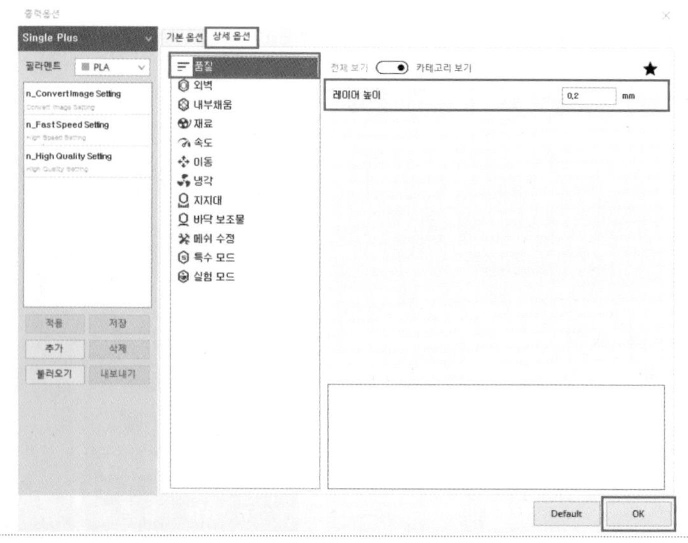

08

출력준비(출력예상시간 체크)

※ 출력준비로 출력예상시간을 확인한다.

- [출력준비] 클릭

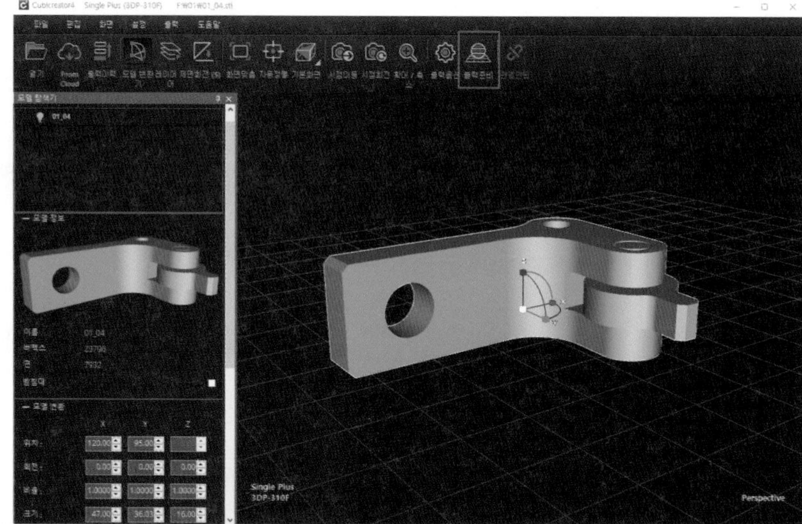

09

출력준비(출력예상시간 체크)

- 출력예상시간을 확인한다.

※ 출력예상시간이 초과되면 "나가기" 클릭 후 [출력옵션] → [상세옵션] → [품질]에서 "레이어높이"를 높인다.

※ 레이어 위치 슬라이더를 통해 바닥 보조물 및 지지대가 생성되는 것을 확인할 수 있다.

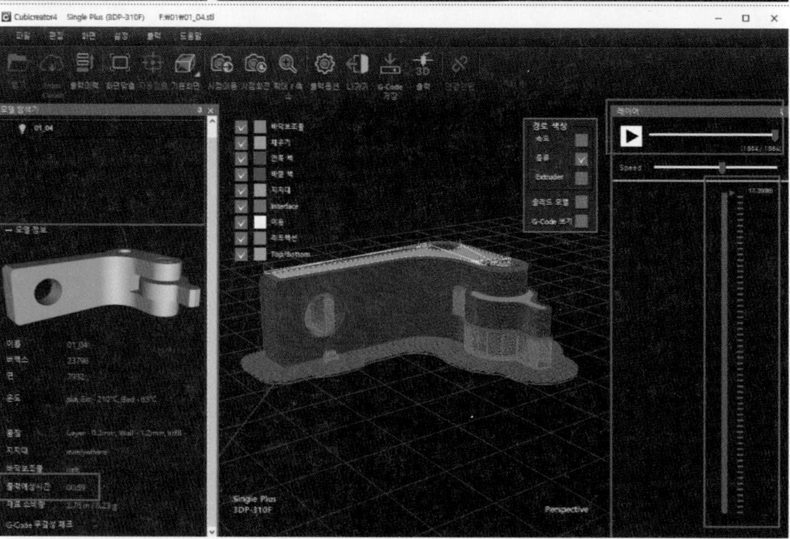

10

G-Code저장

• 출력용 G-Code 저장

• [G-Code저장] → [비번호폴더] → [01_04] → [저장]

11

최종 출력 시간을 확인

• 최종 출력 시간을 확인한다.

• 출력 시간이 이상이 없으면 [확인]

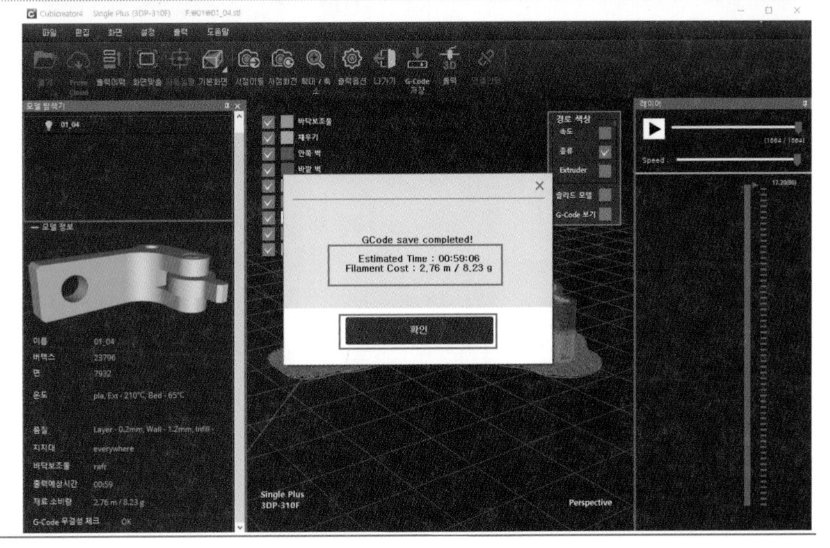

04 Ultimaker Cura

01

소프트웨어 설치

- 크롬에서 “cura” 검색

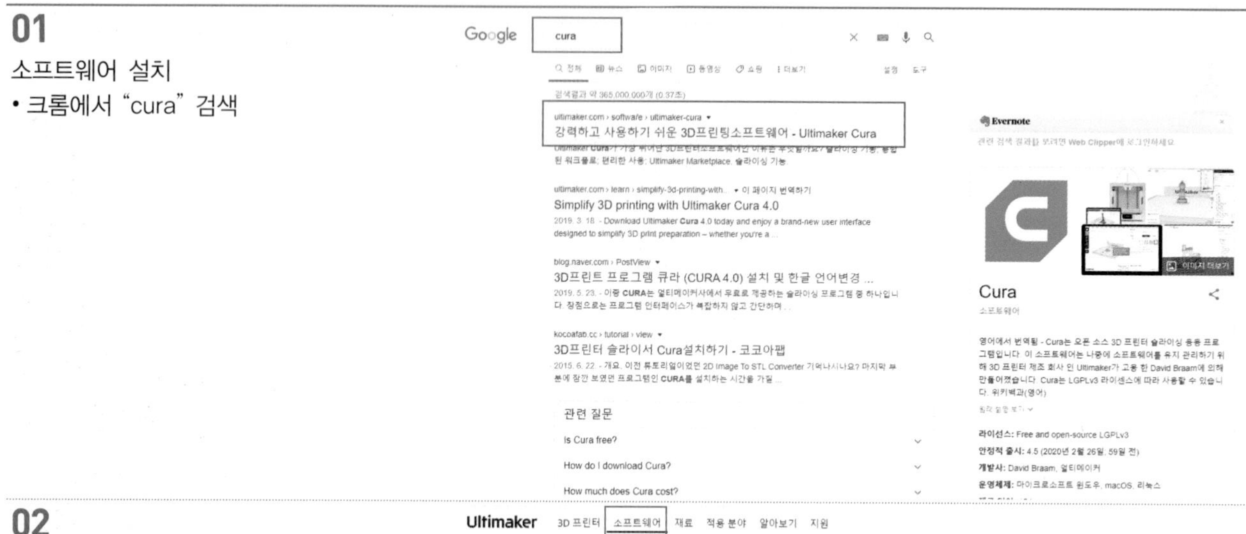

02

- 무료다운로드 클릭

Ultimaker 3D 프린터 소프트웨어 재료 적용 분야 알아보기 지원

Ultimaker Cura Ultimaker Connect Ultimaker 펌웨어

사용자 수백만 명이 신뢰하는 Ultimaker Cura는 세계에서 가장 인기 있는 3D프린팅소프트웨어입니다. 클릭 몇 번으로 프린트를 준비하고, CAD소프트웨어와 통합해 워크플로를 단순화하거나, 사용자 정의 설정을 이용해 세부 조정할 수 있습니다.

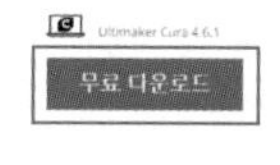

이전 버전 찾기

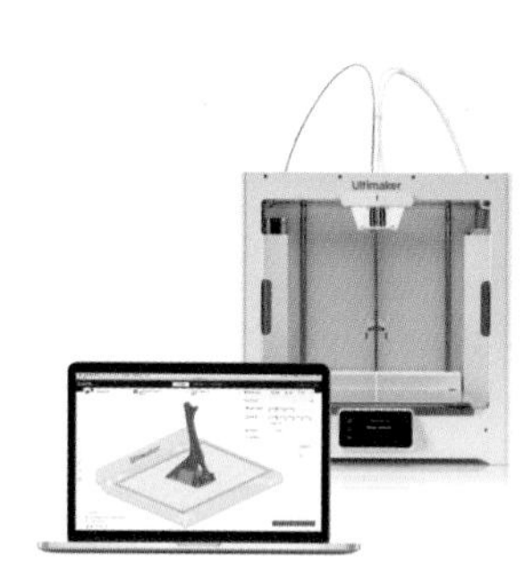

03

- 본인 컴퓨터 운영체제 선택 후 다운로드하여 프로그램을 설치한다.

※ 본 수험서는 Windows, 64 선택

운영체제 선택

Ultimaker Cura로 3D 프린팅을 시작할 준비가 거의 다 끝났습니다. 사용 중인 운영체제를 알려주시기만 하면 됩니다.

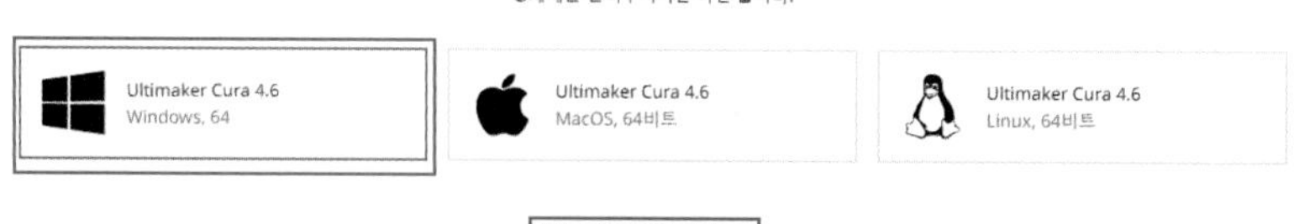

지금 다운로드

04

Cura를 실행한다.

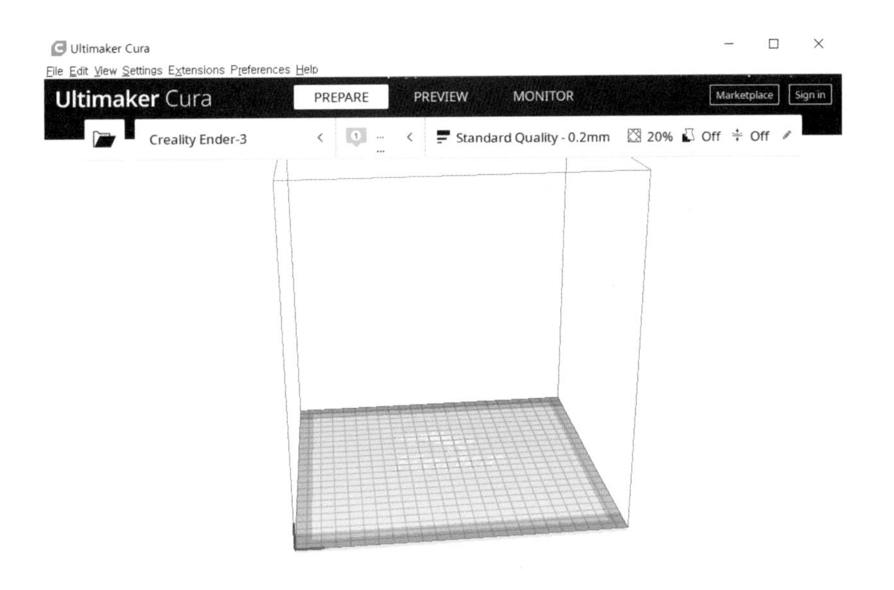

05

프린터 기종을 추가 선택한다.

※ 본인 지역 해당 시험장에 맞는 3D 프린터 기종을 추가 선택한다.

※ 본 수험서는 Creality Ender-3 선택함

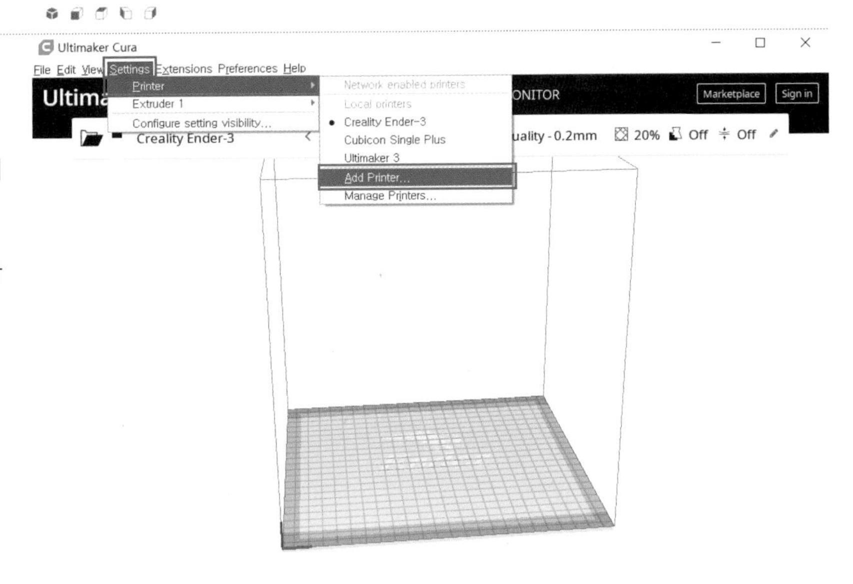

06

프린터에서 제시하는 최대 조형크기를 확인한다.

- [Settings] → [Printer] → [선택한 프린터 기종에 검은점 확인] → [Manage Printers] → [Machine Settings]

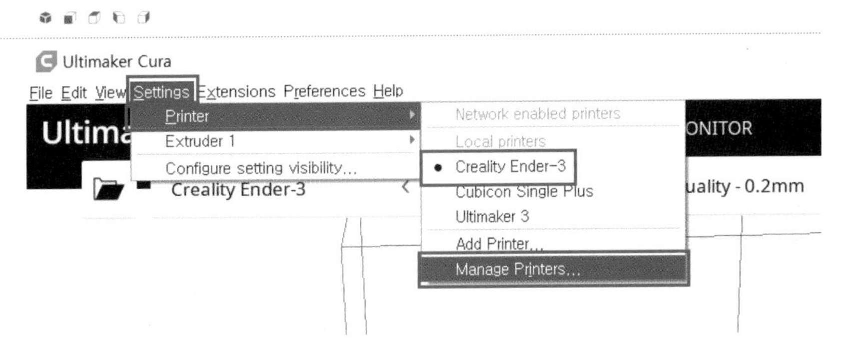

07

Machine Settings

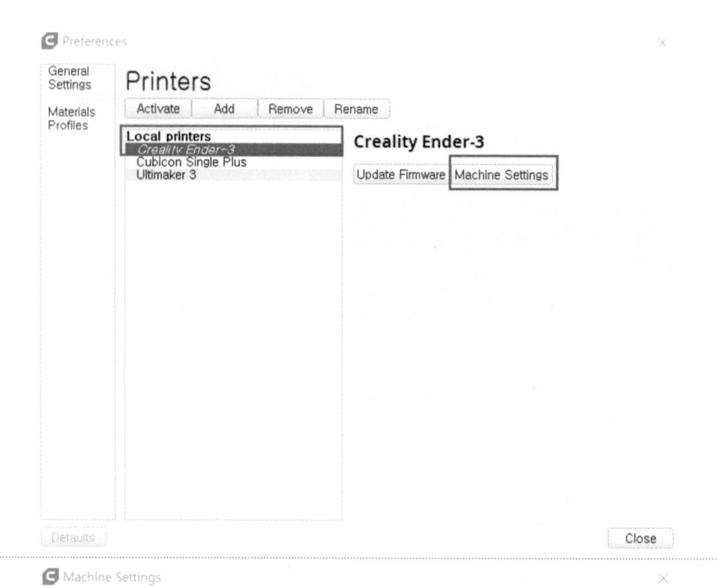

08

X,Y,Z축 크기를 확인한다.

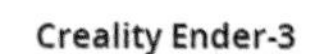
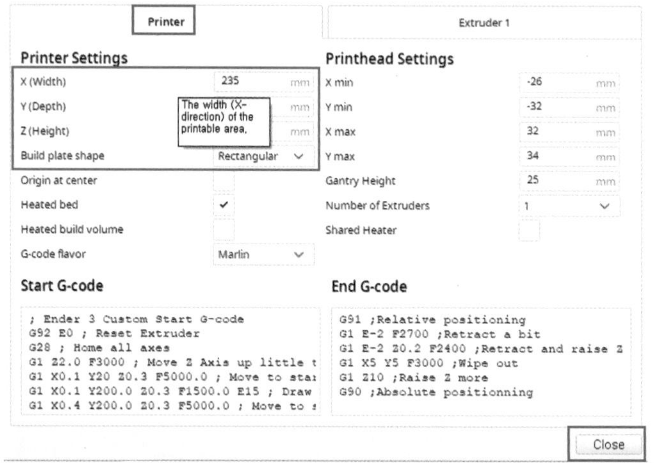

09

- 모델 불러오기

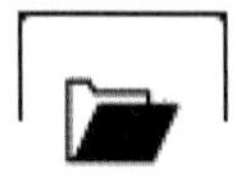

- [열기] → [비번호폴더] → [01_04.stl] → [열기]

※ 출력물이 인쇄공간보다 작으면 노란색으로 표시된다.

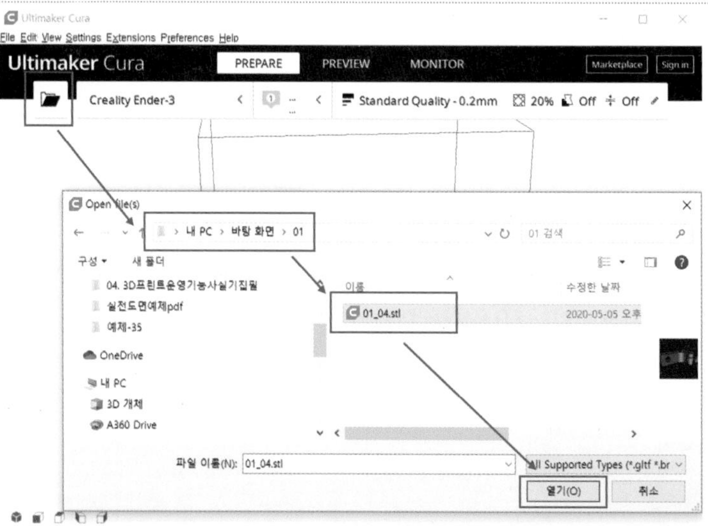

10

출력방향을 결정

• [Rotate] → [마우스로 X,Y,Z축 조정]

※ 서포트가 적게 나오고 도면의 ㉠, ㉡, ㉢의 치수가 정밀하게 나오는 출력방향을 결정한다.

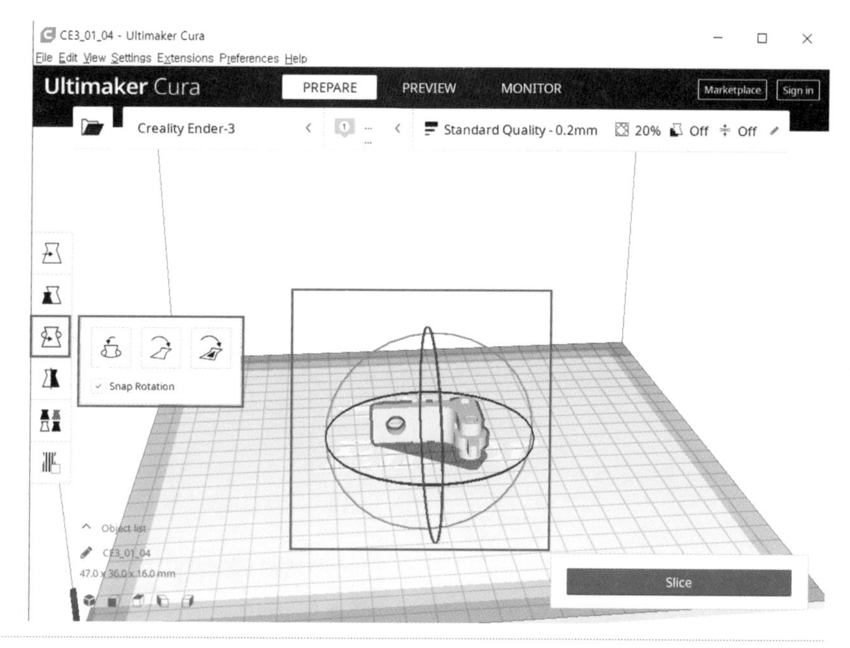

11

재료와 노즐 사이즈를 선택한다.

• Material : PLA
• Nozzle size : 0.4mm Nozzle

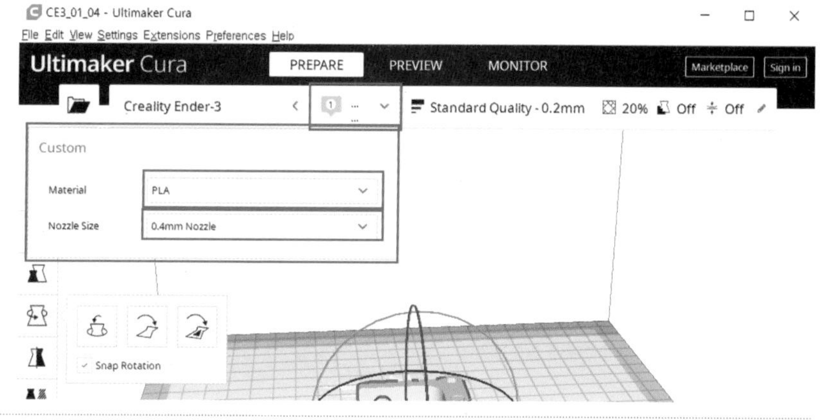

12

Print settings

• Standard Quality
• Profiles Default : 0.2
• Infill(%) : 20%
• Support : 체크

※ 출력예상시간이 초과되면 "Profiles Default"를 높인다.

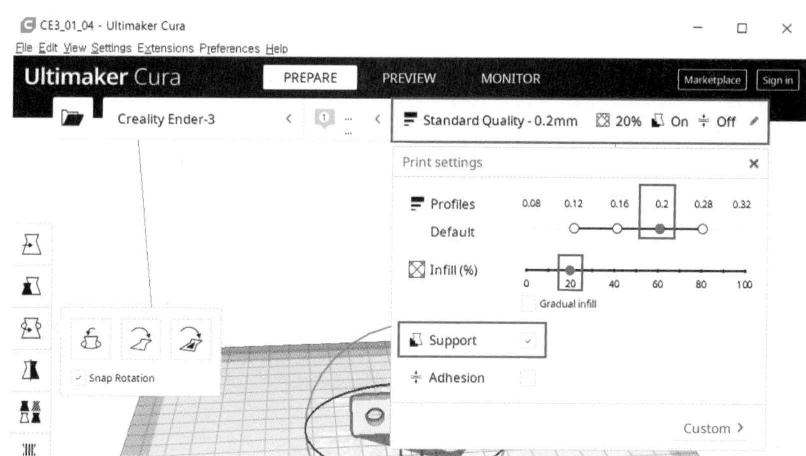

13

출력 예상시간을 확인한다.

• [Slice] 클릭

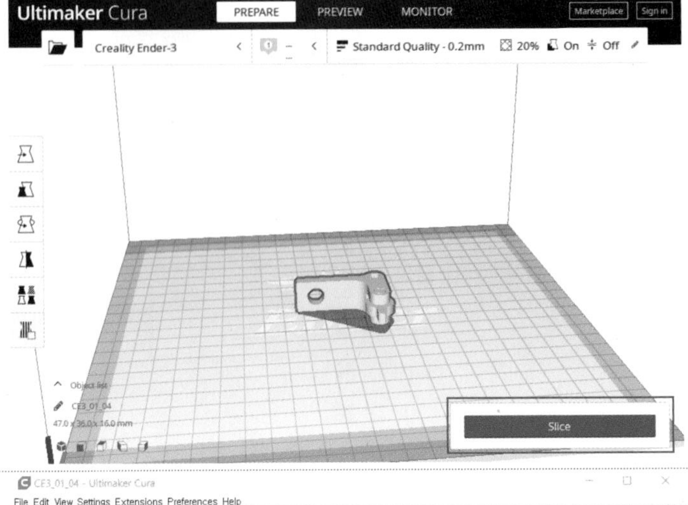

14

출력 예상시간을 확인한다.

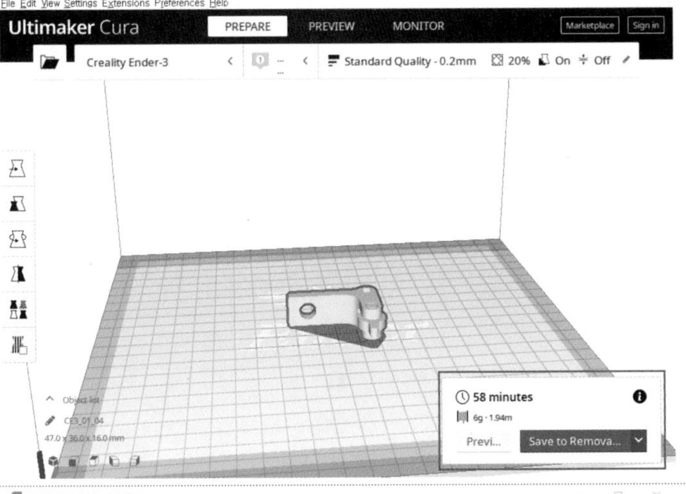

15

출력물 구조를 예측한다.
레이어 위치 슬라이더를 통해 출력물을 확인한다.

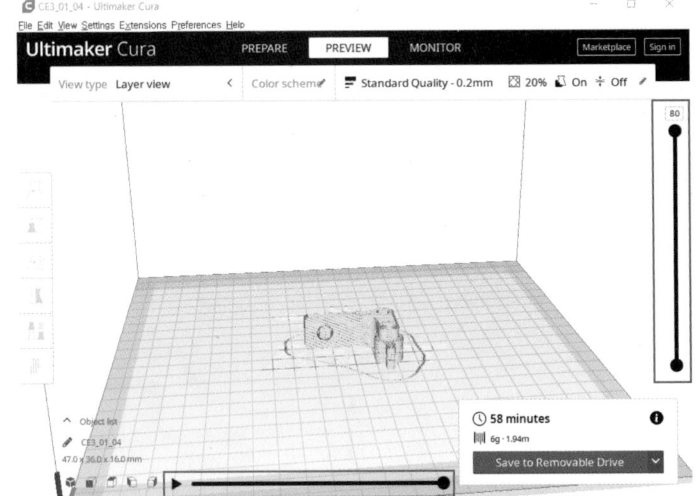

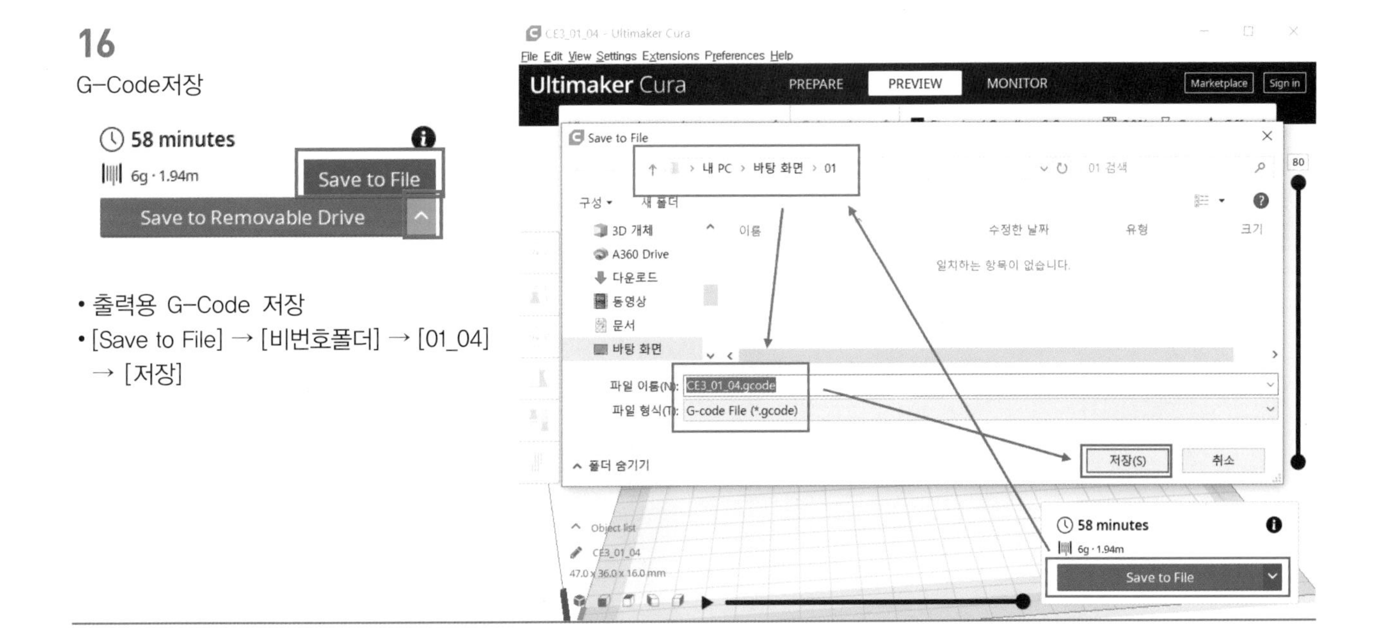

16

G-Code저장

- 출력용 G-Code 저장
- [Save to File] → [비번호폴더] → [01_04] → [저장]

CHAPTER

04 3D프린터운용기능사 프린팅 작업

01 MakerBot Replicator + 프린터

01

• 프린터 USB포트에 USB를 삽입한다.

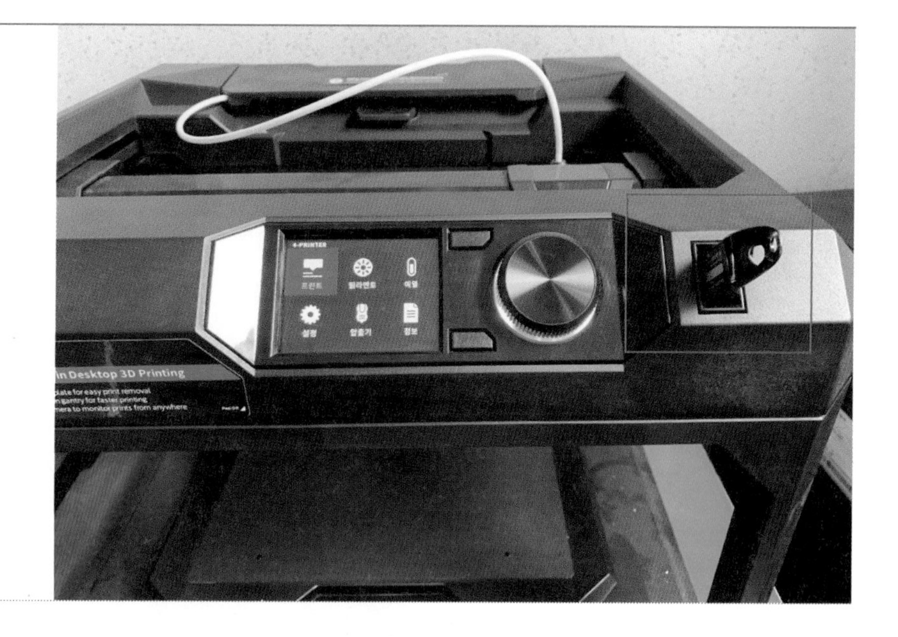

02

• 노브(다이얼)을 돌려서 "프린트"에 놓고 노브(다이얼)를 누른다.

03

• "USB저장소"를 노브(다이얼)를 눌러 선택한다.

04

• USB 안의 출력할 파일을 노브(다이얼)로 선택하여 누른다.

05

• 최종 프린트 시간을 확인하고 노브(다이얼)를 누른다.

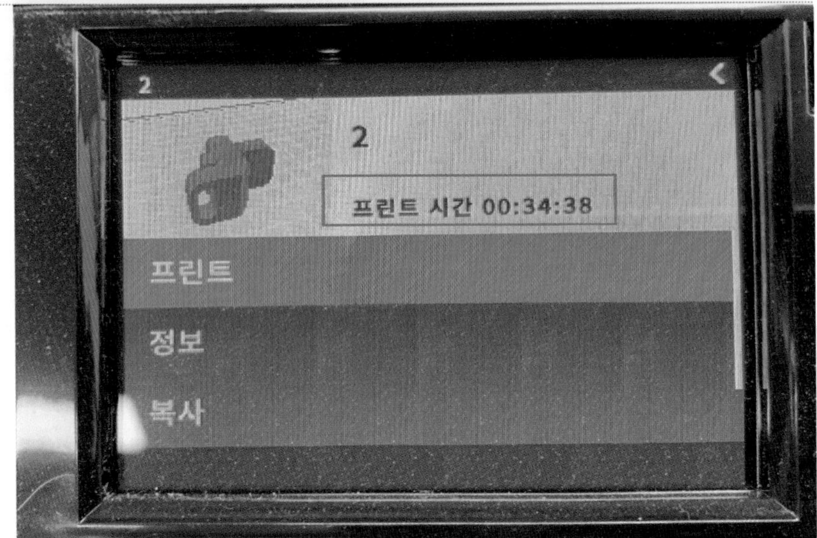

06

• 압출기가 목표온도까지 가열되면 프린팅이 시작된다.

※ [1/3]단계에서 [3/3]단계 최종 가열되면 프린팅이 시작된다.

07

• 출력 완료 확인

※ 이때 노브(다이얼)를 누르면 한 번 더 출력이 되니 주의해야 한다.

08

• 출력이 완료되면 보호장갑을 착용하고 헤라 등을 이용하여 조심히 출력물을 제거하여 후처리한다.

※ 고온의 노즐과 베드로부터 위험 방지를 위해 보호장갑을 착용한다. **즉 보호장갑 착용 여부도 채점대상에 들어가니 안전에 유의해서 후처리를 한다.**

※ 최종 제출 후 본인이 사용한 3D프린터 노즐과 베드도 보호장갑을 착용하고 정리해야 한다(**정리정돈 상태도 채점 대상에 포함된다**).

02 신도리코(DP-200) 프린터

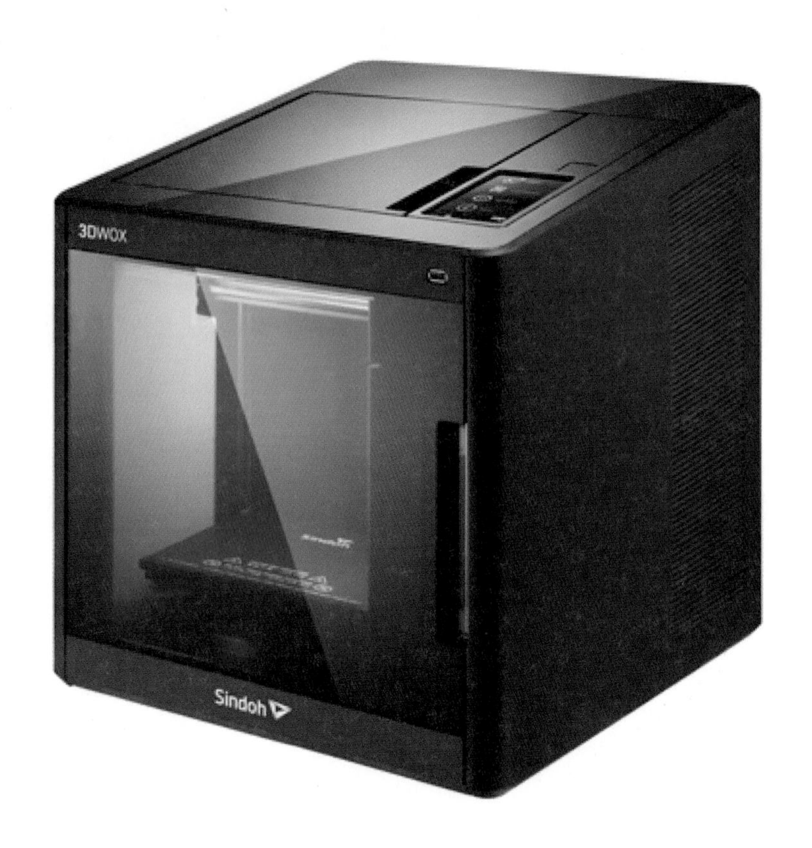

01

• 3D프린터에 USB메모리를 삽입한다.

※ 홈 화면에서 USB메모리를 삽입하면 USB 메모리 파일 목록을 불러온다.

※ USB 메모리를 삽입하지 않은 채로 [출력] 버튼을 누르면 USB 메모리를 삽입하라는 문구가 나온다.

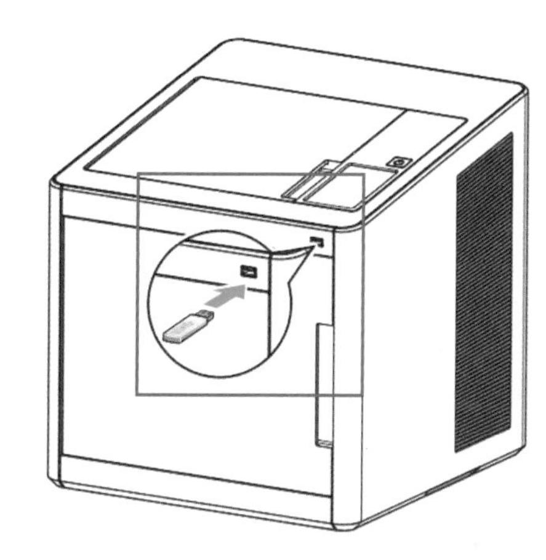

02

• USB 메모리를 삽입하면 USB 메모리 파일 목록을 불러온다.

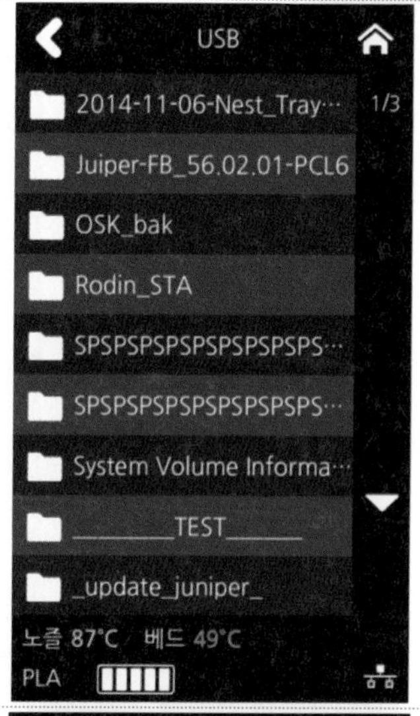

03

• USB 메모리 목록에서 출력할 파일을 찾아 선택한다.

04

- 선택한 파일의 출력 모형에 대해 미리보기 화면이 나타난다.

※ 출력할 파일 미리보기와 출력 시간을 확인한다.

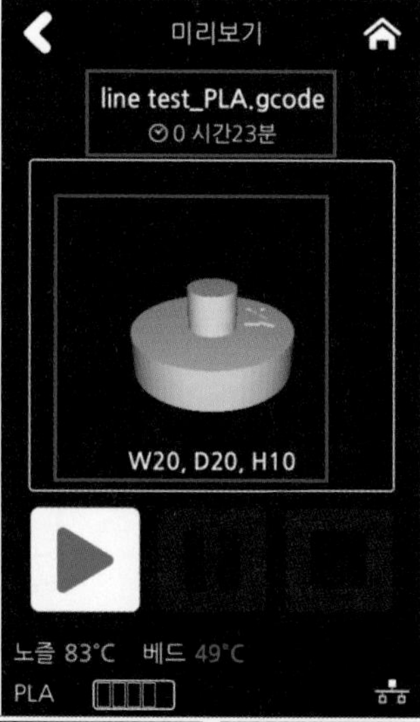

05

- ▶ 를 눌러 노즐의 온도를 올린다. 온도가 출력을 위한 목표 온도까지 도달하면 출력을 시작한다.

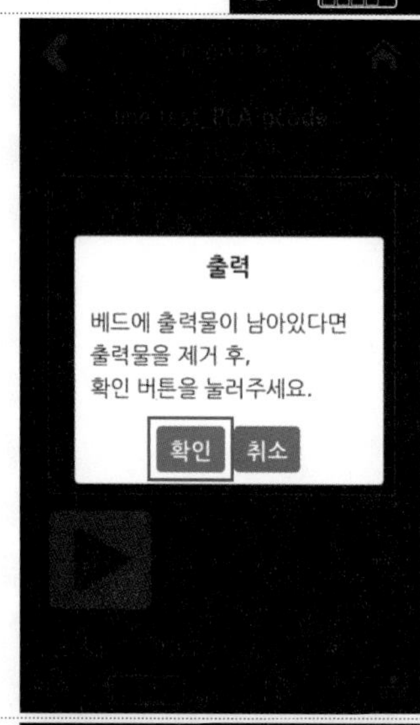

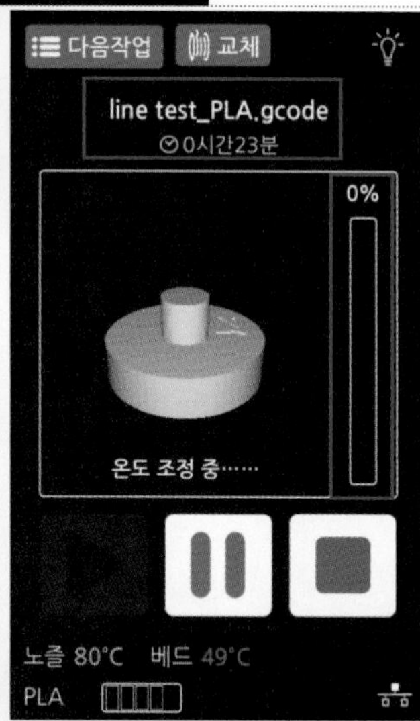

06

- 출력 완료
- 출력 종료 후 베드 하강이 완료되면 출력물 제거 안내에 따라 [베드잠금] 버튼을 눌러 베드가 움직이지 않게 고정한다.

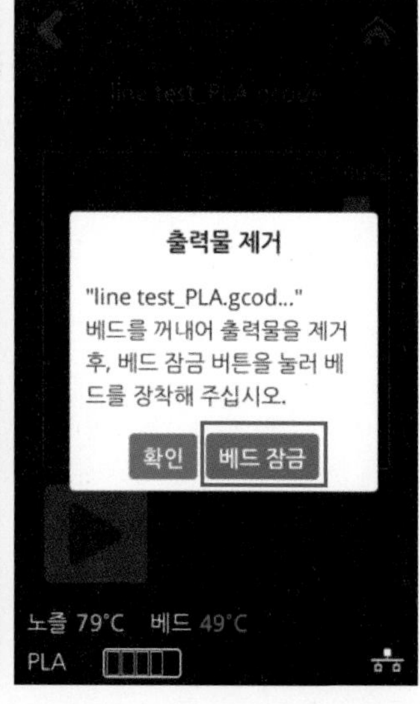

07

• 출력물 분리하기

※ 안전하게 출력물을 떼어내기 위해서는 우선 베드를 식히고 베드 상판을 분리한 후 떼어내야 한다.

※ 베드 식히기 : 출력 완료 후 LCD 화면 하단 부분의 베드 온도가 50℃ 이하로 내려갈 때까지 기다린다.

※ 베드 제거 : LCD화면에 나타나는 베드 잠금 버튼을 눌러 베드가 움직이지 않게 고정하고 베드 탈부착 손잡이의 PUSH 버튼을 누르면서 잡아당기면 베드가 분리된다.

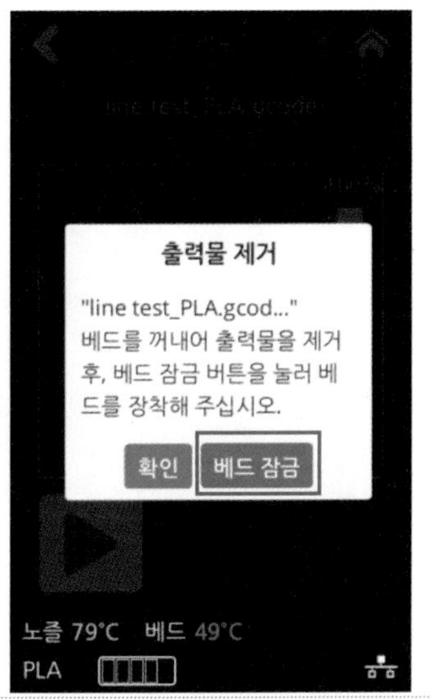

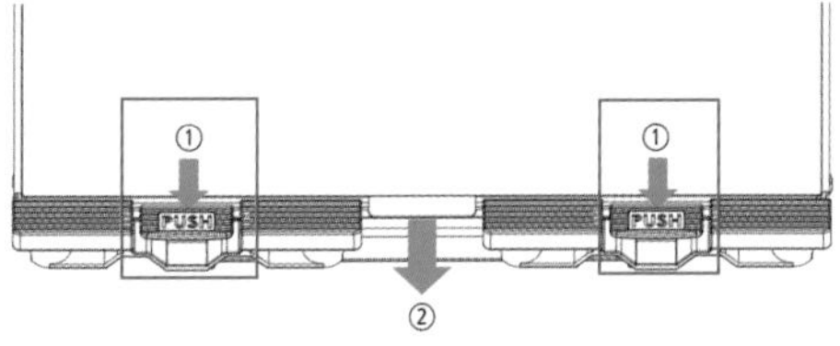

08

• 출력물 떼어내기

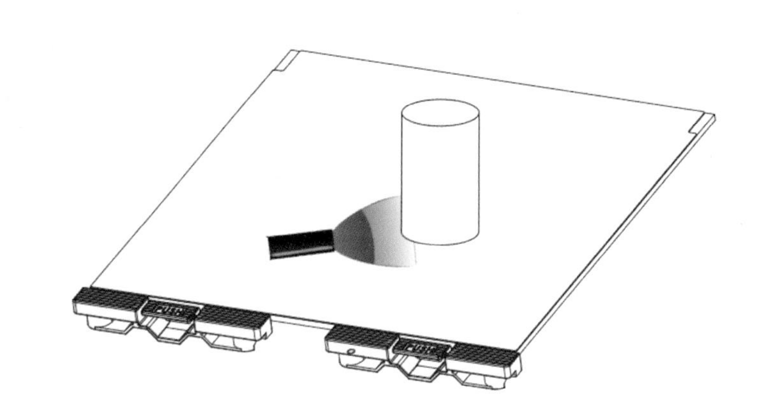

09

• 출력이 완료되면 보호장갑을 착용하고 헤라 등을 이용하여 조심히 출력물을 제거하여 후처리한다.

※ 고온의 노즐과 베드로부터 위험 방지를 위해 보호장갑을 착용한다. **즉 보호장갑 착용 여부도 채점 대상에 들어가니 안전에 유의해서 후처리를 한다.**

※ 최종 제출 후 본인이 사용한 3D프린터 노즐과 베드도 보호장갑을 착용하고 정리해야 한다(**정리정돈 상태도 채점 대상에 포함된다**).

10

- 참고사항 : 출력 일시 중지
- 출력 중에 [❚❚] 버튼을 누르면 현재 진행 중인 작업이 일시 중지되며 다시 [▶]를 누르면 노즐의 온도는 오르고 출력을 위한 목표 온도까지 도달하면 출력을 시작한다.

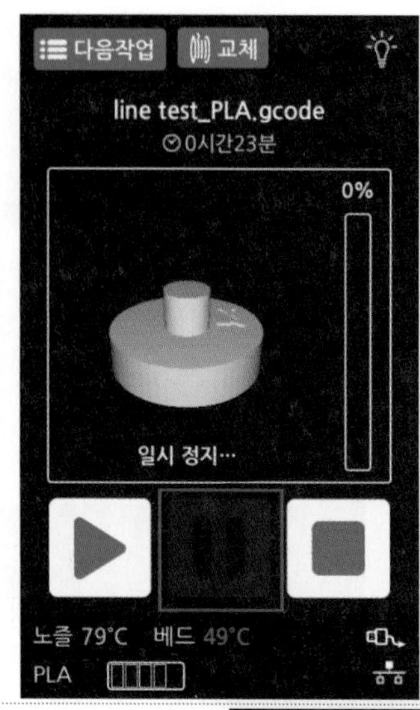

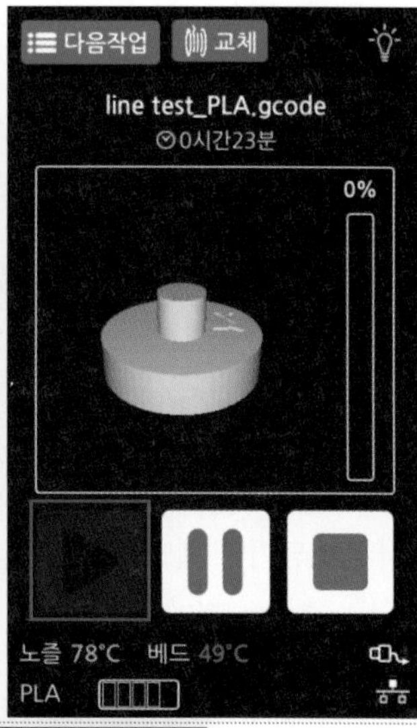

11

- 참고사항 : 출력 중 카트리지 교체
- 출력 중에 [교체] 버튼을 누르면 현재 사용하고 있는 카트리지를 다른 카트리지로 교체할 수 있다.

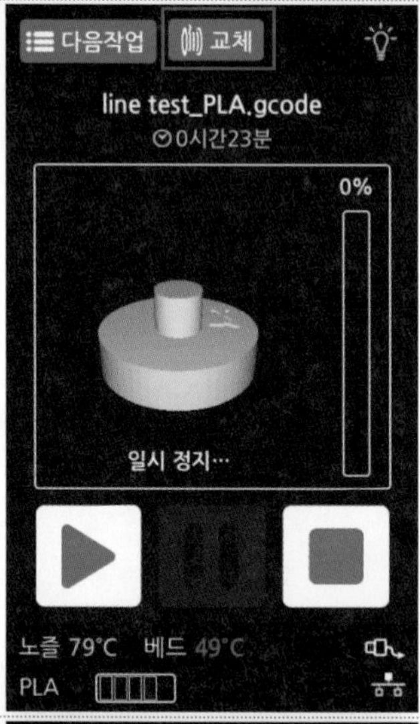

12

- 참고사항 : 출력 강제 종료
- 출력 중에 [■] 버튼을 누르면 팝업을 띄워 한 번 더 작업의 종료 여부를 묻고 최종 확인 시 현재 진행 중인 작업을 종료한다. 현재까지 출력된 출력물을 제거하라는 팝업이 나오고 [확인] 버튼을 누르면 홈 화면으로 복귀된다.

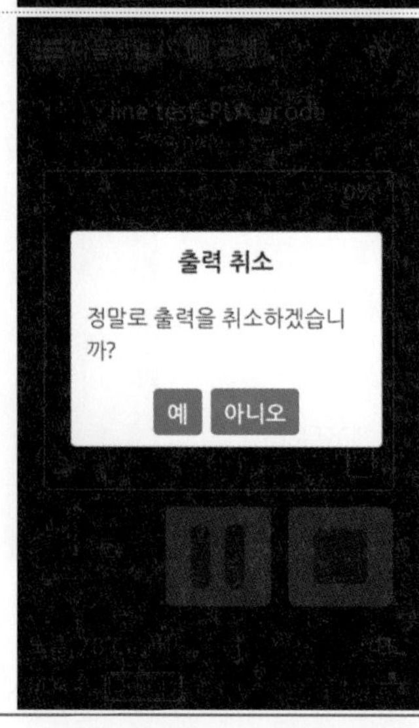

03 큐비콘 Single Plus(3DP-310F) 프린터

01

• 3D프린터에 USB메모리를 삽입한다.

02

• LCD 메인화면의 [Print] → [File]을 터치한다.

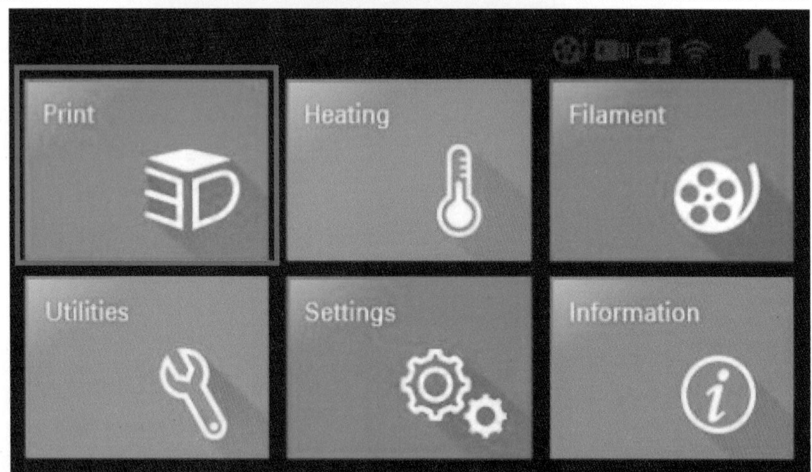

03

• [USB]를 터치한다.

04

출력할 파일을 상하버튼을 터치하여 선택한 후 [Start]를 터치한다.

05

※ 슬라이싱한 G-Code 파일 내에 기록된 온도조건으로 Bed 및 Extruder의 온도가 순서대로 Heating된다.

※ 정상적으로 Heating이 되면 Auto tilt 검사 후 자동으로 인쇄가 시작된다.

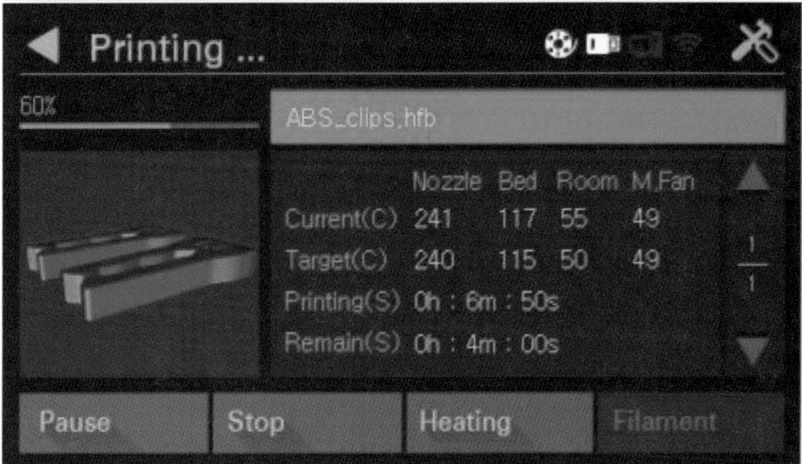

06

• 출력이 진행된다.

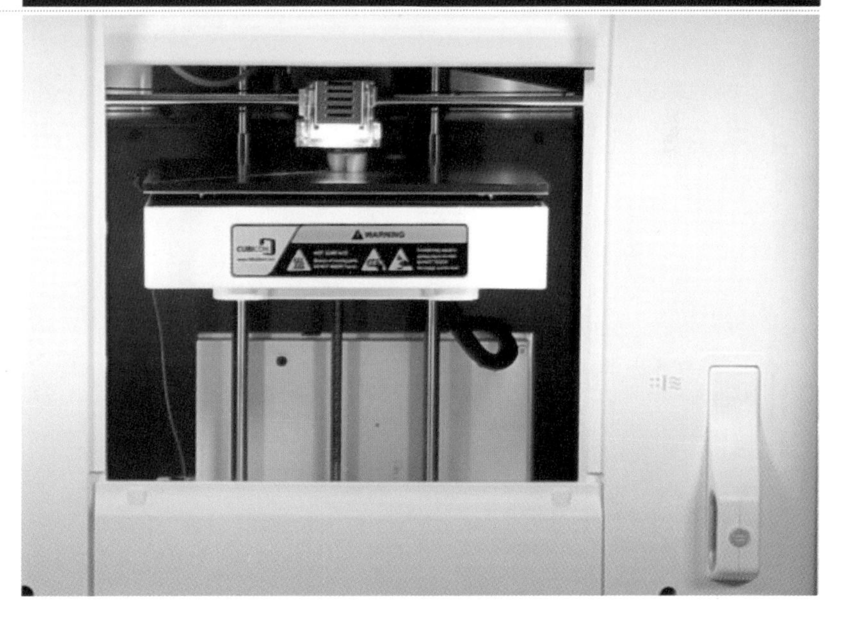

07

- 출력이 완료되면 보호장갑을 착용하고 헤라 등을 이용하여 조심히 출력물을 제거하여 후처리한다.

※ 고온의 노즐과 베드로부터 위험 방지를 위해 보호장갑을 착용한다. **즉 보호장갑 착용 여부도 채점 대상에 들어가니 안전에 유의해서 후처리를 한다.**

※ 최종 제출 후 본인이 사용한 3D프린터 노즐과 베드도 보호장갑을 착용하고 정리해야 한다(**정리정돈 상태도 채점 대상에 포함된다**).

교육이란 사람이 학교에서 배운 것을 잊어버린 후에 남은 것을 말한다.

– 알버트 아인슈타인 –

참 / 고 / 문 / 헌

- 김철희(2019), Win-Q 3D프린터운용기능사 필기, (주)시대고시기획
- 신도리코 DP200 사용설명서
- Maker Bot(Replicator +) 사용설명서
- 큐비콘 Cubicreator4 사용설명서

Win-Q 3D프린터운용기능사 실기

개정5판1쇄 발행	2025년 05월 15일 (인쇄 2025년 03월 27일)
초 판 발 행	2020년 08월 05일 (인쇄 2020년 06월 22일)
발 행 인	박영일
책 임 편 집	이해욱
편 저	박병욱
편 집 진 행	윤진영 · 오현석
표지디자인	권은경 · 길전홍선
편집디자인	정경일 · 박동진
발 행 처	(주)시대고시기획
출 판 등 록	제10-1521호
주 소	서울시 마포구 큰우물로 75 [도화동 538 성지 B/D] 9F
전 화	1600-3600
팩 스	02-701-8823
홈 페 이 지	www.sdedu.co.kr
I S B N	979-11-383-9185-6(13550)
정 가	26,000원

한눈에 이해할 수 있도록
체계적으로 정리한 **핵심이론**

철저한 시험유형 파악으로
만든 **필수확인문제**

국가직 · 지방직 등
최신 기출문제와 상세 해설

기술직 공무원 건축계획
별판 | 30,000원

기술직 공무원 전기이론
별판 | 23,000원

기술직 공무원 전기기기
별판 | 23,000원

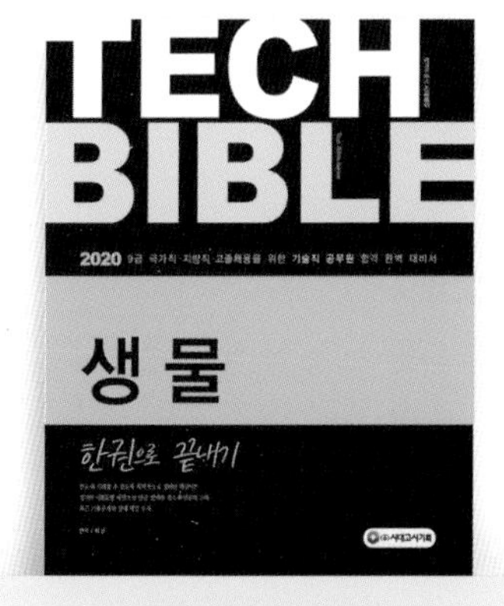

기술직 공무원 생물
별판 | 20,000원

기술직 공무원 임업경영
별판 | 20,000원

기술직 공무원 조림
별판 | 20,000원

※도서의 이미지와 가격은 변경될 수 있습니다.